ALLE · ZEIT · WACH · 1842

Karl Küpfmüller

Einführung in die theoretische Elektrotechnik

11., verbesserte Auflage
Bearbeitet von G. Bosse

Mit 623 Abbildungen

Springer-Verlag
Berlin Heidelberg New York Tokyo 1984

Dr.-Ing. E. h. Karl Küpfmüller †
em. o. Professor an der
Technischen Hochschule Darmstadt

Dr.-Ing. Georg Bosse
em. Professor an der
Technischen Hochschule Darmstadt

CIP-Kurztitelaufnahme der Deutschen Bibliothek
Küpfmüller, Karl:
Einführung in die theoretische Elektrotechnik
Karl Küpfmüller. — 11., verb. Aufl.
Bearb. von G. Bosse.
Berlin; Heidelberg; New York: Springer, 1984
NE: Bosse, Georg [Bearb.]

ISBN 3-540-12075-0 11. Aufl. Springer-Verlag Berlin Heidelberg New York Tokyo
ISBN 0-387-12075-0 11th ed. Springer-Verlag New York Heidelberg Berlin Tokyo

ISBN 3-540-06021-9 10. Auflage Springer-Verlag Berlin-Heidelberg-New York
ISBN 0-387-06021-9 10th edition Springer-Verlag New York-Heidelberg-Berlin

Offsetdruck: Weihert-Druck GmbH, Darmstadt
Bindearbeiten: Graphischer Betrieb Konrad Triltsch, Würzburg
2060/3020 543210

Vorwort zur elften Auflage

Wegen der auch nach dem Tode des Verfassers anhaltenden Nachfrage nach dem klassischen Lehrbuch der Elektrotechnik bin ich vom Springer-Verlag gebeten worden, den Text für eine Neuauflage vorzubereiten. Ich konnte mich dabei zum Teil auf Aufzeichnungen stützen, die mir aus dem Nachlaß des Verfassers zugänglich gemacht worden sind. Im übrigen habe ich Inhalt und Text unverändert gelassen, um die einheitliche Darstellung zu erhalten, und mich darauf beschränkt, wo es möglich erschien, kleine Vereinfachungen an Formeln und Text vorzunehmen. Überall sind die gesetzlichen Einheiten und die genormten Bezeichnungen für die elektromagnetischen Größen eingeführt worden, bei den elektrischen Netzwerken auch die genormte symmetrische Bepfeilung für die Mehrtore.

Bei der Durchsicht des Kapitels über Halbleiter-Elektronik hat mich freundlicherweise Herr Professor Dr. Strack unterstützt, bei den die elektrische Energietechnik behandelnden Kapiteln Herr Dr.-Ing. H.-J. Fischer. Weitere Hilfe verdanke ich meinem Mitarbeiter Dipl.-Ing. H. Mattes.

Darmstadt, im April 1983 **Georg Bosse**

Vorwort zur zehnten Auflage

In der vorliegenden 10. Auflage des Buches wurde das Ziel weiter verfolgt, eine Einführung in diejenigen elektrotechnischen Grundlagen zu geben, die möglichst vielen Anwendungen gemeinsam sind; die Auswahl des Stoffes und die Beispiele sollen das Verständnis für das Studium von Spezialgebieten erleichtern. Gegenüber der 9. Auflage sind in drei neuen Abschnitten (Halbleiterdioden, Transistoren, lineare Verstärker) wesentliche Erweiterungen aufgenommen worden. Eine Reihe von kleineren Ergänzungen (z. B. die internationalen Einheitendefinitionen, Leitungsmechanismen, Photodioden, Netzsynthese) berücksichtigt neuere Entwicklungen. Dabei wurde, soweit möglich, das Prinzip beibehalten, daß die Darstellung von Leichterem zu Schwierigerem fortschreitet.

Dem Verlag danke ich für das Eingehen auf meine Wünsche; ganz besonders möchte ich Herrn Dipl.-Ing. Ulrich Kluge danken für die freundliche Durchsicht des Manuskripts und für Anregungen zu einer verbesserten Einteilung des Stoffes.

Darmstadt, im Februar 1973

K. Küpfmüller

Inhaltsverzeichnis

Zweites Kapitel

Das elektrische Feld

Drittes Kapitel

Das magnetische Feld

Viertes Kapitel

Netzwerke

Fünftes Kapitel

Leitungen und Kettenleiter

Sechstes Kapitel

Das rasch veränderliche elektromagnetische Feld

Siebentes Kapitel

Allgemeine Vorgänge in linearen Systemen

Achtes Kapitel

Systeme mit nichtlinearen Elementen

Einleitung

Jede technische Aufgabe kann im Prinzip durch Probieren gelöst werden, z.B. der Bau eines Elektromotors oder einer Verstärkerröhre oder einer Fernsprechverbindung. Erfüllt das erste Gerät nicht die gewünschten Bedingungen, ist z.B. die Leistung des Elektromotors nicht ausreichend oder zeigen sich irgendwelche anderen Mängel, dann wird man ein zweites Gerät herstellen und versuchen, durch Abänderungen diese Mängel zu beseitigen, und es ist wahrscheinlich, daß man bei Verwertung der dabei gemachten Erfahrungen nach einer gewissen Anzahl von Versuchen schließlich zu einem brauchbaren Gerät kommen wird. Dieses *empirische Verfahren* ist in der Tat das Verfahren, das in der Technik, besonders in der Anfangszeit neuer Zweige der Technik, häufig angewendet wurde und noch angewendet wird. Offensichtlich erfordert es aber zumindest große Aufwendungen an Hilfsmitteln und an Zeit. Sie lassen sich um so mehr verringern, je genauer man die Vorgänge kennt, die sich in der betreffenden Einrichtung abspielen. Diese Kenntnis kann zwar grundsätzlich nur durch Erfahrung ermittelt werden; es ist jedoch möglich, auch ohne daß Erfahrungen mit der besonderen Einrichtung vorliegen, um deren Herstellung es sich handelt, Voraussagen über ihre Eigenschaften zu machen. Dazu dient die *Theorie*.

Die Theorie bildet die Zusammenfassung der jeweils vorliegenden, durch Beobachtung und Messung gewonnenen Gesamterfahrungen, so daß diese auf möglichst viele Fälle übertragen werden können.

Diese unseren heutigen Vorstellungen entsprechende Definition unterscheidet sich grundsätzlich von der alten Bedeutung dieses Wortes, wie sie Goethe im „Faust" meint, wenn er von der „grauen" Theorie spricht. Jene „Theorie" ging nicht von der Erkenntnis der Naturvorgänge aus, sondern beruhte auf einer dogmatischen Weltbetrachtung.

Zur Lösung einer technischen Aufgabe stehen also grundsätzlich *Versuch und Theorie* zur Verfügung, wobei die Theorie die bereits früher gemachten Versuche und Erfahrungen berücksichtigt. Daher sind zur Lösung einer technischen Aufgabe im allgemeinen drei Arten von Aufwendungen erforderlich:

1. *Gedankenarbeit* zur Verwertung der theoretischen Erkenntnisse.
2. *Mittel* zur Ausführung von Versuchen (Rohstoffe, Werkstoffe, Bauelemente, Herstellungskosten der Versuchseinrichtungen, Betriebskosten).
3. *Zeit*.

Zur Lösung ein und derselben Aufgabe sind nun mehr Versuche und Versuchseinrichtungen erforderlich, wenn von den theoretischen Erkenntnissen wenig Gebrauch gemacht wird. An materiellem Aufwand kann gespart werden, wenn mehr geistige Arbeit bei der Lösung des Problems aufgewendet wird. Dazu kommt noch, daß das empirische Verfahren unvergleichlich mehr Zeit und Gesamtarbeit erfordert als bei Anwendung der theoretischen Erkenntnisse notwendig ist. Hierin liegen die Erfolge des *wissenschaftlichen Verfahrens* der Bearbeitung technischer Aufgaben, das den Gegensatz zum empirischen Verfahren bildet, und dessen Einführung die raschen Fortschritte der Technik in den letzten Jahrzehnten ermöglicht hat. Die theoretischen Erkenntnisse sind allerdings gegenwärtig noch weit von dem idealen Zustand entfernt, daß man jede technische Aufgabe rein durch Gedankenarbeit lösen könnte, daß also die zweite Art von Aufwendungen vollständig durch die erste ersetzt werden könnte; um so wichtiger ist es daher, mit der Auswertung des Vorhandenen so weit zu gehen wie irgend möglich. Jede technische Aufgabe ist lösbar. Häufig erfordert die Lösung große Aufwendungen an Mitteln und an Zeit; sie können in dem Maße vermindert werden, in dem es möglich ist, theoretische Erkenntnisse anzuwenden.

Gewöhnlich gibt es zur Lösung einer technischen Aufgabe viele verschiedene Wege oder verschiedene Arten der Ausführung, die alle die gestellten Bedingungen an sich erfüllen. Die zweckmäßige und daher richtige Lösung ist dann immer diejenige, die den geringsten Gesamtaufwand erfordert. Es können z. B. die Herstellungskosten der verschiedenen Ausführungen verschieden sein oder der Materialbedarf, der Bedarf an besonders wertvollen Rohstoffen oder der Raumbedarf; es können aber auch die Betriebskosten oder diejenigen Kosten verschieden sein, die für die Instandhaltung der betreffenden Einrichtung und die Sicherstellung des Betriebes laufend erforderlich sein werden. Daher ist es in vielen Fällen schwierig, die zweckmäßigste Lösung zu finden. *Es gehört aber grundsätzlich zur Lösung einer technischen Aufgabe, daß sie die gestellten Bedingungen mit einem Minimum an Gesamtaufwand erfüllt.* Je genauer man die Eigenschaften der herzustellenden Einrichtung im voraus ermitteln kann, um so sicherer wird dies zu erreichen sein. Auch in dieser Beziehung ergeben sich daher wichtige Anwendungen der theoretischen Erkenntnisse.

Es ist nicht möglich, daß jeder Einzelne alle Erfahrungen, die im Laufe der Zeit gemacht worden sind, in der gleichen Reihenfolge und Vollständigkeit sammelt, besonders wegen der Fülle des Erfahrungsmaterials, die ungeheuer groß ist im Vergleich zu dem was ein Mensch während seines Lebens auf diese Weise aufnehmen könnte. Daher ist es nötig, die Erfahrungen in eine möglichst konzentrierte Form zu bringen und in dieser Form zu verbreiten. Ein Hilfsmittel dazu stellt die *Mathematik* dar, die, vom Standpunkt der Anwendung aus betrachtet, einerseits eine Art Kurzschrift zur Zusammenfassung der Erkenntnisse bildet und andrerseits Anweisungen für die Auswertung dieser Erkenntnisse gibt. Aus diesem Grunde sind mathematische Kenntnisse eine unentbehrliche Voraussetzung zum Verständnis der Ingenieurwissenschaften.

Die mathematischen Verfahren ermöglichen es, viel kompliziertere Zusammenhänge zu erfassen, als es mit bloßem Nachdenken möglich wäre; sie können Denkprozesse ersetzen, die über die Fähigkeit des menschlichen Gehirns weit hinausgehen. Gewisse Erfindungen konnten sogar nur auf dem Weg über mathematische Überlegungen entstehen; ein Beispiel dafür bilden die Wellenfilter. Allerdings sind dies seltene Fälle. Für den wissenschaftlich arbeitenden Ingenieur gilt die Grundforderung, daß er sich eine klare *Vorstellung* von dem Wesen der Naturvorgänge erwirbt, mit denen er es zu tun hat. Darunter ist zu verstehen, daß mit dem Ablauf dieser Vorgänge bestimmte Ideen verbunden werden, die die Erscheinungen auf wenige allgemeine Gesetzmäßigkeiten zurückführen. Zu jeder Technik gehört eine ganz bestimmte Vorstellungswelt, die durch die Theorie vermittelt wird. Die Fortschritte der Technik gehen jeweils von dieser Vorstellungswelt aus. Jede Erweiterung der theoretischen Vorstellungen gibt daher die Möglichkeit weiterer Fortschritte. *Diese Vorstellungen aber können in vollem Umfang nur mit Hilfe der Mathematik erworben werden.*

Unentbehrlich sind für eine wissenschaftliche Tätigkeit auf dem Gebiete der Elektrotechnik die Elemente der Differential- und Integralrechnung, die Lehre von den Potenzreihen und den Fourierschen Reihen, ferner die komplexe Rechnung und die Elemente der Vektorrechnung und Vektoranalysis; aber es ist nicht im geringsten ausreichend, diese Gebiete der Mathematik zu *kennen*, sondern es gehört dazu die Fähigkeit, die in diesen Gebieten gelehrten Regeln *anzuwenden*. Diese Fähigkeit kann man durch ein noch so ausgedehntes Studium der Formeln nicht erwerben, sondern nur dadurch, daß man spezielle Aufgaben in hinreichend großer Zahl selbst löst.

Die Vorstellungen von dem Wesen der Naturerscheinungen werden durch die *Physik* geschaffen. Die allgemeine Aufgabe der Physik besteht darin, unsere Erkenntnisse von den Naturvorgängen zu erweitern. Die physikalischen Gesetze fassen die beobachteten Naturerscheinungen quantitativ zusammen und bilden damit auch die theoretischen Grundlagen der technischen Anwendungsgebiete. Neue physikalische Entdeckungen führen immer auch zu neuen technischen Anwendungen. Die physikalische Forschung, die eine ständige Verbesserung der physikalischen Vorstellungen und die Entdeckung neuer Zusammenhänge anstrebt, bestimmt daher, über lange Zeiten gesehen, grundsätzlich die Schnelligkeit aller technischen Fortschritte.

Dabei fördern sich die Fortschritte der Physik und die der technischen Anwendungen in einem fortgesetzten Kreislauf. Neue technische Produkte, neue technische Ideen und Erfindungen führen bei der Durcharbeitung in der Regel auf neue physikalische Fragestellungen, sei es, daß die Genauigkeit der vorhandenen Kenntnis bestimmter physikalischer Zusammenhänge nicht ausreicht, sei es, daß physikalische Effekte als Störungen auftreten, die noch nicht näher untersucht worden sind, sei es, daß die Ursachen irgendwelcher Erscheinungen noch unbekannt sind. Daher kommt es, daß ein großer Teil der physikalischen Erkenntnisse aus der Entwicklung technischer Erzeugnisse stammt. Beispiele dafür bilden die Entwicklung der Akustik, die Entwicklung der Elektronenoptik oder die Entwicklung der Festkörperphysik in den letzten Jahrzehnten. Neue technische Aufgaben, für die noch keine brauchbare Lösung vorliegt, stellen vielfach Aufgaben für die physikalische Forschung und regen diese zum Aufsuchen neuer Erkenntnisse an. Aus solchen Arbeiten entstehen andrerseits nicht selten technische Anwendungen für ganz andere Zwecke; Beispiele dafür aus der neuesten Zeit bilden die Legierungen und Stoffe für Dauermagnete und Magnetkerne oder die Halbleiter für Gleichrichter und Verstärker.

Man kann das Ineinandergreifen von Physik und Technik beim Werdegang der technischen Produkte etwa durch die folgende Reihe veranschaulichen:

	Entdeckungen, Versuche, Messungen.
	Physikalische Erkenntnisse, Gesetze, Theorie.
Physikalische Forschung	Erfindungen, Verbesserungsideen.
	Versuchsgeräte, Modelle.
	Versuche, Messungen.
Technische Entwicklung	Konstruktion, Projektierung, Berechnungen.
	Technische Planung.
	Fertigungsversuche, Fertigungsmuster.
	Technische Erprobung.
	Fertigung.
Betriebsentwicklung	Anwendungsforschung.
	Betriebsversuche.

Jedes Stadium hat die vorhergehenden zur Voraussetzung; ein wesentlicher Vorgang ist jedoch der, daß sich aus allen diesen Stadien laufend Fragestellungen nach rückwärts ergeben, die wieder zu neuen Wegen, Erkenntnissen und Verbesserungen führen, so daß das Fortschreiten der gesamten Entwicklung mit vielfachen „Rückkopplungen“ vor sich geht. Daher kann auch die Grenze zwischen der Forschung und der technischen Entwicklung nicht scharf gezogen werden, ebensowenig wie die zwischen der technischen Entwicklung und der Erforschung der Anwendungsmöglichkeiten technischer Erzeugnisse. Das letztgenannte Gebiet ist in der Aufstellung durch den Begriff „Betriebsentwicklung“ gekennzeichnet; dazu gehören z. B. die Anwendungen der Automatisierung in Verwaltungs- und Bürobetrieben.

Unter der Bezeichnung *Elektrotechnik* werden alle technischen Aufgaben und Anwendungen zusammengefaßt, bei denen elektrische Vorgänge wesentlich sind, die also auf der Ausnützung der Wirkungen elektrischer Ströme oder Spannungen beruhen. Die Elektrotechnik ist daher kein eigenes technisches Aufgabengebiet, sondern faßt verschiedenartige technische Aufgaben unter einem physikalischen Gesichtspunkt zusammen. Zwei technische Aufgabengebiete sind besonders eng mit der Elektrotechnik verbunden: die Energietechnik und die Nachrichtentechnik.

Die *Energietechnik* befaßt sich mit der Umwandlung und der Übertragung von Energie. Für den Anteil der Elektrotechnik an diesem Aufgabengebiet ist die Bezeichnung *Starkstromtechnik* gebräuchlich. Die Aufgabe der Starkstromtechnik besteht in der Erzeugung, Umwandlung, Übertragung, Verteilung und Speicherung elektrischer Energie.

Die Aufgabe der *Nachrichtentechnik* ist die Übertragung, Verteilung, Verarbeitung und Speicherung von Nachrichten (Information). Der zur Elektrotechnik gehörige Teil wird als *elektrische Nachrichtentechnik* bezeichnet. Hier werden gewöhnlich die beiden Hauptgebiete *Nachrichtenübertragung* und *Nachrichtenverarbeitung* (Informationsverarbeitung, Datenverarbeitung) unterschieden.

Die *Meßtechnik* kann nach diesen Definitionen als Teil der Nachrichtentechnik angesehen werden, da der Zweck jeder Messung die Gewinnung oder Umwandlung von Information ist. Gewöhnlich wird die Meßtechnik als Sondergebiet der Technik betrachtet. Die *elektrische Meßtechnik* befaßt sich mit der Messung von elektrischen und nichtelektrischen physikalischen Größen mit elektrotechnischen Hilfsmitteln.

Ebenso wird die *Steuerungs-* und *Regelungstechnik* als ein Sondergebiet betrachtet, da sie Energietechnik und Nachrichtentechnik miteinander verknüpft: Jede Steuerung kann als die Einwirkung einer Nachricht auf einen Energiefluß oder einen Transportvorgang aufgefaßt werden.

Unter *Elektronik* wird die *Schaffung und Anwendung elektronischer Bauelemente* verstanden. Dies sind solche Bauelemente der Elektrotechnik, bei denen keine mechanischen Bewegungen vorkommen (z. B. Verstärkerröhren, BRAUNsche Röhren, Halbleiter- und Röhrengleichrichter, Transistoren, magnetische Speicherkerne und ähnliches).

Die Bezeichnung *„theoretische Elektrotechnik“* soll alle diejenigen physikalischen Gesetzmäßigkeiten und mathematischen Verfahren umfassen, die bei der Lösung von Aufgaben der Elektrotechnik nützlich sein können. Es gibt jedoch keine eigentliche Abgrenzung zwischen diesen theoretischen Grundlagen der Elektrotechnik und der Physik und der Mathematik. Bei neuen technischen Problemen müssen oft neue mathematische und physikalische Hilfsmittel herangezogen werden.

Dieses Buch soll so weit in die verschiedenen für die Elektrotechnik wichtigen Theorien einführen, daß ein Spezialstudium und das Verständnis für schwierigere Zusammenhänge dadurch erleichtert werden. Bei der Auswahl und Anordnung des Stoffes wurde versucht, von Leichterem zu Schwierigerem fortzuschreiten, so daß durch das Studium des Vorhergehenden das jeweils Folgende leichter verständlich wird.

Die in den Text des Buches eingestreuten Zahlenbeispiele sollen eine Vorstellung von den Größenverhältnissen der besprochenen Zusammenhänge geben. Es ist zweckmäßig, beim Studium möglichst viele von diesen und ähnlichen Zahlenbeispielen selbst durchzurechnen, da man auf diese Weise ein Gefühl für die Bedeutung der Größen erhält.

Am Schluß eines jeden Kapitels sind einige Hinweise über Bücher angegeben, die für ein weitergehendes Studium besonders geeignet sind. Diese Hinweise beziehen sich auf das Literaturverzeichnis am Schluß des Buches. Bei der großen Zahl der zur Verfügung stehenden guten Bücher konnte dabei nur eine kleine Auswahl als Beispiele genannt werden. In allen diesen Werken sind selbst wieder weitere Literaturangaben zu finden.

Erstes Kapitel

Der elektrische Strom

I. Einheiten und Größengleichungen

1. Einheitendefinitionen

Basiseinheiten und abgeleitete Einheiten

Um physikalische Größen messen zu können, legt man Einheiten der betreffenden Größen fest. Die Wahl der Einheiten ist immer willkürlich. Die physikalischen Gesetze ermöglichen es aber, die Zahl der willkürlich festgesetzten Einheiten mit Hilfe der Beziehungen zwischen den verschiedenen Größen stark einzuschränken. So sind die *Basiseinheiten* entstanden, von denen die Einheiten der anderen Größen abgeleitet werden.

Für sämtliche mechanischen, elektrischen und magnetischen Größen braucht man nur vier Basiseinheiten. Sie sind international von der Generalkonferenz für Maß und Gewicht festgelegt worden, und zwar hat man dafür die Einheiten der Länge, der Masse, der Zeit und der elektrischen Stromstärke gewählt. Für die thermischen Größen ist ebenfalls international als weitere Grundeinheit die Einheit des Temperaturintervalls festgelegt worden.

Zur Abkürzung der Schreibweise werden für die Größen „Formelzeichen", für die Einheiten „Einheitenzeichen" verwendet. Formelzeichen werden im Druck durch schrägliegende Buchstaben, Einheitenzeichen durch senkrechtstehende Buchstaben gekennzeichnet. Dekadische Bruchteile und Vielfache der Einheiten kennzeichnet man durch „Vorsatzzeichen". Außer d = Dezi = 10^{-1} und c = Centi = 10^{-2} werden folgende Vorsatzzeichen benützt:

E = Exa = 10^{18}	M = Mega = 10^{6}	n = Nano = 10^{-9}
P = Peta = 10^{15}	k = Kilo = 10^{3}	p = Piko = 10^{-12}
T = Tera = 10^{12}	m = Milli = 10^{-3}	f = Femto = 10^{-15}
G = Giga = 10^{9}	μ = Mikro = 10^{-6}	a = Atto = 10^{-18}

Die fünf Basiseinheiten der mechanischen, elektrischen und thermischen Größen

1. Länge. Früher wurde die Einheit 1 Meter = 1 m durch das im internationalen Maß- und Gewichtsbüro in Sèvres aufbewahrte Urmeter definiert. Nach Beschluß der Generalkonferenz für Maß und Gewicht im Jahre 1960 ist nunmehr 1 Meter gleich dem

1 650 763,73fachen

der Wellenlänge einer bestimmten (orangegelben) Spektrallinie in der Strahlung von Krypton. Diese Zahl wurde so gewählt, daß das neue Maß so genau wie möglich mit dem bisherigen Urmeter übereinstimmt.

2. Masse. Die Einheit 1 Kilogramm = 1 kg ist durch die Masse des ebenfalls in Sèvres aufbewahrten Urkilogramms definiert und ungefähr gleich der Masse von 1 dm³ Wasser bei 4 °C und Normaldruck.

3. Zeit. Die Einheit 1 Sekunde = 1 s wurde bis vor kurzem als ein bestimmter Bruchteil eines Jahres definiert. Da die genaue Dauer eines Jahres nicht nur schwierig zu bestimmen ist, sondern sich auch langsam verändert (um ca. 5 ms/Jahr), wurde 1967 durch einen Beschluß der Generalkonferenz für Maß und Gewicht auch die Zeiteinheit durch eine atomphysikalische Größe festgelegt, von der angenommen werden kann, daß sie sich um Größenordnungen weniger zeitlich verändert. Danach ist nunmehr 1 Sekunde das

9 192 631 770-fache

der Periodendauer der Strahlung von Cäsium 133 beim Übergang zwischen 2 bestimmten Energieniveaus (Hyperfeinstruktur-Niveaus des Grundzustandes). Auch diese Definition wurde möglichst gut der alten Definition der Sekunde angepaßt.

4. Stromstärke. Seit 1948 gilt gemäß einem **Beschluß der Generalkonferenz für** Maß und Gewicht die folgende Definition für die Einheit der Stromstärke (kurz „des Stromes") 1 Ampere = 1 A:

Ein und derselbe Strom durchfließe zwei parallele dünne Drähte, die sich mit 1 m Achsenabstand im leeren Raum befinden. Die Stromstärke ist dann 1 A, wenn die zwischen den beiden Drähten wirkende Stromkraft $2 \cdot 10^{-7}$ N je Meter Länge beträgt.

Die so definierte Einheit unterscheidet sich nur ganz wenig von der früher benützten Einheit des „Silberampere", die durch die elektrolytische Ausscheidung von Silber aus einer Silbersalzlösung definiert wurde.

5. Temperatur. Die Einheit der Temperatur ist das Kelvin (K). Diese Einheit ist dadurch definiert, daß die *thermodynamische Temperatur* (absolute Temperatur) des Wassers beim sogenannten Tripelpunkt (Temperatur, bei der die drei Zustandsformen des Wassers gleichzeitig auftreten) zu

$$273{,}16\ \mathrm{K}$$

festgelegt worden ist und daß die Temperaturskala thermodynamisch gleichmäßig unterteilt sein soll. Die thermodynamische Temperatur T wird auch als *Kelvintemperatur* bezeichnet. Die *Celsiustemperatur* ϑ benützt dieselbe Einheit, die jedoch °C geschrieben wird; sie ergibt sich aus der Kelvintemperatur durch Abziehen von 273,15 Grad:

$$\vartheta = T - 273{,}15\ \mathrm{K}\,. \tag{1}$$

Das Kelvin dient ebenfalls als Einheit der Temperaturdifferenz.

Abgeleitete Einheiten

Im folgenden werden einige aus den Basiseinheiten abgeleitete Einheiten aufgeführt.

1. Kraft. Die ältere Krafteinheit 1 Dyn = 1 dyn wurde definiert als die Kraft, die einem Körper von der Masse 1 g die Beschleunigung 1 cm/s² erteilt:

$$1\ \mathrm{dyn} = 1\ \frac{\mathrm{cm\,g}}{\mathrm{s}^2}\,. \tag{2}$$

Die neue gesetzliche Krafteinheit ist das *Newton*, abgekürzt N. Sie ist definiert als die Kraft, die einem Körper von der Masse 1 kg die Beschleunigung 1 m/s² erteilt:

$$\boxed{1\ \mathrm{N} = 1\ \frac{\mathrm{m\,kg}}{\mathrm{s}^2}} \tag{3}$$

Früher wurde vielfach als Einheit 1 *Kraftkilogramm* = 1 *Kilopond* = 1 kp verwendet. Es ist die Gewichtskraft, die auf einen Körper von 1 kg Masse an einem Ort mit der „*Normbeschleunigung*"

$$g_n = 9{,}80665\ \frac{\mathrm{m}}{\mathrm{s}^2} \tag{4}$$

wirkt:

$$1\ \mathrm{kp} = 9{,}80665\ \frac{\mathrm{m\,kg}}{\mathrm{s}^2}\,. \tag{5}$$

Auf Grund der obigen Definitionen gilt zur Umrechnung

$$1\ \mathrm{kp} = 9{,}80665\ \mathrm{N} = 980\,665\ \mathrm{dyn}\,, \tag{6}$$

$$1\ \mathrm{N} \approx 0{,}102\ \mathrm{kp}\,. \tag{7}$$

2. Druck. Als Einheit des Druckes, des Quotienten einer Kraft und einer Fläche, dienen das Pascal, abgekürzt Pa, und das Bar; es gilt

$$1\ \mathrm{Pa} = 1\ \frac{\mathrm{N}}{\mathrm{m}^2}\,. \tag{8}$$

$$1\ \mathrm{bar} = 10^5\ \frac{\mathrm{N}}{\mathrm{m}^2} = 10^5\ \mathrm{Pa} = 10^6\ \frac{\mathrm{dyn}}{\mathrm{cm}^2}\,. \tag{9}$$

Nicht mehr gültig sind die früher benutzten Einheiten „*physikalische Atmosphäre*"

$$1\ \mathrm{atm} = 101\,325\ \frac{\mathrm{N}}{\mathrm{m}^2}\,, \tag{10}$$

sowie „*technische Atmosphäre*"

$$1\ \mathrm{at} = 1\ \frac{\mathrm{kp}}{\mathrm{cm}^2} = 98\,066{,}5\ \frac{\mathrm{N}}{\mathrm{m}^2} \tag{11}$$

Mit Unterschieden bis etwa 2% ist also

$$1\ \mathrm{at} \approx 1\ \mathrm{atm} \approx 1\ \mathrm{bar}\,. \tag{12}$$

Als weitere Druckeinheit wurde früher besonders bei kleinen Gasdrücken das Torr verwendet. Es ist angenähert gleich dem Druck einer Quecksilbersäule von 1 mm Höhe bei Null Grad Celsius im normalen Erdfeld, und es gilt

$$1\ \mathrm{Torr} = \frac{1}{760}\,\mathrm{atm} = \frac{101\,325\ \mathrm{N}}{760\ \mathrm{m}^2} = 1{,}33322\ \mathrm{mbar}\,. \tag{13}$$

3. Arbeit, Energie, Leistung. Die internationale Einheit der Arbeit ist 1 Joule = 1 J. Sie ist definiert als die Arbeit, die zur Verschiebung eines Körpers um 1 m erforderlich ist, wenn dabei eine Kraft von 1 N überwunden werden muß:

$$1\ \mathrm{J} = 1\ \mathrm{Nm}\,. \tag{14}$$

Die entsprechende Leistungseinheit ist

$$1\ \mathrm{Watt} = 1\ \mathrm{W} = 1\ \frac{\mathrm{J}}{\mathrm{s}} = 1\ \frac{\mathrm{Nm}}{\mathrm{s}}\,. \tag{15}$$

Hieraus folgt die häufig nützliche Umrechnungsbeziehung zwischen elektrischen und mechanischen Einheiten:

$$\boxed{1\ \frac{\mathrm{W\,s}}{\mathrm{m}} = 1\ \mathrm{N}\,.} \tag{16}$$

Diese Einheiten werden für sämtliche Arten von Energie und Arbeit bzw. Leistung verwendet, sowohl für mechanische als auch für elektrische und thermische Größen.

Eine alte, nicht mehr gültige Leistungseinheit ist die „Pferdestärke"

$$1\ \mathrm{PS} = 75\ \frac{\mathrm{kp\,m}}{\mathrm{s}} \approx 735{,}5\ \mathrm{W}\,. \tag{17}$$

Aufgrund der oben angegebenen Beziehungen gilt auch

$$1\ \mathrm{W} = 1\ \frac{\mathrm{kg\,m}^2}{\mathrm{s}^3}\,. \tag{18}$$

$$1\ \mathrm{kWh} = 3{,}6\ \mathrm{MJ}\,. \tag{19}$$

4. Wärmemenge. Wärmemengen werden wie alle Arbeitsgrößen in Joule (Ws) gemessen. Eine ältere, nicht mehr gültige Einheit ist 1 Kalorie = 1 cal; sie war definiert als die Wärmemenge, die erforderlich ist, um 1 g Wasser von 14,5°C auf 15,5°C zu erwärmen. Für den Zusammenhang mit der Wattsekunde hatte sich experimentell ergeben

$$1\ \mathrm{cal} \approx 4{,}186\ \mathrm{Ws}\,. \tag{20}$$

Um die meßtechnischen Schwierigkeiten dieser Definition zu vermeiden, war international festgelegt worden

$$1 \text{ cal} = 4{,}1868 \text{ J} . \tag{21}$$

Es ist also auch

$$1 \text{ J} \approx 0{,}239 \text{ cal} . \tag{22}$$

Ferner folgt für den Zusammenhang zwischen der Kilowattstunde und der Kilokalorie

$$1 \text{ kWh} \approx 860{,}1 \text{ kcal} . \tag{23}$$

5. Elektrische Spannung. Die Spannung an einem elektrischen Leiter, der von einem Strom von 1 A durchflossen wird, beträgt 1 Volt = 1 V, wenn die in dem Leiter in Wärme umgesetzte Leistung 1 W beträgt.

Eine praktisch verwendete angenäherte Definition benützt den Vergleich mit dem Weston-Normalelement. Dieses liefert bei 20 °C eine Spannung

$$U_N = 1{,}01865 \text{ V} . \tag{24}$$

6. Widerstand. Ein elektrischer Leiter, der von einem Strom von 1 A durchflossen wird, hat den Widerstand 1 Ohm = 1 Ω, wenn die Spannung zwischen seinen Enden 1 V beträgt.

Auch alle weiteren Einheiten elektrischer und magnetischer Größen werden von den *vier Basiseinheiten der Länge, der Masse, der Zeit und der Stromstärke* abgeleitet. Früher hielt man es für notwendig, bestimmte *Einheitensysteme* zu benützen, bei denen jede Größe in einer bestimmten Einheit gemessen werden mußte. Seit man erkannt hat, daß es möglich ist, alle physikalischen Gesetze in einer solchen Form zu schreiben, daß sie unabhängig von den gewählten Einheiten sind und für alle Einheiten gelten (s. Abschnitt 2, Größengleichungen), ist eine solche Einordnung in Einheitensysteme unnötig geworden.

Den Zusammenhang zwischen den internationalen Einheiten und den sog. absoluten elektrostatischen und elektromagnetischen Einheiten, der beim Studium älterer Schriften gebraucht wird, zeigt die Tabelle im Anhang am Schluß des Buches.

2. Größengleichungen

Viele der früher und z. T. auch heute noch in der Physik und Technik benützten Gleichungen sind sogenannte *Zahlenwertgleichungen*; sie sind nur richtig, wenn man die Größen in ganz bestimmten Einheiten einführt. Wenn man z. B. für die mechanische Leistung P, die zur Drehung einer Welle mit der Drehgeschwindigkeit n bei einem Drehmoment M_d notwendig ist, schreibt

$$P = \frac{2\pi}{4500} n M_d , \tag{1}$$

so gilt diese Gleichung nur, wenn für M_d die Zahl der Meterkilopond, für n die Zahl der Umdrehungen in einer Minute eingesetzt wird, und die Leistung in PS gemessen wird. Diese Gleichung ist eine Zahlenwertgleichung. Man muß bei einer solchen Gleichung immer angeben, in welchen Einheiten die einzelnen Größen gemessen werden sollen. Das ist umständlich; außerdem können Fehler entstehen, wenn einmal die Angabe der Einheit für eine Größe vergessen worden ist; zum mindesten ist es dann nötig, die ganze Ableitung der Formeln durchzugehen, um festzustellen, welche Einheiten vorausgesetzt wurden.

Die *Größengleichungen* sind im Gegensatz dazu für alle beliebigen Einheiten der Größen richtig. Bei ihnen wird jede Größe als Produkt des Zahlenwertes mit der Einheit aufgefaßt und als solches in die Formel eingesetzt. Die Einheiten werden dann wie algebraische Größen behandelt. Der Zusammenhang zwischen Leistung, Drehmoment und Drehgeschwindigkeit lautet, als Größengleichung geschrieben,

$$P = 2\pi n M_d . \tag{2}$$

Hier kann man z. B. einsetzen $n = 3000\,\mathrm{min}^{-1}$, $M_d = 50$ Nm und erhält

$$P = 2\pi 3000 \cdot 50 \frac{\mathrm{Nm}}{\mathrm{min}} = 9{,}42 \cdot 10^5 \frac{\mathrm{Nm}}{\mathrm{min}}.$$

Man wendet nun auf die Einheitenzeichen die gewöhnlichen Rechenregeln der Algebra an. Setzt man z. B. ein 1 min = 60 s, so ergibt sich

$$P = 9{,}42 \cdot 10^5 \frac{\mathrm{Nm}}{60\,\mathrm{s}} = 1{,}57 \cdot 10^4 \frac{\mathrm{Nm}}{\mathrm{s}} = 1{,}57 \cdot 10^4\,\mathrm{W} = 15{,}7\,\mathrm{kW}.$$

Die Einheit der zu berechnenden Größe ergibt sich jeweils zwangsläufig aus den eingesetzten Einheiten der gegebenen Größen. In der damit verbundenen Kontrolle der Rechnung liegt ein weiterer praktisch wichtiger Vorteil der Größengleichungen.

In einfachen Fällen ist es natürlich nicht immer nötig, die Rechnung mit den Einheiten in aller Ausführlichkeit anzuschreiben. Bei komplizierten Rechnungen ist jedoch dieses Verfahren außerordentlich zweckmäßig, wobei allerdings beachtet werden muß, daß es nur gilt, wenn auch wirklich Größengleichungen verwendet Die Normenausschüsse empfehlen deshalb, nur noch Größengleichungen zu verwenden und die umständlichen und unzuverlässigen Zahlenwertgleichungen aufzugeben. Alle Gleichungen in diesem Buch sind Größengleichungen.

Internationales Einheitensystem

Verschiedentlich sind „*Einheitensysteme*" vorgeschlagen worden, bei denen die Zahlenrechnungen durch Beschränkung auf ganz bestimmte Einheiten für jede Größe vereinfacht werden sollen. Bemerkenswert ist besonders das von G. Giorgi 1901 vorgeschlagene Einheitensystem, weil es zu dem heute gesetzlichen *Internationalen Einheitensystem* (SI) geführt hat. Es geht von den vier Basiseinheiten m, kg, s und A aus und benützt für die übrigen physikalischen Größen die aus diesen abgeleiteten Einheiten. Daher wird es auch *MKSA-System* genannt.

Es werden also gemessen

alle Längen	in m,	alle Stromstärken	in A,
alle Zeiten	in s,	alle Spannungen	in V,
alle Massen	in kg,	alle Leistungen	in W.
alle Kräfte	in N,		

Bei Benützung dieser „SI-Einheiten "(Système International) werden alle Größengleichungen gleichzeitig auch Zahlenwertgleichungen; man kann also beim Einsetzen von Zahlenwerten in die Gleichungen die Einheiten weglassen, da die gesuchte Größe ebenfalls in der Einheit des gleichen „Maßsystems" erhalten wird.

Das obige Zahlenbeispiel erhält in diesem Einheitensystem folgende Form. Es ist

$$n = 3000\,\mathrm{min}^{-1} = 50\,\mathrm{s}^{-1};$$

$$M = 50\,\mathrm{Nm}.$$

Die Zahlenwerte in SI-Einheiten sind also 50 für n und 50 für M. Die Größengleichung für die Leistung lautete $P = 2\pi n M$. Diese Gleichung ist gleichzeitig

Zahlenwertgleichung, d. h. sie liefert die Leistung in W, wenn wir die Zahlenwerte der SI-Einheiten für M und n einsetzen:

$$P = 2\pi n M = 2\pi 50 \cdot 50\ \mathrm{W} = 15708\ \mathrm{W}.$$

Das Rechnen im Internationalen Einheitensystem ist also sehr bequem.

II. Elektrische Netze bei Gleichstrom

3. Grundgesetze für Strom und Spannung in Gleichstromnetzen

Eine grundlegende Aufgabe der Elektrotechnik beschäftigt sich mit der Berechnung von Stromstärken und Spannungen in *Netzen*, die Erzeuger und Verbraucher elektrischer Energie sowie Leitungen in beliebiger Anordnung enthalten, wobei die einzelnen Zweige des Netzes *konstante Widerstandswerte* haben, d. h., in allen Zweigen sind Stromstärke und Spannung einander proportional, es gilt das Ohmsche Gesetz, siehe Seite 13.

Die Berechnung der Widerstandswerte wird besonders einfach, wenn es sich um drahtförmige Leiter handelt. Sind die Querschnittsabmessungen der Drähte sehr klein gegen die Drahtlänge, dann füllt der elektrische Strom den Querschnitt der Leiter gleichmäßig aus, und es gelten für den Widerstand eines Drahtes von der Länge l und dem Querschnitt A die folgenden Formeln:

$$R = \varrho \frac{l}{A} \qquad \text{oder} \qquad R = \frac{l}{\sigma A}\,. \tag{1}$$

Die Größen ϱ und σ werden *spezifischer elektr. Widerstand* und *elektr. Leitfähigkeit* genannt. Aus den Gl. (1) geht hervor, daß als Einheit für den spezifischen Widerstand z. B. 1 Ωm, als Einheit für die Leitfähigkeit z. B. 1 S/m gewählt werden kann (S = Siemens = 1/Ω). Eine praktisch häufig verwendete Einheit für den spezifischen Widerstand ist auch 1 $\Omega\,\mathrm{mm}^2/\mathrm{m}$. In der folgenden Tabelle 3.1 sind für einige Stoffe die Werte des spezifischen Widerstandes und der Leitfähigkeit bei 20 °C angegeben, ferner der *Temperaturkoeffizient* α bei dieser Temperatur, der definiert ist durch die Gleichung:

$$R = R_{20}\,(1 + \alpha\,\vartheta)\,. \tag{2}$$

Bei den reinen Metallen wächst der spezifische Widerstand in einem weiten Temperaturbereich linear mit der Temperatur; hier gilt also

$$\varrho = k\,(\vartheta_0 + \vartheta_1 + \vartheta) = k\,(\vartheta_0 + \vartheta_1)\left(1 + \frac{\vartheta}{\vartheta_0 + \vartheta_1}\right) = \varrho_1\left(1 + \frac{\vartheta}{\vartheta_0 + \vartheta_1}\right), \tag{3}$$

wenn mit ϑ_1 die Ausgangstemperatur, z. B. 20 °C, mit ϑ die Übertemperatur und mit ϱ_1 der spezifische Widerstand bei der Ausgangstemperatur ϑ_1 bezeichnet wird. ϑ_0 ist eine Stoffkonstante, z. B. ist

für Aluminium $\vartheta_0 = 225$ °C,
für Kupfer $\vartheta_0 = 235$ °C.

Der Temperaturkoeffizient wird damit für irgendeine Ausgangstemperatur ϑ_1:

$$\alpha = \frac{1}{\vartheta_0 + \vartheta_1}\,. \tag{4}$$

Er nimmt also mit wachsender Temperatur ϑ_1 ab.

Legierungen haben im allgemeinen eine kompliziertere Abhängigkeit des Temperaturkoeffizienten von der Temperatur; so zeigt z. B. Manganin ein Maximum des Widerstandes bei etwa 35 °C.

Bemerkung: Bei sehr tiefen Temperaturen, in der Nähe des absoluten Nullpunktes der Temperatur, sinkt der Widerstand vieler elektrischer Leiter beim Unterschreiten der sog. „Sprungtemperatur" plötzlich auf unmeßbar kleine Werte, eine Erscheinung, die als *Supra-*

leitung bezeichnet wird. Die Sprungtemperatur ist bei den verschiedenen Materialien verschieden groß, z. B. bei Aluminium 1,2 K, bei Tantal 4,4 K, bei Blei 7,2 K, bei Niobium 8 K.

Tabelle 3.1 Leitfähigkeitseigenschaften verschiedener Stoffe

Material	Spezifischer Widerstand[1] ϱ $\frac{\Omega\,mm^2}{m}$	Leitfähigkeit σ $\frac{S}{m}$	Temperaturkoeffizient α bei 20 °C K^{-1}
Silber	0,0159…0,017	$5{,}9\cdots6{,}3\times10^7$	$3{,}8\times10^{-3}$
Kupfer	0,0170…0,0178	$5{,}6\cdots5{,}9\times10^7$	$3{,}9\times10^{-3}$
Aluminium	0,028…0,03	$3{,}3\cdots3{,}6\times10^7$	$4{,}1\times10^{-3}$
Zink	0,063	$1{,}6\times10^7$	$3{,}7\times10^{-3}$
Messing	0,07…0,09	$1{,}1\cdots1{,}4\times10^7$	$1{,}5\times10^{-3}$
Eisen	0,09…0,15	$0{,}67\cdots1{,}1\times10^7$	$4{,}5\times10^{-3}$
Widerstandswerkstoffe:			
Kupfer–Nickel–Mangan (Nickelin, Manganin, Konstantan)	0,43…0,5	$2{,}2\times10^6$	$-0{,}05\cdots0{,}1\times10^{-3}$
Eisen–Chrom	1,2	$0{,}8\times10^6$	$0{,}02\times10^{-3}$
Bogenlampenkohle	60…80	$1{,}70\times10^4$	$-0{,}2\cdots-0{,}8\times10^{-3}$
Glanzkohle	30	$3{,}30\times10^4$	$-0{,}2\cdots-1\times10^{-3}$
Seewasser	3×10^5	3	—
Flußwasser	$10^7\cdots10^8$	$10^{-2}\cdots10^{-1}$	—
Erde	$10^8\cdots10^{10}$	$10^{-4}\cdots10^{-2}$	—
Destilliertes Wasser	$1\cdots4\times10^{10}$	$0{,}2\cdots1\times10^{-4}$	—

[1] Die kleineren Werte gelten für den größten Reinheitsgrad der Metalle.

Zur Lösung der Aufgabe, die stationäre Strom- und Spannungsverteilung in Widerstandsnetzen zu berechnen, dienen die Gesetze von Ohm und Kirchhoff. Zur Vereinfachung der Berechnungen sind mehrere Sätze und Methoden entwickelt worden, die sich aus diesen Gesetzen herleiten. Sie sind im allgemeinen nur von Nutzen, wenn es sich um die Durchführung einer großen Menge von Rechnungen ein und derselben Art handelt. Im folgenden werden daher nur einige dieser Methoden behandelt, die besonders allgemein sind und einen vertieften Einblick in die Gesetzmäßigkeiten geben.

Vorzeichen und Richtungsregeln

Bei der Berechnung von Spannungen und Strömen in elektrischen Netzen muß man zwischen der positiven konventionellen („physikalischen") Richtung und der Bezugsrichtung dieser Spannungen und Ströme unterscheiden.

Um eine solche Berechnung durchführen zu können, muß für jede unbekannte Spannung und jeden unbekannten Strom eine willkürlich gewählte *Bezugsrichtung* (*Zählrichtung*) festgelegt werden. Ergibt die Rechnung einen positiven Wert, so stimmt die physikalische Richtung mit der gewählten Bezugsrichtung von Strom oder Spannung überein, andernfalls sind beide entgegengesetzt. Die Kennzeichnung von Bezugsrichtungen geschieht in Schaltplänen durch *Bezugspfeile* (*Zählpfeile*), in Formeln durch Doppelindizes, z. B. U_{ab}.

Die chemischen Wirkungen des elektrischen Stromes zeigen, daß dem Strom eine Richtung zugesprochen werden kann (Metallniederschlag am negativen Pol). Als *positiven* Pol einer „Stromquelle" (auch „Spannungsquelle" s. S. 23, besser: *elektrische Energiequelle*, kurz *Quelle*) hat man willkürlich den Pol bezeichnet, der in bezug auf elektrisch geladene Körper gleichartige Wirkungen zeigt wie ein geriebener Glasstab, dem man aufgrund einer entsprechenden Übereinkunft eine *positive Ladung* zuschreibt. (Eine positive Ladung kann als Überschuß positiver Ladungsträger oder als Mangel an negativen Ladungsträgern (Elektronen) aufgefaßt werden.) Daher wird als positive physikalische Stromrichtung die Bewegungsrichtung der positiven Ladungsträger bezeichnet. Die physikalisch positive Stromrichtung geht also vom positiven Pol der Quelle über einen äußeren Stromkreis („Verbraucher“) zum negativen Pol und durch die Quelle vom negativen Pol zum positiven zurück. Die physikalisch positive Richtung der Spannung ist vom positiven zum negativen Pol der Quelle.

Eine andere Ausdrucksweise für diese Festsetzungen ergibt sich, wenn man an Stelle der Spannung U das Potential φ einführt. *Man versteht unter dem Potential φ eines beliebigen Punktes in einem Stromkreis die Spannung zwischen diesem Punkt und einem willkürlichen Bezugspunkt.* In Abb. 3.1 ist z. B. U_3 das Potential des Punktes c gegen den Punkt d; das Potential des Punktes d gegen den Punkt c ist dagegen $-U_3$. Ferner ist das Potential des Punktes a

$$\varphi_a = U_1 + U_2 + U_3 \tag{5}$$

in bezug auf den Punkt d; das Potential des Punktes b ist

$$\varphi_b = U_2 + U_3 \tag{6}$$

in bezug auf den Punkt d. Daher gilt allgemein

$$U_{ab} = \varphi_a - \varphi_b \,. \tag{7}$$

Die Spannung zwischen zwei beliebigen Punkten ist gleich der Differenz der Potentiale dieser Punkte. Das Potential ist als eine Hilfsgröße zu betrachten, die in manchen Fällen die Ausdrucksweise vereinfacht. Bei allen Anwendungen hat man es nur mit *Potentialdifferenzen,* also Spannungen zu tun.

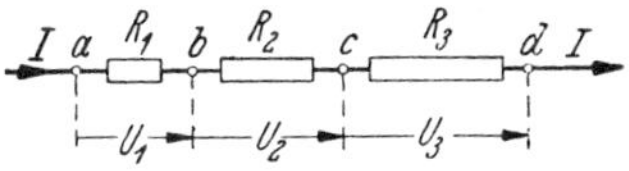

Abb. 3.1. Reihenwiderstände

Das Ohmsche Gesetz

Der Spannungsverbrauch eines Widerstandes R, der vom Strom I durchflossen wird, ist allgemein

$$\boxed{U = I\,R\,.} \tag{8}$$

So ist z. B. in Abb. 3.1

$$U_1 = I\,R_1; \quad U_2 = I\,R_2; \quad U_3 = I\,R_3\,.$$

Eine Veranschaulichung der Spannungsverteilung längs des Stromkreises erhält man, wenn man die Spannungen gegen den einen Endpunkt eines jeden Leiters, also die Potentiale, in Abhängigkeit vom Widerstand aufträgt, Abb. 3.2. Die Neigungswinkel α der geraden Linien sind auf Grund der Gl. (8) durch die Stromstärke I bestimmt. Da diese in allen drei Widerständen die gleiche ist, kann man die Potentialverteilung durch eine einzige gerade Linie darstellen, Abb. 3.3, indem man den Punkt d als Bezugspunkt für das Potential wählt.

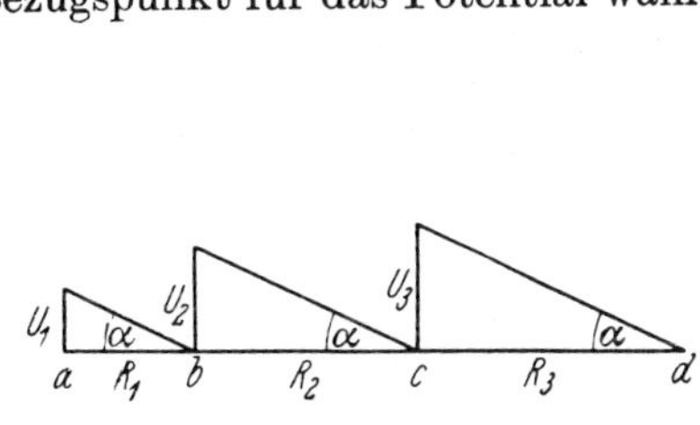

Abb. 3.2. Spannungsverteilung bei Reihenwiderständen

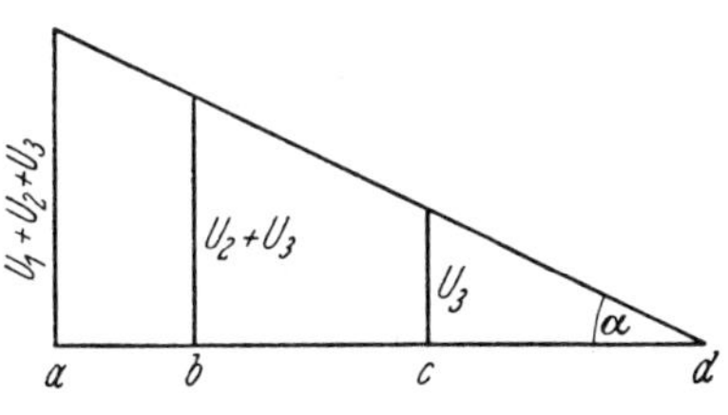

Abb. 3.3. Potentialverteilung bei Reihenwiderständen

Bemerkung: Die Bezeichnung „Widerstand" wird im Sprachgebrauch sowohl für die physikalische Größe R (den „Widerstandswert") benützt, als auch für den Gegenstand, den elektrischen Leiter. Die physikalische Größe wird zur besseren Unterscheidung auch als *Resistanz* bezeichnet

Ein einfacher Stromkreis, Abb. 3.4, besteht aus einer Quelle und einer Anzahl hintereinander geschalteter Widerstände. Der gesamte Spannungsverbrauch eines solchen Stromkreises ist

$$U = I\,R_1 + I\,R_2 + I\,R_3 + I\,R_4\,, \tag{9}$$

wenn der „innere Widerstand" der Stromquelle mit R_4 bezeichnet wird. Nennt man die Summe der einzelnen Widerstände über den ganzen geschlossenen Kreis R,

$$R = R_1 + R_2 + R_3 + R_4\,, \tag{10}$$

so ergibt sich für den Spannungsverbrauch wieder die Gl. (8).

Dieser gesamte Spannungsverbrauch wird durch die elektrische Energiequelle gedeckt. Die Quelle stellt eine bestimmte Spannung zur Verfügung, und es stellt sich eine solche Stromstärke ein, daß der gesamte Spannungsverbrauch gleich der zur Verfügung stehenden Spannung ist. Die durch die Quelle zur Verfügung gestellte Spannung heißt *Quellenspannung* U_q.

Sie hängt im allgemeinen von der Stromstärke ab. Z.B. kann sie wie in Abb. 3.5 mit wachsender Stromstärke abnehmen. Der Spannungsverbrauch U des Strom-

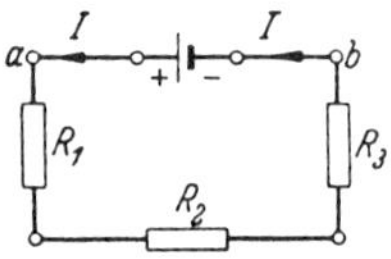

Abb. 3.4. Einfacher Stromkreis

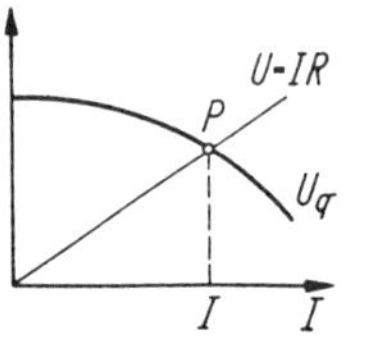

Abb. 3.5. Quellenspannung U_q nimmt mit zunehmender Stromstärke ab

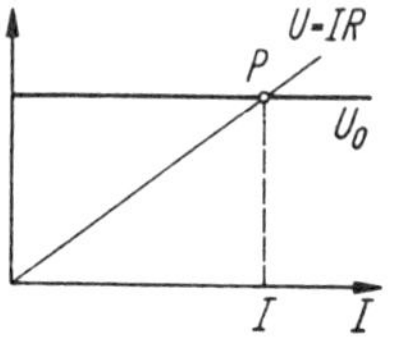

Abb. 3.6. Quellenspannung $U_q = U_0$ ist unabhängig von der Stromstärke

kreises ist gemäß Gl. (8) und (9) proportional zur Stromstärke. Aus dem Schnittpunkt P der dadurch bestimmten Geraden mit der Kennlinie für U_q der Quelle ergibt sich der Betriebsstrom I, und es gilt

$$\boxed{I\,R = U_q\,.} \tag{11}$$

In vielen Fällen ist die Quellenspannung unabhängig von der Stromstärke, Abb. 3.6,

$$U_q = U_0 = \text{const}\,. \tag{12}$$

Sie wird dann auch *Leerlaufspannung* genannt, da sie bei offenen Klemmen der Quelle als Spannung zwischen den beiden Klemmen gemessen werden kann. Im geschlossenen Stromkreis gilt dann für die Stromstärke

$$\boxed{I = \frac{U_0}{R}\,,} \tag{13}$$

wobei R den nach Gl. (10) bestimmten Gesamtwiderstand des geschlossenen Stromkreises bedeutet (G. S. Ohm 1827). *Unter der Voraussetzung der Gl. (12) ist die Stromstärke umgekehrt proportional dem gesamten Widerstand des Stromkreises.*

Die Spannung zwischen den Klemmen a und b der Quelle, Abb. 3.4, wird *Klemmenspannung* genannt. Es gilt

$$U_{ab} = I\,(R_1 + R_2 + R_3) = U_0 - I\,R_4\,, \tag{14}$$

oder allgemein

$$U_{ab} = I\,R_a = U_0 - I\,R_i\,, \tag{15}$$

wenn der *äußere Widerstand* oder *Lastwiderstand* mit R_a und der *innere Widerstand* (R_4) allgemein mit R_i bezeichnet wird.

Bei *Leerlauf* ist der Lastwiderstand R_a unendlich groß, die Stromstärke wird Null und auch der innere Spannungsabfall $I\,R_i$ wird Null; die Klemmenspannung wird gleich der Leerlaufspannung:

$$U_{ab} = U_0 \,. \qquad (16)$$

Bei einem *beliebigen Lastwiderstand* stellt sich gemäß Gl. (13) eine bestimmte Stromstärke ein und damit wird die Klemmenspannung nach Gl. (15) kleiner als die Leerlaufspannung. Daraus folgt für variable Lastwiderstände der in Abb. 3.7 dargestellte Zusammenhang zwischen Klemmenspannung U_{ab} und Stromstärke I. I_k gibt die *Kurzschlußstromstärke* an, die nur durch Leerlaufspannung und inneren Widerstand bestimmt ist:

$$I_k = \frac{U_0}{R_i} \,. \qquad (17)$$

Die durch Abb. 3.7 veranschaulichte „*Belastungskennlinie*" der Quelle ist bei Energiequellen für größere Leistungen meist durch eine höchstzulässige Stromstärke oder eine höchstzulässige Spannung begrenzt.

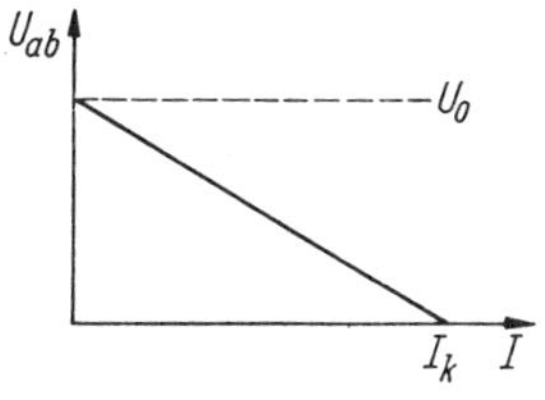

Abb. 3.7. Belastungskennlinie einer Stromquelle

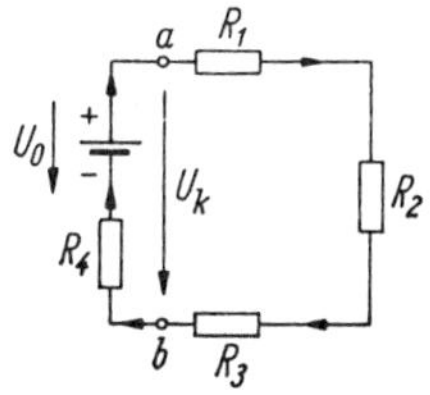

Abb. 3.8. Stromkreis mit Zählpfeilen für die Spannungen

Die Spannung U_{ba} zwischen Klemme b und a ist gemäß Gl. (7) das Negative der Spannung U_{ab}:

$$U_{ba} = -\,U_{ab} \,.$$

Um die für das Vorzeichen maßgebenden Indizes an den Spannungen zu vermeiden, werden für die Spannungen Zählpfeile oder Bezugspfeile verwendet. Diese werden neben die betreffenden Abschnitte des Stromkreises gezeichnet, wie z.B. in Abb. 3.8, und bedeuten, daß die betreffende Spannung jeweils als Differenz der Potentiale in der Pfeilrichtung genommen werden soll und daß sie daher positiv ist, wenn der Pfeilschaft am höheren, die Pfeilspitze am niedrigeren Potential liegt.

Mit den in Abb. 3.8 angegebenen Zählpfeilen gilt z.B. für die Klemmenspannung

$$\boxed{U_k = U_0 - I\,R_i \,.} \qquad (18)$$

Diese Beziehung ist also erst dann eindeutig, wenn sowohl die Zählrichtung für den Strom als auch die Zählrichtungen für die Spannungen festgelegt sind.

Schreibt man die Gl. (9) in der Form

$$U_0 = I\,R_1 + I R_2 + I\,R_3 + I\,R_4 \,, \qquad (19)$$

und multipliziert man auf beiden Seiten mit I, so drückt sie den Energiesatz aus: $U_0\,I$ ist die gesamte von der Stromquelle gelieferte Leistung; die Ausdrücke auf der rechten Seite stellen dagegen die in Wärme umgewandelten Leistungen dar.

Zahlenbeispiel: Die Stromquelle in Abb. 3.8 bestehe aus 30 Akkumulatorenzellen mit einer Klemmenspannung bei Leerlauf von 62 V, der innere Widerstand dieser Batterie sei 0,2 Ω. Ferner sei $R_1 = 2\,\Omega$, $R_2 = 3\,\Omega$ und $R_3 = 1\,\Omega$. Dann ist $R = 6{,}2\,\Omega$. Nach Gl. (13) wird die Stromstärke

$$I = \frac{62\text{ V}}{6{,}2\,\Omega} = 10\text{ A};$$

die Klemmenspannung der Batterie (Spannung zwischen den Punkten a und b) ist

$$U = I\,(R_1 + R_2 + R_3) = 10\,\mathrm{A} \cdot 6\,\Omega = 60\,\mathrm{V}.$$

Anmerkungen: 1. Quellenspannung wurde früher auch als *elektromotorische Kraft* (EMK) bezeichnet, d. h. als die „Kraft", die die Elektrizität in Bewegung setzt. Dabei wurde die positive Zählrichtung jedoch durch einen Pfeil gekennzeichnet, der von Minuspol zum Pluspol der Stromquelle zeigt, also entgegensetzt zu dem in Abb. 3.8 benützten Zählpfeil. Diese Vorstellung kann ebenfalls konsequent durchgeführt werden, bringt aber die Komplikation mit sich, daß die Spannungszählpfeile zweierlei Bedeutung haben, je nachdem ob Spannungen oder elektromotorische Kräfte gemeint sind. Im folgenden werden einheitlich *Zählpfeile für die Spannungen* benützt, *die immer die Richtung eines positiven Potentialgefälles angeben.*

2. Die Spannung ist ebenso wie die Stromstärke eine physikalisch definierte Größe, und es ergibt sich die Spannung zwischen zwei Punkten aus der Arbeit, die zur Überwindung der elektrischen Feldkräfte aufgewendet werden muß, wenn eine punktförmige Ladung von dem einen Punkt zum anderen bewegt wird (s. Abschnitt 9). Die Spannung ist gleich dieser Arbeit geteilt durch die Ladung (Elektrizitätsmenge). Man definiert dann allgemein den Widerstand durch das Verhältnis von Spannung zu Strom:

$$R = \frac{U}{I}\,. \tag{20}$$

Im allgemeinen ändert sich dieses Verhältnis, wenn die Spannung oder der Strom geändert wird. In Abb. 3.9 ist für einige Arten von Stromleitern die Abhängigkeit der Stromstärke I von der Spannung U grundsätzlich dargestellt („Strom-Spannungs-Kennlinien"). Eine Kennlinie von der Form *1* findet man bei Gleichrichtern, Sperrschichtzellen, Dioden (s. Abschnitte 19 u. 54). Form *2* ergibt sich bei Dioden mit Sättigungsstrom und bei Eisen-Wasserstoff-Widerständen (Eisendraht in Wasserstoff-Atmosphäre). Der Widerstand von Eisen nimmt oberhalb einer bestimmten Temperatur (Umwandlungspunkt) stark zu, so daß die Stromstärke in einem gewissen Spannungsbereich nahezu konstant bleibt. Kennlinien von der Form *3* haben die sog. Heißleiter; das sind Halbleiter, z. B. Kupferoxyd, Urandioxyd, Magnesium-Titan-Spinell, deren Widerstandstemperaturkoeffizient stark negativ ist; sie halten daher in einem gewissen Stromstärkenbereich die Spannung nahezu konstant. Die Kurve *4* zeigt eine fallende Stromspannungskennlinie, wie sie z. B. bei Gasentladungen (s. Abschnitt 21) vorkommt. Bei kleinen Spannungs- und Stromschwankungen kann ein solcher Leiter wie ein „negativer Widerstand" wirken (s. Abschnitt 49). Bei einigen Stoffen, insbesondere bei den Metallen, erweist sich dagegen der Widerstand als praktisch unabhängig von Spannung und Stromstärke, wenn die Temperatur des Leiters konstant bleibt. Nur in diesem Spezialfall, der zwar physikalisch als eine Ausnahme zu betrachten ist, praktisch aber große Bedeutung hat, ergibt die Einführung des Widerstandsbegriffs eine Vereinfachung der Überlegungen, Kurve *5*, „ohmscher Widerstand", „allgemeines Ohmsches Gesetz", Gl. (8).

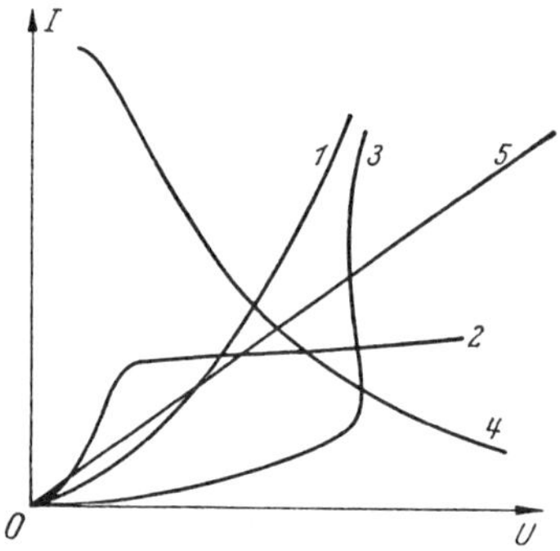

Abb. 3.9. Strom-Spannungs-Kennlinien verschiedener Leiter

3. Das Potential wird ebenfalls aus einer Arbeit definiert, s. Gl. (9.21), und streng genommen gibt es ein Potential in diesem Sinne nur im stationären elektrischen Feld, d. h. nur, wenn alle in der Anordnung vorkommenden Ströme und Spannungen zeitlich konstant sind. Den Begriff des Potentials kann man jedoch praktisch auch in vielen Fällen bei zeitlich veränderlichen Strömen und Spannungen, z. B. bei Wechselströmen, anwenden, wenn die Änderungen verhältnismäßig langsam erfolgen; siehe besonders Abschnitt 19 und Abschnitt 43.

Der erste Kirchhoffsche Satz

Das allgemeine Netz besteht aus einzelnen *Zweigen*, die an den *Knotenpunkten* oder Verzweigungspunkten miteinander zusammenhängen. Geht man von irgend einem Knotenpunkte aus und bewegt man sich längs der elektrischen Leiter, so kann man immer auf mindestens einem Wege zu dem Ausgangspunkt zurückkehren, ohne daß ein Zweig mehrmals durchlaufen wird. Einen solchen geschlossenen Weg nennt man eine *Masche* des Netzes.

Der erste KIRCHHOFFsche Satz bezieht sich auf die *Knotenpunkte* des Netzes. Er bringt die Erfahrungstatsache zum Ausdruck, daß sich der elektrische Strom an der Verzweigungsstelle wie eine nichtzusammendrückbare Flüssigkeit verhält, daß also von der Verzweigungsstelle in jedem Zeitelement die gleiche Elektrizitätsmenge wegfließt, die dem Verzweigungspunkt zugeführt wird. Man kann daher den ersten KIRCHHOFFschen Satz auch als eine Formulierung des *Gesetzes von der Erhaltung der Elektrizitätsmenge* bezeichnen. Im Fall der Abb. 3.10 muß

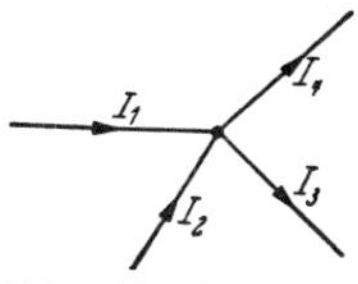

Abb. 3.10. Knoten eines Netzes

$$I_1 + I_2 = I_3 + I_4$$

sein. Eine Vereinfachung der Ausdrucksweise ergibt sich, wenn man alle dem Knotenpunkt zufließenden Ströme einheitlich positiv oder negativ rechnet.

Es gilt dann der erste KIRCHHOFFsche Satz in der Form (KIRCHHOFF 1847):

$$\boxed{\Sigma I_\nu = 0} \tag{21}$$

„*Die Summe der einem Knotenpunkt zufließenden Ströme ist Null*". Für Abb. 3.10 gilt also

$$I_1 + I_2 + (-I_3) + (-I_4) = 0 .$$

Beispiel: Sind zwei Stromleiter mit den Widerständen R_1 und R_2 parallel geschaltet, so muß hiernach die Summe der Teilströme gleich dem Gesamtstrom sein. Andrerseits ist die Spannung beiden Stromleitern gemeinsam. Daraus folgt, daß sich die Teilströme umgekehrt wie die Widerstände verhalten, und daß die Parallelschaltung ersetzt werden kann durch einen Widerstand

$$R_0 = \frac{R_1 R_2}{R_1 + R_2} . \tag{22}$$

Die beiden Teilströme sind

$$I_1 = I \frac{R_2}{R_1 + R_2} \tag{23}$$

und

$$I_2 = I \frac{R_1}{R_1 + R_2} . \tag{24}$$

Für einen einfachen Stromkreis wie in Abb. 3.4 sagt der erste KIRCHHOFFsche Satz aus, daß die Stromstärke überall im Stromkreis gleich ist.

Der zweite Kirchhoffsche Satz

Der zweite KIRCHHOFFsche Satz bezieht sich auf die *Maschen* des Netzes. Er besagt, daß, wie in einem einfachen Stromkreis, so auch in jeder beliebigen Masche eines Netzes die *Summe aller* in der Umlaufrichtung gezählten *Spannungen gleich Null* ist. Dieser Satz ergibt sich aus der Definition der Spannung als Differenz von Potentialen:

Es seien $\varphi_a, \varphi_b, \varphi_c$ und φ_d die Potentiale der vier Knotenpunkte in Abb. 3.11; dann berechnen sich die Spannungen an den vier Zweigen, gezählt in der eingezeichneten Umlaufrichtung zu

$$U_{ab} = \varphi_a - \varphi_b ,$$
$$U_{bc} = \varphi_b - \varphi_c ,$$
$$U_{cd} = \varphi_c - \varphi_d ,$$
$$U_{da} = \varphi_d - \varphi_a ;$$

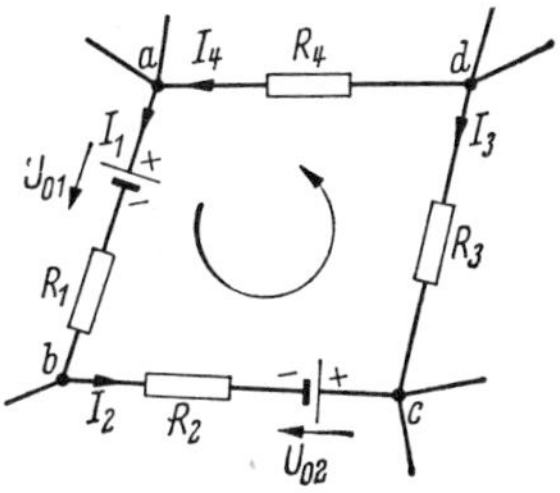

Abb. 3.11. Masche eines Netzes

daraus folgt

$$U_{ab} + U_{bc} + U_{cd} + U_{da} = 0 . \tag{25}$$

Auf der linken Seite steht die Summe der Spannungen für einen vollständigen Umlauf um die Masche. Man bezeichnet eine solche Spannungssumme als die *Umlauf-*

spannung, und es gilt also, daß unabhängig von der Umlaufrichtung die *Umlaufspannung in einer Masche Null* ist.

Im allgemeinsten Fall kann jeder Zweig einen Widerstand und eine Quelle enthalten. Dann setzt sich die Spannung zwischen den Enden eines jeden Zweiges aus der Quellenspannung und dem Spannungsverbrauch des Widerstandes zusammen. Zwei Fälle sind dabei möglich: Die Spannung am Widerstand kann sich zur Quellenspannung addieren oder davon subtrahieren, je nach der Stromrichtung im Widerstand. Da man die Stromrichtung im allgemeinen Fall von vornherein nicht kennt, so legt man in den einzelnen Zweigen willkürlich *Bezugsrichtung* (Zählrichtungen) für die Ströme durch Pfeile auf den Leitungen fest, Abb. 3.11. Man rechnet mit diesen Bezugsrichtungen als ob es die wirklichen physikalischen Stromrichtungen wären. Das Ergebnis der Rechnung liefert dann im Vorzeichen der Ströme die wirklichen Stromrichtungen.

Die Zählrichtungen für die Quellenspannungen U_{01}, U_{02}, ... müssen jeweils vom Pluspol zum Minuspol zeigend festgelegt werden. Damit können die Spannungen an den einzelnen Zweigen ausgedrückt werden. Im Zweig $a\,b$ eines linearen Netzes ist z. B.

$$U_{ab} = U_{01} + I_1 R_1 ,$$

da sich die beiden Potentialgefälle U_{01} und $I_1 R_1$ gemäß der Zählrichtung für I_1 einfach summieren. Dagegen ist im Zweig $b\,c$

$$U_{bc} = -U_{02} + I_2 R_2 .$$

Ferner gilt, wenn die durch den Ringpfeil angedeutete Umlaufrichtung weiter verfolgt wird,

$$U_{cd} = -I_3 R_3 ,$$

$$U_{da} = I_4 R_4 .$$

Durch Einsetzen in Gl. (25) folgt

$$U_{01} - U_{02} + I_1 R_1 + I_2 R_2 - I_3 R_3 + I_4 R_4 = 0 . \tag{26}$$

Dies ist die Aussage des *zweiten* KIRCHHOFF*schen Satzes*. Die Summe aller Spannungen, die man bei einem vollständigen Umlauf um eine Masche vorfindet, ist Null, wenn man die bei dem Umlauf im positiven Sinn der Zählrichtungen durchlaufenen Elemente als positiv, die anderen als negativ einsetzt.

Für die *Anwendung des zweiten* KIRCHHOFF*schen Satzes* in linearen Netzen gelten daher die folgenden Vorschriften.

1. Man versehe jeden Zweig mit einem Zählpfeil für die positive Stromrichtung; jeder dieser Zählpfeile kann willkürlich angenommen werden.

2. Man versehe alle Quellen mit den Zählpfeilen ihrer Spannungen, die vom Pluspol zum Minuspol zeigen.

3. Man gehe von einem Knotenpunkt aus und umlaufe in einem beliebigen Sinn die ganze Masche. Auf diesem Wege bilde man für jeden Zweig die Summe der Quellenspannungen $U_{0\nu}$ und der ohmschen Spannungsabfälle $I_\nu R_\nu$. Alle Spannungen, die in der Richtung der Zählpfeile durchlaufen werden, erhalten ein positives, die anderen ein negatives Vorzeichen.

4. Die Summe aller dieser Spannungen längs der Masche wird Null gesetzt:

$$\sum_\nu (U_{0\nu} + I_\nu R_\nu) = 0 , \tag{27}$$

oder abgekürzt

$$\boxed{\sum_\nu U_\nu = 0 .} \tag{28}$$

(KIRCHHOFF 1847). Die Vorzeichenregeln sind für die Anwendung der KIRCHHOFFschen Sätze von grundlegender Wichtigkeit; werden sie nicht beachtet, so verlieren die beiden Sätze ihren Sinn.

Die beiden KIRCHHOFFschen Sätze liefern in jedem Fall hinreichend viele unabhängige Gleichungen zur Berechnung der Stromverteilung in Netzen, wenn die Quellenspannungen und die Widerstände gegeben sind (siehe Abschn. 37).

Anwendungsbeispiele

1. Laden einer Akkumulatorenbatterie, Abb. 3.12. Das Netz habe eine Spannung $U_0 = 110\,\mathrm{V}$, die bei beliebiger Stromentnahme von der Zentrale konstant gehalten wird. Die Quellenspannung der Akkumulatorenbatterie sei $U_{01} = 60\,\mathrm{V}$. Wie groß muß der Widerstand R gemacht werden, wenn die Ladestromstärke 10 A betragen soll?

Die Anwendung des zweiten KIRCHHOFFschen Satzes in dem gezeichneten Umlaufsinn ergibt

$$-U_0 + I R + U_{01} = 0$$

oder

$$R = \frac{U_0 - U_{01}}{I} = \frac{110 - 60}{10} \frac{\mathrm{V}}{\mathrm{A}} = 5\,\Omega\,.$$

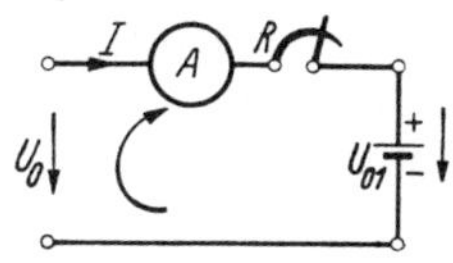

Abb. 3.12. Laden einer Akkumulatorenbatterie

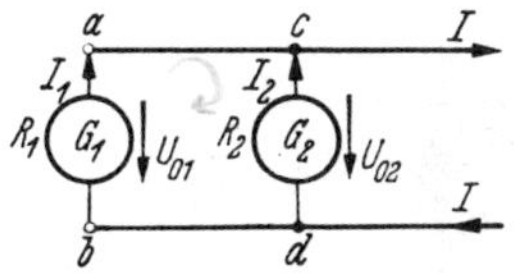

Abb. 3.13. Parallelbetrieb von Stromerzeugern

2. Parallelbetrieb von Stromerzeugern, Abb. 3.13. Die beiden Generatoren G_1 und G_2 mit den inneren Widerständen R_1 und R_2 und den Quellenspannungen U_{01} und U_{02} arbeiten parallel auf ein Netz, das einen Strom I entnimmt. Wie groß sind die Teilströme I_1 und I_2, die die beiden Generatoren liefern?

Nach dem ersten KIRCHHOFFschen Satz ist für den Knotenpunkt c

$$I_1 + I_2 = I\,.$$

Der zweite KIRCHHOFFsche Satz liefert, auf die Masche *bacd* angewandt,

$$-U_{01} + I_1 R_1 + U_{02} - I_2 R_2 = 0.$$

Aus diesen beiden Gleichungen ergibt sich

$$I_1 = I \frac{R_2}{R_1 + R_2} + \frac{U_{01} - U_{02}}{R_1 + R_2} \quad \text{und} \quad I_2 = I \frac{R_1}{R_1 + R_2} - \frac{U_{01} - U_{02}}{R_1 + R_2}\,. \tag{29}$$

Die Generatorströme setzen sich also zusammen aus den Verzweigungsströmen des Gesamtstromes I, wie nach Gl. (23) und (24), und einem Ausgleichsstrom, der auch fließt, wenn vom Netz kein Strom entnommen wird. Dieser Ausgleichsstrom kann wegen der im allgemeinen kleinen inneren Widerstände der Generatoren schon bei geringen Spannungsunterschieden große Werte erreichen; durch geringe Änderungen der Quellenspannungen von parallel geschalteten Generatoren kann man daher die Last beliebig verteilen. Die Klemmenspannung der Generatoren ist

$$U_{ab} = U_{cd} = U_{01} - I_1 R_1\,,$$

$$U_{ab} = \frac{U_{01} R_2 + U_{02} R_1}{R_1 + R_2} - I \frac{R_1 R_2}{R_1 + R_2}\,.$$

Hieraus geht hervor, daß man die Parallelschaltung der beiden Generatoren ersetzen kann durch einen einzigen Generator mit dem inneren Widerstand

$$R_i = \frac{R_1 R_2}{R_1 + R_2} \tag{30}$$

und der Quellenspannung

$$U_0 = \frac{U_{01} R_2 + U_{02} R_1}{R_1 + R_2}. \tag{31}$$

Zahlenbeispiel:

$$U_{01} = 120\,\mathrm{V}\,, \qquad U_{02} = 122\,\mathrm{V}\,, \qquad I = 100\,\mathrm{A}\,, \qquad R_1 = R_2 = 0{,}05\,\Omega\,.$$

Der Ausgleichsstrom wird

$$\frac{U_{01} - U_{02}}{R_1 + R_2} = -\frac{2\,\mathrm{V}}{0{,}1\,\Omega} = -20\,\mathrm{A}\,,$$

und die Verzweigungsströme sind

$$I \frac{R_1}{R_1 + R_2} = I \frac{R_2}{R_1 + R_2} = 50\,\mathrm{A}\,.$$

Die Generatoren liefern also die Ströme $I_1 = 30$ A und $I_2 = 70$ A. Die beiden Generatoren wirken für das Netz so wie ein einziger Generator mit der Quellenspannung

$$U_0 = \frac{U_{01} + U_{02}}{2} = 121 \text{ V}$$

und dem inneren Widerstand

$$R_i = 0{,}025\ \Omega\,.$$

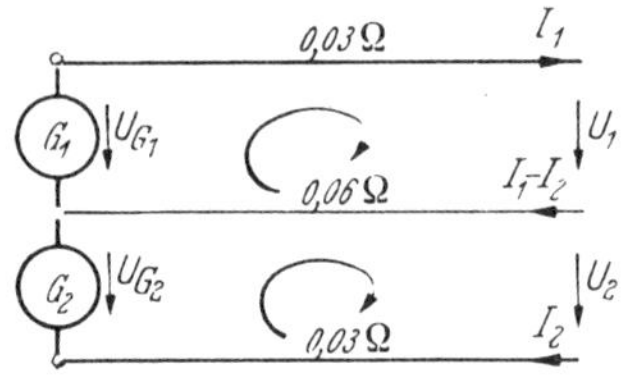

Abb. 3.14. Dreileitersystem

3. Dreileitersystem, Abb. 3.14. Wenn in dem Dreileiternetz die Stromentnahmen der beiden Netzhälften $I_1 = 100$ A, $I_2 = 10$ A sind, und wenn die Spannung der beiden Generatoren je 120 V beträgt, so gilt für die beiden in Abb. 3.14 eingezeichneten Umläufe nach dem zweiten KIRCHHOFFschen Satz

$$-\ 120 \text{ V} + 0{,}03\ \Omega \cdot 100 \text{ A} + 0{,}06\ \Omega \cdot 90 \text{ A} + U_1 = 0\,,$$
$$-\ 120 \text{ V} - 0{,}06\ \Omega \cdot\ 90 \text{ A} + 0{,}03\ \Omega \cdot 10 \text{ A} + U_2 = 0\,,$$

wobei die Spannungen am Leitungsende mit U_1 und U_2 bezeichnet sind; für diese Spannungen folgt aus den beiden Gleichungen:

$$U_1 = 111{,}6 \text{ V}; \qquad U_2 = 125{,}1 \text{ V}\,.$$

In der schwächer belasteten Netzhälfte tritt also eine Spannungserhöhung auf.

4. Die WHEATSTONEsche Brücke, Abb. 3.15. Es sollen die Ströme in den einzelnen Zweigen berechnet werden, wenn die Spannung U und die fünf Brückenwiderstände gegeben sind.

Der erste KIRCHHOFFsche Satz liefert für die Knotenpunkte a, c und d die drei Gleichungen

$$I_1 + I_2 = I\,,$$
$$I_3 + I_5 = I_1\,,$$
$$I_2 + I_5 = I_4\,.$$

Der zweite KIRCHHOFFsche Satz ergibt, angewandt auf die Maschen acd, cbd und $acbU$,

$$0 = I_1 R_1 + I_5 R_5 - I_2 R_2\,,$$
$$0 = I_3 R_3 - I_4 R_4 - I_5 R_5\,,$$
$$0 = I_1 R_1 + I_3 R_3 - U\,.$$

Dies sind sechs voneinander unabhängige Gleichungen für die sechs unbekannten Ströme. Würde man noch andere Knotenpunkte und Maschen hinzunehmen, so würden sich Gleichungen ergeben, die sich aus diesen sechs ableiten lassen. Durch Auflösen der sechs Gleichungen erhält man zur Berechnung von I_1

$$I_1\left[R_1 + R_3\,\frac{R_2 R_4 + R_5 (R_2 + R_4) + R_1 R_4}{R_2 R_4 + R_5 (R_2 + R_4) + R_2 R_3}\right] = U\,. \tag{32}$$

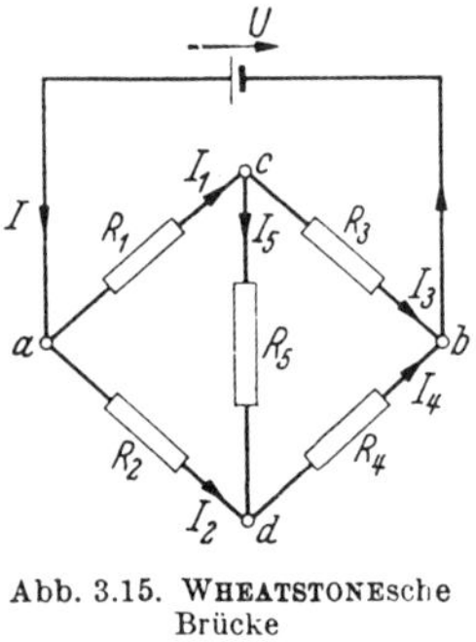

Abb. 3.15. WHEATSTONEsche Brücke

Die Ströme I_2, I_3 und I_4 ergeben sich daraus durch sinngemäßes Vertauschen der Indizes. Z. B. gilt für I_3

$$I_3\left[R_3 + R_1\,\frac{R_2 R_4 + R_5 (R_2 + R_4) + R_2 R_3}{R_2 R_4 + R_5 (R_2 + R_4) + R_1 R_4}\right] = U\,. \tag{33}$$

Es wird also $I_1 = I_3$ für $R_1 R_4 = R_2 R_3$, wie es nach der bekannten Abgleichbedingung sein muß. Der Strom I_5 im Galvanometerzweig ergibt sich als Differenz von I_1 und I_3. Er wird daher

$$I_5 = U\,\frac{R_2 R_3 - R_1 R_4}{(R_1 + R_3)\,[R_2 R_4 + R_5 (R_2 + R_4)] + R_1 R_3 (R_2 + R_4)}\,. \tag{34}$$

Diese Formel kann zur Berechnung der Einstellempfindlichkeit einer Meßbrücke benutzt werden. Im Gleichgewicht ist

$$R_1 = \frac{R_2 R_3}{R_4}\,. \tag{35}$$

Bei kleinen Abweichungen kann man daher setzen

$$R_1 = \frac{R_2 R_3}{R_4}\,(1 - \delta)\,. \tag{36}$$

Führt man dies in Gl. (34) ein, so folgt

$$I_5 = U \frac{R_2 R_4}{R_2 + R_4} \frac{\delta}{R_2 (R_3 + R_4 + R_5) + R_4 R_5}, \tag{37}$$

wenn man im Nenner δ als eine gegen 1 kleine Größe vernachlässigt. Zeigt das Instrument im Nullzweig nur Stromstärken oberhalb einer gewissen Grenze I_g an, so ergibt sich für die Einstellung der Brückenwiderstände eine gewisse Unsicherheit (*Unempfindlichkeit der Brücke*), deren relatives Maß nach Gl. (37)

$$\delta = \frac{I_g}{U} (R_2 + R_4) \left(1 + \frac{R_3}{R_4} + \frac{R_5}{R_4} + \frac{R_5}{R_2}\right) \tag{38}$$

ist. Haben die vier Brückenwiderstände unter sich und mit dem Galvanometerwiderstand R_5 den gleichen Wert R, dann ist

$$\delta = 8 R \frac{I_g}{U}. \tag{39}$$

Es sei z. B. $R = 1000\,\Omega$, $I_g = 10^{-9}$ A und $U = 8$ V. Dann wird

$$\delta = 10^{-6}.$$

Eine andere Anwendung kann die Formel (37) z. B. für die Temperaturfernmessung finden, bei der einer der vier Brückenwiderstände, z. B. R_1, den Temperaturindikator bildet (Widerstandsthermometer). Die Änderung des Brückenabgleichs entsteht in diesem Fall durch die Temperaturabhängigkeit dieses Widerstandes, und man hat zu setzen

$$\delta = -\alpha\,\vartheta, \tag{40}$$

wenn α den Temperaturkoeffizienten des Widerstandes R_1, ϑ die Übertemperatur gegen den Ausgangszustand bezeichnen. Solange δ klein gegen 1 ist, wächst der Strom im Anzeigeinstrument daher proportional der Übertemperatur, so daß dieses Instrument leicht in Temperaturgraden geeicht werden kann.

Nichtlineare Leiter

Nichtlineare Stromleiter sind dadurch gekennzeichnet, daß der Zusammenhang zwischen Spannung und Strom eine gekrümmte Kurve ergibt, wie z.B. verschiedene Kurven in Abb. 3.9. Auch für Netze mit solchen Stromleitern gelten die KIRCHHOFFschen Gesetze; nur kann dann für die Stromleiter nicht mehr mit dem OHMSCHEN Gesetz für konstante Widerstände gerechnet werden, sondern es müssen die nichtlinearen Zusammenhänge zwischen Spannung und Strom berücksichtigt werden. Meist sind diese nur aus Messungen bekannt, so daß für Berechnungen entweder empirische Formeln benützt werden müssen, die die Meßkurven annähern, oder es müssen graphische Verfahren angewendet werden.

Als Beispiel werde die in Abb. 3.16 dargestellte Anordnung betrachtet, die als *Begrenzerschaltung* für Nachrichtensignale Anwendung finden kann.

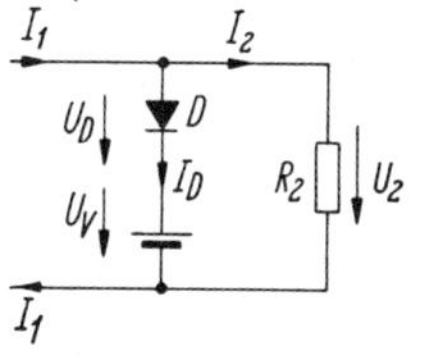

Abb. 3.16. Amplitudenbegrenzer

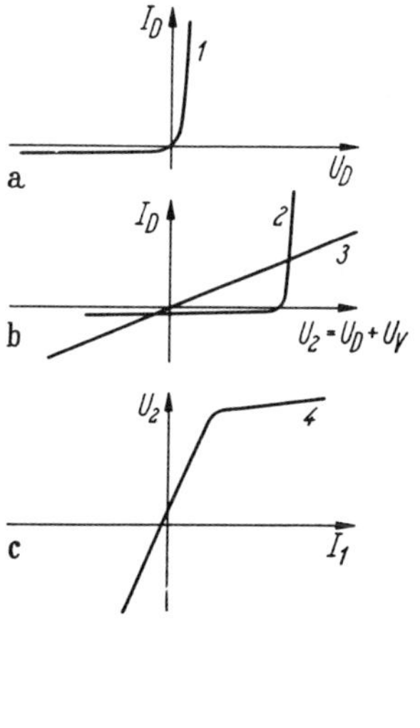

Abb. 3.17a—c. Ermittlung der Kennlinie des Begrenzers

D stellt eine Diode (z.B. eine Halbleiterdiode s. Abschnitt 19) dar. Der Zusammenhang zwischen der Spannung U_D an der Diode und dem Strom I_D in der Diode sei durch die Kennlinie *1* nach Abb. 3.17a) gegeben. In Reihe mit der Diode liegt eine Batterie, die die Vorspannung U_V liefert. Der speisende Strom ist durch I_1 gekennzeichnet. Gesucht sei die Spannung U_2 am Widerstand R_2. Der Rechnungsgang ist durch die Abb. 3.17b—c) veranschaulicht. Aus der Spannung U_D erhält man die Spannung U_2 durch Addition der Vorspannung U_V. Die Kurve *2* in Abb. 3.17b) entsteht durch Rechtsverschieben von Kurve *1* um U_V. Zu jedem Wert von U_2 kann der Strom $I_2 = U_2/R_2$ berechnet werden, Kurve *3*. Addiert man die Ordinatenwerte in Abb. 3.17b) bei jeder Spannung U_2, so erhält man den Strom $I_1 = I_2 + I_D$, Kurve *4*, und damit den gesuchten Zusammenhang.

4. Hilfssätze für die Berechnung linearer Netze

Der Überlagerungssatz

Wenn der Widerstand elektrischer Leiter als unabhängig von der Stromstärke angesehen werden kann, dann sind die aus der Anwendung der KIRCHHOFFschen Sätze auf die Knoten und Maschen des Netzes hervorgehenden Gleichungen in den Spannungen und in den Strömen linear; das Netz ist ein *lineares Netz*. Sind nun in einem solchen Netz mehrere Quellenspannungen wirksam, und berechnet man die zu jeder einzelnen gehörende Stromverteilung, so ergibt sich die wirkliche Stromverteilung durch Übereinanderlagern der Teilbilder. Mathematisch läßt sich dies so beweisen, daß man die KIRCHHOFFschen Gleichungen für die Teilströme anschreibt und die Ausdrücke addiert. Es zeigt sich dann, daß auch die Summenströme die KIRCHHOFFschen Sätze befriedigen. Daher gilt der Überlagerungssatz (HELMHOLTZ 1853):

Die Ströme in den Zweigen eines linearen Netzes mit beliebig vielen Quellenspannungen sind gleich der Summe der Teilströme, die durch die einzelnen Quellenspannungen hervorgerufen werden.

Bei der Anwendung dieses Satzes hat man also jeweils sämtliche Quellenspannungen bis auf eine gleich Null zu setzen. Am Netz darf dabei natürlich nichts geändert werden.

Der praktische Vorteil des Überlagerungssatzes, der gegenüber den KIRCHHOFFschen Sätzen physikalisch nichts Neues aussagt, liegt darin, daß man auf diese Weise häufig das Anschreiben der KIRCHHOFFschen Gleichungen ersparen kann und das Resultat durch eine einfache Addition erhält.

Beispiel: Als Anwendung werde der Fall der parallel arbeitenden Generatoren, Abb. 3.13, betrachtet; die äußere Belastung sei durch einen Widerstand R dargestellt.

Setzt man zunächst $U_{02} = 0$, so kann man sofort aus der Abbildung ablesen:

$$I_1' = \frac{U_{01}}{R_1 + \dfrac{R_2 R}{R_2 + R}} = U_{01} \frac{R_2 + R}{R_1 R_2 + R (R_1 + R_2)} .$$

Ebenso ergibt sich für $U_{01} = 0$:

$$I_1'' = - U_{02} \frac{R}{R_1 R_2 + R (R_1 + R_2)} .$$

Damit erhält man

$$I_1 = I_1' + I_1'' = \frac{U_{01} (R_2 + R) - U_{02} R}{R_1 R_2 + R (R_1 + R_2)} .$$

Der Strom im andern Generator ergibt sich durch Vertauschen der Indizes 1 und 2:

$$I_2 = \frac{U_{02} (R_1 + R) - U_{01} R}{R_1 R_2 + R (R_1 + R_2)} ,$$

und es wird der Gesamtstrom

$$I = I_1 + I_2 = \frac{U_{01} R_2 + U_{02} R_1}{R_1 R_2 + R (R_1 + R_2)},$$

der wieder dargestellt werden kann als Strom aus einer Stromquelle mit dem inneren Widerstand

$$R_i = \frac{R_1 R_2}{R_1 + R_2}$$

und der Quellenspannung

$$U_0 = \frac{U_{01} R_2 + U_{02} R_1}{R_1 + R_2}.$$

Der Satz von der Zweipolquelle

Dieser für die Theorie der linearen Netze sehr nützliche Satz (HELMHOLTZ 1853) ergibt sich auf folgende Weise. Es werde ein beliebiger Widerstandszweig eines Widerstandsnetzes betrachtet, das irgendwelche konstanten Quellenspannungen enthält. Der Widerstand des Zweiges sei R_n, die Stromstärke in diesem Zweig I_n. Denkt man sich nun die KIRCHHOFFschen Gleichungen für das Netz angeschrieben, so erkennt man, daß die Größe R_n nur in der Verbindung $I_n R_n$ vorkommt. Die Stromstärke I_n kann dagegen wegen des ersten KIRCHHOFFschen Satzes noch in Verbindung mit anderen Widerständen des Netzes auftreten.

Da es sich um lineare Gleichungen handelt, so ergibt sich durch Auflösen nach I_n eine Gleichung, die I_n sowie die Quellenspannungen nur in der ersten Potenz enthalten kann. Diese Gleichung muß also die Form haben

$$I_n R_n + c_1 I_n = c_2 U_{01} + c_3 U_{02} + \cdots \tag{1}$$

mit den Konstanten c_1, c_2 usw., die nur von den Widerständen des Netzes mit Ausnahme von R_n abhängen. Da $I_n R_n$ eine Spannung ist, nämlich die Spannung U_n an dem betrachteten Zweig, muß c_1 die Dimension eines Widerstandes haben. Die rechte Seite der Gleichung hat die Dimension einer Spannung

$$U_0 = c_2 U_{01} + c_3 U_{02} + \cdots$$

Setzt man $c_1 = R_i$, so wird damit

$$I_n = \frac{U_0}{R_i + R_n}. \tag{2}$$

Diese Beziehung lehrt, daß der Strom in einem beliebigen Zweig R_n eines Netzes so berechnet werden kann, als ob der Widerstand R_n an einer Quelle mit der Quellenspannung U_0 und dem Innenwiderstand R_i liegen würde. Das übrige Netz kann also durch eine solche Quelle ersetzt werden, Abb. 4.1. Die Spannung an dem Widerstand R_n wird entsprechend

$$U_n = U_0 \frac{R_n}{R_i + R_n}. \tag{3}$$

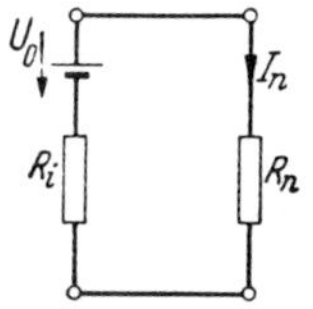

Abb. 4.1. Ersatzspannungsquelle mit Lastwiderstand R_n

Da über das Netz selbst keine weiteren Voraussetzungen gemacht wurden, so gilt das Ergebnis auch für zwei beliebige Punkte eines Netzes:

Schließt man an zwei beliebige Punkte a und b eines linearen Netzes, das eine beliebige Anzahl von Quellenspannungen enthält, einen Widerstand an, so läßt sich zur Berechnung des Stromes in diesem Widerstand das ganze Netz ersetzen durch einen Generator mit einer Quellenspannung U_0 und einem inneren Widerstand R_i.

Man findet die Quellenspannung U_0 durch Berechnen der Spannung U_{ab} zwischen den beiden Punkten a und b für den Fall, daß kein äußerer Widerstand an diese Punkte angeschlossen ist. Den Widerstand R_i kann man aus dem Kurzschlußstrom I_k zwischen den beiden Punkten a und b berechnen, d. h., wenn der äußere Widerstand den Wert Null hat:

$$R_i = \frac{U_0}{I_k}. \tag{4}$$

Eine andere Methode zur Bestimmung von R_i besteht darin, daß man alle Quellenspannungen des Netzes Null setzt und den Ersatzwiderstand zwischen den Punkten a und b berechnet, ein Verfahren, dessen Richtigkeit ohne weiteres aus der Betrachtung der Abb. 4.1 hervorgeht.

Eine zweite gleichwertige Darstellung ist in Abb. 4.2 gezeigt (H. F. Mayer, 1926). Statt durch die Quellenspannung U_0 denkt man sich hier den Stromkreis gespeist durch einen von außen zu- und abfließenden Strom I_k, der unabhängig von dem Verbraucherwiderstand konstant bleibt. Macht man diesen Strom

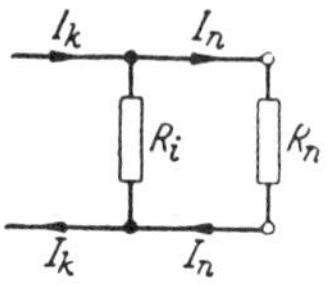

Abb. 4.2. Ersatzstromquelle

$$I_k = \frac{U_0}{R_i}, \tag{5}$$

dann verhält sich eine solche Stromquelle genau so wie die der Abb. 4.1. So ergibt sich z.B. die Klemmenspannung als Abfall an dem von I_k durchflossenen Ersatzwiderstand der Parallelschaltung von R_i und R_n:

$$U_n = I_k \frac{R_i R_n}{R_i + R_n} = \frac{U_0}{R_i} \frac{R_i R_n}{R_i + R_n} = U_0 \frac{R_n}{R_i + R_n},$$

also wieder der richtige Wert entsprechend Gl. (3).

Die Abb. 4.1 stellt die Ersatzspannungsquelle (Leerlaufersatzbild), die Abb. 4.2 die Ersatzstromquelle (Kurzschlußersatzbild) dar. Das erste Ersatzbild führt besonders bei Reihenschaltungen, das zweite bei Parallelschaltungen zu einer einfachen Darstellung. Die Größe U_0 wird *Leerlaufspannung*, *Quellenspannung* oder auch *Urspannung* genannt, die Größe I_k *Kurzschlußstrom*, *Einströmung* oder auch *Urstrom*. R_i heißt *Innenwiderstand* oder *Quellenwiderstand*.

Die Ersatzquellen werden auch als *Zweipolquellen* bezeichnet. Unter einem Zweipol versteht man allgemein ein beliebiges Netz mit zwei Klemmen.

Zu beachten ist, daß der Satz von der Zweipolquelle ebenso wie der Überlagerungssatz nur dann gilt, wenn es sich um ein lineares Netz handelt, bei dem sämtliche Widerstände und die Quellenspannungen unabhängig von den Stromstärken sind.

Anwendungen: 1. Das oben gefundene Ergebnis für die parallel arbeitenden Generatoren läßt sich mit Hilfe der Ersatzquelle sofort angeben. Der innere Widerstand der Ersatzquelle entsteht durch die Parallelschaltung der beiden Generatorwiderstände; die Quellenspannung U_0 ist gleich der Spannung zwischen den beiden Punkten a und b (Abb. 3.13) für den Fall des Leerlaufes, also

$$U_0 = U_{01} - \frac{U_{01} - U_{02}}{R_1 + R_2} R_1,$$

woraus sofort die Gleichungen (3.30) und (3.31) hervorgehen.

Bei Anwendung der Ersatzstromquelle werden die beiden Kurzschlußströme $\frac{U_{01}}{R_1}$ und $\frac{U_{02}}{R_2}$. Ihre Summe I_k deckt die in den beiden Generatoren fließenden Ströme und den Verbraucherstrom I. Also wird die Klemmenspannung:

$$U_{ab} = \left(\frac{U_{01}}{R_1} + \frac{U_{02}}{R_2} - I\right) \frac{R_1 R_2}{R_1 + R_2} = (I_k - I) \frac{R_1 R_2}{R_1 + R_2}.$$

2. Um den Strom im Nullzweig einer Wheatstoneschen Brücke (Abb. 3.15) zu berechnen, verfährt man auf Grund des Satzes von der Zweipolquelle folgendermaßen. Man nimmt zunächst den Nullzweig R_5 weg. Dann lassen sich sogleich die Ströme in den beiden parallelen Zweigen angeben. Die Leerlaufspannung zwischen c und d ist gleich der Differenz der Spannungsabfälle an den Widerständen R_3 und R_4, also

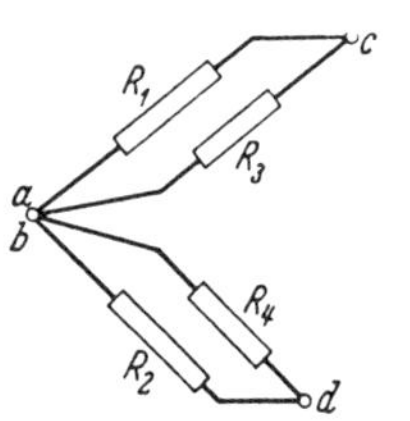

Abb. 4.3. Innerer Widerstand der Meßbrücke

$$U_0 = \frac{U}{R_1 + R_3} R_3 - \frac{U}{R_2 + R_4} R_4 = U \frac{R_2 R_3 - R_1 R_4}{(R_1 + R_3)(R_2 + R_4)}.$$

Der innere Widerstand der Ersatzstromquelle $c\,d$ ergibt sich für $U = 0$. Es fallen dann die Punkte a und b zusammen; der Widerstand R_3 liegt parallel zu R_1; R_4 liegt parallel zu R_2, wie es Abb. 4.3 zeigt. Daher ist der Widerstand zwischen c und d

$$R_i = \frac{R_1 R_3}{R_1 + R_3} + \frac{R_2 R_4}{R_2 + R_4}.$$

Auf diese Weise erhält man sofort das Ergebnis

$$I_5 = \frac{U_0}{R_5 + R_i} = \frac{U\,(R_2\,R_3 - R_1\,R_4)}{R_5\,(R_1 + R_3)\,(R_2 + R_4) + R_1\,R_3\,(R_2 + R_4) + R_2\,R_4\,(R_1 + R_3)}\,,$$

das identisch mit Gl. (3.34) ist.

Auf Grund des Satzes von der Zweipolquelle läßt sich auch die Frage beantworten, welche *maximale Leistung* einem beliebigen linearen Netz entnommen werden kann. Legt man an zwei beliebige Punkte eines Netzes, dargestellt durch eine Ersatzspannungsquelle (U_0, R_i), einen Widerstand R_n, so fließt ein Strom $I_n = \dfrac{U_0}{R_i + R_n}$, und der Widerstand R_n nimmt eine Leistung auf

$$P_n = I_n^2\,R_n = \frac{U_0^2\,R_n}{(R_i + R_n)^2}\,. \tag{6}$$

Diese Leistung hat ihren Maximalwert

$$P_{n\,max} = \frac{U_0^2}{4\,R_i}\,, \tag{7}$$

wenn $R_n = R_i$ ist, Abb. 4.4.

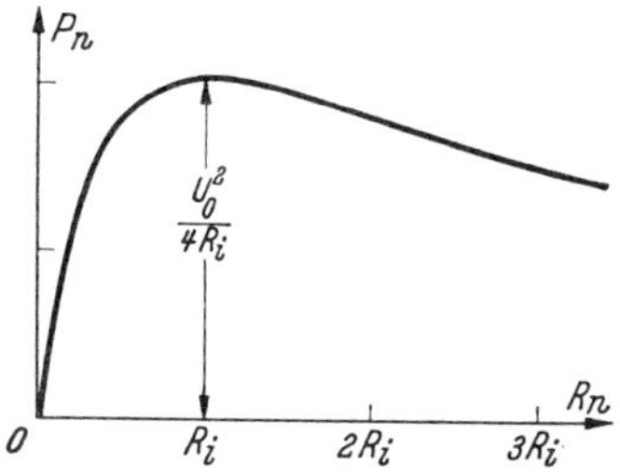

Abb. 4.4. Leistung im Verbraucher bei variablem Verbraucherwiderstand R_n

In diesem Fall spricht man von *Leistungsanpassung*. Ist ein Verbraucher seiner Zweipolquelle angepaßt, so nimmt er die maximale Leistung auf. Freilich wird dabei eine gleich große Leistung im Inneren der Zweipolquelle in Wärme umgesetzt; der elektrische Wirkungsgrad einer solchen Anordnung ist nur 50%. Dies ist der Hauptgrund, weswegen die Anpassung in der Starkstromtechnik keine Verwendung findet; ein anderer damit zusammenhängender Grund ist der, daß bei Anpassung auch der innere Spannungsabfall 50% beträgt, so daß bei Änderungen der Belastung starke Spannungsschwankungen auftreten. In der Nachrichtentechnik und Meßtechnik dagegen wird von dem Prinzip der Anpassung häufig Gebrauch gemacht.

Beispiel: Als Anwendung werde wieder die WHEATSTONEsche Brücke (Abb. 3.15) betrachtet. Hat die Stromquelle mit der Quellenspannung U einen inneren Widerstand R, so ergibt sich die folgende Bedingung für die maximale Leistungsaufnahme der Brücke, wenn man noch berücksichtigt, daß bei Brückenabgleich der Diagonalzweig stromlos ist:

$$R = \frac{(R_1 + R_3)\,(R_2 + R_4)}{R_1 + R_2 + R_3 + R_4}\,.$$

Führt man hier die Abgleichbedingung

$$R_1 = \frac{R_2\,R_3}{R_4}$$

ein, so folgt

$$R = R_3\,\frac{R_2 + R_4}{R_3 + R_4}\,. \tag{8}$$

Soll auch das Anzeigeinstrument so bemessen werden, daß es bei einer Verstimmung der Brücke die maximale Leistung aufnimmt, so muß sein Widerstand R_5 gleich dem inneren Widerstand der Brücke zwischen den Punkten c und d gemacht werden. Denkt man sich zur Bestimmung dieses inneren Brückenwiderstandes an die Punkte c und d eine Stromquelle gelegt, und macht man $U = 0$, so erkennt man, daß in dem Widerstand R der ursprünglichen Stromquelle kein Strom fließen kann, wenn die Brücke abgeglichen ist. Es liegen also die Widerstände $R_1 + R_2$ und $R_3 + R_4$ einander parallel, d. h. die Bedingung für die maximale Leistungsaufnahme des Anzeigeinstruments lautet

$$R_5 = \frac{(R_1 + R_2)\,(R_3 + R_4)}{R_1 + R_2 + R_3 + R_4}\,,$$

oder unter Einführung der Abgleichbedingung

$$R_5 = R_2\,\frac{R_3 + R_4}{R_2 + R_4}\,. \tag{9}$$

Die beiden Gl. (8) und (9) geben die allgemeinen Regeln für die günstigste Bemessung einer Meßbrücke.

Die Netzumwandlung

Die Methode der Netzumwandlung beruht darauf, daß man gewisse Bestandteile von Widerstandsnetzen ersetzen kann durch andere Anordnungen von Widerständen, die zu einer Vereinfachung des Netzes führen, ohne daß sich an der Strom- und Spannungsverteilung in den übrigen Abschnitten des Netzes etwas ändert. Das einfachste Beispiel einer Netzumwandlung bildet der Ersatz von zwei parallel geschalteten Widerständen durch einen einzigen Widerstand. Eine allgemeine Umwandlungsmöglichkeit besteht nun für sternförmige Anordnungen von Widerständen. Jeder Knoten eines Netzes hängt über eine Anzahl von Strahlen mit dem übrigen Netz zusammen. Einen derartigen Widerstandsstern mit n Strahlen, Abb. 4.5, kann man immer durch ein vollständiges n-Eck, Abb. 4.6, ersetzen, ohne das übrige Netz dadurch zu beeinflussen.

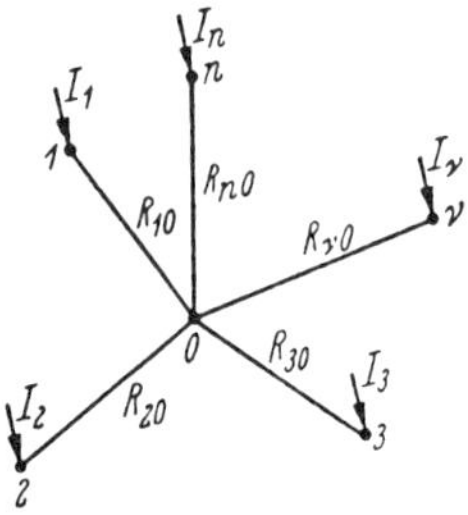

Abb. 4.5. n-strahliger Widerstandsstern

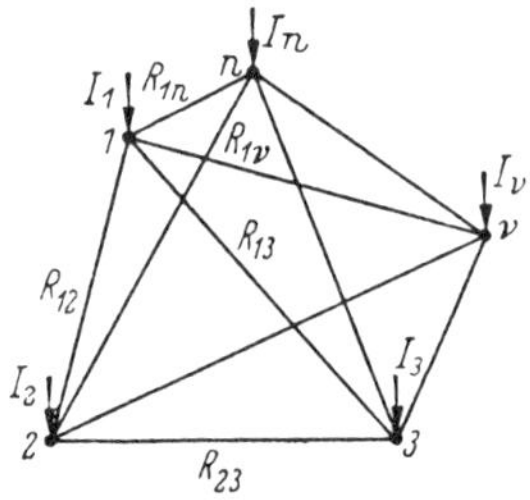

Abb. 4.6. Vollständiges n-Eck

Das vollständige n-Eck besteht aus sämtlichen Seitenlinien, die man von jedem Eckpunkt zu den andern ziehen kann; es hat $\frac{1}{2}\, n\,(n-1)$ Seiten. Diese Seitenwiderstände können eindeutig aus den n Sternschenkelwiderständen bestimmt werden. Wir bezeichnen die Sternschenkelwiderstände wie in Abb. 4.5 mit

$$R_{10},\, R_{20},\, \ldots,\, R_{\nu 0},\, \ldots,\, R_{n0}\,.$$

Sind die Potentiale der n-Eckpunkte gegeben durch

$$\varphi_1,\, \varphi_2,\, \ldots,\, \varphi_\nu,\, \ldots,\, \varphi_n\,,$$

so ist damit der Strömungszustand innerhalb des Sternes vollständig bestimmt; insbesondere ergeben sich dann die Ströme

$$I_1,\, I_2,\, \ldots,\, I_\nu,\, \ldots,\, I_n\,,$$

die in die Sternschenkel eintreten, nach dem Ohmschen Gesetz zu

$$I_\nu = \frac{\varphi_\nu - \varphi_0}{R_{\nu 0}}\,, \tag{10}$$

wenn mit φ_0 das Potential des Knotenpunktes 0 bezeichnet wird. Dieses läßt sich mit Hilfe des ersten Kirchhoffschen Satzes berechnen. Nach diesem muß

$$\sum_{\nu=1}^{\nu=n} I_\nu = 0$$

sein oder mit Benutzung der Beziehung (10)

$$\sum_1^n \frac{\varphi_\nu}{R_{\nu 0}} = \varphi_0 \sum_1^n \frac{1}{R_{\nu 0}}\,. \tag{11}$$

Hier werde eine Abkürzung eingeführt. Die rechts stehende Summe stellt nämlich den Leitwert (Kehrwert des Widerstandes) zwischen den zusammengefaßten Knoten 1 bis n und dem Knotenpunkt 0 dar. Dieser Leitwert werde *Sternleitwert* genannt. Den Kehrwert davon bildet der *Sternwiderstand* R_0, und es ist

$$\frac{1}{R_0} = \sum_{1}^{n} \frac{1}{R_{\nu 0}} . \tag{12}$$

Damit wird aus Gl. (11)

$$\varphi_0 = R_0 \sum_{1}^{n} \frac{\varphi_\nu}{R_{\nu 0}} . \tag{13}$$

Wird dieser Ausdruck in Gl. (10) eingesetzt, so ergibt sich für einen beliebigen Sternschenkelstrom, wenn in der Summe der Übersichtlichkeit wegen für ν das Zeichen μ gesetzt wird:

$$I_\nu = \frac{\varphi_\nu}{R_{\nu 0}} - \frac{R_0}{R_{\nu 0}} \sum_{\mu=1}^{\mu=n} \frac{\varphi_\mu}{R_{\mu 0}} .$$

Unter der Summe ist auch der Wert φ_ν enthalten; man kann daher schreiben

$$I_\nu = \varphi_\nu \left(\frac{1}{R_{\nu 0}} - \frac{R_0}{R_{\nu 0}^2} \right) - \frac{R_0}{R_{\nu 0}} {\sum_{1}^{n}}' \frac{\varphi_\mu}{R_{\mu 0}} . \tag{14}$$

Der Strich am Summenzeichen soll anmerken, daß die Summierung sich jetzt nur auf diejenigen μ bezieht, die von ν verschieden sind.

Wenn nun das allgemeine n-Eck gleichwertig dem Stern sein soll, dann müssen die von den Eckpunkten aus in das n-Eck eintretenden Ströme bei gleichen Eckpunktspotentialen gleich den Sternschenkelströmen sein. Hieraus ergibt sich die gesuchte Umwandlungsbedingung zur Berechnung der Widerstände

$$R_{12}, R_{13} \ldots R_{23} \ldots R_{\nu\mu} \ldots \text{usw.}$$

des n-Ecks.

Der dem n-Eck in irgendeinem Eckpunkt zufließende Strom setzt sich aus den Teilströmen in den einzelnen Seitenwiderständen des n-Ecks zusammen. Es ist z. B.

$$I_1 = \frac{\varphi_1 - \varphi_2}{R_{12}} + \frac{\varphi_1 - \varphi_3}{R_{13}} + \cdots + \frac{\varphi_1 - \varphi_n}{R_{1n}} ,$$

oder allgemein

$$I_\nu = {\sum_{\mu=1}^{\mu=n}}' \frac{\varphi_\nu - \varphi_\mu}{R_{\nu\mu}} , \tag{15}$$

wobei der Strich am Summenzeichen wieder die gleiche Bedeutung haben soll wie oben. Die letzte Gleichung läßt sich auch schreiben

$$I_\nu = \varphi_\nu {\sum_{1}^{n}}' \frac{1}{R_{\nu\mu}} - {\sum_{1}^{n}}' \frac{\varphi_\mu}{R_{\nu\mu}} . \tag{16}$$

Der Vergleich der beiden Beziehungen (14) und (16) zeigt, daß die Ströme I_ν identisch werden, wenn

$$\sum^{n}{}' \frac{1}{R_{\nu\mu}} = \frac{1}{R_{\nu 0}} - \frac{R_0}{R_{\nu 0}^2} \tag{17}$$

und

$$\frac{1}{R_{\nu\mu}} = \frac{R_0}{R_{\nu 0} R_{\mu 0}} . \tag{18}$$

Aus der letzten dieser beiden Bedingungen folgt

$$\boxed{R_{\nu\mu} = \frac{R_{\nu 0} R_{\mu 0}}{R_0}} \tag{19}$$

Setzt man diese Beziehung in die Gl. (17) ein, so wird diese zur Identität. Die Gl. (19) stellt also die einzige Umwandlungsbedingung dar; sie liefert die folgende Regel zur Berechnung der Widerstände des n-Ecks:

Ein n-strahliger Stern läßt sich durch ein vollständiges n-Eck ersetzen, dessen Seitenwiderstände $R_{\nu\mu}$ sich sämtlich als Produkt der beiden anliegenden Sternschenkelwiderstände $R_{\nu 0}$ und $R_{\mu 0}$ mit dem Sternleitwert $1/R_0$ ergeben.

Von Interesse ist die Frage, ob das Verfahren auch umgekehrt werden kann, ob sich also ein beliebiges n-Eck durch einen Stern ersetzen läßt. Dies ist im allgemeinen nicht möglich, da die Umwandlungsformel im ganzen $n(n-1)/2$ Gleichungen für die n unbekannten $R_{\nu 0}$ liefert, die Unbekannten also überbestimmt sind. Nur für den Fall, daß die Zahl der Unbekannten mit derjenigen der Bedingungsgleichung übereinstimmt, daß also

$$n = \frac{1}{2} n (n-1)$$

ist, wird die Umwandlung in beiden Richtungen möglich. Diese Gleichung liefert, abgesehen von der Lösung $n = 0$, den Wert $n = 3$. Das *Dreieck* kann also grundsätzlich in den Stern umgewandelt werden (KENNELLY 1899). Das Umwandlungsgesetz erhält man aus den drei Gleichungen, die aus (19) hervorgehen:

$$R_{12} = \frac{R_{10} R_{20}}{R_0}; \qquad R_{13} = \frac{R_{10} R_{30}}{R_0}; \qquad R_{23} = \frac{R_{20} R_{30}}{R_0}.$$

Durch Addition ergibt sich der „*Umfangswiderstand*" des Dreiecks:

$$R_{12} + R_{13} + R_{23} = \frac{R_{10} R_{20} + R_{10} R_{30} + R_{20} R_{30}}{R_0},$$

und durch Multiplikation

$$R_{12} R_{23} = \frac{R_{10} R_{20}^2 R_{30}}{R_0^2}.$$

Dividiert man die Ausdrücke auf beiden Seiten der zwei letzten Gleichungen, so erhält man unter Berücksichtigung von Gl. (12)

$$\frac{R_{12} R_{23}}{R_{12} + R_{13} + R_{23}} = R_{20}. \tag{20}$$

Ebenso ergibt sich

$$\frac{R_{12} R_{13}}{R_{12} + R_{13} + R_{23}} = R_{10} \tag{21}$$

und

$$\frac{R_{13} R_{23}}{R_{12} + R_{13} + R_{23}} = R_{30}. \tag{22}$$

Es gilt also der Satz:

Ein Leiterdreieck läßt sich durch einen dreistrahligen Stern ersetzen, dessen Schenkelwiderstände gleich sind dem Produkt der benachbarten Seitenwiderstände, dividiert durch den Umfangswiderstand des Dreiecks.

Anwendungsbeispiele: 1. Mit Hilfe des allgemeinen Umwandlungssatzes kann man grundsätzlich den Widerstand zwischen zwei beliebigen Punkten eines Netzes, das keine Quellenspannungen enthält, berechnen, z. B. zwischen den beiden Punkten a und b der Abb. 4.7.

Man ersetzt zu diesem Zweck der Reihe nach die Sterne durch Vielecke und faßt die entstehenden Parallelschaltungen zusammen. Der Gang dieses Verfahrens ist durch Abb. 4.8 veranschaulicht. Durch Ersatz des Knotens *2* entsteht das Bild a), das gleichwertig Bild b) ist. Ersetzt man in Bild b) den Knoten *1*, so erhält man Bild c), das durch Bild d) und schließlich durch Bild e) ersetzt werden kann.

2. Kommen in dem Netz Dreiecke vor, dann ist es zuweilen zweckmäßig, diese Dreiecke durch Sterne zu ersetzen. Ein Beispiel bildet die WHEATSTONEsche Brücke. Es sei in Abb. 3.15 der Strom I_1 zu berechnen. Zur Lösung verwandeln

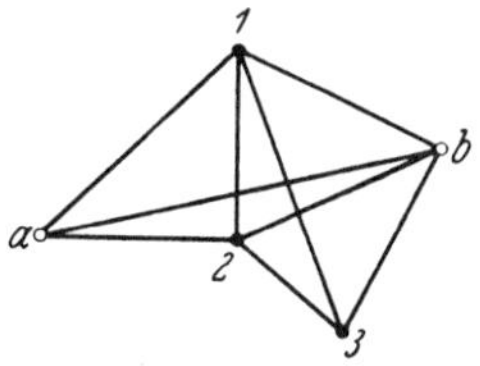

Abb. 4.7. Allgemeines Netz

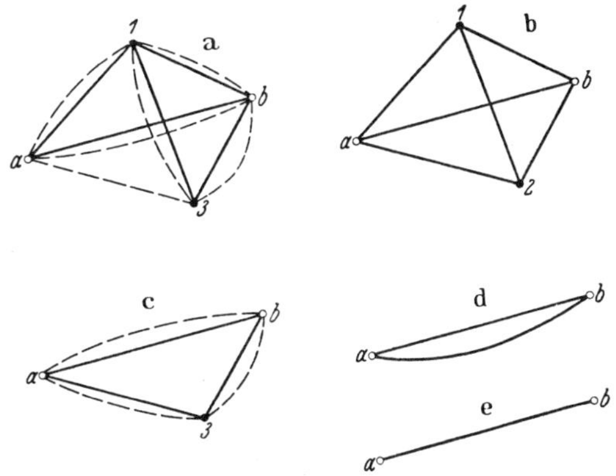

Abb. 4.8 a—e. Umwandlung des Netzes Abb. 4.7

wir das Dreieck cdb in den gleichwertigen Stern. Es ergibt sich Abb. 4.9; für die Ersatzwiderstände gilt

$$R_6 = \frac{R_3 R_5}{R_3 + R_4 + R_5}; \qquad R_7 = \frac{R_4 R_5}{R_3 + R_4 + R_5}; \qquad R_8 = \frac{R_3 R_4}{R_3 + R_4 + R_5}. \tag{23}$$

Damit folgt sofort

$$I_1 = I \frac{R_2 + R_7}{R_1 + R_2 + R_6 + R_7} \quad \text{oder} \quad I_1 = I \frac{R_2 (R_3 + R_4 + R_5) + R_4 R_5}{(R_1 + R_2)(R_3 + R_4 + R_5) + (R_3 + R_4) R_5}. \tag{24}$$

Durch die gleiche Umwandlung gelangt man auch sehr rasch zur Berechnung des Ersatzwiderstandes zwischen den Punkten a und b der Brücke.

3. Als weiteres Beispiel werde die THOMSON-Doppelbrücke zum Messen kleiner Widerstände betrachtet. Das Schema der Widerstände ist durch Abb. 4.10 dargestellt. Mit X ist der zu messende Widerstand bezeichnet, mit N der Widerstand des Vergleichsdrahtes. R_1 und R_2

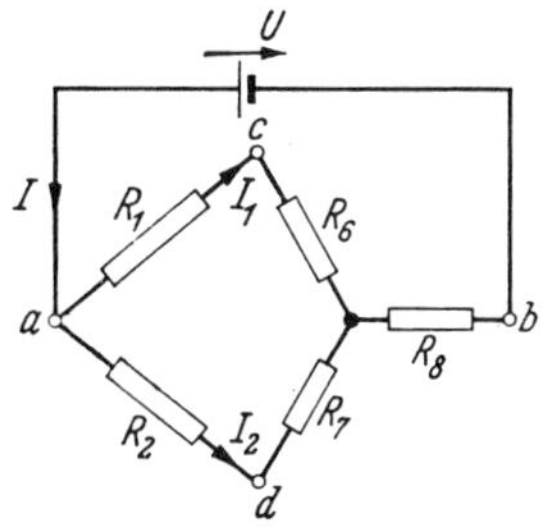

Abb. 4.9. Umwandlung der WHEATSTONEschen Brücke

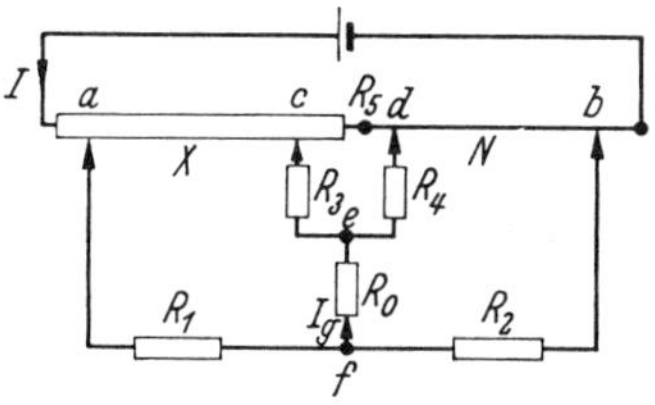

Abb. 4.10. THOMSON-Brücke

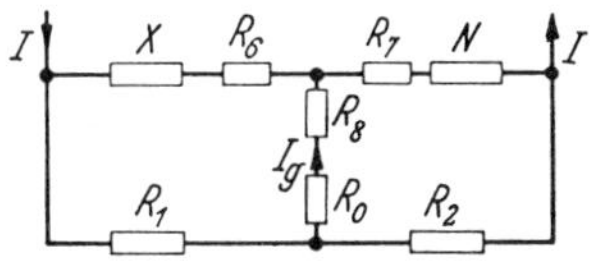

Abb. 4.11. Umwandlung der THOMSON-Brücke

sowie R_3 und R_4 sind feste Meßwiderstände; R_0 stellt den Galvanometerwiderstand dar. Schließlich werde noch der Widerstand zwischen den beiden Anschlußpunkten c und d mit R_5 bezeichnet. Gesucht sei der Strom I_g im Galvanometer.

Man verwandle das Dreieck cde in den gleichwertigen Stern; dann ergibt sich Abb. 4.11, und für die Schenkelwiderstände des Ersatzsternes gelten die Gl. (23). *Die Doppelbrücke ist dadurch auf die WHEATSTONEsche Brücke zurückgeführt,* und die dort abgeleiteten Formeln können ohne weiteres angewendet werden. Die Abgleichbedingung lautet

$$\frac{R_1}{R_2} = \frac{X + R_6}{N + R_7}. \tag{25}$$

Gewöhnlich macht man

$$\frac{R_3}{R_4} = \frac{R_1}{R_2}\,. \tag{26}$$

Dann wird nach den Gl. (23) auch

$$\frac{R_6}{R_7} = \frac{R_1}{R_2}\,. \tag{27}$$

Setzt man dies in Gl. (25) ein, so folgt

$$X = N\frac{R_1}{R_2}\,. \tag{28}$$

Den Strom I_g für den Fall, daß der Brückenabgleich noch nicht hergestellt ist, kann man z. B. auf folgende Weise berechnen. Für die Ströme I_1 und I_2 gilt nach dem vorigen Beispiel

$$I_1 = I\frac{R_1(R_0+R_2+R_7+R_8+N)+R_2(R_0+R_8)}{(R_1+R_6+X)(R_0+R_2+R_7+R_8+N)+(R_2+R_7+N)(R_0+R_8)}\,; \tag{29}$$

$$I_2 = I\frac{(R_6+X)(R_0+R_2+R_7+R_8+N)+(R_7+N)(R_0+R_8)}{(R_1+R_6+X)(R_0+R_2+R_7+R_8+N)+(R_2+R_7+N)(R_0+R_8)}\,. \tag{30}$$

Damit wird die Spannung am Nullzweig

$$U_g = I\frac{R_2(R_0+R_8)(R_6+X)-R_1(R_7+N)(R_0+R_8)}{(R_1+R_6+X)(R_0+R_2+R_7+R_8+N)+(R_2+R_7+N)(R_0+R_8)}\,, \tag{31}$$

und es ergibt sich

$$I_g = \frac{U}{R_0+R_8} = I\frac{R_2(R_6+X)-R_1(R_7+N)}{(R_1+R_6+X)(R_0+R_2+R_7+R_8+N)+(R_2+R_7+N)(R_0+R_8)}\,. \tag{32}$$

Praktisch sind meist die Widerstände X, N und R_5 sehr klein gegen die übrigen. Dann vereinfacht sich die eben gefundene Gleichung zu der Näherungsformel

$$I_g = I\frac{R_2X-R_1N}{R_1(R_0+R_2+R_8)+R_2(R_0+R_8)}\,, \tag{33}$$

in der noch die Gl. (23) und (26) berücksichtigt sind. Für kleine Abweichungen von der Abgleichbedingung,

$$N = \frac{R_2}{R_1}X(1-\delta)\,, \tag{34}$$

wird

$$I_g = I\frac{X\delta}{R_1+(R_0+R_8)\left(1+\frac{R_1}{R_2}\right)}\,. \tag{35}$$

III. Das Strömungsfeld

5. Grundbegriffe des räumlichen Strömungsfeldes

In einem langgestreckten zylindrischen Leiter aus gleichförmigem Material breitet sich ein konstanter Strom um so genauer gleichmäßig über den ganzen Querschnitt aus, je größer die Leiterlänge im Vergleich zu den Abmessungen des Querschnittes ist. Denkt man sich den Querschnitt in kleine, unter sich gleiche Flächenelemente zerlegt, so fließt durch jedes dieser Flächenelemente in der Zeiteinheit die gleiche Elektrizitätsmenge. Die Stromstärke je Flächeneinheit ist überall im Querschnitt konstant; sie ist für beliebige Flächenelemente des Querschnitts gleich dem Gesamtstrom dividiert durch die Fläche des Leiterquerschnittes. Eine solche gleichmäßige Stromverteilung bildete die Voraussetzung der Gl. (3.1).

In der Elektrotechnik kommen nun auch Fälle einer komplizierteren räumlichen Verteilung des elektrischen Stromes vor. Beispiele dafür bilden die Erdungen, bei denen sich der Strom nach allen Richtungen hin im Erdboden ausbreitet, oder Übergangswiderstände an Kontakten. Derartige Fälle räumlicher elektrischer Strömungen sind der Gegenstand dieses Abschnittes. Auch die räumliche Strömung wird durch die Gesetze von OHM und KIRCHHOFF beherrscht. Während aber diese Gesetze in Widerstandsnetzen ohne weiteres auf die Ströme und Spannungen angewendet werden können, bedarf es im räumlichen Strömungsfeld der Einführung von einigen neuen Größen, die aus Strom und Spannung abgeleitet werden und eine Kennzeichnung und Veranschaulichung des Strömungsfeldes vermitteln. Um zu diesen Größen zu gelangen, gehen wir von dem folgenden Versuch aus.

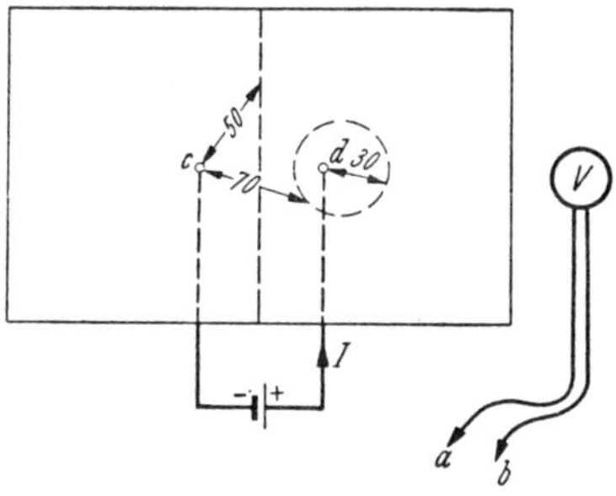

Abb. 5.1. Experimentelle Bestimmung der Potentialverteilung

Auf einer großen Tafel aus Eisenblech, die isoliert aufgestellt ist, sind zwei Klemmen c und d angebracht, Abb. 5.1; sie werden mit einer Gleichstromquelle verbunden. Es fließt dann Strom durch die Blechtafel von der einen Klemme zur andern; in der Tafel ergibt sich ein räumliches Strömungsfeld, das genauer untersucht werden soll. Zu diesem Zweck werden die Klemmen eines empfindlichen Spannungsmessers V mit zwei Metallspitzen (Sonden) a und b verbunden. Setzt man diese Spitzen auf zwei beliebige Punkte der Blechtafel, so zeigt der Spannungsmesser die Spannung zwischen diesen Punkten an. Die größte Spannung ergibt sich beim Aufsetzen auf die Elektroden c und d; beispielsweise zeige das Instrument dabei einen Ausschlag von 100 Teilstrichen, die 100 mV entsprechen mögen. Indem wir nun die Sonde a auf c setzen, suchen wir mit der Sonde b alle Punkte der Blechtafel auf, deren Spannung 50 mV gegen die Elektrode c beträgt, die also die Spannung zwischen den Elektroden gerade halbieren. Der Versuch ergibt, daß diese Punkte, wie es aus Symmetriegründen zu erwarten war, auf der Mittelsenkrechten zur Strecke cd liegen. Setzt man die Sonde a irgendwo auf diese Mittellinie und die Sonde b auf d, so ergibt sich der gleiche Ausschlag von 50 mV. Wir können ferner in gleicher Weise die Punkte aufsuchen, deren Spannung gegen c einen beliebigen anderen Wert hat. Für eine Spannung von 70 mV erhält man z. B. die in Abb. 5.1 angedeutete Kurve, die die Elektrode d umgibt; andererseits zeigt sich, daß beliebige Punkte dieser Kurve gegen die Elektrode d eine Spannung von -30 mV haben. Man kann so systematisch die Spannungsverteilung in der ganzen Tafel untersuchen, indem man die Linien gleicher Spannung gegen die eine Elektrode aufzeichnet. Es ergibt sich eine Anordnung von Kurven, wie sie durch Abb. 5.2 veranschaulicht ist. Wir nennen diese Kurven die Linien gleichen Potentials, *Potentiallinien* oder *Niveaulinien*. Setzt man die beiden Sonden auf ein und dieselbe Niveaulinie, so ergibt sich kein Ausschlag des Spannungsmessers V. Entsprechende Punkte gleichen Potentials kann man sich auch im Innern des Eisenbleches aufgesucht denken. Sie bilden etwa zylindrische Flächen, deren Spuren an der Blechoberfläche die gezeichneten Niveaulinien sind. Diese Flächen nennen wir die *Potentialflächen* oder *Niveauflächen*. *Potentialflächen sind Flächen gleichen Potentials.* Zwischen zwei beliebigen Punkten ein und derselben Potentialfläche besteht daher keine Spannung.

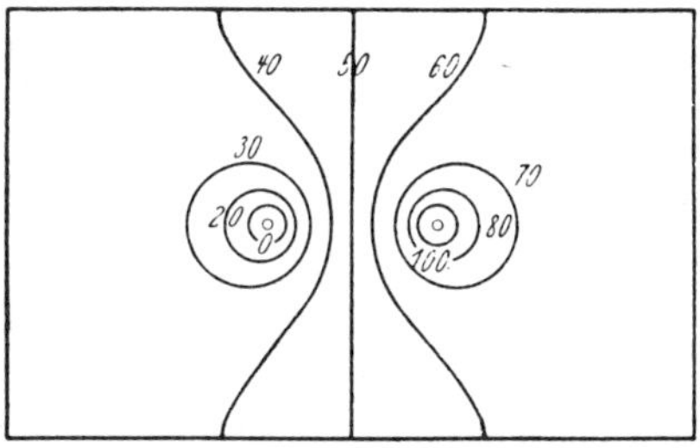

Abb. 5.2. Potentiallinien des Strömungsfeldes

Jede Potentialfläche kennzeichnen wir durch den Wert des ihr entsprechenden Potentials, also durch die Spannung gegen einen willkürlichen Bezugspunkt. Das

Vorzeichen wird gemäß der Festsetzung über die Stromrichtung so gewählt, daß der Strom vom höheren Potential zum niedrigeren fließt. In Abb. 5.2 befindet sich also rechts der positive, links der negative Pol der Stromquelle, der Strom fließt von d nach c. Würde man die Anschlüsse der Stromquelle vertauschen, die Stromrichtung also umkehren, so würde sich zwar die gleiche Verteilung des Potentials ergeben; die angeschriebenen Zahlen müßten dann jedoch mit negativen Vorzeichen versehen werden.

Der Bezugspunkt des Potentials ist ganz willkürlich, da es für die Wirkungen nur auf die Potentialunterschiede, also die Spannungen, ankommt. Bei Wahl eines andern Bezugspunktes erhöhen oder erniedrigen sich sämtliche Potentiale um einen bestimmten, aber im ganzen Feld konstanten Betrag. Wählt man z. B. einen Punkt der Mittellinie als Bezugspunkt, so wird das Potential dieser Mittellinie Null. Alle Potentialwerte der Abb. 5.2 erniedrigen sich um den gleichen Betrag von 50 mV, so daß die Elektrode c das Potential —50 mV erhält, die Elektrode d das Potential +50 mV. Für die Spannungen zwischen beliebigen Punkten ist eine solche Änderung belanglos. Es gelten also die Sätze:

Das Potential eines Punktes ist gleich der Spannung zwischen diesem Punkt und einem Bezugspunkt. Die Spannung zwischen zwei beliebigen Punkten ist gleich der Differenz der Potentiale dieser Punkte.

Ein Feld, in dem diese Eigenschaften vorliegen, nennt man ein *Potentialfeld.* Ist φ_a das Potential eines Punktes a, φ_b das Potential eines Punktes b, dann ist die Spannung zwischen den beiden Punkten, Gl. (3.7),

$$U_{ab} = \varphi_a - \varphi_b \,. \tag{1}$$

Aus der Festsetzung über die Stromrichtung folgt, daß der Strom außerhalb der Quelle von a nach b fließt, wenn U_{ab} positiv ist, und umgekehrt.

Sind die Potentialflächen eines Strömungsfeldes im Raum gegeben, so ist damit zugleich auch die Stromrichtung an jeder Stelle des Raumes bestimmt. Da längs der Potentialflächen kein Potentialgefälle vorhanden ist, so muß die Stromrichtung überall senkrecht auf den Potentialflächen stehen. Wir veranschaulichen die Stromrichtung durch die Stromlinien. Diese Stromlinien müssen die Potentialflächen überall senkrecht durchstoßen. In dem betrachteten Beispiel eines Strömungsfeldes haben daher die Stromlinien etwa die in Abb. 5.3 dargestellte Form.

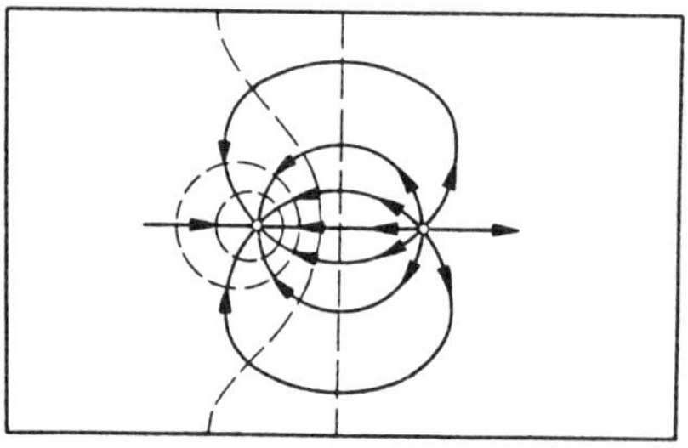

Abb. 5.3. Stromlinien des Strömungsfeldes

Grenzt man auf einer Niveaufläche ein kleines Flächenelement dA ab, so findet man, daß durch dieses Flächenelement ein bestimmter Teil dI des Gesamtstromes hindurchtritt. Wir nennen den Grenzwert, dem das Verhältnis

$$J = \frac{dI}{dA} \tag{2}$$

mit abnehmender Größe des Flächenelementes zustrebt, die *Stromdichte*. Die Stromdichte gibt daher an, wie groß die Stromstärke je Fläche an irgendeiner Stelle des Raumes ist. Man kann die Stromdichte durch die Dichte der Stromlinien veranschaulichen, indem man willkürlich festsetzt, daß die Zahl der Stromlinien, die durch ein Flächenelement dA einer Niveaufläche hindurchgehen, proportional der Stromstärke in diesem Flächenelement sein soll. Man könnte z. B. 1 A = 10^6 Stromlinien setzen. Dann wäre die Einheit der Stromdichte z. B.

$$1\,\frac{\mathrm{A}}{\mathrm{cm}^2} = 10^6\,\frac{\text{Stromlinien}}{\mathrm{cm}^2}\,.$$

Entfernen sich die Linien voneinander, so wird in gleichem Maße die Stromdichte kleiner. Von dieser Möglichkeit der Darstellung einer Flußdichte durch eine Liniendichte wird besonders beim magnetischen Feld Gebrauch gemacht.

In einem langgestreckten zylindrischen Leiter breitet sich der Strom gleichmäßig über den ganzen Querschnitt A des Leiters aus. Jeder Querschnitt des Leiters stellt eine Potentialfläche dar; die Stromrichtung steht senkrecht auf dem Leiterquerschnitt. Ist daher I die Stromstärke, so beträgt die Stromdichte an jeder beliebigen Stelle innerhalb des Leiters

$$J = \frac{I}{A}\,. \tag{3}$$

Ein derartiges Strömungsfeld wird als ein *homogenes Feld* bezeichnet. Im allgemeinen Fall einer räumlichen Strömung hat dagegen die Stromdichte an verschiedenen Punkten des Raumes verschiedene Werte.

Um diesen allgemeinen Fall zu beschreiben, faßt man die Stromdichte als ortsabhängigen Vektor auf, dessen Richtung die Bewegungsrichtung der positiven Ladungsträger angibt. Die durchströmte Fläche teilt man in Elemente der Größe dA ein, in denen die Strömung als homogen angesehen werden kann. Steht der Vektor der Stromdichte senkrecht zur Fläche, dann ist der durch das Flächenelement fließende Strom

$$dI = I dA. \tag{4}$$

Bildet die Flächennormale mit dem Vektor der Stromdichte einen Winkel α, wie in Abb. 5.4 dargestellt, dann wird der Strom kleiner, es wirkt nur noch die Komponente des Stromdichte-Vektors senkrecht zur Fläche

$$dI = J\cos\alpha\, dA = J_n\, dA\,. \tag{5}$$

Bezeichnet man diese Komponente als Normalkomponente J_n, denkt man sich den Vektor also in eine Komponente J_n senkrecht zur Fläche und eine Komponente J_t parallel zur Fläche (Tangentialkomponente) zerlegt, Abb. 5.5, dann ergibt sich der Strom durch das Flächenelement in der Form $dI = J_n \cdot dA$. Der Gesamtstrom ist dann die Summe der Beiträge der einzelnen Flächenelemente:

$$I = \int J_n\, dA\,, \tag{6}$$

wobei das Integral über die gesamte Fläche zu erstrecken ist.

Eine elegantere Darstellung ergibt sich mit der Schreibweise der Vektorrechnung. Zur Kennzeichnung, daß eine Größe ein Vektor ist, also einen Betrag und eine Richtung besitzt, werden entweder gotische Buchstaben (Frakturbuchstaben), $\mathfrak{A}$, oder fettgedruckte Antiqua, $\boldsymbol{A}$, oder normale Antiquatypen mit darüber gesetztem Pfeil, $\vec{A}$, benützt. Im folgenden verwenden wir fettgedruckte Antiqua. Der Betrag wird dann entweder durch zwei Striche angezeigt, $|\boldsymbol{A}|$, oder durch den entsprechenden normalen Antiquabuchstaben, A.

Um diese Schreibweise anzuwenden, hat man nicht nur die Stromdichte $\boldsymbol{J}$, sondern auch das Flächenelement $d\boldsymbol{A}$ durch einen Vektor darzustellen. Der Betrag des Flächenvektors ist gleich der Fläche dA, seine Richtung senkrecht zur Fläche, also in Richtung der Flächennormalen, wie es z. B. durch den + Pfeil in Abb. 5.5 angedeutet ist. Das Produkt aus dem Betrag eines Vektors mit dem Betrag der in die Richtung dieses Vektors fallenden Komponente eines anderen Vektors bezeichnet man als *skalares Produkt* der beiden Vektoren, da dieses Produkt eine *skalare* Größe ist, also eine Größe, die durch einen Zahlenwert mit einer Einheit vollständig bestimmt ist, wie z. B. das Potential. Der Strom durch die Fläche dA ist daher das skalare Produkt von Stromdichte und Flächenelement. Man kennzeichnet das skalare Produkt, indem man die beiden Vektorsymbole nebeneinander schreibt. In der Vektorschreibweise lautet also die Gl. (5)

$$dI = \boldsymbol{J}\, d\boldsymbol{A}. \tag{7}$$

Das skalare Produkt wird positiv, wenn die beiden Vektoren einen spitzen Winkel bilden, negativ bei stumpfem Winkel.

Wie beim algebraischen Produkt kann man auch einen Punkt zwischen den beiden Vektorsymbolen anbringen; das skalare Produkt wird daher auch „*Punktprodukt*“ genannt. Die Gl. (6) lautet in dieser Schreibweise

$$I = \int \boldsymbol{J} \cdot d\boldsymbol{A} \tag{8}$$

oder in Worten:

Die Stromstärke ist gleich dem Flächenintegral der Stromdichte.

Die Bezugsrichtung des Stromes hängt davon ab, welche der beiden möglichen Orientierungen für die Flächenvektoren der Flächenelemente gewählt wurde. Die gewählte Orientierung wird durch den Zählpfeil der Stromstärke gekennzeichnet.

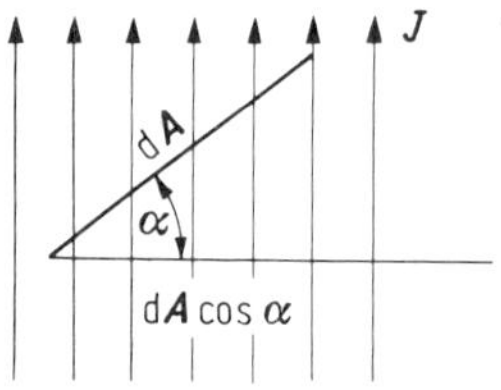

Abb. 5.4. Strömung durch ein Flächenelement

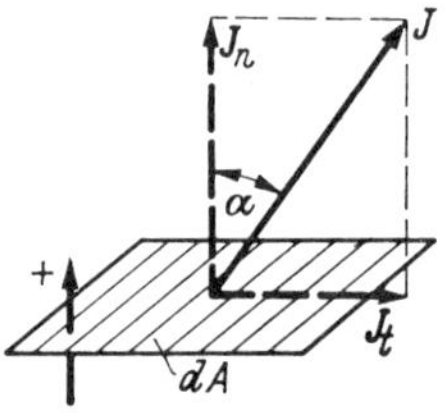

Abb. 5.5. Vektordarstellung der Strömung

Häufig ist es notwendig, zur Beschreibung der Vektoren und ihrer räumlichen Abhängigkeit ein bestimmtes Koordinatensystem festzulegen. In *kartesischen Koordinaten* $x\, y\, z$, Abb. 5.6, können die Vektoren in die drei aufeinander senkrechten Achsenrichtungen zerlegt werden. Die rechtwinkligen Komponenten des Vektors $\boldsymbol{A}$ sind die Koordinaten A_x, A_y und A_z. Um den Vektor selbst algebraisch darzustellen, benützt man die drei *Einheitsvektoren* $\boldsymbol{e}_1$, $\boldsymbol{e}_2$, $\boldsymbol{e}_3$, deren Beträge 1 sind und deren Richtungen mit den drei Achsenrichtungen übereinstimmen. Die Zerlegung des Vektors $\boldsymbol{A}$ in die drei Komponenten wird damit durch folgende Gleichung zum Ausdruck gebracht

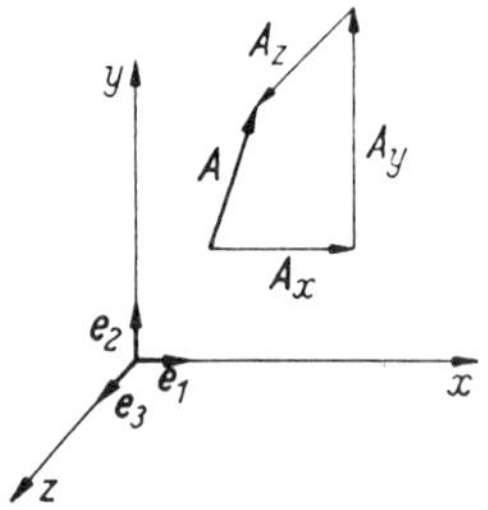

Abb. 5.6. Vektordarstellung in kartesischen Koordinaten, $\boldsymbol{e}_1, \boldsymbol{e}_2$ und $\boldsymbol{e}_3$ sind die Einheits- oder Einsvektoren

$$\boldsymbol{A} = \boldsymbol{e}_1 A_x + \boldsymbol{e}_2 A_y + \boldsymbol{e}_3 A_z\,. \tag{9}$$

Für das skalare Produkt zweier Vektoren $\boldsymbol{A}$ und

$$\boldsymbol{B} = \boldsymbol{e}_1 B_x + \boldsymbol{e}_2 B_y + \boldsymbol{e}_3 B_z \tag{10}$$

ergibt sich durch Ausmultiplizieren unter Beachtung, daß gemäß Definition des skalaren Produktes

$$\boldsymbol{e}_\nu \boldsymbol{e}_\mu = 0\,, \qquad \boldsymbol{e}_\nu \boldsymbol{e}_\nu = 1\,, \tag{11}$$

$$\boldsymbol{A} \cdot \boldsymbol{B} = A_x B_x + A_y B_y + A_z B_z\,. \tag{12}$$

Die Stromlinien geben überall die Richtung der Stromdichte an; die Stromdichte steht also senkrecht auf den Niveauflächen. Sie zeigt von einer Fläche höheren Potentials zu einer Fläche mit niedrigerem Potential. Wir führen nun noch eine zweite Größe ein, die die gleiche Richtung hat, nämlich das *Potentialgefälle* oder die *elektrische Feldstärke.* Darunter verstehen wir die Abnahme des Potentials längs einer kleinen Strecke stärkster Abnahme geteilt durch diese Strecke. Die elektrische Feldstärke ist also ein Vektor, der senkrecht auf der Niveaufläche steht und in die Richtung abnehmenden Potentials zeigt; dieser Vektor der elektrischen Feldstärke wird mit $\boldsymbol{E}$ bezeichnet. Um für einen beliebigen Punkt eines Potentialfeldes die elektrische Feldstärke zu bestimmen, denke man sich durch den betrachteten Punkt die Niveaufläche gelegt, Abb. 5.7, und errichte die Senkrechte auf dieser Niveaufläche. Man schreite dann längs dieser Senkrechten um ein kleines Stück dn in Richtung abnehmenden Potentials fort und bestimme die Abnahme $d\varphi$ des Potentials auf diesem Weg. Dann ist der Betrag der elektrischen Feldstärke

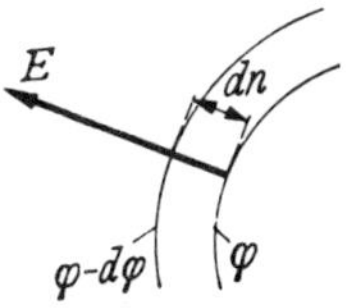

Abb. 5.7. Berechnung der elektrischen Feldstärke

$$E = |\boldsymbol{E}| = \frac{d\varphi}{dn}\,. \tag{13}$$

In der Vektorrechnung benützt man für die eben angeführte Operation der Ableitung des Vektors $\boldsymbol{E}$ aus der skalaren Größe φ ein besonderes Symbol. Man bezeichnet als *Gradient* einer skalaren Funktion φ des Raumes einen Vektor, der genau so gebildet wird wie die elektrische Feldstärke, nur mit dem entgegengesetzten Vorzeichen. Diesen Vektor schreibt man grad φ oder $\nabla\varphi$ (gesprochen nabla). Es gilt daher

$$\boldsymbol{E} = -\operatorname{grad}\varphi = -\nabla\varphi\,. \tag{14}$$

Zeichnet man das Niveaulinienbild so, daß benachbarten Niveaulinien immer die gleiche Potentialdifferenz entspricht, so liegen die Niveaulinien um so dichter nebeneinander, je größer die elektrische Feldstärke ist. In dem Fall der Abb. 5.1 und 5.2 ist daher die elektrische Feldstärke am größten auf der Strecke cd zwischen den beiden Elektroden; sie wächst auf dieser Strecke von der Mitte aus nach den beiden Elektroden hin an. Auch die elektrische Feldstärke ist wie die Stromdichte im allgemeinen Fall eine Funktion des Raumes; die Gesamtheit ihrer Werte bildet ein *Vektorfeld.*

Die Spannung zwischen zwei beliebigen Punkten a und b im Potentialfeld ergibt sich als Differenz der Potentiale dieser Punkte. Auf Grund der Definition der elektrischen Feldstärke lassen sich die Potentialdifferenzen allgemein auch durch die Feldstärke ausdrücken. In Abb. 5.8 seien a und b die beiden Punkte, deren Potentialdifferenz aufgesucht werden soll. Man zeichne einen beliebigen Weg, der die beiden Punkte verbindet, und betrachte einen kleinen Abschnitt ds dieses Weges. Die Potentiale der Endpunkte des Wegelementes ds seien φ und $\varphi - d\varphi$. Die elektrische Feldstärke steht senkrecht zu den Niveauflächen; sie bilde einen Winkel α mit dem Wegelement ds. Der Abstand dn der beiden Niveauflächen ist daher

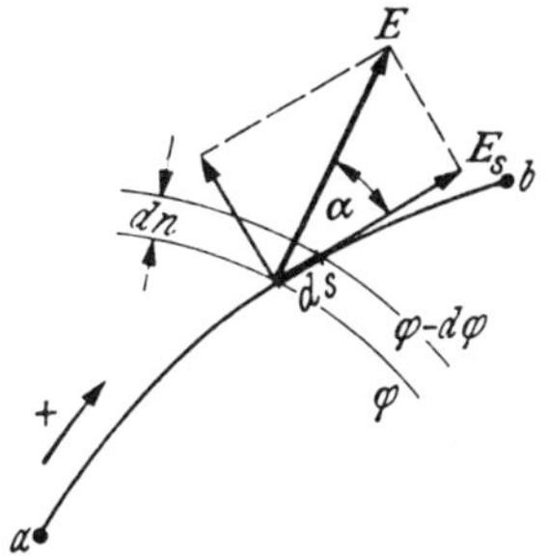

Abb. 5.8. Zur Berechnung der Spannung aus der Feldstärke

$$dn = ds \cos\alpha\,, \tag{15}$$

und nach Gl. (13) gilt

$$d\varphi = E\,dn = E\,ds\cos\alpha\,. \tag{16}$$

Zerlegt man andererseits den Vektor der elektrischen Feldstärke in die Komponenten in Richtung des Wegelementes ds und senkrecht dazu, so ist der Betrag der erstgenannten Komponente

$$E_s = E\cos\alpha\,. \tag{17}$$

Es gilt daher für den Potentialunterschied der Endpunkte des Wegelementes auch

$$d\varphi = E_s\, ds\,. \tag{18}$$

Die ganze Potentialdifferenz zwischen den Punkten a und b ergibt sich durch Summieren dieser einzelnen Beiträge über den ganzen Weg:

$$U_{ab} = \int_a^b E_s\, ds = \varphi_a - \varphi_b\,. \tag{19}$$

E_s ist positiv einzusetzen, wenn E_s in die Integrationsrichtung fällt, negativ bei entgegengesetzter Richtung. Es gilt daher

$$\int_a^b E_s\, ds = -\int_b^a E_s\, ds\,. \tag{20}$$

Man nennt das nach Gl. (19) gebildete Integral das Linienintegral der elektrischen Feldstärke. *In einem Potentialfeld der betrachteten Art ist das Linienintegral der elektrischen Feldstärke unabhängig vom Weg gleich der Differenz der Potentiale zwischen Anfangs- und Endpunkt des Integrationsweges.*

Mit den Symbolen der Vektorrechnung kann man auch das Wegelement ds als einen Vektor $\boldsymbol{ds}$ auffassen, dessen Richtung durch eine willkürlich als positiv angegebene Wegrichtung, z. B. die Richtung des +Pfeiles in Abb. 5.8, bestimmt ist. Die Spannung zwischen Anfangs- und Endpunkt des Wegelementes ist dann das skalare Produkt der beiden Vektoren $\boldsymbol{E}$ und $\boldsymbol{ds}$, also

$$d\varphi = \boldsymbol{E} \cdot \boldsymbol{ds}\,. \tag{21}$$

Für die Spannung zwischen einem Ausgangspunkt und einem auf der positiven Wegrichtung zu erreichenden Endpunkt eines beliebigen Weges gilt daher

$$U_{ab} = \int_a^b \boldsymbol{E} \cdot \boldsymbol{ds} = \varphi_a - \varphi_b\,. \tag{22}$$

Wenn man in einem Schaltbild den Doppelindex, der Anfangs- und Endpunkt der Integration kennzeichnet, vermeiden will, versieht man die Spannung mit einem Zählpfeil, der die Richtung der Integration (von a nach b oder umgekehrt) anzeigt. Führt man hier die Darstellung der Feldstärke durch den Gradienten ein, Gl. (14), so folgt noch

$$\int_a^b \boldsymbol{ds} \cdot \operatorname{grad} \varphi = \varphi_b - \varphi_a\,. \tag{23}$$

In kartesischen Koordinaten läßt sich der Gradient in die drei Komponenten $\operatorname{grad}_x \varphi$, $\operatorname{grad}_y \varphi$, $\operatorname{grad}_z \varphi$ zerlegen, Abb. 5.9, und es gilt wegen der Rechtwinkligkeit der Dreiecke acd und abd

$$|\operatorname{grad} \varphi|^2 = \operatorname{grad}_x^2 \varphi + \operatorname{grad}_y^2 \varphi + \operatorname{grad}_z^2 \varphi\,. \tag{24}$$

Die Richtung von $\operatorname{grad} \varphi$ stimmt gemäß Definition überein mit der Richtung des kürzesten Abstandes dn zwischen einer Niveaufläche mit dem Potential φ (Punkt a) und der Niveaufläche mit dem Potential $\varphi + d\varphi$ (Punkt b), Abb. 5.9b. Die Zerlegung von dn in die drei Komponenten dx, dy, dz stellt daher in einem anderen Maßstab auch die Zerlegung des Gradienten in seine drei Komponenten dar; die beiden Bilder 5.9a und 5.9b sind einander ähnlich. Nun läßt sich das Potential im Punkt c ausdrücken durch $\varphi + \frac{\partial \varphi}{\partial x} dx$. Im Punkt d kommt dazu noch $\frac{\partial \varphi}{\partial y} dy$ und man gelangt schließlich von d nach dem Potential in b, wenn noch $\frac{\partial \varphi}{\partial z} dz$ addiert wird:

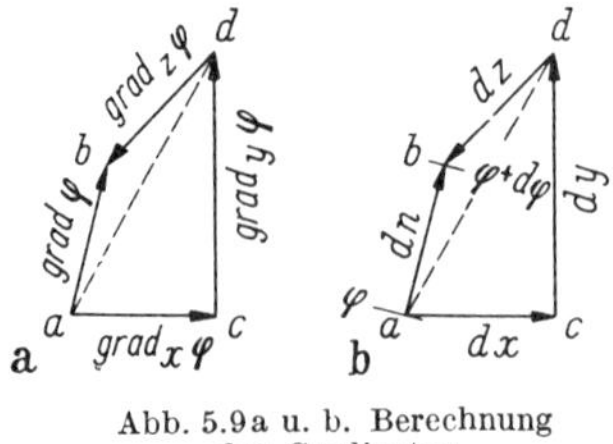

Abb. 5.9a u. b. Berechnung des Gradienten

$$d\varphi = \frac{\partial \varphi}{\partial x} dx + \frac{\partial \varphi}{\partial y} dy + \frac{\partial \varphi}{\partial z} dz\,. \tag{25}$$

Dividiert man hier durch dn, so erhält man den Betrag des Gradienten. Die Quotienten

$\frac{dx}{dn}, \frac{dy}{dn}, \frac{dz}{dn}$ kann man wegen der Ähnlichkeit der Dreiecke in Abb. 5.9 durch $\frac{\text{grad}_x\varphi}{|\text{grad}\varphi|}$ usw. ersetzen. Damit folgt

$$|\text{grad}\,\varphi|^2 = \frac{\partial\varphi}{\partial x}\,\text{grad}_x\,\varphi + \frac{\partial\varphi}{\partial y}\,\text{grad}_y\,\varphi + \frac{\partial\varphi}{\partial z}\,\text{grad}_z\,\varphi\,. \tag{26}$$

Der Vergleich mit Gl. (24) zeigt, daß

$$\text{grad}_x\,\varphi = \frac{\partial\varphi}{\partial x}, \qquad \text{grad}_y\,\varphi = \frac{\partial\varphi}{\partial y}, \qquad \text{grad}_z\,\varphi = \frac{\partial\varphi}{\partial z} \tag{27}$$

sein muß, damit die Gleichheit für beliebige Funktionen φ gilt. Damit wird schließlich

$$\text{grad}\,\varphi \equiv \nabla\varphi = \boldsymbol{e}_1\,\frac{\partial\varphi}{\partial x} + \boldsymbol{e}_2\,\frac{\partial\varphi}{\partial y} + \boldsymbol{e}_3\,\frac{\partial\varphi}{\partial z}\,, \tag{28}$$

wenn $\boldsymbol{e}_1$, $\boldsymbol{e}_2$, $\boldsymbol{e}_3$ die drei Einsvektoren in den Achsenrichtungen bezeichnen.

Die Gl. (28) zeigt, daß Nabla als ein *symbolischer Operator* aufgefaßt werden kann, der in kartesischen Koordinaten lautet

$$\nabla = \boldsymbol{e}_1\,\frac{\partial}{\partial x} + \boldsymbol{e}_2\,\frac{\partial}{\partial y} + \boldsymbol{e}_3\,\frac{\partial}{\partial z}\,. \tag{29}$$

Das Produkt des Nablavektors mit einer skalaren Größe liefert den Gradienten dieser Größe.

6. Die Grundgesetze des stationären Strömungsfeldes

Die Stromverteilung wird bei räumlicher Ausbreitung durch die gleichen Gesetze bestimmt wie in Widerstandsnetzen. Während dort jedoch die Bahnen des Stromes durch die Form der Leiter vorgeschrieben sind, stellen sich hier ganz bestimmte Strombahnen ein, die zunächst unbekannt sind. Man kann sich aber jeden räumlich ausgedehnten Leiter durch ein räumliches Gitterwerk aus sehr dünnen und kurzen leitenden Stäbchen ersetzt denken mit im Grenzfall unendlich feiner Unterteilung des Gitters; dadurch entsteht aus dem räumlichen Strömungsfeld ein Widerstandsnetz. Da für die Stromverteilung in einem solchen Netz die Gesetze von Ohm und Kirchhoff gelten, so sind diese Gesetze auch für die Berechnung räumlicher Strömungen maßgebend; sie werden zunächst in eine für diesen Zweck brauchbare Form gebracht.

Das Ohmsche Gesetz im Strömungsfeld

Man denke sich in einer beliebigen Strömung ein kleines Prisma so abgegrenzt, daß die Grundflächen auf sehr nahe benachbarten Potentialflächen liegen, während die Seitenflächen durch Stromlinien gebildet werden, also senkrecht auf den Grundflächen stehen, Abb. 6.1. Der Abstand der betrachteten Potentialflächen sei an der betreffenden Stelle des Raumes dn, der Potentialunterschied sei $d\varphi$. Aus den Seitenflächen tritt infolge der gemachten Voraussetzung kein Strom aus. Wenn die Grundflächen dA des Prismas klein genug gewählt werden, dann ist ferner der elektrische Strom gleichmäßig über die Grundflächen verteilt. Innerhalb des Prismas verläuft daher der elektrische Strom so wie in einem langgestreckten zylindrischen Leiter; es gilt für den Widerstand zwischen den beiden Grundflächen

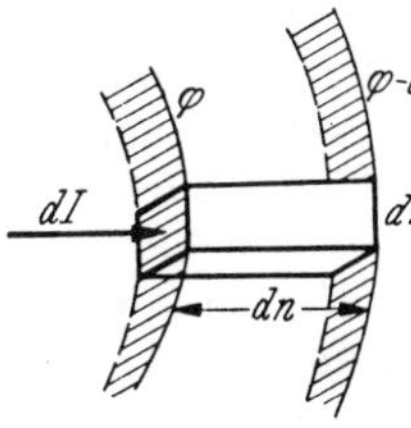

Abb. 6.1. Anwendung des Ohmschen Gesetzes im Strömungsfeld

$$R = \frac{dn}{\sigma\,dA}\,, \tag{1}$$

wenn σ die Leitfähigkeit des Stoffes bezeichnet, in dem das Prisma abgegrenzt wurde. Ist dI der durch die Grundfläche hindurchtretende Strom, so lautet das Ohmsche Gesetz für das Prisma

$$d\varphi = R\,dI = \frac{dn}{\sigma\,dA}\,dI\,; \tag{2}$$

hieraus folgt

$$\frac{d\varphi}{dn} = \frac{1}{\sigma} \frac{dI}{dA} \tag{3}$$

oder durch Einführen von elektrischer Feldstärke $\boldsymbol{E}$ und Stromdichte $\boldsymbol{J}$ mit Gl. (5.13) und (5.2)

$$\boldsymbol{J} = \sigma \boldsymbol{E} . \tag{4}$$

Diese Gleichung enthält zugleich die Aussage, daß die Vektoren $\boldsymbol{E}$ und $\boldsymbol{J}$ gleiche Richtung haben. Benützt man den spezifischen Widerstand ϱ an Stelle der Leitfähigkeit, so lautet das „OHMsche Gesetz in der Differentialform"

$$\boxed{\boldsymbol{E} = \varrho \boldsymbol{J} .} \tag{5}$$

Zahlenbeispiele: Hat z. B. die elektrische Feldstärke an irgendeiner Stelle zwischen zwei Elektroden im Erdboden den Betrag $E = 1$ V/cm, und ist die Leitfähigkeit des Erdbodens $\sigma = 10^{-2}$ S/m, so beträgt die Stromdichte an dieser Stelle

$$J = 10^{-2} \frac{\mathrm{S}}{\mathrm{m}} \frac{\mathrm{V}}{\mathrm{cm}} = 1 \frac{\mathrm{A}}{\mathrm{m}^2} .$$

Die Feldstärke ist in *metallischen* Leitern meist sehr klein. Wird eine Kupferschiene mit einer Stromdichte von 2 A/mm² belastet, so ergibt sich im Innern der Schiene bei einer Leitfähigkeit des Kupfers von $\sigma = 5{,}7 \cdot 10^7$ S/m eine Feldstärke

$$E = \frac{2\,\mathrm{A}}{5{,}7 \cdot 10^7\,\mathrm{mm}^2} \frac{\mathrm{m}}{\mathrm{S}} = 3{,}5 \cdot 10^{-4} \frac{\mathrm{V}}{\mathrm{cm}} = 350 \frac{\mu\mathrm{V}}{\mathrm{cm}} = 0{,}035 \frac{\mathrm{V}}{\mathrm{m}} .$$

In einem langgestreckten Leiter ist die Feldstärke gleich dem Spannungsabfall bezogen auf die Längeneinheit des Leiters.

Anmerkung: Die Richtungen von $\boldsymbol{J}$ und $\boldsymbol{E}$ stimmen nur in isotropen Leitern überein, also solchen, bei denen die Leitfähigkeit für alle Stromrichtungen den gleichen Wert hat. Bei Kristallen ist diese Bedingung im allgemeinen nicht genau erfüllt, $\boldsymbol{J}$ und $\boldsymbol{E}$ können dann etwas verschiedene Richtungen haben.

Nach Gl. (4) ist die Stromdichte proportional der Feldstärke. Da die Feldstärke um so größer ist, je dichter die Potentialflächen gleichen Potentialunterschiedes liegen, so kann man die Stromdichte dadurch veranschaulichen, daß man auch die Stromlinien um so dichter anordnet, je kleiner der Abstand zwischen den Potentialflächen ist. Man kann in der zeichnerischen Darstellung des Feldes in Abb. 5.3 z. B. den Abstand der Stromlinien überall gleich dem Abstand der Niveaulinien machen. Auf diese Weise läßt sich zu dem experimentell bestimmten Bild der Niveaulinien leicht das Bild der Stromlinien hinzufügen (s. a. Abschnitt 14).

Der erste Kirchhoffsche Satz im Strömungsfeld

Der erste KIRCHHOFFsche Satz sagt aus, daß sich der stationäre elektrische Strom bei Verzweigungen wie eine nicht zusammendrückbare Flüssigkeit verhält, so daß der gesamte von einem Knoten wegfließende Strom Null sein muß. Diesen Satz kann man auch folgendermaßen ausdrücken. Man lege um den Knotenpunkt eine in sich geschlossene Fläche, die den Knotenpunkt umgibt (Hüllfläche), z. B. eine Kugelfläche mit dem Mittelpunkt im Knoten, Abb. 6.2. Die von dem Knotenpunkt ausgehenden Leiter durchstoßen dann diese Fläche, und nach dem ersten KIRCH-

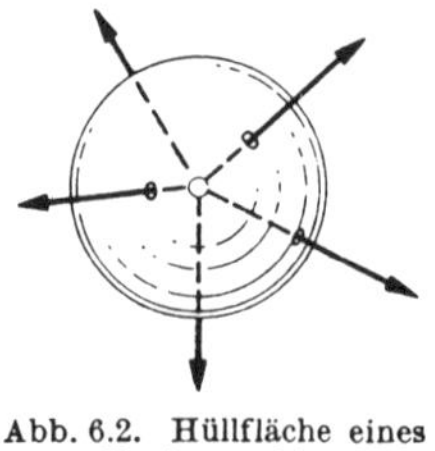

Abb. 6.2. Hüllfläche eines Knotenpunktes

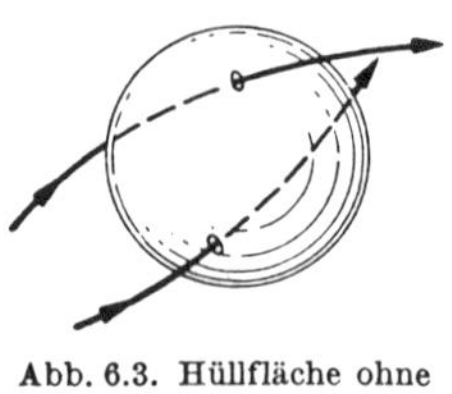

Abb. 6.3. Hüllfläche ohne Knotenpunkt

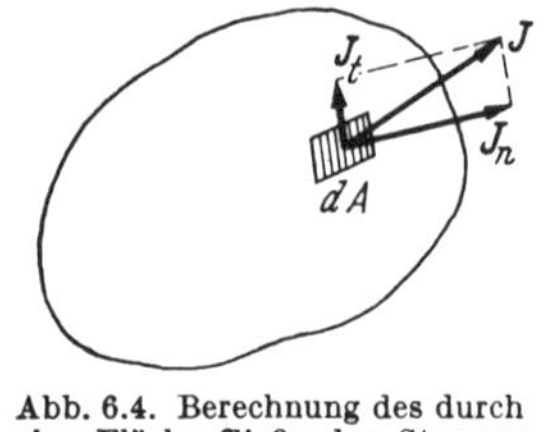

Abb. 6.4. Berechnung des durch eine Fläche fließenden Stromes

HOFFschen Satz muß die Summe aller aus der Fläche austretenden Ströme Null sein. Man kann eine solche Hüllfläche an beliebigen Stellen des Netzes anbringen; auch wenn sie keinen Knoten enthält, z. B. in Abb. 6.3, ist der ausgesprochene Satz, wie ohne weiteres einzusehen, gültig. Da man nun eine räumliche Strömung als Grenzfall der Strömung in einem Widerstandsnetz auffassen kann, so gilt auch für das beliebige Strömungsfeld der Satz in der gleichen Form. Er lautet also:

Grenzt man in einem Strömungsfeld eine beliebige in sich geschlossene Fläche (Hüllfläche) ab, so ist der aus der Fläche austretende Gesamtstrom Null.

Dieser Satz läßt sich mathematisch folgendermaßen formulieren. Man zerlege die betrachtete Hüllfläche in hinreichend kleine Flächenelemente dA, Abb. 6.4. In jedem dieser Flächenelemente kann der Vektor der Stromdichte $\boldsymbol{J}$ als konstant angesehen werden. Der aus dem Flächenelement austretende Strom ist daher nach Gl. (5.7)

$$dI = J_n\, dA = \boldsymbol{J}\, d\boldsymbol{A}\,, \tag{6}$$

wenn der Vektor $d\boldsymbol{A}$ nach außen zeigt.

Um den Gesamtstrom zu erhalten, der aus der Fläche austritt, hat man die Summe dieser Produkte über die ganze Hüllfläche zu bilden:

$$I = \oint \boldsymbol{J}\, d\boldsymbol{A}\,, \tag{7}$$

wobei der Kreis am Integralzeichen andeuten soll, daß es sich um eine Hüllfläche handelt. Der erste KIRCHHOFFsche Satz fordert dann, daß

$$\boxed{\oint \boldsymbol{J} \cdot d\boldsymbol{A} = 0} \tag{8}$$

Man nennt ein Vektorfeld, in dem diese Gleichung gilt, *quellenfrei*; die Gl. (8) zeigt an, daß die Strömung nirgends entspringt oder endigt.

Der zweite Kirchhoffsche Satz im Strömungsfeld

Sieht man von im Strömungsfeld verteilten Spannungsquellen ab, so ist der zweite KIRCHHOFFsche Satz bei der Definition der Grundbegriffe des Strömungsfeldes bereits dadurch berücksichtigt worden, daß jedem Punkt des Raumes ein eindeutiges Potential zugeschrieben wird und die Spannungen als Differenzen dieser Potentiale definiert werden. Die Summe der Spannungen auf einem beliebigen in sich geschlossenen Weg ist unter dieser Voraussetzung Null.

Bildet man das Linienintegral der elektrischen Feldstärke zwischen zwei beliebigen Punkten a und b des Strömungsfeldes auf dem Wege *1*, Abb. 6.5, so ergibt sich die Differenz der Potentiale dieser beiden Punkte. Das Linienintegral von Punkt b nach a über einen andern Weg *2* hat den gleichen Betrag, aber das entgegengesetzte Vorzeichen. Addiert man die beiden Integrale, so erhält man das Linienintegral der elektrischen Feldstärke auf dem geschlossenen Weg $a\,1b\,2a$; es ist im stationären Strömungsfeld gleich Null:

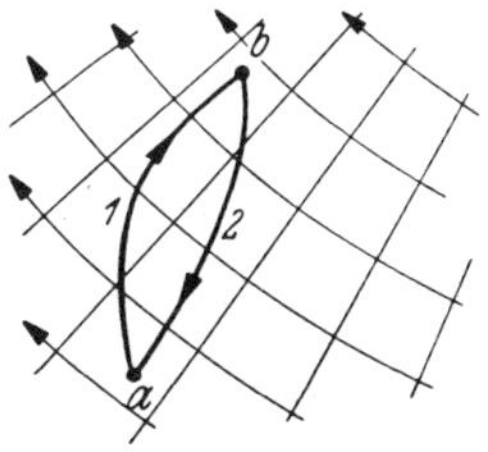

Abb. 6.5. Linienintegral der elektrischen Feldstärke auf einem geschlossenen Weg

Im stationären Strömungsfeld ist das Linienintegral der elektrischen Feldstärke auf beliebigen geschlossenen Wegen Null.

Dieser Satz lautet in der Schreibweise der Vektorrechnung

$$\boxed{\oint \boldsymbol{E} \cdot d\boldsymbol{s} = 0\,.} \tag{9}$$

Hier zeigt der Kreis am Integralzeichen an, daß über einen geschlossenen Weg zu integrieren ist.

Man nennt ein Vektorfeld, in dem diese Bedingung erfüllt ist, *wirbelfrei* (vgl. dazu Abschnitt 25). In Gebieten, in denen sich keine Spannungsquellen befinden, stellt also die stationäre elektrische Strömung ein wirbel- und quellenfreies Feld dar. In diesen Gebieten treten keine in sich geschlossenen Stromlinien auf, diese müssen vielmehr die Quellen durchlaufen. Auf einem Integrationsweg, der Energiequellen enthält, ist das Linienintegral der elektrischen Feldstärke zuzüglich der Summe der Quellenspannungen gleich Null, wie es der zweite KIRCHHOFFsche Satz verlangt.

Das Joulesche Gesetz im Strömungsfeld

In einem Leiter vom Widerstand R, der vom Strom I durchflossen wird, ist die umgesetzte Leistung (z. B. in Wärme) gegeben durch

$$P = I^2 R\,. \tag{10}$$

Diese Beziehung kann ohne weiteres auf das bei der Umformung des OHMschen Gesetzes betrachtete Prisma, Abb. 6.1, angewendet werden. Hier ist

$$dI = J\,dA \qquad \text{und} \qquad R = \frac{dn}{\sigma\,dA}\,,$$

also die in dem Prisma umgesetzte Leistung

$$dP = \frac{1}{\sigma} J^2\,dA\,dn\,. \tag{11}$$

Da $dA\,dn$ das Volumen des Prismas darstellt, können wir eine Leistungsdichte definieren durch

$$P_1 = \frac{dP}{dA\,dn}\,.$$

Für diese Leistungsdichte ergibt sich

$$\boxed{P_1 = \frac{1}{\sigma} J^2 = J\,E = \sigma\,E^2\,.} \tag{12}$$

Zahlenbeispiel: Beträgt z. B. die Stromdichte an der Oberfläche einer in den Erdboden eingegrabenen Erdungsplatte $J = 100\,\frac{\mathrm{A}}{\mathrm{m}^2}$, und ist die Leitfähigkeit des Erdbodens $\sigma = 10^{-2}$ S/m, so wird

$$P_1 = 10^2\,\frac{\mathrm{m}}{\mathrm{S}} \cdot 10^4\,\frac{\mathrm{A}^2}{\mathrm{m}^4} = 10^6\,\frac{\mathrm{W}}{\mathrm{m}^3} = 1\,\frac{\mathrm{W}}{\mathrm{cm}^3}\,.$$

Nun ist 1 Ws = 0,239 cal oder 1 W = 0,239 cal/s. Also wird die je Zeit- und Volumeneinheit entwickelte Wärme

$$P_1 = 0{,}239\,\frac{\mathrm{cal}}{\mathrm{cm}^3\,\mathrm{s}}\,.$$

Hat der Erdboden z. B. dieselbe volumenbezogene Wärmekapazität wie das Wasser (4,19 J/(K · cm³)), so würde er sich mit der Geschwindigkeit $1\,\mathrm{W}\cdot\mathrm{cm}^{-3}/(4{,}19\,\mathrm{J}\cdot\mathrm{K}^{-1}\cdot\mathrm{cm}^{-3}) = 0{,}239$ K/s erwärmen, wenn die Wärme nicht abgeleitet würde.

Grenzbedingungen im Strömungsfeld

Durchfließt der Strom Stoffe mit verschiedener Leitfähigkeit, so ergibt sich an den Grenzflächen eine Brechung der Stromlinien. Tritt der Strom in eine Grenzfläche zwischen zwei Stoffen mit den Leitfähigkeiten σ_1 und σ_2 unter einem beliebigen Winkel α_1 zur Senkrechten auf der Grenzfläche ein, Abb. 6.6, so tritt er unter einem Winkel α_2 aus, der im allgemeinen nicht gleich α_1 ist. Die Winkel α_1 und α_2 geben die Richtung der Vektoren $\boldsymbol{J}_1$ und $\boldsymbol{J}_2$ zu beiden Seiten der Grenzfläche an. Zerlegt man jeden dieser beiden Vektoren in die Normalkomponente $\boldsymbol{J}_n$ und die Tangentialkomponente $\boldsymbol{J}_t$, so geben die Normalkomponenten an, wie groß der Strom ist, der durch irgendein kleines Flächenelement dA der Grenzfläche hindurchtritt. Da wegen der Quellenfreiheit des elektrischen Stromes in die Grenzfläche von der einen Seite her genau so viel Strom eintreten muß, wie auf der anderen Seite herauskommt, so muß

$$\boldsymbol{J}_{n1} = \boldsymbol{J}_{n2} \tag{13}$$

sein. *Die Normalkomponente der Stromdichte ist an Grenzflächen stetig.*

Eine Aussage über die Tangentialkomponenten ergibt sich, wenn man die elektrische Feldstärke einführt, deren Richtung zu beiden Seiten der Grenzfläche mit der Richtung der Stromdichte zusammenfällt. Die Tangentialkomponenten E_t der elektrischen Feldstärke sind maßgebend für das Potentialgefälle längs der Grenzfläche. Schreitet man in Richtung der Tangentialkomponenten längs der Grenzfläche um ein kleines Stück ds fort, so ergeben sich die Potentialunterschiede

$$d\varphi_1 = E_{t1}\,ds \qquad \text{und} \qquad d\varphi_2 = E_{t2}\,ds$$

auf beiden Seiten der Grenzfläche. Auf Grund des zweiten KIRCHHOFFschen Satzes müssen die Potentialunterschiede auf beiden Seiten der Grenzfläche einander gleich sein.

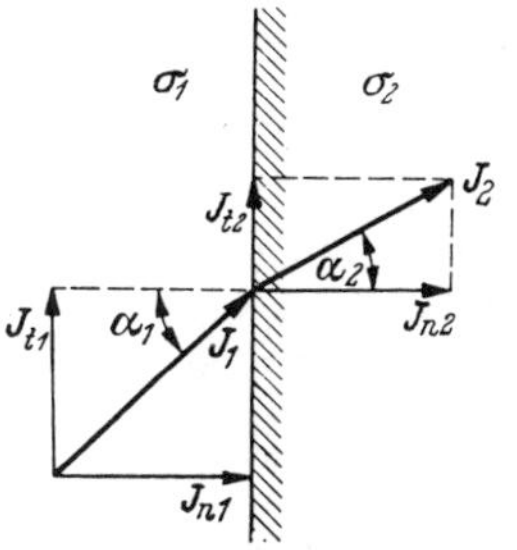

Abb. 6.6. Grenzfläche zwischen Stoffen verschiedener Leitfähigkeit

Anmerkung: Dies gilt selbst dann, wenn zwischen den beiden Stoffen eine Quellenspannung (Kontaktspannung) besteht. Auf einem geschlossenen Weg, der an der einen Seite der Grenzfläche beginnt, den Abschnitt ds durchläuft, durch die Grenzfläche hindurchtritt, auf der anderen Seite längs der Grenzfläche um das Stück ds zurückgeht und die Grenzfläche zum zweiten Male durchstößt, um zum Ausgangspunkt zurückzukehren, ist nämlich die Summe der Kontaktspannungen Null, so daß auch hier

$$d\varphi_1 = d\varphi_2$$

sein muß.

Hieraus geht hervor, daß

$$\boldsymbol{E}_{t1} = \boldsymbol{E}_{t2} \tag{14}$$

oder

$$\frac{J_{t1}}{J_{t2}} = \frac{\sigma_1}{\sigma_2}\,. \tag{15}$$

Die Tangentialkomponenten der Stromdichte verhalten sich an Grenzflächen wie die Leitfähigkeiten der aneinandergrenzenden Stoffe.

Beim Übergang des Stromes von einem Stoff mit größerer Leitfähigkeit zu einem Stoff geringerer Leitfähigkeit wird also der Winkel mit der Normalen zur Grenzfläche kleiner; in dem Beispiel Abb. 6.6 ist σ_1 größer als σ_2. Wenn das Verhältnis der Leitfähigkeiten extrem groß ist, so gelten hiernach die folgenden Sätze:

Aus einem Stoff mit sehr großer Leitfähigkeit treten die Stromlinien nahezu senkrecht aus. An der Grenzfläche zwischen einem Leiter und einem Nichtleiter ist die Normalkomponente der Stromdichte Null.

Im letztgenannten Fall verläuft der Strom im Leiter an der Grenzfläche tangential. Die Potentialflächen stehen daher auf der Grenzfläche senkrecht, s. z. B. Abb. 5.2.

7. Beispiele von Strömungsfeldern

Punktquelle

Als einfachstes Beispiel für die Berechnung eines Strömungsfeldes werde zunächst der folgende Fall betrachtet. Eine Kugel vom Radius r_0 aus einem gut leitenden Material, z. B. Kupfer, sei in einen Stoff mit mäßiger Leitfähigkeit σ eingebettet, z. B. Erde. Der Kugel werde durch einen isolierten Draht Strom zugeführt, der in sehr großer Entfernung durch eine zweite Elektrode wieder abgenommen und zur Stromquelle zurückgeführt wird. In der näheren Umgebung der Kugelelektrode werden die Stromlinien aus Symmetriegründen radial von der Kugeloberfläche ausgehen, Abb. 7.1. Der gesamte der Kugel zugeführte Strom I verteilt sich gleichmäßig auf konzentrische Kugelflächen. Im Abstand r vom Kugelmittelpunkt hat daher die Stromdichte den Betrag

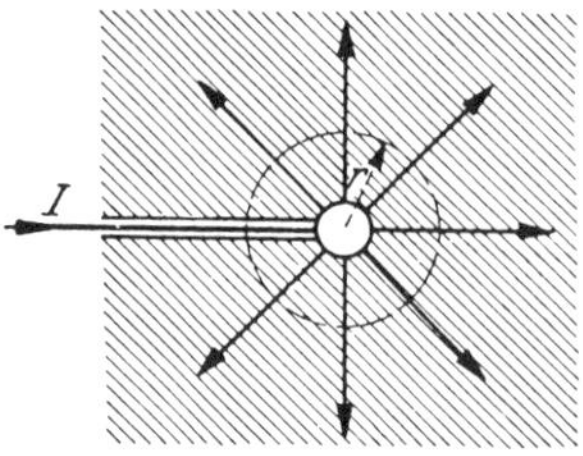

Abb. 7.1. Strömungsfeld in der Umgebung einer Kugelelektrode

$$J = \frac{I}{4\pi r^2}. \tag{1}$$

Diese Beziehung kann auch als der Ausdruck des ersten KIRCHHOFFschen Satzes betrachtet werden. Eine Kugelfläche mit dem Radius r wird von dem Leiter durchstoßen, der den Strom I in das Innere dieser Kugel einführt. Damit die Summe aller aus der Kugelfläche austretenden Ströme Null ist, muß die Stromdichte den durch Gl. (1) gegebenen Wert besitzen.

Der Vektor $\boldsymbol{J}$ der Stromdichte zeigt vom Mittelpunkt der Kugel weg, wenn der Kugelelektrode durch die Leitung Strom zugeführt wird, bei umgekehrter Stromrichtung zeigt er nach dem Kugelmittelpunkt. Die Potentialflächen sind konzentrische Kugelflächen. Auch die Oberfläche der Metallkugel ist eine Potentialfläche, da infolge der vorausgesetzten großen Leitfähigkeit innerhalb der Kugel kein merklicher Spannungsabfall entsteht. Alle Punkte der Kugel und insbesondere ihrer Oberfläche haben daher gleiches Potential.

Nach dem OHMschen Gesetz ist durch die Stromdichte auch die Feldstärke bestimmt. Es gilt

$$E = \frac{1}{\sigma} J = \frac{I}{4\pi\sigma r^2}. \tag{2}$$

Die Richtung ist die gleiche wie die der Stromdichte. Aus der elektrischen Feldstärke ergibt sich auf Grund der Gl. (5.22) die Spannung zwischen der Kugeloberfläche und irgendeinem Punkt P des Raumes mit dem Abstand r vom Mittelpunkt der Kugel:

$$U_{0P} = \int_{r_0}^{r} E\,dr = \frac{I}{4\pi\sigma}\int_{r_0}^{r}\frac{dr}{r^2} = \frac{I}{4\pi\sigma}\left(\frac{1}{r_0} - \frac{1}{r}\right). \tag{3}$$

Die Spannung zwischen der Metallkugel und dem beliebigen Punkt P nähert sich also mit wachsendem Abstand dieses Punktes einem Grenzwert, wie es Abb. 7.2 veranschaulicht. Der Grenzwert

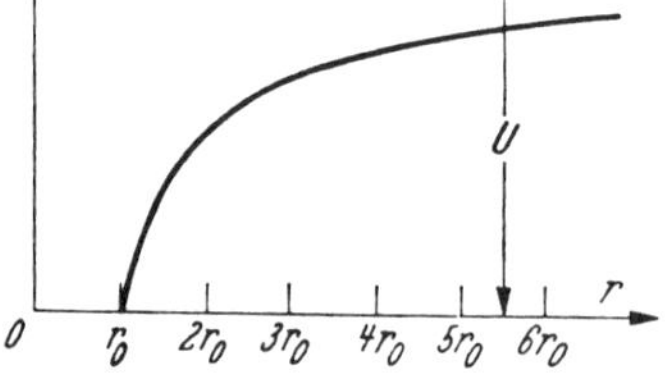

Abb. 7.2. Spannung in der Umgebung einer Kugelelektrode

$$U = \frac{I}{4\pi\sigma r_0} \tag{4}$$

wird mit einem Fehler von 1% erreicht, wenn der Abstand r des Punktes P 100mal so groß wie der Kugelradius ist; man bezeichnet ihn als den Spannungsabfall am Übergangswiderstand zwischen der Metallkugel und dem leitenden Stoff. Der *Übergangswiderstand* ist daher

$$R = \frac{1}{4\pi\sigma r_0}; \tag{5}$$

er liegt praktisch innerhalb einer Kugel vom Radius $100\,r_0$. Die Formel (5) kann zur Berechnung des Übergangswiderstandes zwischen einem kugelförmigen Erder und dem Erdboden benützt werden. Es ist bemerkenswert, daß der Übergangswiderstand nicht umgekehrt proportional mit der Oberfläche der Metallkugel, sondern langsamer abnimmt.

Zahlenbeispiel: Für verschiedene Radien r_0 eines Kugelerders ergeben sich nach Gl. (5) die folgenden Übergangswiderstände im Erdboden mit der Leitfähigkeit 10^{-2} S/m

$r_0 =$	5	10	50	100 cm
$R =$	160	80	16	8 Ω.

Teilt man den Raum in der Umgebung der Kugelelektrode durch eine dünne, isolierende, ebene Schicht, die durch den Mittelpunkt geht, Abb. 7.3, so kann man jedem der beiden so entstehenden Halbräume den Strom $^1/_2 I$ entnehmen, ohne daß sich an dem Strömungsbild etwas ändert. Man kann auch noch die Metallkugel durch den gleichen Schnitt teilen und jeder Hälfte den Strom $^1/_2 I$ zuführen. Es ergibt sich dann der Fall, daß an der Erdoberfläche eine Halbkugel vom Radius r_0 eingegraben ist, der der Strom $^1/_2 I$ zugeführt wird. Das Potential ist überall das gleiche wie früher; auch der Spannungsabfall am Übergangswiderstand ist der gleiche geblieben. Der Übergangswiderstand ist daher doppelt so groß:

$$R = \frac{1}{2\pi\sigma r_0}. \tag{6}$$

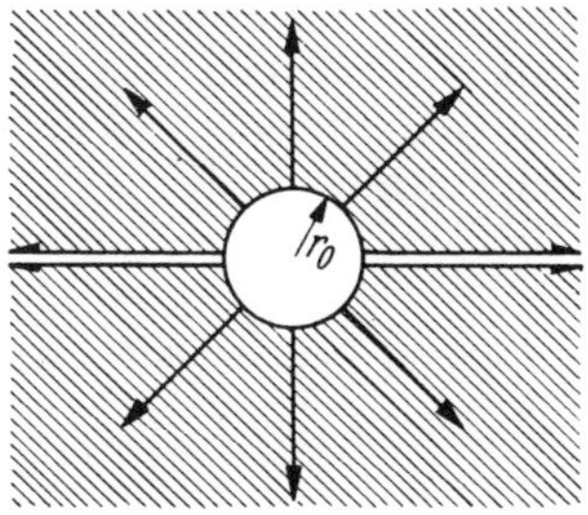

Abb. 7.3. Halbkugelelektrode

Diese Formel kann in manchen Fällen zur Abschätzung des Übergangswiderstandes eines Erders verwendet werden, wenn man diesen angenähert durch eine solche Halbkugel ersetzen kann. Zwischen dem Erder und irgendwelchen Punkten der Erdoberfläche im Abstand r vom Mittelpunkt ergibt sich eine Spannung, die durch Gl. (3) dargestellt ist. Führt man dort den gesamten Spannungsabfall U des Erders ein, so folgt

$$U_{0P} = U\left(1 - \frac{r_0}{r}\right). \tag{7}$$

Diese Funktion hat den in Abb. 7.2 gezeigten Verlauf. Man bezeichnet die dadurch gegebene Spannungsverteilung auch als den *Spannungstrichter* des Erders. Seine Kenntnis ist von Bedeutung im Hinblick auf die Gefährdung von Lebewesen, die in die Nähe des Erders gelangen.

Zahlenbeispiel: Läßt sich die Erdung eines *Leitungsmastes* durch eine Halbkugel vom Radius 1 m ersetzen, so ist nach Gl. (6) der Übergangswiderstand 16 Ω für eine Bodenleitfähigkeit von 10^{-2} S/m. Bei Berührung eines Leiters der Freileitung mit dem Mast ergebe sich ein Erdstrom von 100 A. Dann ist die Übergangsspannung 1600 V. Die Spannung zwischen zwei beliebigen Punkten, die um den Abstand der Schrittlänge des Menschen von einander entfernt sind, nennt man die *Schrittspannung*. Für eine Schrittlänge von 80 cm beträgt sie im ungünstigsten Falle nach Gl. (7)

$$\Delta U = U\left(1 - \frac{100}{180}\right) = 711 \text{ V}.$$

Die Spannung zwischen der Vollkugel und irgendeinem Punkt des Raumes, Gl. (3), läßt sich als Differenz der Potentiale der Kugeloberfläche, φ_0, und des betrachteten Punktes, φ, darstellen; es gilt

$$U_{0P} = \varphi_0 - \varphi. \tag{8}$$

Hieraus folgt für das Potential des beliebigen Punktes im Abstand r vom Mittelpunkt der Kugel

$$\varphi = \frac{I}{4\pi\sigma r} + c,$$

wobei c eine willkürliche Konstante bezeichnet; deren Bedeutung geht daraus hervor, daß für sehr große Werte von r das Potential gleich c wird. Die Konstante c bezeichnet also das Potential weit entfernter Punkte. Bezieht man alle Potentiale auf einen solchen weit entfernten Punkt, so wird

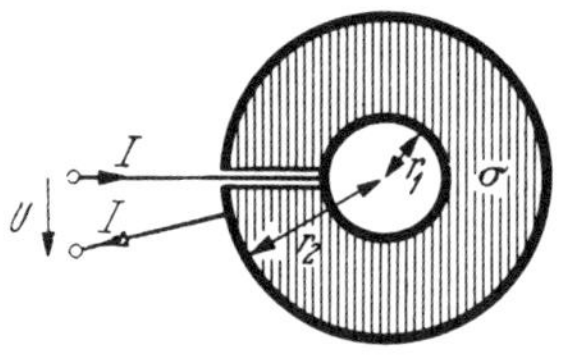

Abb. 7.4. Strömung zwischen konzentrischen Kugelelektroden

$$\varphi = \frac{I}{4\pi\sigma r}. \tag{9}$$

Ein weiteres Beispiel dieser Potentialverteilung bildet das durch Abb. 7.4 dargestellte Leitersystem, bei dem der Hohlraum zwischen zwei konzentrischen Kugelelektroden mit einem Stoff geringer Leitfähigkeit σ ausgefüllt ist. Bezeichnet man willkürlich das Potential der äußeren Elektrode mit φ_1, so ist das der inneren $\varphi_1 + U$, wenn der Strom I von der inneren nach der äußeren Elektrode fließt und die Spannung zwischen den beiden Elektroden U betragen soll. Daher gelten die beiden Gleichungen

$$\varphi_1 = \frac{I}{4\pi\sigma r_2} \quad \text{und} \quad U + \varphi_1 = \frac{I}{4\pi\sigma r_1},$$

aus denen hervorgeht, daß

$$U = I\,\frac{r_2 - r_1}{4\pi\sigma r_1 r_2}. \tag{10}$$

Der Übergangswiderstand zwischen den beiden Elektroden ist hiernach gleich dem Widerstand eines zylindrischen Leiters aus dem gleichen Material mit der Leitfähigkeit σ, der Länge $\delta = r_2 - r_1$ und dem Querschnitt $A = 4\pi r_1 r_2$, der gleich der Oberfläche einer Kugel mit dem Radius $r_0 = \sqrt{r_1 r_2}$ ist.

Die Spannungsverteilung in der Umgebung einer Kugel ist bei gegebenem Gesamtstrom unabhängig von der Größe der Kugelelektrode. Man würde das gleiche Potential auch bei einer Kugel von unendlich kleinem Radius erhalten. In bezug auf den außerhalb der Elektrode liegenden Raum läßt sich also für die Rechnung die Elektrode ersetzen durch eine Kugel von unendlich kleinem Radius, durch die der Strom I austritt. Eine solche unendlich kleine Elektrode nennt man *Punktquelle.* Das Potential in der Umgebung einer Punktquelle ist durch Gl. (9) gegeben. Fließt der Strom in umgekehrter Richtung, wird er also durch die Elektrode dem Raum entnommen, so gilt entsprechend

$$\varphi = -\frac{I}{4\pi\sigma r}. \tag{11}$$

Bei Anwesenheit mehrerer Punktquellen überlagern sich die Einzelpotentiale (*Überlagerungssatz*), da nach den Grundgesetzen des Strömungsfeldes zwischen den Strömen und Spannungen lineare Beziehungen bestehen. Sind z. B. in den leitenden Raum zwei Punktquellen Q_1 und Q_2, Abb. 7.5, im Abstand l eingebettet, von denen die eine den Strom I zuführt, die andere den Strom I entnimmt, so gilt für das Potential in einem beliebigen Punkt P

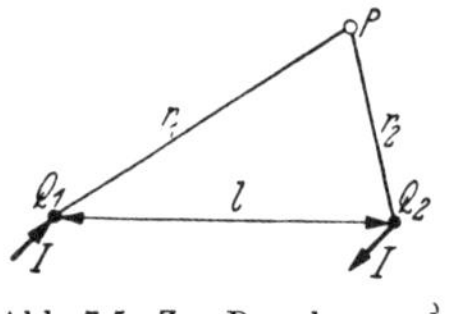

Abb. 7.5. Zur Berechnung des Potentials zweier Punktquellen

$$\varphi = \frac{I}{4\pi\sigma}\left(\frac{1}{r_1} - \frac{1}{r_2}\right). \tag{12}$$

Die Potentialflächen sind durch die Bedingung

$$\varphi = \text{konst.}$$

bestimmt. In Abb. 7.6 sind einige Potentiallinien dargestellt. Man kann sie auf folgende Weise aufzeichnen. Es werde gesetzt

$$\frac{1}{r_1} - \frac{1}{r_2} = \frac{k}{l}. \tag{13}$$

Dann folgt

$$r_1 = \frac{r_2}{1 + k\frac{r_2}{l}} \,. \tag{14}$$

Erteilt man nun k Werte einer arithmetischen Reihe, z. B. $k = 0, 1, 2, 3$ usw., so ergeben sich aus dieser Gleichung die zu Potentiallinien gleicher Potentialunterschiede gehörigen Radien.

Die Strömungslinien schneiden die Potentiallinien überall senkrecht, sie gehen von Q_1 nach Q_2. Halbiert man den ganzen Raum durch eine isolierende Ebene, die durch die Verbindungslinie der beiden Punktquellen geht, so ergibt sich das Strömungsfeld für zwei Erder an der Erdoberfläche, das etwa die Rückleitung eines

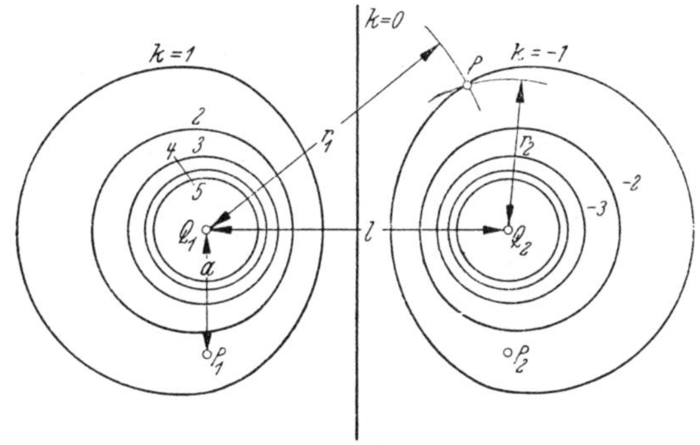

Abb. 7.6. Potentiallinienbild zweier Punktquellen entgegengesetzten Vorzeichens

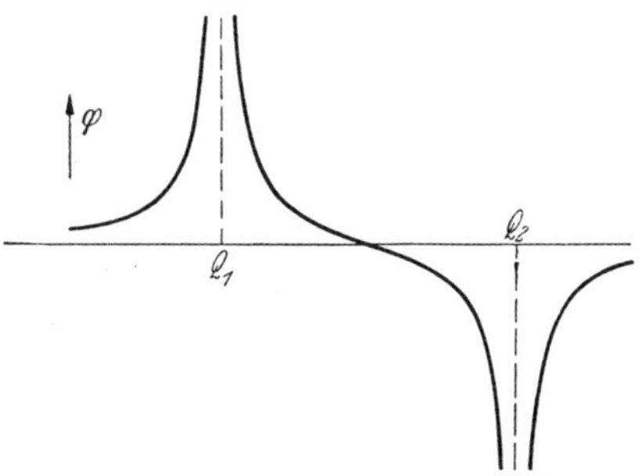

Abb. 7.7. Potentialverlauf auf der Verbindungslinie der beiden Quellen

Stromkreises bilden kann, dessen Hinleitung aus einem isolierten Draht besteht (Einfachleitung der Telegraphie). Auf der Verbindungslinie der beiden Quellen hat das Potential den in Abb. 7.7 dargestellten Verlauf. Die Potentiallinien in Abb. 7.6 kann man als Höhenlinien eines Gebirges auffassen, das nach Q_1 hin ansteigt und nach Q_2 hin trichterförmig abfällt.

Anwendungsbeispiel: Es seien Q_1 und Q_2 die beiden Erder einer Einfachleitung. In irgendeinem Abstand a sei eine zweite Einfachleitung gleicher Länge mit den Erdungspunkten P_1 und P_2 vorhanden (Abb. 7.6). Fließt in der ersten Leitung ein Strom, dann ergibt sich ein Stromübergang in die zweite Leitung; es liegt eine *galvanische Kopplung* vor. Die in der zweiten Leitung auftretende Spannung, die nach dem Satz von der Zweipolquelle als eine Quellenspannung U_0 aufgefaßt werden kann, ergibt sich als Differenz der Potentiale der beiden Punkte P_1 und P_2. Ist z. B.

$$\text{für Punkt } P_1\text{: } r_1 = a, \quad r_2 = \sqrt{a^2 + l^2}\,,$$
$$\text{für Punkt } P_2\text{: } r_1 = \sqrt{a^2 + l^2}\,, \quad r_2 = a\,,$$

so wird nach Gl. (12) unter Beachtung, daß jetzt der Strom I nur im Halbraum fließt,

$$U_0 = \frac{I}{\pi\,\sigma}\left(\frac{1}{a} - \frac{1}{\sqrt{a^2 + l^2}}\right). \tag{15}$$

Bei sehr großer Leitungslänge im Vergleich zum Abstand der Leitungen ist angenähert

$$U_0 = \frac{I}{\pi\,\sigma\,a}\,. \tag{16}$$

Ist die Erdung P_2 weit von den drei anderen Punkten P_1, Q_1 und Q_2 entfernt, so wird U_0 angenähert halb so groß.

Zahlenbeispiel: Elektrische Bahn mit einem Erderstrom $I = 500$ A; im Abstand $a = 100$ m von dem Erder Q_1 befinde sich die Erdung P_1 einer Fernmeldeleitung; $\sigma = 10^{-2}$ S/m. Nach Gl. (16) wird, wenn Q_2 wesentlich weiter von Q_1 entfernt ist als P_1

$$U_0 = \frac{I}{2\pi\sigma a} = \frac{500\ \text{Am}}{2\pi\cdot 10^{-2}\cdot 10^2\ \text{Sm}} = 80\ \text{V}.$$

Die Abstände zwischen Starkstrom- und Fernmeldeerdungen müssen daher ausreichend groß gemacht werden.

Führt man mehreren nebeneinander liegenden Punkten Strom in gleicher Stärke zu, so ergeben sich die Potentialflächen ebenfalls durch Übereinanderlagern der Einzelbilder. Das Potential in der Umgebung zweier derartiger Punktquellen im Abstand l ist

$$\varphi = \frac{I}{4\pi\sigma}\left(\frac{1}{r_1} + \frac{1}{r_2}\right). \tag{17}$$

Man findet in ähnlicher Weise wie oben die Potentialflächen, wenn man aus

$$r_1 = \frac{r_2}{k\frac{r_2}{l} - 1} \tag{18}$$

für Werte von k, die nach einer arithmetischen Reihe fortschreiten, zusammengehörige Werte von r_1 und r_2 berechnet. Die Potentiallinien sind in Abb. 7.8 dargestellt; in großem Abstand von den Punktquellen geht das Potentiallinienbild in das einer einzigen Punktquelle mit doppelter Stromstärke über.

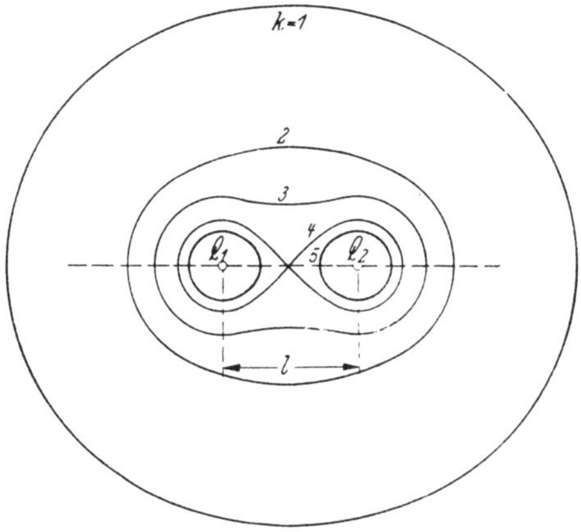

Abb. 7.8. Potentiallinienbild der beiden Quellen gleichen Vorzeichens

Spiegelung

Als weiteres Beispiel soll das Strömungsfeld in der Umgebung einer kleinen Kugelelektrode betrachtet werden, die sich in einer gewissen Tiefe h unter der ebenen Oberfläche des im übrigen unendlich ausgedehnten leitenden Raumes befindet, Abb. 7.9. Der Kugel werde durch eine isolierte Leitung der Strom I zugeführt, der in sehr großer Entfernung wieder aus dem leitenden Halbraum entnommen werden soll. Um hier die Grenzbedingung an der Erdoberfläche zu erfüllen, wendet man das *Prinzip der Spiegelung* an. Es besteht darin, daß man sich den ganzen Halbraum mit seiner Elektrode an der Grenzfläche gespiegelt denkt, Abb. 7.10. Dann befinden sich in einem gleichmäßig leitenden Raum zwei Punktquellen im Abstand $2\,h$, die beide den gleichen Strom I zuführen. Das Potential in irgendeinem Punkt P ergibt sich durch Übereinanderlagern der Teilpotentiale; es gilt die Gl. (17). Die Potentiallinien sind durch Abb. 7.8 dargestellt, wobei $l = 2\,h$ zu setzen ist. Man erkennt, daß für die Mittelebene in der Tat die geforderten Grenzbedingungen, Gl. (6.13) und (6.15), erfüllt sind. Die Richtung der Stromlinien ergibt sich graphisch für jeden Punkt P, wenn man die Vektoren $\boldsymbol{E}_1$ und $\boldsymbol{E}_2$ der elektrischen Feldstärke jeder der beiden Quellen geometrisch addiert, Abb. 7.10. Für die Punkte P_m der Mittelebene fällt die Richtung der Stromdichte in diese Ebene. Die Spannung U zwischen der Elektrode und weit entfernten Punkten ist gleich dem Potential der Kugeloberfläche. Ist der Radius r_0 der Elektrode klein gegen die Tiefe h, so gilt für Punkte der Kugeloberfläche $r_1 = r_0$ und angenähert $r_2 = 2\,h$; daher wird

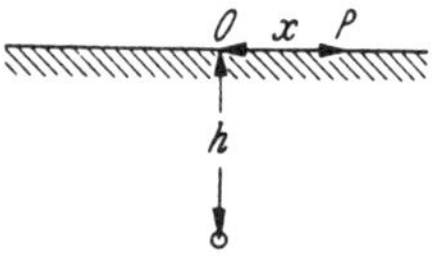

Abb. 7.9. Tiefenerder

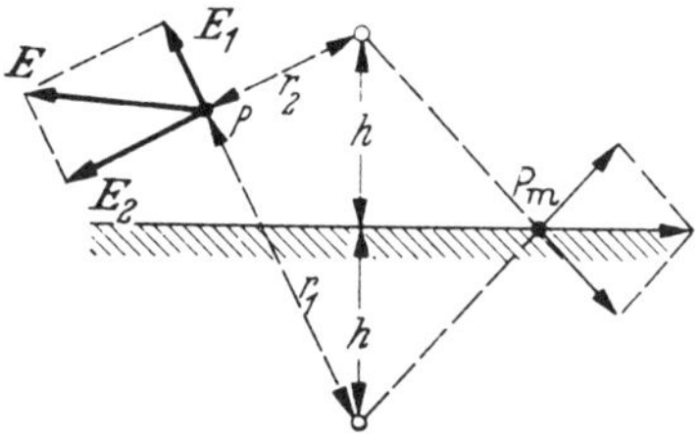

Abb. 7.10. Berechnung des Feldes eines Tiefenerders

$$U = \frac{I}{4\pi\sigma}\left(\frac{1}{r_0} + \frac{1}{2\,h}\right). \tag{19}$$

Der Übergangswiderstand ist

$$R = \frac{1}{4\pi\sigma r_0}\left(1 + \frac{r_0}{2h}\right); \tag{20}$$

er ist größer als bei unbegrenztem Leiter, Gl. (5), da die Stromlinien im oberen Halbraum fehlen; der Unterschied ist jedoch praktisch gering. Schreibt man

$$R = p\frac{1}{4\pi\sigma r_0}, \tag{21}$$

so ist nach Gl. (20)

$$p = 1 + \frac{r_0}{2h} \tag{22}$$

unter der Voraussetzung, daß r_0 klein gegen $2h$ ist. Andererseits wird für $h = 0$ nach Gl. (6) $p = 2$. Für beliebige Eingrabtiefen liegt also p zwischen 1 und 2.

Das Potential an der Erdoberfläche wird nach Gl. (17)

$$\varphi = \frac{I}{4\pi\sigma}\frac{2}{\sqrt{h^2 + x^2}}, \tag{23}$$

wenn mit x der Abstand des betrachteten Punktes P von der Eingrabstelle O des Erders bezeichnet wird. Der Spannungstrichter ist durch Abb. 7.11 dargestellt. Das größte Potentialgefälle tritt in einem Abstand

$$x = 0{,}707\,h \tag{24}$$

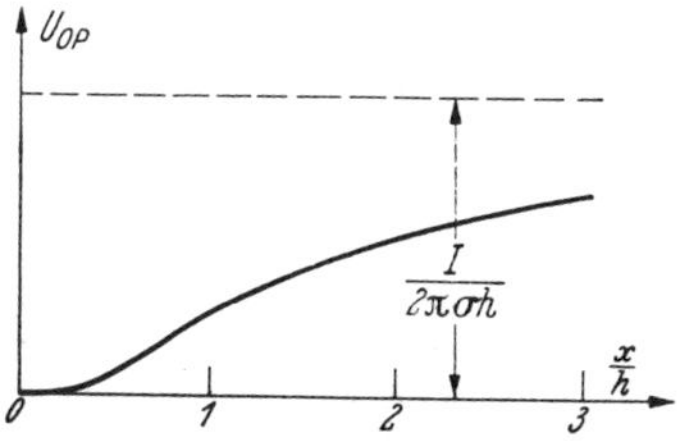

Abb. 7.11. Spannungstrichter des Tiefenerders

vom Punkt O auf; dort ergibt sich die größte Schrittspannung. Die elektrische Feldstärke hat an dieser Stelle den Wert

$$E = 0{,}061\frac{I}{\sigma h^2}. \tag{25}$$

Sie nimmt also mit wachsender Tiefe des Erders sehr rasch ab.

Linienquelle

Bringt man eine sehr große Anzahl von Punktquellen auf einer geraden Linie an, so ergibt sich bei unendlich feiner Verteilung eine *Linienquelle.* Eine solche Linienquelle, Abb. 7.12, kann man sich in Längenelemente $d\zeta$ zerlegt denken, die alle als Punktquellen aufgefaßt werden können; sie führen dem Feld einen Strom zu, der gleich $I\frac{d\zeta}{2l}$ ist, wenn mit $2l$ die Länge der Linie, mit I der gesamte von der Linie ausgehende Strom bezeichnet wird. In irgendeinem Punkt P mit den Koordinaten x und y ergibt nach Gl. (9) die Punktquelle $d\zeta$ zum Potential einen Beitrag

$$d\varphi = I\frac{d\zeta}{2l}\frac{1}{4\pi\sigma r} = I\frac{d\zeta}{8\pi\sigma l\sqrt{y^2 + (x-\zeta)^2}},$$

wobei ζ den Abstand des Längenelementes vom Mittelpunkt der Linie bezeichnet. Das gesamte Potential der Linienquelle ist daher

$$\varphi = \frac{I}{8\pi\sigma l}\int\limits_{-l}^{+l}\frac{d\zeta}{\sqrt{y^2 + (x-\zeta)^2}} = \frac{I}{8\pi\sigma l}\ln\frac{x + l + \sqrt{y^2 + (x+l)^2}}{x - l + \sqrt{y^2 + (x-l)^2}}. \tag{26}$$

Die Potentialflächen sind hier Rotationsellipsoide, die Potentiallinien in der x, y-Ebene sind konfokale Ellipsen, deren Brennpunkte durch die Endpunkte der Strecke $2l$ gebildet werden, Abb. 7.13. Bezeichnet man nämlich die große Achse einer solchen Ellipse mit $2a$, so gilt auf Grund bekannter Eigenschaften der Kegelschnitte für die Strahlen zu den beiden Brennpunkten

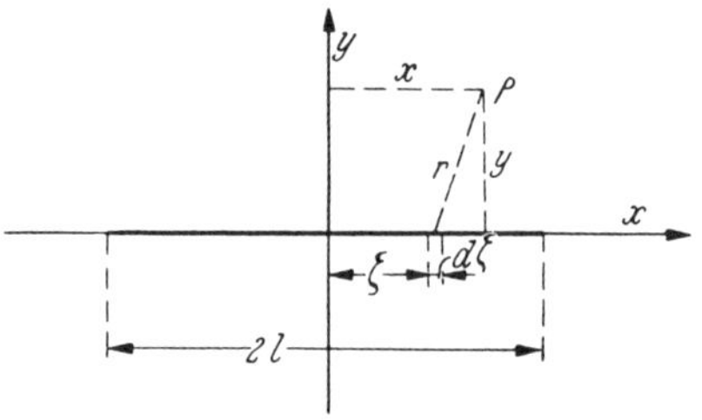

Abb. 7.12. Linienquelle

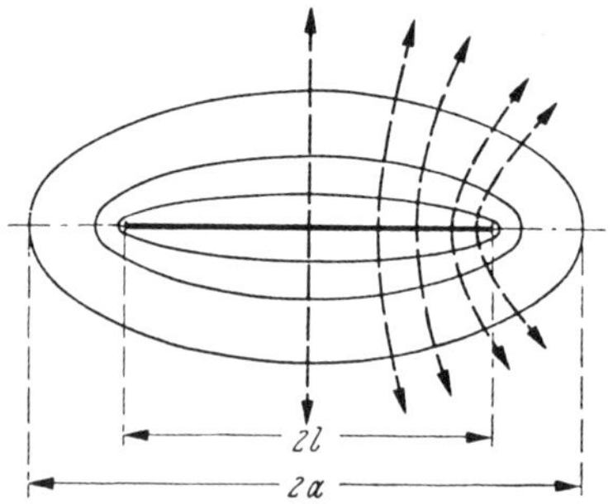

Abb. 7.13. Feld- und Potentiallinienbild der Linienquelle

$$r_1 = a + x\frac{l}{a} = \sqrt{y^2 + (x+l)^2}\,; \tag{27}$$

$$r_2 = a - x\frac{l}{a} = \sqrt{y^2 + (x-l)^2}\,. \tag{28}$$

Setzt man diese Ausdrücke in Gl. (26) ein, so folgt

$$\varphi = \frac{I}{8\pi\sigma l}\ln\frac{a+l}{a-l}\,. \tag{29}$$

Für jeden beliebigen Wert von a ist also das Potential eine Konstante. Die Strömungslinien sind Hyperbeln mit den gleichen Brennpunkten, wie in Abb. 7.13 angedeutet.

Wenn die kleine Halbachse der Ellipsen sehr klein gegen die Länge ist, wenn also a angenähert gleich l ist, dann ergeben sich nahezu zylindrische Potentialflächen, deren Enden abgerundet sind. Die von einer stabförmigen Elektrode mit dieser Form ausgehende Strömung hat daher die gleichen Potentialflächen wie die Linienquelle. Bezeichnet man den Durchmesser des Stabes in der Mitte ($x = 0$) mit d, so wird die Spannung gegen weit entfernte Punkte, U, gleich dem Potential der Potentialfläche, die durch den Punkt $x = 0$, $y = \frac{1}{2}d$ geht; für diesen Punkt ist nach Gl. (26)

$$\varphi = U = \frac{I}{8\pi\sigma l}\ln\frac{l + \sqrt{\left(\frac{d}{2}\right)^2 + l^2}}{-l + \sqrt{\left(\frac{d}{2}\right)^2 + l^2}}\,. \tag{30}$$

Berücksichtigt man, daß der Durchmesser d des Stabes sehr klein gegen seine Länge $2l$ sein soll, so wird angenähert

$$U = \frac{I}{4\pi\sigma l}\ln\frac{4l}{d}\,. \tag{31}$$

Die Potentialverteilung in der Umgebung eines senkrecht in die Erdoberfläche eingegrabenen Stabes ergibt sich, wenn man das soeben betrachtete Feld durch die Mittelebene $x = 0$ teilt. Der Übergangswiderstand ist in diesem Fall

$$R = \frac{1}{2\pi\sigma l}\ln\frac{4l}{d}\,, \tag{32}$$

wobei l die Länge des Stabes oder Rohres innerhalb der Erde bezeichnet.

Zahlenbeispiele: Ein Rohrerder von der Länge 2 m mit einem Durchmesser $d = 5$ cm hat bei einer Bodenleitfähigkeit von 10^{-2} S/m einen Übergangswiderstand

$$R = \frac{10^2\,\Omega}{2\,\pi\,2} \ln \frac{800}{5} \approx 40\,\Omega\,.$$

Der Übergangswiderstand eines zylindrischen Rohres vom Durchmesser d ist in Wirklichkeit etwas kleiner als der berechnete Wert, da der mittlere Durchmesser des Ellipsoides kleiner ist als d (nämlich 0,785 d).

Das Potential an der Erdoberfläche ergibt sich aus Gl. (26) für $x = 0$:

$$\varphi = \frac{I}{4\,\pi\,\sigma\,l} \ln \frac{l + \sqrt{y^2 + l^2}}{-l + \sqrt{y^2 + l^2}}\,. \tag{33}$$

Bezeichnet wieder U die Spannung des Erders gegen einen weit entfernten Punkt, so ist wegen Gl. (31)

$$I = 2\,\pi\,\sigma\,l \frac{U}{\ln \frac{4\,l}{d}}\,, \tag{34}$$

also

$$\varphi = \frac{U}{2 \ln \frac{4\,l}{d}} \ln \frac{\sqrt{y^2 + l^2} + l}{\sqrt{y^2 + l^2} - l}\,. \tag{35}$$

Der *Spannungstrichter* kann danach berechnet werden. Es ergeben sich Kurven, wie sie in Abb. 7.14 dargestellt sind. Die Breite des Spannungstrichters hängt hier von dem Verhältnis d/l ab. Wenn y groß gegen l ist, so ergibt sich aus Gl. (33) die Näherungsformel

$$\varphi = \frac{I}{2\,\sigma\,\pi\,y}\,, \tag{36}$$

die zeigt, daß in großer Entfernung vom Erder die Potentialverteilung sich der eines Kugelerders nähert.

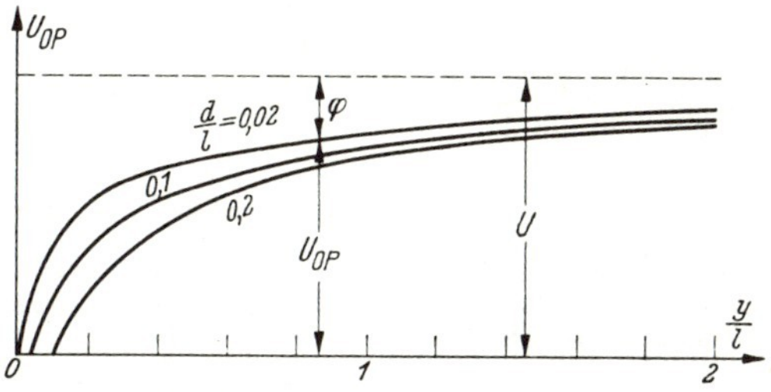

Abb. 7.14. Spannungstrichter von Rohrerdern

Die folgende Tabelle gibt einige Werte des Übergangswiderstandes eines Rohres von 1 m Länge, das senkrecht in den Erdboden eingegraben ist, bei verschiedenen Werten des Verhältnisses l/d und einer Bodenleitfähigkeit von 10^{-2} S/m.

$l/d =$	10	20	50	100
$R =$	60	70	85	95 Ω

Es ist zur Erzielung eines kleinen Übergangswiderstandes vorteilhaft, mehrere kürzere Rohre parallel zu verwenden statt eines einzigen entsprechend dickeren oder längeren Rohres, wenn nicht das längere Rohr in Boden mit größerer Leitfähigkeit führt (Grundwasser).

Wenn die Linienquelle, Abb.7.12, sehr lang ist im Vergleich zu den Koordinaten x und y des Punktes P, dann können die Potentialflächen als koaxiale Kreiszylinder angesehen werden, und zwar um so genauer, je größer die Länge der Linie ist. Der Strom tritt dann auf der ganzen Länge gleichmäßig in radialer Richtung aus. Begrenzt man in diesem Fall die Potentialflächen durch zwei auf derLinie senkrecht stehende Ebenen, die voneinander einen relativ kleinen Abstand s haben, so tritt durch jede beliebige Potentialfläche mit dem Radius r der gleiche Strom I. Er verteilt sich aus Symmetriegründen gleichmäßig auf jeder Potentialfläche, so daß die Stromdichte

$$J = \frac{I}{2\,\pi\,r\,s} \tag{37}$$

beträgt. Die Stromdichte zeigt nach außen, wenn der Strom aus der Linienquelle austritt. Die elektrische Feldstärke hat die gleiche Richtung und den Betrag

$$E = \frac{1}{\sigma} J = \frac{I}{2\,\pi\,\sigma\,s\,r}\,. \tag{38}$$

Das Potential im Abstand r von der Achse ist gleich der Spannung zwischen diesem Punkt und dem Bezugspunkt mit dem Abstand b von der Achse; also nach Gl. (5.22)

$$\varphi = \int_r^b E\,dr = -\frac{I}{2\pi\sigma s}\ln(r/b). \qquad (39)$$

Eine derartige Strömung liegt in einem koaxialen Kabel vor, Abb. 7.15, wenn es mit Gleichspannung betrieben wird. Der Isolationsstrom geht radial zwischen Innenleiter und Außenleiter (Bleimantel) über. Bezeichnet σ die Leitfähigkeit des Isoliermaterials (Papier, Öl) und I den gesamten Isolationsstrom, so gilt für das Potential im Inneren der Isolierung die Gl. (39). Wird jetzt die Länge des Kabels mit l bezeichnet, so ist die Spannung zwischen Innen- und Außenleiter

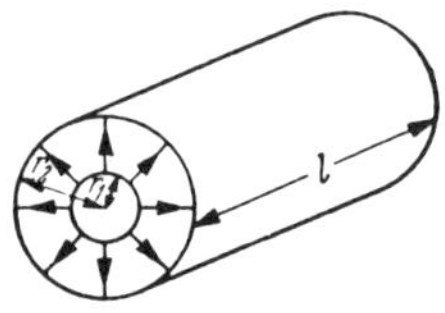

Abb. 7.15. Koaxiale Zylinderelektroden

$$U = \int_{r_1}^{r_2} E\,dr = \frac{I}{2\pi\sigma l}\ln\frac{r_2}{r_1}. \qquad (40)$$

Der Isolationswiderstand wird daher

$$R = \frac{1}{2\pi\sigma l}\ln\frac{r_2}{r_1}. \qquad (41)$$

Zahlenbeispiel: Für verschiedene Werte von r_2/r_1 und eine Leitfähigkeit von $\sigma = 10^{-13}$ S/m (Ölpapier) ist in der folgenden Tabelle der Isolationswiderstand einer Leitung von 1000 m Länge angegeben.

$r_2/r_1 =$	2	5	10	20	50	100
$R =$	1100	2600	3700	4800	6200	7300 MΩ

Der Isolationswiderstand hängt also nur verhältnismäßig wenig von den Abmessungen der Leiter ab; dagegen ist die Leitfähigkeit des Isolierstoffes, die praktisch in weiten Grenzen variieren kann, von großem Einfluß.

Die Ausbreitung des elektrischen Stromes in einem räumlich ausgedehnten Leiter wird zwar durch sehr einfache Gesetze geregelt; es ist jedoch nur bei verhältnismäßig einfachen geometrischen Formen der Elektroden und Leiteranordnungen, von denen hier einige Beispiele betrachtet wurden, einfach, die Stromverteilung auf mathematischem Wege zahlenmäßig zu bestimmen. Allgemeine Methoden zur graphischen Ermittlung von Potentialfeldern werden im Kapitel über das elektrische Feld besprochen (Abschnitt 14).

IV. Stromleitung in festen Körpern und Flüssigkeiten

8. Leitungsmechanismen

Atomstruktur der Leiter

Den bisherigen Betrachtungen liegt die Vorstellung zugrunde, daß der konstante elektrische Strom durch ein gleichmäßiges Fließen von Elektrizitätsmengen in den elektrischen Leitern dargestellt wird. In dieser Vorstellung wird die Elektrizität als eine fein verteilte nicht zusammendrückbare Flüssigkeit aufgefaßt, die die elektrischen Leiter ausfüllt wie Wasser den Hohlraum eines Leitungsrohres. Sobald diese Flüssigkeit in Bewegung kommt, ergeben sich Wärmewirkungen und magnetische Wirkungen, die den elektrischen Strom kennzeichnen. Diese einfache Vorstellung ist für die Lösung einer großen Gruppe von Problemen vollständig ausreichend. Einen vertieften Einblick in das Zustandekommen der elektrischen Erscheinungen hat die Erkenntnis gebracht, daß die Elektrizität wie die Materie Atomstruktur besitzt.

Die kleinsten Teilchen negativer Elektrizität sind die *Elektronen*. Elektrizitätsmengen treten nur als ganzzahlige Vielfache dieser sehr kleinen Elektrizitätsmenge, der *Elementarladung* auf, die nach den genauesten Messungen

$$e = 1{,}602\,1892 \cdot 10^{-19}\,\mathrm{C} \tag{1}$$

beträgt.

Freie Elektronen, wie sie z. B. durch Erhitzen elektrischer Leiter im luftleeren Raum erzeugt werden können (s. Abschnitt 17), zeigen bei allen Bewegungsvorgängen die Erscheinungen der trägen Masse. Bei Geschwindigkeiten, die niedrig im Vergleich zur Lichtgeschwindigkeit sind, beträgt die experimentell feststellbare Masse (*Ruhemasse*)

$$m_e = 9{,}109\,534 \cdot 10^{-31}\,\mathrm{kg}. \tag{2}$$

Mit wachsender Bewegungsgeschwindigkeit v der Elektronen wächst ihre Masse und zwar gemäß dem Gesetz

$$m = \frac{m_e}{\sqrt{1 - \left(\frac{v}{c}\right)^2}}, \tag{3}$$

wobei $c = 299\,792\,458$ m/s die Lichtgeschwindigkeit im leeren Raum bedeutet.

Die räumliche Ausdehnung der *freien Elektronen* ist sehr gering. Man darf sich das freie Elektron etwa als Kugel vorstellen, deren Durchmesser kleiner ist als

$$3 \cdot 10^{-15}\,\mathrm{m} = 3\,\mathrm{fm}.$$

Aus Elektronen setzt sich die *Elektronenhülle der Atome* zusammen, die den *Atomkern* schalenförmig umgibt. Die chemischen Elemente unterscheiden sich durch die Anzahl Z der Elektronen je Atom. Z ist die Ordnungszahl des Elements, z. B. $Z = 29$ bei Kupfer, $Z = 13$ bei Aluminium. Kupfer hat also 29 Elektronen in der Elektronenhülle eines jeden Atoms. Die gesamte negative elektrische Ladung der Elektronenhülle beträgt $Z \cdot e$.

Der Atomkern kann zusammengesetzt gedacht werden aus Z *Protonen* und einer bestimmten Anzahl N *Neutronen*. Das Proton hat eine Masse, die rund 1836mal so groß wie die des Elektrons ist, und eine *positive Ladung e*. Das Neutron hat fast genau die gleiche Masse wie das Proton, aber keine elektrische Ladung. Die Masse des Atoms ist daher ungefähr $(Z + N)\ 1836\ m_0$.

$Z + N$ heißt die *Massenzahl* des Atoms, Z auch die *Kernladungszahl*. Z. B. ist

$$\text{für Aluminium } Z + N = 27,$$

für die beiden Isotope von Kupfer $Z + N = 63$ bzw. 65.

Die Protonen und Neutronen sind im Atomkern auf einem Raum zusammengedrängt, dessen Durchmesser in der Größenordnung

$$10 \cdot 10^{-15}\,\mathrm{m} = 10\,\mathrm{fm}$$

liegt. Die Elektronenhülle nimmt einen dagegen sehr großen Raum ein, dessen Durchmesser 10000—100000mal so groß ist, so daß die Atomkerne in einem festen Körper verhältnismäßig große Abstände voneinander haben. So liegen z. B. in dem kubisch flächenzentrierten Kupferkristall mit einer Kantenlänge der Elementarzelle von 362 pm die Abstände benachbarter Atomkerne bei 256 pm.

Metallische Leiter

Die Elektronen der äußeren Schale sind verhältnismäßig locker an das Atom gebunden. In den *metallischen Leitern* sind einige dieser Elektronen frei beweglich zwischen den ein festes Gerüst bildenden Atomresten (Ionen). Sie führen, ähnlich wie die Moleküle eines Gases, ungeordnete Bewegungen in allen Richtungen aus und sind die Ursache der Leitfähigkeit. Man nennt sie die *Leitungselektronen* und die Gesamtheit der Leitungselektronen auch *Elektronengas.*

Der elektrische Strom besteht nun darin, daß sich der ungeordneten Bewegung der Elektronen, deren mittleres Geschwindigkeitsquadrat der Temperatur proportional ist, eine Bewegung in der Stromrichtung überlagert („Drift“), deren Geschwindigkeit allerdings sehr gering ist gegen die mittlere Geschwindigkeit der Wärmebewegung der Elektronen.

Die Stromstärke ist der Quotient aus der durch den Leiterquerschnitt fließenden Elektrizitätsmenge und der Zeit. Bei einer Stromdichte von 1 A/cm² wird in einer Sekunde eine Elektrizitätsmenge von 1 As durch einen Querschnitt von 1 cm² transportiert; da ein Elektron eine Elektrizitätsmenge von $1{,}6 \times 10^{-19}$ As mit sich führt, so müssen rd. 6×10^{18} Elektronen in jeder Sekunde durch den Leiterquerschnitt von 1 cm² wandern. Trotz dieser großen Zahl ist jedoch die Driftgeschwindigkeit gering, da in dem metallischen Leiter sehr viele freie Elektronen vorhanden sind. Im Kubikzentimeter eines Kupferkristalls befinden sich z. B. rd. $8{,}5 \cdot 10^{22}$ Kupferatome (Avogadro-Konstante $6{,}02 \cdot 10^{23}$ Atome/mol, mal Dichte 8,9 g/cm³, geteilt durch Atommasse 64 g/mol). Kupfer hat nur ein einziges Elektron in der äußersten Schale; es ist das Valenzelektron, das die chemische Wertigkeit bestimmt. Dieses Valenzelektron ist so lose an das Atom gebunden, daß es von einem zum andern Atom übergehen kann. Daher gibt es im Kubikzentimeter bei Kupfer rd. $8{,}5 \cdot 10^{22}$ Leitungselektronen. Eine Stromdichte von 10 A/mm² entspricht damit einer Driftgeschwindigkeit der Leitungselektronen von

$$v = \frac{10\ \text{A/mm}^2}{8{,}5 \cdot 10^{22}\ \text{cm}^{-3} \cdot 1{,}6 \cdot 10^{-19}\ \text{As}} = 0{,}735\ \text{mm/s}.$$

Wird allgemein die Zahl der Leitungselektronen je Volumen (Elektronendichte) mit n bezeichnet, dann ist die Driftgeschwindigkeit bei der Stromdichte J

$$v = \frac{J}{n\,e}, \tag{4}$$

und es gilt für die Stromdichte in Vektorschreibweise

$$\boldsymbol{J} = n\,e\,\boldsymbol{v}. \tag{5}$$

Wird hier der Zusammenhang, Gl. (6.4), zwischen Stromdichte und elektrischer Feldstärke eingeführt, so folgt für die Leitfähigkeit

$$\sigma = n\,e\,\frac{v}{E}. \tag{6}$$

Das Verhältnis der Driftgeschwindigkeit zur elektrischen Feldstärke nennt man die *Beweglichkeit* b der Leitungselektronen:

$$\boxed{b = \frac{v}{E}.} \tag{7}$$

Damit wird die Leitfähigkeit auch

$$\boxed{\sigma = n\,e\,b.} \tag{8}$$

Bei Kupfer mit $\sigma = 5{,}7 \cdot 10^7\ \frac{\text{S}}{\text{m}}$, $n = 8{,}5 \cdot 10^{22}\ \text{cm}^{-3}$ wird

$$b = \frac{5{,}7 \cdot 10^7}{8{,}5 \cdot 10^{22} \cdot 1{,}6 \cdot 10^{-19}}\ \frac{\text{S cm}^3}{\text{m As}} = 42\,\frac{\text{cm}}{\text{s}}\Big/\frac{\text{V}}{\text{cm}} = 42\,\frac{\text{cm}^2}{\text{Vs}}.$$

Die Drift der Leitungselektronen und damit der elektrische Strom entsteht als Folge der mechanischen Kräfte, die das Spannungsgefälle auf die Leitungselektronen ausübt.

Es sind dies die Kräfte, die als Anziehungs- bzw. Abstoßungskräfte bei elektrisch geladenen Körpern bekannt sind. Erzeugt man zwischen irgendwelchen Leitern, die in einem nichtleitenden Raum aufgestellt sind, Spannungen, so ergibt sich in diesem Raum eine bestimmte Verteilung des Potentials ähnlich wie im elektrischen Strömungsfeld. Werden elektrisch geladene Teilchen in diesen Raum gebracht, so suchen sie sich zu bewegen, und zwar so, daß positive Elektrizitätsmengen potentialabwärts zu wandern suchen, also vom positiven zum negativen Pol, negative Elektrizitätsmengen in entgegengesetzter Richtung.

Diesen besonderen Zustand des Raumes, in dem auf Elektrizitätsmengen mechanische Kräfte ausgeübt werden, kennzeichnet man durch die Bezeichnung *elektrisches Feld*. Ein elektrisches Feld ist immer vorhanden, wenn zwischen irgendwelchen Punkten eines Raumes elektrische Spannungen bestehen.

Die elektrische Strömung in den Leitern entsteht daher als Folge der mechanischen Kräfte, die das durch die Stromquelle erzeugte elektrische Feld auf die Leitungselektronen ausübt. Alle Leitungselektronen werden durch diese Kräfte entgegengesetzt zum Potentialgefälle beschleunigt. Die ihnen dadurch von der Stromquelle zugeführte Energie geben sie bei Zusammenstößen mit den Atomresten an diese ab. Die Wärmeschwingungen der Atomreste werden dadurch verstärkt. Dies ist die JOULEsche Wärme, die an allen stromdurchflossenen Leitern beobachtet wird. *Die den Leitungselektronen vom elektrischen Feld erteilte mechanische Arbeit wird in Wärme umgewandelt.*

Mit Hilfe dieser Vorstellung kann man die im elektrischen Feld auf die Elektronen, also auf Elektrizitätsmengen, ausgeübten mechanischen Kräfte aus dem JOULEschen Gesetz berechnen.

Es werde ein gerader zylindrischer Leiter mit dem Querschnitt A betrachtet, durch den ein konstanter Strom I fließt. Die Leitungselektronen führen daher während einer beliebigen Zeit t eine negative Elektrizitätsmenge

$$Q = I\,t \tag{9}$$

durch den Leiterquerschnitt. Hat die „Elektronenwolke“ dabei die Geschwindigkeit v, so bewegt sie sich während der Zeit t um ein Stück $l = v\,t$ weiter. Ein Abschnitt der Wolke von der Länge l enthält daher die Elektrizitätsmenge

$$Q = I\,\frac{l}{v}\,. \tag{10}$$

Die Stromdichte ist

$$J = \frac{I}{A} = \frac{Q\,v}{l\,A}\,, \tag{11}$$

und nach dem JOULEschen Gesetz wird in dem Abschnitt von der Länge l des Leiters eine Leistung

$$P = J\,E\,l\,A = Q\,v\,E \tag{12}$$

in Wärme umgesetzt, wobei E die elektrische Feldstärke im Leiter bezeichnet. Andererseits wird auf den betrachteten Ausschnitt der Elektronenwolke vom elektrischen Feld eine Kraft F ausgeübt. Die zur Fortbewegung dieses Abschnittes nötige Leistung ist daher

$$P = F\,v\,. \tag{13}$$

Aus der Gleichheit der beiden Leistungen folgt

$$F = Q\,E\,. \tag{14}$$

Die Kraft hat die entgegengesetzte Richtung wie die elektrische Feldstärke, wenn die Elektrizitätsmenge Q negativ ist; sie hat die gleiche Richtung wie $\boldsymbol{E}$ bei positivem Q. Stellt man die Kraft durch einen Vektor $\boldsymbol{F}$ dar, so gilt also

$$\boldsymbol{F} = Q\,\boldsymbol{E}\,. \tag{15}$$

Im elektrischen Feld wird auf eine Elektrizitätsmenge (Ladung) eine Kraft ausgeübt, die gleich ist dem Produkt von Elektrizitätsmenge und Feldstärke.

Da die Ladung eines Elektrons

$$Q = -e$$

ist, so erfährt jedes Elektron im elektrischen Feld eine Kraft

$$\boldsymbol{F}_1 = -e\,\boldsymbol{E}\,.$$

Zahlenbeispiele: 1. Es sei $Q = 1$ As; $E = 1$ V/cm. Dann wird die Kraft

$$F = 1\,\frac{\text{Ws}}{\text{cm}} = 100\ \text{N} \approx 10{,}2\ \text{kp}\,.$$

2. Die auf die Leitungselektronen ausgeübten Kräfte sind außerordentlich gering. Die Feldstärke liegt bei Leitern nach dem Beispiel zu Gl. (6.5) in der Größenordnung von 10^{-2} V/m. Die auf ein Leitungselektron wirkende Kraft beträgt daher

$$F_1 = 1{,}6 \cdot 10^{-19} \cdot 10^{-2}\,\frac{\text{VAs}}{\text{m}} = 1{,}6 \cdot 10^{-21}\ \text{N}\,.$$

Wegen der sehr kleinen Masse der Elektronen erfahren sie durch diese Feldkräfte doch eine sehr große Beschleunigung, nämlich

$$a = \frac{F_1}{m_0} = \frac{1{,}6 \cdot 10^{-21}\ \text{N}}{9{,}1 \cdot 10^{-31}\text{kg}} \approx 10^9\,\frac{\text{m}}{\text{s}^2}\,,$$

das ist mehr als 10^8-fache Erdbeschleunigung.

Die Leitungselektronen werden auch durch die Feldkräfte der positiven Atomreste beeinflußt. Es zeigt sich jedoch, daß sie sich hinsichtlich der Vorgänge der elektrischen Leitung so verhalten, als ob sie völlig frei beweglich wären wie die Atome eines idealen Gases. Die Driftbewegung kann daher auf folgende Weise genauer beschrieben werden.

Bei ihrer unregelmäßigen Wärmebewegung im Metall durchlaufen die Leitungselektronen im Durchschnitt einen Weg von der Länge s, bis sie von einem Atom eingefangen werden. Die mittlere Geschwindigkeit v_m der Wärmebewegung bestimmt die durchschnittliche Zeit des freien Fluges eines Elektrons:

$$\tau = \frac{s}{v_m}\,. \tag{16}$$

Ist E die durch eine Stromquelle erzeugte Feldstärke, so wirkt auf jedes freie Elektron eine Kraft $e\,E$. Die Beschleunigung entgegen der positiven Stromrichtung ist $\frac{e\,E}{m}$, wenn mit m die Masse des Elektrons bezeichnet wird. Die mittlere Driftgeschwindigkeit wird daher

$$v = \frac{1}{2}\,\frac{e}{m}\,E\,\tau\,. \tag{17}$$

Ist n die räumliche Dichte der Leitungselektronen, so wird die Stromdichte nach Gl. (5)

$$J = n\,e\,v = \frac{1}{2}\,\frac{e^2\,n\,\tau}{m}\,E\,.$$

Dies ist das Ohmsche Gesetz. Für die Leitfähigkeit erhält man mit Gl. (6.4)

$$\sigma = \frac{1}{2}\,\frac{e^2\,n\,\tau}{m} = \frac{1}{2}\,\frac{e^2\,n\,s}{m\,v_m}\,, \tag{18}$$

für die Beweglichkeit, Gl. (7),

$$b = \frac{1}{2}\,\frac{e}{m}\,\tau\,. \tag{19}$$

Für Kupfer ergibt sich hieraus mit $b = 42\ \mathrm{cm^2/Vs}$, $e = 1{,}6 \cdot 10^{-19}\ \mathrm{As}$, $m = 9{,}1 \cdot 10^{-28}\,\mathrm{g}$:

$$\tau = \frac{2\,m\,b}{e} = \frac{2 \cdot 9{,}1 \cdot 10^{-28} \cdot 10^{-3} \cdot 42 \cdot 10^{-4}}{1{,}6 \cdot 10^{-19}}\,\frac{\mathrm{kg\,m^2}}{\mathrm{As\,Vs}} = 4{,}8 \cdot 10^{-14}\ \mathrm{s}\,.$$

Die freie Laufzeit der Elektronen ist also selbst bei den höchsten technisch verwendeten Frequenzen noch sehr kurz gegen die Periodendauer. Die Leitfähigkeit σ von Metallen ist daher unabhängig von der Frequenz der Wechselströme; sie ist ferner in weiten Grenzen unabhängig von der elektrischen Feldstärke, wenn die Temperatur konstant gehalten wird.

Die Leitungselektronen sind bei den Metallen auch maßgebend für den Wärmetransport. Die Wärmeleitfähigkeit ist daher ebenfalls durch die in der soeben angestellten Überlegung vorkommenden Größen bestimmt. Daraus ergibt sich (WIEDEMANN-FRANZ 1853; LORENZ 1872), daß das Verhältnis von Wärmeleitfähigkeit λ zu elektrischer Leitfähigkeit σ für alle reinen Metalle den gleichen Wert hat und proportional der absoluten Temperatur ist. Das Verhältnis der beiden Größen beträgt bei 20° ungefähr

$$\frac{\lambda}{\sigma} = 7 \cdot 10^{-6}\,\frac{\mathrm{W/m \cdot K}}{\mathrm{S/m}}\,. \tag{20}$$

Bei Metallegierungen nimmt das Verhältnis im allgemeinen mit abnehmender elektrischer Leitfähigkeit zu, weil dann neben der Elektronenleitung auch die Wärmeleitung über das Atomgerüst („Ionengitter") in Erscheinung tritt.

Anmerkung: Die hier für das Elektronengas benützten Vorstellungen der kinetischen Gastheorie liefern nur hinsichtlich der elektrischen Leitungsvorgänge richtige Ergebnisse; dagegen führen sie zu falschen Schlüssen für die Wärmekapazität der Leiter und einige andere physikalische Effekte. Der Grund dafür liegt darin, daß die Elektronen rd. drei Zehnerpotenzen leichter sind als Gasmoleküle und daß die Konzentration der Leitungselektronen etwa vier Zehnerpotenzen größer ist als die Konzentration der Moleküle in einem Gas unter normalen Bedingungen. Daher ist die klassische (MAXWELL-BOLTZMANNsche) Statistik keine Annäherung mehr an die korrekte Quantenstatistik. Infolge der Rückwirkung des Ionengitters auf die Elektronen kann die Energie eines Elektrons nur in bestimmten Bereichen („Bändern") liegen. Dazwischen können sich Sperrbereiche befinden („verbotene Bänder"), deren Energiewerte von Elektronen nicht angenommen werden können.

Ionenleiter

Die Stromleitung in Metallen ist nach dem oben Ausgeführten elektronisch; auch nach beliebig langer Zeit zeigt sich daher keine stoffliche Veränderung des Leiters infolge von Stromleitung. An Stofftransport gebundene Stromleitung findet man dagegen bei Gasen (s. Abschnitt 21) und bei Elektrolyten. Bei den *Elektrolyten*, z. B. wäßriger NaCl-Lösung, sind die beweglichen Ladungsträger Atome mit fehlenden oder überzähligen Elektronen (Ionen), in der Kochsalzlösung z. B. positive Na-Atome mit einem fehlenden Elektron und negative Cl-Atome mit einem überzähligen Elektron. Beide Ionenarten tragen zur Stromleitung bei und es gilt entsprechend Gl. (8) für die Leitfähigkeit des Elektrolyten

$$\sigma = n_1\,z\,e\,b_1 + n_2\,z\,e\,b_2\,, \tag{21}$$

wobei n_1 und n_2 die Konzentrationen der positiven und negativen Ionen (Anzahl pro Volumen), z die Anzahl der je Ion fehlenden oder überschüssigen Elektronen (Wertigkeit) und b_1 und b_2 die Beweglichkeiten der beiden Ionenarten bedeuten. Bei der Stromstärke I treffen je Zeiteinheit zwangsläufig $\frac{I}{ze}$ positive Ionen an der negativen Elektrode ein und ebensoviele negative Ionen an der positiven Elektrode. In dem Beispiel der Kochsalzlösung sind dies bei einem Strom von 1 A mit $z = 1$, $e = 1{,}6 \cdot 10^{-19}\ \mathrm{As}$:

$$\frac{I}{z\,e} = \frac{1\ \mathrm{A}}{1{,}6 \cdot 10^{-19}\ \mathrm{As}} = 6{,}3 \cdot 10^{18}\ \mathrm{Ionen/s}\,.$$

Das entspricht einer Natriummenge von 0,24 mg/s ($6{,}3 \cdot 10^{18}$ Atome/s, mal Atomgewicht 23 g/mol, geteilt durch die Avogadro-Konstante $6{,}02 \cdot 10^{23}$ Atome/mol) und einer Chlormenge (Atomgewicht 35 g/mol) von 0,37 mg/s.

An den Elektroden werden die Ionen durch Aufnahme oder Abgabe von Elektronen in neutrale Atome umgewandelt, oder sie gehen dort chemische Verbindungen ein. Der Vorgang der elektrolytischen Leitung verändert also die Beschaffenheit des Leiters und erschöpft dessen Leitfähigkeit allmählich, wenn er lang genug fortgesetzt wird.

Halbleiter

Die Ionenleitung steht im Gegensatz zur metallischen Leitung oder Elektronenleitung, bei der kein Stofftransport sondern nur ein Elektrizitätstransport stattfindet und die Beschaffenheit des Leiters durch den elektrischen Strom nicht verändert wird. Elektronenleitung findet man außer bei den Metallen auch bei sog. *Halbleitern*. Das sind gewisse Stoffe mit gegenüber Metallen wesentlich niedrigerer Leitfähigkeit, z.B. Bleisulfid, Silizium, Selen, Germanium, Kupferoxyd.

In reiner Form zeigen z.B. die Elemente Silizium (Si) und Germanium (Ge) die Eigenschaften eines Halbleiters. Es sind dies vierwertige Elemente, d. h. sie enthalten in der äußeren Elektronenschale der Atome vier *Valenzelektronen*, die Bindungen mit anderen Atomen eingehen können. Ein Ge-Kristall baut sich so auf, daß jedes der vier Valenzelektronen eine Bindung zu einem Nachbaratom herstellt. Dadurch ergibt sich ein Kristallgitter wie das des Diamants, des ebenfalls vierwertigen Kohlenstoffes. Je zwei benachbarte Atome des Gitters sind durch zwei Valenzelektronen (eines vom einen, das andere vom anderen Atom) miteinander verbunden; man hat sich dies etwa so vorzustellen, daß die beiden Elektronen die benachbarten Atome wie eine gemeinsame räumlich ausgedehnte Hülle umgeben. Würde es sich um ein zweidimensionales Gebilde handeln, dann würde sich damit eine Anordnung ergeben, wie sie in Abb. 8.1a gezeigt ist. Die Kreise sollen die Ge-Atome ohne die Bindungselektronen darstellen; jeder Strich veranschaulicht ein Bindungselektron. In Wirklichkeit ist die Anordnung der Atome eine räumliche, etwa wie in Abb. 8.1b. Die in dieser schematischen Darstellung durch die Stäbe veranschaulichten Bindungen der Valenzelektronen sind sehr stabil. Mit wachsender Temperatur können solche Bindungen infolge der Temperaturschwingungen jedoch vereinzelt aufbrechen, so daß Elektronen frei werden. Damit entstehen Leitungselektronen wie in Metallen. Diese Elektronen mit ihrer negativen Ladung fehlen nun aber bei einzelnen Germaniumatomen. Ein solches Atom hat einen Ladungsüberschuß von einer positiven Elementarladung. Von benachbarten Bindungen wird gelegentlich das fehlende Elektron geliefert, so daß nun dort ein Ladungsdefekt entsteht. Dieser Ladungsdefekt wandert in ähnlich unregelmäßiger Weise, wie es freie Leitungselektronen tun. Er ist äquivalent einer auf dem gleichen Wege wandernden positiven Elementarladung. Ein äußeres elektrisches Feld wirkt auf eine solche Fehlstelle in der Feldrichtung beschleunigend ein wie auf jede positive Ladung. Man muß daher hier zwischen der Stromleitung durch Elektronen und der Stromleitung durch bewegliche Ladungsdefekte (*Defektelektronen* oder „Löcher") unterscheiden und spricht von *n-Leitung* (Elektronenleitung) und *p-Leitung* (De-

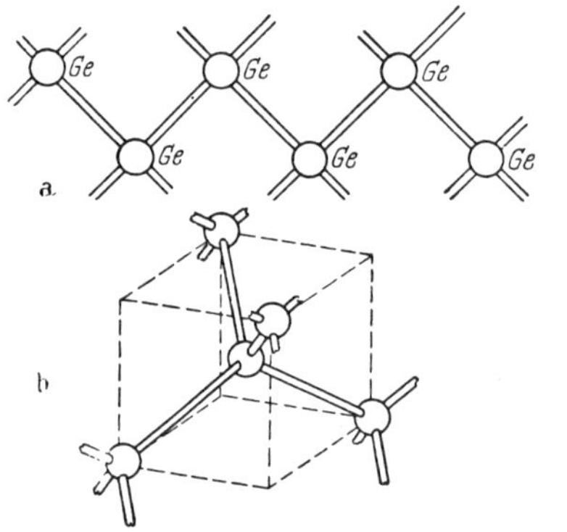

Abb. 8. 1 a u. b. Aufbau eines Germaniumkristalls

fektleitung). n- und p-Leitung überlagern sich. Für die Leitfähigkeit gilt entsprechend Gl. (8) und (21)

$$\sigma = n\,e\,b_n + p\,e\,b_p\,, \tag{22}$$

wobei n und p die Konzentrationen der Elektronen bzw. Löcher bezeichnen, b_n und b_p die entsprechenden Driftbeweglichkeiten.

Eigenleitung

Die durch die Wärmebewegung verursachte Leitfähigkeit wird als *Eigenleitfähigkeit* bezeichnet. Überschreitet die kinetische Energie eines Elektrons den zum völligen Losbrechen aus der Bindung notwendigen Arbeitsaufwand W_a, dann entsteht ein zur Stromleitung beitragendes *Elektronen-Löcher-Paar*. Ähnlich wie in der kinetischen Gastheorie ist die Anzahl der Elektronen, deren Temperaturenergie größer ist als ein bestimmter Wert W_a proportional dem Boltzmann-*Faktor*

$$B = \mathrm{e}^{-W_a/kT}\,. \tag{23}$$

Dabei ist T die Kelvin-Temperatur, $k \approx 1{,}38 \cdot 10^{-23}$ Ws/K die Boltzmann-*Konstante*. Daher sind auch die Konzentrationen $p = n$ der frei beweglichen Elektronen und Defektelektronen proportional diesem Faktor und nach Gl. (22) auch die *Leitfähigkeit* σ_e *bei Eigenleitung*. Dementsprechend gilt

$$\sigma_e = \sigma_a\,\mathrm{e}^{-W_a/kT} = \sigma_a\,\mathrm{e}^{-T_a/T}\,, \tag{24}$$

wenn mit σ_a und $T_a = W_a/k$ zwei neue Konstanten eingeführt werden.

Aus der bei verschiedenen Temperaturen T gemessenen Leitfähigkeit σ_e ergibt sich für die Konstanten bei reinem *Germanium*

$$T_a = 4200\ \mathrm{K}, \quad W_a = 5{,}8 \cdot 10^{-20}\ \mathrm{Ws}, \quad \sigma_a = 3{,}2 \cdot 10^6\ \mathrm{S/m}\,,$$

bei reinem *Silizium*

$$T_a = 6500\ \mathrm{K}, \quad W_a = 8{,}98 \cdot 10^{-20}\ \mathrm{Ws}, \quad \sigma_a = 3{,}2 \cdot 10^6\ \mathrm{S/m}\,.$$

Bei Zimmertemperatur ($T = 293$ K) wird danach die Leitfähigkeit von Germanium

$$\sigma_e = 3{,}2 \cdot 10^6\ \mathrm{e}^{-4200/293}\ \mathrm{S/m} = 1{,}9\ \mathrm{S/m}\,,$$

von Silizium

$$\sigma_e = 3{,}2 \cdot 10^6\ \mathrm{e}^{-6500/293}\ \mathrm{S/m} = 7{,}4 \cdot 10^{-4}\ \mathrm{S/m}\,.$$

Die nach Gl. (24) mit den angegebenen Zahlenwerten für Germanium und Silizium berechnete Leitfähigkeit σ_e ist in Abb. 8.2 als Funktion der Temperatur T aufgezeichnet; sie wächst mit der Temperatur sehr rasch. Der Temperaturkoeffizient der Leitfähigkeit ist

$$\frac{1}{\sigma_e}\frac{d\sigma_e}{dT}\,.$$

Der Temperaturkoeffizient α des Widerstandes ist das Negative davon:

$$\alpha = -\frac{1}{\sigma_e}\frac{d\sigma_e}{dT} = -\frac{\sigma_a\,T_a}{\sigma_e\,T^2}\,\mathrm{e}^{T_a/T} = -\frac{T_a}{T^2}\,. \tag{25}$$

Bei Zimmertemperatur gilt also für Germanium

$$\alpha = -\frac{4200\ \mathrm{K}}{(293\ \mathrm{K})^2} = -0{,}049\ \mathrm{K}^{-1}\,,$$

für Silizium

$$\alpha = -\frac{6500\ \mathrm{K}}{(293\ \mathrm{K})^2} = -0{,}076\ \mathrm{K}^{-1}\,.$$

Halbleiter mit großem negativen Temperaturkoeffizienten des Widerstandes werden zur Kompensation positiver Temperaturkoeffizienten und als „Heißleiter“ zur Spannungsbegrenzung verwendet (vergl. Abb. 3.9).

Für die Beweglichkeiten b_n und b_p der Elektronen und Defektelektronen sind folgende Werte bestimmt worden

bei Germanium $b_n = 3900\ \mathrm{cm^2/Vs}$, $b_p = 1700\ \mathrm{cm^2/Vs}$,
bei Silizium $b_n = 1900\ \mathrm{cm^2/Vs}$, $b_p = 400\ \mathrm{cm^2/Vs}$.

Sie sind also im Vergleich zu der Elektronenbeweglichkeit in Kupfer ($42\ \mathrm{cm^2/Vs}$) sehr groß. Trotzdem ist die Leitfähigkeit im Vergleich zu Kupfer ($5{,}7 \cdot 10^7$ S/m) sehr gering. Dies liegt an der relativ geringen Elektronenkonzentration. Für diese ergibt sich bei Zimmertemperatur nach Gl. (22) in eigenleitendem Germanium

$$n = p = \frac{\sigma}{e\,(b_n + b_p)} = \frac{0{,}019\ \mathrm{S\ Vs}}{1{,}6 \cdot 10^{-19}\ 5600\ \mathrm{cm^2\ As\ cm}} = 2{,}1 \cdot 10^{13}\ \mathrm{cm^{-3}}$$

gegenüber rund 10^{23} Germaniumatomen je $\mathrm{cm^3}$. Nur jedes 10^{10}-te Atom ist also bei Zimmertemperatur ionisiert; in eigenleitendem Silizium ist

$$n = p = 2{,}0 \cdot 10^{10}\ \mathrm{cm^{-3}}\,.$$

Die größten Werte der Beweglichkeit sind bei Indiumantimonid mit $b_n \approx 80\,000$ $\mathrm{cm^2/Vs}$ gefunden worden. Indiumantimonid ist eine Verbindung von Indium (In), das 3 Valenzelektronen, und Antimon (Sb), das 5 Valenzelektronen hat. Im Kristallgitter verhält sich diese Verbindung wie ein vierwertiges Atom. Galliumarsenid (GaAs) ist eine andere derartige technisch angewendete „III—V-Verbindung".

Das Zustandekommen einer bestimmten Konzentration von Leitungs- und Defektelektronen muß man sich so vorstellen, daß ständig in unregelmäßiger Folge Leitungselektronen frei werden und andere wieder dadurch verschwinden, daß sie sich mit Defektstellen rekombinieren. Die Wahrscheinlichkeit dieser *Rekombination* ist um so größer, je größer die Dichte der Elektronen n und die Dichte der Löcher p ist. Sie ist also proportional dem Produkt $n\,p$. Im Gleichgewicht ist die Zahl g der je Zeit erzeugten Trägerpaare gleich der durch Wiedervereinigung verschwindenden:

$$g = h\,n\,p\,, \tag{26}$$

wobei h eine Stoffkonstante bedeutet. Bei *Eigenleitung* ist

$$n = p = n_i \tag{27}$$

und

$$g = h\,n_i^2\,. \tag{28}$$

n_i ist also die thermisch erzeugte und mit dem Boltzmannfaktor B, Gl. (23), temperaturabhängige Dichte der beweglichen Ladungsträger; sie wird als *Inversionsdichte* oder *Eigenleitungsdichte* bezeichnet. Nach Gl. (22) gilt

$$n_i = \frac{\sigma_e}{e\,(b_p + b_n)}\,. \tag{29}$$

Bei Zimmertemperatur ergibt sich nach obigem für Germanium $n_i = 2{,}1 \cdot 10^{13}/\mathrm{cm^3}$, für Silizium $n_i = 2{,}0 \cdot 10^{10}/\mathrm{cm^3}$.

Die um 3 Zehnerpotenzen bei Silizium gegenüber Germanium geringere Eigenleitungsdichte erklärt die in Abb. 8.2 gezeigte entsprechend geringere Leitfähigkeit.

Störstellenleitung

Während nun bei Metallen, wie z. B. Kupfer, die Leitfähigkeit durch Verunreinigungen oder Beimengungen verkleinert wird, ergeben gewisse spurenhafte Beimengungen in den betrachteten Halbleitern eine beträchtliche Erhöhung der Leitfähigkeit bis zu vielen Zehnerpotenzen („*Störstellenleitung*"). Solche Beimengungen sind die fünfwertigen Elemente, wie Phosphor, Arsen, Antimon, sowie die dreiwertigen Elemente, wie Aluminium, Bor, Indium.

Ein *Arsenatom* kann sich an die Stelle eines Ge-Atoms in das Kristallgitter mit 4 seiner 5 Valenzelektronen einfügen. Es bleibt dann aber ein Valenzelektron überzählig, das das Atom als Leitungselektron verläßt. Die Arsenbeimengung verursacht „Störstellen" im Kristallgitter und wirkt als „Elektronenspender" (*Donator*). Dadurch steigt die Zahl der freien Leitungselektronen entsprechend an; die Zahl der positiven Defektelektronen wächst aber nicht, da die positiven Arsenionen fest an ihren Ort gebunden sind. Es wird

$$n > p\,. \tag{30}$$

Der Kristall ist vorwiegend n-leitend. Die Leitfähigkeit wird entsprechend größer; sie kann durch die Konzentration der Beimengung innerhalb gewisser Grenzen eingestellt werden. Da die Zahl der je Sekunde stattfindenden Rekombinationen im Gleichgewicht wieder statistisch bestimmt ist, gilt auch hier die Gl. (26); d. h. wenn n durch die Beimengungen vergrößert wird, muß p entsprechend kleiner werden. Daher ist mit Gl. (28)

$$g = h\,n_i^2 = h\,n\,p\,, \tag{31}$$

und es gilt also für den durch Beimengungen leitfähig gemachten Kristall

$$\boxed{n\,p = n_i^2\,.} \tag{32}$$

In dem n-Leiter befindet sich also immer eine gewisse Konzentration von Löchern, die aber wegen der großen Wahrscheinlichkeit des Zusammentreffens mit Leitungselektronen wesentlich kleiner ist als beim reinen Kristall. Ist z. B. durch eine entsprechend gewählte Menge des Donators

$$n = 2 \cdot 10^{15}\,\mathrm{cm}^{-3}\,,$$

dann wird in Germanium mit dem vorhin für Zimmertemperatur gefundenen Wert $n_i = 2{,}1 \cdot 10^{13}\,\mathrm{cm}^{-3}$ nach Gl. (32)

$$p = \frac{n_i^2}{n} = 2{,}2 \cdot 10^{11}\,\mathrm{cm}^{-3}\,.$$

Die Leitfähigkeit wird nach Gl. (22)

$$\sigma = n\,e\,b_n + p\,e\,b_p = 2 \cdot 10^{15}\,\mathrm{cm}^{-3} \cdot 1{,}6 \cdot 10^{-19}\,\mathrm{As} \cdot 3900\,\frac{\mathrm{cm}^2}{\mathrm{Vs}} +$$

$$+\, 2{,}2 \cdot 10^{11}\,\mathrm{cm}^{-3} \cdot 1{,}6 \cdot 10^{-19}\,\mathrm{As} \cdot 1700\,\frac{\mathrm{cm}^2}{\mathrm{Vs}} = 125\,\mathrm{S/m} + 0{,}006\,\mathrm{S/m} \approx 125\,\mathrm{S/m}$$

gegenüber 1,9 S/m beim reinen Material, also infolge der Beimengungen 65 mal so groß.

Künstliche p-Leitung kann im Germanium durch Beimengung von dreiwertigen Atomen erzeugt werden. Wenn z. B. ein Boratom den Platz eines Germaniumatoms im Kristallgitter einnimmt, dann fehlt ein Elektron für die Bindung zu einem benachbarten Germaniumatom; es wird diesem entnommen und haftet fest an dem Boratom. In dem Germaniumatom entsteht ein Ladungsdefekt. Dieser Defekt kann wie beim reinen Germanium durch Elektronen aus Nachbaratomen aufgefüllt werden und ist daher beweglich. Hier wird

$$p > n\,, \tag{33}$$

und es gilt für das Produkt der beiden Größen das gleiche wie beim n-leitenden Material, Gl. (32). Künstliche n-Leitung entsteht also durch Beimengung von Donatoren, das sind hier fünfwertige Elemente, künstliche p-Leitung entsteht durch Beimengung von *Akzeptoren*, das sind hier dreiwertige Elemente.

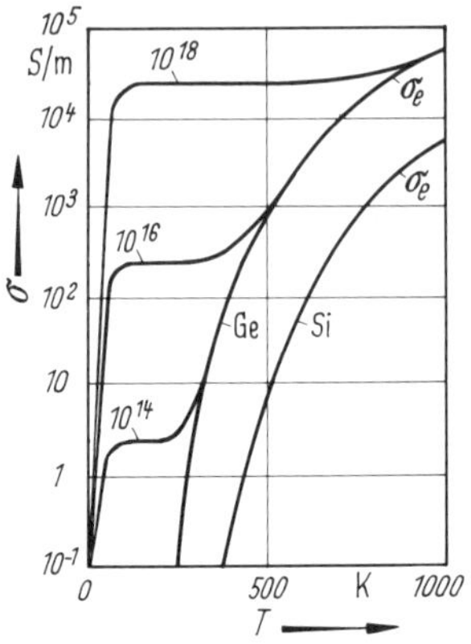

Abb. 8.2. Eigenleitfähigkeit σ_e von Germanium und Silizium, Störstellenleitfähigkeit σ von Germanium bei verschiedener Dotierung

In Abb. 8.2 ist angegeben, wie sich die Leitfähigkeit ändert, wenn durch Dotierung mit Bor 10^{14}, 10^{16} und 18^{18} Defektelektronen je cm^3 in den Germaniumkristall eingestreut sind. Die Konzentrationen der Defektelektronen sind also sehr gering, nämlich 10^{-9}, 10^{-7} und 10^{-5} bezogen auf die Gesamtzahl der Germaniumatome von $10^{23}/cm^3$. Die Leitfähigkeitswerte sind mit Hilfe der Gl. (22) und (24) berechnet. Durch die Konzentration der Beimengungen, die sogenannte Dotierung, kann also die Leitfähigkeit in weiten Grenzen eingestellt werden.

Bei niedrigen Temperaturen nimmt der Ionisierungsgrad der Störstellen ab. Bei $T = 0$ wird $\sigma = 0$.

Die Leitungselektronen im künstlichen p-Leiter und die Defektelektronen im künstlichen n-Leiter bezeichnet man auch als *Minoritätsträger*. Die *Majoritätsträger werden* im p-Leiter durch Defektelektronen, im n-Leiter durch Elektronen gebildet. Die Minoritätsträger tragen zwar zur Leitfähigkeit praktisch wenig bei, sie sind jedoch wesentlich für das Gleichgewicht zwischen den beiden Ladungsträgerarten und treten daher bei manchen Anwendungen in Erscheinung. Technisch wichtige Effekte entstehen, wenn n- und p-leitende Bereiche im Kristall aneinandergrenzen s. Abschnitt 19 .

Der Unterschied zwischen p-Leitung und n-Leitung zeigt sich, wenn man den Strom in dem Halbleiter durch ein magnetisches Feld abzulenken versucht (HALL-effekt, s. Abschnitt 23).

Im normalen Zustand sind die Halbleiter, sowohl bei Eigenleitung als auch bei Störstellenleitung, wie alle anderen Leiter *elektrisch neutral*; das heißt im Leiterinnern ist die Gesamtmenge der negativen Ladungen überall gleich der Gesamtmenge der positiven Ladungen. Die sogenannte *Raumladungsdichte*, das ist die Ladungsmenge je Volumen, ist Null. Die Raumladungsdichte in Halbleitern mit Störstellenleitung ist nun nicht nur durch die Konzentrationen p und n der beweglichen Ladungsträger bestimmt, sondern es tragen dazu noch die Donatoren und Akzeptoren mit ihren überzähligen positiven bzw. negativen Ladungen bei, die nicht beweglich, sondern an den Ort der Fremdatome gebunden sind. Bezeichnet man die Dichte dieser Fremdatome mit N_d bzw. N_a, so gilt für die Raumladungsdichte allgemein

$$\boxed{\varrho = e\,(p - n + N_d - N_a)}\,. \tag{34}$$

Da im *Gleichgewicht* $\varrho = 0$ ist, so gilt also

$$n - p = N_d - N_a\,. \tag{35}$$

Mit Hilfe der Beziehung (32) können n und p berechnet werden; es ergibt sich

$$n = \frac{1}{2} N + \sqrt{\frac{1}{4} N^2 + n_i^2}\,, \tag{36}$$

$$p = -\frac{1}{2} N + \sqrt{\frac{1}{4} N^2 + n_i^2}\,, \tag{37}$$

wobei zur Abkürzung gesetzt ist

$$N = N_d - N_a\,. \tag{38}$$

Die Vorzeichen der beiden Wurzelausdrücke folgen daraus, daß die Größen p und n positiv sein müssen.

Maßgebend für die Art der Leitung ist also die *Differenz* N der Donatoren- und Akzeptorendichten. In Abb. 8.3 ist der durch Gl. (36) und (37) gegebene Zusammenhang veranschaulicht. Die Ladungsträgerdichten sowie die Dotierungsdichten sind dabei auf die Eigenleitungsdichte n_i bezogen. Wie die gestrichelten Linien zeigen, stimmen schon bei Dotierungen, die höher als das 5- bis 10fache der Eigenleitungsdichte sind, die Dichten der Majoritätsträger sehr genau mit der Dotierungsdichte N überein. Wir nennen diesen Fall „*Sättigungsdotierung*", die Trägerdichten n_s und p_s die Sättigungsträgerdichten. Es gilt also dann

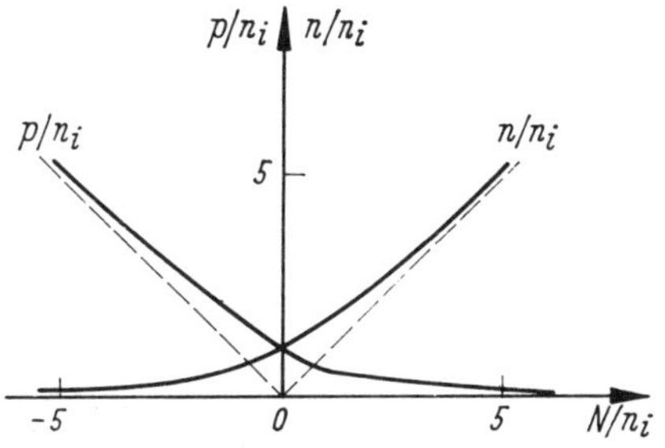

Abb. 8.3. Elektronendichte n und Löcherdichte p bei niedrigen Dotierungsdichten N (Normierung auf die Eigenleitungsdichte n_i)

$$\text{für } N_d > N_a\colon\ n_s = N\,,\qquad p_s = n_i^2/n_s\,, \tag{39}$$

$$\text{für } N_a > N_d\colon\ p_s = -N\,,\qquad n_s = n_i^2/p_s\,. \tag{40}$$

Schwankungserscheinungen

Die Atomstruktur der Elektrizität ist die Ursache einer für verschiedene Anwendungen der Elektrotechnik sehr wichtigen Erscheinung. Der elektrische Strom stellt genau genommen kein stetiges Fließen von Elektrizität dar, sondern setzt sich aus den Beiträgen der einzelnen Elementarladungen zusammen. Dem mittleren Wert sind daher kleine unregelmäßige zeitliche Schwankungen überlagert; sie finden sich bereits im stromlosen Zustand des Leiters. Jedes Elektron, das infolge der Wärmebewegung seine freie Weglänge während der Zeit τ durchfliegt, ist gleichbedeutend mit einem Stromstoß von der Dauer τ. Dieser Stromstoß entspricht einem Spannungsstoß zwischen den Enden des Leiters. Es handelt sich nach dem auf S. 55 Festgestellten um außerordentlich kurzzeitige Spannungsstöße, die aber in sehr großer Häufigkeit auftreten; in einem cm³ des Leiters erfolgen z. B. bei Kupfer mit $8{,}5 \cdot 10^{22}$ Valenzelektronen/cm³ und $4{,}8 \cdot 10^{-14}$ s freier Laufzeit

$$\frac{8{,}5 \cdot 10^{22}}{4{,}8 \cdot 10^{-14}} = 1{,}8 \cdot 10^{36}$$

Sprünge je Sekunde. Die von den einzelnen Leitungselektronen herrührenden Spannungsstöße addieren sich und liefern eine unregelmäßig schwankende Spannung zwischen den Enden des Leiters, die man als *Spannung des Wärmerauschens* bezeichnet. Sie kann auf Grund dieser Vorstellung berechnet werden; s. Abschnitt 50.

Wesen der Stromquellen; Quellenspannung

Das Zustandekommen eines elektrischen Stromes hat zur Voraussetzung, daß in dem Stromkreis Kräfte tätig sind, die den Elektronenstrom, also die elektrische Feldstärke und die Spannung aufrechterhalten. Im Innern der Stromquelle müssen die Elektronen den Potentialunterschied zwischen den Klemmen *entgegen* den elektrischen Feldkräften durchlaufen. Das Wesen der Stromquellen besteht daher allgemein darin, daß durch Kräfte *nichtelektrischer* Art Elektrizitätsmengen entgegen den Kräften des Potentialunterschiedes in Bewegung gesetzt werden. Es ist dazu ein Arbeitsaufwand erforderlich, z. B. die Aufwendung einer chemischen Energie in den galvanischen Elementen oder die Aufwendung mechanischer Arbeit in den elektrischen Maschinen. Umgekehrt wird von den Elektronen bei der Bewegung im äußeren Stromkreis, also in der Richtung der Feldkräfte, elektrische Energie in nichtelektrische Arbeit umgewandelt, z. B. in Wärme. Die elektrischen Feldkräfte vermitteln also den Energietransport zwischen Quelle und Verbraucher.

Um eine gewisse Elektrizitätsmenge Q durch einen Stromkreis zu treiben, ist ein bestimmter Arbeitsaufwand W nötig. Die Wirksamkeit der Quelle kann durch das Verhältnis W/Q gekennzeichnet werden. Dieses Verhältnis definiert die Quellenspannung der Quelle:

$$U_q = \frac{W}{Q}\,. \tag{41}$$

Wird kein Strom aus der Quelle entnommen, so ergibt sich ein Überschuß von Elektronen am negativen Pol, ein Mangel am positiven. Durch diese Ladungen wird ein elektrisches Feld erzeugt, dessen Kräfte im Inneren der Quelle die nichtelektrischen Kräfte gerade kompensieren. In diesem Gleichgewicht ist der Potentialunterschied zwischen den beiden Klemmen der Quelle die Leerlaufspannung.

Weiterführende Literatur zum Ersten Kapitel: *Fi, Fl, Fr, HaE, HbP, Lan, Mi, MiW, Sh, Wa*

Zweites Kapitel

Das elektrische Feld

I. Das stationäre elektrische Feld

9. Grundbegriffe des elektrischen Feldes

Die Feldgrößen

Ein *stationäres elektrisches Feld* ist dadurch gekennzeichnet, daß auf ruhende elektrische Ladungen zeitlich konstante mechanische Kräfte ausgeübt werden. Solche Kräfte treten immer auf, wenn zwischen beliebigen Punkten eines isolierenden Raumes konstante Spannungen aufrechterhalten werden. Insbesondere ergibt sich ein *elektrostatisches Feld,* wenn sich in dem isolierenden Raum nur ruhende Ladungen befinden, z. B. zwei oder mehrere elektrische Leiter (Elektroden), zwischen denen Potentialunterschiede bestehen, *ohne daß elektrische Ströme fließen.*

Im stationären elektrischen Feld kann jedem Punkt des Raumes ein bestimmtes konstantes Potential eindeutig zugeschrieben werden. Damit ist auch überall die elektrische Feldstärke $\boldsymbol{E}$ gegeben, und es gelten die im vorigen Kapitel aufgestellten Gleichungen

$$\boxed{\oint \boldsymbol{E} \cdot d\boldsymbol{s} = 0\,,} \tag{1}$$

$$\boxed{\boldsymbol{E} = -\operatorname{grad} \varphi\,.} \tag{2}$$

Das Potential wird veranschaulicht durch die Niveauflächen, die Richtung der elektrischen Feldstärke durch Feldlinien oder „Kraftlinien". Sie gehen vom Leiter mit dem höheren Potential zum Leiter mit dem niedrigeren Potential und geben überall die Richtung der Kräfte an, die im elektrischen Feld auf positive elektrische Ladungen (Elektrizitätsmengen) ausgeübt werden. Bringt man an irgendeine Stelle des elektrischen Feldes mit der ursprünglichen Feldstärke $\boldsymbol{E}$ eine Ladung Q, so ergibt sich dort eine Kraft, Gl. (8.15)

$$\boxed{\boldsymbol{F} = Q\,\boldsymbol{E}\,.} \tag{3}$$

Beim elektrostatischen Feld ist innerhalb des leitenden Elektrodenmaterials die Feldstärke Null, da sonst ein elektrischer Strom fließen würde. Daher gilt: *Die Oberflächen der Elektroden sind im elektrostatischen Feld Niveauflächen.* Die elektrischen Feldlinien münden senkrecht auf den Leiteroberflächen; sie entspringen oder endigen dort.

Während bei den elektrischen Leitern einzelne Elektronen eine gewisse Bewegungsfreiheit haben, werden in den Nichtleitern alle Elektronen durch die Atomkräfte im Atomverband oder im Molekül festgehalten. Befindet sich daher in dem Raum zwischen den Elektroden ein nichtleitender Stoff, so entsteht unter der Einwirkung der elektrischen Feldkräfte auf die positiv und negativ elektrischen Bestandteile der Atome und Moleküle lediglich eine elastische Verschiebung dieser Bestandteile; im Gleichgewichtszustand halten die äußeren Feldkräfte den inneren Atomkräften die Waage. Man nennt diese Erscheinung die *Polarisation* des Nichtleiters. Die Herstellung des Gleichgewichtszustandes geht mit einer Verschiebung von Elektrizitätsmengen längs der Feldlinien einher, d. h. mit dem Auftreten eines kurzzeitigen elektrischen Stromes in dieser Richtung. Dieser Strom wird bei der Herstellung des elektrischen Feldes als Ladestrom beobachtet, der der einen Elektrode zufließt und von der andern abgenommen wird. Die Ladung einer

Elektrode ist gleich der gesamten Elektrizitätsmenge, die durch den Ladestrom transportiert wird.

Wird das elektrische Feld so hergestellt, daß an zwei isolierte Elektroden die beiden Pole einer Stromquelle gelegt werden, so müssen die beiden Ladungen wegen der Kontinuität des elektrischen Stromes entgegengesetzt gleich sein. Entfernt man die Stromquelle von den Elektroden, so bleibt der hergestellte Zustand erhalten, da die aufgebrachten Ladungen sich nicht über den isolierenden Raum ausgleichen können. Die Elektroden behalten ihre Ladung und damit auch ihren Potentialunterschied bei.

Da im Innern der Elektroden kein Potentialgefälle besteht und die äußeren Feldkräfte nur an der Oberfläche der Elektroden angreifen, so ist die Oberfläche der Leiter als Sitz der Ladungen aufzufassen. Die Ladung Q einer Elektrode verteilt sich in bestimmter Weise über die Oberfläche. Man kann daher eine *Ladungsdichte* definieren als die in einem Flächenelement der Leiteroberfläche vorhandene Ladung geteilt durch das Flächenelement. Befindet sich in einem kleinen Flächenelement dA der Leiteroberfläche eine Ladung dQ, so ist dQ/dA die Ladungsdichte (z. B. 0,1 As/cm²).

Veranschaulicht man die Richtung der elektrischen Feldstärke an jeder Stelle des Raumes durch die Feldlinien, die von der positiv geladenen Elektrode zur negativ geladenen übergehen, so kann man die Menge der Ladungen dadurch darstellen, daß man die Feldlinien an den Leiteroberflächen um so dichter zeichnet, je größer die Ladungsdichte an der betreffenden Stelle ist (M. Faraday 1831). Die Anzahl der Linien, die von einer Elektrode ausgehen, gibt dann ein Maß für die gesamte Ladung der Elektrode an. Wir nennen diese Gesamtheit der Linien den *Verschiebungsfluß* oder den *elektrischen Fluß* und bestimmen: *Der von einer Elektrode ausgehende elektrische Fluß ist gleich der Ladung der Elektrode.* Die gezeichneten Linien werden *Fluß-* oder *Verschiebungslinien* genannt.

Der Verschiebungsfluß hat eine gewisse Ähnlichkeit mit dem Strom im Strömungsfeld, nur handelt es sich dort um ein wirkliches Fließen, während hier ein Zustand veranschaulicht wird. Die der Stromdichte des Strömungsfeldes entsprechende Größe des elektrostatischen Feldes ist die Dichte der Verschiebungslinien, die als *Verschiebungsdichte* oder *elektrische Flußdichte* bezeichnet wird. Diese Größe wird durch einen Vektor $\boldsymbol{D}$ dargestellt, dessen *Betrag* gleich dem Verschiebungsfluß geteilt durch die Querschnittsfläche ist und dessen *Richtung* durch die Richtung der Verschiebungslinien gegeben ist. Bezeichnet dA das Flächenelement einer Niveaufläche, dQ die Zahl der Verschiebungslinien, die durch das Flächenelement hindurchtreten, so gilt also für den Betrag der Verschiebungsdichte an der betrachteten Stelle

$$D = |\boldsymbol{D}| = \frac{dQ}{dA}\,. \tag{4}$$

Der Verschiebungsfluß, der durch eine beliebige Fläche hindurchgeht, ergibt sich, wenn man den Vektor $\boldsymbol{D}$ in jedem Flächenelement zerlegt in die normale und die tangentiale Komponente. Die letztere trägt zum Fluß nichts bei; es ist

$$Q = \int \boldsymbol{D} \cdot d\boldsymbol{A}\,. \tag{5}$$

Ganz entsprechend den Verhältnissen im Strömungsfeld ist der *Fluß gleich dem Flächenintegral der Verschiebungsdichte.*

Der Fluß, der durch ein Bündel von Flußlinien dargestellt wird, ist definitionsgemäß gleich der Ladung, von der das Bündel ausgeht oder auf der das Bündel endigt.

Grundgesetze des elektrostatischen Feldes

Legt man in das elektrostatische Feld eine beliebige Hüllfläche, die eine Elektrode umgibt, so ist der durch diese Fläche tretende Verschiebungsfluß gleich der

Ladung der Elektrode

$$\boxed{\oint \boldsymbol{D} \cdot d\boldsymbol{A} = Q\,.} \tag{6}$$

Auf der Oberfläche der Elektrode wird die Verschiebungsdichte identisch mit der Ladungsdichte. Legt man die Hüllfläche so, daß sie keine Ladungen umschließt, so gilt

$$\oint \boldsymbol{D} \cdot d\boldsymbol{A} = 0\,. \tag{7}$$

Die beiden Gl. (6) und (7) drücken den folgenden allgemeinen Satz aus:

Im elektrostatischen Feld ist das Flächenintegral der Verschiebungsdichte über eine beliebige Hüllfläche gleich der von der Hüllfläche eingeschlossenen Elektrizitätsmenge. Diesen Satz bezeichnen wir als **erstes Grundgesetz des elektrischen Feldes.**

Im Strömungsfeld ist das Flächenintegral der Stromdichte über eine beliebige Hüllfläche dagegen Null, Gl. (6.8).

Da der Verschiebungsfluß gleich der Ladung der Elektroden ist, so kann das Verhältnis der Verschiebungsdichte zur Feldstärke experimentell untersucht werden. Hierzu kann z. B. eine Anordnung nach Abb. 9.1 dienen. Zwei ebene parallele Metallplatten stehen sich mit der Fläche A in einem kleinen Abstand d gegenüber. Im Zwischenraum befindet sich der zu untersuchende Nichtleiter. An die beiden Elektroden kann mit Hilfe eines Schalters S eine Spannungsquelle gelegt werden; sie lädt die Anordnung auf eine Spannung U auf, die durch das Voltmeter V angezeigt wird. Der Strom fließt dabei durch ein ballistisches Galvanometer G, dessen Maximalausschlag anzeigt, wie groß die Elektrizitätsmenge Q ist, die die Platten aufgenommen haben. Diese Elektrizitätsmenge ist gleich dem Verschiebungsfluß zwischen den beiden Platten.

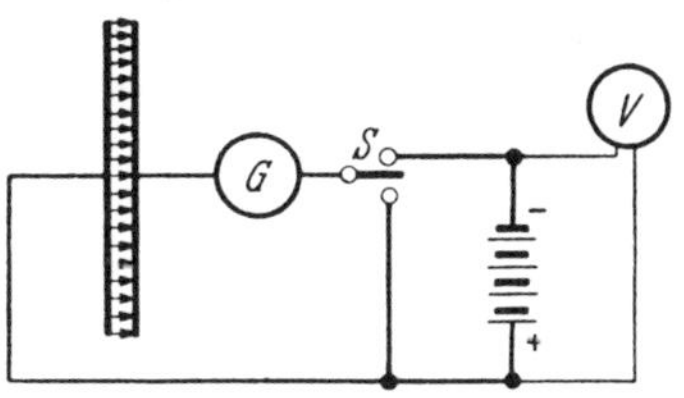

Abb. 9.1. Experimentelle Untersuchung des Zusammenhanges zwischen Verschiebungsdichte und Feldstärke

Wenn der Abstand d der beiden Platten sehr klein gegen die Flächenabmessungen ist, so geht der Verschiebungsfluß praktisch vollständig in dem Zwischenraum von einer Platte zur andern über. Das Feld zwischen den beiden Platten ist homogen. Alle Niveauflächen sind parallele Ebenen. Die elektrische Feldstärke steht senkrecht auf diesen Ebenen; sie hat überall den Betrag

$$E = \frac{U}{d}\,. \tag{8}$$

Der Verschiebungsfluß Q verteilt sich gleichmäßig auf die ganze Fläche A. Die Verschiebungsdichte hat daher überall den Betrag

$$D = \frac{Q}{A}\,. \tag{9}$$

Die Spannungsmessung liefert also die elektrische Feldstärke, während man aus der Ablesung am ballistischen Galvanometer die Verschiebungsdichte berechnen kann. Führt man derartige Messungen bei verschiedenen Spannungen aus, so findet man, daß bei den üblichen Isolierstoffen in einem weiten Bereich der Feldstärke die *Verschiebungsdichte proportional der elektrischen Feldstärke* ist, so daß man unter Berücksichtigung der Richtung dieser Größen schreiben kann

$$\boxed{\boldsymbol{D} = \varepsilon \boldsymbol{E}\,.} \tag{10}$$

Dies ist das **zweite Grundgesetz des elektrischen Feldes.**

Die Größe ε ist eine Materialkonstante; sie wird *Dielektrizitätskonstante* oder

Permittivität des betreffenden Stoffes genannt. Es ist

$$\varepsilon = \frac{D}{E} = \frac{Q\,d}{U\,A}\,. \tag{11}$$

Setzt man Q in As, U in V, d in m und die Fläche in m² ein, so erhält man als Einheit für ε

$$1\,\frac{\mathrm{As}}{\mathrm{Vm}} = 1\,\frac{\mathrm{Ss}}{\mathrm{m}} = 1\,\frac{\mathrm{F}}{\mathrm{m}}$$

mit der Abkürzung

$$\boxed{1\,\frac{\mathrm{As}}{\mathrm{V}} = 1\,\mathrm{Farad} = 1\,\mathrm{F}.} \tag{12}$$

Da ein Farad eine sehr große Einheit ist, so werden meist die Bruchteile

$$1\,\mu\mathrm{F} = 10^{-6}\,\mathrm{F}, \qquad 1\,\mathrm{nF} = 10^{-9}\,\mathrm{F} \qquad \text{und} \qquad 1\,\mathrm{pF} = 10^{-12}\,\mathrm{F}$$

verwendet.

Auch wenn sich kein materieller Nichtleiter zwischen den beiden Platten befindet, zeigt das Galvanometer G eine Aufladung der Elektroden an, die proportional der Spannung U ist. Auch dem leeren Raum kann also eine Verschiebungsdichte und damit eine Permittivität zugeschrieben werden. Ihr Wert ergibt sich aufgrund des physikalischen Gesetzes $\varepsilon_0 = 1/(\mu_0 c_0^2)$, vgl. Gl. (44.12), aus der magnetischen Feldkonstante μ_0 (23.73) und der Vakuumlichtgeschwindigkeit c_0 zu

$$\boxed{\varepsilon_0 = 8{,}854\,187\,82\,\frac{\mathrm{pF}}{\mathrm{m}}.} \tag{13}$$

ε_0 heißt *elektrische Feldkonstante* oder Permittivität des Vakuums. Die Permittivität aller anderen Nichtleiter ist größer als dieser Wert. Man schreibt

$$\boxed{\varepsilon = \varepsilon_r \varepsilon_0} \tag{14}$$

und nennt ε_r die *Permittivitätszahl* oder die *Dielektrizitätszahl* des betreffenden Stoffes. Diese Zahl ist für Luft und gasförmige Stoffe fast genau gleich 1. Für einige Isolierstoffe der Elektrotechnik sind in der folgenden Tabelle 9.1 die Werte der Permittivitätszahl aufgeführt. Bei nichtlinearen Dielektriken (z. B. Bariumtitanat) ist ε_r nicht konstant, sondern hängt von E ab.

Tabelle 9.1 Permittivitätszahl verschiedener Stoffe

Stoff	ε_r	Stoff	ε_r
Aminoplaste, Phenoplaste	5···7	Mikanit	4,5···6
Bariumtitanat	1000···4000	Papier, trocken	2,3
Bernstein	2,9	ölgetränkt	3,9
Eis	3,1	Paraffin	2···2,3
Fernsprechkabelisolation		Polyethylen	2,3
(Papier, Luft)	1,6···2	Polystyrol	2,3
Glas	5···16,5	Polyvinylchlorid.	3,1···3,5
Glimmer	7	Quarzglas	3,2···4,2
Gummi, Hartgummi . . .	2,5···2,8	Quarzkristall	4,3···4,7
Hartgewebe, Hartpapier .	5···8	Schaum-Polystyrol . . .	1,1···1,4
Hartporzellane	5,0···6,5	Starkstromkabelisolation	
Holz	2,5···6,8	(Papier, Öl)	3···4,5
Keramische Stoffe		Transformatorenöl	2,2···2,5
magnesiumsilikathaltig	5,5···6,5	Wasser	80
rutilhaltig	10···100	Zellulose	3···7
Luft bei 1013 mbar, 0°C .	1,0006		

Der Verschiebungsfluß besteht also aus zwei Anteilen, einem Anteil, der durch Verschiebungen von Elektrizitätsmengen im Innern der Moleküle des Nichtleiters infolge der Polarisation entsteht, und einem zweiten, der bereits im leeren Raum auftritt. Dieser zweite Teil kann formal in gleicher Weise gedeutet werden wie der erste, wenn man die Existenz eines ruhenden „Äthers" annimmt, der alle Materie durchsetzt, und der ähnliche Eigenschaften besitzt wie die Materie, nur mit dem Unterschied, daß er viel feiner unterteilt ist. Man kann dann den Verschiebungsfluß im leeren Raum als die *Polarisation des Äthers* auffassen. Die Folgerungen, die man auf Grund dieser von MAXWELL herrührenden Vorstellung ziehen kann, decken sich auf das beste mit der Erfahrung, solange es sich um Vorgänge handelt, bei denen sich die materiellen Körper mit Geschwindigkeiten gegeneinander bewegen, die klein gegen die Lichtgeschwindigkeit sind. Die Vorstellung des ruhenden Äthers kann nicht aufrechterhalten werden, wenn man zu einer einheitlichen Darstellung auch bei sehr rasch ablaufenden Bewegungsvorgängen gelangen will; man müßte auf Grund der Erfahrungstatsachen dem Äther komplizierte Eigenschaften zuschreiben, z. B. die, daß der Äther auf jedem gleichförmig gegen das Fixsternsystem bewegten Körper in Ruhe zu sein, d. h. sich mit dem betreffenden Körper zu bewegen scheint, auch bei beliebigen Bewegungen verschiedener Körper gegeneinander. Obwohl daher die Annahme eines ruhenden Äthers im leeren Raum streng genommen nicht zulässig ist, ist doch die Zusammenfassung der beiden Anteile des Verschiebungsflusses zu einem einzigen außerordentlich zweckmäßig, solange eben die vorkommenden Relativgeschwindigkeiten der materiellen Körper genügend klein sind gegen die Lichtgeschwindigkeit (s. dazu Abschnitt 43).

Die Dichte des gesamten Verschiebungsflusses ist in dieser Nahewirkungsvorstellung an jeder Stelle des Raumes durch die dort herrschenden Feldkräfte bestimmt. Bei der *Herstellung* des elektrischen Feldes fließt an jeder Stelle des Nichtleiters längs der Verschiebungslinien ein Strom (Verschiebungsstrom), dessen Gesamtstärke gleich dem in den Leitungen zu den Elektroden fließenden Strom ist; dieser Verschiebungsstrom verschwindet im Nichtleiter und daher auch in den Zuleitungen wieder, wenn der Vorgang der Aufladung beendigt ist. Dadurch kann auch für zeitlich veränderliche Vorgänge die Vorstellung des in sich geschlossenen Stromkreises beibehalten werden; der Strom in den Zuleitungen setzt sich im Nichtleiter als Verschiebungsstrom fort, s. Abschnitt 16. Das Resultat des Verschiebungsstromes ist der Verschiebungsfluß zwischen den Elektroden im Nichtleiter.

Anmerkungen: 1. Die Unterteilung des Verschiebungsflusses in den im Vakuum entstehenden Teil und den durch den Isolierstoff bedingten Teil bringt man dadurch zum Ausdruck, daß man setzt

$$\boldsymbol{D} = \varepsilon_0 \boldsymbol{E} + \boldsymbol{P} = \varepsilon_0 \boldsymbol{E} + \chi_e \varepsilon_0 \boldsymbol{E} . \tag{15}$$

Man bezeichnet $\boldsymbol{P}$ als „elektrische Polarisation" des Dielektrikums, χ_e als *dielektrische Suszeptibilität*; es gilt

$$\chi_e = \frac{\varepsilon - \varepsilon_0}{\varepsilon_0} = \varepsilon_r - 1 . \tag{16}$$

2. Die Permittivitätszahlen von elektrisch leitenden Stoffen kann man nicht in der angegebenen Weise bestimmen; man findet sie durch Wechselstrommessungen (s. Abschnitt 17). Da in den metallischen Leitern nur ein kleiner Teil der Elektronen frei ist, so muß auch in den Metallen dem Leitungsstrom ein Verschiebungsstrom bzw. ein Verschiebungsfluß überlagert sein. Die Permittivitätszahl der Metalle ist jedoch im Bereich der technischen Wechselströme nicht meßbar und wahrscheinlich kleiner als 10; bei Germanium ist $\varepsilon_r \approx 16$, bei Silizium $\varepsilon_r \approx 12$.

Bringt man einen kleinen geladenen Körper, z. B. eine kleine Metallkugel, die mit der Elektrizitätsmenge Q versehen ist, in ein elektrostatisches Feld, so wird auf diesen geladenen Körper eine mechanische Kraft in der Richtung der Feldlinien ausgeübt. Die Kraft ist bestimmt durch die elektrische Feldstärke, die *vor dem*

Einbringen des geladenen Körpers in das Feld an der betreffenden Stelle vorhanden war; sie hat den durch Gl. (3) gegebenen Wert. Voraussetzung für die Gültigkeit dieser Beziehung ist, daß die Abmessungen des geladenen Körpers so klein sind, daß das ursprüngliche Feld in seiner Umgebung als homogen angesehen werden kann. Bewegt man den geladenen Körper, so bleibt die Kraft durch das gleiche Gesetz bestimmt. Man erhält dann eine mechanische Arbeit, die positiv oder negativ sein kann, je nach der Richtung der Bewegung gegenüber der Richtung der Feldlinien. Die Arbeit, die beim Durchlaufen eines kleinen Längenelementes ds des Weges auf die geladene Kugel übertragen wird, ergibt sich, wenn die in die Wegrichtung fallende Komponente $\boldsymbol{F}_s$ der Kraft $\boldsymbol{F}$, Abb. 9.2, mit der Länge des Wegelementes multipliziert wird. Unter Wegrichtung ist dabei die Richtung der Bewegung des geladenen Körpers zu verstehen. Die gesamte Arbeit, die auf einem beliebigen Weg von a nach b erhalten wird, ist

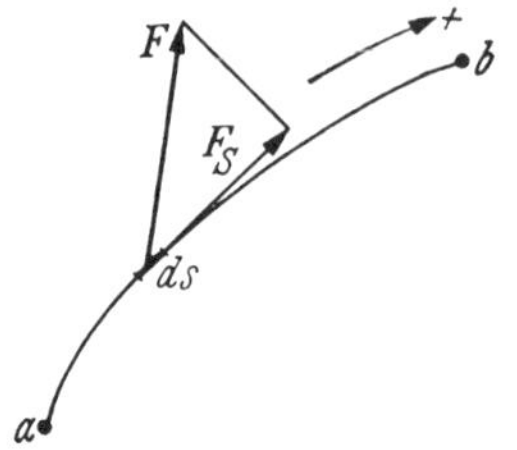

Abb. 9.2. Zur Berechnung der Arbeit beim Bewegen von Elektrizitätsmengen

$$W = \int_a^b \boldsymbol{F} \cdot d\boldsymbol{s}\,, \tag{17}$$

oder mit Gl. (3)

$$W = Q \int_a^b \boldsymbol{E} \cdot d\boldsymbol{s}\,. \tag{18}$$

Führt man schließlich noch Gl. (5.22) ein, so ergibt sich

$$W = Q\,(\varphi_a - \varphi_b) = Q\,U_{ab}\,. \tag{19}$$

Die Arbeit, die die elektrischen Feldkräfte beim Transport eines geladenen Körpers von einem Punkt a nach einem Punkt b des Feldes leisten, hängt nur von der Potentialdifferenz zwischen den beiden Punkten und von der Ladung des Körpers ab; sie ist unabhängig von dem Weg und wird positiv, wenn eine positive Ladung von höherem zu niedrigerem Potential oder eine negative Ladung von niedrigerem zu höherem Potential gebracht wird, während bei umgekehrter Bewegungsrichtung eine mechanische Arbeit aufgewendet werden muß. Auf Grund dieser Zusammenhänge können die Größen des *elektrostatischen Feldes* folgendermaßen definiert werden:

1. *Die elektrische Feldstärke* in irgendeinem Punkt ist der Quotient aus der Kraft, die in diesem Punkt auf eine positive Ladung ausgeübt wird, und dieser Ladung,

$$\boxed{\boldsymbol{E} = \frac{\boldsymbol{F}}{Q}.} \tag{20}$$

2. *Das elektrische Potential* in irgendeinen Punkt ist der Quotient aus der Arbeit, die von den Feldkräften geleistet wird, wenn eine positive Ladung von dem betreffenden Punkt zum Bezugspunkt gebracht wird, und dieser Ladung,

$$\boxed{\varphi = \frac{W}{Q}\,.} \tag{21}$$

3. *Die Arbeit,* die die elektrischen Feldkräfte beim Herumführen einer Ladung auf einem beliebigen geschlossenen Weg leisten, ist Null. Das elektrostatische Feld ist „*wirbelfrei*“:

$$\boxed{\oint \boldsymbol{F} \cdot d\boldsymbol{s} = 0\,.} \tag{22}$$

Das allgemeine stationäre elektrische Feld

Das elektrostatische Feld ist ein Sonderfall des *stationären elektrischen Feldes*, bei dem zwar die Feldgrößen ebenfalls zeitlich konstant sind, bei dem jedoch die Leiter nicht sämtlich stromlos sind. Ein Beispiel eines solchen allgemeineren Feldes bildet das Feld in der Umgebung einer von Gleichstrom durchflossenen Leitung, Abb. 9.3. Da die elektrischen Feldgrößen hier überall zeitlich konstant sind, so liegt ein stationäres elektrisches Feld vor. Infolge des Spannungsabfalles längs der Leitungsdrähte tritt jedoch zu der senkrecht auf der Leiteroberfläche stehenden Feldstärke $\boldsymbol{E}_1$, die bei Stromlosigkeit der Leitung das elektrostatische Feld bilden würde, noch eine Feldstärke $\boldsymbol{E}_2$ in Richtung der Leiterachse hinzu, die durch den Spannungsabfall im Leiter bestimmt ist. Die elektrischen Feldlinien treten daher nicht senkrecht aus dem Leiter aus; auch ist im Innern der Leitung die Feldstärke nicht Null, sondern gleich $\boldsymbol{E}_2$. Der Grund für diese Abweichungen vom elektrostatischen Feld liegt darin, daß hier dauernd eine Energieumsetzung (Wärmeentwicklung) stattfindet.

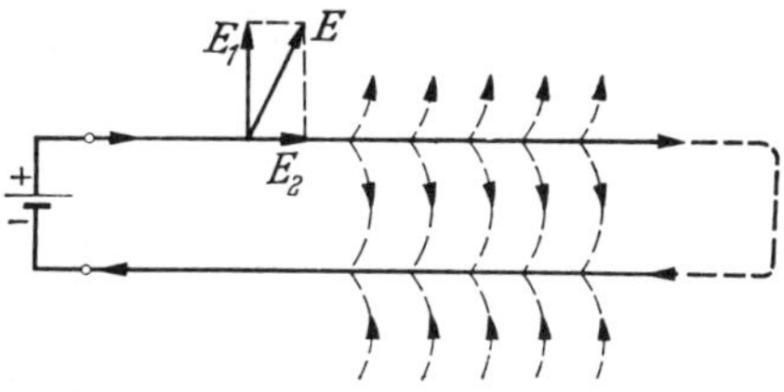

Abb. 9.3. Beispiel eines stationären elektrischen Feldes

Beim Bewegen einer elektrischen Ladung in der Umgebung der Leitung treten infolge des gleichzeitig vorhandenen magnetischen Feldes zusätzliche Kräfte auf. Diese Kräfte tragen allerdings zur Arbeit, die beim Bewegen geleistet wird, nichts bei, da sie senkrecht auf der Bewegungsrichtung stehen (s. Abschnitt **23**). Es gelten daher auch in einem beliebigen *stationären elektrischen Feld* die Gl. (21) und (22). Aus dem gleichen Grunde gelten ferner auch im allgemeinen stationären elektrischen Feld die beiden Grundgesetze dieses Abschnittes, Gl. (6) und (10). Dagegen gilt die Gl. (20) hier nur bei ruhender Ladung.

Verhältnisse an Grenzflächen

Da nach Gl. (7) in einen beliebigen Raumteil eines stationären elektrischen Feldes, der keine Ladungen enthält, genau so viele Verschiebungslinien eintreten, wie aus ihm herauskommen, so sind die Verschiebungslinien in solchen Räumen stetig; sie endigen oder entspringen nur auf elektrischen Ladungen. Daraus folgt für die *Grenzfläche zwischen zwei Nichtleitern* verschiedener Elektrisierungszahlen, daß die Normalkomponenten der Verschiebungsdichte zu beiden Seiten der Grenzfläche, Abb. 9.4, einander gleich sein müssen:

$$D_{n1} = D_{n2}\,, \tag{23}$$

eine zu Gl. (6.13) analoge Beziehung. (Über das Auftreten von Ladungen an Grenzflächen infolge der Leitfähigkeit der Isolierstoffe s. Abschnitt 16, über das Auftreten von Raumladungen s. Abschnitte 18 und 21.) Aus dem gleichen Grunde wie im Strömungsfeld müssen ferner auch hier die Tangentialkomponenten der elektrischen Feldstärke auf beiden Seiten der Grenzfläche einander gleich sein, Gl. (6.14). Für die Tangentialkomponenten der Verschiebungsdichte gilt daher

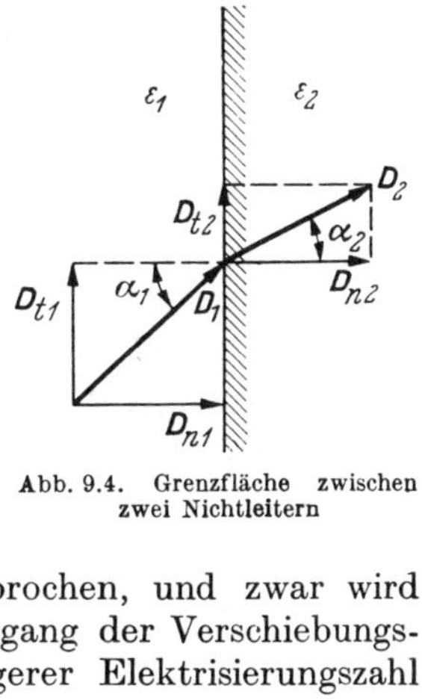

Abb. 9.4. Grenzfläche zwischen zwei Nichtleitern

$$\frac{D_{t1}}{D_{t2}} = \frac{\varepsilon_1}{\varepsilon_2}\,. \tag{24}$$

Die Verschiebungslinien werden an der Grenzfläche gebrochen, und zwar wird der Winkel mit der Normalen zur Grenzfläche beim Übergang der Verschiebungslinien von einem Stoff höherer zu einem Stoff niedrigerer Elektrisierungszahl kleiner; in Abb. 9.4 ist ε_1 größer als ε_2. Aus diesen Überlegungen ergibt sich noch folgender Schluß.

Bringt man in einem materiellen Nichtleiter einen engen, langgestreckten zylindrischen Schlitz an, dessen Richtung übereinstimmt mit der Richtung der Feldlinien, Abb. 9.5, und der von Materie frei ist, so muß im Innern des Schlitzes die elektrische Feldstärke den gleichen Wert haben wie außerhalb, da an der zylindrischen Grenzfläche die Feldstärke stetig übergehen muß. Es gilt daher für die Feldstärke im Innern des Schlitzes

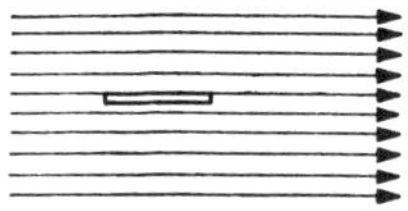

Abb. 9.5. Längsschlitz zur Messung der Feldstärke

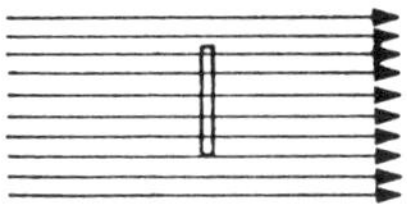

Abb. 9.6. Querschlitz zur Messung der Verschiebungsdichte

$$\boldsymbol{E}_i = \boldsymbol{E}_a\,, \tag{25}$$

wenn mit $\boldsymbol{E}_a$ die Feldstärke in dem Nichtleiter bezeichnet wird.

Wird dagegen ein kleiner dosenförmiger Hohlraum von sehr geringer Höhe, dessen Grundflächen senkrecht zu den Feldlinien stehen, im Innern des Nichtleiters angebracht, Abb. 9.6, so müssen die Verschiebungslinien stetig durch den Hohlraum hindurchgehen, d. h. es wird die Verschiebungsdichte in dem Hohlraum, $\boldsymbol{D}_i$, gleich der Verschiebungsdichte in dem Nichtleiter

$$\boldsymbol{D}_i = \boldsymbol{D}_a\,. \tag{26}$$

Man kann also in einem Längsschlitz die elektrische Feldstärke, in einem Querschlitz die Verschiebungsdichte innerhalb des Nichtleiters messen.

Influenzwirkung

Bringt man in ein elektrisches Feld, z. B. das Feld zwischen den beiden Elektroden A und B, Abb. 9.7, einen isolierten Leiter C, so entsteht in diesem Leiter unter der Einwirkung der elektrischen Feldkräfte eine Wanderung der Elektronenwolke, bis im Innern

$$E = 0$$

ist. Als Resultat dieser Wanderung von Elektronen befinden sich auf der Oberfläche des Leiters elektrische Ladungen. Die Summe dieser Ladungen ist Null, wenn der Leiter vorher ungeladen war. Es münden ebenso viele Linien der elektrischen Flußdichte auf dem Leiter, wie von ihm ausgehen. Diese Einwirkung des elektrischen Feldes auf Leiter bezeichnet man als *Influenz*. Sie hat zur Folge, daß die Leiter die Linien der elektrischen Flußdichte zu sich hinziehen; man benutzt diese Erscheinung zur *Abschirmung elektrischer Felder* (FARADAY 1837). Stellt z. B. C, Abb. 9.7, eine Hohl-

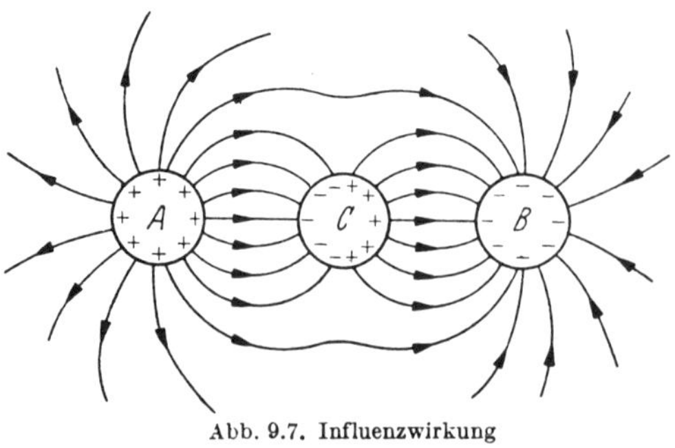

Abb. 9.7. Influenzwirkung

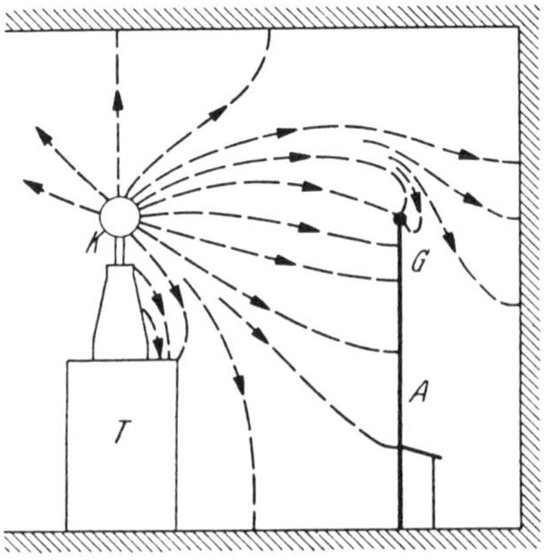

Abb. 9.8. Schirmwirkung

kugel dar, so ergibt sich außerhalb der Kugel die gleiche Feldverteilung wie bei einer Vollkugel, im Innern der Hohlkugel ist jedoch die elektrische Feldstärke Null. Als weiteres Beispiel ist in Abb. 9.8 schematisch die Abschirmung des Bedienungsraumes *A* eines Hochspannungslaboratoriums durch ein geerdetes Metallgitter *G* veranschaulicht. *T* stellt einen Transformator dar, *K* die Hochspannungselektrode. Durch das Gitter werden die Verschiebungslinien zwischen der Hochspannungselektrode und den Wänden des Raumes aufgefangen; infolgedessen wird der Raum hinter dem Gitter nahezu feldfrei.

Auf der Oberfläche eines influenzierten Leiters entsteht teils ein Überschuß, teils ein Mangel an Elektronen; bestimmte Teile der Oberfläche nehmen eine positive Ladung an, andere Teile eine negative. Wenn man dafür sorgt, daß die eine dieser beiden Ladungen abfließen kann, so ergibt sich eine Aufladung des betreffenden Leiters durch Influenz. Ein Beispiel dafür ist durch Abb. 9.9 veranschaulicht. Es ist hier zunächst, Abb. 9.9a, das Feld in der Umgebung eines Hochspannungsgenerators *T* schematisch dargestellt, der einpolig geerdet und am andern Pol mit einer Kugel K_1 versehen ist. Abb. 9.9b zeigt die Veränderung, die das Feld erfährt, wenn in die Nähe des Generators eine Metallkugel K_2 gebracht wird. Hat die Kugel K_1 in dem betrachteten Zeitpunkt eine positive Ladung, so ergeben sich auf der dieser Kugel zugewandten Seite von K_2 negative Ladungen, auf der andern positive Ladungen. Durch einen Draht, Abb. 9.9c, werde die Kugel K_2 mit der Erde verbunden; dadurch nimmt K_2 das Potential der Erde an, die positiven Ladungen fließen ab, die Verschiebungslinien zwischen K_2 und Erde verschwinden. Entfernt man nun den Draht, so ergibt sich die Abb. 9.9d. Die Kugel K_2 hat eine negative Ladung, die bei hinreichend guter Isolation dieser Kugel erhalten bleibt, auch wenn K_1 auf Erdpotential gebracht wird, Abb. 9.9e. Die zunächst ungeladene Kugel K_2 hat damit eine Spannung gegen Erde angenommen, ohne daß sie mit dem Generator in Verbindung gebracht wurde, eine Erscheinung, die in Hochspannungsanlagen beachtet werden muß. Sie kann bei Blitzentladungen in der Nähe von Freileitungen auftreten. Befindet sich eine Leitung im elektrischen Feld einer geladenen Gewitterwolke, so fließen Ladungen über die Isolationswiderstände der Leitung ab, Verschiebungslinien spannen sich zwischen Wolke und Leitung. Entlädt sich die Wolke durch einen Blitz, so bleibt zunächst die Ladung der Leitung erhalten (K_2 der Abb. 9.9); ihr entspricht eine bestimmte Spannung zwischen der Leitung und Erde, die zum Auftreten einer von der betreffenden Stelle längs der Leitung nach beiden Richtungen hin fortlaufenden Wanderwelle führt (s. Abschnitt 48).

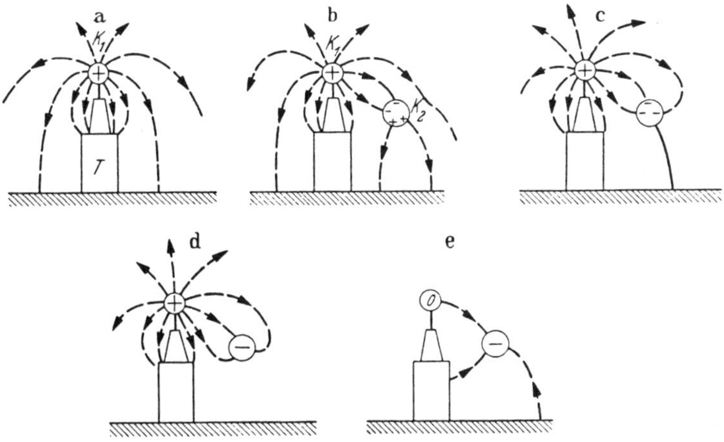

Abb. 9.9a—e. Aufladung eines Leiters durch Influenz

10. Kondensatoren

Kapazität

Unter einem Kondensator versteht man eine Anordnung, die aus zwei voneinander isolierten Metallelektroden besteht. Legt man an die Elektroden eine Spannung, so nehmen sie Ladungen auf. Auf dieser Fähigkeit, Elektrizitätsmengen aufzuspeichern, beruhen die Anwendungen der Kondensatoren. Beim Anlegen der Spannung an die Elektroden entsteht im Nichtleiter ein elektrisches Feld; die elektrische Feldstärke wird an jeder Stelle um so größer, je größer die Spannung zwischen den Elektroden ist. Die Verschiebungsdichte ist **bei konstantem ε** proportional der Feldstärke und daher ebenfalls proportional der Spannung. Daher ist auch der gesamte Verschiebungsfluß Q, der von der einen zur andern Elektrode übergeht und gleich den Ladungen der Elektroden ist, proportional der Spannung U zwischen den Elektroden:

$$Q = CU \,. \tag{1}$$

Der Proportionalitätsfaktor C wird die *Kapazität* des Kondensators genannt; er ist **bei konstantem ε** unabhängig von der angelegten Spannung, also nur bestimmt durch die geometrische Form des Kondensators und die Materialeigenschaften (Elektrisierungszahl) des Nichtleiters. Es gilt also

$$\text{Kapazität} = \frac{\text{Verschiebungsfluß zwischen zwei Elektroden}}{\text{Spannung zwischen den Elektroden}} \,. \tag{2}$$

Die einfachste Ausführungsform bildet der *Plattenkondensator*, bei dem zwei ebene Elektroden durch einen Nichtleiter von sehr geringer Dicke d voneinander getrennt sind, Abb. 9.1. Die Niveauflächen sind dann zu den Plattenoberflächen parallele Ebenen. Der Verschiebungsfluß geht senkrecht von der einen Elektrodenfläche zur andern über, um so vollständiger, je größer die Abmessungen der Platten im Vergleich zur Dicke d des Nichtleiters sind. Das Bündel der Verschiebungslinien hat einen Querschnitt, der gleich der Plattenfläche A ist. Der Verschiebungsfluß Q verteilt sich gleichmäßig auf dieser Fläche, so daß die Verschiebungsdichte im Innern des Nichtleiters wie bei Abb. 9.1, Gl. (9.9)

$$D = \frac{Q}{A} \tag{3}$$

ist. Das Potential geht im Innern des Nichtleiters linear von dem Potential der einen Elektrode zu dem der andern über; bezeichnet man die Spannung zwischen den Elektroden mit U, so ist daher die elektrische Feldstärke im Nichtleiter

$$E = \frac{U}{d} \,. \tag{4}$$

Mit Benutzung der Gl. (9.10) ergibt sich daraus

$$Q = \frac{\varepsilon A}{d} U \,, \tag{5}$$

und es folgt für die Kapazität

$$\boxed{C = \frac{\varepsilon A}{d} \,.} \tag{6}$$

Diese Beziehung gilt angenähert auch bei gekrümmten Elektroden, wenn nur der Abstand zwischen den Elektroden klein ist gegen den Krümmungsradius, so daß man das elektrische Feld zwischen den Elektroden als homogen ansehen kann. Dies trifft z. B. bei den viel verwendeten Wickelkondensatoren (Papierkondensatoren, Styroflexkondensatoren) zu.

Da die Einheit der Dielektrizitätskonstante Farad/m ist, so dient als Einheit der Kapazität nach Gl. (6) das Farad; *die Einheit der Kapazität 1 Farad liegt vor, wenn die Elektroden bei* 1 V *Potentialunterschied Ladungen von* 1 As *aufnehmen.*

Berechnungsbeispiele

1. *Plattenkondensator.* In der folgenden Tabelle ist für verschiedene Verhältnisse von A/d und für $\varepsilon = \varepsilon_0$ die nach Formel (6) berechnete Kapazität angegeben.

$A/d =$	100	200	500	1000	2000	5000	10 000 cm
$C =$	8,86	17,7	44,3	88,6	177	443	886 pF

2. *Drehkondensator.* Es soll ein Drehkondensator mit einer Kapazität von 1000 pF mit Platten von $r_0 = 5$ cm Radius bei einem Plattenabstand von $d = 1$ mm hergestellt werden.

Der größte Querschnitt des Verschiebungsflusses beträgt $\frac{1}{2} r_0^2 \pi = 39{,}3\ \text{cm}^2$. Daher gilt nach Gl. (6)

$$1000\ \text{pF} = n\,\frac{0{,}0886 \cdot 39{,}3\ \text{cm}^2}{0{,}1\ \text{cm}}\,\frac{\text{pF}}{\text{cm}},$$

wenn im ganzen n Zwischenräume zwischen je zwei Platten vorhanden sind; hieraus $n = 29$.

Es müssen also 29 Zwischenräume zwischen den Platten vorhanden sein, d. h. 15 feste und 15 drehbare Platten verwendet werden.

Bei halbkreisförmigen Platten, wie in Abb. 10.1, wächst die Kapazität von einem Anfangswert („Anfangskapazität" bei ganz herausgedrehten Platten) ungefähr linear mit dem Drehwinkel α auf den Endwert an. Für manche Zwecke (z. B. Funkgeräte) ist ein anderer Zusammenhang zwischen Kapazität und Drehwinkel erwünscht; man ändert dann die Form der Platten entsprechend ab, so daß ihr Radius r eine bestimmte Funktion des Winkels α wird. Die Fläche A zwischen den Elektroden wird dann

$$A = \frac{1}{2}\int_0^\alpha r^2\,d\alpha\,, \tag{7}$$

wenn das bewegliche Plattensystem mit dem Winkel α in das feststehende eintaucht.

Soll die Kapazität C eine bestimmte Funktion $f(\alpha)$ des Winkels α sein, so gilt

$$f(\alpha) = \frac{n\,\varepsilon_0}{2\,d}\int_0^\alpha r^2\,d\alpha\,.$$

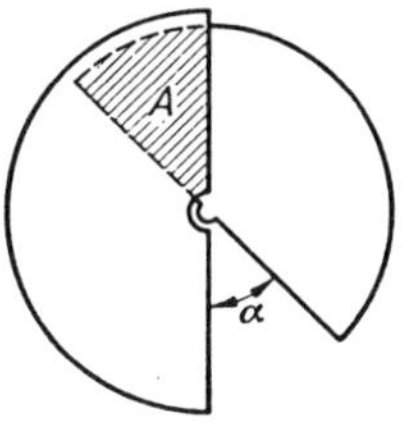

Abb. 10.1. Zur Berechnung der Kapazität eines Drehkondensators

Hieraus erhält man durch Differenzieren nach α und Auflösen nach r

$$r = \sqrt{\frac{2\,d}{n\,\varepsilon_0}}\sqrt{\frac{df(\alpha)}{d\alpha}}\,. \tag{8}$$

Bei anderen Anwendungen ist es zweckmäßig, für $1/C$ eine bestimmte Abhängigkeit $g(\alpha)$ vorzuschreiben. Dann gilt

$$r = \sqrt{\frac{2\,d}{n\,\varepsilon_0}}\,\frac{1}{g(\alpha)}\sqrt{-\frac{dg(\alpha)}{d\alpha}}\,. \tag{9}$$

Wenn z. B. der Kondensator eines Schwingkreises eine Teilung erhalten soll, die linear von der Resonanzfrequenz $1/2\pi\sqrt{LC}$ abhängt (s. Abschnitt 36), so muß mit den beiden Konstanten c_1 und c_2 gelten

$$\frac{1}{\sqrt{C}} = c_1\left(1 - c_2\,\frac{\alpha}{\pi}\right)$$

oder

$$g(\alpha) = c_1^2\left(1 - c_2\,\frac{\alpha}{\pi}\right)^2. \tag{10}$$

Damit ergibt sich, wenn alle Konstanten zusammengefaßt werden, aus Gl. (9)

$$r = \frac{c}{\left(1 - c_2\,\frac{\alpha}{\pi}\right)^{\frac{3}{2}}}\,. \tag{11}$$

Der Radius r hat seinen größten Wert für $\alpha = \pi$, nämlich

$$r_m = \frac{c}{(1 - c_2)^{\frac{3}{2}}} . \tag{12}$$

Führt man diesen Wert an Stelle von c ein, so folgt

$$r = r_m \left(\frac{1 - c_2}{1 - c_2 \frac{\alpha}{\pi}} \right)^{3/2} . \tag{13}$$

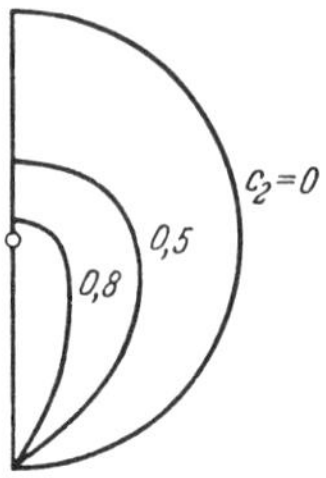

Abb. 10.2. Plattenformen eines Drehkondensators mit linearer Frequenzteilung

In Abb. 10.2 sind hieraus hervorgehende Formen der Platten für verschiedene Werte von c_2 bei gleichem r_m aufgezeichnet.

Zusammenhang zwischen Kapazität und Widerstand

Zwischen dem Verschiebungsfluß des elektrischen Feldes und dem Strom im Strömungsfeld besteht nach Abschnitt 9 eine formale Analogie. Die zur Kapazität analoge Größe des Strömungsfeldes ist der Leitwert zwischen den Elektroden, vorausgesetzt, daß deren Leitfähigkeit sehr groß gegen die des leitenden Mediums zwischen ihnen ist. Man kann diese Analogie zur Berechnung der Kapazität benutzen, wenn das entsprechende Strömungsfeld bekannt ist, oder zur Berechnung des Isolationswiderstandes von Kondensatoren, deren Kapazität man kennt.

Allgemein gilt für den Widerstand zwischen den Elektroden eines Strömungsfeldes

$$R = \frac{U_{ab}}{I} , \tag{14}$$

wobei U_{ab} die Spannung zwischen den Elektroden, I den von der einen zur andern Elektrode übergehenden Strom bezeichnet. Nun ist für irgendeine Hüllfläche, die eine Elektrode enthält, wenn die Stromzuleitung von der Integration ausgeschlossen wird, nach Gl. (6.7)

$$I = \oint \boldsymbol{J} \cdot d\boldsymbol{A} . \tag{15}$$

Für den Fall, daß die Leitfähigkeit im ganzen Raum konstant ist, wird hieraus

$$I = \sigma \oint \boldsymbol{E} \cdot d\boldsymbol{A} , \tag{16}$$

also

$$R = \frac{1}{\sigma} \frac{U_{ab}}{\oint \boldsymbol{E} \cdot d\boldsymbol{A}} . \tag{17}$$

Ist dagegen der Raum zwischen den Elektroden von einem homogenen Nichtleiter erfüllt, so wird der Verschiebungsfluß

$$Q = \oint \boldsymbol{D} \cdot d\boldsymbol{A} = \varepsilon \oint \boldsymbol{E} \cdot d\boldsymbol{A} , \tag{18}$$

so daß für die Kapazität zwischen den beiden Elektroden gilt

$$C = \frac{Q}{U_{ab}} = \varepsilon \frac{\oint \boldsymbol{E} \cdot d\boldsymbol{A}}{U_{ab}} . \tag{19}$$

Der Vergleich der beiden Beziehungen (17) und (19) zeigt, daß

$$\boxed{RC = \frac{\varepsilon}{\sigma}} \tag{20}$$

Daraus folgt auch, daß der Isolationswiderstand eines Kondensators beliebiger Form bei homogenem Dielektrikum umgekehrt proportional der Kapazität ist.

Die Leitfähigkeit der Isolierstoffe ist im wesentlichen auf Ionen zurückzuführen, wie in Elektrolyten. Dichte und Beweglichkeit der Ionen in den Isolierstoffen sind aber immer sehr gering; daher ist auch die Leitfähigkeit entsprechend klein. Sie hängt bei festen Isolierstoffen in hohem Maße von Beimengungen, insbesondere Wasser, ab. In der Tabelle 10.1 ist die Größenordnung der Leitfähigkeit einiger Isolierstoffe angeführt; es ist ferner der sog. spezifische Oberflächenwiderstand angegeben; das ist der an der Oberfläche des Isolierstoffes zwischen zwei parallelen Schneiden mit dem Abstand 1 cm gemessene Widerstand je cm Länge der Schneiden. Der in Gl. (20) betrachtete Isolationswiderstand ist der *Durchgangswiderstand*. Er ist durch die Leitfähigkeit σ bestimmt. Bei den meisten Anordnungen liegt parallel zum Durchgangswiderstand noch ein Strompfad längs der Oberfläche des Isolierstoffes. Hierfür ist der spezifische Oberflächenwiderstand maßgebend. Vielfach übertrifft der Isolationsstrom infolge Oberflächenleitung bei weitem den Isolationsstrom infolge Durchgangsleitfähigkeit.

Tabelle 10.1

Material	Leitfähigkeit S/m	spez. Oberflächenwiderstand/Ω
Glas	$10^{-14} \ldots 10^{-11}$	$10^{6} \ldots 10^{13}$
Porzellan . . .	$10^{-13} \ldots 10^{-12}$	$10^{9} \ldots 10^{12}$
Hartgummi . .	$10^{-16} \ldots 10^{-13}$	$10^{9} \ldots 10^{15}$
Glimmer . . .	$10^{-13} \ldots 10^{-11}$	$10^{9} \ldots 10^{12}$
Quarz.	10^{-17}	$10^{8} \ldots 10^{12}$
Transformatoröl	$10^{-11} \ldots 10^{-10}$	—

Widerstand und Oberflächenwiderstand hängen bei den Isolierstoffen stark von der Temperatur ab, und zwar nimmt die Leitfähigkeit mit der Temperatur zu. Bei feuchtigkeitshaltigen Isolierstoffen mit Faserstruktur, z. B. Papier und Baumwolle, zeigt sich ferner eine Zunahme der Leitfähigkeit mit der Feldstärke; sie wird darauf zurückgeführt, daß infolge der Kraftwirkung des elektrischen Feldes die Flüssigkeitsteilchen in die Länge gezogen werden.

Im Abschnitt 7 hatte sich für den Isolationswiderstand eines einadrigen Kabels von der Länge l und den Radien r_1 und r_2 von Innenleiter und Mantel ergeben, Gl. (7.41),

$$R = \frac{1}{2\pi\sigma l} \ln \frac{r_2}{r_1}.$$

Dabei wurde die Voraussetzung gemacht, daß der Zwischenraum zwischen Leiter und Kabelmantel von einem homogenen Stoff mit der Leitfähigkeit σ erfüllt sei. Hat dieser Stoff eine Dielektrizitätskonstante ε, so gilt daher auf Grund des soeben gefundenen Zusammenhanges (20) für die *Kapazität des Koaxialkabels* oder eines *Zylinderkondensators*

$$C = \frac{2\pi\varepsilon l}{\ln \frac{r_2}{r_1}}. \tag{21}$$

Da praktisch meist die Permittivitätszahl gegeben ist, so schreibt man zweckmäßigerweise diese Beziehung in der Form

$$\frac{C}{l} = 2\pi\varepsilon_0 \frac{\varepsilon_r}{\ln \frac{r_2}{r_1}} = \frac{55{,}6\,\varepsilon_r}{\ln \frac{r_2}{r_1}} \frac{\text{nF}}{\text{km}} = \frac{24{,}1\,\varepsilon_r}{\lg \frac{r_2}{r_1}} \frac{\text{nF}}{\text{km}}. \tag{22}$$

Zahlenbeispiel: Für verschiedene Werte von r_2/r_1 und $\varepsilon_r = 1$ gibt die folgende Tabelle die auf die Länge bezogene Kapazität eines Kabels an:

$r_2/r_1 =$	1,6	1,8	2	2,5	3,0	3,5	4	5,0
$C/l =$	118	94,6	80,2	60,7	50,6	44,4	40,1	34,6 nF/km

Bei Starkstromkabeln mit ölgetränkter Papierisolation ist ε_r ungefähr gleich 4, die Kapazitätswerte sind also etwa 4mal so groß.

Die Formel (21) gilt nur, wenn die Zylinderelektroden so lang sind, daß die Verschiebungslinien radial von der einen Elektrode zur andern übergehen. Für Meßzwecke werden in der Hochspannungstechnik zuweilen Zylinderkondensatoren verwendet, bei denen die Elektroden aus kurzen konzentrischen Zylindern bestehen. Hier erreicht man den radialen Verlauf der Verschiebungslinien durch Verlängerung der Elektroden über den ausgenützten Teil hinaus, wie es in Abb. 10.3 dargestellt ist. Werden die Verlängerungen a und c („Schutzringe") auf das gleiche Potential gebracht wie die mittlere Elektrode b, so ergibt sich zwischen dieser Elektrode und der inneren der gewünschte Verlauf der Verschiebungslinien, so daß die Kapazität zwischen diesen beiden Elektroden nach der Formel (21) berechnet werden kann.

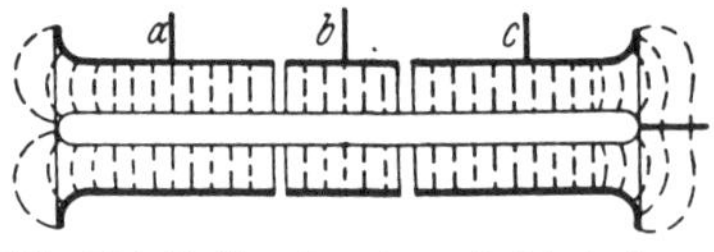

Abb. 10.3. Luftkondensator mit Schutzringen

Parallelschaltung und Reihenschaltung

Werden mehrere Kondensatoren mit den Kapazitätswerten C_1, C_2, C_3 usw. *parallel* an eine Stromquelle gelegt, so verzweigt sich der Ladestrom in die Verschiebungsströme der einzelnen Kondensatoren. Der gesamte Verschiebungsfluß Q setzt sich aus der Summe der Verschiebungsflüsse Q_1, Q_2, Q_3 usw. in den einzelnen Kondensatoren zusammen. Ersetzt man die ganze Anordnung durch einen einzigen Kondensator mit einer solchen Kapazität C_0, daß bei der gleichen Spannung U der gleiche Verschiebungsfluß Q aufgenommen wird, so gilt daher

$$Q = Q_1 + Q_2 + Q_3 + \cdots,$$
$$U\,C_0 = U\,C_1 + U\,C_2 + U\,C_3 + \cdots$$

oder

$$C_0 = C_1 + C_2 + C_3 + \cdots. \tag{23}$$

Bei *Reihenschaltung* der Kondensatoren hat der Verschiebungsstrom in jedem Kondensator den gleichen Wert. Die Ladungen Q der einzelnen Kondensatoren sind daher einander gleich. Die Spannungen an den einzelnen Kondensatoren sind bestimmt durch diese Ladung und den Kapazitätswert; ihre Summe ist gleich der Gesamtspannung U. Ersetzt man auch hier die Anordnung durch einen einzigen Kondensator mit einer Kapazität C_0, so daß sich bei der gleichen Spannung U die gleiche Ladung Q ergibt, so gilt

$$U = U_1 + U_2 + U_3 + \cdots,$$
$$\frac{Q}{C_0} = \frac{Q}{C_1} + \frac{Q}{C_2} + \frac{Q}{C_3} + \cdots$$

oder

$$\frac{1}{C_0} = \frac{1}{C_1} + \frac{1}{C_2} + \frac{1}{C_3} + \cdots. \tag{24}$$

Die Teilspannungen sind

$$U_n = U\,\frac{C_0}{C_n}. \tag{25}$$

Sie verhalten sich umgekehrt wie die Kapazitätswerte; an der kleineren Kapazität liegt die höhere Spannung.

Voraussetzung für die Gültigkeit dieser Überlegung ist, daß der Isolationswiderstand unendlich groß ist. Bei Gleichstrom stellt sich bei Reihenschaltung in Wirklichkeit eine Spannungsverteilung ein, die ausschließlich durch die Isolationswiderstände der einzelnen Kondensatoren bestimmt ist. Nur wenn ε/σ für alle in Reihe geschalteten Kondensatoren den gleichen Wert hätte, würde diese Spannungsverteilung übereinstimmen mit der hier berechneten. Praktisch schwankt die Leitfähigkeit der Nichtleiter in ziemlich weiten Grenzen, so daß sich bei Gleichstrom große Unterschiede zwischen der wirklichen Verteilung der Spannung und der nach Gl. (25) berechneten ergeben können. Dagegen gelten die abgeleiteten Beziehungen sehr genau, wenn es sich um Wechselspannungen handelt, da hier der Verschiebungsstrom den Leitungsstrom meist erheblich überwiegt (s. Abschnitt 16).

Wenn man eine Anzahl n Kondensatoren parallel geschaltet mit einer Spannung U auflädt und dann hintereinander schaltet, so ergibt sich eine Addition der Einzelspannungen; die Gesamtspannung wird $n\,U$. Die ganze Anordnung wirkt dann wie ein Kondensator mit dem n-ten Teil der Kapazität eines Einzelkondensators, der auf die n-fache Spannung aufgeladen ist. Man kann dieses Verfahren zur Herstellung von hohen Spannungen für Versuchszwecke benutzen.

11. Beispiele elektrostatischer Felder

In diesem Abschnitt werden einige Beispiele von elektrostatischen Feldern betrachtet, die sich mit Hilfe der im Abschnitt 9 entwickelten Vorstellungen berechnen lassen. Die elektrostatischen Felder können auf Grund dieser Vorstellungen auf die Wirkung von Ladungen als Quellen des Verschiebungsflusses zurückgeführt werden. Weitere Beispiele elektrostatischer Felder werden in Abschnitt 15 mit Hilfe der Potentialgleichung berechnet.

Felder von Punktladungen

Punktquelle, Kugelkondensator, allgemeine elektrostatische Felder

Aus dem in Abschnitt 7 behandelten Fall einer in einen leitenden Stoff eingebetteten Kugelelektrode geht bei verschwindender Leitfähigkeit das elektrostatische Feld in der Umgebung einer geladenen Kugel hervor. Die Verschiebungslinien gehen von der Kugeloberfläche nach allen Seiten hin strahlenförmig aus, wenn auf der Kugel eine positive Ladung angenommen wird; sie münden auf der Gegenelektrode, deren Entfernung von der Kugel als sehr groß gegen den betrachteten Feldbereich vorausgesetzt werden soll. Der Verschiebungsfluß verteilt sich daher gleichmäßig auf konzentrischen Kugelflächen, so daß die Verschiebungsdichte im Abstand r vom Kugelmittelpunkt den Betrag

$$D = \frac{Q}{4\,\pi\,r^2} \tag{1}$$

hat; der Verschiebungsfluß Q ist gleich der Ladung der Kugel. An irgendeiner Stelle des nichtleitenden Raumes, die vom Kugelmittelpunkt den Abstand r hat, läßt sich mit Benutzung des Vektors $\boldsymbol{r}$, der diesen Abstand nach Betrag und Richtung beschreibt, der Vektor der elektrischen Feldstärke in der Form

$$\boldsymbol{E} = \frac{Q\boldsymbol{r}}{4\pi\varepsilon r^3} \tag{2}$$

darstellen.

Der Vektor der elektrischen Feldstärke zeigt radial von der Kugel weg, wenn Q positiv ist. In bezug auf den Raum außerhalb der Kugelelektrode kann man diese ersetzen durch eine *Punktquelle* oder *Punktladung* Q im Mittelpunkt der Kugel. Das elektrische Feld in der Umgebung einer Punktladung ist durch konzentrische Kugelflächen als Potentialflächen gekennzeichnet. Im Abstand r von der Punktladung wird das Potential

$$\varphi = \int_r^\infty \boldsymbol{E}\cdot d\boldsymbol{r} = \int_r^\infty \frac{Q\,d\boldsymbol{r}}{4\pi\varepsilon r^2} = \frac{Q}{4\pi\varepsilon r}, \tag{3}$$

wenn als Bezugspunkt ein sehr ferner Punkt gewählt wird.

An der Oberfläche der Kugel vom Radius r_0 ist das Potential gleich der Spannung zwischen der Kugel und einem sehr weit entfernten Punkt, also

$$U = \frac{Q}{4\pi\varepsilon r_0}. \tag{4}$$

Die *Kapazität der Kugel* wird daher

$$C = 4\pi\varepsilon r_0. \tag{5}$$

Zahlenbeispiel: Eine Kugel von 1 cm Radius, die sich in Luft befindet mit einem gegen ihren Radius sehr großen Abstand von andern Leitern oder Nichtleitern, hat danach die Kapazität

$$C = 4\pi\varepsilon_0 r_0 = 4\pi \cdot 0{,}0886 \cdot 1 \frac{\text{pF}}{\text{cm}} \text{cm} = 1{,}11 \text{ pF}.$$

Die elektrische Feldstärke hat in der Umgebung einer Kugelelektrode vom Radius r_0 den Betrag

$$E = \frac{Q}{4\pi\varepsilon r^2} = U \frac{r_0}{r^2}. \tag{6}$$

Sie nimmt wie im entsprechenden Strömungsfeld umgekehrt proportional mit dem Quadrat des Abstandes vom Mittelpunkt der Kugel ab und beträgt an der Oberfläche der Kugelelektrode

$$E_0 = \frac{U}{r_0}. \tag{7}$$

Der gleiche Wert ergibt sich in einem Plattenkondensator mit dem Plattenabstand r_0 bei einer Spannung U zwischen den beiden Platten. Die Feldstärke wird um so größer, je kleiner der Radius der Kugel ist. Hohe Feldstärken entstehen daher immer dort, wo die Krümmungsradien klein sind.

Der gleiche radiale Verlauf der Verschiebungslinien liegt in einem *Kugelkondensator* vor; das ist eine Anordnung aus zwei konzentrischen Kugelelektroden. Aus dem Widerstand einer solchen Anordnung im Strömungsfeld, Gl. (7.10), ergibt sich die Kapazität des Kugelkondensators mit Gl. (10.20) zu

$$C = 4\pi\varepsilon \frac{r_1 r_2}{r_2 - r_1}. \tag{8}$$

Die Feldstärke zwischen den beiden Elektroden wird im Abstand r vom Mittelpunkt

$$E = \frac{UC}{4\pi\varepsilon r^2} = U \frac{r_1 r_2}{(r_2 - r_1) r^2}, \tag{9}$$

wenn U die Spannung zwischen den beiden Elektroden bezeichnet.

Allgemeine elektrostatische Felder entstehen, wenn mehrere Punktladungen vorhanden sind. Die von den einzelnen Punktladungen herrührenden Potentiale, Gl. (3), überlagern sich dann wegen der linearen Abhängigkeit zwischen Ladung und Potential, so daß das Gesamtpotential in einem beliebigen Raumpunkt

$$\varphi = \frac{1}{4\pi\varepsilon} \sum \frac{Q_\nu}{r_\nu} \tag{10}$$

wird, wobei Q_ν die Ladungen der Punktquellen, r_ν die Abstände des betrachteten Raumpunktes von den Punktquellen bezeichnen. Ist die Verteilung der Elektrizitätsmengen im Raum bekannt, so ist damit also eindeutig das Potential bestimmt.

Spiegelung an der Kugel

In Abb. 11.1 ist ein Ausschnitt aus dem elektrischen Feld in der Umgebung zweier Punktquellen, deren Ladungen sich wie —1:2 verhalten, dargestellt. Die

Potentiallinien lassen sich hier in ähnlicher Weise ermitteln, wie es in Abschnitt 7 beschrieben wurde.

Von besonderem Interesse ist, daß bei einer solchen Anordnung von zwei Punktquellen entgegengesetzter Ladung immer eine Potentialfläche zu finden ist, die eine

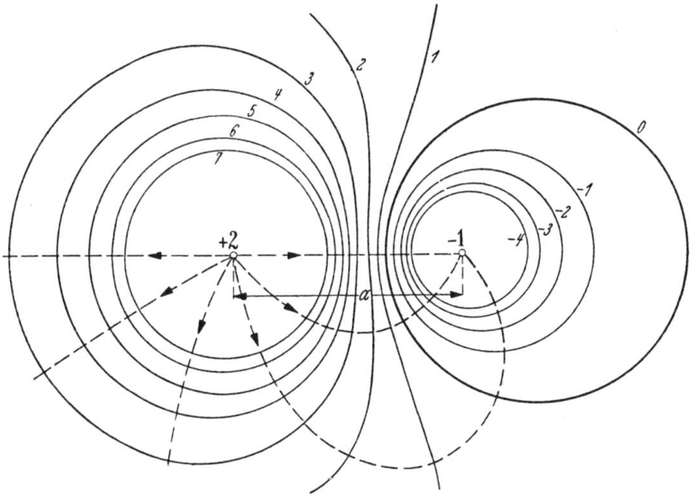

Abb. 11.1. Potentiallinien des Feldes von zwei Punktquellen verschiedener Ladung (Ausschnitt)

Kugelfläche bildet; sie ist in Abb. 11.1 stärker gezeichnet. Dies läßt sich folgendermaßen nachweisen. Das Potential im Punkte P, Abb. 11.2, ist nach Gl. (10)

$$\varphi = \frac{1}{4\pi\varepsilon}\left(\frac{Q_1}{r_1} + \frac{Q_2}{r_2}\right). \tag{11}$$

Wir suchen nun die Potentialfläche mit dem Potential Null. Für alle Punkte dieser Potentialfläche muß gelten

$$\frac{Q_1}{r_1} + \frac{Q_2}{r_2} = 0$$

oder

$$\frac{r_1}{r_2} = -\frac{Q_1}{Q_2}. \tag{12}$$

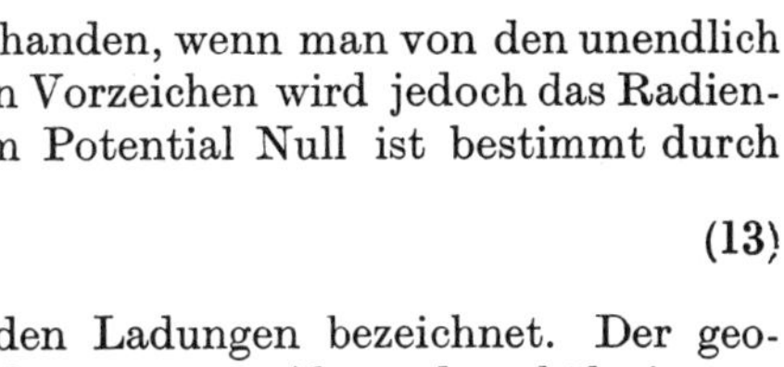

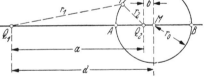

Abb. 11.2. Kugelförmige Potentialfläche

Bei gleichen Vorzeichen von Q_1 und Q_2 hat diese Beziehung keine geometrische Bedeutung; Punkte der gesuchten Art sind nicht vorhanden, wenn man von den unendlich fernen Punkten absieht. Bei entgegengesetzten Vorzeichen wird jedoch das Radienverhältnis positiv; die Niveaufläche mit dem Potential Null ist bestimmt durch

$$\frac{r_1}{r_2} = k, \tag{13}$$

wobei k das Verhältnis der Beträge der beiden Ladungen bezeichnet. Der geometrische Ort der Punkte einer Ebene mit konstantem Abstandsverhältnis von zwei festen Punkten dieser Ebene ist nach einem Satz der Geometrie (Apollonius) ein Kreis, der die Verbindungsgerade zwischen den beiden Punkten harmonisch teilt, Abb. 11.2. Es ist

$$\frac{\overline{Q_1 A}}{\overline{Q_2 A}} = \frac{\overline{Q_1 B}}{\overline{Q_2 B}} = k. \tag{14}$$

Da diese Folgerung für alle Ebenen gilt, die die Verbindungsgerade der beiden Punkte enthalten, so ist die gesuchte Potentialfläche eine Kugelfläche, die durch

Drehen des gezeichneten Kreises um die Verbindungsgerade $\overline{Q_1 Q_2}$ entsteht. Die Kugelfläche umschließt die schwächere Punktladung. Nennt man ihren Radius r_0 und kennzeichnet man die Lage ihres Mittelpunktes M durch den Abstand b von Q_2, so findet man durch Anwendung der Gl. (13) auf die Punkte A und B (Gl. (14)):

$$\frac{a+b-r_0}{r_0-b} = \frac{a+b+r_0}{r_0+b} = k\,. \tag{15}$$

Hieraus folgt

$$r_0^2 = b\,(a+b)\,. \tag{16}$$

Setzt man dies in Gl. (15) ein, so ergibt sich

$$\frac{r_0}{b} = k = -\frac{Q_1}{Q_2}\,. \tag{17}$$

Ferner findet man aus den beiden Gl. (16) und (17)

$$r_0 = a\,\frac{k}{k^2-1}\,, \tag{18}$$

$$b = a\,\frac{1}{k^2-1}\,. \tag{19}$$

Damit können die Bestimmungsstücke des Kreises berechnet werden. Für $k = 1$ artet der Kreis zur Mittelsenkrechten der Verbindungslinie $\overline{Q_1 Q_2}$ aus, die Mittelebene wird Niveaufläche, Abb. 7.6.

Bringt man im Punkt M noch eine dritte Punktladung Q_3 an, so bleibt die betrachtete Kugel eine Potentialfläche; es wird lediglich zu allen Punkten der Kugel das Potential

$$\varphi_3 = \frac{Q_3}{4\,\pi\,\varepsilon\,r_0} \tag{20}$$

hinzugefügt.

Ein elektrostatisches Feld ändert sich nicht, wenn man eine beliebige Potentialfläche durch eine dünne leitende Metallschicht ersetzt, der das gleiche Potential erteilt wird. Diese Metallschicht verbindet nur Punkte ohne Potentialunterschied; da die Feldlinien auf den Potentialflächen senkrecht stehen, so stehen sie auch senkrecht auf der so gebildeten Metallelektrode. Außerhalb der betrachteten Potentialfläche bleibt daher das Feldbild erhalten, wenn man den von ihr eingeschlossenen Raum mit einem leitenden Stoff ausfüllt, dem das betreffende Potential erteilt wird. Wendet man diese Überlegung auf die eben betrachtete Kugelfläche an, so ergibt sich das Feldbild zwischen einer Punktladung Q_1 und einer leitenden Kugel vom Radius r_0 und der Ladung $Q_2 + Q_3$, deren Mittelpunktsabstand von der Punktladung $a + b = d$ beträgt. Ist dieser Abstand d gegeben, so wird nach Gl. (16)

$$b = \frac{r_0^2}{d}\,, \tag{21}$$

nach Gl. (12), (13) und (17):

$$Q_2 = -\frac{Q_1}{k} = -Q_1\,\frac{b}{r_0} = -Q_1\,\frac{r_0}{d}\,. \tag{22}$$

Die Punktladung Q_2 wird in diesem Fall wegen der Analogie zu dem Spiegelungsverfahren bei ebenen Oberflächen als *elektrisches Bild* (W. THOMSON 1845) der Punktladung Q_1 in bezug auf die Kugeloberfläche bezeichnet. Sind im Außenraum der Kugel mehrere Punktladungen vorhanden, so kann man zu jeder dieser Ladungen ein Bild im Innern der Kugel angeben; der ganze Außenraum läßt sich mit Hilfe der Beziehungen (21) und (22) auf das Innere der Kugel abbilden. Diese

Beziehungen stellen das „Gesetz der reziproken Radien“ dar; je weiter ein Punkt des Außenraumes vom Kugelmittelpunkt entfernt ist, um so dichter rückt sein Bild an den Kugelmittelpunkt heran.

Das Feld im Außenraum der Kugel läßt sich durch das der drei Punktladungen Q_1, Q_2 und Q_3 ersetzen. Die Gesamtladung der Kugel ist $Q_2 + Q_3$. Soll die Kugel keine Ladung haben, so muß

$$Q_3 = -Q_2 = \frac{r_0}{d} Q_1 \tag{23}$$

gemacht werden. Das Potential ist dann für beliebige Punkte des Außenraumes im Abstand r_3 vom Mittelpunkt der Kugel und damit von Q_3 und den Abständen r_1 und r_2 von Q_1 und Q_2

$$\varphi = \frac{Q_1}{4\pi\varepsilon}\left(\frac{1}{r_1} - \frac{r_0}{d}\frac{1}{r_2} + \frac{r_0}{d}\frac{1}{r_3}\right). \tag{24}$$

Diese Beziehung kann zur Lösung der folgenden Aufgabe angewendet werden

Es befinde sich im isolierenden Raum eine Punktladung Q_1. Ihr elektrisches Feld ist durch das Potential

$$\varphi = \frac{Q_1}{4\pi\varepsilon r_1}$$

gegeben; die Feldstärke beträgt

$$E = \frac{Q_1}{4\pi\varepsilon r_1^2}. \tag{25}$$

Es werde nun eine ungeladene Metallkugel mit dem Radius r_0 in dieses elektrische Feld gebracht mit dem Abstand d zwischen dem Kugelmittelpunkt und der Punktladung. Die Feldstärke war im Kugelmittelpunkt ursprünglich

$$E_0 = \frac{Q_1}{4\pi\varepsilon d^2}. \tag{26}$$

Gefragt ist, in welcher Weise das primäre Feld durch das Vorhandensein der Kugel verändert wird. Die Antwort ergibt sich durch Gl. (24). mit (21); es ist z. B. das Potential, das die Kugel annimmt [$r_1 = d - r_0$; $r_2 = r_0 - b$; $r_3 = r_0$],

$$\varphi_3 = \frac{Q_1}{4\pi\varepsilon d}. \tag{27}$$

Dies ist das vor dem Einbringen der Kugel am Orte des Kugelmittelpunktes bestehende Potential. Da sich jedes beliebige elektrische Feld nach Gl. (10) durch eine geeignete Verteilung von Punktladungen darstellen läßt, folgt: *Eine ungeladene Kugel nimmt im elektrischen Feld das Potential an, das am Ort ihres Mittelpunktes vor dem Hineinbringen in das Feld bestand.*

Elektrischer Dipol, Kugel im homogenen Feld

Ein interessanter Grenzfall entsteht, wenn man den Abstand d immer größer und größer werden läßt, den Punkt Q_1 also immer weiter hinausrücken läßt und gleichzeitig die Ladung Q_1 so vergrößert, daß E_0 konstant bleibt. Dann ergibt sich schließlich die Potentialverteilung in der Umgebung einer ungeladenen Metallkugel, die in ein ursprünglich homogenes Feld gebracht wird. Die Punktladung Q_1 muß dabei gemäß Gl. (26) den Wert erhalten:

$$Q_1 = 4\pi\varepsilon d^2 E_0. \tag{28}$$

Ihr elektrisches Bild Q_2 wandert mit wachsendem d immer näher an den Kugelmittelpunkt heran. Da wir dort eine Ladung $-Q_2$ anbringen müssen, so rücken also im Kugelmittelpunkt zwei entgegengesetzt gleiche Punktladungen näher und näher zusammen; es entsteht ein *elektrischer Dipol*, Abb. 11.3. Bezeichnet man den Abstand eines Aufpunktes P von dem Dipol mit r, den Winkel von r mit der Verbindungslinie der beiden Ladungen mit α, so gilt im Fall verschwindend kleinen Abstandes b der beiden Ladungen für das durch den Dipol hervorgerufene Potential

$$\varphi = \frac{1}{4\pi\varepsilon}\left(-\frac{Q_2}{r} + \frac{Q_2}{r + b\cos\alpha}\right) = \frac{-b\,Q_2}{4\pi\varepsilon}\,\frac{\cos\alpha}{r^2}\,. \tag{29}$$

Auf einen Dipol wird im elektrischen Feld ein Drehmoment ausgeübt. Wir denken uns ein kurzes isolierendes Stäbchen von der Länge b an beiden Enden mit den Ladungen $-Q$ und $+Q$ versehen und kennzeichnen die Richtung von $-Q$ nach $+Q$ durch die Koordinate x. Das Stäbchen liege in einem homogenen elektrischen Feld mit der Feldstärke $\boldsymbol{E}$. Wir legen durch die Richtung von x und $\boldsymbol{E}$ eine Ebene und bezeichnen die in die Richtung von x fallende Komponente von $\boldsymbol{E}$ mit $\boldsymbol{E}_x$, die dazu senkrecht stehende, in die y-Richtung fallende Komponente von $\boldsymbol{E}$ mit $\boldsymbol{E}_y$. $\boldsymbol{E}_x$ übt auf das Stäbchen keine Wirkung aus, da sich die beiden Kräfte $+Q\,\boldsymbol{E}_x$ und $-Q\,\boldsymbol{E}_x$ aufheben. $\boldsymbol{E}_y$ dagegen verursacht ein Kräftepaar mit dem Drehmoment

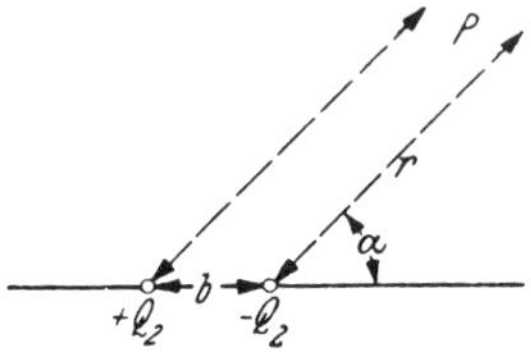

Abb. 11.3. Feldberechnung bei einem Dipol

$$M_d = b\,Q\,|\boldsymbol{E}_y| = b\,Q\,E\sin\beta\,, \tag{30}$$

wenn mit β der Winkel zwischen x und $\boldsymbol{E}$ bezeichnet wird.

Für das Drehmoment kommt es also nur auf das Produkt $b\,Q$ an. Dieses bezeichnet man als *elektrisches Dipolmoment* p des Dipols. Es gilt

$$M_d = p\,E\sin\beta\,. \tag{31}$$

In unserem Fall ist zu setzen

$$-b\,Q_2 = p\,. \tag{32}$$

Damit wird aus Gl. (29) die *allgemeine Beziehung für das Potentialfeld eines Dipols*

$$\varphi = \frac{p}{4\pi\varepsilon}\,\frac{\cos\alpha}{r^2}\,. \tag{33}$$

Obwohl also ein Dipol im ganzen die Ladung 0 aufweist, so ergeben sich doch in seiner Umgebung Feldkräfte, die allerdings rascher abnehmen als in der Umgebung einer Punktladung.

Die durch das Vorhandensein einer *ungeladenen Kugel in einem ursprünglich homogenen Feld* entstehende Potentialverteilung läßt sich nach dem vorhin Ausgeführten darstellen durch die gleichzeitige Wirkung einer sehr weit entfernten Punktquelle und eines Dipols:

$$\varphi = \frac{Q_1}{4\pi\varepsilon\,(d + r\cos\alpha)} - \frac{b\,Q_2}{4\pi\varepsilon}\,\frac{\cos\alpha}{r^2}\,. \tag{34}$$

Führt man hier die Beziehungen (21), (22) und (28) ein und berücksichtigt, daß d über alle Grenzen wachsen soll, so folgt

$$\varphi = d^2 E_0\left(\frac{1}{d} - \frac{r\cos\alpha}{d^2} + \frac{r_0^3}{d^2}\,\frac{\cos\alpha}{r^2}\right). \tag{35}$$

Wird schließlich als willkürliche Konstante $-\,dE_0$ hinzugefügt, so ergibt sich

$$\varphi = E_0\left(-\,r + \frac{r_0^3}{r^2}\right)\cos\alpha = -\,E_0\,r\left(1 - \frac{r_0^3}{r^3}\right)\cos\alpha\,. \tag{36}$$

Die Abb. 11.4 zeigt das nach Gl. (36) berechnete Feldbild, das man sich rotationssymmetrisch zur waagerechten Achse zu denken hat. Die Feldstärke an der Oberfläche der Kugel beträgt

$$E = \left|\frac{\partial\varphi}{\partial r}\right|_{r_0} = E_0\left(1 + \frac{2\,r_0^3}{r_0^3}\right)\cos\alpha = 3\,E_0\cos\alpha\,. \tag{37}$$

Sie wird für $\alpha = 0$ und $\alpha = 180°$ dreimal so groß wie die ursprüngliche Feldstärke des homogenen Feldes, die Verschiebungslinien drängen sich dort zusammen. Kleine metallische Einschlüsse in Isolierstoffen ergeben also eine örtliche Erhöhung der Feldstärke. Die Dichte der influenzierten Ladungen auf der Kugeloberfläche ist gleich der Verschiebungsdichte:

$$D = 3\,\varepsilon\,E_0 \cos\alpha; \tag{38}$$

sie ist ebenfalls in der Achse des Feldes am größten; es befinden sich auf der einen Halbkugel positive, auf der andern Halbkugel negative Ladungen, deren Summe Null ist.

Ersetzt man die zur Achse senkrecht stehende Hauptebene der Kugel, die gleichzeitig Potentialfläche ist, durch eine Metallschicht, so ergibt sich der Fall eines *halbkugelförmigen Buckels auf einer leitenden Ebene*, z. B. auf der Elektrode eines Plattenkondensators. An einem solchen Buckel ist demnach die Feldstärke im Maximum dreimal so groß wie auf der Ebene.

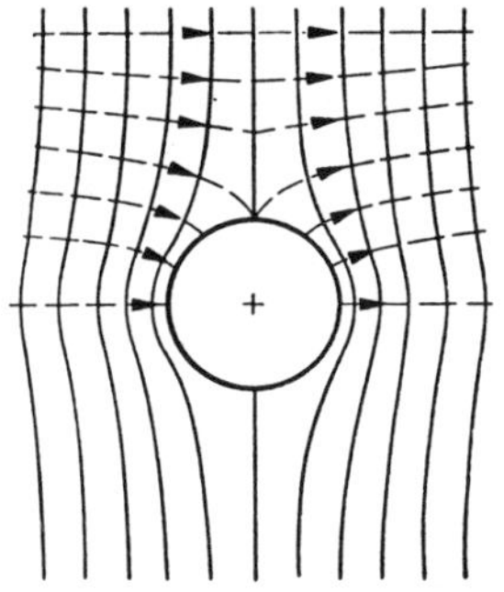

Abb. 11.4. Ungeladene Metallkugel in einem homogenen Feld

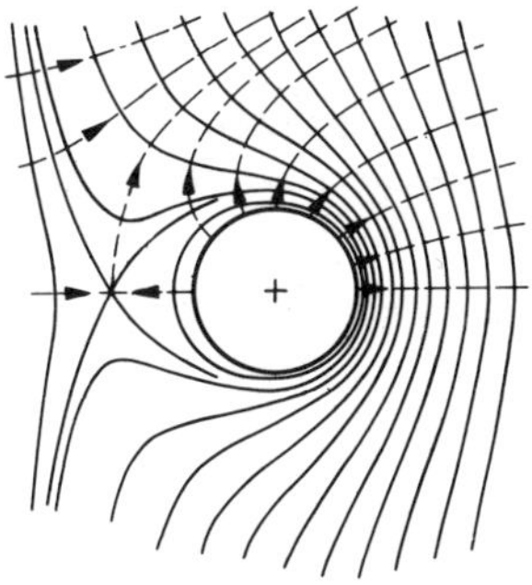

Abb. 11.5. Geladene Metallkugel in einem homogenen Feld

Ist die *Ladung der Kugel* nicht Null, so hat man zu dem gefundenen Potential noch das einer Punktladung Q im Mittelpunkt der Kugel hinzuzufügen. Dann wird

$$\varphi = E_0\left(-r + \frac{r_0^3}{r^2}\right)\cos\alpha + \frac{Q}{4\pi\varepsilon r}. \tag{39}$$

Das Feldbild verändert sich in der durch Abb. 11.5 dargestellten Weise. Entsprechend der Ladung gehen von der Kugel mehr Verschiebungslinien aus, als auf ihr einmünden; bei negativer Ladung der Kugel gilt das Umgekehrte.

Feld zwischen zwei Kugeln

Als weiteres Anwendungsbeispiel der Methode der elektrischen Bilder werde die Berechnung des *elektrischen Feldes zwischen zwei geladenen Kugeln* kurz besprochen, das für die Theorie der in der Hochspannungstechnik verwendeten Kugelfunkenstrecken von Interesse ist. Die beiden Kugeln, Abb. 11.6, sollen den Mittelpunktsabstand c und die Radien r_0 haben. Ihre Potentiale seien $\frac{1}{2}\,U$ und $-\frac{1}{2}\,U$. Wäre nur die erste Kugel vorhanden, so könnte das Feld außerhalb der Kugel dargestellt werden durch eine Punktladung Q_1 im Mittelpunkt A, die aus Gl. (3) berechnet werden kann:

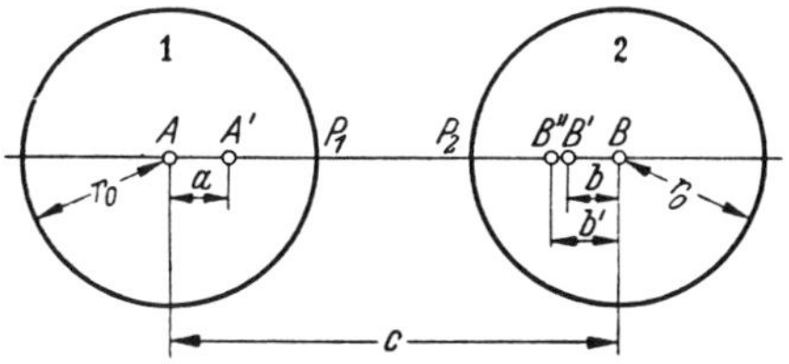

Abb. 11.6. Zur Berechnung des elektrischen Feldes zwischen zwei Kugeln

$$\frac{1}{2}\,U = \frac{Q_1}{4\pi\varepsilon r_0}. \tag{40}$$

Diese Punktladung würde auf der zweiten Kugelfläche ein zusätzliches Potential ergeben; um dieses aufzuheben, muß auf der Verbindungslinie $A\,B$ das elektrische Bild B' von A in bezug auf die Kugel 2 angebracht werden. Die Ladung in B' muß den Wert haben

$$Q_1' = -\frac{r_0}{c}\,Q_1. \tag{41}$$

Ihr Abstand b vom Kugelmittelpunkt B beträgt

$$b = \frac{r_0^2}{c} . \tag{42}$$

Diese Punktladung würde nun wieder ein Zusatzpotential auf der Kugeloberfläche 1 ergeben; zum Ausgleich muß ein Bild in A' angebracht werden mit der Ladung

$$Q_1'' = -\frac{r_0}{c-b} Q_1' \tag{43}$$

und dem Abstand

$$a = \frac{r_0^2}{c-b} \tag{44}$$

vom Mittelpunkt A. Um die Wirkung dieser Ladung auf der Kugel 2 aufzuheben, muß das Bild B'' angebracht werden mit der Ladung

$$Q_1''' = -\frac{r_0}{c-a} Q_1'' \tag{45}$$

und dem Abstand

$$b' = \frac{r_0^2}{c-a} . \tag{46}$$

Wenn dieses Verfahren fortgesetzt angewendet wird, so ergibt sich eine unendliche Reihe von Bildpunkten, die alle innerhalb der beiden Kugeln liegen, wobei die Abstände von den Kugelmittelpunkten sich festen Grenzwerten nähern und die Ladungen mehr und mehr abnehmen (MURPHY 1833). Diese Punktladungen liefern das elektrostatische Feld für den Fall, daß die Kugel 1 das Potential $\frac{1}{2} U$ und die Kugel 2 das Potential Null hat. Man muß nun eine zweite gleichartige Reihe von Punktladungen anbringen, indem man von der Kugel 2 mit dem Potential $-\frac{1}{2} U$ ausgeht. Das Gesamtfeld ergibt sich durch Überlagern der von den einzelnen Punktladungen herrührenden Felder.

Kugel 1, Potential $+\frac{1}{2} U$		*Kugel 2*, Potential $-\frac{1}{2} U$	
Ladung	Abstand vom Kugelmittelpunkt	Ladung	Abstand vom Kugelmittelpunkt
$Q_1 = 2\pi\varepsilon r_0 U$	0	$-Q_1$	0
$+ 0{,}2\, Q_1$	$0{,}2\, r_0$	$-0{,}2\, Q_1$	$0{,}2\, r_0$
$+ 0{,}0417\, Q_1$	$0{,}2083\, r_0$	$-0{,}0417\, Q_1$	$0{,}2083\, r_0$
$+ 0{,}00870\, Q_1$	$0{,}2087\, r_0$	$-0{,}00870\, Q_1$	$0{,}2087\, r_0$

Für den speziellen Fall, daß $r_0 = 0{,}2\, c$ ist, sind in der obenstehenden Tabelle die Ladungen und ihre Abstände von den Kugelmittelpunkten angegeben.

Die Gesamtladung einer jeden Kugel ergibt sich durch Summieren der Einzelladungen; sie ist mit einem kleineren Fehler als 1%

$$Q = 1{,}25\, Q_1 = 1{,}25 \cdot 2\pi\varepsilon r_0 U . \tag{47}$$

Die Kapazität zwischen den beiden Kugeln wird daher

$$C = \frac{Q}{U} = 2{,}50\, \pi\varepsilon r_0 . \tag{48}$$

Wären die beiden Kugeln in sehr großer Entfernung voneinander angebracht, so wäre die Kapazität zwischen den beiden Kugeln nach Gl. (5) und (10.24)

$$C = 2\pi\varepsilon r_0 . \tag{49}$$

Die Feldstärke hat ihren größten Wert in den beiden Punkten P_1 und P_2 der Kugeloberflächen. Sie kann für diese Punkte berechnet werden durch Summieren der Feldstärken, die von den einzelnen Punktladungen herrühren. Es ist daher im Punkt P_1

$$E = \frac{1}{4\pi\varepsilon}\left(\frac{Q_1}{r_0^2} + \frac{0{,}2\,Q_1}{(0{,}8\,r_0)^2} + \frac{0{,}0417\,Q_1}{(0{,}7917\,r_0)^2} + \frac{0{,}00870\,Q_1}{(0{,}7913\,r_0)^2} + \cdots\right.$$

$$\left. + \frac{Q_1}{(0{,}8\,c)^2} + \frac{0{,}2\,Q_1}{(0{,}76\,c)^2} + \frac{0{,}0417\,Q_1}{(0{,}758\,c)^2} + \frac{0{,}00870\,Q_1}{(0{,}758\,c)^2} + \cdots\right) = 3{,}68\,\frac{U}{c} = 0{,}736\,\frac{U}{r_0}\,. \quad (50)$$

Als Vergleich dazu werde bemerkt, daß die Feldstärke an der Kugeloberfläche bei gleichem Potential und unendlich großer Entfernung der beiden Kugeln nach Gl. (7)

$$E = 0{,}5\,\frac{U}{r_0} \quad \textbf{(51)}$$

sein würde; zwischen zwei Platten mit dem gleichen Abstand wie die beiden Punkte P_1 und P_2, nämlich 0,6 c, würde ferner die Spannung U eine Feldstärke

$$E = 1{,}67\,\frac{U}{c} = 0{,}333\,\frac{U}{r_0} \quad (52)$$

hervorrufen.

In der Mitte zwischen den beiden Kugeln ergibt sich auf dem gleichen Weg wie oben die Feldstärke

$$E = \frac{2}{4\pi\varepsilon}\left(\frac{Q_1}{(0{,}5\,c)^2} + \frac{0{,}2\,Q_1}{(0{,}46\,c)^2} + \frac{0{,}0417\,Q_1}{(0{,}458\,c)^2} + \frac{0{,}00870\,Q_1}{(0{,}458\,c)^2} + \cdots\right) = 1{,}038\,\frac{U}{c}\,. \quad (53)$$

Felder von Linienladungen

Begrenzte Linienquellen, Spiegelung an ebenen Leitern

Denkt man sich eine Reihe von einander gleichen Punktladungen längs einer geraden Linie mit gleichmäßigen Abständen aufgereiht und verringert man die Abstände mehr und mehr, so entsteht eine Linienquelle. Eine Überlegung analog der in Abschnitt 7 für das Strömungsfeld ausgeführten ergibt für das Potential in der Umgebung einer solchen Linienquelle von der Länge l und der Ladung Q entsprechend Abb. 7.13 und Gl. (7.26), wo die Länge jedoch mit 2 l bezeichnet wurde,

$$\varphi = \frac{Q}{4\pi\varepsilon l}\ln\frac{x + \frac{1}{2}l + \sqrt{y^2 + (x + \frac{1}{2}l)^2}}{x - \frac{1}{2}l + \sqrt{y^2 + (x - \frac{1}{2}l)^2}}\,. \quad (54)$$

Die Potentialflächen sind wie im Fall des Strömungsfeldes Rotationsellipsoide, die Verschiebungslinien Hyperbeln mit den gleichen Brennpunkten. Füllt man den von einer Potentialfläche eingeschlossenen Raum mit einem leitenden Stoff aus, dem das betreffende Potential erteilt wird, so ändert sich an dem Feld außerhalb nichts. Die Gl. (54) gibt daher zugleich das Potential in der Umgebung einer mit der Ladung Q versehenen Elektrode von der Form eines langgestreckten Rotationsellipsoides an. Ähnlich wie im Falle des Rohrerders, Abschn. 7, kann ein solches Ellipsoid als Ersatz einer zylindrischen Elektrode benutzt werden. Es lassen sich auf diese Weise z. B. die in den Abb. 11.7 und 11.8 dargestellten Fälle untersuchen. In Abb. 11.7 befindet sich ein Draht von der Länge l und dem Durchmesser d senkrecht über dem Erdboden; in Abb. 11.8 ist der Draht parallel zum Erdboden im Abstand h angebracht. Die in beiden Fällen geltende Bedingung, daß das Potential an der

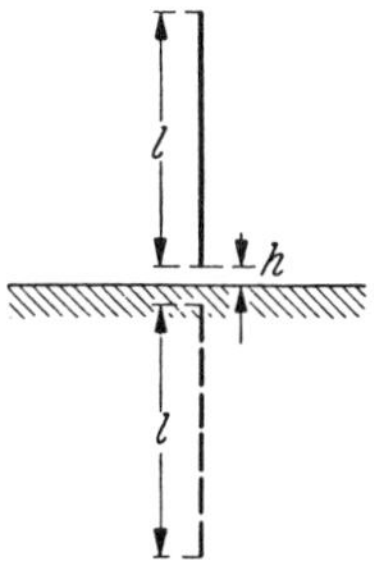

Abb. 11.7. Linienquelle senkrecht zur Leiteroberfläche

Erdoberfläche konstant (gleich Null) sein soll, kann dadurch erfüllt werden, daß unter der Erdoberfläche ein Spiegelbild des Leiters mit entgegegesetzt gleicher Ladung angebracht wird. Dann setzt sich das Potential in einem beliebigen Punkt P zusammen aus den Beiträgen, die von dem geladenen Leiter und seinem Spiegelbild herrühren. Längs der Erdoberfläche sind diese Beiträge einander entgegengesetzt gleich, so daß dort, wie es sein soll, das Potential Null wird. Die Potentialflächen sind dann keine Rotationsellipsoide mehr; sie werden um so mehr verformt, je mehr sie sich der Erdoberfläche nähern. In unmittelbarer Nähe der Linienquelle ist die Verformung gering. Für einen Punkt, der um den kleinen Abstand $\frac{1}{2}d$ horizontal vom Mittelpunkt der Linienquelle entfernt ist, gilt bei Abb. 11.7:

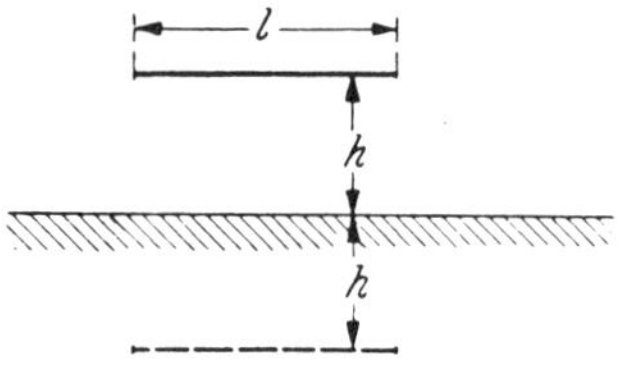

Abb. 11.8. Linienquelle parallel zur Leiteroberfläche

$$\varphi = \frac{Q}{4\pi\varepsilon l}\ln\frac{l+\sqrt{d^2+l^2}}{-l+\sqrt{d^2+l^2}} - \frac{Q}{4\pi\varepsilon l}\ln\frac{4h+3l+\sqrt{d^2+(4h+3l)^2}}{4h+l+\sqrt{d^2+(4h+l)^2}}$$

oder angenähert, weil d^2 sehr klein gegen l^2 ist,

$$\varphi = \frac{Q}{2\pi\varepsilon l}\ln\frac{2l}{d}\sqrt{\frac{4h+l}{4h+3l}}\,. \tag{55}$$

Die Kapazität zwischen Draht und Erde ist also

$$C = \frac{2\pi\varepsilon l}{\ln\frac{2l}{d}\sqrt{\frac{4h+l}{4h+3l}}}\,. \tag{56}$$

Im Fall der Abb. 11.8 gilt mit der gleichen Näherung

$$\varphi = \frac{Q}{2\pi\varepsilon l}\ln\frac{2l}{d}\sqrt{\frac{\sqrt{l^2+(4h)^2}-l}{\sqrt{l^2+(4h)^2}+l}}\,. \tag{57}$$

Wenn $(4h)^2$ klein ist gegen l^2, so ergibt sich hieraus die Näherungsformel für die Kapazität einer solchen Leitung gegen Erde:

$$C = \frac{2\pi\varepsilon l}{\ln\frac{4h}{d}}\,. \tag{58}$$

Zahlenbeispiele: Die *Kapazität einer Vertikalantenne* ist nach Gl. (56), wenn der Abstand h des einen Endes über dem Erdboden sehr gering ist,

$$C = \frac{2\pi\varepsilon_0 l}{\ln\frac{2}{\sqrt{3}}\frac{l}{d}} = \frac{24{,}2\,l}{\lg 1{,}154\,\frac{l}{d}}\;\frac{\text{pF}}{\text{m}}\,. \tag{59}$$

Für eine Länge der Antenne von $l = 10$ m und verschiedene Verhältnisse von Länge l zu Durchmesser d des Drahtes sind in der folgenden Tabelle die nach Gl. (59) berechneten Kapazitätswerte angegeben:

$l/d =$	100	200	500	1000	2000	5000	10 000
$C =$	117	102	87	79	72	64	59 pF

Die *Kapazität eines zur Erdoberfläche parallelen Drahtes* mit im Vergleich zur Länge kleiner Höhe h ist nach Gl. (58) proportional der Leitungslänge. Der „Kapazitätsbelag" C/l ist daher unabhängig von der Drahtlänge. Kann jedoch die Länge des Drahtes nicht als groß gegen die Höhe angesehen werden, so hängt der Kapazitätsbelag sowohl von dem Verhältnis $\alpha = h/d$ als auch von dem Verhältnis $\beta = h/l$ ab; es gilt nach Gl. (57):

$$\frac{C}{l} = \frac{24{,}2}{\lg 4\alpha - \frac{1}{2}\lg\frac{4\beta^2\left(\sqrt{1+16\beta^2}+1\right)}{\sqrt{1+16\beta^2}-1}}\;\frac{\text{nF}}{\text{km}}\,. \tag{60}$$

In der folgenden Tabelle sind die beiden Summanden im Nenner

$$k_1 = \lg 4\,\alpha, \tag{61}$$

$$k_2 = \frac{1}{2} \lg \frac{4\,\beta^2 (\sqrt{1+16\,\beta^2}+1)}{\sqrt{1+16\,\beta^2}-1} = \lg \frac{1}{2}(1+\sqrt{1+16\,\beta^2}) \tag{62}$$

für praktisch vorkommende Verhältnisse α und β angegeben. Es ist dann

$$\frac{C}{l} = \frac{24{,}2}{k_1 - k_2} \frac{\text{nF}}{\text{km}}\,. \tag{63}$$

$\alpha = 100$	200	500	1000	2000	5000	10 000	
$k_1 = 2{,}60$	2,90	3,30	3,60	3,90	4,30	4,60	
$\beta = 0$	0,1	0,2	0,5	1,0	2,0	5,0	10
$k_2 = 0$	0,017	0,057	0,21	0,41	0,66	1,02	1,31

Solange also die Länge der Leitung größer ist als die Höhe, spielt die Größe k_2 nur die Rolle einer Korrektur. Bei einer Leitung mit dem Durchmesser $d = 5$ mm und der Länge $l = 1$ km, die sich in einer Höhe von $h = 10$ m über dem Erdboden befindet, ist $\alpha = 2000$, $\beta = 0{,}01$. Die Kapazität wird daher

$$C = \frac{24{,}2}{3{,}9}\,\text{nF} = 6{,}2\,\text{nF}\,.$$

Bei einer horizontalen Rundfunkantenne von der Länge $l = 30$ m, der Höhe $h = 15$ m und dem Drahtdurchmesser $d = 3$ mm ist $\alpha = 5000$, $\beta = 0{,}5$, also $k_1 = 4{,}3$, $k_2 = 0{,}21$. Die Kapazität wird $C = 177$ pF.

Kapazität von Einzeldrähten

Bei *dünnen langen Drähten* liegt der Hauptteil des Feldes in der näheren Umgebung des Drahtes, da dort die Feldliniendichte am größten ist. Die Kapazität verändert sich daher nur wenig, wenn der Draht verbogen wird, so lange die Krümmungsradien groß gegen den Drahtdurchmesser sind. Die Gl. (57) gilt also auch für solche gebogenen Drähte. Die Kapazität eines langen dünnen Drahtes mit großem Abstand von der Erdoberfläche ($4\,h^2 \gg l^2$) ist

$$C = \frac{2\,\pi\,\varepsilon\,l}{\ln \frac{2\,l}{d}}\,. \tag{64}$$

Bei kleinem Abstand von der Erde gilt die Gl. (58). Nach Gl. (64) hängt der Kapazitätsbelag C/l eines Drahtes etwas von der Drahtlänge ab. Ein Draht von 1 mm Durchmesser und 1 m Länge hat bei großem Abstand von anderen Leitern die Kapazität $C = 7{,}3$ pF, bei 2 m Länge die Kapazität 13,4 pF.

Ebene Felder

Unbegrenzte Linienquelle, logarithmisches Potential

Wenn die Linienquelle sehr lang ist (unendlich lang), so bilden die Verschiebungslinien radiale Strahlen; der von einem Abschnitt mit der Länge l ausgehende Verschiebungsfluß verteilt sich auf konzentrische Zylinder mit der Länge l. Daher ist die Verschiebungsdichte im Abstand r von der Linienquelle

$$D = \frac{Q}{2\,\pi\,r\,l}\,, \tag{65}$$

wenn mit Q die Ladung des Abschnittes von der Länge l bezeichnet wird. Der Vektor der Feldstärke ist radial gerichtet und zeigt von der Linie weg, wenn die Ladung positiv ist; sein Betrag folgt aus Gl. (65):

$$E = \frac{Q}{2\,\pi\,\varepsilon\,r\,l}\,. \tag{66}$$

Die Feldstärke nimmt also hier umgekehrt proportional mit dem Abstand ab. Das Feldbild ist in allen Ebenen, die von der Linienquelle senkrecht durchstoßen werden, das gleiche; wir nennen ein solches Feld ein ebenes oder zweidimensionales Feld.

Das Potential im Abstand r von der Linienquelle ergibt sich aus der Feldstärke durch Integration:

$$\varphi = \int_r^b E\,dr = -\frac{Q}{2\pi\varepsilon l}\ln(r/b). \tag{67}$$

Als Bezugspunkt für das Potential ist hier ein Punkt auf einem beliebigen Kreiszylinder mit dem Radius b genommen. Man bezeichnet auf Grund der Gl. (67) das Potential in der Umgebung einer Linienladung auch als logarithmisches Potential.

Dieses Potential hat konzentrische Zylinderflächen (r = konst.) als Potentialflächen und kann daher zur Berechnung des Feldes zwischen zwei koaxialen Zylinderelektroden (*koaxiales Kabel, Zylinderkondensator*) benutzt werden.

Koaxialkabel, Zylinderkondensator

Sind r_1 und r_2 die Radien der inneren und äußeren Elektrode, und bezeichnet Q die Ladung der inneren, so ist die Spannung zwischen den Elektroden nach Gl. (67)

$$U = \varphi_1 - \varphi_2 = \frac{Q}{2\pi\varepsilon l}\ln(r_2/r_1). \tag{68}$$

Hieraus ergibt sich die Formel (10.21) für die Kapazität.

Das Feldbild in einem Querschnitt des Zylinderkondensators zeigt konzentrische Kreise als Niveaulinien und Radien als Verschiebungslinien. Die Feldstärke im Innern berechnet sich nach Gl. (66); drückt man die Ladung durch die Spannung U zwischen den Elektroden aus, Gl. (68), so ergibt sich

$$E = \frac{U}{r\ln\frac{r_2}{r_1}}. \tag{69}$$

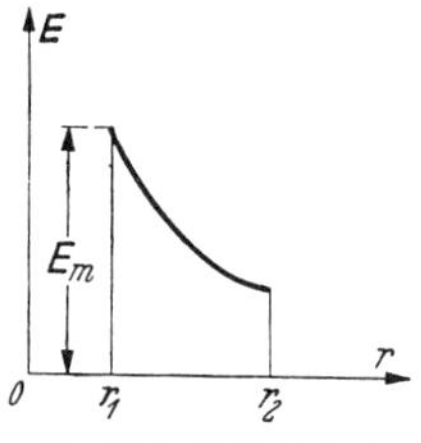

Abb. 11.9. Feldstärke im Inneren eines Zylinderkondensators

Die Feldstärke nimmt, wie durch Abb. 11.9 veranschaulicht, von einem Höchstwert E_m an der inneren Zylinderoberfläche nach außen hin umgekehrt proportional mit dem Radius ab. Der Höchstwert beträgt

$$E_m = \frac{U}{r_1\ln\frac{r_2}{r_1}}. \tag{70}$$

Er ist maßgebend für die elektrische Beanspruchung des Isolierstoffes zwischen den beiden Elektroden (s. Abschnitt 22). Bei gegebenem Außendurchmesser und konstanter Spannung U hängt die Höchstfeldstärke E_m in der durch Abb. 11.10 dargestellten Weise von dem Innenradius r_1 ab. Wenn r_1 sehr klein ist, so ergibt sich eine große Feldstärke wegen der großen Krümmung; nähert sich andererseits r_1 dem Wert r_2, so wird der Abstand zwischen den beiden Elektroden immer kleiner, womit sich ebenfalls eine wachsende Feldstärke ergibt wie bei einem Plattenkondensator. Bei einem bestimmten Radius r_{10} des Innenleiters wird die Beanspruchung des Isolierstoffes am kleinsten. Durch Differenzieren findet man aus Gl. (70) für dieses Minimum die Bedingung

$$e r_{10} = 2{,}718\, r_{10} = r_2. \tag{71}$$

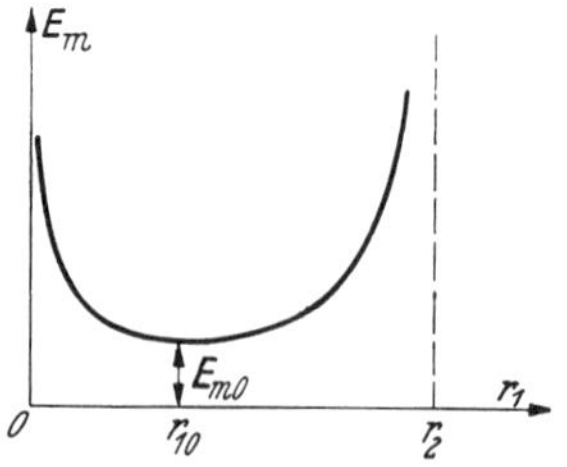

Abb. 11.10. Abhängigkeit der Höchstfeldstärke von dem inneren Radius

Die Feldstärke am Innenleiter wird dabei

$$E_{m0} = 2{,}718\,\frac{U}{r_2}. \tag{72}$$

Bei einem Plattenkondensator mit denselben Plattenabstand $r_2 - r_{10}$ wäre dagegen

$$E = \frac{U}{r_2 - r_{10}} = \frac{2{,}718}{1{,}718}\,\frac{U}{r_2}. \tag{73}$$

Die Feldstärke ist also in Wirklichkeit noch fast doppelt so groß wie im Fall gleichmäßiger Verteilung der Spannung.

Das Minimum der Höchstfeldstärke in einem Zylinderkondensator hat noch folgende Bedeutung. Entsteht infolge Überschreitens der Durchbruchfeldstärke der Luft am inneren Zylinder eine Glimmentladung (s. Abschnitt 21), so wird der Radius dadurch scheinbar vergrößert, da der Entladungsraum als elektrisch leitend anzusehen ist. Ist nun r_1 größer als r_{10}, so wächst damit die Beanspruchung des Isolierstoffes entsprechend Abb. 11.10; die Glimmentladung pflanzt sich weiter fort, bis der Isolierstoff durchbrochen ist. Wenn dagegen r_1 kleiner als r_{10} ist, so verkleinert die Glimmentladung die Höchstfeldstärke, es ergibt sich eine stabile Glimmerscheinung (Korona).

Zahlenbeispiel: Schreibt man die Gl. (70) in der Form

$$E_m = \frac{U}{r_2 - r_1} \, \frac{r_2 - r_1}{r_1 \ln \frac{r_2}{r_1}}\,, \tag{74}$$

so stellt der erste Faktor die Feldstärke dar, die sich bei gleichmäßiger Verteilung der Spannung im Isolierstoff ergeben würde. Diese Feldstärke muß wegen der Krümmung der Elektroden mit einem Faktor

$$f = \left(\frac{r_2}{r_1} - 1\right) \frac{1}{\ln \frac{r_2}{r_1}} \tag{75}$$

multipliziert werden. In der folgenden Tabelle ist dieser Faktor für verschiedene Verhältnisse von r_2/r_1 angegeben:

$r_2/r_1 =$	1,6	1,8	2	2,5	3	3,5	4	5
$f =$	1,28	1,36	1,44	1,64	1,82	1,96	2,17	2,49.

Ist z. B. $U = 3$ kV, $r_1 = 5$ mm, $r_2 = 10$ mm, so wird

$$\frac{r_2}{r_1} = 2\,, \qquad f = 1{,}44 \quad \text{und} \quad E_m = 1{,}44 \, \frac{3\ \text{kV}}{0{,}5\ \text{cm}} = 8{,}6 \, \frac{\text{kV}}{\text{cm}}\,.$$

Bemerkung: Die Beanspruchung des Isolierstoffes hat ein Minimum für ein bestimmtes Radienverhältnis. Daraus darf nicht gefolgert werden, daß dieses Radienverhältnis das „günstigste" ist. Bei der Festlegung der Abmessungen eines Apparates oder einer Maschine sind außer der inneren physikalischen Wirkungsweise immer äußere Gesichtspunkte zu berücksichtigen, insbesondere Herstellungskosten, Materialaufwand, Betriebskosten, Betriebssicherheit, Bedienungsmöglichkeiten usw. Die Gesamtheit dieser Faktoren bestimmt die „günstigsten" Abmessungen. Meist kann man diese äußeren Einflüsse nicht mathematisch formulieren; dann erhält man die günstigsten Abmessungen durch Probieren. Man nimmt bestimmte, wahrscheinlich günstige Abmessungen an, prüft, wieweit die Anforderungen erfüllt sind, und ändert danach die Abmessungen. Die Theorie liefert dabei Anhaltspunkte für die Richtung der Entwicklung. Als Beispiel dafür, daß sich bei Berücksichtigung anderer Forderungen andere „günstigste" Verhältnisse ergeben, werde der folgende Fall betrachtet.

Es seien die Abmessungen eines Koaxialkabels zu berechnen für eine gegebene Spannung, wenn die Höchstfeldstärke einen bestimmten Wert nicht überschreiten soll; das Kabel sei so zu bemessen, daß das Gewicht des Isolierstoffes möglichst klein wird.

Für die Masse des Isolierstoffes gilt

$$m = (r_2^2 - r_1^2)\pi l \varrho\,, \tag{76}$$

wenn mit ϱ die Dichte bezeichnet wird. Führt man als Abkürzung für das Verhältnis der beiden Radien

$$\frac{r_2}{r_1} = x$$

ein, so wird

$$m = r_2^2 \left(1 - \frac{1}{x^2}\right) \pi l \varrho\,. \tag{77}$$

Andrerseits ist die maximale Feldstärke

$$E_m = \frac{U}{r_2} \, \frac{x}{\ln x}\,. \tag{78}$$

Berechnet man hieraus r_2 und setzt diese Größe in den Ausdruck (77) für die Masse ein, so folgt

$$m = \frac{U^2 (x^2 - 1)}{E_m^2 \ln^2 x} \pi l \varrho . \tag{79}$$

Diese Funktion des Radienverhältnisses x wird unendlich für $x = 1$ und $x = \infty$. Sie hat ein Minimum bei

$$x = \frac{r_2}{r_1} = 2{,}22 \tag{80}$$

gegenüber $x = 2{,}718$ in dem oben betrachteten Fall kleinster Feldstärke bei gegebenem Außendurchmesser.

Wenn der Zwischenraum zwischen den beiden koaxialen Zylinderelektroden durch koaxiale Schichten von Stoffen mit verschiedener Permittivitätszahl ausgefüllt ist, so gilt für die Feldstärke in jeder Schicht die Gl. (66). Die Spannung zwischen den beiden Elektroden wird durch Addition der Spannungen an den einzelnen Schichten erhalten:

$$U = \int_{r_1}^{r_2} \frac{Q}{2\pi\varepsilon_1 l r} dr + \int_{r_2}^{r_3} \frac{Q}{2\pi\varepsilon_2 l r} dr + \int_{r_3}^{r_4} \frac{Q}{2\pi\varepsilon_3 l r} dr + \cdots ;$$

$$U = \frac{Q}{2\pi l}\left[\frac{1}{\varepsilon_1}\ln\frac{r_2}{r_1} + \frac{1}{\varepsilon_2}\ln\frac{r_3}{r_2} + \frac{1}{\varepsilon_3}\ln\frac{r_4}{r_3} + \cdots\right]. \tag{81}$$

Daraus kann die Kapazität berechnet werden oder bei gegebener Spannung der Verschiebungsfluß. Aus diesem ergibt sich die Feldstärke in irgendeinem Abschnitt:

$$E = \frac{Q}{2\pi\varepsilon_\nu l r} . \tag{82}$$

Stuft man die Permittivitätszahl so ab, daß die Schichten mit kleinerem Radius eine entsprechend höhere Permittivitätszahl haben, so kann eine angenähert gleichmäßige Verteilung des Potentials zwischen den beiden Elektroden erzielt werden. Ein anderes Verfahren zur Herstellung der gleichmäßigen Potentialverteilung besteht darin, daß man bei gleicher Permittivitätszahl die Länge l mit Hilfe von Metalleinlagen umgekehrt proportional mit r abstuft (*Kondensatordurchführung*).

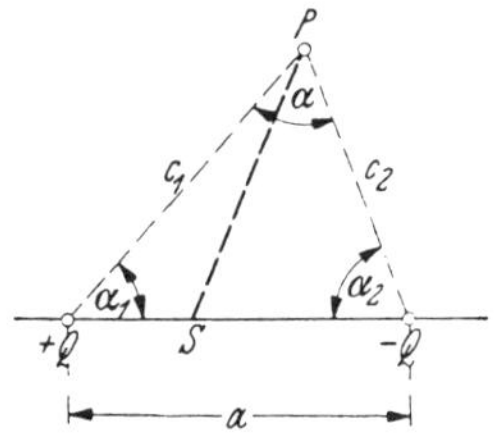

Abb. 11.11. Zur Berechnung des elektrischen Feldes zweier paralleler Linienquellen

Zweidrahtleitung, parallele Zylinder

Einen anderen wichtigen Fall stellt das elektrische Feld in der Umgebung von zwei parallelen und im Vergleich zu ihrem Abstand sehr langen Linienquellen mit entgegengesetzt gleicher Ladung dar (*zweiadrige Leitung*). Die beiden Quellen sollen den Abstand a, Abb. 11.11, und auf einem Abschnitt von der Länge l die Ladungen $+Q$ und $-Q$ haben. Das Potential in irgendeinem Punkt P mit den Abständen c_1 und c_2 von den Linienquellen ergibt sich als Summe der beiden Einzelpotentiale; es ist nach Gl. (67)

$$\varphi = \frac{Q}{2\pi\varepsilon l}\ln\frac{c_2}{c_1} + k_1 . \tag{83}$$

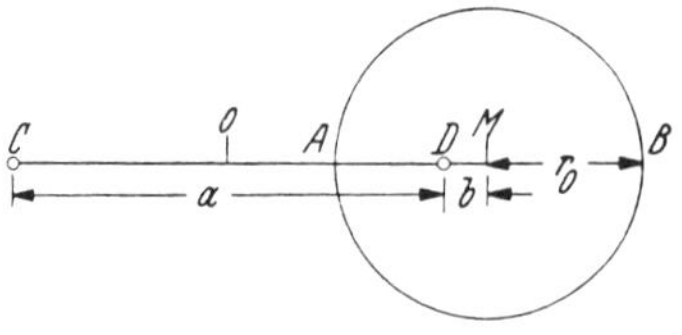

Abb. 11.12. Potentiallinie des Feldes

Für weit entfernte Punkte nähert sich c_2/c_1 dem Wert 1. Daher stellt k_1 das Potential unendlich weit entfernter Punkte dar. Wählt man einen solchen Punkt als Bezugspunkt für das Potential, so wird

$$\varphi = \frac{Q}{2\pi\varepsilon l}\ln\frac{c_2}{c_1} . \tag{84}$$

Die Potentialflächen sind durch die Bedingung φ = konst. bestimmt. Daraus folgt für die Potentiallinien in der Zeichenebene die der Gl. (13) entsprechende Bedingung

$$\frac{c_1}{c_2} = \text{konst.} = k\,, \tag{85}$$

die aussagt, daß die Potentiallinien Kreise sind, für deren Bestimmungsstücke die Gl. (18) und (19) gelten, Abb. 11.2. Bezeichnet man die Spuren der beiden Linienquellen mit C und D, so ergibt sich die Abb. 11.12, in die außerdem noch der Halbierungspunkt O der Strecke $CD = a$ eingetragen ist. Für den Abstand des Kreismittelpunktes M von O gilt nach Gl. (19)

$$x_0 = \frac{a}{2} + b = \frac{a}{2} + \frac{a}{k^2 - 1} = \frac{a}{2}\,\frac{k^2+1}{k^2-1}\,. \tag{86}$$

Daraus folgt mit Hilfe von Gl. (18)

$$x_0^2 - r_0^2 = \left(\frac{a}{2}\right)^2. \tag{87}$$

Auf Grund dieser Beziehung können die Potentiallinien durch die in Abb. 11.13 dargestellte Konstruktion gefunden werden. Man schlage um O mit dem Radius $\frac{1}{2}a$ einen Kreis. Um dann zu einem beliebigen Punkt P dieses Kreises die Potentiallinie zu erhalten, lege man in P die Tangente an den Kreis. Sie schneidet auf der Verlängerung von CD den Mittelpunkt M des gesuchten Potentialkreises aus. Denn im Dreieck OPM ist

$$\overline{OM}^2 - \overline{MP}^2 = \overline{PO}^2\,,$$

wie es nach Gl. (87) sein muß.

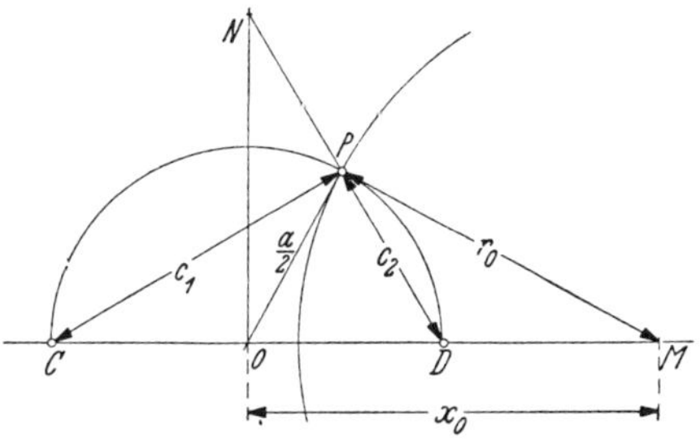

Abb. 11.13. Konstruktion der Potentiallinien

Je kleiner der Radius r_0 des Potentialkreises ist, um so enger rückt M an D heran. Um den Potentialkreis für einen vorgegebenen Wert von k zu zeichnen, also für ein bestimmtes Potential, errichte man in O die Senkrechte auf CD. Zieht man dann von P aus die beiden Strahlen c_1 und c_2 und verlängert DP bis zum Schnitt N mit der Senkrechten, so entstehen die beiden einander ähnlichen rechtwinkligen Dreiecke:

$$\triangle\, CDP \sim \triangle\, DNO\,.$$

Daher gilt

$$\frac{c_1}{c_2} = \frac{\overline{ON}}{\overline{OD}}$$

oder

$$\overline{ON} = k\,\frac{a}{2}\,. \tag{88}$$

Die Senkrechte $\overline{ON}$ kann also als Skala für k eingeteilt werden. Für $k = 1$ rückt M ins Unendliche, der Kreis wird zur Mittelsenkrechten $\overline{ON}$. Für Werte von k, die kleiner als 1 sind, liegt der Mittelpunkt des Kreises links von C, für Werte von k größer als 1 rechts von D. Das Potentiallinienbild wird symmetrisch zu der Mittelsenkrechten, Abb. 11.14.

Die Verschiebungslinien ergeben sich aus der folgenden Überlegung. Ebenso wie sich die Potentiale der beiden Linienquellen ungestört zum Gesamtpotential überlagern, so setzen sich auch die von den Quellen ausgehenden einzelnen Verschiebungsflüsse ohne gegenseitige Störung zusammen. Wir denken uns über a, c_1 und

c_2, Abb. 11.11, drei auf der Zeichenebene senkrechte Ebenen errichtet. Zwischen den beiden Ebenen über a und c_1, die den Winkel α_1 einschließen, geht von der linken Linienquelle ein Verschiebungsfluß aus

$$Q_a = \frac{\alpha_1}{2\pi} Q. \tag{89}$$

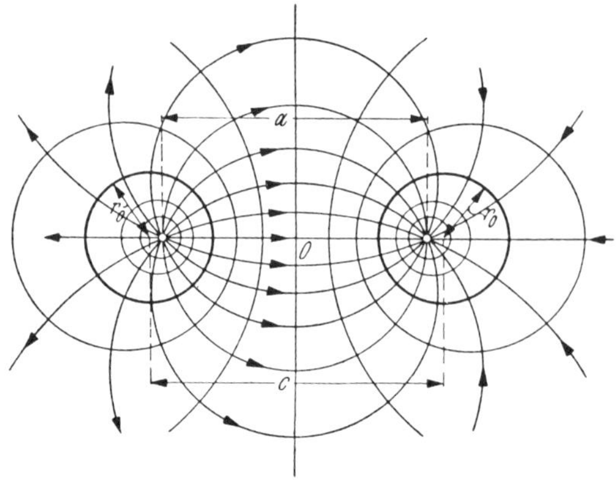

Abb. 11.14. Potentiallinien und Verschiebungslinien der parallelen Linienquellen entgegengesetzt gleicher Ladung

Dieser Fluß geht durch eine über der beliebigen Linie $\overline{PS}$ errichtete Fläche von links nach rechts hindurch. Zwischen den beiden Ebenen über a und c_2 ist ferner der Teil

$$Q_b = \frac{\alpha_2}{2\pi} Q \tag{90}$$

des auf der rechten Linienquelle mündenden Verschiebungsflusses eingeschlossen. Er tritt durch die Fläche über $\overline{PS}$ ebenfalls von links nach rechts hindurch. Insgesamt ist also der Verschiebungsfluß, der durch die über $\overline{PS}$ errichtete Fläche hindurchgeht,

$$\frac{Q}{2\pi}(\alpha_1 + \alpha_2) = Q\left(\frac{1}{2} - \frac{\alpha}{2\pi}\right).$$

Bewegt sich der Punkt P auf einer Verschiebungslinie, dann bleibt dieser Fluß konstant. Die Gleichung der Verschiebungslinie ist also gegeben durch

$$\alpha = \text{konst.} \tag{91}$$

Die Verschiebungslinien sind danach Kreise mit dem Peripheriewinkel α, deren Mittelpunkte auf der Mittelsenkrechten über $\overline{CD}$ liegen, Abb. 11.14. Verschiebungslinienbündel gleichen Verschiebungsflusses erhält man, wenn man Werte einer arithmetischen Reihe für α wählt (in Abb. 11.14 ist $\alpha = 0°, 22{,}5°, 45°, 67{,}5°$ usw.; der ganze Verschiebungsfluß Q ist dann in 16 gleiche Teile geteilt; die Verschiebungslinien bilden in der Nähe der Linienquellen Winkel von $22{,}5°$ miteinander).

Da die Niveauflächen Zylinder sind, so gilt das Feldbild auch für zwei parallele zylindrische Elektroden. Die Verschiebungslinien endigen dann auf diesen Zylindern. Haben die Zylinder die Radien r_0 und den Achsenabstand c, Abb. 11.14, so findet man die Lage der Linienquellen, durch die das elektrische Feld außerhalb der beiden Zylinder dargestellt werden kann, aus Gl. (87) mit $x_0 = c/2$

$$\frac{a}{2} = \sqrt{\left(\frac{c}{2}\right)^2 - r_0^2}. \tag{92}$$

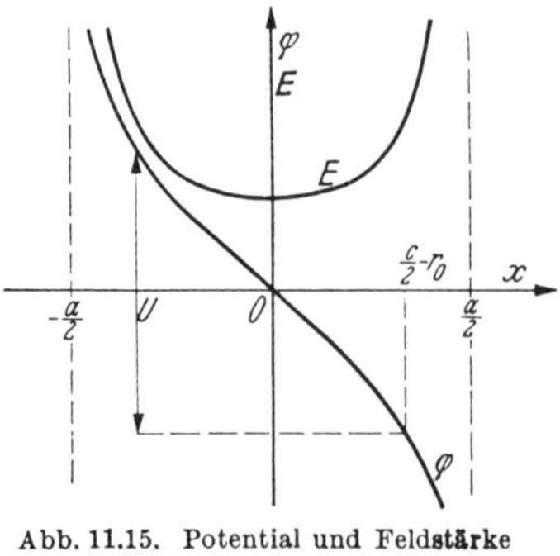

Abb. 11.15. Potential und Feldstärke zwischen den Linienquellen

Das Potential auf der Verbindungslinie $\overline{CD}$ ist im Abstand x von dem Punkt O nach Gl. (84)

$$\varphi = \frac{Q}{2\pi\varepsilon l} \ln \frac{\frac{a}{2} - x}{\frac{a}{2} + x}. \tag{93}$$

Die Feldstärke auf dieser Verbindungslinie hat daher den Betrag

$$E = \frac{Q}{2\pi\varepsilon l}\left(\frac{1}{\frac{a}{2} - x} + \frac{1}{\frac{a}{2} + x}\right) \tag{94}$$

und die Richtung der Verbindungslinie. Potential und Feldstärke sind in Abb. 11.15 aufgezeichnet. Die Spannung zwischen den beiden Elektroden ist

$$U = \frac{Q}{\pi \varepsilon l} \ln \frac{\frac{a}{2} + \frac{c}{2} - r_0}{\frac{a}{2} - \frac{c}{2} + r_0}\,; \tag{95}$$

hieraus folgt für die Kapazität unter Benutzung von Gl. (92)

$$C = \frac{\pi \varepsilon l}{\ln\left[\frac{c}{2 r_0} + \sqrt{\left(\frac{c}{2 r_0}\right)^2 - 1}\right]}\,. \tag{96}$$

Die elektrische Feldstärke hat ihren größten Wert an der Zylinderoberfläche, nämlich

$$E_m = U \frac{\sqrt{\left(\frac{c}{2 r_0}\right)^2 - 1}}{(c - 2 r_0) \ln\left[\frac{c}{2 r_0} + \sqrt{\left(\frac{c}{2 r_0}\right)^2 - 1}\right]}\,. \tag{97}$$

Wenn der Radius der beiden Zylinder nahezu gleich dem halben Achsenabstand ist, so ergibt sich eine hohe Feldstärke, die mit zunehmender Annäherung der beiden Zylinderoberflächen dauernd wächst. Ebenso wird die Feldstärke groß, wenn die Zylinderradien sehr klein gemacht werden. Für ein bestimmtes Verhältnis von Achsenabstand zu Radius ergibt sich ein Minimum der Feldstärke, nämlich für

$$\frac{c}{r_0} = 5{,}85\,. \tag{98}$$

Ist das Verhältnis von Achsenabstand zu Radius größer als dieser Wert, dann kann bei entsprechender Spannung eine stabile Glimmentladung der Luft (Korona) auftreten; das ist bei den Hochspannungsleitungen der Fall, bei denen c/r_0 gewöhnlich größer als 20 ist.

Zahlenbeispiele: Gl. (97) läßt sich schreiben

$$E_m = \frac{U}{c - 2 r_0} f\,. \tag{99}$$

Hier stellt der erste Faktor die Feldstärke dar, die sich bei gleichmäßiger Verteilung des Potentials zwischen den beiden Zylindern ergeben würde. Der Faktor f hat die Form

$$f = \frac{\sqrt{x^2 - 1}}{\ln\left[x + \sqrt{x^2 - 1}\right]}\,; \qquad x = \frac{c}{2 r_0}\,. \tag{100}$$

Für verschiedene Verhältnisse von c/r_0 ergeben sich für diesen Faktor die in der folgenden Tabelle angegebenen Werte:

$c/r_0 =$	2,0	2,4	3	4	6	10	20
$f =$	1,0	1,065	1,161	1,315	1,604	2,138	3,325

Bei relativ großen Abständen der beiden Zylinder, wie sie bei Freileitungen vorkommen, kann man die Zahl 1 unter der Wurzel vernachlässigen und erhält

$$f = \frac{c}{2 r_0 \ln \frac{c}{r_0}}\,. \tag{101}$$

Für $c/r_0 = 20$ ergibt dies den Wert f bereits auf 0,4% genau. Wie der Vergleich mit Gl. (70) zeigt, ist die Feldstärke dann ungefähr halb so groß wie zwischen 2 konzentrischen Zylindern mit den Radien r_0 und c.

Für die Kapazität zwischen den beiden parallelen Zylindern ergibt sich nach Gl. (96), wenn ε_0 eingesetzt wird,

$$\frac{C}{l} = \frac{27{,}8}{\ln\left[x + \sqrt{x^2 - 1}\right]} \frac{\text{nF}}{\text{km}}\,; \qquad x = \frac{c}{2 r_0}\,. \tag{102}$$

Der Nenner N hat für die verschiedenen Verhältnisse von c/r_0 die in der folgenden Tabelle angegebenen Werte:

$c/r_0 = 2{,}4$	3,0	4	6	10	20
$N = 0{,}622$	0,963	1,317	1,763	2,292	2,993

Bei größeren Werten von c/r_0 kann wieder die gleiche Vernachlässigung eingeführt werden wie oben; dann gilt

$$\frac{C}{l} = \frac{27{,}8}{\ln \frac{c}{r_0}} \frac{\text{nF}}{\text{km}} . \tag{103}$$

Die folgende Tabelle gibt einige hiernach berechnete Werte des Kapazitätsbelages

$c/r_0 = 20$	50	100	200	500	1000
$C/l = 9{,}29$	7,11	6,04	5,25	4,77	4,03 nF/km

Zylinder und Platte

In dem Feldbild, Abb. 11.14, ist die Mittelebene eine Potentialfläche. Wird sie durch eine leitende Elektrode ersetzt, so ergibt sich das Feld zwischen dieser ebenen Platte und einem parallelen Zylinder. Bei gleicher Ladung des Zylinders ist die Spannung zwischen Platte und Zylinder halb so groß wie die zwischen den beiden Zylindern. Bezeichnet man daher den Achsenabstand des Zylinders von der Platte mit h, so gilt für die Kapazität

$$C = \frac{2 \pi \varepsilon l}{\ln \left[\frac{h}{r_0} + \sqrt{\left(\frac{h}{r_0}\right)^2 - 1} \right]} , \tag{104}$$

eine Formel, die auf eine *Einfachleitung mit der Höhe h über dem Erdboden* angewendet werden kann. Wenn man, wie es meist der Fall ist, h/r_0 als groß gegen 1 ansehen kann, so geht diese Formel über in die Gl. (58), deren Gültigkeit, wie früher gezeigt wurde, noch davon abhängt, ob h/l genügend klein ist. Die Feldstärke an der Oberfläche einer solchen Leitung ist angenähert

$$E_m = \frac{U}{h - r_0} \frac{h}{r_0 \ln \frac{2h}{r_0}} \approx \frac{U}{r_0 \ln \frac{2h}{r_0}} , \tag{105}$$

wenn mit U die Spannung zwischen Leitung und Erde bezeichnet wird.

Liniendipol

Werden die beiden Linienquellen einander mehr und mehr genähert, so ergibt sich ein Gebilde, das in Analogie zu dem bereits betrachteten Dipol der beiden Punktquellen steht (*Liniendipol*). Das Potential ist

$$\varphi = -\frac{Q_2}{2\pi\varepsilon l} \ln \left(1 + \frac{b}{r} \cos \alpha\right) \tag{106}$$

bei gleichen Bezeichnungen wie in Abb. 11.3. Es folgt hieraus für verschwindend kleinen Abstand b

$$\varphi = -\frac{Q_2 b}{2 \pi \varepsilon l} \frac{\cos \alpha}{r} . \tag{107}$$

Bezeichnet man das durch l dividierte Dipolmoment mit p'

$$p' = -\frac{Q_2 b}{l} , \tag{108}$$

so gilt

$$\varphi = \frac{p'}{2 \pi \varepsilon} \frac{\cos \alpha}{r} . \tag{109}$$

Die Potentialflächen sind Zylinder, deren Achsen in der Dipolebene liegen und die die Mittelebene des Dipols berühren. Man kann, ähnlich wie bei der Kugel, diese Potentialfunktion benutzen zur Berechnung des Feldes in der Umgebung eines leitenden Zylinders, der sich in einem ursprünglich homogenen Feld senkrecht zu dessen Feldlinien befindet. Man muß dann zu dem Potential des Dipols das Potential des homogenen Feldes

$$\varphi = -E_0 r \cos\alpha \tag{110}$$

addieren. Das Moment p' des Dipols erhält man durch die gleiche Grenzbetrachtung wie bei der Kugel nach Gl. (108), (21) und (66) mit $Q_2 = -Q$. Es ergibt sich für das Gesamtpotential

$$\varphi = E_0\left(-r + \frac{r_0^2}{r}\right)\cos\alpha\,. \tag{111}$$

Die Feldstärke an der Zylinderoberfläche wird

$$E = \left|\frac{\partial\varphi}{\partial r}\right|_{r_0} = 2\,E_0\cos\alpha\,. \tag{112}$$

Sie ist also hier maximal nur doppelt so groß wie die ursprüngliche Feldstärke. Ganz entsprechend wie im Fall der Kugel läßt sich auch der Fall behandeln, daß der Zylinder geladen ist; dann muß in seiner Achse noch eine Linienquelle mit entsprechender Ladungsbelegung angebracht werden.

Der Verlauf der Verschiebungslinien ergibt sich durch eine ähnliche Betrachtung wie bei den parallelen Zylindern. Bezeichnet man den Abstand eines beliebigen Punktes P von der Ebene des Dipols mit y, Abb. 11.16, die Abszisse mit x, so gilt

$$y = r\sin\alpha; \qquad x = r\cos\alpha\,. \tag{113}$$

Durch die Ebene mit der Spur PS geht, vom homogenen Feld herrührend, ein Verschiebungsfluß

$$Q_a = E_0\,\varepsilon\,l\,y$$

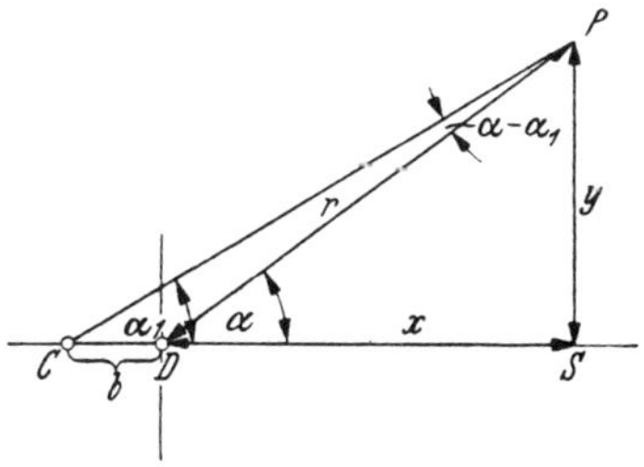

Abb. 11.16. Zur Berechnung der Verschiebungslinien eines Liniendipols

von links nach rechts hindurch, wenn diese Richtung der Verschiebungslinien des homogenen Feldes vorausgesetzt wird. In C befindet sich dann eine negative, in D eine positive Ladung. Die durch $\overline{PS}$ hindurchgehenden Verschiebungsflüsse dieser Ladungen sind

$$Q_b = -Q_2\frac{\alpha_1}{2\pi}$$

und

$$Q_c = Q_2\frac{\alpha}{2\pi}\,.$$

Der gesamte Verschiebungsfluß in der Fläche über $\overline{PS}$ ist also

$$Q_P = E_0\,\varepsilon\,l\,y + Q_2\frac{\alpha-\alpha_1}{2\pi}\,. \tag{114}$$

Nun gilt bei verschwindend kleinem Abstand b

$$\alpha - \alpha_1 = \sphericalangle\, CPD = \frac{b\sin\alpha}{r}\,. \tag{115}$$

Das Dipolmoment wird nach Gl. (108), (21) u. (66)

$$p' = 2\pi\,\varepsilon\,E_0\,r_0^2\,. \tag{116}$$

Daher ergibt sich

$$Q_P = E_0\,\varepsilon\,l\left[r\sin\alpha + \frac{r_0^2}{r}\sin\alpha\right]. \tag{117}$$

Die Gleichungen der Verschiebungslinien lauten $Q_P =$ konst., die der Potentiallinien $\varphi =$ konst. Potentiallinien und Verschiebungslinien sind in Abb. 11.17 dargestellt (Verschiebungslinien gestrichelt).

Erdseil

Als letztes Beispiel der Berechnung eines elektrostatischen Feldes werde die Wirkung des *Erdseils einer Hochspannungsleitung* betrachtet. Das über der Hochspannungsleitung angebrachte Erdseil wird an den Masten geerdet und schirmt den darunter liegenden Raum gegen das elektrische Luftfeld ab, indem es einen Teil der Verschiebungslinien dieses Feldes aufnimmt entsprechend der durch Influenz auf ihm entstehenden Ladung Q, Abb. 11.18.

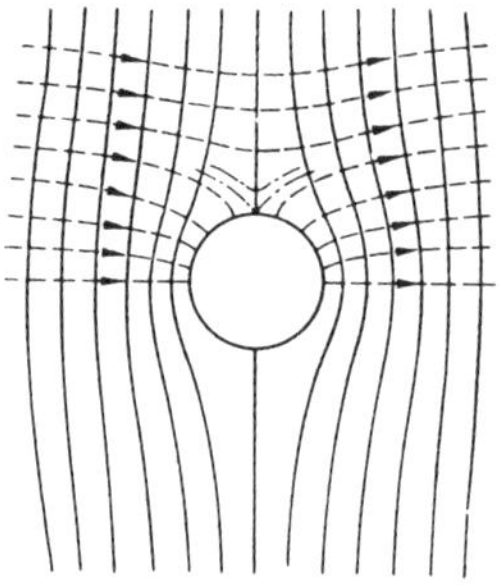

Abb. 11.17. Ungeladener Metallzylinder im homogenen Feld; Verschiebungslinien gestrichelt

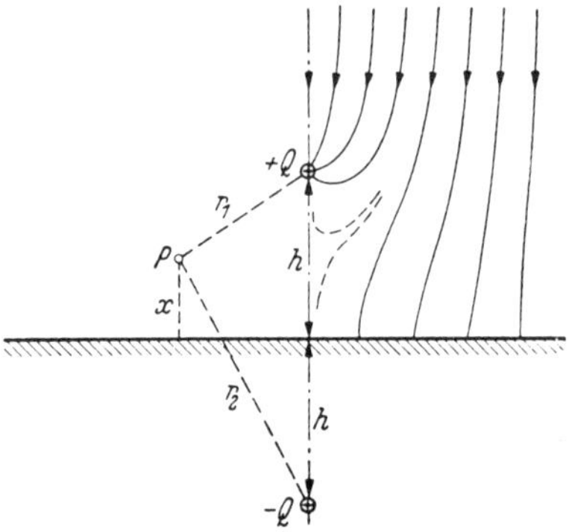

Abb. 11.18. Schutzwirkung eines Erdseils

Wird angenommen, daß das ursprüngliche Luftfeld ein mit der Höhe proportional wachsendes Potential φ_1 besitzt, so gilt

$$\varphi_1 = E_0 x\,, \tag{118}$$

wobei E_0 die konstante Feldstärke dieses homogenen Luftfeldes im ungestörten Zustand bezeichnet und der Nullpunkt für das Potential in die Erdoberfläche verlegt ist.

Das Erdseil mit seiner Ladung Q erzeugt in irgendeinem Punkt P ein Zusatzfeld mit dem Potential [Gl. (84)]

$$\varphi_2 = \frac{Q}{2\pi\varepsilon l}\ln\frac{r_2}{r_1}\,. \tag{119}$$

Das Gesamtpotential wird daher

$$\varphi = E_0 x + \frac{Q}{2\pi\varepsilon l}\ln\frac{r_2}{r_1}\,. \tag{120}$$

Da nun dieses Potential an der Oberfläche des Erdseils mit dem Radius r_0 Null sein muß, so ergibt sich die Bedingung

$$0 = E_0 h + \frac{Q}{2\pi\varepsilon l}\ln\frac{2h}{r_0}\,.$$

Daraus folgt

$$Q = -2\pi\varepsilon l\,\frac{E_0 h}{\ln\dfrac{2h}{r_0}}\,, \tag{121}$$

und das Potential wird

$$\varphi = E_0\left(x - h\,\frac{\ln\dfrac{r_2}{r_1}}{\ln\dfrac{2h}{r_0}}\right). \tag{122}$$

Damit kann berechnet werden, um wieviel das Luftpotential unter dem Erdseil durch die Anwesenheit des Erdseils erniedrigt wird.

Zahlenbeispiel: Auf der durch die Erdseilachse gehenden senkrechten Ebene ist $r_1 = h - x$ und $r_2 = h + x$, also

$$\varphi = E_0 \left(x - h \frac{\ln \frac{h + x}{h - x}}{\ln \frac{2h}{r_0}} \right). \tag{123}$$

Das Verhältnis $\eta = \frac{\varphi}{\varphi_1}$ gibt an, auf welchen Bruchteil das Potential durch das Erdseil herabgesetzt wird:

$$\eta = 1 - \frac{h}{x} \frac{\ln\left(1 + \frac{x}{h}\right) - \ln\left(1 - \frac{x}{h}\right)}{\ln \frac{2h}{r_0}}. \tag{124}$$

Schreibt man dieses Schutzverhältnis in der Form

$$\eta = 1 - f\,k\,, \tag{125}$$

so ist

$$f = \frac{h}{x} \left[\ln\left(1 + \frac{x}{h}\right) - \ln\left(1 - \frac{x}{h}\right)\right] = \frac{h}{x} \ln\left(\frac{1 + x/h}{1 - x/h}\right) \tag{126}$$

eine Funktion von x/h und

$$k = \frac{1}{\ln \frac{2h}{r_0}} \tag{127}$$

eine Funktion von h/r_0.

Für beide Faktoren sind in den folgenden beiden Tabellen einige Zahlenwerte angegeben.

Werte von f:

$x/h = 0$	0,2	0,4	0,6	0,8	0,9	0,95
$f = 2$	2,02	2,12	2,32	2,75	3,28	3,85

Werte von k:

$h/r_0 = 200$	500	1000	2000	5000
$k = 0{,}167$	0,145	0,131	0,121	0,117

Die beiden Größen f und k sind also in dem praktisch interessierenden Bereich nur verhältnismäßig wenig veränderlich: f liegt in der Größenordnung von 3, k in der Größenordnung von 0,13; daher wird in dem praktisch interessierenden Bereich das Schutzverhältnis η ungefähr gleich 60%. Die Schirmwirkung eines Erdseils ist also gering. Die praktisch wichtigere Wirkung besteht darin, daß an der Oberfläche des Erdseils selbst eine hohe Feldstärke auftritt, nämlich

$$E = \frac{Q}{\varepsilon\, 2\pi r_0 l} = \frac{E_0 h}{r_0 \ln \frac{2h}{r_0}} = E_0 \frac{h}{r_0} k. \tag{128}$$

Dies führt etwa zu einer Feldstärke $E = (70 \cdots 240)\, E_0$. Daher ergeben sich dort bei hohen Luftfeldstärken (Gewitter) Sprüherscheinungen, die eine sich der Leitung nähernde Blitzbahn auf das Erdseil hinlenken und so die Hochspannungsleitungen vor dem unmittelbaren Blitzschlag schützen.

12. Mehrleitersysteme

Definition und Messung der Teilkapazitäten

Haben mehrere voneinander isolierte Leiter verschieden hohe Potentiale, so stellen sich bestimmte Ladungen und Ladungsverteilungen auf den Leitern ein. Das Potential ist von den im Raum vorhandenen Ladungen gemäß Gl. (11.10) linear abhängig. Daher lassen sich die Potentiale der n Leiter in der Form darstellen

$$\left.\begin{aligned} \varphi_1 &= a_{11} Q_1 + a_{12} Q_2 + \cdots + a_{1n} Q_n\,, \\ \varphi_2 &= a_{21} Q_1 + a_{22} Q_2 + \cdots + a_{2n} Q_n\,, \\ &\vdots \\ \varphi_n &= a_{n1} Q_1 + a_{n2} Q_2 + \cdots + a_{nn} Q_n\,. \end{aligned}\right\} \tag{1}$$

Q_1, Q_2 usw. sind die Ladungen der Leiter; $a_{\nu\mu}$ sind Konstanten, die durch die räumliche Anordnung der Leiter im einzelnen gegeben sind, aber nicht von den Ladungen abhängen. Aus diesen Gleichungen folgt z. B. für die Spannungen zwischen dem Leiter *1* und den übrigen Leitern:

$$\left.\begin{aligned} \varphi_1 - \varphi_2 &= b_{11} Q_1 + b_{12} Q_2 + \cdots + b_{1n} Q_n\,, \\ \varphi_1 - \varphi_3 &= b_{21} Q_1 + b_{22} Q_2 + \cdots + b_{2n} Q_n\,, \\ &\vdots \\ \varphi_1 - \varphi_n &= b_{(n-1)1} Q_1 + b_{(n-1)2} Q_2 + \cdots b_{(n-1)n} Q_n\,, \end{aligned}\right\} \tag{2}$$

wobei die Koeffizienten b in leicht ersichtlicher Weise aus den Koeffizienten a zu bilden sind. Sind n Leiter vorhanden, so ergeben sich $n - 1$ derartige Gleichungen. Mit diesen Gleichungen können die n Ladungen durch die Spannungen ausgedrückt werden, wenn man dazu noch als n-te Gleichung die Beziehung

$$Q_1 + Q_2 + Q_3 + \cdots = 0 \tag{3}$$

nimmt, die aussagt, daß jede Verschiebungslinie auf irgendeinem der Leiter endigt. Durch Auflösen der Gl. (2) und (3) erhält man Q_1 und ganz analog $Q_2 \ldots Q_n$:

$$\left.\begin{aligned} Q_1 &= C_{12}(\varphi_1 - \varphi_2) + C_{13}(\varphi_1 - \varphi_3) + \cdots + C_{1n}(\varphi_1 - \varphi_n)\,, \\ Q_2 &= C_{21}(\varphi_2 - \varphi_1) + C_{23}(\varphi_2 - \varphi_3) + \cdots + C_{2n}(\varphi_2 - \varphi_n)\,, \\ Q_3 &= C_{31}(\varphi_3 - \varphi_1) + C_{32}(\varphi_3 - \varphi_2) + \cdots + C_{3n}(\varphi_3 - \varphi_n)\,, \\ &\vdots \\ Q_n &= C_{n1}(\varphi_n - \varphi_1) + C_{n2}(\varphi_n - \varphi_2) + \cdots + C_{n(n-1)}(\varphi_n - \varphi_{n-1})\,. \end{aligned}\right\} \tag{4}$$

Dabei sind die Größen C Konstanten von der Dimension einer Kapazität, die aus den Koeffizienten a berechnet werden können. Die gesamten Verschiebungsflüsse Q_1, Q_2, usw., die von den Leitern ausgehen, sind also gleich der Summe der Verschiebungsflüsse zwischen je zwei Leitern, wie es für drei Leiter in Abb. 12.1 dargestellt ist. Man kann diese Verschiebungsflüsse durch Kondensatoren veranschaulichen, die die Leiter miteinander verbinden. Es gibt im ganzen $\frac{1}{2}n(n-1)$ solcher Kondensatoren. Für eine derartig aufgebaute Anordnung von Kondensatoren gilt das gleiche Gleichungssystem.

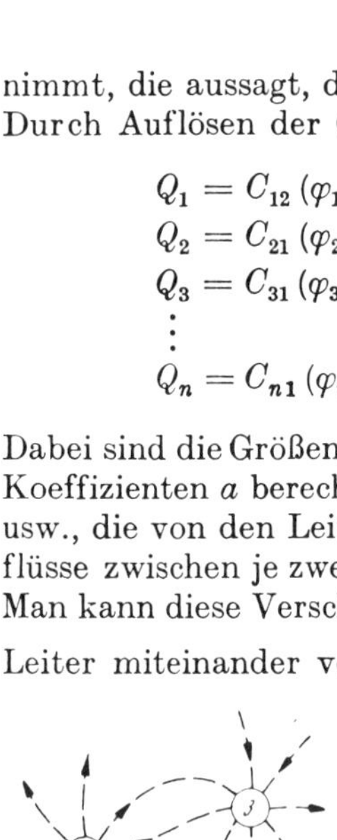

Abb. 12.1. Verschiebungslinien zwischen drei Elektroden

Da nun der von dem Leiter *2* nach dem Leiter *1* übergehende Verschiebungsfluß entgegengesetzt gleich sein muß dem Verschiebungsfluß, der von *1* nach *2* übergeht,

$$C_{12}(\varphi_1 - \varphi_2) = -C_{21}(\varphi_2 - \varphi_1),$$

so folgt

$$C_{12} = C_{21}\,,$$

und allgemein

$$C_{\mu\nu} = C_{\nu\mu}\,. \tag{5}$$

Man nennt die Größen C die *Teilkapazitäten des Mehrleitersystems* (MAXWELL). Die Teilkapazität zwischen zwei beliebigen Elektroden μ und ν kann grundsätzlich so gemessen werden wie die Kapazität eines Kondensators, indem man die bei irgend einer Spannung U zwischen den Elektroden von diesen aufgenommene Ladung bestimmt. Um z. B. in dem System von fünf Leitern, Abb. 12.2, die Teilkapazität zwischen *1* und *2* zu messen, lädt man die Leiter *2*, *3*, *4* und *5* gegenüber *1* zum gleichen Potential U auf und mißt mit dem ballistischen Galvanometer G die Elektrizitätsmenge Q_{12}, die dabei dem Leiter *2* zufließt. Es ist dann

$$C_{12} = \frac{Q_{12}}{U} \,. \qquad (6)$$

Für praktische Zwecke besser geeignete Methoden zur Messung der Teilkapazitäten sind in Abschnitt 17 beschrieben.

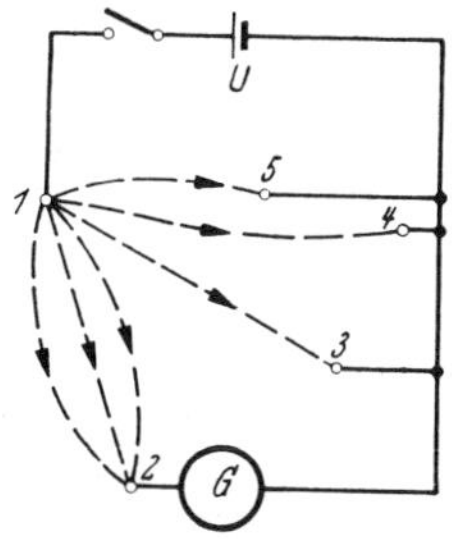

Abb. 12.2. Messung der Teilkapazität zwischen *1* und *2*

Form des elektrischen Feldes

Aus diesen Überlegungen darf nicht geschlossen werden, daß die den Teilkapazitäten entsprechenden Verschiebungsflüsse in Form von Verschiebungslinien in dem Feldbild vorhanden sein müßten. Die durch Gl. (4) ausgedrückte Zerlegung ist eine rein mathematische. Als Beispiel zeigt Abb. 12.3 den grundsätzlichen Verlauf der Verschiebungslinien zwischen zwei parallelen Doppelleitungen *12* und *34*; es ist dabei angenommen, daß die beiden Leiter *1* und *3* ein und dasselbe positive Potential haben, die Leiter *2* und *4* das gleiche negative Potential. Obwohl z. B. zwischen den Leitern *2* und *3* die volle Potentialdifferenz besteht und daher die Teilkapazität C_{23} zwischen diesen beiden Leitern einen Beitrag $C_{23}\,(\varphi_3 - \varphi_2)$ zur Ladung der Leiter liefert, gehen doch keine Verschiebungslinien zwischen diesen Leitern über.

Das Bild der Verschiebungslinien hängt stark von dem Verhältnis der Spannungen zueinander ab. Als weiteres Beispiel werde das elektrische Feld in der Umgebung einer *Drehstrom-Freileitung* betrachtet. Zwischen den drei Leitungen und Erde findet man sechs Teilkapazitäten, deren Größe unabhängig von den Betriebsspannungen ist. In Abb. 12.4 ist der Verlauf der Verschiebungslinien gezeigt, der sich wegen der zeitlich veränderlichen Spannungen zeitlich fortgesetzt ändert. Es sind folgende Zeitpunkte herausgegriffen:

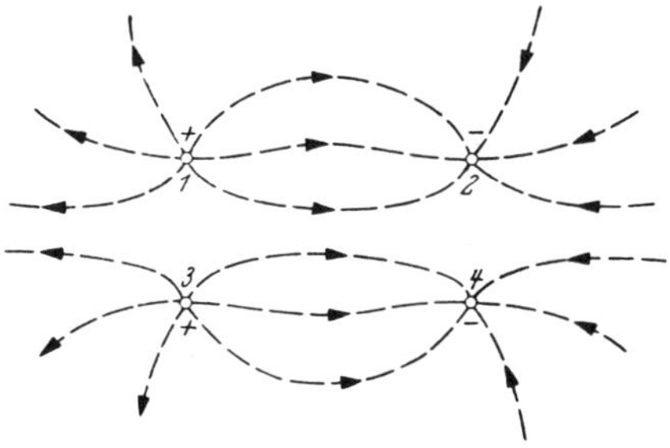

Abb. 12.3. Verschiebungslinien bei vier parallelen Drähten

a) Die Spannung zwischen Leiter *1* und Erde (Sternspannung) habe ihren Höchstwert. Wegen der zeitlichen Verschiebung der drei Sternspannungen um je $\frac{1}{3}$ Periode **haben** dann die Spannungen der beiden anderen Leiter den **halben** negativen **Wert**; also

Sternspannung	1 =	1
„	2 =	— 0,5
„	3 =	— 0,5.

b) Eine zwölftel Periode später:

Sternspannung	1 =	0,866
„	2 =	0
„	3 =	— 0,866.

c) Eine weitere zwölftel Periode später:

Sternspannung	1 =	0,5
„	2 =	0,5
„	3 =	— 1.

d) Eine weitere zwölftel Periode später:

Sternspannung	1 =	0
„	2 =	0,866
„	3 =	— 0,866.

Wie die Abb. 12.4 zeigt, ergeben sich schon in diesem einfachen Fall elektrische Felder von sehr komplizierter Form. Das betrachtete Feld stellt ein *elektrisches*

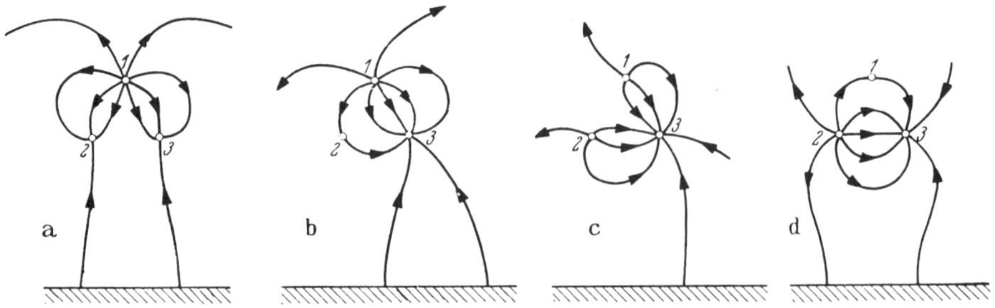

Abb. 12.4 a—d. Verschiebungslinien bei einer Drehstromleitung

Drehfeld dar; das Maximum der Feldliniendichte wandert im Sinne der Phasenfolge *1*, *2*, *3* so oftmal in der Sekunde links herum, wie es die Frequenz des Drehstromes angibt. Das Feldbild ist angenähert symmetrisch zu einer Achse, die mit der Senkrechten einen Winkel von 0° im Fall a, 30° im Fall b, 60° im Fall c und 90° im Fall d bildet.

Berechnung der Teilkapazitäten

Trotz des komplizierten Verlaufs der Verschiebungslinien ist gerade in dem praktisch wichtigen Fall der Leitungen die Berechnung der Teilkapazitäten sehr einfach. Man benützt dabei den Satz von der ungestörten Überlagerung der Einzelpotentiale. In Abb. 12.5 seien drei parallel zur Erdoberfläche verlaufende Leitungen *1, 2, 3* dargestellt. Die Wirkung der Erdoberfläche kann dadurch berücksichtigt werden, daß Spiegelbilder *1'*, *2'* und *3'* mit entgegengesetzt gleichen Ladungen angebracht werden. Nach Abschnitt 11 kann man ferner die Leitungsdrähte durch Linienquellen in den Drahtachsen ersetzen. Dann gilt für das Potential in einem beliebigen Punkt P, wenn die Abstände dieses Punktes von den Drahtachsen in der aus der Abbildung ersichtlichen Weise bezeichnet werden und Q_1, Q_2, Q_3 die Ladungen der Drähte bedeuten, nach Gl. (11.84)

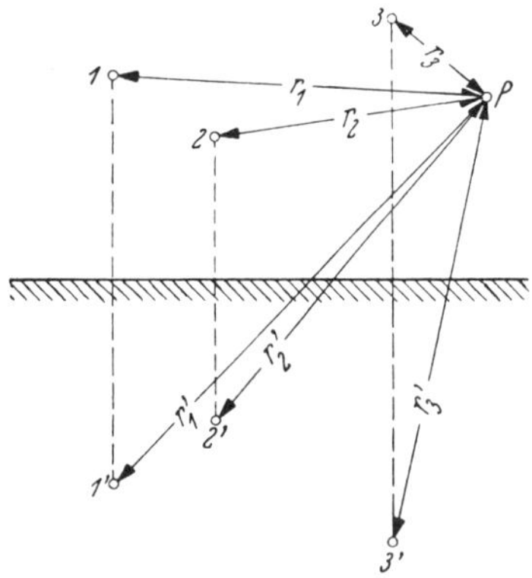

Abb. 12.5. Zur Berechnung der Teilkapazitäten von Leitungen

$$\varphi = \frac{1}{2\pi\varepsilon l}\left[Q_1 \ln\frac{r_1'}{r_1} + Q_2 \ln\frac{r_2'}{r_2} + Q_3 \ln\frac{r_3'}{r_3}\right]. \quad (7)$$

Der Nullpunkt des Potentials ist dabei in die Erdoberfläche verlegt. Die Niveauflächen sind Zylinder, deren Spuren aber nur in der unmittelbaren Nähe der Drahtachsen Kreisform annehmen. Unter der Voraussetzung, daß die Drähte hinreichend dünn gegen ihre Abstände sind, erhält man daher das Potential eines Drahtes, wenn man den Punkt P bis auf einen Abstand an die Drahtachse heranrücken läßt, der gleich dem Radius des betreffenden Drahtes ist. Es ergeben sich so ebensoviele Gleichungen für die Drahtspannungen als Drähte vorhanden sind. Zur Berechnung der Teilkapazitäten hat man diese Gleichungen nach den Ladungen aufzulösen und in die Form der Gl. (4) zu bringen.

Als Beispiel werde die Berechnung der Teilkapazitäten einer Doppelleitung betrachtet, Abb. 12.6. Die beiden Drähte sollen die Abstände h_1 und h_2 vom Erdboden haben, der gegenseitige Abstand sei mit a, der Abstand eines Drahtes von dem Spiegelbild des andern sei mit b bezeichnet. Die Drahtdurchmesser seien d_1 und d_2. Dann gilt nach Gl. (7)

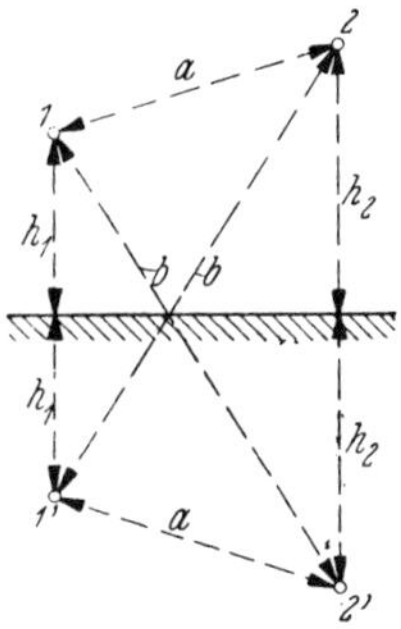

Abb. 12.6. Doppelleitung

$$\left.\begin{aligned} \varphi_1 &= \frac{1}{2\pi\varepsilon_0 l}\left[Q_1 \ln\frac{4h_1}{d_1} + Q_2 \ln\frac{b}{a}\right]; \\ \varphi_2 &= \frac{1}{2\pi\varepsilon_0 l}\left[Q_1 \ln\frac{b}{a} + Q_2 \ln\frac{4h_2}{d_2}\right]. \end{aligned}\right\} \tag{8}$$

Auflösen nach Q_1 und Q_2 ergibt

$$\begin{aligned} Q_1\left[\ln\frac{4h_1}{d_1}\ln\frac{4h_2}{d_2} - \ln^2\frac{b}{a}\right] &= 2\pi\varepsilon_0 l\left[\varphi_1 \ln\frac{4h_2}{d_2} - \varphi_2 \ln\frac{b}{a}\right]; \\ Q_2\left[\ln\frac{4h_1}{d_1}\ln\frac{4h_2}{d_2} - \ln^2\frac{b}{a}\right] &= 2\pi\varepsilon_0 l\left[\varphi_2 \ln\frac{4h_1}{d_1} - \varphi_1 \ln\frac{b}{a}\right]. \end{aligned} \tag{9}$$

Wir bringen diese Gleichungen in die Form der Gl. (4) ($\varphi_3 = 0$ für die Erdoberfläche):

$$\left.\begin{aligned} Q_1\left[\ln\frac{4h_1}{d_1}\ln\frac{4h_2}{d_2} - \ln^2\frac{b}{a}\right] &= 2\pi\varepsilon_0 l\left[\varphi_1\left(\ln\frac{4h_2}{d_2} - \ln\frac{b}{a}\right) + (\varphi_1 - \varphi_2)\ln\frac{b}{a}\right]; \\ Q_2\left[\ln\frac{4h_1}{d_1}\ln\frac{4h_2}{d_2} - \ln^2\frac{b}{a}\right] &= 2\pi\varepsilon_0 l\left[\varphi_2\left(\ln\frac{4h_1}{d_1} - \ln\frac{b}{a}\right) + (\varphi_2 - \varphi_1)\ln\frac{b}{a}\right]. \end{aligned}\right\} \tag{10}$$

Damit folgt für die Teilkapazitäten, die durch die Kondensatoren in Abb. 12.7 dargestellt sind,

$$C_{10} = 2\pi\varepsilon_0 l \frac{\ln\frac{4h_2}{d_2} - \ln\frac{b}{a}}{\ln\frac{4h_1}{d_1}\ln\frac{4h_2}{d_2} - \ln^2\frac{b}{a}}, \tag{11}$$

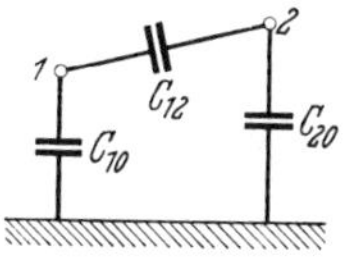

Abb. 12.7. Teilkapazitäten einer Doppelleitung

$$C_{20} = 2\pi\varepsilon_0 l \frac{\ln\frac{4h_1}{d_1} - \ln\frac{b}{a}}{\ln\frac{4h_1}{d_1}\ln\frac{4h_2}{d_2} - \ln^2\frac{b}{a}}, \tag{12}$$

$$C_{12} = 2\pi\varepsilon_0 l \frac{\ln\frac{b}{a}}{\ln\frac{4h_1}{d_1}\ln\frac{4h_2}{d_2} - \ln^2\frac{b}{a}}. \tag{13}$$

Wenn die beiden Drähte in einer Horizontalebene liegen und gleiche Durchmesser haben, dann ist

$$h_1 = h_2 = h, \quad d_1 = d_2 = d, \quad b = \sqrt{4h^2 + a^2},$$

und es wird

$$C_{10} = C_{20} = \frac{2\pi\varepsilon_0 l}{\ln\frac{4h}{d}\sqrt{1 + \left(\frac{2h}{a}\right)^2}}; \tag{14}$$

$$C_{12} = 2\pi\varepsilon_0 l \frac{\ln\sqrt{1 + \left(\frac{2h}{a}\right)^2}}{\ln\frac{4h}{d}\sqrt{1 + \left(\frac{2h}{a}\right)^2}\,\ln\frac{4h}{d}\left(\sqrt{1 + \left(\frac{2h}{a}\right)^2}\right)^{-1}}. \tag{15}$$

Liegen die beiden Drähte in einer Vertikalebene, so ist in Gl. (11) bis (13) zu setzen

$$a = h_2 - h_1 , \qquad b = h_2 + h_1 .$$

Die Teilkapazität liefert eine schärfere Formulierung des Begriffes der Kapazität. Bei den meisten Anwendungen sind mehr als zwei Leiter vorhanden; dann kann nicht ohne weiteres ein einziger Kapazitätswert für die betreffende Anordnung angegeben werden; definiert sind dann nur die Teilkapazitäten. In vielen Fällen kann man jedoch die Darstellung vereinfachen durch die Einführung der sog. *Betriebskapazität des Mehrleitersystems.* Man versteht darunter die *Ersatzkapazität* für eine bestimmte Betriebsart. Z. B. ist die normale Betriebsart einer Doppelleitung die, daß ein Draht als Hinleitung, der andere als Rückleitung des Stromes verwendet wird. In dem Schema der Teilkapazitäten, Abb. 12.7, liegen dann die beiden Kondensatoren C_{10} und C_{20} in Reihe miteinander zwischen den Klemmen der Stromquelle und parallel zu C_{12}. Die Leitung wirkt daher für die Stromquelle so wie ein Kondensator mit der Kapazität

$$C_{b12} = C_{12} + \frac{C_{10}\, C_{20}}{C_{10} + C_{20}} . \tag{16}$$

Das ist die Betriebskapazität der Doppelleitung für diese Betriebsart. Im Fall der beiden in gleicher Höhe liegenden Drähte ergibt sich daraus mit Hilfe der Formeln (14) und (15):

$$C_{b12} = \frac{\pi \varepsilon_0 l}{\ln \frac{4h}{d} \left(\sqrt{1 + \left(\frac{2h}{a}\right)^2} \right)^{-1}} = \frac{\pi \varepsilon_0 l}{\ln \frac{2a}{d} \left(\sqrt{1 + \left(\frac{a}{2h}\right)^2} \right)^{-1}} . \tag{17}$$

Diese Beziehung unterscheidet sich von der früher für die beiden frei im Raum befindlichen Drähte abgeleiteten Gl. (11.103) durch die Wurzel im Nenner. Diese Wurzel berücksichtigt also die auf der Erdoberfläche influenzierten Ladungen. Bei sehr großer Höhe über dem Erdboden wird sie 1. Wenn andererseits die Höhe h über dem Erdboden klein gegen den Drahtabstand a ist, dann wird die Betriebskapazität halb so groß wie die Kapazität einer Einfachleitung, Gl. (11.58). Bei den praktisch vorkommenden Freileitungen unterscheidet sich die Wurzel um weniger als ein Tausendstel von 1. Die Betriebskapazität kann daher fast immer nach der Formel (11.103) berechnet werden, um so eher als in Wirklichkeit immer andere Einflüsse vorhanden sind, die die Kapazität mindestens in gleicher Größenordnung verändern, z. B. Unebenheiten des Erdbodens, Bäume und dgl., ferner die Isolatoren und die Maste.

Eine andere Betriebsart der Doppelleitung stellt der sog. Einfachbetrieb der Telegraphie dar, bei dem ein Draht als Hinleitung und die Erde als Rückleitung des Stromes benutzt werden. Die Betriebskapazität ist dann die Ersatzkapazität zwischen einem Draht und Erde. Ihr Wert hängt davon ab, ob der andere Leiter isoliert oder geerdet ist. Im ersten Fall ergibt sich keine Beeinflussung des Potentialfeldes durch den andern Leiter, abgesehen von der engsten Umgebung dieses Leiters (vgl. Abb. 11.17); die Betriebskapazität ist daher gleich der Kapazität der Einfachleitung gegen Erde:

$$C_{b10} = C_{10} + \frac{C_{12}\, C_{20}}{C_{12} + C_{20}} = \frac{2\pi \varepsilon_0 l}{\ln \frac{4h_1}{d_1}} . \tag{18}$$

Im zweiten Fall dagegen liegen die Teilkondensatoren C_{10} und C_{12} einander parallel; die Betriebskapazität ist

$$C_{b10} = C_{10} + C_{12} = 2\pi \varepsilon_0 l \, \frac{\ln \frac{4h_2}{d_2}}{\ln \frac{4h_1}{d_1} \ln \frac{4h_2}{d_2} - \ln^2 \frac{b}{a}} . \tag{19}$$

Sie wird um so genauer gleich der Kapazität einer Einfachleitung, je mehr sich das Verhältnis b/a dem Wert 1 nähert, je weiter also der zweite Leiter entfernt ist. Im übrigen vergrößert die Anwesenheit des zweiten Leiters die Kapazität.

Zu beachten ist, daß die Teilkapazitäten immer von der Gesamtanordnung aller Elektroden mitbestimmt sind. *Die Teilkapazität zwischen zwei Leitern ändert sich also, wenn noch weitere Leiter in dem betreffenden Raum hinzugefügt werden.*

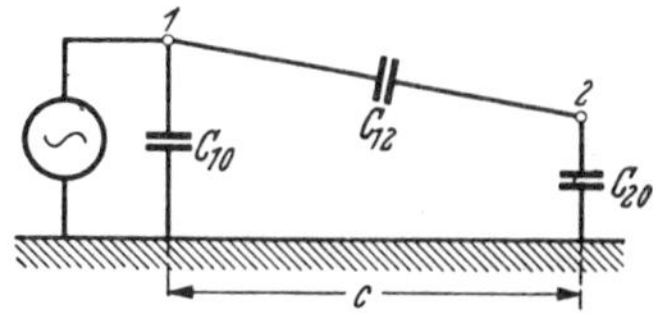

Abb. 12.8. Kapazitive Beeinflussung einer Fernsprechleitung durch eine Starkstromleitung

Eine weitere Anwendung finden die Teilkapazitäten bei der Berechnung der Beeinflussung von Fernsprechleitungen durch parallellaufende Starkstromleitungen. Das elektrische Feld der Starkstromleitung erzeugt Potentialdifferenzen zwischen den Drähten der Fernsprechleitung, die zwar klein sind gegen die Spannungen in der Starkstromleitung, aber doch merkliche Störungen in den Fernsprechleitungen wegen der dort verwendeten niedrigen Betriebsspannungen hervorrufen können. Das Schema der Teilkapazitäten für die Beeinflussung zwischen einer einzelnen Starkstromleitung (Fahrdraht einer elektrischen Bahn) und einer eindrähtigen Telegraphenleitung ist in Abb. 12.8 dargestellt. Bezeichnet man den horizontalen Abstand zwischen den beiden Leitungen mit c, so ist nach Abb. 12.6

$$a = \sqrt{c^2 + (h_1 - h_2)^2}\,,$$
$$b = \sqrt{c^2 + (h_1 + h_2)^2}\,,$$

und die Kopplungskapazität C_{12} ist aus Gl. (13) zu berechnen. Bei großem Abstand c der Leitungen gegen die Höhen ergibt sich so die Näherungsformel

$$C_{12} = 2\pi\varepsilon_0 l \frac{2 h_1 h_2}{c^2 \ln \dfrac{4 h_1}{d_1} \ln \dfrac{4 h_2}{d_2}}\,. \tag{20}$$

Die Kopplungskapazität nimmt also umgekehrt mit dem Quadrat der Entfernung zwischen den beiden Leitungen ab, so daß die Vergrößerung des Abstandes zwischen den Leitungen ein wirksames Mittel zur Verminderung der Kopplung ist.

Zahlenbeispiel: Nennt man das Verhältnis des Leitungsabstandes zur mittleren Höhe der Leitungen α,

$$\alpha = \frac{c}{\sqrt{h_1 h_2}}\,,$$

so ergeben sich für ein Verhältnis von

$$\frac{h_1}{d_1} = \frac{h_2}{d_2} = 100$$

die in der folgenden Tabelle aufgeführten Werte der Kopplungskapazität geteilt durch die Länge

$\alpha =$	5	10	20	50	100
$C_{12}/l =$	124	31	7,8	1,24	0,31 pF/km;

für

$$\frac{h_1}{d_1} = \frac{h_2}{d_2} = 500$$

wird bei

$\alpha =$	5	10	20	50	100
$C_{12}/l =$	78	19,5	4,9	0,78	0,195 pF/km.

Mit Hilfe der Teilkapazitäten werden die Berechnungen über die gegenseitige Beeinflussung von Leitungen zurückgeführt auf die Berechnung von linearen Netzen (s. Abschnitt 36). Die Abb. 12.9 veranschaulicht die Teilkapazitäten zwischen einer Drehstromleitung und einer Fernsprechleitung, die grundsätzlich auf dem gleichen Weg wie in dem eben betrachteten Beispiel berechnet werden können.

Als weiteres Beispiel für die Berechnung von Teilkapazitäten werde ein *symmetrisches Dreileiterkabel* betrachtet, Abb. 12.10. Die drei zylindrischen Leiter *1*, *2*, *3* befinden sich im Innern eines zylindrischen Metallmantels. Für die angenäherte Berechnung der Po-

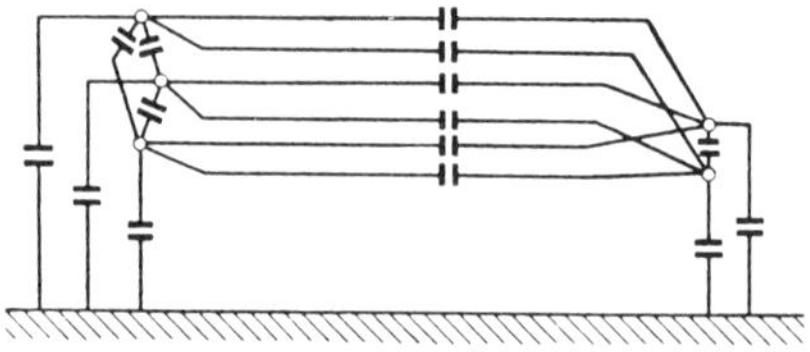

Abb. 12.9. Teilkapazitäten zwischen Drehstromleitung und Einphasenleitung

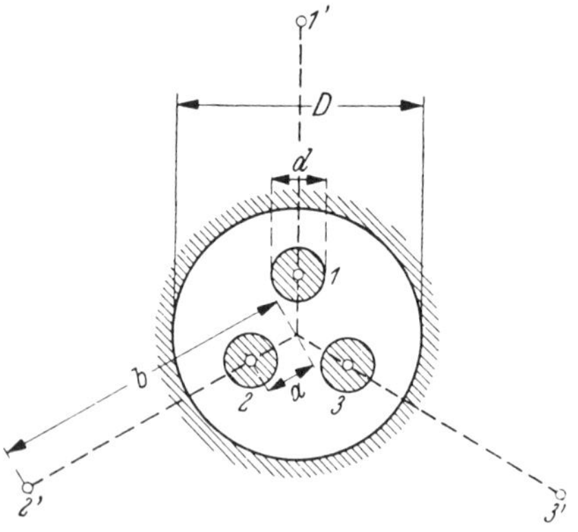

Abb. 12.10. Zur Berechnung der Teilkapazitäten eines Drehstromkabels

tentialverteilung bildet man zunächst die drei Leiter durch Linienquellen in ihren Achsen ab. Bezeichnet man deren Ladungen mit Q_1, Q_2, Q_3, so kann die Wirkung des Metallmantels auf die Potentialverteilung durch drei Linienquellen *1'*, *2'*, *3'* mit den Ladungen $-Q_1, -Q_2, -Q_3$ berücksichtigt werden. Für die Abstände b der Spiegelbilder gilt nach dem Gesetz der reziproken Radien Gl. (11.21)

$$b = \frac{D^2}{4a}\,. \tag{21}$$

Dadurch wird die Innenfläche des Mantels mit dem Durchmesser D eine Niveaufläche. Die die Linienquellen umgebenden Niveauflächen sind ebenfalls Zylinder, deren Grundflächen aber um so mehr von der Kreisform abweichen, je mehr sie sich dem Mantel nähern. Bei nicht zu großem Leiterdurchmesser ergibt sich angenähert Kreisform. Dann gilt für die Potentiale der drei Leiter unter Berücksichtigung, daß die mittleren Abstände der Leiteroberflächen von den Linienquellen $d/2$, $b-a$, $a\sqrt{3}$ und $\sqrt{a^2+b^2+ab}$ sind,

$$\varphi_1 = \frac{1}{2\pi\varepsilon l}\left[Q_1 \ln 2\frac{b-a}{d} + Q_2 \ln\frac{\sqrt{a^2+b^2+ab}}{a\sqrt{3}} + Q_3 \ln\frac{\sqrt{a^2+b^2+ab}}{a\sqrt{3}}\right], \tag{22}$$

$$\varphi_2 = \frac{1}{2\pi\varepsilon l}\left[Q_1 \ln\frac{\sqrt{a^2+b^2+ab}}{a\sqrt{3}} + Q_2 \ln 2\frac{b-a}{d} + Q_3 \ln\frac{\sqrt{a^2+b^2+ab}}{a\sqrt{3}}\right], \tag{23}$$

$$\varphi_3 = \frac{1}{2\pi\varepsilon l}\left[Q_1 \ln\frac{\sqrt{a^2+b^2+ab}}{a\sqrt{3}} + Q_2 \ln\frac{\sqrt{a^2+b^2+ab}}{a\sqrt{3}} + Q_3 \ln 2\frac{b-a}{d}\right]. \tag{24}$$

Das Potential der Kabelmantelfläche wird

$$\varphi_0 = \frac{1}{2\pi\varepsilon l}(Q_1+Q_2+Q_3)\ln\frac{D}{2a} \tag{25}$$

mit dem Abstandsverhältnis von den Linienquellen:

$$\frac{b-\frac{1}{2}D}{\frac{1}{2}D-a} = \frac{D}{2a}\,. \tag{26}$$

Aus Symmetriegründen sind die drei Teilkapazitäten zwischen den drei Leitern einander gleich, ebenso die drei Teilkapazitäten zwischen den Leitern und dem

Mantel (Erdkapazitäten), Abb. 12.11. Es genügt daher, einen der drei Leiter zu betrachten. Die Spannung U_1 zwischen dem Leiter 1 und dem Mantel ist

$$U_1 = \varphi_1 - \varphi_0 = \frac{1}{2\pi\varepsilon l}\left[Q_1 \ln\frac{4a(b-a)}{Dd} + (Q_2+Q_3)\ln\frac{2a\sqrt{a^2+b^2+ab}}{aD\sqrt{3}}\right]. \quad (27)$$

Andererseits folgt aus dem Ersatzbild mit den drei Spannungen U_1, U_2 und U_3 gegen den Mantel

$$\left.\begin{aligned} Q_1 &= U_1 C_0 + (U_1 - U_2) C_1 + (U_1 - U_3) C_1, \\ Q_2 &= U_2 C_0 + (U_2 - U_1) C_1 + (U_2 - U_3) C_1, \\ Q_3 &= U_3 C_0 + (U_3 - U_1) C_1 + (U_3 - U_2) C_1. \end{aligned}\right\} \quad (28)$$

Durch Auflösen dieser Gleichungen nach U_1 erhält man

$$U_1 = \frac{C_0 + C_1}{C_0(C_0 + 3C_1)} Q_1 + \frac{C_1}{C_0(C_0+3C_1)}(Q_2+Q_3). \quad (29)$$

Durch Vergleich der Koeffizienten von Q_1, Q_2 und Q_3 mit Gl. (27) ergibt sich

$$C_0 = \frac{2\pi\varepsilon l}{\ln\frac{16a(b^3-a^3)}{3D^3 d}}, \quad (30)$$

$$C_1 = \frac{2\pi\varepsilon l}{3\ln\frac{2\sqrt{3}\,a(b-a)}{d\sqrt{a^2+b^2+ab}}} - \frac{1}{3}C_0. \quad (31)$$

Für den Grenzfall, daß sich die drei Leitungen frei im Raum befinden, ergibt sich hieraus ($D = \infty$)

$$C_0 = 0, \qquad C_1 = \frac{2\pi\varepsilon l}{3\ln\frac{2a\sqrt{3}}{d}}. \quad (32)$$

Auf die Betriebskapazität des Drehstrom-Dreileiterkabels kommen wir im Abschnitt 39 zurück.

In den Kabeln der Fernsprechtechnik ist häufig eine große Zahl von Leitungen untergebracht. Die Teilkapazitäten zwischen den einzelnen Leitungen haben hier eine elektrische Kopplung zwischen den mit den Leitungen gebildeten Stromkreisen („Nebensprechen") zur Folge, die natürlich unerwünscht ist. Eine Bedingung dafür, daß die Kopplung zwischen zwei Leitungen verschwindet, läßt sich allgemein folgendermaßen formulieren. Es seien in Abb. 12.12 *1* und *2* die beiden Adern der einen Leitung, *3* und *4* die beiden Adern einer beliebigen andern Leitung. Wenn dann

$$C_{13} = C_{23} \quad \text{und} \quad C_{14} = C_{24},$$

dann halbieren die Leiter *3* und *4* das Potentialgefälle zwischen *1* und *2*; d. h. sie haben gegeneinander keine Spannung. Man vermeidet also die Kopplung, wenn die Teilkapazitäten von jeder Ader zu den beiden Adern einer jeden anderen Leitung einander gleichgemacht werden. Dies wird mit einer gewissen Annäherung durch

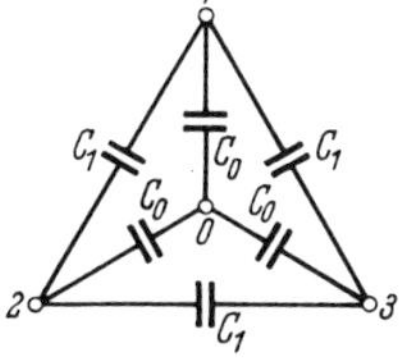

Abb. 12.11. Teilkapazitäten eines Drehstromkabels

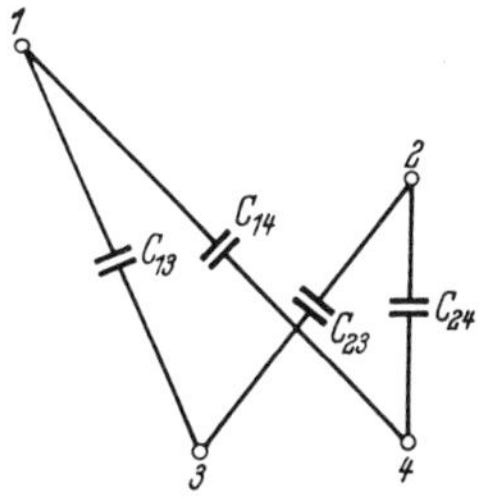

Abb. 12.12. Bedingung für die kapazitive Entkopplung zweier Leitungen

das sog. *Verdrillen der Leitungen* erreicht, wobei die beiden Adern einer jeden Leitung schraubenlinienförmig umeinander herumgeführt werden.

13. Mechanische Kräfte im elektrischen Feld. Die Energie des elektrischen Feldes

Kräfte an Leiteroberflächen

Die auf eine Punktladung im elektrischen Feld ausgeübte Kraft ist nach Gl. (9.3)

$$\boldsymbol{F} = Q\,\boldsymbol{E}\,.$$

Dabei bedeutet $\boldsymbol{E}$ die ursprüngliche elektrische Feldstärke am Orte der Punktladung. Die Kraft, die zwischen zwei Punktladungen Q_1 und Q_2 im Abstand a auftritt, läßt sich danach in folgender Weise berechnen. Wäre nur die Punktladung Q_1 vorhanden, so würde sich am Ort der anderen Punktladung nach Gl. (11.2) eine Feldstärke

$$E = \frac{Q_1}{4\,\pi\,\varepsilon\,a^2}$$

einstellen. Für die Kraft gilt daher (COULOMB 1785)

$$\boxed{F = \frac{Q_1\,Q_2}{4\,\pi\,\varepsilon\,a^2};} \tag{1}$$

sie sucht Ladungen gleichen Vorzeichens voneinander zu entfernen, Ladungen entgegengesetzten Vorzeichens einander zu nähern. Von diesem durch COULOMB experimentell entdeckten Gesetz hat die Elektrizitätslehre ihren Ausgang genommen; ihre geschichtliche Entwicklung ging gegenüber dem hier Dargestellten den umgekehrten Weg. Das COULOMBsche Gesetz gab die Möglichkeit, Elektrizitätsmengen zu messen; damit konnte man auf Grund der Gl. (9.3) die elektrische Feldstärke und die Spannung definieren.

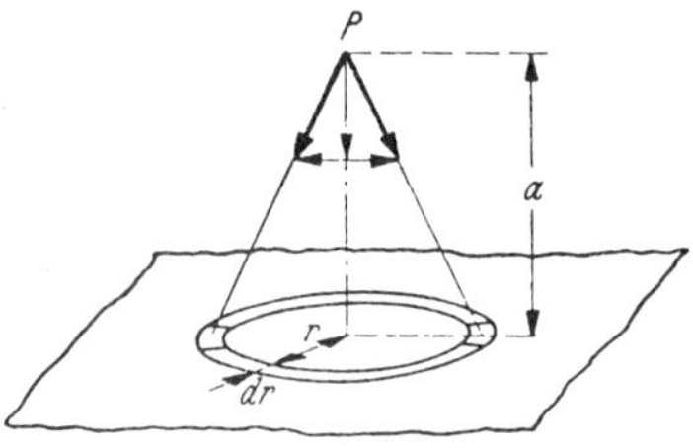

Abb. 13.1. Berechnung der Kräfte in einem Plattenkondensator

Die Formel (1) gilt streng nur für Punktladungen; bei räumlich ausgedehnten Elektroden ist sie näherungsweise gültig, wenn die Elektrodenabmessungen klein gegen den Abstand sind.

Die zwischen Elektroden beliebiger Größe und beliebigen Abstandes wirkenden Feldkräfte können berechnet werden, wenn man sich die Ladungen so fein unterteilt denkt, daß sie als Punktladungen aufgefaßt werden können. Die auf die Elektroden wirkenden Kräfte sind die Resultierenden aller an den Punktladungen angreifenden Kräfte. Als Beispiel sollen die Kräfte zwischen zwei parallelen Platten sehr großer Ausdehnung mit dem Abstand a berechnet werden. Bezeichnet man die überall zwischen den beiden Platten konstante Verschiebungsdichte mit D, so hat ein Flächenelement dA der einen Platte die Ladung $D\,dA$. Um die auf das Flächenelement ausgeübte Kraft zu berechnen, fällen wir von diesem Flächenelement ein Lot auf die andere Platte, Abb. 13.1, und zerlegen deren Oberfläche in schmale Kreisringe, die den Fußpunkt dieses Lotes konzentrisch umgeben. Die auf die Ladung $D\,dA$ im Punkt P von einem Flächenelement eines solchen Kreisringes mit der Ladung dQ ausgeübte Anziehungskraft ist nach dem COULOMBschen Gesetz

$$\frac{D\,dA\,dQ}{4\,\pi\,\varepsilon\,(r^2 + a^2)}\,.$$

Die horizontalen Komponenten der Kräfte, die von je zwei einander gegenüberliegenden Flächenelementen des Kreisringes herrühren, heben sich auf, während sich die vertikalen Komponenten addieren. Die vertikale Komponente ist $a/\sqrt{r^2 + a^2}$ mal so groß wie die Kraft selbst; die gesamte Ladung eines Kreisringes mit der Fläche $2\,r\,\pi\,dr$ ruft daher im Punkt P eine Kraft hervor vom Betrag

$$\frac{D\,dA\;D\,2\,r\,\pi\,dr\,a}{4\,\pi\,\varepsilon\,(r^2 + a^2)\,\sqrt{r^2 + a^2}}\,.$$

Die von der Gesamtladung der unteren Platte auf das Flächenelement dA der andern Platte ausgeübte Kraft wird durch Integration über alle Kreisringe erhalten zu

$$\frac{a\,D^2\,dA}{2\,\varepsilon}\int\limits_0^{r_0}\frac{r\,dr}{\left(r^2 + a^2\right)^{3/2}} = \frac{a\,D^2\,dA}{2\,\varepsilon}\left[\frac{1}{a} - \frac{1}{\sqrt{r_0^2 + a^2}}\right].$$

Lassen wir nun den Radius r_0 sehr groß werden gegen den Plattenabstand a, so verschwindet das zweite Glied in der Klammer gegen das erste; der Plattenabstand a fällt heraus, und die gesamte Zugkraft, die auf das Flächenelement dA einwirkt, wird

$$\frac{D^2\,dA}{2\,\varepsilon}\,.$$

Die auf die Platte wirkende Zugspannung ergibt sich durch Division mit dA; sie beträgt also

$$\boxed{\sigma_z = \frac{1}{2}\frac{D^2}{\varepsilon} = \frac{1}{2}\,E\,D = \frac{1}{2}\,\varepsilon\,E^2\,.} \tag{2}$$

Zahlenbeispiel: Die Isolierstoffe können nur mit einer bestimmten höchsten elektrischen Feldstärke beansprucht werden, ohne daß ein Durchbruch eintritt (s. Abschnitt 22). Am größten sind die zulässigen Feldstärken bei Glas und Glimmer. Die praktische Grenze liegt hier etwa bei 500 kV/cm. Setzt man für die Permittivitätszahl $\varepsilon_r = 8$, so ergibt sich für die größte elektrische Zugspannung, die mit den bekannten Isolierstoffen hergestellt werden kann, die Größenordnung

$$\sigma_z = \frac{1}{2}\,8\cdot 8{,}86\cdot 10^{-12}\cdot 25\cdot 10^{14}\,\frac{\mathrm{As\,V^2}}{\mathrm{Vm\,m^2}} = 8{,}86\cdot 10^4\,\frac{\mathrm{Ws}}{\mathrm{m^3}} = 8{,}86\cdot 10^4\,\frac{\mathrm{N}}{\mathrm{m^2}} \approx 0{,}9\,\frac{\mathrm{kp}}{\mathrm{cm^2}}\,.$$

Eine Glas- oder Glimmerplatte, die sich zwischen zwei Plattenelektroden befindet, kann also mit einem Flächendruck von rund 1 bar durch die elektrischen Feldkräfte zusammengepreßt werden. In der Elektrotechnik arbeitet man durchweg mit erheblich geringeren Feldstärken; die mechanischen Beanspruchungen der Isolierstoffe durch die elektrischen Feldkräfte sind daher immer sehr viel kleiner.

Mechanische Spannungen im elektrischen Feld

Die Gl. (2) gilt auch bei beliebig gekrümmten Leiteroberflächen, da das Feld in hinreichend kleinen Ausschnitten an der Elektrodenoberfläche als homogen angesehen werden kann. Die an der Elektrodenoberfläche angreifenden Zugspannungen haben also allgemein den durch Gl. (2) gegebenen Betrag auch bei beliebiger Krümmung der Elektrodenoberfläche. Die Kräfte greifen senkrecht an der Elektrodenoberfläche an. Man kann sie dadurch veranschaulichen, daß man sagt, es bestehe längs der Verschiebungslinien eine Zugspannung gemäß Gl. (2) (FARADAY, MAXWELL), ähnlich wie in einem Bündel gespannter Gummifäden.

Daraus geht nicht hervor, daß tatsächlich derartige Spannungen im leeren Raum vorhanden sind. Diese Vorstellung der Nahewirkungstheorie, die insbesondere durch die mechanischen Spannungen im Nichtleiter gekennzeichnet ist, erlaubt jedoch eine anschauliche Darstellung der Vorgänge des elektrischen Feldes, die bei den für die Elektrotechnik in Betracht kommenden Erscheinungen nicht in Widerspruch mit der Erfahrung steht. Nach heutigem Wissen ist jedoch die Anschauung zutreffender, daß die Elektroden vermittels des elektrischen Feldes durch den leeren Raum aufeinander einwirken.

Die längs der Verschiebungslinien wirkenden Zugspannungen haben einen Querdruck zur Folge, mit dem sich die Verschiebungslinien scheinbar abzustoßen suchen; er kann auf folgende Weise berechnet werden. Durch zwei benachbarte Niveauflächen und durch Verschiebungslinien läßt sich an jeder Stelle des Feldes ein kleiner Kegelstumpf nach Abb. 13.2 abgrenzen, wobei die Grundflächen durch die Niveauflächen gebildet werden. Wir denken uns diesen Kegelstumpf zu einem Kegel vervollständigt. Die elektrische Feldstärke innerhalb des Kegelstumpfes ist eine Funktion des Abstandes x von der Spitze des Kegels; für den Radius r, der ebenso wie die Höhe dx des Kegelstumpfes im Grenzfall verschwindend klein sein soll, gilt $r = x \tan\alpha$. Bezeichnet man die Feldstärke auf der linken Seitenfläche mit E, so hat sie auf der rechten entsprechend der Zunahme der Fläche den Wert

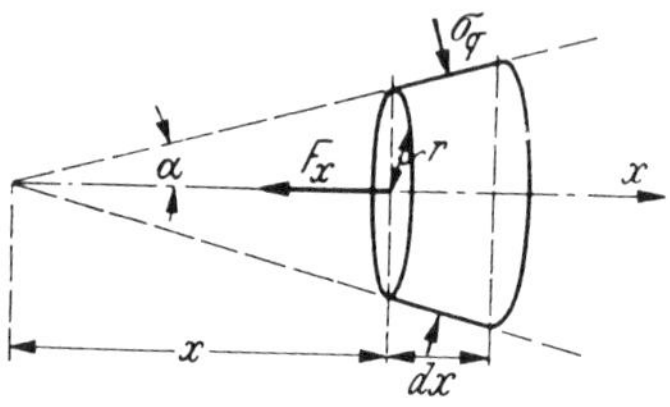

Abb. 13.2. Berechnung des Querdruckes der Verschiebungslinien

$$E \frac{r^2 \pi}{\left(r \frac{x + dx}{x}\right)^2 \pi} = E\left(1 - 2\frac{dx}{x}\right).$$

Die auf die linke Seitenfläche wirkende Zugkraft ist

$$\pi \frac{1}{2} \varepsilon E^2 x^2 \tan^2\alpha ,$$

die auf die rechte Seitenfläche wirkende Kraft ist

$$\pi \frac{1}{2} \varepsilon E^2 \left(1 - 4\frac{dx}{x}\right)(x + dx)^2 \tan^2\alpha ;$$

der Kegelstumpf wird daher mit einer Kraft

$$F_x = \pi \frac{1}{2} \varepsilon E^2 \, 2 \frac{dx}{x} x^2 \tan^2\alpha \tag{3}$$

nach links gezogen. Soll ein Gleichgewichtszustand bestehen, so muß diese Kraft durch einen auf den Kegelmantel wirkenden Flächendruck σ_q aufgehoben werden. Es ist also zu setzen

$$F_x = 2 r \pi \frac{dx}{\cos\alpha} \sigma_q \sin\alpha ; \tag{4}$$

daraus folgt

$$\sigma_q = \frac{1}{2} \varepsilon E^2 = \frac{1}{2} E \cdot D . \tag{5}$$

Dieser Querdruck ist also ebenso groß wie der Längszug σ_z.

Kräfte an Grenzflächen zwischen Nichtleitern

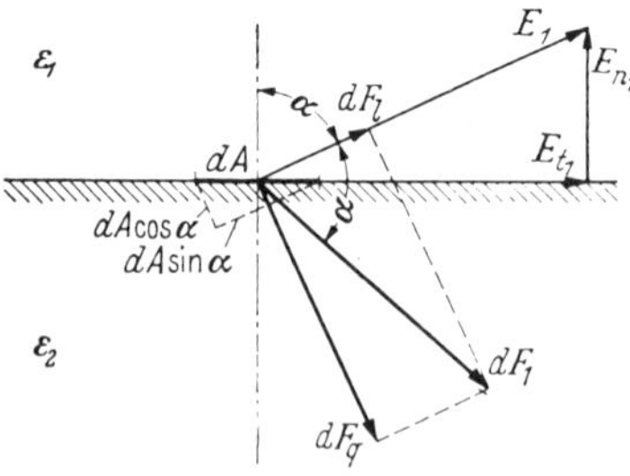

Abb. 13.3. Kräfte an Grenzflächen

Auch an den Grenzflächen zwischen zwei *Nichtleitern* entstehen Kräfte. In Abb. 13.3 ist ein Flächenelement der beliebig geformten Grenzfläche mit dA bezeichnet; sie trenne einen Raum *1* mit der Dielektrizitätskonstante ε_1 von einem Raum *2* mit ε_2. Die elektrische Feldstärke greife in dem ersten Raum unter dem Winkel α gegen die Senkrechte zu dA an diesem Flächenelement an.

Auf das Flächenelement wirken nun aus dem Raum *1* zwei Kräfte ein, eine Kraft $d\boldsymbol{F}_l$, die durch die Zugspannung längs der Feldlinien bedingt ist und den Betrag hat

$$dF_l = \frac{1}{2} E_1 D_1 \, dA \cos\alpha = \sigma_1 \, dA \cos\alpha , \tag{6}$$

und eine zweite $d\boldsymbol{F}_q$, die senkrecht zu den Feldlinien steht und durch den Querdruck der Feldlinien hervorgerufen wird; sie hat den Betrag

$$dF_q = \sigma_1\, dA \sin\alpha\,. \tag{7}$$

Beide Kräfte setzen sich zu einer Resultierenden $d\boldsymbol{F}_1$ zusammen. Die Tangentialkomponente dieser Resultierenden ist nach rechts gerichtet und beträgt

$$dF_{t1} = 2\,\sigma_1\, dA \cos\alpha \sin\alpha = \sigma_1\, dA \sin 2\,\alpha\,. \tag{8}$$

Die nach oben zeigende Normalkomponente beträgt

$$dF_{n1} = \sigma_1\, dA\,(\cos^2\alpha - \sin^2\alpha) = \sigma_1\, dA \cos 2\,\alpha\,. \tag{9}$$

Hieraus geht hervor, daß die Gesamtkraft $d\boldsymbol{F}_1$ den Winkel 2α mit der Normalen zur Grenzfläche bildet und den Betrag $\sigma_1\, dA$ hat. Man kann sich also die an der Grenzfläche von der einen Seite her angreifenden Kräfte hervorgerufen denken durch eine Flächenkraft („MAXWELLsche Spannung" $\boldsymbol{T}_1$) vom Betrag

$$T_1 = \frac{1}{2}\, E_1\, D_1 = \frac{1}{2}\,\varepsilon_1\, E_1^2\,, \tag{10}$$

deren Winkel mit der Normalen durch die Richtung von $\boldsymbol{E}_1$ halbiert wird.

Führt man die Normal- und Tangentialkomponenten von $\boldsymbol{E}_1$ und $\boldsymbol{D}_1$ ein, so folgt aus den Gl. (8) und (9)

$$dF_{t1} = \varepsilon_1\, E_{n1}\, E_{t1}\, dA\,, \tag{11}$$

$$dF_{n1} = \frac{1}{2}\,\varepsilon_1\,(E_{n1}^2 - E_{t1}^2)\, dA\,. \tag{12}$$

Ganz entsprechende Kräfte wirken nun auch von der andern Seite der Grenzfläche her. Dort ist wegen der Stetigkeit des Verschiebungsflusses

$$E_{n2} = \frac{\varepsilon_1}{\varepsilon_2}\, E_{n1} \qquad \text{und} \qquad E_{t2} = E_{t1}\,. \tag{13}$$

Die Tangentialkraft ist dort nach links gerichtet und beträgt

$$dF_{t2} = \varepsilon_2\,\frac{\varepsilon_1}{\varepsilon_2}\, E_{n1}\, E_{t1}\, dA = \varepsilon_1\, E_{n1}\, E_{t1}\, dA\,. \tag{14}$$

Sie ist also genau entgegengesetzt gleich dF_{t1}, so daß sich die beiden Kräfte aufheben. *Die gesamte auf die Grenzfläche wirkende Kraft greift immer senkrecht zur Grenzfläche an,* gleichgültig wie groß der Einfallswinkel der elektrischen Kraftlinien ist.

Die aus dem Raum *2* herrührende nach diesem Raum hin gerichtete Normalkomponente der Kraft hat den Betrag

$$dF_{n2} = \frac{1}{2}\,\varepsilon_2\left(\frac{\varepsilon_1^2}{\varepsilon_2^2}\, E_{n1}^2 - E_{t1}^2\right) dA\,. \tag{15}$$

Insgesamt ergibt sich also an der Grenzfläche eine nach dem Raum *1* hin gerichtete Zugspannung vom Betrage

$$\sigma_z = \frac{dF_{n1} - dF_{n2}}{dA}\,,$$

$$\boxed{\sigma_z = \frac{1}{2}\,(\varepsilon_2 - \varepsilon_1)\left(E_{t1}^2 + \frac{\varepsilon_1}{\varepsilon_2}\, E_{n1}^2\right).} \tag{16}$$

Sonderfälle:

a) Feldlinien senkrecht zur Grenzfläche:

$$E_{t1} = 0\,, \qquad \boldsymbol{E}_{n1} = \boldsymbol{E}_1\,;$$

es ergibt sich

$$\sigma_z = \frac{1}{2}(\varepsilon_2 - \varepsilon_1)\frac{\varepsilon_1}{\varepsilon_2}E_1^2 . \tag{17}$$

Ist ε_2 groß gegen ε_1, so gilt angenähert

$$\sigma_z = \frac{1}{2}\varepsilon_1 E_1^2 \tag{18}$$

wie an einer Leiteroberfläche.

b) Feldlinien parallel zur Grenzfläche:

$$\boldsymbol{E}_{n1} = 0 , \qquad \boldsymbol{E}_{t1} = \boldsymbol{E}_1 ;$$

es ergibt sich

$$\sigma_z = \frac{1}{2}(\varepsilon_2 - \varepsilon_1) E_1^2 . \tag{19}$$

Wird eine Glasplatte parallel zu den Platten in einen Plattenkondensator gebracht, so heben sich die Zugkräfte auf beiden Seitenflächen der Glasplatte auf; dagegen wird die Platte in den Kondensator hineingezogen, wenn sie nur zum Teil in den Kondensator hineintaucht, Gl. (19). Bei flüssigen Isolierstoffen wirken die elektrischen Feldkräfte wie ein hydrostatischer Druck; sie suchen das Volumen des Isolierstoffes zu vergrößern.

Berechnung der Feldkräfte aus der Kapazität. Energie des elektrischen Feldes

Die praktisch vorkommenden elektrischen Feldkräfte sind durchweg sehr klein. Sie haben eine grundlegende Bedeutung bei den *elektrostatischen Meßinstrumenten*, bei denen sie die Triebkräfte bilden. Zur Berechnung der Feldkräfte in diesen Fällen und bei allgemeinen Elektrodenformen kann man eine andere Methode anwenden, die von der im *elektrischen Feld aufgespeicherten Energie* ausgeht.

Wenn ein Kondensator mit der Kapazität C auf die Spannung U aufgeladen wird, so nimmt er nach Gl. (10.1) einen Verschiebungsfluß

$$Q = C\,U$$

auf. Die Stromquelle muß also während der Aufladung eine bestimmte elektrische Arbeit liefern, die auf den Kondensator übergeht, wenn sonst keine Energieverluste vorhanden sind. Da nun ein endlicher Betrag von Energie bei endlichen Kräften nur in endlichen Zeiten übertragen werden kann, so erfordert der Vorgang der Aufladung, also der Vorgang der Herstellung eines elektrischen Feldes, Zeit. Bezeichnet man die Spannung in irgendeinem Zeitpunkt während des Aufladungsvorganges mit u, so ist die entsprechende Ladung in diesem Zeitpunkt („Augenblickswert“)

$$q = C\,u . \tag{20}$$

Der positiven Elektrode fließen während der Aufladung positive Ladungen zu; von der negativen Elektrode fließen positive Ladungen ab. Es besteht also in dem betrachteten Zeitpunkt eine bestimmte Stromstärke i. Der Strom vermehrt die Ladung der positiven Elektrode in einem Zeitelement dt um den Betrag

$$dq = i\,dt .$$

Dadurch wächst die Spannung um einen Betrag du, und es gilt

$$dq = C\,du .$$

Daraus folgt

$$i\,dt = C\,du . \tag{21}$$

Die elektrische Arbeit, die der Kondensator während des Zeitelements dt aufnimmt, ist

$$dW = u\,i\,dt = C\,u\,du\,. \tag{22}$$

War der Kondensator zunächst ungeladen, und wächst seine Spannung auf irgendeinen Wert U, so ist die gesamte vom Kondensator aufgenommene elektrische Energie $\int_0^U Cu\,du$, also

$$\boxed{W = \frac{1}{2}\,CU^2.} \tag{23}$$

Diese Energie ist im Kondensator aufgespeichert wie die potentielle Energie in einer gespannten Feder. Man kann sie bei der Entladung des Kondensators wiedergewinnen. Die Energiebeträge, die auf diese Weise aufgespeichert werden können, sind freilich verhältnismäßig gering. Wird z. B. ein Kondensator mit der Kapazität $C = 2\,\mu\mathrm{F}$ auf eine Spannung von 1000 Volt aufgeladen, so enthält er die Energie

$$W = \frac{1}{2}\,2 \cdot 10^{-6} \cdot 10^{6} \cdot \mathrm{FV}^2 = 1\ \mathrm{Ws}\,.$$

Als Sitz der Energie kann das elektrische Feld selbst angesehen werden. Wir denken uns durch zwei benachbarte Niveauflächen mit dem Abstand dn und durch Verschiebungslinien ein Prisma mit den Grundflächen dA im elektrischen Feld abgegrenzt, Abb. 6.1. An dem Feldbild ändert sich nichts, wenn man die Grundflächen durch dünne Metallfolien mit den entsprechenden Potentialen ersetzt. Dann entsteht ein kleiner Plattenkondensator mit der Kapazität

$$C = \varepsilon\,\frac{dA}{dn}\,,$$

der auf die Spannung $d\varphi$ aufgeladen ist. Die in ihm gespeicherte Energie hat den Betrag

$$dW = \frac{1}{2}\,C\,(d\varphi)^2 = \frac{1}{2}\,\varepsilon\,E^2\,dV\,,$$

wobei das Volumen des Prismas $dn\,dA = dV$ gesetzt ist. Daraus geht hervor, daß in dem Feld Energie gespeichert ist mit der Dichte

$$\boxed{w = \frac{dW}{dV} = \frac{1}{2}\,\varepsilon\,E^2 = \frac{1}{2}\,E\,D\,.} \tag{24}$$

Die Energiedichte ist im allgemeinen ungleichmäßig über das Feld verteilt. Die größte Energie sitzt dort, wo die Feldstärke am größten ist. Man erhält die insgesamt in einem elektrischen Feld gespeicherte Energie durch Integration über den ganzen Raum:

$$\boxed{W = \frac{1}{2}\int E D\,dV\,.} \tag{25}$$

Nun kann man die im elektrischen Feld wirkenden mechanischen Kräfte mit Hilfe des folgenden Gedankenexperimentes berechnen. Wir denken uns die Spannungsquelle, die den Kondensator auf eine Spannung U aufgeladen hat, entfernt und nehmen ideale Isolation an, so daß die Ladung Q zeitlich konstant bleibt. Die aufgespeicherte Energie ist

$$W = \frac{1}{2}\,C\,U^2 = \frac{Q^2}{2\,C}\,. \tag{26}$$

Es werde nun verfolgt, wie sich die elektrische Energie bei einer gedachten Verschiebung einer Elektrode ändert. Wirkt auf eine Elektrode die Feldkraft F_x in einer Richtung x, und bewegt sich die Elektrode unter der Einwirkung dieser Kraft um ein kleines Stück dx in dieser Richtung **zu der Gegenelektrode hin**, so wird die Arbeit geleistet

$$F_x\,dx\,.$$

Diese kann nur der Energie des elektrischen Feldes entzogen worden sein. Die Kapazität nimmt zu um $\frac{\partial C}{\partial x}\,dx$, also **nimmt** nach Gl. (26) die Energie **ab** um den Betrag

$$dW = \frac{1}{2}\,\frac{Q^2}{C^2}\,\frac{\partial C}{\partial x}\,dx = \frac{1}{2}\,U^2\,\frac{\partial C}{\partial x}\,dx;$$

daher gilt

$$\boxed{F_x = \frac{1}{2}\,U^2\,\frac{\partial C}{\partial x}\,.} \tag{27}$$

Die *Richtung* der Kraft läßt sich immer durch die Regel bestimmen, daß die Feldkräfte infolge des Längszuges und Querdruckes der Feldlinien die Kapazitäten zu vergrößern suchen.

Beispiel: Bei einem Plattenkondensator mit der Fläche A und dem Abstand a der Platten ist

$$C = \varepsilon\,\frac{A}{a}\,.$$

Die auf die Elektroden ausgeübte Zugkraft weist in Richtung der Abstandsabnahme $-\,da = dx$ und beträgt somit

$$F = -\,\frac{1}{2}\,U^2\,\frac{\partial C}{\partial a} = \frac{1}{2}\,\frac{\varepsilon\,A}{a^2}\,U^2\,. \tag{28}$$

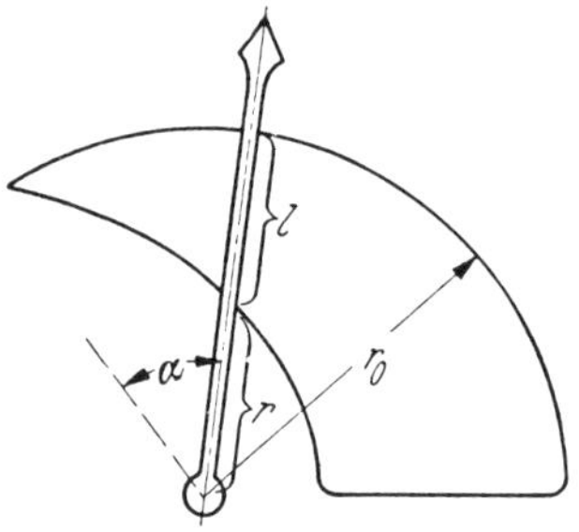

Abb. 13.4. Prinzip des Nadelelektrometers

Als Anwendungsbeispiel werde das *Nadelelektrometer* betrachtet. Eine Blechnadel taucht in einen Plattenkondensator derart, daß sich mit zunehmendem Ausschlag der Nadel die Kapazität zwischen Nadel und Platte vergrößert, Abb. 13.4. Die Kapazität zwischen der Nadel und den festen Platten ist angenähert proportional der eintauchenden Länge l der Nadel: $C = c\,l$. Legt man eine Spannung zwischen die Nadel und die miteinander verbundenen festen Platten, so sucht sich die Kapazität zu vergrößern, die Nadel erfährt ein Triebmoment im Sinne des Uhrzeigers, dem durch das Richtmoment einer Feder die Waage gehalten wird. Bezeichnet man das Triebmoment mit M_d, so gilt auf Grund der gleichen Überlegung wie oben für eine kleine Winkeländerung $d\alpha$

$$M_d\,d\alpha = \frac{1}{2}\,U^2\,dC \qquad \text{oder} \qquad M_d = \frac{1}{2}\,U^2\,\frac{dC}{d\alpha}\,. \tag{29}$$

Nun ist bei kreisförmiger äußerer Begrenzung der festen Platten

$$l = r_0 - r\,;$$

also wird

$$M_d = -\,\frac{c}{2}\,U^2\,\frac{dr}{d\alpha}\,. \tag{30}$$

Die Abhängigkeit des Triebmomentes von dem Drehwinkel α des Zeigers läßt sich danach durch die Berandungskurve der festen Platten beeinflussen.

Für das Gleichgewicht zwischen dem Triebmoment M_d und dem Richtmoment $s\,\alpha$ der Feder gilt

$$s\,\alpha = -\,\frac{c}{2}\,U^2\,\frac{dr}{d\alpha}\,. \tag{31}$$

Verlangt man, daß die Skala einen proportionalen Verlauf haben soll, so muß sein

$$U = c_1 \alpha$$

oder

$$dr = -\frac{2\,s}{c\,c_1^2}\,\frac{d\alpha}{\alpha}$$

und mit α_0 für $r = 0$:

$$r = \frac{2\,s}{c\,c_1^2} \ln \frac{\alpha_0}{\alpha}\,. \tag{32}$$

Diese Bedingung läßt sich praktisch in einem gewissen Winkelbereich verwirklichen.

Die Umwandlung von elektrischer Energie in mechanische Arbeit bei der Bewegung einer Elektrode ist ein umkehrbarer Vorgang. Dies läßt sich durch den folgenden Versuch zeigen. Ein Drehkondensator werde mit einer Spannung von 220 V bei voller Kapazität aufgeladen. Seine beiden Klemmen sind mit einer kleinen Funkenstrecke versehen, die bei der niedrigen Ladespannung nicht anspricht. Entfernt man aber die Verbindung mit der Spannungsquelle und dreht den beweglichen Teil des Kondensators rasch in die Nullstellung, so springt ein Funke über. Der Vorgang ist dabei der folgende. Der Kondensator hat bei der vollen Kapazität die Ladung $Q = C\,U$ aufgenommen. Schaltet man ihn von der Spannungsquelle ab und verringert die Kapazität auf den Wert der Anfangskapazität, der $\frac{1}{n}\,C$ betrage, so sorgt die Isolierung der Elektroden dafür, daß während dieser Änderung die Ladung nahezu konstant bleibt. Es muß also die Spannung auf den n-fachen Wert wachsen. Die Ladung drängt sich auf eine kleine Fläche der Platten zusammen, die Verschiebungsdichte wächst und damit wachsen Feldstärke und Spannung. Die aufgespeicherte elektrische Energie war zu Anfang

$$W_a = \frac{1}{2}\,C\,U^2\,;$$

am Ende des Vorganges dagegen beträgt sie

$$W_e = \frac{1}{2}\,\frac{1}{n}\,C(n\,U)^2 = n\,\frac{1}{2}\,C\,U^2 = n\,W_a\,.$$

Sie ist also n mal so groß geworden. Der Differenzbetrag ist dem Kondensator bei der Drehung der Platte als mechanische Arbeit zugeführt worden. Die Anordnung stellt einen Generator dar, der mechanische in elektrische Energie umwandelt (Influenz-Elektrisiermaschine, s. a. parametrische Verstärker, Abschnitt 53). Da die im elektrischen Feld aufgespeicherten Energien sehr klein sind, so lassen sich jedoch auf diese Weise keine großen elektrischen Leistungen herstellen.

Einwirkung elektrischer Felder auf Elektronenbahnen: Elektronenoptik

Die im elektrischen Feld auf Elektronen ausgeübten Kräfte finden vielfache Anwendungen bei Elektronenströmen im Hochvakuum. Als Beispiel werde die *Braunsche Röhre* betrachtet, deren Prinzip schematisch durch Abb. 13.5 dargestellt ist. Von der Kathode K (Glühkathode s. Abschnitt 17) werden Elektronen ausgestrahlt. Eine zwischen der Anode A und der Kathode K liegende Gleichspannung U_a beschleunigt diese Elektronen; jedes Elektron nimmt dabei eine bestimmte Geschwindigkeit v sowie eine kinetische Energie an, die gleich der Arbeit ist, die ihm vom elektrischen Feld zugeführt wird.

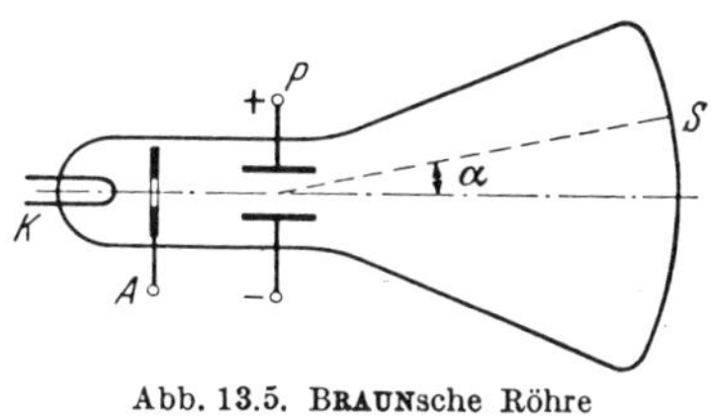

Abb. 13.5. BRAUNsche Röhre

Wäre die Masse des Elektrons unabhängig von der Geschwindigkeit, so wäre seine kinetische Energie $\frac{1}{2} m v^2$ und daher mit Gl. (9.19)

$$\frac{1}{2} m v^2 = e U_a . \tag{33}$$

Hieraus folgt die Geschwindigkeit des Elektrons nach dem Durchlaufen der Spannung U_a

$$v = \sqrt{\frac{2 e}{m} U_a} . \tag{34}$$

Diese Beziehung gilt, solange die Geschwindigkeit v klein gegen die Lichtgeschwindigkeit c ist. Bei höheren Geschwindigkeiten nimmt die Masse des Elektrons nach Gl. (8.3) von dem Ruhewert m_0 auf den der Geschwindigkeit v entsprechenden Wert m zu. Nun ist der Energieinhalt einer Masse m allgemein durch $m c^2$ gegeben. Die Differenz des Energieinhaltes $m c^2$ bei der Geschwindigkeit v und des Energieinhaltes des ruhenden Elektrons $m_0 c^2$ wird durch die elektrisch zugeführte Arbeit $e U_a$ gedeckt:

$$m c^2 - m_0 c^2 = e U_a . \tag{35}$$

Hieraus erhält man mit Gl. (8.3)

$$v = c \frac{\sqrt{1 + 2 \eta}}{1 + \eta} , \tag{36}$$

wobei zur Abkürzung

$$\eta = \frac{m_0 c^2}{e U_a} \tag{37}$$

gesetzt ist.

Da die kinetische Energie eines Elektrons gleich eU_a ist, kann sie durch die „Anlaufspannung" U_a ausgedrückt werden, d. h. durch die Spannung, gegen die das Elektron anlaufen könnte, ehe es zum Stillstand kommt. Man gibt die kinetische Energie bewegter Elektronen deshalb häufig in Elektronvolt an, benutzt also $1 \text{ eV} = 1{,}6 \cdot 10^{-19}$ Ws als Energieeinheit. Bei einer Anlaufspannung von 1000 V ist die Energie des Elektrons 1000 eV = 1 keV. Dabei ist

$$\eta = \frac{m_0 c^2}{e U_a} = \frac{9{,}11 \cdot 10^{-28} \cdot 9 \cdot 10^{20} \text{ g cm}^2}{1{,}6 \cdot 10^{-19} \cdot 1000 \text{ VAs s}^2} = 512 .$$

Damit wird

$$v = c \frac{\sqrt{1025}}{513} = 0{,}0624\, c = 18700 \frac{\text{km}}{\text{s}} .$$

Für einige weitere Spannungswerte gibt die folgende Tabelle die Elektronengeschwindigkeiten an:

$U_a =$	10	10^2	10^3	10^4	10^5	10^6	10^7 V
$\eta =$	51 200	5120	512	51,2	5,12	0,512	0,0512
$v =$	0,00625	0,0198	0,0624	0,195	0,548	0,941	0,999 c
$v =$	1874	5940	18 710	58 500	164 300	282 000	299 500 km/s

In den Braunschen Röhren wird mit Anlaufspannungen von einigen 100 bis zu einigen 10000 V gearbeitet.

Durch eine Öffnung in der Anode gelangen die Elektronen in den Ablenkraum; die Auftreffstelle des Elektronenstrahles wird auf dem Leuchtschirm S beobachtet. Mit Hilfe der Plattenkondensatoren, die der Strahl durchläuft, und von denen einer in Abb. 13.5 angedeutet ist, kann der Strahl abgelenkt werden, da auf jedes Elektron durch das elektrische Feld des Plattenkondensators eine Kraft senkrecht zur Achsenrichtung ausgeübt wird. Bezeichnet U die Spannung zwischen den beiden Ablenkplatten, d den Plattenabstand, dann ist die ablenkende Feldstärke U/d und die quer zur Achse der Röhre gerichtete Beschleunigung der Elektronen $\frac{e}{m} \frac{U}{d}$. Die Elektronen beschreiben daher eine Parabelbahn ähnlich wie ein waagerecht abgeworfener Stein im Erdfeld. Die Beschleunigung wirkt auf die Elektronen während der Zeit $\tau = l/v$ ein, die sie zum Durchlaufen des Plattenkondensators mit der Länge l benötigen. Die Elektronen erhalten daher in der Ablenkrichtung eine Geschwindigkeitskomponente

$$v_1 = \frac{e}{m} \frac{U}{d} \frac{l}{v}.$$

Ihre Bewegungsrichtung am Ausgang des Kondensators ist gegeben durch

$$\tan\alpha = \frac{v_1}{v} = \frac{e}{m} \frac{U}{d} \frac{l}{v^2} \approx \frac{1}{2} \frac{l}{d} \frac{U}{U_a}. \tag{38}$$

Die Ablenkung des Leuchtpunktes auf dem Leuchtschirm ist also proportional der Ablenkspannung U und umgekehrt proportional der Anlaufspannung U_a der Elektronen. Da die Elektronenlaufzeit τ im Ablenkfeld sehr kurz ist (z. B. bei $U_a = 1$ kV, $v = 19000$ km/s wird für $l = 2$ cm $\tau = l/v = 10^{-9}$ s), so gilt diese Proportionalität auch bei zeitlich rasch veränderlichen Ablenkspannungen bis zur Größenordnung 10^8 Hz.

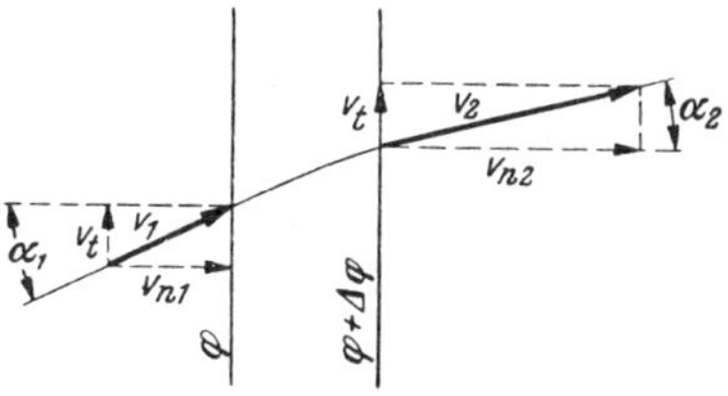

Abb. 13.6. Brechung von Elektronenbahnen im elektrischen Feld

Eine scharfe Bündelung des Elektronenstrahles auf dem Leuchtschirm kann durch eine „*elektrische Linse*" herbeigeführt werden. Eine solche Linse wird dargestellt durch ein **rotationssymmetrisches** elektrisches Feld, dessen Feldlinien im wesentlichen parallel zur Strahlachse verlaufen. Jedes derartige Feld wirkt auf einen Elektronenstrahl in ähnlicher Weise wie eine Glaslinse auf einen Lichtstrahl. Dies folgt ebenfalls aus der Wirkung der Feldkräfte auf die Elektronen.

Fliegt ein Elektron mit der Geschwindigkeit v_1 in den Raum zwischen zwei nahe benachbarten Potentialflächen mit dem Potentialunterschied $\Delta\varphi$, Abb. 13.6, so wird die Flugrichtung durch die Feldkräfte geändert. Das Elektron beschreibt eine Wurfparabel, wobei die senkrecht zu den elektrischen Feldlinien gerichtete Geschwindigkeitskomponente v_t unverändert bleibt, während die kinetische Energie sich entsprechend der Potentialdifferenz von dem Wert $\frac{1}{2} m v_1^2 = e\varphi$ auf den Wert $\frac{1}{2} m v_2^2 = e(\varphi + \Delta\varphi)$ vergrößert. Für die Eintritts- und Austrittswinkel folgt daher

$$\frac{\sin\alpha_1}{\sin\alpha_2} = \frac{v_2}{v_1} = \sqrt{1 + \frac{\Delta\varphi}{\varphi}}. \tag{39}$$

Diese Beziehung entspricht dem *Brechungsgesetz* der Optik. Die Potentialflächen entsprechen den Grenzflächen zwischen Stoffen verschiedener Brechungszahl. Mit Hilfe der Gl. (39) kann die Bahnkurve eines Elektrons in einem beliebigen elektrischen Feld abschnittsweise konstruiert werden, wenn das Feldbild bekannt ist.

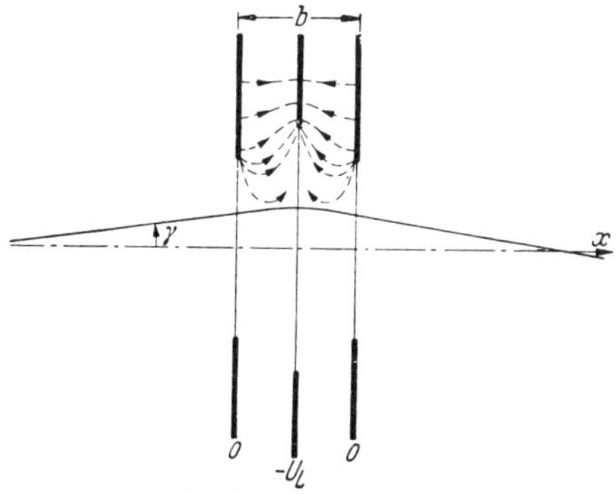

Abb. 13.7. Elektrische Linse

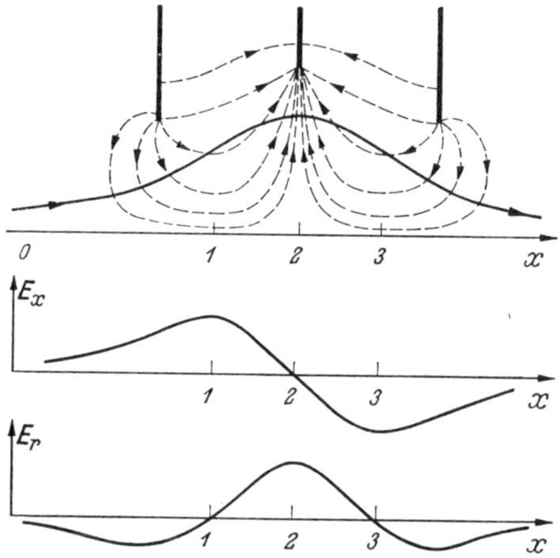

Abb. 13.8. Feldverteilung und Elektronenbahn in der elektrischen Linse

Ein anderes Verfahren zur Abschätzung der Elektronenbahn in einem elektrischen Feld besteht darin, daß man den Vektor der elektrischen Feldstärke abschnittsweise in die beiden Komponenten senkrecht und parallel zur Bahnrichtung zerlegt. Die letztere hat keinen Einfluß auf die Bahnkurve und ergibt nur eine Beschleunigung oder Verzögerung des Elektrons, während die erstere eine Ablenkung des Elektrons verursacht.

Die Abb. 13.7 zeigt als Beispiel das Schema einer sog. *Einzellinse.* Sie besteht aus drei ringförmigen ebenen Blechscheiben, von denen die beiden äußeren gleiches Potential 0 haben und die mittlere das negative Potential $-U_L$ besitzt. Da hier also die gesamte von den Elektronen durchlaufene Spannung Null ist, wird die Geschwindigkeit der Elektronen beim Austritt aus der Linse ebenso groß wie beim Eintritt. Die Wirkung der Linse besteht darin, daß die Elektronen in der Mitte der Linse radial gegen die Achse hin gerichtete Kräfte erfahren, die mit dem Abstand von der Achse rasch wachsen. Man erkennt dies, wenn man das genauere Feldbild Abb. 13.8 betrachtet, in dem auch der Verlauf der radialen Komponente E_r in Achsennähe sowie der Verlauf der axialen Komponente E_x in der Achse angegeben ist. Für einen Elektronenstrahl, der in Achsennähe das Feld durchläuft, kann man etwa folgende Gebiete unterscheiden: Das Gebiet $0\cdots 1$, in dem die radiale Komponente der Feldstärke nach der Achse hin gerichtet ist, das Gebiet $1\cdots 3$, in dem diese Komponente von der Achse weg zeigt, und das Gebiet rechts von 3, in dem wieder die gleichen Verhältnisse wie im Gebiet $0\cdots 1$ vorliegen. In dem ersten Gebiet wird daher der Elektronenstrahl von der Achse weggebogen. Im zweiten Gebiet wirken dagegen Kräfte auf die Elektronen ein, die zur Achse hin gerichtet sind. Wegen der größeren Dichte der Feldlinien in diesem Gebiet ergibt sich eine entsprechend stärkere Krümmung der Elektronenbahn. Im dritten Gebiet werden die Elektronen wieder von der Achse weggelenkt, so daß sich eine entgegengesetzte Krümmung des Strahles ergibt. Die daraus hervorgehende Elektronenbahn ist in Abb. 13.8 oben eingezeichnet. Das erste und dritte Gebiet sind Zerstreuungsgebiete, das mittlere Gebiet ist das Sammlungsgebiet. Die genaueren Verhältnisse sollen an Hand von Abb. 13.9 untersucht werden.

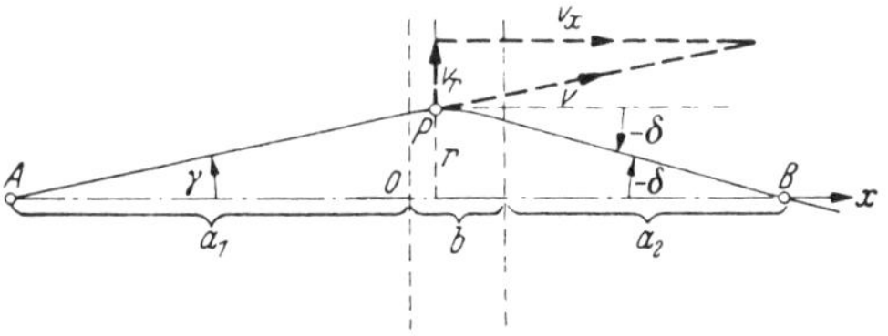

Abb. 13.9. Zur Berechnung der Elektronenbahnen

In einem Punkt P der Elektronenbahn mit dem Abstand r von der Achse kann die Geschwindigkeit des Elektrons in die beiden Komponenten v_x und v_r zerlegt werden. Die elektrische Feldstärke in dem Punkt P läßt sich ebenfalls in die beiden Komponenten E_x und E_r zerlegen, von denen die erste die Achsenrichtung hat und die zweite radial gerichtet ist. Die radiale Beschleunigung ist

$$\frac{dv_r}{dt} = -\frac{e}{m} E_r\,. \tag{40}$$

Nun ist die Zeit dt, die das Elektron zum Durchlaufen eines kurzen Abschnittes des Feldes von der Länge dx benötigt, $dt = \frac{dx}{v_x}$. Daher folgt

$$v_r = \frac{dr}{dt} = v_x \frac{dr}{dx}\,,$$

und es wird aus Gl. (40)

$$\frac{dv_r}{dt} = \frac{dv_r}{dx}\frac{dx}{dt} = v_x \frac{dv_r}{dx} = v_x \frac{d}{dx}\left(v_x \frac{dr}{dx}\right) = -\frac{e}{m} E_r\,. \tag{41}$$

Zwischen der Radialfeldstärke E_r und der Längsfeldstärke E_x auf der Achse eines solchen rotationssymmetrischen elektrischen Feldes besteht nun in der Nähe der Achse ein einfacher Zusammenhang, der dadurch bedingt ist, daß jede Abnahme der Längsfeldstärke ein radiales Entweichen der Feldlinien zur Voraussetzung hat und umgekehrt. Man erkennt diesen Zusammenhang genauer, wenn man einen kleinen Zylinder von der Länge dx und dem Radius dr betrachtet, dessen Achse mit der Feldachse zusammenfällt, Abb. 13.10. Nennt man die x-Komponente der Feldstärke an der linken Stirnfläche E_x, so kann diese Komponente an der rechten Stirnfläche $E_x + dE_x$ geschrieben werden. An der linken Stirnfläche tritt der Verschiebungsfluß $\varepsilon E_x (dr)^2 \pi$ ein, an der rechten Stirnfläche tritt der Fluß $\varepsilon (E_x + dE_x)(dr)^2 \pi$ aus. Von der Mantelfläche schließlich geht ein Fluß $\varepsilon\, dE_r\, dx\, 2\pi\, dr$ aus. Der insgesamt aus dem Zylinder austretende Verschiebungsfluß muß nach dem ersten Grundgesetz des elektrischen Feldes Null sein, wenn der Beitrag der Ladungen der Elektronen im Innern dieses Zylinders vernachlässigt wird; also

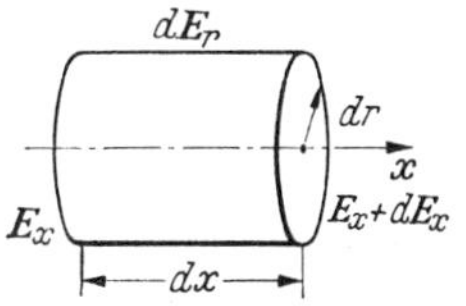

Abb. 13.10. Zusammenhang zwischen Radial- und Achsenfeldstärke

$$\varepsilon (E_x + dE_x)(dr)^2 \pi - \varepsilon E_x (dr)^2 \pi + \varepsilon\, dE_r\, dx\, 2\pi\, dr = 0 .$$

Daraus folgt

$$dE_r = -\frac{1}{2}\frac{dE_x}{dx} dr \tag{42}$$

und durch Integration

$$E_r = -\frac{1}{2} r \frac{dE_x}{dx} = +\frac{1}{2} r \frac{d^2\varphi}{dx^2}, \tag{43}$$

wenn mit φ das Potential auf der x-Achse bezeichnet wird. Die radiale Komponente der Feldstärke nimmt also proportional mit dem Abstand von der Achse zu, um so rascher, je stärker die axiale Feldstärke längs der Achse abnimmt. Die Betrachtung von Abb. 13.8 zeigt, wie dieser Zusammenhang auch aus dem Feldlinienbild hervorgeht, E_r ist dem negativen Differentialquotienten von E_x proportional. Setzt man E_r aus Gl. (43) in Gl. (41) ein, so folgt

$$v_x \frac{d}{dx}\left(v_x \frac{dr}{dx}\right) = -\frac{1}{2} r \frac{e}{m}\frac{d^2\varphi}{dx^2} . \tag{44}$$

Nun ist bei achsennaher Bahn $v_x \approx v$ an jeder Stelle x durch die insgesamt durchlaufene Spannung $U_a + \varphi$ bestimmt, nämlich

$$v_x = \sqrt{2\frac{e}{m}(U_a + \varphi)}, \tag{45}$$

wenn U_a die Anlaufspannung der Elektronen beim Eintritt in die Linse ($x = 0$) ist. Damit wird aus Gl. (44)

$$\sqrt{U_a + \varphi}\,\frac{d}{dx}\left(\sqrt{U_a + \varphi}\,\frac{dr}{dx}\right) = -\frac{1}{4} r \frac{d^2\varphi}{dx^2} . \tag{46}$$

Durch Integration ergibt sich hieraus mit $r \approx$ konst. $= r_m$ innerhalb der Linse

$$\frac{dr}{dx} = -\frac{1}{4} r_m \frac{1}{\sqrt{U_a + \varphi}} \int\limits_0^x \frac{dx}{\sqrt{U_a + \varphi}} \frac{d^2\varphi}{dx^2} + \gamma . \tag{47}$$

dr/dx stellt den Winkel der Bahn gegen die Achse dar unter der hier gemachten Voraussetzung, daß dieser Winkel klein ist; für $x = 0$ ergibt sich der Eintrittswinkel γ als Integrationskonstante.

Den Austrittswinkel findet man, wenn man x gleich der Dicke b der Linse setzt. Für $x = b$ wird $\varphi = 0$, und es ergibt sich daher für den Austrittswinkel

$$\delta = -\frac{1}{4} r_m \frac{1}{\sqrt{U_a}} \int_0^b \frac{dx}{\sqrt{U_a + \varphi}} \frac{d^2\varphi}{dx^2} + \gamma = -\frac{r_m}{f} + \gamma , \tag{48}$$

wobei zur Abkürzung

$$\boxed{f = \frac{4\sqrt{U_a}}{\int_0^b \frac{dx}{\sqrt{U_a + \varphi}} \frac{d^2\varphi}{dx^2}}} \tag{49}$$

gesetzt ist. Da nun nach Abb. 13.9 $\gamma = r_m/a_1$ und $-\delta = r_m/a_2$ ist, wenn man b gegen a_1 und a_2 vernachlässigen kann, so ergibt sich aus Gl. (48)

$$\boxed{\frac{1}{a_1} + \frac{1}{a_2} = \frac{1}{f} .} \tag{50}$$

Dies ist die Linsenformel der Optik; Gl. (49) gibt die Brennweite f der elektrischen Linse an. Die Brennweite ist unabhängig von r_m, solange gemäß den bei der Ableitung gemachten Voraussetzungen r_m hinreichend klein ist; das bedeutet aber, daß sich alle von einem Punkt A der Achse ausgehenden achsennahen Strahlen in ein und demselben Punkt B der Achse vereinigen. Wie bei einer optischen Sammellinse ergibt sich in B eine Abbildung einer senkrecht von der Achse geschnittenen Fläche in A.

Die Brennweite läßt sich durch Verändern der Spannung U_L einstellen. Je größer U_L gemacht wird, um so kleiner wird nach Gl. (49) die Brennweite der Linse. Bei der Braunschen Röhre kann man mit Hilfe von solchen Linsen die Kathode oder eine Blende auf dem Leuchtschirm abbilden und dadurch einen scharfen Leuchtpunkt herstellen. Diese Eigenschaften der Elektronenstrahlen werden ferner zur Abbildung von elektronenemittierenden Oberflächen und von elektronenstreuenden oder -undurchlässigen Gegenständen benützt (Elektronenmikroskop, Übermikroskop, Bildwandler).

14. Das elektrische Feld als Potentialfeld

Die Potentialgleichung

Die Methode der Feldberechnung im Abschnitt 11 beruht auf der Anwendung der beiden folgenden Sätze:

„Das Oberflächenintegral der Verschiebungsdichte über eine geschlossene Fläche ist gleich der eingeschlossenen Ladung“.

„Die Verschiebungsdichte ist proportional der Feldstärke.“

Dazu gehört noch die *Wirbelfreiheit* des Feldes. Sie ist gemäß S. 68 bereits dadurch berücksichtigt, daß jedem Punkt des Raumes ein eindeutiges Potential zugeschrieben wird.

Die in diesen Sätzen enthaltenen Aussagen kann man zu einer Bedingungsgleichung für das Potential zusammenfassen. Zur Ableitung dieser Gleichung benutzen wir einen Begriff der Vektorrechnung, die sog. *Divergenz.* Darunter versteht man einen Grenzwert, der auf folgende Weise gebildet wird. Es werde ein beliebiges elektrisches Feld betrachtet mit einer Anzahl von Elektroden, deren Zwischenraum durch nichtleitende Stoffe ausgefüllt ist. In einem nichtleitenden Raum können im allgemeinen freie Elektrizitätsmengen, Elektronen oder Ionen, vorhanden sein; man spricht in diesem Fall von einer *Raumladung* des Nichtleiters. Grenzen wir irgendeinen kleinen Raumteil beliebiger Form, z. B. einen Würfel, in dem Nichtleiter ab, so kann daher in diesem Raumteil im allgemeinen Fall eine bestimmte Ladung Q enthalten sein. Durch Division mit dem Volumen V des Raumteiles erhält man die auf das Volumen bezogene Ladung. Dieser Quotient nähert sich einem Grenzwert, wenn man den Raumausschnitt kleiner und kleiner werden läßt, vorausgesetzt, daß seine Abmessungen noch groß sind gegen die Abstände der Elektronen oder Ionen. Den auf diese Weise erhaltenen Grenzwert nennen wir die *Raumladungsdichte*:

$$\varrho = \lim_{V \to 0} \frac{Q}{V}\,. \tag{1}$$

Es ist dies eine positive oder negative Größe, die man z. B. in As/cm³ messen kann. Bei gegebener Raumladungsdichte folgt für die Ladung des sehr kleinen Raumteiles

$$Q = \varrho\, V. \tag{2}$$

Nach dem oben erwähnten Satz kann man nun diese Ladung auch darstellen durch das Flächenintegral der Verschiebungsdichte über die Oberfläche des Raumausschnittes:

$$Q = \oint \boldsymbol{D} \cdot d\boldsymbol{A}$$

oder

$$\lim_{V \to 0} \frac{1}{V} \oint \boldsymbol{D} \cdot d\boldsymbol{A} = \varrho\,. \tag{3}$$

Diese Beziehung kann folgendermaßen gedeutet werden. Ist an jeder Stelle des Feldes die Verschiebungsdichte $\boldsymbol{D}$ gegeben und bildet man das Flächenintegral der Verschiebungsdichte über die Oberfläche eines kleinen Raumteiles, so nähert sich der Quotient des Integrals zum Volumen des Raumteiles bei abnehmendem Volumen einer festen Grenze, nämlich der Raumladungsdichte. Man bezeichnet die Operation, mit der man aus dem Vektor der Verschiebungsdichte diesen Grenzwert erhält, als die Bildung der Divergenz der Verschiebungsdichte:

$$\operatorname{div} \boldsymbol{D} = \lim_{V \to 0} \frac{1}{V} \oint \boldsymbol{D} \cdot d\boldsymbol{A}\,. \tag{4}$$

Diese Definition gilt nicht nur für die Verschiebungsdichte, sondern auch für beliebige Vektoren von ähnlichen Eigenschaften (Fluß- oder Feldvektoren), z. B. die Stromdichte oder die magnetische Induktion oder die Geschwindigkeit einer Flüssigkeitsströmung. *Die Divergenz bestimmt den je Raumeinheit entspringenden Fluß.*

Die Gl. (3) lautet mit dieser Bezeichnung

$$\boxed{\operatorname{div} \boldsymbol{D} = \varrho\,.} \tag{5}$$

Die Divergenz der Verschiebungsdichte ist gleich der Raumladungsdichte. Wenn, wie in den bisher betrachteten Feldern, keine Raumladungen vorhanden sind, dann gilt

$$\operatorname{div} \boldsymbol{D} = 0\,. \tag{6}$$

Der aus einem beliebigen Raum entspringende Verschiebungsfluß ist

$$Q = \int \varrho\, dV = \int \operatorname{div} \boldsymbol{D}\, dV, \tag{7}$$

wobei das Raumintegral über den ganzen Raum zu erstrecken ist. Andrerseits gilt

$$Q = \oint \boldsymbol{D} \cdot d\boldsymbol{A}\,, \tag{8}$$

wobei das Flächenintegral über die den Raumteil begrenzende Fläche zu bilden ist. Durch Vergleich dieser beiden Beziehungen ergibt sich der für beliebige Vektorfelder gültige *Satz von Gauß*

$$\int \operatorname{div} \boldsymbol{V}\, dV = \oint \boldsymbol{V} \cdot d\boldsymbol{A}\,. \tag{9}$$

Die Divergenz läßt sich durch räumliche Differentialquotienten ausdrücken, sobald man ein bestimmtes Koordinatensystem zugrunde legt. In *kartesischen Koordinaten* ist z. B., wenn unter $\boldsymbol{V}$ irgendein Flußvektor verstanden wird und V_x, V_y, V_z die Komponentenwerte in der x, y und z-Richtung bedeuten,

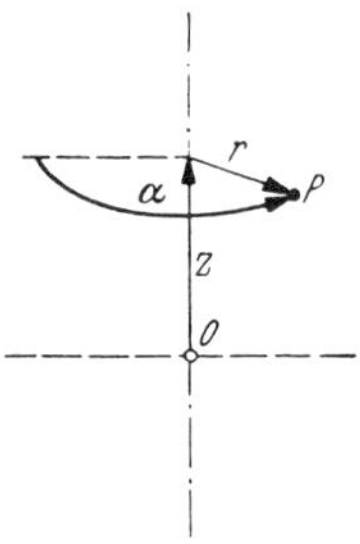

Abb. 14.1. Zylinderkoordinaten

$$\operatorname{div} \boldsymbol{V} = \frac{\partial V_x}{\partial x} + \frac{\partial V_y}{\partial y} + \frac{\partial V_z}{\partial z}. \tag{10}$$

In *Zylinderkoordinaten*, Abb. 14.1, wird die Lage eines Punktes bestimmt durch den Abstand r von einer Achse, durch die Länge z dieser Achse von einem festen Punkt 0 bis zum Fußpunkt der Strecke r und durch den Winkel α, den die Ebene $z\,r$ mit ihrer willkürlich festgesetzten Ausgangslage bildet. Es gilt hier

$$\operatorname{div} \boldsymbol{V} = \frac{\partial V_z}{\partial z} + \frac{1}{r}\frac{\partial (r\,V_r)}{\partial r} + \frac{1}{r}\frac{\partial V_\alpha}{\partial \alpha}. \tag{11}$$

Ableitung: Diese Beziehungen werden abgeleitet, indem man die Definitionsgleichung (4) auf ein kleines Raumelement anwendet.

Bei *kartesischen Koordinaten* ist das Raumelement ein Quader mit den Kanten dx, dy, dz. Auf den Seitenflächen des Quaders kann die Normalkomponente des Vektors $\boldsymbol{V}$ jeweils als konstant angesehen werden. Auf der Fläche $dy\,dz$ hat dieser Vektor daher eine Normalkomponente, die überall gleich groß ist; ihr Koordinatenwert werde mit V_x bezeichnet. Je nachdem, ob V_x positiv oder negativ ist, tritt der Fluß durch das Flächenelement ein oder aus. Auf der gegenüberliegenden Fläche gleicher Größe hat die Normalkomponente den etwas verschiedenen Wert $V_x + \frac{\partial V_x}{\partial x}dx$. Der insgesamt durch beide einander gegenüberliegende Flächen austretende Fluß ist daher

$$\frac{\partial V_x}{\partial x}\,dx\,dy\,dz\,.$$

Die gleiche Überlegung gilt auch für die anderen Seitenflächenpaare. Das Produkt $dx\,dy\,dz$ ist gleich dem Volumen des Quaders, so daß sich mit der Definitionsgleichung (4) die Formel (10) ergibt.

Die Divergenz kann auch gedeutet werden als das skalare Produkt $\nabla \boldsymbol{V}$. Unter Verwendung von Gl. (5.29) wird dieses

$$\nabla \cdot \boldsymbol{V} = \left(\boldsymbol{e}_1 \frac{\partial}{\partial x} + \boldsymbol{e}_2 \frac{\partial}{\partial y} + \boldsymbol{e}_3 \frac{\partial}{\partial z}\right)(\boldsymbol{e}_1 V_x + \boldsymbol{e}_2 V_y + \boldsymbol{e}_3 V_z) = \frac{\partial V_x}{\partial x} + \frac{\partial V_y}{\partial y} + \frac{\partial V_z}{\partial z} \tag{12}$$

in Übereinstimmung mit Gl. (10).

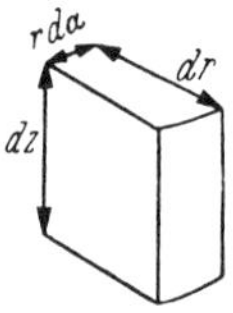

Abb. 14.2. Raumelement bei Zylinderkoordinaten

Bei *Zylinderkoordinaten* ist das Raumelement, Abb. 14.2, ebenfalls rechtwinklig; die Kanten sind dr, $r\,d\alpha$ und dz. Der Beitrag des oberen und unteren Flächenelementes zum Oberflächenintegral ist auf Grund der gleichen Überlegung wie vorhin

$$\frac{\partial V_z}{\partial z}\,dr\,r\,d\alpha\,dz\,.$$

Der durch das innere der beiden zu r senkrechten Flächenelemente eintretende Fluß ist

$$V_r\,r\,d\alpha\,dz\,.$$

Durch das gegenüberliegende Flächenelement tritt der Fluß aus:

$$V_r\,r\,d\alpha\,dz + \frac{\partial (V_r\,r\,d\alpha\,dz)}{\partial r}\,dr\,.$$

Der aus beiden Flächenelementen insgesamt austretende Fluß ist also

$$\frac{\partial (r\,V_r)}{\partial r}\,d\alpha\,dz\,dr\,,$$

und schließlich ergibt sich noch für den Beitrag der senkrecht zu $r\,d\alpha$ liegenden Flächen

$$\frac{\partial V_\alpha}{\partial (r\,d\alpha)}\,r\,d\alpha\,dz\,dr\,.$$

Die Summe der drei Flüsse, dividiert durch das Volumen des Quaders $dz\,dr\,r\,d\alpha$ gibt die Divergenz, Gl. (11).

Ähnlich findet man für *Kugelkoordinaten*, r, ϑ, α, Abb. 14.3,

$$\operatorname{div} \boldsymbol{V} = \frac{1}{r^2}\frac{\partial(V_r r^2)}{\partial r} + \frac{1}{r\sin\vartheta}\left(\frac{\partial(\sin\vartheta\, V_\vartheta)}{\partial\vartheta} + \frac{\partial V_\alpha}{\partial\alpha}\right). \tag{13}$$

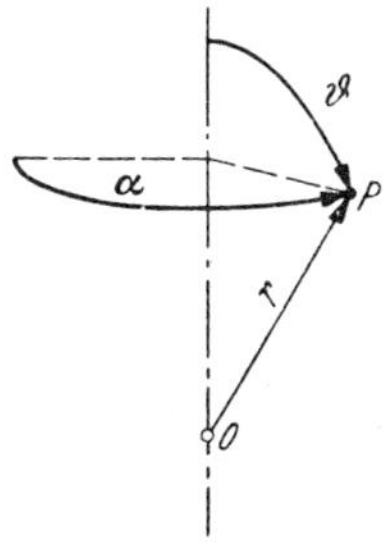

Abb. 14.3. Kugelkoordinaten

Drückt man im raumladungsfreien Feld $\boldsymbol{D}$ durch $\boldsymbol{E}$ aus, so folgt unter der Voraussetzung, daß die Permittivitätszahl in dem betrachteten Raum eine Konstante ist,

$$\operatorname{div} \boldsymbol{E} = 0\,. \tag{14}$$

Da die Feldstärke durch den Gradienten des Potentials bestimmt ist, erhält man hieraus

$$\operatorname{div}\operatorname{grad}\varphi = 0\,.$$

Für die aufeinander folgende Anwendung der beiden Operationen div und grad führt man als Abkürzung das Zeichen Δ (Delta) ein; es ist also

$$\boxed{\operatorname{div}\operatorname{grad}\varphi \equiv \Delta\varphi = 0} \tag{15}$$

die Potentialgleichung für das raumladungsfreie Feld (LAPLACE 1782); sie läßt sich in Form einer Differentialgleichung schreiben, wenn bestimmte Koordinaten zugrunde gelegt werden. In kartesischen Koordianten ist z. B.

$$\Delta\varphi = \frac{\partial^2\varphi}{\partial x^2} + \frac{\partial^2\varphi}{\partial y^2} + \frac{\partial^2\varphi}{\partial z^2}\,, \tag{16}$$

in Zylinderkoordinaten

$$\Delta\varphi = \frac{\partial^2\varphi}{\partial r^2} + \frac{1}{r}\frac{\partial\varphi}{\partial r} + \frac{1}{r^2}\frac{\partial^2\varphi}{\partial\alpha^2} + \frac{\partial^2\varphi}{\partial z^2}\,, \tag{17}$$

in Kugelkoordinaten

$$\Delta\varphi = \frac{1}{r^2}\frac{\partial}{\partial r}\left(r^2\frac{\partial\varphi}{\partial r}\right) + \frac{1}{r^2\sin\vartheta}\frac{\partial}{\partial\vartheta}\left(\sin\vartheta\frac{\partial\varphi}{\partial\vartheta}\right) + \frac{1}{r^2\sin^2\vartheta}\frac{\partial^2\varphi}{\partial\alpha^2}\,. \tag{18}$$

Ableitung: Zu diesen Ausdrücken gelangt man, wenn man den Gradienten durch seine Komponenten ausdrückt, in rechtwinkligen kartesischen Koordinaten gem. Gl. (5.27):

$$\operatorname{grad}_x\varphi = \frac{\partial\varphi}{\partial x}, \qquad \operatorname{grad}_y\varphi = \frac{\partial\varphi}{\partial y}, \qquad \operatorname{grad}_z\varphi = \frac{\partial\varphi}{\partial z}.$$

Betrachtet man diese als die Komponenten des Vektors V_x, V_y, V_z in Gl. (10), so folgt aus der Bildung der Divergenz sofort Gl. (15).

Unter Benützung des ∇ Operators gilt gem. Gl. (5.14)

$$\operatorname{grad}\varphi = \nabla\varphi,$$

und gem. Gl. (12)

$$\operatorname{div}\operatorname{grad}\varphi = \nabla\nabla\varphi = \nabla^2\varphi;$$

Es ist also auch

$$\Delta\varphi = \nabla^2\varphi. \tag{19}$$

Bei Zylinderkoordinaten gilt ganz entsprechend:

$$\operatorname{grad}_r\varphi = \frac{\partial\varphi}{\partial r}, \qquad \operatorname{grad}_\alpha\varphi = \frac{1}{r}\frac{\partial\varphi}{\partial\alpha}, \qquad \operatorname{grad}_z\varphi = \frac{\partial\varphi}{\partial z}, \tag{20}$$

bei Kugelkoordinaten:

$$\operatorname{grad}_r\varphi = \frac{\partial\varphi}{\partial r}, \qquad \operatorname{grad}_\vartheta\varphi = \frac{1}{r}\frac{\partial\varphi}{\partial\vartheta}, \qquad \operatorname{grad}_\alpha\varphi = \frac{1}{r\sin\vartheta}\frac{\partial\varphi}{\partial\alpha}. \tag{21}$$

grad und Δ können auf *skalare* Größen angewendet werden, während sich die Divergenz auf *Vektor*felder bezieht.

Die Potentialgleichung ist eine außerordentlich allgemeine Differentialgeichung, die unendlich viele Lösungen besitzt. Um sie für irgendeinen bestimmten Fall zu integrieren, hat man eine solche Lösung zu suchen, die die Grenzbedingungen der betreffenden Aufgabe befriedigt. Im folgenden Abschnitt werden einige Beispiele betrachtet.

Graphische Methoden zur Ermittlung der Potentialverteilung in elektrostatischen Feldern

In vielen Fällen gelangt man durch die Anwendung von graphischen Methoden rasch zur Auffindung der Potentialverteilung, aus der man dann die interessierenden Größen berechnen kann. Die graphische Feldberechnung ist am einfachsten beim *zweidimensionalen Feld.* Sie beruht darauf, daß man gefühlsmäßig Potentiallinien und Verschiebungslinien aufzeichnet und das Feldbild mit Hilfe der Grundgesetze des elektrostatischen Feldes korrigiert. Der Satz vom Flächenintegral der Verschiebungsdichte ist erfüllt, wenn die Verschiebungslinien stetig von einer zur anderen Leiteroberfläche übergehen. Die Proportionalität zwischen Verschiebungsdichte und Feldstärke läßt sich auf folgende Weise einhalten. Es werden die Potentiallinien so gezeichnet, daß sie gleichen Potentialunterschieden entsprechen. Dann ist die Feldstärke überall umgekehrt proportional dem Abstand a zweier benachbarter Potentiallinien. Man denke sich ferner den von einem Leiter ausgehenden Verschiebungsfluß in eine Anzahl gleicher Teile geteilt und zeichne die diese Teile abgrenzenden Verschiebungslinien. Dort, wo der Abstand b von zwei nebeneinander liegenden Verschiebungslinien groß ist, verteilt sich der Verschiebungsfluß auf eine entsprechend große Fläche; die Verschiebungsdichte ist also überall umgekehrt proportional dem Abstand b der beiden benachbarten Verschiebungslinien. Die Forderung, daß Verschiebungsdichte und Feldstärke einander proportional sein sollen, läßt sich daher so erfüllen, daß man den Abstand b zwischen je zwei benachbarten Verschiebungslinien überall proportional oder am einfachsten gleich dem Abstand a zwischen zwei benachbarten Potentiallinien macht; das ganze Feld ist dann in kleine Quadrate eingeteilt, Abb. 14.4. Insgesamt hat man folgende Regeln beim Aufzeichnen ebener Felder zu beachten:

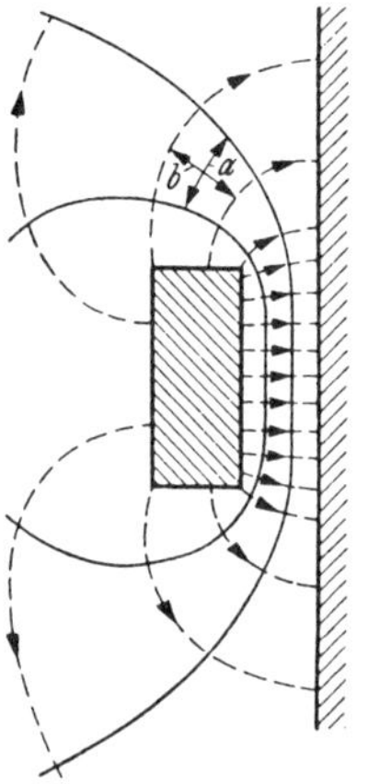

Abb. 14.4. Graphische Bestimmung eines zweidimensionalen Feldes

1. Die Randlinien der Leiter sind Potentiallinien.
2. Die Verschiebungslinien stehen senkrecht auf den Randlinien der Leiter.
3. Die Potentiallinien müssen überall die Verschiebungslinien senkrecht schneiden.
4. Der Abstand zwischen zwei benachbarten Potentiallinien muß an jeder Stelle des Feldes gleich dem Abstand zwischen zwei benachbarten Verschiebungslinien sein.
5. Wenn Stoffe verschiedener Permittivitätszahl vorhanden sind, so muß an den Grenzflächen das Brechungsgesetz der Verschiebungslinien gelten. An die Stelle von **4.** tritt dann die allgemeinere Bedingung

$$\varepsilon_r \frac{b}{a} = k\,, \tag{22}$$

wobei die Konstante k willkürlich gewählt werden kann.

Man geht so vor, daß man erst nach Gefühl einige Potentiallinien einzeichnet. Dann bringt man Verschiebungslinien an, die möglichst gut die Regel 4 erfüllen, und korrigiert danach das Potentiallinienbild usw. Ist so durch abwechselndes Zeichnen von Potential- und Verschiebungslinien bei immer feinerer Unterteilung das Feldbild gefunden, und bezeichnet U_1 die Potentialdifferenz zwischen je zwei benachbarten Niveaulinien, a ihren Abstand an irgendeiner Stelle, so gilt für die Feldstärke an dieser Stelle angenähert

$$E = \frac{U_1}{a} . \tag{23}$$

Damit kann auch die Verschiebungsdichte berechnet werden. Der Verschiebungsfluß, der von zwei benachbarten Verschiebungslinien begrenzt wird, beträgt bei einer Länge l der Elektroden $b\,D\,l$. Gehen in dem Feldbild von einem Leiter n Verschiebungslinien zu einem anderen über, so ist daher der gesamte Verschiebungsfluß zwischen diesen beiden Leitern

$$Q = \varepsilon\, n\, l \frac{b}{a} U_1 = \varepsilon_0\, n\, l\, k\, U_1 . \tag{24}$$

Um die Kapazität zwischen zwei Elektroden zu berechnen, hat man den Verschiebungsfluß durch die Spannung zwischen den beiden Elektroden zu dividieren. Sind m Potentiallinien zwischen den beiden Leitern gezeichnet, so ist die Spannung $(m+1)\,U_1$, und es gilt für die Kapazität

$$C = \varepsilon_0 \frac{n}{m+1} l\, k , \tag{25}$$

wobei k die oben eingeführte willkürliche Konstante bezeichnet. In Abb. 14.4 sind z. B. $n = 17$ Verschiebungslinien und $m = 2$ Niveaulinien zwischen den beiden Elektroden vorhanden. Es ist ferner $k = 1$, wenn der Nichtleiter aus Luft besteht. Daher wird der Kapazitätsbelag $\frac{C}{l} = \varepsilon_0 \frac{n}{m+1} = 0{,}502\,\frac{\text{pF}}{\text{cm}}$. Da die Bedingungen 1 bis 5 erfüllt bleiben, wenn man alle Abmessungen des Feldbildes proportional vergrößert oder verkleinert, so folgt aus Gl. (25), *daß die Kapazität geometrisch ähnlicher Elektrodenanordnungen für gleiche Länge l die gleiche ist.*

Etwas schwieriger ist die Ermittlung von *rotationssymmetrischen Feldern.* Man denke sich hier den gesamten von einem Leiter ausgehenden Verschiebungsfluß durch Rotationsflächen, die durch Verschiebungslinien gebildet werden, in gleiche Teile zerlegt, Abb. 14.5. Bezeichnet man mit b den Abstand zwischen zwei benachbarten Rotationsflächen an irgendeiner Stelle mit dem Abstand r von der Achse, so ist der Querschnitt des durch diese Flächen begrenzten Verschiebungslinienbündels $2\pi\, r\, b$. Die Verschiebungsdichte ist umgekehrt proportional diesem Querschnitt. Damit die Verschiebungsdichte proportional der Feldstärke wird, muß daher hier $r\,b$ proportional dem Abstand a der benachbarten Potentiallinien sein, oder

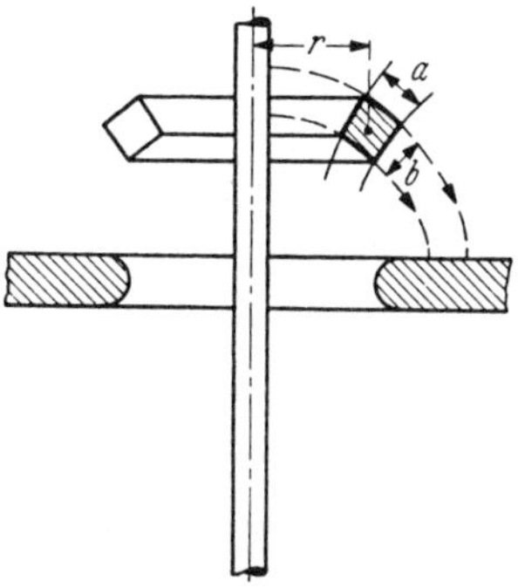

Abb. 14.5. Zur graphischen Bestimmung eines rotationssymmetrischen Feldes

$$r \frac{b}{a} = \text{konst.} \tag{26}$$

Diese Bedingung tritt also hier an die Stelle von 4. beim ebenen Feld. Sind Stoffe verschiedener Permittivitätszahl vorhanden, so hat die Konstante in ihnen verschiedene Werte, da in diesem Fall

$$\varepsilon_r\, r \frac{b}{a} = \text{konst.} = k \tag{27}$$

sein muß. Um das Feldbild aufzuzeichnen, wählt man für k irgendeinen Wert und geht genau so vor wie oben beschrieben. Die Feldstärke wird aus dem gefundenen Feldbild wieder nach der Gl. (23) berechnet. Für die Kapazität ergibt sich mit den gleichen Bezeichnungen wie oben

$$C = 2\pi\varepsilon_0 \frac{n}{m+1} k . \tag{28}$$

Diese Methode der Feldermittlung kann z. B. bei Isolatoren der Hochspannungstechnik angewendet werden, bei denen wegen der komplizierten geometrischen Formen die mathematischen Methoden versagen.

Da die Grundgesetze des elektrostatischen Feldes formal mit denen des stationären Strömungsfeldes übereinstimmen, so können die gleichen Methoden auch zur Berechnung von Strömungsfeldern verwendet werden. Es ist in den obigen Regeln lediglich σ für ε zu setzen. An Stelle der Kapazität erhält man dann nach Gl. (25) bezw. (28) den Übergangsleitwert zwischen zwei Elektroden. Der dazu reziproke Übergangswiderstand R wird also

$$R = \frac{m+1}{n} \frac{1}{\sigma_0 k l} \tag{29}$$

im ebenen Feld und

$$R = \frac{m+1}{n} \frac{1}{2\pi\sigma_0 k} \tag{30}$$

im rotationssymmetrischen Feld, wobei mit σ_0 eine willkürliche Bezugsleitfähigkeit bezeichnet und $\sigma = \sigma_r \sigma_0$ gesetzt ist.

15. Beispiele elektrostatischer Felder als Lösungen der Potentialgleichung

Eindimensionales Feld

Das Feld von einfachster Form ist das *eindimensionale Feld*, bei dem die Feldgrößen sich nur nach einer Richtung hin im Raum ändern. Legt man die x-Achse in diese Richtung, so sind die Differentialquotienten nach der y- und z-Richtung Null, und die Potentialgleichung lautet:

$$\frac{d^2\varphi}{dx^2} = 0 . \tag{1}$$

Das allgemeine Integral ist

$$\varphi = k_1 + k_2 x \tag{2}$$

mit den zunächst unbestimmten Konstanten k_1 und k_2. Die Feldstärke hat die x-Richtung, ihr Betrag ist

$$E = k_2 . \tag{3}$$

Die Potentialflächen $\varphi =$ konst. sind Ebenen senkrecht zur x-Achse. Es handelt sich also um das homogene Feld, wie wir es im Idealfall in einem ebenen Plattenkondensator finden.

Zweidimensionales Feld

Das *zweidimensionale Feld*, bei dem die Feldgrößen nach zwei Richtungen hin veränderlich sind, tritt in sehr großer Mannigfaltigkeit auf. Ein solches Feld liegt immer vor, wenn es sich um langgestreckte parallele Elektroden handelt, z. B. bei Leitungen. Die Potentialgleichung lautet hier:

$$\frac{\partial^2\varphi}{\partial x^2} + \frac{\partial^2\varphi}{\partial y^2} = 0 . \tag{4}$$

Von den Lösungen dieser Gleichung läßt sich eine große Gruppe allgemein angeben. Es befriedigt nämlich jede beliebige reguläre Funktion der komplexen Größe $\zeta = x + j\,y$ die Potentialgleichung; $j = \sqrt{-1}$ bedeutet die Einheit der imaginären Zahlen. Ist $f\,(x + j\,y)$ eine solche Funktion, und bezeichnet man den zweiten Differentialquotienten nach x mit

$$\frac{\partial^2 f}{\partial x^2} = f''(x + j\,y)\,,$$

so ergibt sich durch zweimalige Differentiation nach y

$$\frac{\partial^2 f}{\partial y^2} = -\,f''(x + j\,y)\,,$$

so daß die Summe der beiden Differentialquotienten 0 wird, Gl. (4) also erfüllt ist. Da nun eine Funktion einer komplexen Größe im allgemeinen selbst wieder eine komplexe Größe ist, so kann man schreiben

$$f\,(x + j\,y) = u(x, y) + j\,v(x, y)\,, \tag{5}$$

wobei u und v reelle Funktionen von x und y sind. Geht man mit diesem Ansatz in die Potentialgleichung ein, so ergibt sich

$$\frac{\partial^2 u}{\partial x^2} + \frac{\partial^2 u}{\partial y^2} + j\left(\frac{\partial^2 v}{\partial x^2} + \frac{\partial^2 v}{\partial y^2}\right) = 0\,.$$

Reeller und imaginärer Teil der linken Seite müssen für sich Null sein, so daß sowohl u als auch v mögliche Potentialfunktionen darstellen. Man erhält also mit jeder beliebigen Funktion f sogleich zwei Lösungen der Potentialgleichung.

Beispiel: Es werde

$$f\,(x + j\,y) = (x + j\,y)^2$$

gesetzt; dann wird

$$u = x^2 - y^2\,, \qquad v = 2\,x\,y\,.$$

u und v sind mögliche Potentialfunktionen. Die Kurven $u =$ konst. bilden gleichseitige Hyperbeln mit den Halbierungsgeraden der Quadranten als Asymptoten. Die Kurven $v =$ konst. sind gleichseitige Hyperbeln mit den Achsen als Asymptoten (s. Abb. 15.4.).

Die Funktionen u und v sind nun in einer eigentümlichen Weise einander zugeordnet. Man erkennt diese Zuordnung, wenn man von der Darstellung der komplexen Größen in der Gaußschen Zahlenebene ausgeht. Zu jedem Wertepaar x, y, also zu jedem Punkt der x, y-Ebene, Abb. 15.1, liefert die Funktion f einen Punkt in der u, v-Ebene, wenn wir unsere Betrachtungen auf eindeutige Funktionen beschränken. Man kann also mit Hilfe der Funktion f die x, y-Ebene auf die u, v-Ebene abbilden. Es läßt sich nun zeigen, daß diese Abbildung winkeltreu, d. h. eine in kleinsten Teilen ähnliche Abbildung ist.

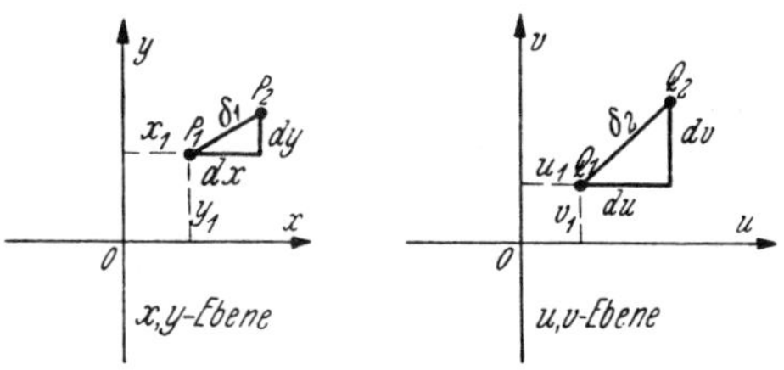

Abb. 15.1. Darstellung der komplexen Funktionen in der Zahlenebene

Wir gehen von einem Punkt P_1 der x, y-Ebene aus nach einer beliebigen Richtung um ein sehr kleines Stück $\delta_1 = \sqrt{(dx)^2 + (dy)^2}$ weiter zum Punkt P_2. Dem Punkt P_1 mit den Koordinaten x_1, y_1 entspricht in der u, v-Ebene der Punkt Q_1 mit den Koordinaten u_1, v_1. Ebenso entspricht dem Punkt P_2 der Punkt Q_2, und es gilt $\delta_2 = \sqrt{(du)^2 + (dv)^2}$ für den Abstand zwischen Q_1 und Q_2.

Nun ist für Punkt Q_1

$$u_1 + j\,v_1 = f\,(x_1 + j\,y_1)\,, \tag{6}$$

für Punkt Q_2

$$u_1 + j\,v_1 + du + j\,dv = f\,(x_1 + j\,y_1 + dx + j\,dy)\,.$$

Durch Potenzreihenentwicklung der rechten Seite folgt hieraus:

$$u_1 + j\,v_1 + du + j\,dv = f\,(x_1 + j\,y_1) + (dx + j\,dy)\,f'(x_1 + j\,y_1)$$

und durch Zusammenfassung mit Gl. (6)

$$du + j\,dv = (dx + j\,dy)\,f'(x_1 + j\,y_1). \tag{7}$$

Bildet man auf beiden Seiten die absoluten Beträge und setzt zur Abkürzung

$$|f'(x_1 + j\,y_1)| = \left|\frac{\partial f(x_1 + j\,y_1)}{\partial x_1}\right| = k_1\,, \tag{8}$$

so folgt

$$\delta_2 = k_1\,\delta_1\,. \tag{9}$$

k_1 ist für den Punkt P_1 eine Konstante, gleichgültig nach welcher Richtung man von P_1 aus fortschreitet. Geht man nach zwei verschiedenen Richtungen um kleine Strecken weiter, so verhalten sich diese Strecken daher wie ihre Abbildungen in der u, v-Ebene. Wir zeichnen nun in der x, y-Ebene ein kleines Dreieck $P_1\,P_2\,P_3$, Abb. 15.2; dann stellt die Abbildung in der u, v-Ebene wieder ein Dreieck $Q_1\,Q_2\,Q_3$ dar. Nun stimmen nach Gl. (9) die folgenden Streckenverhältnisse überein:

Abb. 15.2. Konforme Abbildung

$$\frac{\overline{P_1\,P_2}}{\overline{P_1\,P_3}} = \frac{\overline{Q_1\,Q_2}}{\overline{Q_1\,Q_3}} \quad \text{und} \quad \frac{\overline{P_2\,P_3}}{\overline{P_2\,P_1}} = \frac{\overline{Q_2\,Q_3}}{\overline{Q_2\,Q_1}}\,.$$

Daraus geht hervor, daß die beiden Dreiecke einander ähnlich sind. Das gleiche gilt auch für beliebige andere, unendlich kleine Figuren. Die durch die Funktion f vermittelte Abbildung ist also eine in kleinsten Flächenteilchen ähnliche („*konforme*") Abbildung. Schneiden sich zwei Linien in der x, y-Ebene unter irgendeinem Winkel, so schneiden sich auch ihre Abbildungen in der u, v-Ebene unter dem gleichen Winkel.

Wir denken uns nun in der u, v-Ebene die zu den Achsen parallelen geraden Linien

$$u = \text{konst.} \qquad \text{und} \qquad v = \text{konst.}$$

gezogen. Diese geraden Linien stehen aufeinander senkrecht. Ihre Abbildungen in der x, y-Ebene sind irgendwelche Kurven, die aber nach dem oben Gesagten überall senkrecht aufeinander stehen. Wenn wir daher u als Potential betrachten, die Kurven u = konst. in der x, y-Ebene entsprechend als Niveaulinien, so stehen die Kurven v = konst. überall senkrecht auf den Niveaulinien, d. h. diese Kurven sind die Verschiebungslinien. Ebenso gilt das Umgekehrte. Stellt u bzw. v die Potentialfunktion dar, so ergeben sich die Gleichungen der Verschiebungslinien v = konst. bzw. u = konst. Diese beiden Kurvenscharen sind „orthogonal".

Fassen wir die Funktion u als Potentialfunktion auf, so gehört zu einer Vergrößerung von u um du eine bestimmte Strecke $dn = dx + j\,dy$ in der x, y-Ebene, die die Richtung einer Verschiebungslinie hat, und es gilt nach Gl. (7)

$$\frac{du}{dn} = f'(x_1 + j\,y_1)\,. \tag{10}$$

Bewegen wir uns andrerseits vom gleichen Ausgangspunkt längs einer Niveaulinie um eine Strecke ds, so bleibt u konstant, und v ändert sich um einen Betrag dv. Die Strecke ds sei gegen dn um 90° links herum gedreht und gleich lang; wir setzen daher

$$ds = j\,(dx + j\,dy)\,, \tag{11}$$

da eine Multiplikation mit j eine solche Drehung ergibt, und es gilt nach Gl. (7)

$$dv = -\,ds\,f'(x_1 + j\,y_1)\,, \qquad \frac{dv}{ds} = -\,f'(x_1 + j\,y_1)\,;$$

hieraus folgt
$$\frac{du}{dn} = -\frac{dv}{ds}\,. \tag{12}$$

Diese Beziehung gilt auch für irgendeinen Punkt P_1 einer Leiteroberfläche, Abb. 15.3. Dort ist
$$\left|\frac{du}{dn}\right| = \left|\frac{d\varphi}{dn}\right| = E\,. \tag{13}$$

Die Verschiebungsdichte hat daher auf der Leiteroberfläche den Betrag
$$D = \varepsilon E = \varepsilon \left|\frac{d\varphi}{dn}\right| = \varepsilon \left|\frac{dv}{ds}\right|\,. \tag{14}$$

Daraus kann man den Verschiebungsfluß Q_{12} berechnen, der zwischen zwei Mantellinien des Leiters mit den Spuren P_1 und P_2 von der Leiteroberfläche ausgeht. Er ist für einen Abschnitt von der Länge l
$$Q_{12} = l \int_{P_1}^{P_2} D\,ds = \varepsilon l \left| \int_{v_1}^{v_2} dv \right| = \varepsilon l\, |(v_1 - v_2)|\,. \tag{15}$$

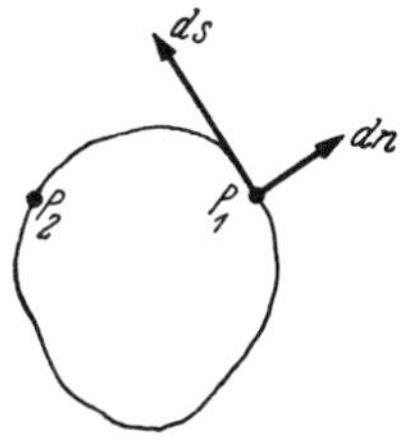

Abb. 15.3. Zur Berechnung des Verschiebungsflusses bei zylindrischen Elektroden

Aus den Funktionswerten v_1 und v_2 in den beiden Punkten P_1 und P_2 läßt sich also sofort der Verschiebungsfluß finden.

Nur für wenige Fälle von Elektrodenanordnungen gibt es mathematische Verfahren, durch die zu der gegebenen Anordnung die Funktion f ermittelt werden kann. Der einfachere Weg zur Berechnung von Potentialfeldern ist der umgekehrte, nämlich irgendwelche Funktionen f anzunehmen und zu untersuchen, bei welchen Elektrodenformen diese Funktionen die Grenzbedingungen erfüllen. Im folgenden werden einige Beispiele dafür betrachtet.

1. *Die Funktion* $f(\zeta) = c\,\zeta^2$

Es wird mit Gl. (5)
$$u = c\,(x^2 - y^2)\,, \qquad v = 2\,c\,x\,y\,. \tag{16}$$

Wählt man v als Potentialfunktion, so ergeben sich die Niveaulinien
$$x\,y = \text{konst.} \tag{17}$$

als gleichseitige Hyperbeln, Abb. 15.4. Die Kurven $u =$ konst. stellen die Verschiebungslinien dar, es sind ebenfalls Hyperbeln, die auf der Schar der Niveaulinien überall senkrecht stehen. Das Feld in einem einspringenden rechten Winkel hat diese Form. Die Feldstärke ist in der Ecke **Null** und nimmt mit wachsendem Abstand von der Ecke proportional zu.

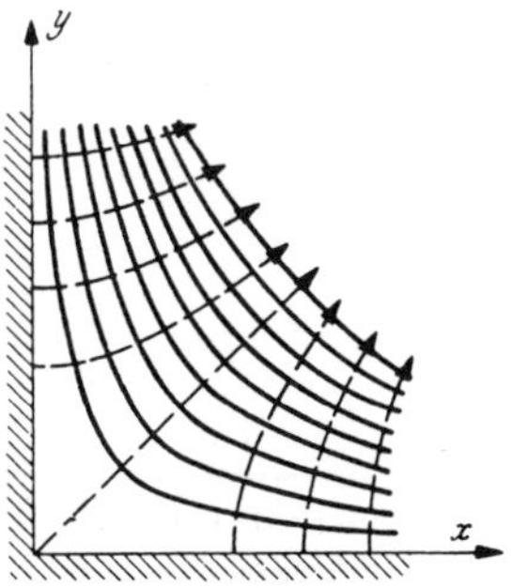

Abb. 15.4. Feld in einer einspringenden Ecke

2. *Die Funktion* $f(\zeta) = \dfrac{c}{\zeta}$.

Es wird
$$f(\zeta) = \frac{c}{x + j\,y} = \frac{c\,(x - j\,y)}{x^2 + y^2}\,, \tag{18}$$

also
$$u = \frac{c\,x}{x^2 + y^2}\,, \qquad v = -\frac{c\,y}{x^2 + y^2}\,. \tag{19}$$

Die Kurven $u =$ konst. und $v =$ konst. stellen Scharen von Kreisen dar, und zwar ergibt sich das Feldbild eines Liniendipols (s. Abschnitt 11).

3. *Die Funktion* $f(\zeta) = c \ln \zeta$.

Setzt man $\sqrt{x^2 + y^2} = r$ und $\alpha = \arctan \frac{y}{x}$, Abb. 15.5, so wird

$$\zeta = \frac{r}{r_0} e^{j\alpha}, \tag{20}$$

wobei r_0 die Koordinate des Potential-Nullpunktes ist, so folgt daraus

$$u = c \ln (r/r_0), \qquad v = c\alpha. \tag{21}$$

Mit $u = \varphi$ ergibt sich das Feld in der Umgebung einer Linienquelle; die Niveaulinien sind konzentrische Kreise, die Verschiebungslinien α = konst. sind Strahlen durch den Nullpunkt.

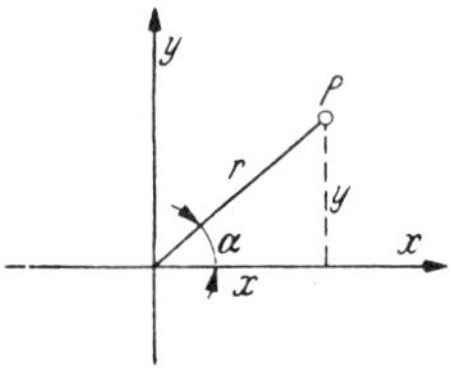

Abb. 15.5. Polarkoordinaten

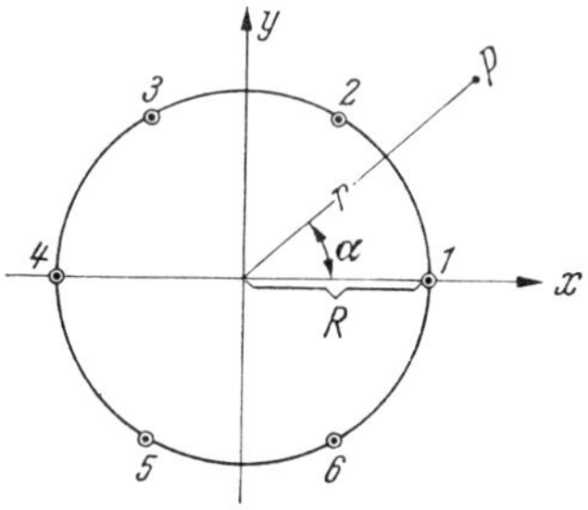

Abb. 15.6. Bündelleiter

Setzt man umgekehrt $v = \varphi$, so erhält man das Feld in der Umgebung einer ebenen Metallplatte, die durch einen geradlinigen, unendlich dünnen Schnitt senkrecht zur Plattenoberfläche geteilt ist und deren beide Teile verschiedene Potentiale haben.

Das Feld zwischen zwei parallelen Linienquellen mit dem Abstand a und entgegengesetzt gleicher Ladung ergibt sich durch den Ansatz

$$f(\zeta) = c \ln \left(\zeta - \frac{a}{2r_0}\right) - c \ln \left(\zeta + \frac{a}{2r_0}\right). \tag{22}$$

Es ist in Abb. 11.14 dargestellt.

In entsprechender Weise kann das Feld eines *Bündelleiters für Hochspannungsübertragung* oder einer *Reusenantenne* berechnet werden. n Leiter bilden mit gleichen Abständen voneinander Mantellinien eines Kreiszylinders vom Radius R, z. B. $n = 6$ in Abb. 15.6. Die Leiter sind elektrisch miteinander verbunden, so daß sie alle gleiches Potential und gleiche Ladung Q_1 haben. Die Potentialfunktion für irgendeinen Punkt P des Raumes erhält man durch Überlagern der von den einzelnen Leitern herrührenden Potentiale. Legt man den Nullpunkt des Potentials in die Mitte des Bündels, setzt also $r_0 = R$, so ergibt die Addition

$$f(\zeta) = -\frac{Q_1}{2\pi\varepsilon l}\left[\ln(\zeta - 1) + \ln\left(\zeta - e^{j\frac{2\pi}{n}}\right) + \right.$$

$$\left. + \ln\left(\zeta - e^{2j\frac{2\pi}{n}}\right) + \cdots + \ln\left(\zeta - e^{(n-1)j\frac{2\pi}{n}}\right)\right]$$

oder in anderer Schreibweise

$$f(\zeta) = -\frac{Q_1}{2\pi\varepsilon l} \sum_{\nu=0}^{\nu=n-1} \ln\left(\zeta - e^{\nu j\frac{2\pi}{n}}\right). \tag{23}$$

Schreibt man die Summe der Logarithmen als Logarithmus des Produktes und multipliziert dieses aus, so findet man

$$f(\zeta) = -\frac{Q_1}{2\pi\varepsilon l} \ln(\zeta^n - 1). \tag{24}$$

Setzt man hier $\zeta = e^{j\alpha} r/R$, so stellt der reelle Teil von $f(\zeta)$ das Potential in Polarkoordinaten dar. In unmittelbarer Nähe der Linienquellen bilden die

Potentialflächen angenähert Kreiszylinder. Wenn der Radius r_0 der Leiter klein gegen R ist, so fällt die Leiteroberfläche mit einer solchen Potentialfläche zusammen. Um das Potential des Leiters 1 zu finden, muß man ζ für irgend einen Punkt der Oberfläche dieses Leiters einsetzen, z. B.

$$\zeta = 1 + r_0/R. \tag{25}$$

Da gemäß Voraussetzung r_0 klein gegen R sein soll, so kann man die Binomialentwicklung von ζ^n nach dem zweiten Glied abbrechen:

$$\zeta^n = (1 + r_0/R)^n = 1 + nr_0/R. \tag{26}$$

Man findet so für das Leiterpotential

$$\varphi = -\frac{Q_1}{2\pi\varepsilon l} \ln (n\, r_0/R) \tag{27}$$

Die Ladung Q_1 des Leiters ist $1/n$ der Ladung Q des Leitersystems; daher gilt auch

$$\varphi = -\frac{Q}{2\pi\varepsilon l n} \ln (nr_0/R) = -\frac{Q}{2\pi\varepsilon l} \ln \left(\sqrt[n]{nr_0/R}\right) \tag{28}$$

Vergleicht man dies mit dem Potential eines einzelnen zylindrischen Leiters mit der gleichen Ladung Q und dem Radius R', Gl. (11.67),

$$\varphi = -\frac{Q}{2\pi\varepsilon l} \ln (R'/R), \tag{29}$$

so erkennt man, daß der Bündelleiter hinsichtlich der Ladungen, also auch hinsichtlich der Kapazität, einem einzelnen zylindrischen Leiter vom Radius

$$R' = R \sqrt[n]{\frac{n\, r_0}{R}} \tag{30}$$

gleichwertig ist.

Um die Feldstärke an den Oberflächen der Drähte zu berechnen, ermittelt man zunächst den Radius R' des für die Kapazität maßgebenden Ersatzleiters. Damit kann man die Kapazität der Bündelleiteranordnung und hieraus die Ladung Q für eine gegebene Spannung berechnen.

Die Feldstärke an der Leiteroberfläche erhält man mit Gl. (28) und (29):

$$E = \left|\frac{d\varphi}{dr_0}\right|_{r_0} = \frac{Q}{2\,\pi\,\varepsilon\, l\, r_0\, n}. \tag{31}$$

Sind z. B. zwei solche Bündelleiter im Abstand a voneinander in Luft geführt, so ist die Kapazität nach Gl. (11.103)

$$C = \frac{\pi\,\varepsilon\, l}{\ln \dfrac{a}{R'}}. \tag{32}$$

Eine Spannung U zwischen den beiden Bündelleitern führt daher zur Ladung

$$Q = C\,U = \frac{\pi\,\varepsilon\, l}{\ln \dfrac{a}{R'}} U, \tag{33}$$

und damit folgt für die Feldstärke an der Oberfläche der Leiter

$$E = \frac{U}{2\, r_0\, n \ln \frac{a}{R'}}\,. \tag{34}$$

Zwei massive Leiter mit dem Radius r_0 und gleichem Achsenabstand a würden nach Gl. (11.97) (wieder unter der Voraussetzung kleiner Leiterdurchmesser gegen den Abstand) zu einer Feldstärke

$$E' = \frac{U}{2\, r_0 \ln \frac{a}{r_0}} \tag{35}$$

führen. Die Feldstärke wird also auf den Bruchteil

$$\frac{E}{E'} = \frac{\ln \frac{a}{r_0}}{n \ln \frac{a}{R'}} \tag{36}$$

herabgesetzt.

Zahlenbeispiel: Die Bündelleiter einer Hochspannungsleitung bestehen aus je 4 Einzeldrähten von 10 mm Durchmesser. Sie seien in den Ecken eines Quadrates von 20 cm Seitenlänge angeordnet. Der Abstand zweier Bündelleiter sei 10 m.

Es ist also: $n = 4$, $R = 10\text{ cm}\sqrt{2} = 14{,}1\text{ cm}$,
$r_0 = 0{,}5\text{ cm}$, $a = 10\text{ m}$.

Die Gl. (30) liefert

$$R' = 14{,}1\text{ cm}\sqrt[4]{\frac{4 \cdot 0{,}5}{14{,}1}} = 8{,}65\text{ cm}.$$

Die Bündelleitung hat also die gleiche Kapazität wie eine Leitung aus massiven Leitern von 8,65 cm Radius. Die Feldstärke auf den Leiteroberflächen wird nach Gl. (36) auf den Bruchteil

$$\frac{E}{E'} = \frac{\ln \frac{1000}{0{,}5}}{4 \ln \frac{1000}{8{,}65}} = 0{,}4$$

gegenüber einer Leitung aus Drähten von 1 cm Durchmesser im Abstand von 10 m herabgesetzt.

4. *Die Funktion* $f(\zeta) = c_1 \operatorname{arcosh} \frac{\zeta}{c_2}$.

Wir schreiben die Gleichung in der Form

$$\zeta = c_2 \cosh \frac{f}{c_1} \tag{37}$$

und benutzen die Formel

$$\cosh (a + j\, b) = \cosh a \cos b + j \sinh a \sin b; \tag{38}$$

dann ergibt sich

$$x = c_2 \cosh \frac{u}{c_1} \cos \frac{v}{c_1}\,, \qquad y = c_2 \sinh \frac{u}{c_1} \sin \frac{v}{c_1}\,. \tag{39}$$

Eliminiert man hieraus v bzw. u, so erhält man die beiden Gleichungen

$$\frac{x^2}{c_2^2 \cosh^2 \frac{u}{c_1}} + \frac{y^2}{c_2^2 \sinh^2 \frac{u}{c_1}} = 1\,, \qquad \frac{x^2}{c_2^2 \cos^2 \frac{v}{c_1}} - \frac{y^2}{c_2^2 \sin^2 \frac{v}{c_1}} = 1\,. \tag{40}$$

Die erste Gleichung stellt für $u =$ konst. Ellipsen dar, deren Mittelpunkte im Koordinatenanfangspunkt liegen und deren Halbachsen

$$a = c_2 \cosh \frac{u}{c_1}, \qquad b = c_2 \sinh \frac{u}{c_1} \tag{41}$$

betragen. Der halbe Brennpunktabstand einer jeden dieser Ellipsen ist daher

$$\sqrt{a^2 - b^2} = c_2 . \tag{42}$$

Die Ellipsen haben gemeinsame Brennpunkte (konfokale Ellipsen).

Die zweite Gleichung liefert für $v =$ konst. eine Hyperbelschar mit den Halbachsen

$$a = c_2 \cos \frac{v}{c_1}, \qquad b = c_2 \sin \frac{v}{c_1} . \tag{43}$$

Der halbe Brennpunktabstand ist

$$\sqrt{a^2 + b^2} = c_2 . \tag{44}$$

Die Hyperbeln haben die gleichen Brennpunkte wie die Ellipsen, Abb. 7.13.

Setzt man $u = \varphi$, so ergibt sich das Potentialfeld in der Umgebung eines elliptischen Zylinders; für $v = \varphi$ erhält man das Feld zwischen zwei Zylindern mit hyperbolischer Spur.

Die *Kapazität eines elliptischen Zylinderkondensators* kann damit auf folgende Weise berechnet werden. Es seien die Halbachsen der beiden Zylinder a_1, b_1, a_2, b_2. Dann gilt nach Gl. (41) und (42) für das Potential auf dem ersten Zylinder

$$\varphi_1 = c_1 \operatorname{arsinh} \frac{b_1}{\sqrt{a_1^2 - b_1^2}} , \tag{45}$$

auf dem zweiten Zylinder

$$\varphi_2 = c_1 \operatorname{arsinh} \frac{b_2}{\sqrt{a_2^2 - b_2^2}} . \tag{46}$$

Es ist also die Spannung zwischen den beiden Zylindern

$$U = \varphi_1 - \varphi_2 = c_1 \left[\operatorname{arsinh} \frac{b_1}{\sqrt{a_1^2 - b_1^2}} - \operatorname{arsinh} \frac{b_2}{\sqrt{a_2^2 - b_2^2}} \right] . \tag{47}$$

Unter Benützung der Formel

$$\operatorname{arsinh} z = \ln \left(z + \sqrt{z^2 + 1} \right) \tag{48}$$

ergibt sich hieraus

$$U = c_1 \ln \frac{a_1 + b_1}{a_2 + b_2} . \tag{49}$$

Zur Berechnung der Ladung des inneren Zylinders dient die Gl. (15). Es ist nach Gl. (39) auf der x-Achse ($y = 0$) $v = v_1 = 0$, auf der y-Achse ($x = 0$) $v = v_2 = \frac{\pi}{2} c_1$, also der vom inneren Zylinder in einem Quadranten ausgehende Verschiebungsfluß

$$Q_{12} = - \varepsilon \, l \frac{\pi}{2} c_1 . \tag{50}$$

Der ganze Verschiebungsfluß ist daher

$$Q = - 2 \pi c_1 \varepsilon \, l , \tag{51}$$

und es ergibt sich die Kapazität

$$C = \frac{Q}{U} = \frac{2 \pi \varepsilon l}{\ln \dfrac{a_2 + b_2}{a_1 + b_1}} . \tag{52}$$

Der Kreiszylinderkondensator stellt einen Grenzfall dar, in dem $a_1 = b_1 = r_1$ und $a_2 = b_2 = r_2$ wird, Gl. (10.21).

Ein anderer Grenzfall ergibt sich, wenn die kurze Halbachse b der Ellipse unendlich klein wird; er liefert das Feld eines geladenen Blechstreifens von der Breite $2\,c_2 = 2\,a$.

Die elektrische Feldstärke des elliptischen Zylinders kann allgemein nach Gl. (14) berechnet werden. Für irgendeine elliptische Niveaulinie mit den Halbachsen a und b ist nach Gl. (39) und (41)

$$x = a \cos \frac{v}{c_1}, \qquad y = b \sin \frac{v}{c_1}. \tag{53}$$

Daraus folgt

$$dx = -\frac{a}{c_1} \sin \frac{v}{c_1}\, dv, \qquad dy = \frac{b}{c_1} \cos \frac{v}{c_1}\, dv, \tag{54}$$

und es wird das Längenelement der Ellipse

$$ds = \sqrt{(dx)^2 + (dy)^2} = \frac{dv}{c_1} \sqrt{a^2 \sin^2 \frac{v}{c_1} + b^2 \cos^2 \frac{v}{c_1}}\,; \tag{55}$$

also ist die elektrische Feldstärke nach Gl. (14)

$$E = \left|\frac{dv}{ds}\right| = c_1 \left(a^2 \sin^2 \frac{v}{c_1} + b^2 \cos^2 \frac{v}{c_1}\right)^{-\frac{1}{2}}. \tag{56}$$

Sie ist auf der Oberfläche des Zylinders ungleichmäßig verteilt und hat ihren größten Wert für $v = 0$, also in der x-Achse, nämlich

$$E = \frac{|c_1|}{b}, \tag{57}$$

den kleinsten Wert für $v = \frac{\pi c_1}{2}$, also in der y-Achse:

$$E = \frac{|c_1|}{a}. \tag{58}$$

Die Konstante c_1 läßt sich bestimmen, sobald die Spannung zwischen den Elektroden gegeben ist, z. B. durch Gl. (49).

Zahlenbeispiel: In der Achse eines Hohlzylinders vom Radius $r_0 = 5$ cm befindet sich ein dünner Blechstreifen von der Breite 2 cm. Wir groß ist die Kapazität zwischen Blechstreifen und Zylinder für 1 cm Länge?

Der Blechstreifen wird als elliptischer Zylinder mit den Halbachsen $a_1 = 1$ cm und $b_1 = 0$ aufgefaßt, der Brennpunktsabstand ist dann $2\,c_2 = 2$ cm. Eine Ellipse mit der großen Halbachse $a_2 = 5$ cm und den gleichen Brennpunkten hat eine kleine Halbachse von $b_2 = \sqrt{5^2 - 1^2}$ cm $= 4{,}9$ cm; sie weicht also nur noch wenig von der Kreisform ab, und es ergibt sich eine gute Annäherung, wenn man den Kreiszylinder durch einen elliptischen Zylinder mit $a_2 + b_2 = 2\,r_0 = 10$ cm ersetzt. Die Kapazität wird dann nach Gl. (52)

$$C = \frac{2\pi\varepsilon_0 l}{\ln 10}, \quad \text{und es folgt} \quad \frac{C}{l} = \frac{2\pi\varepsilon_0}{2{,}30} = 0{,}242\,\frac{\text{pF}}{\text{cm}}.$$

Würde man den Blechstreifen durch einen Kreiszylinder von gleicher Oberfläche ersetzen, also mit dem Radius $4\text{ cm}/2\pi$, so würde man nach Gl. (10.21) erhalten

$$\frac{C}{l} = \frac{2\pi\varepsilon_0}{\ln 2{,}5\,\pi} = 0{,}270\,\frac{\text{pF}}{\text{cm}}.$$

5. *Die Funktion* $f(\zeta) = c_1 \ln (2 \sin c_2 \zeta)$.

Mit Benützung der Beziehung

$$\sin c_2 \zeta = \sin c_2 (x + j\,y) = \sin c_2 x \cosh c_2 y + j \cos c_2 x \sinh c_2 y \tag{59}$$

ergibt sich

$$u = c_1 \ln 2 \sqrt{\cosh^2 c_2 y - \cos^2 c_2 x}, \qquad v = c_1 \arctan \frac{\tanh c_2 y}{\tan c_2 x}. \tag{60}$$

Für große Werte von y ist

$$\cosh c_2 y \approx \frac{1}{2} e^{c_2 y}, \tag{61}$$

und es ist $\cos^2 c_2 x$ gegen $\cosh^2 c_2 y$ zu vernachlässigen. Dann wird $u = c_1 c_2 y$. Fassen wir u als Potentialfunktion auf, $u = \varphi$, so geht demnach das durch f dargestellte Feld in großer Entfernung von der x-Achse in ein homogenes Feld über, dessen Feldlinien parallel zur y-Achse und dessen Niveaulinien parallel zur x-Achse verlaufen.

Andererseits lassen sich für sehr kleine x und y die Näherungsformeln

$$\cosh c_2 y = 1 + \frac{1}{2} (c_2 y)^2 \qquad \text{und} \qquad \cos c_2 x = 1 - \frac{1}{2} (c_2 x)^2 \tag{62}$$

anwenden. Damit folgt

$$\varphi = c_1 \ln 2 c_2 \sqrt{x^2 + y^2} = c_1 \ln 2 c_2 r, \tag{63}$$

wenn mit r der Abstand des Aufpunktes vom Koordinatenanfangspunkt bezeichnet wird. Diese Beziehung zeigt, daß in der Nähe des Anfangspunktes das Potential in das einer Linienquelle, Gl. (11.67), übergeht.

Schließlich können wir noch eine dritte Feststellung machen, wenn wir

$$x = x' + k \frac{\pi}{c_2} \tag{64}$$

setzen, wobei k eine ganze Zahl bedeuten soll. Mit diesem Ansatz geht die Formel für das Potential in sich selbst über, d. h. das Feld ist in der x-Achse periodisch mit der Periode π/c_2; es ist das Feld eines *Gitters paralleler Linienquellen*. Die Linienquellen haben den Abstand $a = \pi/c_2$; sie befinden sich in der x-Achse und haben alle die gleiche Ladung, die sich durch die Konstante c_1 ausdrücken läßt. Wir benützen nun die dadurch bestimmte Potentialfunktion zur Berechnung der *Schirmwirkung eines Gitters* aus parallelen Drähten, Abb. 15.7, das mit dem Abstand h parallel zu einer leitenden Ebene liegt. Legen wir die x-Achse in diese Ebene, so lautet die Potentialfunktion für das Gitter

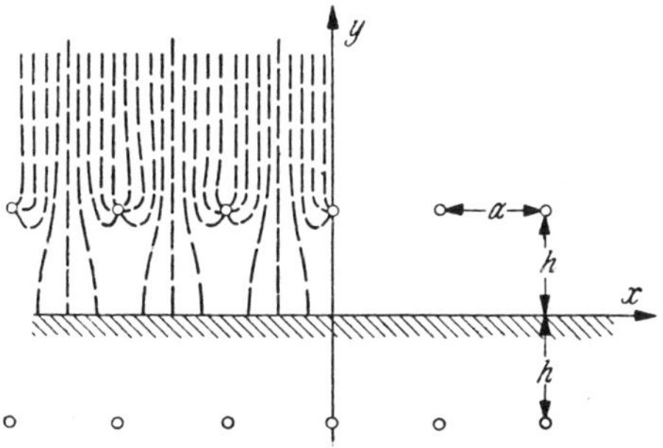

Abb. 15.7. Schirmgitter

$$\varphi = c_1 \ln 2 \sqrt{\cosh^2 c_2 (y - h) - \cos^2 c_2 x}. \tag{65}$$

Damit das Potential auf der leitenden Ebene Null wird, muß bei $y = -h$ ein Spiegelbild des ersten Gitters mit entgegengesetzt gleicher Ladung angebracht werden. Das Potential beider Gitter wird daher

$$\varphi_g = c_1 \ln 2 \sqrt{\cosh^2 c_2 (y - h) - \cos^2 c_2 x} - c_1 \ln 2 \sqrt{\cosh^2 c_2 (y + h) - \cos^2 c_2 x}. \tag{66}$$

Unter Einführung von $a = \pi/c_2$ kann man schließlich hierfür schreiben

$$\varphi_g = \frac{c_1}{2} \ln \frac{\cosh^2 \frac{\pi}{a} (y - h) - \cos^2 \frac{\pi}{a} x}{\cosh^2 \frac{\pi}{a} (y + h) - \cos^2 \frac{\pi}{a} x}. \tag{67}$$

In großem Abstand von der x-Achse wird dieser Ausdruck Null. Wenn daher die Feldstärke des homogenen Feldes dort einen bestimmten Wert E_0 haben soll, so muß man noch das Potential des entsprechenden homogenen Feldes hinzufügen. Legen wir den Nullpunkt in die leitende Ebene, so ist das Zusatzpotential

$$\varphi_0 = E_0 y. \tag{68}$$

Damit wird schließlich das gesuchte Potential

$$\varphi = \varphi_g + \varphi_0 \,. \tag{69}$$

Die Konstante c_1 hängt von der Vorschrift ab, die wir bezüglich des Potentials des Gitters machen. Es kann z. B. der folgende Fall auf diese Weise untersucht werden. Die leitende Ebene stelle eine geerdete Wand in einem Hochspannungsraum dar. Das Drahtgitter sei ebenfalls geerdet und zu dem Zweck angebracht, den Raum zwischen Gitter und Wand gegen das elektrische Feld abzuschirmen. Auf der Oberfläche der Drähte des Gitters muß dann ebenfalls $\varphi = 0$ sein. Dies liefert unter der Voraussetzung, daß es sich um im Vergleich zu a und h sehr dünne Drähte mit dem Radius r_0 handelt,

$$0 = E_0 h + \frac{c_1}{2} \ln \frac{\frac{\pi^2}{a^2} r_0^2}{\cosh^2 2 \frac{\pi}{a} h - 1} \tag{70}$$

oder

$$c_1 = E_0 \frac{h}{\ln \sinh 2\pi \frac{h}{a} - \ln \pi \frac{r_0}{a}} \,. \tag{71}$$

Der Verlauf der Feldlinien ist in Abb. 15.7 links dargestellt. Das abzuschirmende Feld greift zum Teil durch die Stäbe des Gitters hindurch. Die größte Dichte der hindurchgreifenden Verschiebungslinien ergibt sich jeweils in der Mitte zwischen zwei Stäben des Gitters. Dort ist zu setzen

$$x = \frac{a}{2} + k a \,, \qquad k = 0, 1, 2, \ldots, \tag{72}$$

so daß das Potential längs dieser Verschiebungslinien

$$\varphi = E_0 y + E_0 h \frac{\ln \cosh \frac{\pi}{a} (y - h) - \ln \cosh \frac{\pi}{a} (y + h)}{\ln \sinh \frac{2\pi}{a} h - \ln \pi \frac{r_0}{a}} \tag{73}$$

wird. Für die Feldstärke ergibt sich hieraus

$$E = E_0 + E_0 \pi \frac{h}{a} \frac{\tanh \frac{\pi}{a} (y - h) - \tanh \frac{\pi}{a} (y + h)}{\ln \sinh \frac{2\pi}{a} h - \ln \pi \frac{r_0}{a}} \,. \tag{74}$$

Sie wird am größten in der Höhe des Gitters, $y = h$, und am kleinsten an der leitenden Wand, $y = 0$. Die beiden Werte der Feldstärke seien dort E_1 und E_2. Wäre das Gitter nicht vorhanden, so wäre

$$E_1 = E_2 = E_0 \,.$$

Man kann daher das Verhältnis der Feldstärken E_1 und E_2 zur Feldstärke E_0 im homogenen Feld als ein Maß für die *Schutzwirkung des Gitters* ansehen. Dieses Verhältnis ist

$$\eta_1 = \frac{E_1}{E_0} = 1 - \pi \frac{h}{a} \frac{\tanh \frac{2\pi}{a} h}{\ln \sinh \frac{2\pi}{a} h + \ln \frac{a}{\pi r_0}} \tag{75}$$

bzw.

$$\eta_2 = \frac{E_2}{E_0} = 1 - \pi \frac{h}{a} \frac{2 \tanh \pi \frac{h}{a}}{\ln \sinh \frac{2\pi}{a} h + \ln \frac{a}{\pi r_0}} \,. \tag{76}$$

Die hier vorkommenden hyperbolischen Funktionen kann man entweder aus Tabellen entnehmen oder nach den Definitionsformeln

$$\sinh x = \frac{1}{2}(e^x - e^{-x}), \tag{77}$$

$$\cosh x = \frac{1}{2}(e^x + e^{-x}), \tag{78}$$

$$\tanh x = \frac{e^x - e^{-x}}{e^x + e^{-x}} \tag{79}$$

berechnen; sie sind in Abb. 15.8 graphisch dargestellt.

Gewöhnlich wird der Abstand h des Gitters von der Wand groß gegen die Gitteröffnung a sein. Dann kann man näherungsweise schreiben

$$\tanh \pi \frac{h}{a} = 1, \qquad \sinh \frac{2\pi h}{a} = \frac{1}{2} e^{\frac{2\pi h}{a}}; \tag{80}$$

dies ergibt mit $a > 2\pi r_0$

$$\eta_1 = \frac{1}{2}\left(1 + \frac{a}{2\pi h} \ln \frac{a}{2\pi r_0}\right), \tag{81}$$

$$\eta_2 = \frac{a}{2\pi h} \ln \frac{a}{2\pi r_0}. \tag{82}$$

Die Feldstärke an der Wand (η_2) wird also um so kleiner, je kleiner man den Drahtabstand gegenüber dem Abstand zwischen Gitter und Wand macht. Dagegen nähert sich die Feldstärke in der Gitterebene (η_1) bei Verkleinerung des Drahtabstandes dem Wert $\frac{1}{2} E_0$. Außerdem kann die Feldstärke größere Werte in unmittelbarer Nähe der Drähte selbst annehmen. Die Schutzwirkung ist also auf einen Raum beschränkt, der nicht ganz an das Gitter selbst heranreicht.

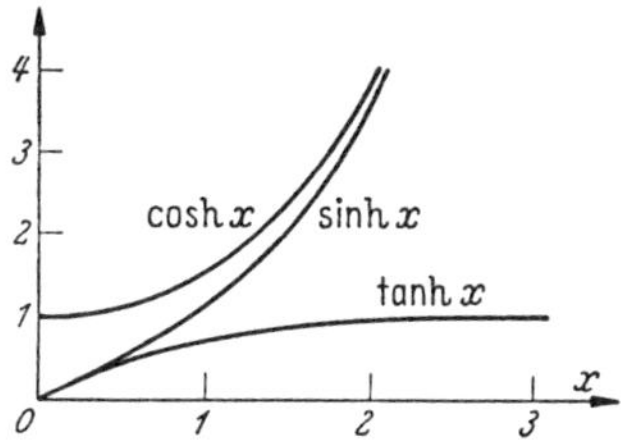

Abb. 15.8. Die Hyperbelfunktionen

Als weitere Anwendung werde die Wirkung des *Steuergitters einer Elektronenröhre* mit parallelen ebenen Elektroden betrachtet. Das Gitter bestehe aus Drähten, deren Radius r_0 im Vergleich zu ihren Abständen a sehr klein ist, $r_0 \ll a$; ferner sei das Gitter feinmaschig im Vergleich zu dem Abstand h von der leitenden Wand, $a \ll 2\pi h$.

Das Gitter werde nun auf eine bestimmte Spannung U_g („Gitterspannung") gegen die leitende Wand (Kathode, s. Abschnitt 18) gebracht. Dann ist

$$\varphi = U_g \quad \text{für} \quad y = h, \quad x = r_0.$$

Dies liefert an Stelle von Gl. (71)

$$c_1 = \frac{E_0 h - U_g}{\ln \sinh 2\pi \frac{h}{a} - \ln \pi \frac{r_0}{a}}, \tag{83}$$

und an Stelle von Gl. (76)

$$E_2 = E_0 - \frac{2\pi}{a} \frac{E_0 h - U_g}{\ln \sinh 2\pi \frac{h}{a} + \ln \frac{a}{\pi r_0}} \tanh \pi \frac{h}{a}. \tag{84}$$

Hieraus folgt, wieder unter Berücksichtigung, daß $a \ll 2\pi h$,

$$E_2 = \frac{U_g}{h} + \frac{a}{2\pi h} E_0 \ln \frac{a}{2\pi r_0}. \tag{85}$$

Denkt man sich nun die Feldstärke an der Wand erzeugt durch eine einzige Elektrode am Orte des Gitters, also im Abstand h von der Wand, so muß dieser Ersatzelektrode eine Spannung $U_s = h E_2$ erteilt werden. Führt man dies ein und ersetzt man außerdem noch das äußere Feld E_0 durch eine Elektrode im Abstand H von der Wand mit einer Spannung $U_a = H\,E_0$ („Anodenspannung"), so folgt für die Ersatzspannung in der Gitterebene („Steuerspannung")

$$U_s = U_g + D\,U_a\,, \tag{86}$$

wobei

$$D = \frac{a}{2\pi H} \ln \frac{a}{2\pi r_0}\,. \tag{87}$$

Man kann also das Gitter durch eine Platte im gleichen Abstand h von der Wand ersetzen mit einer Spannung, die um den Betrag $D\,U_a$ gegenüber der eigentlichen Gitterspannung vergrößert ist. Die Größe D wird *Durchgriff* genannt. Sie gibt an, mit welchem Bruchteil das äußere Feld durch das Gitter hindurch an der Oberfläche der leitenden Wand wirksam ist (s. Abschnitt 18).

Zahlenbeispiel: In einer Elektronenröhre sei der Abstand zwischen Steuergitter und Kathode $h = 2$ mm, der Abstand der Gitterdrähte $a = 2$ mm, der Radius der Gitterdrähte $r_0 = 0{,}05$ mm und der Abstand zwischen Anode und Kathode $H = 10$ mm. Dann wird der Durchgriff

$$D = \frac{2}{2\pi\,10} \ln \frac{2}{2\pi\,0{,}05} = 0{,}0318 \ln 6{,}37 = 0{,}059 = 5{,}9\%.$$

Dreidimensionales Feld

Im Falle des *dreidimensionalen Feldes* läßt sich eine derartig allgemeine Lösung der Potentialgleichung, wie es die komplexen Funktionen im zweidimensionalen Falle sind, nicht angeben. Die Berechnung von dreidimensionalen Feldern ist im allgemeinen mathematisch schwierig. Wir betrachten hier nur ein besonders einfaches Beispiel eines Feldes, das symmetrisch zu einer Achse ist (rotationssymmetrisches Feld).

Die Potentialgleichung ist eine lineare Differentialgleichung. Wenn daher φ_1 und φ_2 Lösungen dieser Gleichung sind, so ist auch $c_1\,\varphi_1 + c_2\,\varphi_2$ eine Lösung. Mit Hilfe dieses Satzes kann man aus bekannten Lösungen Potentialfunktionen für neue Felder zusammensetzen. Aus der Formel (11.36) geht z. B. hervor, daß

$$\varphi_1 = r\cos\alpha \qquad \text{und} \qquad \varphi_2 = \frac{\cos\alpha}{r^2} \tag{88}$$

Lösungen der Potentialgleichungen sind, wenn r den Abstand des Aufpunktes von einem festen Punkt und α den Winkel des Strahles r gegen eine feste Achse durch diesen Punkt bezeichnen (Kugelkoordinaten). Daher ist auch

$$\varphi = \left(c_1\,r + \frac{c_2}{r^2}\right)\cos\alpha \tag{89}$$

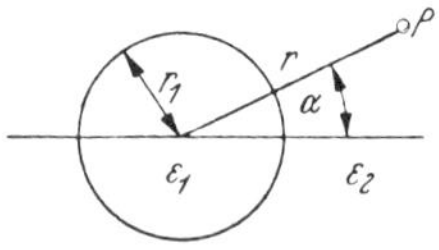

Abb. 15.9. Zur Berechnung der Störung eines homogenen Feldes durch eine isolierende Kugel

eine Lösung der Potentialgleichung. Für sehr große Abstände r überwiegt der erste Summand, der ein homogenes Feld mit Niveauflächen senkrecht zur Achse darstellt. Wir benutzen nun diese Lösung der Potentialgleichung zur Berechnung des Feldes im Innern und in der Umgebung einer isolierenden Kugel, Abb. 15.9, die in ein ursprünglich homogenes elektrisches Feld gebracht wird; die Permittivitätszahl der Kugel sei ε_1, die des übrigen Raumes ε_2. Wir machen nach Gl. (89) dann für die beiden Räume folgende Ansätze:

im Innern der Kugel
$$\varphi_1 = \left(c_{11}\,r + \frac{c_{21}}{r^2}\right)\cos\alpha\,, \tag{90}$$

im Außenraum
$$\varphi_2 = \left(c_{12}\,r + \frac{c_{22}}{r^2}\right)\cos\alpha\,. \tag{91}$$

Nun ist zu untersuchen, ob mit diesen Ansätzen die Grenzbedingungen erfüllt werden können. Nach diesen sollen die Tangentialkomponenten der elektrischen Feldstärke und die Normalkomponenten der Verschiebungsdichte an den Grenzflächen stetig sein. Es soll also für $r = r_1$

$$\frac{\partial \varphi_1}{\partial \alpha} = \frac{\partial \varphi_2}{\partial \alpha} \quad \text{und} \quad \varepsilon_1 \frac{\partial \varphi_1}{\partial r} = \varepsilon_2 \frac{\partial \varphi_2}{\partial r} \tag{92}$$

sein. Außerdem soll für große Abstände r die Feldstärke den vorgegebenen Wert E_0 des ursprünglichen homogenen Feldes haben. Für $r = \infty$, $\alpha = 0$ ist

$$E = \frac{\partial \varphi_2}{\partial r} = c_{12}\,, \quad \text{also} \quad c_{12} = E_0\,. \tag{93}$$

Ferner muß im Innern der Kugel das Potential endlich bleiben, also $c_{21} = 0$ sein. Durch diese vier Bedingungen sind die vier Konstanten bestimmt, und es ergibt sich

$$\varphi_1 = E_0 \frac{3\,\varepsilon_2}{\varepsilon_1 + 2\,\varepsilon_2}\, r \cos\alpha\,, \tag{94}$$

$$\varphi_2 = E_0 \left(r - \frac{\varepsilon_1 - \varepsilon_2}{\varepsilon_1 + 2\,\varepsilon_2} \frac{r_1^3}{r^2}\right) \cos\alpha\,. \tag{95}$$

Die beiden Ansätze genügen der Potentialgleichung, sie erfüllen ferner die Grenzbedingungen, stellen also das gesuchte Potential dar. Im Innern der Kugel ist das Feld homogen, die Feldstärke hat dort den Wert

$$E_1 = E_0 \frac{3\,\varepsilon_2}{\varepsilon_1 + 2\,\varepsilon_2}\,; \tag{96}$$

sie ist größer als die Feldstärke des ursprünglichen Feldes, wenn $\varepsilon_1 < \varepsilon_2$, kann jedoch höchstens 1,5mal so groß werden (z. B. Luftblase in Isolierstoff). Hat dagegen die Kugel die höhere Permittivitätszahl, so ist das Feld im Innern der Kugel schwächer als außen. Die Feldstärke hat im Außenraum ihre größten Werte in der Achse an der Kugeloberfläche. Es ist dort

$$E_2 = \left|\frac{\partial \varphi_2}{\partial r}\right|_{r_1} = E_0 \frac{3\,\varepsilon_1}{\varepsilon_1 + 2\,\varepsilon_2}\,. \tag{97}$$

Diese Feldstärke kann dreimal so groß werden wie die des homogenen Feldes, wenn $\varepsilon_1 \gg \varepsilon_2$. Auch nichtleitende Einschlüsse in Isolierstoffen können also zu einer örtlichen Vergrößerung der Feldstärke und damit zu einer höheren elektrischen Beanspruchung des Isolierstoffes führen.

Mit den gleichen Ansätzen kann man auch die Störung eines homogenen Feldes untersuchen, die sich ergibt, wenn eine isolierende Hohlkugel, z. B. eine dünnwandige Glaskugel, in das Feld gebracht wird.

In diesem Abschnitt sind nur die einfachsten Methoden der Berechnung von elektrostatischen Feldern beschrieben worden; allgemeine Methoden zur Lösung der Potentialgleichung findet man in der mathematisch-physikalischen Literatur.

Bemerkung: Bei zweidimensionalen Feldern beruht ein vielfach angewendetes *experimentelles Verfahren* der Feldbestimmung auf der folgenden Analogie.

Eine eben gespannte dünne Membran erfährt Auslenkungen δ, wenn sie durch beliebig verteilte kleine Kräfte belastet wird. Dafür gilt eine Gleichung von der Form

$$\frac{\partial^2 \delta}{\partial x^2} + \frac{\partial^2 \delta}{\partial y^2} = 0\,, \tag{98}$$

wobei x und y die Achsen eines in der ursprünglichen Membranebene liegenden Achsensystems bezeichnen. Für die Auslenkungen gilt also dieselbe Gleichung wie für das Potential in einem zweidimensionalen elektrostatischen Feld: dem Potential entspricht die Größe der Auslenkung. Elektroden mit bestimmten Spannungen werden durch auf die Membran aufgedrückte Stempel nachgebildet. Auf die waagerechte Membran gelegte Kügelchen vom Gewicht G erfahren Kräfte

$G \cdot \text{grad}\,\delta$. Diese Kräfte sind also proportional den im elektrischen Feld auf Ladungsträger ausgeübten Kräften. Die Kügelchen beschreiben bei nicht zu raschem Lauf Wege, die angenähert den elektrischen Feldlinien entsprechen.

II. Das langsam veränderliche elektrische Feld

16. Der Verschiebungsstrom

Verschiebungsstrom und Leitungsstrom

Elektrostatische Felder mit den in den vorigen Abschnitten besprochenen Eigenschaften setzen eine verschwindende Leitfähigkeit der Isolierstoffe voraus. Wegen der endlichen Leitfähigkeit der Isolierstoffe stellt sich bei zeitlich konstanten Potentialen in Wirklichkeit eine elektrische Strömung ein. *Die Potentialverteilung gehorcht bei konstanten Spannungen immer den Gesetzen des Strömungsfeldes.* Werden z. B. mehrere Kondensatoren hintereinander geschaltet an eine Gleichspannung gelegt, so verteilt sich die Spannung auf die einzelnen Kondensatoren im allgemeinen durchaus nicht umgekehrt wie die Kapazitätswerte, wie es unter der Voraussetzung elektrostatischer Felder sein müßte, sondern im Endzustand immer entsprechend den Isolationswiderständen, die ganz andere Verhältnisse haben können. *Das zeitlich konstante elektrische Feld ist immer ein Strömungsfeld.*

Strömungsfeld und elektrostatisches Feld unterscheiden sich im allgemeinen, und zwar wegen der Verschiedenheit der Grenzbedingungen. Während beim elektrostatischen Feld die Elektrodenoberflächen Potentialflächen sind, trifft dies beim Strömungsfeld angenähert nur dann zu, wenn die Leitfähigkeit der Elektroden sehr groß ist gegen die des leitenden Zwischenmediums. Die Brechungsgesetze der Strömungslinien und der Verschiebungslinien zeigen ferner, daß die Grenzbedingungen an beliebigen Grenzflächen nur dann für beide Arten von Feldern die gleichen sind, wenn überall das Verhältnis ε/σ den gleichen konstanten Wert hat. Nur in diesem Falle stimmt das elektrostatische Feld mit dem Strömungsfeld überein. Sind diese Bedingungen nicht erfüllt, dann ist die Potentialverteilung im stationären Zustand durch die Gesetze des Strömungsfeldes bestimmt. Die Grenzbedingungen des elektrostatischen Feldes haben im Strömungsfeld keine Gültigkeit; insbesondere gilt nicht mehr, daß die Normalkomponente der Verschiebungsdichte an den Grenzflächen stetig ist. Vielmehr gilt im Strömungsfeld nach Formel (6.13)

$$\sigma_1 E_{n1} = \sigma_2 E_{n2}\,. \tag{1}$$

Hieraus ergibt sich für das Verhältnis der Normalkomponenten der Verschiebungsdichte an beliebigen Grenzflächen

$$\frac{D_{n1}}{D_{n2}} = \frac{\varepsilon_1 \sigma_2}{\varepsilon_2 \sigma_1}\,. \tag{2}$$

Es münden also von der einen Seite der Grenzfläche her mehr oder weniger Verschiebungslinien ein, als von der anderen Seite ausgehen; an der Grenzfläche sind Ladungen vorhanden. Die Dichte dieser Ladungen ist

$$D_{n1} - D_{n2} = D_{n2}\left(\frac{\varepsilon_1 \sigma_2}{\varepsilon_2 \sigma_1} - 1\right); \tag{3}$$

sie wird nur dann Null, wenn die oben angeführte Bedingung erfüllt ist.

Daß nun trotzdem der Elektrostatik ein so breiter Raum gewidmet wurde, hat seinen Grund darin, daß die Gesetze des elektrostatischen Feldes angenähert gelten, wenn es sich um *veränderliche* Felder handelt. Sobald sich die Potentiale zeitlich ändern, werden Ladungen transportiert, denen in den Zuleitungen zu den Elektroden des Feldes elektrische Ströme entsprechen. Dieser Vorgang bestimmt die Potentialverteilung wie im elektrostatischen Feld und überdeckt meist schon bei verhältnismäßig langsamen zeitlichen Änderungen völlig den des Strömungsfeldes.

Wenn sich die Spannung an einem Kondensator ändert, so ergibt sich infolge der damit verbundenen Ladungsänderung ein Strom, der um so stärker ist, je rascher sich die Spannung ändert, Gl. (13.21),

$$\boxed{i = C\,\frac{du}{dt}} \tag{4}$$

Mit der Ladung ändert sich der Verschiebungsfluß im Nichtleiter. Man kann daher die Ladungsänderung und damit den Ladungsstrom auch zurückführen auf Änderungen des Verschiebungsflusses im Nichtleiter, indem man annimmt, daß die Gl. (4) auch für beliebig kleine Ausschnitte des Feldes gilt. Betrachten wir als einen solchen Ausschnitt ein Prisma von der in Abb. 6.1 dargestellten Art, und belegen wir die beiden Grundflächen dA mit sehr dünnen Metallfolien, so ist die Kapazität des Prismas zwischen diesen Metallbelegungen

$$C = \varepsilon\,\frac{dA}{dn}\,. \tag{5}$$

Der von diesem kleinen Kondensator aufgenommene Ladestrom ist daher

$$di = \varepsilon\,\frac{dA}{dn}\,\frac{d(d\varphi)}{dt}\,; \tag{6}$$

dafür kann man schreiben

$$\frac{di}{dA} = \varepsilon\,\frac{d}{dt}\left(\frac{d\varphi}{dn}\right) \tag{7}$$

oder unter Einführen von Stromdichte und elektrischer Feldstärke

$$\boldsymbol{J} = \varepsilon\,\frac{d\boldsymbol{E}}{dt} = \frac{d\boldsymbol{D}}{dt}\,. \tag{8}$$

Man kann daher den von einem beliebigen Feld aufgenommenen Ladestrom so berechnen, als ob an jeder Stelle des Nichtleiters bei zeitlichen Änderungen der elektrischen Feldstärke ein Strom fließen würde, dessen Dichte durch die Änderungsgeschwindigkeit der Verschiebungsdichte gegeben ist. Diesen Strom bezeichnet man als *Verschiebungsstrom*. Er setzt sich mit dem infolge der Leitfähigkeit des Isolierstoffes fließenden *Leitungsstrom* zusammen, so daß an jeder Stelle des Feldes für die Stromdichte insgesamt zu setzen ist

$$\boxed{\boldsymbol{J} = \sigma\,\boldsymbol{E} + \varepsilon\,\frac{d\boldsymbol{E}}{dt}} \tag{9}$$

Man bezeichnet diese Größe als die *Dichte des wahren Stromes*. Die Einführung des Verschiebungsstromes ist zunächst willkürlich; sie wird plausibel, wenn man nach MAXWELL die dielektrische Verschiebung durch eine Verschiebung von Elektrizitätsmengen im Nichtleiter und im Äther erklärt. Da jedoch die Vorstellung des Äthers zu Schwierigkeiten führt, so muß der Verschiebungsstrom als eine Rechengröße betrachtet werden, die zur Vereinfachtung der Darstellung dient (vgl. S. 67). Man bezeichnet deshalb die Größe $\boldsymbol{D}$ heute als elektrische Flußdichte und nicht mehr wie früher als Verschiebungsdichte.

Bemerkung: Die Vorteile der Einführung des Verschiebungsstromes zeigen sich erst, wenn es sich um rasch veränderliche Felder handelt, weil nämlich für die magnetische Wirkung der Verschiebungsstrom im Nichtleiter dem Leitungsstrom gleichwertig ist, so daß es nur auf die Dichte des wahren Stromes ankommt (s. 6. Kapitel).

Da der Verschiebungsstrom als eine Fortsetzung des Ladestromes aufgefaßt werden kann, so gilt auch für den wahren Strom das Gesetz von der Erhaltung der

Elektrizität, das ausgedrückt werden kann durch die Beziehungen

$$\oint \boldsymbol{J}\, d\boldsymbol{A} = 0 \qquad \text{oder} \qquad \operatorname{div} \boldsymbol{J} = 0\,. \tag{10}$$

Wenn nun der Verschiebungsstrom den Leitungsstrom erheblich überwiegt, so daß man diesen vernachlässigen kann, so muß an den Grenzflächen die Normalkomponente des Verschiebungsstromes stetig sein, also

$$\varepsilon_1 \frac{dE_{n1}}{dt} = \varepsilon_2 \frac{dE_{n2}}{dt} \tag{11}$$

oder

$$\varepsilon_1 E_{n1} = \varepsilon_2 E_{n2}\,. \tag{12}$$

Das ist aber die im elektrostatischen Feld gültige Bedingung, Gl. (9.23). Die Stromlinien des veränderlichen elektrischen Feldes sind in diesem Falle identisch mit den Verschiebungslinien des elektrostatischen Feldes. Hierin liegt die Bedeutung der Kenntnisse vom elektrostatischen Feld. Bei vielen praktischen Anwendungen, insbesondere bei Wechselstrom, treten in den Nichtleitern veränderliche elektrische Felder auf, bei denen der Verschiebungsstrom den Leitungsstrom weit überwiegt. Daher gelten hier sehr genau die Gesetze der elektrostatischen Felder. Dies trifft meist schon bei Frequenzen von einigen Hz zu (s. a. Abschnitt 17) und gilt bis zu sehr hohen Frequenzen. Abweichungen treten erst bei so hohen Frequenzen oder so großen räumlichen Abmessungen auf, daß die endliche Ausbreitungsgeschwindigkeit der Felder, die in der Größenordnung der Lichtgeschwindigkeit liegt, in Erscheinung tritt (s. 6. Kapitel).

Es gilt also mit dieser Einschränkung: *Im langsam veränderlichen Feld ist die Potentialverteilung in Nichtleitern angenähert die gleiche wie im elektrostatischen Feld.*

Ein Beispiel für die Fortsetzung eines Verschiebungsstromes durch einen Leitungsstrom bilden Funken- und Blitzentladungen. Ein zwischen zwei Elektroden bei genügend hoher Spannung entstehender Funke wächst längs einer gestreckten Bahn dadurch, daß an seinem Kopfende infolge der dort herrschenden hohen Feldstärke die Luft ionisiert, also elektrisch leitend wird (s. Abschnitt 21). An dem Kopfende geht der in der Funkenbahn fließende Leitungsstrom in einen Verschiebungsstrom über. Die Geschwindigkeit, mit der der Kopf vorwärts wandert, ist nun dadurch begrenzt, daß mit wachsender Geschwindigkeit auch der Verschiebungsstrom wächst, Gl. (8); unendlich hohe Geschwindigkeit hätte also unendlich große Stromstärke zur Voraussetzung. Da in Wirklichkeit die Stromstärke durch den Generator oder durch die vorhandenen Ladungen und Stromwege begrenzt ist, stellt sich eine endliche Wanderungsgeschwindigkeit für das Vorschieben des Funkenkopfes ein, derart, daß die Leitungsstromstärke in der Funkenbahn gerade zur Deckung des von dem Kopf ausgehenden oder dort einmündenden Verschiebungsstromes ausreicht. Bei einem Blitz liegt diese Geschwindigkeit in der Größenordnung von 20 000 km/s.

Der zeitliche Vorgang des Aufbaues und Abbaues elektrischer Felder

Infolge der im elektrischen Feld aufgespeicherten Energie ist zum Aufbau des Feldes mit endlichen Stromstärken Zeit erforderlich. Man kann diese Verzögerung des Feldaufbaues auch so deuten, daß der Zufluß von Ladungen einem Strom entspricht, der in den Widerständen des Stromkreises einen Spannungsverbrauch zur Folge hat. Dieser Spannungsverbrauch kann höchstens bis zum Betrage der Quellenspannung im Stromkreis wachsen, da sonst die treibende Spannung fehlen würde; dadurch ist die Stromstärke und damit die Schnelligkeit des Feldaufbaues begrenzt.

Nach Gl. (4) ist die Stromstärke bei einer Spannungsänderung am Kondensator

$$i = C\frac{du}{dt}\,. \tag{13}$$

Dieser Strom tritt an der einen Elektrode in den Kondensator ein und verläßt ihn an der andern wieder; er fließt als Verschiebungsstrom durch den Nichtleiter hindurch. In einem Stromkreis, Abb. 16.1, der aus einem Kondensator C, einem Widerstand R und einer Quelle mit der Quellenspannung U_0 besteht, fließt der Strom dann bei der *Aufladung des Kondensators* auf einem geschlossenen Weg wie in einem metallischen Stromkreis. Die Quellenspannung U_0 deckt die Spannung u am Kondensator und den Spannungsabfall $i\,R$ an dem Widerstand R, in dem auch der Innenwiderstand der Quelle enthalten sei. Es ist

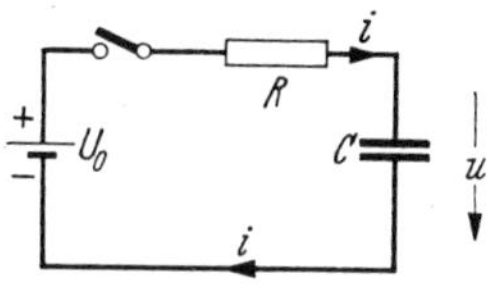

Abb. 16.1. Stromkreis mit Kondensator

$$U_0 = u + i\,R = u + C\,R\,\frac{du}{dt}\,. \tag{14}$$

In jedem Zeitpunkt ist die für den Spannungsverbrauch im Widerstand R zur Verfügung stehende Spannung $U_0 - u$. Daher kann die Ladung des Kondensators nur so rasch zunehmen wie es diese Spannung erlaubt. Die größte Ladungszunahme tritt unmittelbar nach dem Einlegen des Schalters auf. War der Kondensator zunächst ungeladen ($u = 0$), so gilt hier

$$C\,R\,\frac{du}{dt} = U_0 \quad \text{oder} \quad u = \frac{U_0\,t}{R\,C}\,.$$

Die Spannung nimmt also anfangs proportional mit der Zeit zu, und zwar um so rascher, je kleiner das Produkt aus Widerstand und Kapazität ist. Man bezeichnet dieses Produkt als *Zeitkonstante* oder *Abklingzeit*

$$R\,C = \tau\,. \tag{15}$$

Für die Ladung des Kondensators gilt unmittelbar nach dem Einschalten

$$q = \frac{U_0 C\,t}{\tau} = \frac{U_0}{R}\,t\,.$$

In dem Maße, in dem infolge der Ladung die Spannung u wächst, wird die für den Spannungsabfall am Widerstand zur Verfügung stehende Spannung kleiner, die Ladung nimmt langsamer zu. Die Gl. (14) läßt sich schreiben

$$\frac{du}{U_0 - u} = \frac{dt}{\tau}\,.$$

Durch Integration ergibt sich hieraus

$$-\ln\frac{U_0 - u}{k} = \frac{t}{\tau},$$

wobei k eine Integrationskonstante ist, und schließlich

$$u = U_0 - k\,\mathrm{e}^{-\frac{t}{\tau}}\,.$$

Soll $u = 0$ für $t = 0$ sein, so gilt $0 = U_0 - k\,\mathrm{e}^0$ oder $k = U_0$, und es wird

$$u = U_0\left(1 - \mathrm{e}^{-\frac{t}{\tau}}\right). \tag{16}$$

Für die Stromstärke folgt

$$i = C\,\frac{du}{dt} = \frac{U_0}{R}\,\mathrm{e}^{-\frac{t}{\tau}}\,. \tag{17}$$

Sie hat im ersten Augenblick nach dem Einschalten den gleichen Wert $I = U_0/R$, als ob der Kondensator überbrückt wäre; man sagt daher, der Kondensator verhalte sich im ersten Augenblick nach dem Einschalten so wie ein Kurzschluß. Für die Ladung ergibt sich

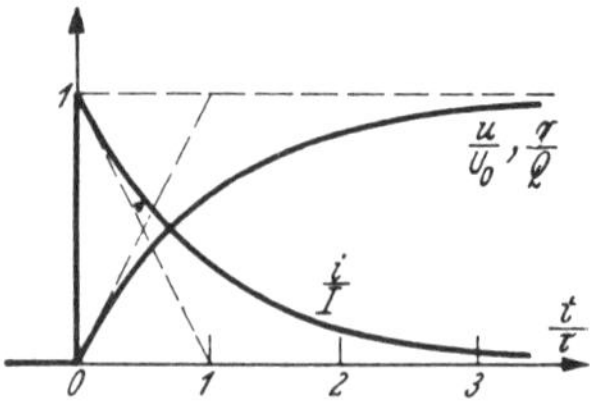

Abb. 16.2. Aufladung eines Kondensators

$$q = U_0 C \left(1 - e^{-\frac{t}{\tau}}\right) = Q \left(1 - e^{-\frac{t}{\tau}}\right). \tag{18}$$

Der zeitliche Verlauf dieser Größen ist in Abb. 16.2 dargestellt. Die Spannung nähert sich allmählich ihrem Endwert U_0, der Strom nimmt im gleichen Maße allmählich ab. Der Vorgang der Aufladung dauert streng genommen unendlich lang; praktisch ist aber schon nach einer bestimmten endlichen Zeit kein Unterschied mehr gegenüber dem Endzustand wahrzunehmen. Die folgende Tabelle gibt einige Zahlenwerte der beiden Zeitfunktionen.

$t/\tau =$	0	1	2	3	4	5	6	7	8
$e^{-\frac{t}{\tau}} =$	1	0,368	0,135	0,0498	0,0183	0,00674	0,00248	0,000912	0,000335
$1 - e^{-\frac{t}{\tau}} =$	0	0,632	0,865	0,9502	0,9817	0,9933	0,9975	0,9991	0,9997

Je nach der Genauigkeit, mit der die Spannungen und Ströme gemessen werden können, wird man im allgemeinen als Dauer des Aufladungsvorganges eine Zeit zwischen 4τ und 8τ anzusehen haben.

Unter der Voraussetzung von verhältnismäßig langsamen zeitlichen Änderungen, die im Abschnitt 43 noch genauer definiert wird, ändern sich die Feldgrößen, also z. B. die elektrische Feldstärke, überall im ganzen Feld *gleichzeitig* mit der Spannung u; ihr zeitlicher Verlauf stimmt also mit dem Verlauf von u überein. Die bei der Aufladung aufgewendete Energie ist

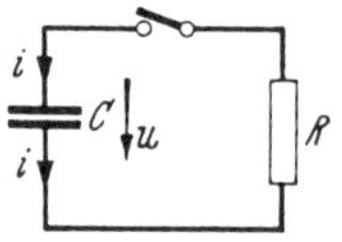

Abb. 16.3. Entladung eines Kondensators

$$\int_0^\infty U_0\, i\, dt = U_0 \int_0^\infty i\, dt = U_0\, Q = C\, U_0^2\,.$$

Sie ist zur Hälfte ($1/2\, C\, U_0^2$) im elektrischen Feld gespeichert [s. Gl. (13.23)]. Die andere Hälfte wird bei der Aufladung im Widerstand R in Wärme umgesetzt.

Ganz ähnliche Überlegungen gelten auch für die *Entladung des Kondensators.* Ein Kondensator wird entladen, indem man seine Elektroden über einen Widerstand miteinander verbindet, Abb. 16.3; bei offenen Klemmen stellt der Isolationswiderstand des Kondensators bereits eine solche Verbindung her.

Der Spannungsabfall $i\,R$ am Schließungswiderstand muß hier in jedem Augenblick die Spannung u am Kondensator zu Null ergänzen; es gilt gemäß Gl. (14)

$$u + \tau \frac{du}{dt} = 0\,. \tag{19}$$

Durch Integration ergibt sich

$$u = U\, e^{-\frac{t}{\tau}}, \tag{20}$$

wobei der Anfangswert für $t = 0$ mit U bezeichnet ist. Der Strom wird nach Gl. (13)

$$i = -\frac{U}{R}\, e^{-\frac{t}{\tau}}\,. \tag{21}$$

Er hat die entgegengesetzte Richtung und den gleichen zeitlichen Verlauf wie bei der Aufladung. Die bei der Entladung durch den Widerstand R fließende Elektrizitätsmenge ist $Q = \int_0^\infty i\,dt$; sie hat den Wert $U\,C$.

Nach den Formeln (17) und (21) würde die Stromstärke im ersten Augenblick nach dem Einschalten unendlich groß werden, wenn der Widerstand Null wäre. Abgesehen davon, daß dieser Fall nicht realisierbar ist, ergibt sich in Wirklichkeit immer ein endlicher Wert der Stromstärke wegen der Wirkung der gleichzeitig mit dem Strom auftretenden magnetischen Felder, die hier nicht berücksichtigt sind (s. 7. Kapitel).

Zahlenbeispiele: 1. Wird ein Kondensator mit der Kapazität $C = 1\,\mu$F über einen Widerstand von $R = 1000\,\Omega$ durch eine Spannung von 220 V aufgeladen, so hat die Stromstärke im ersten Augenblick nach dem Einlegen des Schalters den Wert $I = \frac{U_0}{R} = \frac{220\text{ V}}{1000\,\Omega} = 0{,}22$ A. Die Zeitkonstante beträgt $\tau = C\,R = 10^{-6} \cdot 1000\text{ F}\Omega = 10^{-3}\text{ s} = 1$ ms. Nach einer Zeit von 3 ms hat daher die Ladung 95%, nach 4 ms 98% ihres Endwertes $Q = U_0\,C = 220 \cdot 10^{-6}\text{ VF} = 2{,}2 \cdot 10^{-4}$ As erreicht. Der Strom ist nach 4 ms auf $i = 0{,}22 \cdot 0{,}0183\text{ A} = 4$ mA abgeklungen.

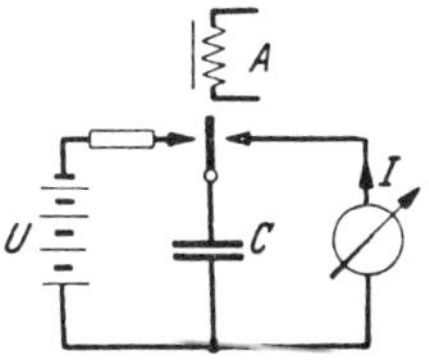

Abb. 16.4. Frequenzmesser

2. Hat der Kondensator einen Isolationswiderstand von 100 MΩ, so entlädt er sich nach Unterbrechen des Stromkreises mit einer Zeitkonstante von $\tau = 10^{-6} \cdot 10^{8}\text{ F}\Omega = 100$ s. Die Spannung ist nach einer Zeit von 400 s = 6,7 min auf 1,83% ihres Anfangswertes, also auf 4 V gesunken. Nach der doppelten Zeit beträgt die Spannung noch $0{,}000335 \cdot 220\text{ V} = 0{,}074$ V.

3. Die Möglichkeit, bei der Entladung eines Kondensators die ganze ihm zugeführte Elektrizitätsmenge wieder zu gewinnen, kann z. B. zur *Messung der Frequenz von Wechselströmen* benützt werden. Dazu wird über ein von dem Wechselstrom gespeistes Relais A, Abb. 16.4, ein Kondensator C in jeder Periode des Wechselstromes einmal auf eine bestimmte Spannung U aufgeladen und über ein Gleichstrommeßinstrument entladen. Ist f die „Frequenz" (Zahl der Perioden geteilt durch Zeit), dann ist die durch das Instrument je Zeiteinheit fließende Elektrizitätsmenge bestimmt durch $f\,C\,U$. Dies ist die Gleichstromstärke I im Instrument. Sie ist proportional der Frequenz f. Voraussetzung für diesen einfachen Zusammenhang ist, daß während der Schließungszeiten der Kontakte die Ladungen bzw. die Entladungen praktisch völlig beendet sind.

Ist z. B. $C = 1\,\mu$F, $U = 100$ V, so ergibt sich bei 50 Hz ein Strom

$$I = f\,C\,U = 50 \cdot 10^{-6}\ 100\text{ s}^{-1}\text{ FV} = 5\text{ mA}.$$

Der Widerstand R des Instrumentes muß so klein sein, daß die Zeitkonstante CR kleiner als etwa $^1/_6$ der Periodendauer $1/f$ wird, d. h. $R < \frac{1}{6\,f\,C}$. Der Instrumentenwiderstand darf danach in dem Zahlenbeispiel nicht größer als 3000 Ω sein. Auch der Vorwiderstand im Ladestromkreis darf diesen Betrag nicht überschreiten.

Zwischen dem Isolationswiderstand R_i und der Kapazität C eines Kondensators besteht nach Gl. (10.20) die Beziehung

$$R_i\,C = \frac{\varepsilon}{\sigma}\,, \tag{22}$$

wenn mit σ die Leitfähigkeit des Isolierstoffes bezeichnet wird. Die Zeitkonstante für die *Selbstentladung* eines Kondensators ist daher

$$\tau = \frac{\varepsilon}{\sigma}\,. \tag{23}$$

Zahlenbeispiel: Die Schnelligkeit, mit der die Selbstentladung vor sich geht, ist also unabhängig von Form und Größe des Kondensators und nur durch die Eigenschaften des Isolierstoffs bestimmt, gute Isolierung der Zuleitungen vorausgesetzt. Ist z. B. $\varepsilon_r = 4$, $\sigma = 10^{-13}$ S/m, so wird

$$\tau = \frac{\varepsilon_r\,\varepsilon_0}{\sigma} = \frac{4 \cdot 8{,}86 \cdot 10^{-12}\text{ Fm}}{10^{-13}\ \text{ Sm}} = 354\text{ s} \approx 6\text{ min}.$$

Nachwirkung im Dielektrikum

Messungen über den Verlauf des Lade- und Entladevorganges bei wirklichen Isolierstoffen zeigen charakteristische Abweichungen gegenüber der Rechnung. Spannung und Stromstärke nähern sich langsamer ihrem Endwert, als es nach der Berechnung der Fall sein müßte. Man bezeichnet diese Erscheinung bei der Aufladung als die *Nachladung*, bei der Entladung als die *Rückstandsbildung*. Sie wird in der Hauptsache zurückgeführt auf Ungleichförmigkeiten im Isolierstoff, insbesondere örtliche Unterschiede in der Leitfähigkeit. Wenn das Verhältnis ε/σ an den verschiedenen Punkten des Nichtleiters verschiedene Werte hat, so stimmt die Potentialverteilung im stationären Zustand, der durch das Strömungsfeld dargestellt wird, nicht überein mit der Potentialverteilung während des Lade- oder Entladevorganges. Während die Potentialverteilung im stationären Zustand ausschließlich durch die Leitfähigkeit bestimmt ist, stellt sich beim Beginn des Vorgangs eine Potentialverteilung ein, wie sie dem elektrostatischen Feld entspricht; für diese ist die Permittivitätszahl maßgebend, weil hier der Verschiebungsstrom den Leitungsstrom im Nichtleiter bei weitem überwiegt. Mit der Annäherung an den Endzustand müssen daher im Inneren des Nichtleiters Umladungen stattfinden, die wegen des großen Isolationswiderstandes relativ langsam vor sich gehen. Eine genauere Vorstellung dieses Vorganges erhält man aus der Betrachtung eines besonders einfachen Falles der Ungleichförmigkeit. Es werde angenommen, daß der Isolierstoff eines Plattenkondensators aus zwei Schichten zusammengesetzt sei, von denen die eine verschwindend kleine Leitfähigkeit besitzt (z. B. eine dünne Luftschicht), die andere eine endliche Leitfähigkeit σ hat (z. B. Papier). Da die Grenzfläche zwischen den beiden Isolierstoffen eine Niveaufläche ist, so kann man sich dort eine dünne Metallfolie angebracht denken. Sie teilt den Kondensator in eine Reihenschaltung von zwei Kondensatoren auf, von denen der eine einen unendlich großen, der andere einen endlichen Isolationswiderstand R_i besitzt. Für das Einschalten des geschichteten Kondensators gilt daher das Schema der Abb. 16.5. Mit C_1 und C_2 sind die Kapazitätswerte der beiden Teilkondensatoren bezeichnet, mit u die Spannung zwischen den Klemmen des Kondensators; u_1 und u_2 sind die Teilspannungen an den beiden Schichten, und es ist

$$u_1 + u_2 = u\,. \tag{24}$$

Der Isolationswiderstand der Schicht *2* kann ersetzt werden durch einen Widerstand R_i, der parallel zur Kapazität C_2 liegt. Der durch den Kondensator fließende Strom i verzweigt sich daher in die beiden Teilströme i_1 und i_2, wobei nach dem KIRCHHOFFschen Satz

$$i_1 + i_2 = i \tag{25}$$

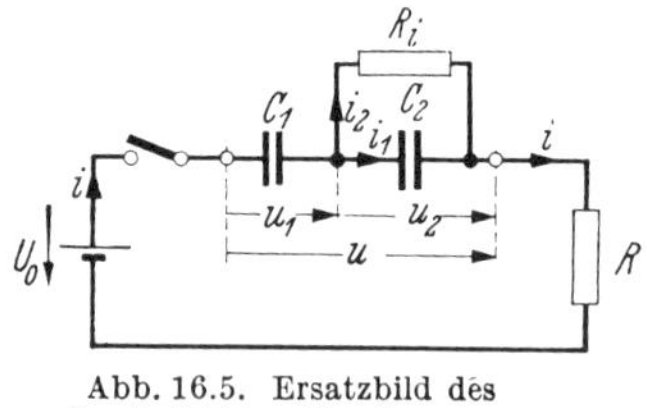

Abb. 16.5. Ersatzbild des Zweischichten-Kondensators

sein muß. Man hat i_1 als den Verschiebungsstrom, i_2 als den Leitungsstrom in der Isolierschicht *2* aufzufassen, während in der Schicht *1* nur ein Verschiebungsstrom i fließt. Auf Grund ähnlicher Überlegungen wie oben ergeben sich die folgenden Gleichungen

$$i = C_1 \frac{du_1}{dt}\,, \qquad i_1 = C_2 \frac{du_2}{dt}\,, \qquad i_2 = \frac{u_2}{R_i}\,; \tag{26}$$

daher wird nach Gl. (25)

$$C_1 \frac{du_1}{dt} = C_2 \frac{du_2}{dt} + \frac{u_2}{R_i}\,. \tag{27}$$

Ferner muß die Quellenspannung U_0 in jedem Augenblick den gesamten Spannungsverbrauch decken:

$$U_0 = u_1 + u_2 + R\,C_1 \frac{du_1}{dt}\,. \tag{28}$$

Aus dieser Gleichung kann man u_2 in die vorhergehende einsetzen. Das ergibt

$$\frac{d^2u_1}{dt^2} + \frac{R\,C_1 + R_i\,C_1 + R_i\,C_2}{R\,R_i\,C_1\,C_2}\,\frac{du_1}{dt} + \frac{u_1}{R\,R_i\,C_1\,C_2} = \frac{U_0}{R\,R_i\,C_1\,C_2}\,. \tag{29}$$

Man findet das Integral dieser Gleichung durch den Ansatz

$$u_1 = U_0 + k\,e^{pt}\,, \tag{30}$$

der zur Berechnung von p die Gleichung liefert

$$p^2 + \left(\frac{1}{R\,C_1} + \frac{1}{R\,C_2} + \frac{1}{R_i\,C_2}\right)p + \frac{1}{R\,R_i\,C_1\,C_2} = 0\,. \tag{31}$$

Die beiden Lösungen sind

$$\left.\begin{aligned} p_1 &= -\frac{1}{2}\left(\frac{1}{R\,C_1} + \frac{1}{R\,C_2} + \frac{1}{R_i\,C_2}\right) - \sqrt{\frac{1}{4}\left(\frac{1}{R\,C_1} + \frac{1}{R\,C_2} + \frac{1}{R_i\,C_2}\right)^2 - \frac{1}{R\,R_i\,C_1\,C_2}}\,,\\ p_2 &= -\frac{1}{2}\left(\frac{1}{R\,C_1} + \frac{1}{R\,C_2} + \frac{1}{R_i\,C_2}\right) + \sqrt{\frac{1}{4}\left(\frac{1}{R\,C_1} + \frac{1}{R\,C_2} + \frac{1}{R_i\,C_2}\right)^2 - \frac{1}{R\,R_i\,C_1\,C_2}}\,. \end{aligned}\right\} \tag{32}$$

Wenn der Isolationswiderstand R_i sehr groß ist gegen den Vorwiderstand R, so ergeben sich hieraus die Näherungsformeln

$$p_1 = -\frac{1}{R}\left(\frac{1}{C_1} + \frac{1}{C_2}\right), \tag{33}$$

$$p_2 = -\frac{1}{R_i\,(C_1 + C_2)}\,; \tag{34}$$

wir setzen demgemäß

$$\tau_1 = R\,\frac{C_1\,C_2}{C_1 + C_2}\,, \qquad \tau_2 = R_i\,(C_1 + C_2)\,. \tag{35}$$

Man erkennt, daß τ_1 die Zeitkonstante darstellt, die sich ergeben würde, wenn die Isolierung vollkommen wäre, und daß τ_2 die Zeitkonstante darstellt, die sich für die Entladung ergibt, wenn man die beiden Klemmen des Kondensators kurzschließt. Die zweite Zeitkonstante ist erheblich größer als die erste.

Die allgemeine Lösung der Differentialgleichung lautet nun

$$u_1 = U_0 + k_1\,e^{-\frac{t}{\tau_1}} + k_2\,e^{-\frac{t}{\tau_2}}\,, \tag{36}$$

und es folgt aus Gl. (16)

$$u_2 = k_1\left(\frac{R\,C_1}{\tau_1} - 1\right)e^{-\frac{t}{\tau_1}} + k_2\left(\frac{R\,C_1}{\tau_2} - 1\right)e^{-\frac{t}{\tau_2}} \tag{37}$$

und

$$u = u_1 + u_2 = U_0 + k_1\,\frac{R\,C_1}{\tau_1}\,e^{-\frac{t}{\tau_1}} + k_2\,\frac{R\,C_1}{\tau_2}\,e^{-\frac{t}{\tau_2}}\,. \tag{38}$$

Die Konstanten k_1 und k_2 folgen daraus, daß der Kondensator zunächst ungeladen war, daß also $u_1 = 0$ und $u_2 = 0$ für $t = 0$. Das ergibt

$$0 = U_0 + k_1 + k_2\,, \tag{39}$$

$$0 = k_1\left(\frac{R\,C_1}{\tau_1} - 1\right) + k_2\left(\frac{R\,C_1}{\tau_2} - 1\right) \tag{40}$$

oder

$$k_1 = -U_0 \frac{\frac{\tau_1 \tau_2}{R C_1} - \tau_1}{\tau_2 - \tau_1}, \qquad k_2 = -U_0 \frac{\tau_2 - \frac{\tau_1 \tau_2}{R C_1}}{\tau_2 - \tau_1}. \tag{41}$$

Berücksichtigt man wieder, daß $\tau_2 \gg \tau_1$, so folgt angenähert

$$k_1 = -\frac{C_2}{C_1 + C_2} U_0, \qquad k_2 = -\frac{C_1}{C_1 + C_2} U_0, \tag{42}$$

und es wird schließlich

$$u_1 = U_0 \left[1 - \frac{C_2}{C_1 + C_2} e^{-\frac{t}{\tau_1}} - \frac{C_1}{C_1 + C_2} e^{-\frac{t}{\tau_2}}\right], \tag{43}$$

$$u_2 = U_0 \frac{C_1}{C_1 + C_2} \left(e^{-\frac{t}{\tau_2}} - e^{-\frac{t}{\tau_1}}\right). \tag{44}$$

Für den Ladestrom ergibt sich, gleichfalls angenähert,

$$i = C_1 \frac{du_1}{dt} = \frac{U_0}{R} \left[e^{-\frac{t}{\tau_1}} + \frac{C_1 \tau_1}{C_2 \tau_2} \left(e^{-\frac{t}{\tau_2}} - e^{-\frac{t}{\tau_1}}\right)\right]. \tag{45}$$

Der durch diese Formeln gegebene zeitliche Verlauf der Spannungen und des Ladestromes ist in Abb. 16.6 für das Beispiel $C_1 = C_2$ und $\tau_2 = 10\,\tau_1$ dargestellt. Die gestrichelte Kurve u_1' zeigt den Verlauf von u_1 für den Fall $R_i = \infty$; es wäre dann u_1 halb so groß wie die gesamte Spannung, also

$$u_1' = \frac{1}{2} U_0 \left(1 - e^{-\frac{t}{\tau_1}}\right). \tag{46}$$

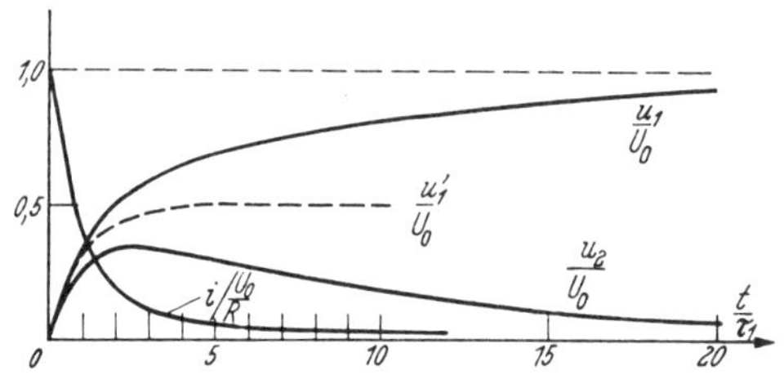

Abb. 16.6. Aufladung des Zweischichten-Kondensators

Die Kurven zeigen, daß unmittelbar nach dem Einschalten die beiden Teilspannungen in der Tat nahezu so verlaufen, als ob der Widerstand R_i nicht vorhanden wäre; der Verschiebungsstrom im Teilkondensator *2* überwiegt den Strom im Isolationswiderstand. Mit abnehmender Schnelligkeit der Ladungsänderungen kommt der Isolationsstrom mehr und mehr zur Wirkung; er hat den gleichen zeitlichen Verlauf wie u_2 und entlädt langsam den Teilkondensator *2*, während sich dabei der Kondensator *1* auf die volle Spannung U_0 auflädt. Unmittelbar nach dem Einschalten befinden sich die Ladungen in der Hauptsache an den beiden Elektroden des geschichteten Kondensators; im Verlauf des Ladevorganges wandert die Ladung der rechten Elektrode, Abb. 16.5, allmählich durch die Schicht *2* hindurch und sammelt sich an der Grenzfläche zwischen den beiden Schichten an. Nach Beendigung des Vorganges befindet sich eine Ladung von der Größe $U_0 C_1$ an dieser Grenzfläche, eine entgegengesetzt gleiche Ladung an der linken Elektrode; der Verschiebungsfluß ist auf die Isolierschicht *1* zusammengedrängt, während in der Isolierschicht *2* die Feldstärke Null ist. Die Umlagerung der Ladungen äußert sich im Verlauf des Stromes i so, daß der Ladestrom zunächst mit dem des vollkommenen Kondensators fast übereinstimmt; er würde eine Ladung von der Größe $U_0 \frac{C_1 C_2}{C_1 + C_2}$ liefern. Da aber die endgültige Ladung $U_0 C_1$ sein muß, so ergibt sich noch ein Zusatzstrom, der die Differenz

$$U_0 C_1 - \frac{U_0 C_1 C_2}{C_1 + C_2} = U_0 C_1 \frac{C_1}{C_1 + C_2}$$

transportiert und verhältnismäßig langsam abnimmt.

17. Der Wechselstromkreis mit Kapazität. Komplexe Wechselstromrechnung

Grundbegriffe

Praktisch besonders wichtig ist das Verhalten der Nichtleiter in elektrischen Feldern, wenn sich die Feldgrößen zeitlich sinusförmig ändern. Der Verschiebungsstrom im Nichtleiter wird dann ein sinusförmiger Wechselstrom, die Spannungen sind sinusförmige Wechselspannungen. Um solche Wechselspannungen und -ströme mathematisch darzustellen, ist es erforderlich, positive Richtungen willkürlich festzulegen. Wir kennzeichnen die positive Richtung des Stromes in einem Leiter durch einen Stromzählpfeil auf dem Leiter und setzen fest, daß die Spannung zwischen zwei Punkten des Leiters als positiv bezeichnet werden soll, wenn der Spannungszahlpfeil vom höheren zum niedrigeren Potential weist, Abb. 17.1. Gibt man beiden Zählpfeilen die gleiche Richtung (Verbrauchersystem), so gilt für den Ladestrom i_C in einem Kondensator mit der Kapazität C die Beziehung (16.4)

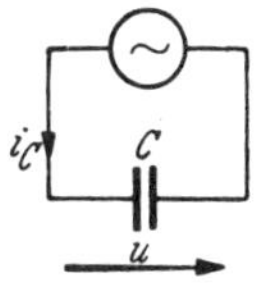

Abb. 17.1. Wechselstromkreis mit Kapazität

$$i_C = C\frac{du}{dt} . \tag{1}$$

Eine zeitlich sinusförmige Spannung stellen wir dar durch

$$u = U\sqrt{2}\,\sin\omega\,t = \hat{u}\sin\omega\,t = U_m \sin\omega\,t\,, \tag{2}$$

wobei U den *Effektivwert*, $U\sqrt{2} = \hat{u} = U_m$ den *Scheitelwert*, ω die *Kreisfrequenz*,

$$\omega = 2\,\pi\,f, \tag{3}$$

und f die *Frequenz* der Wechselspannung bezeichnen; f ist die Zahl der Perioden geteilt durch die Zeit; als Einheit der Frequenz wird 1 Hertz = 1 Hz = 1 Per/s gebraucht. Die Periodendauer ist

$$T = \frac{1}{f} . \tag{4}$$

Ändert sich die Spannung zwischen den beiden Elektroden eines Kondensators gemäß (2), so wird der Ladestrom nach Gl. (1)

$$\begin{aligned} i_C &= \omega\,C\,U\sqrt{2}\,\cos\omega\,t = \omega\,C\,\hat{u}\sin\left(\omega t + \frac{\pi}{2}\right) \\ &= \omega\,C\,\hat{u}\sin\omega\left(t + \frac{1}{4}\,T\right). \end{aligned} \tag{5}$$

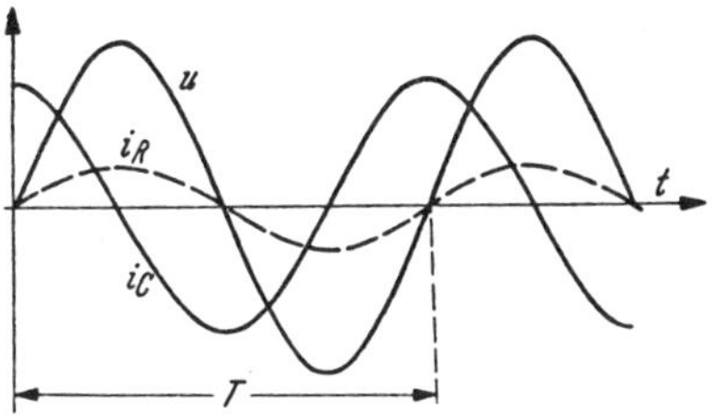

Abb. 17.2. Zeitlicher Verlauf von Spannung und Strom bei einem Kondensator

Das elektrische Feld im Kondensator ist ein Wechselfeld, für das nach dem vorigen Abschnitt die gleichen Gesetze gelten wie für ein elektrostatisches Feld. Der Ladestrom des Kondensators erreicht entsprechende Werte um $^1/_4$ Periode früher als die Spannung, Abb. 17.2; er eilt also der Spannung um $^1/_4$ Periode voraus. Sein Effektivwert ist

$$I_C = U\,\omega\,C\,. \tag{6}$$

Indem man die Periode T in 360 Grad einteilt, sagt man auch: „Der Strom i_C eilt der Spannung u um 90° voraus.“ Diese Aussage hat nur dann einen Sinn, wenn die positiven Richtungen so wie oben definiert werden.

Hat der Nichtleiter eine endliche Leitfähigkeit, so entsteht an jeder Stelle unter der Einwirkung der elektrischen Feldstärke ein Strom von der Dichte σE . Da die elektrische Feldstärke in jedem Augenblick proportional der Spannung zwischen den Elektroden ist, also mit ihr „in Phase“ schwingt, so ist auch der Leitungsstrom in

Phase mit der Spannung. Bezeichnen wir diesen Strom mit i_R, so gilt daher

$$i_R = \frac{u}{R} = \frac{U}{R}\sqrt{2}\sin\omega t\,, \tag{7}$$

wobei R den Isolationswiderstand für Wechselstrom von der Frequenz f darstellt. Der gesamte Strom ist in jedem Augenblick

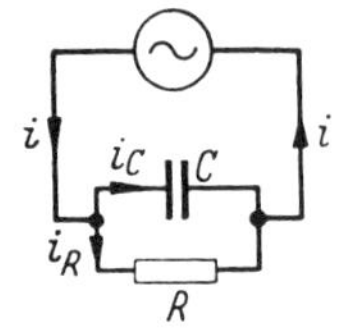

Abb. 17.3. Ersatzbild eines unvollkommenen Kondensators

$$i = i_C + i_R\,. \tag{8}$$

Er eilt der Spannung um einen Phasenwinkel zwischen 0° und 90° vor, und man kann auf Grund dieses Zusammenhanges für den Kondensator das in Abb. 17.3 dargestellte Ersatzschema aufstellen, in dem man sich den Kondensator zerlegt denkt in einen Kondensator mit vollkommener Isolierung und in einen Widerstand, der den Isolationsstrom führt.

Die elektrische Arbeit, die der Kondensator während einer Periode aufnimmt, ist

$$W_1 = \int_0^T u\,i\,dt\,. \tag{9}$$

Durch Einsetzen von u und i und Ausführen der Integration erhält man

$$W_1 = \frac{U^2}{R}\,T\,. \tag{10}$$

Diese Arbeit ist unabhängig vom Kapazitätswert und nur bestimmt durch den Widerstand R. Der Verschiebungsstrom zeigt lediglich ein Hin- und Herpendeln von Ladungen an, wobei in jeder Periode die während der Zeitabschnitte mit gleichen Vorzeichen von u und i aufgenommene Arbeit während der anderen Zeitabschnitte vom Kondensator wieder abgegeben wird. Die elektrische Arbeit wird während der ersten Zeitabschnitte im elektrischen Feld als elektrische Energie aufgespeichert. Es ist in jedem Zeitpunkt, Gl. (13.23),

$$W = \frac{1}{2}\,C\,u^2\,.$$

Die aufgespeicherte Energie erreicht den Maximalwert

$$W_m = \frac{1}{2}\,C\hat{u}^2 = C\,U^2, \tag{11}$$

wenn die Spannung ihren positiven oder negativen Maximalwert hat. Nimmt dann die Spannung ab, so verringert sich die aufgespeicherte Energie entsprechend, und es wird Energie aus dem elektrischen Feld zur Stromquelle zurückgeliefert. Nur infolge des Leitungsstromes entstehen elektrische Verluste. Nach Abschnitt 6 zeigt die endliche Leitfähigkeit des Isolierstoffes eine Umsetzung elektrischer Energie in Wärme an. Die während einer Periode des Wechselstromes entwickelte Wärmemenge ist W_1, Gl. (10). Die Rate des Wärmeumsatzes ist daher

$$\frac{W_1}{T} = \frac{U^2}{R} = P. \tag{12}$$

Dies ist die elektrische *Leistung* P, die dem Kondensator im Mittel zufließt. Durch Messen dieser Leistung kann man die Größe R bestimmen. Derartige Messungen zeigen nun, daß bei wirklichen Isolierstoffen der so ermittelte Wert von R im allgemeinen nicht dem Isolationswiderstand entspricht, den man mit Gleichstrom feststellen kann; er ist vielmehr meist erheblich kleiner. Um auszudrücken, daß es sich hier nicht um den Gleichstromisolationswiderstand handelt, ist es üblich, den reziproken Wert von R, den Leitwert G, einzuführen und diese Größe zu definieren durch die vom Kondensator aufgenommene Leistung zur Deckung der *dielektrischen Verluste*

$$P = U^2 G\,. \tag{13}$$

G wird als die *Ableitung* des Kondensators bezeichnet. Für den Effektivwert des Leitungsstromes gilt

$$I_R = G\,U\,. \tag{14}$$

Das Zeigerdiagramm

Zur Veranschaulichung von sinusförmigen Strömen und Spannungen dient das *Zeigerdiagramm*. Es ist für den hier betrachteten Fall eines Kondensators in Abb. 17.4 aufgezeichnet. Die Wechselstromgrößen werden durch Zeiger dargestellt, deren Länge in einem willkürlich gewählten Maßstab gleich dem Effektivwert gemacht wird; sie bilden Winkel miteinander, die gleich den in Graden ausgedrückten zeitlichen Verschiebungen sind, wobei eine Voreilung einer Drehung links herum entsprechen soll. Die Projektionen dieser Zeiger auf eine im *Uhrzeigersinn* mit der Winkelgeschwindigkeit ω rotierende „Zeitlinie" Z geben, mit $\sqrt{2}$ multipliziert, die Augenblickswerte der Spannungen und Ströme an. Oft wird für die Zeigerlänge auch der Scheitelwert benützt, sodaß die Zeigerprojektionen auf die Zeitlinie direkt die Augenblickswerte ergeben. Die Zeitlinie wird ebenfalls mit einem Pfeil versehen und dadurch in eine positive und negative Hälfte geteilt. Die Augenblickswerte gelten als positiv, wenn die Projektionen auf der positiven Hälfte der Zeitlinie liegen, im anderen Falle als negativ. Der Ladestrom $I_C = U\,\omega\,C$ eilt der Spannung U um 90° vor, während der Leitungsstrom $I_R = U\,G$ in Phase mit U liegt.

Für die Wechselstromzeiger gelten die geometrischen Additionsgesetze der Vektoren; man bezeichnet sie daher manchmal als Vektoren, eine Bezeichnung, die man jedoch für die Raumvektoren vorbehalten sollte. Wie aus Abb. 17.4 ersichtlich ist, gilt bei geometrischer Addition von I_R und I_C für die Projektionen auf die Zeitlinie

$$\overline{OA} = \overline{OB} + \overline{OC} \qquad \text{oder} \qquad i = i_C + i_R,$$

wie es nach Gl. (8) sein soll. Der Zeiger des Gesamtstromes ergibt sich also durch geometrische Addition der die Teilströme darstellenden Zeiger.

Die Winkel zwischen den Zeigern bilden ein Maß für die zeitliche Verschiebung der Wechselgrößen. Man bezeichnet sie auch als *Phasenwinkel*.

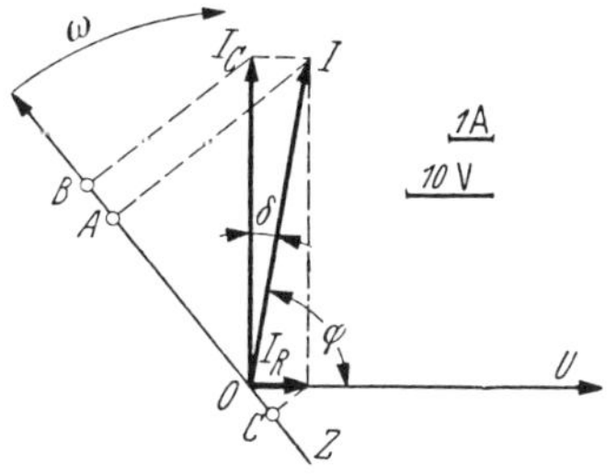

Abb. 17.4. Zeigerdiagramm für den Kondensator mit Beispielen für den Maßstab von Strom und Spannung. $\overline{OA}$ und $\overline{OB}$ sind in dem dargestellten Zeitpunkt positiv, $\overline{OC}$ ist negativ

Als Maß für die dielektrischen Verluste kann man den Winkel δ benützen, um den der Gesamtstrom dem Ladestrom nacheilt. Man bezeichnet diesen Winkel als den *Verlustwinkel* des Kondensators, da sich durch ihn die Verlustleistung ausdrücken läßt. Es ist

$$\tan\delta = \frac{I_R}{I_C} = \frac{G}{\omega\,C}\,. \tag{15}$$

Der Verlustwinkel stellt eine Stoffkonstante dar, da das Verhältnis G/C nach Gl. (10.20) unabhängig von den Abmessungen ist. Häufig wird auch der *Verlustfaktor* $\tan\delta$ als Maß für die Verluste benützt; bei kleinen Verlustwinkeln ist $\tan\delta \approx \delta$.

Die in Wärme umgesetzte Leistung wird

$$P = U^2 G = U\,I_R = U\,I \sin\delta = U\,I\cos\varphi\,. \tag{16}$$

Für den Gesamtstrom läßt sich aus Abb. 17.4 die Beziehung ablesen

$$I = U\sqrt{G^2 + (\omega\,C)^2}\,. \tag{17}$$

Statt die Zeitlinie im Uhrzeigersinn rotieren zu lassen, kann man auch eine festliegende Zeitlinie annehmen und das ganze Zeigerdiagramm entgegengesetzt umlaufen lassen (s. a. Abschnitt 36).

Komplexe Wechselstromrechnung

Eine Weiterentwicklung des Zeigerdiagramms bildet *die komplexe Rechnung der Wechselstromtechnik*. Man denkt sich in die Ebene des Zeigerdiagramms die Ebene der komplexen Zahlen so gelegt, daß die Anfangspunkte zusammenfallen. Dann kann man jede Zeigerspitze durch eine komplexe Zahl darstellen, also durch die Form

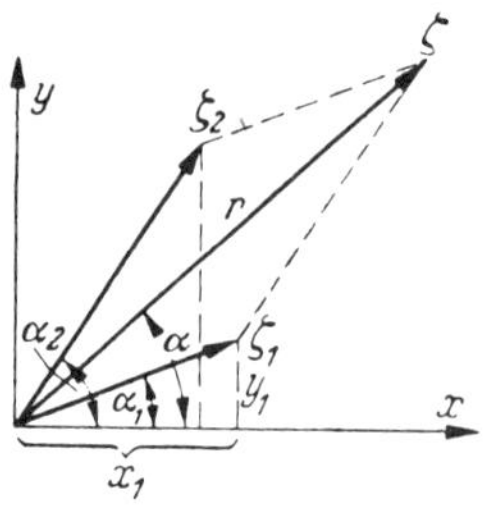

Abb. 17.5. Darstellung der Zeiger durch komplexe Größen

$$\zeta = x + j\,y\,, \qquad \text{wobei} \qquad j = \sqrt{-1}\,.$$

Sind zwei Zeiger vorhanden, Abb. 17.5, so sei

$$\zeta_1 = x_1 + j\,y_1; \qquad \zeta_2 = x_2 + j\,y_2\,.$$

Die Summe der beiden komplexen Zahlen

$$\zeta = \zeta_1 + \zeta_2 = x_1 + x_2 + j\,(y_1 + y_2)$$

ergibt, wie man erkennt, die Darstellung der geometrischen Summe der beiden Zeiger. Um also zwei Wechselstromzeiger zusammenzusetzen, hat man lediglich die komplexen Größen zu addieren. Das Entsprechende gilt für die Subtraktion.

Schreibt man die komplexen Größen in der Form

$$\zeta = r\,e^{j\alpha}\,, \tag{18}$$

wobei

$$r = \sqrt{x^2 + y^2} = |\zeta| \tag{19}$$

den Betrag oder die Länge des Zeigers und α den Winkel mit der reellen Achse bezeichnen,

$$\tan\alpha = \frac{y}{x}\,, \tag{20}$$

so erkennt man, daß die Multiplikation zweier Zeiger

$$\zeta = \zeta_1\,\zeta_2 = r_1\,r_2\,e^{j(\alpha_1 + \alpha_2)} \tag{21}$$

einen Zeiger ergibt, dessen Betrag gleich dem Produkt der beiden Beträge und dessen Winkel mit der Achse gleich der Summe der beiden Winkel ist. Die Multiplikation einer komplexen Größe ζ_1 mit einer anderen, ζ_2, bedeutet eine Streckung mit dem Betrag von ζ_2 und eine Drehung links herum um den Winkel von ζ_2. Eine Multiplikation mit j bedeutet eine Drehung um 90° entgegen dem Uhrzeigersinn, da

$$j = 1 \cdot e^{j\frac{\pi}{2}}.$$

Die komplexen Wechselstromgrößen werden durch Unterstreichen der Formelzeichen oder durch Frakturbuchstaben gekennzeichnet. Eine komplexe Größe, die den Zeiger einer Wechselspannung darstellt, wird also $\underline{U}$ oder $\mathfrak{U}$ geschrieben, ebenso der komplexe Wechselstrom $\underline{I}$ oder $\mathfrak{J}$. Im folgenden wird die Kennzeichnung durch Unterstreichen verwendet. Für den Ladestrom des Kondensators gilt also

$$\underline{I_C} = j\,\omega\,C\,\underline{U}\,. \tag{22}$$

Eine solche Gleichung sagt zweierlei aus:

1. Der Betrag von $\underline{I}_C$ geht aus dem von $\underline{U}$ dadurch hervor, daß man diesen mit $\omega\,C$ multipliziert,

2. Die Richtung von $\underline{I}_C$ eilt der Richtung von $\underline{U}$ um 90° voraus.

Die Gleichung in komplexen Größen enthält also alle Aussagen des Zeigerdiagramms. Ist der Strom gegeben und die Spannung gesucht, so gilt

$$\underline{U} = \frac{1}{j\,\omega\,C}\,\underline{I}_C \tag{23}$$

Diese Beziehung legt es nahe, die Größe $1/j\,\omega\,C$ als ein Symbol für den Widerstand des Kondensators anzusehen. Wir setzen

$$Z = \frac{1}{j\,\omega\,C} \tag{24}$$

und nennen Z den *komplexen Widerstand* oder die *Impedanz* des Kondensators mit der Kapazität C. Seine Einführung hat den Vorteil, daß man nun mit den Wechselstromgrößen genau so rechnen kann wie bei Gleichstrom. So wie dort gilt das OHMsche Gesetz in der Form

$$\underline{U} = \underline{I}\,Z\,. \tag{25}$$

Für den Ableitungsstrom ist in der komplexen Darstellung zu schreiben

$$I_R = \underline{U}\,G\,; \tag{26}$$

der der Ableitung G entsprechende Widerstand $Z = G^{-1}$ ist reell. Der Gesamtstrom ergibt sich durch Addition der beiden komplexen Ströme $\underline{I}_C$ und $\underline{I}_R$, also

$$\underline{I} = \underline{I}_R + \underline{I}_C = \underline{U}\,(G + j\,\omega\,C)\,. \tag{27}$$

Bei Parallelschaltung addieren sich die reziproken Werte der komplexen Widerstände, also die komplexen Leitwerte.

Die Länge eines Zeigers, also der Effektivwert, ergibt sich in der komplexen Darstellung, wenn man den absoluten Betrag der komplexen Größe bildet. Es ist

$$I = |\underline{I}|\,; \qquad U = |\underline{U}|\,. \tag{28}$$

Aus Gl. (27) folgt daher für den Effektivwert

$$I = U\,|(G + j\,\omega\,C)| = U\sqrt{G^2 + (\omega\,C)^2}\,,$$

also das gleiche Ergebnis wie Gl. (17), die aus dem Zeigerdiagramm abgeleitet wurde. Legt man den Zeiger der Spannung in die reelle Achse, so wird $\underline{U}$ reell. Der Winkel, um den der Zeiger $\underline{I}$ dem Zeiger $\underline{U}$ voreilt, ist daher gleich dem Winkel von $G + j\omega C$ gegen die reelle Achse, d.h. es ist

$$\tan\varphi = \frac{\omega\,C}{G}\,, \tag{29}$$

ein Ergebnis, das ebenfalls aus dem Zeigerdiagramm abzulesen ist.

Eine *andere gleichwertige Darstellung* ergibt sich, wenn man die mit der Winkelgeschwindigkeit ω links herum rotierenden Zeiger durch komplexe Größen darstellt. Die Drehung wird durch Multiplikation der komplexen Zeiger mit $e^{j\omega t}$ ausgedrückt. Die entsprechenden komplexen Größen können durch kleine Buchstaben gekennzeichnet werden. Der rotierende Zeiger oder *der komplexe Augenblickswert* eines Stromes ist also

$$\underline{i} = \underline{I}\sqrt{2}\,e^{j\omega t} = \hat{\underline{i}}\,e^{j\omega t} \tag{30}$$

Die Gleichungen in komplexen Augenblickswerten gehen aus den Gleichungen für die komplexen Zeiger dadurch hervor, daß man auf beiden Seiten mit $e^{j\omega t}$ multipliziert. Dann wird z.B. aus Gl. (22)

$$\underline{i}_C = j\,\omega\,C\,\underline{u}\,, \tag{31}$$

oder aus Gl. (27)

$$\underline{i} = \underline{i}_R + \underline{i}_C = \underline{u}\,(G + j\,\omega\,C)\,. \tag{32}$$

Für die Scheitelwerte gelten aus leicht ersichtlichen Gründen die Beziehungen

$$\left.\begin{aligned} |\underline{i}| &= I\sqrt{2}\,,\\ |\underline{u}| &= U\sqrt{2}\,. \end{aligned}\right\} \tag{33}$$

Die komplexe Rechnung der Wechselstromtechnik wird im Abschnitt 36 nochmals zusammenhängend behandelt. Die hier gewonnenen Rechenregeln sollen im folgenden auf ein Beispiel angewendet werden.

Dielektrische Verluste

Die Erscheinung, daß die dielektrischen Verluste bei Wechselstrom und Gleichstrom verschieden groß sind, daß also die Ableitung verschieden ist von dem Kehrwert des Gleichstrom-Isolationswiderstandes, wird im wesentlichen dadurch erklärt, daß die praktisch verwendeten Isolierstoffe nicht bis in beliebig kleinste Teilchen elektrisch gleichförmig sind; die Ursache ist also die gleiche wie die der Nachwirkung. Wenn das Verhältnis ε/σ an den verschiedenen Punkten des Isolierstoffes verschiedene Werte hat, so stimmt das elektrostatische Feld nicht mehr überein mit dem Strömungsfeld. Im stationären Zustand ergibt sich dann eine andere Potentialverteilung als bei Feldänderungen. Im Wechselfeld kommen nun Zeitpunkte vor, in denen sich die Feldgrößen rasch ändern und andere Zeitpunkte, in denen sie nahezu konstant bleiben. Im ersten Fall hat die Verschiebungsdichte, im anderen Fall die Stromdichte auf beiden Seiten der Grenzflächen die gleiche Normalkomponente. Während also im ersten Fall die Grenzflächen ladungsfrei sind, befinden sich im zweiten Fall an den Grenzflächen Ladungen. In einem Wechselfeld müssen daher fortwährend Elektrizitätsmengen zu den Grenzflächen hin- und wieder fortgeschafft werden. Ihr Transport ist mit einer Wärmeentwicklung verbunden, die sich im Auftreten der dielektrischen Verluste äußert.

Eine genauere Vorstellung von diesen Verhältnissen liefert wieder die Betrachtung des in Abb. 16.5 dargestellten Falles der Inhomogenität. In komplexer Schreibweise gelten hier die folgenden Gleichungen:

$$\underline{I} = \underline{U}_2\left(\frac{1}{R_i} + j\,\omega\,C_2\right); \tag{34}$$

$$\underline{I} = \underline{U}_1\,j\,\omega\,C_1; \tag{35}$$

$$\underline{U} = \underline{U}_1 + \underline{U}_2. \tag{36}$$

Daraus folgt durch Auflösen nach $\underline{I}$:

$$\underline{I} = \underline{U}\left(\frac{1}{j\,\omega\,C_1} + \frac{R_i}{1 + j\,\omega\,C_2\,R_i}\right)^{-1}. \tag{37}$$

Wir bringen den Faktor von $\underline{U}$ auf die Form $x + j\,y$. Die Ausrechnung ergibt

$$x = \frac{\omega^2\,C_1^2\,R_i}{1 + \omega^2\,(C_1 + C_2)^2\,R_i^2}; \tag{38}$$

$$y = \frac{\omega\,C_1\,(1 + \omega^2\,C_2\,(C_1 + C_2)\,R_i^2)}{1 + \omega^2\,(C_1 + C_2)^2\,R_i^2}. \tag{39}$$

Diesen Faktor kann man als den komplexen Leitwert eines Ersatzkondensators auffassen, bei dem die gleiche Wechselspannung den gleichen Wechselstrom erzeugt:

$$G_0 + j\,\omega\,C_0 = x + j\,y. \tag{40}$$

Die *scheinbare Ableitung* des Kondensators ist also

$$G_0 = \frac{\omega^2\,C_1^2\,R_i}{1 + \omega^2\,(C_1 + C_2)^2\,R_i^2}, \tag{41}$$

die *scheinbare Kapazität* ist

$$C_0 = C_1 \frac{1 + \omega^2 C_2 (C_1 + C_2) R_i^2}{1 + \omega^2 (C_1 + C_2)^2 R_i^2} . \tag{42}$$

Die Ableitung G_0 ist hier für Gleichstrom ($\omega = 0$) verschwindend klein, der Gleichstromisolationswiderstand ist unendlich groß. Bei Wechselstrom ergibt sich jedoch ein endlicher Isolationswiderstand. Von Interesse ist die Abhängigkeit der Ableitung und der scheinbaren Kapazität von der Frequenz der Wechselströme; sie ist in Abb. 17.6 dargestellt. G_0 nähert sich mit wachsender Frequenz einem Grenzwert

$$G_{0\,max} = \frac{1}{R_i}\left(\frac{C_1}{C_1 + C_2}\right)^2 . \tag{43}$$

Die scheinbare Kapazität hat für sehr niedrige Frequenzen den Anfangswert $C_0 = C_1$. Der Widerstand R_i bringt hier die Ladungen bis an die Grenzfläche zwischen beiden Schichten. Bei hohen Frequenzen dagegen überwiegen die Verschiebungsströme, die scheinbare Kapazität nähert sich dem Grenzwert

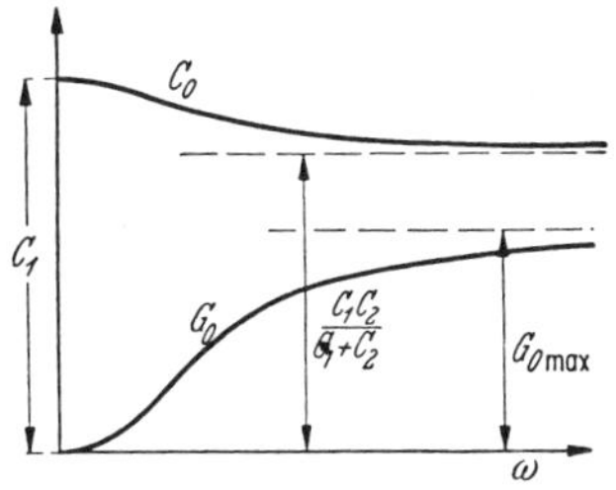

Abb. 17.6. Kapazität und Ableitung eines Zweischichten-Kondensators

$$C_0 = \frac{C_1 C_2}{C_1 + C_2} . \tag{44}$$

Man drückt diesen Sachverhalt häufig auch so aus, daß man sagt, die Kapazität eines Kondensators werde durch die dielektrischen Verluste verkleinert; in Wirklichkeit ist die umgekehrte Vorstellung besser.

Der dielektrische Verlustwinkel ergibt sich aus

$$\tan\delta = \frac{G_0}{\omega C_0} = \frac{\omega C_1 R_i}{1 + \omega^2 C_2 (C_1 + C_2) R_i^2} . \tag{45}$$

Seine Abhängigkeit von der Frequenz ist in Abb. 17.7 dargestellt. Bei einer bestimmten Frequenz hat der Verlustwinkel einen Maximalwert

$$\tan\delta_{max} = \frac{C_1}{2\sqrt{C_2 (C_1 + C_2)}} , \tag{46}$$

der also unabhängig von R_i ist. Bei wirklichen Isolierstoffen beobachtet man, daß der Verlustwinkel in einem großen Frequenzbereich nahezu konstant ist, daß also die wirkliche Kurve noch flacher verläuft als in Abb. 17.7. Dies erklärt sich dadurch, daß nicht nur zwei Schichten. sondern Ungleichmäßigkeiten der verschiedensten Arten vorhanden sind, z. B. Einschlüsse verschiedener Größe und Beschaffenheit, deren Wirkungen sich überlagern, so daß das Maximum der Verlustwinkelkurve verbreitert wird.

Die Erscheinung der dielektrischen Nachwirkung ist zuweilen als dielektrische Hysterese bezeichnet worden. Diese Bezeichnung ist falsch. Unter Hysterese versteht man allgemein die durch Abb. 17.8 veranschaulichte Abhängigkeit zwischen zwei Größen A und B. Vergrößert man von irgendeinem Wert A_1 beginnend die Größe A bis zu dem Wert A_2, so erhält man einen bestimmten Wert B_1. Vergrößert man A weiter bis zum Wert A_3 und verkleinert man nun wieder A bis auf A_2, so erhält man einen Wert B_2, der größer als B_1 ist. Diese Erscheinung spielt bei den magnetischen Stoffen eine wichtige Rolle. In gewöhnlichen Isolatoren stellt sich dagegen bei einer bestimmten Feldstärke immer der gleiche Verschiebungsfluß ein, wenn hinreichend lange gewartet wird. Wirkliche dielektrische Hysterese wird nur bei gewissen Stoffen (Seignettesalz, Bariumtitanat) beobachtet; solche Stoffe werden in Analogie zu den ferromagnetischen Stoffen (s. Abschnitt 24) *ferroelektrisch* genannt.

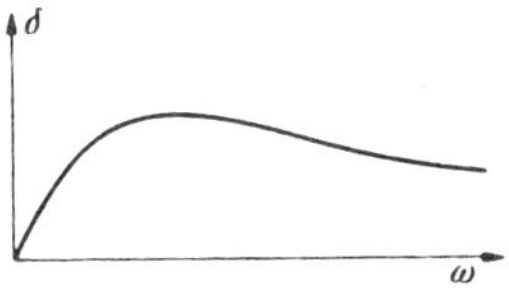

Abb. 17.7. Verlustwinkel eines Zweischichten-Kondensators

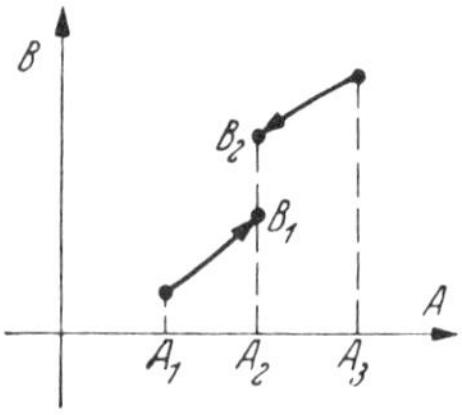

Abb. 17.8. Hysterese

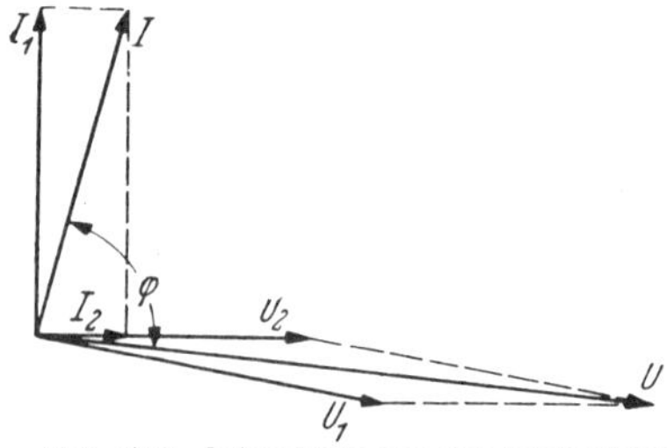

Abb. 17.9. Zeigerdiagramm des Zweischichten-Kondensators

Die Spannungsverteilung im Zweischichten-Kondensator werde noch kurz an Hand des Zeigerdiagramms erläutert. Um dieses Diagramm aufzustellen, geht man zweckmäßig von der Spannung U_2 aus, für die man irgendeinen Wert annimmt, Abb. 17.9. Damit ergeben sich aus Gl. (6) und (14) Verschiebungs- und Leitungsstrom, I_1 und I_2. Sie liefern als Summe den Gesamtstrom I. Dieser erzeugt an der Schicht mit der Kapazität C_1 eine Spannung U_1 vom Betrag $I/\omega\, C_1$, die dem Strom I um genau 90° nacheilt, da die Leitfähigkeit in dieser Schicht Null sein soll. Damit wird die Gesamtspannung U durch Addition der beiden Teilspannungen erhalten. Der Winkel φ ist immer kleiner als 90°, also $\cos\varphi$ von Null verschieden. Die Verlustleistung hat den Wert $U\, I \cos\varphi = U_2\, I_2$. Immer wenn der Verschiebungsstrom i_1 durch Null geht, hat der Leitungsstrom i_2 gerade seinen Maximalwert; er transportiert dann die Elektrizitätsmenge zur Grenzfläche, die dort für das Gleichgewicht der Verschiebungsströme in der darauf folgenden Zeit erforderlich ist. Die dielektrischen Verluste entsprechen der während dieses Transportes in Wärme umgesetzten elektrischen Arbeit. Die Zeigerdiagramme haben vor der komplexen Rechnung den Vorzug größerer Anschaulichkeit; dagegen erfordert die komplexe Rechnung besonders bei komplizierteren Anordnungen erheblich weniger Gedankenarbeit als das Aufstellen des Zeigerdiagramms.

Bemerkung: Bei hohen Frequenzen wird noch eine zweite Art von dielektrischen Verlusten beobachtet, die ihre Ursache in molekularen Vorgängen hat. Die positiven und negativen Molekülbestandteile der Nichtleiter sind elastisch aneinander gebunden und erfahren beim Anlegen äußerer Felder eine Verschiebung, die nach dem früher Ausgeführten zum Verschiebungsfluß beiträgt. Bei raschen Feldänderungen ergeben sich entsprechende Schwingungen um die Gleichgewichtslage. Wegen der endlichen Masse der Molekülbestandteile tritt bei bestimmten Frequenzen Resonanz auf. Man hat sich nun vorzustellen, daß auf diese Weise ein Teil der durch die äußeren Felder zugeführten Schwingungsenergie die Wärmeschwingungen der Atome und damit den Wärmeinhalt des betreffenden Stoffes vermehrt. Es wird also ein Teil der elektrischen Energie in Wärme umgewandelt; diese Verluste werden besonders in der Umgebung der Resonanzfrequenzen merklich.

Messung von Kapazität und Ableitung

Da der Ableitungsstrom bei wirklichen Kondensatoren immer klein gegen den Ladestrom ist, so gelten für die *Parallel- und Hintereinanderschaltung von Kondensatoren* bei Wechselstrom sehr genau die Formeln (10.23) und (10.24). Die Verlustwinkel setzen sich dagegen in komplizierterer Weise zusammen. Unter der praktisch immer zutreffenden Voraussetzung, daß wegen der Kleinheit der Verlustwinkel $\tan\delta \approx \delta$ gesetzt werden kann, ist der komplexe Widerstand eines Kondensators

$$Z = \frac{1}{j\,\omega\, C\,(1 - j\,\delta)} \approx \frac{\delta}{\omega\, C} + \frac{1}{j\,\omega\, C}\,. \tag{47}$$

Bei *Hintereinanderschaltung* wird daher der resultierende Verlustwinkel

$$\delta = C_0\left(\frac{\delta_1}{C_1} + \frac{\delta_2}{C_2} + \frac{\delta_3}{C_3} + \cdots\right). \tag{48}$$

Bei *Parallelschaltung* ergibt sich dagegen

$$\delta = \frac{1}{C_0}(\delta_1 C_1 + \delta_2 C_2 + \delta_3 C_3 + \cdots). \tag{49}$$

Sind die Kapazitätswerte der Teilkondensatoren einander gleich, so wird in beiden Fällen

$$\delta = \frac{1}{n}(\delta_1 + \delta_2 + \delta_3 + \cdots), \tag{50}$$

wenn n Kondensatoren vorhanden sind.

Jeder Kondensator mit dielektrischen Verlusten läßt sich durch die beiden in Abb. 17.10 gezeichneten Ersatzbilder darstellen, die einander bei einer Frequenz gleichwertig sind. Man definiert jedoch die Kapazität grundsätzlich aus dem Bild a. Die beiden Bilder a und b sind bei der Frequenz gleichwertig, bei der gilt:

$$Z = R_1 + \frac{1}{j\,\omega\,C_1} = \frac{1}{G + j\,\omega\,C}. \tag{51}$$

Durch Gleichsetzen der reellen und imaginären Teile folgt hieraus, gültig für die Frequenz ω,

$$C_1 = C\left(1 + \left(\frac{G}{\omega\,C}\right)^2\right); \tag{52}$$

$$R_1 = \frac{G}{G^2 + (\omega\,C)^2}. \tag{53}$$

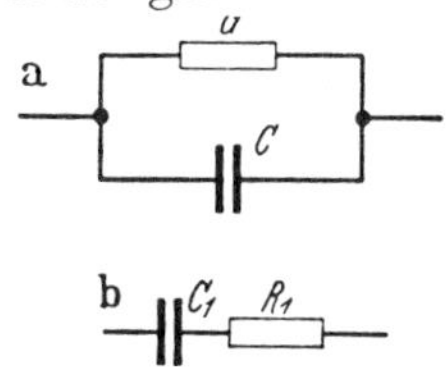

Abb. 17.10 a u. b. Ersatzbilder des unvollkommenen Kondensators

Die Ersatzkapazität C_1 ist also immer größer als C. Praktisch kann man jedoch meist setzen

$$C_1 = C; \qquad R_1 = \frac{G}{\omega^2 C^2}. \tag{54}$$

Die Gleichwertigkeit der beiden Ersatzbilder wird z. B. bei der Messung der dielektrischen Verluste mit Hilfe der Wechselstrommeßbrücke benutzt. Abb. 17.11 zeigt die einfachste Form einer solchen Brücke (M. Wien 1891). Mit $\sim$ ist der Wechselstromgenerator bezeichnet; R und R_1 sind Meßwiderstände, die auch bei Wechselstrom die gleichen Widerstandswerte haben wie bei Gleichstrom. C_1 ist ein möglichst verlustfreier, geeichter und einstellbarer Kondensator. Der zu untersuchende Kondensator ist mit C, G bezeichnet. Das Brückengleichgewicht wird mit Hilfe des Wechselstrominstruments A (Vibrationsgalvanometer, Kopfhöhrer, Röhrenvoltmeter, Oszilloskop) eingestellt. Es gilt analog die Bedingung Gl. (3.35) für das Verhältnis der Brückenwiderstände, die hier durch die entsprechenden komplexen Widerstände auszudrücken ist. Da die beiden linken Widerstandszweige einander gleich sind, müssen auch die komplexen Widerstände der beiden Kondensatorzweige einander gleich sein; bei nicht zu großen Verlustwinkeln erhält man also Kapazität und Ableitung gemäß Gl. (54) aus

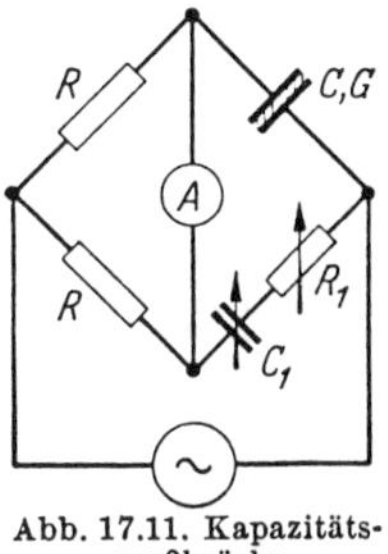

Abb. 17.11. Kapazitätsmeßbrücke

$$C = C_1, \qquad G = R_1(\omega\,C_1)^2. \tag{55}$$

Zahlenbeispiel: Es ergebe sich bei einer Messung mit Wechselstrom von 500 Hz: $C_1 = 0{,}1\,\mu\mathrm{F}$, $R_1 = 100\,\Omega$. Dann wird

$$G = R_1(\omega\, C_1)^2 = 100\,(3140 \cdot 0{,}1 \cdot 10^{-6}\,\mathrm{Fs}^{-1})^2\,\Omega = 9{,}87\,\mu\mathrm{S}\,.$$

Die Kapazität wird $C = C_1 = 0{,}1\,\mu\mathrm{F}$ und der Verlustfaktor

$$\delta = \frac{G}{\omega\, C} = \frac{9{,}87\,\mu\mathrm{Ss}}{3140 \cdot 0{,}1\,\mu\mathrm{F}} = 0{,}0314 = 3{,}14\%\,.$$

Nach den Gl. (52) und (53) haben die Näherungsformeln Gl. (54) einen Fehler von der Größe δ^2; er beträgt also hier 0,1%.

Mit Hilfe der Meßbrücke, Abb. 17.12 (K. W. WAGNER), kann man *Teil*kapazitäten und ihre Verlustwinkel unmittelbar messen. Die zu untersuchende Anordnung ist durch abc dargestellt. Sie kann beliebig viele Elektroden enthalten, wie z.B. bei einem Kabel mit einer größeren Anzahl von Leitungen. Um die Teilkapazität C_{ab} zwischen zwei beliebigen Leitern a und b zu messen, verbindet man alle übrigen Leiter miteinander zu der gemeinsamen Elektrode c. Diese gemeinsame Elektrode c wird geerdet, während die Leiter a und b in der gezeichneten Weise an die Meßbrücke angeschlossen werden. Diese besteht aus einer „Hauptbrücke" ähnlich wie Abb. 17.11 und einer „Hilfsbrücke", die mit den Widerständen R_2 und R_3 und dem Kondensator C_2 gebildet wird. Ferner sind zwei Nullinstrumente A_1 und A_2 vorhanden, von denen A_1 zur Einstellung der Hauptbrücke (R_1, C_1) und A_2 zur Einstellung der Hilfsbrücke (R_2, C_2) dient. Sind durch Verändern von R_1, C_1, R_2 und C_2 beide Instrumente stromlos gemacht, so haben die Punkte a und c gleiches Potential. Die Teilkapazität C_{ac} parallel zum Instrument A_2 ist daher auch stromlos; die Teilkapazität C_{bc} liegt parallel zu dem Zweig R_2C_2 der Hilfsbrücke und addiert sich zu C_2. In der Hauptbrücke ist dann nur noch die Teilkapazität C_{ab} wirksam, so daß $C_{ab} = C_1$ wird. Die zu C_{ab} gehörige Ableitung, die man entsprechend als *Teilableitung* zwischen den Leitern a und b bezeichnen kann, ergibt sich nach Gl. (54) aus

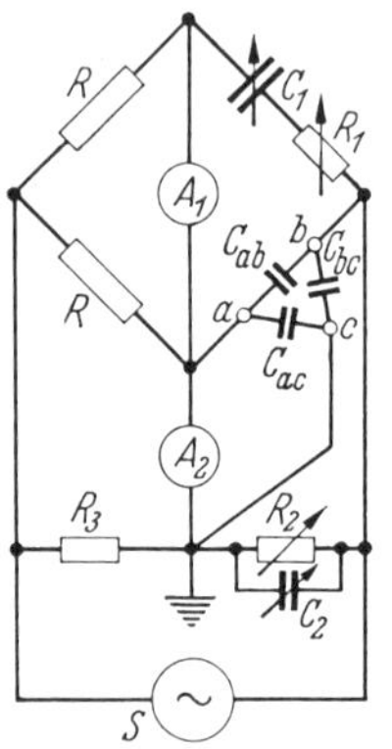

Abb. 17.12. Messung der Teilkapazitäten mit der WAGNERschen Hilfsbrücke

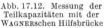

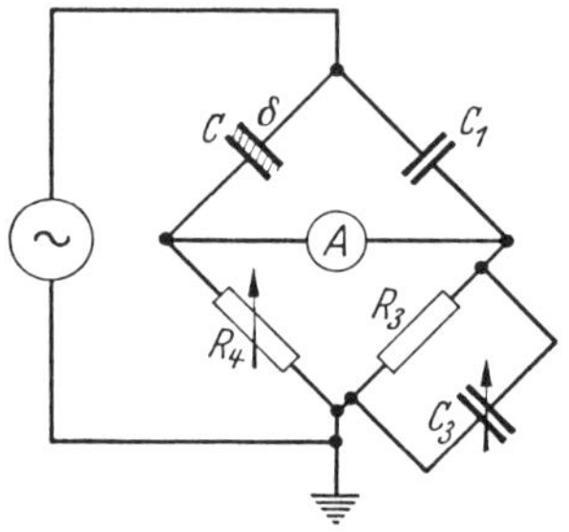

Abb. 17.13. Messung von Kapazität und Verlustwinkel bei hohen Spannungen

$$G_1 = (\omega\, C_1)^2\, R_1\,. \tag{56}$$

Zur Messung der Kapazität und Ableitung bei *hohen* Spannungen dient die von SCHERING angegebene Brücke, deren Prinzip in Abb. 17.13 dargestellt ist. Mit C_1 ist ein verlustfreier Meßkondensator (Luftkondensator) bezeichnet, mit C, δ der zu untersuchende Kondensator. R_3 und R_4 sind Meßwiderstände, von denen R_4 einstellbar ist. Parallel zu R_3 liegt der verlustfreie und einstellbare Meßkondensator C_3. Die Widerstände R_3 und R_4 sind klein gegen die Wechselstromwiderstände von C und C_1, so daß praktisch die ganze Speisespannung an dem Meßobjekt (und C_1) liegt. Die komplexen Widerstände der vier Brückenzweige sind

$$Z_1 = \frac{1}{j\,\omega\, C_1}\,; \quad Z_2 = \frac{1}{\delta\,\omega\, C + j\,\omega\, C}\,; \quad Z_3 = \frac{R_3}{1 + j\,\omega\, C_3\, R_3}\,; \quad Z_4 = R_4\,. \tag{57}$$

Wenn A stromlos ist, gilt

$$\frac{Z_1}{Z_3} = \frac{Z_2}{Z_4}\,. \tag{58}$$

Daraus folgt durch Einsetzen und Trennen der reellen und imaginären Teile

$$\delta = \omega \, C_3 \, R_3 ; \qquad (59)$$

$$C = C_1 \frac{R_3}{R_4} \frac{1}{1+\delta^2} \approx C_1 \frac{R_3}{R_4} . \qquad (60)$$

In der Tabelle 17.1 sind die Verlustwinkel von Isolierstoffen für einige Frequenzen angegeben; der Verlustwinkel hängt auch von der Temperatur ab und hat im allgemeinen bei einer bestimmten Temperatur ein Minimum.

Tabelle 17.1

Stoff	Frequenz	$10^3 \, \delta$
Aminoplaste . . .	10^3 Hz	30···60
Bakelit	10^3	10
Balata	10^3	4
Bernstein	10^6	7
Glas	10^3	3···30
Glimmer	$10^3 \cdots 10^6$	0,2···1
Guttapercha . . .	10^3	24
Hartgummi . . .	10^3	2···25
Hartporzellan . .	10^3	7···25
Keramische Stoffe		
magnesiumhaltig	10^6	0,3···3
rutilhaltig . . .	10^6	0,7···30
Papier, trocken . .	10^3	2···4
ölgetränkt .	50	2···40
Phenoplaste	10^3	10···30
Polyäthylen	10^6	0,2···1
Polystyrol	10^6	0,2···0,4
Polyvinylchlorid .	10^6	10···20
Quarzglas	10^6	0,1
Schaum-Polystyrol.	10^6	<0,2
Transformatoröl . .	50	2···5
Zellulose	10^6	10···100

Zahlenbeispiel: An einem Koaxialkabel von 1 km Länge sei durch Messung mit Wechselstrom von 50 Hz eine Kapazität von 0,2 μF und ein Verlustwinkel von $\delta = 0{,}004$ gefunden worden. Das Kabel werde mit einer Spannung von $U = 30$ kV betrieben. Für den Effektivwert des Ladestromes ergibt sich

$$I_C = U \, \omega \, C = 30\,000 \cdot 314 \cdot 0{,}2 \cdot 10^{-6} \, \mathrm{Vs}^{-1} \frac{\mathrm{As}}{\mathrm{V}} = 1{,}884 \, \mathrm{A} .$$

Die Ableitung beträgt

$$G = \delta \, \omega \, C = 0{,}004 \cdot 314 \cdot 0{,}2 \cdot 10^{-6} \, \mathrm{s}^{-1} \frac{\mathrm{As}}{\mathrm{V}} = 0{,}251 \, \mu\mathrm{S} .$$

Der Ableitungsstrom ist

$$I_R = U \, G = 30\,000 \cdot 0{,}251 \, \mathrm{V}\mu\mathrm{S} = 0{,}00753 \, \mathrm{A} .$$

Die dielektrische Verlustleistung beträgt

$$P = U \, I_R = 30\,000 \cdot 0{,}0075 \, \mathrm{VA} = 0{,}225 \, \mathrm{kW} .$$

III. Grundlagen der elektronischen Bauelemente

18. Elektronenröhren

Raumladungsgleichung

Bei der Ableitung der Potentialgleichung wurde vorausgesetzt, daß im Nichtleiter selbst keine Ladungen verteilt sind, daß also die Raumladungsdichte Null ist. Wenn nicht fortgesetzt Ionen gebildet werden, so ist dies in gasförmigen Stoffen immer der Fall; denn die Kräfte, die im elektrischen Feld auf freie Ladungen einwirken, sorgen dafür, daß ein Ausgleich der Ladungen eintritt. Würden sich aus irgendeinem Grund z. B. positive Ionen vorfinden, so würden diese Ionen durch die Feldkräfte entlang dem Potentialgefälle zu einer negativen Elektrode wandern. Nach hinreichend langer Zeit würden sämtliche Ionen aus dem Nichtleiter beseitigt sein. Raumladungen können in gasförmigen Stoffen nur bestehen, wenn dauernd ein Nachschub neuer Ladungsträger erfolgt. Dann ergibt sich bei konstanten Spannungen ein stationäres *Strömungsfeld.* Da es sich im allgemeinen Falle um den Transport von positiven und negativen Ladungen handelt, so kann auch die Raumladung positiv oder negativ sein, je nachdem, welche Ionenart überwiegt.

Solche Vorgänge spielen bei der Elektrizitätsleitung in Gasen eine Rolle (s. Abschnitt 21). Der elektrische Strom wird bei Gasentladungen durch Ionen beider Vorzeichen und Elektronen gebildet. Die positiven und negativen Ladungen wandern in entgegengesetzter Richtung durch das Gas hindurch, haben jedoch im allgemeinen verschiedene Geschwindigkeit und verschiedene Dichte, so daß örtlich ein Überschuß von Ladungen eines Vorzeichens vorhanden sein kann.

In *festen Körpern* können Raumladungen eines Vorzeichens auftreten und für lange Zeit bestehen bleiben. In *festen Isolierstoffen* können z. B. Elektronen aus Glimmentladungen von der Oberfläche her in den Isolierstoff eindringen und an eingelagerten Fremdatomen („Elektronenhaftstellen") festgehalten werden (siehe Abschnitt 22). Raumladungen im Hochvakuum und beim *pn*-Übergang in Halbleitern werden in diesem Abschnitt ausführlich behandelt.

Bei gewissen Isolierstoffen (z. B. Wachs, Polyäthylen, Fluorkohlenstoff) bleibt die beim Anlegen einer Spannung erzeugte Polarisation der Moleküle bis zu einem gewissen Grad erhalten, wenn das Feld bei hoher Temperatur (evtl. Schmelztemperatur) erzeugt wird und bis zur Abkühlung einwirkt. Hier kann zwar die Raumladung Null sein, aber an der Oberfläche bleiben Ladungen bestehen (Größenordnung 10^{-8} As/cm^2). Dadurch kann zwischen den Elektroden über lange Zeit eine Spannung aufrecht erhalten bleiben („*Elektrete*").

Um den Einfluß von Raumladungen auf das elektrische Feld zu untersuchen, denkt man sich die Elektrizitätsmengen stetig verteilt. Das ist zulässig, da die Ionen oder Elektronen, wenn sie überhaupt merklich in Erscheinung treten, immer in so großer Zahl vorhanden sind, daß auch sehr kleine Raumgebiete noch eine große Anzahl davon enthalten.

Nach Gl. (14.5) ist

$$\operatorname{div} \boldsymbol{D} = \varrho \,.$$

Dies liefert mit $\boldsymbol{D} = \varepsilon \boldsymbol{E}$ und $\boldsymbol{E} = -\operatorname{grad} \varphi$

die *Raumladungsgleichung* (POISSONsche Gleichung)

$$\boxed{\Delta\varphi = -\frac{\varrho}{\varepsilon}\,.} \tag{1}$$

Da auf den Ladungen Verschiebungslinien entspringen oder endigen, so spannen sich zwischen den im Dielektrikum verteilten Ladungen und den entgegengesetzt geladenen Elektroden zusätzliche Verschiebungslinien aus. Eine Raumladung bewirkt daher, daß das elektrische Feld an den Elektroden entgegengesetzter Ladung verdichtet, an den anderen geschwächt wird; die Raumladung schirmt die Elektroden gleichen Vorzeichens ab. Die Abb. 18.1 soll dies in schematischer Weise für eine positive Raumladung veranschaulichen; die gestrichelten Linien deuten die Verschiebungslinien an.

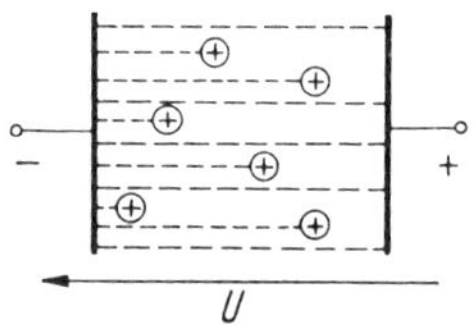

Abb. 18.1. Raumladungen in einem Plattenkondensator

Um eine Vorstellung zu geben, welche Größenordnung Raumladungen haben müssen, damit elektrische Felder wesentlich beeinflußt werden, wird ein Plattenkondensator in Luft oder einem anderen Gas betrachtet, wobei der Einfachheit halber gleichmäßig verteilte Ladungen angenommen werden, so daß die Raumladungsdichte ϱ räumlich konstant ist. Bezeichnet x die auf den Platten senkrecht stehende Achse, so lautet die Gl. (1)

$$\frac{d^2\varphi}{dx^2} = -\frac{\varrho}{\varepsilon_0}\,. \tag{2}$$

Durch zweimalige Integration ergibt sich mit den beiden Konstanten k_1 und k_2

$$\varphi = -\frac{\varrho}{2\varepsilon_0}x^2 + k_1 x + k_2\,.$$

Wird mit $x = 0$ die negative, mit $x = d$ die positive Elektrode gekennzeichnet, und der Bezugspunkt für das Potential φ in die negative Elektrode gelegt, so muß gelten

$$\varphi = 0 \quad \text{für} \quad x = 0\,,$$
$$\varphi = U \quad \text{für} \quad x = d\,.$$

Setzt man diese beiden Randbedingungen in die Gleichung für φ ein, so folgt

$$k_2 = 0\,, \qquad k_1 = \frac{U}{d} + \frac{\varrho}{2\varepsilon_0} d\,,$$

also

$$\varphi = \frac{U}{d} x + \frac{\varrho}{2\varepsilon_0} x\,(d - x)\,.$$

Der erste Summand stellt die ungestörte Feldverteilung mit der Feldstärke $U/d = E$ dar. Der zweite Summand zeigt den Einfluß der Raumladung. Diese Gleichung kann man schreiben

$$\frac{\varphi}{U} = \frac{x}{d}\left(1 + \frac{\varrho\, d^2}{2\varepsilon_0 U}\left(1 - \frac{x}{d}\right)\right).$$

Damit ist die Potentialverteilung φ/U als Funktion von $\frac{x}{d}$ gegeben. Der Einfluß der Raumladung ist durch den Parameter

$$\vartheta = \frac{\varrho\, d^2}{2\varepsilon_0\, U} = \frac{\varrho\, d}{2\varepsilon_0\, E}$$

gekennzeichnet.

Abb. 18.2 zeigt die Potentialverteilung für verschiedene Fälle von positiver und negativer Raumladung. Ist z. B. $d = 1$ cm, $U = 100$ V, die ungestörte Feldstärke also $E = 100$ V/cm, so entspricht $\vartheta = 1$ eine Raumladungsdichte

$$\varrho = \frac{2\,\vartheta\varepsilon_0 U}{d^2} = \frac{2 \cdot 8{,}85 \cdot 10^{-12} \cdot 100}{1} \frac{\text{As V}}{\text{V m cm}^2} = 17{,}7 \cdot 10^{-12} \frac{\text{As}}{\text{cm}^3}\,.$$

Bei $E = 1$ kV/cm würde sich mit der zehnfachen, bei 10 kV/cm mit der hundertfachen Raumladungsdichte ϱ die gleiche Potentialverteilung einstellen.

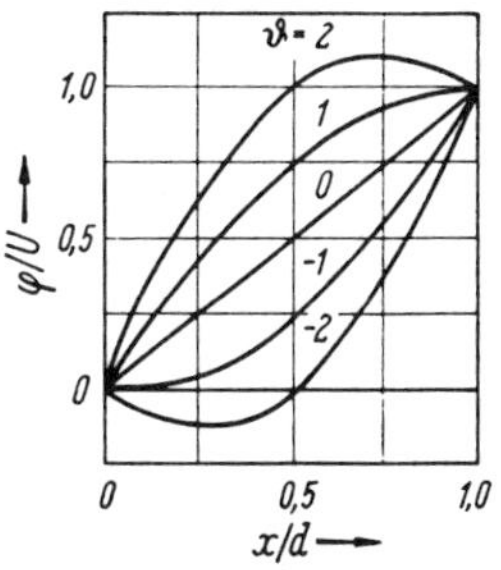

Abb. 18.2. Potentialverteilung bei verschiedener Raumladungsdichte

Die Raumladungsdichte ϱ entspricht nun einer räumlichen Dichte ϱ/e der Ladungsträger, wenn es sich um Elektronen oder um Atome mit einem fehlenden oder überzähligen Elektron handelt. Bei 1 kV/cm entsteht also die Potentialverteilung mit $\vartheta = 1$, wenn

$$\frac{\varrho}{e} = \frac{177 \cdot 10^{-12}}{1{,}6 \cdot 10^{-19}} \frac{\text{As}}{\text{cm}^3\,\text{As}} = 1{,}11 \cdot 10^9\,\text{cm}^{-3}\,,$$

wenn also rund 1 Milliarde Ladungsträger im cm³ vorhanden sind. Dies ist eine so große Zahl, daß die Vorstellung einer stetigen räumlichen Verteilung für viele Anwendungen gerechtfertigt ist. Will man vergleichen, in welchem Verhältnis diese Zahl zu der in dem Plattenkondensator vorhandenen Zahl der Gasmoleküle steht, so gibt hierüber die Loschmidt-Konstante N_{L} Auskunft. Sie besagt, daß bei 0 °C und 760 Torr = 1013,25 mbar

$$N_{\text{L}} = 2{,}687 \cdot 10^{19}\ \text{Moleküle/cm}^3$$

vorhanden sind; die Zahl ist proportional dem Gasdruck. Bei 1 mbar sind es daher noch $2{,}65 \cdot 10^{16} \frac{\text{Moleküle}}{\text{cm}^3}$ und $\vartheta = 1$ bedeutet, daß auf je 24 Millionen Gasmoleküle nur 1 Ion vorhanden ist.

Bemerkenswert ist in Abb. 18.2 noch, daß bei starken Raumladungen auch an den gleichnamigen Elektroden wieder hohe Feldstärken auftreten können. Das Potential hat dann zwischen den beiden Platten einen Maximal- oder Minimalwert.

Elektronenemission

Als Beispiel eines Raumladungsfeldes wird weiter unten *das elektrische Feld im Innern einer Elektronenröhre* behandelt. In den Elektronenröhren wird die Elektronenemission glühender Leiter ausgenützt. Daher soll zunächst der Vorgang der Elektronenemission aus metallischen Leitern betrachtet werden.

Fliegt ein Leitungselektron infolge seiner Wärmebewegung etwas aus einem Leiter hinaus, so treten elektrische Feldkräfte auf, die das Elektron wieder zurückzuholen suchen. Denkt man sich die Oberfläche des Leiters als glatte Wand, so läßt sich das elektrische Feld zwischen der Wand und einem aus dem Leiter herausgeflogenen Elektron finden, wenn das Spiegelbild des Elektrons hinzugenommen wird. Ist e die negative Ladung des Elektrons, so muß die positive Ladung des Spiegelbildes ebenfalls gleich e gesetzt werden. Die von dem Körper auf das Elektron ausgeübte Kraft kann man so deuten als Anziehungskraft zwischen den beiden Ladungen $+e$ und $-e$, die den Abstand $2\,x$ voneinander haben; man nennt daher diese Kraft die *Bildkraft*. Sie hat nach Gl. (13.1) den Betrag

$$F = \frac{e^2}{16\,\pi\,\varepsilon_0\,x^2}\,.$$

Man kann sie zurückführen auf ein gedachtes elektrisches Feld außerhalb des Leiters; für die Feldstärke dieses Feldes muß mit Gl. (9.3) gelten

$$E = \frac{F}{e} = \frac{e}{16\,\pi\,\varepsilon_0\,x^2}\,.$$

Daraus folgt gemäß Gl. (5.19):

$$\varphi = \int_x^\infty E\,dx = \frac{e}{16\,\pi\,\varepsilon_0\,x}\,. \tag{3}$$

Das Potential nimmt also umgekehrt proportional mit dem Abstand von der Leiteroberfläche ab, und zwar gilt dies bei Abständen, die man als groß gegen den Abstand der Atome ansehen kann; das sind etwa Abstände über 10^{-7} cm. Bei kleineren Abständen nähert sich das Potential φ entgegen Gl. (3) einem konstanten Wert φ_0, Abb. 18.3, da die Elektronen durch Zwischenräume zwischen den Atomen hindurchfliegen. Ein Elektron kann also den Leiter nur verlassen, wenn es ein ganz bestimmtes Potentialgefälle φ_0 überwindet. Dazu gehört nach Gl. (9.19) die Arbeit

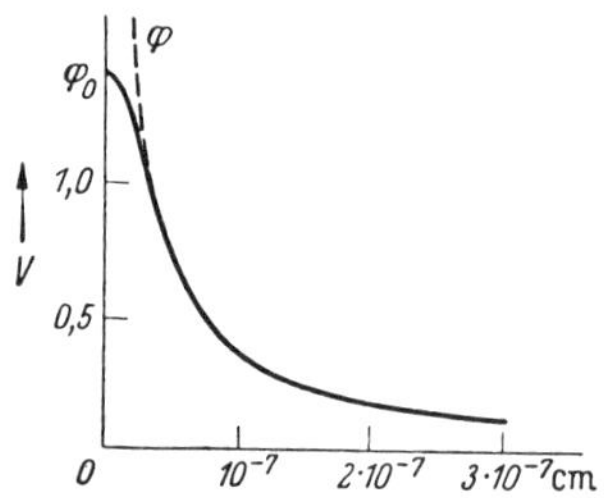

Abb. 18.3. Austrittspotential

$$W_0 = e\,\varphi_0\,. \tag{4}$$

Man bezeichnet diese Arbeit als *Austrittsarbeit* und verwendet als Maß dafür auch das *Austrittspotential* oder die *Austrittsspannung* φ_0.

Ist die kinetische Energie des Elektrons größer als die Austrittsarbeit, dann kann das Elektron den Leiter verlassen. Die Bedingung dafür ist also

$$\frac{1}{2}\,m\,v^2 > e\,\varphi_0\,.$$

Die für den Austritt gerade ausreichende Geschwindigkeit wird

$$v_0 = \sqrt{\frac{2\,e\,\varphi_0}{m}}\,. \tag{5}$$

In der Tabelle 18.1 sind die Werte der Austrittsspannung φ_0, der Austrittsgeschwindigkeit v_0 und der Austrittsarbeit W_0 für einige Stoffe angegeben.

Tabelle 18.1

Stoff	φ_0/V	v_0/km/s	W_0/Ws	λ_g/nm
Platin	5,36	1370	$8{,}59 \cdot 10^{-19}$	231
Nickel	4,91	1310	$7{,}85 \cdot 10^{-19}$	252
Wolfram	4,53	1260	$7{,}25 \cdot 10^{-19}$	274
Quecksilber	4,53	1260	$7{,}25 \cdot 10^{-19}$	274
Kupfer	4,48	1260	$7{,}18 \cdot 10^{-19}$	277
Kohlenstoff	4,36	1240	$6{,}97 \cdot 10^{-19}$	284
Thorium auf Wolfram	2,84	1000	$4{,}55 \cdot 10^{-19}$	437
Cäsium	1,94	825	$3{,}11 \cdot 10^{-19}$	640
Bariumoxydschicht	1,0	595	$1{,}60 \cdot 10^{-19}$	1240

Die Geschwindigkeiten der Elektronen sind zufällig verteilt. Für die Geschwindigkeit v_x in einer Richtung — senkrecht zur Austrittsfläche — kann eine Gauß-Verteilung angenommen werden, d. h. die Wahrscheinlichkeit, daß diese Geschwindigkeit zwischen v_x und $v_x + dv_x$ liegt, ist

$$p(v_x)\, dv_x = \frac{1}{v_m \sqrt{\pi}}\, \mathrm{e}^{-v_x^2/v_m^2}\, dv_x \tag{6}$$

Dabei ist v_m ein quadratischer Mittelwert, für den wie bei den Atomen eines idealen Gases

$$\frac{1}{2} m\, v_m^2 = k\, T\,, \tag{7}$$

gilt, wobei T die absolute Temperatur und

$$k = 1{,}380 \cdot 10^{-23}\, \frac{\mathrm{Ws}}{\mathrm{K}}$$

die Boltzmannsche Konstante bedeuten. Führt man die Masse des Elektrons $m = m_0 = 9{,}1 \cdot 10^{-28}$ g ein, so ergeben sich folgende Zahlenwerte:

für $T = 273$ K (0 °C)	$v_m = 91$ km/s
,, $T = 1273$ K	$v_m = 197$ km/s
,, $T = 2273$ K	$v_m = 263$ km/s
,, $T = 3273$ K	$v_m = 315$ km/s

Bemerkung: Die mittlere kinetische Energie $\frac{1}{2} m\, v_m^2$ von Leitungselektronen ist nach der kinetischen Gastheorie 3/2mal so groß wie in Gl. (6). Die Bewegungsgeschwindigkeit der Elektronen hat dabei alle möglichen Richtungen. Für den Austritt von Elektronen aus dem Leiter ist jedoch nur eine Komponente der Geschwindigkeit maßgebend, nämlich die auf der Leiteroberfläche senkrecht stehende Komponente; dadurch ergibt sich der niedrigere Wert in Gl. (6).

Aus Gl. (6) kann durch Integration die Wahrscheinlichkeit berechnet werden, daß Elektronen eine größere Geschwindigkeit haben als v_x. Wegen des Exponentialfaktors nimmt diese Wahrscheinlichkeit oberhalb v_m schnell ab.

Die Wahrscheinlichkeit, daß Elektronen Geschwindigkeiten haben, die mehr als viermal so groß sind wie die mittlere Geschwindigkeit v_m, beträgt z. B. nur noch ein Zehnmillionstel der Wahrscheinlichkeit kleiner Geschwindigkeiten.

Thermische Elektronenemission

Steigert man die Temperatur des Leiters, so wird ein immer größerer Teil der Leitungselektronen befähigt, die Austrittsarbeit zu überwinden; es entsteht *thermische Elektronenemission.* Die Elektronentheorie benutzt die Analogie der hier auftretenden Erscheinungen mit dem Verdampfen einer Flüssigkeit oder eines festen Stoffes; sie liefert auf Grund thermodynamischer Betrachtungen für die Stromdichte des aus der Oberfläche eines Körpers von der absoluten Temperatur T austretenden Elektronenstromes die Beziehung

$$J_s = K\,T^2\,e^{-\frac{e\,\varphi_0}{k\,T}}. \tag{8}$$

K ist eine Konstante, die bei reinen Metallen den Wert hat

$$K = 60{,}2\,\frac{\mathrm{A}}{\mathrm{cm^2\,K^2}}. \tag{9}$$

Die e-Funktion in Gl. (8) ist der Boltzmannfaktor B, Gl. (8.23); der Exponent kann folgendermaßen gedeutet werden. Es ist

$$\frac{e\,\varphi_0}{k\,T} = \frac{\varphi_0}{U_T}. \tag{10}$$

Die hier zu Abkürzung eingeführte Größe

$$\boxed{U_T = \frac{k\,T}{e}} \tag{11}$$

hat die Dimension einer Spannung. Es ist die Anlaufspannung eines Elektrons, das nach Gl. (9.19) die Energie $k\,T$ besitzt. Daher nennt man diese Spannung *thermische Anlaufspannung* oder *Temperaturspannung.* Sie ist durch die Wärmebewegung der Leitungselektronen in dem Leiter bedingt. Für einige Temperaturwerte gibt die Tabelle 18.2 die danach berechneten Temperaturspannungen an.

Tabelle 18.2

T/ K	U_T/V
300	0,0259
1000	0,0862
1500	0,1294
2000	0,1724
2500	0,2156
3000	0,2586
4000	0,3448
5000	0,4310

Aus Gl. (10) wird deutlich, daß es für die thermische Elektronenemission auf das Verhältnis der Temperaturspannung zur Austrittsspannung ankommt.

In Abb. 18.4 ist die Stromdichte J_s in Abhängigkeit von der absoluten Temperatur für einige Stoffe dargestellt. Sie steigt mit der Temperatur sehr rasch an. In Elektronenröhren wählt man daher möglichst hohe Temperaturen, soweit es die Anforderungen an die Lebensdauer des glühenden Leiters zulassen (Verdampfung).

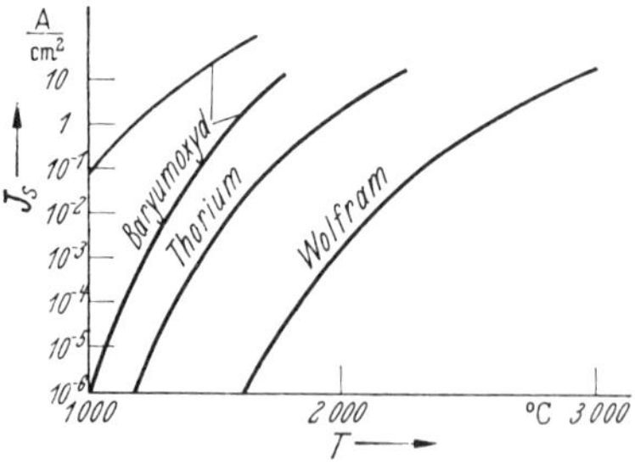

Abb. 18.4. Elektronenemission verschiedener Stoffe in Abhängigkeit von der absoluten Temperatur

Photoemission

Die zur Ablösung eines Elektrons aus einem festen Körper erforderliche Austrittsarbeit W_0 kann auch in anderer Weise als durch Erhitzen aufgebracht werden, z. B. durch auftreffende Elektronen oder Ionen (*Sekundärelektronenemission* s. Abschnitt 21 und Abschnitt 49). Bei der *Photoemission* (Photoeffekt) fester Körper werden die Elektronen durch Lichtstrahlung ausgelöst.

Die zur Überwindung der Austrittsarbeit erforderliche Energie wird durch die Lichtstrahlung zugeführt. Die Strahlungsenergie wird dabei nur in bestimmten kleinsten

Energiequanten wirksam, die als *Photonen* oder *Lichtquanten* bezeichnet werden. Diese Elementarbeträge W_p der Energie sind umso größer je höher die Frequenz der Strahlung ist, oder was das gleiche bedeutet (s. Abschnitt 44), je kürzer die Wellenlänge

$$\lambda = \frac{c}{f} = \frac{3 \cdot 10^5}{f} \frac{\text{km}}{\text{s}}. \tag{12}$$

Für das Energiequant kann man daher setzen (M. PLANCK 1901)

$$\boxed{W_p = h f = \frac{h c}{\lambda}} \tag{13}$$

Die Proportionalitätskonstante h ist das *PLANCKsche Wirkungsquantum*, eine Naturkonstante, die nach den genauesten Messungen den Wert

$$h = 6{,}6262 \cdot 10^{-34}\ \text{Ws}^2$$

hat. Bei niedrigen Frequenzen handelt es sich um winzig kleine Energiebeträge im Vergleich zu den Energien, mit denen die Elektrotechnik arbeitet. Bei einer Frequenz von 1 MHz ist z. B.

$$W_p = 6{,}63 \cdot 10^{-34} \cdot 10^6\ \text{Ws}^2\,\text{s}^{-1} = 6{,}63 \cdot 10^{-28}\ \text{Ws}.$$

Ist die Leistung dabei 1 W, so werden also in jeder Sekunde rund 10^{27} Energiequanten transportiert.

Auch bei den Frequenzen des sichtbaren Lichtes (Wellenlängen zwischen $\lambda = 350$ nm und $\lambda = 800$ nm) wird das Energiequant nach Gl. (13) noch sehr klein, nämlich für $\lambda = 800$ nm

$$W_p \doteq \frac{h c}{\lambda} = \frac{6{,}63 \cdot 10^{-34} \cdot 3 \cdot 10^8}{800 \cdot 10^{-9}} \frac{\text{Ws}^2\,\text{m}}{\text{m s}} = 2{,}49 \cdot 10^{-19}\ \text{Ws},$$

und für $\lambda = 350$ nm $\qquad W_p = 5{,}7 \cdot 10^{-19}\ \text{Ws}.$

Wie der Vergleich mit Tabelle 18.1 zeigt, wird hier aber bereits die Größenordnung der Austrittsarbeit der Elektronen aus Metallen erreicht.

Lichtquanten können nun von einem Atom nur dann unter Auslösung eines Elektrons absorbiert werden, wenn sie die Auslösearbeit W_0 mindestens decken. Der Überschuß $W_p - W_0$ wird dem Elektron als kinetische Energie $\frac{1}{2} m v^2$ mitgegeben, es gilt (A. EINSTEIN 1905)

$$\boxed{\frac{1}{2} m v^2 = W_p - W_0 = h f - W_0 = h (f - f_g).} \tag{14}$$

Dieser Zusammenhang wird durch Abb. 18.5 dargestellt. Unterhalb der Frequenz

$$f_g = \frac{W_0}{h} = \frac{e \varphi_0}{h} \tag{15}$$

werden keine Elektronen ausgelöst. Anders ausgedrückt: Ist die Wellenlänge der Strahlung länger als die *Grenzwellenlänge*

$$\boxed{\lambda_g = \frac{h c}{e \varphi_0},} \tag{16}$$

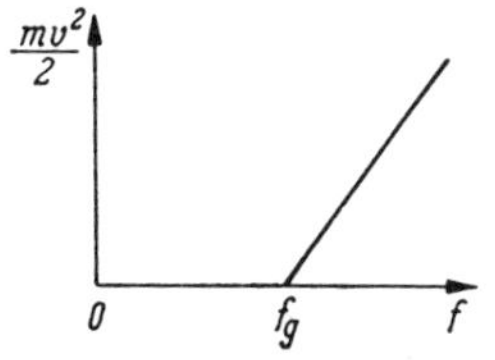

Abb. 18.5. Kinetische Energie eines durch Lichtstrahlung mit der Frequenz f ausgelösten Elektrons

so ergibt sich kein Photoeffekt. Z. B. wird bei Cäsium mit der Austrittsspannung $\varphi_0 = 1{,}94$ V die langwellige Grenze des Photoeffekts

$$\lambda_g = \frac{6{,}63 \cdot 10^{-34} \cdot 3 \cdot 10^8\ \text{Ws}^2\,\text{m}}{1{,}6 \cdot 10^{-19} \cdot 1{,}94\ \text{As Vs}} = 640\ \text{nm}.$$

Dies entspricht

$$f_g = \frac{1{,}6 \cdot 10^{-19} \cdot 1{,}94}{6{,}63 \cdot 10^{-34}\,\mathrm{s}} = 4{,}7 \cdot 10^{14}\,\mathrm{Hz}\,.$$

Die *Photogrenzwellenlänge* λ_g ist für einige Stoffe in Tabelle 18.1 aufgeführt.

Besonders zu beachten ist, daß die Intensität der einfallenden Strahlung, die Strahlungsleistung, auf die kinetische Energie der ausgelösten Elektronen nach Gl. (14) keinen Einfluß hat; sie bestimmt nur deren Anzahl.

Würde jedes im Metall absorbierte Lichtquant ein Elektron auslösen, dann würde eine mit der Leistung P in das Metall eindringende Lichtwelle je Zeiteinheit P/W_p Elektronen auslösen, also einen Elektronenstrom

$$I_s = \frac{e\,P}{W_p} \tag{17}$$

erzeugen. Die Größe

$$\frac{I_s}{P} = \frac{e}{W_p} = \frac{e}{h\,f} = \frac{e\,\lambda}{h\,c} \tag{18}$$

heißt das *Quantenäquivalent*. Bei einer Lichtwellenlänge von 300 nm ist das Quantenäquivalent z. B.

$$\frac{e\,\lambda}{h\,c} = \frac{1{,}6 \cdot 10^{-19} \cdot 0{,}3 \cdot 10^{-6}}{6{,}63 \cdot 10^{-34} \cdot 3 \cdot 10^{8}}\,\frac{\mathrm{As\,m\,s}}{\mathrm{Ws^2\,m}} = 0{,}242\,\frac{\mathrm{A}}{\mathrm{W}}\,.$$

Je Watt einfallende Strahlungsleistung würde also ein Elektronenstrom von 242 mA aus der Metalloberfläche austreten. Die wirklich gemessenen Ströme sind sehr viel geringer. Die Elektronen werden auf ihrem Weg vom Metallinnern zur Oberfläche zum größten Teil wieder von Fremdatomen im Metall und an der Oberfläche eingefangen, so daß die „Ausbeute“ vielfach nur die Größenordnung 10^{-3} Elektronen/Photon erreicht. Gute Ausbeuten erhält man bei bestimmten Wellenlängen aus dünnen Schichten von Alkalimetallen und aus geeigneten Halbleitermaterialien.

Praktisch wird das Verhältnis elektrische Stromstärke zu einfallender Lichtleistung als *Empfindlichkeit* angegeben. Die Empfindlichkeit ist noch etwas kleiner als die Ausbeute wegen des reflektierten Lichtanteils. Als Beispiel sei angeführt, daß bei Cäsium mit einer Wellenlänge von 600 nm eine Empfindlichkeit von der Größenordnung 20 mA/W erzielt wird.

Elektronenröhren

Befindet sich der Elektronen aussendende Leiter (Kathode) zusammen mit einer anderen kalten Elektrode (Anode) in einem luftleer gemachten Gefäß, und erzeugt man zwischen beiden Elektroden ein Potentialgefälle, das die aus dem Leiter austretenden Elektronen wegführt, so ergibt sich ein Elektronenstrom zwischen der Kathode und der Anode. Würden alle Elektronen weggeführt werden, die die Austrittsarbeit überwinden, so würde die Dichte dieses Elektronenstromes an der emittierenden Elektrode gerade gleich J_s sein. Es zeigt sich nun, daß dies erst bei ausreichend großen Potentialunterschieden zwischen den Elektroden eintritt. Bei niedrigeren Spannungen ergibt sich nur ein Bruchteil des „Sättigungsstromes“. Die Ursache dafür liegt in der Raumladung, die die von der Kathode ausgehenden Elektronen in deren Umgebung bilden; diese Raumladung schirmt die Kathode ab.

Die Potentialverteilung zwischen den beiden Elektroden einer Hochvakuumdiode ist durch Abb. 18.6 veranschaulicht. Die kalte Elektrode oder Anode A hat gegen die Glühelektrode oder Kathode K eine positive Spannung. Dem dadurch entstehenden elektrischen Feld überlagert sich das dem Elektronenaustritt entgegenwirkende innere Feld. In einem bestimmten, sehr kleinen Abstand von der Kathode ergibt sich daher ein Potentialminimum. Die Elektronen müssen mit ihrer kinetischen Energie das Potentialgefälle innerhalb des dadurch gegebenen Raumes vor der Kathode überwinden. Außerhalb dieses Raumes bewirken die Kräfte des äußeren Feldes, daß die Elektronen zur Anode fliegen. Das innere Potentialgefälle ist nach Abb. 18.3 im wesentlichen auf einen so kleinen Abstand von der Kathode beschränkt, daß die Austrittsarbeit durch das äußere Feld nur wenig beeinflußt wird. Wir beschränken daher die folgenden Betrachtungen auf dieses äußere Feld, das nach dem Ausgeführten ein Raumladungsfeld ist.

Es werde die in Abb. 18.7 skizzierte bei Verstärkerröhren häufig angewendete zylindrische Anordnung zugrunde gelegt. Die Kathode befindet sich in der Achse des Anodenzylinders. Sie wird durch den Strom aus einer Stromquelle B geheizt. Die Batterie A hält zwischen Anode und Kathode eine bestimmte Spannung U aufrecht. Der Elektronenstrom setzt sich im äußeren Stromkreis mit der Stärke I fort. Die Länge l des Zylinders sei groß gegen den Durchmesser, so daß die Randwirkungen vernachlässigt werden können. Das elektrische Feld zwischen Kathode und Anode ist rotationssymmetrisch; die Feldgrößen hängen nur von dem Abstand r des Aufpunktes von der Achse ab. Die Raumladungsgleichung lautet daher gemäß Gl. (14.17)

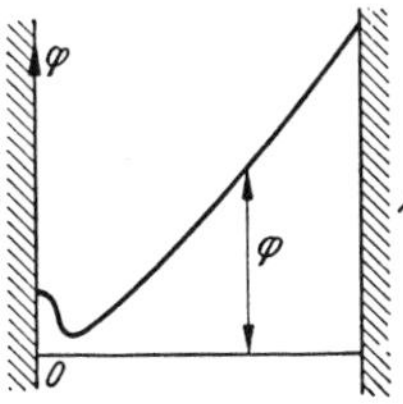

Abb. 18.6. Potential zwischen einer glühenden Kathode und einer kalten Anode

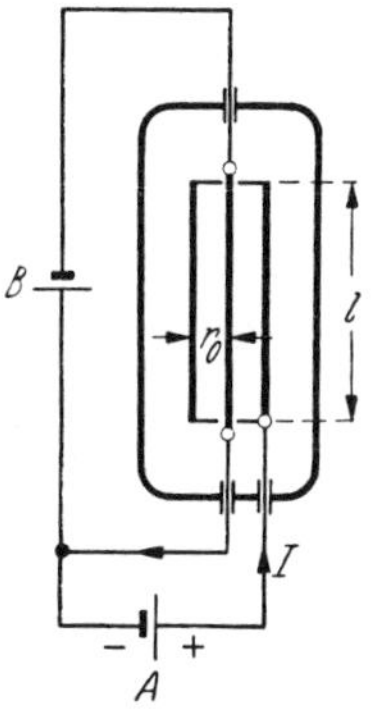

Abb. 18.7. Elektronenröhre (Diode)

$$\frac{d^2\varphi}{dr^2} + \frac{1}{r}\frac{d\varphi}{dr} = -\frac{\varrho}{\varepsilon_0}. \tag{19}$$

Wir nehmen dazu noch die Gleichung (entsprechend Gl. (8.5))

$$\varrho = -\frac{J}{v} = -\frac{I}{2\pi l r v}, \tag{20}$$

in der v die Geschwindigkeit der Elektronen an irgendeiner Stelle des Feldes bezeichnet, sowie die Bewegungsgleichung für die Elektronen, Gl. (13.33),

$$\frac{1}{2} m v^2 = e\varphi, \tag{21}$$

die aussagt, daß die kinetische Energie, die die Elektronen beim Durchlaufen des Potentialunterschiedes φ annehmen, gleich der vom elektrischen Feld geleisteten Arbeit ist. Das Potential an der Kathode setzen wir Null.

Aus Gl. (21) folgt

$$v = \sqrt{\frac{2e\varphi}{m}} \tag{22}$$

und hiermit aus Gl. (20)

$$\varrho = \frac{-I\sqrt{m}}{2\pi l r \sqrt{2e\varphi}}. \tag{23}$$

In Gl. (19) eingesetzt, ergibt dies

$$\frac{d^2\varphi}{dr^2} + \frac{1}{r}\frac{d\varphi}{dr} = \frac{c_1}{r\sqrt{\varphi}}, \tag{24}$$

wobei

$$c_1 = \frac{I\sqrt{m}}{2\pi l \varepsilon_0 \sqrt{2e}}. \tag{25}$$

Zur Lösung der Differentialgleichung (24) werde der Ansatz gemacht

$$\varphi = c_2\, r^n\,. \tag{26}$$

Damit wird

$$n\,(n-1)\,c_2\, r^{n-2} + c_2\, n\, r^{n-2} = \frac{c_1}{\sqrt{c_2}}\, r^{-1-\frac{n}{2}} \tag{27}$$

oder

$$c_1 = c_2^{\frac{3}{2}}\, n^2\, r^{\frac{3}{2}n-1}\,. \tag{28}$$

Da dies für beliebige r gelten soll, muß $n = \frac{2}{3}$ sein, und es folgt

$$c_1 = c_2^{3/2}\left(\frac{2}{3}\right)^2. \tag{29}$$

An der Anode mit dem Radius r_0 soll $\varphi = U$ sein, also nach Gl. (26)

$$c_2 = U\, r_0^{-2/3}\,. \tag{30}$$

Dies ergibt mit Gl. (29)

$$c_1 = \frac{4}{9}\, U^{3/2}\, r_0^{-1} \tag{31}$$

und mit Gl. (25)

$$I = \frac{8\pi\sqrt{2}}{9}\sqrt{\frac{e}{m}}\,\varepsilon_0\,\frac{l}{r_0}\,U^{3/2}\,. \tag{32}$$

Man kann dieses „$U^{3/2}$-Gesetz" in der Form schreiben (W. SCHOTTKY 1913)

$$\boxed{I = q U^{3/2}\,,} \tag{33}$$

wobei sich für die Konstante q, die *Perveanz* genannt wird,

$$q = 1{,}47\cdot 10^{-5}\,\frac{l}{r_0}\,\frac{\mathrm{A}}{\mathrm{V}^{3/2}} \tag{34a}$$

ergibt.

Bemerkung : Nach Abb. 18.6 muß das äußere elektrische Feld in der Nähe der Kathode mit der Feldstärke Null einmünden; nahe der Oberfläche der Kathode muß $\frac{d\varphi}{dr} = 0$ sein, eine Bedingung, die durch Gl. (26) nicht erfüllt wird. Dieser Ansatz ist nur ein Teilintegral von Gl. (42), und das Ergebnis der Betrachtung gilt streng nur im Grenzfall unendlich dünner Kathoden. Die vollständige Rechnung zeigt, daß bei Kathoden, deren Durchmesser etwa $^1/_8$ des Anodendurchmessers übersteigt, die Konstante q größer wird als es Gl. (34 a) angibt. Bei kleineren Kathodendurchmessern liefert die Gl. (34a) Werte, die auf mindestens 10 % genau sind.

Führt man die gleiche Rechnung wie oben für eine Anordnung aus zwei *ebenen Elektroden* durch, von denen die eine Elektronen aussendet, so ergibt sich ebenfalls die Gl. (33), jedoch mit

$$q = 2{,}34\,\frac{A}{d^2}\,\frac{\mu\mathrm{A}}{\mathrm{V}^{1,5}}\,, \tag{34b}$$

wobei A die betrachtete Plattenfläche, d den Plattenabstand bedeuten. Diese Beziehung wird identisch mit der Gl. (34a), wenn man unter A die Oberfläche der Anode, unter d den Abstand zwischen Anode und Kathode versteht ($= r_0$). *Es gilt also ein und dieselbe Beziehung für die ebene und die zylindrische Anordnung.*

Die Stromdichte an der Anode $J = I/A$ ist für $d = 10$ mm und verschiedene Spannungen in der folgenden Tabelle angegeben:

$U = 5$	10	20	50	100	200	500	1000 V
$J = 0{,}0263$	0,0744	0,21	0,831	2,35	6,65	26,3	74,4 mA/cm²

Der Elektronenstrom befolgt also nicht das OHMsche Gesetz im Sinne eines stromunabhängigen Widerstandes. Seine Abhängigkeit von der Spannung ist durch Abb. 18.8 veranschaulicht. Von dieser sog. *Raumladungskennlinie* wird bei den Anwendungen der Elektronenröhre Gebrauch gemacht. Wesentlich ist dabei, daß wegen der geringen Trägheit der Elektronen der gleiche Zusammenhang zwischen Strom I und Spannung U auch bei sehr rasch veränderlichen Spannungen gilt, daß also die dynamische mit der statischen Kennlinie praktisch zusammenfällt.

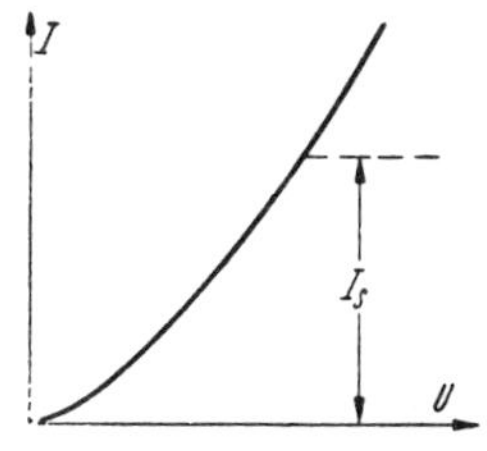

Abb. 18.8. Raumladungskennlinie

Der Elektronenstrom kann den Sättigungswert I_s nicht überschreiten, der durch die Stromdichte J_s an der Kathodenoberfläche, Gl. (8), bestimmt ist. Die Kurve in Abb. 18.8 biegt daher auf I_s ab. Unterhalb der Sättigungsgrenze ist der Elektronenstrom nach Gl. (32) unabhängig von den Materialeigenschaften der Glühkathode und nur durch die Abmessungen der Anode und durch die Spannung bestimmt.

Hochvakuumdiode

Wegen der kinetischen Energie der aus der Kathode austretenden Elektronen ergibt sich auch bei negativen Werten der Spannung U ein allerdings nur geringer Elektronenstrom zur Anode hin. Da die Spannung, gegen die die Elektronen anlaufen können, proportional dem Quadrat ihrer Geschwindigkeit ist, so würde bei Vernachlässigung der Raumladungswirkung für diesen Anlaufstrom auf Grund der Gl. (7) die Beziehung gelten

$$I = I_s \, e^{\frac{U}{U_T}}, \tag{35}$$

in der I_s den Sättigungsstrom, U_T die Temperaturspannung bedeuten. Danach würde für $U = 0$ bereits der volle Sättigungsstrom erreicht werden. Die Raumladung verhindert dies, so daß bei negativen Werten der Spannung U Stromstärken entstehen, die kleiner als nach Gl. (35) sind.

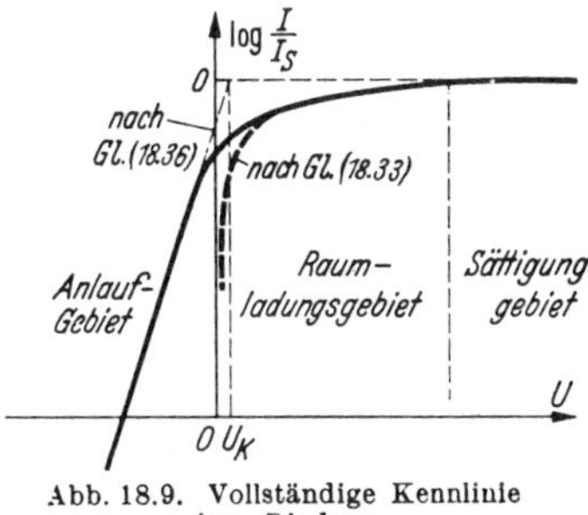

Abb. 18.9. Vollständige Kennlinie einer Diode

Das „*Anlaufstromgebiet*" geht stetig in das „Raumladungsgebiet" über. Die vollständige Kennlinie einer Diode hat daher bei logarithmischer Skala für die Stromstärke den in Abb. 18.9 gezeigten Verlauf. Die e-Funktion der Gl. (35) wird durch eine gerade Linie dargestellt; sie schneidet den Sättigungswert bei wirklichen Elektronenröhren entgegen Gl. (35) nicht bei $U = 0$, sondern einer etwas von 0 verschiedenen Spannung U_K, die durch die Differenz der Austrittspotentiale von Kathoden- und Anodenmaterial bestimmt ist („Kontaktspannung").

Wie aus den Zahlenwerten in Tabelle 18.2 erklärlich, erstreckt sich das *Anlaufstromgebiet* praktisch nur über einen Spannungsbereich von einigen Zehntel Volt. Aus der Steigung der gemessenen Kennlinie des Anlaufstromgebietes kann U_T und hieraus die Kathodentemperatur mit Hilfe von Gl. (11) berechnet werden. Aus der gemessenen Stromstärke I bei einer passend gewählten Spannung U und der Kontaktspannung U_K ergibt sich der Sättigungsstrom

$$I_s = I \, e^{\frac{-U+U_K}{U_T}} \tag{36}$$

auch in Fällen, wo wegen sekundärer Effekte (z. B. zusätzliche Aufheizung der Kathode durch den Elektronenstrom) der Sättigungsstrom nicht direkt gemessen werden kann.

Bemerkung: Im Anlaufgebiet fließt ein positiver Strom trotz negativer Spannung zwischen Anode und Kathode, d. h. die Strecke Anode-Kathode liefert als Generator elektrische Energie an den äußeren Stromkreis. Diese Energie wird aus der der Kathode zugeführten Wärme entnommen. Dies ist die Grundlage der sogenannten *Thermionik-Wandler* zur unmittelbaren Umwandlung von Wärmeenergie in elektrische Energie. Im Hochvakuum ist der Wirkungsgrad dieser Umwandlung sehr gering. Durch Hinzugabe von geeigneten Gasen, z. B. Cäsiumdampf, in den Raum zwischen Kathode und Anode können wegen der entstehenden Vervielfachung der Ladungsträger (siehe Abschnitt 21) höhere Leistungen (Größenordnung 10 W/cm²) und Wirkungsgrade (über 10%) erzielt werden.

Im *Raumladungsgebiet* weichen die gemessenen Kennlinien von den durch Gl. (33) gegebenen Werten etwas ab, einmal wegen des stetigen Anschlusses an das Anlaufstromgebiet, zweitens wegen der bei der Ableitung von Gl. (33) nicht berücksichtigten endlichen Austrittsgeschwindigkeit der Elektronen und drittens wegen des Spannungsabfalls längs der Kathode.

Im *Sättigungsgebiet* kann sich die Erscheinung der „Feldemission" bemerkbar machen. Mit zunehmender Anodenspannung wird das Potentialminimum in Abb. 18.6 mehr und mehr angehoben. Dadurch kann bei gleicher Kathodentemperatur infolge der MAXWELLschen Geschwindigkeitsverteilung eine größere Anzahl von Elektronen aus der Kathode entweichen.

Hochvakuumtriode

Die Hochvakuumtriode (Dreipolröhre, Eingitterröhre) enthält zwischen der Glühkathode und der Anode noch eine durchbrochene Elektrode, das Gitter (Steuergitter).

Hat das Gitter irgendeine Spannung u_g gegen die Kathode, die Anode eine Spannung u_a (bei direkt geheizten Kathoden kann z. B. das negative Ende der Kathode als Bezugspunkt gewählt werden), Abb. 18.10, so entsteht in der Umgebung der Kathode ein elektrisches Feld, das nach Gl. (15.86) durch die beiden Spannungen bestimmt ist. Die Summe der beiden von Gitter und Anode zur Kathode übergehenden Verschiebungsflüsse läßt sich auch durch die Teilkapazitäten C_g zwischen Gitter und Kathode und C_a zwischen Anode und Kathode ausdrücken:

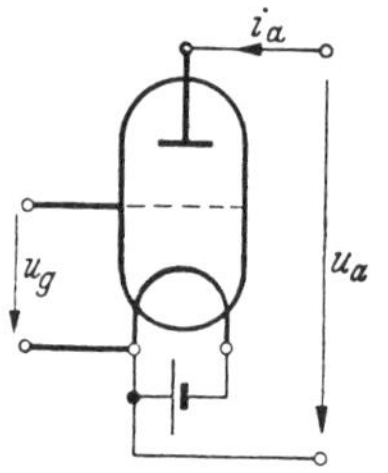

Abb. 18.10. Schema der Triode

$$Q = C_g u_g + C_a u_a = C_g \left(u_g + \frac{C_a}{C_g} u_a \right). \tag{37}$$

Die Verschiebungsdichte und damit die elektrische Feldstärke in der Umgebung der Kathode sind dieser Größe proportional; sie ist daher auch maßgebend für den Elektronenstrom. Man sieht durch Vergleich mit Gl. (15.86), daß der Durchgriff D durch das Verhältnis der Teilkapazitäten ausgedrückt werden kann:

$$\frac{C_a}{C_g} = D. \tag{38}$$

Der von der Kathode ausgehende Elektronenstrom ist nur abhängig vom Gesamtfeld, also von der Steuerspannung

$$u_s = u_g + D u_a. \tag{39}$$

Er ist identisch mit dem Strom i_a im Anodenkreis, wenn u_g negativ ist, das Gitter also keine Elektronen aufnimmt; dann ist

$$i_a = F(u_s) = F(u_g + D u_a). \tag{40}$$

Diese Funktion ist im wesentlichen durch die Raumladungs-Kennlinie, Abb. 18.8, gegeben.

Mißt man den Anodenstrom für verschiedene konstante Werte von u_a und trägt die Stromwerte in Abhängigkeit von u_g auf, so ergeben sich die *i_a,u_g-Kennlinien* der Röhre für die verschiedenen Anodenspannungen, Abb. 18.11a. Aus dieser Kennlinienschar kann der Durchgriff D entnommen werden, indem man die Horizontalverschiebung der Kurven (Δ in Abb. 18.11a) dividiert durch den Unterschied der Anodenspannungen $\left(\text{z. B. } \frac{4\,\text{V}}{50\,\text{V}} = 8\%\text{ in Abb. 18.11a}\right)$. Der Anodenstrom wird nahezu Null, wenn $u_s \leq 0$, also

$$u_g \leqq -D\,u_a$$

ist.

In dem Bereich negativer Gitterspannungen wird der Gitterstrom verschwindend klein. Der aus einer Gleichstromquelle gespeiste Anodenstromkreis kann daher durch Verändern der negativen Gitterspannung praktisch leistungslos geschaltet und gesteuert werden; siehe Abschnitt 38.

Wenn dagegen das Gitter positiv gegen die Kathode ist, so nimmt es einen Teil des Elektronenstromes auf; der Anodenstrom i_a ist dann durch die Differenz des Emissionsstromes der Kathode und des Gitterstromes gegeben. Auch in diesem Gebiet positiver Gitterspannungen kann die Röhre noch als Verstärker arbeiten, wenn auch die Verstärkung hier geringer ist, weil zur Steuerung des Gitters eine Leistung aufgewendet werden muß. Bei Verstärkern wird daher vorwiegend das Gebiet negativer Gitterspannungen benutzt.

Hält man die Gitterspannung u_g konstant und verändert die Anodenspannung u_a, so ergeben sich die *i_a, u_a-Kennlinien*, Abb. 18.11b. Auch hier kann der Durchgriff entnommen werden als Verhältnis der Gitterspannungsänderung zu der für die Aufrechterhaltung der Anodenstromstärke erforderlichen Anodenspannungsänderung.

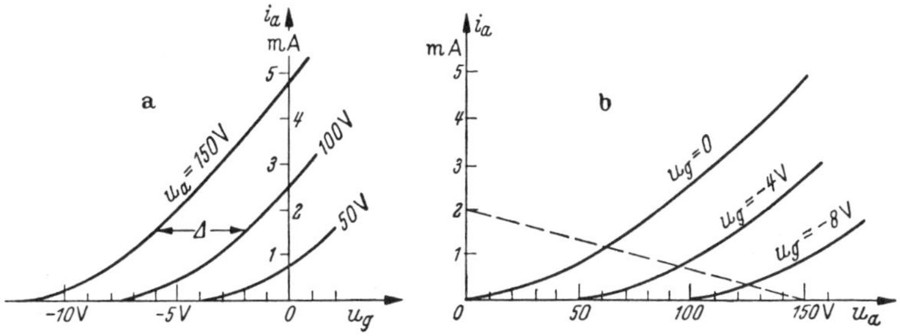

Abb. 18.11 a u. b. Kennlinien der Triode

Wird die Anodenspannung durch eine Anodenstromquelle über einen äußeren Anodenwiderstand R_a erzeugt, so findet man den Anodenstrom durch Einzeichnen der Belastungskennlinie (Abb. 3.7), die auch als „Widerstandsgerade" bezeichnet wird. In Abb. 18.11b ist als Beispiel eine Quellenspannung von 150 V und ein Anodenwiderstand $R_a = \frac{150\,\text{V}}{2\,\text{mA}} = 75\,\text{k}\Omega$ angenommen.

Raumladungen in leitenden Stoffen

Auch in elektrisch leitenden Stoffen können Raumladungen z. B. bei plötzlichen Spannungs- oder Stromänderungen auftreten. Sie gleichen sich jedoch bei guten Leitern im allgemeinen sehr rasch aus. Es befinde sich innerhalb eines Leiters in irgendeinem kleinen Raumteil vom Volumen V, z. B. von Kugelform, ein Ladungsüberschuß Q. Ist A die gesamte Oberfläche des Raumteiles, dann ist die Verschiebungsdichte an der Oberfläche $D = \frac{Q}{A}$ und damit die Feldstärke $E = \frac{Q}{\varepsilon A}$. Wegen der Leitfähigkeit σ fließt damit von der Oberfläche ein Strom mit der Dichte $J = \sigma E = \frac{\sigma Q}{\varepsilon A}$ weg. Der gesamte von der Oberfläche abfließende Strom ist daher $i = \frac{\sigma Q}{\varepsilon}$. Er vermindert in jedem Zeitelement dt die Ladung Q um $dQ = i\,dt$.

Also gilt

$$dQ = -\frac{\sigma Q}{\varepsilon}dt\,, \qquad \frac{dQ}{Q} = -\frac{\sigma}{\varepsilon}dt\,. \tag{41}$$

Hieraus folgt durch Integration

$$Q = Q_0\,\mathrm{e}^{-\frac{\sigma}{\varepsilon}t}\,. \tag{42}$$

Jede Überschußladung klingt also ab; es stellt sich ein raumladungsfreier Zustand ein. Die Zeitkonstante dieses Abklingvorganges

$$\boxed{\tau = \frac{\varepsilon}{\sigma}} \tag{43}$$

heißt dielektrische *Relaxationszeit.* Sie ist für Kupfer mit $\sigma = 5{,}9 \cdot 10^7$ S/m, $\varepsilon = \varepsilon_0 = 8{,}85$ pF/m:

$$\tau = \frac{8{,}85 \cdot 10^{-12}\,\mathrm{Fm}}{5{,}9 \cdot 10^7\,\mathrm{S\,m}} = 1{,}5 \cdot 10^{-19}\,\mathrm{s}\,.$$

Dieser Wert ist sogar noch kleiner als die freie Laufzeit der Leitungselektronen im Kupfer (s. S. 55). Kupfer kann daher bei den elektrotechnischen Anwendungen immer als elektrisch neutral angesehen werden. Selbst bei sehr schwach dotiertem Germanium mit einer Leitfähigkeit von 3 S/m und $\varepsilon_r = 16$ wird τ noch sehr klein:

$$\tau = \frac{16 \cdot 8{,}85 \cdot 10^{-12}}{3}\,\mathrm{s} = 47 \cdot 10^{-12}\,\mathrm{s}\,.$$

Bei isolierenden Stoffen können dagegen beträchtliche Werte der Relaxationszeit vorkommen. Z. B. wird für Glas mit $\sigma = 10^{-14} \ldots 10^{-11}$ S/m und $\varepsilon_r = 5$

$$\tau = \frac{5 \cdot 8{,}85 \cdot 10^{-12}}{10^{-14} \ldots 10^{-11}}\,\mathrm{s} = 4{,}5 \cdots 4500\,\mathrm{s}\,.$$

Die Relaxationszeit stimmt hier überein mit der Zeitkonstante für die Selbstentladung Gl. (16.23).

19. Halbleiterdioden

Diffusionsspannung

Nach dem eben Ausgeführten sind im Innern eines isotropen elektrischen Leiters immer gleich viele positive und negative Elektrizitätsmengen vorhanden, so daß die Raumladungsdichte Null ist.

In Halbleiterkristallen können jedoch an den Grenzen zwischen p- und n-leitenden Bereichen Raumladungen auftreten, die für die technischen Anwendungen wesentlich sind. An Hand der Abb. 19.1 werde ein solcher pn-Übergang betrachtet. Im dem Kristallstäbchen sei durch geeignete Dotierung der Bereich *1* p-leitend, und der Bereich *2* n-leitend gemacht mit einem Sprung der Dotierung bei $x = x_0$. Infolge ihrer Wärmebewegung dringen aus dem Bereich *1* Defektelektronen über die Grenze in den Bereich *2*. Sie hinterlassen vor der Grenze im Bereich *1* die ortsfesten negativen Ladungen der Akzeptoren und verschwinden im Bereich *2* durch Rekombination mit den dort überwiegenden Leitungselektronen. Umgekehrt dringen Elektronen aus dem Bereich *2* über die Grenze in den Bereich *1*. Sie hinterlassen vor der Grenze im Bereich *2* die ortsfesten positiven Ladungen der Donatoren. Über die Grenze fließt also ein „*Diffusionsstrom*" der Majoritätsträger. Zu beiden Seiten der Grenze entstehen Raumladungen, rechts mit positivem, links mit negativem Vorzeichen. Diese erzeugen an der Berührungsstelle ein Potentialgefälle, das der Abwanderung der Leitungs- und der Defektelektronen entgegenwirkt. Es stellt sich ein Gleichgewichtszustand zwischen den elektrischen Feldkräften und der Wirkung der Wärmebewegung ein mit einer ganz bestimmten Raumladungsverteilung und einer bestimmten Potentialverteilung in der Nähe der Grenzfläche, Abb. 19.2. Die Diffusionsströme werden durch „*Feldströme*" aufgehoben.

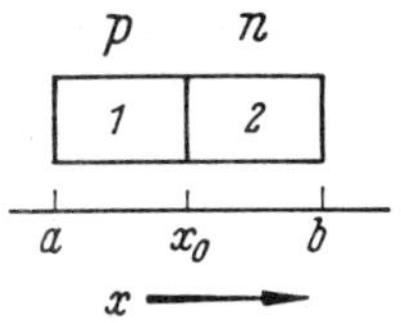

Abb. 19.1. Stäbchenmodell eines pn-Überganges

Die Minoritätsträger in den beiden Bereichen fließen über das Potentialgefälle ab, Leitungselektronen von links nach rechts, Defektelektronen von rechts nach links.

Die Raumladungen beschränken sich auf eine dünne Schicht beiderseits der Berührungsfläche, die *Grenzschicht* mit der Dicke d; der Kristall bleibt im übrigen elektrisch neutral. Wegen der in der Grenzschicht fehlenden freien Ladungsträger wird diese auch *Verarmungszone* oder *Raumladungszone* genannt.

Kennzeichnet man die Längsrichtung des Stäbchens durch die Koordinate x, dann ist die Raumladungsdichte ϱ in der dünnen Grenzschicht etwa wie in Abb. 19.2 verteilt. Aus der Raumladungsdichte ergibt sich mit Gl. (9.2) und (18.1) die elektrische Feldstärke

$$E = -\frac{d\varphi}{dx} = \frac{1}{\varepsilon}\int_a^x \varrho\, dx\,; \qquad (1)$$

sie ist bei den angenommenen Verhältnissen negativ, d. h. entgegengesetzt zur positiven x-Richtung, Abb. 19. 1. Das Potential φ in irgendeinem Punkt x gegen das rechte Stabende wird schließlich

$$\varphi = \int_x^b E\, dx\,; \qquad (2)$$

es steigt, wie Abb. 19.2 zeigt, von links nach rechts an. Der n-Leiter ist positiv gegen den p-Leiter.

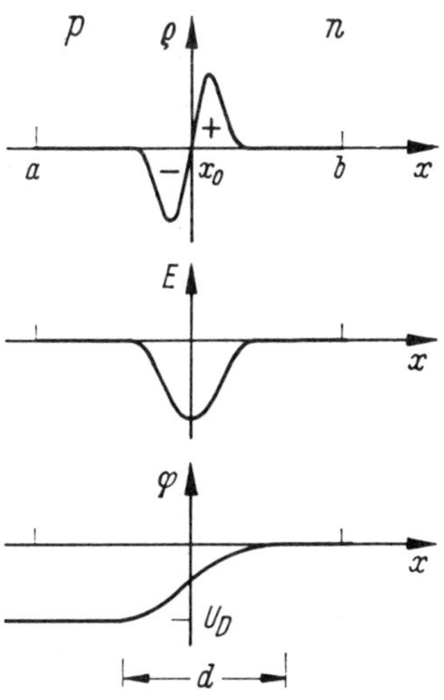

Abb. 19.2. Raumladungsdichte ϱ, elektrische Längsfeldstärke E und Potential φ bei einem pn-Übergang im stromlosen Zustand

Die Potentialdifferenz der beiden Leiterabschnitte wird *Diffusionsspannung* (bei Metallen auch *Kontaktspannung*) genannt. Sie liegt meist zwischen 0,1 und 1 V. Eine solche Spannung tritt an allen Berührungsstellen elektrischer Leiter auf. Sie führt aber in einem geschlossenen Stromkreis nicht zu einem Strom, da sich die an verschiedenen Kontaktstellen auftretenden Spannungen genau kompensieren, vorausgesetzt daß die Temperatur aller Berührungsstellen gleich ist. Überwiegt die Temperatur einer Berührungsstelle die der andern, dann überwiegt gewöhnlich auch die entsprechende Spannung (*Thermoeffekt*). Das Potentialgefälle in der Grenzschicht, Abb. 19.2, ändert sich nicht, wenn die beiden Stabenden durch einen kurzen Draht miteinander verbunden werden.

Der Thermoeffekt wird zur direkten *Umwandlung von Wärme in elektrische Energie* und umgekehrt zur *Kühlung durch elektrische Energie* benützt. Werden z. B. an den beiden Enden eines Halbleiterstäbchens Metallkontakte angebracht und wird die eine der beiden Kontaktstellen (1) gegenüber der anderen (2) erwärmt, so entsteht zwischen den beiden Metallkontakten eine elektrische Spannung (*T. J. Seebeck* 1822), die *Thermospannung* oder *Seebeck-Spannung*. Sie ist proportional der Differenz der Temperaturen an der warmen Kontaktstelle, T_w, und an der kalten Kontaktstelle, T_k:

$$U_0 = \alpha\,(T_w - T_k)\,.$$

Schließt man den Stromkreis zwischen den beiden Elektroden durch einen äußeren Stromleiter, so fließt ein Strom I, der durch diese Leerlaufspannung und den Gesamtwiderstand des Kreises bestimmt ist. In den äußeren Widerstand wird elektrische Leistung geliefert; sie muß durch die zugeführte Wärmeleistung gedeckt werden. Umgekehrt entsteht daher an dem Kontakt 1 ein Wärmeentzug, die *Peltier-Wärme*, wenn aus einer äußeren Stromquelle Strom in der gleichen Richtung geschickt wird (M. *Peltier* 1834); an dem Kontakt 2 wird dabei Wärme erzeugt. Mit geeigneten Halbleitern, z. B. Wismut-Tellurid, Bi_2Te_3, können Koeffizienten α von einigen Zehntel mV je Kelvin erreicht werden. Bei der Umwandlung von Wärme in elektrische Energie fließt durch das Stäbchen ein Wärmestrom, der einer Verlustleistung

$$P_v = (T_w - T_k)\,\lambda\,A/l$$

entspricht, wobei A den Querschnitt, l die Länge des Stäbchens, λ die Wärmeleitfähigkeit bezeichnen. Die maximal entnehmbare elektrische Leistung ist nach Gl. (4.7) $U_0^2\,\sigma\,A/4\,l$. Das Verhältnis dieser Leistung zur Verlustleistung ist daher proportional $(T_w - T_k)\,\alpha^2\,\sigma/\lambda$. Die Größe $\alpha^2\,\sigma/\lambda$ wird als *Effektivität* bezeichnet; es werden Werte der Effektivität von einigen $10^{-3}\,\mathrm{K}^{-1}$ erreicht.

Diffusionsströme treten immer dann auf, wenn die Dichte der beweglichen Ladungsträger sich räumlich ändert; sie sind dem Gradienten der Dichte proportional. Ist also die räumliche Dichte p der Defektelektronen eine Funktion von x, so ist die Stromdichte des Diffusionsstromes

$$J_p = -\,e\,D_p\,\frac{dp}{dx}\,. \tag{3}$$

D_p ist der *Diffusionskoeffizient* der Defektelektronen. Bei einer mit x zunehmenden Dichte fließen die positiven Defektelektronen in entgegengesetzter Richtung, der Diffusionsstrom ist negativ. Für Elektronen mit der Dichte n gilt bei gleicher Bezugsrichtung für den positiven Strom entsprechend

$$J_n = e\,D_n\,\frac{dn}{dx}\,. \tag{4}$$

Eine mit x zunehmende Konzentration n führt zu einem Elektronenfluß in entgegengesetzter Richtung; dann ist die Stromdichte J_n positiv.

Zu den Diffusionsströmen treten bei beiden Trägerarten die durch die elektrische Feldstärke E verursachten Leitungsströme. Diese hängen nach Gl. (8.22) von den Beweglichkeiten b_p und b_n der beiden Trägerarten ab. Die gesamte Stromdichte ist daher für die Defektelektronen

$$J_p = e\,b_p\,p\,E - e\,D_p\,\frac{dp}{dx}\,, \tag{5}$$

und für die Elektronen

$$J_n = e\,b_n\,n\,E + e\,D_n\,\frac{dn}{dx}\,. \tag{6}$$

Sowohl die Diffusionsströme als auch die Leitungsströme sind als Driftbewegungen den ungeordneten Wärmebewegungen der Ladungsträger überlagert. Daher besteht zwischen den Diffusionskoeffizienten D und den Beweglichkeiten b ein allgemein gültiger Zusammenhang. Es ist nämlich

$$D = b\,\frac{kT}{e} = b\,U_T\,, \tag{7}$$

wenn mit U_T wieder die Temperaturspannung (siehe Gl. (18.11)) eingeführt wird. Die beiden Gleichungen für die Stromdichten können damit auch wie folgt geschrieben werden

$$J_p = e\, b_p \left(p\, E - U_T \frac{dp}{dx}\right), \tag{8}$$

$$J_n = e\, b_n \left(n\, E + U_T \frac{dn}{dx}\right). \tag{9}$$

Im *Gleichgewicht*, d. h. wenn keine äußeren Stromquellen mit dem Kristallstäbchen verbunden sind, muß sich eine solche Potentialverteilung einstellen, daß beide Stromdichten verschwinden. Hieraus folgt für die Feldstärke

$$E = U_T \frac{1}{p} \frac{dp}{dx} = - U_T \frac{1}{n} \frac{dn}{dx}. \tag{10}$$

Nunmehr kann die *Diffusionsspannung* berechnet werden, indem zwischen 2 Punkten a und b integriert wird, die in den neutralen Bereichen, also weit genug von der Grenzfläche entfernt, liegen. Die Diffusionsspannung sei auf den Punkt b bezogen, also

$$U_D = \varphi_a - \varphi_b. \tag{11}$$

Im Punkt a ist die Defektelektronendichte p praktisch gleich dem Akzeptorenüberschuß (Sättigungsdotierung, siehe Seite 61); er werde der Einfachheit halber N_a genannt. Im Punkt b ist die Elektronendichte n entsprechend gleich dem Donatorenüberschuß N_d. Werden die beiden Orte durch die Indizes 1 und 2 unterschieden, so ist also bei $x = a$:

$$p_{s1} = N_a, \quad n_{s1} = \frac{n_i^2}{N_a}, \tag{12}$$

bei $x = b$:

$$p_{s2} = \frac{n_i^2}{N_d}, \quad n_{s2} = N_d. \tag{13}$$

Damit folgt aus Gl. (2), (10) und (11)

$$U_D = \varphi_a - \varphi_b = \int_a^b E\, dx = U_T \int_{p_{s1}}^{p_{s2}} \frac{dp}{p} = - U_T \int_{n_{s1}}^{n_{s2}} \frac{dn}{n}$$

$$\boxed{U_D = - U_T \ln \frac{N_a N_d}{n_i^2}} \tag{14}$$

Die Diffusionsspannung wird negativ, da hier das Potential φ in der x-Richtung ansteigt. In Germanium ist bei Zimmertemperatur $n_i = 2{,}1 \times 10^{13}\ \text{cm}^{-3}$, in Silizium $n_i = 2 \cdot 10^{10}\ \text{cm}^{-3}$. Ferner ist $U_T = 0{,}025$ V. Danach sind die Zahlenwerte für die Diffusionsspannung in Abb. 19.3 berechnet.

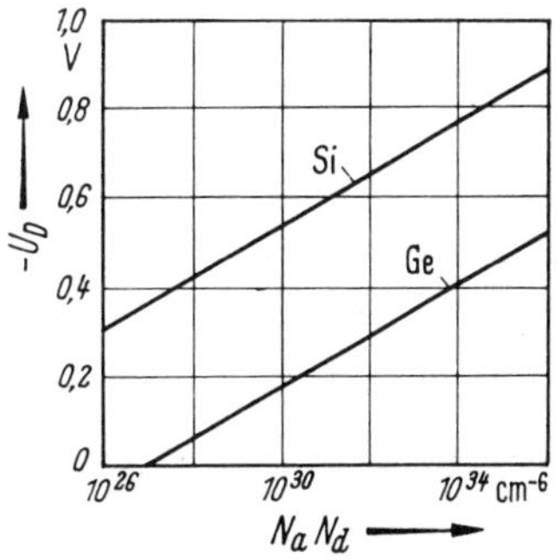

Abb. 19.3. Diffusionsspannung bei einem pn-Übergang in Abhängigkeit von dem Produkt der Dotierungsdichten N_a und N_d bei Zimmertemperatur

Gleichrichterwirkung

Ein unsymmetrisches Verhalten zeigt sich nun, wenn an die Enden des pn-Stäbchens eine äußere elektrische Spannung gelegt wird. Zunächst werde der Fall betrachtet, daß die Spannung die p-Seite noch stärker negativ gegen die n-Seite macht,

Abb. 19.4 (*Sperrspannung*, negative Spannung u). Die Majoritätsträger werden am Durchlaufen der Berührungsfläche gehindert. Lediglich die Minoritätsträger können über das Potentialgefälle abfließen. Dadurch ergibt sich ein sehr geringer Strom, der als *Sperrstrom* bezeichnet wird. Er fließt in der *Sperrichtung* von n nach p. Von dieser Eigenschaft der Übergangszone rührt die Bezeichnung *Sperrschicht* für die Grenzschicht her.

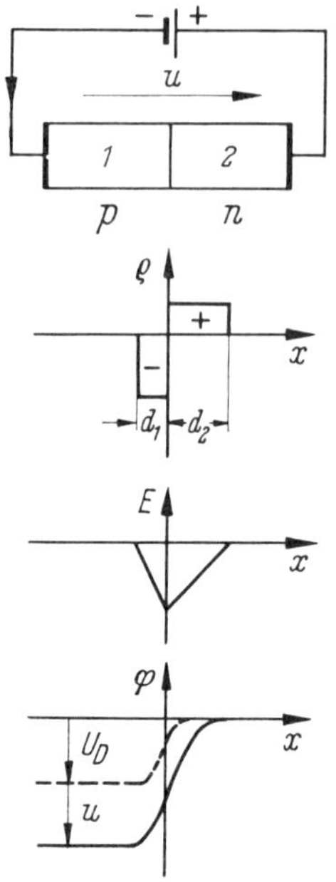

Abb. 19.4. Raumladungsdichte, elektrische Längsfeldstärke und Potential bei einem pn-Übergang im Sperrzustand, U_D Diffusionsspannung, u Sperrspannung

In der Sperrschicht sind die Raumladungen fast ausschließlich durch die Dichte der ortsfesten Donatoren und Akzeptoren bestimmt. Im p-Leiter ist daher die Raumladungsdichte ϱ längs der Strecke d_1 in dem Raumladungsgebiet, Abb. 19.4, sehr angenähert $\varrho = - e\,N_a$, im n-Leiter längs der Strecke d_2 sehr angenähert $\varrho = e\,N_d$. N_d und N_a seien wieder die resultierenden Dotierungsdichten.

In den rechts und links anschließenden neutralen Bereichen fällt die Raumladungsdichte sehr rasch auf Null, da sie dort durch die Majoritätsträger kompensiert wird. Eine angenäherte Darstellung erhält man durch die Annahme einer Rechteckverteilung der Raumladungsdichte, wie sie in Abb. 19.4 eingetragen ist. Die elektrische Feldstärke ergibt sich nach Gl. (1) durch Integration von ϱ; sie verläuft daher dreieckförmig. Die nochmalige Integration nach Gl. (2) liefert den Verlauf des Potentials φ. In Abb. 19.4 ist der Potentialverlauf im stromlosen Fall gestrichelt eingezeichnet mit der Diffusionsspannung U_D. u ist die durch die Stromquelle in der Sperr-Richtung aufgezwungene (negative) Spannung. Da die elektrische Feldstärke E an der Übergangsstelle stetig sein muß, sind die beiden Rechteckflächen der Raumladungsdichte einander gleich:

$$d_1\,N_a = d_2\,N_d\,. \tag{15}$$

Bei ungleicher Dotierung der beiden Bereiche erstreckt sich also die Verarmungszone weiter in den schwächer dotierten Bereich. Die Höhe des Feldstärkedreiecks ist

$$E = \frac{1}{\varepsilon}\,e\,d_1\,N_a = \frac{1}{\varepsilon}\,e\,d_2\,N_d\,. \tag{16}$$

Die Fläche des Dreiecks ist nach Abb. 19.4 $-\,U_D - u$. Damit lassen sich d_1 und d_2 sowie die Dicke d der Verarmungszone berechnen. Es ergibt sich

$$d = d_1 + d_2 = \sqrt{-\,U_D - u}\,\sqrt{\frac{2\,\varepsilon\,(N_a + N_d)}{e\,N_a\,N_d}}\,. \tag{17}$$

Diese Zone mit ihrer sehr geringen Leitfähigkeit liegt zwischen den gut leitenden neutralen Bereichen; sie bildet das Dielektrikum eines Kondensators. Daher ist die *Kapazität der Sperrschicht* bei einer Übergangsfläche A

$$C_s = \frac{\varepsilon\,A}{d}\,. \tag{18}$$

Die Kapazität hängt von der Spannung u ab und kann damit in gewissen Grenzen gesteuert werden (*Kapazitätsdiode, Varaktor*, s. a. Abschnitt 53). Das folgende Zahlenbeispiel soll die Größenordnungen veranschaulichen.

Zahlenbeispiel: Ein Siliziumkristall sei mit $N_a = 10^{16}\ \mathrm{cm^{-3}}$ und $N_d = 3\cdot 10^{15}\ \mathrm{cm^{-3}}$ dotiert. Die Dielektrizitätskonstante von Silizium ist ungefähr $\varepsilon = 12\,\varepsilon_0$. Mit $n_i = 2\cdot 10^{10}\ \mathrm{cm^{-3}}$ für

Zimmertemperatur wird die Diffusionsspannung nach Gl. (14)

$$U_D = -U_T \ln \frac{N_d N_a}{n_i^2} = -0{,}025\ \text{V} \cdot \ln \frac{3 \cdot 10^{31}}{4 \cdot 10^{20}} = -0{,}63\ \text{V}.$$

Ferner ist

$$\sqrt{\frac{2\,\varepsilon\,(N_a + N_d)}{e\,N_a\,N_d}} = \sqrt{\frac{2 \cdot 12 \cdot 8{,}854 \cdot 10^{-12} \cdot 1{,}3 \cdot 10^{16}\ \text{F cm}^6}{1{,}6 \cdot 10^{-19} \cdot 3 \cdot 10^{31}\ \text{As m cm}^3}} =$$

$$= 7{,}59 \cdot 10^{-5} \frac{\text{cm}}{\sqrt{\text{V}}} = 0{,}759 \frac{\mu\text{m}}{\sqrt{\text{V}}},$$

und die auf die Fläche A bezogene Kapazität wird

$$\frac{C_s}{A} = \frac{\varepsilon}{d} = \frac{12 \cdot 8{,}854 \cdot 10^{-12}}{7{,}59 \cdot 10^{-5}} \frac{\text{F}\sqrt{\text{V}}}{\text{m cm}} \frac{1}{\sqrt{0{,}63\ \text{V} - u}} = 140 \frac{1}{\sqrt{0{,}63 - u/\text{V}}} \frac{\text{pF}}{\text{mm}^2}.$$

Die daraus berechnete Spannungsabhängigkeit der Sperrschichtkapazität sowie der Dicke d der Verarmungszone ist in Abb. 19.5 gezeigt. In gewissen Grenzen kann diese Spannungsabhängigkeit durch Abstufen der Dotierung in der Übergangszone beeinflußt werden.

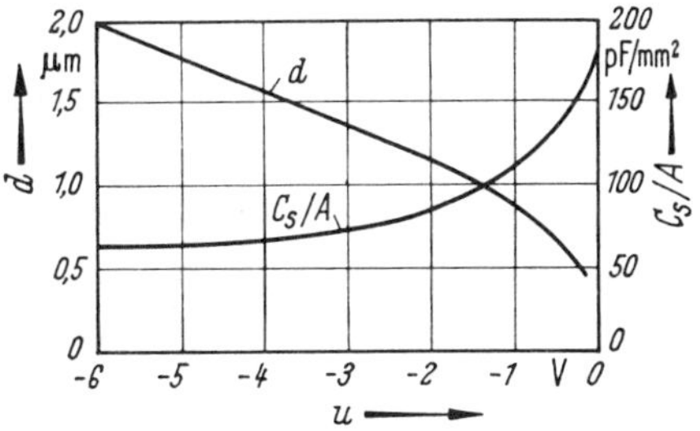

Abb. 19.5. Sperrschichtkapazität C_s und Dicke d der Raumladungszone bei einem pn-Übergang in Abhängigkeit von der Sperrspannung

Legt man die äußere Spannung in der umgekehrten Richtung an das Stäbchen (*Durchlaßspannung*, Flußspannung, positive Spannung u), Abb. 19,6. dann verkleinert sich das den Übergang der Majoritätsträger hemmende Potentialgefälle und die Majoritätsträger fließen in großer Dichte über die Grenzschicht hinweg. Dadurch entstehen die in der pn-Richtung, der *Durchlaßrichtung*, auftretenden erheblichen *Flußstrom*stärken. Der Zusammenhang zwischen Spannung und Strom wird durch eine Kennlinie nach Abb. 19.7 dargestellt. Die Kennlinie kann in dem Hauptgebiet durch eine Beziehung der Form

$$i = I_s \left(e^{\frac{u}{U_T}} - 1\right) \quad (19)$$

angenähert werden. Diese Beziehung erklärt sich folgendermaßen. Beim Anlegen einer genügend hohen Sperrspannung (u negativ) fließt nur der Minoritätenstrom $-I_s$. Ist die äußere Spannung Null, dann wird dieser Strom durch den entgegengesetzt fließenden Diffusionsstrom der Majoritätsträger kompensiert. Dieser ist also ebenfalls I_s für $u = 0$. Beim Anlegen einer positiven Spannung u vermehrt sich der Majoritätenstrom in dem Maße, indem sich infolge der Verkleinerung der Potentialschwelle die Diffusion vergrößert. Die Wahrscheinlichkeit, daß ein mit e geladenes Teilchen mit der Temperatur T gegen eine Spannung φ anlaufen kann, ist nach dem Boltzmannschen Verteilungsgesetz proportional exp $(-e\,\varphi/kT)$.

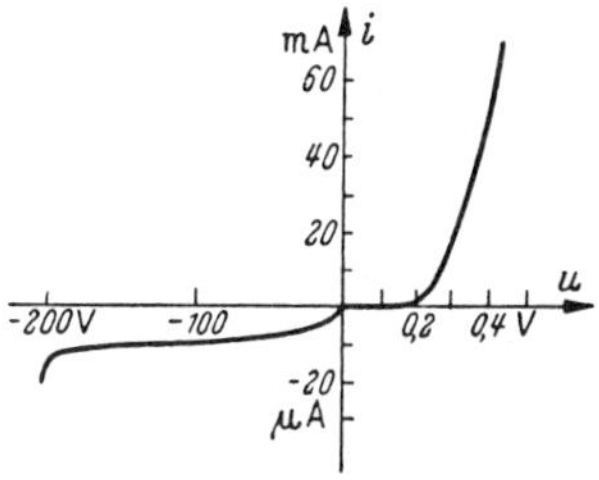

Abb. 19.7 Kennlinie einer Halbleiterdiode (verschiedener Maßstab für Fluß- und Sperrstrom!)

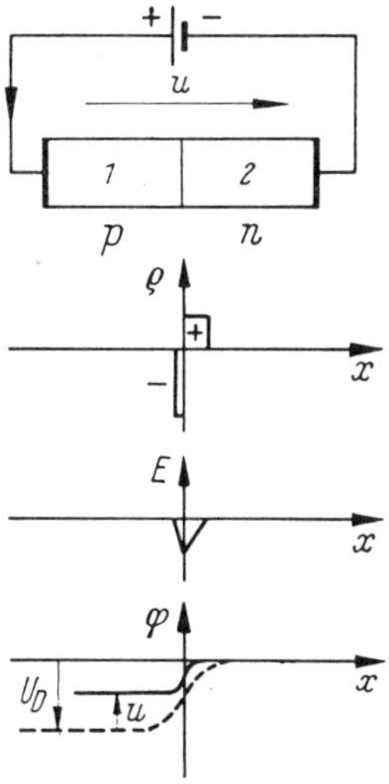

Abb. 19.6. Raumladungsdichte, elektrische Feldstärke und Potential bei einem pn-Übergang im Durchlaßzustand

Wird daher die Potentialschwelle um u verkleinert, dann gelangen $\exp(e\,u/kT)$ mal so viele Teilchen über die Schwelle. Der Majoritätenstrom von 1 nach 2 wird daher jetzt

$$I_s\, e^{\frac{e u}{k T}} = I_s\, e^{\frac{u}{U_T}},$$

wobei U_T die Temperaturspannung bezeichnet. Zieht man den Minoritätenstrom I_s ab, so ergibt sich der Gesamtstrom nach G. (19).

Der Sperrstrom

Bei ausreichend hoher Sperrspannung (u negativ) entstehen die in Abb. 19.8 dargestellten Verhältnisse.

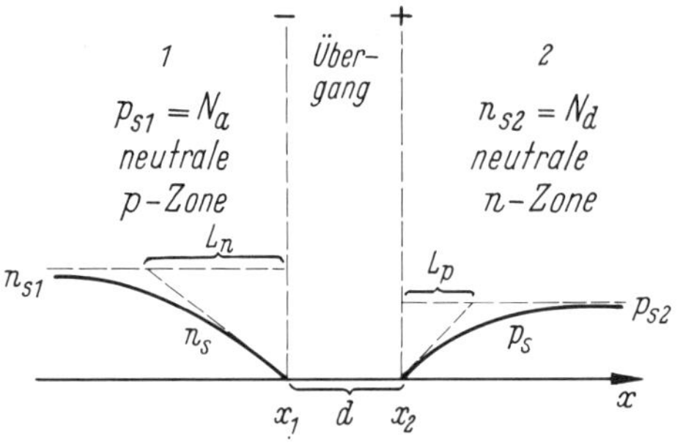

Abb. 19.8. Elektronen- und Löcherdichten in den neutralen Zonen eines pn-Überganges, d Dicke der Raumladungszone, L_n und L_p Diffusionslängen, n_{s1} und p_{s2} Gleichgewichtsdichten der Minoritätsträger

Im neutralen Bereich *1* ist die Dichte der Majoritätsträger $p_{s1} = N_a$, die Gleichgewichtsdichte der Minoritätsträger $n_{s1} = n_i^2/N_a\ (\ll p_{s1})$.

Im neutralen Bereich *2* ist die Dichte der Majoritätsträger $n_{s2} = N_d$, die Gleichgewichtsdichte der Minoritätsträger $p_{s2} = n_i^2/N_d\ (\ll n_{s2})$.

Die aus dem Bereich *1* zur Übergangszone diffundierenden Elektronen gelangen bei x_1 in das hohe, durch $+\ -$ angedeutete Spannungsgefälle und werden dadurch rasch nach rechts zum Bereich *2* abgesaugt. An der Grenze x_1 des Bereiches *1* wird daher die Minoritätendichte $n = 0$. Umgekehrt werden die von rechts nach links zur Übergangszone diffundierenden Defektelektronen des Bereiches *2* bei x_2 rasch über die Übergangszone zum Bereich *1* befördert. An der Grenze x_2 des Bereiches *2* wird daher die Minoritätendichte $p_s = 0$.

Der Sperrstrom setzt sich aus den beiden Diffusionsströmen der Minoritäten zusammen; d. h. er ist nach Gl. (3) und (4) durch die Gradienten der Trägerdichten bestimmt. Die Gradienten ihrerseits werden durch die Gleichgewichtsbedingung in den neutralen Bereichen geregelt. Je stärker die Trägerdichten n und p von ihren Gleichgewichtswerten n_{s1} und p_{s2} abweichen, umso stärker ist der Zuwachs dn_s bzw. dp_s längs eines Bahnelementes dx. Daher kann man für den Bereich *2* ansetzen

$$dp_s = \frac{1}{L_p}\,(p_s - p_{s2})\,dx, \tag{20}$$

wobei $1/L_p$ den Proportionalitätsfaktor bezeichnet. Durch Integration erhält man unter der Berücksichtigung, daß $p_s = 0$ für $x = x_2$ sein muß

$$p_s = p_{s2}(1 - e^{-(x-x_2)/L_p}) \qquad \text{für} \qquad x \geqq x_2. \tag{21}$$

Ganz entsprechend findet man für die Elektronendichte im Bereich *1*

$$n_s = n_{s1}(1 - e^{(x-x_1)/L_n}) \qquad \text{für} \qquad x \geqq x_1. \tag{22}$$

Die Minoritätsträgerdichten nehmen daher in den neutralen Bereichen, wie in Abb. 19.8 gezeigt, nach beiden Seiten hin exponentiell zu; die „*Überschußträger*" $p = p_s - p_{s2}$ bzw. $n = n_s - n_{s1}$ nehmen exponentiell ab. L_p und L_n sind die „*Diffusionslängen*" der diffundierenden Träger. Sie hängen vom Material, von der Dotierung und anderen Beimengungen ab und können daher nur experimentell bestimmt werden.

Bemerkung: Dazu kann z. B. die Messung der „*Lebensdauer*" der Überschußträger dienen. Die durch Rekombination während eines Zeitelementes dt bezogen auf das Volumen verschwindende Zahl der Überschußträger ist proportional dt und der Konzentration der Überschußträger; es gilt also z. B. für das Verschwinden eines Überschusses von Defektelektronen

$$dp = -\frac{1}{\tau_{\ddot{u}}} p\, dt\,, \tag{23}$$

wenn mit $1/\tau_{\ddot{u}}$ der Proportionalitätskoeffizient bezeichnet wird. Durch Integration folgt

$$p = p_0\, e^{-t/\tau_{\ddot{u}}}\,. \tag{24}$$

Die Lebensdauer $\tau_{\ddot{u}}$ liegt bei Germanium und Silizium etwa zwischen 10^{-9} s und 10^{-3} s; sie kann direkt gemessen werden, wenn z. B. das zeitliche Abklingen der durch eine kurze Bestrahlung erzeugten Erhöhung der Leitfähigkeit einer Materialprobe beobachtet wird (siehe auch Abschnitt Halbleiter-Photodiode).

Die Dichte des Diffusionsstromes ist nach Gl. (3) durch den Gradienten der Ladungsträgerdichte bestimmt, also z. B. für Defektelektronen

$$J_p = -e\, D_p \frac{dp}{dx}\,. \tag{25}$$

Andererseits ist die Ladungsmenge auf einer Strecke dx je Flächeneinheit $-e\,p\,dx$. Die Schnelligkeit, mit der diese Ladungsmenge abgebaut wird, ist nach Gl. (23)

$$-e\frac{dp}{dt}\,dx = \frac{e\,p}{\tau_{\ddot{u}}}\,dx\,. \tag{26}$$

Dies muß gleich sein der Abnahme dJ_p längs der Strecke dx. Hieraus folgt

$$\frac{dJ_p}{dx} = -\frac{e\,p}{\tau_{\ddot{u}}}\,. \tag{27}$$

Setzt man Gl. (25) ein, so ergibt sich

$$\frac{d^2p}{dx^2} = \frac{p}{D_p\,\tau_{\ddot{u}}} \tag{28}$$

mit der Lösung

$$p = p_0\, e^{-x/\sqrt{\tau_{\ddot{u}} D_p}}\,. \tag{29}$$

Der Vergleich mit Gl. (21) zeigt, daß

$$\boxed{L_p = \sqrt{\tau_{\ddot{u}} D_p}}\,. \tag{30}$$

Mit den Gln. (3) und (4) können nunmehr die Stromdichten aus den Gln. (21) und (22) berechnet werden. Sie hängen von x ab, da der Strom innerhalb der neutralen Bereiche infolge der Rekombinationsvorgänge mehr und mehr von den Majoritätsträgern übernommen wird. An den beiden Grenzen x_1 und x_2 werden die Stromdichten

$$\left.\begin{aligned} e\,D_n \frac{dn}{dx} &= -e\,D_n\, n_{s1}/L_n\,, \\ \text{und}\qquad -e\,D_p \frac{dp}{dx} &= -e\,D_p\, p_{s2}/L_p\,. \end{aligned}\right\} \tag{31}$$

Bei einer Querschnittsfläche A des Stäbchens gilt damit für den *Sperrstrom*:

$$I_s = e\,n_i^2\,A\left[\frac{D_p}{L_p\,N_d} + \frac{D_n}{L_n\,N_a}\right]. \tag{32}$$

Zahlenbeispiel: Es sei bei Zimmertemperatur (Germanium):

$n_i = 2{,}1 \cdot 10^{13}\ \text{cm}^{-3}$, $N_a = N_d = 10^{16}\ \text{cm}^{-3}$,

$L_p = L_n = 0{,}1$ mm, $A = 1\ \text{mm}^2$,

nach Gl. (7): $D_p = b_p\,U_T = 1700 \cdot 0{,}025\ \text{cm}^2/\text{s} = 42{,}5\ \text{cm}^2/\text{s}$,

$D_n = b_n\,U_T = 3900 \cdot 0{,}025\ \text{cm}^2/\text{s} = 97{,}5\ \text{cm}^2/\text{s}$.

Damit wird

$$I_s = 1{,}6 \cdot 10^{-19}\,\mathrm{As} \cdot 4{,}41 \cdot 10^{26}\,\mathrm{cm}^{-6}\,1\,\mathrm{mm}^2\,\frac{140\,\mathrm{cm}^2\,\mathrm{s}^{-1}}{10^{16}\,\mathrm{cm}^{-3}\,0{,}1\,\mathrm{mm}} = 1\,\mu\mathrm{A}\,.$$

Die Lebensdauer der Überschußträger ist hier nach Gl. (30) für die Defektelektronen

$$\tau_{ü} = \frac{L_p^2}{D_p} = \frac{10^{-4}\,\mathrm{cm}^2}{42{,}5\,\mathrm{cm}^2}\,\mathrm{s} = 2{,}4\,\mu\,\mathrm{s}\,.$$

Bei einer Spannung $u = 0{,}25$ V wird die Stromstärke nach Gl. (19)

$$i = I_s\,\mathrm{e}^{10} = 1{,}0 \cdot 10^{-6} \cdot 2{,}2 \cdot 10^4\,\mathrm{A} = 2{,}2 \cdot 10^{-2}\,\mathrm{A} = 22\,\mathrm{mA}.$$

Der Sperrstrom I_s wird nach Gl. (32) bei höherer Dotierungsdichte kleiner. Ferner ist er umgekehrt proportional den Diffusionslängen; diese werden am kürzesten, wenn andere Beimengungen von Fremdstoffen, die „Elektronenfallen" bilden können, vermieden werden. Mit reinem Germanium werden etwa 0,2 mA/cm² bei reinem Silizium Werte unter 2 μA/cm² erreicht.

Wegen des Faktors n_i^2 hängt der Sperrstrom stark von der Temperatur ab. Die Eigenleitungsdichte n_i ist wie die Eigenleitfähigkeit ungefähr proportional dem Boltzmannfaktor (Abschnitt 8):

$$n_i = n_{i0}\,\mathrm{e}^{-Ta/T}\,. \tag{33}$$

Der Temperaturkoeffizient des Sperrstromes wird damit

$$\frac{1}{I_s}\frac{dI_s}{dT} = \frac{1}{n_i^2}\frac{d(n_i^2)}{dT} = 2\,Ta/T^2\,. \tag{34}$$

Dies ergibt mit den in Abschnitt 8 genannten Zahlen für Zimmertemperatur bei Germanium 0,1/K, bei Silizium 0,15/K. Da nach Gl. (19) die Stromdichte im ganzen Spannungsbereich proportional dem Sperrstrom ist, ergibt sich sowohl im Sperr- als auch im Durchlaßbereich eine starke Temperaturabhängigkeit.

Halbleiterdioden

Bei wirklichen Dioden muß die äußere Spannung noch den Spannungsabfall $R_b i$ in den neutralen Zonen und an den Kontakten des Halbleiters decken; R_b ist der sogenannte *Bahnwiderstand*. Bei der symbolischen Darstellung einer Diode, Abb. 19.9 gibt die Pfeilspitze des Dreiecks immer die Durchlaßrichtung an, also die Richtung von p- zum n-Bereich, u_g sei die Gesamtspannung an der Diode. Dann gilt mit Gl. (19)

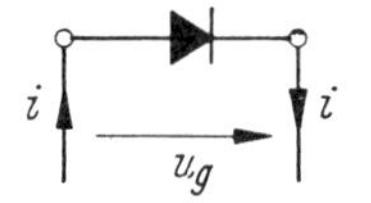

Abb. 19.9. Bezugsrichtungen von Spannung und Strom bei einer Diode

$$u_g = R_b\,i + U_T \ln\left(1 + \frac{i}{I_s}\right)\,. \tag{35}$$

Zahlenbeispiel: Für das vorhin behandelte Zahlenbeispiel zeigt Abb. 19.10 wie sich die nach Gl. (35) berechnete Kennlinie *im Durchlaßbereich* verändert, wenn der Bahnwiderstand 0,25 Ω, 0,5 Ω und 1 Ω beträgt.

Auch im *Sperrbereich* können die Kennlinien wirklicher Dioden von dem idealen konstanten Wert I_s infolge von Ionisierungsvorgängen im Raumladungsgebiet sowie infolge Stromleitung längs Oberflächen stark abweichen.

Wird die Spannung in der Sperrichtung gesteigert, dann biegt die Kennlinie beim Überschreiten einer gewissen Grenze steil zu hohen Sperrstromwerten ab. Dies kann verschiedene Ursachen haben. Zunächst kann wegen der Stromwärme die Temperatur und damit die Eigenleitfähigkeit des Germaniums merklich steigen. Bei gegebener Spannung wächst damit die Stromwärme und führt zu einem weiteren Ansteigen der Temperatur, so daß der Vorgang sich bis zur Zerstörung des Kristalls fortsetzen kann („*Wärmedurchschlag*", s. a. Abschnitt 22). Eine andere Ursache besteht darin, daß ähnlich wie in Gasentladungen die Ladungsträger durch ihre kinetische Energie neue Trägerpaare bilden, die sich durch den gleichen Prozeß selbst wieder lawinenartig vermehren („*Ionisierungsdurchschlag*" oder auch „*Lawinendurchschlag*"). Schließlich können bei hinreichend kleinen Stromstärken und geringer Dicke der Sperrschicht so hohe Feldstärken an der Sperrschicht (über 10^6 V/cm) erzielt werden, daß die elektrischen Feldkräfte zu einem Losbrechen von Valenzelektronen führen (*Felddurchschlag, Zenereffekt*, s. a. Abschnitt 22).

Für den *Übergang zwischen einem Metall und einem Halbleiter* gilt folgendes. „Sperrfreie" Übergänge erhält man mit Metallen oder Metall-Legierungen, die bei Diffusion in den Halbleiter Ladungsträger von gleichem Vorzeichen wie die Majoritätsträger abgeben können. Bei einem n-leitenden Halbleiter ist dies z. B. eine Gold-Antimon-Legierung (Donatoren im Halbleiter), bei einem p-leitenden Halbleiter Aluminium (Akzeptoren in Halbleiter). Ein solcher Übergang wirkt wie ein ohmscher Widerstand („ohmscher Kontakt"). Im entgegengesetzten Fall kann in der Berührungsschicht im Halbleiter eine Verarmungszone entstehen, ähnlich wie bei einem pn-Übergang. Sie führt zu einer Gleichrichterwirkung. Wegen der hohen Konzentration der freien Ladungsträger im Kontaktmetall können solche Dioden mit sehr kurzen Umschaltzeiten hergestellt werden (*Schottky-Dioden*).

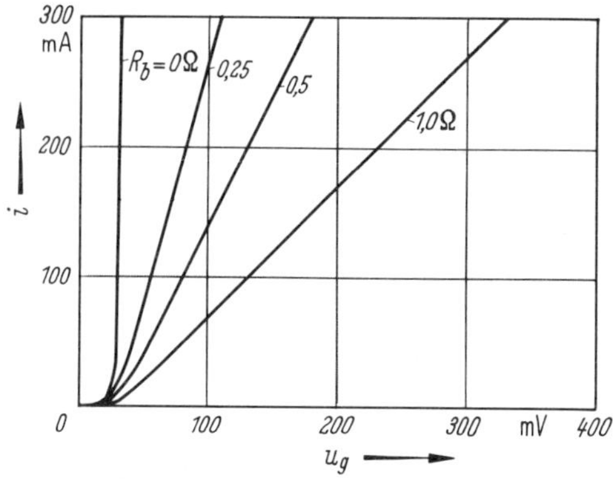

Abb. 19.10. i, u_g-Kennlinien bei einer Diode mit verschieden großen Bahnwiderständen R_b

Bei der sogenannten *Tunneldiode* (*Esakidiode*) wird ein eigenartiger Effekt ausgenützt, der bei sehr hohen Störstellendichten (über 10^{19} Störstellen/cm³) auftritt. Die Raumladungsgebiete beiderseits der Grenzschicht rücken dann eng zusammen; die Grenzschicht wird sehr dünn (wenige Atomabstände). Unter diesen Bedingungen finden die Valenzelektronen des n-Leiters in der Grenzschicht ähnliche Potentialbedingungen vor wie die Valenzelektronen in metallischen Leitern. Sie können als freie Elektronen durch die Grenzschicht zu positiven Defektstellen im p-Leiter übergehen, ohne daß sie den „Potentialberg" (Abb. 19.2) überwinden müssen. Daher rührt die Bezeichnung Tunneleffekt für diesen Vorgang. Die Diode verhält sich bei kleinen äußeren Spannungen zwischen ihren Klemmen wie ein metallischer Leiter mit konstantem relativ niedrigem Widerstand, s. Abb. 19.11. Vergrößert man nun die Spannung in der Durchlaßrichtung, so verschlechtert sich schließlich das günstige Potentialverhältnis zwischen den Elektronen des n-Leiters und den Defektstellen des p-Leiters; der durch den Tunneleffekt ermöglichte Elektronenstrom hat ein Maximum. Bei weiterer Vergrößerung der Spannung in der Durchlaßrichtung werden die Potentialverhältnisse in der Grenzschicht gegenüber einem metallischen Leiter mehr und mehr gestört. Der Elektronenstrom nimmt wieder ab. Die Abb. 19.11 zeigt als Kurve *a* gestrichelt die Abhängigkeit des Tunnelstromes von der Spannung zwischen den Klemmen der Diode. Das Gebiet metallischer Leitung liegt in der Umgebung des Nullpunktes. Bei der Spannung u_1 ergibt sich das Maximum des Tunnelstromes. Dem Tunnelstrom überlagert sich nun wie bei jeder Halbleiterdiode der normale Diffusionsstrom. Die gestrichelte Kurve *b* zeigt diese der Gl. (19) folgende Stromkomponente. Der wirkliche Strom ist durch die ausgezogene Kurve als Summe der beiden Strom-

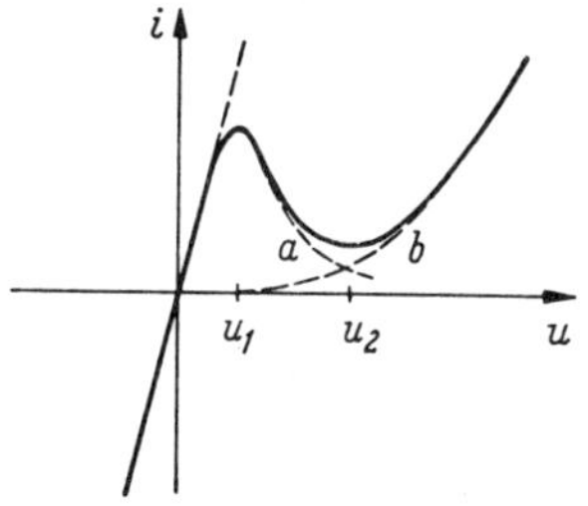

Abb. 19.11. Kennlinie der Tunneldiode

komponenten gegeben. Die Anwendungen der Tunneldiode benützen den abfallenden Ast zwischen den Spannungen u_1 und u_2, der für kleine Spannungsänderungen einen „*negativen Widerstand*" anzeigt (s. Abschnitt 49).

Bei der *Selenzelle* wird als Halbleiter Selen verwendet, das durch geeignete Beimengungen, z. B. von Jod, p-leitend gemacht wird. Das Selen wird hier nicht als Einkristall, sondern in vielkristalliner Form verwendet; der Leitungsmechanismus ist daher komplizierter. Die wirksame Sperrschicht wird zwischen dem Selen und einer dünnen n-leitenden Selen-Cadmium-Schicht gebildet.

Bei den *Elektrolytkondensatoren* (Aluminiumoxydkondensator, Tantaloxydkondensator) wird die hohe Kapazität von Sperrschichten technisch verwertet. Diese Kondensatoren werden mit Gleichspannung in der Sperrichtung betrieben, so daß der Gleichstrom gering wird.

Schaltverhalten der Halbleiterdioden

Die an der Grenzschicht von Halbleiterdioden bei Spannungsänderungen ablaufenden Raumladungsvorgänge und Ladungsänderungen machen sich beim Umschalten der Spannung bemerkbar; sie verhindern, daß die aus der statischen i,u-Kennlinie abgelesene Stromstärke sich sofort einstellt, da für den Transport von Ladungen bei endlichen Stromstärken Zeit benötigt wird.

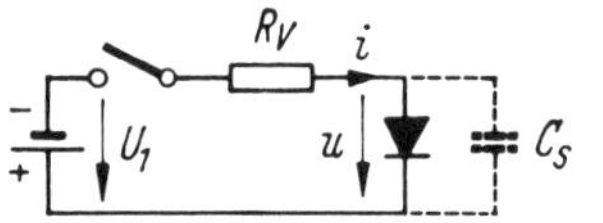

Abb. 19.12. Schalten einer Halbleiterdiode aus dem Ruhezustand in den Sperrzustand

Im *Sperrbereich* (u negativ) wirkt die Diode im wesentlichen wie ein Kondensator mit der Kapazität C_s, (Gl. 18). Beim Schalten der Diode aus dem Gleichgewichtszustand ($u = 0$) mit einer negativen Quellenspannung U_1 über einen Vorwiderstand R_v, Abb. 19.12, gilt unter der Vernachlässigung des geringen Sperrstromes

$$U_1 = u + R_v \frac{dQ_s}{dt} \tag{36}$$

mit

$$Q_s = u\, C_s(u)\,. \tag{37}$$

Für einen vorgegebenen Zusammenhang zwischen C_s und u kann Gl. (36) z. B. nach dem in Abschnitt 51 behandelten Verfahren numerisch gelöst werden. Eine Abschätzung in einem Zahlenbeispiel ergibt folgendes. Bei einer Diode mit 1 mm² Übergangsfläche wird die Anfangskapazität ($u = 0$) nach Abb. 19.5 $C_{s0} = 176$ pF. Mit einem Vorwiderstand $R_v = 10^3\ \Omega$ wird daher die anfängliche Zeitkonstante des Ladevorganges

$$\tau_s = R_v\, C_{s0} = 0{,}176\ \mu\text{s}\,.$$

Die Abnahme der Kapazität C_s mit wachsender Sperrspannung bewirkt, daß der Strom i und die Spannung u sich rascher ihren Endwerten nähern als es bei einem Exponentialgesetz der Fall wäre, Abb. 19.13.

Im *Durchlaßbereich* (u positiv) treten hohe Überschußladungen der Minoritätsträger in den *neutralen* Gebieten auf. Sie werden im neutralen n-Bereich durch den über die Raumladungszone hinwegfließenden Strom der Defektelektronen verursacht, im neutralen p-Bereich durch den aus dem n-Bereich kommenden Elektronenstrom. Gegenüber dem durch Abb. 19.8 gekennzeichneten Sperrzustand vermehren sich daher nach Gl. (19)die Überschußträgerdichten mit dem Faktor

$$e^{u/U_T} - 1 = \frac{i}{I_s}\,.$$

Damit gilt z. B. für die Überschuß-Defektelektronendichte im n-Gebiet nach Gl. (21)

$$p = p_s - p_{s2} = p_{s2} \frac{i}{I_s} e^{-(x-x_2)/L_p}. \tag{38}$$

Die in das Gebiet *2* eindiffundierte positive Überschußladung bei einem Strom i wird damit

$$Q_p = e A \int_{x_2}^{\infty} p \; dx = \frac{e A \; n_i^2 L_p}{N_d} \frac{i}{I_s}. \tag{39}$$

Im p-Gebiet wird die Gesamtladung der Überschußelektronen entsprechend

$$Q_n = - e A \frac{n_i^2 L_n}{N_a} \frac{i}{I_s}. \tag{40}$$

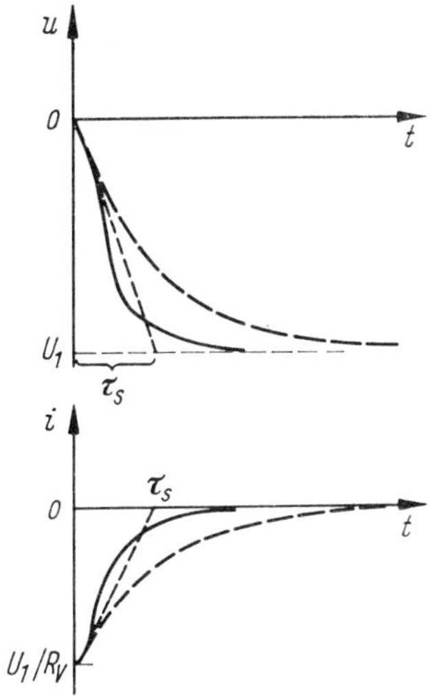

Abb. 19.13. Zeitlicher Verlauf von Spannung und Strom bei Abb. 19.12 nach dem Schalten

Mit A ist wieder die Querschnittsfläche des pn-Überganges bezeichnet. Beim Umschalten von einer Quellenspannung U_0 in der Flußrichtung zu einer Quellenspannung U_1 in der Sperr-Richtung, Abb. 19.14, müssen zunächst diese Ladungsmengen über die Grenzfläche abfließen. Sie sind nach Gl. (39) und Gl. (40) durch die Flußstromstärke $i = I_0$ vor dem Umschalten bestimmt. Nach dem Umschalten kann die Quelle zunächst nur den Strom U_1/R_v zur Verfügung stellen. Damit beträgt die Zeit für den Abbau der Ladungsmengen Q_p und Q_n

$$t_s = \frac{Q_p - Q_n}{-U_1} R_v = e A \; n_i^2 \left(\frac{L_p}{N_d} + \frac{L_n}{N_a}\right) \frac{I_0}{I_s} \frac{R_v}{-U_1}. \tag{41}$$

Erst wenn die Spannung u durch Null geht, setzt sich der Vorgang wie in Abb. 19.13 fort.

Zahlenbeispiel: Für das Beispiel von Abb. 19.13 und S. 177 wird mit $I_0 = 20$ mA, $U_1 = -50$ V, $R_v = 10^3\ \Omega$:

$$t_s = 1{,}6 \cdot 10^{-19} \text{ As } 0{,}01 \text{ cm}^2 \; 4{,}41 \cdot 10^{26} \cdot 2 \frac{10^{-2}}{10^{16}} \text{cm}^{-2} \frac{2 \cdot 10^{-2} \text{ A}}{10^{-6} \text{ A}} \frac{10^3\ \Omega}{50 \text{ V}} =$$

$$= 0{,}564 \cdot 10^{-6} \text{ s} = 0{,}564\ \mu\text{s}.$$

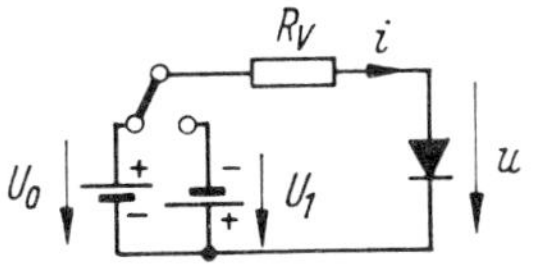

Abb. 19.14. Schalten einer Halbleiterdiode aus dem Durchlaß- in den Sperrzustand

Der Stromverlauf nach dem Umschalten ist im Prinzip durch Abb. 19.15 veranschaulicht. Wie Gl. (41) lehrt, kann die „*Sperrverzögerung*" durch die Wahl von Vorwiderstand, Sperrstrom und Flußstrom in weiten Grenzen beeinflußt werden.

Energiebänder-Modell der elektrischen Leitung

Die an Atome gebundenen Elektronen können wegen der Quantenstruktur der Energie nicht beliebige Energiewerte annehmen. Bei einem einzelnen Atom (z. B. in einem Gas) sind diese Energieniveaus sehr scharf bestimmt; sie sind insbesondere für die Ausstrahlung und die Absorption von elektromagnetischen Wellen durch das Atom maßgebend und können daher spektroskopisch ermittelt werden (s. a. Abschnitt 21). In einem Kristall spalten sich diese Energiewerte

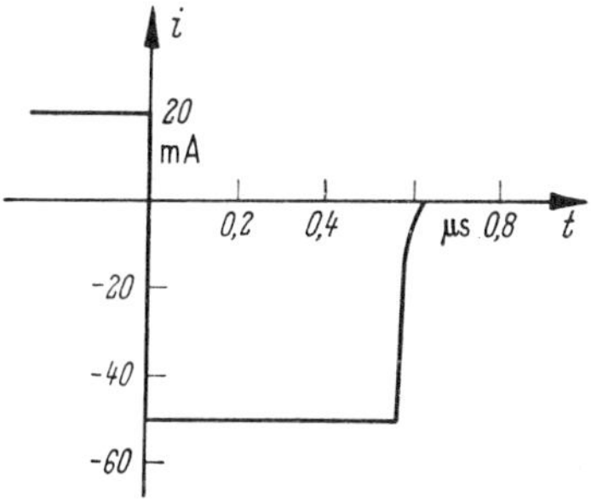

Abb. 19.15. Zeitlicher Verlauf des Stromes bei Abb. 19.14 nach dem Umschalten

infolge der Wirkung der benachbarten Atome zu bestimmten Energiebereichen auf. Durch Darstellung der Energiewerte über einer räumlichen Koordinate erhält man die sogen. *Energiebänder*. Zwischen den Energiebändern liegen „verbotene Bereiche", die *Bandlücken*. Elektronen können jeweils nur durch Energiezufuhr, z.B. durch Wärme oder kurzwellige Strahlung von einem niedrigeren in ein höheres Band gelangen. Das *Valenzband* enthält die Valenzelektronen, die Bindungen mit anderen Atomen herstellen können. Wird einem Valenzelektron eine hinreichend große Energie zugeführt, dann kann es in ein oberhalb des Valenzbandes liegendes *Leitungsband* gelangen, Abb. 19.16. Dieses Elektron ist dann von seinem Atom losgelöst und wandert in dem Kristall als Leitungselektron. In Abb. 19.16 ist die Bandlücke mit ΔW bezeichnet. Mit welcher Wahrscheinlichkeit nun die verschiedenen möglichen Energiezustände W in den Bändern durch Elektronen besetzt sind, wird durch die *Fermi-Verteilungsfunktion* F angegeben:

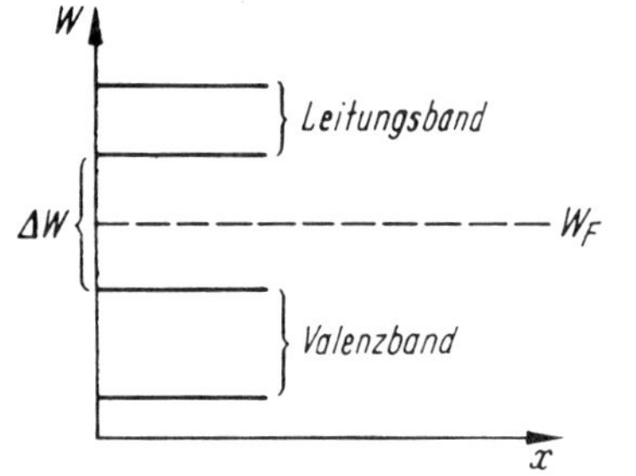

Abb. 19.16. Bändermodell eines eigenleitenden Halbleiters

$$\boxed{F = \frac{1}{1 + e^{(W - W_F)/kT}}} \,. \tag{42}$$

W_F bezeichnet das *Fermi-Niveau*; das ist die Energie bis zu der die Bänder bei verschwindender Temperatur besetzt sind, während die darüber liegenden Niveaus frei von Elektronen sind.

Gewöhnlich drückt man die Energieangaben hier durch die Anlaufspannung der Elektronen aus und setzt

$$W = e\,U\,, \quad W_F = e\,U_F\,, \quad \Delta W = e\,\Delta U\,. \tag{43}$$

Es ist also U die der Energie W, U_F die dem Fermi-Niveau und ΔU die dem Bandabstand entsprechende Spannung. Wird ferner die Temperaturspannung U_T der Elektronen nach Gl. (18.11) eingeführt, so wird die Fermi-Verteilung

$$F = \frac{1}{1 + e^{(U - U_F)/U_T}}\,. \tag{44}$$

Ihre Abhängigkeit von $U - U_F$ ist für Zimmertemperatur, $T = 293$ K mit $U_T = 25{,}2$ mV in Abb. (19.17) veranschaulicht. Schon bei Spannungen oberhalb 0,1 V gilt mit guter Annäherung

$$F = e^{-(W - W_F)/kT} = e^{-(U - U_F)/U_T}\,. \tag{45}$$

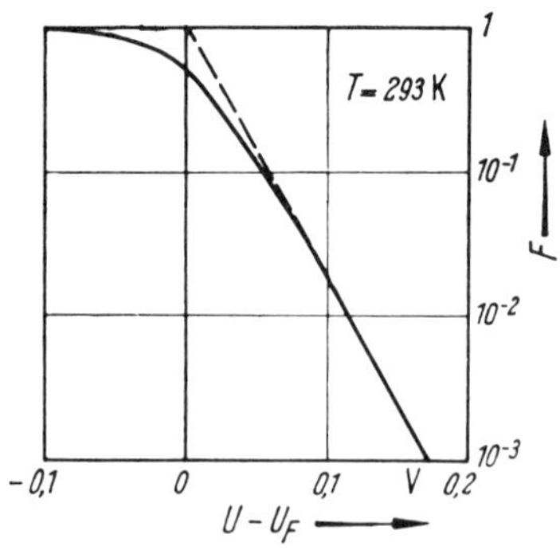

Abb. 19.17. Fermiverteilung bei Raumtemperatur in Abhängigkeit von der Energie der Elektronen

Die Verteilung der Energiewerte geht also in die durch den Boltzmann-Faktor B, Gl. (8.23), gegebene Verteilung über; diese ist in Abb. 19.17 gestrichelt eingetragen.

Bei *metallischen Leitern* überlappen sich Leitungs- und Valenzband, und das Fermi-Niveau liegt innerhalb des Leitungsbandes. Daher stehen schon bei gewöhnlichen Temperaturen die Valenzelektronen als Leitungselektronen zur Verfügung.

Bei *elektronischen Halbleitern* mit Eigenleitung liegt das Fermi-Niveau in der Mitte der Lücke zwischen Valenz- und Leitungsband (bedingt durch die Gleichheit der Elektronen- und Defektelektronendichte, wenn die effektiven Massen gleich sind Abb. 19.16). Jedes in das Leitungsband gelangende Elektron hinterläßt im Valenzband ein Defektelektron. Die Dichte der beweglichen Ladungsträger ist nach dem oben Ausgeführten proportional der Fermi-Funktion

$$F \approx e^{-\frac{\Delta W}{2}/kT} . \tag{46}$$

Der Vergleich mit Gl. (8.23) zeigt, daß die Energieschwelle W_a dem halben Bandabstand ΔW entspricht:

$$W_a = \frac{1}{2} \Delta W = \frac{1}{2} e \Delta U . \tag{47}$$

In der folgenden Tabelle sind die Werte des Bandabstandes ΔU für einige Halbleiterwerkstoffe angegeben.

Tabelle 19.1

	Ge	Si	In Sb	Ga As	
$\Delta U =$	0,73	1,12	0,25	1,40	V
$\lambda_g =$	1,70	1,11	4,97	0,89	µm

Sind im Halbleiter Donatoren und Akzeptoren eingestreut, so genügt ein sehr geringer Energiebetrag zum Austritt von Elektronen aus den Donatoren oder zur Aufnahme von Elektronen durch Akzeptoren. Deren Energieniveaus liegen im Bändermodell dicht unterhalb des Leitungsbandes beziehungsweise dicht oberhalb des Valenzbandes.

Das Fermi-Niveau verschiebt sich infolge der Dotierung jeweils in Richtung zu den Majoritätsträgern, bei n-Leitung also nach oben, bei p-Leitung nach unten.

An der *Stoßstelle verschiedenartiger Leiter* stellt sich eine solche Potentialschwelle ein, daß im Gleichgewicht, d. h. im stromlosen Zustand, die Fermi-Niveaus beider Leiter auf gleicher Höhe liegen. Für den pn-Übergang in einem Halbleiterkristall entstehen dadurch für den stromlosen Fall die in Abb. 19.18 dargestellten Verhältnisse. Den Leitungselektronen steht beim Eindringen in den p-Leiter die Potentialschwelle U_D entgegen, ebenso wie den im Valenzband liegenden Defektelektronen beim Eindringen in den n-Leiter. Man erkennt, daß U_D die Diffusionsspannung ist, die im Bändermodell mit umgekehrtem Vorzeichen auftritt.

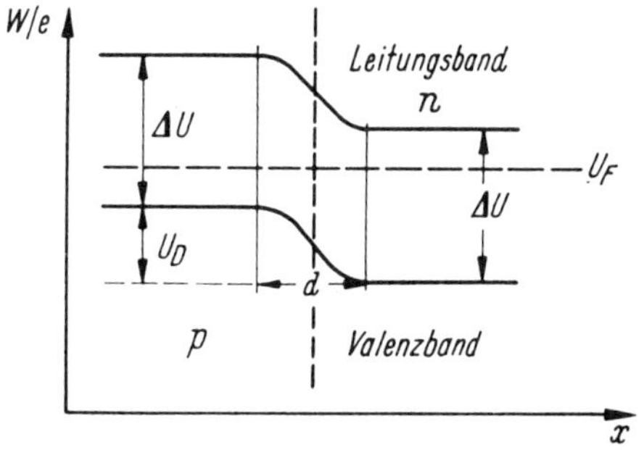

Abb. 19.18. Bändermodell für einen pn-Übergang im stromlosen Zustand, d Dicke der Raumladungszone, ΔU Lücke zwischen Valenz- und Leitungsband, U_D Diffusionsspannung

Bei der Tunneldiode liegt infolge der hohen Dotierungen das Fermi-Niveau innerhalb des Leitungsbandes beim *n*-Leiter und innerhalb des Valenzbandes beim p-Leiter. Dadurch überlappen sich die beiden Bereiche und Elektronen gleichen Energieniveaus können zwischen den beiden Bereichen wechseln.

Halbleiterphotodioden

In Halbleitern können durch Beleuchtung Trägerpaare erzeugt werden. Bedingung dafür ist (analog zu den Verhältnissen bei der Photo-Emission, siehe Seite 162, daß die Energie $h\,f$ der absorbierten Lichtquanten ausreichend hoch ist. An die Stelle der Austrittsarbeit W_0 beim „äußeren Photoeffekt" tritt bei dem „inneren Photoeffekt" der Halbleiter der Energieabstand $\Delta W = e\,\Delta U$ zwischen Valenz- und Leitungsband. Die Grenzwellenlänge λ_g, unterhalb deren durch ein

Photon ein Überschußträgerpaar gebildet werden kann, beträgt daher entsprechend Gl. (18.16)

$$\lambda_g = \frac{h\,c}{e\,\Delta U}\,. \tag{48}$$

In der Tabelle, S. 183, sind die danach berechneten Wellenlängen für einige Halbleiter angegeben. Die Wellenlängen des sichtbaren Lichtes (0,35 bis 0,8 μm) reichen also zur Erzeugung von Überschußträgern aus (*Photodioden*).

Umgekehrt können beim Zurückfallen von Leitungselektronen in das Valenzband (Rekombination) Photonen ausgelöst werden. Entsprechend dem Energiebetrag $e\,\Delta U$ wird Licht mit der Wellenlänge λ_g erzeugt (*Elektrolumineszenz*, *Leuchtdioden*).

Die bei einer Photodiode je Zeiteinheit erzeugte Überschußträgerdichte ist proportional dem auftreffenden Lichtstrom Φ. Maßgebend für den Proportionalitätskoeffizienten ist die Transparenz des Halbleitermaterials für die betreffende Lichtart und infolge der Rekombination der Überschußträger der räumliche Abstand des Erzeugungsortes vom pn-Übergang. Bei Kurzschluß der Diode fließen die Minoritätsträger über die Potentialschwelle ab. Der dem Lichtstrom Φ proportionale Kurzschlußstrom i_k fließt daher in der Diode vom n-Bereich zum p-Bereich, Abb. 19.19a. Damit ergibt sich bei beliebiger Schaltung der Diode das Ersatzbild Abb. 19.19b. Der Photostrom i_k addiert sich zu dem Diodenstrom i. Bei der angegebenen Zählrichtung für i_1 gilt $i_1 = i - i_k$. Die i,u-Kennlinie der Diode verschiebt sich also um den Betrag i_k nach unten, Abb. 19.20. In das Diagramm ist die Widerstandsgerade

$$i_1 = \frac{U_1 - u}{R_v} \tag{49}$$

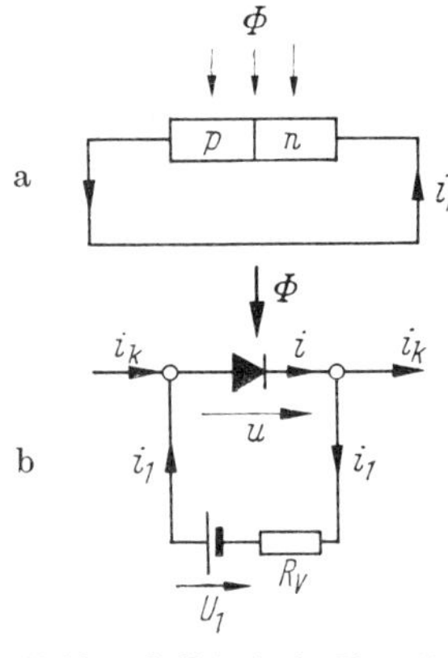

Abb. 19.19 a u. b. Prinzip der Photodiode, i_k Kurzschlußstrom bei Beleuchtung mit einem Lichtstrom Φ

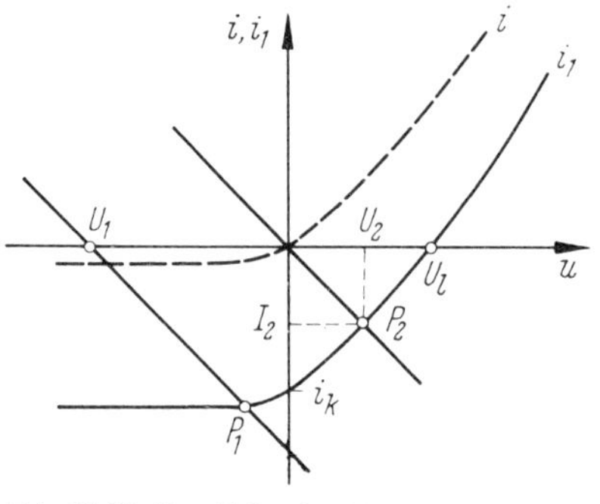

Abb. 19.20. Kennlinien der Photodiode, i Strom ohne Beleuchtung, i_1 Strom mit Beleuchtung, P_2 Betriebspunkt ohne Vorspannung, P_1 Betriebspunkt mit Vorspannung U_1

für den Fall einer negativen Quellenspannung U_1 und für den Fall $U_1 = 0$ eingetragen. Ihr Schnittpunkt mit der Kennlinie der Photodiode liefert den bei der betreffenden Beleuchtung erzeugten Strom i_1. Im Leerlauf, $i_1 = 0$, stellt sich die zu dem Lichtstrom Φ gehörige Leerlaufspannung U_l ein; sie wächst wegen der Krümmung der Kennlinie nicht proportional mit Φ. Der Schnittpunkt P_2 zeigt die Verhältnisse bei quellenfreiem Abschluß der Diode. In dieser Anordnung werden Photodioden z. B. zur *Messung von Lichtstrahlung* (auch Röntgen- oder γ-strahlen) benutzt. Halbleiterphotodioden finden ferner Anwendung zur *Erzeugung elektrischer Energie* aus dem Sonnenlicht (Sonnenzellen). Im Punkt P_2 wird die Leistung $U_2\,I_2$ in den Lastwiderstand geliefert. Mit Si- und GaAs-Dioden werden Wirkungsgrade über 10 bis 15% für die Umwandlung von Sonnenlicht in elektrische Leistung erreicht.

Ein besonderer Effekt tritt in hochdotierten direkten Halbleitern auf, wie z. B. Galliumarsenid. Durch einen Strom in der Flußrichtung des pn-Überganges werden Elektronen mit hoher Dichte in den p-Bereich gepreßt. Sie rekombinieren in einer schmalen Zone der Grenzschicht und erzeugen Photonen. Rekombinationen werden nun auch durch diese Photonen erzwungen. Dadurch wird ein Teil des erzeugten Lichtes gleichphasig (kohärent). Dieser Teil (*induzierte Emission*) kann durch Rückkopplung bis zu einer stationären kohärenten Strahlerzeugung verstärkt werden, z. B. mit Hilfe von 2 planparallelen Spiegeln S_1 und S_2, Abb. 19.21, zwischen denen sich die Diode befindet. Der eine der beiden Spiegel, z. B. S_2, ist etwas lichtdurchlässig, so daß dort der Lichtstrahl austreten kann (*Laser-Effekt*, *Laser* = Abkürzung aus *l*ight *a*mplification by *s*timulated *e*mission of *r*aditation).

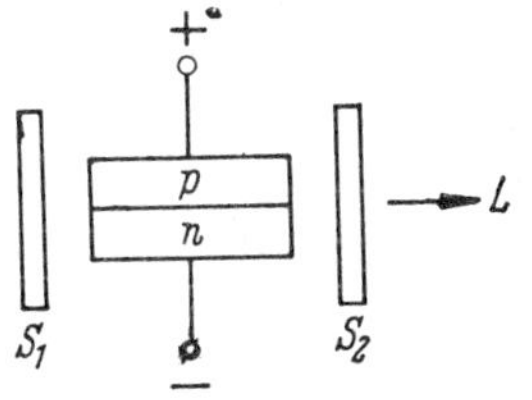

Abb. 19.21. Prinzip des pn-Lasers

20. Transistoren

Die Halbleitertriode (Transistor) wird wie die Hochvakuumröhren zum Schalten und Steuern von Strömen benützt, wobei die Steuerleistung wesentlich geringer als die gesteuerte Leistung sein kann.

Bei den sogenannten *bipolaren Transistoren* oder *Flächentransistoren* werden in einem Halbleiterkristall drei aufeinander folgende Schichten abwechselnd dotiert, so daß entweder zwischen zwei p-leitenden Schichten eine n-leitende Schicht oder zwischen zwei n-leitenden Schichten eine *p*-leitende Schicht liegt; dies sind die *pnp-Transistoren* bzw. die *npn-Transistoren*. Ihre Wirkungsweise kann unabhängig vom Aufbau im einzelnen aus den *Stäbchenmodellen* Abb. 20.1 und 20.2 abgeleitet

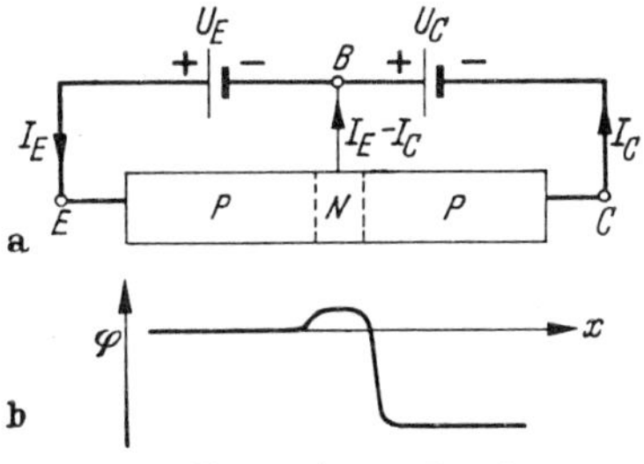

Abb. 20.1 a u. b. pnp-Transistor

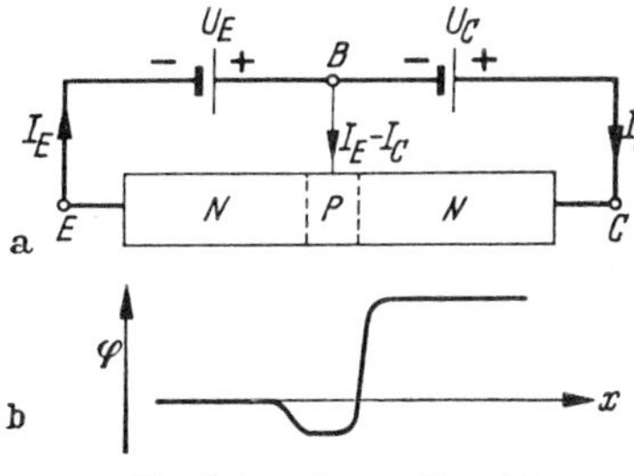

Abb. 20.2 a u. b. npn-Transistor

werden. Die Ströme in der Längsrichtung der Stäbchen, also senkrecht zu den Übergangsflächen, werden durch die Potentialgefälle in der gleichen Richtung gesteuert. Daher können Transistoren dieser Art auch als *Längsfeldtransistoren* bezeichnet werden. Das Gegenstück sind die sogenannten *unipolaren Transistoren* oder *Feldeffekttransistoren*. Bei diesen wird der Widerstand eines p- oder n-leitenden Kanals durch ein quer zur Richtung dieses Kanals wirkendes elektrisches Feld gesteuert. Transistoren dieser Art werden daher im folgenden auch als *Querfeldtransistoren* bezeichnet.

Längsfeldtransistoren

Der Längsfeldtransistor besteht aus zwei pn-Übergängen mit gemeinsamem mittleren Bereich. Dieser wird als Basis bezeichnet; er wird nur schwach dotiert.

und hat eine sehr geringe Dicke. Die beiden äußeren Bereiche werden Emitter und Kollektor genannt. Alle drei Bereiche haben sperrfreie Metallkontakte zum Anschluß an die äußeren Stromkreise; sie sind in Abb. 20.1 und 20.2 mit E, B und C bezeichnet. pnp- und npn-Transistoren entsprechen einander dual, d. h. die gleichen Zusammenhänge gelten bei beiden Arten, wenn die Elektronen mit den Defektelektronen vertauscht werden. Im folgenden wird daher nur der pnp-Transistor genauer betrachtet.

Wie in den Abbildungen angedeutet, wird der Emitter-Basis-Übergang in Durchlaßrichtung betrieben, der Basis-Kollektor-Übergang dagegen in Sperr-Richtung. Dadurch entsteht die in der Abbildung unter *b* veranschaulichte Verteilung des Potentials φ. Defektelektronen strömen beim pnp-Transistor vom Emitter in die Basis. Da die Basisschicht nur schwach dotiert und kurz ist, kann ein großer Teil der Defektelektronen infolge ihrer Wärmebewegung (Diffusion) durch diese dünne Schicht hindurch gelangen. Er gerät damit in das große Potentialgefälle der zweiten Sperrschicht und wird dadurch nach rechts abgesaugt. Der Kollektorstrom wird nahezu gleich dem Emitterstrom. Mit einer genügend hohen Kollektorspannung kann er durch einen hohen äußeren Verbraucherwiderstand im Kollektorkreis geführt werden, so daß durch die kleine Emitterleistung große Kollektorausgangsleistungen gesteuert werden.

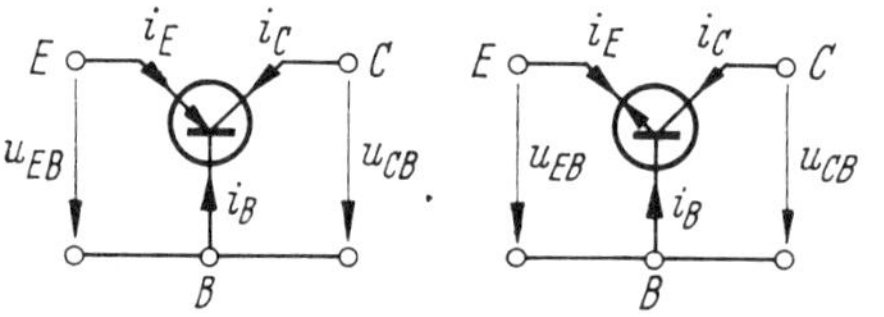

Abb. 20.3. Bezugsrichtungen für die Spannungen und Ströme beim pnp- und npn-Transistor in Basisschaltung

Die Bezugsrichtungen für die Spannungen und Ströme werden im folgenden mit den Symbolen für die Transistoren nach Abb. 20.3 festgelegt. Beim pnp-Transistor sind u_{EB} und i_E im Betriebsbereich positiv, u_{CB}, i_C und i_B dagegen negativ. Beim npn-Transistor gilt das Umgekehrte.

Die in Abb. 20.4 als Beispiel für einen pnp-Transistor dargestellten Kennlinien („Ausgangskennlinien") erhält man, wenn jeweils der Emitterstrom i_E konstant gehalten wird. Mit $i_E = 0$ entsteht die Diodenkennlinie der Kollektorbasisstrecke im Sperrbereich. Zu diesen Stromwerten addiert sich jeweils fast der ganze Emitterstrom, so daß die Kurven für größere Emitterströme im wesentlichen durch Parallelverschieben der Kurven nach oben entstehen. — i_C ist in diesem Gebiet nur wenig kleiner als i_E, wenn die Kollektorspannung ausreichend negativ ist. Bei hohen negativen Kollektorspannungen u_{CB}, also hohen Sperrspannungen, kann schließlich das Gebiet erreicht werden, in dem wie bei jeder Diode Stromvervielfachung und schließlich der Durchbruch einsetzt. Daher steigen die Kurven für den Kollektorstrom rechts an.

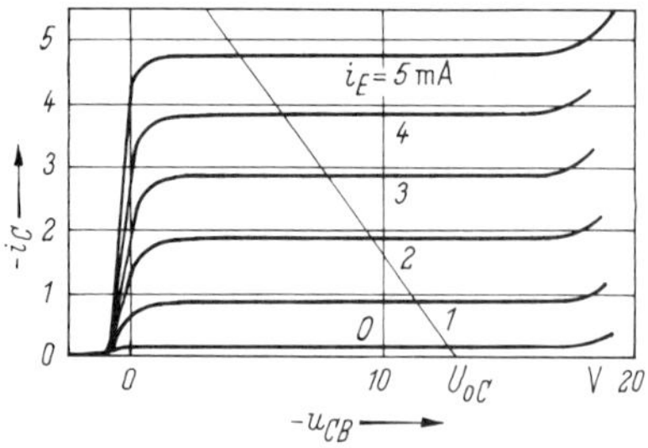

Abb. 20.4. Ausgangskennlinien eines pnp-Transistors

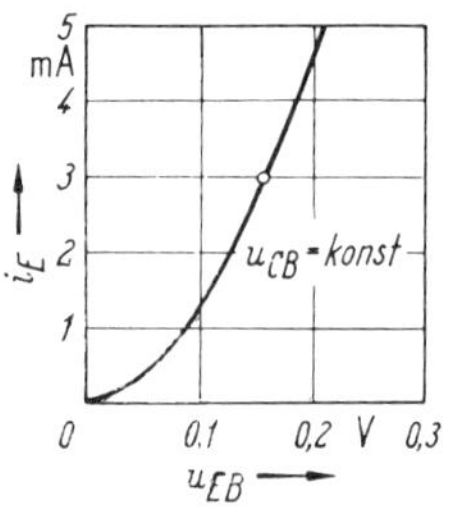

Abb. 20.5. Eingangskennlinie des pnp-Transistors

Der Emitterstrom i_E verhält sich im wesentlichen wie der Durchlaßstrom einer Diode. Abb. 20.5 zeigt als Beispiel eine i_E, u_{EB} Kennlinie („Eingangskennlinie") bei einem Germanium-pnp-Transistor. Diese Kennlinien hängen nur wenig von der Kollektorspannung u_{CB} ab, wenn diese für die Sättigung ausreicht, so daß der Emitterstrom fast ganz zum Kollektor fließt.

Wesentlich für die Wirkungsweise des pnp-Transistors ist danach der Diffusionsstrom der Defektelektronen durch das neutrale Gebiet der Basis. In Abb. 20.6 sei dies der Bereich zwischen x_2 und x_3. Die Übergangsbereiche liegen zwischen x_1 und x_2 beim Emitter und zwischen x_3 und x_4 beim Kollektor. In diesen Übergangsbereichen werden die Ströme der Defektelektronen als Feldströme durch das Potentialgefälle bestimmt. In dem neutralen Basisbereich dagegen ist der Defektelektronenstrom ein Diffusionsstrom. Für diesen gilt nach Gl. (19.3)

$$i = -e\,A\,D_p\,\frac{dp}{dx}\,, \tag{1}$$

wenn A die Querschnittsfläche des Stäbchens bezeichnet. Der Strom i ist in dem ganzen neutralen Bereich wegen der im Vergleich zur Dicke d_B des Bereiches großen Diffusionslänge nahezu konstant. Durch Integration folgt daher für die Konzentration p der Überschuß-Defektelektronen in diesem Bereich

$$p = -\frac{i\,x}{e\,A\,D_p} + \text{konst.} \tag{2}$$

Die Konzentration nimmt also linear mit der Flußrichtung der Defektelektronen ab.

Bei $x = x_2$ ist die Konzentration der Überschußträger gemäß Gl. (19.38)

$$p_2 = p_{s2}\,(\mathrm{e}^{u_{EB}/U_T} - 1)\,, \tag{3}$$

wobei p_{s2} die Gleichgewichtskonzentration der Defektelektronen im Basisraum ist ($\approx n_i^2/N_d$).

Bei $x = x_3$ fließen infolge der negativen Kollektorspannung über das Potentialgefälle des Übergangsbereichs die Defektelektronen in den Kollektorraum. An dieser Stelle gilt entsprechend Gl. (19.38) (np-Übergang zwischen x_3 und x_4)

$$p_3 = p_{s2}\,(\mathrm{e}^{u_{CB}/U_T} - 1)\,. \tag{4}$$

Da u_{CB} negativ ist, wird der Klammerausdruck schon bei einigen Zehntelvolt sehr genau -1; also gilt angenähert

$$p_3 \approx -p_{s2}\,.$$

Die Überschußdichte der Defektelektronen hebt also bei $x = x_3$ die Gleichgewichtsdichte p_{s2} praktisch auf, so daß an dieser Stelle die Dichte der Defektelektronen Null ist.

Für die räumliche Verteilung der *Überschuß*-Defektelektronen im Basisraum ergibt sich so die in Abb. 20.6 gezeichnete gerade Linie.

Aus Gl. (1) folgt nun für den über den Basisraum hinwegdiffundierenden *Defektelektronenstrom*

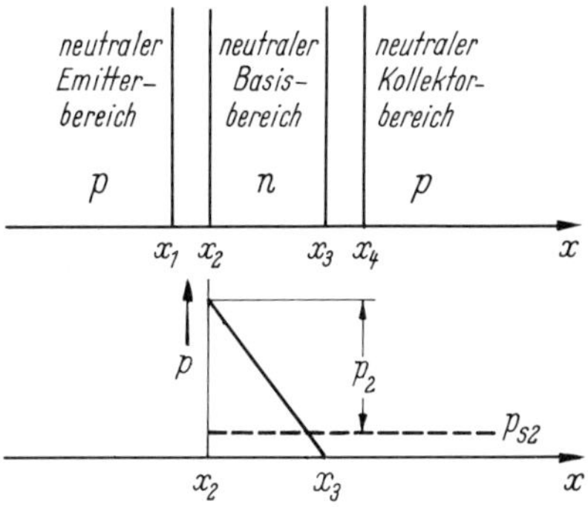

Abb. 20.6. Überschußlöcherdichte im neutralen Basisbereich beim pnp-Transistor

$$i = -e\,A\,D_p\,\frac{dp}{dx} \approx e\,A\,D_p\,\frac{p_2}{d_B}\,. \tag{5}$$

Führt man für p_2 Gl. (3) ein, so wird

$$i = e\,A\,D_p\,\frac{p_{s2}}{d_B}\,(\mathrm{e}^{u_{EB}/U_T} - 1)\,. \tag{6}$$

Der Diffusionsstrom i unterscheidet sich nach dem oben Ausgeführten nur wenig von dem Emitterstrom i_E und dem Kollektorstrom $-i_C$. Der Unterschied zwischen diesen beiden Strömen tritt als Basisstrom in Erscheinung und muß daher noch genauer betrachtet werden. Seine wichtigsten Ursachen sind folgende.

Der *Emitterstrom* i_E ist etwas größer als der in den Basisraum fließende Strom i wegen der aus dem Basisbereich in den Emitterbereich fließenden Diffusionsströme der Leitungselektronen. Diese müssen der Basis von außen zugeführt werden. Der Beitrag dieses Majoritätenstromes zu dem Basisstrom i_B ist nach Gl. (19.19) und (19.31) bei Beachtung der angegebenen Bezugsrichtung

$$i_{B1} = -\frac{e\,A\,D_n\,n_{s1}}{L_n}\,(\mathrm{e}^{u_{EB}/U_T} - 1)\,. \tag{7}$$

Dabei ist vorausgesetzt, daß die Dicke d_E des Emitterbereiches groß gegen die Diffusionslänge L_n der Leitungselektronen im Emitter ist. Bei sehr dünner Emitterschicht tritt d_E an die Stelle von L_n. n_{s1} ist die Gleichgewichtsdichte der Elektronen (Minoritäten) im neutralen Emitterbereich ($\approx n_i^2/N_a$).

Der *Kollektorstrom* $-i_C$ ist etwas kleiner als i wegen der in der neutralen Basiszone stattfindenden geringen Rekombination der Überschuß-Defektelektronen. Der dadurch entstehende weitere Verbrauch an Elektronen muß ebenfalls der Basis von außen zuströmen. Nach Gl. (19.27) ist der durch Rekombination verursachte Stromverlust längs einem Längenelement dx

$$di = -\frac{e\,A\,p}{\tau_{ü}}\,dx\,, \tag{8}$$

wobei p wieder die Dichte der Überschuß-Defektelektronen im Basisraum bedeutet und $\tau_{ü}$ deren Lebensdauer (siehe Seite 177). Durch Integration ergibt sich der zur Kompensation notwendige Beitrag im Basisstrom

$$i_{B2} = -\frac{e\,A}{\tau_{ü}}\int_{x_2}^{x_3} p\,dx = -\frac{e\,A\,p_2\,d_B}{2\,\tau_{ü}}\,. \tag{9}$$

Setzt man p_2 aus Gl. (20.3) ein, so folgt schließlich:

$$i_{B2} = -\frac{e\,A\,p_{s2}\,d_B}{2\,\tau_{ü}}\,(\mathrm{e}^{u_{EB}/U_T} - 1)\,. \tag{10}$$

Der *gesamte Basisstrom* i_B wird $i_{B1} + i_{B2}$, also

$$i_B = -e\,A\left(\frac{D_n\,n_{s1}}{L_n} + \frac{d_B\,p_{s2}}{2\,\tau_{ü}}\right)(\mathrm{e}^{u_{EB}/U_T} - 1)\,. \tag{11}$$

Damit ist der *Kollektorstrom*, wenn zunächst von dem geringen, durch den Minoritätsfluß aus dem Kollektor in die Basis bedingten Reststrom i_{Cs} abgesehen wird,

$$i_C = -i_E - i_B = -i_E\left(1 + \frac{i_B}{i_E}\right) = -\alpha i_E\,. \tag{12}$$

Der Zahlenfaktor

$$\alpha = -\frac{i_C}{i_E} = 1 + \frac{i_B}{i_E} \tag{13}$$

wird *Stromverstärkungsfaktor* genannt. Er ist etwas kleiner als 1, da i_B negativ ist. Das Verhältnis $-i_B/i_E$ werde mit γ bezeichnet:

$$\gamma = \frac{-i_B}{i_E}\,. \tag{14}$$

γ ist eine gegen 1 kleine positive Zahl, und es gilt:

$$\alpha = 1 - \gamma\,. \tag{15}$$

Zur Berechnung von γ kann man unter der Vernachlässigung von kleinen Größen zweiter Ordnung in Gl. (14) i statt i_E einsetzen und findet mit den Gln. (6) und (11)

$$\gamma = \frac{b_n}{b_p}\left(\frac{N_d}{N_a}\frac{d_B}{L_n} + \frac{1}{2}\left(\frac{d_B}{L_n}\right)^2\right). \tag{16}$$

Dabei ist berücksichtigt, daß im neutralen Emitterbereich $n_{s1} = n_i^2/N_a$, im neutralen Basisbereich $p_{s2} = n_i^2/N_d$ ist. Ferner wurde $\tau_{ü}$ nach Gl. (19.30) durch L_n^2/D_n ersetzt und die Diffusionskonstanten nach Gl. (19.7) durch die Beweglichkeiten der Ladungsträger.

Zahlenbeispiel: Bei einem Siliziumtransistor sei in der Basis $N_d = 10^{13}\ \mathrm{cm^{-3}}$, im Emitter $N_a = 10^{16}\ \mathrm{cm^{-3}}$, ferner $L_n = 0{,}1$ mm; dann wird mit $b_n/b_p = 1900/400 = 4{,}75$

$$\gamma = 4{,}75 \cdot 10^{-3}\,\frac{d_B}{100\ \mu\mathrm{m}} + 2{,}38\left(\frac{d_B}{100\ \mu\mathrm{m}}\right)^2.$$

Die folgende Tabelle gibt einige Zahlenwerte für γ und α:

d_B	= 0,02	0,05	0,1	0,2 L_n
d_B	= 2	5	10	20 μm
γ	= 0,10	0,62	2,4	9,6 %
α	= 0,9990	0,9938	0,976	0,904

Wegen des angenommenen Größenverhältnisses der beiden Dotierungen, N_d/N_a, ist in diesem Beispiel im wesentlichen der zweite Summand, also die Rekombination im Basisraum, ausschlaggebend.

Die Größen γ und α sind nach diesen Betrachtungen unabhängig von den äußeren Spannungen. Dies gilt mit großer Annäherung dann, wenn die Emitter-Basis-Spannung u_{EB} hinreichend groß gegen die Temperaturspannung U_T und die Kollektor-Basis-Spannung u_{CB} hinreichend niedrig gegen die Temperaturspannung $-U_T$ ist. Bei sehr dünner Basisschicht kann sich eine Abhängigkeit von den Spannungen ergeben, weil dann die Dicke d_B des *neutralen* Basisbereichs mit wachsender Dicke der Übergangsbereiche kleiner wird.

Bei *positiven* Kollektor-Basis-Spannungen steigt der Kollektorstrom i_C wie bei einer in Durchlaßrichtung betriebenen Diode stark an; die Kurven in Abb. 20.4 setzen sich daher links von der Ordinatenachse steil nach unten fort.

Aus den Kennlinien können die Gleichspannungen und Ströme entnommen werden, die sich infolge des Spannungsabfalles an Widerständen im Eingangs- und Ausgangskreis einstellen. Liegt z. B. im Kollektorkreis ein Widerstand $R_2 = 2\ \mathrm{k\Omega}$ und ist die Betriebsspannung $U_{0C} = 12$ V, so liegen die Betriebspunkte auf der in Abb. 20.4 eingezeichneten Widerstandsgeraden:

$$u_{CB} = U_{0C} - i_C R_2\,. \tag{17}$$

Obwohl der Ausgangsstrom bei der betrachteten „Basisschaltung", Abb. 20.3 nur höchstens gleich dem Eingangsstrom ist, sind zur Steuerung der Ausgangsleistung erheblich kleinere Eingangsleistungen erforderlich. Dies liegt daran, daß der Eingangswiderstand kleiner ist als der Ausgangswiderstand des Transistors. In dem Beispiel der Abb. 20.4 und 20.5 wird durch eine Eingangsspannung $u_{EB} = 0{,}15$ V ein Eingangsstrom $i_E = 3$ mA erzeugt. Dazu ist eine Eingangsleistung

$$P_1 = u_{EB}\, i_E = 0{,}15 \cdot 3\ \mathrm{mW} = 0{,}45\ \mathrm{mW}$$

erforderlich. Entsprechend dem Schnittpunkt der Widerstandsgeraden mit der Ausgangskennlinie für $i_E = 3$ mA wird der Ausgangsstrom 2,8 mA.

Im Ausgangskreis wird damit die dem Lastwiderstand $R_2 = 2000\ \Omega$ zugeführte Leistung auf

$$P_2 = i_E^2 R_2 = 2{,}8^2 \cdot 10^{-6} \cdot 2000\ \mathrm{W} = 15{,}7\ \mathrm{mW}$$

gesteuert, also auf das 35fache der Eingangssteuerleistung.

Der *Leistungsverstärkungsfaktor* beträgt $P_2/P_1 = 35$;
der *Spannungsverstärkungsfaktor* beträgt $2{,}8 \cdot 2/0{,}15 = 37$;
der *Stromverstärkungsfaktor* beträgt $2{,}8/3 = 0{,}93$.

Noch wesentlich höhere Verstärkungen können mit der *Emitter-Schaltung*, Abb. 20.7, erreicht werden. Hier bildet der Emitter den für Eingang und Ausgang gemeinsamen Bezugspunkt. Die Eingangsspannung ist die Basis-Emitter-Spannung

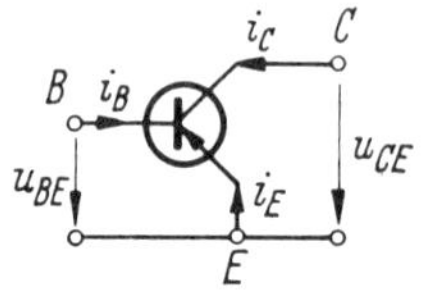

Abb. 20.7. Bezugsrichtungen für die Spannungen und Ströme beim Transistor in Emitterschaltung

$$u_{BE} = -u_{EB}; \tag{18}$$

sie ist also im normalen Betriebsbereich beim pnp-Transistor negativ. Die Ausgangsspannung ist die Kollektor-Emitter-Spannung

$$u_{CE} = u_{CB} - u_{EB}. \tag{19}$$

Bei gleich großer Eingangsspannung ist auch der Emitterstrom i_E und damit der Kollektorstrom i_C der gleiche wie bei der Basisschaltung. Auch die Kollektorspannung u_{CE} ist in diesem normalen Betriebsbereich wegen der Kleinheit der Durchlaßspannung u_{EB} nicht sehr verschieden von u_{CB}. An die Stelle des Emitterstromes als Eingangsstrom tritt aber jetzt der Basistrom $-i_B$, der um den Faktor γ, Gl. (14), kleiner als der Emitterstrom ist. Damit wird bei etwa gleicher Ausgangsleistung die Eingangsleistung entsprechend kleiner, der Eingangswiderstand des Transistors entsprechend größer als bei der Basisschaltung.

Für die Emitterschaltung gelten wie für die Basisschaltung die Beziehungen

$$\begin{aligned} i_C &= -\alpha\, i_E\,, \\ i_B &= -(1-\alpha)\, i_E\,, \end{aligned} \tag{20}$$

und hieraus

$$i_C = \frac{\alpha}{1-\alpha}\, i_B = \beta\, i_B\,. \tag{21}$$

Der *Stromverstärkungsfaktor der Emitterschaltung* wird

$$\beta = \frac{\alpha}{1-\alpha}\,. \tag{22}$$

In dem vorigen Beispiel der Abb. 20.4 und 20.5 ergibt sich $\beta = \frac{0{,}93}{0{,}07} = 13{,}3$.

Bei wirklichen Transistoren haben die 3 *Bahnwiderstände* meist einen erheblichen Einfluß auf den Verlauf der Kennlinien. Dieser Einfluß sei an Hand des in Abb. 20.8 dargestellten Modells betrachtet, bei dem die Bahnwiderstände R_B, R_E und R_C eingeführt sind. u_{BE} und u_{CE} bezeichnen die „äußeren" Spannungen zwischen den zugänglichen Elektroden des Transistors, die Spannungen u'_{BE} und u'_{CE} bezeichnen die bisher zugrunde gelegten „inneren" Spannungen an dem idealen Transistor ohne Bahnwiderstände. Das gleiche Modell gilt dann auch für den Fall, daß außerhalb des Transistors Widerstände in Reihe mit den 3 Elektroden liegen; sie können in die angegebenen Werte der Bahnwiderstände einbezogen werden.

Um einen raschen Überblick zu erhalten, kann man das „Verfahren der idealisierten *pn-Übergänge*" benutzen; es besteht darin, daß sowohl für den Emitter-Basis-Übergang als auch für den Kollektor-Basis-Übergang bei Betrieb in Durchlaßrichtung ein verschwindend kleiner Widerstand des Überganges angenommen wird. Wenn also

$$u'_{BE} < 0 \quad \text{und} \quad u'_{CB} > 0\,,$$

dann erscheinen die 3 Bahnwiderstände als Stern unmittelbar miteinander verbunden.

Wird nur der Emitterübergang in der Durchlaßrichtung, der Kollektorübergang dagegen in der Sperr-Richtung betrieben, ist also

$$u'_{BE} < 0, \quad \text{aber} \quad u'_{CB} < 0\,,$$

dann liegt der normale Betriebsbereich des Transistors vor, in dem die Gln. (20) gelten.

Für diesen Betriebsbereich kann aus Abb. 20.8 abgelesen werden

$$u'_{CE} = u_{CE} - i_C\,(R_C + R_E/\alpha)\,. \tag{23}$$

Die Grenze des Bereiches ist ungefähr durch $u'_{CE} = 0$, also durch

$$i_C = \frac{u_{CE}}{R_C + R_E/\alpha} \tag{24}$$

gegeben.

Mit den Zahlenwerten

$$\alpha = 0{,}952,\ \beta = 20,\ R_C + R_E/\alpha = 400\ \Omega$$

sind in Abb. 20.9 die i_C, u_{CE}-Kennlinien für verschiedene Werte von $i = \beta\, i_C$ als waagerechte gerade Linien eingezeichnet. Die Gl. (24) ist durch die gestrichelte Gerade angegeben und bildet die Grenze für den Gültigkeitsbereich der Näherungsbetrachtung.

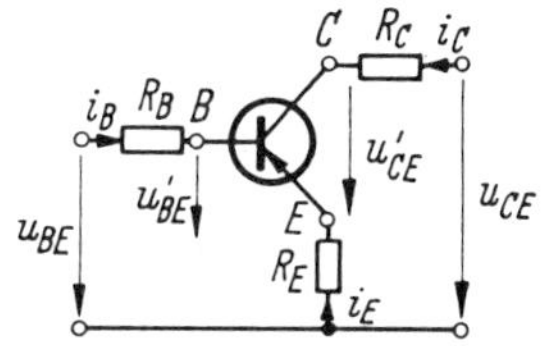

Abb. 20.8. Transistor in Emitterschaltung mit Vorwiderständen

Das Gebiet links von der gestrichelten Geraden ist der *Übersteuerungsbereich der Kennlinien* des Transistors. Durch eine negative Eingangsspannung u_{BE} bei niedrigen negativen Werten der Kollektorspannung u_{CE} kann ein Betriebspunkt in diesem Gebiet erzwungen werden. Dann wird auch der Kollektorbasisübergang gut leitend und das Schema der Abb. 20.8 schrumpft auf eine Sternschaltung der Bahnwiderstände zusammen. Eine Verstärkerwirkung kann in dem Übersteuerungsgebiet daher nicht mehr erreicht werden. Beim Schalten aus dem Übersteuerungsbereich in den normalen Betriebsbereich entstehen, ähnlich wie beim Schalten von Dioden aus dem Durchlaß- in den Sperrbereich, erhebliche zusätzliche *Sperrverzögerungen* (siehe Seite 181).

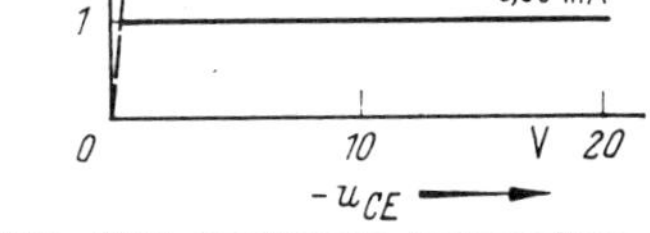

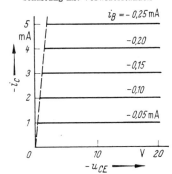

Abb. 20.9. Idealisierte Ausgangskennlinien beim Transistor in Emitterschaltung

Feldeffekt-Transistoren

Die Feldeffekttransistoren haben ähnliche Eigenschaften wie die Hochvakuumtrioden, wenn auch der Mechanismus ein völlig anderer ist. Das allgemeine Prinzip soll Abb. 20.10 veranschaulichen. Der Widerstand einer Halbleiterstrombahn AK wird durch ein senkrecht dazu wirkendes elektrisches Feld E gesteuert. Dieses wird über die *Steuerelektrode* G durch die *Steuerspannung* u_g erzeugt. Wir nennen diejenige Elektrode der Halbleiterstrombahn, auf die die Spannungen bezogen werden, die *Kathode* K, die andere Elektrode, die *Anode A*. u_a ist die *Anodenspannung*, die über die Halbleiterstrecke den *Anodenstrom* i_a erzeugt. Dies sind willkürliche Festsetzungen, da infolge des symmetrischen Aufbaues die beiden Enden der Halbleiterstrecke miteinander vertausch-

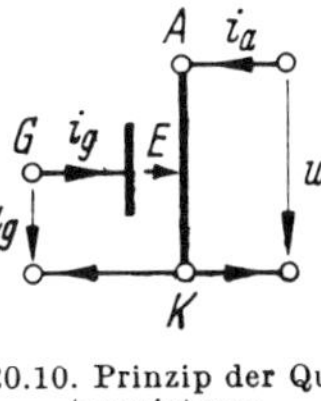

Abb. 20.10. Prinzip der Querfeldtransistoren

bar sind (in der englischen Literatur werden die beiden Elektroden K und A als Source S und Drain D bezeichnet, die Steuerelektrode G als Gate).

Das durch Abb. 20.10 dargestellte Schema kann auf verschiedene Weise verwirklicht werden. Insbesondere kann die Strombahn AK durch einen *pn-Übergang* oder durch ein *Kondensatorfeld* gesteuert werden. Anordnungen der ersten Art werden *Sperrschicht-Feldeffekttransistoren* genannt (auch FET von *F*ield *E*ffect *T*ransistor). Für Anordnungen der zweiten Art wird die Abkürzung MOSFET benützt (MOS aus *M*etal/*O*xide/*S*emiconductor). Im folgenden nennen wir diese zweite Art kurz *Querfeldtransistor*.

Sperrschicht-Querfeldtransistoren

Die wesentlichen Zusammenhänge lassen sich aus der idealisierten Anordnung, Abb. 20.11, erkennen. Eine schwach dotierte p-Zone in dem Kristallstäbchen von Rechteckquerschnitt mit der Länge l dient als Kanal mit den beiden sperrfreien Elektroden A und K. Die Dicke dieses p-Kanals sei h, die Breite (senkrecht zur Zeichenebene) sei a. Der anschließende stark dotierte n-Bereich hat einen sperrfreien Anschluß zur Steuerelektrode G. Der pn-Übergang wird durch eine positive Steuerspannung u_g in der Sperr-Richtung betrieben, so daß der Steuerstrom gering ist. Das Gegenstück zu diesem „p-Kanal-Transistor" bildet der „n-Kanal-Transistor", bei dem unter entsprechender Vertauschung der Ladungsträger und der Spannungsvorzeichen die gleichen Zusammenhänge gelten.

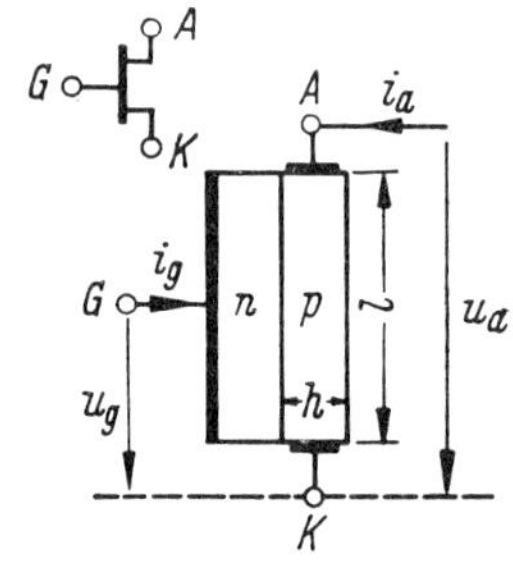

Abb. 20.11. Prinzip eines Sperrschicht-Querfeldtransistors

Unter der Wirkung der positiven Steuerspannung u_g stellt sich am pn-Übergang eine Verarmungszone ein, die sich im wesentlichen in die p-Zone erstreckt, wenn die Konzentration N_d der Donatoren im n-Raum groß gegen die der Akzeptoren N_a im p-Raum ist:

$$N_d \gg N_a \, .$$

Die Dicke der Verarmungszone in dem p-Kanal wird dann nach Gl. (19.17) angenähert

$$d = \sqrt{u_g}\sqrt{\frac{2\,\varepsilon}{e\,N_a}} \, . \tag{25}$$

Die geringe Diffusionsspannung U_D ist gegen die Steuerspannung u_g vernachlässigt.

Für die Stromleitung im p-Kanal steht von dem vollen Querschnitt $a\,h$ nur ein Teil zur Verfügung, nämlich $a\,(h - d)$. Bei einer bestimmten Spannung $u_g = U_{gs}$ wird der leitende Querschnitt Null. Mit $d = h$ folgt aus Gl. (25) für diese *Abschnürspannung*

$$U_{gs} = \frac{e\,N_a h^2}{2\,\varepsilon} \, . \tag{26}$$

Ist z. B. $N_a = 10^{14}\,\text{cm}^{-3}$, $h = 10\,\mu\text{m}$, $\varepsilon = 12\,\varepsilon_0$, so wird die Abschnürspannung $U_{gs} = 7{,}53$ V. Bei Einführung der Abschnürspannung lautet Gl. (25):

$$d = h\sqrt{\frac{u_g}{U_{gs}}} \, . \tag{27}$$

Nun ist zu berücksichtigen, daß längs des Kanals ein Spannungsgefälle entsteht, wenn die Spannung u_a von Null verschieden ist. Wird das auf die Kathode bezogene Potential mit φ bezeichnet, dann ist die Spannung an der betreffenden

Stelle nicht mehr u_g, sondern $u_g - \varphi$, da der ganze n-Raum auf dem Potential u_g liegt. Die Dicke der Verarmungszone beträgt jetzt

$$d = h \sqrt{\frac{u_g - \varphi}{U_{gs}}} \,. \tag{28}$$

Hieraus geht hervor, daß die Spannung u_a negativ sein muß, damit auch das Potential φ negativ wird. Andernfalls würde bei kleinen positiven Steuerspannungen u_g der pn-Übergang in der Durchlaßrichtung betrieben werden.

Bei negativer Anodenspannung u_a und positiver Steuerspannung u_g ergibt sich im Prinzip der in Abb. 20.12 nicht schraffierte Bereich für die Strombahn zwischen A und K. Ein kurzer Ausschnitt aus dem p-Kanal in Form eines Scheibchens von der Dicke dx hat den Widerstand $dx/\sigma\, a\,(h - d)$, wenn σ die Leitfähigkeit des p-Materials bezeichnet. Bei einer Zunahme des Potentials φ längs der Strecke dx um $d\varphi$ ist nach dem Ohmschen Gesetz der Strom in diesem Scheibchen

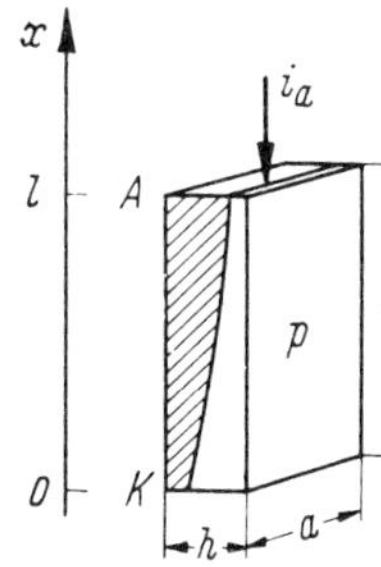

Abb. 20.12. Strombahn beim Sperrschicht-Querfeldtransistor

$$i_a = \sigma\, a\,(h - d)\,\frac{d\varphi}{dx} \,. \tag{29}$$

Mit Gl. (28) folgt

$$i_a\, dx = \sigma\, a\, h \left(1 - \sqrt{\frac{u_g - \varphi}{U_{gs}}}\right) d\varphi \,. \tag{30}$$

Der Strom i_a ist in Bezug auf die in der Abbildung angegebene Bezugsrichtung negativ; er ist längs des ganzen Kanals konstant, da seitlich kein Strom abgezweigt wird. Damit kann die Gl. (30) auf beiden Seiten integriert werden, über x von 0 bis l und über φ von 0 bis u_a. Das Resultat ist

$$i_a = \frac{1}{R_0}\left[u_a + \frac{2}{3}\,\frac{(u_g - u_a)^{3/2}}{\sqrt{U_{gs}}} - \frac{2}{3}\,\frac{u_g^{3/2}}{\sqrt{U_{gs}}}\right] \quad \text{für} \quad u_a \leqq 0 \,. \tag{31}$$

$$R_0 = \frac{l}{\sigma\, a\, h} \tag{32}$$

bedeutet den Widerstand des p-Kanals im neutralen Zustand. Die Abb. 20.13 zeigt einige nach Gl. (31) berechnete Kennlinien für den Zusammenhang zwischen $-i_a$ und $-u_a$ und zwar für folgende Zahlenwerte: $N_a = 10^{14}\,\text{cm}^{-3}$, $h = 10\,\mu\text{m}$, $l = 0{,}1$ mm, $a = 1$ mm, $b_p = 400\,\text{cm}^2/\text{Vs}$. Die Leitfähigkeit des p-Kanals im Gleichgewichtszustand wird $\sigma = e\, b_p\, N_a = 0{,}64$ S/m. Der Ruhewiderstand des p-Kanals wird $R_0 = \dfrac{l}{\sigma\, a\, h} = 15{,}6\,\text{k}\Omega$.

Mit wachsender negativer Anodenspannung wächst auch der negative Anodenstrom bis zu einem Maximum. Wie man durch Differenzieren feststellt, liegt dieses Maximum bei einer Anodenspannung

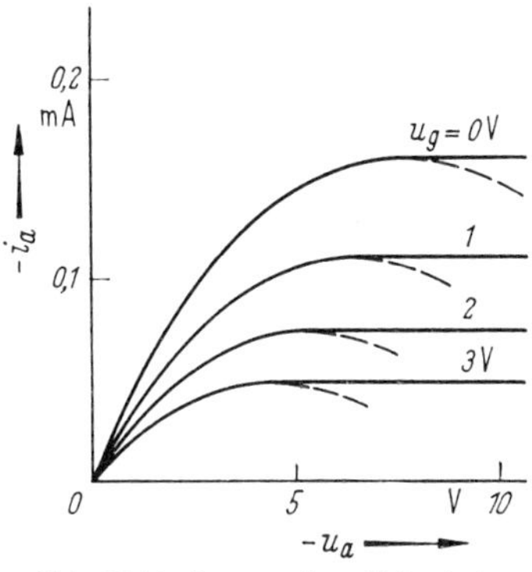

Abb. 20.13. Ausgangskennlinien beim Sperrschicht-Querfeldtransistor

$$u_a = u_g - U_{gs} \tag{33}$$

mit dem Anodenstrom

$$-i_{a\,max} = \frac{1}{R_0}\left[\frac{1}{3}\,U_{gs} - u_g\left(1 - \frac{2}{3}\sqrt{\frac{u_g}{U_{gs}}}\right)\right] . \tag{34}$$

Der stromleitende Querschnitt wird dabei gerade bei $x = l$ völlig abgeschnürt. $u_g - U_{gs}$ ist also die zur Abschnürung führende Anodenspannung.

Nach Gl. (31) würde der Strom $-i_a$ nach Überschreiten des Maximums mit wachsender Anodenspannung wieder abnehmen (gestrichelte Kurven in Abb. 20.13).

In Wirklichkeit bleibt der Strom oberhalb der Abschnürspannung ungefähr konstant. Bei höherer Anodenspannung genügt infolge des verschwindenden Leitungsquerschnittes eine sehr kurze Abschnürungsstrecke zur Vernichtung des Spannungsüberschusses. Die Potentialverteilung längs des Kanals bleibt daher auch bei höheren Anodenspannungen im wesentlichen die gleiche.

Querfeldtransistor (MOSFET)

Das senkrecht zur Strombahn wirkende elektrische Feld wird hier durch das Kondensatorfeld zwischen einer Metallelektrode G und dem Halbleiterkanal in einer dünnen isolierenden Schicht (Siliziumdioxyd bei Siliziumtransistoren) erzeugt. Verschiedene Ausführungsformen erhält man durch verschiedenartige Ausbildung des leitenden Kanals. Der Kanal kann als p- oder n-Kanal bereits bei der Herstellung vorbereitet sein; er kann auch durch die Steuerspannung erst erzeugt werden. Als Beispiel werde der letztgenannte Fall betrachtet, der durch Abb. 20.14 veranschaulicht wird.

In einen Block aus p-Silizium sind Kathode und Anode als n-Schichten eindiffundiert. Die Lücke zwischen Anode und Kathode von der Länge l wird mit der dünnen isolierenden SiO_2-Schicht überbrückt, auf die die Steuerelektrode G aufgebracht ist. Für die Spannungen und Ströme seien die gleichen Bezugsrichtungen gewählt wie in Abb. 20.11.

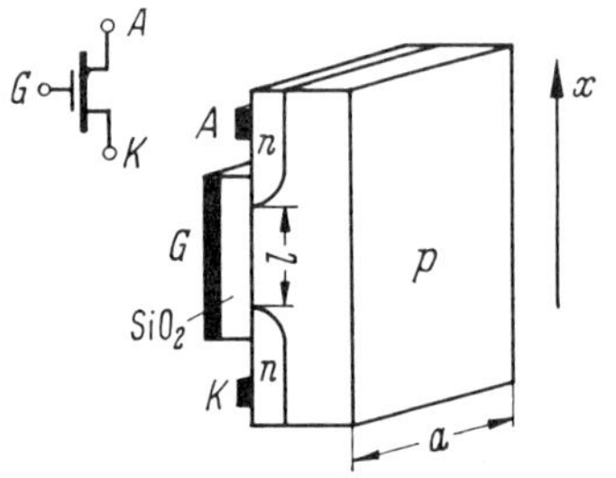

Abb. 20.14. Prinzip eines Querfeldtransistors mit isolierter Steuerelektrode

Eine positive oder negative Spannung u_a zwischen A und K verursacht keinen wesentlichen Stromfluß, da der Stromweg zwei gegeneinander geschaltete pn-Übergänge passieren müßte; einer davon ist aber jeweils gesperrt.

Eine positive Spannung u_g zwischen G und K erzeugt in der Isolierschicht ein elektrisches Feld

$$E_i = \frac{u_g}{d_i}, \tag{35}$$

wenn d_i die Dicke der Isolierschicht bedeutet. Damit sind auf der Oberfläche der Metallelektrode positive Ladungen, auf der Oberfläche des Halbleiters negative Ladungen verknüpft, und zwar mit der Ladungsdichte

$$D = \varepsilon_i E_i = \frac{\varepsilon_i u_g}{d_i}. \tag{36}$$

ε_i bezeichnet die Dielektrizitätskonstante der Isolierschicht. Die an der Oberfläche des Halbleiters auftretenden negativen Ladungen können von verschiedenen Quellen herrühren. Wenn von Verunreinigungen der Oberfläche abgesehen wird, dann tragen dazu Leitungselektronen bei, die bei der Aufladung aus der Kathode in den p-Raum fließen, sowie eine Verarmung an Defektelektronen gegenüber deren Gleichgewichtskonzentration. Die beweglichen Ladungsträger bilden im Halbleiter eine stromleitende Schicht zwischen Anode und Kathode. Die Anodenspannung u_g erzeugt nunmehr einen bestimmten Strom i_a. Dieser verursacht an der Oberfläche des p-Leiters ein vom Abstand x von der Kathode abhängiges Potential φ. Die Spannung an der Isolierschicht wird damit $u_g - \varphi$, und die negative Raumladungsdichte an der Halbleiteroberfläche wird

$$D = \frac{\varepsilon_i (u_g - \varphi)}{d_i}. \tag{37}$$

In einer dünnen Scheibe senkrecht zur Stromrichtung befindet sich an der Stelle x die Ladung

$$dQ = Da\,dx, \tag{38}$$

wobei a gemäß Abb. 20.14 die Breite des Kanals bezeichnet. Die Stromstärke i_a läßt sich nun mit Hilfe der Gl. (8.10) ausdrücken durch den Quotienten aus Ladung und Länge, multipliziert mit der Driftgeschwindigkeit v und diese nach Gl. (8.7) durch die Beweglichkeit der Ladungsträger und das Potentialgefälle $d\varphi/dx$. Dies ergibt

$$i_a = \frac{d\,Q}{dx}\,v = \frac{\varepsilon_i\,(u_g - \varphi)}{d_i}\,b_n\,\frac{d\varphi}{dx}\,. \tag{39}$$

Dabei haben wir die Betrachtung beschränkt auf den Beitrag der Leitungselektronen, so daß nur deren Beweglichkeit b_n eingeführt werden mußte. i_a ist wieder über die ganze Länge l konstant, so daß über x und φ integriert werden kann. Das Resultat ist

$$i_a = \frac{C_i\,b_n}{l^2}\left(u_g\,u_a - \frac{1}{2}\,u_a^2\right). \tag{40}$$

Zur Abkürzung ist die Kapazität des Steuerungskondensators

$$C_i = \frac{\varepsilon_i\,a\,l}{d_i} \tag{41}$$

eingeführt. Mit wachsender Anodenspannung wächst die Stromstärke von Null bis zu einem Maximum bei

$$u_a = u_g\,. \tag{42}$$

Dies ist zugleich die Spannung, bei der an der Anode die Spannung an der Isolierschicht gerade verschwindet. Damit verschwindet dort auch die „induzierte Leitfähigkeit" des Kanals. Die Stromstärke wird

$$i_{a\,\max} = \frac{C_i\,b_n}{l^2}\,\frac{1}{2}\,u_a^2\,. \tag{43}$$

Ähnlich wie bei den Sperrschicht-Querfeldtransistoren gilt auch hier, daß eine Vergrößerung von u_a über die Abschnürspannung hinaus nur noch eine geringe Vergrößerung der Stromstärke ergibt, da schon eine sehr kurze Abschnürstrecke zur Aufnahme der überschüssigen Spannung ausreicht. Bei negativen Anodenspannungen u_a wird nach Gl. (40) auch der Strom, i_a negativ. Die Abb. 20.15 zeigt einige nach Gl. (40) berechnete Kennlinien für das *Zahlenbeispiel:*

$$l = 30\,\mu\text{m},\ a = 100\,\mu\text{m},\ d_i = 0{,}2\,\mu\text{m},\ b_n = 1900\,\text{cm}^2/\text{Vs},\ \varepsilon_i = 4{,}5\,\varepsilon_0\,.$$

Damit wird $C_i = 0{,}6$ pF und $C_i\,b_n/l^2 = 0{,}1267$ mA/V².

Gegenüber den Sperrschicht-Feldeffekttransistoren haben die Querfeldtransistoren mit kapazitiver Steuerung einen sehr viel höheren Eingangswiderstand, der bei Wechselstrom im wesentlichen nur durch die geringe Kapazität zwischen G und K bestimmt ist.

Bemerkung: Daß Ladungen bei einem Kondensator mit einer Halbleiterelektrode die Leitfähigkeit der Elektrode erhöhen können, liegt an der im Vergleich zu Metallen sehr geringen Konzentration der Ladungsträger. Bei Metallen sind auch die größten erreichbaren Ladungsdichten an der Oberfläche noch so gering, daß sie den Widerstand nur bei extrem dünnem Querschnitt des Stromleiters merklich verändern.

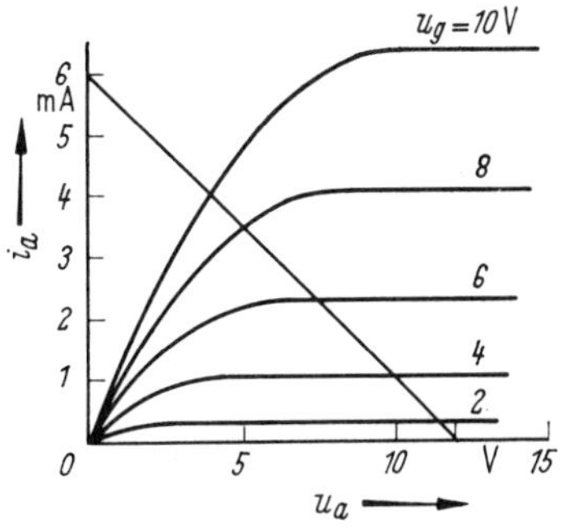

Abb. 20.15. Ausgangskennlinien eines Querfeldtransistors nach Abb. 20.14

Zum Schluß werde noch die Verstärkerschaltung Abb. 20.16 betrachtet, bei der ein Querfeldtransistor als ein „Verstärkerelement" dient. Der Strom i_a ist durch den Schnitt der in Abb. 20.15 eingezeichneten Widerstandsgeraden mit den Kennlinien gegeben.

Die Eingangsspannung ist

$$u_1 = u_g + u_3 = u_g + i_a R_k\,, \tag{44}$$

da der Steuerstrom i_g vernachlässigbar klein gegen i_a ist. Für die Widerstandsgerade gilt die Gleichung

$$u_g = U_{0A} - i_a (R_a + R_k)\,. \tag{45}$$

Für 2 verschiedene Werte der beiden Widerstände, nämlich

$$R_a = 0, \quad R_k = 2000\ \Omega\,,$$

$$R_a = R_k = 1000\ \Omega\,,$$

ist in Abb. 20.17 die Abhängigkeit der beiden Ausgangsspannungen u_2 und u_3 von der Eingangsspannung u_1 aufgetragen. Die Spannungsverstärkung ist hier kleiner

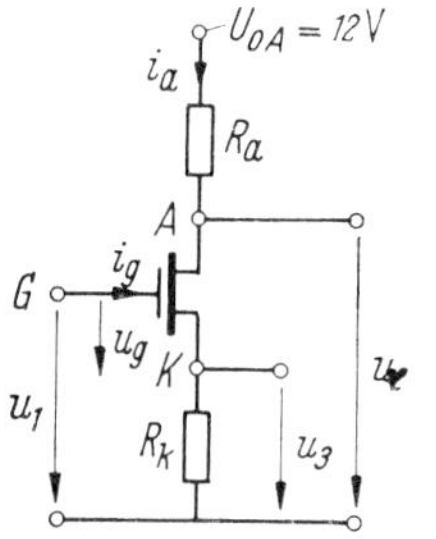

Abb. 20.16. Verstärkerschaltung mit einem Querfeldtransistor

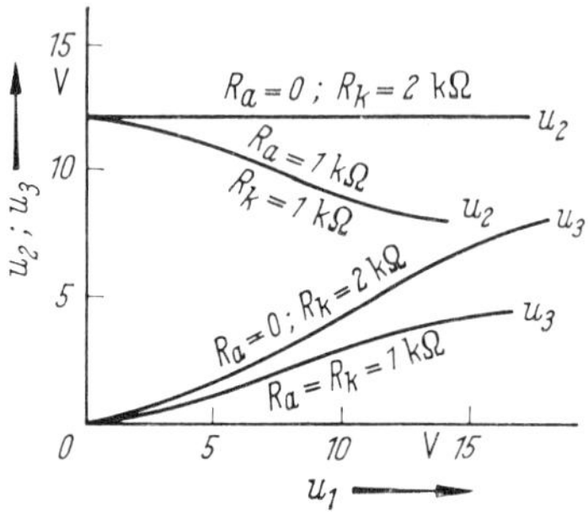

Abb. 20.17. Ausgangsspannungen bei dem Verstärker Abb. 20.16 in Abhängigkeit von der Eingangsspannung

als 1; die Leistungsverstärkung kann jedoch wegen des sehr geringen Steuerstromes hohe Werte erreichen. Wie der Vergleich der Kurven für u_3 zeigt, bewirkt der dem Eingangs- und Ausgangskreis gemeinsame Widerstand R_k eine „Linearisierung" der Kennlinie. Dies wird durch die Gegenkopplung über den Widerstand R_k verursacht (s. Abschnitt 49). Über die Wirkungsweise der Transistoren als lineare Verstärker s. Abschnitt 38.

IV. Stromleitung in Gasen und Durchschlag

21. Gasentladungen

Grundbegriffe

Die Gase sind unter gewöhnlichen Bedingungen und bei niedrigen Feldstärken so gute Nichtleiter, daß sich auch mit den empfindlichsten Galvanometern kein Strom nachweisen läßt. Sie verlieren jedoch diese Eigenschaft, wenn die Spannung zwischen den Elektroden über eine bestimmte Grenze hinaus gesteigert wird. Die Erscheinungen der Stromleitung in Gasen sind sehr mannigfaltig; man faßt sie mit der Bezeichnung Gasentladungen zusammen; hierher gehören z. B. die Vorgänge in einer Glimmröhre, im Quecksilberdampf- oder im Edelgasgleichrichter, die Funken- und Lichtbogenerscheinungen.

Auch bei niedrigen Spannungen kann man in einem Gas meßbare Ströme erzeugen, wenn das Gas einem sog. Ionisator ausgesetzt wird, z. B. Röntgenstrahlen. Es zeigt sich, daß dann die Stromstärke in der durch Abb. 21.1 veranschaulichten Weise von der Spannung zwischen den Elektroden abhängt. Bei kleinen Spannungen wächst der Strom proportional mit der Spannung; hier ist also der Widerstand konstant. Mit wachsender Spannung nähert sich aber die Stromstärke einem Grenzwert, dem sog. Sättigungsstrom. Wird die Spannung weiter gesteigert, so ergibt sich ein zweiter Anstieg des Stromes, der schließlich zu einer sichtbaren Entladung zwischen den Elektroden führt.

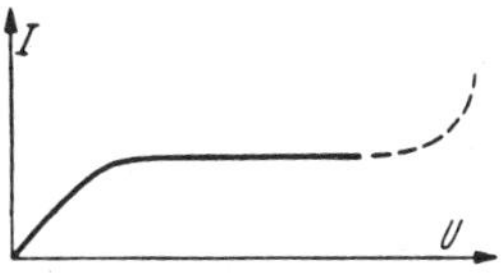

Abb. 21.1. Kennlinie einer unselbständigen Gasentladung

Dieser Verlauf der Stromspannungskennlinie erklärt sich folgendermaßen. Durch den Ionisator wird ein Teil der Gasatome in positive Ionen und negative Elektronen aufgespalten. Diese Ladungsträger bewegen sich im elektrischen Feld entsprechend ihrer Ladung zur negativen oder positiven Elektrode; es entsteht ein elektrischer Strom. Dabei ergibt sich ständig ein Verlust an Ladungsträgern dadurch, daß sich positive und negative Ladungsträger wieder vereinigen. Die Stromstärke ist dadurch bestimmt, daß sich ein Gleichgewichtszustand einstellt zwischen der Zahl der in einer bestimmten Zeit vom Ionisator erzeugten und der durch Wiedervereinigung und Abwanderung verschwindenden Ladungsträger. Man bezeichnet eine derartige Strömung durch ein Gas als *unselbständige Gasentladung*. Steigert man die Spannung, so wächst die Stromstärke; sie läßt sich aber nur bis zu einer gewissen Grenze erhöhen, bei der die Ladungsträger im gleichen Maß weggeführt wie erzeugt werden. Dann ergibt sich der Sättigungsstrom, der durch den horizontalen Teil der Kurve, Abb. 21.1, gekennzeichnet ist.

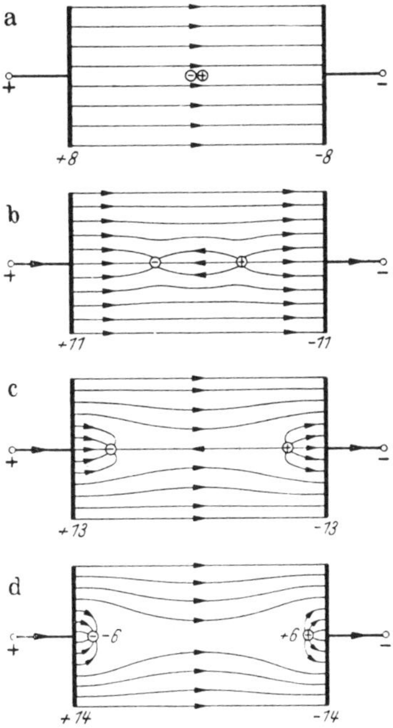

Abb. 21.2 a—d. Wesen des Stromes in Gasentladungen

Die Verknüpfung eines Stromes mit der Wanderung eines elektrisch geladenen Teilchens zu einer Elektrode darf man sich nicht so vorstellen, daß erst beim Eintreffen der Ladung an der Elektrode diese eine Ladungsänderung erfährt und damit in dem Stromkreis ein Stromstoß entsteht, sondern die Ladung der Elektroden ändert sich mit jeder Bewegung des Ladungsträgers. An Hand eines Modells soll dies durch Abb. 21.2 noch etwas näher veranschaulicht werden. Im Bild a sind zwei Ladungsträger mit entgegengesetzt gleicher Ladung dicht nebeneinander angenommen, so daß die Gesamtladung dieses Atommodells null ist. Von der linken Elektrode gehen 8 Verschiebungslinien zur rechten über; wir können daher die positiven und negativen Ladungen der beiden Elektroden durch die Zahl 8 kennzeichnen Entfernen wir nun die beiden Ladungsträger durch äußere Kräfte entgegen ihren Bindungskräften voneinander (Ionisierung), so kommen wir zu dem Bild b. Von dem positiven Ladungsträger gehen 6 Verschiebungslinien aus, auf dem negativen Ladungsträger münden entsprechend seiner gleich großen aber entgegengesetzten Ladung 6 Verschiebungslinien ein; die auf den Ladungsträgern befindlichen Elektrizitätsmengen sind also durch die Zahlen +6 und —6 gekennzeichnet. In dieser Lage der beiden Ladungsträger gehen aber nun von der positiven Platte 3 Verschiebungslinien mehr aus, auf der negativen münden 3 Verschiebungslinien mehr ein als im Bild a, wenn die Spannung zwischen den beiden Platten durch die äußere Stromquelle konstant gehalten wird. Die Ladungen der beiden Platten sind also bei diesem Vorgang von 8 auf 11 gewachsen. Wie die Bilder c und d zeigen, wachsen die Ladungen der Platten noch weiter an, wenn sich nun die Ladungsträger unter der Einwirkung der Feldkräfte weiterbewegen. Schließlich erscheint die Plattenladung um die Gesamtladung eines Ladungsträgers vermehrt. Während des ganzen Vorganges der Bewegung fließt also in dem äußeren Stromkreis ein der Zunahme der Plattenladungen entsprechender Strom bis die Ladungsträger an den Platten selbst eintreffen. Dann kompensieren sie gerade den durch ihre Wanderung verursachten Zuwachs der Plattenladungen, und der ursprüngliche Zustand ist wieder hergestellt. Die Bewegung der geladenen Teilchen überträgt sich also auf dem Wege über den Verschiebungsstrom in den ganzen Stromkreis.

Ein einzelnes Trägerpaar mit der Ladung $+q$, $-q$ *vermehrt beim Durchlaufen des Feldes die Ladung der Elektroden während dieser Laufzeit um den Betrag* q. Das gleiche gilt auch für den Fall, daß ein Ladungsträger von der Oberfläche einer Elektrode abgelöst wird, so daß sein Partner in der Oberfläche dieser Elektrode verbleibt. Der Beitrag eines das ganze Feld durchlaufenden Teilchens mit der Ladung q zur Stromstärke ist also im Mittel

$$\frac{q}{t_1} = \frac{q\,v}{l}\,, \tag{1}$$

wenn mit t_1 die Laufzeit, mit l der Weg und mit v die mittlere Geschwindigkeit des Teilchens bezeichnet wird. Ist n die räumliche Dichte dieser wandernden Teilchen, so ergibt sich demnach bei einem Querschnitt A des Strombündels eine Stromstärke

$$I = \frac{q\,v}{l}\,n\,A\,l\,, \tag{2}$$

und die Stromdichte hat den Betrag

$$J = \frac{I}{A} = n\,q\,v\,. \tag{3}$$

Führt man die Raumladungsdichte ein,

$$\varrho = n\,q\,, \tag{4}$$

so wird der Vektor der Stromdichte

$$\boxed{\boldsymbol{J} = \varrho\,\boldsymbol{v}\,.} \tag{5}$$

Die Dichte eines Ionenstromes ist also um so größer, je größer die Geschwindigkeit der Ladungsträger und je größer ihre räumliche Dichte ist [vergleiche auch die Beziehung (8.5)].

Sind mehrere Arten von Ladungsträgern vorhanden, so gilt

$$\boldsymbol{J} = \varrho_1\,\boldsymbol{v}_1 + \varrho_2\,\boldsymbol{v}_2 + \varrho_3\,\boldsymbol{v}_3 + \cdots. \tag{6}$$

In Gasen kommen 3 Arten von Ladungsträgern vor, nämlich

1. Elektronen mit der Ladung $-e$ und der Ruhemasse m_0;

2. positive Ionen, also Atom- oder Molekülreste, die entstehen, wenn ein oder mehrere Elektronen aus einem Atom entfernt werden; es handelt sich dabei um Elektronen der äußeren Schale. Die Ladung ist entsprechend der Anzahl der fehlenden Elektronen e, $2e$, $3e$ usw. Die Masse der positiven Ionen ist im wesentlichen die Atommasse, also sehr viel größer als die Masse der Elektronen ($10^3 \cdots 10^5$mal so groß);

3. negative Ionen, die durch Anlagerung von Elektronen an neutrale Atome oder Moleküle entstehen. Ihre Ladung ist also $-e$, $-2e$, $-3e$ usw. Ihre Masse ist wie die der positiven Ionen im wesentlichen durch die Atom- oder Molekülmasse bestimmt.

Die Geschwindigkeit v, mit der solche Ladungsträger in dem Gas unter der Einwirkung eines elektrischen Feldes wandern, ergibt sich als Driftgeschwindigkeit daraus, daß die Feldkräfte jeweils nur während der verhältnismäßig kurzen Strecken beschleunigend wirken, die die Ladungsträger bei ihrer Wärmebewegung von einem bis zum nächsten Zusammenstoß frei durchfliegen. Während der Zeitdauer τ ihres freien Fluges wirkt auf die Ladungsträger die durch die Feldkräfte gegebene Beschleunigung qE/m. Der in Richtung dieser Beschleunigung zurückgelegte Weg der Ladungsträger ist also $\frac{1}{2}\frac{qE}{m}\tau^2$. Daraus ergibt sich die mittlere Wanderungsgeschwindigkeit (Driftgeschwindigkeit) v durch Division mit τ:

$$\boldsymbol{v} = \frac{1}{2}\frac{q}{m}\tau\,\boldsymbol{E}. \tag{7}$$

Solange der Energiezuwachs des Ladungsträgers während des freien Fluges relativ gering ist, kann die Flugzeit τ aus der freien Weglänge s und der mittleren Geschwindigkeit v_m der Wärmebewegung berechnet werden. Für diese gilt nach dem Gleichverteilungssatz der Wärmetheorie

$$\frac{1}{2}m\,v_m^2 = \frac{3}{2}k\,T\,, \tag{8}$$

also

$$v_m = \sqrt{3\frac{k\,T}{m}}\,, \tag{9}$$

und es wird

$$\tau = \frac{s}{v_m} = s\sqrt{\frac{m}{3\,k\,T}}\,. \tag{10}$$

Dies ergibt in Gl. (7) eingesetzt

$$\boldsymbol{v} = \frac{q}{2\sqrt{3\,k\,T}}\,\frac{s}{\sqrt{m}}\,\boldsymbol{E}\,. \tag{11}$$

Man schreibt hierfür auch mit Gl. (8.7)

$$\boxed{\boldsymbol{v} = b\,\boldsymbol{E}} \tag{12}$$

und nennt dementsprechend auch hier

$$b = \frac{q}{2\sqrt{3\,k\,T}}\,\frac{s}{\sqrt{m}} \tag{13}$$

die Beweglichkeit der Ladungsträger.

Bei Luft von Normaldruck und 0 °C ist z. B. nach Messungen $b = 1{,}5\ \mathrm{cm^2/Vs}$ für die positiven Ionen. Bei einer Feldstärke von 1 kV/cm wird die Driftgeschwindigkeit der Ionen daher $v = 1{,}5 \cdot 10^3$ cm/s $= 15$ m/s. Sie ist der Wärmebewegung der Ionen überlagert, deren mittlere Geschwindigkeit nach Gl. (9) rund 500 m/s beträgt.

Die Wanderungsgeschwindigkeit der Ladungsträger ist nach Gl. (12) proportional der Feldstärke, und daraus folgt nach Gl. (5) Proportionalität zwischen Stromdichte und Feldstärke, wenn die Zahl der Ladungsträger konstant bleibt.

Bemerkung: Die Temperatur T geladener Teilchen, die sich unter der Einwirkung elektrischer Felder bewegen, ist infolge der dadurch bedingten Energieaufnahme höher als die Außentemperatur. Bei hohen Feldstärken wird daher die freie Flugzeit τ kleiner; die Driftgeschwindigkeit v wächst nicht mehr proportional E, sondern langsamer.

Die Beweglichkeit der Träger ist proportional ihrer Ladung q und der freien Weglänge, umgekehrt proportional der Wurzel aus der Masse der Ladungsträger und aus der absoluten Temperatur. Da die Massen der Elektronen und der Ionen sehr stark voneinander verschieden sind, so ist die Beweglichkeit der Ionen nur ein geringer Bruchteil derjenigen der Elektronen. Wenn von dem Unterschied der freien Weglängen und der Temperatur von Elektronen und Ionen abgesehen wird, so gilt für das Verhältnis der Beweglichkeiten von Elektronen und Ionen nach Gl. (13)

$$\frac{b_E}{b_I} = \sqrt{\frac{m_I}{m_E}}\,. \tag{14}$$

Bei Stickstoff ist z. B. $m_I \approx 48 \cdot 10^{-24}$ g (= Molekulargewicht mal Masse des Protons), so daß mit $m_E \approx 9 \cdot 10^{-28}$ g

$$\frac{b_E}{b_I} \approx 230 .$$

Bei Quecksilberdampf wird $b_E/b_I = 610$. In Wirklichkeit sind diese Zahlenverhältnisse noch größer, da die freie Weglänge der Elektronen größer ist als die der Ionen. Die Elektronen durchlaufen das Feld einige 100- bis 1000mal rascher als die Ionen.

Eine gewisse Ionisierung der Gase ist praktisch immer vorhanden. Sie wird z. B. hervorgerufen durch Lichtstrahlen, kurzwellige Höhenstrahlen, Strahlen von radioaktiven Stoffen; ferner werden durch solche Strahlen an Leiteroberflächen Elektronen ausgelöst. Die auf diese Weise entstehenden Ladungsträger verschiedenen Vorzeichens vereinigen sich bei passendem Zusammentreffen wieder (*Rekombination*), so daß sich unter konstanten äußeren Bedingungen im Gleichgewicht zwischen Erzeugung und Vereinigung eine ganz bestimmte Ionenkonzentration einstellt. Unter gewöhnlichen Bedingungen werden in der Luft größenordnungsmäßig etwa 10 Ionen im cm^3 je Sekunde erzeugt; sie entsprechen im cm^3 einer Ladungsdichte $ne = 1{,}6 \cdot 10^{-18}$ As/cm^3 in jeder Sekunde. Zwischen zwei Platten von 1 cm Abstand und 1 cm^2 Oberfläche kann also eine Stromstärke von der Größenordnung 10^{-18} A erzeugt werden. Dabei hat man sich den Zusammenhang zwischen Stromstärke und Spannung gemäß Abb. 21.2 vorzustellen. Es handelt sich um so kleine Stromstärken, daß sie nur schwierig gemessen werden können. Trotzdem sind diese Erscheinungen von großer praktischer Bedeutung, da sie die Vorstufe zu den *selbständigen Gasentladungen* und zum sog. Durchschlag bilden können.

Wenn die Spannung gesteigert wird, dann wächst die Stromstärke bis schließlich die Entladung „zündet", sie unterhält sich nun selbst auch ohne äußere Ionisation; es treten sichtbare Lichterscheinungen und erheblich größere meßbare Stromstärken auf.

Von den vielfachen Erscheinungsformen der selbständigen Gasentladungen sind praktisch besonders die *Glimmentladung* und die *Bogenentladung* wichtig. Glimmentladungen ergeben sich insbesondere in stark verdünnten Gasen; sie sind dadurch gekennzeichnet, daß der Gasraum zwischen den beiden Elektroden unter Auftreten von Leuchterscheinungen elektrisch gut leitend wird, ohne daß dabei die Elektroden in Mitleidenschaft gezogen werden; die Elektroden bleiben kalt. Bei höheren Stromstärken ergibt sich die Bogenentladung; sie ist gekennzeichnet durch eine starke Temperatursteigerung des Gases und meist auch der Elektroden sowie dadurch, daß zur Aufrechterhaltung der Entladung verhältnismäßig niedrige Spannungen genügen.

Zwei Vorgänge bilden die wichtigsten Ursachen für die selbständige Stromleitung im Gasraum:

1. die Stoßionisierung der Gasatome;

2. die Auslösung von Elektronen an der negativen Elektrode beim Auftreffen von positiven Ionen.

Stoßionisierung

Steigert man die elektrische Spannung zwischen zwei Elektroden in einem Gasraum, so werden die freien Elektronen während ihrer Flugzeit durch die Feldkräfte immer stärker beschleunigt. Ihre Geschwindigkeit und Energie beim Auftreffen auf neutrale Gasatome wachsen. Die Energieaufnahme eines Elektrons beim Durchlaufen einer freien Wegstrecke s in einem Feld mit der Feldstärke E beträgt bei günstigster Laufrichtung

$$e\,s\,E = W_s\,, \tag{15}$$

oder, wenn die dabei durchlaufene Spannung

$$U_s = s\,E \tag{16}$$

beträgt,

$$W_s = e\,U_s\,. \tag{17}$$

Bei niedrigen Geschwindigkeiten ergibt sich ein *elastischer Stoß* zwischen dem Elektron und der sehr viel größeren Masse des Atoms. Dabei kann sich die Flugrichtung des Elektrons ändern; es wird jedoch nur eine sehr geringe Energie vom Elektron auf das Atom übertragen. Das Atom behält bei einem solchen elastischen Stoß seinen Zustand bei.

Überschreitet die Geschwindigkeit und damit die kinetische Energie W_s des auftreffenden Elektrons eine gewisse Grenze, dann kann der Stoß „unelastisch" werden, d.h. das Elektron überträgt nun einen wesentlichen Teil seiner Energie W_s auf das Atom. Ein solcher *unelastischer Zusammenstoß* kann zu verschiedenen Folgen führen.

1. Das Atom kann ionisiert werden. Dazu muß dem Atom der zur völligen Ablösung eines Elektrons notwendige Energiebetrag zugeführt werden. Ähnlich wie bei den Metallen kann dieser Energiebetrag durch eine Anlaufspannung gemessen werden. Diese Spannung wird hier als *Ionisierungsspannung* U_i bezeichnet. Die Ionisierungsspannung liegt bei Gasen und Dämpfen in der Größenordnung einiger Volt. In der Tabelle 21.1 sind einige Zahlenwerte angegeben. Die Bedingung für die Stoßionisierung lautet nun

$$U_s = s\,E > U_i\,. \tag{18}$$

Tabelle 21.1

Stoff	Ionisierungsspannung U_i/V
Helium	24,6
Neon	21,6
Stickstoff	14,5
Sauerstoff	13,6
Quecksilberdampf	10,4
Natriumdampf	5,1
Cäsiumdampf	3,9

2. Das Atom kann „angeregt" werden. Ein Elektron der Elektronenhülle des Atoms kann durch Energiezufuhr aus dem Grundzustand seiner Energie herausgebracht werden und trotzdem noch in der Elektronenhülle verbleiben, so daß das Atom nach wie vor elektrisch neutral bleibt. Dabei sind jedoch nur ganz bestimmte Energieniveaus der Elektronen möglich, die durch die Art des Atoms bestimmt sind. Im Energiediagramm des Atoms werden diese verschiedenen möglichen Energiezustände durch die Überschußenergie über dem Grundzustand in eV angegeben.

Als Beispiel zeigt Abb. 21.3 das Energiediagramm von Quecksilber. Das niedrigste mögliche Anregungsniveau liegt also 4,66 eV über dem Grundzustand; 10,4 eV über dem Grundzustand liegt das Ionisierungsniveau. Die meisten der Energiezustände sind nicht stabil. Das Elektron kehrt von selbst in einen tiefer gelegenen Zustand und schließlich in den Grundzustand zurück. Diese nichtstabilen Energiezustände heißen auch *Resonanzniveaus*, weil der Übergang mit der Ausstrahlung einer elektromagnetischen Welle verbunden ist, und zwar wird bei einem Übergang in einen niedrigen Energiezustand gerade ein Energiequant ausgestrahlt; für die Frequenz oder die Wellenlänge λ der Strahlung gilt daher

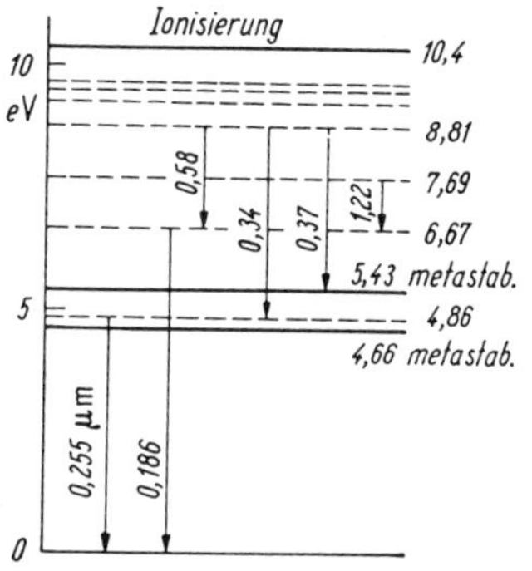

Abb. 21.3. Anregungsstufen von Quecksilber

die Beziehung (vgl. S. 163)

$$\boxed{h f = \frac{h c}{\lambda} = W_1 - W_2 ,} \tag{19}$$

wobei allgemein W_1 das Ausgangs- und W_2 das Endniveau des Überganges bezeichnen. Einige Beispiele für solche Resonanzübergänge sind durch Pfeile in Abb. 21.3 angemerkt mit Angabe der dazugehörigen Wellenlänge λ. Z.B. gilt für den Übergang von 4,86 eV in den Grundzustand

$$\lambda = \frac{h c}{e \cdot 4{,}86 \text{ V}} = \frac{6{,}63 \cdot 10^{-34}\ 3 \cdot 10^{8}}{1{,}6 \cdot 10^{-19} \cdot 4{,}86} \frac{\text{Ws}^2 \text{ m}}{\text{As} \cdot \text{s} \cdot \text{V}} = 255 \text{ nm} .$$

Das Spektrum des ausgestrahlten Lichtes setzt sich in dieser Weise aus allen möglichen Übergangswellenlängen zusammen, und es können durch Ausmessung des Spektrums umgekehrt die Energieniveaus ermittelt werden.

Ein erheblicher Teil der Strahlung liegt außerhalb des sichtbaren Bereiches, z. B. der Übergang von 6,67 V zum Grundniveau, dessen Wellenlänge von 186 nm im Ultraviolett liegt. Bei den *Leuchtstoffröhren* wird diese Ultraviolettstrahlung durch fluoreszierende Stoffe (z.B. Zinksilikat) in sichtbares Licht umgewandelt.

Außer den Resonanzniveaus gibt es auch Niveaus, die das Elektron lange Zeit stabil beibehalten kann. Sie werden als *metastabile Zustände* des Elektrons bezeichnet. Im Beispiel von Quecksilber sind dies die Niveaus mit 4,66 eV und 5,43 eV. Metastabile Atome können ihre Überschußenergie nur beim Zusammentreffen mit anderen Atomen wieder verlieren. Sie spielen bei Gasentladungen eine wichtige Rolle aus folgenden Gründen.

Zunächst kann ein metastabiles Atom, das beim unelastischen Stoß eines Elektrons entstanden ist, durch ein zweites auftreffendes Elektron ionisiert werden. Jeder der beiden Zusammenstöße erfordert dabei weniger Energie als es der Ionisierungsenergie entspricht. Bei einer solchen *stufenweisen Ionisierung* braucht also die Bedingung (18) nicht erfüllt zu sein. Bei Entladungen in Quecksilberdampf kann z.B. ein erster Stoß ein Atom auf das Niveau 5,43 V bringen; ein zweiter Stoß mit 5 V reicht dann bereits für die Ionisierung aus.

Die Ionisierungsenergie kann ferner beim zufälligen *Zusammenstoß zweier metastabiler Atome* aufgebracht werden, wenn die Summe der beiden Überschußenergien größer als die Ionisierungsenergie eines Atoms ist. Dann entsteht ein neutrales Atom, ein positives Ion und ein freies Elektron.

Schließlich können die *metastabilen Atome bei Gasgemischen* dann zu dem gesamten Ionisierungsprozeß beitragen, wenn ein metastabiler Zustand des einen Gases über dem Ionisierungsniveau des anderen Gases liegt. Ein Beispiel bildet eine Mischung aus Argon mit der Ionisierungsspannung $U_i = 15{,}6$ V und Helium mit einem metastabilen Niveau bei 19,8 V. Beim zufälligen Zusammentreffen eines metastabilen Heliumatoms mit einem Argonatom im Grundzustand wird dieses letztere ionisiert, ein Elektron wird frei und das Heliumatom geht in den Grundzustand zurück.

Die freie Weglänge s ist keine Konstante, sondern streut in einem weiten Bereich. Schon bei verhältnismäßig niedrigen Feldstärken E kommen daher einige Fälle von Stoßionisierung vor, wenn nämlich zufällig die freie Weglänge genügend groß war. Mit wachsender Feldstärke wird die Stoßionisierung dann immer häufiger, da immer kleinere Weglängen s zur Erfüllung der Ionisierungsbedingung ausreichen. Man kennzeichnet diese Verhältnisse durch die *Ionisierungszahl* α. Darunter versteht man die Anzahl der im Mittel von einem einzigen Elektron auf dem Stromweg durch Stoß erzeugten Trägerpaare geteilt durch den Weg.

Die mittlere freie Weglänge ist bei konstanter Temperatur umgekehrt proportional dem Gasdruck p. Die Zahl der Elektronen, die zur Ionisierung befähigt sind, wird also eine Funktion von E/p sein. Ändert man aber Spannung und Gasdruck so, daß E/p konstant bleibt, dann wird sich eine um so größere Zahl von Zusammenstößen ergeben, je größer der Gasdruck p ist, da bei größerem Gasdruck die Wahrscheinlichkeit, daß ein Atom getroffen wird, entsprechend der dichteren Packung der Atome größer ist. Daraus ergibt sich für die Ionisierungszahl der Elektronen die Beziehung:

$$\alpha = p\, f_1\left(\frac{E}{p}\right), \tag{20}$$

wobei $f_1\left(\frac{E}{p}\right)$ eine Funktion von $\frac{E}{p}$ bezeichnet.

Auch die Ionen können neutrale Gasatome ionisieren; doch ist die Ionisierungszahl der Ionen wegen deren kleinerer freier Weglänge sehr viel kleiner als die der Elektronen und daher nur schwierig zu messen. Entsprechend Gl. (20) gilt für die Ionisierungszahl der positiven Ionen

$$\beta = p\, f_2\left(\frac{E}{p}\right). \tag{21}$$

Z.B. ergibt sich auf Grund von Messungen für Luft von $p = 1$ Torr $= 1{,}33$ mbar

bei	$E = 100$	1000	V/cm
	$\alpha = 0{,}7$	10	cm^{-1}
	$\beta = 5 \cdot 10^{-4}$	0,3	cm^{-1} .

Beim Fortschreiten um eine kleine Strecke dx erzeugt jedes Elektron $\alpha\, dx$ neue Elektronen. n Elektronen vermehren sich also längs dieser Strecke um

$$dn = \alpha\, n\, dx; \tag{22}$$

daraus folgt

$$\frac{dn}{n} = \alpha\, dx\,.$$

Durch Integration ergibt sich bei konstanter Feldstärke, also konstantem α

$$n = n_0\, e^{\alpha x}\,. \tag{23}$$

Jedes Elektron wird also beim Durchlaufen einer Strecke x auf $e^{\alpha x}$ Elektronen vermehrt. Tritt in einer Röhre mit geringem Gasdruck aus der Kathode ein Elektronenstrom I_k aus, z.B. durch thermische Emission oder durch Photoemission, so vervielfacht sich dieser Strom auf den Wert

$$I_a = I_k\, e^{\alpha d} \tag{24}$$

an der Anodenplatte, wenn d den Abstand zwischen Kathode und Anode bezeichnet. Dieser Vervielfachungseffekt wird z.B. in gasgefüllten Photozellen zur Stromverstärkung und damit zur Erhöhung der Empfindlichkeit benützt.

Die Elektronen lassen die entsprechenden positiven Ionen zurück, die sich relativ langsam auf die Kathode zu bewegen. Wegen der notwendigen Kontinuität des elektrischen Stromes stellt sich dabei überall eine solche Driftgeschwindigkeit ein, daß die Summe aus Elektronenstrom und Ionenstrom konstant ($= I_a$) ist. Wird die Spannung zwischen den Elektroden erhöht, so erhöht sich wegen des größeren α die Elektronenstromstärke und damit kann schließlich auch die Zahl der positiven Ionen so groß werden, daß sie trotz ihrer geringen Ionisierungsfähigkeit doch so viele Elektronen durch Stoß erzeugen, daß die Strömung sich selbst aufrechterhalten kann; damit entsteht eine selbständige Entladung (Townsend 1901).

Angenähert wird dieser Zustand dann erreicht, wenn die durch ein von der Kathode ausgehendes Elektron insgesamt erzeugte Anzahl von positiven Ionen gerade ausreicht, um im Mittel wieder ein Elektron an der Kathode zu erzeugen;

Zwischen zwei parallelen Plattenelektroden mit dem Abstand d erzeugt nun ein von der Kathode ausgehendes Elektron im ganzen $e^{\alpha d} - 1$ positive Ionen. Diese rufen auf einer Strecke dx vor der Kathode durch Stoßionisierung

$$\beta\, dx\, (e^{\alpha d} - 1)$$

neue Elektronen hervor. Wenn sich die Entladung selbst aufrechterhalten soll, dann muß diese Zahl ebenso groß sein, wie wenn aus der Kathode ein einziges Elektron herausgekommen wäre, nämlich $\alpha\, dx$. Durch Gleichsetzen ergibt sich die Bedingung für den Beginn der selbständigen Entladung (TOWNSEND-*Bedingung*)

$$\alpha = \beta\, (e^{\alpha d} - 1)$$

oder

$$\alpha\, d = \ln \frac{\alpha + \beta}{\beta}\,. \tag{25}$$

Nach den oben genannten Zahlen ist α bei Luft 10- bis 1000mal so groß wie β; daher liegt $\ln \frac{\alpha + \beta}{\beta}$ etwa zwischen 2,4 und 7; also lautet hier die Bedingung für das Einsetzen der selbständigen Entladung

$$\alpha = \frac{2{,}4 \cdots 7}{d}\,. \tag{26}$$

Je kleiner der Plattenabstand d ist, um so größer muß also α und damit die Feldstärke sein, die die selbständige Entladung herbeiführt. Man nennt diese Feldstärke die *Anfangsfeldstärke*, die zugehörige Spannung zwischen den Elektroden die *Anfangsspannung* oder *Zündspannung*.

Der hier geschilderte Vorgang stellt jedoch nur einen Teil der wirklichen Verhältnisse dar; es überlagern sich weitere Effekte, von denen die Auslösung von Elektronen an der Kathode durch die positiven Ionen besonders wirksam ist. Andere Effekte, die den Zündvorgang von Gasentladungen beeinflussen, sind die Elektronenauslösung aus den Gasatomen und aus der Kathode durch die Strahlung von bereits angeregten Atomen (Photoeffekt), der Einfluß der elektrischen Feldstärke auf den Elektronenaustritt an der Kathode (Feldemission) und die feldverzerrende Wirkung der Raumladung der bereits gebildeten Ladungsträger.

Elektronenauslösung an der Kathode

Treffen die positiven Ionen mit genügender Geschwindigkeit auf die Kathode, so werden von deren Oberfläche Elektronen freigemacht, die mit einer verhältnismäßig geringen Geschwindigkeit die Elektrode verlassen. Der Energieinhalt der auftreffenden Ionen kann wieder durch die Anlaufspannung gemessen werden. Von der Höhe dieser Anlaufspannung hängt die Zahl der im Mittel von einem Ion ausgelösten Elektronen ab; diese Zahl ist ferner abhängig von der Art der auftreffenden Ionen, von dem Material der Kathode und von der Beschaffenheit der Oberfläche. Wir nennen die Zahl der im Mittel von einem Ion befreiten Elektronen *das Auslösungsverhältnis* oder die *Ausbeute* γ.

Aus Messungen hat man z. B. bei Neon-Ionen, die auf eine Nickelkathode treffen, folgende Zahlenwerte gefunden:

Anlaufspannung der Neon-Ionen	=	10	100	1000 V
Auslösungsverhältnis γ	=	0,03	0,09	0,18

Trifft ein Strom positiver Ionen von der Stärke I_p an der Kathode ein, so wird ein Elektronenstrom $\gamma\, I_p$ ausgelöst, der sich zu dem durch andere Emission erzeugten Katodenstrom I_k addiert. Die Summe $I_k + \gamma\, I_p$ vervielfacht sich durch Ionisierung des Gases gemäß Gl. (24). Damit ergibt sich eine räumliche Verteilung von Elektronenstrom I_n und Ionenstrom I_p im Gasraum, wie es durch Abb. 21.4 veranschaulicht wird; der auf der ganzen Entladungsstrecke konstante Strom **ist**

$$I_a = (I_k + \gamma\, I_p)\, e^{\alpha d}\,. \tag{27}$$

Die Entladung wird selbständig, wenn die insgesamt von einem aus der Kathode austretenden Elektron auf dem Wege zur Anode erzeugte Anzahl von positiven Ionen gerade ausreicht um an der Kathode wieder ein Elektron auszulösen. Die Bedingung für das Auftreten der selbständigen Entladung lautet also beim Plattenkondensator

$$\gamma\,(e^{\alpha d} - 1) = 1$$

oder

$$\alpha\, d = \ln\left(1 + \frac{1}{\gamma}\right). \tag{28}$$

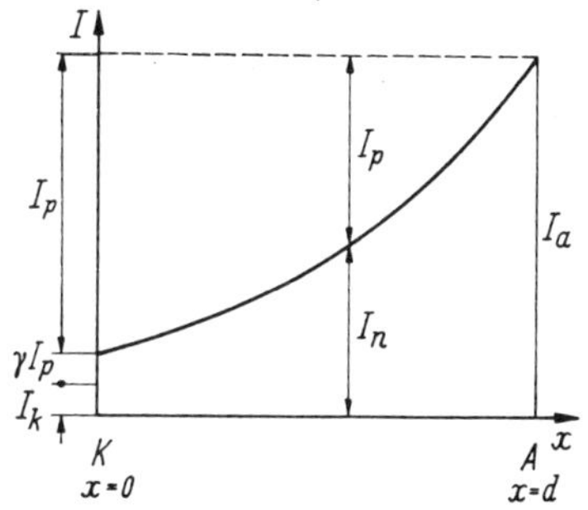

Abb. 21.4. Elektronenstrom I_n und Ionenstrom I_p in einer unselbständigen Gasentladung

Mit den für die Nickelkathode im Neongas genannten Zahlen liegt z. B. der Logarithmus zwischen 1,9 und 3,5, also

$$\alpha = \frac{1{,}9 \cdots 3{,}5}{d}\,. \tag{29}$$

In Wirklichkeit überlagern sich beide Vorgänge der Auslösung und der Stoßionisierung; d. h. es ist zu setzen

$$\beta\, dx\,(e^{\alpha d} - 1) + \gamma\,(e^{\alpha d} - 1)\,\alpha\, dx = \alpha\, dx\,. \tag{30}$$

Daraus folgt

$$\alpha\, d = \ln\left(1 + \frac{\alpha}{\beta + \alpha\gamma}\right). \tag{31}$$

Als Bedingung für die Anfangsfeldstärke gilt daher allgemein

$$\boxed{\alpha\, d = k\,,} \tag{32}$$

wobei k selbst nur wenig von der Feldstärke abhängt. *Die Anfangsspannung wird erreicht, wenn von einem Elektron auf seinem Wege von der Kathode zur Anode eine ganz bestimmte Anzahl k von Trägerpaaren erzeugt wird; diese Anzahl hängt von Stoffkonstanten des Gases und der Kathode, aber nur wenig von der Feldstärke ab.*

So ist z.B. für Luft von Atmosphärendruck aus Messungen die folgende empirische Beziehung gefunden worden

$$\alpha = c_1\,(E - E_0)^2\,. \tag{33}$$

Mit den Konstanten

$$E_0 = 23\ \mathrm{kV/cm}\,, \qquad c_1 = 0{,}14\ \mathrm{cm/kV^2}$$

gilt sie angenähert für Feldstärken über 23 kV/cm bis zu etwa 100 kV/cm.

Setzt man dies in Gl. (32) ein, so folgt für die *Anfangsfeldstärke* beim Plattenkondensator

$$E_a = 23\,\frac{\mathrm{kV}}{\mathrm{cm}} + \sqrt{\frac{k}{0{,}14}\,\frac{\mathrm{cm}}{d}}\,\frac{\mathrm{kV}}{\mathrm{cm}}\,. \tag{34}$$

Durch Vergleich der gemessenen mit den hieraus berechneten Werten hat sich $k = 7$ ergeben. Danach hängt die Anfangsfeldstärke in der durch Abb. 21.5

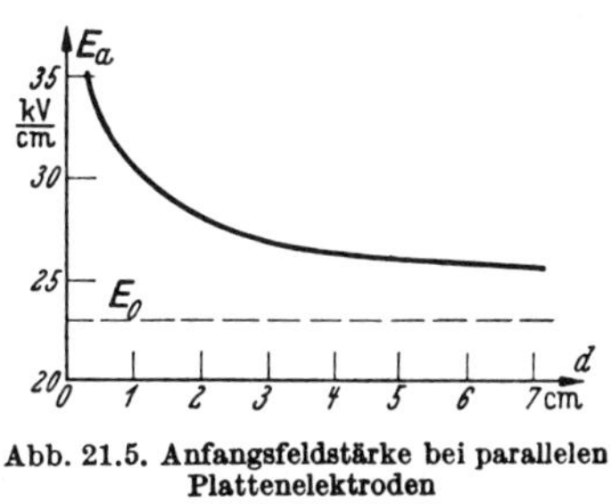

Abb. 21.5. Anfangsfeldstärke bei parallelen Plattenelektroden

dargestellten Weise von dem Plattenabstand d ab; sie ist also bei dünnen Schichten größer als bei dicken Schichten.

Anfangsspannung. Durchschlag in Gasen

Aus der Anfangsfeldstärke kann die Anfangsspannung berechnet werden. Für den zuletzt betrachteten Plattenkondensator ist die Anfangsspannung $E_a d$. Überschreitet die Spannung zwischen den Platten diesen Wert, dann entsteht eine selbständige Entladung, deren Form vom Gasdruck abhängt. Zum Beispiel können bei Gasdrücken über 100 mbar und einer Stromquelle mit nicht zu kleinem Innenwiderstand kurzzeitige *Funkenentladungen* erzeugt werden.

Die durch die Gasentladung entstehende leitende Überbrückung der Elektroden wird auch *Durchschlag* genannt, die dazu notwendige Spannung *Durchschlagspannung*.

Für den Plattenkondensator ist die Durchschlagspannung

$$U_d = E_a d \tag{35}$$

in Abhängigkeit vom Plattenabstand nach Abb. 21.5 in Abb. 21.6 dargestellt. Die Durchschlagspannung wächst etwas langsamer als der Plattenabstand.

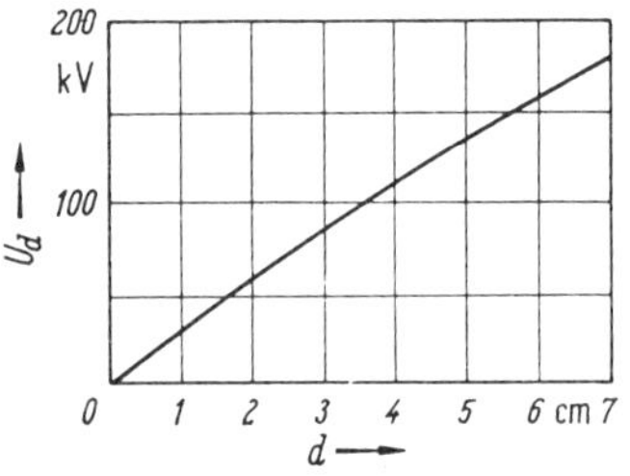

Abb. 21.6. Durchschlagspannung bei einem Plattenkondensator

Hinsichtlich der Abhängigkeit vom *Gasdruck* liefert die Theorie folgendes. Nach Gl. (20) hängt die Ionisierungszahl α vom Druck p ab. Die Bedingung für das Einsetzen der selbständigen Entladung Gl. (32) lautet mit dieser Gleichung

$$p\, d\, f_1\left(\frac{E_a}{p}\right) = k\,. \tag{36}$$

Führt man die *Durchschlagspannung* U_d, Gl. (35), ein, so folgt hieraus, daß bei konstanter Temperatur die Durchschlagspannung eine Funktion von $p\,d$ allein ist (PASCHEN 1889):

$$U_d = f(p\,d)\,. \tag{37}$$

Wird der Gasdruck verdoppelt, so kann also der Abstand bei gleicher Durchschlagsspannung auf die Hälfte herabgesetzt werden. Es folgt daraus jedoch nicht, daß bei einer Vergrößerung des Druckes die Durchschlagsfestigkeit immer zunehmen muß; die Funktion f hat nämlich für einen bestimmten Wert von $p\,d$ ein Minimum. Das Minimum liegt für Luft von 20 °C bei etwa $p\,d = 0{,}7$ cm mbar und hat den Wert $U_d = 327$ Volt. Bei Abständen über 7 mm und einem Druck über 1 mbar hat also eine Drucksteigerung immer eine Zunahme der Durchschlagspannung zur Folge.

Bei Berücksichtigung der Temperatur lautet Gl. (37)

$$U_d = f\left(\frac{p\,d}{T}\right). \tag{38}$$

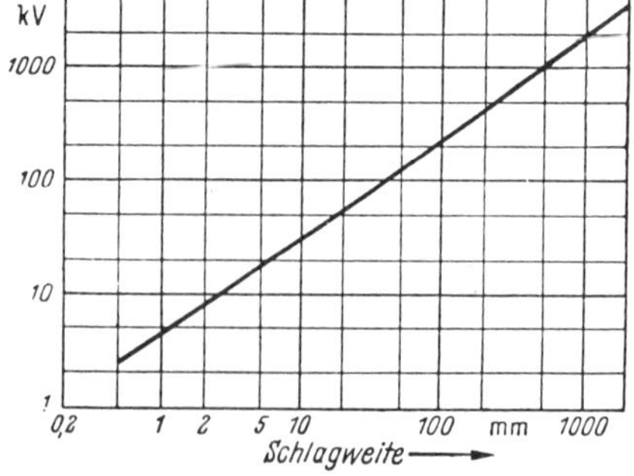

Abb. 21.7. Scheitelspannung und Schlagweite bei einer Kugelfunkenstrecke in Luft

Mit wachsender Temperatur erniedrigt sich bei normalem Luftdruck die Durchschlagsfestigkeit.

Zur Messung von hohen Spannungen werden Kugelfunkenstrecken in Luft verwendet. Eindeutige Zusammenhänge zwischen der Schlagweite und der Spannung ergeben sich wegen der durch die Umgebung bewirkten Feldverzerrungen erst dann, wenn der Durchmesser der Kugeln mindestens doppelt so groß wie die Schlagweite ist. Die Abb. 21.7 gibt unter dieser Voraussetzung die Werte der Scheitelspannung, bei der der Durchschlag einsetzt, in Abhängigkeit von der Schlagweite, und zwar für erdsymmetrischen Betrieb der Funkenstrecke und bei 1000 mbar und 20 °C (genauere Zahlenwerte s. VDE-Vorschrift 0430). Die Werte gelten für Frequenzen bis zu etwa 10^4 Hz.

Die Gl. (32) sagt aus, daß die Entladung selbständig wird, wenn auf dem Wege von der negativen zur positiven Elektrode von einem negativen Ladungsträger eine ganz bestimmte Zahl k von Trägerpaaren gebildet wird. In Luft von Atmosphärendruck müssen dazu nach S. 205 mindestens sieben Trägerpaare von jedem Elektron erzeugt werden, wenn die selbständige Entladung eintreten soll. Im nicht homogenen Feld ändert sich die Feldstärke längs des Stromweges, es ändert sich infolgedessen auch die Ionisierungszahl α. Auf der Strecke dx werden $\alpha\, dx$ Trägerpaare gebildet, auf dem ganzen Weg von der Länge a daher $\int_0^a \alpha\, dx$. Wenn dieses Integral auf irgendeiner Verschiebungslinie mindestens den Wert k erreicht, dann setzt die selbständige Entladung ein. Damit ergibt sich die Anfangsbedingung der selbständigen Entladung (SCHUMANN 1922):

$$\boxed{\int_0^a \alpha\, dx = k\,.} \tag{39}$$

Koronaentladung

Wenn das elektrische Feld nicht wie bei dem betrachteten Plattenkondensator homogen ist, dann können sich beim Überschreiten der Anfangsspannung zunächst Vorentladungen einstellen. Zum eigentlichen Durchschlag ist eine höhere Spannung als die Anfangsspannung erforderlich. Ein Beispiel bildet die *Koronaentladung* bei Leitungen.

Es werde eine Doppelleitung aus zwei parallelen Drähten mit dem Drahtradius r_0 betrachtet. Ist der Abstand beider Drähte groß gegen r_0, so hat die Feldstärke in der Umgebung eines Drahtes im Abstand r von der Drahtachse nach Gl. (11.66) den Wert

$$E = E_d \frac{r_0}{r}, \tag{40}$$

wobei E_d die elektrische Feldstärke an der Drahtoberfläche bezeichnet. Damit wird nach Gl. (33)

$$\alpha = c_1 \left(\frac{r_0}{r} E_d - E_0\right)^2 \quad \text{für} \quad E > E_0, \tag{41}$$

$$\alpha = 0 \quad \text{für} \quad E < E_0. \tag{42}$$

Bei Anwendung der Bedingung (39) hat man daher von $r = r_0$, wo $E = E_d$ ist, bis zu einem Radius r_1 zu integrieren, für den $E = E_0$ ist. Dieser Radius beträgt nach Gl. (40)

$$r_1 = r_0 \frac{E_d}{E_0}\,. \tag{43}$$

Nur innerhalb eines Zylinders von diesem Radius findet Stoßionisierung statt. Der Leiter überzieht sich dabei mit einer glimmenden oder sprühenden Haut (Korona). Die Durchschlagsbedingung (39) liefert für E_d die Anfangsfeldstärke E_a:

$$c_1 \int_{r_0}^{r_1} \left(\frac{r_0}{r} E_a - E_0\right)^2 dr = k\,, \tag{44}$$

und man erhält durch Ausführen der Integration

$$r_0 = \frac{k}{c_1 E_0^2} \left(\frac{E_a^2}{E_0^2} - 1 - 2 \frac{E_a}{E_0} \ln \frac{E_a}{E_0} \right)^{-1}. \tag{45}$$

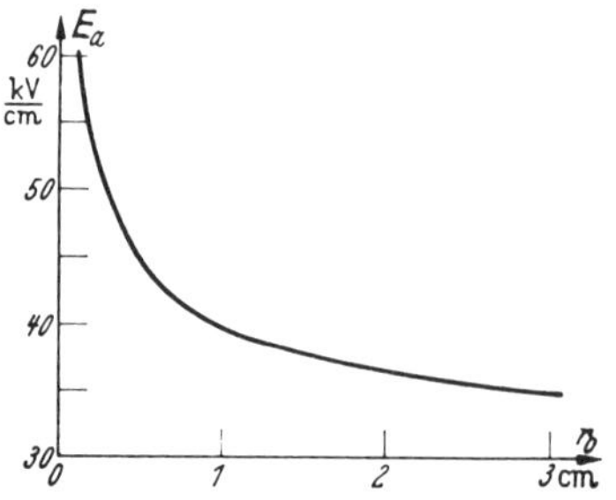

Abb. 21.8. Anfangsfeldstärke bei einem zylindrischen Leiter

Man kann damit für verschiedene willkürlich angenommene Werte von E_a den zugehörigen Radius r_0, bei dem die Entladung gerade einsetzt, berechnen und erhält so die in Abb. 21.8 dargestellte Abhängigkeit der Anfangsfeldstärke vom Leiterradius.

Gegenüber diesen theoretischen Werten ergeben sich praktisch Unterschiede, die besonders dadurch bedingt sind, daß bei der Feldstärkeberechnung ideal glatte Oberflächen vorausgesetzt sind. Unebenheiten ergeben eine örtliche Erhöhung der Feldstärke und erniedrigen damit die Spannung, die notwendig ist, um den Durchbruch der Luft einzuleiten. Daher besteht die Entladung aus sehr kurzen Entladungsimpulsen, die von solchen Unebenheiten ausgehen und in großer Häufigkeit auftreten (hochfrequente Feinstruktur des Entladungsstromes). Der Koronastrom verursacht Stromwärme im Entladungsraum und bedingt damit einen Leistungsverlust. Bei gegebener Feldstärke E_d am Leiter hat die Dichte J des Koronastromes einen nur von der Oberflächenbeschaffenheit abhängigen Wert. Zu dieser Stromdichte gehört in einem Volumen V der Koronahülle nach Gl. (6.12) die Leistung $P_K = \frac{1}{\sigma} J^2 V$. Die Dicke $r_1 - r_0$ der Koronahülle ist nach Gl. (43) $r_0 (E_d/E_0 - 1)$, d.h. proportional r_0. Das Volumen der Koronahülle eines Leiters von der Länge l ist

$$V = (r_1^2 - r_0^2)\pi l = \left(\left(\frac{E_d}{E_0}\right)^2 - 1\right) r_0^2 \pi l,$$

also proportional r_0^2. Daraus geht hervor, daß die *Koronaverlustleistung*

$$P_K = \frac{1}{\sigma} J^2 \left(\left(\frac{E_d}{E_0}\right)^2 - 1\right) \pi r_0^2 l \tag{46}$$

bei gegebener Feldstärke E_d an der Leiteroberfläche dem *Quadrat des Leiterradius* r_0 *proportional* ist.

Durch Verwendung von Bündelleitern läßt sich die Koronaverlustleistung verringern, da der Radius des Einzelleiters r_0 kleiner gewählt werden kann als beim Volleiter und da nach Gl. (15.36) die Feldstärke an der Leiteroberfläche beim Bündelleiter reduziert ist.

Steigert man die Spannung über die *Anfangsspannung* hinaus, dann wächst die Stromstärke und es wächst nach Gl. (43) auch der Radius r_1 der Glimmentladung. Dabei bleibt die Feldstärke an der Außenfläche der Glimmentladung zunächst ungefähr gleich $E_0 \left(\approx 23 \frac{\text{kV}}{\text{cm}}\right)$ bis der Radius r_1 gemäß dem auf S. 89 Ausgeführten einen kritischen Wert überschreitet. Damit ist die *Durchschlagspannung* erreicht und der eigentliche Durchschlag setzt ein.

Kurzzeitige Gasentladungen

Für den *zeitlichen Verlauf des Durchschlages* in Gasen gilt grundsätzlich folgendes: Legt man an die Elektroden plötzlich eine Spannung, die für die Einleitung einer Gasentladung ausreicht, so stellt sich die Entladung erst nach einer gewissen Zeit ein. Diese Zeit setzt sich im wesentlichen aus zwei Abschnitten zusammen. Der erste, der als *Entladeverzug* bezeichnet wird, ist die Zeit, die verstreicht, bis ein erstes Elektron in einem solchen Abstand von der Anode erzeugt ist, daß sich die Gasentladung aufbauen kann. Dieses erste Elektron kann z.B. an der Kathode durch die immer vorhandene kosmische Höhenstrahlung oder radioaktive Strahlung oder auch durch Lichtstrahlen ausgelöst werden. Der Entladeverzug streut daher in weiten Grenzen; der Mittelwert hängt von der Intensität und Art der Bestrahlung sowie von den Stoffen ab und liegt daher ebenfalls in einem weiten Bereich (zwischen etwa 10^{-6} s und mehreren Minuten). Durch Bestrahlen der Kathode, z.B. mit einer Glühlampe, kann häufig der Entladeverzug sehr verkürzt werden. Der zweite Anteil der Verzögerungszeit für das Zustandekommen der Entladung, die *Aufbauzeit*, ist die Zeit, in der sich die Entladung bis zu den stationären Verhältnissen ausbildet. Es ist dies eine durch die geometrischen Verhältnisse, die Stoffe und die Spannung bestimmte Zeitdauer. Bei niedrigen Gasdrücken wächst der Strom infolge der sich im Gasraum abspielenden Ionisierungsprozesse verhältnismäßig langsam an; die Aufbauzeit liegt in der Größenordnung von 10^{-5} s. Bei höheren Gasdrücken und bei hohen Überspannungen kann die Aufbauzeit aber viel kürzer werden (bis zur Größenordnung von 10^{-9} s). Die Entladung geht dann in einem einzigen Schritt kanalförmig von der Kathode zur Anode über.

Dies erklärt sich dadurch, daß bei *großem pd* ($> 10^3$ mbar cm) die von den ersten an der Kathode irgendwie entstehenden Elektronen ausgelöste Elektronenlawine einen Kanal guter elektrischer Leitfähigkeit hinterläßt. Am Kopf dieses Kanals ergeben sich hohe Feldstärken, so daß dort die Stoßionisierung der Elektronen verstärkt wird und sich die Entladung als *Funke* bis zur Gegenelektrode rasch fortsetzt. Dazu trägt noch bei, daß die von den angeregten Atomen ausgehende Strahlung weitere Gasatome ionisiert. Der „γ-Prozeß" der Entladung spielt also dabei keine Rolle mehr; die Durchschlagspannung wird unabhängig vom Material der Kathode (*Kanalentladung*).

Die Erscheinungen werden noch verwickelter bei *sehr großem pd* ($> 10^6$ mbar cm), wie bei Blitzentladungen. Die Entladung schreitet dann stufenweise in raschen Schritten von 10 bis 50 m Länge und in Zeitabständen von der Größenordnung 50 µs voran, bis die ganze Strecke durch einen leitenden Kanal überbrückt ist und eine Hauptentladung mit einem Strom in der Größenordnung von 100 kA einsetzt (*Stufendurchschlag*).

Glimmentladung

Die wichtigsten Eigentümlichkeiten einer Glimmentladung, wie man sie z. B. in einer Glasröhre mit verdünnter Luft (einige mbar) beobachten kann, sind in Abb. 21.9 skizziert. Vor der Kathode K bildet sich das *negative Glimmlicht b*, das den *Kathodendunkelraum a* freiläßt. Von der Anode A aus erstreckt sich eine weitere Lichterscheinung in den Gasraum, die *positive Säule d*, die durch einen Dunkelraum c von dem negativen Glimmlicht getrennt sein kann und im allgemeinen selbst wieder eine sichtbare Struktur hat. Das Potential verteilt sich etwa in der darunter gezeichneten Weise auf die einzelnen Abschnitte der Entladung. In der Umgebung der Kathode befindet sich ein starker Anstieg, der als *Kathodenfall* U_k bezeichnet wird, und der der Spannung entspricht, die zur selbständigen Aufrechterhaltung der Entladung notwendig ist. Dann folgt ein der Länge proportionaler Anstieg des Potentials, ähnlich wie längs eines Leiters; dies ist die Spannung U_s, der *positiven Säule* oder des sog. *Plasmas*. Schließlich kann noch ein weiterer steiler Anstieg des Potentials, der *Anodenfall* U_a, in Erscheinung treten. Kathodenfallgebiet, positive-Säule, Anoden-

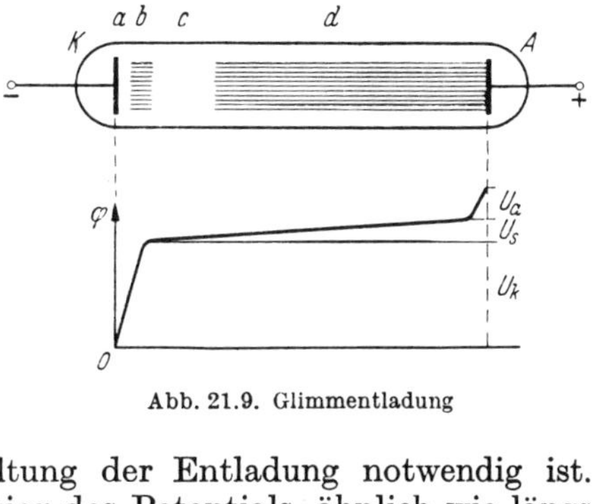

Abb. 21.9. Glimmentladung

fallgebiet bilden die drei wichtigsten Teile der Gasentladungen. Sie können in Wirklichkeit nicht scharf voneinander getrennt werden; zwischen ihnen liegen Übergangsgebiete mit komplizierteren Eigenschaften.

Die Leuchterscheinungen gehen von den „angeregten" Atomen aus (s. S. 201). Die zur Anregung durch Elektronenstoß erforderliche Anlaufspannung ist kleiner als die Ionisierungsspannung, so daß leuchtende Gasatome auch in Gebieten vorkommen, in denen die Feldstärke niedriger ist, als es für die Ionisierung erforderlich wäre.

Das Zustandekommen des *Kathodenfalles* hat man sich folgendermaßen vorzustellen. An der Kathode treffen die längs der ganzen Entladungsstrecke erzeugten positiven Ionen ein. Sie lösen eine verhältnismäßig geringe Zahl von Elektronen aus. In diesem Gebiet überwiegt also die positive Raumladung, und es ergibt sich zwischen ihr und der Kathode ein erhebliches Potentialgefälle. Dieses Potentialgefälle beschleunigt die Elektronen und die positiven Ionen und führt damit zu der notwendigen Auslösung von Elektronen an der Kathode und im Gasraum. Mit dem Fortschreiten der Elektronen zur Anode hin vermehrt sich ihre Anzahl, bis schließlich in dem Plasma eine ziemlich vollständige Neutralisierung der positiven Ladungen durch die Elektronen entsteht, die eine Art Gleichgewichtszustand darstellt. Infolge der großen Trägerdichte wirkt schon ein geringer Überschuß der positiven Ladung auf die Elektronen im Kathodengebiet beschleunigend, auf die Elektronen in der positiven Säule dagegen hemmend ein und führt so zu einer Vermehrung der negativen Elektrizitätsmenge im Plasma. Umgekehrt würde ein Mangel an positiver Ladung im Plasma zu einem stärkeren Potentialgefälle in diesem Raum, also zu einer Beschleunigung der Elektronen und zu einer Verminderung des Potentialgefälles im Kathodengebiet führen, sich also ebenfalls selbst ausgleichen. Die Relaxationszeit τ (s. S. 170) ist klein, so daß Raumladungen rasch verschwinden. Das Plasma ist ein Gebilde aus neutralen und angeregten Gasatomen, Ionen und Elektronen, deren Ladungen sich insgesamt kompensieren. Dabei sind die Elektronen gegenüber den Ionen außerordentlich leicht beweglich, so daß sich das Plasma ähnlich wie ein metallischer Leiter mit allerdings sehr viel geringerer Leitfähigkeit verhält $\left(\sigma = 10^{-2} \ldots 1 \frac{\mathrm{S}}{\mathrm{m}}\right)$. Daher nimmt hier das Potential bei gleichem Querschnitt der Säule etwa proportional mit der Länge zu. Lichterscheinungen entstehen dort, wo die Ladungsträger die für die Anregung der Gasatome notwendige Anlaufspannung besitzen.

Der *Anodenfall* U_a ist dadurch bedingt, daß in einer dünnen Schicht vor der Anode ein Überschuß von Elektronen, also negativer Raumladung, vorhanden ist; er ist bei Glimmentladungen meist sehr klein gegen den Kathodenfall. Die Gesamtspannung ist bei kleinen Elektrodenabständen in Glimmröhren daher angenähert gleich dem Kathodenfall.

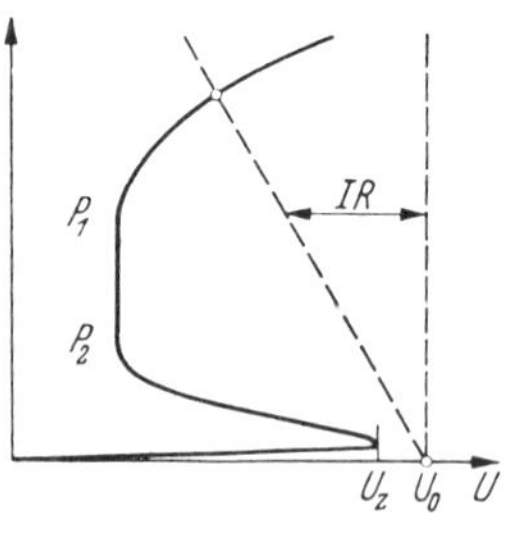

Abb. 21.10. Kennlinie einer Glimmentladung

Steigert man an einer solchen Röhre von 0 angefangen die Spannung allmählich, so werden erst Verhältnisse durchlaufen, wie sie zu Anfang dieses Abschnittes beschrieben sind („*Dunkelentladung*"). Schließlich wird bei der „Zündspannung" U_z der Punkt erreicht, in dem die Entladung selbständig wird; die Stromstärke wächst rasch auf einen größeren Wert, die Glimmentladung setzt ein. Der Zusammenhang zwischen Spannung und Strom der Röhre ist durch eine Kurve nach Abb. 21.10 gegeben. Man findet den Betriebszustand durch den Schnittpunkt dieser Kurve mit der geraden Linie, die für die verschiedenen Stromstärken angibt, wie groß die von der Stromquelle zur Verfügung gestellte Spannung

$$U = U_0 - IR \qquad (47)$$

ist. Die Widerstandsgerade ist in Abb. 21.10 gestrichelt eingezeichnet. Durch Verändern der Quellenspannung U_0 oder des Vorwiderstandes R kann man die Kennlinie der Glimmentladung untersuchen. Interessant ist, daß diese Kennlinie längs eines bestimmten Abschnittes $P_1 P_2$ nahezu senkrecht verläuft; dort ist also die Spannung an der Röhre nahezu unabhängig von der Stromstärke. Diese Erscheinung ist durch eine Eigentümlichkeit des Kathodenfalles bedingt. Oberhalb dieses Gebietes steigt nämlich der Kathodenfall mit zunehmendem Strom, weil bezogen auf die Kathodenoberfläche mehr Elektronen freigemacht werden müssen. Setzt man aber die Stromstärke herab, so kommt man schließlich an eine bestimmte Grenze des Potentialgefälles an der Kathode, die zur Aufrechterhaltung der selbständigen Entladung nicht unterschritten werden darf. Bei weiterer Verkleinerung der Stromstärke schnürt sich daher lediglich die an der Entladung teilnehmende Fläche der Kathode ein, so daß die Stromdichte und der Kathodenfall konstant bleiben. Wird die Stromstärke immer weiter erniedrigt, so wird das Strombündel aber schließlich so eng, daß die seitlich entweichenden Ladungsträger einen so starken Verlust ergeben, daß die Entladung nur bei Steigerung der Spannung aufrechterhalten werden kann; damit sind wir im Gebiet unterhalb P_2, in dem bei abnehmender Stromstärke die Spannung wieder steigt. Wie aus der Konstruktion in Abb. 21.10 leicht zu ersehen ist, kann dieses Gebiet nur erreicht werden, wenn die Stromquelle genügend „nachgiebig" ist, wenn also die gestrichelte Gerade bei hohem Vorwiderstand hinreichend flach verläuft. Bei einer „starren" Stromquelle mit kleinem inneren Widerstand springt nach dem Überschreiten der Zündspannung die Stromstärke sofort auf einen entsprechend hohen Betrag.

Das Gebiet zwischen P_1 und P_2 wird als das Gebiet des „*normalen Kathodenfalles*" bezeichnet. Die Erscheinung prägt sich besonders aus, wenn durch kleine Abstände zwischen Anode und Kathode dafür gesorgt wird, daß der Spannungsabfall an der positiven Säule hinreichend klein ist, und wenn durch große Oberfläche der Kathode die Möglichkeit für eine ungehinderte Ausbreitung der strombedeckten Fläche gegeben wird (Glimmspannungsteiler, Stabilisatoren benützen dieses Gebiet zur Herstellung konstanter Gleichspannungen).

Der normale Kathodenfall hängt von der Art des ionisierten Gases, von dem Kathodenmaterial und sehr stark von der Reinheit des Gases und der Kathodenfläche ab; er ist also im wesentlichen durch Stoffeigenschaften gegeben. Beim normalen Kathodenfall stellt sich auf der Kathodenoberfläche eine bestimmte Stromdichte, die „normale Kathodenstromdichte" J_k ein, die proportional dem Quadrat des Gasdruckes ist. Einige Zahlenwerte gibt die Tabelle 21.2:

Tabelle 21.2

Kathode	Gas	U_k	J_k für 1 mbar
Aluminium . .	Luft	230 V	330 μA/cm²
Eisen	Neon	150 V	6 μA/cm²

Anwendungsbeispiel: Die Glimmentladung kann zur Herstellung von periodischen Schwingungen mit der in Abb. 21.11 dargestellten Anordnung benützt werden. Die Quellenspannung U_0 liegt oberhalb der Zündspannung der Glimmröhre. Infolge der Kapazität C des Kondensators stellt sich nicht, wie nach Abb. 21.10 zu erwarten wäre, ein bestimmter konstanter Strom ein, sondern es ergibt sich bei geeigneter Wahl des Betriebspunktes unter ständigem Zünden und Löschen der Entladung eine sog. *Kippschwingung*. Die Wirkungsweise der Anordnung erklärt sich aus der Kennlinie der Glimmröhre. Ist der Kondensator zunächst ungeladen, so entsteht unmittelbar nach dem Schließen des Schalters der Strom $i_R = U_0/R$; er ist in Abb. 21.12 durch den Punkt A gekennzeichnet. Zunächst ist der Strom i in der Röhre entsprechend der Dunkelentladung sehr gering. Der Kondensator lädt sich auf; die Spannung u am Kondensator und an der Glimmröhre wächst. Damit wächst der Dunkelstrom i nach der Kennlinie auf dem Abschnitt O, P_5, P_1. Der Strom i_R nimmt dabei entsprechend der Wider-

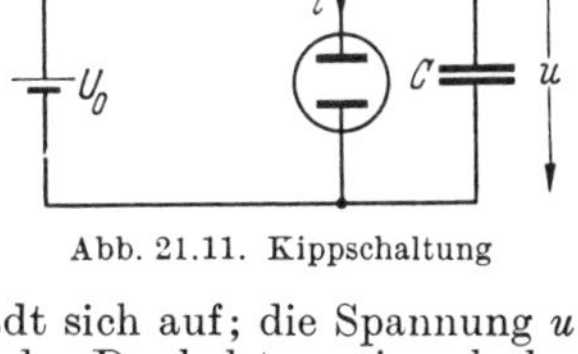

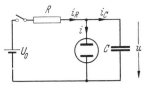

Abb. 21.11. Kippschaltung

standsgeraden ab. Die Entladung zündet, wenn u die Zündspannung U_z im Punkt P_1 erreicht. Der Strom in der Glimmröhre springt nun rasch auf den durch P_2 gegebenen Wert. Zur Deckung des Strombedarfs der Entladung trägt jetzt der Kondensatorstrom i_C bei, der Kondensator entlädt sich und die Spannung u nimmt ab (Abschnitt P_2, P, P_3).
Schließlich wird im Punkt P_3 die minimale Spannung erreicht, bei der eine Entladung noch bestehen kann. In diesem Zeitpunkt müßte der Kondensator einen Strom i_C liefern, der durch den Punkt P_3 gegeben ist. Dieser Strom hat aber eine bestimmte Schnelligkeit der Spannungsabnahme $\frac{du}{dt} = \frac{i_C}{C}$ zur Voraussetzung. Da nun eine weitere Spannungsverminderung gemäß der Kennlinie nicht zulässig ist, erlischt die Entladung. Damit sinkt die Stromstärke i in der Röhre auf den geringen Wert der Dunkelentladung (P_5). Der Strom i_R hat den der Löschspannung U_l entsprechenden Wert; er durchfließt den Kondensator, so daß dieser sich wieder auflädt und der ganze Vorgang sich wiederholt. Dabei wird also fortgesetzt der Linienzug $P_1\, P_2\, P_3\, P_5\, P_1$ durchlaufen. Die Spannung am Kondensator schwankt zwischen Löschspannung und Zündspannung. Der Übergang von der Löschspannung zur Zündspannung vollzieht sich bei Vernachlässigung des geringen Dunkelstromes gemäß der Gleichung

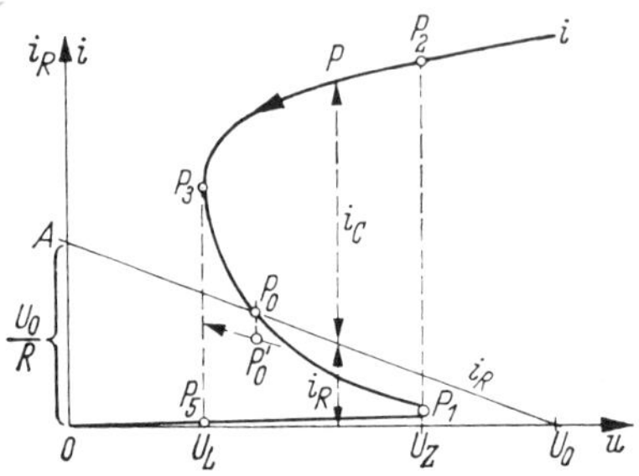

Abb. 21.12. Entstehen der Kippschwingung

$$u = U_l + (U_0 - U_l)\left(1 - e^{-\frac{t}{RC}}\right), \tag{48}$$

da $u = U_l$ für $t = 0$ und, wenn keine Zündung eintreten würde, $u = U_0$ für $t = \infty$ sein muß. Bezeichnet man mit t_z den Zeitpunkt, in dem die Zündspannung erreicht ist, so gilt

$$U_z = U_l + (U_0 - U_l)\left(1 - e^{-\frac{t_z}{RC}}\right). \tag{49}$$

Daraus folgt für den Zeitabschnitt zwischen P_5 und P_1

$$t_z = R\,C \ln \frac{U_0 - U_l}{U_0 - U_z}. \tag{50}$$

Die Periodendauer der Schwingung wächst daher mit wachsendem Widerstand, wachsender Kapazität und abnehmender Quellenspannung.

Voraussetzung für das Auftreten der Kippschwingung ist, daß der Schnittpunkt P_0 der Widerstandsgeraden mit der Kennlinie der Röhre unterhalb von P_3 liegt. Schneidet die Gerade $A\,U_0$ die Kennlinie oberhalb P_3, so stellen sich nach dem Zündvorgang die durch den Schnittpunkt gegebenen konstanten Werte von Strom und Spannung ein, vgl. Abschnitt 49.

Bogenentladung

Bogenentladungen bilden sich als beständige elektrische Entladungen aus Glimmentladungen, wenn die Spannung über einen bestimmten Wert hinaus gesteigert wird. Bei hohen Gasdrücken entstehen Bogenentladungen, auch ohne daß vorher eine Glimmentladung auftritt, nach dem Überschreiten einer bestimmten Spannung im Anschluß an Büschel- oder Funkenentladungen. Das gebräuchlichere Verfahren zur Herstellung von Bogenentladungen (z.B. Kohlelichtbogen, Bogenentladung im Quecksilberdampfgleichrichter) besteht darin, daß man die beiden Elektroden zunächst zur Berührung bringt, so daß an der Berührungsstelle eine starke Erhitzung eintritt, und dann voneinander entfernt. Die Bezeichnung Bogenentladung rührt geschichtlich daher, daß ein zwischen waagerechten Kohlestäben erzeugter Lichtbogen infolge der Strömung der erhitzten Gase nach oben durchgebogen ist. Das wesentliche der Bogenentladung ist die relativ hohe Stromstärke, mit der eine starke Aufheizung des Gases in der Entladungsbahn verbunden ist. Die Entladung schnürt sich an den Elektroden je zu einem *Brennfleck* zusammen, so daß in diesen Brennflecken hohe Stromdichten von 10^2 bis über 10^6 A/cm² vorkommen.

Die Temperaturen im Plasmainneren liegen zwischen 4000 K und 10 000 K. Unter geeigneten Bedingungen (Abkühlung des Bogens, Einengung, hohe Stromstärken) sind Temperaturen über 50 000 K beobachtet worden.

Bei so hohen Temperaturen tritt *thermische Ionisierung* der Gase oder Dämpfe in der Entladungsstrecke ein. Für diese gelten ähnliche Gesetzmäßigkeiten wie Gl. (8.23) und (18.8), wobei $W_a = e\varphi_0$ als Ablösungsarbeit der Elektronen gedeutet werden kann. Mit zunehmender Temperatur T nimmt daher die Zahl der gebildeten Trägerpaare sehr rasch zu. Bei Temperaturen über 20 000 K sind bei den meisten Gasen fast sämtliche Atome ionisiert. Die Leitfähigkeit des Plasmas ist daher entsprechend hoch. Das Spannungsgefälle an der positiven Säule, die hier auch *Bogensäule* genannt wird, ist niedrig; es liegt je nach der Stromstärke, dem Elektrodenmaterial und dem Gasdruck etwa zwischen 0,1 und 100 V/cm.

Die Abb. 21.13 veranschaulicht die Größenordnung der Ströme und Spannungen bei verschiedenen Entladungsformen. Der *Kathodenfall* ist in der Bogenentladung wesentlich niedriger als bei Glimmentladungen. Er beträgt beim Kohlelichtbogen in Luft etwa 10 V, beim Quecksilberdampfbogen im Vakuum 7 bis 10 V. Dies erklärt sich dadurch, daß wegen der Einschnürung zu einem Brennfleck die Stromdichte sehr hoch wird und die Bogensäule mit ihrer dementsprechend hohen Leitfähigkeit das elektrische Feld auf eine sehr dünne Schicht vor der Kathode zusammenschiebt, so daß die elektrische Feldstärke an der Kathode hoch wird. Eine relativ kurze Gasstrecke reicht dann für die zur Aufrechterhaltung des Bogens notwendige Stoßionisierung aus. Bei *Kathodenmaterial mit hoher Verdampfungstemperatur*, wie Kohle oder Wolfram, werden die zur Aufrechterhaltung des Bogens notwendigen Elektronen durch *thermische Elektronenemission* an der Kathodenoberfläche geliefert (siehe Abschnitt 18). Die Stromdichte im Brennfleck kann 10^2 bis 10^4 A/cm^2 betragen. Bei *leicht verdampfenden Kathoden*, wie bei Quecksilber, ermöglicht dagegen die Kathodentemperatur keine ausreichende Elektronenemission; hier schiebt sich die Bogensäule so dicht an die Kathodenoberfläche heran, daß hohe elektrische Feldstärken von der Größenordnung 10^7 V/cm entstehen, die zu einer *Feldemission* von Elektronen aus der Kathodenoberfläche führen. Dabei können infolge der raschen Verdampfung des Kathodenmaterials hohe lokale Dampfdrücke und Stromdichten im Brennfleck von 10^4 bis 10^6 A/cm^2 auftreten.

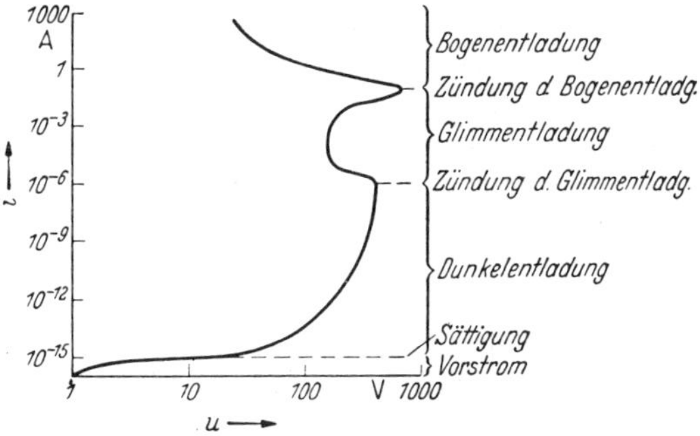

Abb. 21.13. Vollständige Kennlinie einer Gasentladung

Wie bei der Glimmentladung entsteht auch an der Anode ein Potentialgefälle infolge der fehlenden Kompensation der Elektronenladungen durch positive Ionen. Dieser *Anodenfall* hat zur Folge, daß die Elektronen vor dem Auftreffen auf die Anode nochmals beschleunigt werden, so daß auch ihre Energie zur starken Erhitzung und zum Verdampfen der Anode führen kann. Der Anodenfall beträgt beim Kohlelichtbogen in Luft 11 bis 12 V, beim Quecksilberdampfbogen im Vakuum etwa 5 V.

Eine weitere Erniedrigung der Bogenspannung ergibt sich, wenn die Kathode wie bei den Elektronenröhren künstlich geheizt wird (Glühkathode); dann können z.B. im Quecksilberdampf Zündspannungen der Bogenentladungen bis herab zu 5 bis 8 V und Betriebsspannungen von 2 bis 3 V erreicht werden.

Die Gesamtspannung an einem Bogen setzt sich aus den drei genannten Anteilen zusammen; sie wächst bei langen Bögen wegen des Spannungsabfalls an der Bogensäule mit der Länge des Bogens ungefähr linear an.

Beim Öffnen eines Stromkreises mit genügend hoher Spannung entsteht an der Öffnungsstelle eine Bogenentladung; sie erlischt, wenn der Bogen so lang geworden ist, daß die zur Verfügung stehende Spannung nicht mehr zur Deckung der Bogenspannung ausreicht. Bei hohen Spannungen würde dies nach den oben genannten Werten für das Spannungsgefälle in der Bogensäule zu außerordentlich großen Bogenlängen führen, so daß eine Unterbrechung der Stromkreise ohne besondere Mittel nicht mehr möglich ist. Die Mittel zur Löschung des Bogens beruhen darauf, daß das Plasma durch rasche Abkühlung, mechanische oder magnetische Ablenkung der Ladungsträger zerstört und damit die Entladungsbahn unterbrochen wird (Ölschalter, magnetische Gebläse, Expansionsschalter, Preßluftschalter).

Bei gegebener Bogenlänge nimmt die Bogenspannung mit zunehmender Stromstärke ab, Abb. 21.14, da die Bogensäule bei größerer Stromstärke ihren Querschnitt vergrößert und dabei die Temperatur in der Entladungsstrecke steigt. Erst bei hohen Stromstärken über etwa 100 A nimmt die Spannung wie in einem metallischen Leiter wegen des Spannungsabfalles an der Bogensäule wieder zu.

Trägt man in das Bild der Bogenkennlinie, Abb. 21.14, die von der Stromquelle zur Verfügung gestellte Spannung $U = U_0 - I\,R$ ein, wobei R den gesamten in dem Stromkreis liegenden Vorwiderstand bezeichnet, so ergeben sich zwischen der dadurch gegebenen Geraden und der Kennlinie zwei Schnittpunkte, in denen der Spannungsbedarf des Bogens gerade so groß ist wie die zur Verfügung stehende Spannung. Der Punkt P_1 entspricht aber einem labilen Gleichgewicht. Bei der geringsten Verkleinerung der Stromstärke wird hier der Spannungsbedarf größer als die zur Verfügung stehende Spannung, so daß die Stromstärke weiter abnimmt und der Bogen abreißt. Bei einer geringen Vergrößerung der Stromstärke dagegen wird der Spannungsbedarf des Bogens kleiner als die zur Verfügung stehende Spannung, so daß der Strom weiter wächst, bis der Punkt P_2 erreicht ist. Dieser entspricht dem stabilen Gleichgewicht. Durch Ändern des Vorwiderstandes kann der Punkt P_2 verschoben, die Stromstärke also eingestellt werden (s. dazu Abschn. 49).

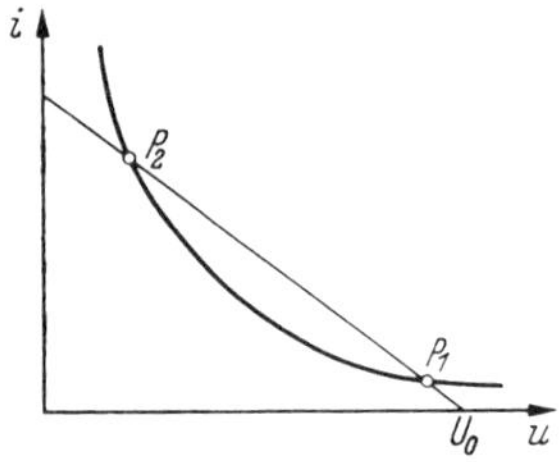

Abb. 21.14. Statische Kennlinie einer Bogenentladung

Da für die Vorgänge in der Bogenentladung die Temperaturen des Gases und gegebenenfalls der Elektroden wesentlich sind, ergeben sich bei raschen Änderungen der Spannungen oder Ströme infolge der Wärmekapazitäten Trägheitserscheinungen. Bei Wechselstrom zeigt der Zusammenhang zwischen den Augenblickswerten von Bogenspannung und Stromstärke deshalb die Form einer Hystereseschleife, etwa wie Kurve a in Abb. 21.15. Je höher die Frequenz des Wechselstromes ist, um so weniger folgen die Temperaturänderungen den Stromänderungen, so daß sich diese „dynamische Kennlinie" mehr und mehr einer geraden Linie nähert, z. B. Kurve b.

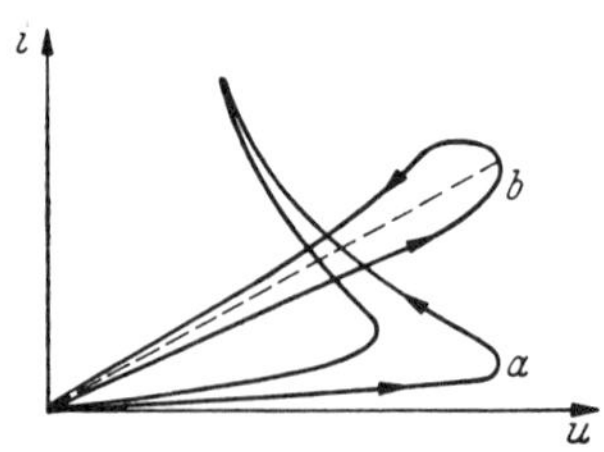

Abb. 21.15. Dynamische Kennlinien einer Bogenentladung

Bei *Gasentladungen mit Hochfrequenzspannungen* treten zwei Effekte zu den beschriebenen Vorgängen hinzu. Einmal führen die Elektronen eine Pendelbewegung im Entladungsraum aus und setzen damit die erforderliche Brennspannung der Entladung herab. Zweitens spielen die kapazitiven Verschiebungsströme eine wesentliche Rolle; sie bewirken, daß Hochfrequenzentladungen an Stellen des Feldes mit hohen Feldstärken, z. B. Kanten oder Spitzen, stattfinden können, ohne daß die Entladung bis zur anderen Elektrode übergreift; die Ionen- und Elektronenströme werden durch die Verschiebungsströme fortgesetzt.

Thyratron

Beim Thyratron (Gastriode, Stromtor) befindet sich, ähnlich wie bei der Hochvakuumtriode (s. Abschnitt 18), zwischen einer Glühkathode und der Anode ein Gitter. Die Röhre ist mit einem Gas (Neon, Argon, Helium, Krypton oder Xenon) oder Quecksilberdampf unter geringem Druck gefüllt. Die in einer solchen Röhre auftretende Entladungsform ist die eines Bogens mit sehr niedriger Zünd- und Brennspannung. Der Anodenstromkreis muß daher wie der Stromkreis eines Lichtbogens einen Vorwiderstand zur Begrenzung der Stromstärke enthalten. Die Wirkung des Gitters unterscheidet sich wesentlich von der des Gitters einer Hochvakuumtriode.

Man kann zunächst durch eine negative Gitterspannung das Zünden der Entladung verhindern. Für die an der Kathode angreifenden Feldkräfte ist, solange noch keine erheblichen Raumladungen vorhanden sind, wie bei den Elektronenröhren die durch Gl. (18.39) bestimmte „Steuerspannung"

$$u_s = u_g + D u_a \tag{51}$$

maßgebend. Beim Überschreiten einer bestimmten Gitterspannung

$$U_{gz} = -D u_a \tag{52}$$

wird die Steuerspannung positiv. Nun gelangen Elektronen in erheblicher Zahl in das Feld zwischen Gitter und Anode, wo sie so stark beschleunigt werden, daß die Gasentladung zündet. Ist also z. B. die Anodenspannung 200 V, der Durchgriff 5%, so zündet die Entladung etwa bei einer Gitterspannung von —10 V. In der dann einsetzenden Bogenentladung stellen sich die Verhältnisse ein, die im vorigen Abschnitt beschrieben sind. Die Abb. 21.16 zeigt die „Zündkennlinie" einer Gastriode. Sie biegt bei niedrigen Anodenspannungen wegen der für die Stoßionisierung erforderlichen Gesamtspannung nach oben um. Das Gebiet unterhalb der Kennlinie ist das Sperrgebiet. Der Spannungsabfall an der Röhre sinkt nach dem Zünden auf die Brennspannung der Bogenentladung.

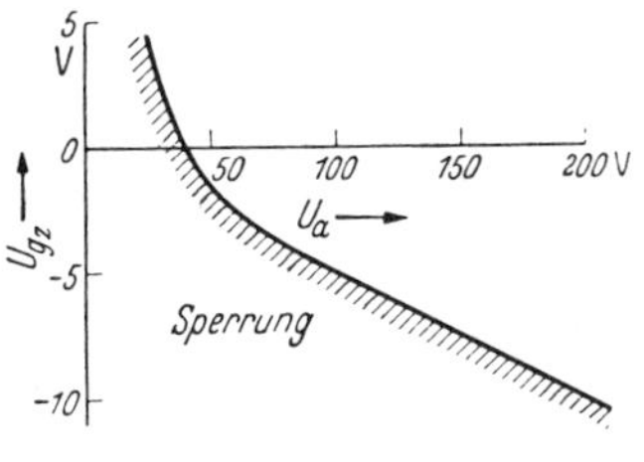

Abb. 21.16. Zündkennlinie einer Gastriode

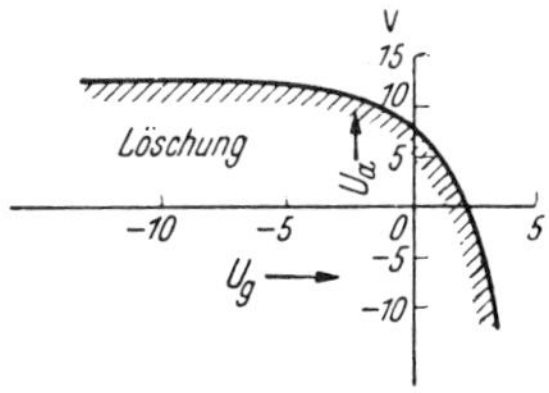

Abb. 21.17. Löschkennlinie einer Gastriode

Der grundsätzliche Unterschied gegenüber der Elektronenröhre liegt darin, daß nach dem Zünden der Entladung der Anodenstrom durch das Gitter praktisch nicht mehr beeinflußt werden kann; es kann also insbesondere die Entladung durch negative Gitterspannung nicht unterbrochen werden. Dies erklärt sich daraus, daß bei negativer Gitterspannung aus dem Plasma der Entladung positive Ionen zum Gitter fließen und die Elektronen vom Gitter abgestoßen werden; die Folge davon ist die Bildung einer Schicht positiver Raumladung am Gitter, aus der die positiven Ionen in ähnlicher Weise zum Gitter hin abfließen wie die Elektronen in einer Verstärkerröhre zur Anode. Die positive Raumladungsschicht nimmt dabei eine solche Dicke an, daß das negative Potential des Gitters gerade kompensiert wird, so daß auf weiter entfernte Teile des Plasmas vom Gitter überhaupt keine Wirkung ausgeübt wird. Der Gitterstrom, der dabei entsteht, ist durch den Ionengehalt des Plasmas begrenzt. Bei Gitterspannungsänderungen bleibt daher diese Stromstärke angenähert konstant; es ändert sich lediglich die Dicke der positiven Raumladungsschicht. Die Entladung wird gelöscht durch Herabsetzen der Anodenspannung unter die „Löschspannung", die gemäß der Löschkennlinie, Abb. 21.17, von der Gitterspannung abhängt.

Ein weiterer wesentlicher Unterschied gegenüber der Hochvakuumröhre besteht darin, daß die Ionen eine merkliche Zeit benötigen, um den Gasraum zu durchwandern. Nach dem Löschen der Entladung verstreicht daher eine bestimmte Zeit bis die Ionen durch die Feldstärke und durch Rekombination aus dem Gasraum entfernt sind. Diese Einstellung des neutralen Zustandes kann Zeiten in der Größenordnung von 10^{-3} s erfordern. Damit ist die Frequenz der Steuerungsvorgänge begrenzt.

Ganz ähnlich ist der Mechanismus der Steuerung von *Quecksilberdampfgleichrichtern* mit kalter Kathode (*Stromrichter*) durch Steuergitter. Eine besondere Form der Steuerung wird beim „Ignitron" angewendet. Hier wird als Steuerelektrode ein Zündstift aus halbleitendem Material (Siliziumkarbid) verwendet, der etwas in die Oberfläche der Quecksilberkathode eintaucht. Durch kurzzeitiges Anlegen einer Spannung zwischen dem Zündstift und dem Quecksilber kann die Gasentladung gezündet werden. An der Übergangsstelle treten hohe Stromdichten und Spannungen auf, so daß ein Zündfunke entsteht. Dazu genügen Spannungsstöße von etwa 10^{-6} s Dauer. Daher kann während jeder Periode der gleichzurichtenden niederfrequenten Wechselspannung gezündet werden. Der Zündzeitpunkt bestimmt, wie bei der Steuerung durch Gitter, die Höhe der erzeugten Gleichspannung.

Bogenentladung an Kontakten

Beim *Öffnen* von Stromkreisen in Gasen können schon bei relativ niedrigen Spannungen und Stromstärken Gasentladungen auftreten, besonders wenn der Stromkreis Induktivität enthält. Infolge des Verdampfens von Kontaktmaterial hat die Bogenentladung eine Metallwanderung an den Kontakten zur Folge. Bei kurzer Bogenlänge durchlaufen die Elektronen fast ohne Zusammenstöße den Spalt zwischen den Kontakten und geben ihre Energie an der Anode ab. Daher verliert die Anode Material, das sich auf der Kathode ansetzt. Bei größeren Bogenlängen von einigen Millimetern und darüber wird die Stromdichte an der Kathode am größten, sodaß vorwiegend das Kathodenmaterial verdampft und an der Anode ein Materialzuwachs auftritt.

Ein Öffnungslichtbogen entsteht nicht, wenn Spannung und Strom an der Kontaktstelle unterhalb bestimmter Grenzwerte bleiben. Bei Luft von Normaldruck liegt die Grenzspannung bei etwa 10 V, die Grenzstromstärke für Metallkontakte bei etwa 0,3 bis 1 A, für Kohlekontakte bei etwa 0,01 A.

Beim *Schließen* von Kontakten kann eine Materialwanderung auch bei niedrigen Spannungen auftreten infolge von Feldemission sowie infolge der bei der Berührung zwischen den ersten Oberflächenspitzen entstehenden Strombrücken, die wegen der hohen Stromdichten verdampfen.

Die Kapazität bei Feldern mit Raumladungen

In einem Wechselfeld mit der Feldstärke $E \sin \omega t$ schwingen freie Ladungsträger unter der Einwirkung der elektrischen Feldstärke in der Richtung der elektrischen Kraftlinien. Die Geschwindigkeit dieser Schwingung eilt infolge der trägen Masse der Teilchen gegen die Feldstärke um 90° nach. Sie entspricht einem Strom, der ebenfalls diese 90°-Verschiebung besitzt und daher im Gegentakt zum dielektrischen Verschiebungsstrom schwingt. Die Ladungsträger verändern den Verschiebungsstrom und damit die Kapazität zwischen den Elektroden.

Bezeichnen m die Masse, q die Ladung eines Ladungsträgers, dann gilt für die Auslenkung x des Ladungsträgers in Richtung des elektrischen Feldes

$$m \frac{d^2 x}{dt^2} = q\, E \sin \omega t \tag{53}$$

und durch Integration

$$\frac{dx}{dt} = v = -\frac{q}{m\omega} E \cos \omega t . \tag{54}$$

Bei der durch die Zahl der Ladungsträger je Volumen gegebenen Trägerdichte n wird daher gemäß Gl. (5) der Vektor der durch die Teilchenbewegung bedingten

Stromdichte

$$-\frac{q^2 n}{m\,\omega}\,\boldsymbol{E}\cos\omega t\,.$$

Hierzu kommt die Verschiebungsstromdichte, Gl. (16.8),

$$\varepsilon\,\frac{d\boldsymbol{E}}{dt} = \varepsilon\,\omega\,\boldsymbol{E}\cos\omega t\,,$$

so daß die gesamte Stromdichte

$$\left(\varepsilon - \frac{q^2 n}{m\,\omega^2}\right)\omega\,\boldsymbol{E}\cos\omega t$$

ist. *Infolge der Mitbewegung der Ladungsträger wird also die Dielektrizitätskonstante verkleinert; die scheinbare Dielektrizitätskonstante des raumladungserfüllten Raumes* ist

$$\varepsilon' = \varepsilon - \frac{q^2 n}{m\,\omega^2} = \varepsilon - \frac{q\,\varrho}{m\,\omega^2}\,. \tag{55}$$

Sie nimmt mit wachsender Frequenz zu, und zwar unabhängig vom Vorzeichen der Ladungen. So hängt z. B. die Kapazität zwischen den Elektroden einer Verstärkerröhre von der Frequenz ab.

Bei der Ableitung der Gl. (55) wurde vorausgesetzt, daß der freien Bewegung der Ladungsträger mit der Amplitude $\frac{q}{m\,\omega^2}\,E$ keine Hindernisse entgegen stehen. Eine Begrenzung kann sich ergeben infolge der Zusammenstöße mit anderen Ladungsträgern und neutralen Gasmolekülen oder in Hochvakuumgeräten mit den Gefäßwänden. Ist die mittlere freie Weglänge klein gegen die Schwingungsamplitude der Ladungsträger, dann wird die mittlere Bewegungsgeschwindigkeit proportional der augenblicklichen Feldstärke wie in Gl. (12). Die Zusammenstöße haben einen Energieentzug aus dem Felde zur Folge, der nach Gl. (5), (12) und (6.4) einer Leitfähigkeit

$$\sigma = \varrho\, b \tag{56}$$

entspricht.

Die Abhängigkeit der Permittivitätszahl von der Dichte der Ladungsträger ist die Ursache dafür, daß Funkstrahlen bestimmter Wellenlängen in der Ionosphäre (ionisierte Luftschichten in Höhen zwischen etwa 100 km und 400 km) zur Erde zurückgebeugt werden. Sie dringen bei senkrechtem Einfall höchstens so weit in die Ionosphäre ein, daß in Gl. (55) $\varepsilon' = 0$ ist. Wellen mit Frequenzen unterhalb der daraus hervorgehenden *kritischen Frequenz* oder *Plasmafrequenz*

$$\omega_K = q\sqrt{\frac{n}{\varepsilon_0\, m}}\,, \tag{57}$$

bei der ε' verschwindet, gelangen daher bei senkrechtem Einfall zur Erde zurück. Die kritische Frequenz liegt um so höher, je größer die Dichte der Ladungsträger in der Ionosphäre ist und hängt daher von den die Ionisierung bewirkenden Einstrahlungen aus dem Weltenraum, insbesondere der Sonnenstrahlung, ab; sie beträgt etwa 3⋯9 MHz. Bei schrägem Einfall werden auch noch Wellen mit höheren Frequenzen zur Erde zurückgebeugt.

22. Der Durchschlag von Isolierstoffen

Die Erscheinung, daß beim Überschreiten einer bestimmten Spannung zwischen zwei voneinander isolierten Elektroden eine leitende Überbrückung eintritt, bestimmt bei hohen Spannungen die notwendigen Abstände zwischen den Leitern.

Man spricht von *Durchschlag* oder *Durchbruch*, wenn die Strombahn den betreffenden Stoff durchsetzt, von *Überschlag*, wenn die Strombahn in Luft längs der Oberfläche eines festen oder flüssigen Isolierstoffes entsteht.

Die Erscheinungen des Durchschlages bei den *Gasen* sind zum größten Teil bereits im vorigen Abschnitt besprochen worden. Die Anfangsfeldstärke, die auch *Durchschlagsfeldstärke* oder *Durchschlagsfestigkeit* genannt wird, ist danach keine

Stoffkonstante allein, sondern hängt auch von der räumlichen Ausdehnung und der Gestaltung *des elektrischen Feldes* ab. So zeigt die Abb. 21.5, daß die Durchschlagsfeldstärke in einem Plattenkondensator bei kleinen Plattenabständen höher ist als bei großen Plattenabständen. Die Erscheinungen beim *Durchschlag flüssiger und fester Isolierstoffe* sind von denen in Gasen wesentlich verschieden, weil hier die Moleküle viel dichter gepackt sind; die freie Weglänge der Ladungsträger ist daher erheblich kleiner als in den Gasen. Dementsprechend ist auch das Ionisierungsvermögen der Ladungsträger gering.

Der Durchschlag *fester* Isolierstoffe ist aufzufassen als eine Zerstörung des molekularen Gefüges oder der Moleküle selbst. Drei Ursachen einer solchen Zerstörung können grundsätzlich in Betracht kommen:

1. *die mechanischen Kräfte des elektrischen Feldes,*
2. *Wärmewirkungen,*
3. *Stoßionisierung.*

Auf die positiv und negativ geladenen Bestandteile der Moleküle werden im elektrischen Feld Kräfte von der in Abschnitt 13 besprochenen Art ausgeübt, die eine Trennung der Molekülbestandteile anstreben. Es zeigt sich aber, daß die mechanischen Kräfte, die erforderlich sind, um die Moleküle in ihre Bestandteile zu zerlegen, außerordentlich groß sind. Man kann berechnen, daß die elektrische Feldstärke in der Größenordnung von 100000 kV/cm liegen müßte, um eine solche Spaltung herbeizuführen. Die Durchschlagsfeldstärken der praktisch verwendeten Isolierstoffe sind erfahrungsgemäß einige Zehnerpotenzen niedriger. Andererseits zeigt sich bei manchen Stoffen, daß die zum Durchschlag notwendige Feldstärke mit zunehmender Reinheit des Stoffes immer weiter wächst. Diese Form des „*mechanisch-elektrischen Durchschlages*“ wird nur bei vollkommen reinen Stoffen mit idealer Gruppierung der Moleküle (Kristalle) und bei Dicken unter 10^{-5} cm erreicht; der Durchschlag bei wirklichen Isolierstoffen größerer Dicke wird wesentlich durch Verunreinigungen und Beimengungen beeinflußt. Praktisch ist daher meist die 2. Ursache des Durchschlags maßgebend (Schmelzen, Verbrennen des Stoffes). Schließlich sind noch die gleichen Vorgänge möglich wie in Gasen, nämlich Stoßionisierung und Auslösung von Elektronen aus der Kathode, die wegen der sich steigernden Stromstärke ebenfalls zu einer Erwärmung und damit Zerstörung des Isolierstoffes führen. Die 2. Form bezeichnet man als den *Wärmedurchschlag*, die 3. als den *Ionisierungsdurchschlag*. Bei der komplizierten Struktur vieler in der Technik verwendeten Isolierstoffe überlagern sich im allgemeinen die verschiedenen Formen des Durchschlages.

Der *Wärmedurchschlag* kann aus der Abhängigkeit der Leitfähigkeit der Isolierstoffe von der Temperatur erklärt werden. Die infolge der Leitfähigkeit entstehende JOULEsche Wärme erhöht die Temperatur und vergrößert damit die Leitfähigkeit. Daher wächst bei konstanter Spannung zwischen den Elektroden die in der Zeiteinheit erzeugte Wärmemenge, und es steigern sich Temperatur und Leitfähigkeit gegenseitig bis zur Zerstörung des Stoffes. Dieser Vorgang setzt an einer Stelle des Isolators ein, wo infolge irgendwelcher Ungleichmäßigkeiten oder Beimengungen die Leitfähigkeit besonders groß ist; es bildet sich an dieser Stelle ein Kanal, in dem die Stromstärke mehr und mehr wächst.

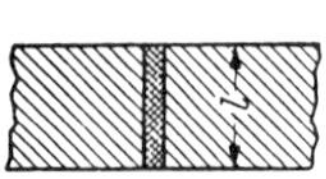

Abb. 22.1. Kanal höherer Leitfähigkeit

Einen näheren Einblick in die Bedingungen bei einem derartigen Durchschlagsvorgang erhält man, wenn man das Schicksal eines bereits gebildeten Kanals höherer Leitfähigkeit verfolgt. Der Kanal, Abb. 22.1, hat zwar in Wirklichkeit keine scharfen Grenzen; wir schreiben ihm aber zur Vereinfachung einen bestimmten Querschnitt A zu; er habe ferner die Länge l, die der

Dicke des Isolierstoffes entspricht. Dann ist der Widerstand

$$R = \frac{l}{\sigma A} . \tag{1}$$

Bezeichnet U die Spannung zwischen den Enden des Kanals, so ist die in dem Kanal in Wärme umgewandelte Leistung

$$\frac{U^2}{R} = \frac{U^2 \sigma A}{l} . \tag{2}$$

Diese Wärmeleistung deckt im Gleichgewichtszustand die von dem Kanal abfließende Wärmeleistung. Nimmt man an, daß die Wärme hauptsächlich quer vom Kanal wegströmt, so ist die abgeleitete Wärmeleistung näherungsweise

$$P_w = k l \sqrt{A}\, \vartheta ,$$

wobei ϑ die Übertemperatur des Kanals bezeichnet, k eine Wärmeleitungskonstante. Wenn also ein Gleichgewichtszustand bestehen soll, so muß sein

$$\frac{U^2 \sigma A}{l} = k l \sqrt{A}\, \vartheta . \tag{3}$$

Die Leitfähigkeit σ ist eine mit der Temperatur zunehmende Funktion. Ein einfacher Ansatz, der sich bei manchen Stoffen gut mit den wirklichen Befunden deckt, und der einen Überblick über die Durchschlagsbedingungen ermöglicht, ist (vgl. auch Gl. (8.24))

$$\sigma = \sigma_0 \, e^{h \vartheta} ; \tag{4}$$

damit wird Gl. (3)

$$\frac{U^2 \sigma_0 \sqrt{A}}{k l^2} e^{h \vartheta} = \vartheta . \tag{5}$$

Solange der links stehende Ausdruck größer ist als der rechte, überwiegt die erzeugte Wärmemenge die abgeleitete, die Temperatur muß daher steigen. In Abb. 22.2 sind die beiden Ausdrücke graphisch dargestellt; die Temperatur wächst bis zu dem Schnittpunkt ϑ_m. Steigert man die Spannung, dann verschiebt sich die Exponentialkurve nach oben, die Übertemperatur des Kanals wird größer, bis sich schließlich die beiden Kurven gerade berühren. Dann ist ständig die erzeugte Wärmemenge größer als die abgeleitete. Die Temperatur steigt unbegrenzt. Die Stromleitung ist labil geworden; die Temperatursteigerung führt zur Zerstörung des Isolierstoffes. Der Grenzfall ist dadurch bestimmt, daß die Differentialquotienten der Ausdrücke auf beiden Seiten von Gl. (5) einander gleich sind:

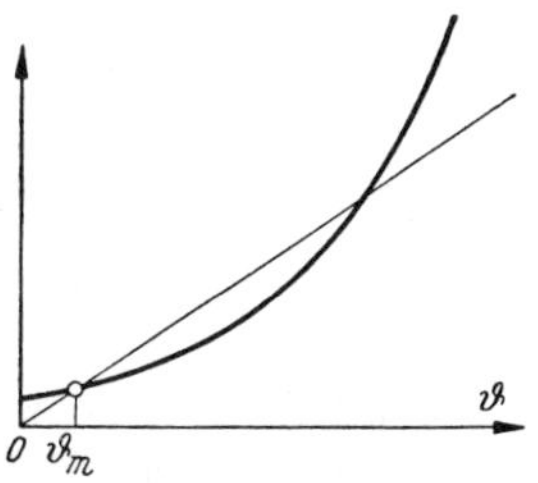

Abb. 22.2. Graphische Bestimmung der Übertemperatur des Kanals gemäß Gl. (5)

$$h \frac{U^2 \sigma_0 \sqrt{A}}{k l^2} e^{h \vartheta} = 1 . \tag{6}$$

Aus den Gl. (5) und (6) folgt

$$h \vartheta = 1 ; \tag{7}$$

dies ergibt mit Gl. (6) als Bedingung für die Spannung, bei der gerade der Durchschlag einsetzt,

$$U_d = l \sqrt{\frac{k}{h \sigma_0 e \sqrt{A}}} . \tag{8}$$

Die Durchschlagsspannung wird hiernach kleiner, wenn die Temperatur des Isolierstoffes von außen her erhöht wird, da dann die Anfangsleitfähigkeit σ_0 größer wird.

Sie ist ferner proportional l, also der Dicke des Isolierstoffes. Für diese Abhängigkeit ist jedoch die bei der Ableitung gemachte Voraussetzung wesentlich, daß die Wärme senkrecht zur Kanalachse abfließt. In Wirklichkeit wird immer eine gewisse Wärmeströmung zu den Elektroden hin stattfinden, besonders wenn es sich um dünne Isolierstoffschichten handelt. Dann ergibt sich eine nicht proportionale Zunahme der Spannung mit der Schichtdicke, wie sie tatsächlich beobachtet wird. Besonders bei ganz dünnen Schichten ist diese longitudinale Wärmeableitung erheblich. Damit stimmt die Beobachtung überein, daß die Durchschlagsfeldstärke bei Verkleinerung der Dicke des Isolierstoffes stark zunimmt, so daß man bei Dicken von der Größenordnung 10^{-5} cm in das Gebiet des mechanisch-elektrischen Durchschlages gelangen kann. Bei Wechselstrom haben noch die dielektrischen Verluste einen Einfluß auf die Durchschlagsfeldstärke, da sie eine zusätzliche Erwärmung und damit eine Vergrößerung der Leitfähigkeit des Isolierstoffes ergeben. Die Durchschlagsfeldstärke wird daher bei höheren Frequenzen kleiner, und zwar umso mehr, je größer der Verlustwinkel des Isolierstoffes ist.

Messungen der Leitfähigkeit und des Verlustwinkels von Isolierstoffen mit hohen Feldstärken zeigen, daß bei den meisten Stoffen von einer gewissen Feldstärke ab eine starke Zunahme dieser Größen einsetzt. Man führt sie auf Ionisierungserscheinungen innerhalb des Isolierstoffes zurück. Ein praktisch häufiger und wichtiger Fall ist der, daß Lufteinschlüsse im Isolierstoff vorhanden sind, z. B. Hohlräume in Ölpapierkabeln, oder Porosität bei schlechtem Porzellan oder trockenem Papier. In solchen Lufteinschlüssen spielen sich die gleichen Vorgänge der Stoßionisierung ab wie beim Durchschlag von Gasen, so daß diese Hohlräume leitend werden und sich die Feldstärke im Isolierstoff selbst entsprechend erhöht. Die in den Hohlräumen entwickelte Wärme beschleunigt den Durchbruch der festen Bestandteile des Isolierstoffes. Dazu trägt bei, daß aus den Glimmentladungen Elektronen in den Isolierstoff eindringen können und an ,,Elektronenhaftstellen“ gebunden werden; ihre Raumladung erhöht die Feldstärke im Isolierstoff (siehe Abbildung 18.1). Von Bedeutung ist dabei noch, daß die elektrische Feldstärke in den Lufträumen erheblich höhere Werte haben kann als im festen Stoff, da der Verschiebungsfluß an den Grenzflächen stetig übergeht. Im allgemeinen unterstützt die Ionisation den Wärmedurchschlag. Man kann ihren Einfluß dadurch berücksichtigen, daß man für die Leitfähigkeit noch eine Abhängigkeit von der Feldstärke annimmt, z. B.

$$\sigma = \frac{\sigma_0 e^{h\vartheta}}{(1 - E/E_0)^2} . \tag{9}$$

Für parallele Plattenelektroden, bei denen $E = U_\alpha/l$ gilt, folgt mit diesem Ansatz und mit U_d aus Gl. (8) für die Durchschlagspannung

$$U'_d = U_d \left(1 - \frac{U_d}{lE_0}\right) \tag{10}$$

Die Ionenbildung setzt die Durchschlagsspannung herab. Man bezeichnet diese Form des Durchschlags als *wärme-elektrischen Durchschlag.*

Die Tabelle 22.1 gibt die Größenordnung der Durchschlagsfestigkeit von einigen Isolierstoffen an.

Tabelle 22.1

Hartpapier	10 ··· 100 kV/cm
Pertinax	100 ··· 150 kV/cm
Porzellan	150 ··· 350 kV/cm
Mikanit	250 ··· 350 kV/cm
Glas, Glimmer	200 ··· 600 kV/cm
Polyäthylen	400 ··· 600 kV/cm

Die Durchschlagsfeldstärke ist keine Materialkonstante wie etwa ε oder σ, sondern immer von der ganzen Anordnung abhängig. Sie ist etwa zu vergleichen mit der Stromdichte, bei der ein Leiter durchschmilzt; auch diese ist keine Eigenschaft des Stoffes allein, sondern noch von anderen Bedingungen abhängig, wie Leiterform, Wärmeableitung, Stromart. Die Durchschlagsfeldstärke hängt ferner von der Zeitdauer der Einwirkung ab, und zwar ist bei kürzerer Beanspruchung eine höhere Feldstärke für den Durchschlag erforderlich; dies ist aus der Wärmetheorie und der Ionisierungstheorie erklärbar.

Bei *flüssigen Isolierstoffen* (Transformatoröl) sind Verunreinigungen von sehr großem Einfluß, insbesondere Beimengungen von Wasser, Faserstoffen und Gasen; sie setzen die Durchschlagsfeldstärke herab. Der Durchschlag geht von diesen Beimengungen aus, indem sich unter dem Einfluß der Feldkräfte leitende Brücken aus den Beimengungen bilden. Bei leitenden flüssigen Beimengungen, z. B. feuchtigkeitshaltigen Fasern, kann sich auch infolge starker örtlicher Erwärmung Dampf bilden, so daß der Durchschlag im Dampf nach Art eines Gasdurchschlages eingeleitet wird. Je sorgfältiger die Beimengungen der Öle beseitigt werden, um so höher ist die Durchschlagsfeldstärke. Sie beträgt bei Transformatoröl je nach Reinheit 50 bis 300 kV/cm.

Die Erscheinungen des *Überschlages* längs der Oberfläche fester oder flüssiger Isolierstoffe sind ebenfalls ziemlich verwickelt. Es zeigt sich, daß der Überschlag schon bei erheblich niedrigerer Spannung eintritt, als es dem Durchschlag auf dem Luftwege entsprechen würde. Längs der Oberfläche bilden sich bei Steigerung der Spannung Büschelentladungen und Gleitfunken, die von den Elektroden ausgehen; sie ionisieren die Luft und haben zur Folge, daß das Potentialgefälle auf einen kleineren Raum zusammengedrängt wird; die Gasentladung schiebt dadurch längs der Oberfläche des Isolierstoffes Ladungen und damit ein starkes Potentialgefälle vor sich her. Die mittlere tangentielle Feldstärke, bei der ein Überschlag in Luft stattfindet, liegt zwischen 7 und 10 kV/cm; sie nimmt bei höherer Luftfeuchtigkeit bis auf Werte von etwa 4 bis 5 kV/cm ab. Der Einfluß der Luftfeuchtigkeit erklärt sich dadurch, daß auf der Oberfläche des Isolierstoffes Bezirke erhöhter Leitfähigkeit entstehen, die eine örtliche Erhöhung der Feldstärke erzeugen.

Weiterführende Literatur zum Zweiten Kapitel: *Ba, Bec, Br, Bu, Eu, Fl, Gä, Gl, Hal, HbP, Hel, Her, Heu, Ja, Mi, MiW, Pri, Ro, RoK, Sca, ZiS*

Drittes Kapitel

Das magnetische Feld

I. Das stationäre magnetische Feld

23. Grundbegriffe und Grundgesetze des magnetischen Feldes

Wie mit dem Vorhandensein elektrischer Spannungen immer ein elektrisches Feld verbunden ist, so tritt immer ein magnetisches Feld auf, wenn elektrische Ströme fließen, wenn sich also elektrische Ladungen bewegen. Ein *stationäres* magnetisches Feld entsteht, wenn es sich um Gleichstrom handelt. Das magnetische Feld kann wie das elektrische durch Feldlinien veranschaulicht werden. Von dem Verlauf dieser Linien geben die bekannten Versuche mit Eisenspänen eine Vorstellung. Auf langgestreckte Eisenspäne oder auf Magnete werden im magnetischen Feld mechanische Kräfte ausgeübt, die die Eisenspäne in eine bestimmte Richtung zu drehen suchen. Dadurch wird die Feldlinienrichtung an jeder Stelle des Feldes definiert. Diese Feldlinien bezeichnet man hier als *magnetische Induktionslinien* oder als *magnetische Feldlinien*; sie veranschaulichen den *magnetischen Induktionsfluß*, der in Analogie zu dem Verschiebungsfluß im elektrischen Feld steht.

Den Verlauf der Feldlinien kann man untersuchen, wenn man eine kleine Magnetnadel, die sich nach allen Richtungen hin frei drehen kann, in das magnetische Feld bringt. Sie stellt sich in die Feldlinienrichtung ein, und man setzt willkürlich einen Richtungssinn der Feldlinien fest, indem man sagt, der Nordpol der Magnetnadel zeige in die Richtung der Feldlinien. Denkt man sich die Magnetnadel in dieser Richtung ein kleines Stück weiter bewegt, so wird sie ihre Richtung ein wenig ändern. Bewegt man sie fortgesetzt in der neuen Richtung um ein kleines Stückchen weiter, so erhält man den räumlichen Verlauf einer Feldlinie. Es ergibt sich, daß *alle Feldlinien in sich geschlossene Kurven bilden, die mit dem elektrischen Stromkreis, der sie erzeugt, verkettet sind* wie die Glieder einer Kette (s. jedoch hierzu Anm. Abschnitt 27). Bei einer von Strom durchflossenen Drahtspule nach Abb. 23.1 findet man z. B. Feldlinien der gestrichelt eingezeichneten Formen. Ihre Richtung steht zur Stromrichtung im Leiter in der gleichen Beziehung wie die Drehrichtung einer Rechtsschraube zur axialen Bewegungsrichtung.

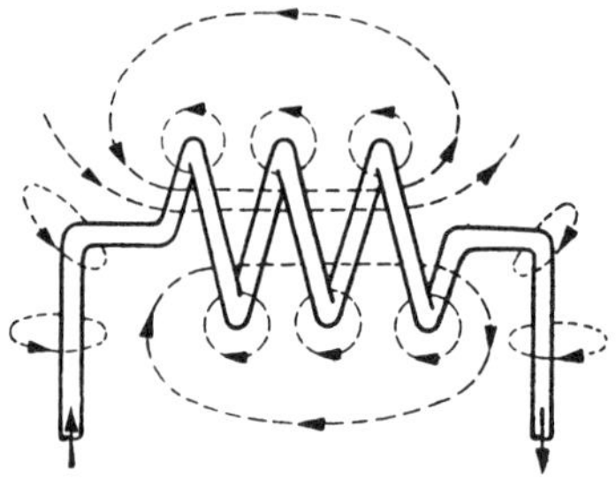

Abb. 23.1. Magnetische Feldlinien einer Drahtspule

Das magnetische Feld ist ein besonderer Zustand des Raumes, der gekennzeichnet ist durch *mechanische Kraftwirkungen* und *elektrische Induktionswirkungen*. Wie im elektrischen Feld die mechanischen Kraftwirkungen zur Definition der Feldstärke dienen, so können hier beide Wirkungen zur Festlegung eines Maßes für die Stärke des magnetischen Feldes benutzt werden.

Mechanische Kraftwirkung

Bringt man in das magnetische Feld eines räumlich festliegenden Leiters einen zweiten von Strom durchflossenen Leiter, so wird auf diesen eine mechanische Kraft ausgeübt. Zur Messung dieser Kraft kann im Prinzip eine Einrichtung nach Abb. **23.2** dienen. Ein kurzer Kupferstab („Meßstab") taucht in zwei Quecksilbernäpfe ein, die den Strom I zuführen. Die auf den Meßstab von der Länge l ausgeübte Kraft kann mit einer Federwaage oder mit Gegengewichten bestimmt werden. Derartige Messungen zeigen nun:

1. Der Betrag F der Kraft hängt an jeder Stelle des Magnetfeldes von der Richtung des Meßstabes gegenüber der Richtung der Feldlinien ab. Wenn der Stab mit einer

Feldlinie zusammenfällt, so wird keine Kraft auf ihn ausgeübt. Die größte Kraft ergibt sich, wenn der Stab zu den Feldlinien senkrecht steht. Ändert man den Winkel α, den die Stromrichtung mit der Feldlinienrichtung bildet, so ändert sich der Betrag F der Kraft wie $\sin\alpha$.

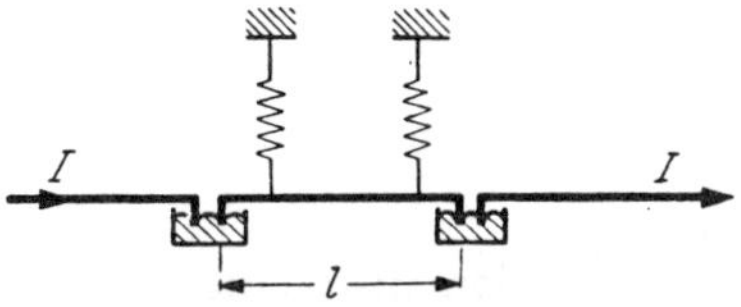

Abb. 23.2. Meßstab zur Bestimmung der magnetischen Flußdichte

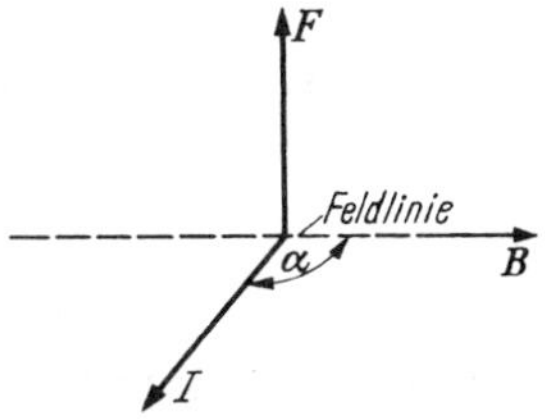

Abb. 23.3. Richtungen von Kraft, Strom und Magnetfeld

2. Die Kraft ist proportional der Stromstärke I. Mit der Stromrichtung kehrt sich auch die Kraftrichtung um.

3. Die Kraft wirkt immer senkrecht zur Richtung des Stabes und zur Richtung der magnetischen Feldlinien, und zwar so, daß Stromrichtung, Feldlinienrichtung und Kraftrichtung ein *Rechtssystem* bilden, Abb. 23.3. Dreht man die Richtung des Stromes auf dem kürzesten Wege in die Richtung der Feldlinien, so erhält man die Drehrichtung einer Rechtsschraube, die sich in der Kraftrichtung bewegt.

4. Die Kraft ist proportional der Länge l des Meßstabes.

Aus diesen Beobachtungen kann man die Formel ableiten

$$\boxed{F = B\,I\,l \sin\alpha\,,} \tag{1}$$

in der B einen Proportionalitätsfaktor bedeutet. Dieser Faktor B kann als ein Maß für die Stärke des magnetischen Feldes an der betreffenden Stelle benützt werden. Man betzeichne ihn als die *magnetische Flußdichte* oder *magnetische Induktion.* Bestimmt man mit Hilfe des Meßstabes an irgendeiner Stelle des magnetischen Feldes die auf das Stäbchen ausgeübte maximale Kraft F_m ($\alpha = 90°$), so findet man die magnetische Induktion aus

$$B = \frac{F_m}{I\,l}\,. \tag{2}$$

Dadurch ist die Größe B definiert; ihre Einheit kann willkürlich festgesetzt werden. Würde man die Kraft in kp, den Strom in A und die Länge in cm messen, so würde man 1 kp/A cm als Einheit für B erhalten. Die heute verwendete und genormte Einheit ergibt sich durch die Festlegung: *Die Einheit der magnetischen Induktion liegt vor, wenn auf einen Meßstab von der Länge* 1 m, *der von einem Strom mit der Stärke* 1 A *durchflossen wird, eine Kraft von* 1 N *ausgeübt wird.* Diese Einheit ist also

$$1\,\frac{\mathrm{N}}{\mathrm{Am}} = 1\,\frac{\mathrm{Ws}}{\mathrm{Am^2}} = 1\,\frac{\mathrm{Vs}}{\mathrm{m^2}}\,,$$

wofür gesetzt wird

$$\boxed{1\,\frac{\mathrm{Vs}}{\mathrm{m^2}} = 1\,\mathrm{Tesla} = 1\,\mathrm{T}\,.} \tag{3}$$

Eine ältere, heute nicht mehr benutzte Einheit ist das Gauß, abgekürzt G;

$$1\,\mathrm{G} = 10^{-4}\,\frac{\mathrm{Vs}}{\mathrm{m^2}}\,. \tag{4}$$

Man kann die Induktion als einen Vektor $\boldsymbol{B}$ auffassen, dessen Richtung durch die Feldlinienrichtung gegeben ist. Das hat ganz ähnliche Vorteile wie die Auffassung der Verschiebungsdichte im elektrischen Feld als Vektor. Wenn man nämlich willkürlich festlegt, daß der Betrag von $\boldsymbol{B}$ die Dichte der Feldlinien angeben soll, dann erhält man die gesamte Zahl der Feldlinien, die durch irgendeine Fläche hindurchgehen, als Oberflächenintegral des Vektors $\boldsymbol{B}$ über diese Fläche. Es ist also der *magnetische Induktionsfluß* (kurz *magnetischer Fluß*)

$$\boxed{\Phi = \int \boldsymbol{B} \cdot d\boldsymbol{A}} \tag{5}$$

ganz analog wie beim Verschiebungsfluß im elektrischen Feld. Die Aussage, daß alle magnetischen Feldlinien in sich geschlossen sind, läßt sich damit in der Form schreiben

$$\boxed{\oint \boldsymbol{B} \cdot d\boldsymbol{A} = 0\,.} \tag{6}$$

Das Oberflächenintegral der magnetischen Induktion über eine beliebige Hüllfläche ist Null, da aus der Fläche genau so viele Feldlinien herauskommen, wie durch sie eintreten.

Die Einheit des magnetischen Induktionsflusses ergibt sich durch Multiplikation der Einheit der magnetischen Induktion mit der Flächeneinheit. Die SI-Einheit des magnetischen Induktionsflusses ist

$$\boxed{1\ \text{Vs} = 1\ \text{Weber} = 1\ \text{Wb}.} \tag{7}$$

Danach gilt auch

$$\boxed{1\ \text{T} = 1\ \frac{\text{Wb}}{\text{m}^2}}\,. \tag{9}$$

Eine ältere, heute nicht mehr benutzte Einheit ist

$$1\ \text{Maxwell} = 1\ \text{M} = 1\ \text{G cm}^2 = 10^{-8}\,\text{Vs}\,. \tag{8}$$

Es gilt also auch

$$1\ \text{G} = 10^{-8}\,\frac{\text{Wb}}{\text{cm}^2} = 10^{-4}\,\frac{\text{Wb}}{\text{m}^2} = 10^{-4}\,\text{T}\,.$$

In einem homogenen Feld ist die Flußdichte überall gleich, die Feldlinien bilden parallele gerade Linien. Ein solches Feld ist bei Gl. (1) vorausgesetzt; die Länge l des Meßstäbchens muß also bei einem beliebigen Feld so klein sein, daß das Feld in der Umgebung des Meßstäbchens als hinreichend homogen angesehen werden kann.

Die Kraftwirkung des magnetischen Feldes auf stromdurchflossene Leiter besteht in einer Wirkung auf die im Leiter *bewegten* Elektrizitätsmengen. Fließt in dem Leiter ein Strom I, so ist dies gleichbedeutend mit der Bewegung einer Elektrizitätsmenge Q mit einer bestimmten Geschwindigkeit v, und es gilt, Gl. (8.10),

$$I\,l = Q\,v\,. \tag{10}$$

Daher kann man allgemein für die Kraft, die im magnetischen Feld auf eine bewegte Elektrizitätsmenge Q ausgeübt wird, Gl. (1), schreiben

$$F = B\,Q\,v \sin \alpha\,. \tag{11}$$

Diese Beziehung gilt zunächst nur im homogenen magnetischen Feld; man kann sie aber auch bei beliebigen Feldern anwenden, wenn die räumliche Ausdehnung der Ladung Q so klein ist, daß das magnetische Feld in der Umgebung der Ladung als homogen angesehen werden kann.

Die Richtung der Kraft ist durch die oben mit 3. bezeichnete Regel bestimmt. Man kann diese Regel in die Gleichung für den Betrag der Kraft aufnehmen, wenn man sich der Symbole der Vektorrechnung bedient. Die Geschwindigkeit kann durch einen Vektor $\boldsymbol{v}$ dargestellt werden, der mit $\boldsymbol{B}$ den Winkel α bildet. Der Vektor der Kraft steht senkrecht auf der Ebene dieser beiden Vektoren. Seine Richtung ist gegeben durch die Verschiebungsrichtung einer Rechtsschraube, die so gedreht wird, wie man den Vektor $\boldsymbol{v}$ zu drehen hat, um ihn auf dem kürzesten Wege in die Richtung des Vektors $\boldsymbol{B}$ zu bringen. Man bezeichnet in der Vektorrechnung als *äußeres Produkt* oder *Vektorprodukt* zweier Vektoren $\boldsymbol{v}$ und $\boldsymbol{B}$ einen Vektor, dessen Richtung durch die eben genannte Regel bestimmt ist, und dessen Betrag gleich ist

$$v\,B\sin\alpha\,.$$

Das Vektorprodukt wird $\boldsymbol{v}\times\boldsymbol{B}$ geschrieben und daher auch *Kreuzprodukt* genannt. Es gilt daher

$$\boxed{\boldsymbol{F} = Q\,(\boldsymbol{v}\times\boldsymbol{B})\,.} \tag{12}$$

Beim Vektorprodukt ist wegen der Richtungsregel die Reihenfolge der beiden Vektoren zu beachten, während das skalare Produkt unabhängig von der Reihenfolge der beiden Vektoren ist.

In kartesischen Koordinaten ergibt das Vektorprodukt zweier Vektoren

$$\boldsymbol{A} = \boldsymbol{e}_1 A_x + \boldsymbol{e}_2 A_y + \boldsymbol{e}_3 A_z$$

und

$$\boldsymbol{B} = \boldsymbol{e}_1 B_x + \boldsymbol{e}_2 B_y + \boldsymbol{e}_3 B_z$$

unter Berücksichtigung der aus der Definition des Vektorprodukts hervorgehenden Rechenregeln

$$\left.\begin{array}{lll} \boldsymbol{e}_1\times\boldsymbol{e}_1 = 0\,, & \boldsymbol{e}_1\times\boldsymbol{e}_2 = \boldsymbol{e}_3\,, & \boldsymbol{e}_2\times\boldsymbol{e}_1 = -\,\boldsymbol{e}_3\,, \\ \boldsymbol{e}_2\times\boldsymbol{e}_2 = 0\,, & \boldsymbol{e}_2\times\boldsymbol{e}_3 = \boldsymbol{e}_1\,, & \boldsymbol{e}_3\times\boldsymbol{e}_2 = -\,\boldsymbol{e}_1\,, \\ \boldsymbol{e}_3\times\boldsymbol{e}_3 = 0\,, & \boldsymbol{e}_3\times\boldsymbol{e}_1 = \boldsymbol{e}_2\,, & \boldsymbol{e}_1\times\boldsymbol{e}_3 = -\,\boldsymbol{e}_2\,, \end{array}\right\} \tag{13}$$

die *Rechenregel*

$$\boldsymbol{A}\times\boldsymbol{B} = \boldsymbol{e}_1(A_y B_z - A_z B_y) + \boldsymbol{e}_2(A_z B_x - A_x B_z) + \boldsymbol{e}_3(A_x B_y - A_y B_x)\,. \tag{14}$$

Mit den Symbolen der Determinantenrechnung (s. a. Abschnitt 37) läßt sich in übersichtlicher Weise auch schreiben

$$\boldsymbol{A}\times\boldsymbol{B} = \begin{vmatrix} \boldsymbol{e}_1 & \boldsymbol{e}_2 & \boldsymbol{e}_3 \\ A_x & A_y & A_z \\ B_x & B_y & B_z \end{vmatrix}\,. \tag{15}$$

Bemerkungen: 1. Die Kraftwirkungen des magnetischenFeldes auf elektrische Ladungen zeigen sich besonders deutlich bei Elektronenstrahlen in einem luftleeren Gefäß. Die Elektronen beschreiben infolge der magnetischen Feldkräfte im magnetischen Feld gekrümmte Bahnen. An jeder Stelle der Bahn erfährt ein geladenes Teilchen eine Beschleunigung, die senkrecht zur Bewegungsrichtung und zur Richtung der magnetischen Feldlinien steht. Handelt es sich um ein homogenes Feld, so gilt folgendes. Stimmt die Bewegungsrichtung des Teilchens überein mit der Feldlinienrichtung, dann ergibt sich eine geradlinige Bahn, da in diesem Falle nach Gl. (12) keine Kräfte auftreten. Steht dagegen die Richtung der Bewegung senkrecht auf der Feldlinienrichtung, so ergibt sich eine konstante Beschleunigung senkrecht zur Bahn. Die Bahn wird ein Kreis, dessen Ebene senkrecht zur Feldlinienrichtung liegt. Bezeichnet man die Masse des geladenen Teilchens mit m, so ist die infolge der Kraft $\boldsymbol{F}$ entstehende radiale Beschleunigung

$$a = \frac{F}{m} = \frac{Q\,B\,v}{m}\,. \tag{16}$$

Die zentrifugale Beschleunigung bei einer Kreisbewegung mit dem Radius r ist andererseits

$$a = \frac{v^2}{r}\,. \tag{17}$$

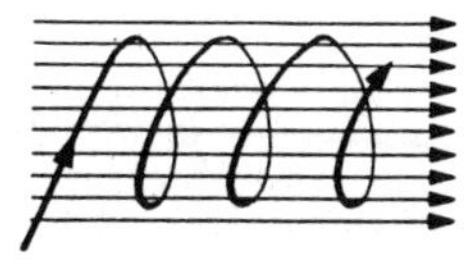

Abb. 23.4. Bahn eines elektrisch geladenen Teilchens im homogenen Magnetfeld

Es stellt sich daher eine solche Bahn ein, daß

$$\frac{Q\,B\,v}{m} = \frac{v^2}{r} \quad \text{oder} \quad r = \frac{m\,v}{Q\,B}\,. \tag{18}$$

Für die Zeitdauer eines Umlaufs auf der Kreisbahn folgt

$$\tau = \frac{2\pi r}{v} = 2\pi\frac{m}{Q\,B}\,. \tag{19}$$

Die Umlaufdauer ist also unabhängig von der Geschwindigkeit, solange die Masse gleich der Ruhemasse gesetzt werden kann, Gl. (8.3).

Die Umlauffrequenz ist

$$f_z = \frac{1}{\tau} = \frac{Q\,B}{2\,\pi\,m}\,; \tag{20}$$

sie wird auch *Zyklotronfrequenz* genannt (s. unten).

Bildet die Bewegungsrichtung irgendeinen anderen Winkel mit der Feldlinienrichtung, so kann die Geschwindigkeit in zwei Komponenten zerlegt werden, von denen die eine mit der Feldlinienrichtung übereinstimmt, während die andere senkrecht dazu steht. Die erste bleibt ungeändert, die zweite liefert eine Kreisbewegung. Im ganzen ergibt sich daher eine Schraubenlinienbahn des geladenen Teilchens, Abb. 23.4.

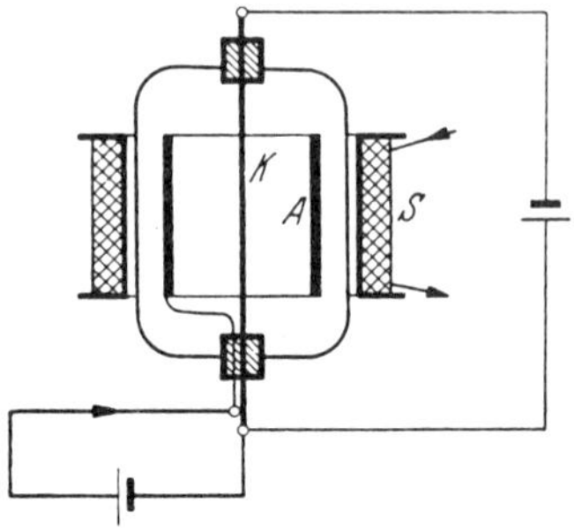

Abb. 23.5. Prinzip des Magnetrons

2. Eine Anwendung der Ablenkung von Elektronen im magnetischen Feld bildet das sog. *Magnetron.* Es ist eine Vakuumröhre mit Glühkathode und kalter Anode, die sich im magnetischen Feld einer stromdurchflossenen Spule befindet, Abb. 23.5. In dem axial gerichteten Magnetfeld der Spule bewegen sich die von der Kathode K ausgehenden Elektronen auf gekrümmten Bahnen zur Anode A. Überschreitet der Strom in der Spule S eine bestimmte Stärke, dann wird die Bahnkrümmung so groß, daß die Elektronen nicht mehr zur Anode gelangen, sondern zur Kathode zurückkehren, so daß der Elektronenstrom unterbunden ist. Mit dem in der Spule S fließenden Strom kann man daher den zur Anode gehenden Elektronenstrom steuern und ähnlich wie mit der Gitterspannung einer Elektronenröhre eine Verstärkung erzielen. (Anwendung der umlaufenden Elektronenströmung im *Wanderfeldmagnetron* zur Erzeugung von Hochfrequenzschwingungen).

3. In der folgenden Tabelle sind für einige Werte der magnetischen Induktion die nach Gl. (19) und (20) berechneten Umlaufzeiten und Umlauffrequenzen für Elektronen angegeben. Ferner ist für Anlaufspannungen von 100 V und 10 kV nach Gl. (13.34) und (18) der Bahnradius r berechnet.

	$B =$	0,001	0,01	0,1	1 T
	$\tau =$	35,7	3,57	0,357	$0{,}0357 \cdot 10^{-9}$ s
	$f_z =$	0,028	0,28	2,8	$28 \cdot 10^{9}$ Hz
für 100 V	$r =$	33,8	3,38	0,338	0,0338 mm
für 10 kV	$r =$	338	33,8	3,38	0,338 mm

Bei schweren Ladungsträgern werden die Umlaufzeiten und die Bahnradien größer. Die Umlaufzeiten werden z. B. bei Protonen entsprechend deren Masse 1836mal so groß wie in der Tabelle, die Bahnradien werden 43mal so groß.

4. Die Ablenkung von Ladungsträgern durch magnetische Felder findet ausgedehnte Anwendung bei Anordnungen der Elektronenoptik. Durchläuft in einer Braunschen Röhre der Elektronenstrahl ein Magnetfeld, das senkrecht zur Achse der Röhre gerichtet ist, so ergibt sich eine Ablenkung quer dazu, die proportional dem Strom in der das Magnetfeld erzeugenden Spule ist.

Ein Magnetfeld mit Feldlinien, die im wesentlichen parallel zur Strahlachse verlaufen, und das rotationssymmetrisch zu dieser Achse ist, stellt eine „*magnetische Linse*" dar, das Gegenstück zur elektrischen Linse (H. Busch 1926). Auf Grund einer ähnlichen Betrachtung wie in Abschnitt 13 folgt durch Anwendung der Beziehung (12) für die Brennweite der magnetischen Linse

$$f = 8\,\frac{m}{e}\,U_a\,\frac{1}{\int_0^b B_x^2\,dx}\,. \tag{21}$$

Die Brennweite kann also durch Ändern der Induktion B_x auf der Achse, d. h. durch Ändern des Stromes I in der Spule, eingestellt werden. Vergrößern des Stromes ergibt kleinere Brennweite. Bei der Abbildung entsteht hier wegen des schraubenlinienförmigen Verlaufs der Elektronenbahnen, Abb. 23.6, eine Drehung des Bildes, die mit wachsender Stromstärke I größer wird.

5. Im *Zyklotron* (Lawrence 1931) wird davon Gebrauch gemacht, daß die Umlauffrequenz f_z unabhängig von der Geschwindigkeit der Ladungsträger ist. Eine durch einen Radialschnitt geteilte Metalldose, Abb. 23.7, befindet sich in einem luftleeren Gefäß und wird von einem zeitlich konstanten magnetischen Feld B parallel zur Zylinderachse durchsetzt. An den beiden Halbdosen liegt eine Wechselspannung, deren Periode mit der Umlaufdauer τ eines Strahles von Ladungsteilchen (Elektronen, Protonen, α-Teilchen usw.) im Feld B übereinstimmt. Ein

Ladungsteilchen, das während eines positiven Maximums der Wechselspannung bei A in den Spalt eintritt, wird um die Scheitelspannung U_m beschleunigt. Nach einer halben Periode der Wechselspannung kommt es zu dem Spalt bei A', wenn die Spannung gerade ihren negativen Höchstwert hat, so daß wieder eine Beschleunigung um U_m eintritt. Der Radius der Elektronenbahn erweitert sich dabei mit der wachsenden Geschwindigkeit nach Gl. (18). Die Endgeschwindigkeit der Ladungsteilchen entspricht nach n-maligem Durchlaufen des Spaltes einer Anlaufspannung von $n\ U_m$. Bei sehr hohen Geschwindigkeiten vergrößert die Massenzunahme der Ladungsteilchen, Gl. (8.3), die Umlaufdauer, Gl. (19). Dieser Effekt kann durch eine periodische Steuerung der Frequenz des elektrischen Beschleunigungsfeldes in gewissen Grenzen ausgeglichen werden.

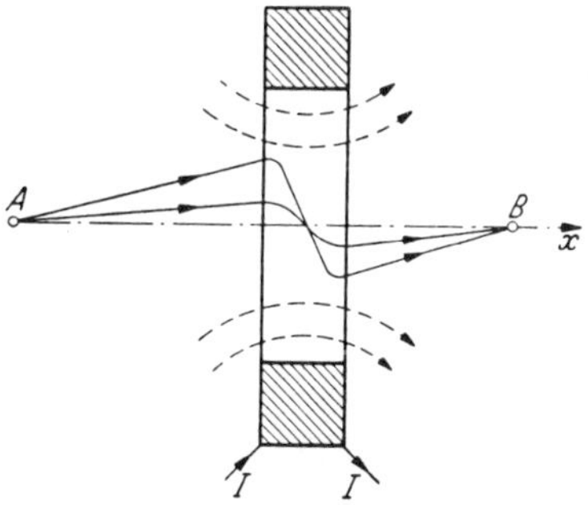

Abb. 23.6. Magnetische Linse der Elektronenoptik

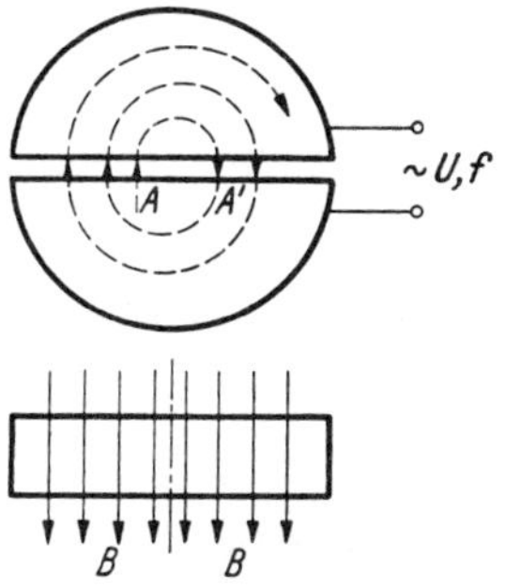

Abb. 23.7. Prinzip des Zyklotrons

Die auf einen stromdurchflossenen metallischen Leiter im magnetischen Feld einwirkende Kraft ist als Resultierende der Impulse aufzufassen, die die Leitungselektronen auf die Atome übertragen. Diese Resultierende ist Null oder unmeßbar klein, wenn kein magnetisches Feld vorhanden ist. Wirken dagegen die magnetischen Feldkräfte auf die Elektronen ein, so erfahren diese infolge ihrer Driftbewegung, d. h. infolge ihrer in die Richtung der Leiterachse fallenden Geschwindigkeitskomponenten eine Beschleunigung, die im Mittel eine zur Leiterachse senkrechte Richtung hat.

Zahlenbeispiel: Bei der Berechnung der magnetischen Feldkräfte ergibt sich das Resultat in elektrischen Krafteinheiten Ws/m, wenn die magnetischen Induktion in Vs/m^2 eingesetzt wird. Es sei z. B. $B = 1\ Vs/m^2$, $l = 0{,}1$ m, $I = 100$ A, $\alpha = 90°$. Dann wird nach Gl. (1)

$$F = 1 \cdot 0{,}1 \cdot 100\ \frac{\text{VAs}}{\text{m}} = 10\ \text{N}$$

Elektrische Induktionswirkung

Bewegt man einen Leiter durch ein magnetisches Feld, so werden auch die Leitungselektronen im Innern des Leiters mitgeführt. Die Elektronen erfahren daher Kräfte senkrecht zur Bewegungsrichtung des Leiters und zur Feldlinienrichtung. Wird z. B. ein Kupferstab, Abb. 23.8, mit der Geschwindigkeit $\boldsymbol{v}$ durch ein magnetisches Feld senkrecht zur Induktion $\boldsymbol{B}$ bewegt, so wirken die magnetischen Feldkräfte auf die Elektronen entgegengesetzt zu der durch den Pfeil gekennzeichneten Richtung. Dadurch tritt an dem einen Stabende ein Überschuß, am anderen ein Mangel an Elektronen auf. Auf der Leiteroberfläche entsteht eine entsprechende Ladungsverteilung. Längs des Stabes stellt sich ein Potentialgefälle ein, das die Elektronen in der Pfeilrichtung zu bewegen sucht. Im Gleichgewichtszustand halten die mit dem Potentialgefälle verbundenen elektrischen Feldkräfte den

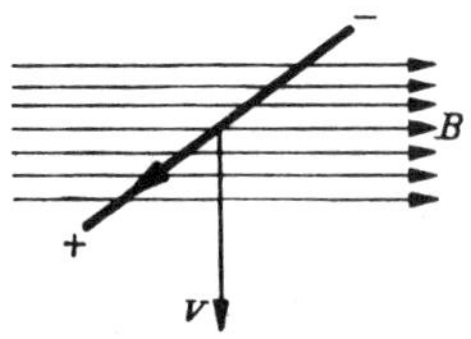

Abb. 23.8. Induktionswirkung in einem bewegten Stab

magnetischen Feldkräften die Waage. Die resultierende elektrische Feldstärke im Leiter und an seiner Oberfläche ist Null.

Die auf die Leitungselektronen beim Bewegen des Leiters einwirkenden magnetischen Feldkräfte lassen sich durch die Wirkung einer elektrischen Feldstärke $\boldsymbol{E}_i$ ersetzen; diese hat die Richtung wie der Strompfeil in Abb. 23.8 und kann auf folgende Weise berechnet werden.

Auf irgendeine Ladung Q wird durch die Feldstärke $\boldsymbol{E}_i$ nach Gl. (9.3) eine Kraft ausgeübt:

$$\boldsymbol{F}_1 = Q\boldsymbol{E}_i \,.$$

Die magnetische Feldkraft ist nach Gl. (12)

$$\boldsymbol{F}_2 = Q\,(\boldsymbol{v}\times\boldsymbol{B}) \,.$$

Durch Gleichsetzen erhält man

$$\boxed{\boldsymbol{E}_i = \boldsymbol{v}\times\boldsymbol{B} \,.} \tag{22}$$

Dies ist eine spezielle Form des *Induktionsgesetzes*; weiter unten wird daraus die allgemeine Form Gl. (39) abgeleitet. Die elektrische Feldstärke $\boldsymbol{E}_i$ wird auch *induzierte elektrische Feldstärke* genannt; sie ist senkrecht zur magnetischen Induktion und zur Bewegung gerichtet. Besteht der bewegte Körper aus einem elektrischen Leiter, so bewegen sich die elektrischen Ladungen unter der Einwirkung der Feldstärke $\boldsymbol{E}_i$ solange, bis das dadurch erzeugte Gegenfeld die Feldstärke $\boldsymbol{E}_i$ im Innern des Leiters gerade kompensiert. Ist der bewegte Körper ein Nichtleiter, so ergibt sich eine Polarisation wie in einem elektrischen Feld mit der Feldstärke $\boldsymbol{E}_i$ (s. dazu Abschnitt 43).

Bei einem stabförmigen Leiter wie in Abb. 23.8 erhält man durch Multiplikation der Länge des Stabes mit der in die Stabrichtung fallenden Komponente der elektrischen Feldstärke $\boldsymbol{E}_i$ eine Spannung. Diese Spannung wirkt wie die Leerlaufspannung einer Spannungsquelle, wenn der Leiter außerhalb des Feldes zu einem geschlossenen Stromkreis ergänzt wird, s. S. 231. In einem solchen Stromkreis fließt der Strom außen von dem mit + bezeichneten zu dem mit — bezeichneten Stabende, innerhalb des Stabes von dem Minusende zum Plusende, wie bei einer in dem Stab wirkenden Quellenspannung. Wird mit l die in das Feld eintauchende Länge des Stabes bezeichnet und der entsprechende Längenvektor $\boldsymbol{l}$ des Stabes eingeführt, so ist für die *induzierte Quellenspannung*

$$U_i = (\boldsymbol{v}\times\boldsymbol{B})\cdot\boldsymbol{l} \,. \tag{23}$$

Die Gl. (23) gilt auch, wenn sich die Geschwindigkeit v zeitlich ändert; es ändert sich dann auch die induzierte Quellenspannung, und in jedem Zeitpunkt gilt für den Augenblickswert der induzierten Quellenspannung

$$\boxed{u_i = (\boldsymbol{v}\times\boldsymbol{B})\cdot\boldsymbol{l} \,.} \tag{24}$$

Schneidet ein Stab mit der Länge l die Feldlinien senkrecht, und wird er senkrecht zu sich selbst bewegt wie in Abb. 23.8, so ergibt sich hieraus im besonderen

$$u_i = B\,l\,v \,. \tag{25}$$

Ist das magnetische Feld nicht homogen oder die Geschwindigkeit der einzelnen Punkte des Stabes nicht die gleiche, so gilt die Beziehung (24) für jeden kleinen

Abschnitt von der Länge ds des Stabes, Abb. 23.9:

$$du_i = \boldsymbol{E}_i \cdot d\boldsymbol{s} = (\boldsymbol{v} \times \boldsymbol{B}) \cdot d\boldsymbol{s} \,. \tag{26}$$

Die in einem drahtförmigen Leiter induzierte Quellenspannung ist daher allgemein

$$u_i = \int_a^b (\boldsymbol{v} \times \boldsymbol{B}) \cdot d\boldsymbol{s} \,. \tag{27}$$

Die gleichen Gesetze gelten auch für räumlich beliebig ausgedehnte Leiter. Wird z. B. eine Blechscheibe zwischen den beiden Polen eines Magneten gedreht, Abb. 23.10, so erfahren die Elektronen eine Ablenkung in radialer Richtung. Es tritt eine Spannung zwischen der Achse und dem Rand der Blechscheibe auf. Da die Bewegungsrichtung senkrecht auf der Feldlinienrichtung steht, so gilt hier für die in einem Abschnitt dr des Radius induzierte Spannung nach Gl. (26)

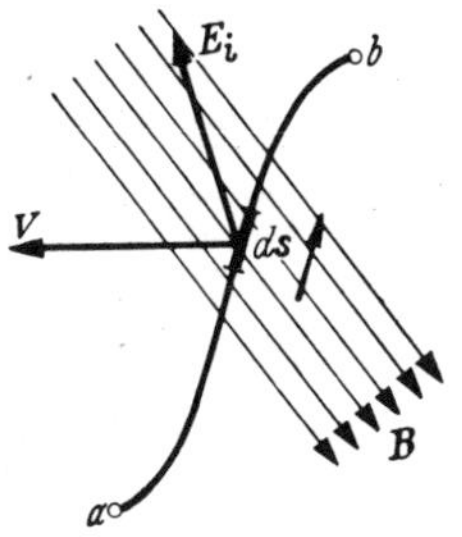

Abb. 23.9. Induktion in einem Draht beliebiger Form

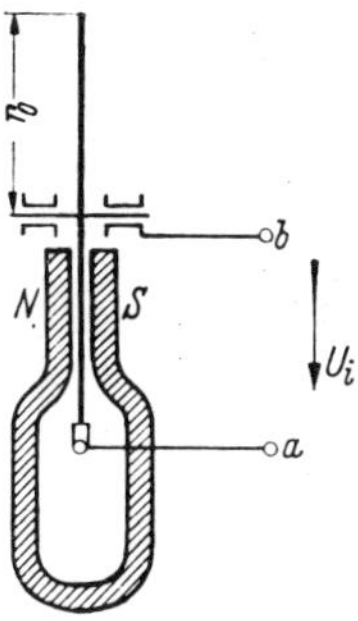

Abb. 23.10. Induktion in einer Bremsscheibe

$$du_i = B\, v\, dr = 2\pi\, n\, B\, r\, dr \,, \tag{28}$$

wenn n die Drehfrequenz bezeichnet. Kann das magnetische Feld auf der ganzen Scheibe als homogen angesehen werden, so ist die zwischen Rand und Achse auftretende Quellenspannung

$$U_i = 2\pi\, n\, B \int_0^{r_0} r\, dr = \pi\, n\, r_0^2\, B \,. \tag{29}$$

Zahlenbeispiel: $B = 1\ \mathrm{T} = 1\ \mathrm{Vs/m^2}$, $r_0 = 1\ \mathrm{m}$, $n = 2000/\mathrm{min}$. Es wird

$$U_i = \pi \cdot 2000 \cdot 1 \cdot 1 \,\frac{\mathrm{T\,m^2}}{\mathrm{min}} = 6{,}28 \cdot 10^3 \,\frac{\mathrm{Vs\,m^2}}{\mathrm{m^2\,60\,s}} = 105\ \mathrm{V} \,.$$

Bei der in Abb. 23.10 gezeichneten Anordnung ruft diese Spannung Ströme hervor, die sich innerhalb der Blechscheibe in der durch gestrichelte Linien in Abb. 23.11 dargestellten Weise schließen. Wegen dieses Kurzschlusses wird die Quellenspannung nicht als Spannung zwischen den Klemmen a und b erhalten. Um die Blechscheibe zu drehen, muß man eine mechanische Arbeit aufwenden, die der durch diese „Wirbelströme" entwickelten Wärme gleichwertig ist. Es ergibt sich also eine *Bremswirkung*.

Auf dem gleichen Prinzip beruhen die *Unipolarmaschinen*; hier wird das Auftreten der Wirbelströme dadurch vermieden, daß die Scheibe in ihrer ganzen Ausdehnung in ein Magnetfeld gebracht wird, das zur Achse symmetrisch ist, so daß die induzierte Quellenspannung U_i auf jedem Radius die gleiche Größe hat. Sie tritt jetzt als Spannung zwischen a und b in Erscheinung.

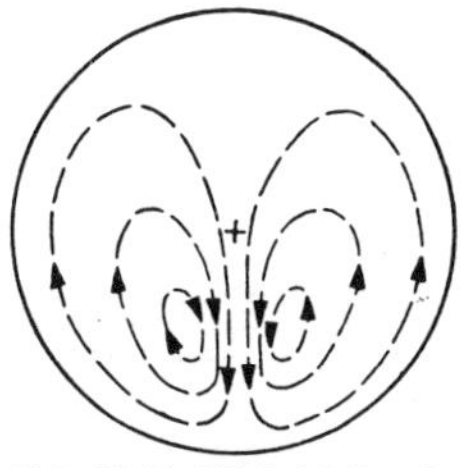
Abb. 23.11. Wirbelströme in der Bremsscheibe

Hall-Effekt

Da der elektrische Strom in Leitern immer eine Driftbewegung von Ladungsträgern ist, so ergibt sich eine ähnliche Erscheinung wie die elektrische Induktion auch innerhalb eines in einem stationären Magnetfeld *ruhenden* Leiters, sobald dieser vom Strom durchflossen wird (E. H. HALL, 1880).

Fließt z. B. durch ein dünnes Metallband Strom in der Längsrichtung des Bandes und wird das Band von einem magnetischen Feld senkrecht durchstoßen, Abb. 23.12, so erfahren die mit der Driftgeschwindigkeit $\boldsymbol{v}$ strömenden Leitungselektronen Kräfte in der Querrichtung des Bandes, die zu einer Anhäufung von negativen und positiven Ladungen auf den beiden Längsseiten des Bandes führen. Die auf die Elektronen wirkenden Kräfte lassen sich wie bei Abb. 23.8 darstellen durch die Wirkung einer elektrischen Feldstärke

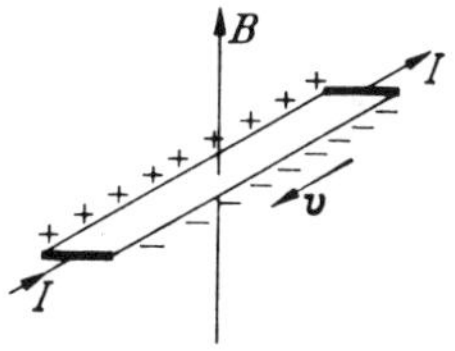

Abb. 23.12. HALL-Effekt

$$\boldsymbol{E}_H = \boldsymbol{v} \times \boldsymbol{B} \,. \tag{30}$$

Die Stromdichte in dem Leiter ist nach Gl. (8.5)

$$\boldsymbol{J} = \mp\, n\, e\, \boldsymbol{v}\,, \tag{31}$$

je nachdem, ob es sich um Elektronenleitung oder um Löcherleitung handelt. Damit wird die Feldstärke

$$\boldsymbol{E}_H = \mp \frac{1}{n\,e} (\boldsymbol{J} \times \boldsymbol{B})\,. \tag{32}$$

Man setzt

$$\boldsymbol{E}_H = R_H\,(\boldsymbol{J} \times \boldsymbol{B}) \tag{33}$$

und nennt R_H die HALL-Konstante; sie kann durch Messung der quer zum Leiter entstehenden Spannung, der Stromdichte und der magnetischen Induktion bestimmt werden. Aus dem HALL-Effekt erhält man Aufschluß über die Art der Leitung (Elektronen- oder Löcherleitung), über die Dichte n und über die Beweglichkeit der Ladungsträger ($n = 1/e\,R_H$; $b = \dfrac{\sigma}{n\,e} = \sigma\,R_H$). Einige gemessene Zahlenwerte sind

für Kupfer	$R_H = -\,5{,}5 \cdot 10^{-5}\,\dfrac{\text{cm}^3}{\text{As}}$,
„ Silizium und Germanium	$R_H \approx 10^3 \ldots 10^5\,\dfrac{\text{cm}^3}{\text{As}}$,
„ Indiumantimonid	$R_H = 200 \ldots 600\,\dfrac{\text{cm}^3}{\text{As}}$.

Bei einem rechteckigen Plättchen mit der Dicke d, das von einem Strom I parallel zu einer Rechteckseite durchflossen wird und sich senkrecht zu den Kraftlinien in einem Magnetfeld B befindet, Abb. 23.12, wird die senkrecht zur Stromrichtung entstehende Spannung nach Gl. (33)

$$U_H = R_H \frac{I}{d} B\,. \tag{34}$$

Wird z. B. ein Germaniumplättchen mit $R_H = 10^4\,\dfrac{\text{cm}^3}{\text{As}}$ und 1 mm Dicke von einem Strom $I = 1$ A durchflossen, so wird in einem Feld mit $B = 0{,}1$ T

$$U_H = 10^4\,\frac{\text{cm}^3}{\text{As}}\,\frac{1\,\text{A}}{0{,}1\,\text{cm}}\,0{,}1 \cdot 10^{-4}\,\frac{\text{Vs}}{\text{cm}^2} = 1\,\text{V}\,.$$

Allgemeine Form des Induktionsgesetzes

Die Gl. (26) für die in einem Längenelement des Leiters induzierte Spannung läßt sich durch die folgende Überlegung in eine andere Form bringen. Das Produkt $\boldsymbol{v} \times \boldsymbol{B}$ kann geometrisch aufgefaßt werden als Flächenvektor, der senkrecht auf der Fläche eines Parallelogrammes steht, dessen Seiten aus den beiden Vektoren $\boldsymbol{v}$ und $\boldsymbol{B}$ gebildet werden, Abb. 23.13, denn ein solches Parallelogramm hat den Flächeninhalt

$$v\,B \sin\alpha\,.$$

Um das skalare Produkt des Vektors $\boldsymbol{v} \times \boldsymbol{B}$ mit dem Vektor $d\boldsymbol{s}$ zu bilden, hat man die in die Richtung von $\boldsymbol{v} \times \boldsymbol{B}$ fallende Komponente von $d\boldsymbol{s}$ mit der Fläche zu multiplizieren. Wie Abb. 23.13 zeigt, ergibt dies das Volumen eines Prismas, das aus den drei Vektoren $\boldsymbol{v}$, $\boldsymbol{B}$ und $d\boldsymbol{s}$ gebildet wird. Man kann daher das gleiche Produkt auf die folgenden Arten darstellen:

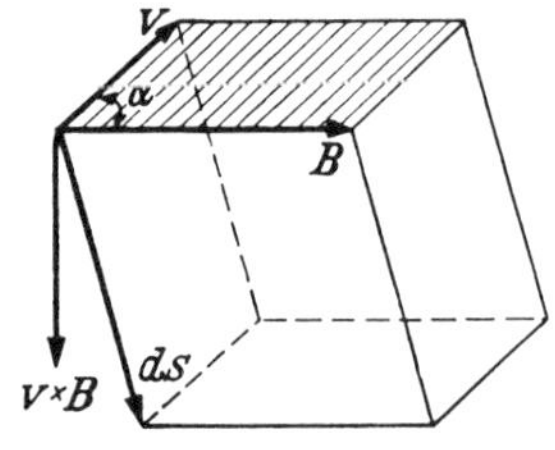

Abb. 23.13. Darstellung der induzierten Quellenspannung durch das Volumen eines Prismas

$$(\boldsymbol{v} \times \boldsymbol{B}) \cdot d\boldsymbol{s} = (\boldsymbol{B} \times d\boldsymbol{s}) \cdot \boldsymbol{v} = (d\boldsymbol{s} \times \boldsymbol{v}) \cdot \boldsymbol{B}\,. \tag{35}$$

Diese Rechenregel benutzen wir zur Umformung des Induktionsgesetzes Gl. (26):

$$\boldsymbol{E}_i\, d\boldsymbol{s} = (\boldsymbol{v} \times \boldsymbol{B}) \cdot d\boldsymbol{s} = \boldsymbol{B} \cdot (d\boldsymbol{s} \times \boldsymbol{v})\,. \tag{36}$$

Hier stellt $d\boldsymbol{s} \times \boldsymbol{v}$ die Fläche eines Parallelogramms dar, das aus den beiden Vektoren $d\boldsymbol{s}$ und $\boldsymbol{v}$ gebildet wird. Dieses Produkt ist also gleich der Fläche dA, die bei der Bewegung des Leiterelementes $d\boldsymbol{s}$ überstrichen wird, geteilt durch die Zeit. Das skalare Produkt des Vektors dieser Fläche mit dem Vektor der magnetischen Induktion ergibt nach Gl. (5) den magnetischen Induktionsfluß, der durch diese Fläche hindurchgeht, oder die Feldlinienzahl, die von dem Leiterlement $\boldsymbol{ds}$ überstrichen wird, geteilt durch die dazu erforderliche Zeit. Daraus folgt der Satz:

Die in einem Leiterelement induzierte Quellenspannung ist gleich dem von dem Leiterelement geschnittenen Fluß geteilt durch die Zeit.

Bezeichnet man den in der Zeit dt von ds überstrichenen Fluß mit

$$d\Phi_s = \boldsymbol{B} \cdot d\boldsymbol{A}\,, \tag{37}$$

so gilt daher

$$\boldsymbol{E}_i \cdot \boldsymbol{ds} = \frac{d\,(d\Phi_s)}{dt}\,. \tag{38}$$

Die zwischen den beiden Enden des Drahtes auftretende Quellenspannung ergibt sich durch Integration von $\boldsymbol{E}_i\,\boldsymbol{ds}$ über die Leiterlänge.

Bei den Anwendungen hat man es immer mit geschlossenen Stromkreisen zu tun. Für die Berechnung der in einem geschlossenen Kreis induzierten Spannung u_i, die man dann als Umlaufspannung bezeichnet, muß die Fläche, wie in Abb. 23.14 dargestellt, zu einem „Kragen" zusammengebogen werden. Bei der eingezeichneten Richtung der Vektoren $\boldsymbol{ds}$ und $\boldsymbol{v}$ zeigt der Flächenvektor des Kragens nach innen. Ergänzt man den Kragen durch zwei Stirnflächen zu einer Trommel, so kann man das Integral der Induktionslinien über die Fläche des Kragens ersetzen durch die beiden Integrale über die Stirnflächen. Denn da die Induktionslinien in sich geschlossen sind, müssen alle durch den Kragen eindringenden Linien an den Stirnflächen der Trommel wieder austreten. Orientiert man die Flächenvektoren der beiden Stirnseiten so, daß sie mit der durch ds gegebenen Umlaufrichtung im Sinne einer Rechtsschraube verknüpft sind — in Abb. 23.14 ist das die Richtung nach links —, so ergibt das Integral über die linke Stirnfläche den Fluß $\Phi(t)$, das Integral über die rechte Fläche den Fluß $\Phi(t + dt)$. Damit ist die Umlaufspannung ausgedrückt durch die zeitliche Änderung des magnetischen Flusses durch die vom Umlauf berandete Fläche

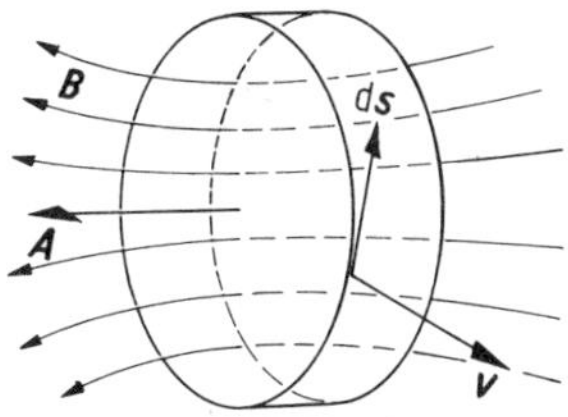

Abb. 23.14. Induktion in einem geschlossenen Drahtkreis

$$\boxed{\oint \boldsymbol{E}_i \cdot \boldsymbol{ds} = u_i = -\frac{d\Phi}{dt}\,.} \tag{39}$$

wobei Umlaufrichtung und Flächenvektor rechtsschraubig einander zugeordnet sind.

Das ist die von Faraday gefundene Form des Induktionsgesetzes. Es besagt, daß die in einem geschlossenen Stromkreis induzierte Umlaufspannung gleich ist der Abnahmegeschwindigkeit des mit der Schleife verketteten magnetischen Flusses. Die Abnahmegeschwindigkeit des magnetischen Flusses wird auch als magnetischer Schwund bezeichnet. Das Induktionsgesetz kann daher in der folgenden Form ausgesprochen werden:

Die Umlaufspannung in einer geschlossenen Schleife ist gleich dem magnetischen Schwund.

Die Fassung (39) des Induktionsgesetzes gilt nicht nur für die Bewegung von Leiterschleifen in Magnetfeldern, sondern erfahrungsgemäß auch dann, wenn sich das magnetische Feld zeitlich ändert. Man kann sich das Verschwinden eines Magnetfeldes in der Feldlinienvorstellung so veranschaulichen, daß sich die geschlossenen Feldlinien mehr und mehr zusammenschnüren, bis sie in einem Punkt zusammenschrumpfen. Dabei werden ebenfalls die Leiter geschnitten. Das Induktionsgesetz gilt ferner auch dann in der gleichen Form, wenn es sich um Bewegungen von Magneten oder Stromkreisen gegen feststehende Stromkreise handelt.

Der magnetische Fluß kann berechnet werden als Flächenintegral der magnetischen Induktion über eine Fläche, die von dem Leiter berandet wird, Gl. (5). Da die Feldlinien in sich geschlossen sind, ist die Form dieser Fläche ohne Einfluß auf den Wert des Oberflächenintegrals. Es tragen nur solche Induktionslinien zum Induktionsfluß bei, die mit dem Rand der Fläche verkettet sind.

Wenn der Stromleiter ein Feldlinienbündel mehrmals umschlingt, wie z. B. bei einer Spule, dann ist es meist einfacher, den mit dem Stromleiter verketteten Gesamtfluß durch Multiplikation des von einer Windung umschlungenen Induktionsflusses mit der Zahl der Windungen zu berechnen.

Bezeichnet man diesen als *Windungsfluß* oder *Bündelfluß* Φ und wird dieses Flußbündel von den N Windungen einer Spule umschlungen, so ist der *Gesamtfluß*

$$\Phi_g = N\,\Phi\,, \tag{40}$$

und das Induktionsgesetz lautet

$$u_i = -\,N\frac{d\Phi}{dt}\,. \tag{41}$$

In den meisten praktischen Fällen ist diese Beziehung jedoch nur als eine Näherungsformel zu betrachten.

Die in einem geschlossenen Stromkreis induzierte Quellenspannung ist nach dem Induktionsgesetz gleich der Abnahmegeschwindigkeit des Gesamtflusses. Man bezeichnet sie auch als die *Umlaufspannung*, die Abnahmegeschwindigkeit des Gesamtflusses wird der *magnetische Schwund* genannt. Das Induktionsgesetz kann daher in der folgenden Form ausgesprochen werden:

Die auf einem geschlossenen Weg induzierte Quellenspannung u_i ist definiert als das Linienintegral der induzierten Feldstärke $\boldsymbol{E}_i$ auf diesem Wege. $\boldsymbol{E}_i$ ist nach Gl. (22) diejenige elektrische Feldstärke, die an jeder Stelle des Raumes auf Ladungsträger die gleichen Kräfte ausübt wie das wirkliche magnetische Feld. Der Nutzen dieser Definition liegt darin, daß man in *geschlossenen* Stromkreisen die Stromstärke nach dem OHMschen Gesetz aus der induzierten Spannung berechnen darf. Dies ergibt sich auf folgende Weise.

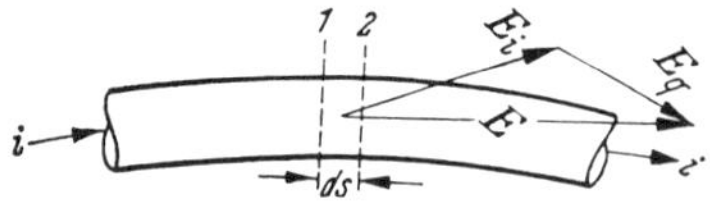

Abb. 23.15. Zusammensetzung der elektrischen Feldstärke in einem induzierten Leiter aus der Feldstärke E_i des Wirbelfeldes und der Feldstärke E_q eines wirbelfreien Feldes

Wir betrachten einen in sich geschlossenen Stromleiter, der irgendwie der Induktionswirkung magnetischer Felder unterliegt. Es kann sich also z. B. um einen Drahtring handeln oder um die Wicklung eines Transformators, die über einen beliebigen äußeren Widerstand geschlossen ist.

An jeder Stelle des Stromleiters wirken auf die Ladungsträger Kräfte infolge der induzierten Feldstärke $\boldsymbol{E}_i$, Abb. 23.15. Unter der Wirkung dieser Kräfte und gegebenenfalls infolge anderer elektrischer Spannungen bildet sich eine bestimmte Verteilung von Oberflächenladungen aus, die an der betreffenden Stelle des Leiters eine zusätzliche Feldstärke $\boldsymbol{E}_q$ erzeugen. Die gesamte Feldstärke an der betrachteten Stelle des Leiters ist daher

$$\boldsymbol{E} = \boldsymbol{E}_i + \boldsymbol{E}_q\,. \tag{42}$$

An einem Längenelement ds des Leiters, Abb. 23.15, das die betrachtete Stelle enthält, entsteht daher die Spannung

$$\boldsymbol{E} \cdot d\boldsymbol{s} = (\boldsymbol{E}_i + \boldsymbol{E}_q) \cdot d\boldsymbol{s} \,,$$

wobei die Richtung von $d\boldsymbol{s}$ durch den Strompfeil gegeben sei. Wäre der Stromkreis unterbrochen, so daß kein Strom fließen kann, dann würde sich eine solche Verteilung der Oberflächenladungen einstellen, daß $\boldsymbol{E}_q = -\boldsymbol{E}_i$ und $\boldsymbol{E} = 0$ ist.

Bei geschlossenem Stromkreis entsteht eine bestimmte Stromstärke i. Sie ergibt sich aus der Spannung zwischen den beiden Endflächen *1* und *2* des Längenelementes und dem Widerstand des dadurch abgegrenzten Leiterabschnittes. Nach dem OHMschen Gesetz ist

$$i = \frac{\boldsymbol{E} \cdot d\boldsymbol{s}\, A}{\varrho\, ds} \,, \tag{43}$$

wenn A den Leiterquerschnitt und ϱ den spezifischen Widerstand des Leiters in dem betrachteten Abschnitt bezeichnen. Damit gilt

$$(\boldsymbol{E}_i + \boldsymbol{E}_q) \cdot d\boldsymbol{s} = i\, \varrho \frac{ds}{A} \,. \tag{44}$$

Diese Gleichung integrieren wir auf beiden Seiten über den ganzen geschlossenen Stromweg (z. B. längs der Leiterachse):

$$\oint \boldsymbol{E}_i \cdot d\boldsymbol{s} + \oint \boldsymbol{E}_q \cdot d\boldsymbol{s} = \oint i\, \varrho \frac{ds}{A} \,. \tag{45}$$

Das erste Integral ist die Umlaufspannung u_i, Gl. (39). Das zweite Integral ist nach Gl. (9.1) Null, da die Feldstärke $\boldsymbol{E}_q$ durch die Oberflächenladungen verursacht wird, also einem wirbelfreien Feld zugehört. Im dritten Integral ist i wegen Gl. (6.8) längs des ganzen Stromleiters konstant und kann daher vor das Integral gesetzt werden. Als Faktor von i verbleibt das Integral $\oint \varrho \frac{ds}{A}$. Das ist aber nichts anderes als der gesamte Widerstand R des geschlossenen Stromweges, gleichgültig wie er im einzelnen zusammengesetzt ist. Das Ergebnis lautet also

$$\boxed{u_i = i\, R \,.} \tag{46}$$

Für die Berechnung der Stromstärke in einem geschlossenen Stromkreis kann die Umlaufspannung u_i wie eine Quellenspannung behandelt werden. Damit ist die Bezeichnung „induzierte Quellenspannung" für die Umlaufspannung begründet. Ihre Verwendung ist zulässig, wenn es sich um die Berechnung des Stromes in geschlossenen Stromkreisen handelt. Das —Zeichen im Gl. (39) bedeutet, daß in einem geschlossenen Drahtring bei *Zunahme* des mit dem Ring verketteten Induktionsflusses ein Strom entsteht, der den Fluß *linksläufig* umkreist (wie die Drehung einer Linksschraube, die sich in der Flußrichtung bewegt).

Bemerkung: Bei der Anwendung des Induktionsgesetzes in der Form (39) auf *Bewegungsvorgänge* muß beachtet werden, daß die Linie, auf der die Umlaufspannung festgestellt wird, fest mit den Leitern verbunden zu denken ist. Bei dem im Anschluß an Abb. 23.10 besprochenen Beispiel der Unipolarmaschine ergibt sich das in Abb. 23.16 dargestellte Bild. Der magnetische Fluß gehe von vorn nach hinten durch die Zeichenebene hindurch. In einer Ausgangslage, die durch den gestrichelten Radius OA gekennzeichnet sei, umfaßt die Schleife *OA 21* einen Quadranten, also ein Viertel des Gesamtflusses, der durch die Scheibe hindurchtritt. Dreht sich nun die Scheibe in der Pfeilrichtung bis der Punkt A nach A' kommt, so ist die Randlinie zur Berechnung der Umlaufspannung die Linie *OA'A21*. Sie zeigt, daß sich der Fluß Φ proportional mit dem Drehwinkel α vergrößert, nämlich um

$$\Phi = \frac{\alpha}{2\pi}\, \Phi_{ges} = \frac{\alpha}{2\pi}\, B\, r_0^2 \pi \,. \tag{47}$$

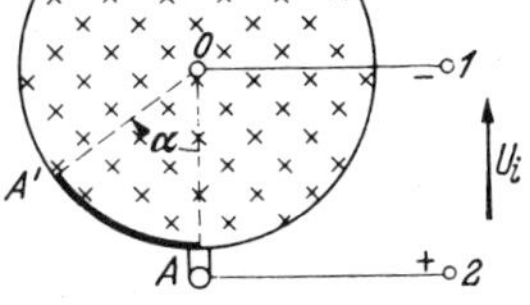

Abb. 23.16. Zur Erläuterung des verketteten Flusses

Die induzierte Quellenspannung beträgt daher

$$U_i = \frac{d\Phi}{dt} = \frac{1}{2} B r_0^2 \frac{d\alpha}{dt} = \frac{1}{2} B r_0^2 \omega = B r_0^2 \pi n \tag{48}$$

in Übereinstimmung mit Gl. (29).

Durch die Außerachtlassung der genannten Regel werden häufig Fehler bei der Anwendung des Induktionsgesetzes in der Form (39) gemacht. Ein instruktives Beispiel ist das folgende. Nach Abb. 23.17a umgebe ein geschlossener Drahtring AB einen senkrecht auf der Zeichenebene stehenden Eisenkern, der einen magnetischen Fluß Φ durch den Drahtkreis hindurchführt. Der Eisenkern werde nun gemäß Abb. 23.17b und c so aus dem Drahtkreis herausgeführt, daß dieser bei A durchgeschnitten wird, aber während der Bewegung über den Eisenkern elektrisch leitend durchverbunden bleibt. Die Frage ist, ob bei dieser Bewegung in dem Drahtkreis eine Spannung und damit ein Strom entsteht. Auf den ersten Blick könnte es scheinen, als ändere sich bei der beschriebenen Bewegung der mit dem Leiter verkettete Fluß von Φ auf 0, so daß eine Spannung induziert wird. Dies ist jedoch nicht der Fall. Nach der oben ausgesprochenen Regel muß die Randlinie fest mit jedem Körper verbunden bleiben. Als Randlinie kann z.B. die Linie $A_1 C A_2 B A_1$ betrachtet werden. Diese Linie umschließt während der ganzen Bewegung keinen Fluß, so daß auch keine Spannung auftritt. Natürlich würde eine Spannung entstehen, wenn der Fluß Φ im Falle Abb. 23.17a durch Abschalten seiner Erregung zum Verschwinden gebracht werden würde.

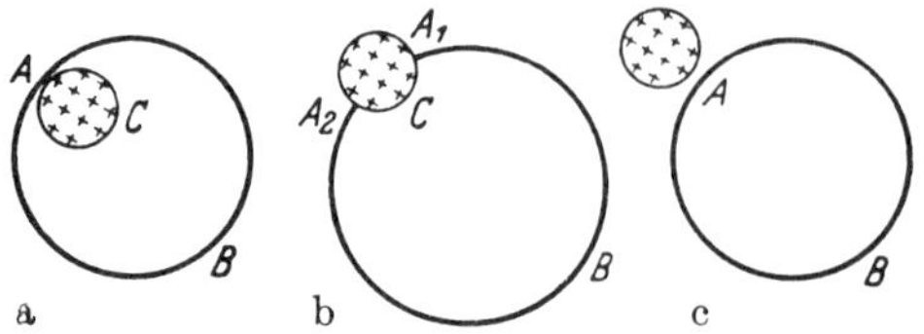

Abb. 23.17a—c. Beispiel für die Anwendung des Induktionsgesetzes

Das Induktionsgesetz liefert eine einfache Methode zur *Ausmessung magnetischer Felder*. Dazu dient eine Probespule S, Abb. 23.18, von so kleinen Abmessungen, daß das magnetische Feld in ihrer Umgebung als homogen angesehen werden kann. Die Spule wird mit einem ballistischen Galvanometer G verbunden. Bringt man die Spule rasch in das magnetische Feld oder nimmt man sie aus dem magnetischen Feld rasch heraus, so ändert sich der Induktionsfluß, der mit der Spule verkettet ist; damit ergibt sich kurzzeitig eine induzierte Spannung und ein Stromstoß im Galvanometer. Aus dem ballistischen Ausschlag des Galvanometers kann die magnetische Induktion am Orte der Spule berechnet werden.

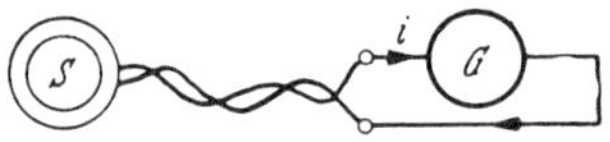

Abb. 23.18. Spule zur Ausmessung magnetischer Felder

Bezeichnet A die Fläche der Spulenöffnung und B die magnetische Induktion in dieser Öffnung, so ist der von einer Windung der Spule umfaßte Bündelfluß

$$\Phi = \boldsymbol{B} \cdot \boldsymbol{A} = B A \cos\alpha , \tag{49}$$

und der Gesamtfluß wird bei N Windungen der Spule

$$\Phi_g = N \Phi = NBA \cos\alpha , \tag{50}$$

wobei α den Winkel zwischen Spulenachse und Feldlinienrichtung bedeutet. Der Gesamtfluß hat seinen größten Wert, wenn die Achse der Spule in die Richtung der Feldlinien fällt. Dann wird

$$\Phi = B A . \tag{51}$$

Beim Herausnehmen der Spule aus dem Magnetfeld ändert sich der Fluß, und es entsteht nach Gl. (39) eine induzierte Quellenspannung u_i. Der dadurch hervorgerufene Strom ist nach dem Ohmschen Gesetz

$$i = \frac{u_i}{R} , \tag{52}$$

wobei R den Gesamtwiderstand des Stromkreises bezeichnet. Damit wird

$$i = -\frac{1}{R} \frac{d\Phi_g}{dt} = -\frac{N}{R} \frac{d\Phi}{dt} . \tag{53}$$

Wird die Spule rasch aus dem Feld herausgenommen, so ergibt sich ein ballistischer Ausschlag des Galvanometers, der die Elektrizitätsmenge anzeigt, die während der Bewegung der Spule durch den Stromkreis fließt, also

$$Q = \int_0^\infty i\,dt = -\frac{N}{R}\int d\Phi = \frac{N}{R}(\Phi_1 - \Phi_2)\,, \tag{54}$$

wobei Φ_1 und Φ_2 die Flüsse zu Beginn und Ende der Bewegung bedeuten. Wächst also der die Spule durchsetzende Bündelfluß von Null auf den Wert Φ beim Hineinbringen der Spule in das Feld, oder nimmt er von diesem Wert Φ auf Null ab beim Herausnehmen der Spule aus dem Feld, so ergibt sich der gleiche aber entgegengesetzt gerichtete Ausschlag des ballistischen Galvanometers; dieser Ausschlag liefert die Elektrizitätsmenge Q. Damit läßt sich berechnen

$$\Phi = \frac{R}{N}Q\,. \tag{55}$$

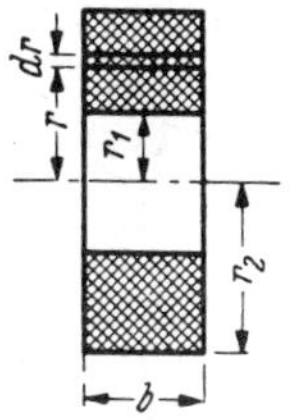

Abb. 23.19. Zur Berechnung der wirksamen Fläche

Die Richtung der Feldlinien kann dadurch bestimmt werden, daß man den größten Ausschlag durch Beobachten bei verschiedenen Stellungen der Spule zu erreichen sucht; dann ist die Induktion

$$B = \frac{RQ}{NA} \tag{56}$$

und ihre Richtung die der Spulenachse.

Anmerkung und Zahlenbeispiel: Da der Wicklungsquerschnitt der Spule eine räumliche Ausdehnung besitzt, so ergibt sich die Frage, was man unter der Öffnung A der Spule zu verstehen hat. Wir bezeichnen die Abmessungen der Spule nach Abb. 23.19 und denken uns die Wicklung unendlich fein unterteilt. Eine Schicht der Wicklung vom Radius r und der Dicke dr umschließt den in Richtung der Spulenachse verlaufenden Induktionsfluß

$$\Phi = B\,r^2\pi\,, \tag{57}$$

da das Feld wegen der Kleinheit der Spule als homogen angesehen werden kann. In dieser Schicht sind

$$\frac{b\,dr}{b\,(r_2 - r_1)}N$$

Windungen vorhanden. Daher ist der *Gesamtfluß* dieser Schicht

$$d\Phi_g = N\frac{dr}{r_2 - r_1}B\,r^2\pi \tag{58}$$

und der Gesamtfluß der Spule

$$\Phi_g = \frac{N\pi B}{r_2 - r_1}\int_{r_1}^{r_2} r^2\,dr = \frac{N\pi B}{r_2 - r_1}\,\frac{r_2^3 - r_1^3}{3}\,. \tag{59}$$

Setzt man diesen Gesamtfluß

$$\Phi_g = N\,B\,A\,, \tag{60}$$

so folgt für die mittlere Windungsfläche

$$A = \frac{\pi}{3}\,\frac{r_2^3 - r_1^3}{r_2 - r_1} = \frac{\pi}{3}(r_1^2 + r_1 r_2 + r_2^2)\,. \tag{61}$$

Ist z. B. $r_1 = 0{,}4$ cm, $r_2 = 1$ cm, $b = 0{,}6$ cm, so wird

$$A = \frac{\pi}{3}(0{,}16 + 0{,}4 + 1)\,\text{cm}^2 = 1{,}633\,\text{cm}^2\,.$$

Die Spule enthalte $N = 10000$ Windungen; der Gesamtwiderstand des aus Spule und Galvanometer gebildeten Kreises sei $R = 1000$ Ohm. Zeigt das Galvanometer eine Elektrizitätsmenge

$Q = 0{,}001$ As, so wird

$$\Phi = \frac{R}{N} Q = \frac{1000}{10\,000} 0{,}001\ \Omega\ \text{As} = 10^{-4}\ \text{Vs} = 10^{-4}\ \text{Wb};$$

daraus folgt

$$B = \frac{\Phi}{A} = \frac{10^{-4}\ \text{Wb}}{1{,}633\ \text{cm}^2} = 0{,}613\,\text{T}\ .$$

In den *elektrischen Maschinen* ist die Anordnung immer so getroffen, daß sich bei der Drehung des Ankers der gesamte Fluß ändert, der mit den Ankerspulen verkettet ist. Verfolgt man z. B. die Drehung eines Gleichstromankers während eines sehr kleinen Zeitabschnittes Δt, der so kurz ist, daß die Bürsten auf den gleichen Stromwenderstegen bleiben, so findet man, daß dabei der magnetische Fluß, der die Ankerwicklung auf dem Wege von der Minus- zur Plusbürste umschlingt, um einen ganz bestimmten Betrag $\Delta\Phi_g$ ab- oder zunimmt, s. a. Abschnitt 35. Dann hat die zwischen den Bürsten auftretende Spannung einen Betrag, der durch den Grenzwert gegeben ist, dem sich das Verhältnis $\Delta\Phi_g/\Delta t$ bei hinreichend kleinem Δt nähert: $u_i = \frac{d\Phi_g}{dt}$. Da bei den elektrischen Maschinen die Ankerleiter senkrecht von den magnetischen Feldlinien geschnitten werden, so wird hier das Induktionsgesetz meist in der durch Gl. (25) gegebenen Form angewendet, die zu dem gleichen Ergebnis führt.

Wird der Ankerkreis geschlossen, so fließt in den Ankerleitern Strom (Generator). Die auf die Ankerleiter im magnetischen Feld ausgeübten Kräfte verursachen ein Bremsmoment, und die entnommene elektrische Arbeit ist gleich der mechanischen Arbeit zur Überwindung dieses Bremsmomentes. Bezeichnet man den in dem betrachteten Wicklungsabschnitt während des Zeitelements dt fließenden Strom mit I, so ist die elektrisch erzeugte Leistung $-\, I \frac{d\,\Phi_g}{dt}$; also ist die Arbeit

$$dW = -\, I\, d\Phi_g; \tag{62}$$

sie muß in Form von mechanischer Arbeit aufgewendet werden, d. h. es muß bei der Drehung des Ankers um den Winkel $d\alpha$ ein Bremsmoment M_d überwunden werden, so daß

$$dW = -\, I\, d\Phi_g = M_d\, d\alpha;$$

daraus ergibt sich für dieses Bremsmoment

$$M_d = -\, I \frac{d\Phi_g}{d\alpha}. \tag{63}$$

Die gleiche Beziehung gilt auch für den Fall des Motors, bei dem der Strom I von äußeren Quellen erzeugt wird; das Moment M_d ist dann als Triebmoment aufzufassen.

Ein und derselbe physikalische Vorgang, nämlich die Ablenkung bewegter Elektronen im magnetischen Feld, ist also die Ursache von Motor- und Generatorwirkung. Beim *Motor* werden die Leitungselektronen mit Hilfe einer äußeren elektrischen Energiequelle durch die Stromleiter hindurchgeführt. Die Stromleiter befinden sich in einem magnetischen Feld, dessen Feldlinien senkrecht zu dieser Bewegungsrichtung stehen. Dadurch erfahren die Elektronen Ablenkungskräfte quer zur Richtung der Leiter. Da sie im Leiter durch die Bildkräfte festgehalten sind, so übertragen sich die Ablenkungskräfte auf die Leiter. Beim *Generator* werden umgekehrt die Stromleiter mechanisch durch das magnetische Feld hindurch bewegt; dadurch ergibt sich eine Ablenkung der Elektronen in der Längsrichtung der Leiter bis zum Gleichgewichtszustand, in dem längs der Leiter eine Verschiebung von Ladungen entsteht. Zur Aufrechterhaltung dieser Ladungsverteilung ist ein

Arbeitsaufwand nicht erforderlich, solange der Stromkreis unterbrochen ist. Fließt beim Schließen des Stromkreises Strom, so ergibt sich eine Längsbewegung der Elektronen in den Stromleitern und damit eine mechanische Bremskraft quer zur Stromrichtung, zu deren Überwindung eine mechanische Arbeit aufgewendet werden muß.

Beispiele: 1. Eine einfache Anwendung dieser Zusammenhänge bildet die *elektromagnetische Pumpe* für leitende Flüssigkeiten, Abb. 23.20. In einem isolierenden Rohr wird mit Hilfe zweier Metallelektroden (Fläche $A = a\,l$) durch die Flüssigkeit ein elektrischer Strom I geschickt. Senkrecht dazu und zur Strömungsrichtung v ist ein konstantes Magnetfeld mit der Induktion B gerichtet. Auf die Flüssigkeitsscheibe zwischen den beiden Elektroden wirkt die Kraft $F = B\,I\,d$ und damit der Druck

$$p = \frac{B\,I\,d}{a\,d} = \frac{B\,I}{a}. \tag{64}$$

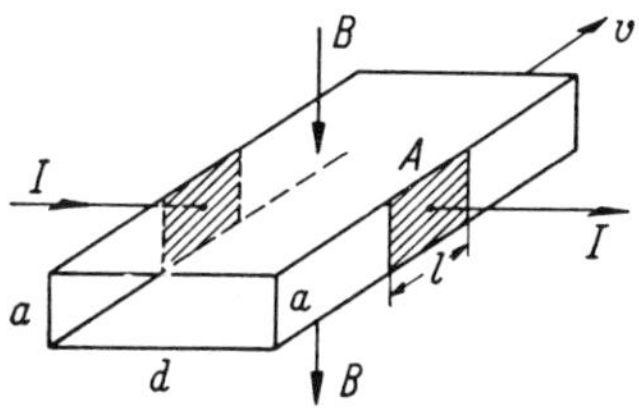

Abb. 23.20. Prinzip der elektromagnetischen Pumpe

Dieser treibt die Flüssigkeit durch das Rohr. Stellt sich dabei eine Geschwindigkeit v der Flüssigkeitsströmung ein, so entsteht eine induzierte Spannung $U_i = B\,v\,d$. Sie vergrößert den ohmschen Spannungsabfall zwischen den Elektroden. Die zu ihrer Deckung erforderliche Leistung $U_i\,I$ wird in mechanische Leistung zur Fortbewegung der Flüssigkeit umgewandelt. Ist z.B. $a = 2$ cm, $B = 1\ \mathrm{T} = 1\ \mathrm{Vsm^{-2}}$, $I = 100$ A, so wird der Druck

$$p = \frac{1 \cdot 100\ \mathrm{Vs\,A}}{0{,}02\ \mathrm{m^2\,m}} = 5000\ \frac{\mathrm{N}}{\mathrm{m^2}} = 0{,}05\ \mathrm{bar}\,.$$

Ist die Geschwindigkeit $v = 0{,}1$ m/s und $d = 10$ cm, so wird die induzierte Spannung

$$U_i = 1 \cdot 0{,}1 \cdot 0{,}1\ \frac{\mathrm{Vs}}{\mathrm{m^2}}\ \mathrm{m}\ \frac{\mathrm{m}}{\mathrm{s}} = 10\ \mathrm{mV}$$

und die auf die Flüssigkeit übertragene Bewegungsleistung $U_i\,I = 1\ \mathrm{W} = 1\ \dfrac{\mathrm{Nm}}{\mathrm{s}}$.

2. Das Gegenstück zur elektromagnetischen Pumpe bildet der sog. *magnetohydrodynamische Generator*. Das Prinzip ist durch Abb. 23.21 veranschaulicht. Zur direkten Umwandlung von Verbrennungswärme fossiler Brennstoffe in elektrische Arbeit wird in einer Brennkammer Brennstoff mit Luft gemischt und unter Druck verbrannt. Die erhitzten Gase sind teilweise ionisiert (thermische Ionisierung, s. S. 213); sie strömen durch die Düse D aus. Durch ein magnetisches Feld senkrecht zur Zeichenebene werden die positiven und negativen Ladungsträger abgelenkt und gelangen zu den Auffangplatten A. Bezeichnet v die Ausströmgeschwindigkeit der Teilchen und B die magnetische Induktion, so ist die auf die Teilchen wirkende Kraft $q\,v\,B$. Infolge der durch die Teilchen erzeugten Aufladung der Auffangplatten entsteht ein elektrisches Gegenfeld E, dessen Feldkräfte $q\,E$ der magnetischen Kraft entgegenwirken. Die Grenze für die Spannung zwischen den beiden Elektroden ist erreicht, wenn beide Kräfte einander gleich sind. Daraus folgt die erzeugte *Leerlauf*spannung

$$U_0 = E\,d = v\,B\,d\,, \tag{65}$$

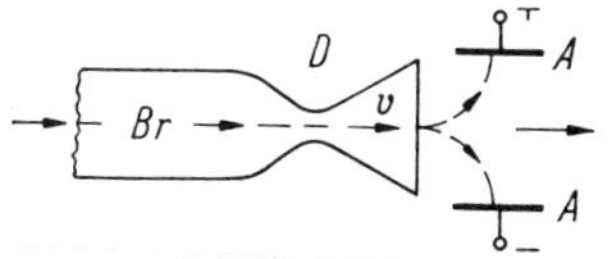

Abb. 23.21. Prinzip des MHD-Generators

wenn mit d der Plattenabstand bezeichnet wird.

Die Auffangplatten bilden die Pole eines Generators. Im Kurzschluß des Generators gelangen bei geeigneter Bemessung alle Ladungsteilchen auf die Platten. Der Kurzschlußstrom kann durch die Leitfähigkeit σ des heißen ionisierten Gases ausgedrückt werden. Die Kurzschlußstromdichte ist

$$J_k = \sigma\,\frac{U_0}{d} = \sigma\,v\,B\,. \tag{66}$$

Die Leitfähigkeit des Gases hängt stark von der Temperatur ab. Bei 3000 K lassen sich Leitfähigkeiten von der Größenordnung $\sigma = 1\ \dfrac{\mathrm{S}}{\mathrm{cm}}$ erreichen. Ist z. B. $B = 1\ \mathrm{T} = 1\ \mathrm{Vs/m^2}$, $v = 100$ m/s, $d = 10$ cm, so wird die Leerlaufspannung

$$U_0 = 100\ \frac{\mathrm{m}}{\mathrm{s}} \cdot 1\ \frac{\mathrm{Vs}}{\mathrm{m^2}} \cdot 10\ \mathrm{cm} = 10\ \mathrm{V}\,.$$

Die Kurzschlußstromdichte wird

$$J_k = 1 \frac{\mathrm{S}}{\mathrm{cm}} \, 1 \, \frac{\mathrm{Vs}}{\mathrm{m}^2} \, 100 \frac{\mathrm{m}}{\mathrm{s}} = 10^4 \, \frac{\mathrm{A}}{\mathrm{m}^2} \, .$$

Bei einer Fläche der Auffangplatten von 100 cm² wird die Kurzschlußstromstärke

$$I_k = 10^4 \, \frac{\mathrm{A}}{\mathrm{m}^2} \, 100 \, \mathrm{cm}^2 = 100 \, \mathrm{A} \, .$$

Der durch die Gasstrecke bedingte Innenwiderstand des Generators ist

$$R_i = \frac{10 \, \mathrm{V}}{100 \, \mathrm{A}} = 0{,}1 \, \Omega \, .$$

Durchflutungsgesetz

Das Durchflutungsgesetz stellt die allgemeine Formulierung für den Zusammenhang zwischen der Stärke magnetischer Felder und dem erzeugenden Strom dar (vgl. auch Abschnitt 25). Es kann experimentell mit Hilfe des *magnetischen Spannungsmessers* nachgewiesen werden. Dieser besteht aus einer langgestreckten biegsamen Spule von geringem Querschnitt, deren Drahtenden mit einem ballistischen Galvanometer verbunden sind. Die Spule ist gleichmäßig aus dünnem isolierten Draht in dicht nebeneinanderliegenden Windungen gewickelt. Die beiden Drahtenden liegen nebeneinander, so daß durch die Zuleitungen zum Galvanometer keine Schleife gebildet wird, in der störende Induktionswirkungen auftreten können.

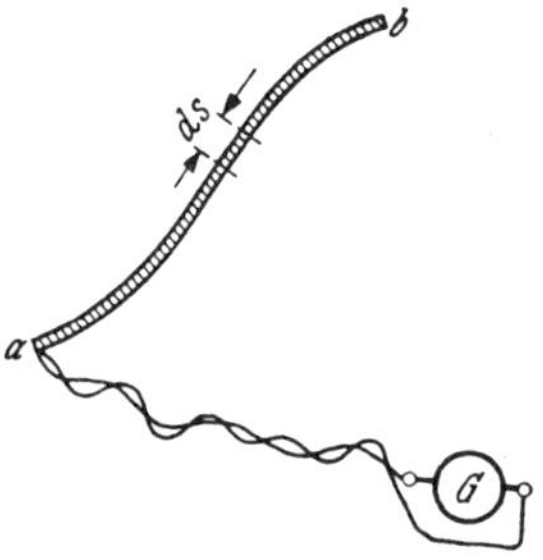

Abb. 23.22. Magnetischer Spannungsmesser

Damit durch den Spannungsmesser das auszumessende magnetische Feld nicht gestört wird, nehmen wir an, daß das Innere der Spule hohl ist oder aus dem gleichen Stoff besteht wie der Außenraum (bei der praktischen Ausführung solcher Spannungsmesser wickelt man die Spule auf einen biegsamen Lederriemen, einen Gummischlauch oder ähnliches; diese Stoffe beeinflussen praktisch das magnetische Feld in Luft nicht).

Bezeichnet man die durch die Länge der Spule, Abb. 23.22, geteilte Windungszahl mit N_1, so enthält ein kurzer Abschnitt von der Länge ds

$$N_1 \, ds$$

Windungen. In einem magnetischen Feld von beliebiger Beschaffenheit wird die magnetische Induktion an jeder Stelle der Spule im allgemeinen einen anderen Wert und eine andere Richtung haben. Es soll aber der Querschnitt A der Spule so klein sein, daß man an jeder Stelle der Spule innerhalb dieses Querschnitts die magnetische Induktion als konstant ansehen kann. Dann beträgt der Induktionsfluß, der mit den $N_1 \, ds$ Windungen des Abschnittes ds verkettet ist,

$$d\Phi_s = N_1 \, A \, \boldsymbol{B} \cdot d\boldsymbol{s} \, , \tag{67}$$

und der Gesamtfluß der Spule ergibt sich durch Integration über die ganze Länge:

$$\Phi_s = N_1 \, A \int_a^b \boldsymbol{B} \cdot d\boldsymbol{s} \, . \tag{68}$$

Dieser Gesamtfluß kann mit Hilfe des ballistischen Galvanometers G wie im vorigen Abschnitt gemessen werden, wenn man die Spule rasch aus dem Feld entfernt. Führt man den Versuch aus, so ergibt sich, daß der Wert von Φ_s nur von der Lage der beiden Endpunkte a und b des Spannungsmessers abhängt. Für alle möglichen

Wege zwischen a und b, Abb. 23.23, hat daher das Linienintegral der magnetischen Induktion den gleichen Wert. Biegt man den Spannungsmesser zu einer geschlossenen Figur zusammen, so daß die beiden Punkte a und b zusammenfallen, so ergibt sich experimentell, daß $\Phi_s = 0$ wird, daß also auch das Linienintegral der magnetischen Induktion verschwindet, gleichgültig in welche Form man die Spule biegt, allerdings unter einer wichtigen Voraussetzung: Es darf mit der durch den Spannungsmesser gebildeten geschlossenen Figur kein stromführender Leiter verkettet sein.

Abb. 23.23. Wege gleicher magnetischer Spannung

Ist diese Voraussetzung nicht erfüllt, umschließt man also mit dem Spannungsmesser den Stromleiter, so ergibt sich ein ganz bestimmter Wert für Φ_s und damit für das Linienintegral der magnetischen Induktion. Für diesen Wert gilt nun ein außerordentlich einfaches Gesetz. Es zeigt sich, daß das Linienintegral der magnetischen Induktion proportional dem verketteten Strom ist. Den Strom, der mit irgendeinem in sich geschlossenen Weg verkettet ist, bezeichnet man als die *Durchflutung* Θ dieses Weges. Auf Grund der experimentellen Beobachtungen gilt daher die Beziehung

$$\oint \boldsymbol{B} \cdot d\boldsymbol{s} = \mu\, \Theta\,, \tag{69}$$

in der μ eine Konstante bezeichnet. Die Gl. (69) berücksichtigt auch die Vorzeichen, wenn der Umlaufsinn des Linienintegrals mit der Richtung der Durchflutung eine Rechtsschraube bildet, wie es Abb. 23.24 zeigt. In dieser Abbildung ist für den gezeichneten geschlossenen Weg

$$\Theta = I_1 + I_2 + I_3\,. \tag{70}$$

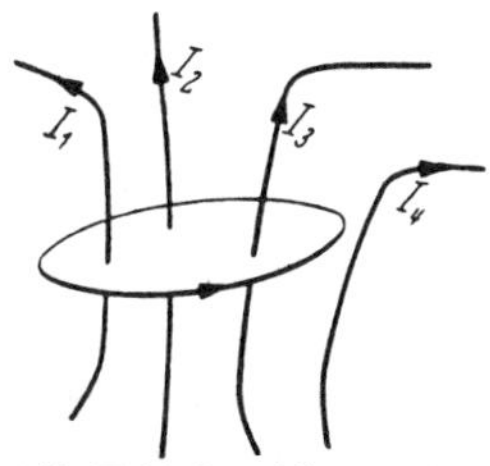

Abb. 23.24 Durchflutung eines geschlossenen Weges

Wird die magnetische Induktion in $\mathrm{Vs/m^2}$ gemessen und setzt man die Länge in m, die Stromstärke in A ein, so ergibt sich für die Größe μ als Einheit

$$1\,\frac{\mathrm{Vs}}{\mathrm{A\,m}} = 1\,\frac{\Omega\,\mathrm{s}}{\mathrm{m}}\,.$$

Die Einheit 1 Ωs nennt man 1 *Henry*:

$$\boxed{1\ \text{Henry} = 1\ \mathrm{H} = 1\ \Omega\mathrm{s}\ ;} \tag{71}$$

als Einheit für die Größe μ dient 1 H/m.

Die Versuche zeigen, daß die Größe μ von dem Stoff abhängt, in dem die Messungen ausgeführt werden. Man schreibt daher

$$\boxed{\mu = \mu_r\,\mu_0\,,} \tag{72}$$

wobei μ_0 den Wert von μ im leeren Raum bezeichnet. Im leeren Raum ist also $\mu_r = 1$. Die Größe μ_0 wird *magnetische Feldkonstante* oder *Induktionskonstante* genannt. Die elektrischen Einheiten sind aus historischen Gründen so gewählt worden, daß genau

$$\boxed{\mu_0 = 4\,\pi\,10^{-7}\,\frac{\mathrm{H}}{\mathrm{m}} \approx 1{,}257\,\frac{\mu\mathrm{H}}{\mathrm{m}}} \tag{73}$$

gilt, s. S. 7.

Die Zahl μ_r gibt an, wieviel mal größer die magnetische Induktion in dem betreffenden Stoff ist im Vergleich zum leeren Raum. Sie wird als *relative* magnetische Permeabilität oder als *Permeabilitätszahl* bezeichnet, während μ die *absolute* Permeabilität darstellt; μ_0 heißt auch Permeabilität des leeren Raums.

Die Gl. (69) kann unter der Voraussetzung, daß μ innerhalb des magnetischen Spannungsmessers eine Konstante ist, auch geschrieben werden:

$$\oint \frac{\boldsymbol{B}}{\mu} \cdot d\boldsymbol{s} = \Theta . \tag{74}$$

Die Größe $\boldsymbol{B}/\mu$ ist ein neuer Vektor, der die Richtung von $\boldsymbol{B}$ hat. Man setzt $\boldsymbol{B}/\mu = \boldsymbol{H}$, also

$$\boxed{\boldsymbol{B} = \mu \boldsymbol{H} ,} \tag{75}$$

und nennt $\boldsymbol{H}$ die *magnetische Feldstärke* oder *magnetische Erregung. Das Linienintegral der magnetischen Feldstärke auf irgendeinem geschlossenen Weg ist gleich der Durchflutung des Weges*:

$$\boxed{\oint \boldsymbol{H} \cdot d\boldsymbol{s} = \Theta .} \tag{76}$$

Dies ist das *Durchflutungsgesetz*; es gilt erfahrungsgemäß in dieser Form auch dann, wenn die Permeabilität μ im Raum verschiedene Werte hat. Die magnetische Feldstärke ist eine Größe, deren Betrag, wie man aus Gl. (76) erkennt, in A/cm oder in A/m (Giorgi-System) gemessen werden kann.

Als Einheit für die magnetische Feldstärke wurde früher

$$1 \text{ Oersted} = 1 \text{ Oe} = \frac{10}{4\pi} \frac{\text{A}}{\text{cm}} \tag{77}$$

verwendet. Damit ergab sich im leeren Raum bei der Messung eines magnetischen Feldes in Gauß und Oerstedt der gleiche Zahlenwert. Beide Einheiten werden heute nicht mehr verwendet.

Das Durchflutungsgesetz ermöglicht die Berechnung der Durchflutung, die zur Herstellung eines bestimmten magnetischen Feldes erforderlich ist, wenn der Verlauf der magnetischen Feldlinien bekannt ist. Das magnetische Feld in der Umgebung eines geraden stromdurchflossenen Leiters z.B. wird durch Feldlinien dargestellt, die aus Symmetriegründen Kreise bilden. Längs eines jeden solchen Kreises ist die Flußdichte konstant, daher sind die Beträge der Vektoren $\boldsymbol{B}$ und $\boldsymbol{H}$ konstant. Ist r der Radius eines Kreises, I die Stromstärke im Leiter, so gilt

$$\oint \boldsymbol{H} \cdot d\boldsymbol{s} = H\, 2\pi r = I ,$$

$$H = \frac{I}{2\pi r} . \tag{78}$$

Bezüglich der Richtung der magnetischen Feldlinien sagt das Durchflutungsgesetz aus, daß sie mit der Stromrichtung im Sinne einer Rechtsschraube zusammenhängt. Das magnetische Feld außerhalb des Leiters ist nach Gl. (78) unabhängig von dem Drahtdurchmesser; es hat die gleiche Beschaffenheit, als ob der ganze Strom I in einem „Stromfaden" in der Achse des Leiters konzentriert wäre.

Zahlenbeispiel: Im Abstand $r = 10$ cm von der Achse eines Leiters, der den Strom $I = 100$ A führt, beträgt die magnetische Feldstärke

$$H = \frac{100\,\text{A}}{2\pi\, 10\,\text{cm}} = 1{,}59 \frac{\text{A}}{\text{cm}} = 159 \frac{\text{A}}{\text{m}} .$$

Magnetischer Dipol

Aus dem Stromkraftgesetz Gl. (1) folgt, daß auf einen geschlossenen Stromkreis im Magnetfeld ein Drehmoment ausgeübt wird. Wir denken uns ein schmales Drahtrechteck in die x, y-Ebene eines Koordinatensystems gelegt, Abb. 23.25, so daß die lange Seite b mit der x-Richtung übereinstimmt. Der Draht sei vom Strom I durchflossen. Das Rechteck befinde sich in einem *homogenen* magnetischen Feld und sei so orientiert, daß die in die x, y-Ebene fallende Komponente von $\boldsymbol{B}$ in die x-Richtung zeigt. Sie hat den Betrag $B \cos\beta$, wenn β den Winkel zwischen $\boldsymbol{B}$ und der x,y-Ebene bezeichnet. Die zu dieser Ebene senkrecht stehende Komponente $B \sin\beta$ ergibt für das Rechteck keine resultierende Stromkraft, da sich die auf die gegenüberliegenden Seiten ausgeübten Kräfte jeweils aufheben. Die x-Komponente der magnetischen Induktion ist ebenfalls für die langen Rechteckseiten b ohne Wirkung, da sie die gleiche Richtung hat. Dagegen werden auf die kurzen Rechteckseiten nach Gl. (1) Kräfte $I\ a\ B \cos\beta$ nach oben bzw. unten ausgeübt; es ergibt sich also ein Kräftepaar mit der y-Richtung als Drehachse. Das Drehmoment ist

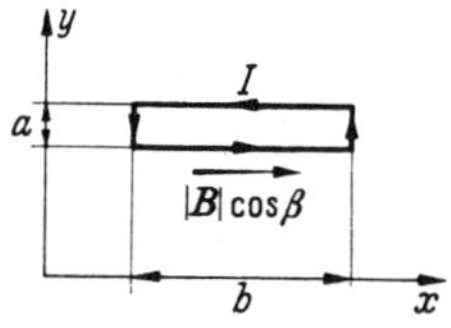

Abb. 23.25. Drehmoment bei einem Drahtrechteck

$$M_d = I\,a\,b\,B \cos\beta\ . \tag{79}$$

Da die Fläche des Rechtecks $A = a\,b$ ist, gilt auch

$$M_d = I\,A\,B \cos\beta\ . \tag{80}$$

Diese Gleichung kann geschrieben werden

$$\boldsymbol{M}_d = I\,(\boldsymbol{A} \times \boldsymbol{B}) = I\,\mu_0\,(\boldsymbol{A} \times \boldsymbol{H})\ , \tag{81}$$

wobei $\boldsymbol{A}$ den Vektor der Fläche A bezeichnet mit einer solchen Richtung, daß die Umlaufrichtung des Stromes damit eine Rechtsschraube bildet. Man bezeichnet

$$\boldsymbol{m} = I\,\boldsymbol{A} \tag{82}$$

als das *magnetische Dipolmoment* der Drahtschleife, indem man von der Vorstellung ausgeht, daß die Drahtschleife wie ein kleiner Magnet (Dipol) wirkt; in Abb. 23.25 liegt der Nordpol dieses Magneten oberhalb, der Südpol unterhalb der Zeichenebene. Die Richtung von $\boldsymbol{m}$ zeigt aus der Zeichenebene heraus in die z-Richtung des Achsensystems.

Da man nun jede beliebig berandete Fläche aus solchen rechteckigen Streifen mit genügend kleinem a zusammensetzen kann, so gilt die Gl. (81) allgemein für eine beliebige ebene Drahtschleife, solange sie nur so klein ist, daß das magnetische Feld als homogen angesehen werden kann. Das Drehmoment ist allgemein

$$\boldsymbol{M}_d = \boldsymbol{m} \times \boldsymbol{B}\ ; \tag{83}$$

es sucht das Dipolmoment in die Feldrichtung zu drehen.

Zahlenbeispiel: Eine ebene Drahtschleife von 10 cm² Fläche, die von einem Strom von 1 A durchflossen wird, hat ein magnetisches Moment vom Betrage

$$m = 1\ \text{A} \cdot 10^{-3}\ \text{m}^2 = 10^{-3}\ \text{A m}^2\ .$$

In einem Magnetfeld mit $B = 1\ \text{T} = 1\ \text{Vs/m}^2$ wird das maximale Drehmoment ($\beta = 0$)

$$M_d = m\,B = 10^{-3}\ \text{A m}^2\ 1\ \frac{\text{Vs}}{\text{m}^2} = 10^{-3}\ \text{Nm}\ (= 100\ \text{dyn m})\ .$$

24. Magnetische Stoffeigenschaften

Diamagnetismus und Paramagnetismus

Alle Stoffe haben im magnetischen Feld Einfluß auf den Induktionsfluß. Dies kann damit erklärt werden, daß die Elektronen innerhalb der Atome geschlossene Bahnen durchlaufen und um ihre Achse rotieren (*Elektronenspin* oder *Elektronendrall*). Jede derartige Elektronenbewegung kann als ein elektrischer Ringstrom und damit als magnetischer Dipol aufgefaßt werden. Abb. 24.1 veranschaulicht das magnetische Feld eines solchen Ringstromes. Durchläuft das Elektron mit einer Geschwindigkeit v die Bahn mit dem Radius r_0, so ist dies einem Strom I_0 äquivalent, für den nach Gl. (8.10) die Beziehung gilt

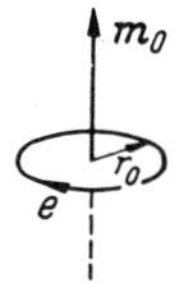

Abb. 24.1. Magnetischer Elementardipol

$$I_0 = \frac{e\,v}{2\,\pi\,r_0}\ . \tag{1}$$

Das magnetische Moment eines solchen Dipols (*Elementardipol*) beträgt daher nach Gl. (23.82)

$$m_0 = I_0 r_0^2 \pi = \frac{1}{2} e v r_0 . \tag{2}$$

Die magnetischen Dipolmomente können innerhalb der Atome entweder durch Dipolmomente entgegengesetzter Richtung aufgehoben werden, oder es kann ein Überschuß von Dipolen einer Richtung vorhanden sein. Im ersten Falle ist das Atom unmagnetisch, während es im zweiten Falle wie ein kleiner Magnet wirkt.

Betrachten wir zunächst Stoffe der ersten Art, bei denen die Bahn- und Spinmomente im Inneren der Atome kompensiert sind. Auf die rotierenden Elektronen werden im magnetischen Feld Kräfte ausgeübt, und zwar werden nach dem Induktionsgesetz bei der Herstellung des äußeren magnetischen Feldes diejenigen Elektronen beschleunigt, die um die Feldlinienrichtung im Sinn einer Rechtsschraube rotieren, während die anderen verzögert werden. Es ergibt sich eine Überschußwirkung der Strombahnen mit rechtsläufig rotierenden Elektronen. Diese Elektronen wirken aber wie ein Strom, der die Feldlinien linksläufig umkreist, der also für sich allein ein magnetisches Feld in entgegengesetzter Richtung hervorrufen würde. Daher ergibt sich in dem betrachteten Fall eine Schwächung des magnetischen Feldes; die magnetische Induktion ist bei Vorhandensein des betreffenden Stoffes kleiner als im leeren Raum; es ist

$$B < \mu_0 H \qquad \text{oder} \qquad \mu_r < 1 .$$

Man bezeichnet solche Stoffe als *diamagnetisch*; ein Beispiel dafür bildet *Wismut*.

Im anderen Falle, wenn die Atome nicht kompensierte Bahnen enthalten, also wie Magnete wirken, suchen sich diese im magnetischen Feld so einzustellen, daß sie gemäß Gl. (23.83) das äußere magnetische Feld unterstützen; die magnetische Induktion wird größer als im leeren Raum:

$$B > \mu_0 H \qquad \text{oder} \qquad \mu_r > 1 .$$

Derartige Stoffe nennt man *paramagnetisch* oder, wenn μ_r erheblich größer als 1 ist, *ferromagnetisch*, weil das wichtigste Beispiel eines solchen Stoffes das Eisen ist. Auch in paramagnetischen Stoffen tritt wegen der Beschleunigung der Elektronenbewegung immer bis zu einem gewissen Grade eine diamagnetische Wirkung auf. Paramagnetische Stoffe sind daher eigentlich solche, bei denen der zweite Effekt den diamagnetischen übertrifft.

Anmerkung: Genau genommen ergibt sich durch die Einwirkung der äußeren elektrischen Feldkräfte auf rotierende oder kreisende Elektronen wie bei einem Kreisel eine rotierende Bewegung der Kreiselachse (Präzession). Diese Rotation wirkt sich aber im Effekt so aus wie eine Vergrößerung oder Verkleinerung der Winkelgeschwindigkeit der Ringströme. Man kann die Frequenz der Präzessionsbewegung daher auf folgende Weise berechnen. Die kinetische Energie einer mit der Winkelgeschwindigkeit ω auf einer Kreisbahn mit dem Radius r bewegten Masse m ist $\frac{1}{2} m r^2 \omega^2$. Trägt die Masse noch eine Ladung e, so erfährt sie außer Zentrifugalkräften und Kernanziehungskräften noch Beschleunigungskräfte in der Bahnrichtung, wenn diese ein zunehmendes oder abnehmendes magnetisches Feld umschließt. Diese Kräfte haben den Betrag

$$F = e E_i = e \frac{1}{2 \pi r} \frac{d\Phi}{dt} = \frac{e r}{2} \frac{dB}{dt} . \tag{3}$$

Die der Ladung e bei einer Änderung der magnetischen Induktion um den Betrag B zugeführte Arbeit ist daher

$$\int F ds = \int F r \omega dt = \frac{1}{2} e r^2 \omega \int dB = \frac{1}{2} e r^2 \omega B . \tag{4}$$

Sie vermehrt die kinetische Energie der kreisenden Ladung, so daß die Winkelgeschwindigkeit ω um den kleinen Betrag ω_L wächst. Daher gilt

$$\frac{1}{2} m r^2 (\omega + \omega_L)^2 = \frac{1}{2} m r^2 \omega^2 + \frac{1}{2} e r^2 \omega B . \tag{5}$$

Hieraus folgt wegen der Kleinheit von ω_L gegen ω:

$$\omega_L = \frac{1}{2}\frac{e}{m}B. \tag{6}$$

Die Frequenz („LARMOR-Frequenz") ist also

$$f_L = \frac{1}{4\pi}\frac{e}{m}B. \tag{7}$$

Für $B = 0{,}1$ T ergibt sich z. B. nach Gl. (7) für Elektronen eine Frequenz

$$f_L = \frac{1}{4\pi}\frac{1{,}6\cdot 10^{-19}\cdot 0{,}1}{9{,}11\cdot 10^{-28}}\frac{\text{As Vs}}{\text{g m}^2} = 1{,}4\cdot 10^9\,\text{Hz} = 1{,}4\,\text{GHz}.$$

Die LARMOR-Präzession spielt eine Rolle bei der Anwendung von Ferriten in Höchstfrequenzfeldern. Bei Vormagnetisierung von Ferriten mit einer konstanten Induktion B präzessieren die Elektronen-Dipole um die Feldrichtung. Wird senkrecht dazu ein Hochfrequenzfeld angelegt, so ergibt sich eine zu beiden Richtungen senkrechte zusätzliche Präzession, die eine Hochfrequenzfeldkomponente in dieser neuen Richtung erzeugt. Die Folge davon ist eine Drehung der Polarisationsebene der Welle (FARADAY-Rotation), die für verschiedene Anwendungen benützt wird (Gyrator, Trennvierpol, s. a. Abschnitt 37).

Messung der Permeabilität

Die absolute Permeabilität μ beliebiger Stoffe kann bestimmt werden, wenn man die Durchflutung Θ mißt, aus der die magnetische Feldstärke H berechnet werden kann, und außerdem die magnetische Induktion B. Dann gilt

$$\mu = \frac{B}{H}. \tag{8}$$

Die einfachste Methode besteht darin, daß man aus dem zu untersuchenden Stoff einen Ringkern herstellt und diesen mit zwei Wicklungen aus isoliertem Draht versieht. Die eine Wicklung wird an ein ballistisches Galvanometer G angeschlossen Abb. 24.2; sie dient zur Messung von B. Durch die andere möglichst gleichmäßig über den Ring verteilte Wicklung kann ein Gleichstrom geschickt werden, der mit einem Strommesser gemessen wird und die magnetische Feldstärke H zu berechnen gestattet.

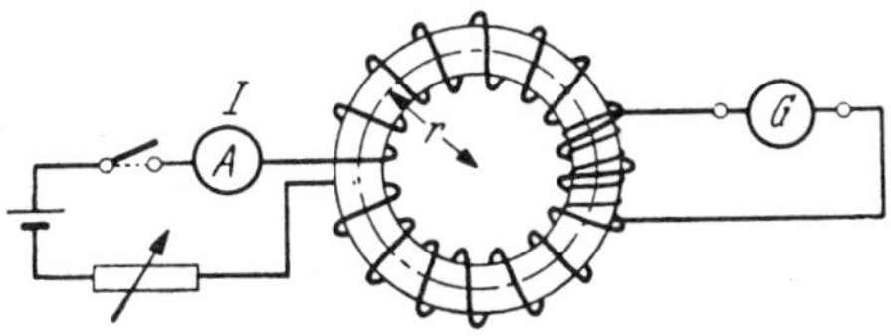

Abb. 24.2. Aufnahme der Magnetisierungskurve

Die magnetischen Feldlinien sind hier aus Symmetriegründen konzentrische Kreise; sie verlaufen im Inneren des Ringes, da sie mit den Windungen verkettet sein müssen. Die Flußdichte ist daher längs einer Feldlinie konstant. Für irgendeine Feldlinie mit dem Radius r gilt nach dem Durchflutungsgesetz

$$\oint \boldsymbol{H}\cdot d\boldsymbol{s} = H\oint ds = H\,2\pi r = I\,N_1, \tag{9}$$

wobei N_1 die Windungszahl der Erregerwicklung bezeichnet. Daraus folgt

$$H = \frac{I\,N_1}{2\pi r}. \tag{10}$$

Ist der Querschnitt des Ringes genügend klein, so kann man mit einer mittleren Feldstärke in dem Ring für einen mittleren Radius r_m rechnen. Die mittlere Flußdichte ergibt sich aus der Beziehung

$$B = \frac{\Phi}{A}, \tag{11}$$

in der Φ den Bündelfluß im Ring und A den Ringquerschnitt bezeichnen. Wird der Strom im Erregerkreis plötzlich unterbrochen oder hergestellt, so entsteht nach dem Induktionsgesetz ein Stromstoß im Galvanometerkreis. Die vom Galvanometer angezeigte Elektrizitätsmenge Q dient zur Berechnung der zu der Stromänderung gehörenden Änderung des Induktionsflusses. Nach Gl. (23.55) ist

$$\Phi = \frac{R}{N_2} Q\,, \tag{12}$$

wobei N_2 die Windungszahl der zweiten Wicklung und R den Gesamtwiderstand im Sekundärkreis bezeichnen. Daraus folgt

$$\mu = \frac{B}{H} = \frac{2\pi r_m R Q}{N_1 N_2 A I}\,. \tag{13}$$

Im leeren Raum ergibt sich hieraus die Feldkonstante μ_0.

In der folgenden Tabelle 24.1 sind die Werte der Permeabilitätszahl für einige diamagnetische und paramagnetische Stoffe angeführt:

Tabelle 24.1

Wismut	$\mu_r = 1 - 160 \cdot 10^{-6}$	Luft	$\mu_r = 1 + 0{,}4 \cdot 10^{-6}$
Kupfer	$\mu_r = 1 - 10 \cdot 10^{-6}$	Aluminium . .	$\mu_r = 1 + 22 \cdot 10^{-6}$
Silber.	$\mu_r = 1 - 25 \cdot 10^{-6}$	Platin	$\mu_r = 1 + 300 \cdot 10^{-6}$
Wasser	$\mu_r = 1 - 9 \cdot 10^{-6}$		

Die Permeabilität der nicht ferromagnetischen Stoffe kann man bei praktischen Anwendungen fast immer zu μ_0 annehmen; solche Stoffe nennen wir auch *magnetisch neutral.*

Ferromagnetismus

Bei den *ferromagnetischen Stoffen* ist die magnetische Induktion nicht proportional zur magnetischen Feldstärke und steht nicht in eindeutiger Beziehung zu ihr; sie hängt davon ab, auf welche Weise der betreffende Wert der magnetischen Feldstärke hergestellt wurde. Man veranschaulicht diesen Zusammenhang durch die *Magnetisierungskurven,* die die magnetische Induktion in Abhängigkeit von der Feldstärke darstellen. Vergrößert man die magnetische Feldstärke stufenweise, indem man jeweils die Stromstärke in der Erregerwicklung um einen bestimmten Betrag vergrößert, so findet man die magnetische Induktion durch Summieren der einzelnen Beträge, die zu den einzelnen Sprüngen des Stromes gehören und aus den ballistischen Ausschlägen des Galvanometers nach Gl. (11) und (12) berechnet werden können. War der Eisenring noch nicht magnetisiert, so erhält man auf diese Weise die sog. *Neukurve OA,* Abb. 24.3. Verkleinert man nun die magnetische Feldstärke von dem erreichten Wert H_m aus wieder stufenweise, so nimmt auch die magnetische Induktion ab. Das Galvanometer gibt ballistische Ausschläge nach der entgegengesetzten Richtung. Aus diesen Ausschlägen kann wieder jeweils die zu der Verkleinerung von H gehörige Verminderung von B berechnet werden. Die Durchführung der Messung ergibt Werte für die magnetische Induktion, *AD* Abb. 24.3, die größer sind als die der Neukurve. Selbst wenn der Erregerstrom ganz unterbrochen wird, also $H = 0$ ist, enthält der Ring noch einen magnetischen Induktionsfluß. Man bezeichnet das Zurückbleiben der Induktion hinter der Feldstärke als *Hysterese,* die Erscheinung eines Rückstandes an Magnetismus als *Remanenz.* Der Abschnitt *OD* auf der Achse der magnetischen Induktion stellt eine *remanente Induktion* dar.

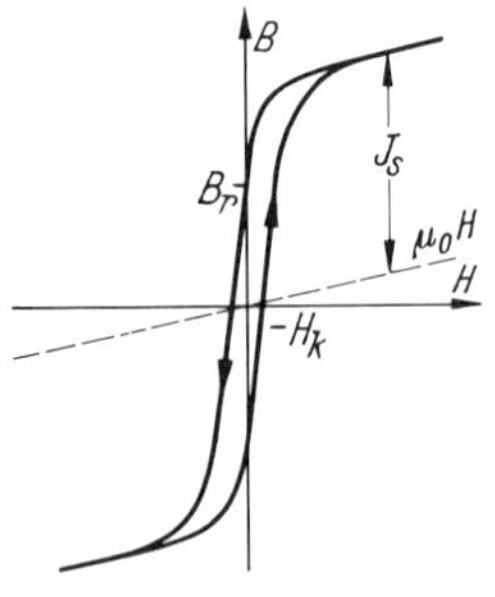

Abb. 24.3. Magnetisierungskurven

Um den Induktionsfluß zum Verschwinden zu bringen, muß eine Erregung *OF* in entgegengesetzter Richtung aufgewendet werden. Geht man bis zum Wert $-H_m$ und läßt dann die Feldstärke wieder zunehmen, so ergibt sich wieder ein Zurückbleiben der Induktion hinter der Erregung. Wiederholt man diesen Prozeß mehrmals, so wird schließlich eine ganz bestimmte Schleife durchlaufen, die man als *Hystereseschleife* bezeichnet.

Die drei wichtigsten ferromagnetischen Elemente sind Eisen, Nickel und Kobalt. Die magnetischen Eigenschaften zeigen sich in reiner Form bei *Kristallen* dieser Stoffe. Eisen kristallisiert kubisch, wobei die Eisenatome in den Ecken und im Mittelpunkt des Würfels angeordnet sind. Versucht man, einen solchen Eiseneinkristall zu magnetisieren, so findet man, daß er sich in den verschiedenen Richtungen verschieden verhält. Es gibt Richtungen leichter und schwerer Magnetisierbarkeit. Die ersteren sind die Richtungen der Würfelkanten, die letzteren die Diagonalrichtungen; die Kristalle sind „magnetisch anisotrop". Aus den Beobachtungen sind die folgenden Vorstellungen entwickelt worden.

Von den zwei möglichen Beiträgen zum Magnetismus des Eisenatoms, den Beiträgen der Elektronenumläufe und denen des Elektronendralls, kompensieren sich die ersteren gegenseitig. Die Elektronendralle sind ebenfalls teils rechtsläufig, teils linksläufig, kompensieren sich jedoch nicht vollständig.

Auf die nicht kompensierten Elektronen, die als magnetische Elementardipole aufgefaßt werden können, wirken nun in dem Kristall zweierlei Kräfte. Erstens wirken Kräfte, die die Dipole parallel zu einer Würfelkante ausrichten wollen; sie sind durch die Wirkung des ganzen Kristallgitters zu erklären und werden *Anisotropiekräfte* genannt. Zweitens wirken auf jeden Dipol Kräfte ein, die bei Eisen die Dipole einander parallel zu stellen suchen. Sie werden auf die Wirkung der benachbarten Dipole zurückgeführt und heißen *Austauschkräfte*.

Anisotropiekräfte und Austauschkräfte bewirken, daß sich in einem größeren Kristall Bezirke bestimmter gleicher Magnetisierungsrichtung ausbilden (WEISSsche Bezirke, Elementarbezirke). Diese sog. *spontane Magnetisierung* ist ein wesentliches Kennzeichen des Ferromagnetismus. Im Würfel gibt es sechs Richtungen parallel zu den Kanten. Daher können Bezirke in irgendeiner dieser sechs Lagen auftreten.

Wenn der ganze Kristall unmagnetisch ist, so besitzt etwa $^1/_6$ aller Elementarbezirke eine der sechs möglichen Ruhelagen der Elementarmagnete. Wird ein äußeres magnetisches Feld angelegt, so sind zwei Arten von Veränderungen möglich:

1. Die Bezirke verändern ihre Ausdehnung,

2. die Bezirke behalten ihre Ausdehnung, aber die Elementarmagnete drehen sich aus ihrer Ruhelage heraus.

Beide Arten von Veränderungen kommen vor; sie sind durch Abb. 24.4 schematisch veranschaulicht. Abb. 24.4a soll den unmagnetischen Zustand des Kristalls darstellen. Es sind 4 Bezirke mit 4 Ruherichtungen der Elementarmagnete gezeichnet. Bei Abb. 24.4b hat ein äußeres von rechts unten nach links oben gerichtetes Feld H zu einer Verschiebung der Wände zwischen den Bezirken geführt, derart, daß nun diese Magnetisierungsrichtung überwiegt. Bei noch größerer äußerer Feldstärke, Abb. 24.4c, drehen sich die Elementarmagnete in die Richtung des äußeren Feldes. „Wandverschiebungen" nach Abb. 24.4b ergeben sich im Eisen bei kleinen und mittleren Feldstärken, „Drehprozesse" nach Abb. 24.4c bei hohen Feldstärken.

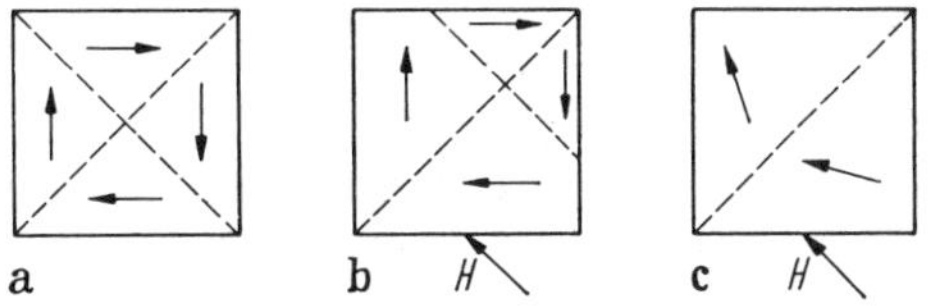

Abb. 24.4a—c. Schema von Elementarbezirken in einem Eisenkristall

Daß sich Bezirke einer ganz bestimmten Größe (0,01 bis 1 mm) ausbilden, ist dadurch bedingt, daß sich jeweils ein Zustand geringster Gesamtenergie einstellt. In den Grenzflächen selbst vollzieht sich aus dem gleichen Grunde ein stetiger Übergang von der einen zur anderen Magnetisierungsrichtung. Diese Grenzflächen haben also eine endliche „Dicke" und werden daher Wände (*BLOCHwände*) genannt. Innerhalb der Wände sind die Elementardipole aus ihrer Richtung leichter Magnetisierbarkeit, in der sie durch die Anisotropiekräfte elastisch gehalten werden, herausgedreht. Je größer die Dicke der Wand ist, um so größer wird die Zahl der in eine schwere Richtung gedrehten Dipole, um so größer also der dazu notwendige Energieaufwand. Je geringer andererseits die Wanddicke ist, um so größer sind die Drehwinkel zwischen den Dipolen benachbarter Atome, um so größer daher der für die Überwindung der Austauschkräfte erforderliche Energieaufwand. Daher stellt sich eine ganz bestimmte Dicke der Wand ein, bei der der gesamte Energieinhalt der Wand ein Minimum wird. Diese Wanddicke hat die Größenordnung 10^{-7} m (ca. 1000 Atomabstände).

Schließlich sind für die Ausbildung der Wände noch *Inhomogenitäten* des magnetischen Stoffes, besonders auch kleinste Einschlüsse nichtmagnetischer Art (Gasbläschen, materielle Teilchen) von entscheidendem Einfluß. Die Wände stellen sich so ein, daß sie möglichst viele solcher Einschlüsse umfassen, weil hier die Bindungskräfte zwischen den Elementardipolen unterbrochen sind und damit der Energieinhalt der Wand verringert wird.

Mit jeder Wandverschiebung sind daher Energieänderungen verbunden. Einerseits ändert sich die Wandenergie selbst, andererseits nehmen die bei der Verschiebung betroffenen Raumteile infolge der Inhomogenitäten verschieden große Energiebeträge auf. Die gesamte in dem betrachteten Körper gespeicherte Energie W hängt daher von der Lage der BLOCHwand ab, wie es Abb. 24.5 für eine Verschiebung in der x-Richtung veranschaulichen soll. Da sich immer ein Zustand niedrigster Energie einstellt, befinden sich die BLOCHwände im Ruhezustand bei Minimalwerten von W, z.B. kann sich im Minimum bei x_1 eine BLOCHwand befinden. Die Wand trenne zwei Gebiete mit entgegengesetzter Magnetisierungsrichtung (180°-BLOCHwand). Wirkt nun ein äußeres Magnetfeld H in solcher Richtung auf die Dipole, daß es die Wand nach rechts zu verschieben versucht, so wirken damit auf die Wand Verschiebungskräfte F, die proportional H sind: $F = k\,H$. Bei einer kleinen Verschiebung der Wand um dx vermehren diese Kräfte die Energie W um dW und es gilt $F\,dx = dW$. Daraus folgt, daß die zur Verschiebung der Blochwand notwendige magnetische Feldstärke proportional dem Differentialquotienten dW/dx ist:

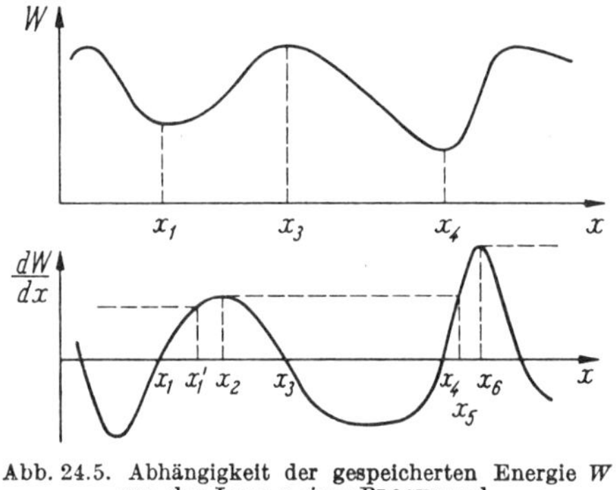

Abb. 24.5. Abhängigkeit der gespeicherten Energie W von der Lage x einer BLOCHwand

$$H \sim \frac{dW}{dx}. \tag{14}$$

Der räumliche Verlauf dieses Differentialquotienten ist unter der Kurve des Energieinhaltes in Abb. 24.5 angegeben. Die äußere Feldstärke H schiebt die Wand aus dem Energieminimum bei x_1 heraus, z.B. bis zum Punkt x_1'. Wird die äußere Erregung jetzt wieder abgeschaltet, dann geht die Wand und damit die Magnetisierung zu dem Ausgangszustand x_1 zurück. Dies ist eine *reversible Änderung*. Erst wenn das äußere Feld zum Überschreiten des Punktes x_2 führt, in dem dW/dx ein Maximum hat, reicht die Feldstärke aus, um die Wand über das nächste Energiemaximum hinwegzubewegen und zwar bis zum Punkt x_5, wo sich ein neuer stabiler Zustand einstellt. Wird jetzt das äußere Feld abgeschaltet, dann stellt sich die Wand auf das neue Minimum bei x_4 ein. Die Wand ist nun *irreversibel* verschoben worden. Nur durch eine entgegengesetzt gerichtete äußere Feldstärke ausreichenden Betrages kann die Wand wieder nach links über x_2 hinweg zurückgebracht werden. Eine weitere Rechtsverschiebung erfordert dem hohen Maximum im Punkt x_6 entsprechend eine ausreichende äußere Feldstärke H. Daraus erklären sich die Erscheinungen der

Hysterese und der Remanenz. Haben schließlich bei hohen Feldstärken alle Raumteile eine entsprechende Richtung leichter Magnetisierung angenommen, dann kann bei weiterer Erhöhung der Feldstärke der Drehungseffekt in Erscheinung treten, der wiederum reversibel ist, bis schließlich alle Magnetisierungsrichtungen mit der äußeren Feldrichtung im Zustand der magnetischen Sättigung übereinstimmen.

Gewöhnliches Eisen ist polykristallin. Die einzelnen Kriställchen haben völlig verschiedene Orientierungen, so daß Wandverschiebungen und Drehprozesse in großer Vielfältigkeit auftreten. Daraus erklärt sich die Abrundung der Magnetisierungskurve, wie sie die Messungen an wirklichen Stoffen zeigen.

Die Magnetisierungskurven ferromagnetischer Stoffe sind genau genommen keine glatten Kurven, sondern setzen sich aus einer außerordentlich großen Zahl von kleinen Sprüngen zusammen, die dem Umspringen der Blochwände entsprechen. Diese Folgerung wird durch die Beobachtung bestätigt: Ändert man den magnetischen Zustand eines Eisenstückes, das sich im Innern einer Spule befindet, z.B. durch Nähern eines Stahlmagneten, so wird in der Spule eine Spannung induziert. Die Spannung enthält kleine rasch aufeinanderfolgende Sprünge, die mit Hilfe von Verstärkern in einem Fernhörer als prasselndes Rauschen hörbar gemacht werden können („*Barkhausen-Effekt*").

Im Gebiet der Sättigung unterscheidet sich die magnetische Induktion wegen der durch die Molekularströme gegebenen zusätzlichen Durchflutung von der Induktion im leeren Raum, also von der Größe $\mu_0 H$, um einen bestimmten konstanten Betrag. Die Magnetisierungskurven gehen in gerade Linien mit der Steigung μ_0 über, Abb. 24.6. Die auf diese Weise bestimmte Hystereseschleife bezeichnet man als die *Grenzkurve*. Nur Punkte auf der von dieser Kurve eingeschlossenen Fläche können durch entsprechendes Variieren von H erreicht werden.

Der nach Sättigung und Abschalten der Erregung erzielte Wert der magnetischen Induktion heißt *Remanenzinduktion* B_r. Die Feldstärke, die nach Sättigung in der entgegengesetzten Richtung aufgebracht werden muß, damit die Induktion verschwindet, heißt *Koerzitivfeldstärke* H_k. Diese beiden Werte beziehen sich also auf die Grenzkurve.

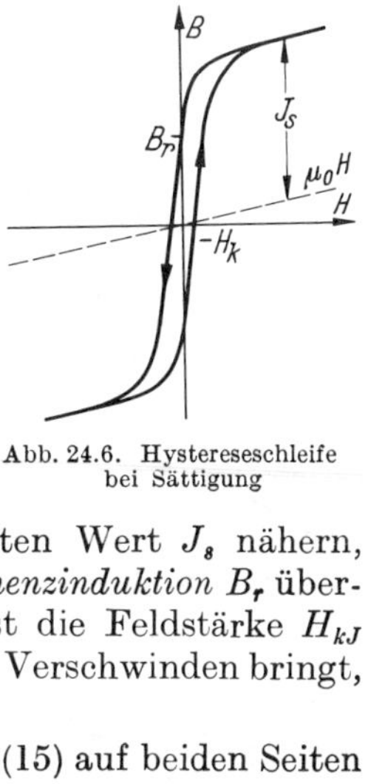

Abb. 24.6. Hystereseschleife bei Sättigung

Allgemein nennt man die Differenz zwischen der magnetischen Induktion B und dem Wert $\mu_0 H$ die *magnetische Polarisation* oder *innere Induktion*

$$J = B - \mu_0 H \,. \tag{15}$$

Die magnetische Polarisation ist also kennzeichnend für den Beitrag, den das magnetische Material zur magnetischen Induktion liefert.

Trägt man statt der Induktion die magnetische Polarisation J in Abhängigkeit von der Erregung auf, so ergeben sich Kurven, die sich bei hoher Erregung einem konstanten Wert J_s nähern, Abb. 24.6. Die *Remanenzpolarisation* J_r stimmt mit der *Remanenzinduktion* B_r überein, wie aus der Definitionsgleichung (15) folgt. Dagegen ist die Feldstärke H_{kJ} ($= {}_JH_c$ der Normen), die nach Sättigung die Polarisation zum Verschwinden bringt, verschieden von der Koerzitivfeldstärke H_k ($= {}_BH_c$).

Eine andere gebräuchliche Definition ergibt sich, wenn Gl. (15) auf beiden Seiten durch μ_0 dividiert wird:

$$M = \frac{J}{\mu_0} = \frac{B}{\mu_0} - H \,. \tag{16}$$

M heißt die *Magnetisierungsstärke* oder *Magnetisierung* oder *innere Feldstärke*. Es gilt

$$B = \mu_0 (H + M) \,. \tag{17}$$

M ist also die durch die innere Durchflutung der Elementardipole erzeugte Erregung oder Feldstärke. Im Gebiet der Sättigung sind J und M konstant und heißen *Sättigungspolarisation* bzw. *Sättigungsmagnetisierung*:

$$J_s = \mu_0 M_s . \tag{18}$$

Zwischen der Magnetisierung M und dem magnetischen Moment m_0 der Elementardipole besteht ein einfacher Zusammenhang. Es seien je Volumen des magnetischen Materials n gerichtete Dipole vorhanden. In einem Ringkern nach Abb. 24.2 tragen zur Durchflutung einer Feldlinie mit dem Radius r alle in diese Feldrichtung zeigenden Elementardipole nach Abb. 24.1 bei, deren Mittelpunkte um nicht mehr als r_0 von der Feldlinie entfernt sind. Die Mittelpunkte aller zur Durchflutung beitragenden Dipole sind also in einer ringförmigen Röhre vom Radius r_0, Abb. 24.7, enthalten. Die Länge dieser Röhre ist $l = 2\pi r$, ihr Querschnitt $r_0^2 \pi$, das Volumen also $l r_0^2 \pi$. Die Röhre enthält $n l r_0^2 \pi$ gerichtete Dipole und der Beitrag dieser Dipole zur Durchflutung der Feldlinie mit dem Radius r ist $n l r_0^2 \pi I_0$, wobei I_0 den der Elektronenbewegung gem. Abb. 24.1 entsprechenden Elementarstrom bezeichnet. Daher gilt

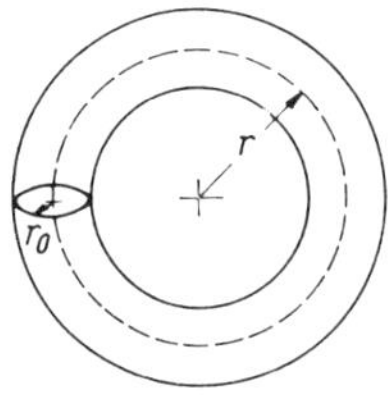

Abb. 24.7. Innere Durchflutung einer Feldlinie mit dem Radius r

$$M l = n l r_0^2 \pi I_0 ,$$

und mit Gl. (2), wenn man $\boldsymbol{m}_0$ und $\boldsymbol{M}$ als Vektoren schreibt,

$$\boxed{\boldsymbol{M} = n \boldsymbol{m}_0 .} \tag{19}$$

Die Magnetisierung $\boldsymbol{M}$ *ist demnach analog* $\boldsymbol{D}$ *die Summe der Dipolmomente je Volumen.*

Die spontane Magnetisierung nimmt bei höheren Temperaturen ab und verschwindet bei Temperaturen oberhalb einer bestimmten Grenze (*Curie-Temperatur*), bei Eisen z.B. oberhalb 760 °C, bei Nickel oberhalb 360 °C.

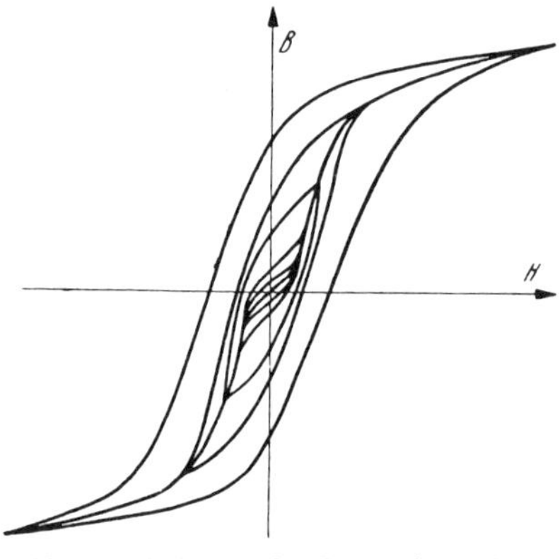

Abb. 24.8. Definition der Kommutierungskurve

Für die Wechselstromtechnik ist das Verhalten der Stoffe bei wechselnder Magnetisierung von Interesse. Man erhält die sog. *Kommutierungskurve*, wenn man bei einer bestimmten Erregung die Stromrichtung mehrmals umkehrt und dann den zu einer Umkehrung gehörigen ballistischen Ausschlag des Galvanometers abliest; er liefert den doppelten Wert der zu der betreffenden Feldstärke gehörenden Induktion. Die Kommutierungskurve, Abb. 24.8, verbindet die Umkehrpunkte der Hystereseschleifen.

In der Nachrichtentechnik handelt es sich häufig um sehr kleine Feldstärkeänderungen; dabei kann gleichzeitig eine *Vormagnetisierung* vorhanden sein, wenn nämlich durch die Erregerwicklung neben dem Wechselstrom noch Gleichstrom fließt. Für solche kleinen Feldstärkeänderungen an irgendeiner Stelle innerhalb der Grenzkurven gilt folgendes. Verkleinert man im Punkte A einer Magnetisierungskurve, Abb. 24.9, die Feldstärke um den kleinen Betrag ΔH, so wird auch die Induktion B um einen Betrag ΔB kleiner. Wenn die Änderung der Feldstärke sehr klein ist, so gelangt man von dem erreichten Punkt D aus bei einer Vergrößerung der Feldstärke um den gleichen Betrag wieder zum Punkt A zurück, der

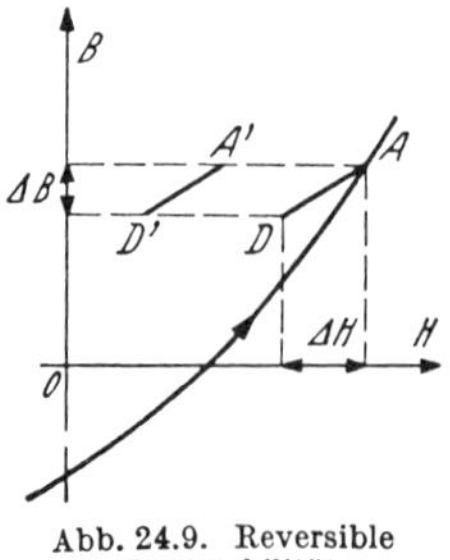

Abb. 24.9. Reversible Permeabilität

Vorgang ist umkehrbar. Man bezeichnet das Verhältnis

$$\mu_{\mathrm{rev}} = \frac{\Delta B}{\Delta H} \tag{20}$$

als *reversible Permeabilität.* Die reversible Permeabilität ist im allgemeinen kleiner als die „totale Permeabilität"

$$\mu = \frac{B}{H} \tag{21}$$

und auch kleiner als die „differentielle Permeabilität" $\frac{dB}{dH}$ an der betreffenden Stelle der Magnetisierungskurve. Die reversible Permeabilität hängt nach den experimentellen Befunden nur von der magnetischen Induktion ab, nicht aber von der magnetischen Erregung; sie hat also bei A' den gleichen Wert wie bei A, Abb. 24.9. Den größten Betrag hat die reversible Permeabilität μ_{rev} bei $B = 0$; man bezeichnet diesen Wert als *Anfangspermeabilität* μ_a. Mit wachsender Induktion nimmt die reversible Permeabilität ab.

Die aus der Kommutierungskurve nach Gl. (21) entnommene Permeabilität μ wird *Wechselpermeabilität* genannt; sie hat ihren größten Wert dort, wo eine gerade Linie vom Nullpunkt die Kommutierungskurve berührt.

Magnetische Werkstoffe

In Abb. 24.10 sind Kommutierungskurven für einige ferromagnetische Stoffe dargestellt, und zwar mit einem logarithmischen Maßstab für B und H. Die Kurven konstanter Permeabilität sind dann gerade Linien, die parallel zur Magnetisierungskurve für neutrale Stoffe ($\mu_r = 1$) verlaufen. Bei niedrigen Feldstärken nähern sich sämtliche Magnetisierungskurven solchen geraden Linien (Anfangspermeabilität). Die magnetischen Eigenschaften von Eisen und Eisenlegierungen hängen sehr stark von der Zusammensetzung und von der Wärmebehandlung ab.

Bei den „*magnetisch weichen Stoffen*" wird hohe Permeabilität und geringe Hysterese angestrebt. Eisen ist der gebräuchlichste magnetisch weiche Stoff. Durch Glühen mit langsamer Abkühlung werden innere mechanische Spannungen beseitigt und verhältnismäßig gute magnetische Eigenschaften erzielt. Schon geringe Beimengungen, besonders von Kohlenstoff, Stickstoff, Sauerstoff, Schwefel verschlechtern aber die magnetischen Eigenschaften erheblich. Durch Reinigen und Glühen in Wasserstoff sind Permeabilitätszahlen bis über 250000 erzielt worden. In Abb. 24.10 ist mit der Bezeichnung „geglühtes Eisenblech" angegeben, welche Werte bei handelsüblichem Eisen erreicht werden. Die Kurve mit der Bezeichnung „Eisenblech" ergab sich bei dem gleichen Material, wenn dieses kalt verformt wurde. Für die praktischen Anwendungen ist besonders Eisen mit bis zu etwa 4% Siliziumgehalt wichtig, weil es bei niedrigen Herstellungskosten verhältnismäßig hohe Permeabilität und geringe Hysterese ergibt. Als Bei-

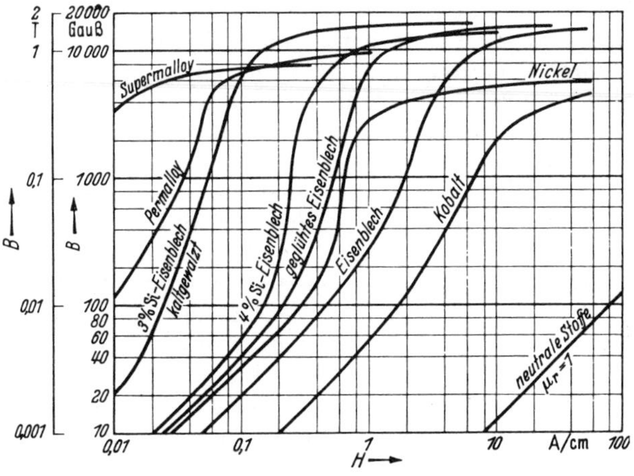

Abb. 24.10. Gemessene Kommutierungskurven

spiel ist in Abb. 24.10 die Magnetisierungskurve für ein Eisenblech mit 4% Silizium-Gehalt („Dynamoblech IV") gezeigt. Bei solchen Blechen kann eine erhebliche Verbesserung durch Kaltwalzen und nachträgliches Glühen erzielt werden. Bei diesem Herstellungsprozeß bilden sich Kristalle, die mit ihren magnetischen Vorzugsachsen vorwiegend in der Walzrichtung liegen („Walztextur"), so daß bei Magnetisierung in dieser Richtung besonders gute Eigenschaften erzielt werden. Die Abb. 24.10 zeigt als Beispiel die Magnetisierungskurve eines so hergestellten Eisenbleches mit 3% Si-Gehalt.

Bei sehr hohen Anforderungen an die Anfangspermeabilität werden besonders Legierungen von Eisen und Nickel verwendet. Bei etwa 80% Nickel und 20% Eisen ergeben sich Werte der Anfangspermeabilität von über 10 000. Nickel-Eisen-Legierungen mit niedrigerem Nickelgehalt werden verwendet, wenn die Anfangspermeabilität in einem möglichst großen Bereich der Feldstärke konstant sein soll. Eine magnetisch weiche Legierung mit besonders hoher Anfangspermeabilität ist das Supermalloy, das außer Nickel und Eisen noch Molybdän und Mangan enthält. Derartige Legierungen weichen zum Teil in ihrem magnetischen Verhalten wesentlich von Eisen ab; als Beispiel ist in Abb. 24.11 eine Hystereseschleife von „Perminvar" (45% Ni, 30% Fe, 25% Co) dargestellt.

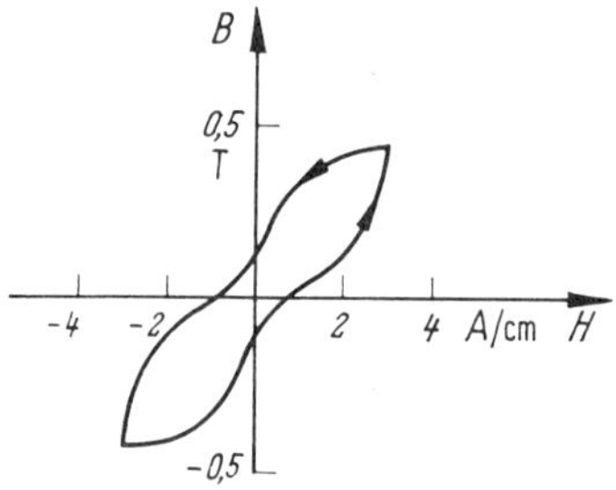

Abb. 24.11. Hystereseschleife von Perminvar

Extrem hohen spezifischen Widerstand, wie er zur Verminderung der Wirbelstromverluste bei hohen Frequenzen nützlich ist (Abschnitt 32), zeigen die *Ferrite*. Das sind Verbindungen von Eisenoxyd (Fe_2O_3) mit anderen Metalloxyden, die durch Sintern der feinpulvrigen Ausgangsmaterialien bei bestimmten Temperaturen hergestellt werden. Verwendet wird insbesondere Mangan–Zink–Ferrit und Nickel–Zink–Ferrit verschiedener Zusammensetzung. Allerdings liegt bei diesen Stoffen die CURIE-Temperatur niedrig (130···200 °C), so daß die Permeabilität stark von der Temperatur abhängt.

Auch die elektrische Leitfähigkeit der Ferrite hängt stark von der Temperatur ab; sie folgt der gleichen Gesetzmäßigkeit wie die Eigenleitfähigkeit von Halbleitern, Gl. (8.24). Bei Mangan–Zink–Ferrit ist z.B. $T_a \approx 1000$ K.

Einige Besonderheiten im magnetischen Verhalten der Ferrite erklären sich durch die eigentümliche Anordnung der Elementardipole. Bei den ferromagnetischen Stoffen suchen die Austauschkräfte die magnetischen Elementardipole benachbarter Atome parallel zu stellen. In den Ferriten sind zwei oder mehrere Arten von Metallatomen (Metallionen), z.B. Eisen und Zink, abwechselnd in den Zellen des Kristallgitters angeordnet; damit sind die beiden Metallgitter ineinander verschachtelt. Die Austauschkräfte suchen hier die Elementardipole der beiden „Untergitter" je für sich parallel, aber gegeneinander antiparallel auszurichten. Würden die beiden Arten von Metallatomen je die gleiche Anzahl unkompensierter Dipolmomente haben, so würden sich daher im ganzen Kristall alle Elementardipole kompensieren. Solche Stoffe sind paramagnetisch; man nennt sie auch *antiferromagnetisch*. Bei den Ferriten haben die Eisenatome und die anderen Metallatome ein verschiedenes Dipolmoment, so daß die Kristallzelle ein entsprechendes resultierendes Dipolmoment besitzt. Damit ergibt sich eine spontane Magnetisierung, nämlich als Differenz der spontanen Magnetisierungen der beiden zueinander antiparallelen Untergitter A und B, Abb. 24.12. Stoffe mit einer solchen Struktur werden *ferrimagnetisch* genannt. Sie verhalten sich im wesentlichen wie ferromagnetische Stoffe, zeigen aber Besonderheiten, wie z. B. niedrigere Remanenz und Sättigungsmagnetisierung, die sich aus dem Gegeneinanderwirken der beiden Gitter erklären. Ferner bilden sich in solchen

Stoffen besonders leicht 180°-Wände aus. Ein zunächst in der einen Richtung magnetisierter Ringkern nach Abb. 24.2 wird z.B. nur bis zu einem bestimmten Radius r ummagnetisiert, wenn die Durchflutung in der neuen Richtung nur bei Radien, die kleiner als r sind, eine ausreichende Feldstärke oberhalb der Koerzitivfeldstärke erzeugt.

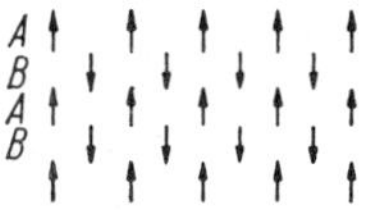

Abb. 24.12. Dipolmomente im Kristallgitter eines Ferrits

Magnetisch harte Stoffe haben ausgeprägte Hysterese-Eigenschaften. Sie werden für die Herstellung von Dauermagneten benützt und sollen daher möglichst hohe Koerzitivfeldstärke und hohe Remanenzinduktion besitzen. Ein bekanntes Beispiel ist Stahl mit etwa 1% Kohlenstoffgehalt. Hier bewirkt Glühen mit nachfolgendem raschen Abkühlen, daß die Kohlenstoffatome in fein verteilter Form die Gitter der Eisenkristalle verzerren (Martensit), so daß sich starke innere mechanische Spannungen ergeben. Auch magnetisch harte Ferrite werden mit günstigen Eigenschaften hergestellt (insbesondere Barium–Ferrit).

Nach Abb. 24.5 kann man die Koerzitivfeldstärke aus dem Energiediagramm der spontanmagnetisierten Bereiche erklären. Magnetisch harte Stoffe entstehen infolge starker Anisotropien, die zu steilen räumlichen Änderungen der Energie W führen. Bei magnetisch weichen Stoffen müssen solche Anisotropien (z.B. Anisotropien infolge innerer mechanischer Spannungen) vermieden werden. Sind die Schwankungsamplituden von dW/dx räumlich etwa konstant, dann genügt das Überschreiten einer bestimmten Feldstärke zum völligen Ummagnetisieren großer Bezirke oder des ganzen Körpers. Die Hystereseschleife nähert sich einer Rechteckform. Stoffe mit nahezu „rechteckiger" Hystereseschleife werden für Schaltkerne und Speicherkerne verwendet (s. Abschnitt 51). Bei diesen Stoffen wird angestrebt, daß die Remanenzinduktion B_r möglichst gleich der Sättigungspolarisation J_s und die Koerzitivfeldstärke H_k relativ gering ist.

In den Tabellen 24.2/4 sind einige Zahlenwerte für verschiedene magnetisch weiche und magnetisch harte Stoffe sowie für Stoffe mit Rechteck-Hystereseschleife angegeben. Die Zahlen sollen nur ungefähr die praktisch vorkommenden Werte zeigen; die Eigenschaften magnetischer Werkstoffe hängen immer stark von der genauen Zusammensetzung und von der thermischen und mechanischen Behandlung ab.

Tabelle 24.2 *Magnetisch weiche Stoffe*

Stoff	Anfangspermeabilität $\frac{\mu_a}{\mu_0}$	Maximale Permeabilität $\frac{\mu_{max}}{\mu_0}$	Sättigungspolarisation $\frac{J_s}{\text{mT}}$	Koerzitiv-Feldstärke $\frac{H_k}{\text{A/m}}$	Leitfähigkeit $\frac{\sigma}{\text{s/m}}$
Holzkohleneisen, geglüht	250	6500	2000	60	10^7
Kohlenstoffarmes Eisen	700	10000	2100	20	10^7
Reineisen (in Wasserstoff geglüht)	25000	250000	2200	4	10^7
Gußeisen	70	600	2000	500	$3 \cdot 10^6$
Dynamoblech IV (4% Si)	800	9000	2000	60	$1,7 \cdot 10^6$
Nickeleisen (50% Ni, 50% Fe)	3000	70000	1600	3	$3 \cdot 10^6$
Permalloy (78% Ni, 22% Fe)	25000	80000	800	2 4	$6 \cdot 10^6$
Supermalloy (79% Ni, 5% Mo, 15% Fe, Zusätze)	100000	300000	650	0,4	$2 \cdot 10^6$
Mangan–Zink–Ferrit	≈2000	≈3000	≈300	≈20	1
Nickel–Zink–Ferrit	≈15	≈50	≈160	≈1200	10^{-4}

Tabelle 24.3 *Magnetisch harte Stoffe*

Stoff	Anfangs-permeabilität $\frac{\mu_a}{\mu_0}$	Remanenz-induktion $\frac{B_r}{\text{mT}}$	Koerzitiv Feldstärke $\frac{H_K}{\text{kA/m}}$	(BH) max $\frac{\text{kJ}}{\text{m}^3}$
Stahl mit 1% C	40	700	5	1 6
Chromstahl, Wolframstahl	30	1 100	5	2 4
AlNiCo 16/6 (10% Al, 20% Ni, 15% Co, 55% Fe)	4	650	54	12
AlNiCo 9/5 (12% Al, 25% Ni, 5% Co, 58% Fe)	5	550	44	9
AlNiCo 52/6 (8% Al, 15% Ni, 25% Co, 4% Cu, 48% Fe)	3	1 250	55	52
PtCo 60/40 (77% Pt, 23% Co)	1,2	600	350	60
Hartferrit 20/28	1,1	320	220	20
Seltenerd—Cobalt-Legierung	1,1	750	520	112

Tabelle 24.4. *Stoffe mit Rechteck-Hystereseschleife*

Stoff	Remanenz-induktion $\frac{B_r}{\text{T}}$	Sättigungs-polarisation $\frac{J_s}{\text{T}}$	Koerzitiv-feldstärke $\frac{H_k}{\text{A/cm}}$	Leitfähig-keit $\frac{\sigma}{\text{kS/m}}$	Rechteckform erreicht durch:
50% Nickel–Eisen	1,53	1,60	0,1	2200	Walztextur
Magnesium–Mangan–Ferrit	0,19	0,20	0,3	10^{-8}	Kristallanisotropie
Nickel–Zink–Ferrit	0,28	0,33	1,1	10^{-7}	Abkühlen im Magnetfeld

Magnetische Anisotropie

Die Permeabilität kann in verschiedenen Richtungen ein und desselben Körpers verschiedene Werte haben. Der Körper ist dann magnetisch anisotrop. Wie oben ausgeführt, ist bereits der einzelne Eisenkristall anisotrop. Ein praktisches Beispiel bilden die ebenfalls oben erwähnten Eisenbleche mit magnetischer Vorzugsrichtung. In solchen Fällen brauchen die Richtungen der Vektoren $\boldsymbol{B}$ und $\boldsymbol{H}$ sowie auch die Richtungen der Vektoren $\boldsymbol{M}$ und $\boldsymbol{H}$ nicht übereinzustimmen. Der Vektor $\boldsymbol{M}$ gibt die resultierende Richtung der Elektronenspins an, und es gilt die Vektorgleichung

$$\frac{1}{\mu_0}\boldsymbol{B} = \boldsymbol{H} + \boldsymbol{M}\,. \tag{22}$$

Als Beispiel für eine solche Anisotropie soll das Verhalten *dünner magnetischer Schichten mit Rechteck-Hystereseschleife* betrachtet werden. Solche magnetische Filme werden durch Aufdampfen im Vakuum von ferromagnetischen Stoffen, z.B. von Nickel und Eisen, auf einen magnetisch neutralen Stoff erzeugt, wobei man gleichzeitig ein magnetisches Feld auf die wachsende Schicht parallel zur Schicht einwirken läßt. Bei Schichtdicken von der Größenordnung 0,1 μm und Abmessungen von der Größenordnung einiger mm² kann so erreicht werden, daß der Film im Idealfall einen einzigen WEISSschen Bezirk mit einer Vorzugsrichtung bildet, die durch die Richtung des bei der Herstellung aufgeprägten Magnetfeldes bestimmt ist. Die Magnetisierung hat zwei stabile Ruhelagen, eine in dieser Richtung, die andere entgegengesetzt dazu. Ein solcher Kern kann daher als ein binäres Speicherelement benützt werden (s. a. Abschnitt 51). In Abb. 24.13 sei x die Vorzugsrichtung des Filmes F. In der Ruhelage hat der Vektor $\boldsymbol{M}$ diese Richtung oder die dazu entgegengesetzte Richtung. Ein äußeres Magnetfeld $\boldsymbol{H}$ dreht die Dipole und damit die Magnetisierung $\boldsymbol{M}$ um einen Winkel α aus dieser Ruhelage heraus. Der Winkel α ist abhängig von den beiden

Komponenten H_x und H_y von $\boldsymbol{H}$. Die Magnetisierung klappt um, wenn $\boldsymbol{H}$ eine bestimmte negative Komponente H_x hat und der Winkel α eine bestimmte Grenze überschreitet. Der zum Umklappen erforderliche Betrag von H_x hängt in der durch Abb. 24.14, Kurvenstück AB, dargestellten Weise von H_y ab. Alle Feldstärkewerte, die links von dieser Kurve liegen, führen zum Umklappen der Magnetisierung. Die Koerzitivfeldstärke H_k hat bei Nikkel-Eisen die Größenordnung einiger A/cm. Zum Umklappen ist gemäß Abb. 24.14 eine geringere Feldstärke als H_k erforderlich, wenn gleichzeitig ein Feld in der y-Richtung erzeugt wird. Für das Zurückklappen gilt die Grenzkurve AC, und das Verhalten ist auch bei negativen Komponenten H_y symmetrisch zu dem für positive H_y beschriebenen. Bei der Verwendung als binäres Speicherelement werden zur magnetischen Erregung zwei Drahtschleifen verwendet, die den Film längs der x-Richtung bzw. längs der y-Richtung umschlingen. Die Zeit, die zum Umklappen der Magnetisierung erforderlich ist, ist bei dünnen Filmen sehr kurz (Größenordnung 1 ns).

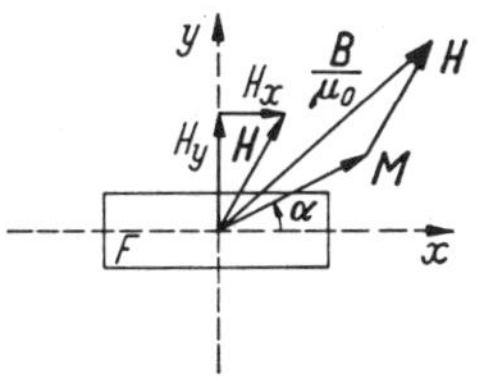

Abb. 24.13. Anisotroper Magnetfilm unter der Einwirkung einer äußeren Feldstärke H

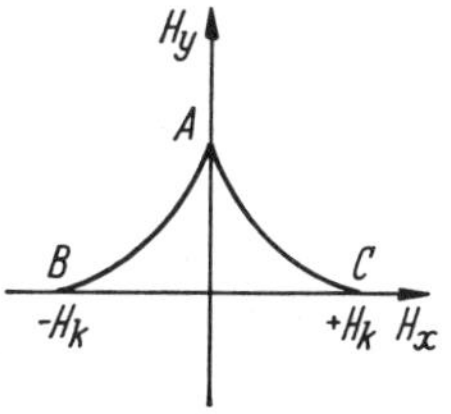

Abb. 24.14. Grenzkurven für die Ummagnetisierung

Weitere technisch interessante Eigenschaften zeigen anisotrope magnetische Stoffe mit nur einer *einzigen leichten Magnetisierungsrichtung* und *extrem niedriger Koerzitivkraft*. Es sind dies sogenannten *Orthoferrite* (Verbindungen mit FeO_3) in Kristallform sowie bestimmte Granatkristalle (Verbindungen von der Form $A_3Fe_5O_{12}$, wobei A z. B. Yttrium sein kann). In einem dünnen Plättchen, das senkrecht zur leichten Magnetisierungsrichtung aus dem Kristall herausgeschnitten wird, verbleiben bei magnetischer Umerregung in dieser Richtung kleine Bezirke entgegengesetzter Magnetisierung, Abb. 24.15; sie haben wegen der Übereinstimmung zwischen leichter Achse und Magnetisierungsrichtung Zylinderform („Blasen"). Diese Zylinderchen lassen sich wegen der sehr geringen Koerzitivkraft leicht durch äußere Magnetfelder oder Ströme räumlich verschieben und bleiben dann jeweils in ihrer Lage (Anwendung für binäre Speicher kleinster Abmessungen in der Nachrichtentechnik).

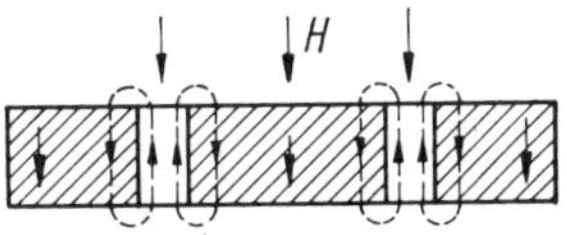

Abb. 24.15. Ferrit mit verschiebbaren Magnetisierungszonen

25. Der magnetische Kreis. Elektromagnete. Dauermagnete

Für den Übergang eines magnetischen Induktionsflusses von einem Stoff zu einem anderen gelten ähnliche Gesetze wie für den Übergang des dielektrischen Verschiebungsflusses zwischen zwei Isolierstoffen. Erfahrungsgemäß gibt es aber keine Quellen des magnetischen Induktionsflusses. Daraus folgt die Gleichung:

$$\oint \boldsymbol{B} \cdot d\boldsymbol{A} = 0 \qquad \text{oder} \qquad \operatorname{div} \boldsymbol{B} = 0\,. \tag{1}$$

An der Grenzfläche zweier Stoffe muß daher die *Normal*komponente B_n der magnetischen Induktion stetig sein.

Ferner müssen die *Tangential*komponenten H_t der magnetischen Feldstärke auf beiden Seiten der Grenzfläche den gleichen Wert haben. Man erkennt dies, wenn man das Durchflutungsgesetz auf einen Rechteckweg anwendet, dessen Längsseiten auf beiden Seiten der Grenzfläche liegen, und dessen hinreichend kurze Schmalseiten die Grenzfläche durchstoßen.

Es gilt also *auch bei gekrümmter Magnetisierungskurve*

$$B_{n1} = B_{n2}\,, \qquad H_{t1} = H_{t2}\,. \tag{2}$$

Durch eine ähnliche Überlegung wie in Abschnitt 9 findet man hieraus, daß die magnetische Induktion in einem Querschlitz, die magnetische Feldstärke in einem Längsschlitz den gleichen Wert hat wie im Inneren des Stoffes. Unter Einführung der Permeabilität (totale Permeabilität) folgt ferner für die Winkel α_1 und α_2, die die magnetischen Induktionslinien mit der Normalen einer Grenzfläche bilden,

$$\frac{\tan \alpha_1}{\tan \alpha_2} = \frac{\mu_1}{\mu_2} \,. \tag{3}$$

Aus Stoffen hoher Permeabilität treten daher die Induktionslinien nahezu senkrecht aus.

Für die Tangentialkomponenten der magnetischen Induktion gilt

$$\frac{B_{t1}}{B_{t2}} = \frac{\mu_1}{\mu_2} \,. \tag{4}$$

In Stoffen hoher Permeabilität ist die Tangentialkomponente der magnetischen Induktion groß im Vergleich zu der im Außenraum. Die magnetischen Induktionslinien werden also durch den Stoff hoher Permeabilität geführt, ähnlich wie der elektrische Strom durch die metallischen Leiter. Da ferner die magnetischen Induktionslinien in sich geschlossen sind, so bezeichnet man eine Anordnung, bei der die magnetischen Induktionslinien in der Hauptsache in ferromagnetischen Stoffen verlaufen, als *magnetischen Kreis*.

Bei einem *Elektromagneten* nach Abb. 25.1 besteht der magnetische Kreis aus dem Luftspalt *1*, den beiden Polen *2* und *6*, den Schenkeln *3* und *5*, die die Wicklungen tragen, und dem Verbindungsstück *4*. Durch gestrichelte Linien *a*, *b*, *c*, *d* und *e* ist der grundsätzliche Verlauf der Induktionslinien angedeutet. Da der Elektromagnet zur Herstellung eines bestimmten Induktionsflusses im Luftspalt *1* dient, so bezeichnet man den Teil des gesamten Induktionsflusses, der aus Feldlinien nach der Art von *a* besteht, als den *Hauptfluß*, während die anderen Feldlinien den *Streufluß* darstellen. Wegen der hohen Permeabilität des Eisens ist die Flußdichte im Eisen sehr viel höher als außerhalb, so daß der Hauptfluß den weitaus größten Teil der gesamten Feldlinien enthält. Darauf beruht das folgende *Näherungsverfahren zur Berechnung magnetischer Kreise*.

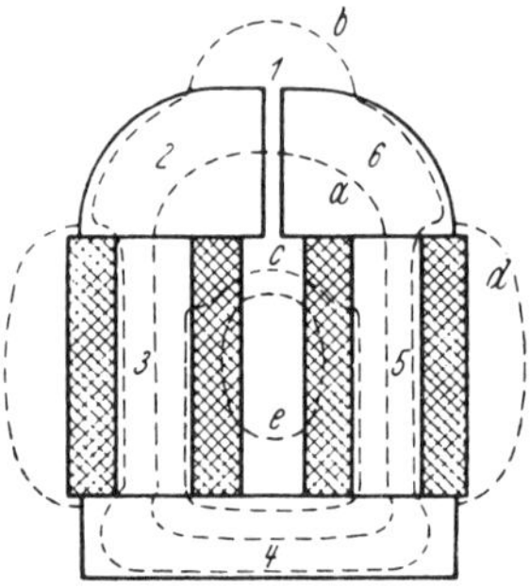

Abb. 25.1. Feldlinien bei einem Elektromagneten

Angenäherte Berechnung von Elektromagneten

Man geht vom Induktionsfluß Φ aus, der durch das Bündel der Feldlinien des Hauptflusses dargestellt wird, und berechnet hieraus die Flußdichte in den einzelnen Abschnitten des magnetischen Kreises, wobei man den Streufluß vernachlässigt. Bezeichnet A_ν den Querschnitt des Flusses in den einzelnen Abschnitten ν, so gilt

$$B_\nu = \frac{\Phi}{A_\nu} \,. \tag{5}$$

Aus der Induktion B_ν erhält man die magnetische Feldstärke H_ν mit Hilfe der Magnetisierungskurve des betreffenden Stoffes. Für Luftspalte gilt

$$H_1 = \frac{B_1}{\mu_0} \,. \tag{6}$$

Dann wird das Linienintegral der magnetischen Feldstärke angenähert berechnet durch

$$\oint \boldsymbol{H} \cdot d\boldsymbol{s} \approx \sum_\nu H_\nu \, l_\nu \,, \tag{7}$$

wobei l_ν die mittlere Länge der Feldlinien in den einzelnen Abschnitten bezeichnet. Die Summe ist über den ganzen Kreis zu bilden. Andererseits ist die Durchflutung gegeben durch die Windungszahl der Wicklung und die Stromstärke. Trägt in dem Beispiel der Abb. 25.1 jeder Schenkel eine Wicklung aus je $N/2$ Windungen, und werden diese Windungen von einem Strom I derart durchflossen, daß sich die Wirkungen der beiden Wicklungen unterstützen, so gilt

$$\Sigma H_\nu l_\nu = \Theta = N I . \tag{8}$$

Die umgekehrte Aufgabe, zu einer gegebenen Durchflutung den Induktionsfluß zu finden, kann nicht unmittelbar gelöst werden, da die Permeabilität der Eisenabschnitte selbst wieder von der Induktion abhängt, die zunächst unbekannt ist. Man geht daher hier so vor, daß man für eine Reihe von willkürlich angenommenen Werten des Induktionsflusses die Durchflutung berechnet und damit die *magnetische Kennlinie* des Kreises aufzeichnet, die die Abhängigkeit der beiden Größen Φ und Θ voneinander darstellt, Abb. 25.2. Aus der magnetischen Kennlinie kann dann zu dem gegebenen Wert von Θ der Fluß entnommen werden.

Abb. 25.2. Magnetische Kennlinie

Zur Herstellung eines bestimmten Induktionsflusses ist eine bestimmte Durchflutung Θ nötig; es ist jedoch gleichgültig, ob diese Durchflutung mit kleiner Stromstärke und großer Windungszahl oder großer Stromstärke und entsprechend kleiner Windungszahl erzeugt wird.

Die Unbestimmtheit der Windungszahl verschwindet, wenn der durch den Wicklungswiderstand entstehende Spannungsabfall vorgegeben ist. Bezeichnet man den Wicklungsquerschnitt mit A und den Füllfaktor der Wicklung mit k (< 1), ferner die mittlere Länge einer Windung mit l_m, so wird der Widerstand einer Wicklung von N Windungen

$$R = \varrho \frac{N^2 l_m}{k A} . \tag{9}$$

Andererseits gilt

$$R = \frac{U}{I} ,$$

oder unter Einführen der durch die Wicklung erzeugten Durchflutung

$$R = \frac{U N}{\Theta} . \tag{10}$$

Daher ergibt sich die *Windungszahl* aus

$$\varrho \frac{N^2 l_m}{k A} = \frac{U N}{\Theta} \quad \text{zu} \quad N = U \frac{k A}{\varrho \Theta l_m} . \tag{11}$$

Die Windungszahl muß also um so größer gemacht werden, je höher die zur Verfügung stehende Spannung ist. Für den *Drahtquerschnitt* ergibt sich damit

$$A_1 = \frac{k A}{N} = \frac{\varrho \Theta l_m}{U} . \tag{12}$$

Er ist also unabhängig von der Größe des Wicklungsquerschnittes und vom Füllfaktor.

Zur Aufrechterhaltung des Induktionsflusses ist theoretisch keine Leistung erforderlich. Wegen des endlichen Wicklungswiderstandes ist jedoch bei wirklichen Elektromagneten immer eine bestimmte elektrische Leistung zur Aufrechterhaltung der Durchflutung notwendig. Diese Leistung, die also vollständig innerhalb der Wicklung in Wärme umgewandelt wird, hat den Betrag

$$P_v = I^2 R = \varrho \frac{l_m}{k A} \Theta^2 ; \tag{13}$$

sie wird um so kleiner, je größer der Wicklungsquerschnitt ist und je besser er ausgenutzt wird, dagegen ist sie unabhängig von der Windungszahl, also auch von der Spannung. Durch die Stromwärme wird die Durchflutung begrenzt, die man in einem Elektromagneten herstellen kann.

Zahlenbeispiel: In dem aus Dynamoblechen zusammengesetzten Eisenkern, Abb. 25.3. soll mit Hilfe der im Schnitt gezeichneten Wicklung ein Bündelfluß von $\Phi = 0{,}5$ mWb erzeugt werden. Die Höhe des Blechpakets beträgt 2 cm; infolge der Isolierung der einzelnen Bleche sei mit einem Eisenfüllfaktor von 90% zu rechnen.

Nimmt man näherungsweise an, daß der ganze Fluß im Querschnitt des Luftspalts konzentriert bleibt, so wird die Induktion im Luftspalt

$$B_1 = \frac{5 \cdot 10^{-4}\ \mathrm{Wb}}{5\ \mathrm{cm}^2} = 1\ \mathrm{T}\,.$$

Die zugehörige magnetische Feldstärke ist

$$H_1 = \frac{B_1}{\mu_0} = \frac{1\ \mathrm{Vs/m^2}}{1{,}257 \cdot 10^{-6}\ \mathrm{Vs/Am}} = 7960\ \frac{\mathrm{A}}{\mathrm{cm}}\,.$$

Da die Feldlinienlänge im Luftspalt 0,2 cm beträgt, so wird also der auf den Luftspalt entfallende Anteil der Durchflutung

$$\Theta_1 = H_1\, l_1 = 7960 \cdot 0{,}2\ \frac{\mathrm{A}}{\mathrm{cm}}\ \mathrm{cm} = 1592\ \mathrm{A}\,.$$

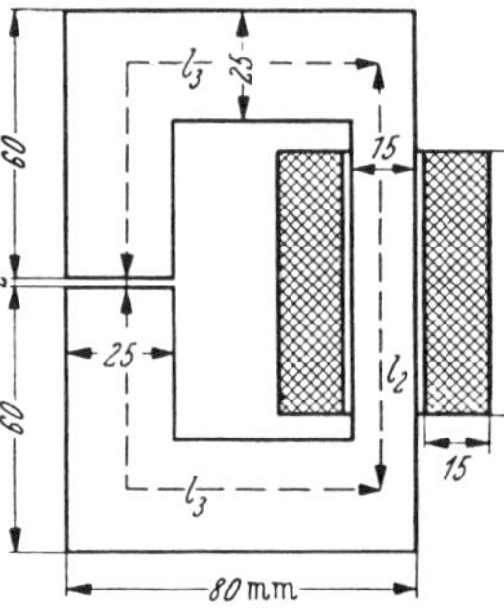

Abb. 25.3. Berechnung einer Drosselspule

Die Induktion in dem die Wicklung tragenden Schenkel wird

$$B_2 = \frac{5 \cdot 10^{-4}\ \mathrm{Wb}}{0{,}9 \cdot 3\ \mathrm{cm}^2} = 1{,}85\ \mathrm{T}\,.$$

Dazu ergebe sich aus der Magnetisierungskurve des Bleches eine magnetische Feldstärke von

$$H_2 = 200\ \frac{\mathrm{A}}{\mathrm{cm}}\,.$$

Der Anteil dieses Schenkels an der Durchflutung wird, da die Länge $l_2 = 9{,}7$ cm beträgt, $\Theta_2 = H_2\, l_2 = 200 \cdot 9{,}7\ \mathrm{A} = 1940\ \mathrm{A}$. Schließlich erhält man für die Induktion in den übrigen Abschnitten

$$B_3 = \frac{5 \cdot 10^{-4}\ \mathrm{Wb}}{0{,}9 \cdot 5\ \mathrm{cm}^2} = 1{,}11\ \mathrm{T}\,. \quad \text{Dazu gehöre die Feldstärke } H_3 = 4\ \frac{\mathrm{A}}{\mathrm{cm}}\,.$$

Die gesamte Länge dieser Abschnitte ist $2\, l_3 = 21{,}5$ cm und der Anteil der Durchflutung

$$\Theta_3 = 2\, H_3\, l_3 = 4 \cdot 21{,}5\ \mathrm{A} = 86\ \mathrm{A}\,.$$

Die gesamte Durchflutung muß also $\Theta = \Theta_1 + \Theta_2 + \Theta_3 = 3618$ A betragen.

Das Beispiel zeigt, wie groß der Einfluß der Eisensättigung auf den Bedarf an Durchflutung ist. Infolge der Verkleinerung der Breite des Wicklungsschenkels auf 1,5 cm gegenüber 2,5 cm in den anderen Abschnitten wird die für diesen Abschnitt notwendige Durchflutung größer als der auf den Luftspalt treffende Anteil, während die viel längeren übrigen Abschnitte des Eisenkerns nur einen kleinen Bruchteil der Durchflutung beanspruchen.

Wird mit einem Kupferfüllfaktor von $k = 60\%$ gerechnet, so ist nach Gl. (13) zur Herstellung der Durchflutung eine Leistung aufzuwenden von

$$P_v = \varrho\, \frac{l_m}{k\, A}\, \Theta^2 = 0{,}0175\ \frac{14 \cdot 3620^2}{0{,}6 \cdot 9}\ \frac{\Omega\ \mathrm{mm^2\ cm\ A^2}}{\mathrm{m\ cm^2}} = 59{,}5\ \mathrm{W}.$$

Dabei ist die mittlere Windungslänge $l_m = 14$ cm gesetzt. Um die infolge dieser Verlustleistung entstehende Temperaturerhöhung berechnen zu können, muß man den Wärmeübergangskoeffizienten kennen; dieser liegt bei derartigen Anordnungen in der Größenordnung von

$$h = 0{,}0015\ \frac{\mathrm{W}}{\mathrm{cm^2\ K}}\,.$$

Die Oberfläche der Wicklung ist rund 170 cm²; dazu kommt für die Abkühlung noch ein Teil der Eisenkernoberfläche im Betrag von etwa 200 cm², so daß die gesamte wärmeableitende

Oberfläche etwa $O = 370\ \mathrm{cm^2}$ ausmacht. Es ergibt sich daher eine Temperaturerhöhung von

$$\Delta\,\vartheta = \frac{P_v}{O\,h} = \frac{59{,}5}{370 \cdot 0{,}0015}\ \frac{\mathrm{W\,cm^2\,K}}{\mathrm{cm^2\,W}} = 107\ \mathrm{K}\,.$$

Soll die Erregung mit einer Spannung von $U = 110$ V hergestellt werden, so ergibt sich der Drahtquerschnitt nach Gl. (12):

$$A_1 = \frac{\varrho\, l_m\, \Theta}{U} = \frac{0{,}0175 \cdot 14 \cdot 3620}{110}\ \frac{\Omega\,\mathrm{mm^2\,cm\,A}}{\mathrm{Vm}} = 0{,}0806\ \mathrm{mm^2}\,.$$

Die Windungszahl wird

$$N = \frac{k\,A}{A_1} = \frac{0{,}6 \cdot 9}{0{,}0806}\ \frac{\mathrm{cm^2}}{\mathrm{mm^2}} = 6700\,,$$

die gesamte Drahtlänge $\quad l \approx N\, l_m = 6700 \cdot 14\ \mathrm{cm} = 938\ \mathrm{m}\,,$

der gesamte Widerstand $\quad R = \varrho\,\frac{l}{A_1} = 0{,}0175\ \frac{0{,}938}{0{,}0806}\ \frac{\Omega\,\mathrm{mm^2\,km}}{\mathrm{m\,mm^2}} = 204\ \Omega$

und die Stromstärke $\quad I = \frac{U}{R} = \frac{110\ \mathrm{V}}{204\ \Omega} = 0{,}54\ \mathrm{A}\,.$

In den Fällen, in denen μ als konstant angesehen werden kann, ist der Begriff des *magnetischen Widerstandes* von Vorteil. Das Durchflutungsgesetz läßt sich bei einem magnetischen Kreis mit einer Anzahl einzelner Abschnitte mit etwa homogenem Feld in der Form schreiben:

$$\Sigma\, H_\nu\, l_\nu = \Theta\,. \tag{14}$$

Da nun

$$H_\nu = \frac{B_\nu}{\mu_\nu} \quad \text{und} \quad B_\nu = \frac{\Phi}{A_\nu}\,,$$

so ergibt sich

$$\Phi \sum \frac{l_\nu}{\mu_\nu\, A_\nu} = \Theta\,. \tag{15}$$

Diese Gleichung hat eine ähnliche Form wie das OHMsche Gesetz für einen elektrischen Stromkreis, wenn man den Induktionsfluß zum elektrischen Strom und die Durchflutung zur Quellenspannung in Analogie setzt („magnetomotorische Kraft"). Es entspricht dann die Größe

$$R_m = \frac{l_\nu}{\mu_\nu\, A_\nu} \tag{16}$$

dem elektrischen Widerstand, wobei an die Stelle der elektrischen Leitfähigkeit die absolute Permeabilität im magnetischen Kreis tritt. Man nennt R_m den magnetischen Widerstand des betreffenden Abschnitts; das Reziproke davon ist der magnetische Leitwert:

$$\Lambda = \frac{\mu_\nu\, A_\nu}{l_\nu}\,. \tag{17}$$

Der magnetische Leitwert kann, wie sich beim Einsetzen der einzelnen Größen zeigt, in Henry gemessen werden.

Zahlenbeispiel: Im vorigen Zahlenbeispiel ist der magnetische Leitwert

$$\Lambda = \frac{\Phi}{\Theta} = \frac{5 \cdot 10^{-4}\ \mathrm{Vs}}{3620\ \mathrm{A}} = 1{,}38 \cdot 10^{-7}\ \mathrm{H}\,.$$

Er nimmt mit wachsender Stromstärke ab, da die Permeabilität des Eisens abnimmt. Der magnetische Widerstand des *Luftspalts* ist

$$R_m = \frac{0{,}2}{1{,}257 \cdot 10^{-8} \cdot 5\ \mathrm{H\,cm^2}}\ \mathrm{cm\,cm} = 3{,}18 \cdot 10^{6}\ \mathrm{H^{-1}}\,.$$

Scherung

Durch einen Luftspalt im magnetischen Kreis eines Eisenkerns wird der gesamte magnetische Widerstand vergrößert, aber der Einfluß von Änderungen der Eisenpermeabilität, z. B. mit der Temperatur, wird dadurch gleichzeitig verringert. Ist A_1 der Querschnitt, l_1 die Länge des Eisenpfades und hat der Luftspalt die kleine Länge l_0, so wird der gesamte magnetische Widerstand

$$R_m = \frac{l_1}{\mu A_1} + \frac{l_0}{\mu_0 A_1} = \frac{l_1}{\mu A_1}\left(1 + \frac{\mu}{\mu_0}\frac{l_0}{l_1}\right). \tag{18}$$

Der durch den Luftspalt unterbrochene Magnetkern wirkt also wie ein geschlossener Magnetkern mit der Länge l_1 und dem Querschnitt A_1, der aus einem Material mit der *„effektiven Permeabilität“*

$$\mu_{eff} = \frac{\mu}{1 + \frac{\mu}{\mu_0}\frac{l_0}{l_1}} \tag{19}$$

hergestellt ist. Für sehr große μ nähert sich die effektive Permeabilität dem Grenzwert $\mu_{eff} = \mu_0 \frac{l_1}{l_0}$, der *unabhängig von* μ ist. Von dieser Methode der *„Scherung“* wird häufig Gebrauch gemacht, wenn hohe Anforderungen entweder an die Konstanz der Permeabilität bei Änderungen der Feldstärke oder an die Unabhängigkeit der Permeabilität von der Temperatur gestellt werden.

Zahlenbeispiel: $l_1 = 10$ cm, $l_0 = 1$ mm, $\mu = 1500\,\mu_0$ ergibt $\mu_{eff} = 93{,}7\,\mu_0$; $\mu = 2000\,\mu_0$ ergibt $\mu_{eff} = 95{,}2\,\mu_0$.

Berechnung von Dauermagneten

Bei der Berechnung von *Dauermagneten* kann grundsätzlich das gleiche Verfahren wie bei Elektromagneten angewendet werden. Es sei z. B. zu berechnen, wie groß die Induktion im Luftspalt *1* des in Abb. 25.4 dargestellten permanenten Magneten ist. *3* sei der Magnetstahl, *2* und *4* seien Polstücke aus weichem Eisen. Wird der ganze magnetische Kreis einmal, z. B. mit Hilfe einer vorübergehend aufgebrachten stromdurchflossenen Wicklung, bis in das Gebiet der Sättigung magnetisiert, so geht die Induktion nach dem Ausschalten des Magnetisierungsstromes im B,H-Diagramm auf einer Kurve zurück, die dem absteigenden Ast der Grenzkurve entspricht, Abb. 25.5. Es stellt sich ein bestimmter Gleichgewichtszustand ein, z. B. Punkt P, in dem die innere Durchflutung des Magneten gerade den Durchflutungsbedarf des Kreises deckt. Die Wirkung der inneren Durchflutung ist durch die Koerzitivfeldstärke H_k gekennzeichnet. Man denke sich nun auf den Stahlmagneten zwei gleichartige Wicklungen gebracht, die von konstanten Strömen gleicher Stärke aber entgegengesetzter Richtung durchflossen werden derart, daß die durch eine der beiden Wicklungen gelieferte Durchflutung gerade gleich ist der inneren Durchflutung

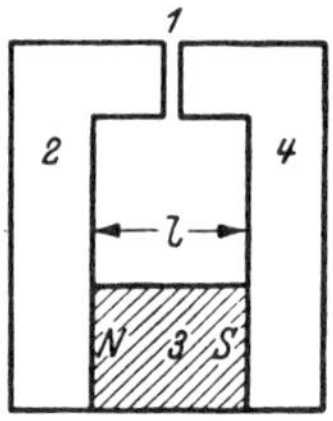

Abb. 25.4. Zur Berechnung eines Dauermagneten

$$\Theta_k = H_k\, l\,, \tag{20}$$

wobei l die Länge des Stahlmagneten *3* bezeichnet. Da sich die beiden Zusatzdurchflutungen gegenseitig aufheben, so ändert sich dadurch nichts an dem Gleichgewichtszustand im magnetischen Kreis. Die eine der beiden Zusatzdurchflutungen kompensiert jedoch gerade die innere Durchflutung des Magneten, sie verschiebt die Magnetisierungskurve um den Betrag H_k nach rechts, wie es in Abb. 25.5 gestrichelt angedeutet ist. Die Magnetisierungs-

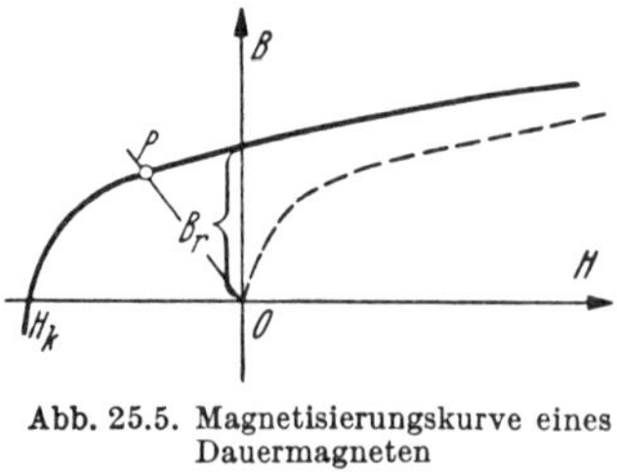

Abb. 25.5. Magnetisierungskurve eines Dauermagneten

kurve hat dann einen Verlauf wie bei einem Stoff ohne Remanenz. Man kann sich daher den *Stahlabschnitt des magnetischen Kreises ersetzt denken durch einen Abschnitt aus weichem Eisen, dessen Magnetisierungskurve aus dem absteigenden Ast der Grenzkurve des Stahls durch Parallelverschiebung hervorgeht, und durch eine Wicklung, die eine Durchflutung* Θ_k *liefert.* Damit ist die Berechnung des Stahlmagneten auf die Berechnung eines Elektromagneten zurückgeführt. Da hier die Durchflutung gegeben ist, so muß die magnetische Kennlinie des Kreises berechnet werden, aus der man dann den Induktionsfluß zu dem Wert Θ_k entnehmen kann.

Für eine überschlägige Berechnung von Dauermagneten können häufig alle Abschnitte des magnetischen Kreises außer dem Luftspalt und dem Stahlabschnitt vernachlässigt werden. Bezeichnen A_0 und l_0 Querschnitt und Länge des Luftweges, A und l Querschnitt und Länge des Feldlinienbündels im Magnetstahl, ferner B_0 und B die Induktion, H_0 und H die magnetische Feldstärke im Luftspalt und im Stahl, so gilt nach dem Durchflutungsgesetz

$$\frac{B_0}{\mu_0} l_0 + H l = 0 . \tag{21}$$

Der Fluß im Luftspalt, $B_0 A_0$, ergibt sich aus dem Fluß im Stahl, $B A$, durch Multiplizieren mit einem Faktor S, der die Streuung der Feldlinien berücksichtigt und kleiner als 1 ist:

$$B_0 A_0 = S B A . \tag{22}$$

Führt man hieraus B_0 in die oben angesetzte Form des Durchflutungsgesetzes ein und löst nach H auf, so folgt

$$H = -\eta \frac{B}{\mu_0} , \tag{23}$$

wobei zur Abkürzung

$$\eta = S \frac{l_0}{l} \frac{A}{A_0} \tag{24}$$

gesetzt ist.

Gl. (23) ist die Gleichung einer geraden Linie, die man in das Diagramm der Magnetisierungskurve einzeichnen kann; sie gibt den Durchflutungsbedarf des Luftspaltes für jede vorgegebene Induktion B im Stahlmagneten an. Ihr Schnittpunkt mit der Kurve liefert den Betriebspunkt P, Abb. 25.5, in dem der Durchflutungsbedarf gerade durch die innere Durchflutung des Magneten gedeckt wird.

Den Zahlenfaktor η, der meist kleiner als 1 ist, nennen wir den „Entmagnetisierungsfaktor". Die Steigung der geraden Linie OP in Abb. 25.5 ist $-\frac{\mu_0}{\eta}$. Aus dem für den Betriebspunkt P abgelesenen Wert von B folgt die Induktion im Luftspalt nach Gl. (22)

$$B_0 = S \frac{A}{A_0} B . \tag{25}$$

Zahlenbeispiel: Die Magnetisierungskurve eines Aluminium-Nickelstahles sei im 2. Quadranten durch folgende Werte gegeben:

$H =$ 0	−50	−100	−150	−200	−250	−300	−350 A/cm
$B =$ 0,600	0,563	0,520	0,466	0,403	0,314	0,177	0 T

Der Luftspalt des zu berechnenden Magneten habe die Abmessungen $A_0 = 4\ \text{cm}^2$, $l_0 = 2$ mm. Für den Streufaktor werde $S = 0{,}8$ angenommen.

Setzen wir zunächst den Querschnitt des Stahlmagneten A gleich dem des Luftspaltes A_0, so wird der Entmagnetisierungsfaktor $\eta = 0{,}8 \frac{l_0}{l}$ und die Induktion im Luftspalt $B_0 = 0{,}8\ B$. Für verschiedene Längen l des Stahlmagneten ergeben sich die in der folgenden Tabelle aufgeführten Werte von η, mit denen durch Einzeichnen der Linien des Durchflutungsbedarfes in das Diagramm der Magnetisierungskurve die ebenfalls in der Tabelle 25.1 angegebenen Werte der Induktion B im Magneten und damit schließlich mit Gl. (25) die Induktion im Luftspalt, B_0, ermittelt wurden. In der letzten Zeile der Tabelle findet sich noch das Volumen $V = A\,l$ des Stahlabschnittes.

Tabelle 25.1

l =	2	5	10	20	50	100 mm
η =	0,8	0,32	0,16	0,08	0,032	0,016
B =	0,0530	0,122	0,223	0,356	0,494	0,546 T
B_0 =	0,0424	0,097	0,178	0,285	0,396	0,437 T
V =	0,8	2	4	8	20	40 cm³

Die Abb. 25.6 zeigt, wie hiernach mit wachsendem Volumen des Stahlabschnittes die erreichte Luftspaltinduktion zunächst rasch ansteigt, schließlich aber durch eine Vergrößerung des Stahlvolumens nur noch wenig gesteigert werden kann.

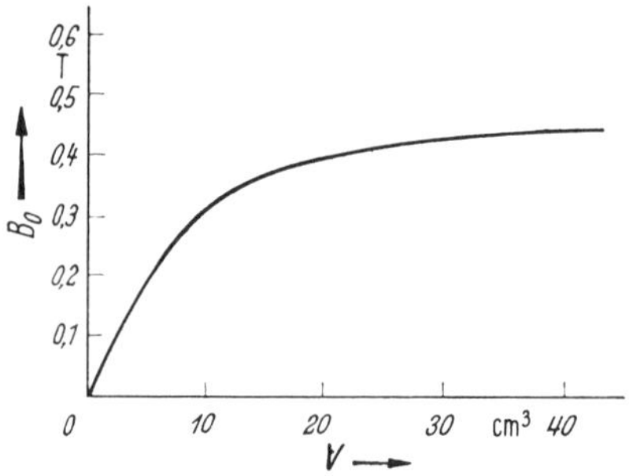

Abb. 25.6. Abhängigkeit der Luftspaltinduktion vom Volumen des Stahlmagneten bei konstantem Querschnitt

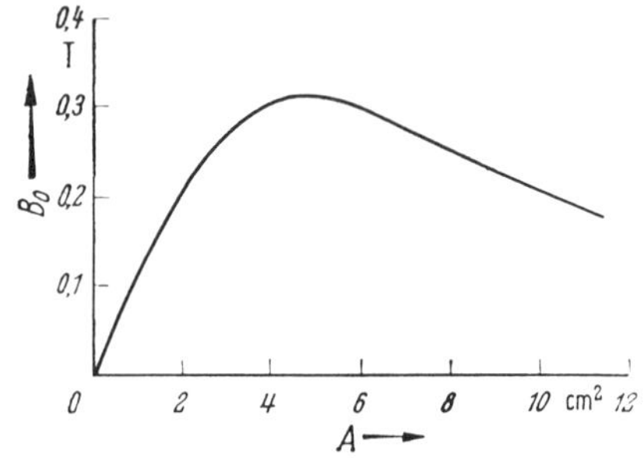

Abb. 25.7. Abhängigkeit der Luftspaltinduktion vom Stahlquerschnitt bei konstantem Volumen

Wird auch der Querschnitt des Stahlmagneten verändert, wobei der Übergang vom Stahlquerschnitt zum Luftspaltquerschnitt durch entsprechende Polschuhe hergestellt werden muß, so gilt für das gleiche Zahlenbeispiel folgendes:

Aus irgendeinem angenommenen Stahlvolumen V erhält man den Stahlquerschnitt $A = \frac{V}{l}$, und es wird der Entmagnetisierungsfaktor

$$\eta = S \frac{l_0 V}{l^2 A_0} \tag{26}$$

und die Induktion im Luftspalt

$$B_0 = S \frac{V}{l A_0} B. \tag{27}$$

Für $V = 10\ \text{cm}^3$ findet man z.B. bei verschiedenen Längen l des Stahlabschnittes die in der folgenden Tabelle 25.2 angegebenen Werte.

Tabelle 25.2

l =	10	20	50	100 mm
η =	0,4	0,1	0,016	0,004
B =	0,103	0,314	0,546	0,587 T
B_0 =	0,206	0,314	0,218	0,117 T
A =	10	5	2	1 cm²

Wie aus Abb. 25.7 hervorgeht, ergibt sich mit einem Stahlquerschnitt von etwa 4,5 cm² die größte Induktion im Luftspalt, nämlich etwa 0,32 T. Das Maximum der Kurve erklärt sich daraus, daß eine weitere Vergrößerung des Stahlquerschnittes zwar durch die Einschnürung des Flusses im Luftspalt eine Verdichtung der Feldlinien bewirkt, daß aber gleichzeitig wegen der Verkürzung des Stahlmagneten die innere Durchflutung verringert wird.

Eine einfache *Kennzeichnung der Wirksamkeit eines Magnetstoffes*, die auf den eben benutzten Voraussetzungen beruht. erhält man durch die folgende Betrachtung.

Aus Gl. (21) folgt für den Betrag der Luftspaltinduktion

$$B_0 = \mu_0 H \frac{l}{l_0}\,, \tag{28}$$

und aus Gl. (22)

$$B_0 = S\,B \frac{A}{A_0}\,. \tag{29}$$

Bildet man das Produkt dieser beiden Ausdrücke, so ergibt sich

$$B_0^2 = S \frac{A\,l}{A_0\,l_0} \mu_0\,BH\,. \tag{30}$$

Durch Einführen des Magnetvolumens $V = A\,l$ und des Luftspaltvolumens $V_0 = A_0 l$ erhält man hieraus

$$B_0 = \sqrt{S \frac{V}{V_0} \mu_0\,BH}\,. \tag{31}$$

Bei gegebenen Volumina hängt die Luftspaltinduktion also nur von dem Produkt BH ab. Dieses ist durch die Lage des Betriebspunktes P auf der Magnetisierungskurve bestimmt. Es hat in einem bestimmten Punkt P_0 ein Maximum, Abb. 25.8. Dies ist der günstigste Betriebspunkt; näherungsweise gilt, daß dieser Punkt auf der Diagonale des Rechtecks $B_r\,H_k$ liegt. Aus den zugehörigen Werten von B und H berechnet sich der günstigste Querschnitt des Magneten gemäß Gl. (22) und (31) zu

$$A = \sqrt{\frac{\mu_0 H}{B}\,\frac{V A_0}{l_0 S}}\,. \tag{32}$$

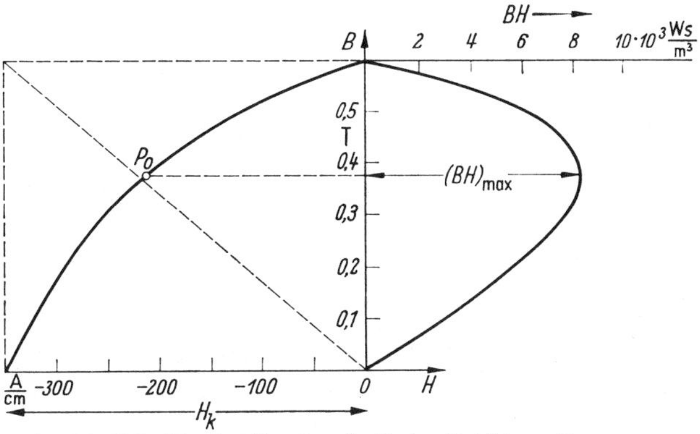

Abb. 25.8. Konstruktion des günstigsten Betriebspunktes

Zur überschlägigen Beurteilung eines Magnetmaterials kann also die Größe $(BH)_{max}$ dienen; einige Zahlenwerte sind in Tabelle 24.3 angegeben.

Zahlenbeispiel: Mit der Magnetisierungskurve des vorigen Beispiels liefert die soeben beschriebene, durch Abb. 25.8 dargestellte Konstruktion $B = 0{,}375$ T, $H = 220$ A/cm; das Produkt BH hat also den Maximalwert 0,375 Vs/m² · 220 A/cm = 8,25 Ws/dm³. Für verschiedene Werte des Magnetvolumens V folgen damit die in der Tabelle 25.3 angegebenen günstigsten Werte von A, l und B_0 aus den Gl. (32) und (31).

Tabelle 25.3.

V =	1	2	5	10	20	50	cm³
A =	1,36	1,92	3,04	4,30	6,08	9,61	cm²
l =	0,71	1,0	1,58	2,24	3,17	5,0	cm
B_0 =	0,102	0,144	0,228	0,322	0,456	0,72	T

Dabei ist wieder $A_0 = 4$ cm² und $l_0 = 2$ mm gesetzt. Durch Vergrößern des Magnetquerschnitts über den Luftquerschnitt hinaus läßt sich also eine Induktion im Luftspalt erzielen, die höher ist als die im Magnetstahl.

Eine Voraussetzung dieser Betrachtungen war, daß der magnetische Kreis als Ganzes magnetisiert wird und dann sich selbst überlassen bleibt. Magnetisiert man dagegen den Magneten für sich und setzt ihn nachträglich erst in den magnetischen Kreis ein, so erhält man etwas andere Verhältnisse, und zwar wird dann im allgemeinen die Luftspaltinduktion geringer. Abb. 25.9 soll diesen Fall veranschaulichen. Nach der Magnetisierung geht die Induktion im Magneten auf den durch P_1 gegebenen Wert zurück, der sich aus dem Schnitt mit der Linie OP_1 des Durchflutungsbedarfs für den herausgenommenen Magneten ergibt; sie hat entsprechend dem größeren Luftweg des Magneten eine geringere Steigung als in dem oben betrachteten Fall. Schließt man nun den magnetischen Kreis nachträglich, so wächst die magnetische Induktion nicht mehr auf dem zuletzt durchlaufenen Ast der Magnetisierungskurve, sondern wegen der Hysterese auf einem aufsteigenden Ast P_1B_1, der tiefer liegt. Ist OP die Linie des Durchflutungsbedarfs für den magnetischen Kreis, dann ergibt sich also nicht, wie oben, die dem Punkte P entsprechende Induktion, sondern der Betriebspunkt wird P_2.

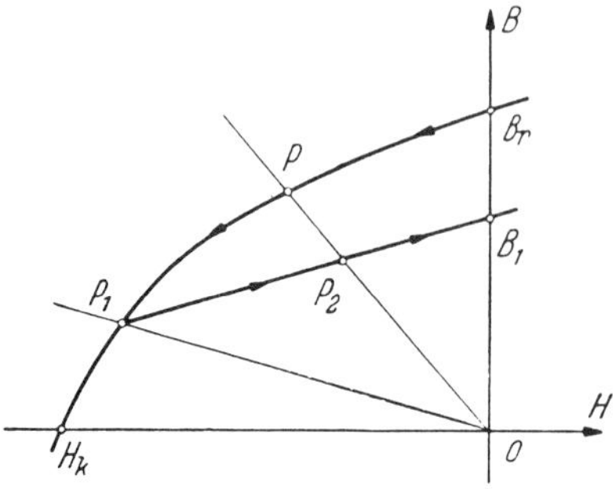

Abb. 25.9. Magnetisierungskurve des Stahlmagneten bei nachträglichem Einsetzen in den magnetischen Kreis

Theorie der Kompaßnadel

Wird ein Magnetstab in einem magnetischen Feld drehbar aufgehängt, so stellt er sich in die Richtung der magnetischen Feldlinien. Man erkennt hier die Wirkungsweise am einfachsten, wenn man sich den Dauermagneten durch einen magnetisch neutralen Stab mit einer stromdurchflossenen Wicklung („Strombelag") ersetzt denkt. Ist Φ_m der gesamte Magnetfluß des Stabmagneten mit dem Querschnitt A, so ist $\frac{1}{\mu_0}\frac{\Phi_m}{A}$ die magnetische Feldstärke, die der gedachte Strom I in der Wicklung mit N Windungen im Innern der Spule erzeugen muß. Bei einem Stabmagneten von der Länge l gilt daher (angenähert)

$$\frac{IN}{l} = \frac{1}{\mu_0}\frac{\Phi_m}{A}\,. \tag{33}$$

Jede Windung der Wicklung erfährt nun in einem homogenen Feld mit der Feldstärke H nach Gl. (23.81) ein Drehmoment

$$I\,\mu_0\,H\,A\sin\alpha\,,$$

wenn α den Winkel zwischen der Längsrichtung der Magnetnadel und der Feldrichtung bezeichnet. Das Drehmoment aller N Windungen ist

$$M_d = I\,N\,\mu_0\,H\,A\sin\alpha = \Phi_m\,l\,H\sin\alpha\,. \tag{34}$$

Das magnetische Moment des Magnetstabes ist

$$m = \frac{1}{\mu_0}\,\Phi_m\,l\,. \tag{35}$$

Zahlenbeispiel: Eine Magnetnadel mit $\Phi_m = 0{,}6\ \mu\text{Wb}$ und einer Länge $l = 5$ cm hat das magnetische Moment

$$m = \frac{0{,}6\cdot 0{,}05\ \mu\text{Vs}\cdot\text{Am}\cdot\text{m}}{1{,}257\ \mu\text{Vs}} = 0{,}0239\ \text{Am}^2.$$

Im Erdfeld mit der Horizontalkomponente der Induktion $B = 30\,\mu\text{T}$ wird auf die Nadel ein Drehmoment ausgeübt

$$M_{dmax} = B \cdot m = 30 \cdot 0{,}0239 \cdot 10^{-6} \frac{\text{Vs}}{\text{m}^2} \text{A m}^2 = 0{,}717 \cdot 10^{-6}\,\text{Nm}$$

$$M_d = 0{,}717\,\mu\text{Nm} \sin\alpha .$$

Auch ein nichtmagnetisierter weicher Eisenstab sucht sich in die Feldrichtung zu drehen mit einem Moment, das umso höher ist, je mehr die Permeabilität des Stabes von μ_0 abweicht (s. Abschnitt 29). Dieses Drehmoment addiert sich zu dem durch die Dauermagnetisierung bedingten, ist aber im allgemeinen gegen dieses vernachlässigbar.

26. Berechnungsverfahren für magnetische Felder

Skalares magnetisches Potential

Bei dem im vorigen Abschnitt betrachteten Verfahren der Berechnung magnetischer Kreise wird die Annahme gemacht, daß der Induktionsfluß durch den Eisenweg geführt wird, so daß sein räumlicher Verlauf im wesentlichen als bekannt vorausgesetzt werden kann. Die Berechnung des *genauen* Verlaufes des Induktionsflusses stellt ein ähnliches Problem dar wie die Berechnung elektrischer Felder, und es gelten sogar außerhalb der stromdurchflossenen Leiter ganz ähnliche Gesetze wie dort.

Nach dem Durchflutungsgesetz hat das Linienintegral der magnetischen Feldstärke den Wert Null, wenn der Integrationsweg nicht mit Strömen verkettet ist. Daraus geht hervor, daß das Linienintegral der magnetischen Feldstärke für beliebige Wege zwischen zwei Punkten a und b denselben Wert hat, wenn die Wege ineinander übergeführt werden können, ohne daß stromdurchflossene Leiter geschnitten werden. Das Linienintegral hängt dann nur von der Lage der Endpunkte a und b im magnetischen Feld ab; man kann dies, wie im Falle des elektrischen Feldes, dadurch ausdrücken, daß man ein Potential einführt. Wir definieren daher entsprechend Gl. (5.22) das *magnetische Potential* ψ durch

$$\int_a^b \boldsymbol{H} \cdot d\boldsymbol{s} = \psi_a - \psi_b , \tag{1}$$

oder mit Benutzung von Gl. (5.23) durch

$$\boxed{\boldsymbol{H} = -\operatorname{grad}\psi .} \tag{2}$$

Die magnetische Feldstärke kann also außerhalb der Stromleiter durch den Gradienten eines skalaren Potentials ausgedrückt werden.

Das Linienintegral der magnetischen Feldstärke zwischen zwei Punkten bezeichnet man daher auch als *magnetische Spannung*. Es kann mit dem magnetischen Spannungsmesser gemessen werden (s. Abschnitt 23). Das Linienintegral über einen in sich geschlossenen Weg ist die *magnetische Umlaufspannung*, und das Durchflutungsgesetz kann daher auch in der Form ausgesprochen werden: „*Die magnetische Umlaufspannung längs eines beliebigen Weges ist gleich der Durchflutung des Weges.*“

Als Einheit der magnetischen Spannung dient wie für die Durchflutung 1 A; früher wurde auch benützt:

$$1\,\text{Gilbert} = \frac{10}{4\,\pi}\,\text{A} = \frac{1}{1{,}257}\,\text{A} . \tag{3}$$

Führt man in Gl. (2) die magnetische Induktion mit Hilfe von Gl. (23.75) ein, und berücksichtigt man Gl. (25.1), so ergibt sich

$$\operatorname{div}(\mu \operatorname{grad} \psi) = 0 . \tag{4}$$

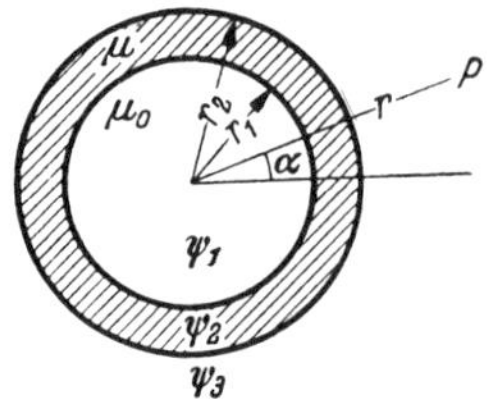

Abb. 26.1. Zur Berechnung der magnetischen Schirmwirkung einer Hohlkugel

Wenn die Permeabilität eine Konstante ist, wie insbesondere in Luft, so folgt daraus

$$\boxed{\Delta\psi = 0 .} \tag{5}$$

Für das magnetische Potential außerhalb der Stromleiter gilt also die Potentialgleichung. Zur Berechnung der magnetischen Felder können daher die gleichen Methoden angewendet werden wie beim elektrischen Feld.

Beispiel: Als Anwendungsbeispiel werde die magnetische *Schirmwirkung einer Hohlkugel* aus Eisen betrachtet. Die Hohlkugel mit den Radien r_1 und r_2, Abb. 26.1, bestehe aus Material mit der konstanten Permeabilität μ und befinde sich in einem homogenen magnetischen Feld. Gefragt ist nach der Feldstärke H_i im Innern des Hohlraumes, wenn die Feldstärke H_a des ursprünglichen homogenen Feldes gegeben ist.

Wir wenden die am Schluß des Abschnittes 15 behandelte Methode an und versuchen, die Grenzbedingungen durch den Ansatz (15.89) zu erfüllen. Es gelte also

$$\left.\begin{aligned} &\text{für den Innenraum} && \psi_1 = \left(c_{11} r + \frac{c_{21}}{r^2}\right)\cos\alpha ,\\ &\text{für die Kugelwand} && \psi_2 = \left(c_{12} r + \frac{c_{22}}{r^2}\right)\cos\alpha ,\\ &\text{für den Außenraum} && \psi_3 = \left(c_{13} r + \frac{c_{23}}{r^2}\right)\cos\alpha . \end{aligned}\right\} \tag{6}$$

Die Grenzbedingungen sind

$$\text{für } r = r_1: \qquad \frac{\partial\psi_1}{\partial\alpha} = \frac{\partial\psi_2}{\partial\alpha} \quad \text{und} \quad \mu_0 \frac{\partial\psi_1}{\partial r} = \mu \frac{\partial\psi_2}{\partial r} ; \tag{7}$$

$$\text{für } r = r_2: \qquad \frac{\partial\psi_2}{\partial\alpha} = \frac{\partial\psi_3}{\partial\alpha} \quad \text{und} \quad \mu \frac{\partial\psi_2}{\partial r} = \mu_0 \frac{\partial\psi_3}{\partial r} . \tag{8}$$

Ferner muß im Innenraum ψ_1 endlich bleiben, d. h. $c_{21} = 0$ sein, und das Potential im Außenraum muß für $r \to \infty$ in das Potential des homogenen Feldes übergehen, d. h. $c_{13} = H_a$. Durch Einführen der Ansätze (6) in die Grenzbedingungen findet man leicht, daß diese mit bestimmten Werten der Koeffizienten erfüllt werden können. Für die Feldstärke H_i im Innenraum ($= c_{11}$) ergibt sich

$$H_i = 9\, H_a \left[2\,\mu_r + 5 + \frac{2}{\mu_r} - 2\,\frac{(\mu_r - 1)^2}{\mu_r}\left(\frac{r_1}{r_2}\right)^3\right]^{-1} . \tag{9}$$

Wenn die relative Permeabilität des Schirmmaterials μ_r groß gegen 1 ist, folgt aus Gl. (9) die Näherungsformel für den „*Schirmfaktor*"

$$\frac{H_i}{H_a} = \frac{4{,}5}{\mu_r}\,\frac{r_2^3}{r_2^3 - r_1^3} . \tag{10}$$

Im Innern der Hohlkugel entsteht also ebenfalls ein homogenes Feld mit einer Feldstärke, die um so kleiner wird, je größer μ_r ist. In der folgenden Tabelle sind einige Zahlenwerte angegeben für ein Abschirmgehäuse mit einem Radius $r_1 = 5$ cm aus gewöhnlichem Eisen mit $\mu_r = 200$ und verschiedener Wandstärke d.

$d =$	1	2	5	10 mm
$H_i/H_a =$	0,40	0,20	0,090	0,053

In gleicher Weise kann man untersuchen, wie eine Unterteilung der Kugelwand in mehrere Schichten die Schirmwirkung verbessert.

Das hier berechnete Feldstärkenverhältnis gilt nur für stationäre magnetische Felder. Bei magnetischen Wechselfeldern wächst die Schirmwirkung infolge der im Eisen entstehenden Wirbelströme, die das erzeugende Feld noch weiter schwächen, s. Abschnitte 32 und 44.

Das magnetische Potential ist keine eindeutige Größe, da das Linienintegral der Erregung, also die Spannung bei einem mit Strömen verketteten Weg, nicht Null ist, sondern Θ. Geht man n-mal um den Stromleiter herum, so vergrößert sich das Potential um den Wert $n\,\Theta$. Da jedoch nur *Potentialdifferenzen* gemessen werden können und die Wirkungen nur von der Feldstärke abhängen, so spielt diese Vieldeutigkeit praktisch keine andere Rolle als die Unbestimmtheit des Potentials überhaupt.

An die Stelle der Grenzbedingungen des elektrischen Feldes treten hier die im vorigen Abschnitt abgeleiteten analogen Bedingungen und das Durchflutungsgesetz. Genau wie beim elektrischen Feld kann auch hier *die Methode der konformen Abbildung* zur Feldberechnung benutzt werden. Z. B. liefert die Funktion

$$f(\zeta) = c \ln \zeta \tag{11}$$

das magnetische Feld in der Umgebung eines geraden langgestreckten Leiters, das konzentrische kreisförmige Induktionslinien aufweist und ebene Potentialflächen, die die Leiterachse enthalten. Das Potential ist

$$\psi = c\,\alpha\,; \tag{12}$$

die Potentialflächen sind durch $\alpha =$ konst gegeben. Für die magnetische Feldstärke folgt daraus

$$H = H_\alpha = -\frac{d\psi}{d(r\,\alpha)} = -\frac{c}{r}\,, \tag{13}$$

und die Konstante c ergibt sich aus dem Durchflutungsgesetz, wie bereits in Abschnitt 23 gezeigt; mit Gl. (23.78) wird

$$c = -\frac{I}{2\pi}\,, \tag{14}$$

wenn die positive Richtung von α und $\boldsymbol{H}$ rechtsläufig mit der positiven Richtung des Stromes I verknüpft ist.

Da die Potentialgleichung eine lineare Differentialgleichung ist, so folgt, daß sich bei Vorhandensein mehrerer Leiter die Einzelfelder ungestört überlagern. Voraussetzung dafür ist lediglich, daß überall

$$\mu = \text{konst.} \tag{15}$$

ist. Mit Hilfe dieses Satzes kann man die magnetischen Felder in der Umgebung von *Mehrleitersystemen* berechnen. Bezeichnen *1*, *2* und *3* in Abb. 26.2 drei parallele Leiter, die von den Strömen I_1, I_2, I_3 durchflossen werden (positive Richtung von hinten nach vorn), so gilt für das magnetische Potential in irgendeinem Punkt P

$$\psi = -\frac{1}{2\pi}(I_1\alpha_1 + I_2\alpha_2 + I_3\alpha_3)\,. \tag{16}$$

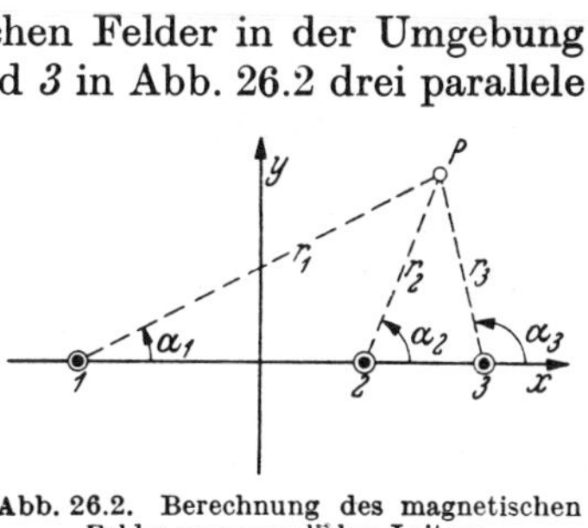

Abb. 26.2. Berechnung des magnetischen Feldes von parallelen Leitern

Daraus leiten sich die Komponenten der magnetischen Feldstärke in der x- und y-Richtung ab. Es ist z. B.

$$H_x = -\operatorname{grad}_x \psi = \frac{1}{2\pi}\left(I_1\frac{\partial\alpha_1}{\partial x} + I_2\frac{\partial\alpha_2}{\partial x} + I_3\frac{\partial\alpha_3}{\partial x}\right). \tag{17}$$

Die partiellen Differentiale der Winkel α bei einer Änderung von x findet man aus der Beziehung

$$x = y \cot \alpha + k \,. \tag{18}$$

Hieraus ergibt sich durch partielles Differenzieren:

$$1 = -\frac{y}{\sin^2 \alpha} \frac{\partial \alpha}{\partial x} \,, \tag{19}$$

oder

$$\frac{\partial \alpha}{\partial x} = -\frac{\sin^2 \alpha}{y} = -\frac{\sin \alpha}{r} \,. \tag{20}$$

Daher wird

$$H_x = -\frac{1}{2\pi}\left(I_1 \frac{\sin \alpha_1}{r_1} + I_2 \frac{\sin \alpha_2}{r_2} + I_3 \frac{\sin \alpha_3}{r_3}\right). \tag{21}$$

Genau so folgt für die Komponente von H in der y-Richtung

$$H_y = \frac{1}{2\pi}\left(I_1 \frac{\cos \alpha_1}{r_1} + I_2 \frac{\cos \alpha_2}{r_2} + I_3 \frac{\cos \alpha_3}{r_3}\right). \tag{22}$$

In *großer* Entfernung von den drei Leitern werden die Abstände und die Winkel einander gleich. Dann folgt

$$H_x = -\frac{1}{2\pi r}(I_1 + I_2 + I_3) \sin \alpha \,, \tag{23}$$

$$H_y = \frac{1}{2\pi r}(I_1 + I_2 + I_3) \cos \alpha \,. \tag{24}$$

Der Betrag der magnetischen Feldstärke ist in großer Entfernung

$$H = \sqrt{H_x^2 + H_y^2} = \frac{1}{2\pi r}(I_1 + I_2 + I_3) \,. \tag{25}$$

Das magnetische Feld ist also in großer Entfernung von einem System paralleler Leiter so beschaffen, wie wenn nur ein Leiter vorhanden wäre, der die Summe der Ströme führt.

Handelt es sich um Hin- und Rückleitung eines einzigen Stromkreises, dann ist zu setzen

$$I_1 = -I_2 = I \,,$$

und es wird

$$\psi = -\frac{1}{2\pi} I (\alpha_1 - \alpha_2) \,. \tag{26}$$

Die Potentiallinien sind daher Kreise, die durch die Spuren der Leiterachse hindurchgehen, und deren Mittelpunkte auf der Mittelsenkrechten zur Verbindungslinie dieser Spuren liegen; sie entsprechen den Verschiebungslinien des elektrischen Feldes. Da die magnetischen Induktionslinien die Potentiallinien senkrecht schneiden müssen, so sind sie durch die Appollonischen Kreise dargestellt wie die Potentiallinien des elektrischen Feldes (Abb. 11.14). Die magnetische Feldstärke ist auf der Verbindungslinie der Leiterspuren

$$H = H_y = \frac{1}{2\pi} I \left(\frac{1}{r_1} + \frac{1}{r_2}\right), \tag{27}$$

da $\cos \alpha_1 = +1$ und $\cos \alpha_2 = -1$. Sie setzt sich zusammen aus den von den beiden Leitern herrührenden Beiträgen, Gl. (23.78). Bezeichnet a den Abstand zwischen den beiden Drahtachsen, so wird $r_2 = a - r_1$ und

$$H = \frac{1}{2\pi} I \left(\frac{1}{r_1} + \frac{1}{a - r_1}\right). \tag{28}$$

Der Induktionsfluß, der durch einen Streifen von der Breite dr_1 und der Länge l zwischen den beiden Leitern hindurchgeht, ist

$$d\Phi = B\,l\,dr_1 = \frac{\mu_0}{2\pi} I\,l\left(\frac{1}{r_1} + \frac{1}{a - r_1}\right) dr_1\,. \tag{29}$$

Der gesamte Induktionsfluß im Luftraum zwischen den beiden Leitungen ergibt sich hieraus durch Integration von $r_1 = r_0$ bis $r_1 = a - r_0$, wenn r_0 den Leiterradius bezeichnet. Es wird

$$\Phi = \frac{\mu_0}{2\pi} I\,l \int_{r_0}^{a-r_0} \left(\frac{1}{r_1} + \frac{1}{a - r_1}\right) dr_1 = \frac{\mu_0}{\pi} I\,l \ln \frac{a - r_0}{r_0}\,. \tag{30}$$

Von dem Prinzip der ungestörten Überlagerung der Einzelfelder kann man ferner Gebrauch machen zur Berechnung des magnetischen Feldes bei *stabförmigen Leitern beliebigen Querschnitts.* Man zerlegt den Querschnitt in Flächenelemente dA; dann wird bei einer Stromdichte J die Stromstärke in einem solchen Querschnitt $J\,dA$. Die Komponenten der magnetischen Feldstärke in einem Punkt P sind dann nach den Gl. (21) und (22)

$$H_x = -\frac{1}{2\pi} J \int \frac{\sin\alpha}{r}\,dA\,, \tag{31}$$

$$H_y = \frac{1}{2\pi} J \int \frac{\cos\alpha}{r}\,dA\,, \tag{32}$$

wobei die Integrale über den ganzen Leiterquerschnitt zu bilden sind.

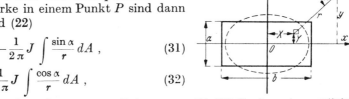

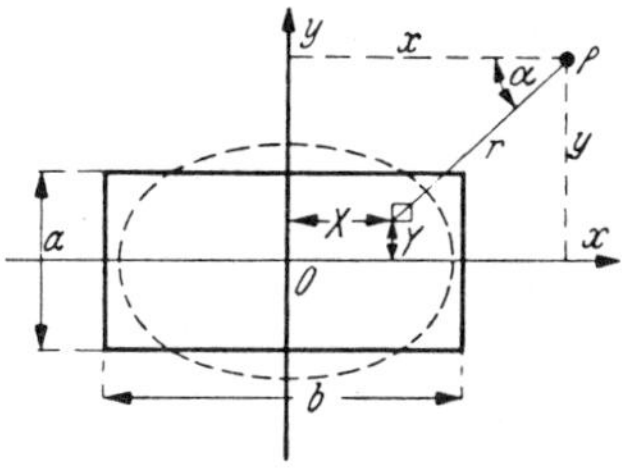

Abb. 26.3. Berechnung des magnetischen Feldes eines Rechteckstabes

Beispiel: Für die in Abb. 26.3 gezeichnete Schiene mit rechteckigem Querschnitt stellt man das Flächenelement durch ein kleines Rechteck dar. Die Koordinaten des Rechtecks seien

$$x = X\,, \qquad y = Y\,,$$

die Seiten

$$dX \quad \text{und} \quad dY\,.$$

Dann wird

$$r = \sqrt{(y - Y)^2 + (x - X)^2}\,,$$

$$\sin\alpha = \frac{y - Y}{r}\,, \qquad \cos\alpha = \frac{x - X}{r}\,,$$

und es ergibt sich

$$H_x = -\frac{1}{2\pi}\frac{I}{a\,b}\int_{-b/2}^{+b/2} dX \int_{-a/2}^{+a/2} \frac{y - Y}{(y - Y)^2 + (x - X)^2}\,dY\,.$$

Die Ausführung der Integration liefert

$$H_x = \frac{I}{2\pi a b}\left[\frac{1}{2}\left(x + \frac{b}{2}\right)\ln\frac{\left(y + \frac{a}{2}\right)^2 + \left(x + \frac{b}{2}\right)^2}{\left(y - \frac{a}{2}\right)^2 + \left(x + \frac{b}{2}\right)^2} - \frac{1}{2}\left(x - \frac{b}{2}\right)\ln\frac{\left(y + \frac{a}{2}\right)^2 + \left(x - \frac{b}{2}\right)^2}{\left(y - \frac{a}{2}\right)^2 + \left(x - \frac{b}{2}\right)^2}\right.$$
$$\left. + \left(y + \frac{a}{2}\right)\left(\arctan\frac{x + \frac{b}{2}}{y + \frac{a}{2}} - \arctan\frac{x - \frac{b}{2}}{y + \frac{a}{2}}\right) - \left(y - \frac{a}{2}\right)\left(\arctan\frac{x + \frac{b}{2}}{y - \frac{a}{2}} - \arctan\frac{x - \frac{b}{2}}{y - \frac{a}{2}}\right)\right]. \tag{33}$$

Der Ausdruck für H_y ergibt sich hieraus, wenn überall x und y sowie a und b miteinander vertauscht werden. Die Feldlinien bilden ellipsenähnliche Kurven, wie in Abb. 26.3 gestrichelt angedeutet.

Die Beziehungen (31) und (32) gelten auch für das Feld innerhalb des Leiters, wenn der Leiter die gleiche Permeabilität besitzt wie die Umgebung. Genau so wie außerhalb des Leiters addieren sich auch im Innern in jedem Punkt des Leiterquerschnitts die Wirkungen der Ströme aus den übrigen Querschnittsteilen. Dagegen gilt im Innern der Leiter nicht die Potentialgleichung (5), bei deren Ableitung vorausgesetzt wurde, daß der betrachtete Raumteil stromlos ist.

Beim geraden Leiter mit Kreisquerschnitt muß wegen der Symmetrie die magnetische Feldstärke im Innern des Leiters ebenso wie außerhalb für Punkte gleichen Abstandes von der Achse konstante Werte haben; die Feldlinien sind konzentrische Kreise. Man kann daher das Durchflutungsgesetz unmittelbar anwenden. Bei gleichmäßiger Verteilung des Stromes über den Leiterquerschnitt ist die durch eine Feldlinie mit dem Radius r hindurchgeführte Stromstärke

$$I_r = \frac{r^2}{r_0^2} I , \tag{34}$$

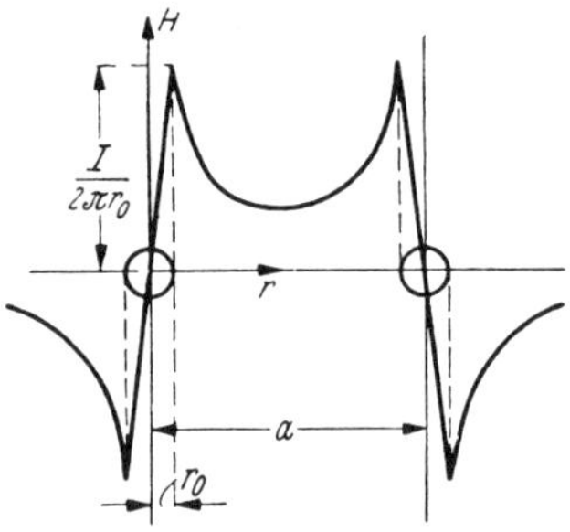

Abb. 26.4. Magnetische Feldstärke bei einer Doppelleitung

wenn r_0 wieder den Leiterradius und I den Gesamtstrom bezeichnen. Daher wird nach dem Durchflutungsgesetz

$$\oint \boldsymbol{H} \cdot d\boldsymbol{s} = H \oint ds = H\, 2\, r\, \pi = \frac{r^2}{r_0^2} I ,$$

$$H = \frac{r}{2\,\pi\, r_0^2} I . \tag{35}$$

Auf der Verbindungsebene der beiden Drahtachsen ergibt sich damit ein Verlauf der magnetischen Feldstärke, wie ihn Abb. 26.4 zeigt.

Das Feld im Leiterinnern genügt nicht der Potentialgleichung. Diese lautet im vorliegenden Fall der Rotationssymmetrie gemäß Gl. (14.17)

$$\frac{\partial^2 \psi}{\partial r^2} + \frac{1}{r}\frac{\partial \psi}{\partial r} = 0 . \tag{36}$$

Aus der Gl. (35) ergibt sich das Potential

$$\psi = -\int H\, r\, d\alpha = -\frac{1}{2\pi}\frac{r^2}{r_0^2}\alpha\, I + k . \tag{37}$$

Daraus folgt

$$\frac{\partial \psi}{\partial r} = -\frac{1}{\pi}\frac{r}{r_0^2}\alpha\, I \; ; \qquad \frac{\partial^2 \psi}{\partial r^2} = -\frac{1}{\pi}\frac{\alpha\, I}{r_0^2} .$$

Der Ausdruck auf der linken Seite von Gl. (36) wird daher $-\frac{2}{\pi}\frac{\alpha\, I}{r_0^2}$, ist also von Null verschieden.

Vektorpotential

Innerhalb der Stromleiter tritt an die Stelle des *skalaren Potentials* ψ das sog. *Vektorpotential* $\boldsymbol{V}$. Wir denken uns im Innern eines stromdurchflossenen Leiters eine kleine Fläche dA senkrecht zur Richtung der Stromdichte $\boldsymbol{J}$ abgegrenzt. Die Stärke des durch diese Fläche fließenden Stromes ist $J\, dA$. Bildet man längs des Randes der Fläche dA das Linienintegral der magnetischen Feldstärke, so muß nach dem Durchflutungsgesetz

$$\oint \boldsymbol{H} \cdot d\boldsymbol{s} = J\, dA \qquad \text{oder} \qquad \frac{1}{dA}\oint \boldsymbol{H} \cdot d\boldsymbol{s} = J \tag{38}$$

sein. Der Ausdruck auf der linken Seite hat bei verschwindendem dA also einen ganz bestimmten Grenzwert, der gleich dem Betrag der Stromdichte ist. Würden wir die Fläche dA nicht senkrecht zur Stromrichtung abgegrenzt haben, so hätte sich ein kleinerer Wert des Ausdrucks auf der linken Seite ergeben, nämlich $J \cos \alpha$, wenn dA um den Winkel α aus der Normallage herausgedreht ist. Man bezeichnet in der Vektorrechnung den Grenzwert, dem das Verhältnis des Linienintegrals eines Vektors längs eines geschlossenen Weges zu der von dem Weg berandeten Fläche bei Verschwinden der Fläche dA zustrebt, als die *Rotation* oder den *Wirbel* des Vektors, wobei die Fläche dA so orientiert sein soll, daß dieser Grenzwert ein Maximum ist. Die Rotation ist ein Vektor, dessen Richtung senkrecht auf der Fläche dA steht, wenn sie diese bevorzugte Orientierung hat. Man schreibt ihn $\text{rot}\,\boldsymbol{H}$. Es ist also

$$|\text{rot}\,\boldsymbol{H}| = \lim \frac{1}{dA} \oint \boldsymbol{H} \cdot d\boldsymbol{s}\,. \tag{39}$$

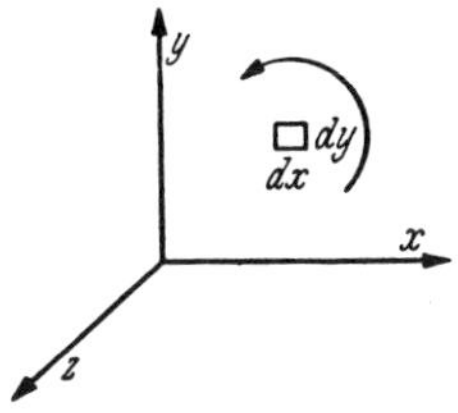

Abb. 26.5. Berechnung der Rotation

Der Richtungssinn von $\text{rot}\,\boldsymbol{H}$ ist durch die auf dA senkrecht stehende Richtung gegeben, die mit der Umlaufrichtung des Linienintegrals im Sinne einer Rechtsschraube verbunden ist.

Die Komponenten von $\text{rot}\,\boldsymbol{H}$ können durch räumliche Differentialquotienten ausgedrückt werden. Um z. B. in *kartesischen Koordinaten* die z-Komponente der Rotation zu berechnen, hat man in der x,y-Ebene an der betreffenden Stelle des Raumes ein kleines Rechteck $dx\,dy$ abzugrenzen, Abb. 26.5. Bezeichnet man den Betrag der x-Komponente von $\boldsymbol{H}$ an der unteren Rechteckseite mit H_x, so beträgt sie an der oberen $H_x + \frac{\partial H_x}{\partial y}\,dy$. Bezeichnet man ferner den Betrag der y-Komponente von $\boldsymbol{H}$ an der linken vertikalen Rechteckseite mit H_y, so beträgt sie an der rechten Rechteckseite $H_y + \frac{\partial H_y}{\partial x}\,dx$. Bei der Bildung des Linienintegrals ist das Rechteck links herum zu durchlaufen, da der Umlaufsinn mit der z-Richtung eine Rechtsschraube bilden muß. Daher wird für das Rechteck $dx\,dy$

$$\oint \boldsymbol{H} \cdot d\boldsymbol{s} = H_x\,dx + \left(H_y + \frac{\partial H_y}{\partial x}\,dx\right)dy - \left(H_x + \frac{\partial H_x}{\partial y}\,dy\right)dx - H_y\,dy = \left(\frac{\partial H_y}{\partial x} - \frac{\partial H_x}{\partial y}\right)dx\,dy\,,$$

und es ergibt sich für den Betrag der z-Komponente der Rotation

$$\text{rot}_z\,\boldsymbol{H} = \frac{\partial H_y}{\partial x} - \frac{\partial H_x}{\partial y}\,. \tag{40}$$

Durch zyklische Vertauschung der Indizes folgt

$$\left.\begin{aligned} \text{rot}_x\,\boldsymbol{H} &= \frac{\partial H_z}{\partial y} - \frac{\partial H_y}{\partial z}\,, \\ \text{rot}_y\,\boldsymbol{H} &= \frac{\partial H_x}{\partial z} - \frac{\partial H_z}{\partial x}\,. \end{aligned}\right\} \tag{41}$$

Die Rotation kann wie die Divergenz mit dem Operator ∇, Gl. (5.29), ausgedrückt werden. Für einen beliebigen Vektor $\boldsymbol{H}$ ist

$$\text{rot}\,\boldsymbol{H} = \nabla \times \boldsymbol{H}\,. \tag{42}$$

Unter Anwendung der Multiplikationsregel Gl. (23.14) auf den Vektor

$$\boldsymbol{H} = \boldsymbol{e}_1 H_x + \boldsymbol{e}_2 H_y + \boldsymbol{e}_3 H_z$$

folgen sofort die Gl. (40) und (41).

In ähnlicher Weise findet man bei *Zylinderkoordinaten* r, α, z, Abb. 14.1,

$$\left.\begin{aligned} \text{rot}_r\,\boldsymbol{H} &= \frac{1}{r}\frac{\partial H_z}{\partial \alpha} - \frac{\partial H_\alpha}{\partial z}\,, \\ \text{rot}_\alpha\,\boldsymbol{H} &= \frac{\partial H_r}{\partial z} - \frac{\partial H_z}{\partial r}\,, \\ \text{rot}_z\,\boldsymbol{H} &= \frac{1}{r}\left(\frac{\partial}{\partial r}(r\,H_\alpha) - \frac{\partial H_r}{\partial \alpha}\right), \end{aligned}\right\} \tag{43}$$

und bei *Kugelkoordinaten* r, ϑ, α, Abb. 14.3,

$$\left.\begin{aligned} \operatorname{rot}_r \boldsymbol{H} &= \frac{1}{r \sin\vartheta}\left[\frac{\partial}{\partial\vartheta}(\sin\vartheta\cdot H_\alpha) - \frac{\partial H_\vartheta}{\partial\alpha}\right], \\ \operatorname{rot}_\vartheta \boldsymbol{H} &= \frac{1}{r \sin\vartheta}\left[\frac{\partial H_r}{\partial\alpha} - \frac{\partial}{\partial r}(r\sin\vartheta\cdot H_\alpha)\right], \\ \operatorname{rot}_\alpha \boldsymbol{H} &= \frac{1}{r}\left[\frac{\partial}{\partial r}(r H_\vartheta) - \frac{\partial H_r}{\partial\vartheta}\right]. \end{aligned}\right\} \quad (44)$$

Orientiert man das Koordinatensystem so, daß die x-Achse in die Richtung von $\boldsymbol{H}$ fällt, und ist im ganzen Raum $H_y = 0$ und $H_z = 0$, sind also die Feldlinien parallele gerade Linien, so hat nach Gl. (40) bis (41) die Rotation nur eine y- und eine z-Komponente, d. h. *in einem Feld mit geraden, parallelen Feldlinien steht der Wirbel senkrecht auf der Feldlinienrichtung.*

Mit Hilfe der Darstellung durch Differentialquotienten kann man noch folgende Rechenregeln für die Rotation ableiten

$$\operatorname{rot}\operatorname{grad}\psi = 0; \quad (45)$$

$$\operatorname{div}\operatorname{rot}\boldsymbol{A} = 0; \quad (46)$$

$$\operatorname{rot}\operatorname{rot}\boldsymbol{A} = \operatorname{grad}\operatorname{div}\boldsymbol{A} - \Delta\boldsymbol{A};^{1} \quad (47)$$

$$\operatorname{div}(\boldsymbol{A}\times\boldsymbol{B}) = \boldsymbol{B}\cdot\operatorname{rot}\boldsymbol{A} - \boldsymbol{A}\cdot\operatorname{rot}\boldsymbol{B}. \quad (48)$$

In einem wirbelfreien Vektorfeld kann man gemäß (45) den Vektor durch den Gradienten eines skalaren Potentials darstellen wie beim stationären elektrischen Feld. Im magnetischen Feld ist nach Gl. (38) *allgemein der Wirbel der magnetischen Feldstärke gleich der Stromdichte*:

$$\boxed{\operatorname{rot}\boldsymbol{H} = \boldsymbol{J}.} \quad (49)$$

Dies ist die *Differentialform* des Durchflutungsgesetzes. Nur für die Stellen des Feldes, in denen die Stromdichte Null ist, läßt sich gemäß Gl. (49) und (45) ein skalares magnetisches Potential angeben.

Beispiel: Für ein magnetisches Feld mit geraden parallelen Feldlinien, wie es z. B. angenähert in den Eisenblechkernen einer Drosselspule vorliegt, sei

$$H = H_x; \quad H_y = 0; \quad H_z = 0.$$

Die x-Achse hat also die Richtung der magnetischen Feldlinien. Ferner sei die Feldliniendichte in allen Ebenen parallel zu $x\,z$ konstant, H also nur von y abhängig. Dann ist nach den Gl. (40) bis (41)

$$\operatorname{rot}_x \boldsymbol{H} = 0,$$

$$\operatorname{rot}_y \boldsymbol{H} = 0,$$

$$\operatorname{rot}_z \boldsymbol{H} = -\frac{\partial H}{\partial y}.$$

Nach Gl. (49) folgt nun, daß das vorausgesetzte Magnetfeld mit einem Strom verbunden sein muß, der parallel zur z-Achse fließt. Die Stromdichte beträgt nach Gl. (49)

$$J_z = -\frac{\partial H}{\partial y}. \quad (50)$$

Wäre das Magnetfeld homogen, dann wäre also die Stromdichte Null. Nimmt die Flußdichte mit der y-Richtung ab, so fließt Strom in der z-Richtung, nimmt sie zu, in der entgegengesetzten Richtung. Eine konstante Stromdichte ist mit einer linearen Zunahme der Flußdichte verbunden (vgl. Abschnitt 32).

Drückt man bei einer Fläche beliebiger Ausdehnung die Durchflutung durch die Stromdichte aus,

$$\Theta = \int \boldsymbol{J}\cdot d\boldsymbol{A}, \quad (51)$$

---

[1] Siehe hierzu Anhang, S. 273.

und ersetzt man die Stromdichte nach Gl. (49) durch den Wirbel der magnetischen Feldstärke, so ergibt sich die für beliebige Feldvektoren gültige Beziehung (STOKESscher Satz)

$$\oint \boldsymbol{H} \cdot d\boldsymbol{s} = \int (\operatorname{rot} \boldsymbol{H}) \cdot d\boldsymbol{A} \,. \tag{52}$$

Da das magnetische Feld quellenfrei ist, so gilt unter der Voraussetzung, daß $\mu =$ konst ist,

$$\operatorname{div} \boldsymbol{H} = 0 \,.$$

Bemerkung: In ferromagnetischen Stoffen kann div $\boldsymbol{H}$ wegen des feldstärkeabhängigen μ von Null verschieden sein.

Auf Grund der Gl. (46) kann man nun den Ansatz machen

$$\boxed{\boldsymbol{H} = \operatorname{rot} \boldsymbol{V} \,,} \tag{53}$$

wobei $\boldsymbol{V}$ einen Vektor darstellt, der durch diese Beziehung definiert ist. Führt man dies in Gl. (49) ein, so folgt

$$\operatorname{rot} \operatorname{rot} \boldsymbol{V} = \boldsymbol{J} \,, \tag{54}$$

oder mit der Rechenregel (47)

$$\operatorname{grad} \operatorname{div} \boldsymbol{V} - \Delta \boldsymbol{V} = \boldsymbol{J} \,. \tag{55}$$

Wir setzen nun willkürlich fest, daß

$$\operatorname{div} \boldsymbol{V} = 0 \tag{56}$$

sein soll. Dann gilt

$$\Delta \boldsymbol{V} = -\boldsymbol{J} \,, \tag{57}$$

eine Gleichung, die der Raumladungsgleichung (18.1) analog ist. Ein Unterschied gegenüber dieser Gleichung besteht lediglich darin, daß $\boldsymbol{V}$ und $\boldsymbol{J}$ hier Vektoren sind. Da aber zwei Vektoren nur dann einander gleich sind, wenn ihre drei Komponenten übereinstimmen, so zerfällt die Gl. (57) in drei Gleichungen für die Komponenten der Vektoren, die als skalare Größen betrachtet werden können (s. hierzu auch Anhang):

$$\left.\begin{aligned} \Delta V_x &= -J_x \,, \\ \Delta V_y &= -J_y \,, \\ \Delta V_z &= -J_z \,. \end{aligned}\right\} \tag{58}$$

Auf Grund der Analogie zu den Verhältnissen im elektrischen Feld können wir für die Komponenten von $\boldsymbol{V}$ sofort die Lösungen anschreiben. An die Stelle von ϱ/ε bei der Raumladungsgleichung tritt hier die Größe $\boldsymbol{J}$. Ist im elektrischen Feld die Ladung an jeder Stelle des Raumes bekannt, so gilt für das Potential [Gl. (11.10)]

$$\boxed{\varphi = \frac{1}{4\pi\varepsilon} \int \varrho \frac{dv}{r} \,,} \tag{59}$$

wobei dv das Volumelement, r den Abstand des Aufpunktes von diesem Volumelement bezeichnen und das Integral über den ganzen geladenen Raum zu erstrecken ist. Entsprechend gilt daher hier

$$\left.\begin{aligned} V_x &= \frac{1}{4\pi} \int J_x \frac{dv}{r} \,, \\ V_y &= \frac{1}{4\pi} \int J_y \frac{dv}{r} \,, \\ V_z &= \frac{1}{4\pi} \int J_z \frac{dv}{r} \,, \end{aligned}\right\} \tag{60}$$

wobei sich die Integration auf alle vom elektrischen Strom erfüllten Leiter bezieht. Diese drei Gleichungen kann man wieder zu einer einzigen Vektorgleichung zusammenfassen:

$$\boxed{\boldsymbol{V} = \frac{1}{4\pi} \int \boldsymbol{J} \frac{dv}{r}\,.} \tag{61}$$

Mit Hilfe der Rechenregeln der Vektorrechnung läßt sich zeigen, daß dieser Ansatz auch die Bedingung (56) erfüllt. Wenn die elektrische Strömung in jedem Punkt des Raumes gegeben ist, kann also mit der Formel (61) der Vektor $\boldsymbol{V}$ berechnet werden. Man nennt diesen Vektor das *magnetische Vektorpotential.*

Aus dem Vektorpotential ergibt sich mit Gl. (53) die magnetische Feldstärke. Meist braucht man jedoch das Vektorpotential selbst nicht zu berechnen. Wir leiten im folgenden aus dem Vektorpotential zwei Formeln zur Berechnung der magnetischen Feldstärke und des magnetischen Induktionsflusses bei drahtförmigen Leitern ab.

Die magnetische Feldstärke ist nach Gl. (53) und (61)

$$\boldsymbol{H} = \frac{1}{4\pi} \operatorname{rot} \int \boldsymbol{J} \frac{dv}{r}\,. \tag{62}$$

Diese Gleichung wenden wir nun auf einen „Stromfaden" an, also auf einen stromdurchflossenen Leiter von sehr geringem Querschnitt, oder auf einen durch Strömungslinien begrenzten Ausschnitt aus einem drahtförmigen Leiter endlichen Querschnittes. Ist A der Querschnitt des Stromfadens, $d\boldsymbol{s}$ ein Längenelement und I der von dem Stromfaden geführte Strom, so gilt für die Stromdichte

$$\boldsymbol{J} = \frac{I}{A} \frac{d\boldsymbol{s}}{ds} \tag{63}$$

und es wird das Volumelement

$$dv = A \cdot ds\,. \tag{64}$$

Führt man Gl. (63) und (64) in Gl. (62) ein, so geht das Raumintegral in das Linienintegral längs des durch den Stromfaden gebildeten Stromkreises über. Es ist

$$\boldsymbol{H} = \frac{I}{4\pi} \operatorname{rot} \oint \frac{d\boldsymbol{s}}{r} = \frac{I}{4\pi} \oint \operatorname{rot}\left(\frac{d\boldsymbol{s}}{r}\right). \tag{65}$$

Dieser Ausdruck läßt sich noch weiter vereinfachen. Wir legen zur Berechnung von $\operatorname{rot}\left(\frac{d\boldsymbol{s}}{r}\right)$ ein kartesisches Koordinatensystem so in den Raum, daß die x-Achse mit dem Linienelement $d\boldsymbol{s}$ zusammenfällt, der Nullpunkt in dem Linienelement und der Punkt P in der x,y-Ebene liegen, Abb. 26.6. Der Vektor $d\boldsymbol{s}/r$ hat dann ebenfalls die x-Richtung; sein Betrag ist

$$\frac{ds}{r} = \frac{ds}{\sqrt{x^2 + y^2}}\,. \tag{66}$$

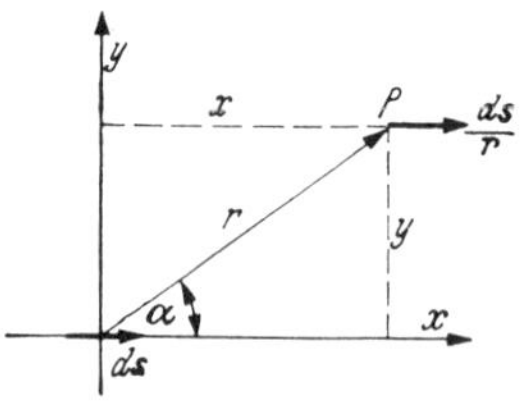

Abb. 26.6. Zur Ableitung der Formel von BIOT-SAVART und AMPÈRE

Daher wird nach Gl. (40) bis (41)

$$\operatorname{rot}_x\left(\frac{d\boldsymbol{s}}{r}\right) = 0\,,$$

$$\operatorname{rot}_y\left(\frac{d\boldsymbol{s}}{r}\right) = 0\,,$$

$$\operatorname{rot}_z\left(\frac{d\boldsymbol{s}}{r}\right) = -\frac{\partial}{\partial y}\left(\frac{ds}{\sqrt{x^2 + y^2}}\right) = \frac{y\,ds}{r^3} = \frac{\sin\alpha\,ds}{r^2}\,.$$

Es gilt also

$$\operatorname{rot}\left(\frac{d\boldsymbol{s}}{r}\right) = \frac{d\boldsymbol{s} \times \boldsymbol{r}}{r^3}\,, \tag{67}$$

wenn unter $\boldsymbol{r}$ ein Vektor verstanden wird, der durch den Abstand zwischen dem Nullpunkt und dem Punkt P gegeben ist und nach dem Punkt P hinzeigt. Für die magnetische Feldstärke ergibt sich damit schließlich

$$\boxed{\boldsymbol{H} = \frac{I}{4\pi} \oint \frac{d\boldsymbol{s} \times \boldsymbol{r}}{r^3}\,.} \tag{68}$$

Man kann diese Formel zur Berechnung magnetischer Felder von stromdurchflossenen fadenförmigen Leitern (Biot u. Savart 1820, Ampère 1823) folgendermaßen deuten. Die magnetische Feldstärke setzt sich aus Anteilen zusammen, die von den einzelnen Längenelementen $d\boldsymbol{s}$ des Leiters herrühren, und die sich einfach summieren. Jeder Anteil ist gegeben durch

$$d\boldsymbol{H} = \frac{I}{4\pi} \frac{d\boldsymbol{s} \times \boldsymbol{r}}{r^3}\,; \tag{69}$$

er hat also den Betrag

$$dH = \frac{I}{4\pi} \frac{ds \sin\alpha}{r^2} \tag{70}$$

und eine Richtung, die senkrecht auf der durch $d\boldsymbol{s}$ und $\boldsymbol{r}$ gebildeten Ebene steht. Der Vektor der magnetischen Feldstärke selbst ergibt sich, wenn man alle Teilvektoren, die von den einzelnen Längenelementen des elektrischen Stromkreises herrühren, geometrisch addiert. Da der räumliche Verlauf des Stromes in den meisten Fällen durch die Stromleiter vorgeschrieben ist, so kann man mit Hilfe der Ampèreschen Formel, Gl. (68), grundsätzlich die Aufgabe der Berechnung magnetischer Felder von elektrischen Stromkreisen lösen, wenn auch die zu diesem Zweck auszuführende Integration in vielen Fällen nicht zu einfachen Ausdrücken führt. Zu beachten ist, daß die Ampèresche Formel nur unter der Voraussetzung gilt, daß μ im ganzen Raum konstant ist.

Eine andere Anwendung des Vektorpotentials ergibt sich bei der Berechnung des magnetischen Induktionsflusses. Nach Abschnitt 23 ist der durch eine beliebige Fläche gehende Induktionsfluß gleich dem Flächenintegral der magnetischen Induktion über diese Fläche

$$\Phi_g = \int \boldsymbol{B} \cdot d\boldsymbol{A}\,. \tag{71}$$

Da nun

$$\boldsymbol{B} = \mu \boldsymbol{H}\,, \qquad \boldsymbol{H} = \operatorname{rot} \boldsymbol{V}\,,$$

so folgt unter der Voraussetzung, daß $\mu =$ konst.,

$$\Phi = \mu \int (\operatorname{rot} \boldsymbol{V}) \cdot d\boldsymbol{A}\,. \tag{72}$$

Mit Hilfe des auf den Vektor $\boldsymbol{V}$ angewendeten Stokesschen Satzes Gl. (52) ergibt sich daraus

$$\boxed{\Phi = \mu \oint \boldsymbol{V} \cdot d\boldsymbol{s}\,.} \tag{73}$$

Man erhält den Induktionsfluß, der durch eine beliebig berandete Fläche hindurchgeht, indem man das Linienintegral des Vektorpotentials längs der Randlinie der Fläche bildet. **Wir werden von diesem Satz im Abschnitt 27 Gebrauch machen.**

Anhang: Vektorieller Laplace-Operator

In Gl. (47) wird der Laplace-Operator Δ auf einen Vektor $\boldsymbol{A}$ angewendet. Bei der Bildung der Differentialquotienten nach den Gl. (14.16), (14.17) und (14.18) müssen daher die Einheitsvektoren berücksichtigt werden. Z. B. seien bei Zylinderkoordinaten r, α, z, Abb. 14.1, die Einheitsvektoren mit $\boldsymbol{e}_r$, $\boldsymbol{e}_\alpha$ und $\boldsymbol{e}_z$ bezeichnet. Dann ist

$$\boldsymbol{A} = \boldsymbol{e}_r A_r + \boldsymbol{e}_\alpha A_\alpha + \boldsymbol{e}_z A_z\,, \tag{1}$$

und es wird z. B.

$$\frac{\partial \boldsymbol{A}}{\partial \alpha} = \boldsymbol{e}_r \frac{\partial A_r}{\partial \alpha} + \frac{\partial \boldsymbol{e}_r}{\partial \alpha} A_r + \boldsymbol{e}_\alpha \frac{\partial A_\alpha}{\partial \alpha} + \frac{\partial \boldsymbol{e}_\alpha}{\partial \alpha} A_\alpha + \boldsymbol{e}_z \frac{\partial A_z}{\partial \alpha} + \frac{\partial \boldsymbol{e}_z}{\partial \alpha} A_z \,. \tag{2}$$

Die Frage ist, was unter den Differentialquotienten der Einheitsvektoren zu verstehen ist.

Die Abb. A.1 veranschaulicht als Beispiel, wie bei einer Vergrößerung des Winkels α um $d\alpha$ der Einheitsvektor $\boldsymbol{e}_r$ von der Lage $\overline{OA}$ in die Lage $\overline{OB}$ gedreht wird. Der neue Vektor $\boldsymbol{e}_r'$ unterscheidet sich von $\boldsymbol{e}_r$ um den Vektor $\overline{AB}$. Nun kann man formal schreiben

$$\boldsymbol{e}_r' = \boldsymbol{e}_r + \frac{\partial \boldsymbol{e}_r}{\partial \alpha} d\alpha \,. \tag{3}$$

Der Vektor $\overline{AB}$ ist also durch $\frac{\partial \boldsymbol{e}_r}{\partial \alpha} d\alpha$ gegeben. Andererseits ist bei verschwindendem $d\alpha$ der Betrag dieses Vektors $|\boldsymbol{e}_r| \, d\alpha = d\alpha$. Daraus folgt

$$\left| \frac{\partial \boldsymbol{e}_r}{\partial \alpha} \right| = 1 \,, \tag{4}$$

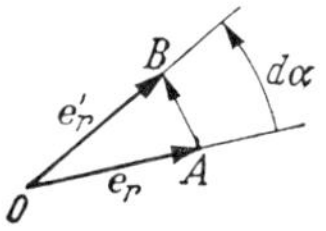

Abb. A. 1. Zur Differentiation eines Einheitsvektors

und die Richtung dieses Vektors ist die von $d\alpha$. Daher gilt

$$\frac{\partial \boldsymbol{e}_r}{\partial \alpha} = \boldsymbol{e}_\alpha \,. \tag{5}$$

In ähnlicher Weise findet man

$$\frac{\partial \boldsymbol{e}_\alpha}{\partial \alpha} = -\boldsymbol{e}_r \,; \quad \frac{\partial^2 \boldsymbol{e}_r}{\partial \alpha^2} = -\boldsymbol{e}_r \,; \quad \frac{\partial^2 \boldsymbol{e}_\alpha}{\partial \alpha^2} = -\boldsymbol{e}_\alpha \,. \tag{6}$$

So ergibt sich allgemein für beliebige Koordinatensysteme mit den 3 senkrecht aufeinander stehenden Einheitsvektoren $\boldsymbol{e}_1$, $\boldsymbol{e}_2$, $\boldsymbol{e}_3$:

$$\Delta \boldsymbol{A} = \boldsymbol{e}_1 \Delta A_1 + \boldsymbol{e}_2 \Delta A_2 + \boldsymbol{e}_3 \Delta A_3 + \boldsymbol{K} \,. \tag{7}$$

Dabei bedeuten A_1, A_2, A_3 die 3 skalaren Koordinatenwerte des Vektors $\boldsymbol{A}$, auf die der LAPLACE-Operator skalar angewendet wird. $\boldsymbol{K}$ ist ein durch die Krümmung der Koordinaten bedingter Vektor.

Für *kartesische Koordinaten* x, y, z folgt:

$$\boldsymbol{K} = 0 \,. \tag{8}$$

Für *Zylinderkoordinaten* r, α, z ergibt sich

$$\boldsymbol{K} = \boldsymbol{e}_r \left(-\frac{A_r}{r^2} - \frac{2}{r^2} \frac{\partial A_\alpha}{\partial \alpha} \right) + \boldsymbol{e}_\alpha \left(\frac{2}{r^2} \frac{\partial A_r}{\partial \alpha} - \frac{A_\alpha}{r^2} \right), \tag{9}$$

und für *Kugelkoordinaten* r, ϑ, α wird

$$\begin{aligned} \boldsymbol{K} = {} & \boldsymbol{e}_r \left(-\frac{2}{r^2} A_r - \frac{2}{r^2} \frac{\partial A_\vartheta}{\partial \vartheta} - \frac{2}{r^2 \tan \vartheta} A_\vartheta - \frac{2}{r^2 \sin \vartheta} \frac{\partial A_\alpha}{\partial \alpha} \right) + \\ & + \boldsymbol{e}_\vartheta \left(-\frac{1}{r^2 \sin^2 \vartheta} A_\vartheta + \frac{2}{r^2} \frac{\partial A_r}{\partial \vartheta} - \frac{2}{r^2 \sin \vartheta \tan \vartheta} \frac{\partial A_\alpha}{\partial \alpha} \right) + \\ & + \boldsymbol{e}_\alpha \left(\frac{2}{r^2 \sin \vartheta} \frac{\partial A_r}{\partial \alpha} + \frac{2}{r^2 \sin \vartheta \tan \vartheta} \frac{\partial A_\vartheta}{\partial \alpha} - \frac{1}{r^2 \sin^2 \vartheta} A_\alpha \right). \end{aligned} \tag{10}$$

27. Beispiele magnetischer Felder

Anwendung der Ampèreschen Formel und des Vektorpotentials

Zunächst werde mit Hilfe der AMPÈREschen Formel die magnetische Induktion auf der im Mittelpunkt eines stromführenden Drahtringes, Abb. 27.1, senkrecht zur Ringebene stehenden Achse berechnet. In irgendeinem Punkt dieser Achse ruft nach Gl. (26.70) ein Leiterelement des Stromkreises eine magnetische Feldstärke hervor vom Betrage

$$dH = \frac{1}{4\pi} I \frac{ds}{r^2} = \frac{I}{4\pi} \frac{ds}{a^2 + \frac{1}{4} d^2}. \tag{1}$$

Der entsprechende Vektor liegt in der durch die Achse und das Leiterelement gehenden Ebene und steht senkrecht auf der Verbindungslinie des Leiterelementes mit dem betrachteten Punkt. Je zwei einander gegenüberliegende Leiterelemente ergeben daher einen Beitrag zur magnetischen Feldstärke, der in die Richtung der Achse fällt, Abb. 27.1; er ist

$$2\,dH \sin\beta = dH \frac{d}{\sqrt{a^2 + \frac{1}{4} d^2}}, \tag{2}$$

da β auch als Winkel zwischen a und r vorkommt. Man erhält die gesamte Feldstärke in dem betrachteten Punkt, wenn man alle diese Beiträge summiert. Da hier

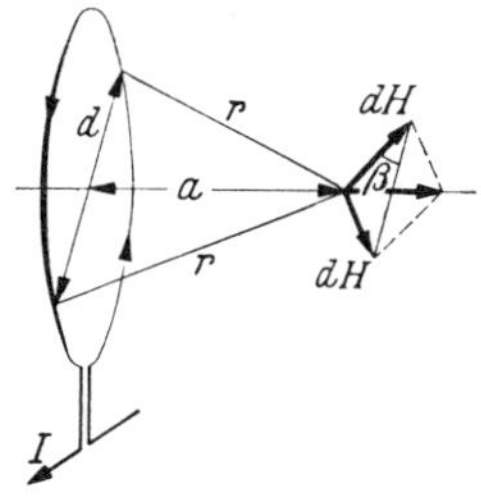

Abb. 27.1. Magnetisches Feld eines Drahtringes

$$\int ds = \frac{\pi d}{2}$$

ist, so ergibt sich

$$H = \frac{I}{8} \frac{d^2}{\sqrt{a^2 + \frac{1}{4} d^2}^{\,3}} = \frac{I}{d} \sin^3\beta. \tag{3}$$

Bei großen Abständen nehmen Feldstärke und magnetische Induktion also umgekehrt proportional zur dritten Potenz des Abstandes ab. Im Mittelpunkt des Ringes, $a = 0$, $\beta = 90°$, wird

$$H = \frac{I}{d}. \tag{4}$$

Die Formel (3) kann zur Berechnung der Induktion in der Achse einer Zylinderspule benützt werden; man hat hier die von den einzelnen Windungen herrührenden Beiträge zur Feldstärke zu summieren.

Anmerkung: 1. Ein magnetisches Feld von der hier betrachteten Art entsteht auch im Außenraum einer Ringspule (Toroid), wenn der Ring fortlaufend bewickelt ist. Bei gegenläufig gewickelten Lagen heben sich je zwei aufeinander folgende Lagen in ihrer Wirkung nach außen auf; ist die Anzahl der Lagen ungerade, so ergibt die übrigbleibende Lage ein magnetisches Feld außerhalb der Spule wie ein Drahtring vom Durchmesser des Toroids.

2. In unmittelbarer Nähe des Drahtringes, Abb. 27.1, bilden die Feldlinien ungefähr konzentrische Kreise in Ebenen, die die Ringachse a enthalten. Jede solche Achsenebene zeigt ein ähnliches Bild der magnetischen Feldlinien, wie es in der Querschnittsebene einer Doppelleitung (Abschnitt 26) vorliegt. Zu einer theoretisch interessanten Feststellung gelangt man, wenn man sich in die Achse a des Drahtringes einen zweiten stromführenden geraden Leiter gelegt denkt. Die von diesem Leiter allein herrührenden Feldlinien würden Kreise sein, die zum Drahtring koaxial verlaufen. Fließen in beiden Leitern Ströme, so überlagern sich die Felder; zu der vom Drahtring herrührenden an jeder Stelle quer zum Drahtring gerichteten magnetischen Feldstärke addiert sich eine vom geraden Leiter herrührende Komponente in tangentialer Richtung. Das resultierende Feld hat daher in der Nähe des Drahtringes schraubenlinienförmige Feldlinien, die sich um den Drahtring herumwinden. Die Ganghöhe hängt von dem Verhältnis der Stromstärken in den beiden Leitern ab, so daß sich die Schraubenlinien erst nach einem oder mehreren Umläufen, gegebenenfalls sogar erst nach unendlich vielen Umläufen schließen.

Der Induktionsfluß, der insgesamt von der kreisförmigen Drahtschleife erzeugt wird, läßt sich mit Hilfe des Vektorpotentials berechnen. Um die Gl. (26.73) anwenden zu können, muß man zunächst das Vektorpotential auf einer Mantellinie des Leiters bestimmen. Es hat dort praktisch den gleichen Wert, wenn man sich den ganzen Strom in einem durch die Achse des Drahtes gebildeten Stromfaden konzentriert denkt, vorausgesetzt, daß der Leiterradius r_0 sehr klein ist gegen den Ringdurchmessser d. Dann gilt

$$\boldsymbol{J}\, dV = I\, d\boldsymbol{s}\ , \tag{5}$$

und das Vektorpotential wird nach Gl. (26.61)

$$\boldsymbol{V} = \frac{I}{4\pi} \oint \frac{d\boldsymbol{s}}{r}\ . \tag{6}$$

Um danach in irgendeinem Punkt des Raumes das Vektorpotential zu berechnen, hat man sich den Stromfaden in die Längenelemente $d\boldsymbol{s}$ zerlegt zu denken. Jedes Längenelement liefert einen Beitrag zum Vektorpotential in dem betrachteten Punkt, dessen Richtung übereinstimmt mit der des Längenelementes, und dessen Betrag proportional der Länge des Elementes dividiert durch den Abstand r des betrachteten Punktes von dem Längenelement ist. Für einen Punkt einer der kreisförmigen Mantellinien des Leiters, z. B. der inneren, deren Radius $\frac{d}{2} - r_0$ beträgt, Abb. 27.2, ergibt sich also das Vektorpotential, wenn man den Abstand r_1 zwischen diesem Punkt der Mantellinie und dem Längenelement $d\boldsymbol{s}$ der Leiterachse in Gl. (6) einführt. Nach Gl. (26.73) erhält man den Induktionsfluß, der mit dieser Mantellinie verkettet ist, indem man das skalare Produkt des Vektorpotentials mit einem Längenelement $d\boldsymbol{s}_1$ der Mantellinie bildet und die einzelnen Beiträge über die ganze Mantellinie summiert. Es ergibt sich also

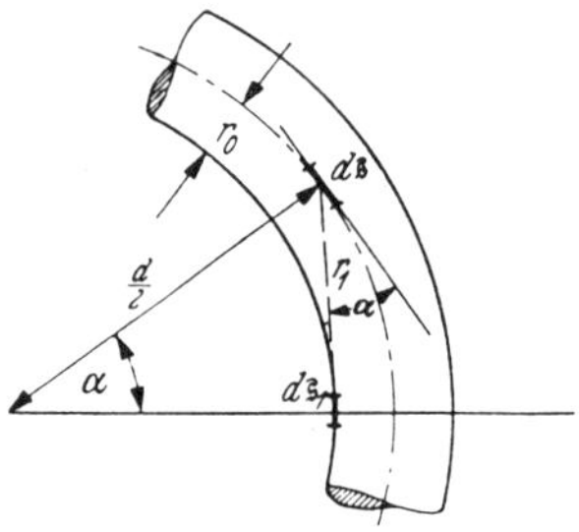

Abb. 27.2. Zur Berechnung des Induktionsflusses

$$\Phi = \frac{\mu_0 I}{4\pi} \oint d\boldsymbol{s}_1 \cdot \oint \frac{d\boldsymbol{s}}{r_1}\ . \tag{7}$$

Nun gilt gemäß der Definition des skalaren Produktes die Beziehung

$$d\boldsymbol{s}_1 \cdot d\boldsymbol{s} = ds\, ds_1 \cos\alpha\ , \tag{8}$$

wobei α der Winkel ist, den die beiden Längenelemente miteinander bilden, Abb. 27.2. Führt man dies in Gl. (7) ein, so folgt

$$\Phi = \frac{\mu_0 I}{4\pi} \oint \oint \frac{ds\, ds_1 \cos\alpha}{r_1}\ . \tag{9}$$

Den Abstand zwischen den beiden Längenelementen und das Längenelement ds_1 kann man gemäß Abb. 27.2 auf folgende Weise ausdrücken:

$$r_1 = \sqrt{\frac{1}{4} d^2 + \left(\frac{1}{2} d - r_0\right)^2 - d\left(\frac{1}{2} d - r_0\right) \cos\alpha}\ ; \tag{10}$$

$$ds_1 = \left(\frac{1}{2} d - r_0\right) d\alpha\ . \tag{11}$$

Die Integration über ds kann vorab ausgeführt werden. Sie ergibt $d\pi$. Es bleibt die Integration über α

$$\Phi = \frac{\mu_0 I}{4\pi} 2\pi \int\limits_0^{2\pi} \frac{\frac{1}{2} d\left(\frac{1}{2} d - r_0\right) \cos\alpha\, d\alpha}{\sqrt{\frac{1}{4} d^2 + \left(\frac{1}{2} d - r_0\right)^2 - d\left(\frac{1}{2} d - r_0\right) \cos\alpha}}\ . \tag{12}$$

Das Integral läßt sich durch die sog. elliptischen Integrale darstellen[1]. Unter der Voraussetzung, daß der Drahtradius sehr klein ist gegen den Radius des Kreises, kann man einen einfachen Näherungsausdruck ableiten. Dann wird nämlich aus Gl. (12) angenähert

$$\Phi = \frac{\mu_0 I}{4\sqrt{2}} d \int_0^{2\pi} \frac{\cos\alpha \, d\alpha}{\sqrt{1 - \cos\alpha + 2\frac{r_0^2}{d^2}}}. \qquad (13)$$

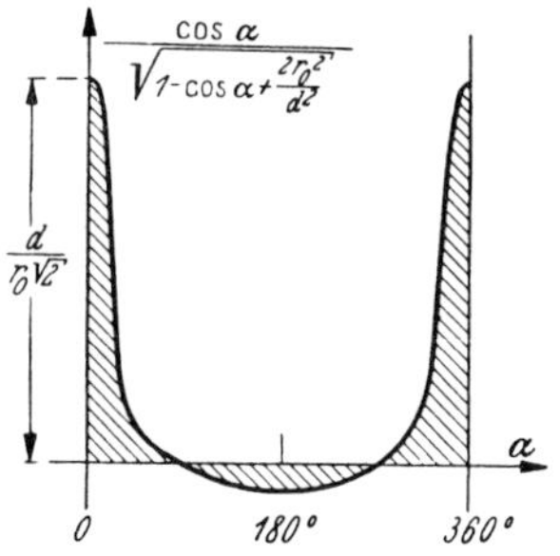

Abb. 27.3. Angenäherte Berechnung des Integrals (13)

Da nun $2\frac{r_0^2}{d^2}$ eine gegen 1 sehr kleine Größe sein soll, so ergeben sich erhebliche Werte des Integranden nur in der Umgebung von $\cos\alpha = 1$, also für $\alpha = 0$ und $\alpha = 2\pi$; der Verlauf des Integranden in Abhängigkeit von α ist in Abb. 27.3 aufgezeichnet. Man erhält daher einen Näherungswert des Integrals, wenn man die Näherungsformel

$$\cos\alpha \approx 1 - \frac{\alpha^2}{2}$$

benützt und von 0 bis $\pi/4$ integriert, also in einem Bereich, in dem diese Näherungsformel noch brauchbar ist; das ganze Integral hat dann den doppelten Wert. Es gilt also

$$\Phi \approx \frac{\mu_0 I}{2} d \int_0^{\pi/4} \frac{\left(1 - \frac{1}{2}\alpha^2\right) d\alpha}{\sqrt{\alpha^2 + 4\frac{r_0^2}{d^2}}} \qquad (14)$$

und daraus folgt angenähert

$$\Phi \approx \frac{\mu_0 I d}{2} \ln \frac{d}{2 r_0}. \qquad (15)$$

Zahlenbeispiel: Es sei $d = 20$ cm, $r_0 = 1$ mm, $I = 2$ A. Befindet sich die Drahtschleife in Luft, so wird nach Gl. (15)

$$\Phi = \frac{1{,}257}{2} 10^{-6} \cdot 2 \cdot 20 \ln 100 \frac{\text{Vs}}{\text{Am}} \text{ A cm} = 1{,}16 \cdot 10^{-6} \text{ Vs} = 1{,}16 \, \mu\text{Wb}.$$

Verdoppelt man den Durchmesser d, so wird $\Phi = 2{,}66\,\mu$Wb. Der Induktionsfluß wächst also nicht proportional mit der Fläche, wie man dies zunächst vermuten könnte, sondern eher proportional mit dem Durchmesser. Das magnetische Feld ist in der unmittelbaren Umgebung des Drahtes so stark konzentriert, daß im wesentlichen die Drahtlänge maßgebend für den Fluß ist.

Anwendung des magnetischen Potentials

Die Ampèresche Formel gilt nicht, wenn ferromagnetische Stoffe im Raum vorhanden sind; denn sie bezieht sich auf sämtliche Ströme im Raum, also auch auf die Molekularströme in den magnetischen Stoffen, die aber von vornherein nicht bekannt sind. Bei der Ableitung wurde die Voraussetzung eingeführt, daß die Permeabilität μ im ganzen Raume eine Konstante sei. Wenn μ in verschiedenen Raumgebieten verschiedene Werte hat, innerhalb dieser Gebiete aber als konstant angesehen werden kann, dann lassen sich die Methoden der *Potentialtheorie* anwenden, da nach Abschnitt 26 in diesen Gebieten die Potentialgleichung gilt. Als Beispiel werde ein gerader Stromleiter betrachtet, der in einen

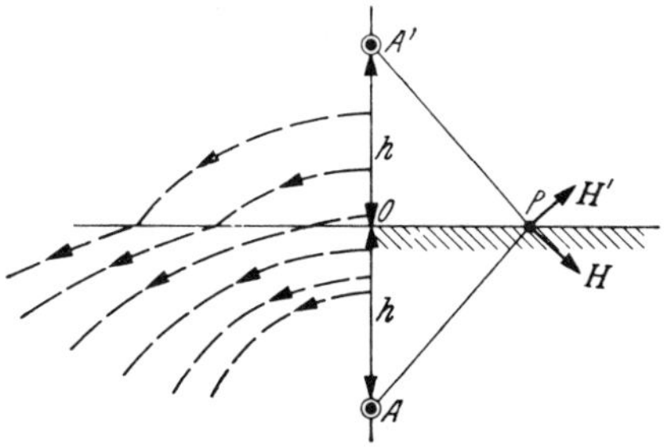

Abb. 27.4. Stromleiter in einem Eisenkörper

[1] Siehe Tabellen- und Formelsammlungen.

Eisenkörper mit ebener Begrenzung eingebettet ist. Der Leiter soll in einer Bohrung im Eisenkörper parallel zur Begrenzungsebene liegen, Abb. 27.4 (z. B. Stromleiter im Anker einer elektrischen Maschine). Der Abstand der Leiterachse von der Begrenzungsebene sei h. Wir nehmen ferner an, daß die Permeabilität des Eisens konstant sei. Dies gilt nur angenähert für kleine Feldstärken. Die Veränderlichkeit der Permeabilität mit der Feldstärke führt zu Komplikationen, die theoretisch nur schwierig berücksichtigt werden können.

In Analogie zu dem Verfahren der Spiegelung versuchen wir, die Grenzbedingungen an der Oberfläche des Eisenkörpers dadurch zu erfüllen, daß wir für die Berechnung des *Feldes im Innern* des Eisenkörpers einen zweiten Leiter A' mit dem Abstand h auf der anderen Seite der Grenzfläche anbringen und uns dann auch den Außenraum durch einen Stoff mit der gleichen Permeabilität ausgefüllt denken. Bezeichnet I die Stromstärke im Leiter A, I' die Stromstärke im Leiter A', so hat die Tangentialkomponente der magnetischen Feldstärke in irgendeinem Punkt P der Grenzfläche gemäß Gl. (26.22) den Betrag

$$H_t = \frac{1}{2\pi}\left[I \frac{\overline{OA}}{(\overline{AP})^2} - I' \frac{\overline{OA'}}{(\overline{A'P})^2}\right] = \frac{1}{2\pi} \frac{\overline{OA}}{(\overline{AP})^2}(I - I') . \tag{16}$$

Für die Normalkomponente der magnetischen Induktion ergibt sich dort nach Gl. (26.21) der Wert

$$B_n = \frac{\mu}{2\pi} \frac{\overline{OP}}{(\overline{AP})^2}(I + I') . \tag{17}$$

Das *Feld im Außenraum* denken wir uns versuchsweise dargestellt durch einen Strom I'' im Leiter A, während das Eisen durch Luft ersetzt wird. Ein solcher Strom ruft in der Grenzfläche die Tangentialkomponente der magnetischen Feldstärke

$$H_t = \frac{1}{2\pi} \frac{\overline{OA}}{(\overline{AP})^2} I'' \tag{18}$$

und die Normalkomponente der magnetischen Induktion

$$B_n = \frac{\mu_0}{2\pi} \frac{\overline{OP}}{(\overline{AP})^2} I'' \tag{19}$$

hervor.

Da beide Komponenten an der Grenzfläche stetig sein müssen, so folgt

$$I'' = I - I'; \qquad I'' = \mu_r (I + I') . \tag{20}$$

Die Grenzbedingungen sind also erfüllt, wenn

$$I' = -\frac{\mu_r - 1}{\mu_r + 1} I; \tag{21}$$

$$I'' = \frac{2\mu_r}{\mu_r + 1} I . \tag{22}$$

In Abb. 27.4 sind einige Feldlinien gestrichelt gezeichnet.

Das gleiche Verfahren kann man auch anwenden, wenn der Leiter außerhalb des Eisenkörpers liegt. In vielen Fällen ist die Permeabilität μ_r so groß, daß die Induktionslinien praktisch senkrecht aus dem Eisen austreten. Dann wird die Eisenoberfläche eine Niveaufläche. Um unter dieser Voraussetzung das Feld im Außenraum, Abb. 27.5, zu berechnen, hat man jenseits der Grenzfläche das Spiegelbild A' des Leiters A anzubringen, das den gleichen Strom I führt wie der Leiter A. Das magnetische Potential kann dann nach Gl. (26.16) berechnet werden; in der Abbildung sind einige Feldlinien eingezeichnet. Auf der durch den Leiter gelegten Normalebene hat die magnetische Feldstärke den Wert

$$H = \frac{I}{2\pi}\left(\frac{1}{x - h} + \frac{1}{x + h}\right); \tag{23}$$

sie erscheint gegenüber der Feldstärke des im freien Raum befindlichen Leiters bei großen Abständen x verdoppelt infolge der Wirkung des Eisenkörpers.

Das Verfahren der Spiegelung führt auch bei zylindrischen Eisenkörpern zum Ziel. Nach Abb. 27.6 befinde sich bei A ein Leiter mit dem Strom I in einem Eisen-

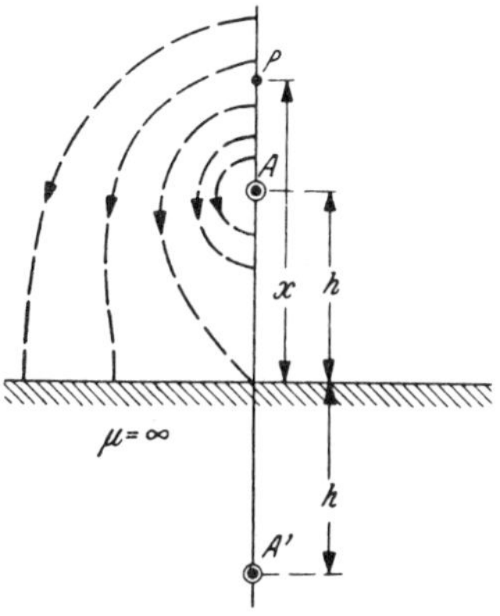

Abb. 27.5. Stromleiter außerhalb des Eisenkörpers

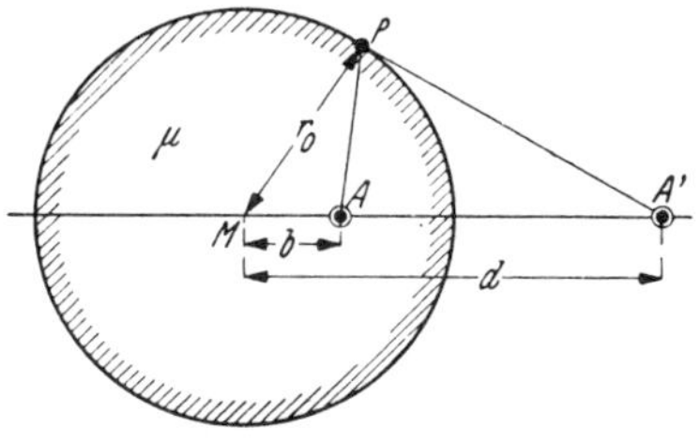

Abb. 27.6. Stromleiter im Innern eines Eisenzylinders

zylinder mit dem Radius r_0 und der relativen Permeabilität μ_r. Hier kann man das *Feld im Innern* darstellen als Feld in einem Raum mit der Permeabilität μ_r, durch den bei A der Strom I und bei A' ein Strom I' geführt wird, wobei

$$d = \frac{r_0^2}{b} \,. \tag{24}$$

Das *Feld im Luftraum* läßt sich darstellen als Feld zweier paralleler Stromleiter, M mit einem Strom I'' und A mit einem Strom I''', die sich frei in Luft befinden. Durch Einführen der Grenzbedingungen für die tangentialen und radialen Feldkomponenten an der Oberfläche des Eisenzylinders ergeben sich drei Bedingungsgleichungen für die unbekannten Ströme I', I'' und I''', aus denen diese berechnet werden können. Es folgt

$$I' = I'' = -\frac{\mu_r - 1}{\mu_r + 1}\, I \quad \text{und} \quad I''' = \frac{2\,\mu_r}{\mu_r + 1}\, I \,. \tag{25}$$

Wird $\mu_r = \infty$ gesetzt, so folgt

$$I' = I'' = -I; \qquad I''' = 2\,I \,. \tag{26}$$

In den meisten Fällen komplizierterer Formen der Eisenkörper, wie in elektrischen Maschinen und Apparaten, kann der Feldverlauf auf graphischem Wege bestimmt werden. Es gelten hier außerhalb der Stromleiter sinngemäß die gleichen Regeln, wie sie im Abschnitt 14 für das elektrische Feld abgeleitet wurden; an die Stelle der Permittivität tritt die Permeabilität. Meist kann man dabei zur Berechnung des Luftfeldes die Permeabilität des Eisens als unendlich groß annehmen, so daß die Begrenzungsflächen Niveauflächen werden.

Für den Feldverlauf innerhalb der Wicklungen erhält man eine brauchbare Annäherung, wenn man sich den Strom gleichmäßig über den Wicklungsquerschnitt verteilt denkt; die Flußdichte muß dabei mit Hilfe des Durchflutungsgesetzes kontrolliert werden.

Die Abb. 27.7 veranschaulicht z. B. das Luftfeld der im Abschnitt 25 berechneten Eisenkernspule, Abb. 25.3. Alle Feldlinien, die auf den Eisenkörper einmünden, schließen sich innerhalb des Eisenkörpers, und zwar so, daß sie mit der Wicklung

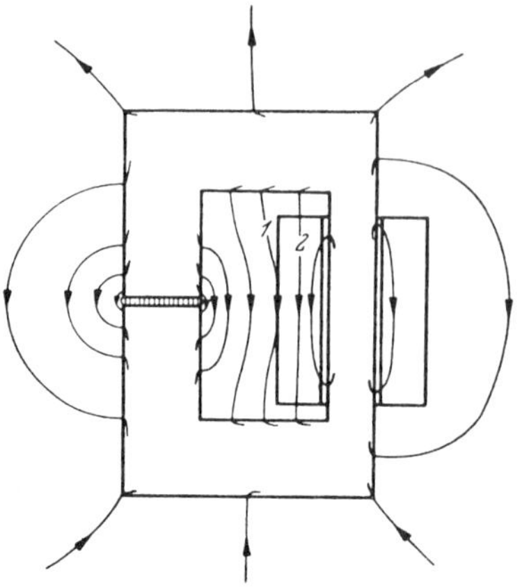

Abb. 27.7. Streufeld einer Drosselspule

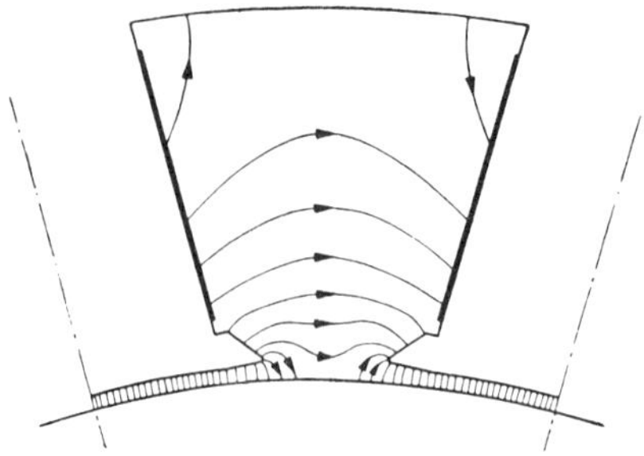

Abb. 27.8. Feldbild einer Gleichstrommaschine

oder mit einem Teil davon verkettet sind. Häufig kann man die magnetischen Streufelder mit einer genügenden Genauigkeit berechnen, wenn man den magnetischen Widerstand des Eisens vernachlässigt. Für die Flußdichte an der Stelle *1*, Abb. 27.7, gilt z. B.

$$B \cdot 7{,}2\ \mathrm{cm} = \mu_0\,(I\,N - 1960\ \mathrm{A}) \quad \text{oder}$$

$$B = \frac{1{,}257 \cdot 1660}{7{,}2}\,\frac{\mu\,\mathrm{Vs}}{\mathrm{Am}}\,\frac{\mathrm{A}}{\mathrm{cm}}\,0{,}029\,\frac{\mathrm{Vs}}{\mathrm{m}^2} = 0{,}029\ \mathrm{T}\,.$$

In der Mitte des Wicklungsquerschnittes, etwa bei *2*, hat die Flußdichte einen noch kleineren Wert, weil die Durchflutung der Feldlinie *2* nur noch halb so groß ist.

Eine für manche Zwecke zulässige Vereinfachung ergibt sich, wenn man die Wicklung durch eine unendlich dünne, stromführende Schicht ersetzt. Man versteht unter *Strombelag* A den Strom, der in dieser Schicht je Länge des Querschnittes geführt wird. In einer solchen Schicht erfahren die magnetischen Feldlinien eine Brechung, da die Normalkomponente der Induktion stetig hindurchgeht, während für die Tangentialkomponente der magnetischen Feldstärke nach dem Durchflutungsgesetz gilt

$$H_{t1} - H_{t2} = A\,. \tag{27}$$

Die Abb. 27.8 zeigt als Beispiel das auf diese Weise ermittelte Feldbild einer Gleichstrommaschine bei Leerlauf[1]. Durch einen solchen Strombelag kann nach Abschnitt 25 auch die innere Durchflutung bei permanenten Magneten dargestellt werden.

28. Selbstinduktion, Gegeninduktion

Definition der Induktivität und Beispiele

Induktivität, Selbstinduktionsspannung

Nach dem Induktionsgesetz entsteht in einem Stromkreis eine induzierte Umlaufspannung, wenn sich der Induktionsfluß, der mit dem Stromkreis verkettet ist, zeitlich ändert; sie ist durch Gl. (23.39) gegeben. Dabei ist es gleichgültig, wie die

[1] Richter, R.: Arch. Elektrot. 11 (1922) 93.

Flußänderung in der Schleife erzeugt wird, ob durch Bewegen des Stromkreises in einem stationären Magnetfeld oder durch Formänderung des Stromkreises, oder dadurch, daß sich das magnetische Feld selbst zeitlich verändert. Da nun jeder Strom in seiner Umgebung ein magnetisches Feld hervorruft, dessen Feldlinien mit den Stromlinien verkettet sind, so tritt die induzierte Umlaufspannung auch auf, wenn sich die Stromstärke in einem Leiter ändert, eine Erscheinung, die man als *Selbstinduktion* bezeichnet. Auf Grund der Richtungsregeln findet man, daß bei einer Zunahme des Stromes diese Spannung der Selbstinduktion dem Strom entgegenwirkt.

Die Erfahrung zeigt, daß das Durchflutungsgesetz in der Form Gl. (23.76) auch gilt, wenn sich der Strom zeitlich ändert.

Bemerkung: Streng genommen gilt dies nur, wenn die Abmessungen der Räume, in denen das Durchflutungsgesetz angewendet wird, klein sind gegen die Wellenlänge der Feldänderungen im Raum (s. 6. Kapitel). Da sich die Feldänderungen nahezu mit Lichtgeschwindigkeit ausbreiten, ist diese Bedingung bei nicht zu großen Anordnungen für Wechselstromvorgänge mit Frequenzen bis in den MHz-Bereich erfüllt.

Wenn ausschließlich magnetisch neutrale Stoffe in der Umgebung des Stromkreises vorhanden sind, oder Stoffe mit konstanter Permeabilität, dann ist nach dem Durchflutungsgesetz die Flußdichte an jeder Stelle des Raumes proportional der Stromstärke im Leiter. Daher ist auch der von dem Stromkreis insgesamt erzeugte Induktionsfluß Φ_g jederzeit proportional dem *Augenblickswert* der Stromstärke i, so daß man schreiben kann

$$\boxed{\Phi_g = L\,i\,.} \tag{1}$$

L ist also der Proportionalitätsfaktor zwischen dem Induktionsfluß und dem *diesen Fluß erzeugenden* und mit ihm im Rechtschraubensinn verketteten Strom i; er ist durch die Abmessungen und die Form des Stromkreises sowie durch die Permeabilitätswerte bestimmt und wird als die *Induktivität* des Stromkreises bezeichnet. Als Einheit dient 1 Vs/A = 1 H.

Bei Stromänderungen entsteht nach dem Induktionsgesetz in dem Stromkreis die induzierte Spannung, die an den Klemmen wirksam wird,

$$u_i = -\frac{d\Phi_g}{dt} = -L\frac{di}{dt}\,. \tag{2}$$

Bei dieser Zählrichtung von Strom und Spannung — beide rechtsschraubig mit dem Fluß verknüpft — sind die Zählpfeile von u_i und i in der äußeren Verbindung der Klemmen gleichgerichtet (Generatorsystem). Bei Zunahme des Flusses entsteht also in einem angeschlossenen Widerstand ein Strom entgegengesetzt zur Zählrichtung, der einen negativen magnetischen Fluß erzeugt und damit seiner Ursache entgegenwirkt, wie es sein muß. Führt man wie bei einem Widerstand eine Spannung u_L ein, deren Zählrichtung in der Spulenwicklung mit der des Stromes übereinstimmt (Verbrauchersystem), Abb. 28.1, so gilt

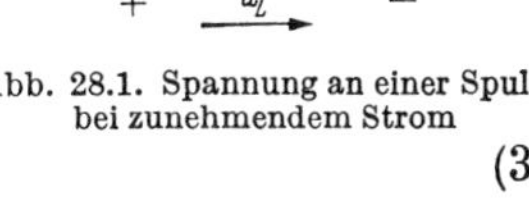

Abb. 28.1. Spannung an einer Spule bei zunehmendem Strom

$$\boxed{u_L = L\frac{di}{dt}\,.} \tag{3}$$

Man nennt diesen bei Stromänderung entstehenden Spannungsabfall die *Selbstinduktionsspannung*.

Induktivität einer Ringspule

Zur Berechnung der Selbstinduktionsspannung ist die Kenntnis der Induktivität erforderlich; diese kann auf Grund der Definitionsgleichung (1) mit Hilfe der für die

Berechnung magnetischer Felder abgeleiteten Regeln bestimmt werden. Bei einer Ringspule, Abb. 24.2, mit einem mittleren Radius r_0 und der Windungszahl N ist z. B. nach Gl. (24.10)

$$H = \frac{i\,N}{2\,\pi\,r_0},$$

und daher

$$B = \mu \frac{i\,N}{2\,\pi\,r_0}.$$

Bezeichnet man den Querschnitt des Ringkerns mit A, so wird der mit der Wicklung verkettete Bündelfluß

$$\Phi = \mu\,A \frac{i\,N}{2\,\pi\,r_0}. \tag{4}$$

Der Gesamtfluß hat daher die Größe

$$\Phi_g = N^2 \frac{\mu\,A}{2\,\pi\,r_0}\,i. \tag{5}$$

Daraus folgt auf Grund der Gl. (1) für die *Induktivität der Ringspule*

$$L = N^2 \frac{\mu\,A}{2\,\pi\,r_0}. \tag{6}$$

Genau genommen muß die Abhängigkeit der Feldstärke H von dem Radius r berücksichtigt werden. Bei rechteckigem Kernquerschnitt mit der Breite b gilt

$$\Phi = \int\limits_{r_1}^{r_2} b\,B\,dr = b\,\mu \frac{i\,N}{2\,\pi} \int\limits_{r_1}^{r_2} \frac{dr}{r}; \tag{7}$$

hieraus folgt

$$L = N^2 \frac{\mu\,b}{2\,\pi} \ln \frac{r_2}{r_1}. \tag{8}$$

Induktivität einer Zylinderspule

Bei einer *zylindrischen Spule*, deren Länge l groß gegen die Abmessungen ihres Querschnittes A ist, liegt der magnetische Widerstand im wesentlichen im Innenraum der Spule. Vernachlässigt man den magnetischen Widerstand des Außenraumes, so gilt für die magnetische Feldstärke

$$H = \frac{i\,N}{l}; \tag{9}$$

damit wird

$$B = \mu \frac{i\,N}{l}, \qquad \Phi = \mu\,A \frac{i\,N}{l}$$

und

$$\Phi_g = N^2 \frac{\mu\,A}{l}\,i; \tag{10}$$

die Induktivität einer solchen Spule ist also

$$L = N^2 \frac{\mu\,A}{l}. \tag{11}$$

Induktivität einer Doppelleitung

Bei einer *Doppelleitung* von der Länge l mit dem Achsenabstand a und dem Leiterradius r_0 kann man den mit dem Strom verketteten Fluß im Luftraum am einfachsten durch Überlagerung der von den beiden Leitern herrührenden Flüsse berechnen.

Wäre nur der eine Leiter vom Strom i durchflossen, so würde außerhalb dieses Leiters die Feldstärke nach Gl. (23.78)

$$H = \frac{i}{2\,\pi\,r} \tag{12}$$

sein. In dem Zwischenraum zwischen der Oberfläche dieses Leiters und der Achse des zweiten Leiters ergibt sich der Fluß

$$\Phi_1 = \int_{r_0}^{a} \mu_0 H\, l\, dr = \frac{\mu_0 i l}{2\pi} \int_{r_0}^{a} \frac{dr}{r} = \frac{\mu_0 i l}{2\pi} \ln \frac{a}{r_0}\,. \tag{13}$$

Genau so groß ist der Beitrag des vom Strom i in entgegengesetzter Richtung durchflossenen zweiten Leiters. Der Gesamtfluß ist daher

$$\Phi_g = \frac{\mu_0 i l}{\pi} \ln \frac{a}{r_0} \tag{14}$$

und die *Induktivität der Doppelleitung*

$$L = \frac{\mu_0}{\pi} l \ln \frac{a}{r_0}\,. \tag{15}$$

Diese Beziehung berücksichtigt nur das magnetische Feld im Luftraum und nicht das Feld innerhalb der Leitungsdrähte. Man bezeichnet die so berechnete Induktivität daher als die *äußere Induktivität*. Dazu kommt noch die innere Induktivität, die von dem inneren Feld herrührt, und deren Berechnung weiter unten besprochen wird.

Induktivität eines Drahtringes

Die äußere Induktivität eines *Drahtringes* vom Durchmesser d und dem Drahtradius r_0 ist nach Gl. (27.15) angenähert

$$L = \mu_0 \frac{d}{2} \ln \frac{d}{2 r_0}\,. \tag{16}$$

Induktivität von Drähten beliebiger Form

Die Induktivität von *Stromkreisen beliebiger Form*, die aus verhältnismäßig dünnen Drähten gebildet sind, läßt sich mit Gl. (27.9) berechnen. Diese Gleichung gilt unter der Voraussetzung, daß man die Stromleiter durch einen Stromfaden ersetzen kann. Dann ist die Induktivität eines derartigen Stromkreises, der in einen Stoff mit der Permeabilität μ eingebettet ist,

$$L = \frac{\mu}{4\pi} \oint ds_1 \oint \frac{ds \cos\alpha}{r_1}\,. \tag{17}$$

ds bedeutet ein Längenelement der Leiterachse, ds_1 ein Längenelement einer Mantellinie, r_1 den Abstand zwischen den beiden Längenelementen ds und ds_1, α den Winkel, den die beiden Längenelemente miteinander bilden. Auch diese Formel liefert nur die *äußere* Induktivität des Stromkreises.

Induktivität bei beliebigen magnetischen Kreisen

Wenn der magnetische Kreis *Eisen* enthält, so ist die Induktivität von der Stromstärke abhängig. Nur bei sehr kleinen Stromänderungen, bei denen praktisch die reversible Permeabilität in Betracht kommt, kann mit einer konstanten Induktivität gerechnet werden. Im allgemeinen Fall kann die Induktivität für jede Stromstärke aus der magnetischen Kennlinie des Kreises entnommen werden:

$$L = \frac{N\Phi}{i}\,. \tag{18}$$

Bei der Anwendung des Induktionsgesetzes ist dann aber zu beachten, daß L eine Funktion von i ist, so daß hier gilt

$$u_L = \frac{d(Li)}{dt} = L\frac{di}{dt} + i\frac{dL}{di}\frac{di}{dt} = \left(L + i\frac{dL}{di}\right)\frac{di}{dt}\,. \tag{19}$$

Die Abhängigkeit der Induktivität von der Stromstärke läßt sich bei Eisenkreisen vermindern, wenn in dem Eisenkern ein Luftspalt angebracht wird, der den Hauptteil des magnetischen Widerstandes enthält (s. S. 258).

Aus Gl. (25.15) und (25.16) geht hervor, daß die Induktivität einer Wicklung mit N Windungen

$$L = \frac{N^2}{R_m} \tag{20}$$

wird, wenn R_m der magnetische Widerstand des von der Wicklung umschlungenen magnetischen Kreises ist.

Zahlenbeispiele: 1. Eine *Zylinderspule* mit der Länge $l = 30$ cm, dem Durchmesser $d = 5$ cm und $N = 300$ Windungen ohne Eisenkern hat angenähert die Induktivität

$$L = 300^2 \cdot 1{,}257 \cdot 10^{-6}\,\frac{\mathrm{H}}{\mathrm{m}}\,\frac{0{,}05^2\,\pi\,\mathrm{m}^2}{4 \cdot 0{,}3\,\mathrm{m}} = 740\,\mu\mathrm{H}\,.$$

2. Eine *Doppelleitung* mit $a = 30$ cm Drahtabstand, $r_0 = 2$ mm Leiterradius und $l = 1$ km Länge hat die Induktivität

$$L = \frac{1{,}257 \cdot 10^{-6}\,\mathrm{H}\;1000\,\mathrm{m}}{\pi\quad\mathrm{m}}\ln\frac{300}{2} = 2{,}0\;\mathrm{mH}\,.$$

3. Ein *Drahtring* von $d = 30$ cm Durchmesser und $r_0 = 2$ mm Drahtradius hat die Induktivität

$$L = 1{,}257\,\frac{\mu\mathrm{H}}{\mathrm{m}}\,0{,}15\,\mathrm{m}\,\ln\frac{300}{4} = 0{,}814\,\mu\mathrm{H}\,.$$

4. Der Strom in der Ablenkspule einer Braunschen Röhre wächst innerhalb 0,1 ms linear um 1 A. Die Induktivität der Spule ist 0,05 H. Die Spannung an der Spule wird daher während des betrachteten Zeitabschnittes bei Vernachlässigung des Widerstandes der Spule

$$u = L\frac{di}{dt} = 0{,}05\,\mathrm{H}\,\frac{1\,\mathrm{A}}{0{,}1 \cdot 10^{-3}\,\mathrm{s}} = 500\,\mathrm{V}\,.$$

Der zeitliche Aufbau des magnetischen Feldes

Die Spannung der Selbstinduktion sucht nach dem oben Gesagten den Stromänderungen entgegenzuwirken. Wird an eine Spule eine Gleichspannung gelegt, so bildet sich daher mit dem Anwachsen des Stromes eine der treibenden Spannung entgegenwirkende Spannung. Der Strom kann nur so rasch ansteigen wie es die zur Verfügung stehende Spannung zuläßt. In dem Stromkreis Abb. 28.2 gilt nach dem Einlegen des Schalters

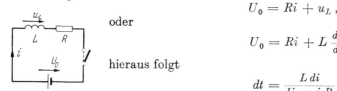

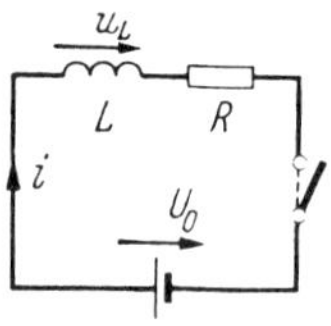

Abb. 28.2. Schalten einer Spule

$$U_0 = Ri + u_L\,,$$

oder

$$U_0 = Ri + L\,\frac{di}{dt}\,; \tag{21}$$

hieraus folgt

$$dt = \frac{L\,di}{U_0 - i\,R}\,,$$

und man findet durch Integration

$$i = \frac{U_0}{R} + k\,\mathrm{e}^{-\frac{R}{L}t}\,. \tag{22}$$

War die Spule vor dem Einschalten stromlos, so muß $i = 0$ für $t = 0$ sein, also $k = -\frac{U_0}{R}$. Führt man noch die Zeitkonstante

$$\tau = \frac{L}{R} \tag{23}$$

ein, so wird

$$i = \frac{U_0}{R}\left(1 - e^{-\frac{t}{\tau}}\right). \tag{24}$$

Ähnlich wie die Spannung bei der Aufladung eines Kondensators nähert sich der Strom in der Spule allmählich seinem durch das OHMsche Gesetz bestimmten Endwert, Abb. 28.3. Die Zeit, die verstreicht, bis der stationäre Gleichstrom erreicht ist, beträgt etwa $4\cdots8\,\tau$. Als Ursache für die Verzögerung des Stromanstieges kann wie im elektrischen Feld die Speicherung von Feldenergie angesehen werden. Multipliziert man auf beiden Seiten der Gl. (21) mit $i\,dt$, so wird

$$U_0\, i\, dt = i^2 R\, dt + L\, i\, di\,. \tag{25}$$

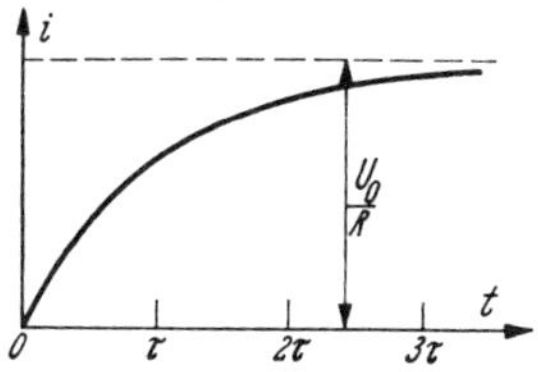

Abb. 28.3. Stromanstieg in der Spule

Links steht die in irgendeinem Zeitpunkt während des Zeitabschnittes dt von der Stromquelle gelieferte Arbeit. Das erste Glied rechts gibt die während dieses Zeitabschnittes entwickelte Wärmemenge an. Der Rest der gelieferten Arbeit wird in der Spule gespeichert, und zwar kann man ähnlich wie beim elektrischen Feld das ganze magnetische Feld selbst als Sitz der gespeicherten Energie ansehen. Die während des Zeitabschnittes dt aufgenommene Energie ist nach Gl. (25)

$$dW = L\, i\, di\,. \tag{26}$$

Die zu einem beliebigen Zeitpunkt im Feld gespeicherte Energie, die man als die *magnetische Energie* des Feldes bezeichnet, ergibt sich durch Integration:

$$\boxed{W = \frac{1}{2} L\, i^2\,.} \tag{27}$$

Abb. 28.4 zeigt den zeitlichen Verlauf der von der Stromquelle gelieferten Leistung $U_0\, i$ sowie der in Wärme umgewandelten Leistung $i^2 R$. Die schraffierte Fläche zwischen den beiden Kurven gibt die gespeicherte Energie an. Diese kann beim Abbau des Feldes wiedergewonnen werden. Verbindet man die beiden Enden der Spule miteinander, so gilt

$$0 = i\,R + L\,\frac{di}{dt}\,; \tag{28}$$

daraus folgt

$$i = I_a\, e^{-\frac{t}{\tau}}\,, \tag{29}$$

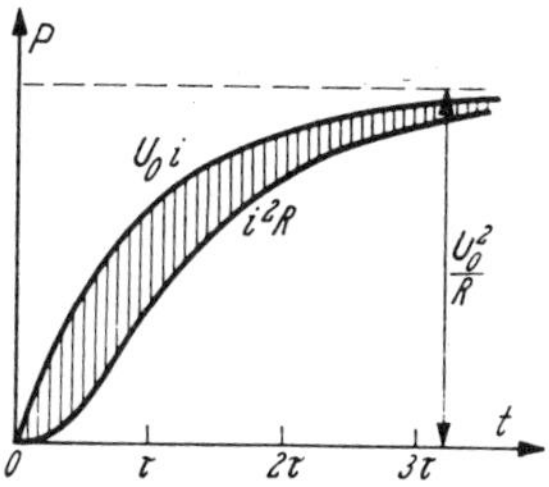

Abb. 28.4. Energieaufnahme der Spule

wenn mit I_a der Strom im Moment des Kurzschlusses bezeichnet wird. Während der Strom gemäß dieser Funktion allmählich auf Null abfällt, wird die im Feld gespeicherte Energie an den Stromkreis abgegeben und in Wärme umgewandelt.

Bei einer plötzlichen Unterbrechung eines Stromkreises, der eine Spule mit hoher Induktivität enthält, muß sich die in der Spule aufgespeicherte Energie in sehr kurzer Zeit umsetzen; es ergibt sich daher eine sehr hohe Selbstinduktionsspannung, die einen Funken oder Lichtbogen an der Unterbrechungsstelle zur Folge hat, wobei die magnetische Energie in Wärme umgewandelt wird (s. Abschnitt 51). Um derartig hohe Spannungen, die für die Isolation der Wicklung gefährlich werden können, zu vermeiden, verbindet man bei großen Spulen vor dem Abschalten der

Stromquelle die beiden Wicklungsenden durch einen Widerstand R_1. Die Spannung an der Spule wird dann nach dem Abschalten der Stromquelle

$$u = i\,R_1 = I_a\,R_1\,\mathrm{e}^{-\frac{t}{\tau}}, \tag{30}$$

wobei

$$\tau = \frac{L}{R + R_1}; \tag{31}$$

sie springt also beim Abschalten auf den Wert

$$U_a = I_a\,R_1 = U_0\,\frac{R_1}{R}. \tag{32}$$

Zahlenbeispiel: Es sei $L = 0{,}2$ H, $R = 10\ \Omega$, $U_0 = 100$ V. Die Zeitkonstante wird

$$\tau = \frac{L}{R} = \frac{0{,}2\ \mathrm{H}}{10\ \Omega} = 0{,}02\ \mathrm{s}.$$

Der Aufbau des magnetischen Feldes ist in etwa 0,1 Sekunden beendet. Dann ist die Stromstärke

$$I = \frac{100\ \mathrm{V}}{10\ \Omega} = 10\ \mathrm{A},$$

die in der Spule aufgespeicherte Energie

$$W = \frac{1}{2}\,L\,I^2 = \frac{1}{2}\,0{,}2 \cdot 100\ \mathrm{HA}^2 = 10\ \mathrm{Ws}.$$

Bei gegebenem Wickelraum, Füllfaktor und magnetischem Widerstand ist die Zeitkonstante einer Spule unabhängig von der Windungszahl, da nach Gl. (25.9) und (20) sowohl der Widerstand als auch die Induktivität proportional dem Quadrat der Windungszahl ist.

Magnetische Feldenergie

Die im magnetischen Feld aufgespeicherte Energie läßt sich wie die elektrische Energie durch die Feldgrößen ausdrücken. Wir betrachten eine Ringspule mit einem Kern aus beliebigem Material. Der Querschnitt A des Ringkernes soll jedoch so klein sein, daß das magnetische Feld im Innern des Kernes als homogen angesehen werden kann. Dann läßt sich der Bündelfluß in dem Kern in der Form schreiben

$$\Phi = B\,A,$$

und es wird die Selbstinduktionsspannung in der Wicklung mit N Windungen bei irgendwelchen Stromänderungen

$$u_L = N A \frac{dB}{dt}. \tag{33}$$

Wirkt in dem Stromkreis der Spule eine äußere Quellenspannung U_0, so gilt daher

$$U_0 = R\,i + N\,A\,\frac{dB}{dt}. \tag{34}$$

Mit der gleichen Überlegung wie oben ergibt sich hieraus für die während eines Zeitelements dt gespeicherte magnetische Energie

$$dW = i\,N\,A\,dB. \tag{35}$$

Andererseits ist nach dem Durchflutungsgesetz

$$i\,N = l\,H, \tag{36}$$

wenn l die Feldlinienlänge bezeichnet. Daher gilt

$$dW = A\,l\,H\,dB. \tag{37}$$

Wird hier das Volumen des Kerns $A\,l = V$ eingeführt, so ergibt sich

$$dW = V\,H\,dB. \tag{38}$$

Die bei irgendeiner magnetischen Feldstärke insgesamt gespeicherte Energie ist daher

$$W = V \int_0^B H\,dB\,. \tag{39}$$

Da nun das Feld im Innern des Kerns nach Voraussetzung homogen ist, so wird die magnetische Energiedichte

$$\boxed{w = \int_0^B \boldsymbol{H} \cdot d\boldsymbol{B}\,.} \tag{40}$$

Diese Beziehung gilt nun auch für ein Feld von ganz beliebiger Form, da jedes Feld in genügend kleinen Ausschnitten als homogen angesehen werden kann. Die in einem beliebigen Feld gespeicherte magnetische Energie wird daher durch Integration der Beiträge der einzelnen Volumenelemente erhalten:

$$W = \int w\,dV\,. \tag{41}$$

Bei der Ableitung der Gl. (40) wurden keine Voraussetzungen über den Zusammenhang zwischen B und H gemacht. Diese Gleichung gilt daher auch für ferromagnetische Stoffe. Durch die Einführung des skalaren Produkts wurde auch berücksichtigt, daß $\boldsymbol{H}$ und $\boldsymbol{B}$ verschiedene Richtungen haben können. Bei Stoffen mit konstanter Permeabilität kann dagegen gesetzt werden

$$dB = \mu\,dH\,. \tag{42}$$

Dann läßt sich die Integration ausführen, und es ergibt sich

$$w = \frac{1}{2} B H = \frac{1}{2} \mu H^2. \tag{43}$$

Die im ganzen Feld gespeicherte Energie wird

$$W = \frac{1}{2} \int B H\,dV = \frac{1}{2} \mu \int H^2\,dV\,. \tag{44}$$

Man kann also die magnetische Energie berechnen, wenn die magnetische Feldstärke gegeben ist. Dieser Zusammenhang kann zur Bestimmung der Induktivität von räumlich ausgedehnten elektrischen Stromleitern dienen. Nach Gl. (27) ist

$$L = \frac{2\,W}{i^2}\,. \tag{45}$$

Als Anwendungsbeispiel werde die Berechnung der *inneren Induktivität* von Drähten mit Kreisquerschnitt betrachtet. Die magnetische Feldstärke im Leiterinnern ist nach Gl. (26.35)

$$H = \frac{r}{2\pi r_0^2}\,i\,. \tag{46}$$

Bei Voraussetzung konstanter Permeabilität enthält daher ein Hohlzylinder vom Radius r, der Dicke dr und der Länge l innerhalb des Leiters die Energie

$$dW = \frac{1}{2} \mu H^2\, 2\pi r\, l\, dr\,,$$

oder mit Gl. (46)

$$dW = i^2 \frac{\mu l}{4\pi r_0^4} r^3\,dr\,. \tag{47}$$

Die in dem Draht aufgespeicherte Energie ist

$$W = i^2 \frac{\mu l}{4\pi r_0^4} \int_0^{r_0} r^3\, dr = i^2 \frac{\mu l}{16\pi}, \tag{48}$$

und für die innere Induktivität ergibt sich gemäß Gl. (45)

$$L_i = \frac{\mu l}{8\pi}. \tag{49}$$

Bei einer Doppelleitung von der Länge l hat man diesen Wert zu verdoppeln, entsprechend der in Hin- und Rückleitung aufgespeicherten Energie. Bei der Ableitung der Gl. (49) wurde die Voraussetzung gemacht, daß der Strom den Drahtquerschnitt gleichmäßig ausfüllt. Das gilt in langgestreckten Leitern bei Gleichstrom und niederfrequentem Wechselstrom. Bei höheren Frequenzen wird der Strom nach der Drahtoberfläche hin abgedrängt, so daß die innere Induktivität kleiner wird (s. Abschnitt 32).

Die innere Induktivität L_i ist unabhängig von der Drahtstärke. Auf die Länge bezogen hat sie für alle magnetisch neutralen Leiter ($\mu = \mu_0$) den Wert

$$\frac{L_i}{l} = \frac{\mu_0}{8\pi} = 0{,}05\,\frac{\text{mH}}{\text{km}}. \tag{50}$$

Bemerkung: Ein naheliegender Überlegungsfehler besteht darin, daß zur Berechnung der inneren Induktivität die Definition (1) benützt wird und dabei ein Stromfaden betrachtet wird, der die Achse des Leiters enthält. Ein solcher Stromfaden umschließt zwar den gesamten Induktionsfluß im Leiterinnern, aber dieser Fluß ist nicht mit dem ganzen Strom i des Leiters verkettet, sondern nur mit dem Bruchteil, der durch den betrachteten dünnen Stromfaden geführt wird. Die anderen Stromfäden im Leiterinnern parallel zur Achse umschließen einen kleineren Induktionsfluß; die Selbstinduktionsspannung längs des Leiters nimmt von innen nach außen ab, und es wird daher ein mittlerer Wert beobachtet; dieser ist durch die Größe L_i Gl. (49) gegeben. Auf Grund dieser Vorstellung kann man die innere Induktivität auch mit der Definition (1) berechnen. Dazu denkt man sich den Querschnitt des Leiters in Stromfäden mit dem im Grenzfall unendlich kleinen Querschnitt dA zerlegt, so daß der Leiter aus $\frac{r_0^2\pi}{dA}$ solchen Stromfäden besteht. In einem ringförmigen Ausschnitt mit dem Radius r und der Breite dr befinden sich $\frac{2\pi r\, dr}{dA}$ Stromfäden, die alle mit dem gleichen Fluß Φ_r verkettet sind. Da die Feldstärke im Leiterinnern nach Gl. (26.35) den Wert

$$H = \frac{i}{2\pi r_0}\frac{r}{r_0}$$

hat, so ist dieser Fluß

$$\Phi_r = \int_r^{r_0} H \mu l\, dr = \frac{i}{4\pi r_0^2}\mu l (r_0^2 - r^2).$$

Der mit sämtlichen Stromfäden verkettete Fluß ist daher

$$\Phi_i = \frac{dA}{r_0^2\pi}\int_0^{r_0} \Phi_r \frac{2r\pi\, dr}{dA} = \frac{i\mu l}{8\pi},$$

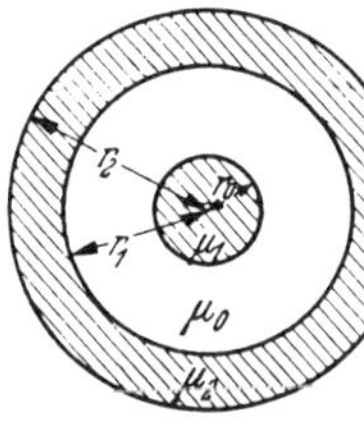

Abb. 28.5. Koaxiales Kabel

woraus mit Definition (1) die Gl. (49) für die innere Induktivität folgt.

Ein anderes Beispiel bildet die Berechnung der Induktivität eines Koaxialkabels Abb. 28.5. Das magnetische Feld kann hier in drei Teile zerlegt werden:

a) **Innenleiter.** Für die Induktivität des Innenleiters gilt wie oben

$$L_1 = \frac{\mu_1 l}{8\pi}. \tag{51}$$

b) Isolierstoff. Die magnetische Feldstärke ist wegen der Symmetrie des Feldes

$$H = \frac{i}{2\pi r}\,. \tag{52}$$

Der zwischen Innen- und Außenleiter enthaltene Fluß wird daher

$$\Phi = \mu_0\, l \int_{r_0}^{r_1} H\, dr = i\,\frac{\mu_0\, l}{2\pi} \ln\frac{r_1}{r_0}\,, \tag{53}$$

entsprechend einer Induktivität

$$L_2 = \frac{\mu_0\, l}{2\pi} \ln\frac{r_1}{r_0}\,. \tag{54}$$

c) Außenleiter. Für die Feldstärke im Außenleiter folgt mit Hilfe des Durchflutungsgesetzes

$$2\pi r H = i - i\,\frac{r^2 - r_1^2}{r_2^2 - r_1^2} = i\,\frac{r_2^2 - r^2}{r_2^2 - r_1^2}\,. \tag{55}$$

In einem Volumenelement, das durch zwei koaxiale Zylinder mit den Radien r und $r + dr$ begrenzt ist und die Länge l hat, ist eine Energie aufgespeichert vom Betrag

$$dW = i^2\,\frac{\mu_2\, l}{4\pi\,(r_2^2 - r_1^2)^2}\,(r_2^2 - r^2)^2\,\frac{dr}{r}\,.$$

Daraus folgt die gesamte Energie in dem Außenleiter

$$W = i^2\,\frac{\mu_2\, l}{4\pi\,(r_2^2 - r_1^2)} \left(\frac{r_2^4}{r_2^2 - r_1^2} \ln\frac{r_2}{r_1} - \frac{3\,r_2^2 - r_1^2}{4}\right). \tag{56}$$

Die entsprechende Induktivität wird daher

$$L_3 = \frac{\mu_2\, l}{2\pi\,(r_2^2 - r_1^2)} \left(\frac{r_2^4}{r_2^2 - r_1^2} \ln\frac{r_2}{r_1} - \frac{3\,r_2^2 - r_1^2}{4}\right). \tag{57}$$

Die Gesamtinduktivität ergibt sich durch Addieren der drei Anteile.

Bemerkung: Bei supraleitenden Stromkreisen (s. S. 11) bleibt wegen des verschwindend kleinen Widerstandes ein einmal eingeleiteter Strom mit seinem magnetischen Feld praktisch unbegrenzte Zeit bestehen. Durch zusätzliche magnetische Felder kann der Zustand der Supraleitung aufgehoben werden; die Sprungtemperatur der supraleitenden Stoffe erniedrigt sich nämlich mit zunehmender magnetischer Flußdichte. Wird daher ein Supraleiter auf eine Temperatur unterhalb der Sprungtemperatur gebracht, so geht die Supraleitung beim Überschreiten einer bestimmten magnetischen Flußdichte in die normale Leitung über. Durch das magnetische Feld kann also der Widerstand eines supraleitenden Stäbchens und damit der Strom in einem Gleichstrom- oder Wechselstromkreis gesteuert werden.

Davon wird bei Einrichtungen zum sehr schnellen Schalten und Steuern von Strömen Gebrauch gemacht („Kryotron“). Das magnetische Feld wird mit einer kleinen Spule hergestellt, die das Stäbchen umgibt. Als Leitermaterial für diese Spule wird ebenfalls ein Supraleiter benützt, der in dem ganzen verwendeten Bereich der magnetischen Flußdichte supraleitend bleibt. Zur Steuerung ist dann nur die geringe durch die Induktivität der Spule bedingte Blindleistung erforderlich.

Die durch das Stäbchen steuerbare Stromstärke ist dadurch begrenzt, daß der gesteuerte Strom selbst ein magnetisches Feld in dem Stäbchen verursacht. Diese Grenzstromstärke ist daher

$$I_g = \pi d\,\frac{B_g}{\mu_0}\,, \tag{58}$$

wenn mit B_g die zum Umkippen des Leitungsmechanismus notwendige magnetische Flußdichte, mit d der Durchmesser des Stäbchens bezeichnet wird. Die zur Umsteuerung notwendige Stromstärke in der Spule von der Länge l mit N Windungen ergibt sich aus

$$I_s = \frac{B_g\, l}{\mu_0 N}\,. \tag{59}$$

Daher ist die *Stromverstärkung* des Kryotrons

$$\frac{I_g}{I_s} = \pi d \frac{N}{l}\,. \tag{60}$$

Z. B. ergibt sich mit $d = 0{,}1$ mm, $\frac{N}{l} = 10\ \text{mm}^{-1}$ eine Stromverstärkung

$$\frac{I_g}{I_s} = \pi\, 0{,}1\ \text{mm}\ 10\ \text{mm}^{-1} = 3{,}14\,.$$

Gegeninduktion, Gegeninduktivität

Befindet sich in der Nachbarschaft eines Stromkreises *1* ein zweiter *2*, so wird bei Änderungen des durch den Kreis *1* erzeugten magnetischen Feldes nach dem Induktionsgesetz im Kreis *2* eine Spannung induziert. Umgekehrt entsteht eine induzierte Spannung im Kreis *1* bei Stromänderungen in *2*. Man nennt diese Erscheinung die *Gegeninduktion* und kennzeichnet die gegenseitige magnetische Einwirkung zweier Stromkreise, die auch als magnetische Kopplung bezeichnet wird, durch die *Gegeninduktivität*. Im allgemeinen Fall wird nur ein Teil des in Kreis *1* durch den Strom i_1 erzeugten Flusses mit dem Kreis *2* verkettet sein. Man definiert nun die *Gegeninduktivität* M_{21} *zwischen Kreis 1 und 2* durch die Beziehung

$$\boxed{\Phi_{21} = M_{21} i_1,} \tag{61}$$

in der Φ_{21} *den Fluß bedeutet, der mit dem Kreis 2 dann verkettet ist, wenn der Strom*

$$\boxed{u_2 = -M_{21}\frac{di_1}{dt},} \tag{62}$$

wenn die Zählrichtung für i_2 den gemeinsamen Induktionsfluß im gleichen Sinne wie die Zählrichtung von i_1 umkreist. Die Einheit der Gegeninduktivität ist wie die der Induktivität 1 H.

Anmerkung: Diese Indizierung der Gegeninduktivität entspricht der in der mathematischen Literatur üblichen Indizierung. In der Elektrotechnik wird gelegentlich auch die umgekehrte Indizierung, bei der der verursachende Kreis an erster Stelle genannt wird, verwendet.

Die gleiche Definition der Gegeninduktivität gilt auch bei Spulen mit beliebiger räumlicher Ausdehnung. Der Fluß Φ_{21} setzt sich dann zusammen aus den Teilflüssen, die mit den einzelnen Windungen der Spule verkettet sind. Den mit einer Spule verketteten Gesamtfluß kann man immer berechnen als Summe der Teilflüsse in den einzelnen Windungen, indem man sich die Windungen in der durch Abb. 28.6 veranschaulichten Weise zu geschlossenen Kreisen ergänzt denkt; die in den Ergänzungsstücken induzierten Spannungen heben sich gegenseitig auf. In Abb. 28.6 setzt sich der Gesamtfluß Φ_{21} aus den Beiträgen zusammen, die die Flächen *a*, *b*, *c*, *d*, *f* liefern. Häufig kann man auch hier den Gesamtfluß als Produkt der Windungszahl mit einem Bündelfluß berechnen.

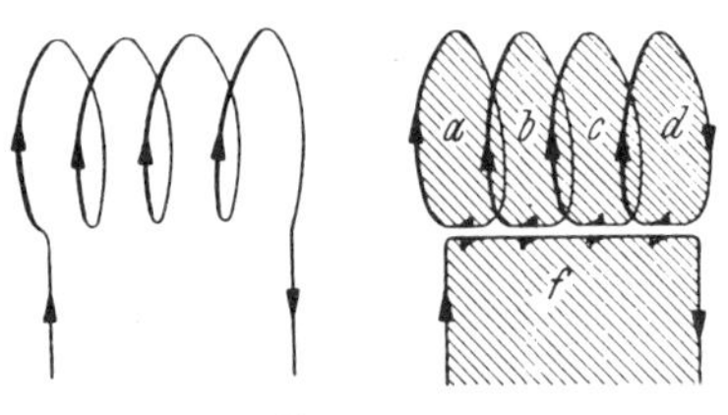

Abb. 28.6. Zur Bestimmung des mit einer Spule verketteten Induktionsflusses

Es ist zu beachten, daß die Gegeninduktivität aus dem Feldlinienbild definiert ist, das entsteht, wenn der Kreis *2* stromlos ist. In Abb. 28.7 ist dies für zwei parallele Kreisringe veranschaulicht. Der *gemeinsame Fluß* Φ_{21} wird durch das zwischen den beiden stark ausgezogenen Feldlinien liegende Bündel dargestellt. Die anderen Feldlinien bilden den *Streufluß*. Fließt auch im Kreis *2* Strom, dann kann sich das Feldlinienbild wesentlich ändern, s. Abb. 34.6.

Ganz entsprechend läßt sich die Einwirkung von Kreis *2* auf Kreis *1* durch die Gleichung

$$\boxed{u_1 = -M_{12}\,\frac{di_2}{dt}} \tag{63}$$

ausdrücken. Die folgende Überlegung zeigt, daß die Werte M_{21} und M_{12} einander gleich sind, daß also zwei beliebige Kreise *1* und *2* nur eine einzige Gegeninduktivität haben. Nach Gl. (26.73) ist der Fluß, der von einem Leiter *1* erzeugt wird und mit einer Linie *2* verkettet ist,

$$\Phi_{12} = \mu \oint_2 \boldsymbol{V} \cdot d\boldsymbol{s}_2\,, \tag{64}$$

wobei das Integral über diese Linie *2* zu bilden ist. Das Vektorpotential $\boldsymbol{V}$ ist durch den Strom im Kreis *1* bestimmt, und es gilt nach Gl. (27.6), wenn der Kreis *1* durch einen Stromfaden ersetzt wird,

$$\Phi_{21} = \mu \oint_1 \boldsymbol{V} \cdot d\boldsymbol{s}_1\,, \tag{64}$$

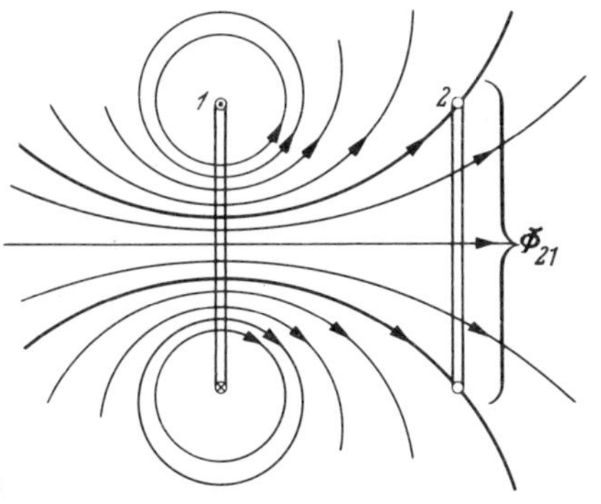

Abb. 28.7. Gegeninduktion zwischen zwei parallelen Drahtringen

für jeden Punkt der Linie 1, wobei $d\boldsymbol{s}_2$ das Linienelement des Kreises 2, r_{12} den Abstand zwischen $d\boldsymbol{s}_1$ und $d\boldsymbol{s}_2$ bedeuten. Daher gilt

$$M_{21} = \frac{\mu}{4\pi} \oint_1 \oint_2 \frac{d\boldsymbol{s}_1 \cdot d\boldsymbol{s}_2}{\boldsymbol{r}_{12}}\,, \tag{66}$$

ein Ausdruck, der unabhängig davon ist, welcher Kreis mit *1* und welcher mit *2* bezeichnet wird. Daraus folgt

$$\boxed{M_{12} = M_{21} = M\,.} \tag{67}$$

Voraussetzung für die Gültigkeit dieser Beziehung ist, wie bei Gl. (26.73), daß die Permeabilität μ im ganzen Raum unabhängig von der Feldstärke ist. Die Beziehung gilt also insbesondere bei Stromkreisen, die sich in Luft oder magnetisch neutralen Stoffen befinden. Bei Anwesenheit ferromagnetischer Stoffe im magnetischen Feld hängt die Gegeninduktivität von der Stromstärke ab, und es ergeben sich im allgemeinen verschiedene Werte der Gegeninduktivität, wenn nicht dafür gesorgt wird, daß die Flußdichte im Eisen die gleiche bleibt.

Fließen in beiden Kreisen Ströme, so entsteht ein magnetisches Feld, das durch beide Ströme bestimmt ist. Die Energie dieses Feldes läßt sich genau so wie im Falle eines einzigen Stromkreises durch die Werte von B und H an den einzelnen Stellen des Feldes berechnen, Gl. (44). Sie läßt sich andererseits ausdrücken durch die Induktivität und die Gegeninduktivität, wie die folgende Betrachtung zeigt.

Die in Kreis *2* induzierte Quellenspannung addiert sich im allgemeinen Fall zu den übrigen im Kreis *2* vorhandenen Quellenspannungen; durch diese Summe ist der Strom i_2 im Kreis *2* bestimmt. Die induzierte Quellenspannung $-M\,\frac{di_1}{dt}$ liefert dabei während des Zeitelementes dt in den Kreis *2* eine elektrische Arbeit vom Betrage $-i_2\,M\,di_1$. Sie wird dem magnetischen Feld entzogen. Den gleichen Sachverhalt kann man auch dadurch ausdrücken, daß man sagt, die Arbeit $+i_2\,M\,di_1$ werde während des betrachteten Zeitelementes als Zuwachs der Feldenergie in das magnetische Feld geliefert.

Vergrößert sich auch i_2 um einen Betrag di_2, so entsteht eine Selbstinduktionsspannung $L_2 \frac{di_2}{dt}$ und die Feldenergie wächst um $i_2 L_2 di_2$.

Ganz entsprechend hat der Strom i_1 im Kreise *1* eine Arbeit $i_1 L_1 di_1$ zur Überwindung der Selbstinduktionsspannung und eine Arbeit $i_1 M di_2$ zur Überwindung der aus dem Kreis *2* induzierten Spannung zu leisten. Die im ganzen Feld aufgespeicherte magnetische Energie nimmt also während des Zeitabschnittes dt um den Betrag

$$dW = L_1 i_1 di_1 + M(i_1 di_2 + i_2 di_1) + L_2 i_2 di_2 \tag{68}$$

zu. Läßt man den Strom i_1 von Null auf den Wert I_1 wachsen und den Strom im Kreis *2* von Null auf I_2, so ergibt sich die Gesamtenergie des magnetischen Feldes durch Integration zu

$$\boxed{W = \frac{1}{2} L_1 I_1^2 + M I_1 I_2 + \frac{1}{2} L_2 I_2^2.} \tag{69}$$

Die Gegeninduktivität kann entweder durch Vergleich dieses Ausdruckes mit dem der Gl. (44) oder mit Hilfe von Gl. (66) oder schließlich mit Hilfe der Definitionsgleichung (61) berechnet werden. Bei dem praktisch besonders wichtigen Fall paralleler, gerader Leitungen ist die letzte Methode die einfachste.

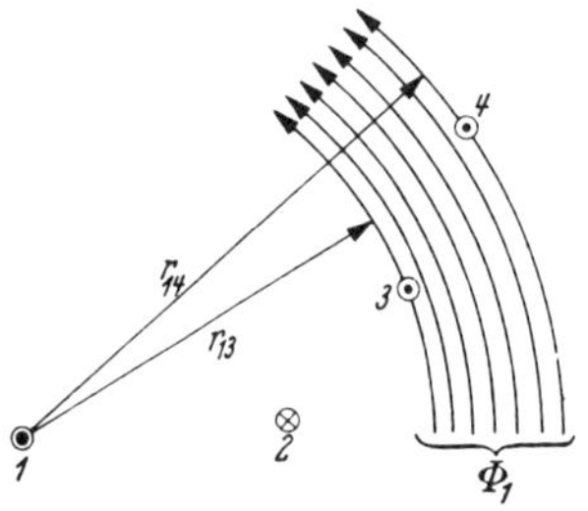

Abb. 28.8. Gegeninduktion zwischen zwei Doppelleitungen

In Abb. 28.8 sollen *1* und *2* die Spuren der beiden Drähte einer Doppelleitung, *3* und *4* die Spuren einer dazu parallelen Doppelleitung bezeichnen; es soll die Gegeninduktivität zwischen den beiden Leitungen berechnet werden. Wir denken uns die Leitung *3, 4* stromlos und schicken durch die Leitung *1, 2* den Strom I_1. Das durch diesen Strom hervorgerufene Magnetfeld durchsetzt die Schleife *3, 4*. Die Bezugsrichtung für diesen verketteten Fluß sei durch die gezeichneten Feldlinien festgelegt; er kann aus den beiden Teilfeldern berechnet werden, die von den Drähten *1* und *2* herrühren. Bei der in der Abbildung angedeuteten Stromrichtung würde der Strom im Leiter *1* für sich allein einen Fluß mit kreisförmigen Feldlinien hervorrufen, von dem der Teil

$$\Phi_1 = \int_{r_{13}}^{r_{14}} \frac{\mu_0 l}{2\pi} \frac{I_1}{r} dr = \frac{\mu_0 l}{2\pi} I_1 \ln \frac{r_{14}}{r_{13}} \tag{70}$$

mit der Leitung *3, 4* in der angegebenen Richtung verkettet ist. Von Leiter *2* herrührend würde der Fluß

$$\Phi_2 = -\int_{r_{23}}^{r_{24}} \frac{\mu_0 l}{2\pi} \frac{I_1}{r} dr = \frac{\mu_0 l}{2\pi} I_1 \ln \frac{r_{23}}{r_{24}} \tag{71}$$

mit der Leitung *3, 4* verkettet sein. Der Gesamtfluß ist daher

$$\Phi_{21} = \Phi_1 + \Phi_2 = \frac{\mu_0 l}{2\pi} I_1 \ln \frac{r_{14} r_{23}}{r_{13} r_{24}}.$$

Die Gegeninduktivität wird

$$M = \frac{\mu_0 l}{2\pi} \ln \frac{r_{14} r_{23}}{r_{13} r_{24}}. \tag{72}$$

Unter r_{13}, r_{23} usw. sind die Abstände der Leiterachsen zu verstehen.

Das Feld im Innern der Leiter trägt praktisch nichts zur Gegeninduktivität bei, da sich die Beiträge in den beiden Hälften eines jeden Leiters aufheben. Anders ist es dagegen, wenn zwei der vier Leiter, z. B. *1* und *3*, zusammenfallen, dann ist das innere Feld dieses Leiters beiden Stromkreisen gemeinsam. Für r_{13} ist in diesem Falle der Drahtradius r_0 des gemeinsamen Leiters zu setzen, und es ist zu dem so berechneten Wert der Gegeninduktivität, der nur die äußeren Felder berücksichtigt, noch ein Wert zu addieren, der von dem Innenfeld herrührt. Um diesen Wert aufzufinden, berechnen wir die in dem Leiter *1* aufgespeicherte magnetische Energie. Die Stromstärke ist bei den gewählten Bezugsrichtungen $I_1 + I_2$, also wird die magnetische Feldstärke im Innern dieses Leiters nach Gl. (26.35)

$$H = \frac{r}{2\pi r_0^2}(I_1 + I_2)\,, \tag{73}$$

und es folgt aus Gl. (44)

$$W = \frac{\mu l}{16\pi}(I_1^2 + 2\,I_1\,I_2 + I_2^2)\,. \tag{74}$$

Der Vergleich mit Gl. (69) ergibt für den Beitrag des inneren Feldes zur Gegeninduktivität

$$M_i = \frac{\mu l}{8\pi}\,. \tag{75}$$

Damit folgt für die Gegeninduktivität zwischen den beiden Schleifen

$$M = \frac{\mu_0 l}{2\pi}\left(\ln\frac{r_{14}\,r_{23}}{r_0\,r_{24}} + \frac{\mu_r}{4}\right). \tag{76}$$

Zahlenbeispiel: Die Achsen der 4 Drähte von zwei Doppelleitungen liegen auf einem Quadrat mit den Abständen $r_{12} = r_{24} = r_{34} = r_{31} = 30$ cm. Der Radius der Drähte ist $r_0 = 2$ mm. Werden die Drähte 1, 2 zu einer Doppelleitung, die Drähte 3, 4 zu einer zweiten Doppelleitung zusammengefaßt, so ist die Gegeninduktivität zwischen den beiden Leitungen

$$\frac{M}{l} = \frac{1{,}257}{2\pi}\,\frac{\mu\mathrm{H}}{\mathrm{m}}\,\ln\frac{30\sqrt{2}\cdot 30\sqrt{2}}{30\cdot 30} = 0{,}139\,\frac{\mathrm{mH}}{\mathrm{km}}\,.$$

29. Mechanische Kräfte im magnetischen Feld

Analog zu den Verhältnissen im elektrischen Feld sind mit der Speicherung von Energie im magnetischen Feld mechanische Kraftwirkungen verknüpft, und zwar finden wir hier dreierlei mechanische Kräfte, nämlich solche zwischen den Stromleitern, Kräfte an den Grenzflächen von Stoffen verschiedener Permeabilität und Kräfte zwischen Stromleitern und magnetischen Stoffen; sie können physikalisch sämtlich auf Kräfte zwischen bewegten Ladungen zurückgeführt werden.

Kräfte zwischen Stromleitern

Zur Berechnung dient im Prinzip die Gl. (23.1). Man hat danach die magnetische Induktion zu berechnen, die von dem ersten Leiter am Orte des zweiten Leiters erzeugt wird für den Fall, daß dieser stromlos ist. Bezeichnet $\boldsymbol{B}_1$ diese Induktion am Orte des Längenelementes $d\boldsymbol{s}_2$ des Leiters *2*, so ist die Kraft, die vom magnetischen Feld auf dieses Längenelement ausgeübt wird, wenn es in seiner Pfeilrichtung einen Strom I_2 führt nach Gl. (23.12),

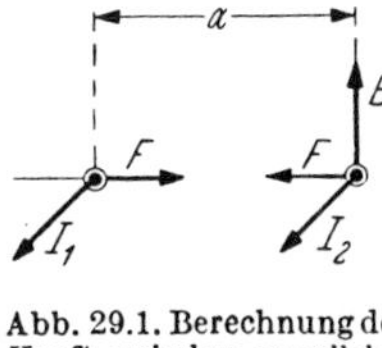

Abb. 29.1. Berechnung der Kraft zwischen parallelen Drähten

$$\boxed{d\boldsymbol{F} = I_2\,(d\boldsymbol{s}_2 \times \boldsymbol{B}_1)\,.} \tag{1}$$

Die Gesamtkraft ergibt sich durch Integration über die ganze Länge des Leiters *2*.

Als Beispiel werde die Kraft zwischen zwei sehr langen parallelen Stromleitern mit dem Abstand a betrachtet, Abb. 29.1. Die vom Leiter *1* in der Umgebung des

Leiters *2* erzeugte Induktion hat auf der ganzen Länge den Wert

$$B_1 = \frac{\mu_0}{2\pi}\frac{I_1}{a}\,; \tag{2}$$

sie ist senkrecht zum Leiter *2* gerichtet. Auf jedes Längenelement ds_2 wird daher eine Kraft vom Betrage

$$dF = I_2\,B_1\,ds_2 = \frac{\mu_0}{2\pi}\frac{ds_2}{a}\,I_1\,I_2 \tag{3}$$

ausgeübt, die die beiden Leiter einander zu nähern sucht, wenn die Stromrichtungen gleich sind. Die in einem Abschnitt von der Länge l entstehende Anziehungskraft ergibt sich durch Integration:

$$F = \frac{\mu_0}{2\pi a}\,I_1\,I_2\int ds_2 = \frac{\mu_0}{2\pi}\frac{l}{a}\,I_1\,I_2\;. \tag{4}$$

Von dieser Beziehung wird bei der Definition der Stromstärkeeinheit 1 A Gebrauch gemacht, s. S. 7.

Als weiteres Beispiel soll die Kraft berechnet werden, die auf die Traverse eines Schalters, Abb. 29.2, vom Strom ausgeübt wird. Die Stromkräfte sind hier immer so gerichtet, daß sie den Schalter zu öffnen suchen. In irgendeinem Längenelement dx der Traverse liefert der in dem Längenelement dy der Zuführung fließende Strom nach der Ampèreschen Formel entsprechend Gl. (26.70) den Beitrag

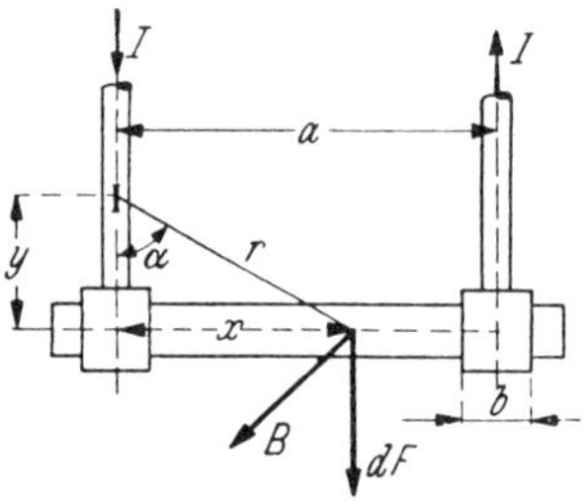

Abb. 29.2. Berechnung der Kräfte in einem Schalter

$$dB = \frac{\mu_0}{4\pi}\,I\,\frac{dy}{r^2}\sin\alpha \tag{5}$$

zur magnetischen Induktion, oder mit $r = \sqrt{x^2 + y^2}$ und $\sin\alpha = \dfrac{x}{\sqrt{x^2 + y^2}}$,

$$dB = \frac{\mu_0}{4\pi}\,I\,\frac{x\,dy}{\sqrt{x^2 + y^2}^{\,3}}\,. \tag{6}$$

Die von dem linken Stab herrührende Induktion ist daher

$$\frac{\mu_0}{4\pi}\,I\,x\int\limits_0^\infty \frac{dy}{\sqrt{x^2 + y^2}^{\,3}} = \frac{\mu_0}{4\pi}\frac{I}{x}\,. \tag{7}$$

Der Beitrag des anderen Stabes ist entsprechend

$$\frac{\mu_0}{4\pi}\frac{I}{a - x}\,,$$

so daß die Gesamtinduktion

$$B = \frac{\mu_0}{4\pi}\,I\left(\frac{1}{x} + \frac{1}{a - x}\right) \tag{8}$$

wird. Sie ist senkrecht zur Zeichenebene gerichtet. Die Kraft, die auf das Längenelement dx des Messers ausgeübt wird, ist daher

$$dF = \frac{\mu_0}{4\pi}\,I^2\left(\frac{dx}{x} + \frac{dx}{a - x}\right), \tag{9}$$

und es wird die Gesamtkraft

$$F = \frac{\mu_0}{4\pi}\,I^2\int\limits_{\frac{b}{2}}^{a-\frac{b}{2}}\left(\frac{dx}{x} + \frac{dx}{a - x}\right) = \frac{\mu_0}{2\pi}\,I^2\ln\frac{2a - b}{b}\,, \tag{10}$$

wobei b die Breite der beiden Klemmstücke bezeichnet.

Zahlenbeispiel: Durch einen Schalter mit $a = 15$ cm, $b = 2$ cm fließe ein Kurzschlußstrom von $I = 10\,000$ A. Dann ergibt sich eine Kraft von

$$F = \frac{1{,}257 \cdot 10^{-6}}{2\pi} 10^8 \ln 14 \frac{\mathrm{HA}^2}{\mathrm{m}} = 53\ \mathrm{N} = 5{,}4\ \mathrm{kp}\,.$$

Eine andere Methode zur Berechnung der magnetischen Feldkräfte besteht darin, daß man die Änderung der magnetischen Energie feststellt, die infolge einer gedachten Formänderung des Stromkreises entsteht. Ändert man irgendeine Abmessung x eines stromdurchflossenen Kreises um ein kleines Stück dx, so sind dabei (neben den elastischen Spannungen) magnetische Feldkräfte zu überwinden. Bezeichnen wir die magnetische Feldkraft in der Richtung von x mit F_x, so wird bei der Verschiebung um dx eine mechanische Arbeit

$$dW_1 = F_x\,dx \tag{11}$$

geleistet. Denken wir uns den Strom I bei dieser Änderung konstant gehalten, z. B. indem ein genügend hoher Widerstand im Stromkreis vorgesehen wird, so wächst bei einer solchen Formänderung der Gesamtfluß des Stromkreises,

$$\Phi = L\,I\,,$$

um einen Betrag

$$d\Phi = I\,dL = I \frac{\partial L}{\partial x} dx\,.$$

Erfolgt die Änderung in der Zeit dt, so ergibt sich eine Selbstinduktionsspannung

$$u_L = \frac{d\Phi}{dt} = I \frac{\partial L}{\partial x} \frac{dx}{dt}\,. \tag{12}$$

Diese erfordert beim Strom I während der Zeit dt einen elektrischen Arbeitsaufwand

$$dW_2 = u_L\,I\,dt = I^2 \frac{\partial L}{\partial x} dx\,. \tag{13}$$

Schließlich wird bei der Änderung ein Zuwachs der im magnetischen Feld aufgespeicherten Energie

$$W_m = \frac{1}{2} L\,I^2 \text{ um } dW_m = \frac{1}{2} I^2 \frac{\partial L}{\partial x} dx \tag{14}$$

gewonnen. Da die aufgewendete Arbeit gleich der gewonnenen Arbeit sein muß, so folgt

$$dW_2 = dW_m + dW_1\,, \tag{15}$$

oder nach Einsetzen der Ausdrücke (12), (14) und (15)

$$F_x = \frac{1}{2} I^2 \frac{\partial L}{\partial x}\,. \tag{16}$$

Die Kraft ist also immer so gerichtet, daß sie die Induktivität zu vergrößern sucht. Sie kann berechnet werden, wenn die Abhängigkeit der Induktivität des Stromkreises von x bekannt ist. Aus der Gl. (28.15) für die Induktivität einer Doppelleitung ergibt sich z. B. sofort die Beziehung (4) für die zwischen den beiden Drähten wirkende Kraft.

Handelt es sich um zwei verschiedene Stromkreise *1* und *2*, so lassen sich die zwischen den Stromkreisen auftretenden Kräfte durch eine ähnliche Überlegung finden. Bei der Verschiebung dx der beiden Stromkreise gegeneinander ergibt sich eine Änderung der Gegeninduktivität, durch die einerseits die in den beiden Stromkreisen induzierten Spannungen, andererseits die Änderung der Feldenergie, Gl. (28.69), bestimmt sind. Damit folgt für die in der Richtung der Verschiebung wirkende Kraft

$$F_x = I_1\, I_2 \frac{\partial M}{\partial x}\,. \tag{17}$$

Diese sucht also die Stromkreise in eine solche Lage zu bringen, daß die Gegeninduktivität möglichst groß wird.

Kräfte zwischen Stromleitern und magnetischen Stoffen

Meist lassen sich magnetische Stoffe durch äquivalente stromführende Leiter ersetzen. Als Beispiel werde der in Abb. 27.5 dargestellte Fall betrachtet. Die Anziehungskraft zwischen Leiter und Eisenplatte ist bei unendlich großer Permeabilität des Eisens als Kraft zwischen den beiden Strömen in A und A' nach Gl. (4)

$$F = \frac{\mu_0}{2\pi}\frac{l}{2h} I^2\,. \tag{18}$$

Nach dieser Beziehung wird die Anziehungskraft um so größer, je kleiner der Abstand des Leiters von dem Eisen ist. Derartige Kräfte spielen eine Rolle bei den Wicklungsköpfen der elektrischen Maschinen, wo sie besonders im Kurzschlußfall hohe Beträge erreichen können.

Kräfte an Grenzflächen

Die *an Grenzflächen ausgeübten Kräfte* können wie im elektrischen Feld zurückgeführt werden auf Kräfte, mit denen sich die Feldlinien zu verkürzen und zu verbreitern suchen. Analog den Kräften im elektrischen Feld haben Längszug und Querdruck die gleiche Form wie die Dichte der aufgespeicherten Energie unter der Voraussetzung, daß die Permeabilität eine Konstante ist. Es gilt

$$\boxed{\sigma_z = \frac{1}{2} B\, H = \frac{1}{2}\mu\, H^2\,.} \tag{19}$$

Man kann diese Beziehung durch die Betrachtung einer Ringspule ableiten, die einen Ringkern mit sehr kleinem Querschnitt A und der Feldlinienlänge l enthält. Der Beitrag, den dieser Kern zur Induktivität der Spule liefert, ist nach Gl. (28.6)

$$L = N^2 \frac{\mu A}{l}\,. \tag{20}$$

Daraus folgt für die Kraft, die die Länge l zu *vergrößern* sucht, nach Gl. (16)

$$F = \frac{1}{2} I^2 \frac{\partial L}{\partial l} = -\frac{1}{2} N^2 \frac{\mu A}{l^2} I^2\,. \tag{21}$$

Die Kraft wirkt also in entgegengesetzter Richtung, sie sucht die Feldlinien zu verkürzen. Für die Gl. (21) kann man schreiben

$$F = -\frac{1}{2} B\, H\, A\,. \tag{22}$$

Für die Zugspannung folgt daraus die Gl. (19). Daß der Querdruck der Feldlinien ebenso groß ist, ergibt sich durch eine ähnliche Betrachtung wie im elektrischen Feld, Abb. 13.2.

Die Kräfte können genau so berechnet werden wie im Fall des elektrischen Feldes, Abschnitt 13. Das Ergebnis ist wie dort, daß die an der Grenzfläche angreifende Kraft immer senkrecht zur Grenzfläche gerichtet ist. Die von einem Stoff mit der Permeabilität μ_2 nach einem Stoff mit der Permeabilität μ_1 hin gerichtete Zugspannung hat ganz analog wie im elektrischen Feld, Gl. (13.16), den Betrag

$$\boxed{\sigma_z = \frac{1}{2}(\mu_2 - \mu_1)\left(H_{t1}^2 + \frac{\mu_1}{\mu_2} H_{n1}^2\right).} \tag{23}$$

Handelt es sich um eine Grenzfläche zwischen Eisen ($\mu_2 = \mu_r \mu_0$) und Luft ($\mu_1 = \mu_0$), so folgt hieraus

$$\sigma_z = \frac{\mu_r - 1}{2 \mu_r \mu_0} (B_n^2 + \mu_r B_t^2)\,, \tag{24}$$

wenn B_n und B_t die Komponenten der Flußdichte im Luftraum bezeichnen.

Eine Anwendung der Formel (24) bildet die angenäherte Berechnung der Tragkraft eines Elektromagneten. Wenn der Luftspalt des Magneten so eng ist (also z. B. bei anliegendem Anker), daß der Induktionsfluß senkrecht durch die Polfläche A hindurchtritt, dann ist die Tragkraft für $\mu_r \gg 1$

$$\boxed{F = \sigma_z A = \frac{1}{2} \frac{B^2 A}{\mu_0} = \frac{1}{2} \frac{\Phi^2}{\mu_0 A}}\,, \tag{25}$$

wobei B die Induktion im Luftspalt bezeichnet („MAXWELLsche Formel").

Zahlenbeispiel: Die größten Werte der Flußdichte in Luft, die in der Elektrotechnik im allgemeinen angewendet werden, liegen bei etwa $B = 2\ \mathrm{T} = 2\ \mathrm{Vs/m^2}$. Daher sind die größten magnetischen Zugspannungen

$$\sigma_z = \frac{1}{2} \frac{4}{1{,}257 \cdot 10^{-6}} \frac{\mathrm{V^2 s^2 m}}{\mathrm{m^4 H}} = 1{,}59 \cdot 10^6 \frac{\mathrm{N}}{\mathrm{m^2}} \left(= 16{,}2 \frac{\mathrm{kp}}{\mathrm{cm^2}}\right).$$

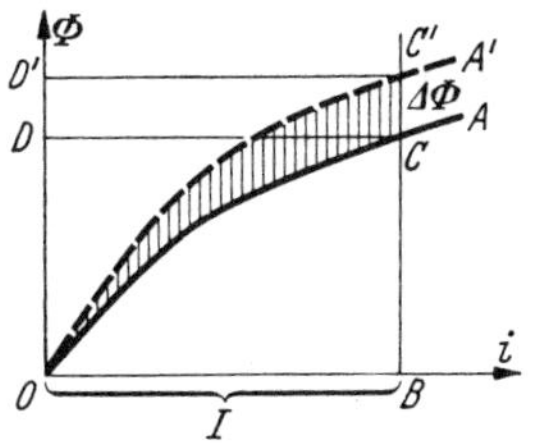

Abb. 29.3. Zur Berechnung der Zugkraft eines Elektromagneten

Die Gl. (25) wurde unter der Voraussetzung feldstärkeunabhängiger Permeabilität des Eisens abgeleitet; sie gilt jedoch mit großer Genauigkeit auch für die gekrümmten Magnetisierungskurven des Eisens, soweit die *totale Permeabilität* μ_r groß gegen 1 ist.

Ein anderer Weg zur Berechnung der an Polflächen auftretenden Kräfte geht von der magnetischen Kennlinie des magnetischen Kreises aus. In Abb. 29.3 sei der Zusammenhang zwischen dem mit der Wicklung verketteten Gesamtfluß Φ und dem Strom i in der Wicklung bei irgendeiner Stellung des Ankers durch OA dargestellt.

Bei einer Änderung des magnetischen Flusses ergibt sich nach dem Induktionsgesetz eine Änderung der magnetischen Energie vom Betrage

$$dW_m = i \frac{d\Phi}{dt} dt = i\, d\Phi\,. \tag{26}$$

Die Gesamtenergie hat daher bei gegebener Stromstärke I den Wert

$$W_m = \int_0^\Phi i\, d\Phi. \tag{27}$$

Dieses Integral wird in Abb. 29.3 durch die Fläche OCD dargestellt:

$$W_m = \text{Fläche } OCD\,. \tag{28}$$

Nähert sich nun der Anker den Magnetpolen um ein kleines Stück Δx, so wird vom Magneten eine mechanische Arbeit

$$W_1 = F\, \Delta x \tag{29}$$

geleistet. Gleichzeitig wird Φ wegen des kleineren Luftspaltes größer, Kurve OA'. Dabei wächst die magnetische Energie auf den Betrag

$$W_m + \Delta W_m = \text{Fläche } OC'D', \tag{30}$$

wenn der Strom I bei der Änderung konstant gehalten wird. Aus Abb. 29.3 ist ersichtlich, daß

$$\text{Fläche } OC'D' = \text{Fläche } OCD + \text{Fläche } DD'C'C - \text{Fläche } OCC'. \tag{31}$$

Daher wird der Zuwachs der Energie nach Gl. (30) mit (28)

$$\Delta W_m = I\,\Delta\Phi - \text{Fläche } OCC'. \tag{32}$$

Die zur Überwindung der Selbstinduktionsspannung beim Strom I von der äußeren Stromquelle zu leistende Arbeit ist nach dem Induktionsgesetz

$$W_2 = I\,\Delta\Phi. \tag{33}$$

Nun gilt

$$W_2 = W_1 + \Delta W_m, \tag{34}$$

und daraus folgt durch Einsetzen

$$F\,\Delta x = \text{Fläche } OCC', \tag{35}$$

eine Beziehung, aus der allgemein die Kraft F ermittelt werden kann.

In dem Sonderfall einer geradlinigen Magnetisierungskurve wird

$$\text{Fläche } OCC' = \frac{1}{2}\,I\,\Delta\Phi\,, \quad \text{also} \quad F = \frac{1}{2}\,I\,\frac{\Delta\Phi}{\Delta x}\,. \tag{36}$$

In dem anderen Grenzfall einer Magnetisierungskurve, die zunächst sehr steil ansteigt und dann mit einem scharfen Knick in die Horizontale umbiegt, wird das Dreieck OCC' zu einem Rechteck, so daß in diesem Grenzfall

$$\text{Fläche } OCC' = I\,\Delta\Phi \quad \text{und} \quad F = I\,\frac{\Delta\Phi}{\Delta x}\,. \tag{37}$$

In Wirklichkeit liegt die Zugkraft bei Elektromagneten mit Eisenkreisen zwischen diesen beiden Grenzen je nach der Krümmung der magnetischen Kennlinie des Kreises. Infolge dieser Krümmung wird also die Zugkraft von Elektromagneten größer als der unter Annahme konstanter Permeabilität berechnete Wert bis höchstens zum Doppelten dieses Wertes. Allgemein gilt

$$F = \alpha\,I\,\frac{\Delta\Phi}{\Delta x}\,, \tag{38}$$

wobei der Zahlenwert α zwischen 0,5 und 1 liegt und größer wird mit stärkerer Krümmung der magnetischen Kennlinie.

In den Nuten der elektrischen Maschinen, Abb. 29.4, ist die magnetische Flußdichte wegen der hohen Eisenpermeabilität klein gegen die Flußdichte in den Zähnen. Die auf die Stromleiter in den Nuten wirkenden Kräfte sind relativ gering. Die für das Drehmoment maßgebenden Triebkräfte greifen hier im wesentlichen an den Zahnflanken an.

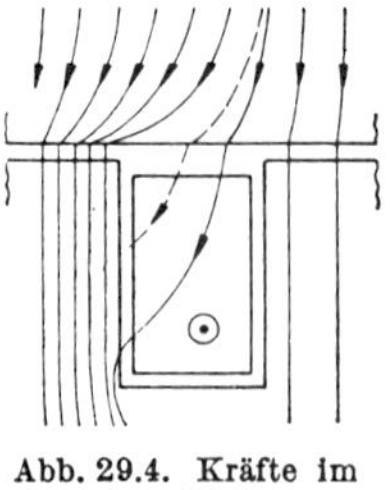

Abb. 29.4. Kräfte im Anker eines Elektromotors

Bei breiten offenen Nuten greifen die Feldlinien in die Zahnlücken ein; der Strom im Ankerleiter verursacht eine unsymmetrische Verteilung der Feldlinien wie in Abb. 29.4 angedeutet. Dadurch treten im allgemeinen nur Kräfte des Längszuges der Feldlinien an den Zahnflanken auf. In Abb. 29.4 sind diese Kräfte nach rechts gerichtet.

Bei schmalen tiefen und insbesondere *bei geschlossenen Nuten* können die Kräfte des Querdruckes fast allein das Drehmoment verursachen, Abb. 29.5. Denken wir uns zunächst den in der Nut liegenden Leiter stromlos, und bezeichnen wir die Flußdichte des Erregerfeldes in den Zähnen mit B_0, so gilt für die Flußdichte in der als sehr schmal vorausgesetzten Nut

$$B = \frac{B_0}{\mu_r}, \tag{39}$$

da die Tangentialkomponente der magnetischen Erregung an den Zahnflanken stetig sein muß. Die auf den Leiter von der Länge l ausgeübte Kraft ist daher

$$\boldsymbol{F}_1 = \frac{1}{\mu_r} B_0 I l, \tag{40}$$

wenn der Leiter von dem Strom I durchflossen wird. Sie ist um so kleiner, je größer die Permeabilität des Eisens ist. Um die Grenzflächenspannungen zu berechnen, müssen wir das wirkliche Feld betrachten, an dem auch der Ankerstrom beteiligt ist. Infolge der Durchflutung I ist die Flußdichte an den beiden Zahnflanken verschieden. Es gilt längs der Nutgrenzen angenähert

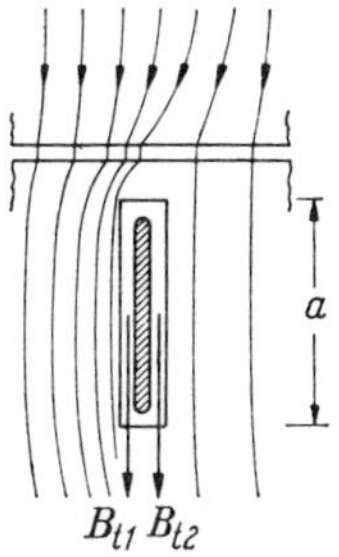

Abb. 29.5. Kräfte des Querdrucks bei geschlossenen Nuten

$$\oint \boldsymbol{H} \cdot d\boldsymbol{s} = (H_{t1} - H_{t2})\, a = I. \tag{41}$$

Daher sind die Tangentialkomponenten der magnetischen Induktion an den beiden Zahnflanken

$$B_{t1} = \frac{B_0}{\mu_r} + \frac{\mu_0 I}{2a}, \tag{42}$$

$$B_{t2} = \frac{B_0}{\mu_r} - \frac{\mu_0 I}{2a}. \tag{43}$$

Die an den Zahnflanken angreifenden Flächenkräfte wirken einander entgegen; ihre Differenz ist nach Gl. (30)

$$\boldsymbol{F}_2 = \frac{\mu_r - 1}{2\mu_r\mu_0}\mu_r\, 2\,\frac{B_0}{\mu_r}\,\frac{\mu_0 I}{a}\, a\, l = \frac{\mu_r - 1}{\mu_r} B_0 I l. \tag{44}$$

Die am Ankereisen selbst angreifende Kraft ist also $\mu_r - 1$ mal so groß wie die auf den Leiter wirkende Kraft. Die Summe der beiden Kräfte ist

$$F = F_1 + F_2 = B_0 I l. \tag{45}$$

Sie hat denselben Wert, als ob sich der Leiter in dem Feld mit der Induktion B_0 befände. Dieses Ergebnis kann allgemeiner auch aus Gl. (23.63) abgeleitet werden. Im allgemeinen Fall sind Kräfte des Längszuges und des Querdruckes von Feldlinien an den Zahnflanken am Drehmoment beteiltigt, immer sind aber die Leiter selbst infolge der hohen Eisenpermeabilität stark entlastet.

30. Gegenüberstellung der Grundgesetze der stationären Felder

Zwischen den Gesetzen des *stationären Strömungsfeldes, des stationären elektrischen Feldes* und des *stationären magnetischen Feldes* besteht eine weitgehende *formale* Übereinstimmung, die durch die folgende Tabelle 30.1 verdeutlicht wird; die Tabelle zeigt zugleich die wesentlichen Unterschiede zwischen den drei Feldern.

Tabelle 30.1

Strömungsfeld		Elektrisches Feld		Magnetisches Feld	
Größe	Einheit	Größe	Einheit	Größe	Einheit
elektr. Potential φ $\Delta\varphi = 0$	V	elektr. Potential φ, außerhalb d. elektr. *Ladungen* $\Delta\varphi = 0$	V	magn. Potential ψ, außerhalb d. elektr. *Ströme* $\Delta\psi = 0$	A
		innerhalb geladener Räume $\Delta\varphi = -\frac{\varrho}{\varepsilon}$	V	innerhalb der Leiter Vektorpotential $\boldsymbol{V}$ $\Delta\boldsymbol{V} = -\boldsymbol{J}$	A
elektr. Spannung $U_{ab} = \varphi_a - \varphi_b$	V	elektr. Spannung $U_{ab} = \varphi_a - \varphi_b$	V	magn. Spannung $\psi_a - \psi_b$	A
elektr. Feldstärke $\boldsymbol{E} = -\operatorname{grad}\varphi$	V/m	elektr. Feldstärke $\boldsymbol{E} = -\operatorname{grad}\varphi$	V/m	magn. Feldstärke $\boldsymbol{H}$ $\boldsymbol{H} = -\operatorname{grad}\psi$	A/m
				$\boldsymbol{H} = \operatorname{rot}\boldsymbol{V}$	A/m
Stromdichte $\boldsymbol{J} = \sigma\boldsymbol{E}$	$\mathrm{A/m^2}$	Verschiebungsdichte $\boldsymbol{D} = \varepsilon\boldsymbol{E}$	$\mathrm{As/m^2}$	magn. Induktion $\boldsymbol{B} = \mu\boldsymbol{H}$	$\mathrm{Vs/m^2}$
Stromstärke $I = \int \boldsymbol{J}\cdot d\boldsymbol{A}$	A	Verschiebungsfluß $Q = \int \boldsymbol{D}\cdot d\boldsymbol{A}$	As	Induktionsfluß $\Phi = \int \boldsymbol{B}\cdot d\boldsymbol{A}$	Vs
$\operatorname{div}\boldsymbol{J} = 0$		$\operatorname{div}\boldsymbol{D} = 0$		$\operatorname{div}\boldsymbol{B} = 0$	
		innerhalb geladener Räume $\operatorname{div}\boldsymbol{D} = \varrho$	As		
in homogenen Stoffen $\operatorname{div}\boldsymbol{E} = 0$		in homogenen Stoffen $\operatorname{div}\boldsymbol{E} = 0$		in homogenen, nicht ferromagnetischen Stoffen $\operatorname{div}\boldsymbol{H} = 0$	
				in ferromagnetischen Stoffen $\operatorname{div}\boldsymbol{H} \neq 0$	
an Grenzflächen verschiedener Leitfähigkeit $J_{n1} = J_{n2}$ $E_{t1} = E_{t2}$		an Grenzflächen verschiedener Elektrisierumgszahl $D_{n1} = D_{n2}$ $E_{t1} = E_{t2}$		an Grenzflächen verschiedener Permeabilität $B_{n1} = B_{n2}$ $H_{t1} = H_{t2}$	
Leitwert $G = \frac{1}{R} = \frac{I}{U}$	$\frac{1}{\Omega} = \mathrm{S}$	Kapazität $C = \frac{Q}{U}$	$\frac{\mathrm{s}}{\Omega} = \mathrm{F}$	Induktivität $L = \frac{\Phi}{I}$	$\Omega\,\mathrm{s} = \mathrm{H}$
Leistungsdichte $\boldsymbol{E}\cdot\boldsymbol{J}$	$\mathrm{W/m^3}$	elektr. Energiedichte $w = \frac{1}{2}\boldsymbol{D}\cdot\boldsymbol{E}$	$\mathrm{Ws/m^3}$	magn. Energiedichte $w = \frac{1}{2}\boldsymbol{B}\cdot\boldsymbol{H}$	$\mathrm{Ws/m^3}$
				in ferromagn. Stoffen $w = \int_0^B \boldsymbol{H}\cdot d\boldsymbol{B}$	$\mathrm{Ws/m^3}$

II. Das langsam veränderliche magnetische Feld

31. Der Wechselstromkreis mit Induktivität

Magnetische Wechselfelder werden durch Wechselstrom erzeugt. Fließt in einer Spule mit der Induktivität L ein Strom

$$i = I\sqrt{2}\sin\omega t = I_m \sin\omega t\,, \tag{1}$$

so entsteht nach Gl. (28.3) eine Selbstinduktionsspannung

$$u_L = L\frac{di}{dt} = \omega\, L\, I_m \cos\omega\, t\,. \tag{2}$$

Dabei gilt die Spannung dann als positiv, wenn sie einem Potentialgefälle in Richtung des Stromzählpfeiles entspricht. Aus Gl. (2) geht hervor, daß die Selbstinduktionsspannung dem Strom um 90° voreilt. Ferner ist ersichtlich, daß der *Effektivwert der Selbstinduktionsspannung*

$$U_L = \omega\, L\, I \tag{3}$$

beträgt. Wird der magnetische Fluß in der Spule als positiv gerechnet, wenn er von dem Stromzählpfeil rechtsläufig umkreist wird, dann schwingt der Fluß gemäß Gl. (28.1) in Phase mit dem Strom. Daher gilt für die Augenblickswerte des *Gesamtflusses*

$$\Phi_g = \Phi_{gm}\sin\omega\, t\,, \tag{4}$$

wobei mit Φ_{gm} der Scheitelwert des Flusses bezeichnet ist. Für diesen folgt nach Gl. (28.1)

$$\Phi_{gm} = L\, I_m\,. \tag{5}$$

Aus Gl. (3) und (5) ergibt sich

$$U_L\sqrt{2} = \omega\,\Phi_{gm}\,, \tag{6}$$

eine Beziehung, die auch unmittelbar aus dem Induktionsgesetz folgt.

Infolge des Widerstandes R der Spule entsteht nach dem OHMschen Gesetz eine Spannung

$$u_R = Ri = R\, I_m \sin\omega t\,, \tag{7}$$

die in Phase mit dem Strom schwingt und deren Effektivwert

$$U_R = R\, I \tag{8}$$

beträgt. Man bezeichnet U_R auch als *ohmschen Spannungsabfall*, U_L als *induktiven Spannungsabfall*. Die gesamte Spannung u an der Spule ergibt sich in jedem Zeitpunkt als Summe der beiden Spannungen u_R und u_L:

$$u = u_R + u_L\,. \tag{9}$$

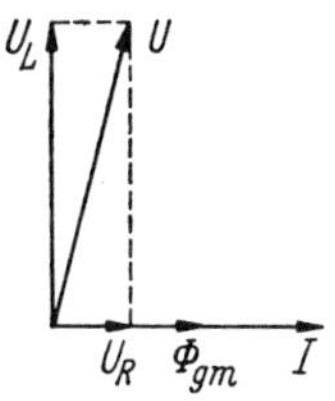

Abb. 31.1. Zeigerdiagramm einer Spule

Im Zeigerdiagramm, Abb. 31.1, müssen daher die beiden Zeiger U_R und U_L geometrisch addiert werden. Aus dem rechtwinkligen Dreieck folgt für den Effektivwert der Gesamtspannung an der Spule

$$U = \sqrt{U_R^2 + U_L^2} = I\sqrt{R^2 + (\omega\, L)^2}\,. \tag{10}$$

$$Z_s = \sqrt{R^2 + (\omega\, L)^2} \tag{11}$$

ist der *Scheinwiderstand* der Spule.

Umgekehrt folgt bei gegebener Spannung die Stromstärke aus der Gl. (10). Der Strom in der Spule und damit der Fluß Φ_g eilen der Spannung an der Spule um einen Winkel φ nach, der zwischen 0° und 90° liegt, und der berechnet werden kann aus

$$\tan\varphi = \frac{\omega\, L}{R}\,. \tag{12}$$

Die Spule nimmt in jedem Zeitelement dt die elektrische Arbeit $u\,i\,dt$ auf. Die der Spule zufließende Leistung ist daher in jedem Zeitpunkt t

$$P_t = u\,i = u_R\,i + u_L\,i\,. \tag{13}$$

Setzt man hier u_R, u_L und i nach Gl. (1), (2) und (7) ein und berücksichtigt, daß

$$2\sin^2\omega t = 1 - \cos 2\,\omega t\,; \quad 2\sin\omega t\cos\omega t = \sin 2\,\omega t\,,$$

so ergibt sich

$$P_t = I^2 R - I^2 R\cos 2\,\omega t + I^2\omega L\sin 2\,\omega t\,. \tag{14}$$

Die Leistung schwankt zeitlich mit der doppelten Frequenz des Wechselstromes. Der Mittelwert zeigt die in der Spule entstehenden Verluste durch Stromwärme an. Er beträgt

$$P = \frac{1}{T}\int\limits_0^T u\,i\,dt = I^2 R\,. \tag{15}$$

Dies ist der erste Summand in Gl. (14). Der zweite Summand stellt eine Schwankung mit dem gleich großen Scheitelwert dar. Der Augenblickswert der Leistung in dem ohmschen Widerstand R ist immer dann Null, wenn der Strom durch Null geht, er hat den Maximalwert $2\,I^2 R$, wenn der Strom ein positives oder negatives Maximum durchläuft. Abb. 31.2 zeigt den zeitlichen Verlauf der vom ohmschen Widerstand R aufgenommenen Leistung P_{Rt}. Der dritte Summand in Gl. (14) stellt ebenfalls eine Leistungsschwankung mit der doppelten Frequenz des Wechselstromes dar, aber mit dem Mittelwert Null. Der Scheitelwert der Schwankung ist $I^2\omega L$, Abb. 31.2. Diese Leistung P_{Lt} ist immer dann Null, wenn der Strom i oder die Spannung u_L durch Null gehen. Dazwischen liegen die Maximal- und Minimalwerte. Diese schwankende Leistung zeigt die im magnetischen Feld gespeicherte Energie an. Jeweils während einer Viertelperiode des Stromes (+) wird Energie in das magnetische Feld geliefert und während der darauffolgenden Viertelperiode (—) fließt diese Energie wieder zur Stromquelle zurück. Der Scheitelwert dieser Leistung ist auch

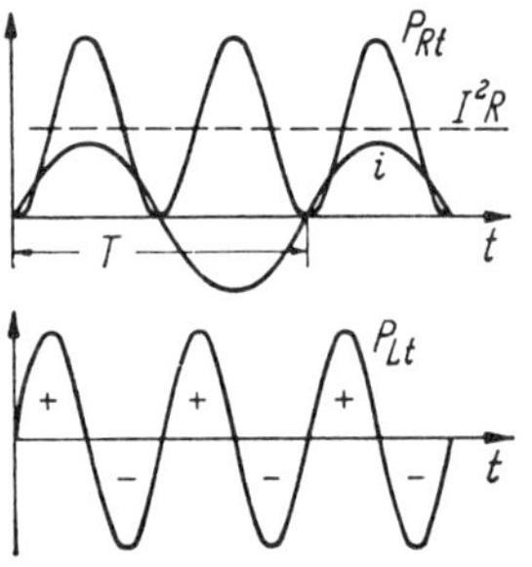

Abb. 31.2. Augenblickliche Leistung bei einer Spule $P_t = P + P_{Rt} + P_{Lt}$

$$I^2\omega L = I\,U_L\,. \tag{16}$$

Die maximal im magnetischen Feld gespeicherte Energie ergibt sich durch Integration über eine Viertelperiode:

$$W_m = \int\limits_0^{T/4} P_{Lt}\,dt = I^2\omega L\int\limits_0^{T/4}\sin 2\,\omega t\,dt = I^2 L\,. \tag{17}$$

Dies stimmt überein mit Gl. (28.27), wenn dort der Scheitelwert des Stromes $I\sqrt{2}$ für den betrachteten Zeitpunkt $T/4$ eingesetzt wird.

Der aus der gemessenen Verlustleistung nach Gl. (15) berechnete Wert von R ist im allgemeinen größer als der mit Gleichstrom gemessene Widerstand. Man bezeichnet daher den aus Gl. (15) definierten Widerstand als den *Wirkwiderstand* der Spule; der Unterschied gegenüber dem Gleichstromwiderstand ist bedingt durch die im magnetischen Wechselfeld auftretenden Verluste, die sich aus verschiedenen Anteilen zusammensetzen (s. Abschnitt 32 und 33).

ωL wird auch als *Blindwiderstand* bezeichnet, da die mittlere Leistung nur durch den Spannungsabfall IR bestimmt ist und der Spannungsabfall $I\omega L$ zur mittleren Leistung nichts beiträgt.

Wenn der magnetische Kreis im wesentlichen aus Eisen besteht und hohe Flußdichten vorkommen, so daß die nichtlinearen Effekte eine wesentliche Rolle spielen vermeidet man den Begriff der Induktivität und berechnet die Selbstinduktionsspannung unmittelbar aus dem durch die Wicklung mit N Windungen hindurchgehenden Bündelfluß Φ. Ist Φ_m der Scheitelwert dieses Flusses, so ist der Augenblickswert

$$\Phi = \Phi_m \sin \omega t . \tag{18}$$

Die Selbstinduktionsspannung wird nach dem Induktionsgesetz

$$u_L = N \frac{d\Phi}{dt} = N \omega \Phi_m \cos \omega t . \tag{19}$$

Sie eilt gegenüber dem Fluß danach um 90° vor. Der Effektivwert der Selbstinduktionsspannung wird

$$U_L = \frac{1}{\sqrt{2}} N \omega \Phi_m = 4{,}44\, N f \Phi_m . \tag{20}$$

In manchen Fällen ist die hierin enthaltene Voraussetzung, daß der Bündelfluß Φ_m in voller Größe mit allen Windungen verkettet ist, nicht zulässig. Der Gesamtfluß Φ_{gm} ist verschieden von $N \Phi_m$. Man drückt dies durch die Beziehung aus

$$\Phi_{gm} = \xi N \Phi_m \tag{21}$$

und nennt ξ den *Wicklungsfaktor*. Dann gilt also allgemein

$$U_L = 4{,}44\, \xi N f \Phi_m . \tag{22}$$

Häufig ist bei Spulen mit Eisenkern der ohmsche Spannungsabfall klein gegen den induktiven Spannungsabfall. Dann stimmt die Selbstinduktionsspannung U_L angenähert mit der Gesamtspannung U an der Spule überein. Durch eine an der Spule wirkende Wechselspannung U ist nach Gl. (22) der Scheitelwert des magnetischen Flusses Φ_m im Eisenkern zwangsläufig und unabhängig von den Eigenschaften des Eisenkerns bestimmt:

$$\Phi_m \approx \frac{U}{4{,}44\, \xi N f} . \tag{23}$$

Er eilt gegenüber der Spannung U angenähert um 90° nach. Aus dem Scheitelwert Φ_m des Induktionsflusses folgt der Scheitelwert der magnetischen Induktion B_m durch Division mit dem wirksamen Eisenquerschnitt. Auch die magnetische Induktion verläuft zeitlich sinusförmig und eilt gegenüber der Spannung U um 90° nach. Die magnetische Induktion bestimmt nun in jedem Zeitpunkt gemäß der Magnetisierungskurve des Eisens die magnetische Feldstärke und damit Durchflutung und Strom in der Spule. Wegen der Krümmung der Magnetisierungskurve verläuft der Strom bei sinusförmiger Spannung daher nicht sinusförmig (s. Abschnitt 33).

Zahlenbeispiel: An einer Spule mit der Induktivität 1 H und dem Wirkwiderstand 10 Ω liegt eine Wechselspannung mit dem Effektivwert $U = 220$ V und der Frequenz $f = 50$ Hz.

Der Blindwiderstand der Spule wird

$$\omega L = 314\ \Omega .$$

Der Scheinwiderstand der Spule wird

$$Z_s = \sqrt{10^2 + 314^2}\ \Omega \approx 314\ \Omega .$$

Der Effektivwert der Stromstärke wird

$$I = \frac{U}{Z_s} = \frac{220\ \mathrm{V}}{314\ \Omega} = 0{,}7\ \mathrm{A} .$$

Die von der Spule aufgenommene Leistung ist

$$P = I^2 R = 490\ \mathrm{W}.$$

Der Gesamtfluß im Eisenkern wird nach Gl. (6)

$$\Phi_{gm} = \frac{U_L \sqrt{2}}{\omega} = \frac{220 \sqrt{2}\,\mathrm{V}}{314\ \mathrm{s}^{-1}} = 0{,}99\ \mathrm{Wb}.$$

Die maximal vom Eisenkern aufgenommene magnetische Energie wird nach Gl. (17)

$$W_m = \frac{1}{2} I_m^2 L = I^2 L = 0{,}49 \text{ Ws} .$$

Die *komplexe Rechnung* läßt sich mit Vorteil anwenden, wenn die Induktivität als konstant angesehen werden kann. Dann gilt für die Selbstinduktionsspannung

$$\underline{U}_L = \underline{I}\, j\, \omega\, L . \tag{24}$$

Man kann daher analog zur Gl. (17.24) den Ausdruck

$$Z = j\, \omega\, L \tag{25}$$

als den der Induktivität L entsprechenden komplexen Widerstand auffassen. Der ohmsche Spannungsabfall ist

$$\underline{U}_R = \underline{I}\, R , \tag{26}$$

und es gilt

$$\underline{U} = \underline{U}_R + \underline{U}_L = \underline{I}\, (R + j\, \omega\, L) . \tag{27}$$

Die Größe $R + j\,\omega\, L$ stellt den komplexen Widerstand der Spule dar, R ist der Wirkwiderstand, $\omega\, L$ der Blindwiderstand. Näheres über die komplexe Rechnung s. Abschnitt 36.

32. Wirbelströme

Befinden sich in einem magnetischen Wechselfeld elektrisch leitende Stoffe, so entstehen in diesen Stoffen nach dem Induktionsgesetz Wechselströme auf Bahnen, die mit den magnetischen Induktionslinien verkettet sind; man bezeichnet diese Ströme als *Wirbelströme.* In stromführenden Leitern überlagern sich die Wirbelströme dem Leiterstrom. Auch durch das magnetische Feld des Leiterstromes selbst werden Wirbelströme im Leiter hervorgerufen. Dadurch ergibt sich eine ungleichmäßige Verteilung des Stromes über den Leiterquerschnitt, die man als *Stromverdrängung* bezeichnet. Die Wirbelströme erzeugen selbst ein Magnetfeld und wirken daher auch auf das ursprüngliche Feld zurück, es entsteht *Feldverdrängung.* Infolge der im Leiter entstehenden Stromwärme wird dem magnetischen Feld dabei Energie entzogen. Man bezeichnet als *Wirbelstromverluste* die Leistung, die infolge der Wirbelströme in Form von Wärme verlorengeht.

In einem Wirbelstromfeld sind elektrische und magnetische Feldstärke durch das Durchflutungsgesetz und das Induktionsgesetz miteinander verknüpft. Das Linienintegral der magnetischen Feldstärke ist auf jedem geschlossenen Weg durch die Durchflutung des Weges bestimmt. Auch das Induktionsgesetz gilt in einem räumlich ausgedehnten Feld auf beliebigen Bahnen; das Linienintegral der elektrischen Feldstärke ist also auf jedem geschlossenen Weg gleich dem magnetischen Schwund dieses Weges.

Stromverdrängung im zylindrischen Leiter

Ein besonders einfacher Fall der *Stromverdrängung* liegt bei langen kreiszylindrischen Leitern vor. Wenn man sich auf die Betrachtung eines kurzen Längenabschnittes eines solchen Leiters beschränkt, so darf man annehmen, daß die elektrische und die magnetische Feldstärke nur von dem Abstand r von der Achse abhängen, Abb. 32.1, und in jedem Leiterquerschnitt die gleichen Werte besitzen. Die magnetische Feldstärke hat überall die tangentiale Richtung, während die elektrische Feldstärke wie die Stromdichte axial gerichtet ist. Stromdichte und elektrische Feldstärke sind nach Gl. (6.4) verknüpft durch die Beziehung

$$\boldsymbol{J} = \sigma\, \boldsymbol{E} , \tag{1}$$

wobei hier durchweg vorausgesetzt wird, daß der Verschiebungsstrom im Leiter gegen den Leitungsstrom vernachlässigt werden kann (s. a. Abschnitt 44).

Wendet man daher das *Durchflutungsgesetz* auf einen Kreis vom Radius r an, so folgt für jeden Zeitpunkt

$$2\pi r H = \int_0^r J\, 2\pi r\, dr = 2\pi\sigma \int_0^r E\, r\, dr\,, \tag{2}$$

oder durch Differenzieren:

$$\frac{\partial H}{\partial r} + \frac{1}{r} H = \sigma E\,. \tag{3}$$

H und E bedeuten die Augenblickswerte der Feldstärken.

Um das *Induktionsgesetz* anzuwenden, betrachte man ein in einer Achsenebene des Leiters liegendes Rechteck, Abb. 32.2, dessen eine lange Seite in die Achse fällt, und dessen andere davon den Abstand r hat; die Länge des Rechtecks sei l. Ein solches Rechteck wird von den magnetischen Feldlinien senkrecht durchsetzt, so daß der Gesamtfluß in dem Rechteck

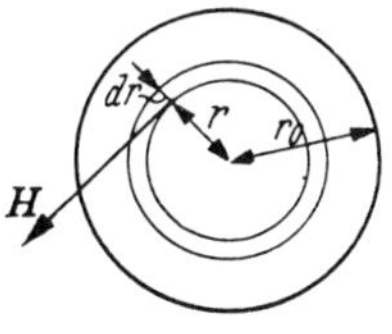

Abb. 32.1. Magnetische Feldstärke in einem zylindrischen Leiter

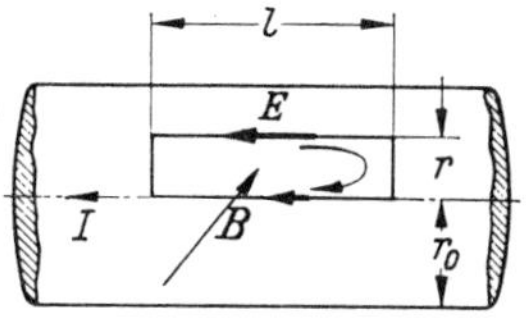

Abb. 32.2. Anwendung des Induktionsgesetzes

$$\Phi = \int_0^r B\, l\, dr = \mu\, l \int_0^r H\, dr$$

beträgt, wenn unter μ die als konstant angesehene Permeabilität des Leitermaterials verstanden wird. Bei der Bestimmung des Linienintegrals der elektrischen Feldstärke hat man die angenommene Bezugsrichtung des Induktionsflusses im Sinne einer Rechtsschraube zu umkreisen. Dies ergibt

$$\oint \boldsymbol{E} \cdot d\boldsymbol{s} = E|_{r=0}\, l - E|_r\, l = -\frac{\partial \Phi}{\partial t} = -\mu\, l\, \frac{\partial}{\partial t} \int_0^r H\, dr\,; \tag{4}$$

die aus den Radien gebildeten Rechteckseiten tragen zu dem Linienintegral nichts bei, da die elektrische Feldstärke senkrecht auf diesen Seiten steht. Durch Differenzieren nach r ergibt sich

$$\frac{\partial E}{\partial r} = \mu \frac{\partial H}{\partial t}\,. \tag{5}$$

Differenziert man die Gl. (3) nach t und führt die eben gefundene Gleichung ein, so ergibt sich

$$\frac{\partial^2 E}{\partial r^2} + \frac{1}{r}\frac{\partial E}{\partial r} = \sigma\mu \frac{\partial E}{\partial t}\,. \tag{6}$$

Wenn sich die Feldgrößen zeitlich sinusförmig ändern, so kann man die komplexe Darstellung benutzen, indem man für die komplexen Augenblickswerte setzt (s. S. 151)

$$\left.\begin{aligned} \underline{E}(t) &= \underline{E}\,\sqrt{2}\,\mathrm{e}^{j\omega t},\\ \underline{H}(t) &= \underline{H}\,\sqrt{2}\,\mathrm{e}^{j\omega t},\\ \underline{J}(t) &= \underline{J}\,\sqrt{2}\,\mathrm{e}^{j\omega t}.\end{aligned}\right\} \tag{7}$$

Die Größen $\underline{E}$, $\underline{H}$ und $\underline{J}$ stellen für jeden Punkt des Raumes Zeiger in der komplexen Ebene dar. Die absoluten Beträge dieser Zeiger geben die Effektivwerte der Größen in dem betreffenden Raumpunkt an. Führt man die Ansätze (7) in die Gl. (6) ein, so folgt

$$\frac{d^2\underline{E}}{dr^2} + \frac{1}{r}\frac{d\underline{E}}{dr} + k^2\,\underline{E} = 0\,. \tag{8}$$

Dabei ist gesetzt

$$k^2 = -j\,\omega\sigma\mu\,; \qquad k = (1-j)\sqrt{\frac{1}{2}\,\omega\sigma\mu}\,. \tag{9}$$

Aus der elektrischen Feldstärke folgt die magnetische Feldstärke mit der Gl. (5)

$$\underline{H} = \frac{1}{j\,\omega\,\mu}\,\frac{d\underline{E}}{dr}\,, \tag{10}$$

und es gilt für den komplexen Zeiger der Stromdichte

$$\underline{J} = \sigma\,\underline{E}\,. \tag{11}$$

Die Gl. (8) ist die Differentialgleichung für die BESSELschen Funktionen der Ordnung Null[1]. Von den verschiedenen Arten dieser Funktionen kommt hier nur diejenige in Betracht, welche für $r = 0$ endlich ist, da die elektrische Feldstärke überall im Leiterquerschnitt endliche Werte haben muß. Es ist dies die BESSELsche Funktion erster Art, die durch die Potenzreihe

$$J_0(k\,r) = 1 - \frac{1}{1!^2}\left(\frac{k\,r}{2}\right)^2 + \frac{1}{2!^2}\left(\frac{k\,r}{2}\right)^4 - \frac{1}{3!^2}\left(\frac{k\,r}{2}\right)^6 + \cdots \tag{12}$$

definiert ist. Durch Einsetzen in Gl. (8) überzeugt man sich leicht, daß diese Funktion die Differentialgleichung befriedigt. Als Lösung der Differentialgleichung ergibt sich daher

$$\underline{E} = c\,J_0(kr)\,, \tag{13}$$

wobei c eine willkürliche Konstante bedeutet. Um mit Hilfe von Gl. (10) die magnetische Feldstärke zu berechnen, benutzt man die Formel

$$\frac{dJ_0(x)}{dx} = -\,J_1(x)\,, \tag{14}$$

wobei $J_1(x)$ die BESSELsche Funktion *erster* Ordnung bezeichnet. Damit wird

$$\underline{H} = -\,c\,\frac{k}{j\,\omega\,\mu}\,J_1(k\,r)\,. \tag{15}$$

Die Integrationskonstante c kann aus dem Effektivwert I des Stromes im Leiter bestimmt werden. Das Durchflutungsgesetz liefert bei Anwendung auf die Randlinie des Leiterquerschnitts

$$\underline{H}|_{r_0}\,2\,\pi\,r_0 = I\,, \tag{16}$$

wenn der Stromzeiger als Bezugsgröße willkürlich in die reelle Achse der komplexen Ebene gelegt wird; oder mit Gl. (15):

$$c = -\,\frac{j\,\omega\,\mu}{2\,\pi\,r_0\,k}\,\frac{I}{J_1(k\,r_0)}\,. \tag{17}$$

Für die elektrische Feldstärke und die Stromdichte ergibt sich damit

$$\underline{E} = -\,\frac{j\,\omega\,\mu}{2\,\pi\,r_0\,k}\,I\,\frac{J_0(k\,r)}{J_1(k\,r_0)} = \frac{I\,k}{2\,\pi\,r_0\,\sigma}\,\frac{J_0(k\,r)}{J_1(k\,r_0)}\,; \tag{18}$$

$$\underline{J} = \frac{k\,I}{2\,\pi\,r_0}\,\frac{J_0(k\,r)}{J_1(k\,r_0)}\,. \tag{19}$$

Wenn $k\,r$ sehr klein ist, also bei sehr niedrigen Frequenzen, gilt für $J_0(k\,r)$ nach Gl. (12) die Näherungsformel

$$J_0(k\,r) \approx 1\,, \tag{20}$$

ebenso mit Gl. (14)

$$J_1(k\,r_0) \approx \frac{1}{2}\,k\,r_0\,. \tag{21}$$

Daher wird die Stromdichte

$$\underline{J} = \frac{I}{r_0^2\,\pi}\,. \tag{22}$$

[1] Siehe Tabellen- und Formelsammlungen.

Bei niedrigen Frequenzen ist also der Strom gleichmäßig über den Querschnitt des Leiters verteilt.

Die elektrische Feldstärke zeigt an, wie groß der Spannungsabfall längs des Leiters ist. Der Spannungsabfall längs einer Mantellinie ($r = r_0$) kann dargestellt werden durch die Wirkung eines Widerstandes R und einer Induktivität L_i. Es gilt also für einen Abschnitt des Leiters von der Länge l

$$I\,(R + j\,\omega\,L_i) = \underline{E}\,l = \frac{I\,k\,l}{2\,\pi\,r_0\,\sigma}\,\frac{J_0(k\,r_0)}{J_1(k\,r_0)}\,, \tag{23}$$

eine Beziehung, aus der die Größen R und L_i durch Gleichsetzen von reellen und imaginären Teilen berechnet werden können[1]. Die Größe R ist maßgebend für die Verluste, die in dem Leiter durch die Stromwärme auftreten; sie stellt den *Wechselstromwiderstand* des Leiters dar. Die Größe L_i gibt den Beitrag des Magnetfeldes im Leiterinneren zur Induktivität des Stromkreises an, ist also die *innere Induktivität* bei Wechselstrom. Einfache Formeln ergeben sich für große und kleine Werte von $k r_0$, also hohe und niedrige Frequenzen. Setzt man

$$x = \frac{r_0}{2}\sqrt{\pi\,f\,\sigma\,\mu}\,, \tag{24}$$

und führt man den Gleichstromwiderstand

$$R_0 = \frac{l}{r_0^2\,\pi\,\sigma} \tag{25}$$

ein, so erhält man mit Hilfe der Potenzreihe (12) für kleine Werte von $x(<1)$ die Näherungsformeln

$$\frac{R}{R_0} = 1 + \frac{1}{3}\,x^4\,, \tag{26}$$

$$\frac{\omega\,L_i}{R_0} = x^2\left(1 - \frac{x^4}{6}\right), \tag{27}$$

und für große Werte von $x(>1)$ mit Hilfe der für große Werte des Argumentes geltenden Entwicklungen der Besselschen Funktionen

$$\frac{R}{R_0} = x + \frac{1}{4} + \frac{3}{64\,x}\,, \tag{28}$$

$$\frac{\omega\,L_i}{R_0} = x - \frac{3}{64\,x} + \frac{3}{128\,x^2}\,. \tag{29}$$

Die Größen R/R_0 und $\omega\,L_i/R_0$ sind in Abb. 32.3 graphisch dargestellt. Bei sehr hohen Frequenzen wird

$$\omega\,L_i = R\,. \tag{30}$$

Zahlenbeispiel: Es sei der Widerstand einer Kupferleitung von 4 mm ⌀ und 1 km Länge für eine Frequenz $f = 40\,000$ Hz zu berechnen, $\sigma = 57\,\frac{\text{Sm}}{\text{mm}^2}$.

Es wird $\quad x = \frac{1}{2}\,0{,}2\,\text{cm}\sqrt{\pi\,40\,000\cdot 57\cdot 10^4\cdot 1{,}257\cdot 10^{-8}\,\text{s}^{-1}\frac{\text{S}}{\text{cm}}\,\frac{\text{H}}{\text{cm}}} = 3\,,$

also nach Gl. (28) und (29) $\frac{R}{R_0} = 3{,}27, \quad \frac{\omega\,L_i}{R_0} = 2{,}98\,.$

Nun ist $\quad R_0 = \frac{1000}{57\cdot 12{,}57}\,\Omega = 1{,}4\,\Omega\,.$

Daher ergibt sich $\quad R = 4{,}57\,\Omega; \qquad L_i = \frac{2{,}98\cdot 1{,}4\,\Omega\,\text{s}}{40\,000\cdot 6{,}28} = 1{,}66\cdot 10^{-5}\,\text{H}\,.$

---

[1] Siehe Tabellen- und Formelsammlungen.

Bei Gleichstrom ist nach Gl. (28.50) die innere Induktivität $L_i = 5 \cdot 10^{-5}$ H.

Die Zunahme des Widerstandes mit der Frequenz ist so zu erklären, daß bei hohen Frequenzen der Strom im wesentlichen in einer Schicht an der Oberfläche des Leiters fließt. Man erkennt dies, wenn man die Näherungsformeln der BESSELschen Funktionen für großes Argument benutzt; sie lauten

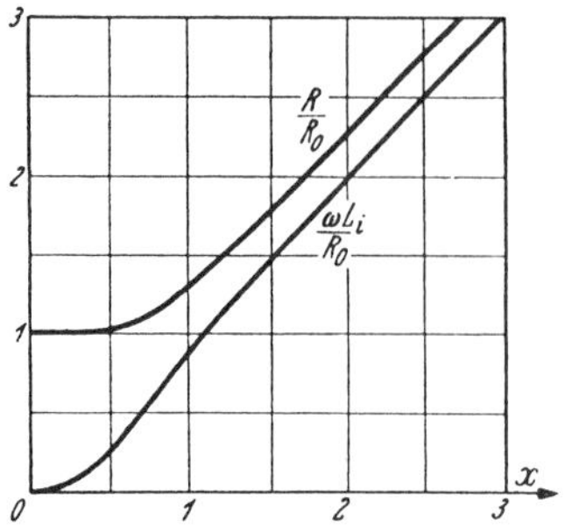

Abb. 32.3. Wechselstromwiderstand und -induktivität eines Drahtes

$$|J_0(x\, 2\sqrt{2}\sqrt{-j})| = |J_1(x\, 2\sqrt{2}\sqrt{-j})| = \frac{1}{\sqrt{4\pi x\sqrt{2}}} e^{2x}. \tag{31}$$

Damit ergibt sich aus Gl. (19) der Effektivwert der Stromdichte

$$|\underline{J}| = J = \frac{I}{2\pi r_0}\sqrt{\omega\sigma\mu}\sqrt{\frac{r_0}{r}}\, e^{-\sqrt{\pi f \sigma \mu}(r_0 - r)}. \tag{32}$$

Bezeichnet man den Abstand des betrachteten Punktes von der Leiteroberfläche mit y,

$$r_0 - r = y,$$

so nimmt also die Stromdichte mit wachsender Tiefe y etwa nach einer Exponentialfunktion ab. Große Werte der Stromdichte finden sich bei hohen Frequenzen nur in der Nähe der Oberfläche des Leiters (*Skineffekt, Hauteffekt*).

Ebene Wirbelstromfelder

Wenn man von vornherein die Voraussetzung macht, daß die stromführende Schicht sehr dünn ist, dann kann man die Krümmung der Leiteroberfläche vernachlässigen und die in Abb. 32.4 dargestellten Verhältnisse zugrunde legen, die sich bei ebener Begrenzung des Leiters ergeben. Die Feldgrößen hängen dann nur von dem Abstand y von der Leiteroberfläche ab. Die Vektoren $\boldsymbol{E}$ und $\boldsymbol{J}$ haben die Richtung der Leiterachse, die in die z-Richtung fällt. Nach der Rechtsschraubenregel muß dann die positive Richtung der magnetischen Feldstärke die x-Richtung sein. Wendet man das Durchflutungsgesetz auf das Rechteck a, dy in der $x\,y$-Ebene an, so ergibt sich

$$\underline{H}\, a - \left(\underline{H} + \frac{\partial \underline{H}}{\partial y} dy\right) a = \sigma\, \underline{E}\, a\, dy, \quad \text{oder} \quad -\frac{d\underline{H}}{dy} = \sigma\, \underline{E}. \tag{33}$$

Die Anwendung des Induktionsgesetzes auf ein Rechteck b, dy in der yz-Ebene ergibt

$$-\underline{E}\, b + \left(\underline{E} + \frac{\partial \underline{E}}{\partial y} dy\right) b = -\mu\, b\, j\, \omega\, \underline{H}\, dy, \quad \text{oder} \quad -\frac{d\underline{E}}{dy} = j\,\omega\,\mu\,\underline{H}. \tag{34}$$

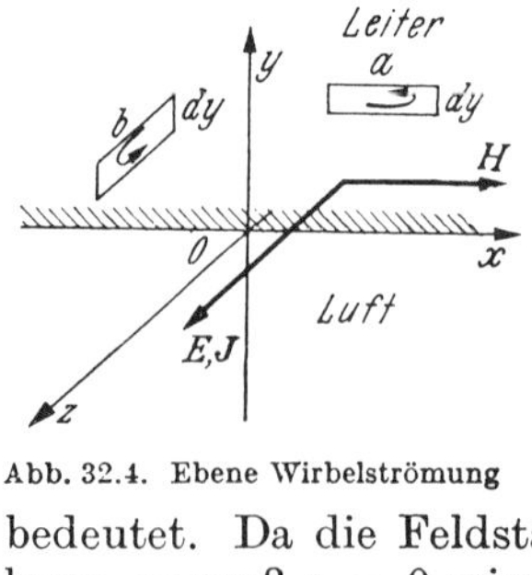

Abb. 32.4. Ebene Wirbelströmung

Aus den Gl. (33) und (34) folgt

$$\frac{d^2 \underline{E}}{dy^2} = j\,\omega\,\sigma\,\mu\,\underline{E} \tag{35}$$

mit der Lösung

$$\underline{E} = c_1\, e^{-\beta y - j\beta y} + c_2\, e^{\beta y + j\beta y}, \tag{36}$$

in der

$$\beta = \sqrt{\pi f \sigma \mu} \tag{37}$$

bedeutet. Da die Feldstärke mit zunehmender Tiefe nicht unbegrenzt zunehmen kann, so muß $c_2 = 0$ sein, also

$$\underline{E} = c_1\, e^{-\beta y - j\beta y}. \tag{38}$$

Man erhält den Augenblickswert $E(t)$ von E in irgend einem Zeitpunkt, wenn man den Zeiger $\underline{E}$ mit $\sqrt{2}\,e^{j\omega t}$ multipliziert, also mit der Winkelgeschwindigkeit ω rotieren läßt und die Projektion auf eine feste Achse, z.B. auf die imaginäre Achse, bildet; man findet

$$E(t) = \sqrt{2} c_1 e^{-\beta y} \sin(\omega t - \beta y). \tag{39}$$

Diese Formel stellt eine Welle dar, die von der Oberfläche des Leiters nach innen fortschreitet. Verfolgt man nämlich die Punkte gleicher Schwingungsphase, so gilt für sie

$$\omega t - \beta y = \text{konst.},$$

oder

$$y = \frac{\omega}{\beta} t + \text{konst}.$$

Die Geschwindigkeit des Fortschreitens der Schwingungsphase ist also durch

$$v = \frac{dy}{dt} = \frac{\omega}{\beta} \tag{40}$$

gegeben (Phasengeschwindigkeit). Dabei nehmen die Amplituden beim Fortschreiten gemäß einem Exponentialgesetz ab. In Abb. 32.5 sind die augenblicklichen Werte der elektrischen Feldstärke in Abhängigkeit von der Tiefe unter der Oberfläche und für verschiedene Zeitpunkte dargestellt.

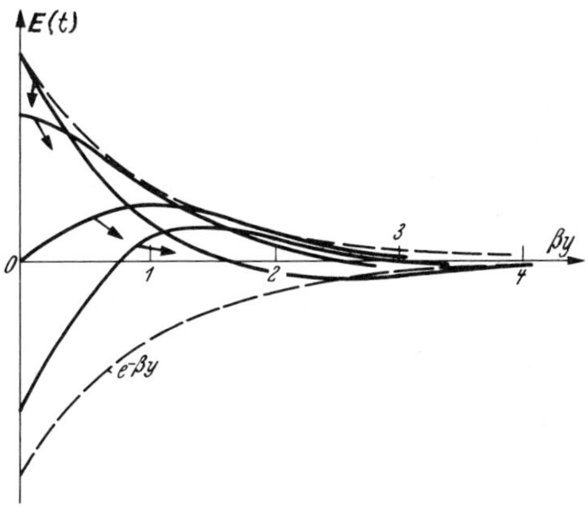

Abb. 32.5. Eindringen des elektrischen Feldes in den Leiter

Die Tiefe δ, bei der die elektrische Feldstärke auf den e-ten Teil ihres Oberflächenwertes abgenommen hat, bezeichnet man als *Eindringmaß*

$$\delta = \frac{1}{\beta} = \frac{1}{\sqrt{\pi f \sigma \mu}}. \tag{41}$$

Die *Eindringtiefe* des Feldes beträgt $4 \cdots 8\,\delta$. Für die magnetische Feldstärke ergibt sich aus Gl. (34)

$$\underline{H} = \frac{1+j}{j} \frac{\beta}{\omega \mu} \underline{E}. \tag{42}$$

Der Faktor

$$\frac{1+j}{j} = \frac{1}{j} + 1 = -j + 1 \tag{43}$$

stellt in der Zahlenebene, Abb. 32.6, einen Zeiger vom Betrage $\sqrt{2}$ dar, der einen Winkel von $-\pi/4$ mit der reellen Achse bildet. Daraus geht hervor, daß der Zeiger der magnetischen Feldstärke dem Zeiger der elektrischen Feldstärke um 45° nacheilt. Die magnetische Feldstärke dringt im übrigen in der gleichen Weise in das Leiterinnere ein wie die elektrische Feldstärke.

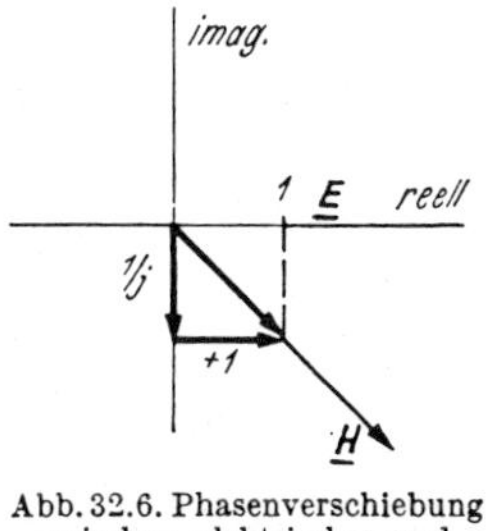

Abb. 32.6. Phasenverschiebung zwischen elektrischer und magnetischer Feldstärke

Die Konstante c_1 kann wieder aus dem Durchflutungsgesetz berechnet werden. An der Oberfläche des Leiters ist nach den Gl. (38) und (42)

$$\underline{H} = \frac{1+j}{j} \frac{\beta}{\omega \mu} c_1. \tag{44}$$

Bei einem kreiszylindrischen Leiter ist der Umfang des Leiterquerschnittes $2\pi r_0$. Daher liefert das Durchflutungsgesetz

$$\frac{1+j}{j}\,\frac{\beta}{\omega\mu}\,c_1\,2\pi r_0 = I\,, \tag{45}$$

wenn der Stromzeiger wieder in die reelle Achse der komplexen Ebene gelegt wird. Daraus folgt

$$c_1 = \frac{j}{1+j}\,\frac{\omega\mu}{\beta\,2\pi r_0}\,I\,. \tag{46}$$

Der Spannungsabfall an der Leiteroberfläche liefert den Wechselstromwiderstand und die innere Induktivität des Leiters

$$R + j\,\omega L_i = \frac{j}{1+j}\,\frac{\omega\mu}{\beta\,2\pi r_0}\,l = \frac{1+j}{2}\,\frac{\omega\mu}{\beta}\,\frac{l}{2\pi r_0}\,.$$

Für genügend hohe Frequenzen gilt also

$$R = \omega L_i = \frac{l}{2 r_0}\sqrt{\frac{\mu f}{\pi\sigma}} = \frac{l}{\sigma\,2\pi r_0\,\delta}\,, \tag{47}$$

wie es auch aus den Gl. (28), (29) und (30) hervorgeht. Gl. (47) zeigt, daß R durch den Gleichstromwiderstand eines Rohres vom Radius r_0 und der Dicke δ gegeben ist; δ wird daher auch *äquivalente Leitschichtdicke* genannt.

Der Wechselstromwiderstand wächst mit der Wurzel aus der Frequenz, während die innere Induktivität umgekehrt proportional mit der Wurzel aus der Frequenz abnimmt.

Zahlenbeispiel: Für das vorige Beispiel ergibt sich mit

$$\beta = 30\ \text{cm}^{-1}$$

das Eindringmaß

$$\delta = \frac{1}{30}\ \text{cm} = 0{,}333\ \text{mm}\,.$$

Die Eindringtiefe hat die Größenordnung des Leiterradius. Trotzdem ergeben die Formeln (47) noch eine einigermaßen gute Annäherung. Sie liefern für den Widerstand

$$R = \omega L_i = \frac{1000\ \text{m}}{2\cdot 0{,}2\ \text{cm}}\sqrt{\frac{40\,000\cdot 1{,}257\cdot 10^{-8}}{\pi\cdot 57\cdot 10^4}\,\frac{\text{s}^{-1}\ \text{H cm}}{\text{cm S}}} = 4{,}2\ \Omega$$

und für die innere Induktivität

$$L_i = \frac{4{,}2\ \Omega\text{s}}{40\,000\cdot 6{,}28} = 1{,}67\cdot 10^{-5}\ \text{H}\,.$$

Bei der Frequenz von 40 kHz wird die Laufgeschwindigkeit der in das Kupfer von der Oberfläche her eindringenden Welle nach Gl. (40)

$$v = \frac{\omega}{\beta} = \frac{2\pi\,40\cdot 10^3}{30}\,\frac{\text{cm}}{\text{s}} \approx 84\,\frac{\text{m}}{\text{s}}\,.$$

Tabelle 32.1

f/Hz	δ/mm		
	Kupfer	Aluminium	Eisen $\mu_r = 200$
50	9,44	12,3	1,8
10^2	6,67	8,7	1,3
10^3	2,11	2,75	0,41
10^4	0,667	0,87	0,13
10^5	0,211	0,275	0,041
10^6	0,0667	0,087	0,013
10^7	0,0211	0,0275	0,0041
10^8	0,00667	0,0087	0,0013
10^9	0,00211	0,00275	0,00041

Die Tabelle 32.1 gibt das Eindringmaß für einige Frequenzen an.

Bei hohen Frequenzen sind die elektrischen und magnetischen Felder wegen der geringen Eindringtiefe der metallischen Leiter praktisch auf die isolierenden Räume beschränkt. Bei langgestreckten Leiteranordnungen beliebigen Querschnitts werden die magnetischen Feldlinien wegen der Führung an den Leiteroberflächen identisch mit elektrischen Potentiallinien. Daher besteht zwischen der Induktivität und der Kapazität von Leitungen ein allgemeiner Zusammenhang. Betrachtet man die Funktion $u(x, y)$ Gl. (15.5) als Potentialfunktion des elektrischen Feldes, dann gibt $v(x, y)$ das magnetische Potential an. Für die Kapazität zwischen zwei Leitern gilt nach Gl. (15.15)

$$C = \frac{Q}{U} = \frac{\varepsilon\, l \oint dv}{\int du}\,. \tag{48}$$

Dabei ist das Integral über dv längs des Leiterumfanges zu nehmen, das Integral über du von der einen zur anderen Leiteroberfläche. Ganz analog gilt für die Induktivität

$$L = \frac{\Phi}{I} = \frac{\mu_0\, l \int du}{\oint dv}\,. \tag{49}$$

Daraus folgt

$$\boxed{L\,C = \varepsilon\, \mu_0\, l^2\,.} \tag{50}$$

Das Produkt aus Induktivität und Kapazität einer Leitung ist bei hohen Frequenzen unabhängig von der geometrischen Form der Leiter und ihrer Anordnung und nur bestimmt durch Dielektrizitätskonstante und Permeabilität des Isolierstoffes und die Leitungslänge.

Die bisher betrachtete Form der Stromverdrängung bezeichnet man als *allseitige Stromverdrängung*. Dazu gehört auch die Stromverteilung in einem leitenden Stoff, der als Rückleitung eines in diesen Stoff isoliert eingebetteten Leiters dient, wie z. B. im Seewasser als Rückleitung eines einadrigen Telegraphenkabels. Hier werden die Stromlinien im Wasser zum Kabel hingedrängt. Sie schnüren sich mit wachsender Frequenz immer enger in der Umgebung des Kabels zusammen. Ähnlich liegen die Verhältnisse bei der Rückleitung des Stromes einer oberirdischen Leitung durch die Erde; auch hier drängen sich die Stromlinien des Rückstromes in der Erde bei höheren Frequenzen immer dichter unterhalb der Leitung zusammen, so daß der Rückstrom im wesentlichen in einem Kanal unterhalb der Leitung fließt, dessen Querschnitt bei höheren Frequenzen immer kleiner wird. Für das Eindringmaß gilt in allen diesen Fällen die Gl. (41).

Einseitige Stromverdrängung in Ankerleitern und Spulen

Eine *einseitige Stromverdrängung* tritt bei den in die Nuten eines Eisenkörpers eingebetteten Kupferleitern der elektrischen Maschinen auf, Abb. 32.7. Das durch die Leiter erzeugte magnetische Feld hat Feldlinien, die angenähert senkrecht aus den Zahnflanken austreten und nahezu geradlinig von der einen Zahnflanke zur anderen übergehen. Die Feldlinien schließen sich im Eisen, wie in Abb. 32.7 angedeutet. Wird der magnetische Widerstand des Eisenweges gegen den des Luftweges vernachlässigt, so ist nach dem Durchflutungsgesetz die magnetische Feldstärke an jeder Stelle des Luftspaltes proportional dem darunter fließenden Strom. Wäre der Strom gleichmäßig über die Leiter verteilt, so würde die Feldverteilung die neben der Nut aufgezeichnete sein.

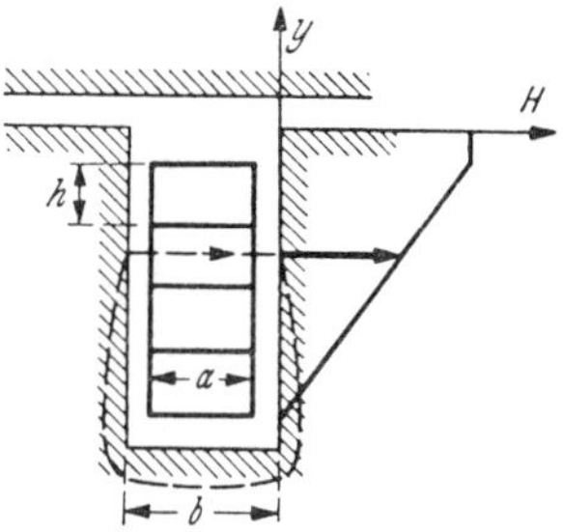

Abb. 32.7. Zur Untersuchung der einseitigen Stromverdrängung

Bei Wechselstrom gilt innerhalb der Leiter die Gl. (34), wenn als positive Richtung für E die aus der Zeichenebene herauszeigende Richtung gewählt wird. Das Durchflutungsgesetz liefert, auf ein schmales horizontales Rechteck in der Nut von der Höhe dy und der Breite b angewendet, analog zu Gl. (33)

$$-\frac{d\underline{H}}{dy} = \sigma \frac{a}{b} \underline{E}\,. \tag{51}$$

In ähnlicher Weise wie oben lassen sich Gl. (34) und Gl. (51) zu einer einzigen vereinigen mit der Lösung (36), wobei jedoch

$$\beta = \sqrt{\frac{a}{b} \pi f \sigma \mu}\,. \tag{52}$$

Daraus folgt für die magnetische Feldstärke mit Gl. (34)

$$\underline{H} = \frac{(1 + j)\,\beta}{j\,\omega\,\mu} \left(c_1\,e^{-\beta y - j \beta y} - c_2\,e^{+\beta y + j \beta y}\right). \tag{53}$$

Die Konstanten c_1 und c_2 ergeben sich aus den Grenzbedingungen. Betrachten wir den p-ten Leiter der Nut von unten gezählt und legen wir den Nullpunkt der y-Achse in die untere Kante dieses Leiters, bezeichnen wir ferner mit I_1 den Strom in einem einzelnen Leiter, so ist die Durchflutung der durch $y = 0$ definierten Feldlinie $(p - 1)\,I_1$, die Durchflutung der durch $y = h$ gehenden Feldlinie $p\,I_1$. Das Durchflutungsgesetz liefert für diese beiden Feldlinien:

$$(p - 1)\,I_1 = -b\,\frac{(1 + j)\,\beta}{j\,\omega\,\mu}\,(c_1 - c_2)\,,$$

$$p\,I_1 = -b\,\frac{(1 + j)\,\beta}{j\,\omega\,\mu}\left[c_1\,e^{-\beta h - j \beta h} - c_2\,e^{+\beta h + j \beta h}\right],$$

und es folgt durch Auflösen

$$\left.\begin{aligned} c_1 &= \frac{j\,\omega\,\mu}{(1 + j)\,b\,\beta}\,\frac{p\,I_1 - (p - 1)\,I_1\,e^{\beta h + j \beta h}}{2 \sinh \beta\,(1 + j)\,h}\,; \\ c_2 &= \frac{j\,\omega\,\mu}{(1 + j)\,b\,\beta}\,\frac{p\,I_1 - (p - 1)\,I_1 e^{-\beta h - j \beta h}}{2 \sinh \beta\,(1 + j)\,h}\,. \end{aligned}\right\} \tag{54}$$

Führt man diese Werte in Gl. (36) ein und berechnet die Stromdichte, so folgt

$$\underline{J} = \frac{j\,\omega\,\sigma\,\mu}{(1 + j)\,b\,\beta}\,\frac{p\,I_1 \cosh \beta\,(1 + j)\,y - (p - 1)\,I_1 \cosh \beta\,(1 + j)\,(h - y)}{\sinh \beta\,(1 + j)\,h}\,. \tag{55}$$

Um den Effektivwert der Stromdichte hieraus berechnen zu können, muß man die Hyperbelfunktionen in die reellen und imaginären Teile zerlegen. Dazu dienen die beiden folgenden Formeln

$$\left.\begin{aligned} \sinh\,(x + j\,y) &= \sinh x \cos y + j \cosh x \sin y\,, \\ \cosh\,(x + j\,y) &= \cosh x \cos y + j \sinh x \sin y\,. \end{aligned}\right\} \tag{56}$$

Mit Hilfe dieser Formeln kann der Betrag von $\underline{J}$, der den Effektivwert J der Stromdichte angibt, gebildet werden.

Aus dem Effektivwert der Stromdichte ergeben sich die Verluste in einem Abschnitt von der Höhe dy des Stabes mit Hilfe von Gl. (6.12). Die Gesamtverluste in dem Stab erhält man durch Summieren der einzelnen Beiträge über die Höhe des Stabes:

$$P = a\,l \int_0^h J^2 \frac{1}{\sigma}\,dy\,. \tag{57}$$

Der Wirkwiderstand R_1 des Stabes ist definiert durch

$$P = I_1^2\,R_1\,. \tag{58}$$

Durch Ausrechnung ergibt sich damit die folgende Beziehung

$$\frac{R_1}{R_0} = \varphi(x) + p\,(p - 1)\,\psi(x)\,, \tag{59}$$

in der R_0 den Gleichstromwiderstand des Stabes bezeichnet,

$$R_0 = \frac{l}{\sigma a h}, \tag{60}$$

und

$$x = \beta h = h \sqrt{\frac{a}{b} \pi \sigma f \mu}. \tag{61}$$

Es bedeuten ferner

$$\varphi(x) = x \frac{\sinh 2x + \sin 2x}{\cosh 2x - \cos 2x}, \tag{62}$$

$$\psi(x) = 2x \frac{\sinh x - \sin x}{\cosh x + \cos x}. \tag{63}$$

Das erste Glied in Gl. (59) rührt her von dem Feld in dem Leiter allein. Das zweite Glied ist dadurch bedingt, daß das magnetische Feld der unterhalb des betreffenden

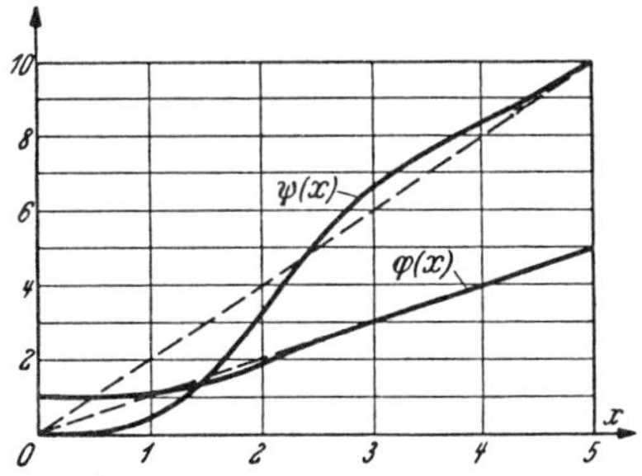

Abb. 32.8. Zur Berechnung der Widerstandserhöhung eines Leiters in der Nut

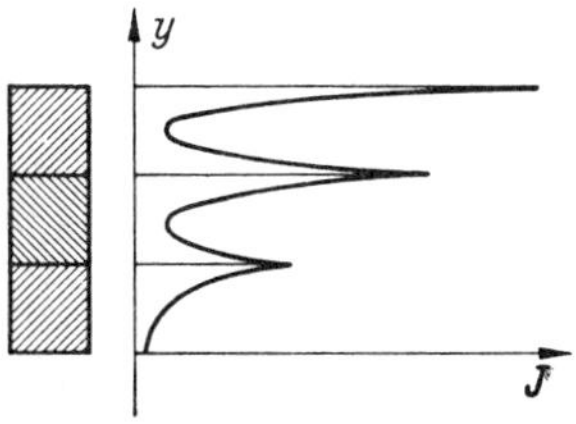

Abb. 32.9. Stromverteilung in den drei Leitern einer Nut

Leiters liegenden Stäbe in dem betrachteten Leiter zusätzliche Wirbelströme hervorruft. Die Funktionen $\varphi(x)$ und $\psi(x)$ sind in Abb. 32.8 dargestellt[1]. Die Abb. 32.9 veranschaulicht die Stromverteilung in den drei Stäben einer Nut für $x = 3$.

Die Stromdichte in den aneinander liegenden Begrenzungsflächen der Stäbe sind im allgemeinen voneinander verschieden. Setzt man z. B. in Abb. 32.9 die Strom-

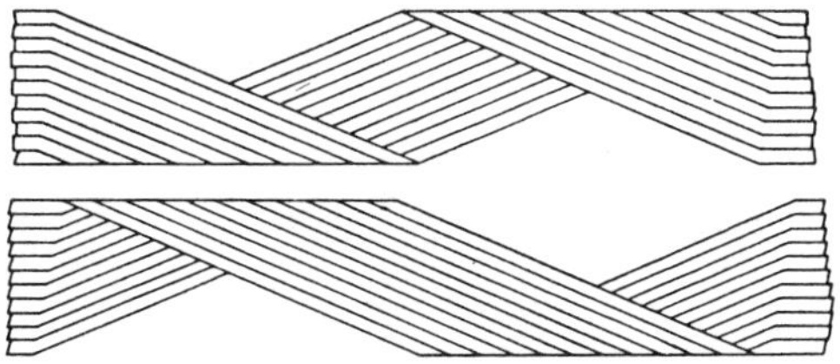

Abb. 32.10. Schränkstab

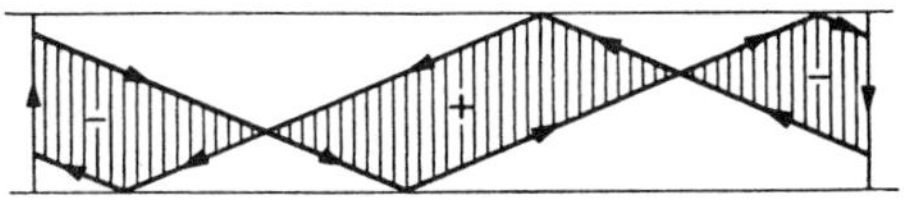

Abb. 32.11. Flußverkettung des Schränkstabes

dichte an der unteren Kante des unteren Leiters = 1, so ist die Stromdichte an der oberen Kante dieses Leiters rund 10; die Stromdichte an der unteren Kante des folgenden Stabes ist rund 12, an der oberen Kante 21; beim dritten Stab ist die Stromdichte an der unteren Kante 23, an der oberen 32. Dagegen geht die magnetische Feldstärke natürlich von Stab zu Stab stetig über.

Um die Widerstandserhöhung zu vermindern, stellt man die Leiter als Litze her, indem man sie unterteilt. Die einzelnen Drähte der Litze müssen dabei so durch das Gesamtfeld des Leiters hindurchgeführt werden, daß der von je zwei Litzendrähten umschlungene Fluß möglichst klein wird. Als Beispiel zeigt Abb. 32.10 die beiden Hälften eines „Schränkstabes"; die beiden Hälften werden ineinander gelegt, so daß alle Leiter einmal umeinander herumgeführt sind. Wie in Abb. 32.11

[1] Siehe Tabellen- und Formelsammlungen.

veranschaulicht, heben sich die von zwei beliebigen Leitern einer Stabhälfte umschlungenen Flüsse gerade auf; die beiden von den Pfeilen rechts umlaufenen und mit — bezeichneten Flächen ergeben zusammengesetzt eine Fläche, die gleichwertig der links umlaufenen +-Fläche ist.

Wirbelströme in Eisenblechkernen

Ein Beispiel für die *Feldverdrängung* geben die in Eisenblechpaketen entstehenden Wirbelströme. Die Wirbelströme umkreisen den Induktionsfluß innerhalb eines jeden Bleches, wie es Abb. 32.12 zeigt. Unter der Voraussetzung konstanter Per-

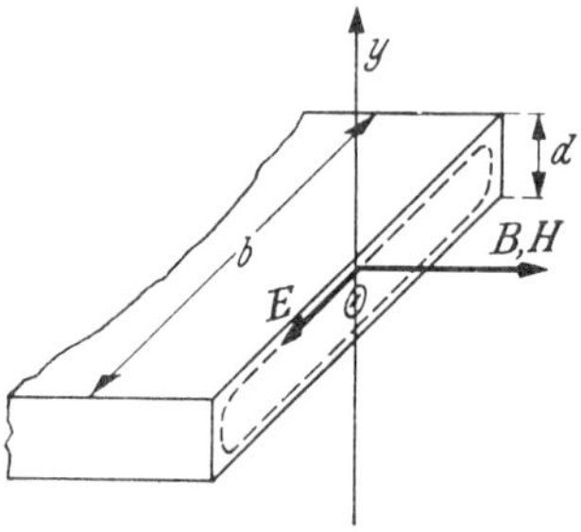

Abb. 32.12. Wirbelströme in einem Eisenblech

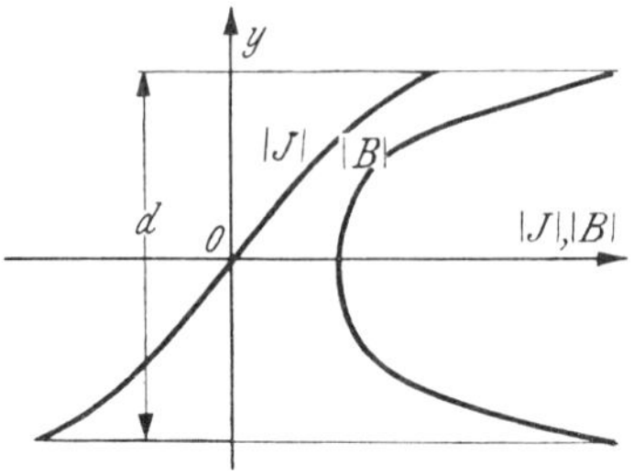

Abb. 32.13. Strom- und Feldverteilung in dem Eisenblech

meabilität des Bleches und so kleiner Dicke d im Vergleich zur Breite b, daß die Wirbelströmung im wesentlichen geradlinig verläuft, gelten die Gl. (33) und (34) mit den Lösungen (36), (37) und (53). Legen wir den Nullpunkt der y-Achse in die Blechmitte, und bezeichnen wir den *Effektivwert* der magnetischen Feldstärke an den Begrenzungsflächen des Bleches mit H_0, so ergeben sich die Konstanten c_1 und c_2 aus den Bedingungen

$$\text{für} \quad y = +\frac{d}{2}: \qquad \underline{H} = H_0 = \frac{(1+j)\beta}{j\omega\mu}\left(c_1 e^{-\beta(1+j)\frac{d}{2}} - c_2 e^{+\beta(1+j)\frac{d}{2}}\right); \tag{64}$$

$$\text{für} \quad y = -\frac{d}{2}: \qquad \underline{H} = H_0 = \frac{(1+j)\beta}{j\omega\mu}\left(c_1 e^{+\beta(1+j)\frac{d}{2}} - c_2 e^{-\beta(1+j)\frac{d}{2}}\right). \tag{65}$$

Daraus folgt

$$c_1 = -c_2 = \frac{j\omega\mu H_0}{(1+j)\beta\, 2\cosh\beta(1+j)\frac{d}{2}}, \tag{66}$$

und es wird

$$\underline{B} = \mu\,\underline{\;\;} = \mu H_0 \frac{\cosh\beta(1+j)y}{\cosh\beta(1+j)\frac{d}{2}}, \tag{67}$$

und nach Gl. (33)

$$\underline{J} = -\frac{d\underline{H}}{dy} = -\beta(1+j) H_0 \frac{\sinh\beta(1+j)y}{\cosh\beta(1+j)\frac{d}{2}}. \tag{68}$$

Für den Effektivwert der Stromdichte ergibt sich daraus

$$|\underline{J}| = J = \beta\sqrt{2}\, H_0 \frac{\sqrt{\cosh 2\beta y - \cos 2\beta y}}{\sqrt{\cosh\beta d + \cos\beta d}}. \tag{69}$$

In Abb. 32.13 ist die Verteilung der Induktion und der Stromdichte über den Querschnitt des Bleches veranschaulicht. Die magnetischen Feldlinien werden nach außen hin zusammengedrängt.

Der ganze durch den Blechstreifen geführte Induktionsfluß ist darstellbar durch den Zeiger

$$\underline{\Phi} = \int_{-d/2}^{+d/2} b \, \underline{B} \, dy = \frac{2 \mu b H_0}{(1+j)\beta} \tanh \beta (1+j) \frac{d}{2} . \tag{70}$$

Er hat den Scheitelwert

$$\sqrt{2} |\underline{\Phi}| = \frac{2 \mu b H_0}{\beta} \frac{\sqrt{\cosh \beta d - \cos \beta d}}{\sqrt{\cosh \beta d + \cos \beta d}} . \tag{71}$$

Daraus erhält man die mittlere Flußdichte durch Division mit dem Querschnitt $b \, d$ des Bleches; ihr Scheitelwert ist:

$$B_m = 2 \mu H_0 \frac{1}{x} \sqrt{\frac{\cosh x - \cos x}{\cosh x + \cos x}} , \tag{72}$$

wobei

$$x = \beta d \tag{73}$$

gesetzt ist. Für die Verluste in dem Volumen V des Bleches ergibt sich, wenn an Stelle von H_0 mit Hilfe von Gl. (72) die mittlere Induktion B_m in Gl. (69) eingeführt wird,

$$V \frac{1}{\sigma d} \int_{-d/2}^{+d/2} J^2 \, dy = \frac{1}{24} \sigma \omega^2 d^2 B_m^2 \frac{3}{x} \frac{\sinh x - \sin x}{\cosh x - \cos x} V . \tag{74}$$

Die hier vorkommende Funktion

$$F(x) = \frac{3}{x} \frac{\sinh x - \sin x}{\cosh x - \cos x} \tag{75}$$

ist in Abb. 32.14 dargestellt. Die in einem aus derartigen Blechen zusammengesetzten Eisenkern mit dem Volumen V entstehenden *Wirbelstromverluste* betragen also

$$P_w = \frac{1}{24} \sigma \omega^2 d^2 B_m^2 V F(x) . \tag{76}$$

Für kleine Werte von x ist $F(x) \approx 1$. Damit ergibt sich die Näherungsformel

$$P_w \approx \frac{1}{24} \sigma \omega^2 d^2 B_m^2 V . \tag{77}$$

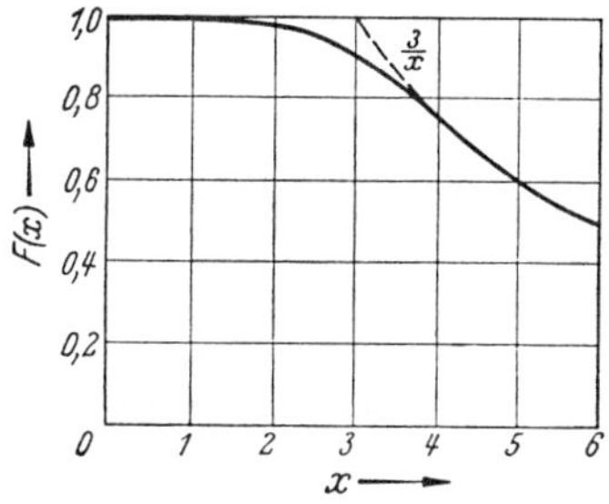

Abb. 32.14. Zur Berechnung der Wirbelstromverluste

Die Wirbelstromverluste wachsen im Gebiet niedriger Frequenzen proportional mit dem Quadrat der Frequenz und dem der Blechdicke, so daß man durch Verkleinern der Blechdicke die Wirbelstromverluste erheblich vermindern kann. Für große Werte von x ist

$$F(x) \approx \frac{3}{x} . \tag{78}$$

Im Gebiet hoher Frequenzen wachsen also die Verluste bei *konstantem Induktionsfluß* wie

$$d \omega^{\frac{3}{2}} .$$

Befindet sich auf dem geschlossenen Eisenkern eine Wicklung mit N Windungen, und beträgt die mittlere Feldlinienlänge l, so gilt nach dem Durchflutungsgesetz

$$H_0 = \frac{I N}{l} . \tag{79}$$

Die in der Wicklung vom Induktionsfluß Φ_k des ganzen Blechpaketes induzierte Spannung ist

$$u_L = N \frac{d\Phi_k}{dt}, \tag{80}$$

oder unter Einführung der komplexen Größen

$$\underline{U_L} = j\,\omega\, N\, \underline{\Phi_k}\,. \tag{81}$$

Der Fluß Φ_k ist durch die Summe der in den einzelnen Blechen geführten Flüsse gegeben. Bezeichnet man daher die Höhe des Eisenblechpaketes mit a, so gilt nach Gl. (70) für den Fluß

$$\underline{\Phi_k} = \frac{2\,\mu\, a\, b\, H_0}{(1+j)\,\beta\, d} \tanh \beta\,(1+j)\,\frac{d}{2}\,. \tag{82}$$

Damit kann man berechnen, wie groß der Beitrag des Eisenkernes zu dem *komplexen Wechselstromwiderstand* der Spule ist. Es ergibt sich

$$Z = \frac{\underline{U_L}}{I} = \frac{2\,\mu\, a\, b\, j\,\omega\, N^2}{(1+j)\,\beta\, l\, d} \tanh \beta\,(1+j)\,\frac{d}{2}\,. \tag{83}$$

Für sehr niedrige Frequenzen folgt daraus

$$Z = \frac{\mu\, a\, b\, N^2}{l}\, j\,\omega = j\,\omega\, L_0\,,$$

wenn mit

$$L_0 = \frac{\mu\, a\, b\, N^2}{l} \tag{84}$$

die *Gleichstrominduktivität* der Spule eingeführt wird.

Allgemein wird damit nach Gl. (83)

$$Z = L_0 \frac{2\,j\,\omega}{(1+j)\,\beta\, d} \tanh \beta\,(1+j)\,\frac{d}{2}\,. \tag{85}$$

Durch Zerlegen in den reellen und imaginären Teil findet man für die *Wechselstrominduktivität* der Spule

$$L = L_0 \frac{1}{x} \frac{\sinh x + \sin x}{\cosh x + \cos x} \tag{86}$$

und für den *Wirbelstromwiderstand* der Spule

$$R = \omega\, L_0 \frac{1}{x} \frac{\sinh x - \sin x}{\cosh x + \cos x}\,. \tag{87}$$

Die Abb. 32.15 zeigt den Verlauf der beiden Funktionen

$$F_1(x) = \frac{1}{x} \frac{\sinh x + \sin x}{\cosh x + \cos x}\,, \tag{88}$$

$$F_2(x) = \frac{1}{x} \frac{\sinh x - \sin x}{\cosh x + \cos x}\,. \tag{89}$$

Für niedrige Frequenzen ($x < 0{,}5$) ergeben sich die Näherungsformeln

$$R \approx \omega\, L_0 \frac{x^2}{6} = \frac{1}{12}\,\sigma\,\mu\,\omega^2\, d^2\, L_0\,; \quad L \approx L_0\,. \tag{90}$$

Für hohe Frequenzen ($x > 4$) wird angenähert

$$R = \omega\, L = \frac{\omega\, L_0}{x} = \frac{1}{d}\sqrt{\frac{4\,\pi\, f}{\sigma\,\mu}}\, L_0\,. \tag{91}$$

Die Grenze, oberhalb der infolge der Feldverdrängung eine erhebliche Schwächung des Feldes auftritt, ist etwa durch $x = 1$ gegeben. Die dadurch definierte Frequenz bezeichnet man als *Grenzfrequenz des Bleches*. Es gilt für diese Frequenz

$$\beta d = d\sqrt{\pi f_g \sigma \mu} = 1\,, \tag{92}$$

also

$$f_g = \frac{1}{\pi \sigma \mu d^2}\,. \tag{93}$$

Sie läßt sich durch Verkleinern der Blechdicke und durch Wahl eines Materials mit möglichst geringer Leitfähigkeit erhöhen. Bei der Grenzfrequenz ist die Induktivität um etwa 4% kleiner als bei Gleichstrom.

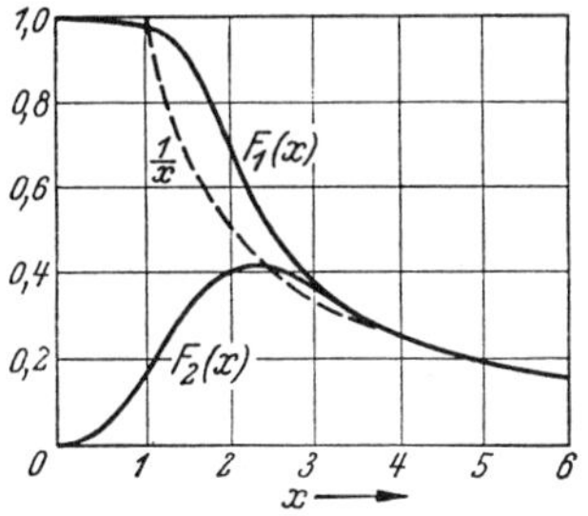

Abb. 32.15. Zur Berechnung von Induktivität und Wirkwiderstand

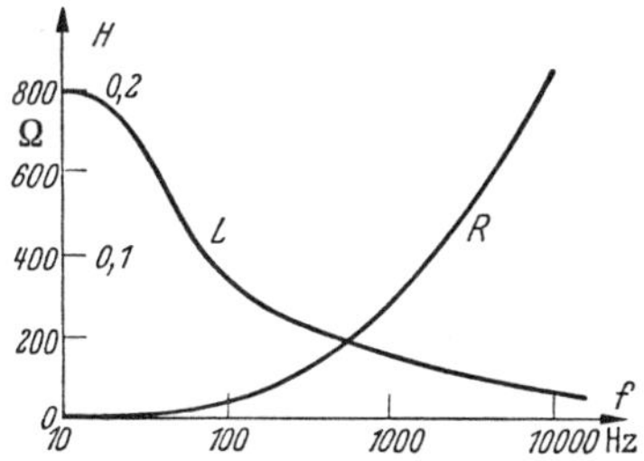

Abb. 32.16. Induktivität und Wirbelstromwiderstand einer Drosselspule mit Eisenblechkern

Zahlenbeispiel: Eine Drosselspule habe eine Gleichstrominduktivität $L_0 = 0{,}2$ H; der Kern sei aus besonders dicken Eisenblechen mit $d = 0{,}2$ cm zusammengesetzt. Die Leitfähigkeit des Eisens sei $\sigma = 7 \cdot 10^4$ S/cm; die Permeabilität sei $\mu_r = 200$. Dann ergibt sich

$$x = 0{,}2\ \text{cm}\sqrt{\pi f\, 7 \cdot 10^4 \cdot 200 \cdot 1{,}257 \cdot 10^{-8} \frac{\text{S}}{\text{cm}}\frac{\text{H}}{\text{cm}}} = 0{,}149\sqrt{f/\text{Hz}}\,.$$

Die Grenzfrequenz des Bleches ist $f_g = 45$ Hz. Die Näherungsformeln für hohe Frequenzen gelten also etwa oberhalb $f = 200$ Hz. Hier nimmt die Induktivität umgekehrt proportional mit der Wurzel aus der Frequenz ab, während der Wirbelstromwiderstand im gleichen Maße zunimmt. In Abb. 32.16 sind die Größen R und L in Abhängigkeit von der Frequenz f dargestellt.

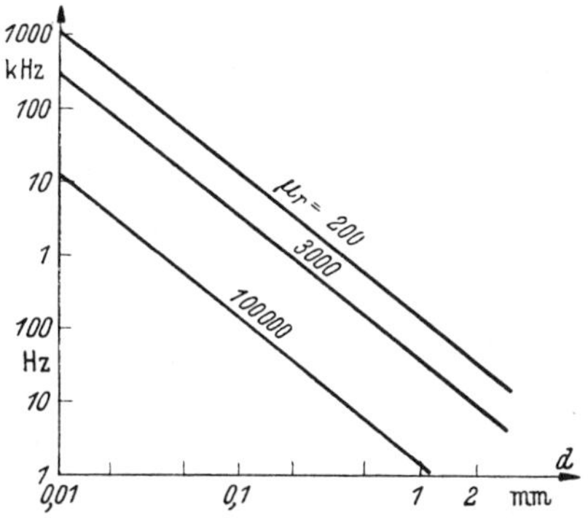

Abb. 32.17. Grenzfrequenz verschiedener Eisenbleche

Die Tabelle 32.2 gibt für einige Blechsorten die Grenzfrequenzen an, Abb. 32.17 zeigt den Zusammenhang graphisch.

Tabelle 32.2

d/mm	$\mu_r = 200$, $\sigma = 100$ kS/cm	$\mu_r = 3000$, $\sigma = 30$ kS/cm	$\mu_r = 100\,000$, $\sigma = 20$ kS/cm
2	30 Hz	7 Hz	0,3 Hz
1	130	30	1,3
0,5	500	110	5
0,2	3 kHz	710	30
0,1	13	3 kHz	130
0,05	50	11	500
0,02	300	71	3 kHz
0,01	1300	280	13

Abschirmung von Hochfrequenzfeldern

Wird in ein magnetisches Wechselfeld ein Metallblech gebracht, so entstehen in dem Blech Wirbelströme, die dem erzeugenden Feld entgegenwirken. Man kann daher mit Hilfe von Metallblechen magnetische Wechselfelder abschirmen, z. B. die Streufelder einer Drosselspule dadurch, daß man die Spule in ein Blechgehäuse einschließt. Für solche *elektromagnetischen Schirme* gelten die gleichen Gesetze wie sie hier betrachtet wurden. Die Wirbelstromverluste werden von dem Stromkreis gedeckt, der das magnetische Feld erzeugt. Besonders einfach liegt der Fall, wenn die Eindringtiefe so klein ist, daß nur ein kleiner Bruchteil des Feldes durch die Blechhülle hindurchgelangt. Dann wird das magnetische Feld innerhalb des Schirmes geführt wie eine Flüssigkeitsströmung in einem Gefäß, so daß die magnetische Feldstärke H_0 an der Blechoberfläche nach Abschnitt 26 leicht berechnet werden kann; für den Zeiger der Stromdichte folgt aus Gl. (38) und (44), wenn man den Zeiger der magnetischen Feldstärke als Bezugsgröße durch den Effektivwert H_0 ersetzt,

$$\underline{J} = \beta\,(1 + j)\,H_0\,\mathrm{e}^{-\beta(1+j)y}\,. \tag{94}$$

Dabei ist $\beta = \sqrt{\pi f \sigma \mu}$ und y der Abstand des betrachteten Punktes im Blech von der Blechoberfläche. Für die *in dem Flächenelement dA des Bleches in Wärme umgesetzte Verlustleistung* ergibt sich

$$dP_w = \frac{dA}{\sigma}\int_0^\infty |\underline{J}|^2\,dy = H_0^2\sqrt{\frac{\pi f \mu}{\sigma}}\,dA\,. \tag{95}$$

Die Gesamtverluste ergeben sich durch Summieren über die gesamte Oberfläche der Schirmhülle.

Die Schirmwirkung ist um so besser, je größer β ist. Große Leitfähigkeit ergibt daher eine gute Schirmwirkung und ist hinsichtlich der Verluste günstig, während hohe Permeabilität zwar für die Schirmwirkung vorteilhaft ist, aber zu größeren Verlusten führt (s. a. Abschnitt 44). Um eine möglichst gute Schirmwirkung zu bekommen, verwendet man Doppelgehäuse, die innen aus Kupfer oder Aluminium, außen aus Eisenblech bestehen. Das Kupferblech setzt die Feldstärke so weit herab, daß im Eisen keine erheblichen Verluste mehr entstehen können, während das Eisenblech das restliche Feld abschirmt.

Triebströme eines Motorzählers

In manchen Fällen kann man die Wirbelströmung angenähert berechnen, wenn man die Rückwirkung der Wirbelströme auf das erzeugte Feld vernachlässigt; das ist allgemein bei sehr niedrigen Frequenzen zulässig. Als Beispiel werde die Strömung in der *Triebscheibe eines Wechselstromzählers* betrachtet. Wir machen dabei die vereinfachende Annahme, daß der magnetische Induktionsfluß in Form eines zylindrischen Bündels mit dem gegen den Radius r_0 der Triebscheibe kleinen Radius r_k durch die Triebscheibe hindurch geht, Abb. 32.18. In den *außerhalb* des Feldlinienbündels liegenden Teilen der Blechscheibe gilt für jeden geschlossenen Weg, der mit dem Kraftlinienbündel nicht verkettet ist,

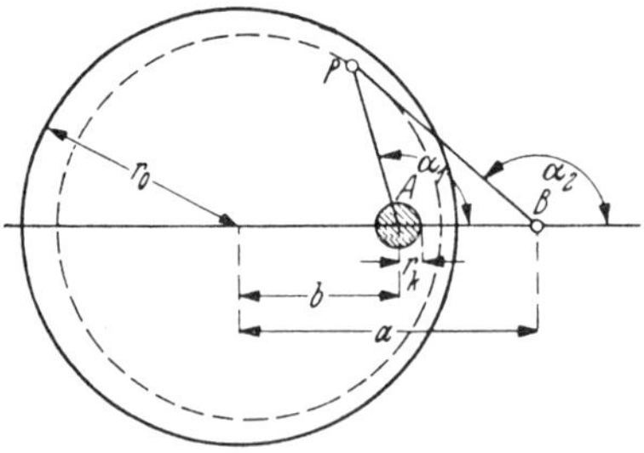

Abb. 32.18. Triebströme eines Induktionszählers

$$\oint \boldsymbol{E}\cdot d\boldsymbol{s} = 0\,,$$

d. h. das elektrische Feld und damit das Strömungsfeld sind wirbelfrei. Es kann daher die elektrische Feldstärke aus einem skalaren Potential φ abgeleitet werden, für das die Potentialgleichung (14.15) gilt wie in einem stationären Strömungsfeld. Da die Strömung am Rand der Blechscheibe tangential verlaufen muß, so ist der Rand der Scheibe eine Stromlinie. Ferner müssen die das Feldlinienbündel unmittelbar umgebenden Stromlinien aus Symmetriegründen konzentrische Kreise sein. Es ergibt sich also ein Stromlinienbild, das dem Bild der Potentiallinien des elektrischen Feldes zwischen zwei geraden parallelen Leitern entspricht, Abb. 11.14. Der Abstand des zweiten Leiters, B in Abb. 32.18, vom Mittelpunkt der Scheibe ist

$$a = \frac{r_0^2}{b} . \tag{96}$$

Die Potentiallinien des Wirbelstromfeldes sind Kreise, die die Strecke $\overline{AB}$ als Sehne haben. Das Potential ist also in irgendeinem Punkt P

$$\varphi = c\,(\alpha_2 - \alpha_1) . \tag{97}$$

Die Konstante c wird aus dem Induktionsgesetz bestimmt, nach dem die Umlaufspannung um den Punkt A gleich der Abnahmegeschwindigkeit des Flusses ist. Geht man einmal um den Punkt A herum, so wächst α_1 von Null auf 2π, während α_2 auf seinen Anfangswert zurückkommt. Es gilt daher, wenn mit ω die Kreisfrequenz des Wechselflusses in A bezeichnet wird, mit $\underline{\Phi}$ der Zeiger vom Betrag des Effektivwertes,

$$-c\,2\pi = -j\,\omega\,\underline{\Phi} ;$$

also wird der Zeiger des wechselnden Potentials

$$\underline{\varphi} = \frac{j\,\omega\,\underline{\Phi}}{2\pi}(\alpha_2 - \alpha_1) . \tag{98}$$

Für Punkte *innerhalb* des von Feldlinien durchsetzten Teiles der Scheibe gilt für die elektrische Feldstärke nach dem Induktionsgesetz

$$\oint \underline{E}\cdot ds = \underline{E}\,2\pi r = -j\,\omega\,\underline{\Phi}\,\frac{r^2}{r_k^2} . \tag{99}$$

Damit ist das Feld in jedem Punkt der Scheibe bekannt. Es ist jedoch zu beachten, daß dieses Resultat nur gilt, wenn das durch die Wirbelströme erzeugte magnetische Feld vernachlässigbar klein ist gegen das durch den Fluß Φ gegebene ursprüngliche Feld.

33. Ummagnetisierungsverluste bei ferromagnetischen Werkstoffen

Bei ferromagnetischen Stoffen entstehen im magnetischen Wechselfeld neben den Wirbelstromverlusten noch Verluste infolge der Hysterese. Ein Teil der Energie, die zur Verschiebung der Blochwände und für das Umklappen der Molekularmagnete erforderlich ist, erhöht den Wärmeinhalt des Magnetstoffes.

Die Hystereseverluste können aus der Hystereseschleife berechnet werden. Nach Abschnitt 28 wird bei der Magnetisierung eines Stoffes Energie aufgenommen mit der Dichte

$$w = \int_0^B H\,dB . \tag{1}$$

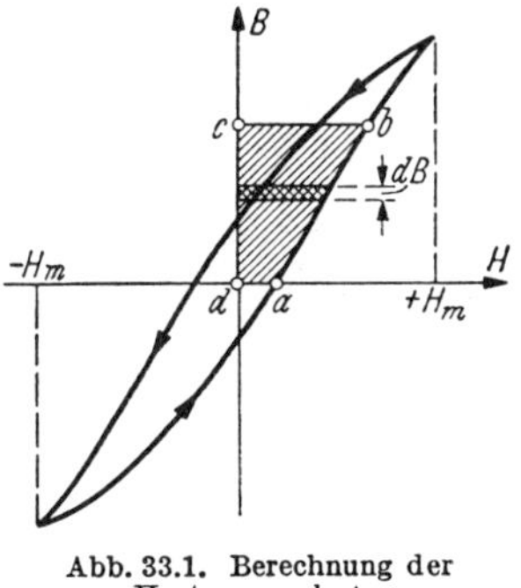

Abb. 33.1. Berechnung der Hystereseverluste

Im magnetischen Wechselfeld pendelt die magnetische Erregung zwischen zwei Grenzen $\pm H_m$, Abb. 33.1. Das Integral (1) stellt in irgendeinem Zeitpunkt die in Abb. 33.1 schraffierte Fläche $abcd$ dar, wenn mit der Berechnung im Punkt a begonnen wird. Während einer Periode durchläuft der Punkt b die ganze Hystereseschleife. Würden die beiden Äste der Hystereseschleife zusammenfallen, dann wäre die in der einen halben Periode vom Eisen aufgenommene Energie genau so groß wie die während der zweiten Halbperiode abgegebene. Da dies nicht der Fall ist, so bleibt bei einem vollen Umlauf eine Differenz zwischen aufgenommener und abgegebener Energie, die durch die von der Hystereseschleife berandete Fläche dargestellt wird. Diese Differenz ist die Arbeit, die während einer Periode im Eisen in Wärme umgewandelt wird. Bezeichnet man diese aus der Hystereseschleife zu berechnende Arbeit mit w_h und die Frequenz des Wechselstroms mit f, so ist also die räumliche Dichte der Hystereseverlustleistung $f\,w_h$. Hat der Eisenkern das Gesamtvolumen V, so wird die *Hystereseverlustleistung*

$$P_h = V\,f\,w_h\,. \tag{2}$$

Man bezieht diese Leistung meist auf das Gewicht, da sie proportional dem Volumen ist. Für jedes Material ist w_h eine bestimmte Funktion des Scheitelwertes der Induktion B_m. Daher sind auch die auf die Gewichtseinheit bezogenen Hystereseverluste eine Funktion von B_m; sie sind ferner proportional der Frequenz.

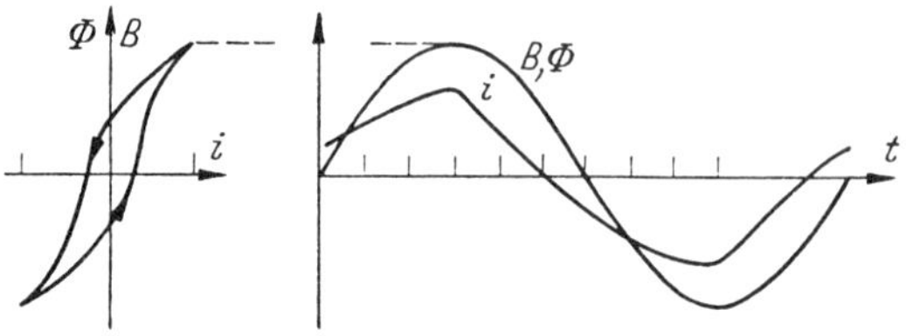

Abb. 33.2. Verzerrung der Stromkurve

Infolge der Krümmung der Magnetisierungskurve entsteht bei sinusförmigem zeitlichen Verlauf des magnetischen Induktionsflusses und damit der induzierten Quellenspannung ein nichtsinusförmiger Strom, wie dies durch Abb. 33.2 veranschaulicht ist.

Man kann eine nicht sinusförmige periodische Stromkurve nach FOURIER in eine Reihe von harmonischen Sinusströmen zerlegen:

$$i = I_1\sqrt{2}\sin(\omega t + \varphi_1) + I_2\sqrt{2}\sin(2\,\omega t + \varphi_2) + I_3\sqrt{2}\sin(3\,\omega t + \varphi_3) + \cdots, \tag{3}$$

wobei $I_1, I_2, \ldots, I_n$ usw. die Effektivwerte der Teilströme bezeichnen, $\varphi_1, \varphi_2, \ldots, \varphi_n$ usw. Phasenwinkel. Diese Größen können aus dem vorgegebenen Verlauf von i berechnet werden mit Hilfe der Formeln

$$I_n\sqrt{2}\cos\varphi_n = \frac{\omega}{\pi}\int_0^{\frac{2\pi}{\omega}} i\sin n\,\omega\,t\,dt\,; \tag{4}$$

$$I_n\sqrt{2}\sin\varphi_n = \frac{\omega}{\pi}\int_0^{\frac{2\pi}{\omega}} i\cos n\,\omega\,t\,dt\,. \tag{5}$$

Für den *Effektivwert* des zusammengesetzten Wechselstromes gilt ferner (s. Abschnitt 36)

$$I = \sqrt{I_1^2 + I_2^2 + I_3^2 + \cdots}\,. \tag{6}$$

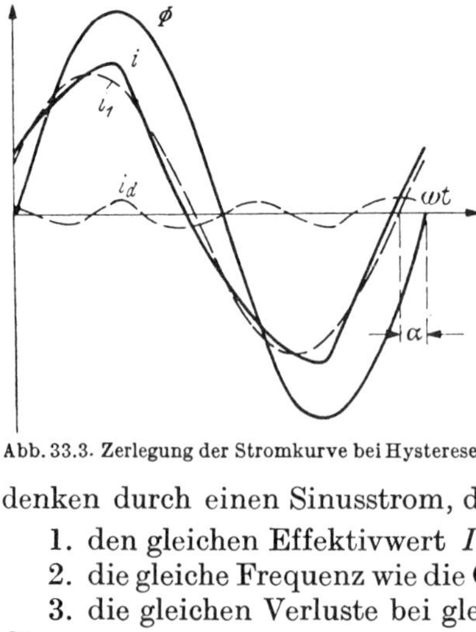

Abb. 33.3. Zerlegung der Stromkurve bei Hysterese

Zerlegt man nun im vorliegenden Fall den Strom i in die Grundschwingung i_1 und den Rest i_d, Abb. 33.3, so findet man, daß die Grundschwingung eine Phasenverschiebung α gegen den Fluß aufweist, und zwar eilt die Grundschwingung des Stromes dem Fluß um diesen Winkel α *voraus*. Zeigerdiagramme gelten nur für sinusförmig veränderliche Größen. Um zu einer angenäherten Darstellung der Verhältnisse in einem Zeigerdiagramm zu kommen, kann man sich den wirklichen Strom i ersetzt denken durch einen Sinusstrom, der

1. den gleichen Effektivwert I hat wie der wirkliche Strom,
2. die gleiche Frequenz wie die Grundschwingung des wirklichen Stromes, und der
3. die gleichen Verluste bei gleicher Spannung ergeben würde wie der wirkliche Strom.

Um die letzte Forderung zu erfüllen, denke man sich zunächst den Leiterwiderstand R der Spule nach außerhalb verlegt. Dann ist die Spannung an der Spule gleich der Selbstinduktionsspannung U_L, Abb. 31.1. Die Hystereseverluste sind nun bestimmt durch die in Phase mit dieser Spannung liegende Komponente I_h des Ersatzstromes, Abb. 33.4. Diese Komponente ist daher

$$I_h = \frac{P_h}{U_L} . \tag{7}$$

Auch die Wirbelstromverluste im Eisenkern haben eine in Phase mit U_L liegende Komponente des Stromes und damit eine Vergrößerung des Winkels δ zwischen Strom und Fluß zur Folge. Man bestimmt daher aus der Summe der Wirbelstrom- und Hystereseverluste P_v einen Wirkstrom

$$I_v = \frac{P_v}{U_L} , \tag{8}$$

der als maßgebend für die Phasenvoreilung des Stromes I gegen Φ angesehen wird und an die Stelle von I_h in Abb. 33.4 tritt. Damit kann das Dreieck der Stromzeiger gezeichnet werden und es gilt

$$\sin\delta = \frac{I_v}{I} . \tag{9}$$

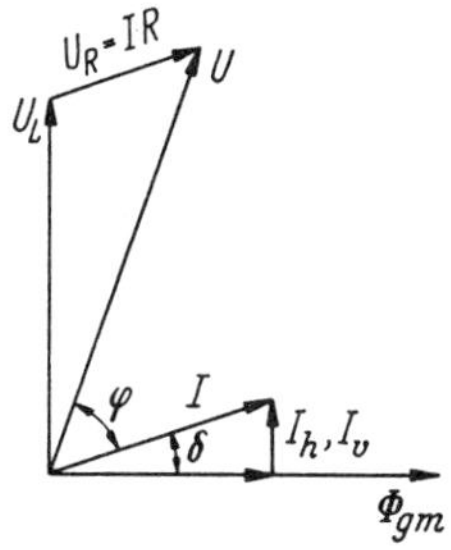

Abb. 33.4. Zeigerdiagramm einer Spule mit Eisenkern

Der Winkel δ, um den der Ersatzstrom dem Fluß Φ voreilt, wird damit etwas verschieden von dem Winkel α zwischen den Grundschwingungen.

Nunmehr kann auch der ohmsche Spannungsabfall $I\,R$ in der Spule, der in Phase mit dem Strom I liegt, berücksichtigt werden wie es Abb. 33.4 zeigt.

Da die Wirbelstromverluste bei den in der *Starkstromtechnik* in Betracht kommenden niedrigen Frequenzen nach dem vorigen Abschnitt ungefähr proportional mit dem Quadrat der Frequenz wachsen, die Hystereseverluste dagegen nur proportional, so lassen sich die Gesamtverluste P_v leicht in diese beiden Werte zerlegen. Für kohlenstoffarmes Eisenblech von 0,35 mm Dicke ergeben sich z.B. bei 50 Hz folgende Hysterese- und Wirbelstromverluste:

maximale Induktion $B_m = 1{,}0$ T: $P_h = 2{,}2$ W/kg, $P_w = 1{,}2$ W/kg,

" $B_m = 1{,}5$ T: $P_h = 6{,}3$ W/kg, $P_w = 2{,}3$ W/kg.

Durch Legieren mit Silizium lassen sich Wirbelstrom- und Hystereseverluste herabsetzen. Mit 4% Siliziumgehalt kann man die Gesamtverluste $P_h + P_w = P_v$ auf etwa 0,9 W/kg herabsetzen.

Bei geringer magnetischer Aussteuerung, wie sie vielfach in der *Nachrichtentechnik* vorliegt, teilt man die Ummagnetisierungsverluste in drei Teile:

a) **Hystereseverluste.** Sie sind, wie oben festgestellt, proportional der Frequenz f, dem Eisenvolumen V und der von der Hystereseschleife eingeschlossenen Fläche. Es zeigt sich, daß bei kleinen Flußdichten diese Fläche ungefähr proportional der dritten Potenz der magnetischen Feldstärke H_m ist. Dies rührt daher, daß hier die Hystereseschleife in vielen Fällen angenähert durch zwei Parabeläste dargestellt werden kann, Abb. 33.5. Für den aufsteigenden Ast kann man dann setzen

$$B' = \mu_a\, H' + \nu\, H'^2 , \tag{10}$$

wobei μ_a die Anfangspermeabilität, ν eine andere Materialkonstante bezeichnet. Diese Beziehung bildet den Anfang einer Potenzreihe; sie gilt auch für den absteigenden Ast, wenn man sie auf den anderen Eckpunkt der Schleife anwendet.

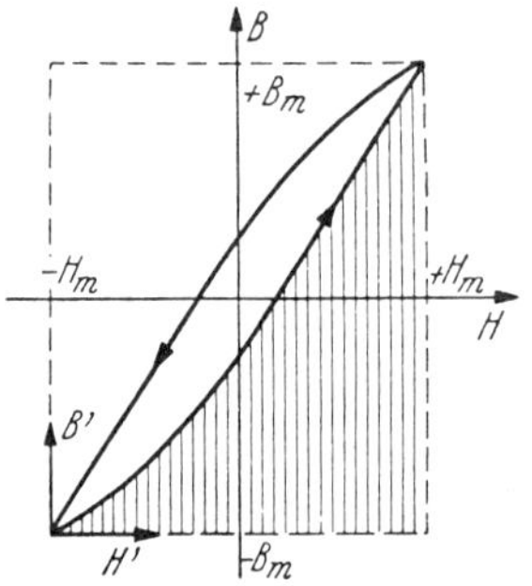

Abb. 33.5. Hystereseverluste bei kleinen Feldstärken

Die in Abb. 33.5 schraffierte Fläche wird

$$\int_0^{2H_m} B'\,dH' = 2\,\mu_a\,H_m^2 + \frac{8}{3}\,\nu\,H_m^3\,.$$

Die ganze Rechteckfläche ist

$$2\,B_m \cdot 2\,H_m\,.$$

Nun gilt aber nach Gl. (10)

$$2\,B_m = 2\,\mu_a\,H_m + 4\,\nu\,H_m^2\,. \tag{11}$$

Also ist die Rechteckfläche

$$4\,\mu_a\,H_m^2 + 8\,\nu\,H_m^3\,.$$

Für die Fläche der Hystereseschleife ergibt sich damit

$$w_h = \frac{8}{3}\,\nu\,H_m^3\,, \tag{12}$$

und es folgt für die Hystereseverluste mit Gl. (2)

$$P_h = \frac{8}{3}\,\nu\,f\,V\,H_m^3\,.$$

Man definiert den *Hysteresewiderstand* R_h einer Spule durch die Beziehung

$$P_h = I^2\,R_h\,. \tag{13}$$

Für diesen Widerstand gilt dann der Ansatz

$$R_h = k_1\,I\,f\,, \tag{14}$$

in dem k_1 für die betreffende Spule eine Konstante bezeichnet.

b) **Die Wirbelstromverluste.** Die Wirbelstromverluste sind im allgemeinen bei den in Betracht kommenden Frequenzen proportional B_m^2 und f^2. Kann man die Permeabilität bei den vorkommenden Stromstärken als nahezu konstant ansehen, so kann man unter Einführung des *Wirbelstromwiderstandes* R_w für diese Verluste schreiben

$$P_w = I^2\,R_w = k_2\,I^2\,f^2\,, \tag{15}$$

wobei also

$$R_w = k_2\,f^2\,. \tag{16}$$

c) **Die Nachwirkungsverluste.** Es zeigt sich, daß die gesamten Verluste noch einen Rest enthalten, der proportional der Frequenz ist wie der Hystereseverlust, aber proportional dem Quadrat der Stromstärke wie der Wirbelstromverlust. Man führt diesen Rest auf Diffusionsvorgänge im Kristallgitter und andere Nachwirkungserscheinungen zurück. Für den entsprechenden Widerstand, den man als *Nachwirkungswiderstand* bezeichnet, gilt der Ansatz

$$R_n = k_3\,f\,. \tag{17}$$

Die Summe der drei damit eingeführten Widerstände stellt den *Verlustwiderstand* dar:

$$R_v = k_1\,I\,f + k_2\,f^2 + k_3\,f\,, \tag{18}$$

er bildet die Differenz aus dem *Wirkwiderstand* R der Spule und dem Gleichstromwiderstand R_0:

$$R_v = R - R_0\,. \tag{19}$$

Zur Bestimmung der Verluste bei kleinen Feldstärken wird eine Ringspule mit einem Kern aus dem betreffenden Material hergestellt und der Verlustwiderstand R_v in einer Wechselstrommeßbrücke gemessen. Die Abb. 33.6 zeigt die einfachste (wenn auch nicht praktisch zweckmäßigste) Form einer solchen Meßbrücke. Der Wechselstromgenerator S liefert den Wechselstrom mit der Frequenz f. Durch Verändern des Meßwiderstandes R_2 und der Meßinduktivität (Induktionsvariometer) L kann der Ton im Fernhörer F (oder anderes Nullinstrument) zum Verschwinden gebracht werden. Dann gilt, da die Potentialdifferenz zwischen a und b durch die beiden Anschlußpunkte des Fernhörers halbiert wird,

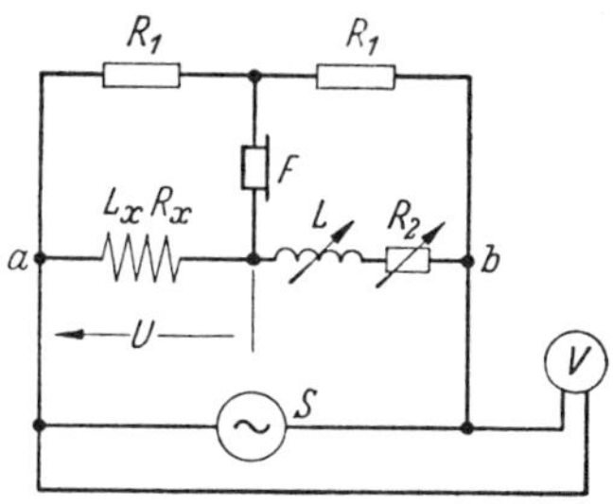

Abb. 33.6. Messung der Verluste bei kleinen Feldstärken

$$L_x = L\,, \qquad R_x = R_2\,.$$

Die Flußdichte im Eisenkern der Spule kann aus der Spannung U berechnet werden, die halb so groß ist wie die vom Voltmeter angezeigte Spannung.

Die Stromstärke in der Spule ist nach Gl. (31.10)

$$I = \frac{U}{\sqrt{R_x^2 + (2\pi f L_x)^2}}\,. \tag{20}$$

Damit kann die Selbstinduktionsspannung

$$U_L = \sqrt{U^2 - (I R_x)^2} = I\, 2\pi f L_x \tag{21}$$

berechnet werden. Nach dem Induktionsgesetz ist der Scheitelwert der magnetischen Induktion bei sinusförmigem Verlauf der Spannung entsprechend Gl. (31.20)

$$B_m = \frac{U_L}{4{,}44\, A N f}\,, \tag{22}$$

wobei mit A der Kernquerschnitt, mit N die Windungszahl der Spule bezeichnet ist. Der Scheitelwert der magnetischen Feldstärke ist

$$H_m = \frac{I\sqrt{2}\,N}{l}\,, \tag{23}$$

wenn l die mittlere Feldlinienlänge bezeichnet, und es ergibt sich die Wechselfeldpermeabilität des Kernes

$$\mu = \frac{B_m}{H_m} = \frac{l}{A N^2} L_x\,. \tag{24}$$

Die gesamten Eisenverluste betragen

$$P_v = I^2 (R_x - R_0) = I^2 R_v\,. \tag{25}$$

Man zerlegt den Verlustwiderstand R_v in seine drei Bestandteile, indem man Messungen bei verschiedenen Stromstärken und verschiedenen Frequenzen ausführt. Die Größe R_v/f wird für bestimmte Stromstärken in Abhängigkeit von der Frequenz aufgetragen, Abb. 33.7. Mit den durch die Meßpunkte gelegten geraden Linien ergeben sich die Abschnitte r_1 und r_2 auf der Ordinatenachse. Diese liefern, in Abhängigkeit von I aufgetragen, eine gerade Linie, Abb. 33.8, deren Schnitt mit der r-Achse den Wert k_3 ergibt. Dann kann ferner

$$k_1 = \frac{r - k_3}{I} \tag{26}$$

berechnet werden und aus Gl. (18)

$$k_2 = \frac{R_v - k_1 I f - k_3 f}{f^2}. \tag{27}$$

Eine nur vom Material abhängige Angabe für die Verluste erhält man, wenn man sie auf das Gewicht bezieht.

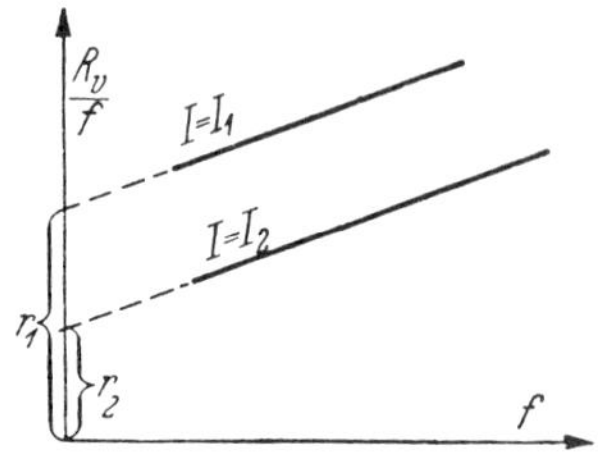

Abb. 33.7. Trennung der Verlustanteile

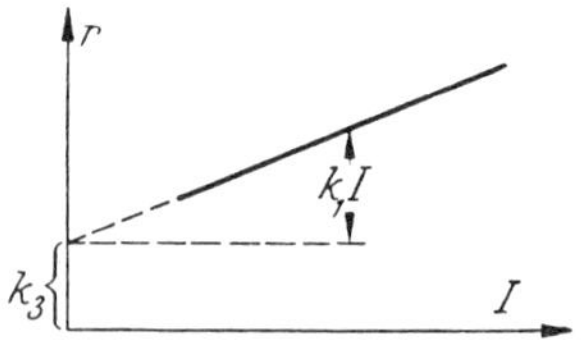

Abb. 33.8. Zur Berechnung der Verlustanteile

Die Induktivität einer Spule wächst bei kleinen Stromstärken etwas mit dem Strom an. Nach Gl. (11) gilt für die *Permeabilität*

$$\mu = \frac{B_m}{H_m} = \mu_a + 2\nu H_m. \tag{28}$$

Man kann also bei kleinen Stromstärken eine Spule mit Eisenkern darstellen durch die Reihenschaltung aus einer Induktivität, die mit der Stromstärke linear anwächst, und einem Widerstand, der einen konstanten Anteil R_0 enthält und einen Anteil R_v, der mit Frequenz und Stromstärke zunimmt.

In der *komplexen Rechnung* können die Ummagnetisierungsverluste einer Spule entweder durch einen Widerstand in Reihe mit der Spule oder durch einen Parallelwiderstand dargestellt werden. Eine andere Darstellung geht davon aus, daß infolge der Verluste der Strom dem Feld um einen Winkel δ voreilt, Abb. 33.4. Es ist also

$$\underline{I} L = \underline{\Phi}_g \, e^{j\delta} \tag{29}$$

oder

$$\underline{I} L \, e^{-j\delta} = \underline{\Phi}_g. \tag{30}$$

Die Eisenverluste können daher auch durch die Einführung einer *komplexen Induktivität*

$$\underline{L} = L \, e^{-j\delta} \tag{31}$$

berücksichtigt werden.

Eine weitere vielfach benützte Möglichkeit besteht schließlich darin, daß man für die Permeabilität eine komplexe Größe einführt, die *komplexe Permeabilität*

$$\mu = \mu' - j\mu''. \tag{32}$$

Der Realteil μ' ist im wesentlichen maßgebend für die Induktivität, der Imaginärteil μ'' für die Verluste. Es gilt

$$\tan\delta = \frac{\mu''}{\mu'}. \tag{33}$$

34. Der Transformator

Allgemeine Beziehungen

Eingangs- und Ausgangswicklung des Transformators (Primär- und Sekundärwicklung) befinden sich meist auf einem geschlossenen Kern (Eisenblechpaket, Eisenpulverkern, Bandwickelkern oder Ferritkern). Der Kern sorgt dafür, daß möglichst der ganze in der einen Wicklung erzeugte Fluß auch durch die andere Wicklung hindurchgeführt wird, daß also die Streuung gering ist, und daß zur Herstellung des für die Energieübertragung notwendigen Flusses ein möglichst geringer Magnetisierungsstrom erforderlich wird. Das Schaltbild des Transformators ist in Abb. 34.1 dargestellt. Neben den Zählpfeilen für die Ströme muß hier auch der Wicklungssinn der beiden Wicklungen berücksichtigt werden. Er wird zweckmäßig durch einen Punkt am einen Ende der Wicklung markiert, wie in Abb. 34.1. *Dadurch soll festgelegt werden, daß beim Durchlaufen der Wicklungen von dem Punkt aus der gemeinsame Kern in gleichem Sinn umkreist wird.* In Abb. 34.1 umkreisen also die Zählrichtungen der Ströme in den beiden Wicklungen den Kern gleichsinnig. Ist der Eisenkern verzweigt, wie z. B. in Abb. 36.42, dann müssen die Punkte für je 2 Wicklungen getrennt festgelegt werden, da sich der Magnetfluß jeder einzelnen Wicklung in verschiedener Weise verzweigt.

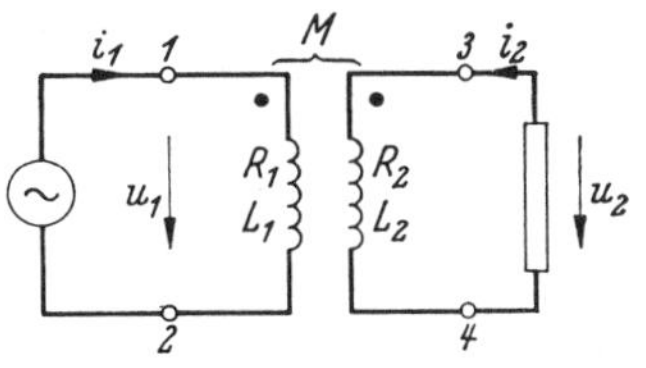

Abb. 34.1. Schema eines Transformators, Windungszahlen N_1 und N_2

Bei der folgenden Näherungsbetrachtung seien nun znächst die Verluste in den Wicklungen und im Eisenkern sowie die Streuung vernachlässigt. Die Windungszahlen der Primär- und der Sekundärwicklung seien N_1 und N_2. Am Eingang 1 2 erzeuge eine Quelle die Wechselspannung $\underline{U}_1$ mit dem *Effektivwert* U_1.

Bei *Leerlauf der Ausgangsklemmen* 3 4 stellt sich nach dem Induktionsgesetz, Gl. (31.19), in jedem Zeitpunkt ein solcher magnetischer Fluß ein, daß die Selbstinduktionsspannung gerade gleich der Eingangsspannung u_1 ist („*Spannungsgleichgewicht*"). Daraus folgt für den *Scheitelwert* Φ_1 des Flusses nach Gl. (31.23)

$$\Phi_1 = \frac{U_1}{4{,}44\, N_1 f}\,. \tag{1}$$

Bei sinusförmigem Verlauf der Primärspannung verläuft auch der Fluß sinusförmig. In dem Zeigerdiagramm Abb. 34.2 eilt der Fluß $\underline{\Phi}_1$ der Spannung $\underline{U}_1$ um genau 90° nach. Der dazugehörige Leerlaufstrom in der Primärwicklung ergibt sich nach Abb. 33.2 aus der Magnetisierungskennlinie und verläuft daher nicht sinusförmig; sein *Effektivwert* sei I_0. Der Leerlaufstrom oder „Magnetisierungsstrom" $\underline{I}_0$ liegt bei Vernachlässigung der Hysterese- und Wirbelstromverluste in Phase mit $\underline{\Phi}_1$ und eilt daher der Spannung $\underline{U}_1$ ebenfalls um 90° nach.

Wegen der vernachlässigten Streuung ist der Fluß Φ_1 auch vollständig mit der Ausgangswicklung verkettet und erzeugt dort die Spannung $\underline{U}_2$ mit dem Effektivwert

$$U_2 = 4{,}44\, N_2 f\, \Phi_1\,. \tag{2}$$

Infolge der durch die Punkte gekennzeichneten Festlegung über den Wicklungssinn der Wicklungen liegt $\underline{U}_2$ in Phase mit $\underline{U}_1$, so daß unter Einführung der *Wicklungsübersetzung*

$$\ddot{u} = \frac{N_1}{N_2} \tag{3}$$

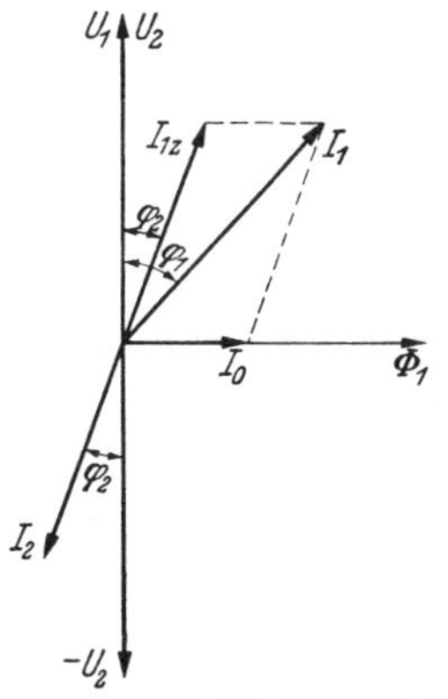

Abb. 34.2. Zeigerdiagramm des verlust- und streuungsfreien Transformators

für die komplexen Spannungen gilt

$$\underline{U}_2 = \frac{1}{\ddot{u}}\, \underline{U}_1\,. \tag{4}$$

Wird nun der Ausgang mit dem komplexen Widerstand Z_2 belastet, so entsteht der Sekundärstrom

$$\underline{I}_2 = -\frac{\underline{U}_2}{Z_2}\,. \tag{5}$$

Das Minuszeichen ist durch die in Abb. 34.1 entgegen der Bezugsrichtung der Spannung u_2 festgelegte Bezugsrichtung des Stromes i_2 bedingt. Im Zeigerdiagramm

Abb. 34.2 erscheint daher $\underline{I}_2$ um 180° gegenüber der bei Verbraucherwiderständen üblichen Darstellung gedreht. Der Strom $\underline{I}_2$ durchfließt die Ausgangswicklung und erzeugt eine Durchflutung $N_2\,\underline{I}_2$ des magnetischen Kreises. Da das Spannungsgleichgewicht auf der Eingangsseite erhalten bleiben muß, muß auch der Fluß Φ_1 die gleiche Größe behalten. Seine Durchflutung wird durch $\underline{I}_0$ gedeckt; daher muß auf der Eingangsseite zusätzlich ein Strom entstehen, der die sekundäre Durchflutung gerade kompensiert. Wir nennen diesen Strom den *primären Zusatzstrom* $\underline{I}_{1z}$; er hat also die entgegengesetzte Richtung wie I_2, und sein Effektivwert ergibt sich aus

$$N_1\,I_{1z} = N_2\,I_2\,. \tag{6}$$

Infolge des gleichen Flusses bleibt auch die Sekundärspannung $\underline{U}_2$ die gleiche.

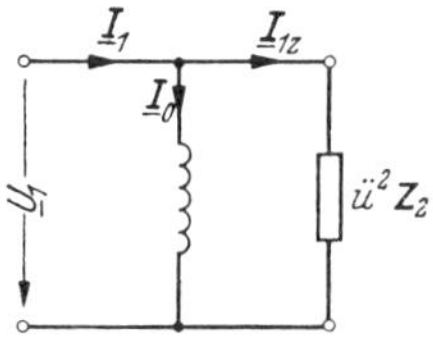

Abb. 34.3. Ersatzbild des verlust- und streuungsfreien Transformators

Mit Gl. (4) und (5) folgt

$$\underline{I}_{1z} = -\frac{N_2}{N_1}\,\underline{I}_2 = \frac{\underline{U}_1}{\ddot{u}^2\,\underline{Z}_2}\,. \tag{7}$$

Der primäre Zusatzstrom kann demnach dargestellt werden als Strom in einem Widerstand $\ddot{u}^2\,\underline{Z}_2$, an dem die Primärspannung liegt. Der gesamte Primärstrom wird

$$\underline{I}_1 = \underline{I}_{1z} + \underline{I}_0\,. \tag{8}$$

Daraus ergibt sich das in Abb. 34.3 dargestellte Ersatzbild.

Der Magnetisierungsstrom I_0 wird durch geeignete Bemessung des Eisenkernes immer klein gegen den Betriebsstrom gehalten. Der *ideale Transformator* (*idealer „Übertrager“*) entsteht, wenn I_0 gegen I_{1z} vernachlässigbar klein ist. Daher gelten für den idealen Transformator die Gleichungen

$$\underline{U}_2 = \frac{1}{\ddot{u}}\,\underline{U}_1\,, \quad \underline{I}_2 = -\,\ddot{u}\,\underline{I}_1\,. \tag{9}$$

Der Eingangswiderstand des idealen Übertragers ist gleich dem mit dem Quadrat der Übersetzung multiplizierten Lastwiderstand. Diese Eigenschaft wird in der Nachrichtentechnik zur *Leistungsanpassung* benützt, indem die Übersetzung so gewählt wird, daß der übersetzte Widerstand gleich dem Innenwiderstand der Quelle auf der Primärseite ist.

Streuungs-Ersatzbild

Das Ersatzbild Abb. 34.3 kann leicht durch die Berücksichtigung der Verluste und der Streuung vervollständigt werden. Die Wirkwiderstände R_1 und R_2 der beiden Wicklungen können nach außerhalb gelegt werden, da sie nur jeweils von einem der beiden Ströme $\underline{I}_1$ und $\underline{I}_2$ durchflossen werden. Ebenso wirken die mit je einer Wicklung verknüpften Feldlinien der magnetischen Streuflüsse wie Induktivitäten $L_{\sigma 1}$ und $L_{\sigma 2}$ in Reihe mit den beiden Wicklungen. Daraus ergibt sich das Streuungs-Ersatzbild Abb. 34.4 des Transformators. Die sekundäre Streuinduktivität und der sekundäre Widerstand erscheinen mit $\ddot{u}^2$ multipliziert auf der Primärseite. Der primäre Zusatzstrom ist $\underline{I}_{1z} = \underline{I}_2' = \underline{I}_2/\ddot{u}$, und die am Lastwiderstand wirkende Sekundärspannung $\underline{U}_2$ ist als $\underline{U}_2' = \ddot{u}\,\underline{U}_2$ auf der Primärseite eingetragen.

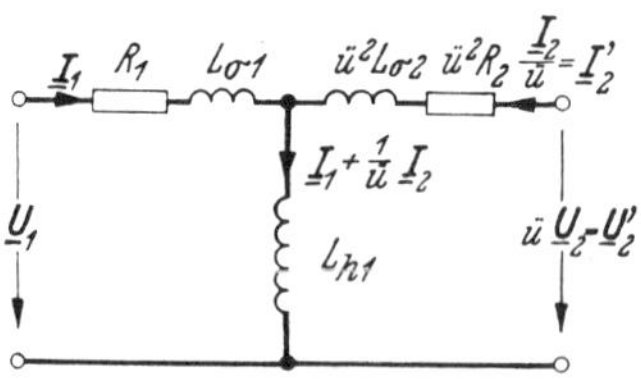

Abb. 34.4. Streuungs-Ersatzbild des Transformators

Da die Streuflüsse ihren magnetischen Widerstand in der Hauptsache in der Luft und magnetisch neutralen Stoffen haben, sind die Streuinduktivitäten praktisch unabhängig von der Stromstärke und relativ klein; ihre Summe

$$L_\sigma = L_{\sigma 1} + \ddot{u}^2\,L_{\sigma 2} \tag{10}$$

kann daher näherungsweise durch Messung des Eingangswiderstandes bei kurzgeschlossenem Ausgang bestimmt werden; diese Messung liefert auch die „Kupferverluste" $I_1^2 (R_1 + ü^2 R_2)$.

Die *primäre „Hauptinduktivität"* L_{h1} dagegen hängt wegen der Krümmung der Magnetisierungskurve von der Betriebsspannung ab; sie ist definiert durch (Gl. (28.18))

$$L_{h1} = \frac{N_1 \Phi_1}{I_0 \sqrt{2}} \approx \frac{U_1}{\omega I_0}, \tag{11}$$

und kann daher näherungsweise bei Leerlauf des Ausganges gemessen werden. Die Ummagnetisierungsverluste im Eisenkern können auf Grund von Abb. 33.4 durch einen ohmschen Widerstand parallel zu L_{h1} berücksichtigt werden, und daher ebenfalls bei Leerlauf gemessen werden.

Die Streuung

Bei Transformatoren mit Eisenkern sind die magnetischen Streuflüsse klein gegen den magnetischen Hauptfluß im Eisenkern. Wegen der räumlichen Ausdehnung der Wicklungsquerschnitte können jedoch die einzelnen Windungen mit verschieden großen Magnetflüssen verkettet sein. Dies soll im folgenden näher betrachtet werden.

Der bei offener Sekundärwicklung durch den Primärstrom erzeugte mit dem Primärkreis verkettete Induktionsfluß sei Φ_{g1}. Mit der Wicklung *2* ist dabei ein bestimmter Fluß Φ_{g12} verkettet. Man denkt sich nun die beiden Flüsse Φ_{g1} und Φ_{g12} durch *Bündel*flüsse Φ_1 und Φ_{12} von solcher Größe ersetzt, daß sie in den beiden Wicklungen die gleichen Gesamtflüsse ergeben würden:

$$\Phi_1 = \frac{\Phi_{g1}}{N_1}, \qquad \Phi_{12} = \frac{\Phi_{g12}}{N_2}. \tag{12}$$

Wenn keine Feldlinien außerhalb des Kernes verlaufen würden, dann würden diese beiden Bündelflüsse einander gleich sein und identisch mit dem in Wirklichkeit in dem Eisenkern des Transformators vorhandenen Induktionsfluß. Infolge der Streufeldlinien sind die beiden Bündelflüsse etwas verschieden von dem Induktionsfluß im Eisenkern; sie sind als Rechengrößen zu betrachten. Ihre Differenz bezeichnet man als den *primären Streufluß*:

$$\Phi_{\sigma 1} = \Phi_1 - \Phi_{12}. \tag{13}$$

Negative Werte dieses Flusses zeigen an, daß die Verkettung der Feldlinien mit der Sekundärwicklung vollständiger ist als mit der Primärwicklung. Mit Hilfe der so eingeführten Flüsse definiert man nun die *primäre Streuinduktivität*

$$L_{\sigma 1} = \frac{N_1 \Phi_{\sigma 1}}{i_1}. \tag{14}$$

Durch eine entsprechende Überlegung ergibt sich für die *sekundäre Streuinduktivität*

$$L_{\sigma 2} = \frac{N_2 \Phi_{\sigma 2}}{i_2}, \tag{15}$$

Beispiel: *Berechnung der Streuung eines Transformators.* Auf dem Schenkel eines Transformators, Abb. 34.5, befinde sich eine Primärwicklung *I* mit der Höhe h_1 und eine Sekundärwicklung *II* mit der Höhe h_2, die durch einen Spalt von der Breite s getrennt sind. Fließt bei stromloser Sekundärwicklung in der Primärwicklung der Strom i_1, so entsteht neben dem Hauptfluß Φ_h mit den Feldlinien *1* ein Luftfeld mit Feldlinien *2*, während Feldlinien von der Form *3* nicht auftreten können, da ihre Durchflutung 0 wäre. Die Stärke des Luftfeldes kann dadurch abgeschätzt werden, daß der magnetische Widerstand im Eisen gegen den im Luftraum vernachlässigt wird. Das Linienintegral der magnetischen Feldstärke für eine Feldlinie *2* ist dann $H\,l$, wobei l die mittlere Feldlinienlänge in der Luft bedeutet. Die Durchflutung der Feldlinie *2*

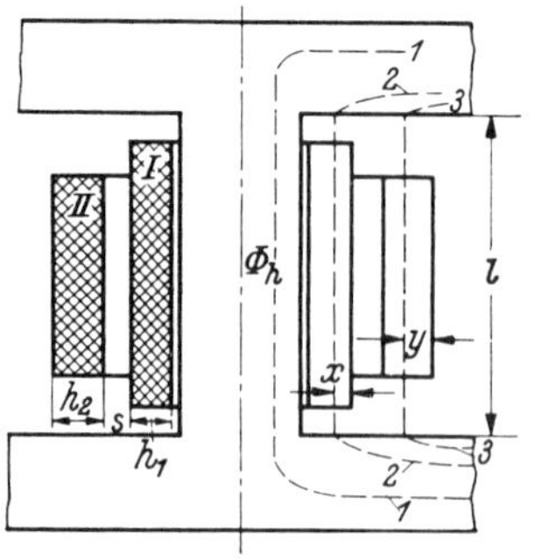

Abb. 34.5. Zur Berechnung der Streuung eines Transformators

ergibt sich aus dem verketteten Bruchteil $\frac{x}{h_1} N_1$ der Windungszahl N_1 der Primärwicklung:

$$H\,l = i_1\,N_1 \frac{x}{h_1}\,.$$

Die Feldstärke nimmt von $H = 0$ für $x = 0$ linear auf den Wert $\frac{i_1 N_1}{l}$ auf der Innenseite der Wicklung zu. Der Induktionsfluß, der sich aus Feldlinien der Form *2* zusammensetzt, ergibt sich durch Integration der Flußdichte $\mu_0 H$ über die ringförmigen Flächenelemente mit der Breite dx und der mittleren Windungslänge l_1 der Wicklung I:

$$\int_0^{h_1} B\,l_1\,dx = \frac{1}{2}\,\mu_0\,i_1\,N_1\,h_1\,\frac{l_1}{l}\,.$$

Dieser Fluß ist ebenso wie der im Eisen geführte Hauptfluß Φ_h ganz mit den N_2 Windungen der Sekundärwicklung verkettet. Daher ist der mit der Sekundärwicklung verkettete Gesamtfluß:

$$\Phi_{g12} = N_2 \Phi_h + \frac{1}{2}\,\mu_0\,i_1\,N_1\,N_2\,h_1\,\frac{l_1}{l}\,.$$

Die Feldlinien *2* sind dagegen jeweils nur mit dem Bruchteil $\frac{x}{h_1} N_1$ der primären Windungszahl verkettet. Daher ist der primäre Gesamtfluß

$$\Phi_{g1} = N_1\,\Phi_h + \int_0^{h_1} B\,l_1\,\frac{x}{h_1}\,N_1\,dx$$

oder

$$\Phi_{g1} = N_1\,\Phi_h + \mu_0\,i_1\,N_1^2\,\frac{1}{3}\,h_1\,\frac{l_1}{l}\,.$$

Daraus folgt nach Gl. (12)

$$\Phi_1 = \Phi_h + \frac{1}{3}\,\mu_0\,i_1\,N_1\,h_1\,\frac{l_1}{l}\,,$$

und

$$\Phi_{12} = \Phi_h + \frac{1}{2}\,\mu_0\,i_1\,N_1\,h_1\,\frac{l_1}{l}\,,$$

sowie nach Gl. (13) der primäre Streufluß

$$\Phi_{\sigma 1} = -\frac{1}{6}\,\mu_0\,i_1\,N_1\,h_1\,\frac{l_1}{l}\,.$$

Die *primäre Streuinduktivität* wird nach Gl. (14)

$$L_{\sigma 1} = -\frac{1}{6}\,\mu_0\,N_1^2\,h_1\,\frac{l_1}{l}\,. \tag{16}$$

Fließt andrerseits bei stromloser Primärwicklung durch die Sekundärwicklung der Strom i_2, so stellt sich der gleiche Fluß Φ_h im Eisenkern ein, wenn $i_2 N_2 = i_1 N_1$ gemacht wird. Die Feldlinien von der Form *2* durchsetzen den ganzen Innenraum der Sekundärwicklung bis zum Eisenkern. Die Feldstärke ist hier $\frac{i_2 N_2}{l}$, und es ergeben sich Feldlinien der Form *3* mit der Feldstärke $\frac{i_2 N_2}{l}\,\frac{y}{h_2}$. Der sekundäre Gesamtfluß wird daher

$$\Phi_{g2} = N_2\,\Phi_h + \mu_0\,i_2\,N_2^2\,(h_1 + s)\,\frac{l_1}{l} + \mu_0\,i_2\,N_2^2\,\frac{l_2}{l}\int_0^{h_2} \frac{y^2}{h_2^2}\,dy$$

oder

$$\Phi_{g2} = N_2\,\Phi_h + \mu_0\,i_2\,N_2^2\left[(h_1 + s)\,\frac{l_1}{l} + \frac{1}{3}\,h_2\,\frac{l_2}{l}\right].$$

Der mit der Primärwicklung verkettete Gesamtfluß wird

$$\Phi_{g21} = N_1\,\Phi_h + \frac{1}{2}\,\mu_0\,i_2\,N_1\,N_2\,h_1\,\frac{l_1}{l}\,.$$

Hieraus folgt

$$\Phi_2 = \Phi_h + \mu_0 i_2 N_2 \left[(h_1 + s) \frac{l_1}{l} + \frac{1}{3} h_2 \frac{l_2}{l,} \right],$$

$$\Phi_{21} = \Phi_h + \frac{1}{2} \mu_0 i_2 N_2 h_1 \frac{l_1}{l},$$

und der sekundäre Streufluß

$$\Phi_{\sigma 2} = \Phi_2 - \Phi_{21} = \mu_0 i_2 N_2 \left[\left(\frac{1}{2} h_1 + s \right) \frac{l_1}{l} + \frac{1}{3} h_2 \frac{l_2}{l} \right].$$

Die *sekundäre Streuinduktivität* wird

$$L_{\sigma 2} = \mu_0 N_2^2 \left[\left(\frac{1}{2} h_1 + s \right) \frac{l_1}{l} + \frac{1}{3} h_2 \frac{l_2}{l} \right]. \tag{17}$$

Der lineare Übertrager

Die Eigenschaften des Transformators werden spannungsunabhängig, wenn die Permeabilität des Kernes unabhängig von der Feldstärke ist. Dies wird bei den Übertragern der Nachrichtentechnik zwecks verzerrungsfreier Übertragung der Nachrichtensignale angestrebt. In dem Streuungsersatzbild sind dann alle Induktivitäten konstant; das Bild veranschaulicht, wie bei hohen Frequenzen die Streuinduktivitäten, bei niedrigen Frequenzen die Hauptinduktivität die Übertragung zwischen Eingang und Ausgang sperren. In einem mittleren Frequenzbereich gelten angenähert die Gl. (9) des idealen Transformators.

Mit Hilfe des oben erläuterten Berechnungsganges der Streuinduktivitäten können folgende Größen definiert werden. Die *primäre Gesamtinduktivität* ist nach Gl. (28.18)

$$L_1 = \frac{N_1 \Phi_1}{i_1}. \tag{18}$$

Damit wird die *primäre Hauptinduktivität*

$$L_{h1} = L_1 - L_{\sigma 1} = \frac{N_1 \Phi_{12}}{i_1}. \tag{19}$$

Die *Gegeninduktivität* wird nach Gl. (28.61)

$$M = \frac{N_2 \Phi_{12}}{i_1}. \tag{20}$$

Damit gilt auch

$$L_{h1} = \frac{N_1}{N_2} M \tag{21}$$

und

$$L_{\sigma 1} = L_1 - \frac{N_1}{N_2} M. \tag{22}$$

Durch die entsprechenden Überlegungen findet man die *sekundäre Gesamtinduktivität*

$$L_2 = \frac{N_2 \Phi_2}{i_2}, \tag{23}$$

und die *sekundäre Hauptinduktivität*

$$L_{h2} = L_2 - L_{\sigma 2} = \frac{N_2 \Phi_{12}}{i_2}. \tag{24}$$

Auf Grund dieser Beziehungen gilt ferner

$$L_{h2} = \frac{N_2}{N_1} M; \qquad L_{\sigma 2} = L_2 - \frac{N_2}{N_1} M; \qquad M = \sqrt{L_{h1} L_{h2}}, \tag{25}$$

und es verhalten sich die Hauptinduktivitäten wie die Quadrate der Windungszahlen:

$$\frac{L_{h1}}{L_{h2}} = \frac{N_1^2}{N_2^2} = \ddot{u}^2. \tag{26}$$

Wenn die Streuinduktivitäten Null wären, würde nach den Gl. (21) und (25) gelten:

$$M = \sqrt{L_1 L_2}\,. \tag{27}$$

In Wirklichkeit ist die Gegeninduktivität immer kleiner als dieser Wert. Dies wird durch den sogenannten *Streugrad* oder *Streufaktor* σ ausgedrückt, indem man setzt

$$\sigma = 1 - \frac{M^2}{L_1 L_2}\,. \tag{28}$$

Der Streugrad ist Null, wenn die Streuung Null ist und hat den Wert 1, wenn die beiden Wicklungen vollständig unabhängig voneinander sind. Ferner bezeichnet man

$$k = \frac{M}{\sqrt{L_1 L_2}} = \sqrt{1 - \sigma} \tag{29}$$

als *Kopplungsgrad* oder *Kopplungsfaktor*; er liegt ebenfalls zwischen Null und 1. Die Streuinduktivitäten sind praktisch meist sehr klein gegen die Hauptinduktivität; dann folgt aus Gl. (28), (19) bis (25) die Näherungsformel

$$\sigma = \frac{L_{\sigma 1}}{L_1} + \frac{L_{\sigma 2}}{L_2} = \frac{L_\sigma}{L_1}\,. \tag{30}$$

Beispiel: In dem vorigen Beispiel ist zur Berechnung des *Streugrades* nach Gl. (30) angenähert zu setzen

$$L_1 = \frac{N_1}{i_1}\,\Phi_h\,, \qquad L_2 = \frac{N_2}{i_2}\,\Phi_h\,,$$

und zu berücksichtigen, daß zur Erzeugung des gleichen Hauptflusses $i_1 N_1 = i_2 N_2$ sein muß. Damit ergibt sich

$$\sigma = \frac{i_1 N_1}{\Phi_h}\,\mu_0 \left[s\,\frac{l_1}{l} + \frac{1}{3}\,h_1\,\frac{l_1}{l} + \frac{1}{3}\,h_2\,\frac{l_2}{l}\right]. \tag{31}$$

Führt man die mittlere Feldlinienlänge l_E des Hauptflusses im Eisen ein, sowie die Permeabilität μ_r des Eisens und den Eisenquerschnitt A_E, so folgt schließlich

$$\sigma = \frac{1}{\mu_r}\,\frac{l_E}{A_E\, l}\left(l_1\, s + \frac{1}{3}\, l_1\, h_1 + \frac{1}{3}\, l_2\, h_2\right). \tag{32}$$

Der Streugrad ist umgekehrt proportional der relativen Permeabilität des Eisens. Er bleibt bei proportionaler Änderung sämtlicher Abmessungen konstant, ist also in erster Näherung unabhängig von der Größe des Transformators.

Fließen in der Primär- und in der Sekundärwicklung Ströme, dann kann die Induktionswirkung im Kreis *1* auf den Gesamtfluß

$$\Phi_g' = L_1\, i_1 + M\, i_2 \tag{33}$$

zurückgeführt werden; ebenso im Kreis *2*

$$\Phi_g'' = L_2\, i_2 + M\, i_1\,. \tag{34}$$

Unter Einführung der Streuinduktivitäten kann man hierfür auch schreiben

$$\left.\begin{aligned} \Phi_g' &= L_{\sigma 1}\, i_1 + \frac{M}{N_2}\,(N_2\, i_2 + N_1\, i_1);\\ \Phi_g'' &= L_{\sigma 2}\, i_2 + \frac{M}{N_1}\,(N_2\, i_2 + N_1\, i_1)\,. \end{aligned}\right\} \tag{35}$$

Diese Gleichungen kann man so deuten, als ob mit jedem Kreis jeweils ein „*Streufluß*", der nur von dem Strom in diesem Kreis herrührt, und ein „*gemeinsamer Fluß*", der von der Summe der Durchflutungen herrührt, verkettet wären. Diese rein mathematische Zerlegung darf nicht zu der Annahme verleiten, daß diese Flüsse in Wirklichkeit Flußbündeln entsprechen müßten, die nur mit einem Kreis bzw. mit beiden Kreisen verkettet sind. Das resultierende Magnetfeld der beiden Ströme kann zwar Feldlinien enthalten, die mit je einem der beiden Kreise verkettet sind, und solche, die beide Kreise gemeinsam umschlingen; aber die durch diese Feldlinien gebildeten Bündel sind nicht gleich den Flüssen Φ'_g und Φ''_g. Es kann sogar der Fall vorkommen, daß es überhaupt keine Feldlinien gibt, die beiden Stromkreisen gemeinsam sind, während doch die Summe der Durchflutungen beider Kreise einen endlichen Wert hat. Ein Beispiel stellt das in Abb. 34.6 aufgezeichnete Feld zweier paralleler Drahtkreise dar, die in entgegengesetzter Richtung von Strömen im Verhältnis 1:2 durchflossen sind[1].

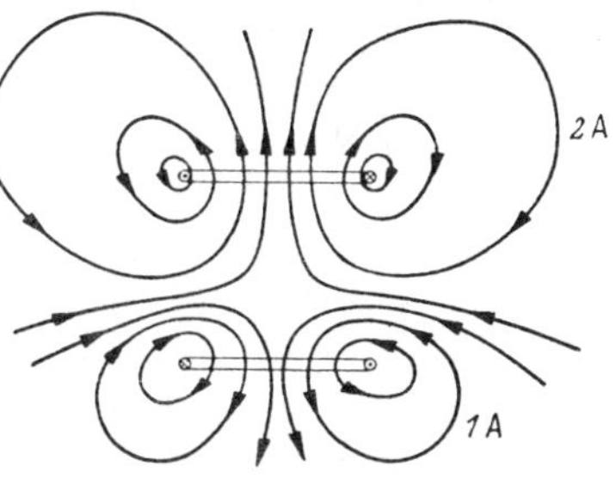

Abb. 34.6. Feldlinienbild zweier paralleler Drahtkreise

In Abb. 34.1 haben die Spannungen der Selbstinduktion, $L_1 \frac{di_1}{dt}$ und $L_2 \frac{di_2}{dt}$, sowie die Spannungen der Gegeninduktion, $M \frac{di_1}{dt}$ und $M \frac{di_2}{dt}$, gleiches Vorzeichen bei gleichen Vorzeichen der Stromänderungen. Auf der Eingangsseite deckt die Spannung u_1 zwischen den Eingangsklemmen *1, 2* in jedem Zeitpunkt die Summe von primärer Selbstinduktionsspannung, Gegeninduktionsspannung und ohmschem Spannungsabfall:

$$u_1 = L_1 \frac{di_1}{dt} + M \frac{di_2}{dt} + i_1 R_1 . \tag{36}$$

Auf der Ausgangsseite ergibt sich die Spannung u_2 zwischen den Ausgangsklemmen *3, 4* in jedem Zeitpunkt als die Summe der sekundären Selbstinduktionsspannung, der Gegeninduktionsspannung und dem ohmschen Spannungsabfall:

$$u_2 = L_2 \frac{di_2}{dt} + M \frac{di_1}{dt} + i_2 R_2 . \tag{37}$$

Unter Einführung der komplexen Zeiger für die Wechselstromgrößen erhält man aus den Gl. (36) und (37)

$$\underline{U}_1 = \underline{I}_1 (R_1 + j\,\omega\, L_1) + \underline{I}_2\, j\,\omega\, M , \tag{38}$$

$$\underline{U}_2 = \underline{I}_2 (R_2 + j\,\omega\, L_2) + \underline{I}_1\, j\,\omega\, M . \tag{39}$$

Kopplungs-Ersatzbilder des linearen Übertragers

Für die in Abb. 34.7 gezeichnete Anordnung gelten die gleichen Beziehungen (38) und (39), wie man leicht feststellen kann. Hier sind drei Spulen mit den Induktivitätswerten $L_1 - M$, $L_2 - M$ und M im Stern miteinander verbunden. Die beiden erstgenannten Spulen enthalten die beiden Wicklungswiderstände R_1 und R_2. Im Querzweig fließt ein Strom von der Stärke $\underline{I}_1 + \underline{I}_2$. Berechnet man die Spannung zwischen *a* und *b* auf dem Wege über *e* und *f*, so ergibt sich sofort die Gl. (38). Die Gl. (39) entsteht durch Anwenden des zweiten KIRCHHOFFschen Satzes auf den Kreis *d, c, e, f*. Man kann mit diesem „*Kopplungs-Ersatzbild*" die Gegeninduktivität auf eine Induktivität zurückführen. Für die Gültigkeit des Ersatzbildes ist es belanglos, daß bei von eins verschiedenem Windungszahlverhältnis des Transformators einer der beiden Werte $L_1 - M$ und $L_2 - M$ negativ werden kann. Das Kopplungsersatzbild ist dann von Nutzen, wenn die Werte L_1, L_2 und M unabhängig von den Spannungen und Strömen sind, also bei Spulen mit magnetisch neutralem Kern oder bei hinreichend kleiner magnetischer Aussteuerung des Kernmaterials, wie es in der Hochfrequenz- und Nachrichtentechnik vorkommt. Dann gilt das Ersatzbild bei beliebiger Eingangsspannung und bei beliebiger Belastung. Es gilt sogar bei ganz beliebigen Potentialen

[1] WEBER, E.: Elektrotechn. u. Maschinenb. 48 (1930) S. 943.

aller Klemmen wenn Primär- und Sekundärseite des Transformators so miteinander verbunden sind, wie es in Abb. 34.8 dargestellt ist.

Bei der umgekehrten Verbindung der beiden Wicklungen, wie in Abb. 34.9, geht das Ersatzbild in das der Abb. 34.10 über. Die beiden Kopplungsersatzbilder sind also in diesen beiden Fällen auch dann anwendbar, wenn sich der Transformator in einem Netz befindet, in dem Sekundär- und Primärwicklung noch in beliebiger

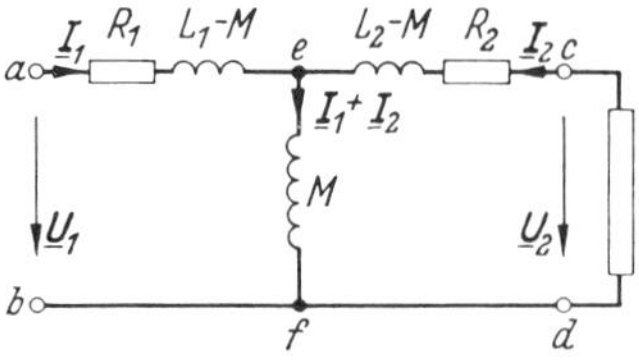

Abb. 34.7. Kopplungs-Ersatzbild des Transformators

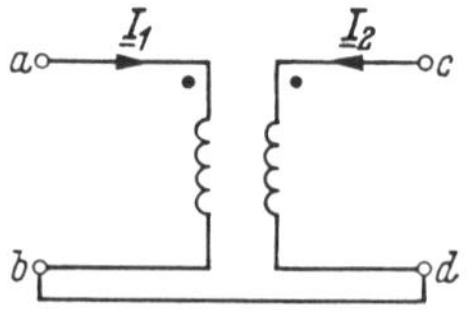

Abb. 34.8. Äquivalenter Transformator zum Ersatzbild 34.7

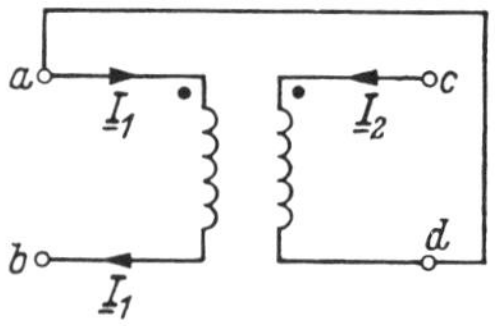

Abb. 34.9. Hintereinanderschaltung der beiden Wicklungen

Weise über weitere Zweige in Verbindung stehen. Im ersten Fall, Abb. 34.8 ist der komplexe Widerstand zwischen den beiden Klemmen a und c, wenn die anderen Klemmen isoliert sind, nach dem Ersatzbild

$$Z_{ac} = R_1 + R_2 + j\,\omega\,(L_1 + L_2 - 2\,M)\,; \tag{40}$$

er geht in den Wirkwiderstand der beiden hintereinander geschalteten Wicklungen über, wenn die Streuung Null ist und die Windungszahlen gleich sind. Die beiden Wicklungen sind „*gegeneinander geschaltet*". Im anderen Fall dagegen, Abb. 34.9, wird der Widerstand zwischen b und c nach Abb. 34.10

$$Z_{bc} = R_1 + R_2 + j\,\omega\,(L_1 + L_2 + 2\,M)\,. \tag{41}$$

Die Induktivität hat hier im Idealfall bei gleichen Wicklungen den vierfachen Wert einer Wicklungsinduktivität; die beiden Wicklungen sind „*wirksam hintereinander geschaltet*".

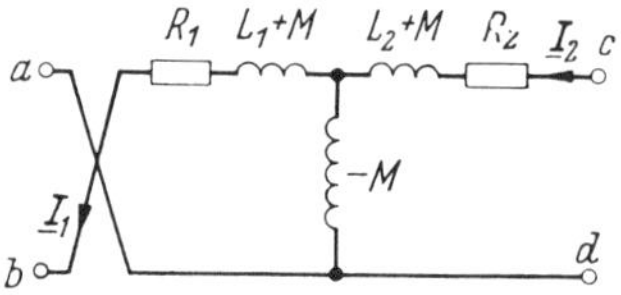

Abb. 34.10. Kopplungs-Ersatzbild für den Transformator Abb. 34.9

Durch Messung der beiden Widerstände Z_{ac} und Z_{bc} kann die Gegeninduktivität bestimmt werden. Es ist

$$j\,\omega\,M = \frac{1}{4}\,(Z_{bc} - Z_{ac})\,. \tag{42}$$

Beim sogenannten **Spartransformator**, bei dem die Sekundärwicklung durch einen Teil der Primärwicklung gebildet wird, gelten das Streuungs-Ersatzbild Abb. 34.4 und das Kopplungs-Ersatzbild Abb. 34.7. An die Stelle von R_1 tritt jedoch $R_1 - R_2$, da nur dieser Teil von i_1 allein durchflossen wird; ferner liegt R_2 nicht am Ausgang, sondern in Reihe mit L_{h1} bzw. M. Wegen des Durchflutungsgleichgewichts werden der Strom in diesem gemeinsamen Wicklungsteil und damit die Stromwärmeverluste geringer als beim Transformator mit getrennten Wicklungen.

35. Elektrisch-mechanische Energiewandlung

Allgemeines

Der Vorgang der Umwandlung elektrischer Arbeit in mechanische Arbeit mit Hilfe der elektrischen oder magnetischen Feldkräfte ist umkehrbar. Bewegt sich ein geladener Körper in einem elektrischen Feld unter der Einwirkung der Feldkräfte und leistet dabei eine mechanische Arbeit, so ergibt sich eine Rückwirkung der Bewegung auf das elektrische Feld dadurch, daß der Bewegung des Ladungsträgers ein elektrischer Strom entspricht; entweder wird daher durch die Bewegung des Ladungsträgers das elektrische Feld abgebaut, also dem Feld elektrische Energie entzogen, oder es muß aus einer äußeren Stromquelle dem Feld elektrische Arbeit zugeführt werden. Wird andererseits der Ladungsträger durch eine äußere mechanische Kraft entgegen den Feldkräften bewegt, so führt er dem elektrischen Feld Energie zu; es wird entweder das Feld verstärkt, oder es kann in einem äußeren Stromkreis elektrische Leistung entnommen werden. Genau das gleiche gilt für die Umwandlung von elektrischer Leistung in mechanische Leistung mit Hilfe magnetischer Feldkräfte, wie dies bereits in Abschnitt 23 ausgeführt wurde. Diese umkehrbare Energieumwandlung liegt einer großen Gruppe von elektrotechnischen Geräten zugrunde, insbesondere den elektrischen Maschinen, den Strom- Spannungs- und Leistungsmessern, den Elektrizitätszählern, den Fernhörern, Lautsprechern und den magnetischen und elektrischen Mikrophonen. Elektrische Feldkräfte werden nur in Sonderfällen benützt, meist beruht die Energieumwandlung auf der Anwendung magnetischer Feldkräfte. Die Ursache dafür liegt darin, daß mit magnetischen Feldern leichter hohe Energiedichten hergestellt werden können als mit elektrischen Feldern.

Die Dichte der in einem elektrischen Feld aufgespeicherten elektrischen Energie ist nach Abschnitt 13

$$w = \frac{1}{2} \varepsilon E^2. \tag{1}$$

In Luft ist $\varepsilon = \varepsilon_0$; die Feldstärke E muß hinreichend weit unterhalb der Durchschlagsfeldstärke liegen, darf also in Luft höchstens etwa 10 kV/cm sein. Damit wird

$$w = \frac{1}{2} \cdot 0{,}886 \cdot 10^{-13} \frac{\text{F}}{\text{cm}} 10^8 \frac{\text{V}^2}{\text{cm}^2} = 0{,}45 \cdot 10^{-5} \frac{\text{Ws}}{\text{cm}^3} = 4{,}5 \cdot 10^{-6} \frac{\text{Ws}}{\text{cm}^3}.$$

Im magnetischen Feld gilt nach Abschnitt 28

$$w = \frac{1}{2} \frac{B^2}{\mu}. \tag{2}$$

Für Luft ist $\mu = \mu_0$; es lassen sich Flußdichten von 1 Tesla leicht herstellen. Damit wird

$$w = \frac{1}{2} \frac{10^{-8}\text{V}^2\text{s}^2\text{A cm}}{1{,}257 \cdot 10^{-8}\text{Vs cm}^4} = 0{,}4 \frac{\text{Ws}}{\text{cm}^3}.$$

Die Energiedichte des magnetischen Feldes kann also in Luft rund 10^5mal größer gemacht werden als die Energiedichte des elektrischen Feldes. Die elektrischen Maschinen arbeiten daher ausschließlich mit magnetischen Feldkräften.

Die Grundgleichungen der elektrischen Maschinen

Die Hauptteile der elektrischen Maschinen sind *Ständer* und *Läufer*. Einer dieser beiden Hauptteile trägt die *Nutzwicklung*, und zwar bei den Gleichstrommaschinen der Läufer, bei den Wechselstromsynchron- und Induktionsmaschinen der Ständer. Den Klemmen dieser Wicklung wird die elektrische Leistung entnommen, wenn es sich um einen Generator handelt, die elektrische Leistung zugeführt beim Betrieb der Maschine als Motor. Die *Nutzwicklung* besteht im allgemeinen aus mehreren Wicklungssträngen, die in verschiedener Weise miteinander verbunden werden können, bei Gleichstrom z. B. in Parallel- oder Hintereinanderschaltung, bei Dreiphasenstrom in Dreieck- oder Sternform. Jeder Wicklungsstrang ist grundsätzlich so ausgeführt, daß ein durch *einen* Wicklungsstrang fließender Gleichstrom auf dem Umfang des Läufers in abwechselnder Folge magnetische Nord- und Südpole, also eine periodische Verteilung der Flußdichte, erzeugen würde. Die Zahl p der Polpaare ist also durch die Ausführung der Nutzwicklung gegeben.

Der zweite Teil ist entweder als *Magnetsystem* ausgebildet mit der gleichen Zahl p von Polpaaren wie die Nutzwicklung, das mit Gleichstrom erregt wird (z. B. Gleichstrommaschinen und Wechselstromsynchronmaschinen), oder mit einer gleichartigen Wicklung wie der andere Teil (z. B. Wechselstrominduktionsmaschinen).

Die in einem Wicklungsstrang der Nutzwicklung induzierte Quellenspannung ist nach dem Induktionsgesetz

$$u_0 = -\frac{d\Phi}{dt}\,, \tag{3}$$

wenn Φ den Gesamtfluß bezeichnet, der mit dem Wicklungsstrang verkettet ist. Φ kann nun hier im allgemeinen Fall sich entweder dadurch ändern, daß der Fluß selbst zeitlich veränderlich ist oder dadurch, daß sich der Läufer gegen den Ständer dreht. Es kann also Φ eine Funktion der Zeit und des Winkels α zwischen Ständer und Läufer sein. Daher gilt allgemein für die in einem Wicklungsstrang *induzierte* Quellenspannung

$$u_0 = -\frac{\partial\Phi}{\partial\alpha}\frac{d\alpha}{dt} - \frac{\partial\Phi}{\partial t}, \qquad \frac{d\alpha}{dt} = 2\pi n,$$

oder

$$\boxed{u_0 = -2\pi n\frac{\partial\Phi}{\partial\alpha} - \frac{\partial\Phi}{\partial t}\,.} \tag{4}$$

n ist definiert als Quotient *Zahl der Umdrehungen geteilt durch Zeit* und wird *Drehzahl* oder *Umdrehungsfrequenz* genannt. Die Gl. (4) nennen wir die *erste Hauptgleichung der elektrischen Maschinen.*

Wird der Generator durch einen Verbraucher belastet, so fließt in der Wicklung ein Strom i. Die während eines Zeitelementes dt von dem Wicklungsstrang gelieferte elektrische Arbeit ist

$$dW = u_0\, i\, dt = -2\pi n\, i\frac{\partial\Phi}{\partial\alpha}dt - i\frac{\partial\Phi}{\partial t}dt\,. \tag{5}$$

Ist hier $n = 0$, so verschwindet das erste Glied, und man erkennt, daß der verbleibende Ausdruck rechts die Abnahme der magnetischen Energie des Stromkreises darstellt [s. Gl. (28.26)]. Bei endlichem n wird die in den äußeren Stromkreis gelieferte elektrische Arbeit dW gedeckt durch diesen Beitrag der magnetischen Feldenergie und die dem Leiter zugeführte mechanische Arbeit $M_d\, d\alpha$. Diese wird also durch den ersten Ausdruck rechts dargestellt, und es gilt

$$M_d\, d\alpha = -2\pi n\, i\frac{\partial\Phi}{\partial\alpha}dt\,. \tag{6}$$

Hieraus ergibt sich der Augenblickswert des Drehmoments

$$\boxed{M_d = -i\frac{\partial\Phi}{\partial\alpha}\,.} \tag{7}$$

Dies ist die *zweite Hauptgleichung der elektrischen Maschinen.* Beide Hauptgleichungen gelten sowohl für Generator- als auch für Motorbetrieb.

Die Gleichstrommaschine

Bei der Gleichstrommaschine wird der Fluß Φ durch den konstanten Erregerstrom in der Wicklung des Ständers erzeugt; $\partial\Phi/\partial t$ ist Null, also

$$u_0 = -2\pi n\frac{d\Phi}{d\alpha}\,. \tag{8}$$

Die Bürsten liegen so auf dem Kommutator, daß sie jeweils den Maximalwert der an einem Wicklungsstrang während einer Umdrehung entstehenden Spannung abgreifen, also den Maximalwert von $d\Phi/d\alpha$. In der zu diesem Maximalwert gehörigen Stellung des Läufers (Ankers) geht Φ gerade durch 0; die Hälfte aller Windungen des Wicklungsstranges umschließt einen positiven Fluß, die andere Hälfte einen gleich großen negativen Fluß.

Die einzelnen Windungen der in sich geschlossenen Ankerwicklung sind gleichmäßig auf dem Umfang verteilt und haben eine Breite, die gleich dem Winkelabstand zwischen zwei aufeinander folgenden Magnetpolen ist, so daß jede Windung bei günstigster Lage gegenüber einem Magnetpol einen möglichst großen Teil Φ_m des zwischen Magnetpol und Anker übergehenden Flusses umschließt. Die Breite einer Windung entspricht also längs des Umfanges einem Winkel π/p. Zwischen zwei Bürsten liegt in jeder Stellung des Ankers ein Wicklungsstrang, der N derartige Windungen hintereinander geschaltet enthält.

Wir betrachten nun einen solchen Wicklungsstrang bei einer kleinen Winkeldrehung $\Delta\alpha$ des Ankers. In der Ausgangslage war der mit dem Wicklungsstrang verkettete Gesamtfluß $\Phi = 0$, da sich die beiden Flußhälften gerade aufheben. Nach der Winkeldrehung $\Delta\alpha$ fehlt aber in der einen Flußhälfte der Beitrag von $N \frac{\Delta\alpha}{\pi/p}$ Windungen, die gerade unter einem Magnetpol lagen, also der Beitrag $N \frac{p}{\pi} \Phi_m \Delta\alpha$, während in der anderen Flußhälfte dieser Beitrag hinzukommt. Die gesamte Flußänderung ist also

$$2\,N \frac{p}{\pi}\, \Phi_m\, \Delta\alpha\,,$$

und es wird

$$\frac{d\Phi}{d\alpha} \approx \frac{\Delta\Phi}{\Delta\alpha} = 2\,N \frac{p}{\pi}\, \Phi_m\,.$$

Damit ergibt sich nach der ersten Hauptgleichung für die angenähert konstante Leerlaufspannung zwischen den Bürsten

$$U_0 = 4\,N\,n\,p\,\Phi_m\,. \tag{9}$$

Aus der zweiten Hauptgleichung wird, wenn man den Ankerstrom mit I bezeichnet,

$$M_d = 2\,I\,N \frac{p}{\pi}\, \Phi_m\,. \tag{10}$$

Der Zusammenhang zwischen dem Fluß Φ_m und dem Erregerstrom I_e ist durch die magnetische Kennlinie des Magnetsystems gegeben, Abb. 25.2. Wird dieser Strom aus einer fremden Stromquelle entnommen („Fremderregung“), so ändert sich die Leerlaufspannung bei konstanter Drehgeschwindigkeit mit dem Erregerstrom wegen der Proportionalität mit dem Fluß Φ_m in ähnlicher Weise, Abb. 35.1. Man nennt diese Kennlinie *Leerlaufkennlinie* der Gleichstrommaschine. U_0 ist ferner proportional der Drehzahl n des Ankers. Infolge des Ankerwiderstandes und des Übergangswiderstandes an den Bürsten, die zusammen den inneren Widerstand des Generators bilden, und infolge der Rückwirkung des durch den Ankerstrom erzeugten magnetischen Feldes auf das Gesamtfeld ergibt sich bei Belastung ein Spannungsverlust, so daß die Klemmenspannung etwas kleiner wird als U_0, der Unterschied ist jedoch gering.

Beim *selbsterregten Nebenschlußgenerator* wird der Erregerstrom aus dem Anker entnommen. Der Erregerstrom wächst nach dem Schließen des Erregerstromkreises, solange U_0 größer ist als der Spannungsverbrauch $I_e R_e$ des Erregerstromkreises (R_e = Widerstand des Erregerstromkreises), also bis zum Punkt P, Abb. 35.1 („Rückkopplung“, s. a. Abschnitt 49). Durch Verändern des Widerstandes R_e kann die Leerlaufspannung geändert werden.

Beim *selbsterregten Reihenschlußgenerator* (*Hauptschlußgenerator*) durchfließt der Ankerstrom auch die Erregerwicklung; es ist $I_e = I$. Die Kennlinie in Abb. 35.1 gibt also hier gleichzeitig den Zusammenhang zwischen Leerlaufspannung und Ankerstrom an.

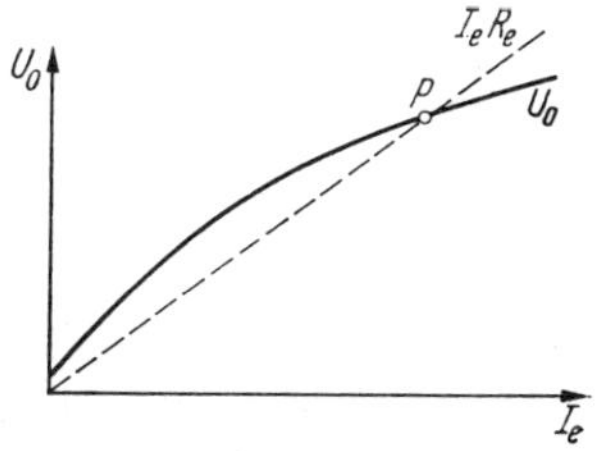

Abb. 35.1. Leerlaufkennlinie der Gleichstrommaschine

Das Drehmoment M_d ist beim Generator ein Bremsmoment. Zu seiner Überwindung ist eine Leistung $P = 2\pi n M_d$ erforderlich, die genau gleich der gelieferten elektrischen Leistung $U_0 I$ ist. Erzeugt man den Gleichstrom I im Anker durch eine äußere Stromquelle, so bleibt das Drehmoment entsprechend der zweiten Hauptgleichung dasselbe; die Maschine wird bei gleicher Stromrichtung unter Umkehr der Drehrichtung zum Motor. Damit kehrt sich auch das Vorzeichen der Spannung um, sie wirkt der äußeren Spannung entgegen („Gegenspannung").

Beim *Nebenschlußmotor*, bei dem Erregerwicklung und Anker parallel von der Netzspannung gespeist werden, wächst die Drehzahl n so lange, bis die mit n ebenfalls wachsende Gegenspannung U_0 bis auf den inneren Spannungsabfall $I R_i$ gerade gleich der Netzspannung U ist, also bis

$$U_0 = U - I R_i \,. \tag{11}$$

Da der innere Spannungsabfall klein ist, gilt angenähert $U_0 = U$. Damit wird die Drehzahl

$$n = \frac{U}{4 N p \Phi_m} \,. \tag{12}$$

Sie ist nach Gl. (12) nur so weit von der Belastung abhängig, wie der Spannungsabfall IR_i gegen U in Erscheinung tritt.
Durch Schwächen des Flusses, also Vergrößern eines Widerstandes im Erregerkreis, kann die Drehzahl gesteigert werden.

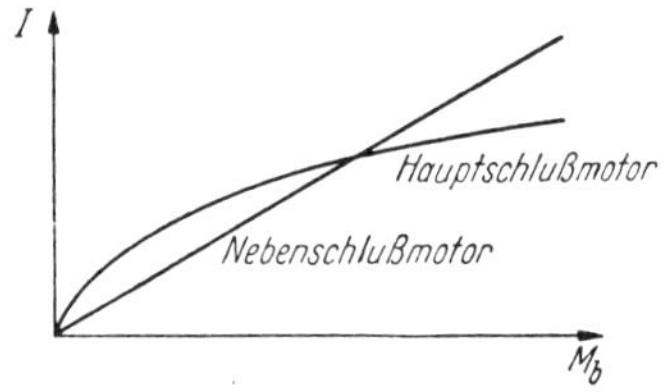

Abb. 35.2. Belastungskennlinien von Nebenschluß- und Hauptschlußmotor

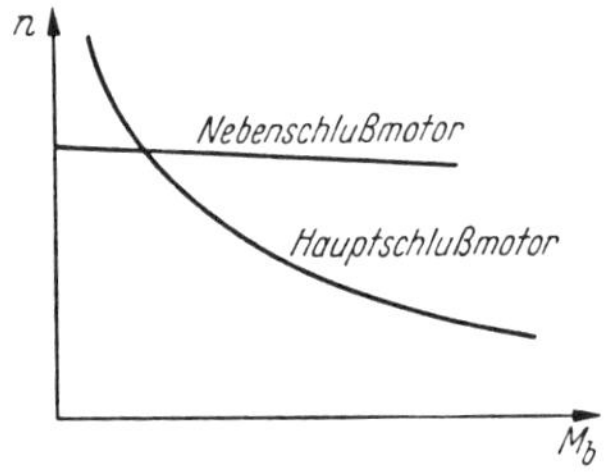

Abb. 35.3. Drehzahlkennlinien von Nebenschluß- und Hauptschlußmotor

Die Ankerstromstärke I ist dadurch gegeben, daß im Gleichgewichtszustand das vom Motor gelieferte Drehmoment M_d gleich dem durch die Belastung des Motors bestimmten Lastmoment M_b wird:

$$I = \frac{M_b \pi}{2 N p \Phi_m} \,. \tag{13}$$

Schwächung des magnetischen Feldes Φ_m hat also bei gleicher Belastung eine Vergrößerung des Ankerstromes zur Folge.

Beim *Reihenschlußmotor* durchfließt der Ankerstrom auch die Erregerwicklung. Daher ist Φ_m eine Funktion des Ankerstromes, die durch die magnetische Kennlinie dargestellt ist. Die Stromstärke ergibt sich wieder aus der Belastung. Sie ist aber nicht mehr proportional dem Belastungsmoment wie beim Nebenschlußmotor, sondern wächst wegen der Zunahme des Flusses mit dem Strom langsamer, Abb. 35.2. Für die Drehzahl gilt die gleiche Formel (12) wie beim Nebenschlußmotor, jedoch ist hier die Drehzahl nicht mehr nahezu unabhängig von der Belastung, sondern nimmt (infolge der Zunahme des Flusses mit dem Ankerstrom) mit zunehmender Belastung ab, Abb. 35.3. Der Reihenschlußmotor ist „nachgiebig", während der Nebenschlußmotor bei Belastungsschwankungen „starr" bleibt.

Unmittelbar nach dem Einschalten eines Motors ergibt sich wegen des kleinen inneren Widerstandes eine sehr hohe Stromstärke; sie kann durch einen Vorwiderstand (Anlasser) begrenzt werden. Ist der Widerstand dieses Anlassers R_a, so ist die Höchststromstärke nach dem Schließen des Schalters $I_a \approx U/R_a$. Durch diesen Anlaufstrom ist das Anlaufdrehmoment bestimmt; wird z.B. der Anlaufstrom doppelt so groß wie die Nennstromstärke des Motors gemacht, so wird das Anlaufdrehmoment beim Nebenschlußmotor doppelt so groß wie das Nenndrehmoment, beim Reihenschlußmotor dagegen wegen des gleichzeitig verstärkten Flusses mehr als doppelt jedoch weniger als viermal so groß.

Die Synchronmaschine

Bei den Wechselstromsynchronmaschinen für Dreiphasenstrom trägt der Ständer drei gleichartige Wicklungsstränge, die gegeneinander längs des Umfanges um je $^1/_3$ Periode des magnetischen Flusses, also um einen Winkel $2\pi/3p$ verschoben sind. Fließen durch diese drei Wicklungsstränge Ströme, die eine zeitliche Phasenverschiebung von je 120° besitzen, deren Maximalwerte also in Abständen von je $^1/_3$ Periode aufeinander folgen, so durchläuft das Maximum des magnetischen Flusses während einer Periode des Wechselstromes gerade den Winkel $2\pi/p$; es ergibt sich ein umlaufendes magnetisches Feld, das für einen vollen Umlauf p Perioden des Wechselstromes benötigt. Die Drehzahl dieses *Drehfeldes* ist also

$$n = \frac{f}{p}\,, \tag{14}$$

wenn mit f die Frequenz des Wechselstromes bezeichnet wird.

Der Läufer (Polrad) mit der vom Erregergleichstrom durchflossenen Wicklung dreht sich im Betrieb des Synchronmotors mit dieser sog. *synchronen Drehzahl.* Dabei haben *ungleichnamige* magnetische Pole von Ständer- und Läuferfeld die gleiche Stellung; der Läufer wird durch die magnetischen Feldkräfte vom Ständerdrehfeld mitgenommen. Wird der Läufer abgebremst, wird also mechanische Arbeit entnommen, dann bleiben die Magnetpole des Läufers etwas gegenüber den ungleichnamigen Polen des Ständerfeldes zurück, so daß eine Tangentialkomponente der magnetischen Feldkräfte am Läufer auftritt, die dem Bremsmoment das Gleichgewicht hält; der Läufer behält daher weiter seine synchrone Drehzahl n. Wird die Welle des Läufers immer stärker abgebremst, so wird schließlich der Winkel zwischen dem Läufer und dem Ständerfeld so groß, daß die Pole des Läufers in die Lücken zwischen je zwei Ständerpole kommen; dann führt die geringste weitere Vergrößerung der Belastung zum Außertrittfallen des Läufers; er kommt zum Stillstand. Die genauere Beschreibung dieser Verhältnisse ergibt sich aus den Hauptgleichungen. Zur Vereinfachung nehmen wir an, daß der magnetische Kreis nur wenig gesättigt ist, so daß die von Ständer- und Läufererregung für sich allein erzeugten magnetischen Flüsse sich zum Gesamtfluß addieren.

Der mit einem Wicklungsstrang des Ständers verkettete Fluß setzt sich hier aus zwei Teilen zusammen:

1. dem von dem Läufer erzeugten Fluß, der von der Winkelstellung des Läufers gegen den Ständer abhängt. Im Betrieb der Maschine wächst der Winkel zwischen Läufer und Ständer entsprechend der Drehzahl proportional der Zeit,

$$\alpha = 2\pi n t = 2\pi \frac{f}{p} t = \frac{\omega}{p} t\,. \tag{15}$$

Der mit dem Wicklungsstrang verkettete aus dem Läufer herrührende Fluß habe in der betrachteten Ausgangsstellung $\alpha = 0$ gerade ein Maximum. Verdreht man den Läufer um den Winkel $^1/_4\, 2\pi/p$, so geht der Fluß durch Null; nach einer weiteren Drehung um $^1/_4\, 2\pi/p$ hat er das Maximum entgegengesetzter Richtung, geht dann wieder durch Null usw. Im einfachsten Fall sinusförmiger Verteilung des

Flusses längs des Umfanges gilt also für den vom Läufer herrührenden Teil des Gesamtflusses

$$\Phi_1 = \Phi_0 \cos p\,\alpha\,, \tag{16}$$

wobei Φ_0 den Maximalwert (bei $\alpha = 0$) des mit dem Wicklungsstrang verketteten Flusses bezeichnet.

2. Der durch den Wicklungsstrang fließende Strom mit dem Augenblickswert i erzeugt einen mit der Wicklung verketteten Fluß, der ihm angenähert proportional ist, da ein großer Teil des magnetischen Widerstandes im Luftspalt liegt. Wir schreiben daher für diesen Teil des Flusses

$$\Phi_2 = L_s\,i\,, \tag{17}$$

wobei L_s die dem Fluß Φ_2 entsprechende Induktivität des Wicklungsstranges ist.

Bemerkung: Bei einem Polrad hat der Läufer ausgeprägte Pole (Schenkelpolrad); dann hängt die Induktivität L_s des Wicklungsstranges von der Stellung des Läufers ab. Im folgenden wird zur Vereinfachung konstante d. h. von der Läuferstellung unabhängige Induktivität angenommen. Es wird also Rotationssymmetrie des Läufers vorausgesetzt (Trommelläufer, Vollpolmaschine).

Damit gilt

$$\Phi = \Phi_0 \cos p\,\alpha + L_s\,i\,, \tag{18}$$

und es wird aus der ersten Hauptgleichung

$$u_0 = 2\,\pi\,n\,p\,\Phi_0 \sin 2\,\pi\,f\,t - L_s\,\frac{di}{dt}\,. \tag{19}$$

Sieht man von dem geringen ohmschen Spannungsabfall in der Ankerwicklung ab, so ist die Klemmenspannung des Wicklungsstranges beim Betrieb als Motor $u = -u_0$, also

$$u = -2\,\pi\,n\,p\,\Phi_0 \sin\omega\,t + L_s\,\frac{di}{dt}\,. \tag{20}$$

Danach setzt sich der Zeiger der Klemmenspannung U aus zwei Teilen zusammen, einem Zeiger mit dem Effektivwert

$$U_i = \frac{2\,\pi}{\sqrt{2}}\,n\,p\,\Phi_0\,, \tag{21}$$

der die in dem Wicklungsstrang durch das Läuferfeld erzeugte Spannung darstellt wenn in der Ständerwicklung kein Strom fließt, und einem zweiten Zeiger $\underline{I}\,j\,\omega\,L_s$, der gegenüber dem Strom $\underline{I}$ im Wicklungsstrang um 90° voreilt. Dieser zweite Zeiger gibt den induktiven Spannungsabfall in der Wicklung an. In komplexer Form lautet die Gl. (20)

$$\underline{U} = \underline{U}_i + j\,\omega\,L_s\,\underline{I}\,. \tag{22}$$

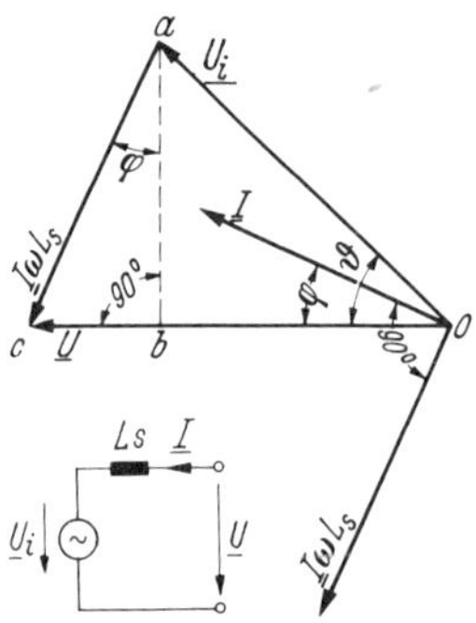

Abb. 35.4. Ersatzschaltbild und Spannungsdiagramm der Synchronmaschine

Die Spannung U_i hängt wie Φ_0 vom Erregerstrom I_e in der Wicklung des Läufers ab; der Zusammenhang ist durch die magnetische Kennlinie gegeben. U_i kann also durch den Erregerstrom eingestellt werden. Es ist die Spannung, die an dem leerlaufenden Wicklungsstrang entsteht, wenn das Polrad durch eine Kraftmaschine mit der Drehzahl n angetrieben wird. Das Zeigerdiagramm und das zu Gl. (22) gehörige Ersatzschaltbild der Synchronmaschine ist durch Abb. 35.4 gegeben.

Wie beim Gleichstrommotor ist die Stromstärke I durch das Belastungsmoment M_b bestimmt. Es stellt sich im Gleichgewicht ein solcher Strom ein, daß das Drehmoment des Motors M_d gleich diesem Lastmoment ist. Der Zusammenhang des Drehmomentes M_d mit der Stromstärke kann aus der zweiten Hauptgleichung berechnet werden; sehr angenähert ergibt sich M_d auch aus der von einem Strang aufgenommenen Wirkleistung $U\,I\cos\varphi$, da die Verluste gering sind. Unter Berücksichtigung der Beiträge aller drei Wicklungsstränge zum Gesamtdrehmoment wird danach

$$M_d = 3\,\frac{U\,I\cos\varphi}{2\pi n}\,. \tag{23}$$

Da die Netzspannung U konstant und gegeben ist, kann man das Drehmoment aus der Strecke $\overline{ab}$ des Zeigerdiagramms, Abb. 35.4, entnehmen. Diese Strecke repräsentiert die Spannung

$$\overline{ab} = \omega L_s I \cos\varphi\,,$$

also gilt für das Drehmoment

$$M_d = \overline{ab}\,\frac{3\,U}{2\pi n}\,\frac{1}{\omega L_s}\,. \tag{24}$$

Der Faktor von $\overline{ab}$ ist bei konstantem U eine Konstante. Bei konstantem Erregerstrom bleibt auch U_i konstant; jede Änderung der Belastung verändert daher von den Seiten des Dreiecks $o\,a\,c$ nur $\overline{ac}$; daraus ergibt sich das ***Kreisdiagramm der Synchronmaschine***, Abb. 35.5. Hier ist $\overline{Oc}$ gleich der Netzspannung, $\overline{Oa}$ gleich U_i; die Strecke $\overline{ac}$ stellt ein Maß für die Stromstärke dar,

$$I = \frac{\overline{ac}}{\omega L_s}\,; \tag{25}$$

die Strecke $\overline{ab}$ gibt nach Gl. (24) das Belastungsdrehmoment an. U_i eilt der Netzspannung U um den Winkel ϑ nach. Bei Belastungsänderung bewegt sich der Punkt a auf dem gezeichneten Kreis. Wenn der Motor entlastet wird, so wird entsprechend dem kleineren Moment die Strecke $\overline{ab}$ immer kürzer; bei vollkommener Entlastung wandert der Punkt a nach d, ϑ wird 0. Wie das Diagramm zeigt, fließt nunmehr ein Blindstrom $I = \dfrac{\overline{dc}}{\omega L_s}$, der der Spannung um $\varphi = 90°$ nacheilt. Verstärkt man nun die Erregung, so wächst U_i, und man kann den Punkt d nach c verlegen. Nun stimmt U_i vollkommen mit der Netzspannung überein, $U_i = U$, der Ständerstrom verschwindet.

Gegen diese „Leerlaufphasenlage" des Läufermagnetfeldes dreht sich im Belastungsfall der Läufer des Motors um einen Winkel zurück, der der Phasenverschiebung ϑ entspricht und der Polradwinkel heißt. Der räumliche *Nacheilwinkel* des Läufers ist also

$$\alpha = \frac{\vartheta}{p}\,. \tag{26}$$

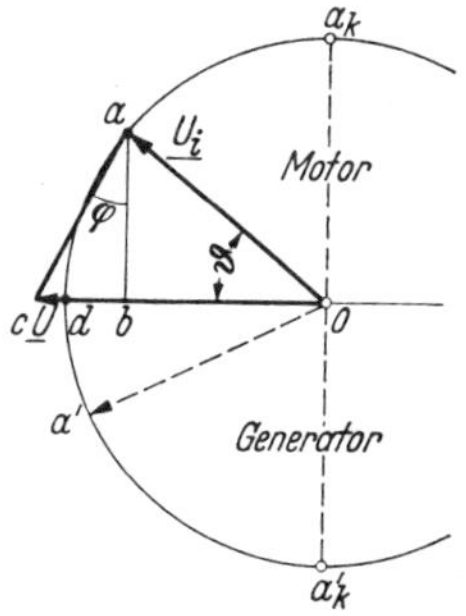

Abb. 35.5. Kreisdiagramm der Synchronmaschine

Je stärker die Welle abgebremst wird, um so größer wird dieser Winkel. Für das Drehmoment folgt aus Gl. (24) mit $\overline{ab} = U_i \sin\vartheta$:

$$M_d = \frac{3}{2\pi}\,\frac{U_i\,U}{n\,\omega L_s}\sin\vartheta = M_k \sin\vartheta\,. \tag{27}$$

Überschreitet ϑ 90°, dann reicht das Drehmoment nicht mehr zur Überwindung des Lastmomentes M_b aus („Kippunkt" a_k, „Kippmoment" M_k); es muß $M_b < M_k$ sein.

Wird der Läufer von der Leerlauflage aus durch eine Kraftmaschine beschleunigt, so dreht er sich gegenüber der Leerlauflage vor, der Punkt a wandert nach unten, z. B. nach a'. Das Drehmoment M_d stellt sich der Drehung entgegen, die Maschine nimmt jetzt mechanische Leistung auf, und es wird elektrische Leistung in das Netz geliefert. Der untere Teil des Kreises beschreibt also die Verhältnisse beim *Synchrongenerator*.

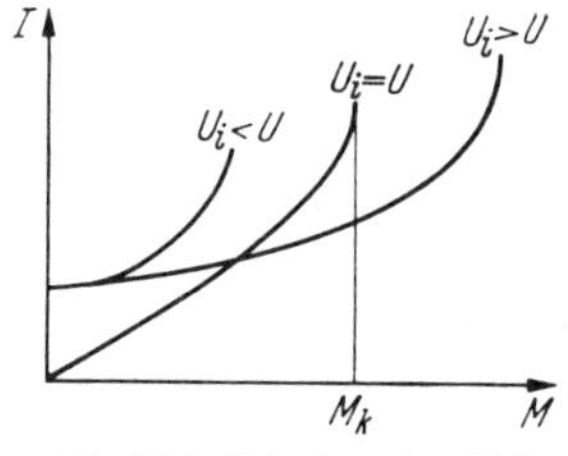

Abb. 35.6. Belastungskennlinien der Synchronmaschine

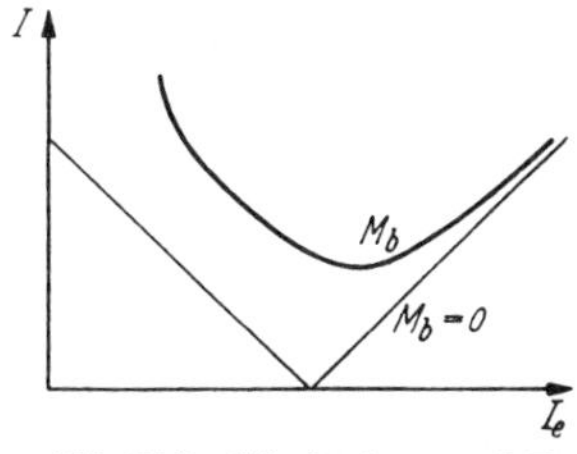

Abb. 35.7. Ständerstrom und Erregerstrom der Synchronmaschine

Der allgemeine Zusammenhang zwischen Moment und Stromstärke kann aus dem Zeigerdiagramm als Zusammenhang zwischen den Strecken $\overline{ab}$ und $\overline{ac}$ entnommen werden; er ist in Abb. 35.6 für verschiedene Einstellung der Erregung aufgetragen.

Wird bei konstanter Belastung die Erregung geändert, so verschiebt sich der Punkt a auf einer Waagerechten. Daher ergeben sich für den Zusammenhang zwischen I_e und I Kurven von der in Abb. 35.7 gezeigten Form, die sogenannten V-Kurven. Bei jeder Belastung gibt es einen bestimmten Erregerstrom, für den der Ständerstrom am kleinsten wird.

Schließlich kann aus dem Zeigerdiagramm noch entnommen werden, daß die Phasenverschiebung zwischen Netzspannung und Ständerstrom ebenfalls von der Erregung abhängt. Bei dem zum minimalen Ständerstrom gehörigen Erregerstrom ist $\varphi = 0$. Bei kleinerer Erregung des Motors ergibt sich eine induktive Phasenverschiebung, bei stärkerer Erregung eine kapazitive Phasenverschiebung zwischen Spannung und Strom (Anwendung als „Phasenschieber" zum Ausgleich von unerwünschten Phasenwinkeln im Netz).

Die genauere Theorie der Synchronmaschine folgt aus der Analogie zum Transformator, dessen Primärwicklung (Läufer) mit einem konstanten Strom gespeist wird („Stromtransformator").

Das Moment M_d nimmt mit wachsender Abweichung aus der Leerlauflage zu. Dadurch ergibt sich eine elastische Bindung des Läufers an die synchrone Drehzahl. Jedes Zurückbleiben des Läufers verursacht einen Überschuß des treibenden Momentes gegenüber dem Bremsmoment, der den Läufer wieder beschleunigt und in seine richtige Lage zurückbringt; umgekehrt ergibt sich bei einem Voreilen des Läufers gegenüber seiner Gleichgewichtslage ein Überschuß des bremsenden Momentes, so daß der Läufer ebenfalls wieder in die Gleichgewichtslage zurückgeführt wird. Nennt man das Lastmoment beim Motor oder das der elektrischen Belastung entsprechende Bremsmoment beim Generator M_b, so ergibt sich die Winkelabweichung α des Läuferfeldes nach Gl. (27) aus:

$$M_b = M_k \sin\vartheta = M_k \sin p\,\alpha\,. \tag{28}$$

Vergrößert sich α in der dadurch bestimmten Gleichgewichtslage um den kleinen Winkel $\varDelta$, so wird das Moment

$$M_b = M_k \sin p\,(\alpha + \varDelta) \approx M_k \sin p\,\alpha + \varDelta p\, M_k \cos p\,\alpha\,.$$

Es entsteht also ein Überschuß des Momentes vom Betrage

$$\varDelta p\, M_k \cos p\,\alpha = \varDelta p\, M_k \sqrt{1 - \left(\frac{M_b}{M_k}\right)^2} = \varDelta p \sqrt{M_k^2 - M_b^2}\,. \tag{29}$$

Dieses Moment wird *synchronisierendes Moment* genannt, da es den Läufer wieder in seine Gleichgewichtslage zurückzubringen sucht. Für die Schnelligkeit, mit der der Läufer in die Gleichgewichtslage zurückkehrt, ist das Trägheitsmoment J maßgebend; es gilt

$$-J\,\frac{d^2\varDelta}{dt^2} = p\sqrt{M_k^2 - M_b^2}\,\varDelta\,. \tag{30}$$

Diese Gleichung zeigt an, daß sich infolge des Trägheitsmomentes Pendelungen um die Gleichgewichtslage ergeben. Der durch ein Überschußmoment beschleunigte Läufer behält zunächst seine größere Drehgeschwindigkeit bei und schwingt über die der Belastung entsprechende Lage hinaus; durch das dann auftretende rücktreibende synchronisierende Moment wird er wieder abgebremst, hat aber beim Durchgang durch die richtige Phasenlage wieder eine zu kleine Drehgeschwindigkeit, so daß er wieder etwas zurückbleibt usw. Die Frequenz f_0 der Pendelungen erhält man mit dem Ansatz

$$\Delta = \Delta_0 \sin 2\pi f_0 t . \tag{31}$$

Durch Einsetzen in die Drehmomentgleichung (30) folgt für die Resonanzfrequenz

$$f_0 = \frac{1}{2\pi}\sqrt{\frac{p}{J}}\sqrt[4]{M_k^2 - M_b^2} . \tag{32}$$

Diese Resonanzfrequenz wird also mit wachsender Annäherung des Nutzmomentes an das Kippmoment immer kleiner; sie hat ihren höchsten Wert im Leerlauf.

Bei periodischen Ungleichförmigkeiten im Antrieb können bei Resonanz die Amplituden der Pendelschwingungen bis zum Außertrittfallen anwachsen. Um das zu vermeiden, werden im Polrad *Dämpferrahmen* oder *Dämpferwicklungen* angebracht. Sie bilden geschlossene Stromkreise, die mit dem Drehfeld verkettet sind und mit ihm umlaufen. Sobald Pendelungen auftreten, ergibt sich eine Relativbewegung dieser Dämpferwicklungen gegen das Drehfeld; damit werden in den Windungen Spannungen induziert, und es entstehen Ströme, die die Pendelbewegung bremsen.

Die Asynchronmaschine

Die *Wechselstromasynchronmaschinen* (*Induktionsmaschinen*) haben auf dem Ständer eine Wicklung von der gleichen Beschaffenheit wie die Wicklung des Ständers der Wechselstromsynchronmaschinen; diese Ständerwicklung wird an das Netz angeschlossen. Der Läufer hat entweder eine gleichartige Wicklung wie der Ständer, die über Widerstände oder kurz geschlossen ist, oder er ist als „Käfigläufer" ausgebildet, trägt also auf dem Umfang axiale Stäbe, die an den Stirnseiten durch Ringe kurzgeschlossen sind (Kurzschlußläufer).

Die in den drei Wicklungssträngen des Ständers fließenden Dreiphasenströme verursachen wie bei der Synchronmaschine ein mit der Drehzahl

$$n_1 = \frac{f_1}{p} \tag{33}$$

umlaufendes Drehfeld. In den Stäben oder Drähten des Läufers wird durch dieses Feld eine Spannung induziert, die immer dort am stärksten ist, wo sich ein Maximum der Flußdichte des Drehfeldes befindet. Da die Läuferwicklung in sich geschlossen ist, entstehen Ströme in den Läuferstäben, die ebenfalls ungefähr dort ihr Maximum haben. Zwischen diesen Stäben und dem Magnetfeld ergeben sich mechanische Kräfte, die so gerichtet sind, daß sie den Läufer in der Umlaufrichtung des Feldes mitzunehmen suchen. Mit wachsender Annäherung der Drehzahl n_2 des Läufers an die synchrone Drehzahl n_1 wird die Schnelligkeit der Flußänderung in den Läuferstromkreisen immer geringer. Bei synchronem Lauf würde überhaupt keine Spannung mehr im Läufer induziert werden; damit würde der Läuferstrom verschwinden, das Drehmoment wäre Null. Die Läuferdrehzahl ist daher hier immer kleiner als die synchrone Drehzahl („Asynchronmotor").

Die Frequenz f_2 der Wechselströme im Läufer ist durch die Relativgeschwindigkeit zwischen Läufer und Drehfeld gegeben; sie ist also in dem Verhältnis kleiner als die Ständerfrequenz f_1, in dem der Unterschied zwischen den Drehzahlen n_1 und n_2 zur Drehzahl n_1 des Ständerfeldes steht,

$$\frac{f_2}{f_1} = \frac{n_1 - n_2}{n_1} . \tag{34}$$

Dieses Verhältnis nennt man den *Schlupf*:

$$s = \frac{n_1 - n_2}{n_1} . \tag{35}$$

Es ist also

$$f_2 = s f_1 . \tag{36}$$

Wie bei einem Transformator haben wir es hier mit zwei miteinander magnetisch gekoppelten Stromkreisen zu tun; im Gegensatz zum Transformator haben hier jedoch die Ströme in der Sekundärwicklung (Läufer) eine andere Frequenz als in der Primärwicklung (Ständer).

Betrachten wir zunächst den *Ständerkreis*, so können wir hier wie beim Transformator den Gesamtfluß in zwei Teile zerlegen, von denen der erste, der Hauptfluß, mit der Primär- und der Sekundärdurchflutung verkettet ist, der zweite dagegen, der primäre Streufluß, nur mit der primären Durchflutung. Wie bei den Synchronmaschinen kann man für den ersten Teil schreiben

$$\Phi_1 = \Phi_0 \cos p\,\alpha , \tag{37}$$

wobei

$$p\,\alpha = 2\pi f_1 t = \omega t , \tag{38}$$

und α den Winkel bezeichnet, den das Flußdichtemaximum des mit der Geschwindigkeit n_1 umlaufenden Ständerdrehfeldes in irgendeinem Zeitpunkt gegenüber der Ausgangslage durchlaufen hat. Der zweite Teil des primären Gesamtflusses kann in der Form

$$\Phi_{\sigma 1} = L_{\sigma 1} i_1 \tag{39}$$

geschrieben werden, wobei also $L_{\sigma 1}$ die Streuinduktivität der Ständerwicklung bezeichnet. Damit wird die erste Hauptgleichung analog Gl. (19)

$$u_{01} = 2\pi n_1 p\,\Phi_0 \sin p\,\alpha - L_{\sigma 1} \frac{di_1}{dt} \tag{40}$$

oder

$$u_{01} = \omega\,\Phi_0 \sin \omega t - L_{\sigma 1} \frac{di_1}{dt} . \tag{41}$$

Der gleiche Fluß $\Phi_0 \cos p\,\alpha$ ist auch mit der Wicklung des *Läufers* verkettet, wenn die Windungszahl der Läuferwicklung die gleiche ist wie die des Ständers; andernfalls muß mit dem Verhältnis der Windungszahlen N_2/N_1 multipliziert werden. Der Winkel α zwischen dem Läufer und dem Drehfeld ergibt sich aus

$$p\,\alpha = 2\pi f_2 t = s\,\omega t . \tag{42}$$

Drückt man ferner den mit dem Läuferstrom allein verketteten Fluß durch die Streuinduktivität $L_{\sigma 2}$ des Läufers aus und beachtet, daß der Läufer nur mit der Differenzdrehzahl $n_1 - n_2$ von Ständerfeld- und Läuferdrehzahl induziert wird, so folgt für den Läuferstromkreis aus der ersten Hauptgleichung

$$u_{02} = 2\pi (n_1 - n_2)\, p\,\Phi_0 \frac{N_2}{N_1} \sin p\,\alpha - L_{\sigma 2} \frac{di_2}{dt} , \tag{43}$$

oder

$$u_{02} = s\,\omega \frac{N_2}{N_1} \Phi_0 \sin s\,\omega t - L_{\sigma 2} \frac{di_2}{dt} . \tag{44}$$

Die Spannung auf der *Ständerseite* setzt sich nach Gl. (41) zusammen aus der vom Hauptfluß herrührenden Spannung

$$U_{i1} = \frac{1}{\sqrt{2}} \omega\,\Phi_0 \tag{45}$$

und der Streuspannung $\omega L_{\sigma 1} I_1$. Die auf der *Läuferseite* induzierte Spannung setzt sich nach Gl. (44) zusammen aus $s \frac{N_2}{N_1} U_{i1}$ und der Streuspannung $s\,\omega L_{\sigma 2} I_2$, da die

Kreisfrequenz des Läuferstromes $s\,\omega$ ist. Der Unterschied gegenüber dem Transformator besteht also nur darin, daß auf der Sekundärseite die Spannung des Hauptflusses und die Streuspannung s-mal so groß sind. D.h. es gilt das Ersatzbild des Transformators, wenn alle Spannungen auf der Läuferseite durch s dividiert werden. Aus Abb. 34.8 wird so das *Ersatzbild der Wechselstrominduktionsmaschine*, Abb. 35.8. $\ddot{u} = N_1/N_2$ bedeutet die Übersetzung; L_{h1} ist die Hauptinduktivität des Ständers; sie bestimmt den Leerlaufstrom oder Magnetisierungsstrom I_0.

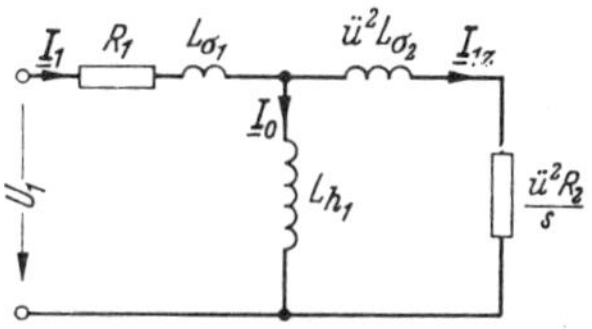

Abb. 35.8. Ersatzbild der Wechselstrominduktionsmaschine

Aus diesem Ersatzbild lassen sich alle wichtigen Betriebseigenschaften der Induktionsmaschinen ableiten. Wir begnügen uns im folgenden mit einer Näherungsbetrachtung, die sich ergibt, wenn der verhältnismäßig kleine Ständerwiderstand R_1 vernachlässigt wird, und wenn man sich die Spule mit der Induktivität L_{h1} unmittelbar zwischen die Eingangsklemmen gelegt denkt (s. auch Abb. 36.29). Zur Abkürzung setzen wir für die gesamte Streuinduktivität

$$L_\sigma = L_{\sigma 1} + \ddot{u}^2 L_{\sigma 2}\,. \tag{46}$$

Der Ständerstrom I_1 setzt sich nun aus dem Leerlaufstrom I_0 und dem primären Zusatzstrom I_{1z} zusammen. Dieser Zusatzstrom kann gemäß dem Ersatzbild als Strom in einer Spule mit der Induktivität L_σ und dem Widerstand $\ddot{u}^2 \frac{R_2}{s}$ berechnet werden, an der die Ständerspannung U_1 liegt. Das Zeigerdiagramm für diesen Strom ist in Abb. 35.9 dargestellt. Der Phasenwinkel zwischen Spannung und Zusatzstrom ist mit γ bezeichnet.

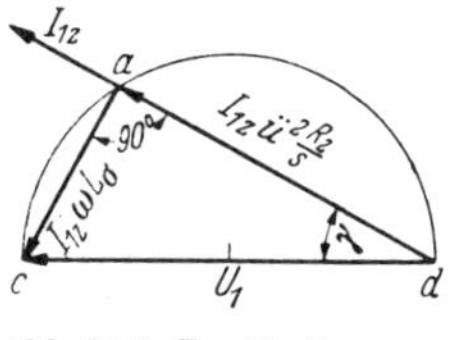

Abb. 35.9. Zur Bestimmung des primären Zusatzstromes

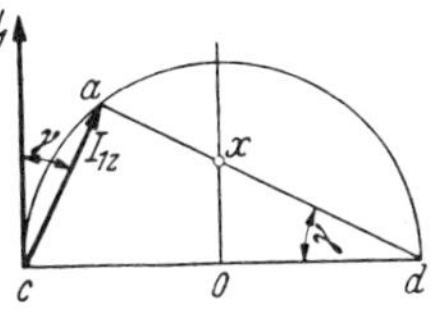

Abb. 35.10. Zur Ableitung des Kreisdiagramms der Induktionsmaschine

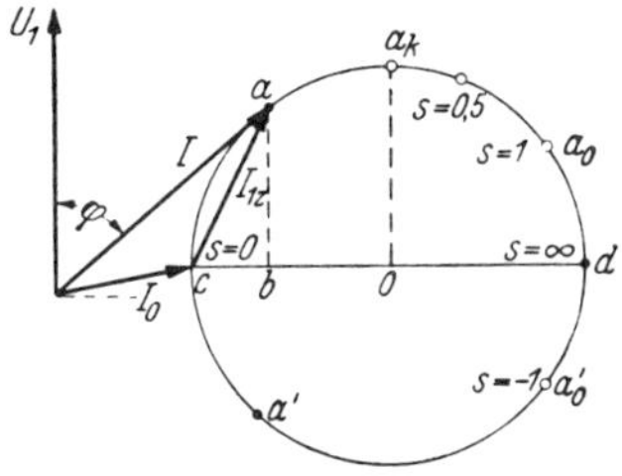

Abb. 35.11. Kreisdiagramm der Induktionsmaschine

Ändert sich die Drehzahl des Läufers, so ändert sich s. Da aber U_1 durch das Netz konstant gehalten wird und der Winkel bei a 90° sein muß, so bewegt sich bei einer solchen Änderung der Punkt a auf dem gezeichneten Halbkreis. Dies führt zu dem *Kreisdiagramm der Asynchronmaschine* (Heyland), das ähnlich wie das der Synchronmaschine die Betriebseigenschaften bei Belastungsänderungen beschreibt. Wir dividieren alle Seiten des rechtwinkligen Spannungsdreiecks in Abb. 35.9 durch $\omega\,L_\sigma$. Dann wird aus dem Spannungsdreieck das Stromdreieck Abb. 35.10; insbesondere wird aus der Strecke $\overline{ac}$ der primäre Zusatzstrom I_{1z}. Er ist gegen die Spannung U_1 um den Winkel γ phasenverschoben. Errichtet man daher im Punkt c die Senkrechte zu cd, so gibt diese Senkrechte die Lage des Spannungszeigers U_1 gegenüber dem Stromzeiger $\overline{ca}$ an. Der Durchmesser des Halbkreises ist $\frac{U_1}{\omega\,L_\sigma}$.

Die Lage des Punktes a läßt sich aus dem Schlupf s leicht bestimmen. Betrachtet man nämlich den Abschnitt $\overline{Ox}$ auf der im Kreismittelpunkt errichteten Senkrechten, so ergibt sich aus der Ähnlichkeit der Dreiecke Oxd und acd

$$\frac{\overline{Ox}}{\overline{Od}} = \frac{\overline{ac}}{\overline{ad}}\,.$$

Mit
$$\overline{Od} = \frac{1}{2}\,\frac{U_1}{\omega L_\sigma}\,,\quad \overline{ac} = I_{1z}\,,\quad \overline{ad} = I_{1z}\,\frac{\ddot{u}^2 R_2}{s\,\omega L_\sigma}$$
wird:
$$\overline{Ox} = s\,\frac{1}{2}\,\frac{U_1}{\ddot{u}^2 R_2}\,. \tag{47}$$
$\overline{Ox}$ ist also gleich dem Schlupf s multipliziert mit einer Konstanten; auf der Mittelsenkrechten kann eine Skala für s aufgetragen werden. Für $s = 0$ (Synchronismus) geht a in c über. Für $s = 1$ (Stillstand) ergibt sich ein bestimmter Punkt a_0, der Anlaufpunkt.

Zu dem primären Zusatzstrom I_{1z} muß der Leerlaufstrom I_0 addiert werden, der wegen der Eisenverluste gegenüber der Spannung U_1 um etwas weniger als 90° nacheilt. Damit erhält man das näherungsweise gültige Kreisdiagramm Abb. 35.11 der Induktionsmaschine, aus dem für jeden Wert des Schlupfes der Ständerstrom I mit seiner Phasenverschiebung φ gegen die Ständerspannung entnommen werden kann. Das Kreisdiagramm liefert ferner das zu jedem Betriebspunkt gehörige Drehmoment M_d aus dem Abschnitt $\overline{ab}$. Dieser Abschnitt stellt die Wirkkomponente des Stromes I_{1z} dar, gibt also mit U_1 multipliziert die einem Wicklungsstrang zugeführte Leistung an; die gesamte dem Läufer zugeführte Leistung ist daher $3\,U_1\,\overline{ab}$. Sie ist gemäß dem Ersatzbild auch gleich $I_2^2\,\frac{R_2}{s}$. Von dieser Leistung wird im Läufer der Teil $I_2^2\,R_2$ in Wärme umgewandelt. Das Verhältnis der als Wärme verloren gehenden Leistung zur Gesamtleistung ist also s; der in mechanische Arbeit umgewandelte Anteil der Leistung ist
$$(1 - s)\,3\,U_1\,\overline{ab}\,.$$
Damit wird das Drehmoment
$$M_d = \frac{(1-s)\,3\,U_1\,\overline{ab}}{2\pi\,n_2} = \frac{3}{2\pi}\,\frac{U_1}{n_1}\,\overline{ab}\,. \tag{48}$$
Die Strecke $\overline{ab}$ bildet also ein Maß für das Drehmoment. Für den Zusammenhang zwischen Drehmoment und Drehzahl des Läufers erhält man auf diese Weise Kurven von der in Abb. 35.12 gezeigten Art. Das maximale Drehmoment entsteht, wenn a mit a_k zusammenfällt. Hier wird $\overline{ab} = \overline{a_k O} = \overline{Ox} = \overline{Od}$, und mit Gl. (47)

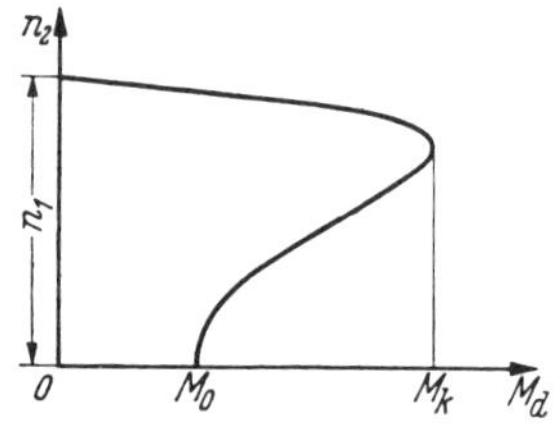

Abb. 35.12. Drehzahlkennlinie der Induktionsmaschine

$$s\,\frac{1}{2}\,\frac{U_1}{\ddot{u}^2 R_2} = \frac{1}{2}\,\frac{U_1}{\omega L_\sigma}\,,\quad \text{also}\quad s = \frac{\ddot{u}^2 R_2}{\omega L_\sigma}\,, \tag{49}$$
und
$$M_d = M_k = \frac{3}{4\pi}\,\frac{U_1^2}{n_1}\,\frac{s}{\ddot{u}^2 R_2} = \frac{3}{4\pi}\,\frac{U_1^2}{n_1}\,\frac{1}{\omega L_\sigma}\,. \tag{50}$$
Dieses maximale Moment ergibt sich also bei um so kleineren Drehzahlen, je größer der Widerstand R_2 des Läufers ist.

Der Motor läuft nach dem Anschalten an, wenn das Anlaufmoment M_0 größer ist als das entgegenstehende Bremsmoment der Belastung. Durch Vergrößern des Läuferwiderstandes R_2 mit einem Zusatzwiderstand kann man den Punkt a_0 weiter nach links verlegen und damit das Anlaufmoment M_0 vergrößern.

Da die Wärmeverluste im Läufer s-mal so groß sind wie die gesamte Leistungsaufnahme, so erfordert ein hoher Wirkungsgrad einen möglichst geringen Schlupf s. Im normalen Betrieb verhält sich der Asynchronmotor daher ähnlich wie ein Gleichstromnebenschlußmotor.

Bei übersynchroner Geschwindigkeit (n_2 größer n_1) wird s negativ, der Punkt a rückt in dem Diagramm, Abb. 35.11, auf die untere Hälfte des Kreises, z.B. nach a'; der Wirkstrom kehrt seine Richtung um; es wird also elektrische Leistung in das Netz geliefert, die Maschine arbeitet als *Generator*. Wird andererseits der Läufer entgegen seinem Anlaufmoment in entgegengesetzter Richtung gedreht, so wird s größer als 1. Der Punkt a wandert über den Punkt a_0 hinaus nach rechts. Die Maschine arbeitet als *Bremse*; doch wird hier nicht wie bei Generatorbetrieb elektrische Leistung ins Netz geliefert, sondern die Summe aus der vom Netz zufließenden Leistung und der mechanisch zugeführten Leistung wird in Wärme umgewandelt.

Lineare elektrisch-mechanische Systeme

Die elektrisch-mechanischen Energiewandler der Nachrichtentechnik (Lautsprecher, Mikrophone) sind *lineare Systeme*; die elektrisch oder mechanisch erzeugten Kräfte sind proportional den Strömen oder Spannungen; die Bewegungsamplituden und Geschwindigkeiten sind proportional den Kräften. Diese Linearität ergibt sich bei „*elektrodynamischen Systemen*“ dadurch, daß die in einem konstanten Magnetfeld B auf einen Stromleiter wirkende Kraft vom Augenblickswert $F_t = B \cdot l \cdot i$ benützt wird, bei „*elektromagnetischen Systemen*“, wie z.B. beim Fernhörer, bei denen die Kraft an sich gemäß Gl. (29.25) quadratisch vom Fluß abhängt, dadurch, daß die durch den Strom i verursachten Flußänderungen $L\,i$ einem konstanten Fluß Φ_0 überlagert werden, so daß der gesamte Fluß

$$\Phi = \Phi_0 + L\,i \tag{51}$$

wird. Das Quadrat dieses Flusses,

$$\Phi^2 = \Phi_0^2 + 2\,\Phi_0\,L\,i + L^2\,i^2\,,$$

enthält den von der Stromstärke linear abhängigen Teil $2\,\Phi_0\,L\,i$, gegen den der quadratische Teil $L^2\,i^2$ um so mehr verschwindet, je größer Φ_0 gegen $L\,i$ gemacht wird. In ähnlicher Weise wird bei der Verwendung elektrischer Feldkräfte (Kondensatorlautsprecher, Kondensatormikrophon) die Nutzspannung u einer großen konstanten Vorspannung U überlagert, so daß das nach Gl. (13.27) für die Kraft maßgebende Quadrat der Gesamtspannung,

$$(U + u)^2 = U^2 + 2\,U\,u + u^2\,,$$

ebenfalls angenähert linear von u abhängig wird.

Bei *magnetischen Feldkräften*, die auch hier aus dem gleichen Grund wie bei den elektrischen Maschinen vorwiegend angewendet werden, gilt also allgemein für die Augenblickswerte

$$\boxed{F_t = K\,i\,,} \tag{52}$$

wobei die Konstante K mit Hilfe der Grundgleichungen des magnetischen Feldes aus den Abmessungen der Anordnung berechnet werden kann. Diese Kraft wirkt auf den mechanischen Teil des Energiewandlers, also z.B. die Membran des Fernhörers, ein. Setzt sich dieser Teil nun unter der Einwirkung dieser Kräfte in Bewegung, so ergibt sich wie bei den elektrischen Maschinen eine Rückwirkung auf den elektrischen Stromkreis. Infolge der Bewegung des mechanischen Teiles entsteht in dem Stromkreis eine Gegenspannung u_g. Daß dies allgemein so sein muß, folgt aus dem Energiesatz. Die Arbeit, die der mechanische Teil des Systems übernimmt, wenn er unter der Einwirkung der Kraft F_t während der Zeit dt eine Auslenkung dx erfährt, ist

$$dW = F_t\,dx = F_t\,\frac{dx}{dt}\,dt = F_t\,v\,dt\,, \tag{53}$$

wobei v die Geschwindigkeit bezeichnet. Dieser Arbeit entspricht die zur Überwindung der Gegenspannung u_g erforderliche elektrische Arbeit $u_g\,i\,dt$. Durch Gleichsetzen findet man

$$\boxed{u_g = K\,v\,.} \tag{54}$$

Die Gegenspannung ist also allgemein proportional der Geschwindigkeit v; die Konstante ist die gleiche wie die zwischen Kraft und Strom. Bei einer gegebenen Anordnung kann man den Zusammenhang zwischen u_g und v auch aus dem Induktionsgesetz ableiten und so die Konstante K bestimmen. So ist z.B. bei einem elektrodynamischen Lautsprecher, dessen Spule in ein magnetisches Feld mit der Flußdichte B taucht und eine Gesamtdrahtlänge l besitzt,

$$F_t = B\,l\,i\,. \tag{55}$$

Wird andererseits die Spule mit der Geschwindigkeit v in dem Magnetfeld bewegt, so entsteht nach dem Induktionsgesetz eine Spannung

$$u_g = B\,l\,v\,. \tag{56}$$

In beiden Fällen ist also $K = B\,l$. Die Gl. (52) und (54) entsprechen den beiden Hauptgleichungen der elektrischen Maschinen.

Zahlenbeispiel: Bei einem Kopfhörer sei durch Messung $K = 10$ mN/mA $= 10$ N/A bestimmt worden; ein Strom von 1 mA erzeuge also eine Kraft von 10 mN. Dann gilt auch hier $u_g = K\,v$. Bei einer Membranamplitude von $\hat{x} = 0{,}02$ µm und einer Frequenz von 1000 Hz wird die Geschwindigkeitsamplitude („*Schnelle*“) der Membranbewegung

$$\hat{v} = \hat{x}\,\omega = 0{,}02 \cdot 10^{-6}\,\mathrm{m}\;2\,\pi \cdot 10^{3}\,\mathrm{s}^{-1} = 0{,}126\,\frac{\mathrm{mm}}{\mathrm{s}} = 0{,}126 \cdot 10^{-3}\,\frac{\mathrm{m}}{\mathrm{s}}\,.$$

Damit ergibt sich also für die induzierte Spannung der Scheitelwert

$$\hat{u}_g = K\hat{v} = 10\,\frac{\mathrm{N}}{\mathrm{A}} \cdot 0{,}126 \cdot 10^{-3}\,\frac{\mathrm{m}}{\mathrm{s}} = 1{,}26\,\mathrm{mV}\,.$$

In Abb. 35.13 ist das allgemeine Ersatzbild des elektrischen Kreises eines solchen Energiewandlers dargestellt. In der Wicklung des Wandlers wirkt die Gegenspannung u_g. Die Gesamtspannung ist daher

$$u = i\,R + L\frac{di}{dt} + K\,v\,. \tag{57}$$

Besteht der mechanische Teil aus einer elastisch gelagerten Masse (Membran), so gilt für den Zusammenhang zwischen der Kraft $K\,i$ und der Geschwindigkeit der Bewegung

$$K\,i = m\frac{dv}{dt} + r\,v + h\int v\,dt\,. \tag{58}$$

Dabei ist $h\int v\,dt = h\,x$ die proportional mit der Auslenkung x wachsende elastische Rückstellkraft, m die bewegte Masse und r eine Konstante, die ein Maß für die Dämpfung der Bewegung darstellt; bei Fernhörern und Lautsprechern sind diese Konstanten mitbedingt durch die Rückwirkung der Luft auf die Membran, aus der die Schallabstrahlung hervorgeht.

Die beiden Gl. (57) und (58) kann man zu einem *Ersatzbild der linearen elektrisch-mechanischen Energiewandler mit magnetischem Antrieb* vereinigen. Wir dividieren zu diesem Zweck die zweite Gleichung auf beiden Seiten durch K und setzen u_g/K für v. Dann lautet sie

$$i = \frac{m}{K^2}\frac{du_g}{dt} + \frac{r}{K^2}u_g + \frac{h}{K^2}\int u_g\,dt\,. \tag{59}$$

Der Strom i stellt sich also aus drei Teilströmen zusammengesetzt dar; der erste hat die gleiche Größe wie der Strom in einem Kondensator mit der Kapazität $C_m = m/K^2$, der zweite Teil entspricht dem Strom in einem Widerstand $R_m = K^2/r$, der dritte Teil dem Strom in einer Spule mit der Induktivität $L_m = K^2/h$, wenn an allen drei Elementen die gleiche Spannung u_g wirkt. Anders ausgedrückt: u_g kann als der

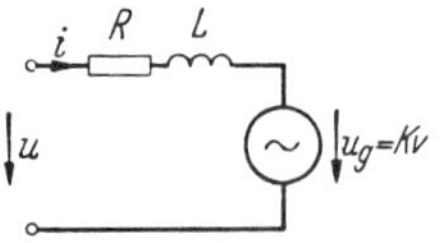

Abb. 35.13. Allgemeines Ersatzbild eines magnetischen Energiewandlers

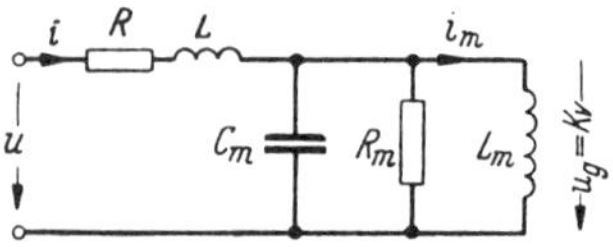

Abb. 35.14. Ersatzbild des magnetischen Energiewandlers

Spannungsabfall angesehen werden, den der Strom i an der Parallelschaltung der drei Elemente C_m, R_m und L_m hervorruft. Daraus ergibt sich das Ersatzbild des magnetischen Energiewandlers, Abb. 35.14.

Bemerkung: Daß hier die Wirkung der trägen Masse durch die Kapazität eines Kondensators, die Wirkung einer Federkraft durch die Induktivität einer Spule dargestellt werden können, hängt mit der formalen Ähnlichkeit der elektrischen und mechanischen Grundgesetze zusammen. Wegen der Beziehungen

$$F_t = m\,\frac{dv}{dt} \quad \text{und} \quad F_t = h \int v\,dt$$

einerseits und

$$u = L\,\frac{di}{dt} \quad \text{und} \quad u = \frac{1}{C}\int i\,dt$$

andrerseits kann die Masse m in Analogie zur Induktivität, die Federkonstante h in Analogie zum Kehrwert der Kapazität gesetzt werden, wenn der Strom der Geschwindigkeit und die Spannung der Kraft entspricht.

Es kann aber auch wegen der Ähnlichkeit der Beziehungen

$$v = \frac{1}{h}\,\frac{dF_t}{dt} \quad \text{und} \quad v = \frac{1}{m}\int F_t\,dt$$

mit

$$u = L\,\frac{di}{dt} \quad \text{und} \quad u = \frac{1}{C}\int i\,dt$$

für die Federkonstante der Kehrwert der Induktivität, für die Masse die Kapazität gesetzt werden, wenn der Strom der Kraft und die Spannung der Geschwindigkeit entspricht.

Diese beiden Möglichkeiten führen zu zwei verschiedenen *elektrischen Ersatzbildern für beliebige lineare mechanische Systeme*, durch die alle Rechenverfahren, die für elektrische Netzwerke gelten, ohne weiteres auf mechanische Systeme übertragen werden können.

Ganz analoge Überlegungen gelten auch bei *Drehbewegungen*. An die Stelle der Gl. (52) tritt dann die entsprechende Beziehung für das durch den Strom i bewirkte Drehmoment

$$M_d = K_m\,i\,. \tag{60}$$

Dreht sich nun der mechanische Teil des Energiewandlers um den Winkel α, so ergibt eine gleichartige Überlegung wie oben für die dadurch im elektrischen Stromkreis entstehende Gegenspannung an Stelle von Gl. (54)

$$u_g = K_m\,\frac{d\alpha}{dt} = K_m\,\omega = K_m\,2\pi\,n\,, \tag{61}$$

wenn ω die augenblickliche Winkelgeschwindigkeit, n die augenblickliche Drehzahl bezeichnen.

Als Beispiel werde ein *ballistisches Drehspulgalvanometer* betrachtet. Die Drehspule befinde sich mit N Windungen im Feld des permanenten Magneten mit der Induktion B. Tauchen die Windungen auf eine Länge l in das Feld ein und ist r der Radius der Spulenwindungen, Abb. 35.15, so ist das Drehmoment

$$M_d = 2\,B\,l\,r\,N\,i\,. \tag{62}$$

Die Konstante K_m wird also

$$K_m = 2\,B\,l\,r\;N. \tag{63}$$

Für die mechanische Bewegung der Spule gilt nun die Beziehung

$$K_m\,i = J\,\frac{d\omega}{dt} + D\,\omega + s\int\omega\,dt\,, \tag{64}$$

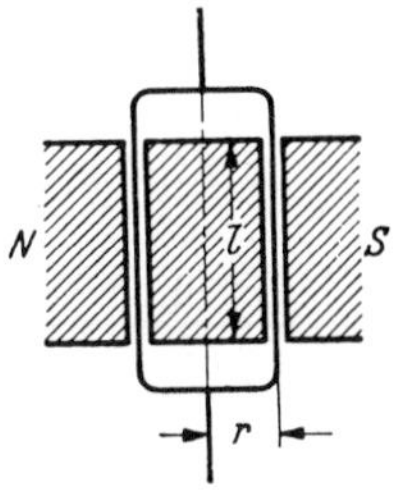

Abb. 35.15. Drehspulinstrument

wobei J das Trägheitsmoment des drehbaren Systems, s eine das Rückstellmoment kennzeichnende Größe und D ein Maß für die mechanische Dämpfung des Systems ist. Die Gl. (64) ist völlig analog der Gl. (58); ebenso gilt die Gl. (57) in der gleichen Form, wenn v durch ω ersetzt wird. Daher gilt auch das Ersatzbild Abb. 35.14 mit

$$C_m = \frac{J}{K_m^2}, \quad R_m = \frac{K_m^2}{D} \quad \text{und} \quad L_m = \frac{K_m^2}{s}. \tag{65}$$

Da die Spannung an der Spule mit der Induktivität L_m einerseits durch $K_m \frac{d\alpha}{dt}$ und andererseits durch $L_m \frac{di_m}{dt} = \frac{K_m^2}{s} \frac{di_m}{dt}$ ausgedrückt werden kann, ergibt sich der Ausschlag α des Instrumentes aus dem Strom i_m in der Induktivität L_m:

$$\alpha = \frac{K_m}{s} i_m . \tag{66}$$

Mit diesem Ersatzbild läßt sich z. B. der zeitliche Verlauf des Ausschlags α nach dem Anlegen einer Spannung ermitteln.

Läßt man in Gl. (64) das Rückstellmoment weg, so ergeben sich die Gleichungen für einen frei drehbaren Anker, z. B. den Anker eines *Gleichstrommotors* mit konstanter Felderregung. Für die Konstante K_m gilt hier nach Gl. (9) und (10) angenähert

$$K_m = \frac{U_0}{2\pi n_0}, \tag{67}$$

wobei U_0 die Nennspannung, n_0 die Nenndrehzahl des Motors bezeichnen. Der Gleichstromanker wirkt also in erster Näherung wie ein Kondensator mit der Kapazität

$$C_m = \frac{1}{K_m^2} J = \left(\frac{2\pi n_0}{U_0}\right)^2 J . \tag{68}$$

Auf diese Weise können hohe Kapazitätswerte verwirklicht werden.

Zahlenbeispiel: Das Trägheitsmoment eines Vollzylinders aus einem Material mit der Dichte γ ist in bezug auf seine Drehachse

$$J = \frac{\pi}{2} \gamma r^4 l ,$$

wenn r den Radius, l die Länge des Zylinders bezeichnen. Der Anker eines 1-kW-Gleichstrommotors für 220 V und eine Nenndrehzahl $n = 3000\ \mathrm{min}^{-1} = 50\ \mathrm{s}^{-1}$ lasse sich angenähert durch einen Vollzylinder mit dem Radius $r = 40\ \mathrm{mm} = 4 \cdot 10^{-2}\ \mathrm{m}$ und der Länge $l = 150\ \mathrm{mm} = 0{,}15\ \mathrm{m}$ ersetzen. Für Eisen und Kupfer werde näherungsweise $\gamma = 8\ \mathrm{kg/dm^3} = 8000\ \mathrm{kg/m^3}$ gesetzt. Damit wird

$$J = \frac{\pi}{2} 8000 \cdot 256 \cdot 10^{-8} \cdot 0{,}15\ \mathrm{kg\ m^2} = 4{,}8 \cdot 10^{-3}\ \mathrm{kg\ m^2} .$$

Aus Gl. (68) folgt

$$C_m = \left(\frac{2\pi\, 50}{220}\right)^2 4{,}8 \cdot 10^{-3}\ \mathrm{F} = 10^{-2}\ \mathrm{F} = 10\,000\ \mu\mathrm{F} .$$

Der Ableitungsstrom dieses Ersatzkondensators ist gleich dem Leerlaufstrom des Motorankers.

Weiterführende Literatur zum Dritten Kapitel: *Ai, Bu, Du, Fe3, Ha, Ja, Ka, Kn, Küc, Lai, Mi, MiW, MüG, Nü, O12, Pra, Ri, Se, Scü, Sm, So, We, Wh, ZiS*

Viertes Kapitel

Netzwerke

36. Theorie der Netze bei Wechselstrom

Allgemeine Regeln bei Sinusgrößen und linearen Netzen

Ein allgemeiner Stromkreis enthält Widerstände, Kapazitäten, Induktivitäten und Gegeninduktivitäten in irgendeiner Zusammensetzung. Die Abb. 36.1 veranschaulicht ein derartiges „*Netzwerk*". Die Ströme werden hervorgerufen durch eine oder mehrere Quellen, deren Quellenspannungen zeitlich sinusförmigen Verlauf haben sollen (Sinusspannungen). Sind die Widerstände, Induktivitäten und Kapazitäten unabhängig von den Stromstärken, dann verlaufen im stationären Zustand auch alle Ströme in dem Netz zeitlich sinusförmig (Sinusströme). Bei einem konstanten Widerstand folgt dies aus dem OHMschen Gesetz, bei Induktivitäten und Kapazitäten daraus, daß der Differentialquotient der Sinusfunktion wiederum eine Sinusfunktion ist. Ein Netz mit dieser Eigenschaft heißt *lineares Netz.* Zur Berechnung der unbekannten Ströme oder Spannungen in einem solchen Netz benutzt man zweckmäßig die komplexe Darstellung der Wechselstromzeiger.

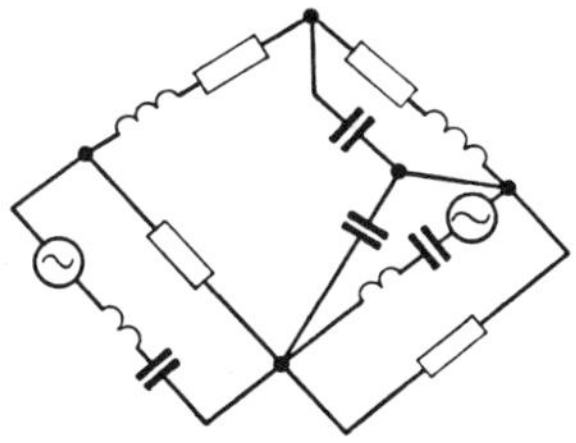

Abb. 36.1. Allgemeines Netzwerk

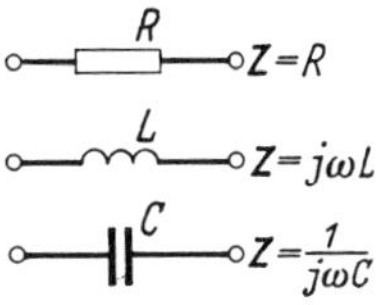

Abb. 36.2. Komplexe Widerstände der drei Grundelemente eines Netzwerkes

Die drei Grundelemente des allgemeinen Netzes sind in Abb. 36.2 mit ihren komplexen Widerstandssymbolen dargestellt. Führt man diese Symbole ein, dann gilt das OHMsche Gesetz analog Gl. (3.8)

$$\underline{U} = \underline{I}\, Z\,, \tag{1}$$

und es gelten, wie bei Gleichstrom, die KIRCHHOFFschen Gesetze und die aus ihnen abgeleiteten Regeln; es treten lediglich an die Stelle der reellen Größen beim Gleichstrom hier die komplexen. Mit diesen komplexen Größen kann daher genau so gerechnet werden wie mit den Gleichstromgrößen, siehe Abschnitt 17. Werden z. B. zwei komplexe Widerstände Z_1 und Z_2 hintereinander geschaltet, so gilt für den Gesamtwiderstand

$$Z = Z_1 + Z_2\,. \tag{2}$$

Bei Parallelschaltung der beiden Widerstände wird der Ersatzwiderstand

$$Z = \frac{Z_1 Z_2}{Z_1 + Z_2}\,. \tag{3}$$

Berechnet man den Widerstand zwischen zwei beliebigen Punkten eines Netzes (*Zweipol*), so ergibt sich im allgemeinen wieder eine komplexe Größe; der Widerstand läßt sich also darstellen durch

$$Z = R + j\,X\,, \tag{4}$$

wobei R und X reelle Widerstandswerte sind. Man bezeichnet R als den *Wirkwiderstand* oder die *Resistanz,* X als den *Blindwiderstand* oder die *Reaktanz.* Z wird als *komplexer Widerstand* oder als *Impedanz* bezeichnet.

$$|Z| = \sqrt{R^2 + X^2} \tag{5}$$

ist der *Scheinwiderstand* des Zweipols.

Der Kehrwert des komplexen Widerstandes ist der komplexe *Leitwert* oder die *Admittanz*

$$Y = \frac{1}{Z} \tag{6}$$

Y kann ebenfalls in den reellen und imaginären Teil zerlegt werden:

$$Y = G + j\,B; \tag{7}$$

G ist der *Wirkleitwert* oder die *Konduktanz*, B der *Blindwert* oder die *Suszeptanz*. Durch Einsetzen von Gl. (4) in Gl. (6) findet man

$$G = \frac{R}{R^2 + X^2}\,; \qquad B = -\frac{X}{R^2 + X^2}\,. \tag{8}$$

$$|Y| = \sqrt{G^2 + B^2} \tag{9}$$

ist der *Scheinleitwert* des Zweipols.

Die Gl. (4) stellt den komplexen Widerstand eines *beliebig zusammengesetzten Zweipols* durch die *Reihenschaltung* eines Wirkwiderstandes R und eines Blindwiderstandes X dar; die Gl. (7) stellt den Leitwert als eine *Parallelschaltung* eines Wirkleitwertes G und eines Blindleitwertes B dar, Abb. 36.3. Der Blindwiderstand X kann formal für eine feste Frequenz durch eine Spule mit der (positiven oder negativen) Induktivität $L = X/\omega$ veranschaulicht werden, der Blindleitwert durch einen Kondensator mit der (positiven oder negativen) Kapazität $C = \frac{1}{\omega}\,B$.

Mit den Größen R und G kann die in dem beliebig zusammengesetzten Zweipol umgesetzte Leistung ausgedrückt werden. Fließt durch den Zweipol ein Strom mit dem Effektivwert I, so ist die Leistung (Wirkleistung)

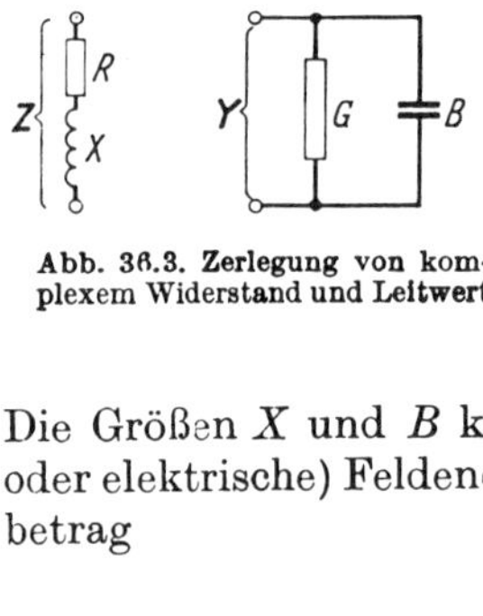

Abb. 36.3. Zerlegung von komplexem Widerstand und Leitwert

$$P = I^2\,R\,. \tag{10}$$

Liegt an dem Zweipol eine Spannung mit dem Effektivwert U, so ist die Leistung (Wirkleistung)

$$P = U^2\,G\,. \tag{11}$$

Die Größen X und B kennzeichnen die in dem Zweipol gespeicherte (magnetische oder elektrische) Feldenergie. Diese Energie schwankt zwischen 0 und dem Maximalbetrag

$$W = \frac{1}{2}\,L\,(I\sqrt{2})^2 = I^2\,\frac{1}{\omega}\,X\,, \tag{12}$$

bzw.

$$W = \frac{1}{2}\,C\,(U\sqrt{2})^2 = U^2\,\frac{1}{\omega}\,B\,. \tag{13}$$

Um irgendeine Aufgabe der Netzberechnung mit Hilfe der komplexen Rechnung zu lösen, geht man grundsätzlich folgendermaßen vor. Man führt für alle *Zweige* des Netzwerkes die komplexen Widerstände ein; die allgemeine Form für den komplexen Widerstand des ν-ten Zweiges ist

$$Z_\nu = R_\nu + j\,\omega\,L_\nu + \frac{1}{j\,\omega\,C_\nu}\,. \tag{14}$$

Dann bezeichnet man die Ströme in den einzelnen Zweigen mit $\underline{I}_1, \underline{I}_2, \ldots, \underline{I}_\nu$ usw. ebenso die Spannungen mit $\underline{U}_1, \underline{U}_2, \ldots, \underline{U}_\nu$ usw. Entsprechend werden die Quellenspannungen durch komplexe Größen

$$\underline{U}_{01} = U_{01}\,e^{j\Psi_1}, \quad \underline{U}_{02} = U_{02}\,e^{j\Psi_2}, \quad \underline{U}_{03} = U_{03}\,e^{j\Psi_3}, \text{ usw.}$$

dargestellt.

Sind Quellenspannungen mit verschiedenen Frequenzen vorhanden, so muß man die Rechnung für jede Frequenz getrennt durchführen und dann die sich ergebenden Zeitfunktionen addieren.

Die komplexen Spannungs- und Stromzeiger können als *komplexe Amplituden* oder *komplexe Effektivwerte* definiert werden. Im ersten Fall ist die zu einer Spannung $\underline{U}_m$ gehörende Zeitfunktion

$$u(t) = \operatorname{Re}\{\underline{U}_m e^{j\omega t}\};$$

ihre Amplitude ist gleich dem Betrag von $\underline{U}_m$. Im zweiten Fall ist die zugehörige Zeitfunktion

$$u(t) = \operatorname{Re}\left\{\sqrt{2}\,\underline{U}\, e^{j\omega t}\right\};$$

ihr Effektivwert ist gleich dem Betrag von $\underline{U}$. Im weiteren sollen die komplexen Größen komplexe Effektivwerte bedeuten.

Auch den komplexen Spannungs- und Stromzeigern müssen im Schaltbild Zählpfeile zugeordnet werden. Vereinbarungsgemäß kennzeichnen diese Pfeile die Zählrichtungen der zugehörigen Zeitfunktionen der Spannungen und Ströme. Die Spannungszählpfeile werden im Schaltbild neben die Schaltelemente oder zwischen zwei Knoten gezeichnet, die Stromzählpfeile üblicherweise auf die Leiter, Abb. 36.4 und Abb. 36.5. Die Zählrichtungen für Strom und Spannung in einem Zweig können

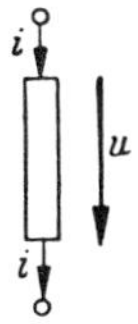

Abb. 36.4. Verbrauchersystem

Abb. 36.5. Generatorsystem

unabhängig voneinander gewählt werden. Gibt man beiden die gleiche Richtung (Verbrauchersystem) wie in Abb. 36.4, dann gilt für den Zusammenhang zwischen Strom und Spannung in einem Zweig mit der Impedanz Z

$$\underline{U} = \underline{I}\,Z.$$

Orientiert man die beiden Zählpfeile entgegengesetzt (Generatorsystem) wie in Abb. 36.5, dann gilt

$$\underline{U} = -\underline{I}\,Z.$$

Nunmehr lassen sich die beiden KIRCHHOFFschen Sätze für die *Knoten* und *Maschen* des Netzes anschreiben; für jeden Knoten gilt:

$$\sum_\nu \underline{I}_\nu = 0\,, \tag{15}$$

und für jede Masche:

$$\sum_\nu (\underline{U}_{0\nu} + \underline{I}_\nu Z_\nu) = 0\,. \tag{16}$$

Dabei werden in (15) alle $\underline{I}_\nu$ als positiv angesetzt, deren Zählrichtungen zum Knoten hinweisen, alle anderen als negativ. Beim Umlauf um eine Masche werden alle Spannungen $\underline{U}_{0\nu}$, $\underline{U}_\nu$ oder $\underline{I}_\nu Z_\nu$ wie bei Gleichstrom positiv eingesetzt, wenn die Zählrichtung mit der Umlaufrichtung übereinstimmt, im anderen Fall negativ. Enthält das Netz Gegeninduktivitäten $M_{\mu\nu} = M_{\nu\mu}$, so tritt zu der Spannung $\underline{I}_\nu j\omega L_\nu$ in dem Zweig ν noch eine Spannung $\pm I_\mu j\omega M_{\nu\mu}$. In dem Zweig μ tritt zu der Spannung $I_\mu j\omega L_\mu$ noch eine Spannung $\pm I_\nu j\omega M_{\nu\mu}$. Zur Entscheidung über das Vorzeichen muß der Wicklungssinn der beiden Spulen beachtet werden. Dazu denke man sich in der einen Spule, z. B. L_ν, einen Gleichstrom mit der positiven Strombezugsrichtung dieses Zweiges. Dieser erzeugt in der anderen stromlos gedachten Spule, also z. B. L_μ, einen Magnetfluß, der von der dort angegebenen Bezugsrichtung des Stromes entweder rechtsläufig oder linksläufig umkreist wird. Im ersten Fall gelten die Pluszeichen, im zweiten Fall die Minuszeichen des Kopplungsbeitrages.

Damit erhält man, wie bei Gleichstrom, hinreichend viele Beziehungen zur Berechnung der unbekannten Ströme. Auch die anderen in Abschnitt 4 aufgestellten Regeln zur Berechnung der Strom- und Spannungsverteilung können ohne weiteres angewendet werden. Es entsteht ein Gleichungssystem mit komplexen Koeffizienten.

Das Ergebnis der Rechnung hat ebenfalls komplexe Form, und es bedarf daher einiger Regeln zur Auswertung des Ergebnisses. Im allgemeinen ist eine Spannung oder eine Einströmung gegeben und eine Spannung oder eine Stromstärke gesucht. Nennt man die gegebene Größe $\underline{S}_1$, die davon abhängige gesuchte Größe $\underline{S}_2$, so läßt sich das Resultat der Rechnung immer in der Form schreiben

$$\underline{S}_2 = A\,\underline{S}_1\,. \tag{17}$$

Ist z. B. $\underline{S}_1$ die an den Eingangsklemmen des Netzes liegende Spannung, $\underline{S}_2$ der dadurch am Eingang entstehende Strom, dann ist A der *komplexe Leitwert* des Zweipols. Ist $\underline{S}_1$ ein Strom am Eingang, $\underline{S}_2$ die dadurch zwischen den Eingangsklemmen verursachte Spannung, dann ist A der *komplexe Widerstand* des Zweipols. Ist $\underline{S}_1$ eine Eingangsspannung oder -strom, $\underline{S}_2$ die dadurch verursachte Spannung an irgendeinem Zweig des Netzes oder der Strom im Zweig, dann nennen wir A den (komplexen) *Übertragungsfaktor*. In diesem Falle kann A eine reine Zahl sein oder die Dimension eines Widerstandes oder eines Leitwertes haben (*Übertragungswiderstand, Übertragungsleitwert*). A ist im allgemeinen komplex, $A = |A|\,e^{j\varphi}$, und läßt sich durch Betrag $|A|$ und durch den Winkel φ gegen die reelle Achse darstellen, Abb. 36.6.

Zur Auswertung der Gl. (17) dienen nun folgende Regeln:

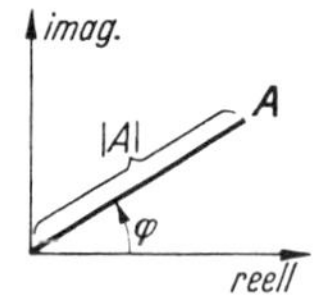

Abb. 36.6. Betrag und Winkel des komplexen Übertragungsfaktors

1. Um die *Effektivwerte* von Strom oder Spannung zu finden, bildet man auf beiden Seiten der Gl. (17) die absoluten Beträge der komplexen Größen, also

$$\boxed{S_2 = |A|\,S_1\,.} \tag{18}$$

Ist z. B. $\underline{S}_1$, ein Strom $\underline{I}$, S_2 eine Spannung $\underline{U}$, so wird A eine Impedanz Z, und es gilt für die Effektivwerte

$$U = I\,|Z| \tag{19}$$

mit dem *Scheinwiderstand*

$$|Z| = \sqrt{R^2 + X^2}\,. \tag{20}$$

2. Um den *Phasenwinkel* zwischen $\underline{S}_1$ und $\underline{S}_2$ zu finden, berücksichtigt man, daß die Multiplikation einer komplexen Zahl $\underline{S}_1$ mit einer anderen komplexen

Zahl A eine Multiplikation des Betrages S_1 mit dem Betrag von A bedeutet und eine Drehung um den Winkel φ, den A mit der reellen Achse bildet. $\underline{S}_2$ eilt der Größe $\underline{S}_1$ um diesen Winkel φ *vor*.

3. Die *Augenblickswerte* ergeben sich, wenn man die Zeiger mit der Winkelgeschwindigkeit ω rotieren läßt und ihre Projektionen auf eine feste Zeitlinie ermittelt. Die Multiplikation einer komplexen Größe mit dem Faktor $e^{j\varphi}$ ergibt eine Drehung um den Winkel φ; die Multiplikation mit $e^{j\omega t}$ liefert also eine Rotation mit der Winkelgeschwindigkeit ω. Als Zeitlinie wählt man die reelle Achse; man hat dann lediglich den reellen Teil zu bilden. Stellen die Zeiger Effektivwerte dar, so hat man noch mit $\sqrt{2}$ zu multiplizieren, um die wirklichen Augenblickswerte zu erhalten.

Zum Beispiel ist der zeitliche Verlauf von S_1 durch

$$s_1 = \mathrm{Re}\,\{\underline{S}_1 \sqrt{2}\, e^{j\omega t}\} \tag{21}$$

gegeben. Die dazugehörigen Augenblickswerte von $\underline{S}_2$ folgen dann aus

$$s_2 = \mathrm{Re}\,\{\underline{S}_1\, A \sqrt{2}\, e^{j\omega t}\}\,. \tag{22}$$

Bei jeder Aufgabe kann man die Richtung *eines* beliebigen Zeigers willkürlich wählen; die anderen Richtungen sind dann eindeutig bestimmt. Legt man z. B. $\underline{S}_1$ in die reelle Achse, so wird aus Gl. (21)

$$s_1 = S_1 \sqrt{2}\, \cos \omega t \tag{23}$$

und aus Gl. (22)

$$s_2 = \mathrm{Re}\left\{A\, S_1 \sqrt{2} e^{j\omega t}\right\} = S_1 \sqrt{2} \mathrm{Re}\{|A|\, e^{j\varphi} e^{j\omega t}\} = S_1 \sqrt{2} |A|\, \cos(\omega t + \varphi) \tag{24}$$

4. Für die *Leistung* gilt folgendes. Liegt an einem Zweipol eine Spannung $\underline{U}$ und fließt dabei der Strom $\underline{I}$, Abb. 36.7, der gegen $\underline{U}$ um den Winkel $\varphi = \psi_1 - \psi_2$ nacheilt, so ist die von dem Zweipol aufgenommene *Wirkleistung* (s. S. 302 u. 350)

$$P = U\, I \cos\varphi = I^2 R = U^2 G\,. \tag{25}$$

Als *Blindleistung* bezeichnet man die Größe

$$P_q = U\, I \sin\varphi = I^2 X = U^2 B\,, \tag{26}$$

und als *Scheinleistung*

$$P_s = U\, I = \sqrt{P^2 + P_q^2} = I^2\, |Z| = U^2/|Y| \tag{27}$$

Mit der komplexen Rechnung findet man diese Größe durch Bilden des Produktes der komplexen Spannung mit dem konjugiert komplexen Strom oder des Produktes des komplexen Stromes mit der konjugiert komplexen Spannung. Die *komplexe Leistung* ist z. B.

$$\left.\begin{aligned} \underline{P} &= P + j\,P_q = \underline{U}\,\underline{I}^*\,, \\ \underline{P}^* &= \underline{U}^*\,\underline{I}\,, \end{aligned}\right\} \tag{28}$$

wobei durch den Stern die komplex konjugierte Größe gekennzeichnet sein soll. Der Beweis ergibt sich durch die Ansätze

$$\left.\begin{aligned} \underline{U} &= U\, e^{j\psi_1}\,, & \underline{I} &= I\, e^{j\psi_2}\,, \\ \underline{U}^* &= U\, e^{-j\psi_1}\,, & \underline{I}^* &= I\, e^{-j\psi_2}\,. \end{aligned}\right\} \tag{29}$$

Das Vorzeichen der Blindleistung ist an sich willkürlich; gewöhnlich bezeichnet man sie entspre-

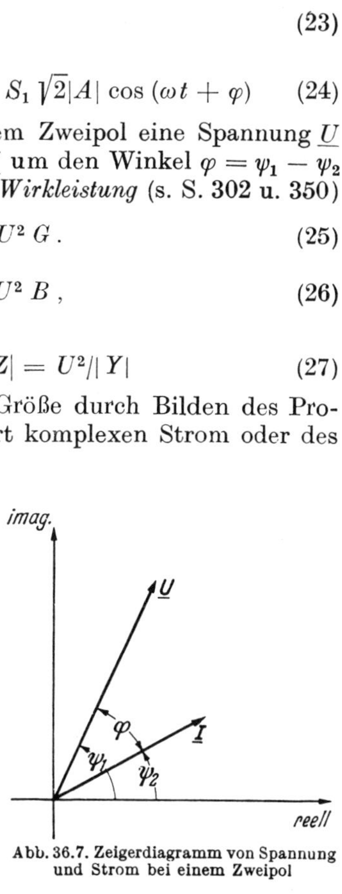

Abb. 36.7. Zeigerdiagramm von Spannung und Strom bei einem Zweipol

chend Gl. (28) als positiv, wenn der Verbraucher induktive Eigenschaften hat. Für die Scheinleistung gilt auch

$$P_s = |\underline{U}\ \underline{I}|. \tag{30}$$

Als *komplexe Wechselleistung*, kurz *Wechselleistung*, wird die Größe

$$\underline{P}_\sim = \underline{U}\ \underline{I} \tag{31}$$

benützt.

Die Bedeutung dieser Größe erkennt man, wenn man die Augenblickswerte der Leistung an einem Zweipol betrachtet. Sie ist unter Bezugnahme auf Abb. 36.7

$$\begin{aligned} P(t) = u i &= U\sqrt{2}\cos(\omega t + \psi_1)\, I\sqrt{2}\cos(\omega t + \psi_2) \\ &= U I \cos\varphi + U I \cos(2\omega t + \psi_1 + \psi_2). \end{aligned} \tag{32}$$

Die augenblickliche Leistungsaufnahme des Zweipols schwankt also sinusförmig mit der Kreisfrequenz $2\,\omega$ um den Mittelwert P, und die Amplitude der Schwankung ist $|\underline{P}_\sim|$.

Eine Wechselstromquelle mit dem komplexen Innenwiderstand $\underline{Z}_i = R_i + j\,X_i$ und dem Effektivwert der Quellenspannung U_0, Abb. 36.8., liefert gemäß Gl. (10) in einen komplexen Lastwiderstand $\underline{Z}_a = R_a + j\,X_a$ die Leistung

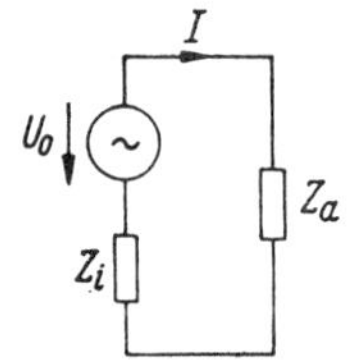

Abb. 36.8. Wechselstromerzeuger mit komplexem Innenwiderstand und beliebigem Lastwiderstand

$$P = \frac{U_0^2}{|\underline{Z}_i + \underline{Z}_a|^2}\, R_a = \frac{U_0^2\, R_a}{(R_i + R_a)^2 + (X_i + X_a)^2}. \tag{32}$$

Wie muß der Lastwiderstand beschaffen sein, damit er eine *maximale Leistung* aufnimmt? Da Blindwiderstände positiv oder negativ sein können, folgt zunächst für das Maximum von P

$$X_a = -X_i. \tag{33}$$

Bei Variation von R_a ergibt sich dann ein Maximum für

$$R_a = R_i. \tag{34}$$

Zwecks maximaler Leistungsübertragung muß der Lastwiderstand also konjugiert komplex zum Innenwiderstand sein. Die maximal von dem Lastwiderstand aufgenommene Leistung („*verfügbare Leistung der Quelle*“) ist dann

$$P_{max} = \frac{U_0^2}{4\,R_i}. \tag{35}$$

Die Bedingungen (33) und (34) lassen sich im allgemeinen nur in einem beschränkten Frequenzbereich angenähert erfüllen; s. a. S. 25.

Beispiele

1. Zwei Spulen R_1, L_1 und R_2, L_2 seien parallel geschaltet. Mit Hilfe eines Strommessers wird der Gesamtstrom I bestimmt. Zu berechnen sei der Spannungsabfall an den beiden Spulen und die Phasenverschiebung zwischen den Teilströmen und dem Gesamtstrom.

Die komplexen Widerstände der beiden Spulen sind

$$\underline{Z}_1 = R_1 + j\,\omega\,L_1; \qquad \underline{Z}_2 = R_2 + j\,\omega\,L_2.$$

Daher ist der Ersatzwiderstand der Parallelschaltung

$$\underline{Z} = \frac{\underline{Z}_1\,\underline{Z}_2}{\underline{Z}_1 + \underline{Z}_2} = \frac{(R_1 + j\,\omega\,L_1)(R_2 + j\,\omega\,L_2)}{R_1 + R_2 + j\,\omega\,(L_1 + L_2)}.$$

Die Spannung wird $\underline{U} = \underline{I}\,\underline{Z}$, also der Effektivwert

$$U = I|Z| = I\frac{\sqrt{R_1^2+(\omega L_1)^2}\,\sqrt{R_2^2+(\omega L_2)^2}}{\sqrt{(R_1+R_2)^2+\omega^2(L_1+L_2)^2}}. \tag{36}$$

Für den Teilstrom im Widerstand Z_1 gilt ferner

$$\underline{I}_1 = \underline{I}\,\frac{Z_2}{Z_1+Z_2} = \underline{I}\,\frac{R_2+j\,\omega\,L_2}{R_1+R_2+j\,\omega\,(L_1+L_2)}$$

$$= \underline{I}\,\frac{(R_2+j\,\omega\,L_2)\,(R_1+R_2-j\,\omega\,(L_1+L_2))}{(R_1+R_2)^2+\omega^2\,(L_1+L_2)^2} = \underline{I}\,\frac{R_2\,(R_1+R_2)+\omega^2 L_2\,(L_1+L_2)+j\,\omega\,(L_2\,R_1-L_1\,R_2)}{(R_1+R_2)^2+\omega^2\,(L_1+L_2)^2}.$$

Der Winkel, um den $\underline{I}_1$ dem Gesamtstrom $\underline{I}$ *vor*eilt, ist also bestimmt durch

$$\tan\varphi_1 = \frac{\omega\,(L_2\,R_1-L_1\,R_2)}{R_2\,(R_1+R_2)+\omega^2\,L_2\,(L_1+L_2)}. \tag{37}$$

Genau so gilt für den Strom im anderen Zweig

$$\tan\varphi_2 = \frac{\omega\,(L_1\,R_2-L_2\,R_1)}{R_1\,(R_1+R_2)+\omega^2\,L_1\,(L_1+L_2)}. \tag{38}$$

Wenn also z. B.

$$i = I\,\sqrt{2}\cos\omega t,$$

so wird

$$i_1 = I\,\sqrt{2}\,\sqrt{\frac{R_2^2+(\omega\,L_2)^2}{(R_1+R_2)^2+\omega^2\,(L_1+L_2)^2}}\,\cos(\omega\,t+\varphi_1).$$

Liegt das Resultat in Form eines Bruches vor, dann läßt sich der Winkel gegen die reelle Achse einfacher so bestimmen, daß man ihn als Differenz der Winkel von Zähler und Nenner berechnet; denn es gilt für zwei komplexe Zahlen A_1 und A_2:

$$\frac{A_1}{A_2} = \frac{|A_1|\,e^{j\varphi_1}}{|A_2|\,e^{j\varphi_2}} = \frac{|A_1|}{|A_2|}\,e^{j(\varphi_1-\varphi_2)}. \tag{39}$$

Es war z. B.

$$\underline{I}_1 = \underline{I}\,\frac{R_2+j\,\omega\,L_2}{R_1+R_2+j\,\omega\,(L_1+L_2)}.$$

Der Winkel des Zählers ist

$$\varphi_1' = \operatorname{arc\,tan}\frac{\omega\,L_2}{R_2},$$

der Winkel des Nenners

$$\varphi_1'' = \operatorname{arc\,tan}\frac{\omega\,(L_1+L_2)}{R_1+R_2},$$

daher der gesuchte Winkel

$$\varphi_1 = \operatorname{arc\,tan}\frac{\omega\,L_2}{R_2} - \operatorname{arc\,tan}\frac{\omega\,(L_1+L_2)}{R_1+R_2}.$$

2. Ein Verbraucher entnimmt aus einem Generator eine Leistung P bei einem Leistungsfaktor $\cos\varphi$. Er ist mit dem Generator über eine Leitung mit dem Wirkwiderstand R_L und dem Blindwiderstand X_L (einschließlich Streureaktanz der Transformatoren) verbunden. Wie groß ist der durch die Leitung verursachte Spannungsabfall?

Man versteht hier unter „Spannungsabfall" den Unterschied zwischen der Spannung U_1 am Generator und der Spannung U_2 am Verbraucher, also die Differenz $U_1 - U_2$ der Effektivwerte. Diese ist verschieden von der an dem Scheinwiderstand $R_L + j\,X_L$ der Leitung abfallenden Spannung.

Bezeichnet man den Wirkwiderstand des Verbrauchers mit R, seinen Blindwiderstand mit X, so gilt für den Strom

$$\underline{I} = \frac{\underline{U}_1}{R+R_L+j\,(X+X_L)} = \frac{\underline{U}_2}{R+j\,X},$$

und daher für die Spannungen

$$\underline{U}_1 = \underline{U}_2\,\frac{R+R_L+j\,(X+X_L)}{R+j\,X}.$$

Daraus folgt für die Effektivwerte

$$U_1 = U_2 \frac{\sqrt{(R + R_L)^2 + (X + X_L)^2}}{\sqrt{R^2 + X^2}},$$

und es wird der gesuchte Spannungsabfall

$$\Delta U = U_1 - U_2 = U_2 \left[\frac{\sqrt{(R + R_L)^2 + (X + X_L)^2}}{\sqrt{R^2 + X^2}} - 1 \right]. \tag{40}$$

Unter Berücksichtigung, daß der Leitungswiderstand immer nur ein geringer Bruchteil des Verbraucherwiderstandes ist, läßt sich auf folgendem Wege eine Näherungsformel ableiten:

$$\Delta U \approx U_2 \left[\sqrt{\frac{R^2 + 2\,R\,R_L + X^2 + 2\,X\,X_L}{R^2 + X^2}} - 1 \right]$$

$$= U_2 \left[\sqrt{1 + 2\,\frac{R\,R_L + X\,X_L}{R^2 + X^2}} - 1 \right] \approx U_2\,\frac{R\,R_L + X\,X_L}{R^2 + X^2}. \tag{41}$$

Wirk- und Blindwiderstand des Verbrauchers folgen aus

$$P = I^2 R = \frac{U_2^2}{R^2 + X^2}\,R, \quad \text{und} \quad \cos\varphi = \frac{R}{\sqrt{R^2 + X^2}}.$$

Daher ist

$$\frac{R}{R^2 + X^2} = \frac{P}{U_2^2}, \qquad \frac{X}{R^2 + X^2} = \frac{P}{U_2^2}\tan\varphi,$$

und es folgt für den gesuchten Spannungsabfall schließlich die Näherungsformel

$$\Delta U = \frac{P}{U_2}\,R_L\left(1 + \frac{X_L}{R_L}\tan\varphi\right). \tag{42}$$

Sei z. B. $U_2 = 6$ kV, $P = 1000$ kW, $R_L = 1\ \Omega$, $X_L = 2\ \Omega$, so wird

$$\Delta U = \frac{1000\,\text{kW}}{6\,\text{kV}}\,1\ \Omega\,(1 + 2\tan\varphi) = 167\ \text{V}\,(1 + 2\tan\varphi).$$

Damit ergeben sich die Zahlenwerte der folgenden Tabelle, wenn ein *induktiver* Verbraucher vorausgesetzt wird.

$\cos\varphi$	$= 1$	0,9	0,8	0,7	0,6
$\tan\varphi$	$= 0$	0,484	0,75	1,02	1,33
ΔU	$= 167$	328	418	508	611 V
$\Delta U/U_2$	$= 2{,}8$	5,5	7,0	8,5	10,2%

Der Spannungsabfall hängt also stark vom Leistungsfaktor des Verbrauchers ab.

3. Es sei die Empfindlichkeit der SCHERING-Brücke, Abb. 17.13, zu untersuchen. Für den Strom im Nullzweig kann sofort die Gl. (3.34) übernommen werden, wenn alle Widerstände, Ströme und Spannungen durch die entsprechenden komplexen Größen ersetzt werden. Mit den Bezeichnungen der Abb. 3.14 wird

$$Z_1 = \frac{1}{j\,\omega\,C_1}; \qquad Z_2 = \frac{1}{(\delta + j)\,\omega\,C};$$

$$Z_3 = \frac{R_3}{1 + j\,\omega\,C_3\,R_3}; \quad Z_4 = R_4.$$

Die Brücke sei nahezu abgeglichen, so daß man für die wirkliche Kapazität C des Meßobjektes und seinen Verlustwinkel δ schreiben kann

$$C = C_0\,(1 + \Delta_c),$$

$$\delta = \delta_0 + \Delta_\delta,$$

wenn mit C_0 und δ_0 die Meßwerte der Kapazität und des Verlustwinkels bezeichnet werden. Die Größen Δ_C und Δ_δ geben ein Maß für die Abweichung der gemessenen Werte von den wirklichen Werten. Berücksichtigt man, daß die Größen C_0 und δ_0 den Gl. (20.60) und (20.59) genügen, und daß δ_0 klein gegen 1 ist, so ergibt sich die Näherungsformel

$$Z_2 Z_3 - Z_1 Z_4 = -\frac{R_3}{j\omega C}(\Delta_C - j\,\Delta_\delta)\,.$$

Der Strom im Nullzweig wird unter den gleichen Vernachlässigungen

$$\underline{I}_5 = U_0 \frac{-\frac{R_3}{j\omega C}(\Delta_C - j\,\Delta_\delta)}{\left[\frac{R_4}{j\omega C} + Z_5\left(\frac{1}{j\omega C} + R_4\right)\right]\left(\frac{1}{j\omega C_1} + R_3\right) + \frac{R_3}{j\omega C_1}\left(\frac{1}{j\omega C} + R_4\right)}\,.$$

Führt man hier ein

$$C = \frac{R_3 C_1}{R_4}\,,$$

so folgt

$$\underline{I}_5 = U_0\, j\,\omega C_1 R_3 \frac{\Delta_C - j\,\Delta_\delta}{(1 + j\,\omega C_1 R_3)\,[R_3 + R_4 + Z_5\,(1 + j\,\omega C_1 R_3)]}\,.$$

Praktisch ist $\omega C_1 R_3$ klein gegen 1 und Z_5 nahezu reell, $Z_5 = R_5$; dann folgt

$$I_5 = \omega C_1 R_3 U_0 \frac{\sqrt{\Delta_C^2 + \Delta_\delta^2}}{R_3 + R_4 + R_5}\,. \tag{43}$$

Hieraus kann man nun umgekehrt die *Unsicherheit* der Brückeneinstellung berechnen, wenn die kleinste Stromstärke I_5 bekannt ist, die vom Nullinstrument noch angezeigt wird (entspricht δ in Gl. (3.36)). Es ist

$$\Delta = \sqrt{\Delta_C^2 + \Delta_\delta^2} = \frac{R_3 + R_4 + R_5}{\omega C_1 R_3}\,\frac{I_5}{U_0}\,. \tag{44}$$

Wenn z. B. die einem gerade noch wahrnehmbaren Ausschlag entsprechende Stromstärke

$$I_5 = 5 \cdot 10^{-8}\,\mathrm{A}$$

beträgt und

$U_0 = 100$ kV, $f = 50$ Hz, $R_3 = 120\ \Omega$, $R_4 = 318\ \Omega$, $R_5 = 200\ \Omega$, $C_1 = 100$ pF,

so wird

$$\Delta = \frac{638\,\Omega}{314 \cdot 100 \cdot 10^{-12} \cdot 318\,\mathrm{s}^{-1}\,\mathrm{F}\Omega}\;\frac{5 \cdot 10^{-8}\,\mathrm{A}}{10^5\,\mathrm{V}} = 3{,}2 \cdot 10^{-5}\,.$$

Es können also Kapazitätsunterschiede von 0,03‰ und Verlustwinkelunterschiede von 0,00003 gerade noch wahrgenommen werden.

Für *Wechselstrommeßbrücken beliebigen Aufbaues* läßt sich die für die betrachtete spezielle Meßbrücke durchgeführte Überlegung über die Unsicherheit der Brückeneinstellung verallgemeinern. Der Strom im Nullzweig ist proportional dem Betrag der „Brückendeterminante"

$$Z_2 Z_3 - Z_1 Z_4\,.$$

Ist z. B. Z_2 der unbekannte Widerstand Z_x, so folgt daraus, daß der Strom im Nullzweig proportional der Größe

$$Z_x - \frac{Z_1 Z_4}{Z_3}$$

ist. Der Ausdruck $\frac{Z_1 Z_4}{Z_3}$ stellt einen komplexen Widerstand Z_n dar, der aus den Einzelwiderständen der drei Vergleichszweige berechnet werden kann und bei idealer Einstellung der Brücke gleich dem gesuchten Widerstand Z_x wäre. Infolge der Unempfindlichkeit des Nullinstrumentes (z. B. bedingt durch überlagerte Störströme) kann Z_n von Z_x abweichen, jedoch

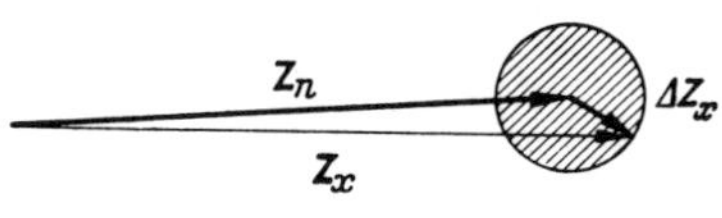

Abb. 36.9. Unsicherheitsbereich einer Wechselstrombrücke

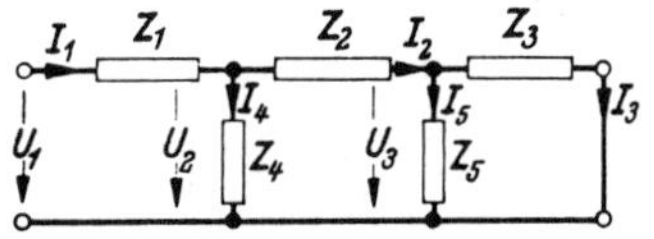

Abb. 36.10. Berechnung eines allgemeinen Kettenleiters

nur so, daß der Betrag der Differenz ΔZ_x einen konstanten Wert hat. Die möglichen Werte von Z_x liegen daher in einem Kreis, dessen Radius gleich dieser Differenz ist und dessen Mittelpunkt durch den aus der Messung hervorgehenden Wert gegeben ist, Abb. 36.9.

4. Es sei der Strom $\underline{I}_3$ im letzten Glied des *Kettenleiters*, Abb. 36.10, zu berechnen, wenn die Anfangsspannung $\underline{U}_1$ gegeben ist.

Man drückt bei derartigen Aufgaben die Spannungen und Ströme in den einzelnen Abschnitten des Kettenleiters durch den *gesuchten* Strom aus, indem man beim Ende des Kettenleiters beginnt. Es ist

$$\underline{U}_3 = \underline{I}_3 \underline{Z}_3 ;$$

$$\underline{I}_5 = \frac{\underline{U}_3}{\underline{Z}_5} = \underline{I}_3 \frac{\underline{Z}_3}{\underline{Z}_5} ;$$

$$\underline{I}_2 = \underline{I}_3 + \frac{\underline{U}_3}{\underline{Z}_5} = \underline{I}_3 \left(1 + \frac{\underline{Z}_3}{\underline{Z}_5}\right) ;$$

$$\underline{U}_2 = \underline{U}_3 + \underline{I}_2 \underline{Z}_2 = \underline{I}_3 \left(\underline{Z}_3 + \underline{Z}_2 + \frac{\underline{Z}_2 \underline{Z}_3}{\underline{Z}_5}\right) ;$$

$$\underline{I}_4 = \frac{\underline{U}_2}{\underline{Z}_4} ; \qquad \underline{I}_1 = \underline{I}_2 + \underline{I}_4 ;$$

$$\underline{U}_1 = \underline{U}_2 + \underline{I}_1 \underline{Z}_1 = \underline{I}_3 \left(\underline{Z}_3 + \underline{Z}_2 + \frac{\underline{Z}_2 \underline{Z}_3}{\underline{Z}_5} + \underline{Z}_1 + \frac{\underline{Z}_1 \underline{Z}_3}{\underline{Z}_5} + \frac{\underline{Z}_1 (\underline{Z}_2 + \underline{Z}_3)}{\underline{Z}_4} + \frac{\underline{Z}_1 \underline{Z}_2 \underline{Z}_3}{\underline{Z}_4 \underline{Z}_5}\right).$$

5. Die *Gegeninduktion* zwischen einzelnen Zweigen kann meist am einfachsten durch Einführung der Ersatzbilder berücksichtigt werden. Als Beispiel werde die *Genauigkeit eines Stromwandlers* untersucht. Der Stromwandler, Abb. 36.11, dient zur Messung starker Ströme und hat daher eine Primärwicklung mit wenigen Windungen, durch die der zu messende Strom fließt, und eine Sekundärwicklung mit vielen Windungen, an die der Strommesser angeschlossen wird. Das Verhältnis von Primärstrom zu Sekundärstrom wäre im Idealfall durch das Verhältnis von Sekundärwindungszahl N_2 zu Primärwindungszahl N_1 gegeben. Wegen der endlichen Wicklungsinduktivität weicht der wirkliche Sekundärstrom I_2 etwas von dem Idealwert ab. Man bezeichnet als *Stromfehler* die Größe

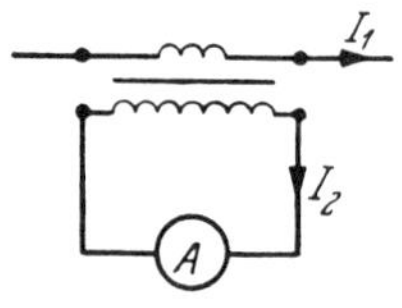

Abb. 36.11. Untersuchung eines Stromwandlers

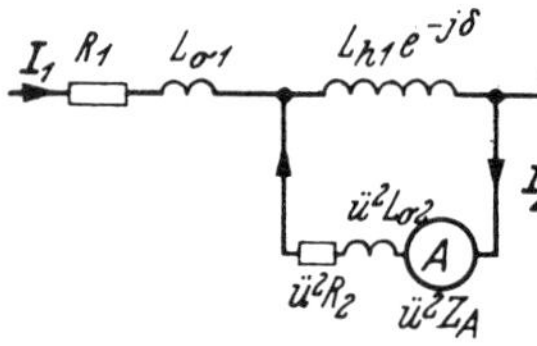

Abb. 36.12. Ersatzbild des Stromwandlers

$$\Delta = \frac{I_2 - I_{2s}}{I_{2s}} = \frac{I_2}{I_{2s}} - 1 , \quad (45)$$

wobei I_{2s} den aus der Übersetzung berechneten Sollwert darstellt. Außerdem ist der Phasenwinkel zwischen den beiden Strömen nicht genau 180° wie im Idealfall, sondern etwas kleiner. Den Unterschied bezeichnet man als den *Fehlwinkel* ε des Wandlers.

Mit Hilfe des Ersatzschemas des Transformators, Abb. 34.4, lassen sich die Fehler aus den Bestimmungsgrößen des Wandlers berechnen. Bezeichnet man den komplexen Widerstand des Amperemeters A mit Z_A, so ergibt sich das in Abb. 36.12 dargestellte Schema, in dem die Eisenverluste durch den Verlustwinkel δ berücksichtigt sind (s. Abschnitt 33).

Setzt man zur Abkürzung

$$R_2 + j\,\omega\, L_{\sigma 2} + Z_A = R_s\, e^{j\varphi} ,$$

so folgt aus der Stromverzweigung sofort

$$\underline{I}_2' = \frac{\underline{I}_2}{ü} = -\,\underline{I}_1 \frac{j\,\omega\, L_{h1}\, e^{-j\delta}}{j\,\omega\, L_{h1}\, e^{-j\delta} + ü^2 R_s e^{j\varphi}} = -\,\underline{I}_1 \frac{1}{1 + \dfrac{ü^2 R_s}{j\,\omega\, L_{h1}} e^{j(\varphi+\delta)}} ,$$

oder

$$\underline{I}_2 = -\,ü\,\underline{I}_1 \frac{1}{1 + \dfrac{R_s}{\omega L_{h2}} [\sin(\varphi+\delta) - j\cos(\varphi+\delta)]} .$$

Da die Fehler nur klein sind, ergeben sich damit die Näherungsformeln

$$\Delta = -\frac{R_s}{\omega L_{h2}} \sin(\varphi + \delta) ; \tag{46}$$

$$\varepsilon = \frac{R_s}{\omega L_{h2}} \cos(\varphi + \delta) . \tag{47}$$

Die Fehler wachsen also proportional mit dem Gesamtwiderstand R_s auf der Sekundärseite. Praktisch sind auch φ und δ klein, so daß angenähert $\varepsilon = \frac{R_s}{\omega L_{h2}}$ und $\Delta = -\varepsilon(\varphi + \delta)$.

6. Bei einem *Reihenschwingkreis*, in dem eine Quellenspannung U_0 wirkt, Abb. 36.13, gilt

$$U_0 = \underline{I}\left(R + j\,\omega L + \frac{1}{j\,\omega C}\right),$$

also

$$\underline{I} = \frac{U_0}{R + j\left(\omega L - \frac{1}{\omega C}\right)} . \tag{48}$$

Der Effektivwert des Stromes wird demnach

$$I = \frac{U_0}{\sqrt{R^2 + \left(\omega L - \frac{1}{\omega C}\right)^2}} . \tag{49}$$

Der Strom eilt gegen U_0 um einen Winkel φ nach, für den gilt

$$\tan\varphi = \frac{\omega L - \frac{1}{\omega C}}{R} . \tag{50}$$

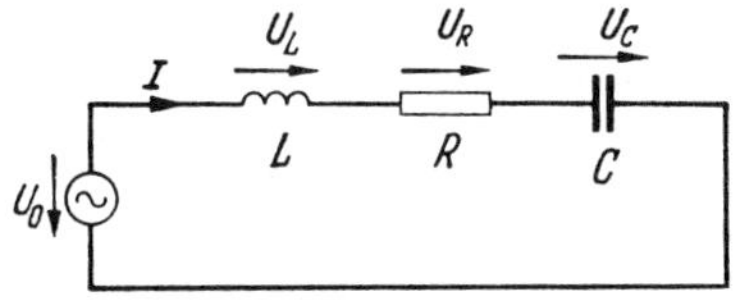

Abb. 36.13. Reihenschwingkreis

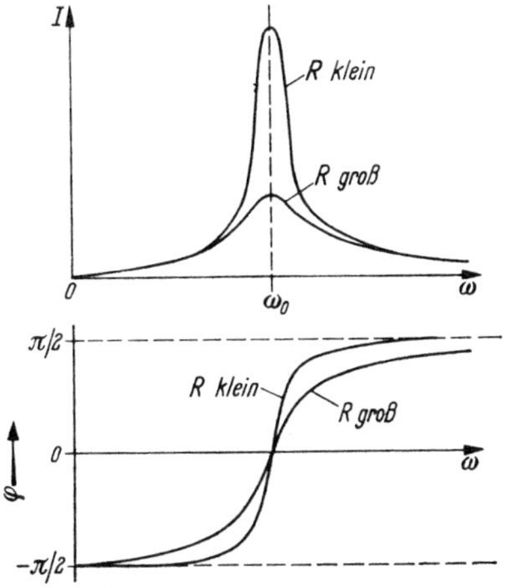

Abb. 36.14. Resonanzkurven des Reihenschwingkreises

Abb. 36.14 zeigt die Abhängigkeit des Stromes I und des Phasenwinkels φ von der Frequenz für 2 Fälle des ohmschen Widerstandes. Bei der Frequenz $\omega_0 = \frac{1}{\sqrt{CL}}$ sind die der Induktivität und der Kapazität entsprechenden Blindwiderstände ωL und $-\frac{1}{\omega C}$ entgegengesetzt gleich, so daß der Gesamtwiderstand nur durch R bestimmt ist; die Stromstärke wird im Maximum

$$I = \frac{U_0}{R} .$$

Die Spannung am Kondensator ist in diesem Fall, den man als *Resonanz* bezeichnet, gleich der Selbstinduktionsspannung der Spule, nämlich

$$U_C = U_L = \frac{I}{\omega_0 C} = I\,\omega_0 L = \frac{U_0}{R}\sqrt{\frac{L}{C}} . \tag{51}$$

Das Verhältnis von Blindleistung P_q zu Wirkleistung P einer Spule oder eines Kondensators bezeichnet man als *Gütezahl* oder *Resonanzschärfe*

$$Q = \frac{P_q}{P} = \frac{I^2 \omega_0 L}{I^2 R} = \frac{\omega_0 L}{R} = \frac{1}{\omega_0 C R} \tag{52}$$

Die Gütezahl gibt 1. an, wievielmal größer im Resonanzfall die Spannung an der Kapazität oder Induktivität ist als die Gesamtspannung und 2. das Verhältnis der *Resonanzfrequenz* ω_0 zur Breite $\Delta\omega$ der „*Resonanzkurve*" der drei Teilspannungen oder des Stromes, wenn die Breite der Resonanzkurve definiert wird für das $\frac{1}{\sqrt{2}}$ fache des Höchstwertes. Die letzte Aussage gilt für U_C und U_L nur angenähert, und zwar um so genauer, je größer die Gütezahl ist. Setzt man nämlich $\omega = \omega_0 \pm \frac{1}{2}\Delta\omega$, so wird bei Vernachlässigung höherer Potenzen von $\Delta\omega$ als der zweiten

$$U_L = \frac{U_0\,\omega_0\,L}{\sqrt{R^2 + (\Delta\omega)^2 L^2}}\,.$$

Setzt man dies gleich $\frac{1}{\sqrt{2}}\frac{U_0\,\omega_0\,L}{R}$, so folgt durch Auflösen $\Delta\omega = \frac{R}{L}$. Daher gelten für die Resonanzfrequenz die Beziehungen:

$$U_L = U_C = Q\,U_0; \quad \Delta\omega = \frac{\omega_0}{Q}\,. \tag{53}$$

Der Kehrwert der Gütezahl,

$$d = \frac{1}{Q} = \frac{\Delta\omega}{\omega_0}\,, \tag{54}$$

wird auch als *Verlustfaktor* bezeichnet.

Das Maximum von U_L liegt etwas oberhalb, das Maximum von U_C etwas unterhalb der Resonanzfrequenz.

Wenn es sich um die Betrachtung der Frequenzabhängigkeit von Wechselstromgrößen in einem weiten Frequenzbereich handelt, dann ist eine logarithmische Teilung der Frequenzachse zweckmäßig. Meist werden die Verhältnisse besonders übersichtlich, wenn auch die abhängige Größe logarithmisch dargestellt wird. Als Beispiel werde die Spannung am Kondensator U_C betrachtet. Sie ist in komplexer Form

$$\underline{U}_C = \frac{1}{j\,\omega\,C}\,\underline{I}\,, \tag{55}$$

und mit Gl. (48)

$$\underline{U}_C = \frac{U_0}{1 - \omega^2 L\,C + j\,\omega\,C\,R}\,. \tag{56}$$

Hieraus folgt für den Effektivwert

$$U_C = \frac{U_0}{\sqrt{(1 - \omega^2 L\,C)^2 + (\omega\,C\,R)^2}}\,. \tag{57}$$

Um eine allgemeine Darstellung zu erhalten, kann man hier die „normierte Frequenz" einführen:

$$\Omega = \frac{\omega}{\omega_0} = \omega\sqrt{L\,C}\,. \tag{58}$$

Dann wird das Verhältnis der Kondensatorspannung zur Gesamtspannung

$$\frac{U_C}{U_0} = \frac{1}{\sqrt{(1 - \Omega^2)^2 + (\Omega\,R\sqrt{C/L})^2}}\,. \tag{59}$$

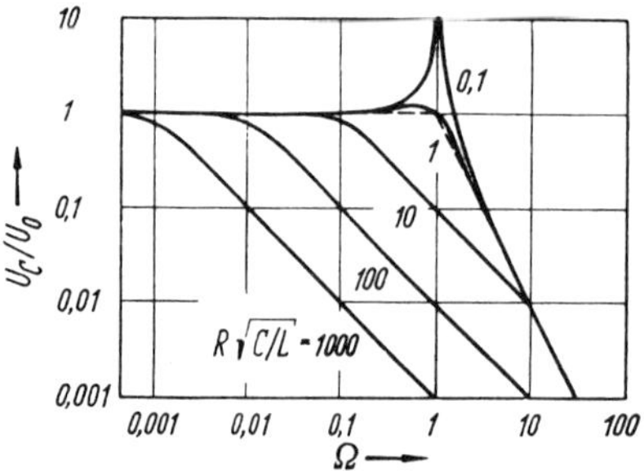

Abb. 36.15. Normierte Frequenzkurven für die Kondensatorspannung

Für sehr niedrige Frequenzen Ω wird dies

$$\frac{U_C}{U_0} \approx 1\,; \tag{60}$$

für sehr hohe Frequenzen Ω ergibt sich

$$\frac{U_C}{U_0} \approx \frac{1}{\Omega^2}\,. \tag{61}$$

In der logarithmischen Darstellung, Abb. 36.15, entspricht dieser Zusammenhang bei gleichen Maßstäben der beiden Achsen einer Geraden mit der Steigung -2; sie ist gestrichelt eingezeichnet. Die wirklichen Kurven schmiegen sich bei hohen und tiefen

Frequenzen dem gestrichelten Linienzug an; sie hängen von dem Parameter $R\sqrt{\frac{C}{L}}$ ab und sind in einem Zwischengebiet angenähert gerade Linien mit der Steigung -1. Bei $\Omega = 1$ wird

$$\frac{U_C}{U_0} = \frac{1}{R}\sqrt{\frac{L}{C}} = \frac{\omega_0 L}{R} = Q\,. \tag{62}$$

Für einige Zahlenwerte ist der Kurvenverlauf eingezeichnet.

Ähnliche Beziehungen gelten für den *Parallelschwingkreis*, wobei die Spannungen und Ströme vertauscht erscheinen. Bezeichnet man den die Parallelschaltung von L, C, R_p durchfließenden Strom mit I, so ist im Resonanzfall ($\omega = \omega_0$) der Strom in der Spule gleich dem Strom im Kondensator

$$I_L = I_C = Q\,I\,, \qquad \text{wobei aber nun} \qquad Q = \frac{U^2/\omega_0 L}{U^2/R_p} = \frac{R_p}{\omega_0 L}. \tag{63}$$

In Abhängigkeit von der Frequenz durchlaufen die Spannung am Schwingkreis sowie die drei Teilströme Resonanzkurven, für deren Breite ebenfalls wieder angenähert gilt

$$\Delta\omega = \frac{\omega_0}{Q}\,.$$

7. In jeder Spule gehen zwischen den einzelnen Windungen und Lagen Verschiebungsströme über; sie lassen sich in erster Näherung durch eine Kapazität zwischen den Wicklungsenden, die *Wicklungskapazität*, berücksichtigen, Abb. 36.16. Die Wicklungskapazität bildet mit der Spule einen Schwingkreis. Für den Scheinwiderstand der Spule folgt unter Berücksichtigung der Wicklungskapazität C

$$Z = \frac{R + j\,\omega\,L}{1 - \omega^2 L\,C + j\,\omega\,R\,C}\,. \tag{64}$$

Trennen in den reellen und imaginären Teil ergibt, daß der Wirkwiderstand der Spule sich auf den Wert (*Ersatzwirkwiderstand*)

$$R_w = \frac{R}{(1 - \omega^2 L\,C)^2 + (\omega\,R\,C)^2} \tag{65}$$

verändert und die Induktivität auf (*Ersatzinduktivität*)

$$L_w = \frac{L\,(1 - \omega^2 L\,C) - R^2\,C}{(1 - \omega^2 L\,C)^2 + (\omega\,R\,C)^2}\,. \tag{66}$$

Wie Abb. 36.17 zeigt, fällt der Ersatzwirkwiderstand R_w entweder mit der Frequenz ab, oder durchläuft eine Art Resonanzkurve, je nachdem ob $\sqrt{\frac{2\,L}{C}}$ kleiner oder größer als R ist. Die Ersatzinduktivität L_w steigt bei kleinen Widerständen mit der Frequenz zunächst an, um so höher, je kleiner R ist, durchläuft ein Maximum und kehrt oberhalb einer bestimmten Frequenz ihr Vorzeichen um; die Spule wirkt dann als Kondensator. Der Anfangswert der In-

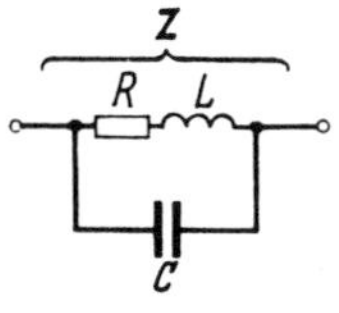

Abb. 36.16 Spule mit Wicklungskapazität

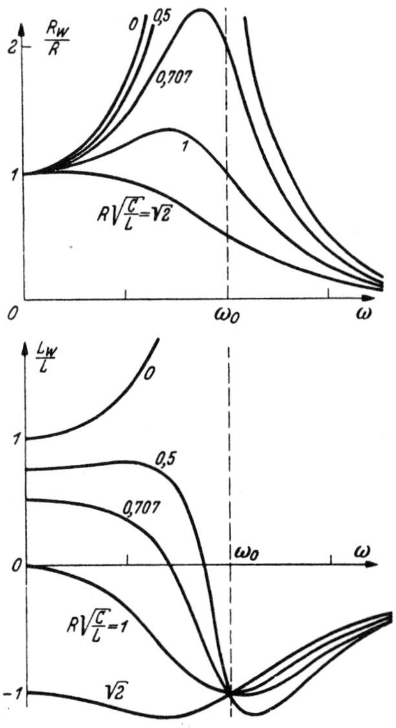

Abb. 36.17. Wirkwiderstand und Induktivität einer Spule bei Berücksichtigung der Wicklungskapazität

duktivität erscheint um den Betrag $R^2 C$ verkleinert. Überschreitet die Kapazität C oder der Widerstand R die durch $\sqrt{L/C} = R$ gegebene Grenze, dann wird schon der Anfangswert der Induktivität negativ, d. h. die Spule verhält sich im ganzen Frequenzbereich kapazitiv.

Durch die Wicklungskapazität können die Eigenschaften einer Spule also sehr stark verändert erscheinen.

Formelzeichen für komplexe Größen

Bei Rechnungen mit komplexen Größen ist es zulässig, die Kennzeichnung des komplexen Charakters der Spannungen und Ströme wegzulassen, indem vorausgesetzt wird, daß alle Spannungen und Ströme komplex sind, wenn nicht ausdrücklich etwas anderes festgelegt wird. Beträge der komplexen Größen müssen dann natürlich gekennzeichnet werden. Wenn also in dieser Schreibweise I einen komplexen Zeiger bedeutet, dann ist der Effektivwert $|I|$. *Diese Vereinfachung der Schreibweise wird im folgenden und in den Abschnitten 37 bis 42 durchweg verwendet.*

Ortskurven

Die Abhängigkeit einer Wechselstromgröße von einer Veränderlichen, z. B. von einem veränderlichen Widerstandswert, einer Stromstärke oder von der Frequenz, kann durch eine *Ortskurve* dargestellt werden; sie gibt den geometrischen Ort der Spitze des betreffenden Zeigers in der komplexen Ebene an.

So ist z. B. der komplexe Widerstand eines Kondensators ohne Verluste

$$Z = \frac{1}{j\,\omega\,C} = -\frac{j}{\omega\,C}\,.$$

Er läßt sich in der komplexen Z-Ebene durch einen Zeiger darstellen, der auf der negativen imaginären Achse liegt, Abb. 36.18, und die Länge $1/\omega\,C$ hat. Beim Ver-

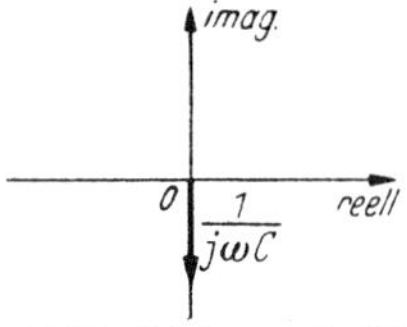

Abb. 36.18. Ortskurve des idealen Kondensators

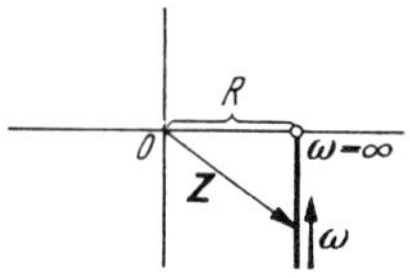

Abb. 36.19. Ortskurve des Kondensators mit Reihenwiderstand

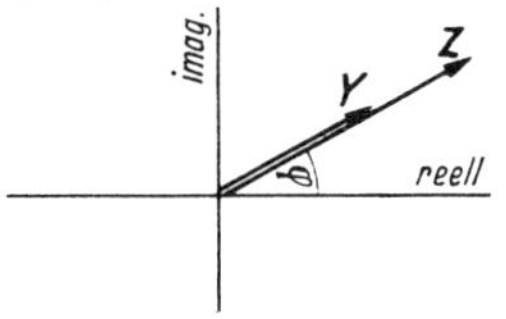

Abb. 36.20. Leitwert und Widerstand in der komplexen Ebene

ändern der Frequenz oder des Kapazitätswertes wandert die Spitze des Zeigers auf dieser Achse, die also die Ortskurve für den Kondensatorwiderstand bildet.

Die Reihenschaltung von Widerstand und Kondensator hat den komplexen Widerstand

$$Z = R + \frac{1}{j\,\omega\,C}\,.$$

Die Ortskurve für variable Frequenz ist eine Parallele zur imaginären Achse, Abb. 36.19, mit dem Abstand R. Auf dieser Linie kann eine Skala der Frequenzen angebracht werden.

Aus dem Widerstand ergibt sich der *Leitwert*

$$Y = \frac{1}{Z}\,. \tag{67}$$

Schreibt man Z in der Form

$$Z = r\,e^{j\,\varphi}, \tag{68}$$

so erkennt man, daß

$$Y = \frac{1}{r}\,e^{-j\,\varphi} = r'\,e^{j\,\varphi'}\,; \tag{69}$$

Sollen Widerstände und Leitwerte in das gleiche Bild eingezeichnet werden, so kann man, um nicht verschiedene Abbildungsmaßstäbe benutzen zu müssen, statt des Leitwertes den zu Z dualen Widerstand $Z_D = R^2/Z$ darstellen. Hierbei ist R eine reelle Konstante (Dualitätsinvariante). Schreibt man Z in der Polarform

$$Z = r\,e^{j\varphi}, \tag{68}$$

dann wird

$$Z_D = \frac{R^2}{r}\,e^{-j\varphi} = r'\,e^{j\varphi'} \tag{69}$$

Länge und Phase des zugehörigen Zeigers ergeben sich also zu

$$r' = \frac{R^2}{r}, \quad \varphi' = -\varphi. \tag{70}$$

Der Übergang zum dualen Widerstand entspricht also einer Vorzeichenumkehr der Phase (Spiegelung an der reellen Achse) und einer Spiegelung an einem Kreis vom Radius R (*Inversion*). Beim Rechnen mit Ortskurven ist nun der Satz wichtig, daß durch Inversion eines Kreises wieder ein Kreis entsteht. Dieser Satz wird auf folgende Weise abgeleitet, Abb. 36.21. Wir kennzeichnen irgendeinen Punkt P auf dem Kreis, z. B. der Ortskurve eines Widerstandes, durch die Koordinaten r und φ. Der Mittelpunkt M des Kreises sei durch r_0 und φ_0 gegeben; ϱ sei der Halbmesser des Kreises. Die Gleichung des Kreises ergibt sich aus der Anwendung des cos-Satzes auf das Dreieck PMO:

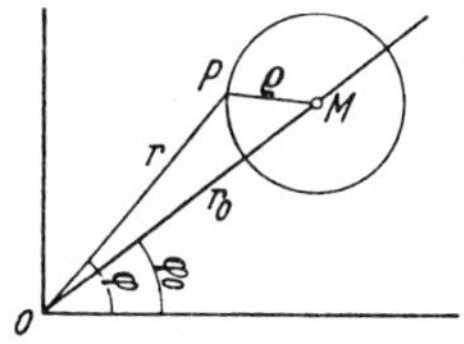

Abb. 36.21. Kreis als Ortskurve

$$r^2 - 2\,r\,r_0 \cos(\varphi - \varphi_0) + r_0^2 - \varrho^2 = 0\,. \tag{71}$$

Man erhält das Spiegelbild des Kreises, wenn r durch R^0/r' ersetzt wird. Damit folgt aus Gl. (71)

$$\frac{R^4}{r'^2} - \frac{2R^2 r_0}{r'} \cos(\varphi - \varphi_0) + r_0{}^2 - \varrho^2 = 0.$$

Durch Multiplizieren mit $\dfrac{r'^2}{r_0^2 - \varrho^2}$ erhält man hieraus

$$r'^2 - 2r'\,\frac{R^2 r_0}{r_0^2 - \varrho^2} \cos(\varphi - \varphi_0) + \frac{R^4}{r_0^2 - \varrho^2} = 0. \tag{72}$$

Der Vergleich mit der ursprünglichen Kreisgleichung (71) zeigt, daß durch Inversion wieder ein Kreis entstanden ist mit dem gleichen Winkel φ_0 für den Mittelpunkt, aber dem Mittelpunktstrahl

$$r_0{}' = \frac{R^2 r_0}{r_0^2 - \varrho^2} \tag{73}$$

und dem Radius

$$\varrho' = \frac{R^2 \varrho}{r_0^2 - \varrho^2}. \tag{74}$$

Man zeichnet das Spiegelbild am einfachsten, wenn man den nächsten und den fernsten Punkt des gegebenen Kreises spiegelt. In Abb. 36.22 sei der Kreis mit dem Mittelpunkt M gegeben, gesucht sein Spiegelbild. Man bestimmt

$$\overline{OA'} = \frac{R^2}{\overline{OB}} \quad \text{und} \quad \overline{OB'} = \frac{R^2}{\overline{OA}},$$

womit der gesuchte Kreis gezeichnet werden kann.

Die gerade Linie ist der Grenzfall eines Kreises; daher ist ihr Spiegelbild ebenfalls ein Kreis; er geht durch den Nullpunkt des Achsenkreuzes.

Beispiel: Als Anwendungsbeispiel werde die Parallelschaltung von Widerstand R mit Kapazität C und Induktivität L betrachtet. Der Leitwert dieses Schwingkreises ist

$$Y = \frac{1}{R} + j\left(\omega C - \frac{1}{\omega L}\right). \tag{75}$$

Bei Änderung der Frequenz ergibt sich als Ortskurve eine Gerade mit dem Abstand $1/R$ von der imaginären Achse, Abb. 36.23. Die Frequenzen können auf dieser Ortskurve angegeben werden. Der Wechselstromwiderstand Z entsteht hieraus durch Inversion; seine Ortskurve ist also ein Kreis, der durch den Nullpunkt geht und dessen Durchmesser R ist. Im Punkt A hat der Wechselstromwiderstand seinen Maximalwert R (Resonanz). Die zugehörige Frequenz ist die Resonanzfrequenz ω_0, für die $\omega C = 1/\omega L$ ist.

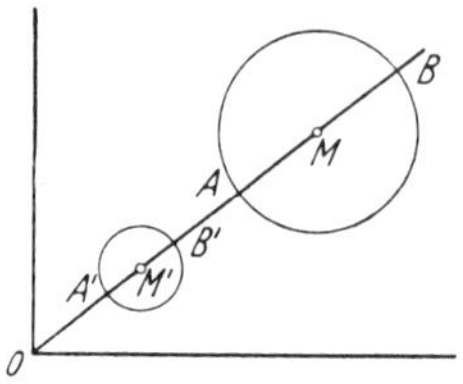

Abb. 36.22. Spiegelung eines Kreises

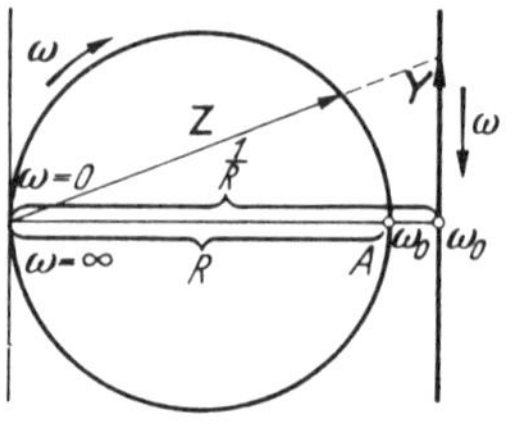

Abb. 36.23. Ortskurve des Widerstandes eines Schwingkreises

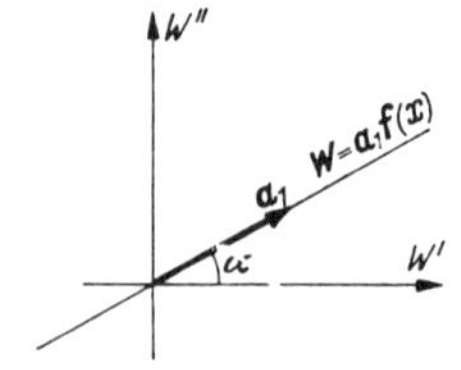

Abb. 36.24. Gleichung einer Geraden durch den Nullpunkt

Die allgemeine Form einer Wechselstromgröße W, deren Ortskurve ein Kreis ist, erkennt man aus der folgenden Betrachtung. Es sei zunächst

$$W = a_1 f(x)\,, \tag{76}$$

worin a_1 eine komplexe Konstante, $f(x)$ eine beliebige reelle Funktion der reellen Veränderlichen x ist. Zerlegt man W und a_1 in die reellen und imaginären Teile,

$$W = W' + j\,W''\,, \qquad a_1 = a_1' + j\,a_1''\,, \tag{77}$$

so folgt

$$W' = a_1' f(x) \quad \text{und} \quad W'' = a_1'' f(x)\,. \tag{78}$$

Hieraus

$$W'' = \frac{a_1''}{a_1'} W'. \tag{79}$$

Dies ist die Gleichung einer durch den Nullpunkt gehenden Geraden mit der Steigung $\tan\alpha = \frac{a_1''}{a_1'}$, Abb. 36.24. Der geometrische Ort von W bei variablem x ist eine gerade Linie, die den Zeiger a_1 enthält. Daraus folgt sofort, daß die Ortskurve von

$$W = a_0 + a_1 f(x) \tag{80}$$

eine um den Zeiger a_0 gegen die Gerade von Abb. 36.24 verschobene gerade Linie ist, Abb. 36.25. Bildet man den Kehrwert, so ergibt sich nach dem oben Ausgeführten als Ortskurve ein Kreis. Die Ortskurve der Funktion

$$W = \frac{1}{a_0 + a_1 f(x)} \tag{81}$$

ist ein Kreis, der durch den Nullpunkt geht und dessen Mittelpunkt M auf dem zu der Ortskurve der Abb. 36.25 senkrecht stehenden Strahl liegt, Abb. 36.26. Addiert man zu allen Punkten des Kreises einen Zeiger c, Abb. 36.27, so ergibt sich die Funktion

$$W = \frac{1}{a_0 + a_1 f(x)} + c\,, \tag{82}$$

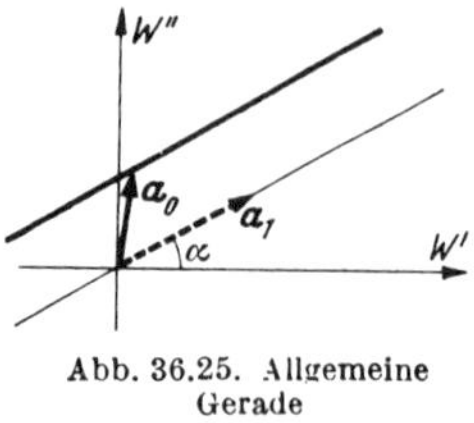

Abb. 36.25. Allgemeine Gerade

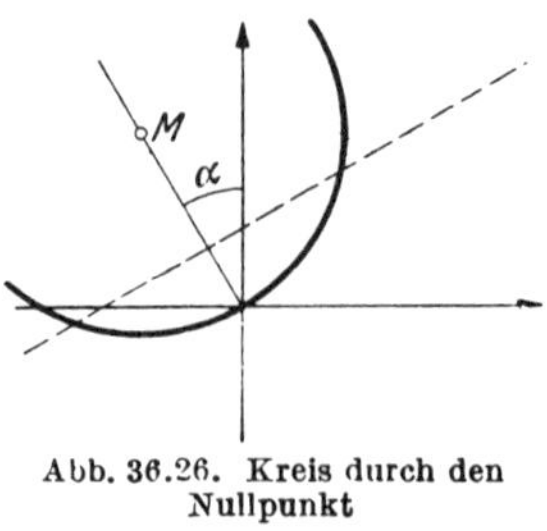

Abb. 36.26. Kreis durch den Nullpunkt

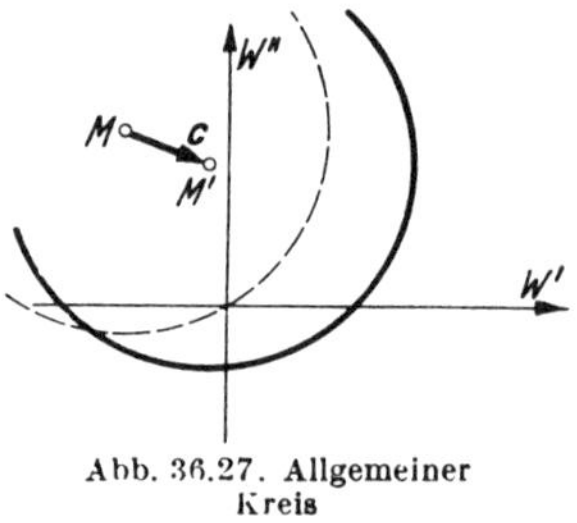

Abb. 36.27. Allgemeiner Kreis

deren Ortskurve also ein allgemeiner Kreis ist. Die Gl. (82) ist die allgemeine Form für eine Wechselstromgröße mit kreisförmiger Ortskurve. Bringt man die rechte Seite auf einen Hauptnenner, so erhält sie mit anderen komplexen Konstanten die Form

$$W = \frac{b_0 + b_1 f(x)}{a_0 + a_1 f(x)}, \tag{83}$$

Ist die Wechselstromgröße W in der Form (83) gegeben, so bringt man sie zunächst auf die Form (82). Dann läßt sich der Kreis in der angegebenen Weise leicht konstruieren.

Schließlich folgt noch der allgemeine Satz, daß auch jede beliebige lineare gebrochene Funktion der Größe W wieder eine Kreisabbildung liefert. Ist

$$T = \frac{c_0 + c_1 W}{d_0 + d_1 W}, \tag{84}$$

mit den beliebigen komplexen Koeffizienten c_0, c_1, d_0, d_1, so überzeugt man sich durch Einsetzen von W aus Gl. (83) leicht, daß T wieder auf die gleiche Form (83) gebracht werden kann. Die Ortskurve T ist also für jede Funktion $f(x)$ ein Kreis.

Beispiele: 1. Die in Abb. 36.28 dargestellten Ortskurven für veränderliche Frequenz können leicht *ohne Rechnung* abgeleitet werden.

Man geht dazu zweckmäßig jeweils von dem am weitesten rechts liegenden Element aus, bestimmt die Ortskurve für den Scheinwiderstand oder den Scheinleitwert dieses Elementes je nachdem ob das nächste Element in Reihe oder parallel dazu liegt. Dann geht man durch Inversion jeweils zu dem reziproken Element über, um die folgenden Summierungen der Widerstände oder Leitwerte durchführen zu können. Es folgen also bei solchen „Kettennetzen" abwechselnd Summierung und Inversion aufeinander.

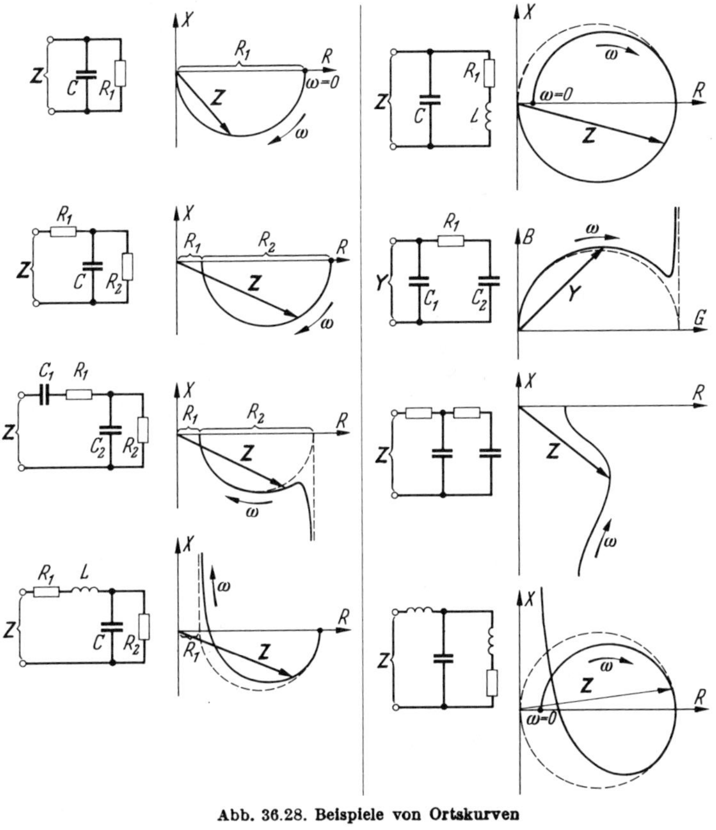

Abb. 36.28. Beispiele von Ortskurven

2. In Abb. 36.29 seien L_1, L_2, L_3 sowie die Eingangsspannung U_0 und die Frequenz ω konstant. Gesucht ist die Stromstärke I bei veränderlichem Widerstand R.

Die Rechnung ergibt

$$I = \frac{U_0 j \omega L_3}{j \omega (L_1 + L_3) R - \omega^2 (L_1 L_2 + L_1 L_3 + L_2 L_3)} . \tag{85}$$

Dies ist in Bezug auf den Widerstand R eine lineare gebrochene Funktion gemäß Gl. (82) oder (83). Die Ortskurve von I für variables R ist daher immer ein Kreis. Legt man U_0 in die reelle Achse, so ergibt sich die Abb. 36.30. Der Kreis wird leicht gefunden, wenn man zunächst die Punkte A und B für $R = 0$ und $R = \infty$ einzeichnet und beachtet, daß I die Form $\dfrac{b}{R + j a}$ hat. Die Ortskurve für $R + j a$ ist bei variablem R eine waagerechte Gerade im Abstand a von der reellen Achse. Der Kehrwert ist daher ein Halbkreis über der Strecke AB.

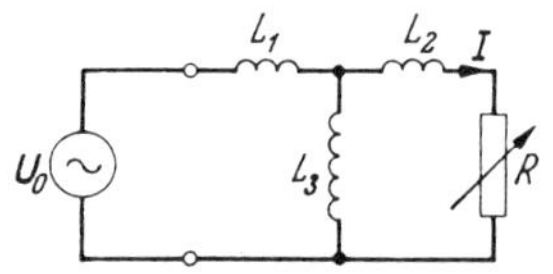

Abb. 36.29. Beispiel für eine kreisförmige Ortskurve

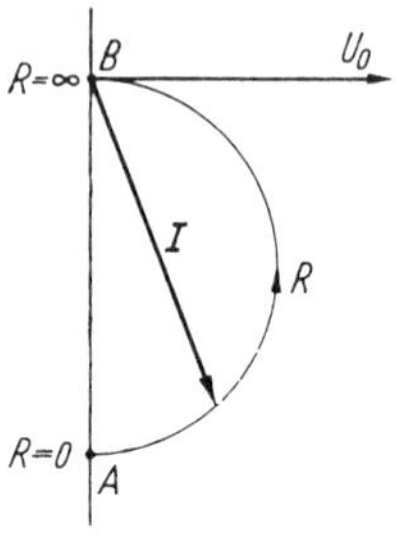

Abb. 36.30. Ortskurve für I bei variablem R in Abb. 36.29

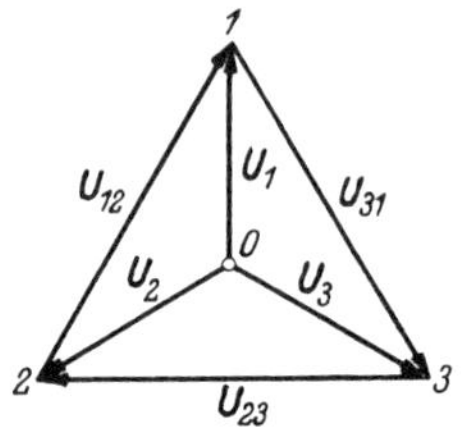

Abb. 36.31. Zeigerdiagramm der Dreiphasenspannungen

3. Der Scheinwiderstand einer Wechselstrominduktionsmaschine ist nach Abb. 35.8

$$Z_1 = \frac{U_1}{I_1} = R_1 + j \omega L_{\sigma 1} + \frac{j \omega L_{h1} \left(j \omega \ddot{u}^2 L_{\sigma 2} + \dfrac{\ddot{u}^2 R_2}{s} \right)}{j \omega \left(L_{h1} + \ddot{u}^2 L_{\sigma 2} \right) + \dfrac{\ddot{u}^2 R_2}{s}} . \tag{86}$$

Die Ortskurve des Scheinwiderstandes bei variablem Schlupf s ist also ein Kreis. Die Ortskurve für den Ständerstrom I_1 bei konstanter Ständerspannung ist die Inverse davon, also ebenfalls ein Kreis. So ergibt sich das *genaue Kreisdiagramm der Wechselstrominduktionsmaschine.*

Dreiphasennetze

Beim *symmetrischen Dreiphasensystem* haben die drei Sternspannungen (Spannung zwischen Außenleiter und Sternpunkt) untereinander gleiche Effektivwerte und Phasenverschiebungen von je $\dfrac{2\pi}{3} = 120°$, Abb. 36.31. Nennt man die drei Sternspannungen U_1, U_2, U_3, die drei Dreiecksspannungen U_{12}, U_{23}, U_{31}, so gilt

$$U_2 = k U_1 , \qquad U_3 = k U_2 = k^2 U_1 , \tag{87}$$

wobei

$$\left. \begin{aligned} k &= e^{j2\pi/3} = \cos 120° + j \sin 120° = -0{,}5 + j0{,}866 , \\ k^2 &= e^{j4\pi/3} = -0{,}5 - j0{,}866 , \\ k^3 &= e^{j2\pi} = 1 \end{aligned} \right\} \tag{88}$$

bedeuten. Ferner ist

$$\left. \begin{aligned} U_{12} &= U_1 - U_2 = U_1 (1 - k) = U_1 (1{,}5 - j\,0{,}866) = \sqrt{3}\, e^{-j30°} U_1 , \\ U_{23} &= U_2 - U_3 = k U_1 - k^2 U_1 = k U_{12} , \\ U_{31} &= U_3 - U_1 = k^2 U_1 - U_1 = k^2 U_{12} . \end{aligned} \right\} \tag{89}$$

Bei beliebiger *unsymmetrischer Belastung* des Netzes erhält man die Ströme durch Anwenden der KIRCHHOFFschen Gesetze.

Mit Hilfe der Dreiecksternumwandlung kann bei *Systemen ohne Sternpunktleiter* jeder Belastungsfall auf das Schema der Abb. 36.32 zurückgeführt werden. Der Sternpunkt des Verbrauchers nimmt hier im allgemeinen Falle eine Spannung U_0 gegenüber dem Sternpunkt des Netzes an. Für die drei Ströme gilt

$$\left.\begin{aligned} I_1 &= \frac{U_1 - U_0}{Z_1}, \\ I_2 &= \frac{U_2 - U_0}{Z_2}, \\ I_3 &= \frac{U_3 - U_0}{Z_3}. \end{aligned}\right\} \tag{90}$$

Da die Summe dieser drei Ströme 0 sein muß, folgt

$$\frac{U_1 - U_0}{Z_1} + \frac{U_2 - U_0}{Z_2} + \frac{U_3 - U_0}{Z_3} = 0,$$

und hieraus ergibt sich

$$U_0 = Z_p \left(\frac{U_1}{Z_1} + \frac{U_2}{Z_2} + \frac{U_3}{Z_3}\right), \tag{91}$$

wobei zur Abkürzung Z_p den Ersatzwiderstand der drei parallel geschalteten Verbraucherwiderstände bezeichnet:

$$\frac{1}{Z_p} = \frac{1}{Z_1} + \frac{1}{Z_2} + \frac{1}{Z_3}. \tag{92}$$

Damit können die drei Außenleiterströme berechnet werden.

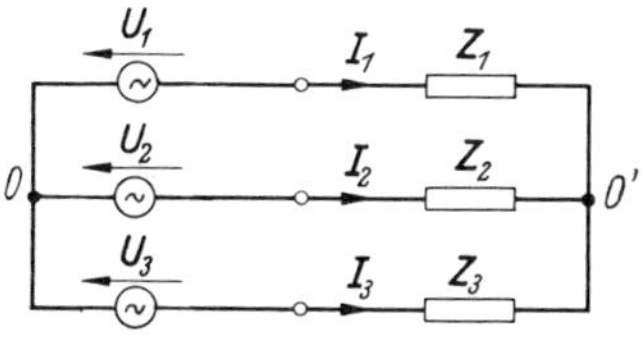

Abb. 36.32. Dreiphasensystem ohne Sternpunktleiter

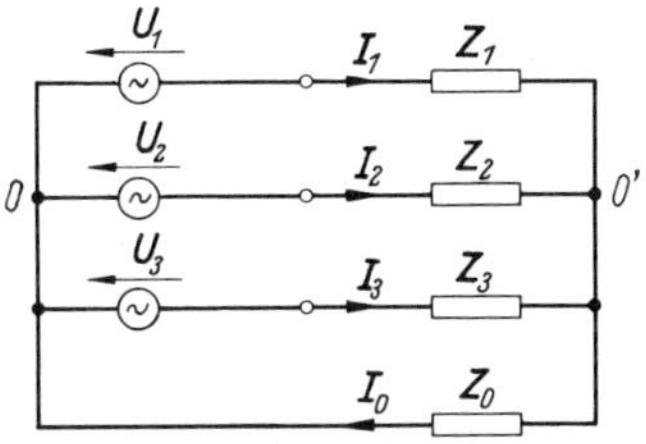

Abb. 36.33. Dreiphasensystem mit Sternpunktleiter

Für *Systeme mit Sternpunktleiter* ist das allgemeine Schema durch Abb. 36.33 gegeben. Hier ist

$$U_0 = I_0 Z_0 \tag{93}$$

und die Summe der drei Leiterströme gleich dem *Sternpunktleiterstrom* I_0, also

$$\frac{U_1 - U_0}{Z_1} + \frac{U_2 - U_0}{Z_2} + \frac{U_3 - U_0}{Z_3} = \frac{U_0}{Z_0}.$$

Daraus ergibt sich

$$U_0 = \frac{Z_0 Z_p}{Z_0 + Z_p}\left(\frac{U_1}{Z_1} + \frac{U_2}{Z_2} + \frac{U_3}{Z_3}\right). \tag{94}$$

Das Zeigerdiagramm ist für den Fall von symmetrischen Dreiphasenspannungen in Abb. 36.34. gezeigt. Die Lage des Sternpunktes *0'* der Verbraucher unterscheidet sich im allgemeinen um die Spannung U_0 von *0*. Die Verbindungsstrecken zwischen

$0'$ und den drei Eckpunkten des Dreiecks geben die Zeiger der Spannungen an den drei Verbrauchersträngen; z. B. ist $\overline{0'1} = U_1 - U_0 = I_1 Z_1$ die Spannung am Verbraucherwiderstand Z_1.

Beispiele: 1. Bei der in Abb. 36.35 dargestellten *Anordnung zur Feststellung der Phasenfolge* bei Dreiphasenspannungen, bestehend aus den beiden Glühlampenwiderständen R und dem Kondensator mit der Kapazität C, ist

$$Z_1 = Z_2 = R\,, \qquad Z_3 = \frac{1}{j\,\omega\,C}\,.$$

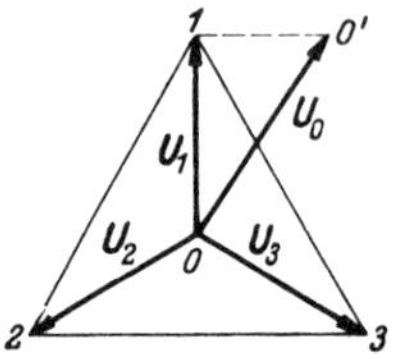

Abb. 36.34. Symmetrisches Dreiphasennetz mit unsymmetrischer Belastung

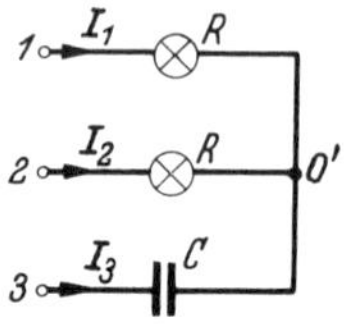

Abb. 36.35. Phasenfolgezeiger

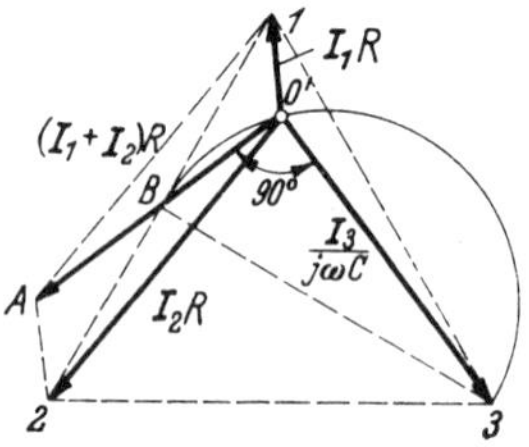

Abb. 36.36. Zeigerdiagramm für Abb. 36.35

Hieraus

$$\frac{1}{Z_p} = \frac{2}{R} + j\,\omega\,C$$

und

$$U_0 = U_1 \frac{1 + k + k^2 j\,\omega\,C\,R}{2 + j\,\omega\,C\,R}\,.$$

Daher wird

$$I_1 = \frac{U_1 - U_0}{R} = \frac{U_1}{R\,(2 + j\,\omega\,C\,R)}\,(1 + j\,\omega\,C\,R - k - k^2 j\,\omega\,C\,R)$$

und

$$I_2 = \frac{k\,U_1 - U_0}{R} = \frac{U_1}{R\,(2 + j\,\omega\,C\,R)}\,(k + k\,j\,\omega\,C\,R - 1 - k^2 j\,\omega\,C\,R)\,.$$

Durch Einsetzen von k und k^2 ergibt sich

$$\left|\frac{I_1}{I_2}\right| = \sqrt{\frac{1 - \sqrt{3}\omega C R + (\omega C R)^2}{1 + \sqrt{3}\omega C R + (\omega C R)^2}}\,.$$

Dieser Quotient ist für alle Werte von $\omega C R > 0$ kleiner als 1. Die heller brennende Lampe zeigt daher die der dunklen Lampe zeitlich folgende Spannung an.

Für die Anordnung der Abb. 36.35 gilt das Zeigerdiagramm Abb. 36.36. Die Summe der beiden Zeiger $0'1$ und $0'2$ ist $\overline{0'A} = (I_1 + I_2)\,R$ und somit ein Maß für die Summe der beiden Ströme, die entgegengesetzt gleich I_3 sein muß. Der Zeiger der Spannung $0'3$ am Kondensator muß daher gegen $\overline{0'A}$ um 90° voreilen. Daraus folgt die in der Abb. 36.36 angedeutete Konstruktion. B halbiert die Strecke $\overline{12}$. Der Punkt $0'$ liegt auf dem Halbkreis über $\overline{B3}$.

2. Wenn in einem Dreiphasennetz ohne Sternpunktleiter *Erdschluß* eines Außenleiters z. B. des Leiters *3*, eintritt, so fließt zwischen diesem Außenleiter und Erde ein Strom, der sich über die Erdkapazität der anderen Leiter schließt. Bezeichnet man die Teil-Erdkapazität eines Leiters mit C, so ist im Erdschlußfall

$$Z_1 = Z_2 = \frac{1}{j\,\omega\,C}\,, \qquad \frac{1}{Z_3} = j\,\omega\,C + \frac{1}{R_3}\,,$$

wenn mit R_3 der als klein angenommene Erdübergangswiderstand bezeichnet wird. Daraus folgt

$$\frac{1}{Z_p} = 3\,j\,\omega\,C + \frac{1}{R_3}$$

und nach Gl. (91)

$$U_0 = \frac{1}{3\,j\,\omega C + \dfrac{1}{R_3}}\left(U_1 j\,\omega\,C + U_2 j\,\omega\,C + \frac{U_3}{R_3} + U_3 j\omega C\right) = \frac{U_3}{1 + 3j\,\omega\,C\,R_3}\,.$$

Der Strom in Z_3 wird also

$$I_3 = \frac{U_3 - U_0}{R_3}(1 + j\,\omega\, C\, R_3) = \frac{U_3}{R_3} + U_3 j\,\omega\, C - \frac{U_3\,(1 + j\,\omega\, C\, R_3)}{(1 + 3j\,\omega\, C\, R_3)\, R_3} = 3\,j\,\omega\, C\, U_3 \frac{1 + j\,\omega\, C\, R_3}{1 + 3j\,\omega\, C\, R_3}.$$

Angenähert folgt hieraus $\qquad I_3 = 3\,j\,\omega\, C\, U_3\,,$

also für den Effektivwert $\qquad |I_3| = 3\,\omega\, C\,|U_3| = 3\,\omega\, C\,|U_1|\,.$

Ist z. B. $|U_1| = 100\,\mathrm{kV}$, $\omega = 314\,\mathrm{s}^{-1}$ und bei 100 km Leitungslänge $C = 0{,}7\,\mu\mathrm{F}$, so wird $|I_3| = 66\,\mathrm{A}$. Ein Lichtbogen zwischen Leiter und Erde kann also einen Strom bis zu dieser Stärke führen.

3. Man senkt die bei Erdschluß einer Leitung entstehende Stromstärke durch die *Erdschlußspule* (W. Petersen 1913). Diese Spule wird zwischen den Sternpunkt der Stromquelle und Erde eingeschaltet. Bei Erdschluß der Leitung *3* ergibt sich dann ein Stromkreis wie in Abb. 36.33 mit

$$Z_1 = Z_2 = \frac{1}{j\,\omega\, C}, \qquad \frac{1}{Z_3} = \frac{1}{R_3} + j\,\omega\, C, \qquad Z_0 = j\,\omega\, L\,,$$

wenn L die Induktivität der Erdschlußspule bezeichnet. Damit folgt

$$\frac{1}{Z_p} = 3\,j\,\omega\, C + \frac{1}{R_3}$$

und nach Gl. (94)

$$U_0 = \frac{1}{\dfrac{1}{j\,\omega\, L} + 3\,j\,\omega\, C + \dfrac{1}{R_3}}\left(U_1 j\,\omega\, C + U_2 j\,\omega\, C + \frac{U_3}{R_3} + U_3 j\,\omega\, C\right) = \frac{U_3}{1 + R_3\left(\dfrac{1}{j\,\omega\, L} + 3\,j\,\omega\, C\right)}.$$

Nach Gl. (90) ergibt sich

$$I_3 = \frac{U_3 - U_0}{Z_3} \approx U_3\left(\frac{1}{j\,\omega\, L} + 3\,j\,\omega\, C\right)$$

und für den Effektivwert angenähert

$$|I_3| = |U_1|\, 3\,\omega\, C\left(1 - \frac{1}{3\,\omega^2 L C}\right).$$

Dieser Ausdruck verschwindet, wenn die Induktivität so gewählt wird, daß $3\,\omega^2 L\, C = 1$. Im Zahlenbeispiel 2. muß also

$$L = \frac{1}{3\omega^2 C} = \frac{1}{3 \cdot 9{,}86 \cdot 10^4 \cdot 0{,}7 \cdot 10^{-6}}\,\mathrm{H} = 4{,}82\,\mathrm{H}$$

gemacht werden. In diesem Fall ist $|U_0| = |U_3|$, und der über die Erdschlußspule fließende Strom $|U_3|/\omega L$ hat die gleiche Stärke wie der gesamte kapazitive Strom des Netzes, aber entgegengesetzte Phase, so daß der Erdschlußstrom kompensiert wird.

Im *unsymmetrischen Dreiphasensystem*, bei dem die drei Sternspannungen U_1, U_2, U_3 beliebige Werte und Phasen sowie einen von Null verschiedenen Summenwert haben können, sind auch die Dreieckspannungen

$$U_{12} = U_1 - U_2, \qquad U_{23} = U_2 - U_3, \qquad U_{31} = U_3 - U_1 \qquad (95)$$

im allgemeinen voneinander verschieden und ungleich gegeneinander phasenverschoben; ihre Summe ist jedoch immer Null. Für die Berechnung der Leiterströme gilt grundsätzlich das gleiche wie im symmetrischen Dreiphasensystem; es gelten also auch hier die Gl. (90), (91) und (94), durch die alle Fälle beliebiger Unsymmetrien und Belastungen erfaßt sind. Ein besonderes Verfahren, das häufig mit Vorteil anwendbar ist, bildet die Zerlegung in *symmetrische Komponenten*. Dieses Verfahren zerlegt ein beliebiges System von drei unsymmetrischen Sternspannungen in eine Summe aus

1. einem System von drei symmetrischen Sternspannungen mit positivem Umlaufsinn („Hauptsystem" oder „Mitsystem"):

$$U_1^{(1)}\,, \qquad U_2^{(1)} = k\, U_1^{(1)}\,, \qquad U_3^{(1)} = k^2\, U_1^{(1)}\,, \qquad (96)$$

2. einem System von drei symmetrischen Sternspannungen mit negativem Umlaufsinn („Nebensystem“ oder „Gegensystem“):

$$U_1^{(2)}, \quad U_2^{(2)} = k^2\, U_1^{(2)}, \quad U_3^{(2)} = k\, U_1^{(2)}, \tag{97}$$

3. einem System von drei gleichphasigen Sternspannungen („Gleichphasensystem“ oder „Nullsystem“)

$$U_1^{(0)} = U_2^{(0)} = U_3^{(0)}.$$

Man setzt also

$$\left.\begin{aligned} U_1 &= U_1^{(1)} + U_1^{(2)} + U_1^{(0)}, \\ U_2 &= U_2^{(1)} + U_2^{(2)} + U_2^{(0)}, \\ U_3 &= U_3^{(1)} + U_3^{(2)} + U_3^{(0)}. \end{aligned}\right\} \tag{98}$$

Durch Auflösen nach den drei Komponenten erhält man

$$\left.\begin{aligned} U_1^{(0)} &= \frac{1}{3}(U_1 + U_2 + U_3), \\ U_1^{(1)} &= \frac{1}{3}(U_1 + k^2\, U_2 + k\, U_3), \\ U_1^{(2)} &= \frac{1}{3}(U_1 + k\, U_2 + k^2\, U_3). \end{aligned}\right\} \tag{99}$$

Mit diesen Gleichungen können die Komponenten leicht berechnet oder graphisch bestimmt werden. Die Berechnung der Leiterströme läßt sich dann für die drei Komponenten einzeln durchführen wie bei den symmetrischen Spannungssystemen. Die wirklichen Ströme ergeben sich durch Summieren der drei Komponenten.

Allgemeine Wechselströme und -spannungen

Allgemeine Wechselströme und -spannungen lassen sich durch FOURIERsche Reihen darstellen. Für eine beliebige periodische Funktion $s(t)$ mit der Periode T gilt

$$\begin{aligned} s(t) = {} & P_1 \sin\omega t + P_2 \sin 2\,\omega t + P_3 \sin 3\,\omega t + \cdots \\ & + Q_0 + Q_1 \cos\omega t + Q_2 \cos 2\,\omega t + Q_3 \cos 3\,\omega t + \cdots. \end{aligned} \tag{100}$$

Dabei ist

$$\omega = 2\pi f = \frac{2\pi}{T} \tag{101}$$

die Kreisfrequenz der Grundschwingung, T die Periodendauer; Q_0 ist der Mittelwert der Funktion $s(t)$:

$$Q_0 = \frac{1}{T}\int_0^T s(t)\,dt, \tag{102}$$

Die Koeffizienten der Sinus- und Kosinusglieder ergeben sich in Übereinstimmung mit Gl. (33.4) und (33.5) aus

$$P_n = \frac{2}{T}\int_0^T s(t)\sin n\,\omega\,t\,dt, \qquad Q_n = \frac{2}{T}\int_0^T s(t)\cos n\,\omega\,t\,dt \tag{103}$$

für $n = 1, 2, 3, \ldots$

Ein allgemeiner Wechselstrom mit dem Augenblickswert i und eine allgemeine Wechselspannung mit dem Augenblickswert u sind dadurch gekennzeichnet, daß die zeitlichen Mittelwerte Null sind, „*Wechselgrößen*“, $Q_0 = 0$. Ist Q_0 von Null verschieden, so spricht man von „*Mischgrößen*“.

Die Effektivwerte der Spannungen und Ströme werden wie bei Sinusverlauf definiert durch denjenigen Gleichstromwert, bei dem in einem ohmschen Widerstand die gleiche Wärmemenge in gleichen Zeiten erzeugt wird wie durch den Wechselstrom. Daher gilt für die Effektivwerte I und U allgemein

$$I^2 = \frac{1}{T}\int_0^T i^2\,dt\,, \quad U^2 = \frac{1}{T}\int_0^T u^2\,dt\,. \tag{104}$$

Stellt man Strom und Spannung in der Form (33.3) dar

$$i = I_1\sqrt{2}\sin(\omega t + \psi_1) + I_2\sqrt{2}\sin(2\,\omega t + \psi_2) + I_3\sqrt{2}\sin(3\,\omega t + \psi_3) + \cdots\,, \tag{105}$$

$$u = U_1\sqrt{2}\sin(\omega t + \varphi_1) + U_2\sqrt{2}\sin(2\,\omega t + \varphi_2) + U_3\sqrt{2}\sin(3\,\omega t + \varphi_3) + \cdots\,, \tag{106}$$

so folgt mit Hilfe der Beziehungen (104) für die Effektivwerte

$$\left.\begin{aligned} I &= \sqrt{I_1^2 + I_2^2 + I_3^2 + \cdots}\,,\\ U &= \sqrt{U_1^2 + U_2^2 + U_3^2 + \cdots}\,. \end{aligned}\right\} \tag{107}$$

Die im Mittel von einem Verbraucher bei der Spannung u und dem Strom i aufgenommene Leistung, die *Wirkleistung*, ist

$$P = \frac{1}{T}\int_0^T u\,i\,dt\,. \tag{108}$$

Durch Ausführen der Integration erhält man

$$P = U_1 I_1 \cos(\varphi_1 - \psi_1) + U_2 I_2 \cos(\varphi_2 - \psi_2) + U_3 I_3 \cos(\varphi_3 - \psi_3) + \cdots. \tag{109}$$

Man definiert ferner die *Scheinleistung* durch

$$P_s = U\,I\,, \tag{110}$$

und die *Blindleistung* in Analogie zu den Verhältnissen bei sinusförmigem Wechselstrom durch

$$P_q = \sqrt{P_s^2 - P^2}\,. \tag{111}$$

Der *Leistungsfaktor* wird ebenfalls allgemein durch das Verhältnis von Wirkleistung zu Scheinleistung definiert.

Um die Abweichung einer wenig verzerrten Kurvenform von der Sinusform zu kennzeichnen, verwendet man den *Klirrfaktor* oder *Oberschwingungsgehalt*, der das Verhältnis des Effektivwertes der Oberschwingungen zum Effektivwert des Gesamtstromes darstellt:

$$k = \frac{\sqrt{I_2^2 + I_3^2 + \cdots}}{I}\,. \tag{112}$$

Der *Grundschwingungsgehalt* ist das Verhältnis des Effektivwertes der Grundschwingung zum Effektivwert des Gesamtstromes

$$g = \frac{I_1}{I}\,; \tag{113}$$

es gilt also

$$k^2 + g^2 = 1\,. \tag{114}$$

Für viele Zwecke der Elektrotechnik wird ein möglichst guter Sinusverlauf der Wechselgrößen angestrebt, z. B. in der Meßtechnik zwecks Schaffung eindeutiger Verhältnisse. In der elektrischen Energietechnik sind Abweichungen von der Sinusform unerwünscht, da sie zusätzliche Verluste verursachen oder

Anlagen der Nachrichtenübertragung stören können. Solche Abweichungen können auch bei Sinusverlauf der Quellenspannungen infolge von nichtlinearen Eigenschaften des Netzes entstehen, z. B. durch die Krümmung der magnetischen Kennlinien oder durch die Wirkung von Gleichrichtern.

Nichtlineare Stromkreiselemente

An einem einfachen Beispiel werde die *Wirkung einer Nichtlinearität* betrachtet. Bei einer Spule mit Eisenkern oder bei einer Diode lasse sich der Zusammenhang zwischen den Augenblickswerten von Strom i und Spannung u in der Umgebung des Nullpunktes durch die ersten Glieder einer Potenzreihe annähern:

$$i = \alpha_1 u + \alpha_2 u^2 + \alpha_3 u^3 . \tag{115}$$

An die Diode werde eine Spannung gelegt, die aus zwei Sinuskomponenten besteht:

$$u = \hat{u}_1 \sin \omega_1 t + \hat{u}_2 \sin \omega_2 t . \tag{116}$$

Durch Einsetzen in Gl. (115) erhält man den dazugehörigen Stromverlauf. Er besteht aus folgenden Anteilen.

Das *lineare Glied* liefert den Beitrag

$$\alpha_1 u_1 \sin \omega_1 t + \alpha_1 \hat{u}_2 \sin \omega_2 t; \tag{117}$$

er entspricht dem Strom in einem ohmschen Widerstand vom Betrag $\frac{1}{\alpha_1}$.

Das *quadratische Glied* liefert den Beitrag

$$\begin{aligned} &+\frac{1}{2}\alpha_2 (\hat{u}_1^2 + \hat{u}_2^2) - \frac{1}{2}\alpha_2 \hat{u}_1^2 \cos 2\,\omega_1 t - \frac{1}{2}\alpha_2 \hat{u}_2^2 \cos 2\,\omega_2 t \\ &+ \alpha_2 \hat{u}_1 \hat{u}_2 \cos(\omega_1 - \omega_2)\, t - \alpha_2 \hat{u}_1 \hat{u}_2 \cos(\omega_1 + \omega_2)\, t . \end{aligned} \tag{118}$$

Das *kubische Glied* liefert den Beitrag

$$\begin{aligned} &\left(\frac{3}{4}\alpha_3 \hat{u}_1^3 + \frac{3}{2}\alpha_3 \hat{u}_1 \hat{u}_2^2\right) \sin \omega_1 t + \left(\frac{3}{4}\alpha_3 \hat{u}_2^3 + \frac{3}{2}\alpha_3 \hat{u}_1^2 \hat{u}_2\right) \sin \omega_2 t \\ &\quad - \frac{3}{4}\alpha_3 \hat{u}_1^2 \hat{u}_2 (\sin(2\,\omega_1 + \omega_2)\, t - \sin(2\,\omega_1 - \omega_2)\, t) \\ &\quad - \frac{3}{4}\alpha_3 \hat{u}_1 \hat{u}_2^2 (\sin(2\,\omega_2 + \omega_1)\, t - \sin(2\,\omega_2 - \omega_1)\, t) \\ &\quad - \frac{1}{4}\alpha_3 \hat{u}_1^3 \sin 3\,\omega_1 t - \frac{1}{4}\alpha_3 \hat{u}_2^3 \sin 3\,\omega_2 t . \end{aligned} \tag{119}$$

Die Wirkung der Nichtlinearität ist also eine mehrfache:

1. Das quadratische Glied verursacht eine Gleichstrom-Komponente.

2. Die Scheitelwerte der Grundschwingungen des Stromes sind nicht proportional den Scheitelwerten der Grundschwingungen der Spannung.

3. Der Scheitelwert jeder Grundschwingung wird durch die andere beeinflußt.

4. Es entstehen „*Oberschwingungen*" mit ganzzahligen Vielfachen der Grundfrequenzen ($2\,\omega_1$, $3\,\omega_1$, $2\,\omega_2$, $3\,\omega_2$).

5. Es entstehen „*Kombinationsschwingungen*" mit den Frequenzen ($\omega_1 + \omega_2$, $\omega_1 - \omega_2$, $2\omega_1 + \omega_2$, $2\omega_2 + \omega_1$, $2\omega_1 - \omega_2$, $2\omega_2 - \omega_1$).

Dies gilt auch, wenn mehr als zwei Teilschwingungen vorhanden sind und andere nichtlineare Beziehungen zwischen Strom und Spannung bestehen. Die Zahl der Kombinationsschwingungen kann außerordentlich groß werden; ihre Frequenzen haben allgemein die Form $p\,\omega_1 \pm q\,\omega_2 \pm r\,\omega_3$ usw., wobei p, q, r ganze Zahlen sind.

Häufig sind die Abweichungen von der Linearität relativ gering, so daß auch die Oberschwingungen relativ schwach gegen die Grundschwingung sind. Dann läßt sich zur Berechnung der Wirkung von Nichtlinearitäten in einem Netz das *Verfahren der Ersatzquellen* anwenden. In dem Netz befinde sich ein Zweig, bei dem der Zusammenhang zwischen Spannung und Strom nur wenig nichtlinear ist. Dann verursacht ein Sinus-Strom mit dem Effektivwert $|I|$ und der Frequenz ω in diesem Zweig eine nichtsinusförmig verlaufende Wechselspannung. Die Grundschwingung mit dem Effektivwert $|U|$ wird im allgemeinen phasenverschoben gegen den Strom sein. Daher kann man für die Grundschwingung schreiben

$$U = I\,Z(\omega)\,, \tag{120}$$

und es ist $Z(\omega)$ der Scheinwiderstand des Zweiges für die Frequenz ω. Eine Oberschwingung mit der Frequenz $\nu\,\omega$ habe den Effektivwert U_ν, der eine Funktion des Stromes I ist, $U_\nu(I)$. Die Wirkung des nichtlinearen Zweiges in dem Netz läßt sich dann durch das Ersatzbild Abb. 36.37 darstellen. Der Scheinwiderstand des Zweiges ergibt sich für jede Frequenz ω aus der Grundschwingung der Spannung bei sinusförmigem Strom. Die Spannungen der Oberschwingungen können als Quellenspannungen aufgefaßt werden, die in dem Zweig wirken. Der nichtlineare Zweipol wird damit auf einen linearen Zweipol mit „gesteuerten" Quellenspannungen zurückgeführt, so daß für die Netzberechnung die Regeln für lineare Netze gelten (s. auch Abschnitt 51). Die Abb. 36.38 zeigt das gleichwertige Stromquellenersatzbild, das sich ergibt, wenn an den Zweipol eine sinusförmige Spannung gelegt wird. Die Oberschwingungen im Strom wirken dann wie Einströmungen $I_\nu(U)$ in den linearen Widerstand $Z(\omega)$, der wieder aus den Grundschwingungen definiert ist.

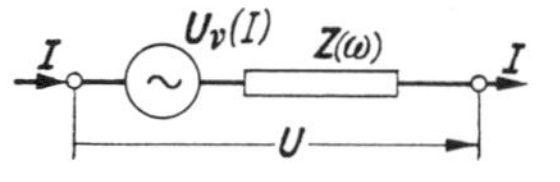

Abb. 36.37. Ersatzspannungsquelle des nichtlinearen Zweiges

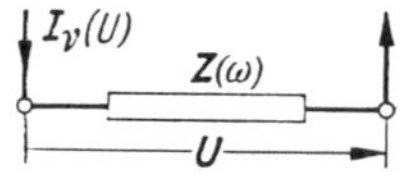

Abb. 36.38. Nichtlinearer Zweig eines Netzes; Ersatzstromquelle

Beispiel. Bei einer Spule mit weichem Eisenkern läßt sich die magnetische Kennlinie für kleine Stromstärken darstellen durch

$$\Phi = L_0\, i + \lambda\, i^3\,, \tag{121}$$

wobei der zweite Summand klein gegen den ersten sei. Ist also

$$i = I_m \sin(\omega t + \varphi)\,, \tag{122}$$

so wird

$$\Phi = I_m L_0 \sin(\omega t + \varphi) + \frac{3}{4} I_m^3 \lambda \sin(\omega t + \varphi) - \frac{1}{4} I_m^3 \lambda \sin 3(\omega t + \varphi)\,. \tag{123}$$

Die Spannung an der Spule wird daher

$$\frac{d\Phi}{dt} = I_m\, \omega\, L_0 \cos(\omega t + \varphi) + \frac{3}{4} I_m^3\, \omega\, \lambda \cos(\omega t + \varphi) - \frac{1}{4} I_m^3\, 3\,\omega\,\lambda \cos(3\,\omega t + 3\,\varphi)\,. \tag{124}$$

Ein Sinusstrom mit der Frequenz ω und dem Scheitelwert I_m erzeugt also neben der Grundschwingungsspannung mit dem Scheitelwert $I_m\,\omega\,L_0$ noch eine zusätzliche Spannung der Grundschwingung mit dem relativ kleinen Scheitelwert $\frac{3}{4} I_m^3\,\omega\,\lambda$ sowie eine Spannung dreifacher Frequenz mit dem gleichen Scheitelwert

$$U_{m3} = \frac{3}{4} I_m^3\,\omega\,\lambda\,. \tag{125}$$

Die Spule liege nun in Reihe mit einem ohmschen Widerstand R an einer Wechselspannung mit dem Scheitelwert U_{m0}. Dann gilt angenähert

$$I_m = \frac{U_{m0}}{\sqrt{R^2 + (\omega L_0)^2}}\,. \tag{126}$$

Es wird

$$U_{m3} = \frac{3}{4}\,\omega\lambda\,\frac{U_{m0}^3}{\sqrt{R^2+(\omega L_0)^2}^3}\,, \tag{127}$$

und es fließt nach dem Ersatzbild der Abb. 36.37 in dem Kreis ein Strom mit der dreifachen Grundfrequenz $3\,\omega$ und dem Scheitelwert

$$I_{m3} = \frac{U_{m3}}{\sqrt{R^2+(3\,\omega L_0)^2}}\,. \tag{128}$$

Die Spannungskomponente mit der Frequenz $3\,\omega$ am Widerstand R wird $I_{m3}\,R$. Die Spannungskomponente mit dieser Frequenz an der Spule wird $I_{m3}\,3\,\omega\,L_0$.

Schwingkennlinien

Bei starker Nichtlinearität der Bauelemente von Stromkreisen ändern sich auch die Verhältnisse zwischen den Spannungen und Strömen der Grundschwingung mit den Amplituden. Der Zusammenhang zwischen einer zeitlich sinusförmig verlaufenden Eingangsgröße mit dem Scheitelwert S_{m1} und der Grundschwingung der Ausgangsgröße S_{m2} wird durch die Schwingkennlinie beschrieben:

$$S_{m2} = f\,(S_{m1})\,.$$

Als Beispiel werde ein Verstärker betrachtet mit der in Abb. 36.39 dargestellten idealisierten Kennlinie für die Augenblickswerte von Eingangsspannung u_1 und Ausgangsspannung u_2. In dem Bereich zwischen $-U_s$ und $+U_s$ ist die Ausgangsspannung proportional der Eingangsspannung

$$u_2 = V\,u_1$$

mit dem Verstärkungsfaktor V.

In diesem Bereich gilt natürlich auch für die Amplituden der Sinusspannungen

$$\hat{u}_2 = V\,\hat{u}_1\,. \quad (\hat{u}_1 < U_s) \tag{129}$$

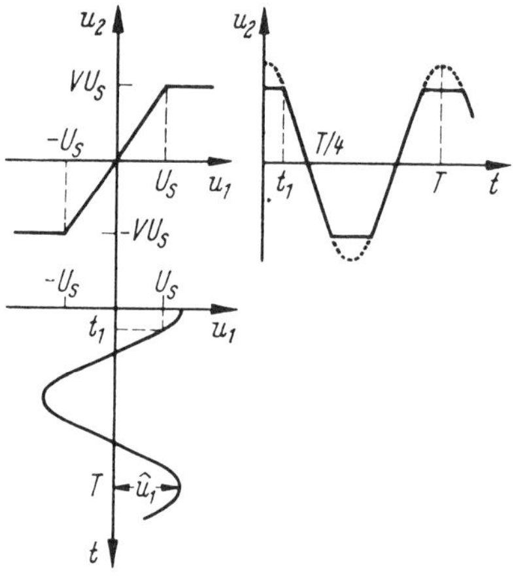

Abb. 36.39. Verstärker mit Begrenzung bei sinusförmiger Aussteuerung

Bei Überschreiten dieses Spannungsbereiches wird die Ausgangsspannung trapezförmig, wie es das rechte Bild zeigt. Zu einer sinusförmigen Eingangsspannung

$$u_1 = \hat{u}_1 \cos \omega\,t \tag{130}$$

ergibt sich nun eine nichtsinusförmige Ausgangsspannung, die wegen der symmetrischen Kennlinie die Form hat

$$u_2 = \hat{u}_2 \cos \omega\,t + \text{ungeradzahlige Oberschwinggn.}$$

Aus Gl. (103) folgt

$$\hat{u}_2 = \frac{2}{T}\int_0^T u_2 \cos \omega\,t\,dt\,. \tag{131}$$

Wegen der Symmetrieverhältnisse genügt es, die Integration über eine Viertelperiode durchzuführen:

$$\hat{u}_2 = 4\,\frac{2}{T}\int_0^{T/4} u_2 \cos \omega\,t\,dt =$$

$$= \frac{8}{T}\int_0^{t_1} V\,U_s \cos \omega\,t\,dt + \frac{8}{T}\int_{t_1}^{T/4} V\hat{u}_1 \cos^2 \omega\,t\,dt\,. \tag{132}$$

Der Zeitpunkt t_1 ist durch die Beziehung

$$\hat{u}_1 \cos \omega\,t_1 = U_s \tag{133}$$

bestimmt. Die Integration ergibt

$$\hat{u}_2 = \frac{4}{\pi} V\, U_s \sin \omega t_1 + V \hat{u}_1 \left[1 - \frac{2}{\pi} \omega t_1 - \frac{2}{\pi} \sin \omega t_1 \cos \omega t_1\right]. \quad (u_1 > U_s) \quad (134)$$

In der folgenden Tabelle ist $\hat{u}_2/V\,U_s$ als normiertes Maß für $\hat{u}_2$ für verschiedene Werte von $\hat{u}_1/U_s$ als normiertes Maß für $\hat{u}_1$ angegeben.

$\hat{u}_1/U_s$ = 1	1,2	1,5	2	3	4	∞
$\hat{u}_2/VU_s$ = 1	1,104	1,171	1,218	1,249	1,260	1,273
H/V = 1	0,920	0,781	0,609	0,416	0,315	0

Die Abb. 36.40 veranschaulicht die Schwingkennlinie. Diese Kennlinie ist z. B. entscheidend für das Verhalten von rückgekoppelten Verstärkern als Schwingungserzeuger, s. Abschnitt 49.

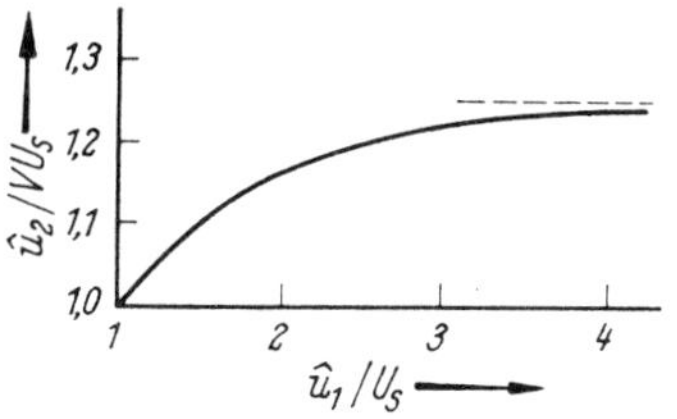

Abb. 36.40. Amplitude der Grundschwingung der Ausgangsspannung bei dem Verstärker Abb. 36.39 in Abhängigkeit von der Eingangsspannung (Schwingkennlinie)

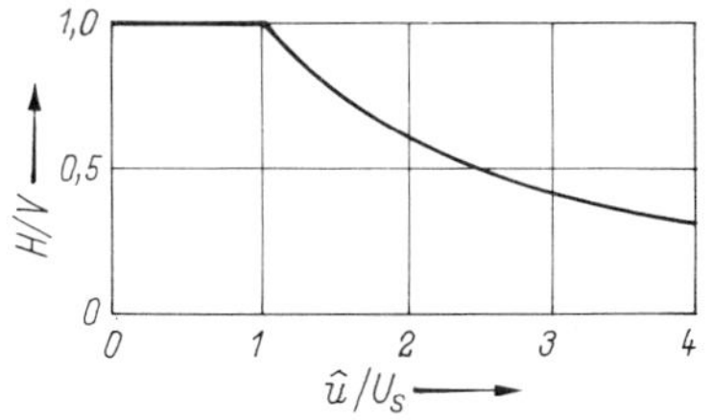

Abb. 36.41. Grundschwingungs-Übertragungsfaktor des Verstärkers Abb. 36.39

Das Verhältnis der Amplitude der Ausgangsspannung $\hat{u}_2$ zur Amplitude $\hat{u}_1$ der Eingangsspannung ist der *Grundschwingungs-Übertragungsfaktor*:

$$H = \frac{\hat{u}_2}{\hat{u}_1},$$

allgemein

$$H = \frac{S_{m2}}{S_{m1}}. \quad (135)$$

Er kann zur angenäherten Beschreibung der nichtlinearen Zusammenhänge dienen und wird in der Regelungstechnik vielfach als „*Beschreibungsfunktion*" bezeichnet. Die Abb. 36.41 veranschaulicht die Amplitudenabhängigkeit des Grundschwingungs-Übertragungsfaktors in dem betrachteten Beispiel der Knickkennlinie Abb. 36.39.

Oberschwingungen in Dreiphasensystemen

Erzeugen die drei gleichartigen Wicklungsstränge eines *Dreiphasengenerators* gleiche nichtsinusförmige Spannungen, z. B. mit einer dritten Harmonischen, so läßt sich die Spannung im ersten Strang in der Form schreiben

$$u_R = \hat{u}_1 \sin \omega t + \hat{u}_3 \sin (3\,\omega t + \varphi_3). \quad (136)$$

Die Spannung im zweiten Strang und dritten Strang ergibt sich daraus, wenn ωt durch $\omega t + \frac{2\pi}{3}$ bzw. $\omega t + \frac{4\pi}{3}$ ersetzt wird:

$$u_S = \hat{u}_1 \sin\left(\omega t + \frac{2\pi}{3}\right) + \hat{u}_3 \sin (3\,\omega t + \varphi_3), \quad (137)$$

$$u_T = \hat{u}_1 \sin\left(\omega t + \frac{4\pi}{3}\right) + \hat{u}_3 \sin (3\,\omega t + \varphi_3). \quad (138)$$

Während also die Grundschwingungen gegeneinander um 120° phasenverschoben sind, liegen die Oberschwingungen in den drei Strängen in Phase. Werden die Stränge in Stern geschaltet, Abb. 36.32, so erscheinen daher in den Dreieckspannungen die Oberschwingungen nicht mehr. Die Dreieckspannungen sind sinusförmig (soweit die Strangspannung nicht eine 5. oder 7. Harmonische enthält).

Schließt man drei gleiche Verbraucherstränge in Sternschaltung an den Generator, Abb. 36.32, so erhalten die Verbraucher sinusförmige Spannungen. Erdet man den Sternpunkt des Generators, so ist allen drei Klemmen des Generators das Potential mit der dreifachen Grundfrequenz überlagert, auch der Sternpunkt des Verbrauchers hat die Spannung $\hat{u}_3 \sin(3\,\omega\,t + \varphi_3)$ gegen Erde. Die Verbraucher-Strangspannungen sind nach wie vor sinusförmig. Erdet man aber auch den Verbrauchersternpunkt oder verbindet man ihn mit dem Sternpunkt des Generators nach Abb. 36.33, so kreist ein Strom mit dreifacher Frequenz durch das Leitungssystem und die Erde oder den Sternpunktleiter. Er verursacht in den Verbrauchersträngen eine Spannung dreifacher Frequenz und macht also auch die Verbraucherspannung nichtsinusförmig.

Schließt man umgekehrt an ein Dreiphasennetz mit Sinusspannungen drei gleiche *Verbraucherstränge mit Eisenkernen*, so hängt wieder die Wirkung der Nichtlinearität des Eisens von der Art der Schaltung ab:

1. Bei *Dreieckschaltung* der Verbraucherstränge wird eine sinusförmige Spannung an den Wicklungssträngen und damit ein sinusförmiger Induktionsfluß erzwungen. Die in Phase liegenden dritten Harmonischen der Magnetisierungsströme kreisen in dem geschlossenen Dreieck der drei Verbraucherstränge.

2. Bei *Sternschaltung mit Sternpunktleiter* ist der Stromweg für die dritten Harmonischen über die drei parallelen Leitungen und den Sternpunktleiter geschlossen. Die Spannungen und damit die Induktionsflüsse verlaufen sinusförmig. Das gleiche gilt bei Erdung der Sternpunkte.

3. Bei *Sternschaltung ohne Sternpunktleiter* findet die dritte Harmonische des Magnetisierungsstromes keine Rückleitung, da sie wieder in allen drei Strängen in Phase liegt. Die Folge der damit erzwungenen Sinusform des Stromes ist, daß die Spannungen an den Verbrauchersträngen nichtsinusförmig werden. Der Sternpunkt nimmt eine Spannung dreifacher Frequenz gegen Erde an, wenn der Sternpunkt des Netzes geerdet ist. Der nichtsinusförmigen Spannung in den Wicklungssträngen entspricht ein nichtsinusförmiger Induktionsfluß im Eisen.

Eine weitere Folge hat die Gleichphasigkeit der dritten Harmonischen bei Transformatoren mit drei Schenkeln, auf denen die drei Wicklungsstränge untergebracht sind, Abb. 36.42. Die dritten Harmonischen der Induktionsflüsse liegen in den drei Schenkeln in Phase, treten daher an dem einen Joch aus und schließen sich über den Luftraum und die Eisenteile des Transformatorgehäuses zum anderen Joch. Dadurch entstehen zusätzliche Wirbelstromverluste. Durch Dreieckschalten mindestens einer Seite des Transformators kann dies beseitigt werden.

Der gleiche Effekt kann zur *Frequenzvervielfachung* verwertet werden. Wird parallel zu den drei in Abb. 36.42 gezeichneten Schenkeln noch ein vierter Schenkel an dem gleichen Joch angebracht, so kann sich der Fluß der dritten Harmonischen schließen. Aus einer Wicklung auf diesem vierten Schenkel kann Wechselstrom mit der Frequenz $3\,f$ entnommen werden. Hierbei und auch in anderen Sonderfällen arbeitet man absichtlich mit nichtlinearen Gebilden, z. B. bei der Gleichrichtung von Wechselströmen (s. Abschnitt 54) oder bei der Amplitudenbegrenzung (S. 20).

Modulierte Sinusschwingungen

Für die Übertragung von Nachrichten werden Sinusspannungen als sogen. *Trägerschwingungen* benutzt und mit den Nachrichtensignalen moduliert. Die Trägerschwingung sei durch eine Spannung in der Form

$$u = \hat{u} \sin(\Omega\, t + \Phi) \qquad (139)$$

dargestellt mit der Kreisfrequenz Ω und dem Nullphasenwinkel Φ der Trägerschwingung. Der zeitliche Verlauf der Nachrichtensignale sei durch eine Funktion $s(t)$ der Zeit gegeben.

Bei *Amplitudenmodulation* werden die Amplituden $\hat{u}$ der Trägerschwingung entsprechend dem zeitlichen Verlauf der Funktion $s(t)$ verändert:

$$\hat{u} = \hat{u}(t) = U_m \left(1 + m\, s(t)\right) . \tag{140}$$

U_m ist die Amplitude der Trägerspannung im unmodulierten Zustand. Die Funktion $s(t)$ sei so gewählt, daß ihr Betrag höchstens 1 wird. m wird dann als *Modulationsgrad* bezeichnet. Die Abb. 36.43 veranschaulicht für ein Beispiel den zeitlichen Verlauf des Nachrichtensignals $s(t)$ und der modulierten Trägerschwingung u. Durch Gleichrichtung dieser Spannung kann das Signal $s(t)$ wiedergewonnen werden.

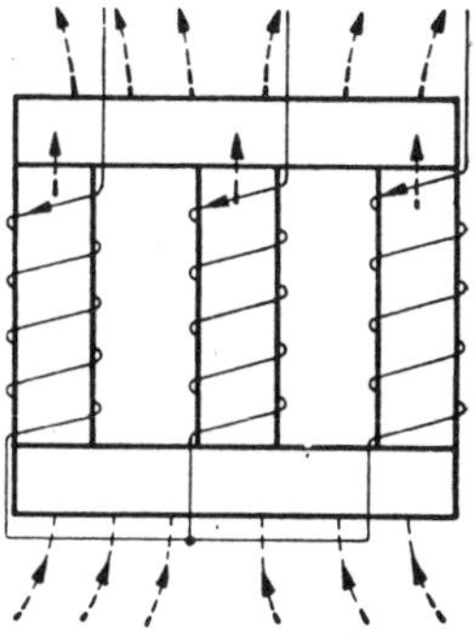

Abb. 36.42. Dreiphasentransformator

Der modulierte Wechselstrom wird gewöhnlich in Einrichtungen, die als linear angesehen werden können, zu dem Empfangsort geleitet. Dann kann man den Vorgang der Übertragung untersuchen, indem man den modulierten Strom in einzelne Sinusschwingungen zerlegt; die Übertragung einer jeden Teilschwingung kann getrennt untersucht werden. Stellt man zunächst die Funktion s nach FOURIER durch eine Reihe von einfachen Sinusschwingungen dar, so gilt für jede Teilschwingung mit der Frequenz ω

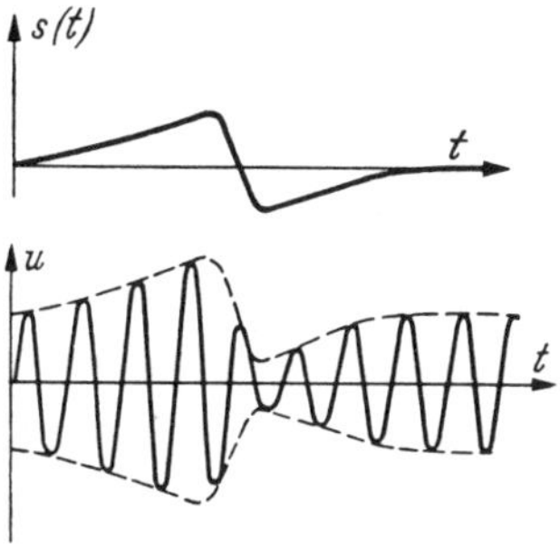

Abb. 36.43. Beispiel einer Amplitudenmodulation

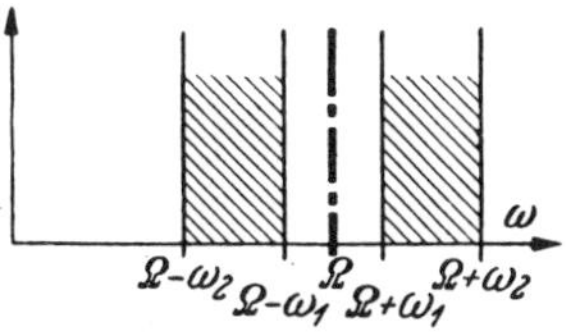

Abb. 36.44. Frequenzbänder bei Amplitudenmodulation

$$u = U_m[1 + m \sin(\omega t + \varphi)] \sin(\Omega t + \Phi) . \tag{141}$$

Durch eine einfache Umformung erhält man

$$u = U_m\left[\sin(\Omega t + \Phi) - \frac{m}{2}\cos\left((\Omega + \omega)\, t + \Phi + \varphi\right) + \frac{m}{2}\cos\left((\Omega - \omega)\, t + \Phi - \varphi\right)\right]. \tag{142}$$

Der modulierte Trägerstrom besteht also aus drei Teilschwingungen mit den Kreisfrequenzen

$$\Omega, \quad \Omega + \omega \quad \text{und} \quad \Omega - \omega .$$

Die Teilschwingungen der Funktion $s(t)$ füllen im allgemeinen ein ganzes Frequenzband aus, z. B. bei der gewöhnlichen Telephonie das Band zwischen 300 und 3400 Hz. Dann ergeben sich im modulierten Strom zwei „*Seitenbänder*", wie durch Abb. 36.44 veranschaulicht.

Bei *Phasenmodulation* wird der Nullphasenwinkel der Trägerschwingung entsprechend dem Nachrichtensignal verändert:

$$\Phi = \Phi(t) = \Delta\Phi\, s(t) . \tag{143}$$

Die Konstante $\varDelta\Phi$ ist der *Phasenhub*, wenn wieder der Betrag der Funktion $s(t)$ höchstens gleich eins werden kann. Der Augenblickswert der Phase der Trägerschwingung ist

$$\psi = \Omega\, t + \Phi(t)\,. \tag{144}$$

Denkt man an die Darstellung der Sinusfunktion durch einen rotierenden Zeiger, so erkennt man, daß die augenblickliche Winkelgeschwindigkeit des Zeigers

$$\frac{d\psi}{dt} = \Omega + \varDelta\Phi \frac{ds}{dt} \tag{145}$$

wird. Dies ist also die *augenblickliche Kreisfrequenz* der phasenmodulierten Trägerschwingung.

Bei *Frequenzmodulation* wird die augenblickliche Frequenz entsprechend dem Nachrichtensignal $s(t)$ verändert:

$$\frac{d\Phi}{dt} = \varDelta\Omega\, s(t)\,. \tag{146}$$

Die Darstellung der modulierten Trägerschwingung durch ein Spektrum von Teilschwingungen wird bei der Phasen- und Frequenzmodulation komplizierter als bei der Amplitudenmodulation, siehe Spezialliteratur über Nachrichtentechnik und Hochfrequenztechnik. Hier sei nur eine überschlägige Betrachtung angeführt.

Bei sinusförmig modulierter Phase mit $\sin(\omega t + \varphi)$ ist

$$u(t) = \hat{u} \sin\big(\Omega t + \varDelta\Phi \sin(\omega t + \varphi)\big)\,. \tag{147}$$

Falls nun der Phasenhub klein gegen Eins ist,

$$\varDelta\Phi \ll 1\,,$$

gilt mit der Näherungsformel für kleine ε

$$\sin(\alpha + \varepsilon) \approx \sin\alpha + \varepsilon\cos\alpha \tag{148}$$

bei größter Aussteuerung die Beziehung

$$\begin{aligned} u &\approx \hat{u}\sin\Omega\, t + u\,\varDelta\Phi \sin(\omega\, t + \varphi)\cos\Omega\, t = \\ &= \hat{u}\,[\sin\Omega\, t + \varDelta\Phi\sin\big((\Omega + \omega)\, t + \varphi\big) - \varDelta\Phi \sin\big((\Omega - \omega)\, t - \varphi\big)\,. \end{aligned} \tag{149}$$

Auch bei beliebig kleiner Variation $\varDelta\Phi$ der Phase und damit der Augenblicksfrequenz treten also grundsätzlich die beiden Seitenfrequenzen wie bei Amplitudenmodulation auf. Durch Fortsetzen der Näherungsformel (148) nach Potenzen von ε kann man leicht feststellen, daß daneben, wenn auch mit immer kleineren Amplituden, auch noch Schwingungen mit Frequenzen $\Omega \pm \nu\,\omega$ entstehen und das Spektrum daher streng genommen unendlich breit wird. Bei *großem Phasenhub* schwankt die augenblickliche Kreisfrequenz zwischen $\Omega + \varDelta\Omega$ und $\Omega - \varDelta\Omega$. Damit wird plausibel, daß die Breite des durch die Teilschwingungen bei Phasen- oder Frequenzmodulation besetzten Frequenzbandes sich zwar streng genommen unendlich ausdehnt, praktisch aber $2\,\varDelta\,\Omega + 2\,\omega$ beträgt.

37. Allgemeine Netztheorie

Die Maschengleichungen

Die Berechnung komplizierter Netze wird durch die Einführung der sog. *Maschenströme* vereinfacht.

In Abb. 37.1 ist ein allgemeines lineares Netz mit beliebigen Anordnungen von Spulen, Kondensatoren und Widerständen dargestellt, das durch eine Stromquelle mit der Wechselspannung U_0 gespeist wird. Unter einem Maschenstrom versteht man einen Strom, der in der betreffenden Masche kreist und alle Zweige dieser Masche durchfließt. Für jede betrachtete Masche des Netzes wird ein solcher Maschenstrom angenommen, und für alle diese Maschen wird die gleiche Umlaufrichtung gewählt. Die wirklichen Ströme ergeben sich durch Überlagern der Maschenströme;

der Strom in dem Zweig 2 ist daher z. B. $I_1 - I_2$. Damit ist der 1. KIRCHHOFFsche Satz, Gl. (3.21), von selbst erfüllt und man braucht nur noch die Gleichungen des 2. KIRCHHOFFschen Satzes, Gl. (3.28), anzuschreiben. Dies sind die Maschengleichungen. In dem Beispiel der 3 Maschen der Abb. 37.1 nehmen sie folgende allgemeine Form an:

$$\left.\begin{aligned} Z_{11}\,I_1 + Z_{12}\,I_2 + Z_{13}\,I_3 &= U_0\,; \\ Z_{21}\,I_1 + Z_{22}\,I_2 + Z_{23}\,I_3 &= 0\,; \\ Z_{31}\,I_1 + Z_{32}\,I_2 + Z_{33}\,I_3 &= 0\,. \end{aligned}\right\} \quad (1)$$

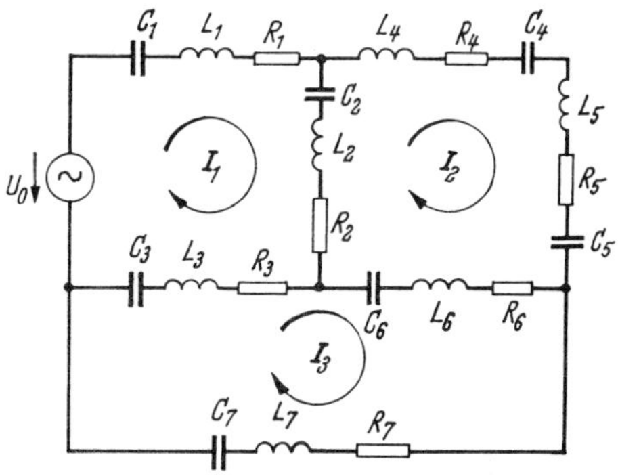

Abb. 37.1. Maschenströme eines allgemeinen Netzes

Z_{11}, Z_{22}, Z_{33} sind die komplexen Gesamtwiderstände der betreffenden Maschen, die *Maschenwiderstände*, z. B.

$$Z_{33} = R_3 + R_6 + R_7 + p\,(L_3 + L_6 + L_7) + \frac{1}{p}\left(\frac{1}{C_3} + \frac{1}{C_6} + \frac{1}{C_7}\right) = R_{33} + p\,L_{33} + \frac{1}{p\,C_{33}}\,.$$

Dabei ist zur Abkürzung $p = j\,\omega$ gesetzt.

Z_{12}, Z_{13} usw. sind die komplexen Widerstände der Zweige, die den beiden durch die Indizes gekennzeichneten Maschen gemeinsam sind, die *Kopplungswiderstände*, negativ bei entgegengesetzten Pfeilrichtungen, z. B. ist

$$Z_{23} = -\left(R_6 + p\,L_6 + \frac{1}{p\,C_6}\right) = Z_{32}\,. \tag{2}$$

Daher gilt allgemein:

$$Z_{ik} = Z_{ki}\,. \tag{3}$$

Es läßt sich zeigen, daß die Zahl n der unabhängigen Maschen und daher die notwendige Zahl von Gleichungen um 1 größer ist als die Differenz zwischen der Zahl der Zweige Z und der Zahl der Knoten K

$$n = 1 + Z - K\,. \tag{4}$$

In Abb. 37.1 ist z. B. $Z = 6$, $K = 4$, daher $n = 3$.

Man braucht also hier nur drei Gleichungen. Zur Vermeidung überflüssiger Gleichungen schreibe man nur solche Maschengleichungen an, bei denen mindestens ein Zweig noch nicht in einer der bereits angeschriebenen Maschengleichungen vorkommt.

Aus den Maschengleichungen lassen sich sofort die unbekannten Stromstärken anschreiben, wenn man die Bezeichnungen der *Determinantenrechnung* benützt.

Mit den Determinanten werden in übersichtlicher Weise die Rechenvorschriften zusammengefaßt, die zur Auflösung von linearen Gleichungssystemen dienen. Eine Determinante vom n-ten Grad enthält n Größen in jeder Zeile und in jeder Spalte. Determinanten werden also immer durch quadratische Anordnungen von Größen dargestellt. Die wichtigste Rechenregel ist die folgende.

Eine Determinante vom n-ten Grad, z. B. die Determinante vom 4. Grad

$$D = \begin{vmatrix} a_{11} & a_{12} & a_{13} & a_{14} \\ a_{21} & a_{22} & a_{23} & a_{24} \\ a_{31} & a_{32} & a_{33} & a_{34} \\ a_{41} & a_{42} & a_{43} & a_{44} \end{vmatrix} \tag{5}$$

kann durch eine Summe aus n Summanden dargestellt werden. Dabei ist jeder Summand das Produkt aus drei Faktoren, nämlich aus

1. je einem Element a_{ik} aus der i-ten Zeile oder aus der k-ten Spalte,

2. der dazugehörigen Unterdeterminante; diese entsteht, wenn die i-te Zeile und die k-te Spalte weggelassen werden,

3. dem Faktor $(-1)^{i+k}$.

Also gilt z. B. für $n = 4$ und bei Wahl von $i = 2$:

$$D = -a_{21}\begin{vmatrix} a_{12} & a_{13} & a_{14} \\ a_{32} & a_{33} & a_{34} \\ a_{42} & a_{43} & a_{44} \end{vmatrix} + a_{22}\begin{vmatrix} a_{11} & a_{13} & a_{14} \\ a_{31} & a_{33} & a_{34} \\ a_{41} & a_{43} & a_{44} \end{vmatrix} - a_{23}\begin{vmatrix} a_{11} & a_{12} & a_{14} \\ a_{31} & a_{32} & a_{34} \\ a_{41} & a_{42} & a_{44} \end{vmatrix} + a_{24}\begin{vmatrix} a_{11} & a_{12} & a_{13} \\ a_{31} & a_{32} & a_{33} \\ a_{41} & a_{42} & a_{43} \end{vmatrix}. \tag{6}$$

Zur Berechnung einer Determinante setzt man dieses Verfahren fort. Es entstehen insgesamt $n!$ Summanden, von denen jeder aus n Faktoren besteht. Die Determinante zweiten Grades ist

$$D = \begin{vmatrix} a_{11} & a_{12} \\ a_{21} & a_{22} \end{vmatrix} = a_{11}\,a_{22} - a_{12}\,a_{21}. \tag{7}$$

Für die Auflösung der Gl. (1) gilt nun

$$I_1 = U_0\frac{D_{11}}{D}; \qquad I_2 = U_0\frac{D_{12}}{D}; \qquad I_3 = U_0\frac{D_{13}}{D}. \tag{8}$$

Dabei ist D die Determinante des Systems der Koeffizienten:

$$D = \begin{vmatrix} Z_{11} & Z_{12} & Z_{13} \\ Z_{21} & Z_{22} & Z_{23} \\ Z_{31} & Z_{32} & Z_{33} \end{vmatrix}. \tag{9}$$

D_{11}, D_{12}, D_{13} sind die zu Z_{11}, Z_{12} und Z_{13} gehörigen Unterdeterminanten:

$$D_{11} = \begin{vmatrix} Z_{22} & Z_{23} \\ Z_{32} & Z_{33} \end{vmatrix}; \qquad D_{12} = -\begin{vmatrix} Z_{21} & Z_{23} \\ Z_{31} & Z_{33} \end{vmatrix}; \qquad D_{13} = \begin{vmatrix} Z_{21} & Z_{22} \\ Z_{31} & Z_{32} \end{vmatrix}. \tag{10}$$

Sind mehrere Quellenspannungen wirksam, so addieren sich die Einzelströme, sodaß man das Ergebnis ebenfalls sofort anschreiben kann.

Die Determinante D ist wegen der Beziehung (3) symmetrisch zu der Z_{11} mit Z_{33} verbindenden Diagonale (Hauptdiagonale). Dies gilt auch dann, wenn magnetische Kopplungen M_{ik} zwischen den Zweigen vorhanden sind, da gemäß Gl. (28.67) $M_{ik} = M_{ki}$.

Beispiel: Die Maschengleichungen für den Kettenleiter, Abb. 36.10, stimmen mit den Gl. (1) überein, wenn die 3 Maschenströme mit I_1, I_2 und I_3 bezeichnet werden. Für die Maschen- und Kopplungswiderstände ergibt sich:

$$Z_{11} = Z_1 + Z_4; \qquad Z_{22} = Z_4 + Z_2 + Z_5; \qquad Z_{33} = Z_3 + Z_5.$$
$$Z_{12} = Z_{21} = -Z_4; \qquad Z_{23} = Z_{32} = -Z_5; \qquad Z_{13} = Z_{31} = 0.$$

Daher wird

$$D = \begin{vmatrix} Z_1 + Z_4 & -Z_4 & 0 \\ -Z_4 & Z_2 + Z_4 + Z_5 & -Z_5 \\ 0 & -Z_5 & Z_3 + Z_5 \end{vmatrix} =$$

$$\begin{aligned} &= (Z_1 + Z_4)(Z_2 + Z_4 + Z_5)(Z_3 + Z_5) - Z_4^2(Z_3 + Z_5) - Z_5^2(Z_1 + Z_4) \\ &= Z_1 Z_4 Z_5 + Z_1 Z_2 Z_5 + Z_2 Z_4 Z_5 + Z_1 Z_3 Z_4 + Z_1 Z_2 Z_3 \\ &\quad + Z_1 Z_3 Z_5 + Z_2 Z_3 Z_4 + Z_3 Z_4 Z_5; \end{aligned}$$

ferner

$$D_{11} = \begin{vmatrix} Z_2 + Z_4 + Z_5 & -Z_5 \\ -Z_5 & Z_3 + Z_5 \end{vmatrix} = (Z_2 + Z_4)(Z_3 + Z_5) + Z_3 Z_5,$$

$$D_{12} = -\begin{vmatrix} -Z_4 & -Z_5 \\ 0 & Z_3 + Z_5 \end{vmatrix} = Z_4 (Z_3 + Z_5),$$

und

$$D_{13} = \begin{vmatrix} -Z_4 & Z_2 + Z_4 + Z_5 \\ 0 & -Z_5 \end{vmatrix} = Z_4 Z_5.$$

Damit sind alle 3 Ströme bekannt.

Die Knotengleichungen

Auch die Knotengleichungen fassen die beiden KIRCHHOFFschen Gesetze zusammen und vereinfachen so die Berechnung komplizierter Netze. Sie entstehen, wenn statt der Ströme die komplexen *Potentiale der Knotenpunkte* gegen einen willkürlichen Bezugspunkt eingeführt werden. In Abb. 37.2 ist dies an einem einfachen Beispiel gezeigt. Die Zweige des Netzes werden hier zweckmäßig durch die *Leitwerte* Y_1, Y_2 usw. gekennzeichnet. Als willkürlicher Bezugspunkt für die Knotenspannungen ist der Knoten *4* des Netzes gewählt. U_1, U_2 und U_3 sind also die komplexen Wechselpotentiale der übrigen Knoten, $U_4 = 0$. Infolge dieser Festlegung ist der zweite KIRCHHOFFsche Satz, Gl. (3.28), berücksichtigt. Man braucht nur noch die Gleichungen des ersten KIRCHHOFFschen Satzes, Gl. (3.21), für jeden Knotenpunkt anzuschreiben. Dies ergibt die Knotengleichungen.

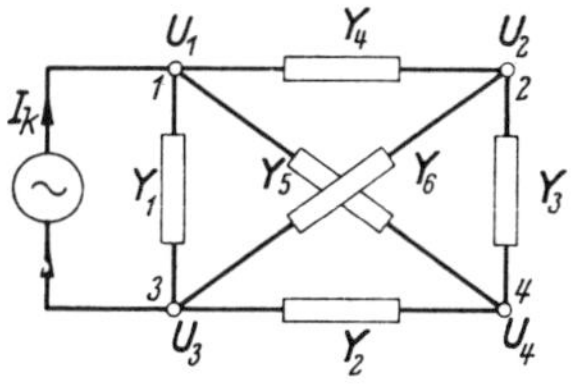

Abb. 37.2. Allgemeines Netz mit Knotenpotentialen U_1, U_2, U_3, U_4

In dem Beispiel der 3 Knotenspannungen in Abb. 37.2 nehmen sie folgende allgemeine Form an; dabei ist die Stromquelle als Beispiel durch eine Einströmung I_k eingeführt.

$$\left.\begin{aligned} Y_{11}U_1 + Y_{12}U_2 + Y_{13}U_3 &= I_k;\\ Y_{21}U_1 + Y_{22}U_2 + Y_{23}U_3 &= 0;\\ Y_{31}U_1 + Y_{32}U_2 + Y_{33}U_3 &= -I_k. \end{aligned}\right\} \tag{11}$$

Dabei sind Y_{11}, Y_{22}, Y_{33} jeweils die komplexen *Gesamtleitwerte* zwischen den betreffenden Knoten *1, 2, 3* und den zusammengefaßten übrigen Knoten des Netzes.

Die Kopplungsleitwerte $Y_{12} = Y_{21} = -Y_4$, $Y_{23} = Y_{32} = -Y_6$, $Y_{13} = Y_{31} = -Y_1$

werden gebildet von den negativen komplexen Leitwerten der die betreffenden Knoten verbindenden Elemente.

Aus den Knotengleichungen erhält man durch Auflösen die Knotenpotentiale und aus diesen mit dem OHMschen Gesetz die Ströme in den einzelnen Zweigen. Die Zahl der erforderlichen Gleichungen ist um 1 geringer als die Zahl der Knoten.

Zahlenbeispiel: In der Anordnung Abb. 37.3 ist die Leerlaufspannung U_0 des Generators gegeben; gesucht ist die Spannung U_2 am Abschlußwiderstand R. Wir nehmen den Knotenpunkt *4* als Bezugspunkt. Dann ist das Potential des Knotens *2* gleichzeitig die gesuchte Spannung U_2. Die Anordnung hat 3 Knoten; also brauchen wir 2 Gleichungen. Führen wir das Stromersatzbild des Generators ein mit der Einströmung $I_k = U_0/R$, so lauten die Knotengleichungen

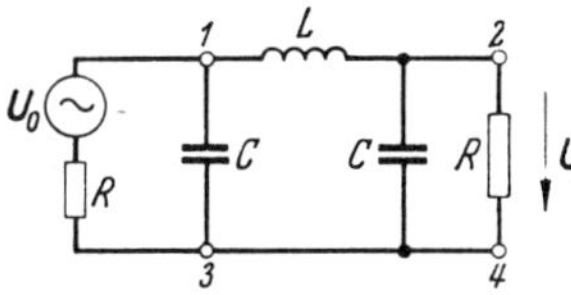

Abb. 37.3. Tiefpass

$$\left(\frac{1}{R} + j\omega C + \frac{1}{j\omega L}\right)U_1 - \frac{1}{j\omega L}U_2 = \frac{U_0}{R};$$

$$-\frac{1}{j\omega L}U_1 + \left(\frac{1}{R} + j\omega C + \frac{1}{j\omega L}\right)U_2 = 0.$$

Die Systemdeterminante wird

$$D = \begin{vmatrix} \frac{1}{R} + j\omega C + \frac{1}{j\omega L} & -\frac{1}{j\omega L} \\ -\frac{1}{j\omega L} & \frac{1}{R} + j\omega C + \frac{1}{j\omega L} \end{vmatrix} = \left(\frac{1}{R} + j\omega C\right)\left(\frac{1}{R} + j\omega C + \frac{2}{j\omega L}\right).$$

Ferner wird

$$D_{12} = \frac{1}{j\,\omega\,L}\,.$$

Daher ergibt sich

$$U_2 = \frac{U_0}{R}\,\frac{D_{12}}{D} = U_0\,\frac{1}{(1 + j\,\omega\,C\,R)\left(2 - \omega^2 C\,L + \frac{j\,\omega\,L}{R}\right)}\,. \tag{12}$$

Die Abb. 37.4 zeigt einige Kurven für die daraus berechnete Abhängigkeit der Ausgangsspannung U_2 von der Frequenz bei konstantem U_0. Als Maß für die Frequenz wird die *normierte Frequenz*

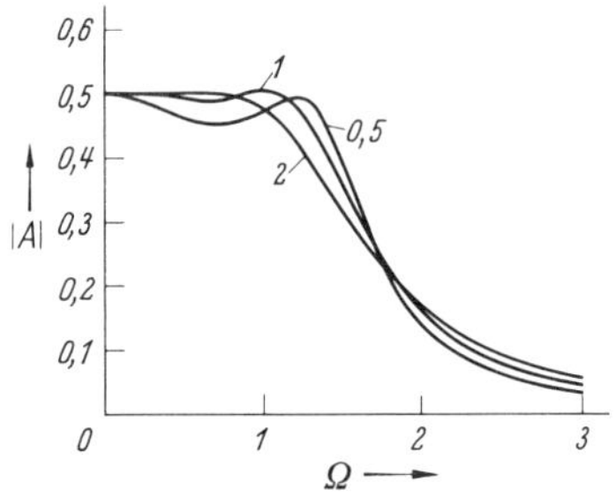

Abb. 37.4. Betrag des Übertragungsfaktors des Tiefpasses für $\vartheta = 0{,}5,\ 1,\ 2$

$$\omega\,\sqrt{L\,C} = \Omega \tag{13}$$

benützt. Als Parameter erscheint dann nur noch

$$\vartheta = \frac{L}{C\,R^2}\,. \tag{14}$$

Es wird

$$\frac{|U_2|}{|U_0|} = |A| = \frac{1}{\sqrt{1 + \frac{1}{\vartheta}\,\Omega^2}}\;\frac{1}{\sqrt{(2 - \Omega^2)^2 + \vartheta\,\Omega^2}}\,. \tag{15}$$

Die Anordnung stellt eine einfache Form eines „*Tiefpasses*" dar, der nur für Frequenzen unterhalb einer bestimmten Grenze gleichmäßig übertragungsfähig ist und bei Frequenzen oberhalb einer bestimmten Grenze in zunehmendem Maße sperrt; s. Abschnitt 42.

Allgemeine Eigenschaften der Netzfunktionen

Die durch Gl. (36.17) eingeführte Größe A kann als eine Funktion von ω aufgefaßt werden. Sie läßt sich durch die Maschengleichungen oder die Knotengleichungen berechnen.

In dem Beispiel des Netzes Abb. 37.1 ist z. B. der Strom im Widerstand R_7

$$I_3 = U_0\,\frac{D_{13}}{D}\,. \tag{16}$$

Hier ist also A ein Übertragungsleitwert,

$$A = \frac{D_{13}}{D}\,. \tag{17}$$

Nun sind allgemein die Determinanten durch Ausdrücke von der Form

$$R + j\,\omega\,L + \frac{1}{j\,\omega\,C}$$

gebildet, so daß die Frequenz auch in A *nur* als Produkt $j\,\omega$ auftritt. Setzt man daher zur Abkürzung wieder $p = j\,\omega$, so handelt es sich um Ausdrücke von der Form

$$R + L\,p + \frac{1}{C\,p} = \frac{1 + R\,C\,p + L\,C\,p^2}{C\,p}\,.$$

Sowohl die im Zähler von A stehende Determinante als auch die im Nenner stehende Determinante ist aus Summen von Produkten solcher Ausdrücke aufgebaut. Dies gilt nicht nur in dem betrachteten Fall eines Übertragungsleitwertes, sondern auch bei beliebigen Widerständen, Leitwerten und Übertragungsfaktoren. Daher kommt es, daß sich A als Funktion von p immer durch einen Quotienten der Form

$$\boxed{A(p) = A_0\,\frac{p^m + a_1\,p^{m-1} + a_2\,p^{m-2} + \cdots + a_m}{p^n + b_1\,p^{n-1} + b_2\,p^{n-2} + \cdots + b_n}} \quad \text{(I)} \tag{18}$$

darstellen läßt. Im Zähler und Nenner stehen Polynome von p. Dabei setzen sich die Größen A_0, a_1, a_2 usw., b_1, b_2 usw. aus den Induktivitäts-, Kapazitäts- und Widerstandswerten zusammen. Es sind also *reelle* Größen. Die Funktion $A(p)$ nennen wir allgemein eine *Netzfunktion*. Netzfunktionen lassen sich also immer durch einen Quotienten aus Polynomen von p darstellen. Der Grad m bzw. n der Polynome hängt von dem Aufbau des Netzes im einzelnen ab. Es kann auch n oder m gleich Null sein. Ein Beispiel mit $n = 0$ bildet der Scheinwiderstand $R + Lp$ einer Spule. Ein Beispiel mit $m = 0$ ist die Filterschaltung Abb. 37.3. Hier war der Übertragungsfaktor zwischen Spannung am Ausgang und Spannung im Eingangskreis, Gl. (12):

$$A(p) = \frac{1}{(1 + p\,C\,R)\left(2 + p\,\frac{L}{R} + p^2\,C\,L\right)}$$

$$= \frac{1}{L\,C^2\,R\left(p^3 + \frac{2}{R\,C}\,p^2 + \left(\frac{2}{L\,C} + \frac{1}{(R\,C)^2}\right)p + \frac{2}{L\,C^2\,R}\right)}\,. \tag{19}$$

Hier ist also $m = 0$, $n = 3$, ferner

$$A_0 = \frac{1}{L\,C^2\,R}\,; \tag{20}$$

$$b_1 = \frac{2}{R\,C}\,; \qquad b_2 = \frac{2}{L\,C} + \frac{1}{(R\,C)^2}\,; \qquad b_3 = \frac{2}{L\,C^2\,R}\,. \tag{21}$$

Die Darstellung (18) bezeichnen wir als *Form I der Netzfunktion*.

Jedes Polynom n-ten Grades $P(p)$ kann man nun durch ein Produkt von Faktoren der Form $p - p_\nu$ darstellen, wobei p_ν die n Wurzeln der Gleichung

$$P(p) = 0 \tag{22}$$

sind. Daher läßt sich jede Netzfunktion auch in der Form

$$\boxed{A(p) = A_0\,\frac{(p - z_1)\,(p - z_2)\cdots(p - z_m)}{(p - p_1)\,(p - p_2)\cdots(p - p_n)}} \quad \text{(II)} \tag{23}$$

schreiben, die wir als Form II der Netzfunktion bezeichnen. Die Werte $z_1, z_2, \cdots z_m$ sind also die Werte von p, bei denen der Zähler Null wird. Bei diesen Werten von p verschwindet auch $A(p)$; es sind die „*Nullstellen*" der Netzfunktion. Die Werte $p_1, p_2, \ldots, p_n$ sind die Werte von p, bei denen der Nenner Null wird. Bei diesen Werten von p wird $A(p)$ unendlich groß; es sind die „*Pole*" der Netzfunktion. Die Nullstellen und Pole können reell oder auch komplex sein. In dem Beispiel der Filterschaltung, Gl. (19), sind z. B. nur Pole vorhanden, und zwar

$$\left.\begin{aligned} p_1 = -\frac{1}{R\,C}\,; \quad p_2 &= -\frac{1}{2\,R\,C} + \sqrt{\frac{1}{4\,R^2\,C^2} - \frac{2}{L\,C}}\,; \\ p_3 &= -\frac{1}{2\,R\,C} - \sqrt{\frac{1}{4\,R^2\,C^2} - \frac{2}{L\,C}}\,. \end{aligned}\right\} \tag{24}$$

p_1 ist immer reell; p_2 und p_3 jedoch sind komplex, falls $\frac{2}{L\,C} > \frac{1}{4\,R^2\,C^2}$ ist.

Daher ergibt sich eine zweckmäßige Verallgemeinerung der Betrachtung, wenn man *p als eine komplexe Größe* auffaßt,

$$p = \sigma + j\,\omega\,. \tag{25}$$

In der komplexen p-Ebene, Abb. 37.5, kann man dann die Nullstellen und Pole als Punkte eintragen.

In Abb. 37.5 sind als Beispiel die drei Pole des betrachteten Tiefpaßfilters durch Kreuze gekennzeichnet. Machen wir in diesem Beispiel L größer und halten R und C konstant, dann bleibt p_1 erhalten und die beiden Pole p_2 und p_3 rücken näher an die reelle Achse heran bis sie schließlich dort zusammenfallen. Es entsteht ein *Pol zweiter Ordnung*. Vergrößert man L weiter, dann bleiben p_2 und p_3 reell und rücken auf der reellen Achse auseinander, bleiben aber innerhalb des Bereiches zwischen p_1 und dem Nullpunkt.

Die Hinzunahme des reellen Anteils σ zu $j\,\omega$ bedeutet, daß an die Stelle der Zeitfunktion $e^{j\omega t}$ für die Sinusschwingung die Zeitfunktion $e^{\sigma t}\, e^{j\omega t}$ tritt. Die Projektion des dadurch dargestellten Zeigers in der komplexen Ebene auf eine

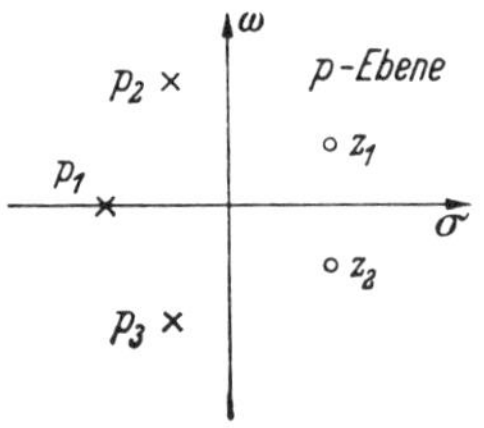

Abb. 37.5. Pole p_1, p_2, p_3 und Nullstellen z_1, z_2 in der komplexen p-Ebene

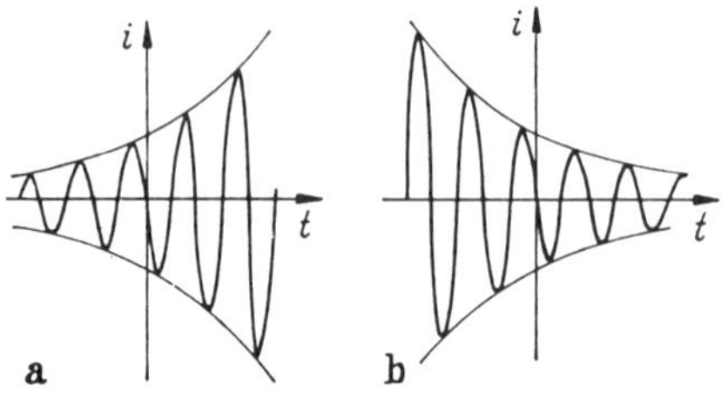

Abb. 37.6. a) Anschwellende Sinusschwingung ($\sigma > 0$); b) abklingende Sinusschwingung ($\sigma < 0$)

feste Achse liefert bei positivem σ eine mit der Zeit *anschwellende Sinusschwingung*, Abb. 37.6a, bei negativem σ eine *abklingende Sinusschwingung*, Abb. 37.6b. Für solche Zeitfunktionen gelten also die Gl. (18) oder (23) bei komplexem p. σ wird *Wuchsmaß*, p wird *komplexes Wuchsmaß* oder *komplexe Frequenz* genannt.

Pole und Nullstellen der Netzfunktion sind immer entweder reell oder komplex konjugiert. Dies erkennt man durch die folgende Betrachtung: Man setze $\omega = 0$ und $p = \sigma$; dann muß $A(p) = A(\sigma)$ eine reelle Größe sein, da auch alle Koeffizienten a_1, a_2 usw. b_1 und b_2 reell sind. Dies ist nach Gl. (23) zunächst erfüllt, wenn auch die Wurzeln von Zähler und Nenner reell sind. Kommt aber in der Produktdarstellung von A eine komplexe Wurzel vor, z. B. $p_\nu = \sigma_\nu + j\omega_\nu$, dann muß der Faktor $p - p_\nu = \sigma - \sigma_\nu - j\omega_\nu$ durch einen Faktor $p - p_\mu = \sigma - \sigma_\mu - j\omega_\mu$ so ergänzt sein, daß das Produkt reell wird:

$$(\sigma - \sigma_\nu - j\,\omega_\nu)\,(\sigma - \sigma_\mu - j\,\omega_\mu) = \text{reell}.$$

Durch Ausmultiplizieren findet man für den imaginären Teil der linken Seite

$$-\,\omega_\nu\,\sigma + \omega_\nu\,\sigma_\mu - \omega_\mu\,\sigma + \omega_\mu\,\sigma_\nu\,.$$

Dieser Ausdruck muß für beliebige Werte von σ verschwinden; also muß sein:

$$\omega_\mu = -\,\omega_\nu; \qquad \sigma_\mu = \sigma_\nu\,. \tag{26}$$

p_μ muß also komplex konjugiert zu p_ν sein; siehe z. B. die beiden Pole p_2 und p_3 in Abb. 37.5 Zu jeder komplexen Wurzel gibt es eine konjugiert komplexe Wurzel.

Wird das System mit einer Zeitfunktion $e^{p_\nu t}$ angeregt, wobei p_ν einem Pol der Netzfunktion entspreche, dann wird $A(p) = \infty$, d. h. es genügt eine beliebig kleine Spannung zur Anregung. Die Funktionen $e^{p_\nu t} = e^{\sigma_\nu t}\, e^{j\omega_\nu t}$ stellen die freien Schwingungen des Systems dar, die bei irgendeinem kleinen Anstoß, z. B. einem kurzen Spannungsstoß, auftreten. Diese freien Schwingungen klingen nur dann ab, wenn der reelle Teil σ_ν von p_ν negativ ist. Daraus folgt, daß in einem aus *passiven Elementen* wie Widerständen, Kondensatoren und Spulen zusammengesetzten Netz, in einem sogenannten *passiven Netz* der reelle Anteil der Polstellen immer negativ sein muß. *In einem passiven Netz liegen die Pole der Netzfunktionen sämtlich in der linken Hälfte der p-Ebene.* Pole mit positivem reellen Anteil der Form

$$p_\nu = \sigma_\nu \pm j\,\omega_\nu$$

würden zur Folge haben, daß irgendwelche kleinsten Spannungen oder Ströme mit dem Faktor $e^{\sigma_\nu t}$ unbegrenzt anschwellen würden (s. auch Abschnitt 46 und Abschnitt 49). *Nullstellen* von Netzfunktionen können dagegen auch in der rechten Hälfte der p-Ebene vorkommen und zwar dann, wenn es sich um *Übertragungsfunktionen* handelt. Ein Beispiel bildet die Brückenschaltung nach Abb. 37.7. Hier wird

$$U_2 = U_0\,\frac{R\,C\,p - 1}{R\,C\,p + 1}\,. \qquad (27)$$

Die Netzfunktion (Übertragungsfunktion) ist

$$A = \frac{p - \frac{1}{R\,C}}{p + \frac{1}{R\,C}}\,. \qquad (28)$$

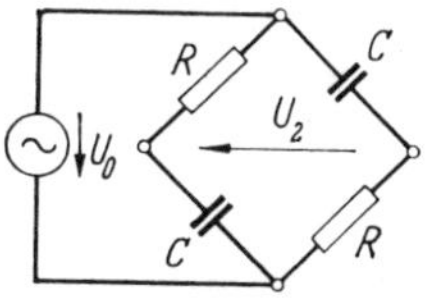

Abb. 37.7. Beispiel eines Netzes mit einer positiv reellen Nullstelle des Übertragungsfaktors

Sie hat einen Pol mit $p_1 = -\frac{1}{R\,C}$ auf der linken Seite, eine Nullstelle mit $z_1 = \frac{1}{R\,C}$ auf der rechten Seite der reellen Achse.

Bei Eingangsimpedanzen und -leitwerten können jedoch keine Nullstellen in der rechten Hälfte der p-Ebene liegen, da diese Nullstellen Pole in dem entsprechenden Kehrwert, der ebenfalls eine Netzfunktion darstellt, bedeuten würden.

Eine wichtige Folgerung aus Gl. (23) ist, daß sich Netzfunktionen mit gleichen Polstellen und Nullstellen nur noch durch einen konstanten reellen Faktor A_0 unterscheiden können. *Die Frequenzabhängigkeit der Netzfunktionen ist durch die Lage der Pole und Nullstellen vollständig und eindeutig bestimmt.*

Für die Grade m und n der Polynome im Zähler und Nenner gilt folgendes. Ist $A(p)$ ein *Eingangswiderstand* oder ein *Eingangsleitwert*, dann kann m entweder gleich n oder höchstens um 1 größer oder kleiner als n sein:

$$m = \begin{cases} n - 1 \\ n \\ n + 1\,. \end{cases}$$

Dies folgt aus der Betrachtung hoher Frequenzen. Für diese nähert sich $A(p)$ dem Wert $A_0\,p^{m-n}$. Bei hohen Frequenzen kann sich ein Zweipol aus Widerständen, Kondensatoren und Spulen nur entweder wie ein Kondensator ($m - n = -1$) oder wie eine Spule ($m - n = +1$) oder wie ein Widerstand ($m - n = 0$) verhalten.

Ist dagegen $A(p)$ eine *Übertragungsfunktion*, dann kann m höchstens gleich n aber auch beliebig kleiner als n sein:

$$m \leqq n\,.$$

Dies folgt ebenfalls aus dem Verhalten bei hohen Frequenzen, wo $A(p)$ aus energetischen Gründen in einem passiven Netz nicht beliebig anwachsen kann.

Die Zahl m der Pole ist gleich der Anzahl der voneinander unabhängigen Energiespeicher (Spulen und Kondensatoren), da durch diese Zahl die Anzahl der möglichen freien Schwingungen bestimmt ist.

Die einzelnen Faktoren in Gl. (23) lassen sich graphisch in der p-Ebene veranschaulichen. Es sind die Verbindungslinien zwischen dem variablen p und den

Polstellen bzw. Nullstellen. Für sinusförmige Wechselströme ist $p = j\,\omega$, liegt also auf der imaginären Achse der p-Ebene, so daß sich die in Abb. 37.8 dargestellten Verhältnisse ergeben. Jeder Strahl hat eine Länge L_1', L_2', L_1, L_2 usw. und bildet einen Winkel α_1', α_2', α_1, α_2 usw. mit der reellen Achse, läßt sich also darstellen durch $L_1'\,e^{j\alpha_1'}$, $L_2'\,e^{j\alpha_2'}, \ldots, L_1\,e^{j\alpha_1}$, $L_2\,e^{j\alpha_2}\ldots$. Daher gilt auch

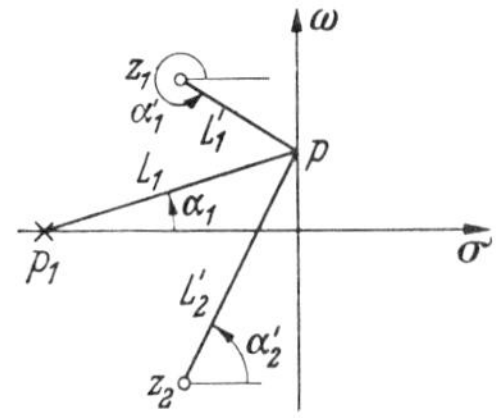

Abb. 37.8. Darstellung der Faktoren der Netzfunktion

$$A(p) = A_0 \frac{L_1' L_2' \ldots}{L_1 L_2 \ldots} e^{j(\alpha_1' + \alpha_2' + \cdots - \alpha_1 - \alpha_2 - \cdots)}\,. \tag{29}$$

Der Betrag von A ist also

$$|A| = A_0 \frac{L_1' L_2' \ldots}{L_1 L_2 \ldots}\,, \tag{30}$$

und der Winkel von A gegen die reelle Achse, Abb. 36.6,

$$\varphi = \alpha_1' + \alpha_2' + \cdots + \alpha_m' - \alpha_1 - \alpha_2 - \cdots - \alpha_n\,. \tag{31}$$

Die Betrachtung des Bildes der Pole und Nullstellen erlaubt damit eine rasche Abschätzung der Frequenzabhängigkeit der Netzfunktion. Wegen der symmetrischen Lage der Pole und Nullstellen in Bezug auf die reelle Achse folgt der Satz: Der Betrag einer Netzfunktion ist eine gerade Funktion der Frequenz ω; der Winkel einer Netzfunktion ist eine ungerade Funktion der Frequenz. Schließlich gilt noch: *Der Realteil einer Netzfunktion ist eine gerade Funktion, der imaginäre Teil einer Netzfunktion ist eine ungerade Funktion der Frequenz* ω.

Bemerkung: Bildet man auf beiden Seiten von Gl. (23) den Logarithmus, so ergibt sich

$$\ln A(p) = \ln A_0 + \ln(p - z_1) + \ln(p - z_2) + \cdots\cdots - \ln(p - p_1) - \ln(p - p_2) - \cdots \tag{32}$$

Diese Beziehung zeigt einen *Zusammenhang der Theorie linearer Netze mit der Potentialtheorie.* Der Ausdruck

$$-\ln(p - p_\nu)$$

kann als Potentialfunktion in der σ, ω-Ebene aufgefaßt werden, die im Punkt p_ν von einer Linienquelle senkrecht durchstoßen wird (die Ladung der Linienquelle ist gemäß Gl. (11.67) je Länge $2\pi\varepsilon_0$). Setzt man

$$A(p) = A_0\,e^{-a-jb}\,, \tag{33}$$

so folgt, daß a der reelle und b der imaginäre Teil der Potentialfunktion

$$f(p) = -\ln(p - z_1) - \ln(p - z_2) - \cdots + \ln(p - p_1) + \ln(p - p_2) + \cdots \tag{34}$$

ist. Diese stellt das Potential eines Systems von parallelen Linienquellen dar, die auf der σ, ω-Ebene senkrecht stehen. Alle Linienquellen haben dem Betrage nach gleiche Ladungen, die bei den Quellen in z_1, z_2 usw. positiv, bei den Quellen in p_1, p_2 usw. negativ sind. a entspricht dem Potential (u), b entspricht der Flußgröße (v), Gl. (15.5).

Netzfunktionen können daher im elektrolytischen Trog oder mit einer gespannten Membran dargestellt werden (s. S. 137). Im letzteren Fall ist die Auslenkung der Membran, die durch bei den Polen und Nullstellen liegende Stempel verursacht wird, ein Maß für die Größe a. Die Schnittlinie der Membranfläche mit der durch die ω-Achse gehenden, auf der σ, ω-Ebene senkrechten Ebene hat die Höhe a. Soll daher a einen vorgeschriebenen Frequenzgang haben, so kann auf diese Weise z. B. experimentell die erforderliche Lage der Pole und Nullstellen bestimmt werden.

Eine weitere für manche Zwecke nützliche Darstellung von Netzfunktionen ergibt sich durch die sogenannte *Partialbruchzerlegung.* $A(p)$ läßt sich in der Form schreiben

$$\boxed{A(p) = B_0 + B_1\,p + \frac{k_1}{p - p_1} + \frac{k_2}{p - p_2} + \cdots \frac{k_n}{p - p_n}\,.} \text{(III)} \tag{35}$$

Dabei sind p_1, p_2 usw. wieder die Pole. Der Koeffizient B_1 ist nur dann von null verschieden, wenn das Polynom im Zähler von $A(p)$ von höherem Grad ist als das Polynom im Nenner ($m = n + 1$). Ist $m = n$, dann ist $B_0 = A_0$. Für $m < n$ wird $B_0 = 0$.

Die Koeffizienten k_ν findet man, indem man Gl. (35) auf beiden Seiten mit $(p - p_\nu)$ multipliziert und dann $p = p_\nu$ setzt. Dann verschwinden alle Ausdrücke rechts bis auf den mit k_ν und es wird

$$k_\nu = (p - p_\nu)\, A(p)\, |_{p=p_\nu}\,. \tag{36}$$

Die Darstellung (35) nennen wir die Form III der Netzfunktion.

Beispiel: Im Fall des Tiefpaßfilters, Abb. 37.3, ist $m = 0$, $n = 3$. Ferner ist [s. Gl. (19) und (24)]

$$A(p) = \frac{1}{L\,C^2\,R}\,\frac{1}{(p-p_1)\,(p-p_2)\,(p-p_3)}\,,$$

also

$$k_1 = \frac{1}{L\,C^2\,R}\,\frac{1}{(p_1-p_2)\,(p_1-p_3)}\,, \tag{37}$$

$$k_2 = \frac{1}{L\,C^2\,R}\,\frac{1}{(p_2-p_1)\,(p_2-p_3)}\,, \tag{38}$$

$$k_3 = \frac{1}{L\,C^2\,R}\,\frac{1}{(p_3-p_1)\,(p_3-p_2)}\,. \tag{39}$$

Wenn ein *mehrfacher Pol* auftritt, z. B. p_ν 3fach, dann lautet der entsprechende Beitrag zur Partialbruchzerlegung

$$\frac{k_{\nu 1}}{p - p_\nu} + \frac{k_{\nu 2}}{(p-p_\nu)^2} + \frac{k_{\nu 3}}{(p-p_\nu)^3}\,.$$

Man erkennt nach Multiplizieren mit $(p - p_\nu)^3$ auf beiden Seiten der damit ergänzten Gleichung (35) leicht, daß hier gilt

$$k_{\nu 3} = (p - p_\nu)^3\, A(p)\,|_{p=p_\nu}\,, \tag{40}$$

$$k_{\nu 2} = \frac{1}{1!}\,\frac{d}{dp}\,[(p - p_\nu)^3\, A(p)]_{p=p_\nu}\,, \tag{41}$$

$$k_{\nu 1} = \frac{1}{2!}\,\frac{d^2}{dp^2}\,[(p - p_\nu)^3\, A(p)]_{p=p_\nu}\,. \tag{42}$$

Von der Form III wird bei der Berechnung von Ausgleichsvorgängen Gebrauch gemacht, s. Abschnitt 46. Die allgemeinen Eigenschaften der Netzfunktionen bilden die Grundlage des Entwurfs von Netzen mit vorgegebenen Eigenschaften (*Netzwerksynthese*).

Reaktanzzweipole

Der Scheinwiderstand beliebiger Anordnungen von Spulen und Kondensatoren mit vernachlässigbaren Verlusten (*Reaktanzzweipole*) ist ein reiner Blindwiderstand, da ein Wirkanteil des Scheinwiderstandes Verluste bei Stromfluß anzeigen würde. Der Phasenwinkel des Scheinwiderstandes ist also immer $+90°$ oder $-90°$. Daher müssen gemäß Abb. 37.8 auch sämtliche Pole und Nullstellen des Scheinwiderstandes auf der imaginären Achse der p-Ebene, also auf der $j\omega$-Achse liegen. Nach dem oben Ausgeführten können die Pole und Nullstellen dann nur zueinander konjugiert oder gleich Null sein. Sind $p_1 = +j\,\omega_1$ und $p_2 = -j\,\omega_1$ zwei solche Pole, dann ist

$$(p - p_1)\,(p - p_2) = p^2 + \omega_1^2 = -\,(\omega^2 - \omega_1^2)\,.$$

Bei $\omega = 0$ kann entweder ein Pol oder eine Nullstelle liegen. Daher läßt sich der Blindwiderstand eines beliebigen Reaktanzzweipols mit $p = j\omega$ entweder in der Form

$$F = jX = \frac{1}{pC}\,\frac{\left(1 + \left(\frac{p}{\omega_1'}\right)^2\right)\left(1 + \left(\frac{p}{\omega_2'}\right)^2\right)\cdots}{\left(1 + \left(\frac{p}{\omega_1}\right)^2\right)\left(1 + \left(\frac{p}{\omega_2}\right)^2\right)\cdots}\,, \tag{43}$$

oder in der Form

$$F = jX = pL \frac{\left(1 + \left(\frac{p}{\omega_1'}\right)^2\right)\left(1 + \left(\frac{p}{\omega_2'}\right)^2\right)\cdots}{\left(1 + \left(\frac{p}{\omega_1}\right)^2\right)\left(1 + \left(\frac{p}{\omega_2}\right)^2\right)\cdots} \tag{44}$$

schreiben, wobei ω_1, ω_2 usw. die Polfrequenzen, ω_1', ω_2' usw. die Nullstellenfrequenzen kennzeichnen.

Pole und Nullstellen wechseln auf der imaginären Achse ab, z. B. wie in Abb. 37.9. Dies erkennt man, wenn man beachtet, daß bei geringen Verlusten die Pole und die Nullstellen ein klein wenig links von der $j\omega$-Achse liegen. Würden zwei Nullstellen aufeinander folgen, dann würden gemäß der Konstruktion, Abb. 37.8, mit wachsender Frequenz Phasendrehungen über $\pm 90°$ hinaus vorkommen, d. h. der Scheinwiderstand würde einen negativen reellen Anteil erhalten, was einer Energielieferung entspräche. Die gleiche Bedingung verbietet, daß die Nullstellen und Pole mehrfach sein können.

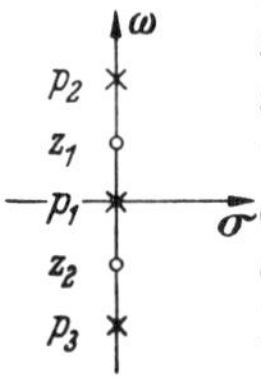

Abb. 37.9. Pole und Nullstellen einer Reaktanz

Daher gelten folgende Sätze (*Reaktanzsätze*):

1. Der Differentialquotient $\frac{dX}{d\omega}$ ist immer positiv.

2. X durchläuft in Abhängigkeit von der Frequenz abwechselnd Nullstellen und Pole.

3. Im Nullpunkt ist X entweder Null oder $-\infty$.

4. Für unendlich hohe Frequenzen wird X entweder Null oder $+\infty$.

5. Durch die Lage der Nullstellen und der Pole sowie durch eine einzige weitere Konstante ist X vollständig bestimmt.

Die Abb. 37.10 zeigt für einige einfache Anordnungen die grundsätzliche Frequenzabhängigkeit von X.

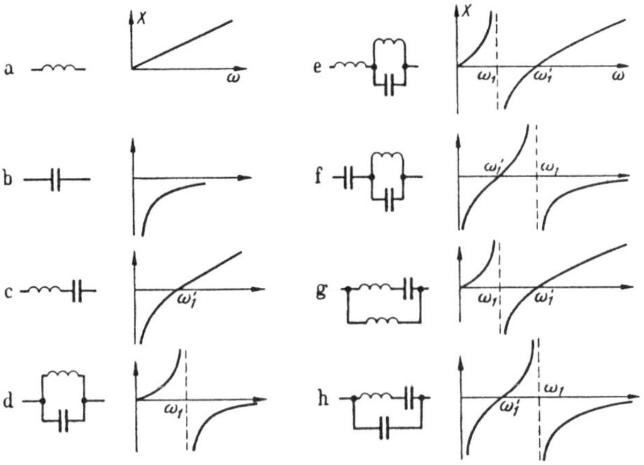

Abb. 37.10a—h. Blindwiderstand verschiedener Reaktanzzweipole

Die Zahl der Pole und der Nullstellen auf der positiven ω-Achse zusammengenommen ist um 1 größer als die Zahl der voneinander unabhängigen Spulen und Kondensatoren (Pole und Nullstellen bei $\omega = 0$ und im Unendlichen mitgezählt). Eine einfachere Zählung ergibt sich, wenn man die Nullstellen bei positiven und negativen $j\omega$ zusammenzählt und ebenso alle Polstellen. Dann kann man den Satz benutzen, daß eine rationale Funktion vom Grad n genau n Nullstellen und n Pole hat. Der Grad n der Funktion ist gleich der Anzahl der unabhängigen Spulen und Kondensatoren.

Die Produktform (43), (44), die die Lage der Nullstellen und Pole der Reaktanzfunktion auf der $j\omega$-Achse erkennen läßt, ist nicht die einzig mögliche und gebräuchliche Darstellung. Eine Darstellung in Summenform entsteht, wenn man die Reaktanzfunktion F, die einen Scheinwiderstand ($F = jX$) oder einen Scheinleitwert ($F = 1/jX$) bedeuten kann, in Partialbrüche entwickelt. Da alle Pole und Nullstellen einfach sind, hat diese Entwicklung die Form

$$F = \frac{a_0}{p} + \frac{a_1 p}{1 + p^2/\omega_1^2} + \frac{a_2 p}{1 + p^2/\omega_2^2} + \cdots + a_\infty p \tag{45}$$

bei der jeweils die Polpaare bei $\pm j\omega_1$, $\pm j\omega_2$ usw. zusammengefaßt sind. Für alle Entwicklungskoeffizienten a_ν gilt $a_\nu \geqq 0$. Das gewährleistet, daß $\mathrm{d}X/\mathrm{d}\omega > 0$ für alle ω wird. Die Summation entspricht einer Reihenschaltung, wenn F einen Scheinwiderstand darstellt, einer Parallelschaltung, wenn F einen Scheinleitwert darstellt. Die Partialbruchentwicklung führt also unmittelbar zu einer realisierenden Schaltung; man braucht nur die einzelnen Summanden durch entsprechende Schaltungen zu realisieren.

Ist F ein Scheinwiderstand, dann repräsentiert a_0/p den Scheinwiderstand eines Kondensators der Kapazität $C_0 = 1/a_0$, $a_\infty p$ den Scheinwiderstand einer Spule der Induktivität $L_\infty = a_\infty$. Da der Scheinwiderstand eines Parallelschwingkreises, gebildet aus L_ν und C_ν die Form

$$\frac{1}{pC_\nu + 1/pL_\nu} = \frac{pL_\nu}{1 + p^2/\omega_\nu^2} \quad \text{hat, wird} \quad L_\nu = a_\nu \qquad L_\nu C_\nu = 1/\omega_\nu^2, \tag{46}$$

so daß die realisierende Schaltung die in Abb. 37.11a dargestellte Form hat. Entsprechend liefert die Partialbruchentwicklung des Scheinleitwertes eine Schaltung nach Abb. 37.11b mit

$$L_0' = 1/a_0 \qquad C_\infty' = a_\infty \qquad C_\nu' = a_\nu \qquad L_\nu' C_\nu' = 1/\omega_\nu'^2 \tag{47}$$

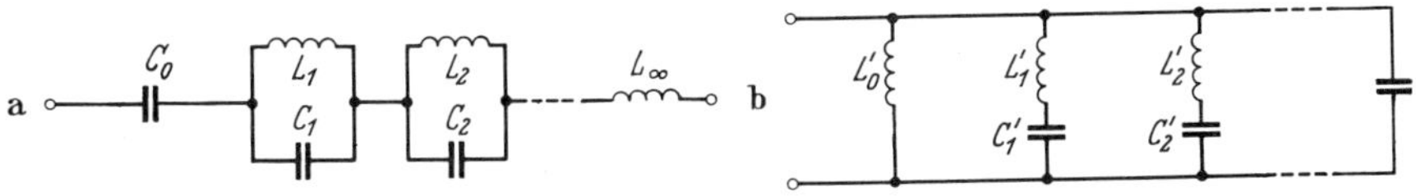

Abb. 37.11 a u. b. Partialbruch-Realisierung einer Reaktanz

Vierpole, Zweitore

Unter einem Vierpol oder „Zweitor" versteht man ein Netzwerk, das zwei Eingangs- und zwei Ausgangsklemmen besitzt und der Übertragung von Energie dient. Will man besonders kennzeichnen, daß in dem Vierpol keine Energiequellen vorhanden sind, so spricht man von einem *passiven Vierpol*. Ist der Vierpol aus linearen Elementen aufgebaut, so nennt man ihn einen *linearen Vierpol*. Bei linearen Vierpolen gilt eine Reihe von allgemeinen Beziehungen, die durch die Vierpoltheorie behandelt werden. Abb. 37.12 stelle einen beliebigen linearen Vierpol mit den Eingangsklemmen *1*, *2* und den Ausgangsklemmen *3*, *4* dar. Diese Klemmen stehen im Innern des Vierpols miteinander durch beliebige Anordnungen von linearen Elementen, z.B. Widerständen, Leitungen, Spulen, Kondensatoren, Übertrager in Verbindung. Da die Energieübertragung durch den Vierpol vor sich gehen soll, so muß der bei *2* austretende Strom gleich dem bei *1* eintretenden und der bei *3* austretende Strom gleich dem bei *4* eintretenden Strom sein. Dies ist eine wesentliche Voraussetzung der Vierpoltheorie.

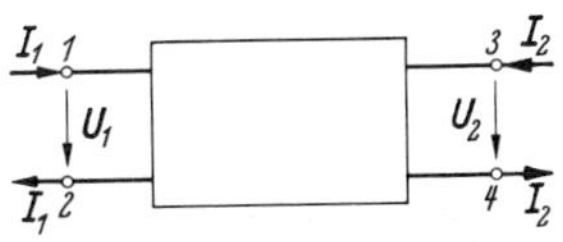

Abb. 37.12. Bezeichnung von Spannungen und Strömen bei einem Vierpol

Die Bezugsrichtungen der Spannungen und Ströme seien durch Abb. 37.12 festgelegt (symmetrische Bepfeilung).

Die Beziehungen zwischen den Eingangs- und Ausgangsströmen I_1 und I_2 und den Eingangs- und Ausgangsspannungen U_1 und U_2 findet man, wenn man die Maschengleichungen anschreibt. Bei n voneinander unabhängigen Maschen sind dies n Gleichungen von der Form der Gl. (1):

$$\begin{aligned}
Z_{11} I_1 + Z_{12} I_2 + Z_{13} I_3 + \cdots + Z_{1n} I_n &= U_1, \\
Z_{21} I_1 + Z_{22} I_2 + Z_{23} I_3 + \cdots + Z_{2n} I_n &= U_2, \\
Z_{31} I_1 + Z_{32} I_2 + Z_{33} I_3 + \cdots + Z_{3n} I_n &= 0, \\
\vdots \qquad \vdots \qquad \vdots \qquad\quad \vdots \quad &\quad \vdots \\
Z_{n1} I_1 + Z_{n2} I_2 + Z_{n3} I_3 + \cdots + Z_{nn} I_n &= 0.
\end{aligned}$$

Daraus folgt gemäß Gl. (8)

$$I_1 = \frac{D_{11}}{D} U_1 + \frac{D_{21}}{D} U_2, \tag{48}$$

$$I_2 = \frac{D_{12}}{D} U_1 + \frac{D_{22}}{D} U_2. \tag{49}$$

Dabei ist D die Systemdeterminante und die Unterdeterminanten sind

$$\left.\begin{aligned}
D_{11} = \begin{vmatrix} Z_{22} & Z_{23} & \cdots & Z_{2n} \\ Z_{32} & Z_{33} & \cdots & Z_{3n} \\ \vdots & \vdots & & \vdots \\ Z_{n2} & Z_{n3} & \cdots & Z_{nn} \end{vmatrix}; \qquad D_{21} = - \begin{vmatrix} Z_{12} & Z_{13} & \cdots & Z_{1n} \\ Z_{32} & Z_{33} & \cdots & Z_{3n} \\ \vdots & \vdots & & \vdots \\ Z_{n2} & Z_{n3} & \cdots & Z_{nn} \end{vmatrix}; \\
D_{12} = - \begin{vmatrix} Z_{21} & Z_{23} & \cdots & Z_{2n} \\ Z_{31} & Z_{33} & \cdots & Z_{3n} \\ \vdots & \vdots & & \vdots \\ Z_{n1} & Z_{n3} & \cdots & Z_{nn} \end{vmatrix}; \qquad D_{22} = \begin{vmatrix} Z_{11} & Z_{13} & \cdots & Z_{1n} \\ Z_{31} & Z_{33} & \cdots & Z_{3n} \\ \vdots & \vdots & & \vdots \\ Z_{n1} & Z_{n3} & \cdots & Z_{nn} \end{vmatrix}.
\end{aligned}\right\} \tag{50}$$

Die Beziehungen zwischen den Spannungen und Strömen an dem passiven Vierpol haben also allgemein die Form

$$\boxed{\begin{aligned} I_1 &= Y_{11} U_1 + Y_{12} U_2, \\ I_2 &= Y_{21} U_1 + Y_{22} U_2. \end{aligned}} \qquad \begin{aligned}(51)\\(52)\end{aligned}$$

Die Faktoren der Spannungen haben die Dimension von Leitwerten. Man nennt daher diese Gleichungen auch die *Vierpolgleichungen in der Leitwertform.* Es sind zwei lineare Gleichungen mit vier Koeffizienten. Sie gelten für beliebige lineare Vierpole. Unter der eingangs gemachten Voraussetzung über den Aufbau des Vierpols aus Zweipol-Elementen reduzieren sich nun diese Koeffizienten auf drei wegen der Gleichheit der Kopplungswiderstände (s. Gl. (3))

$$Z_{ik} = Z_{ki}. \tag{53}$$

Es ist nämlich

$$D_{12} = D_{21}. \tag{54}$$

Dies erkennt man, wenn man die eine dieser beiden Determinanten nach der ersten Zeile, die andere nach der ersten Spalte in die Unterdeterminanten entwickelt und dieses Verfahren bei den Unterdeterminanten fortsetzt. Es gilt daher

$$Y_{12} = Y_{21}. \tag{55}$$

Einen Vierpol, bei dem diese Beziehung gilt, nennt man kopplungssymmetrisch oder reziprok. *Beim Anlegen einer Spannung an das eine Klemmenpaar und Kurzschluß des anderen Klemmenpaares ergibt sich dort ein Strom, der unabhängig davon ist, welches Klemmenpaar als Eingang gewählt wird,* Abb. 37.13. Aus den Gln. (51) und (52) folgt

$$\left(\frac{I_1}{U_2}\right)_{U_1=0} = -\left(\frac{I_2}{U_1}\right)_{U_2=0} \tag{56}$$

Die symmetrische Bepfeilung hat den Vorteil, daß bezüglich der Vorzeichen beide Tore gleich behandelt sind. Sie führt allerdings dazu, daß z. B. bei einem Zweitor, das eine kurze Leitung repräsentiert, der Ausgangsstrom dem Eingangsstrom entgegensetzt gleich wird. Deswegen wird manchmal auch eine Kettenbepfeilung mit umgekehrter Zählrichtung von I_2 benutzt. Wegen der Vorteile der symmetrischen Bepfeilung, insbesondere bei Schaltungen mit mehr als zwei Toren, empfehlen die Normen nur noch diese.

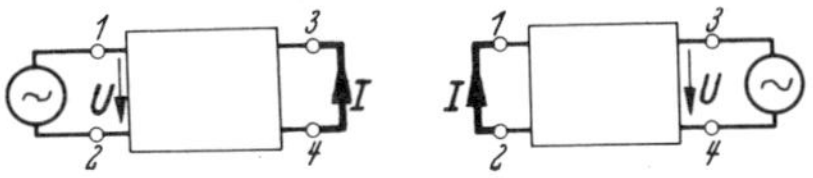

Abb. 37.13
Umkehrungssatz

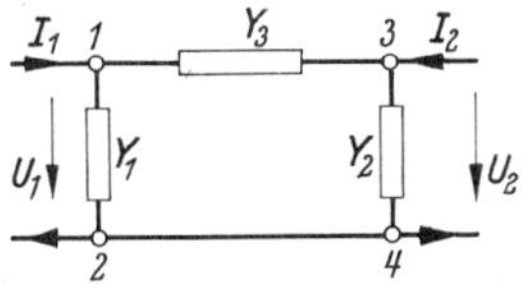

Abb. 37.14. Darstellung des Vierpols durch eine Dreieckschaltung

Die Bedeutung der Größe Y_{11} erkennt man, wenn man $U_2 = 0$ setzt: Y_{11} ist der *Eingangsleitwert* des Vierpols bei Kurzschluß am Ausgang. Setzt man $U_1 = 0$, so folgt

$$Y_{22} = \frac{I_2}{U_2} .$$

Y_{22} ist der Leitwert zwischen den Ausgangsklemmen, wenn die Eingangsklemmen kurzgeschlossen sind.

Die Vierpolgleichungen in der Leitwertform können bei der betrachteten Gruppe von passiven Vierpolen durch eine Dreieckschaltung (Π-Schaltung) mit drei Leitwerten veranschaulicht werden, Abb. 37.14. Nach dem oben Ausgeführten gilt

$$Y_1 + Y_3 = Y_{11}, \quad Y_2 + Y_3 = Y_{22}, \quad Y_3 = -Y_{21}, \tag{57}$$

also

$$Y_1 = Y_{11} + Y_{21}, \quad Y_2 = Y_{22} + Y_{21}, \quad Y_3 = -Y_{21}.$$

Beispiel: Bei einer Π-Schaltung aus den drei ohmschen Widerständen R_1, R_2, R_3 wird

$$Y_{11} = \frac{1}{R_1} + \frac{1}{R_3}, \qquad Y_{21} = Y_{12} = -\frac{1}{R_3}, \qquad Y_{22} = +\frac{1}{R_2} + \frac{1}{R_3}.$$

Man beachte, daß im allgemeinen die Dreieckschaltung den Vierpol nur für eine feste Frequenz nachbildet.

Durch Auflösen der Vierpolgleichungen (51) und (52) nach den Spannungen erhält man die Form

$$\boxed{\begin{aligned} U_1 &= Z_{11} I_1 + Z_{12} I_2 , \qquad (58)\\ U_2 &= Z_{21} I_1 + Z_{22} I_2 . \qquad (59)\end{aligned}}$$

Dies sind die *Vierpolgleichungen in der Widerstandsform.* Für die vier Widerstandskoeffizienten ergibt sich

$$\left.\begin{aligned} Z_{11} &= \frac{Y_{22}}{Y_{11} Y_{22} - Y_{12} Y_{21}}, \qquad & Z_{12} &= \frac{-Y_{12}}{Y_{11} Y_{22} - Y_{12} Y_{21}},\\ Z_{21} &= \frac{-Y_{21}}{Y_{11} Y_{22} - Y_{12} Y_{21}}, \qquad & Z_{22} &= \frac{Y_{11}}{Y_{11} Y_{22} - Y_{12} Y_{21}}. \end{aligned}\right\} \tag{60}$$

Man erkennt, daß die Kopplungssymmetrie sich hier ausdrückt durch

$$Z_{12} = Z_{21} \tag{61}$$

oder

$$\left(\frac{U_2}{I_1}\right)_{I_2=0} = \left(\frac{U_1}{I_2}\right)_{I_1=0}. \tag{62}$$

Die Ausgangsspannung an einem offenen Klemmenpaar ändert sich bei gegebenem Eingangsstrom nicht, wenn Eingang und Ausgang des Vierpols vertauscht werden.

Der Widerstand Z_{21} heißt auch *Kopplungswiderstand des Vierpols.* Aus den Vierpolgleichungen ersieht man ferner, daß Z_{11} der Eingangswiderstand bei offenen Ausgangsklemmen ($I_2 = 0$), Z_{22} der Widerstand zwischen den Ausgangsklemmen bei offenen Eingangsklemmen ($I_1 = 0$) ist.

Die Widerstandsform der Vierpolgleichungen läßt sich durch eine Sternschaltung (T-Schaltung), Abb. 37.15, veranschaulichen. Es gilt

$$Z_1 + Z_3 = Z_{11}, \quad Z_2 + Z_3 = Z_{22}, \quad Z_3 = Z_{21}. \tag{63}$$

Jeder kopplungssymmetrische Vierpol kann daher durch eine solche T-Schaltung dargestellt werden, im allgemeinen jedoch nur für eine feste Frequenz.

Die Vierpole sind im allgemeinen Fall *längsunsymmetrisch.* Ein *längssymmetrischer Vierpol* ist dadurch definiert, daß man Eingang und Ausgang vertauschen darf, ohne daß sich an den Spannungen und Strömen etwas ändert. Vertauscht man in Gl. (58) und (59) U_1 und U_2 sowie I_1 und I_2, so erkennt man, daß für den längssymmetrischen allgemeinen Vierpol folgende Beziehungen gelten

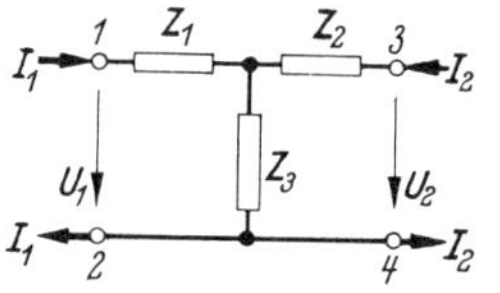

Abb. 37.15. Darstellung des Vierpols durch eine Sternschaltung

$$Z_{22} = Z_{11}, \tag{64}$$

$$Z_{21} = Z_{12}. \tag{65}$$

Der längssymmetrische Vierpol ist also durch zwei Koeffizienten vollständig bestimmt, z. B. bei Abb. 37.15 durch $Z_2 = Z_1$ und Z_3, bei Abb. 37.14 durch $Y_2 = Y_1$ und Y_3.

Durch Auflösen der Vierpolgleichungen nach je zwei der vier Spannungen und Ströme ergeben sich insgesamt sechs Formen der Vierpolgleichungen. Eine viel verwendete Form ist die *Kettenform der Vierpolgleichungen.* Hier werden die Eingangsgrößen U_1, I_1 durch die Ausgangsgrößen U_2, I_2 ausgedrückt:

$$\boxed{\begin{aligned} U_1 &= A_{11} U_2 + A_{12}(-I_2), \\ I_1 &= A_{21} U_2 + A_{22}(-I_2). \end{aligned}} \begin{matrix}(66)\\(67)\end{matrix}$$

Aus diesen Gleichungen folgt

$$\left(\frac{I_1}{U_2}\right)_{U_1=0} = -\frac{A_{11} A_{22}}{A_{12}} + A_{21}, \qquad \left(\frac{I_2}{U_1}\right)_{U_1=0} = \frac{-1}{A_{12}}.$$

Gleichung (56) zeigt, daß bei den kopplungssymmetrischen Vierpolen zwischen den vier Koeffizienten die Beziehung

$$A_{11} A_{22} - A_{12} A_{21} = 1 \tag{68}$$

besteht. *Die Systemdeterminante der vier Koeffizienten A wird gleich* 1. Die Bezeichnung Kettenform rührt daher, daß diese Form der Gleichungen zweckmäßig verwendet wird, wenn mehrere Vierpole kettenartig aneinander geschaltet werden, so daß die Ausgangsgrößen des einen Vierpols identisch sind mit den Eingangsgrößen des folgenden Vierpols. Deswegen steht in den Kettengleichungen (66), (67) auch $(-I_2)$, denn dieser Strom ist bei der Kettenschaltung gleich dem Eingangsstrom des nachfolgenden Vierpols.

Die vier Koeffizienten können z.B. aus den Ersatzschaltungen berechnet werden. Für die T-Schaltung, Abb. 37.15, folgt

$$I_1 = -I_2 + \frac{1}{Z_3}(U_2 - I_2 Z_2) = \frac{U_2}{Z_3} - \left(1 + \frac{Z_2}{Z_3}\right) I_2,$$

$$U_1 = U_2 - I_2 Z_2 + I_1 Z_1 = U_2\left(1 + \frac{Z_1}{Z_3}\right) - I_2\left(Z_1 + Z_2 + \frac{Z_1 Z_2}{Z_3}\right).$$

Hier ist also

$$A_{11} = 1 + \frac{Z_1}{Z_3}, \quad A_{22} = 1 + \frac{Z_2}{Z_3}, \quad A_{12} = Z_1 + Z_2 + \frac{Z_1 Z_2}{Z_3}, \quad A_{21} = \frac{1}{Z_3}. \tag{69}$$

Für die Dreieckschaltung des Vierpols, Abb. 37.3, ergibt sich in ähnlicher Weise

$$A_{11} = 1 + \frac{Z_3}{Z_2}, \quad A_{22} = 1 + \frac{Z_3}{Z_1}, \quad A_{12} = Z_3, \quad A_{21} = \frac{1}{Z_1} + \frac{1}{Z_2} + \frac{Z_3}{Z_1 Z_2}. \tag{70}$$

Bei einem *längssymmetrischen Vierpol* folgt aus den obigen Gleichungen

$$A_{11} = A_{22}. \tag{71}$$

Ein wichtiger allgemeiner Satz gilt für die Leerlauf- und Kurzschlußwiderstände. Der Scheinwiderstand zwischen den beiden Eingangsklemmen bei offenen Ausgangsklemmen ist der *linksseitige Leerlaufwiderstand* Z_{l1}. Mit $I_2 = 0$ folgt aus den Vierpolgleichungen der Kettenform

$$Z_{l1} = \frac{U_1}{I_1} = \frac{A_{11}}{A_{21}}. \tag{72}$$

Der *linksseitige Kurzschlußwiderstand* Z_{k1} ergibt sich mit $U_2 = 0$ zu

$$Z_{k1} = \frac{A_{12}}{A_{22}}. \tag{73}$$

Für den *rechtsseitigen Leerlaufwiderstand* ($I_1 = 0$) folgt

$$Z_{l2} = \frac{U_2}{I_2} = \frac{A_{22}}{A_{21}}. \tag{74}$$

Für den *rechtsseitigen Kurzschlußwiderstand* ($U_1 = 0$) folgt

$$Z_{k2} = \frac{U_2}{I_2} = \frac{A_{12}}{A_{11}}. \tag{75}$$

Damit ergibt sich die *für alle linearen Vierpole* gültige Beziehung

$$\boxed{\frac{Z_{l1}}{Z_{l2}} = \frac{Z_{k1}}{Z_{k2}}.} \tag{76}$$

Diese Beziehung kann z.B. benützt werden, wenn einer der vier Widerstände der Messung nicht zugänglich ist.

Aus den gemessenen Kurzschluß- und Leerlaufwiderständen können die Ersatzwiderstände Z_1, Z_2 und Z_3 berechnet werden. Für die Sternschaltung ergibt sich z.B. aus den Gl. (69), (72), (73), (74)

$$\left.\begin{aligned} Z_3 &= \sqrt{Z_{l2}(Z_{l1} - Z_{k1})}, \\ Z_1 &= Z_{l1} - Z_3, \\ Z_2 &= Z_{l2} - Z_3. \end{aligned}\right\} \tag{77}$$

Bei den beiden Anordnungen Abb. 37.14 und 37.15 können wegen der Gleichheit der Ströme in den oberen und unteren Längszweigen die Längswiderstände beliebig auf den oberen und unteren Zweig verteilt werden. Liegt je die Hälfte der Widerstände oben und unten, dann nennt man die Anordnung „*erdsymmetrisch*". Bei den „*erdunsymmetrischen*" Anordnungen Abb. 37.14 und 37.15 muß gewöhnlich die durchgehende untere Leitung geerdet werden, um schädliche Erdkapazitäten der

Bauelemente (z.B. Spulen oder Widerstände) kurzzuschließen oder festzulegen („*erdgebundene*“ Vierpole) (s. auch Abb. 42.26).

Matrizen: Die Gesamtheit der vier Koeffizienten der Vierpolgleichungen nennt man eine Matrix. Z. B. ist

$$\begin{pmatrix} Z_{11} & Z_{12} \\ Z_{21} & Z_{22} \end{pmatrix} = \boldsymbol{Z} \tag{78}$$

eine Widerstandsmatrix. Ebenso sind

$$\begin{pmatrix} U_1 \\ U_2 \end{pmatrix} = \boldsymbol{U} \qquad \text{und} \qquad \begin{pmatrix} I_1 \\ I_2 \end{pmatrix} = \boldsymbol{I} \tag{79}$$

(einspaltige) Matrizen. Damit ist zunächst nichts weiter festgelegt als eine räumliche Anordnung der betreffenden Größen. Es zeigt sich aber, daß man einfache allgemeine Rechenregeln festlegen kann, mit deren Hilfe anschauliche Gleichungen zwischen den Matrizen aufgestellt werden können. Z. B. kann man für die Vierpolgleichungen in Widerstandsform schreiben

$$\boldsymbol{U} = \boldsymbol{Z}\,\boldsymbol{I}, \tag{80}$$

wobei die rechte Seite als Produkt zweier Matrizen aufgefaßt wird. Ein anderes Beispiel bildet die Kettenschaltung zweier Vierpole mit den Kettenmatrizen $\boldsymbol{A}'$ und $\boldsymbol{A}''$. Es zeigt sich, daß die Kettenmatrix der in Kette geschalteten Vierpole

$$\boldsymbol{A} = \boldsymbol{A}'\,\boldsymbol{A}'', \tag{81}$$

gleich dem Produkt der beiden einzelnen Matrizen wird. Für solche Produkte von Matrizen gilt eine einheitliche *Multiplikationsregel*:

Es sei das Produkt $\boldsymbol{a}\,\boldsymbol{b} = \boldsymbol{c}$ der beiden Matrizen

$$\boldsymbol{a} = \begin{pmatrix} a_{11} & a_{12} & a_{13} \\ a_{21} & a_{22} & a_{23} \end{pmatrix}$$

und

$$\boldsymbol{b} = \begin{pmatrix} b_{11} & b_{12} \\ b_{21} & b_{22} \\ b_{31} & b_{32} \end{pmatrix}$$

zu bilden.

Man findet allgemein die Elemente c_{ik}, indem man die i-te Zeile der a-Matrix („Zeilenvektor“) an die k-te Spalte der b-Matrix („Spaltenvektor“) legt und die Summe der Produkte der nebeneinander stehenden Faktoren bildet (inneres Produkt von Zeilenvektor und Spaltenvektor, vgl. S. 34). Also z. B. für $i = 2$, $k = 1$:

$$\left.\begin{matrix} a_{21} & b_{11} \\ a_{22} & b_{21} \\ a_{23} & b_{31} \end{matrix}\right\} \; c_{21} = a_{21} b_{11} + a_{22} b_{21} + a_{23} b_{31}\,. \tag{82}$$

So findet man

$$\boldsymbol{c} = \begin{pmatrix} c_{11} & c_{12} \\ c_{21} & c_{22} \end{pmatrix}.$$

Die Anzahl der Spalten der a-Matrix muß also mit der Anzahl der Zeilen der b-Matrix übereinstimmen.

Das Produkt zweier quadratischer Matrizen ergibt wieder eine quadratische Matrix gleichen Grades, also für das Beispiel von Matrizen zweiten Grades

$$\begin{pmatrix} a_{11} & a_{12} \\ a_{21} & a_{22} \end{pmatrix} \begin{pmatrix} b_{11} & b_{12} \\ b_{21} & b_{22} \end{pmatrix} = \begin{pmatrix} c_{11} & c_{12} \\ c_{21} & c_{22} \end{pmatrix}. \tag{83}$$

Eine andere wichtige Rechenregel betrifft die *Umkehrung einer quadratischen Matrix.* Sie wird z. B. benötigt zur Auflösung der Gl. (80) nach $\boldsymbol{I}$. Die zu einer Matrix $\boldsymbol{a}$ *inverse Matrix* wird mit $\boldsymbol{a}^{-1}$ bezeichnet. Sie ist definiert durch

$$\boldsymbol{a}^{-1}\,\boldsymbol{a} = \boldsymbol{a}\,\boldsymbol{a}^{-1} = \boldsymbol{E}\,. \tag{84}$$

$\boldsymbol{E}$ ist die sogen. *Einheitsmatrix* oder *Einsmatrix*. Sie enthält in der „*Hauptdiagonale*“ die Zahlen 1, im übrigen nur Nullen:

$$E = \begin{pmatrix} 1 & 0 & . & . \\ 0 & 1 & . & . \\ . & . & . & . \\ . & . & . & . \end{pmatrix}$$

und hat den gleichen Grad wie $\boldsymbol{a}$.

Setzt man

$$\boldsymbol{a}^{-1} = \boldsymbol{d}\,, \tag{85}$$

so können die Elemente d_{ik} der inversen Matrix allgemein berechnet werden durch

$$d_{i\,k} = (-1)^{\nu+\mu}\,\frac{D_{k\,i}}{D}\,. \tag{86}$$

Dabei bedeutet D die Determinante des Systems der Elemente a. $D_{k\,i}$ ist die Unterdeterminante zur k-ten Zeile und i-ten Spalte (man beachte die Vertauschung von Spalte und Zeile!). Bei einer Matrix zweiten Grades ist z. B.

$$\boldsymbol{d} = \frac{1}{a_{11}\,a_{22} - a_{12}\,a_{21}}\begin{pmatrix} a_{22} & -a_{12} \\ -a_{21} & +a_{11}\end{pmatrix}. \tag{87}$$

Zur Auflösung von Gl. (80) nach $\boldsymbol{I}$ multipliziert man auf beiden Seiten von links mit $\boldsymbol{Z}^{-1}$. Dann folgt unter Berücksichtigung von Gl. (84)

$$\boldsymbol{I} = \boldsymbol{Z}^{-1}\,\boldsymbol{U}\,, \tag{88}$$

und es ist ersichtlich

$$\boldsymbol{Z}^{-1} = \boldsymbol{Y}\,. \tag{89}$$

Die Koeffizienten Y folgen aus Gl. (87) zu

$$Y_{11} = \frac{Z_{22}}{Z_{11}\,Z_{22} - Z_{12}\,Z_{21}}\,, \tag{90}$$

$$Y_{12} = \frac{-Z_{12}}{Z_{11}Z_{22} - Z_{12}Z_{21}}\,, \tag{91}$$

$$Y_{21} = \frac{-Z_{21}}{Z_{11}Z_{22} - Z_{12}Z_{21}}\,, \tag{92}$$

$$Y_{22} = \frac{Z_{11}}{Z_{11}\,Z_{22} - Z_{12}\,Z_{21}}\,. \tag{93}$$

Gyrator

Der Umkehrungssatz gilt gemäß der obigen Ableitung bei jedem passiven linearen Vierpol, der beliebig aus Widerständen, Kondensatoren, Spulen mit und ohne magnetische Kopplungen und aus Leitungen zusammengesetzt ist. Solche Vierpole nennt man auch *kopplungssymmetrische* oder *reziproke Vierpole*. Es gibt jedoch eine Gruppe von passiven linearen Vierpolen, die für die ebenfalls die Vierpolgleichungen gelten, aber nicht der Umkehrungssatz. Ein Beispiel bildet ein elektrodynamischer Lautsprecher, der auf ein Kondensatormikrophon einwirkt. Werden die Klemmen des Lautsprechers als Eingangsklemmen, die Klemmen des Mikrophons als Ausgangsklemmen betrachtet, so liegt ein linearer Vierpol vor, für den z. B. die Gl. (58) und (59) gelten. Es läßt sich aber zeigen, daß hier nicht die Gl. (61) gilt, sondern

$$Z_{21} = -Z_{12}\,. \tag{94}$$

Gegenüber dem kopplungssymmetrischen Vierpol kehrt sich die Richtung der Spannung am leerlaufenden Ende beim Vertauschen von Eingang und Ausgang um. Einen solchen Vierpol nennt man einen Gyrator; er läßt sich nicht durch eine Stern- oder Dreieckschaltung von Widerständen darstellen.

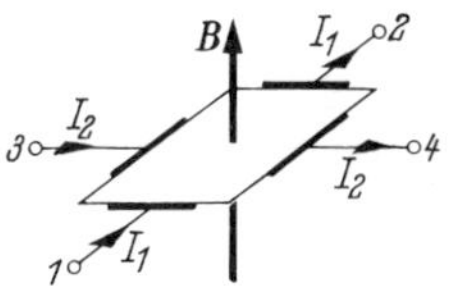

Abb. 37.16. HALL-Vierpol

Ein anderes Beispiel liefert der HALL-Effekt (s. S. 229). In Abb. 37.16 seien 1 2 und 3 4 die 4 Anschlußklemmen eines dünnen Plättchens aus einem geeigneten HALL-Effekt-Leiter; es befinde sich entsprechend Abb. 23.12 in einem konstanten magnetischen Feld B. Die Klemmen 1 2 seien nun die Eingangsklemmen, die Klemmen 3 4 die Ausgangsklemmen eines Vierpols mit den Bezugsrichtungen für die Spannungen wie in Abb. 37.12. Die Vierpolgleichungen lassen sich dann in der Form schreiben:

$$\left.\begin{aligned} U_1 &= R_1 I_1 - r I_2, \\ U_2 &= r I_1 + R_2 I_2. \end{aligned}\right\} \qquad (95)$$

Dabei bezeichnen R_1 und R_2 die zwischen den Klemmen 1 2 bzw. 3 4 gemessenen Gleichstromwiderstände ($B = 0$), r ergibt sich aus den auf S. 230 erläuterten Zusammenhängen zu R_h/d. Es zeigt sich also, daß auch hier die Gl. (94) gilt und nicht der Umkehrungssatz. Der *ideale Gyrator* (H. Tellegen 1948) entsteht, wenn die Widerstände R_1 und R_2 vernachlässigbar klein gegen den „Gyratorwiderstand" r sind. Die Vierpolgleichungen des idealen Gyrators lauten in der Widerstandsform

$$\left.\begin{aligned} U_1 &= -r I_2, \\ U_2 &= r I_1. \end{aligned}\right\} \qquad (96)$$

Die Kettenmatrix ist

$$\boldsymbol{A} = \begin{pmatrix} 0 & r \\ \frac{1}{r} & 0 \end{pmatrix}. \qquad (97)$$

Der ideale Gyrator bildet danach ein Gegenstück zum idealen Übertrager, dessen Kettenmatrix nach Gl. (34.9) lautet

$$\boldsymbol{A} = \begin{pmatrix} \ddot{u} & 0 \\ 0 & \frac{1}{\ddot{u}} \end{pmatrix}. \qquad (98)$$

Die Vorzeichenumkehr im Kopplungswiderstand nach Gl. (94) hat merkwürdige und praktisch wichtige Konsequenzen:

1. Wird der Ausgang eines *idealen Transformators* mit einem beliebigen komplexen Scheinwiderstand Z_2 abgeschlossen, so erscheint nach Abschnitt 36 zwischen den Eingangsklemmen der damit proportionale transformierte Scheinwiderstand $\ddot{u}^2 Z_2$. Wird dagegen der Ausgang des *idealen Gyrators* mit Z_2 abgeschlossen, so folgt aus der Kettenmatrix für den Eingangswiderstand:

$$Z_1 \equiv \frac{U_1}{I_1} = \frac{r^2}{Z_2}. \qquad (99)$$

D. h. der Scheinwiderstand zwischen den Eingangsklemmen ist umgekehrt proportional dem Abschlußwiderstand. Wird der ideale Gyrator mit einem Kondensator abgeschlossen, so wirkt er am Eingang wie eine Spule. Der ideale Gyrator transformiert einen Scheinwiderstand in seinen „widerstandsreziproken" Wert (s. a. Abschnitt 42).

2. Besondere Effekte ergeben sich ferner, wenn der Ausgang des Gyrators über irgendwelche Widerstände mit dem Eingang verbunden wird. Die Abb. 37.17 soll ein einfaches Beispiel veranschaulichen. Nach Gl. (96) gilt für den idealen Gyrator G

$$U_1 = -r I_2', \quad U_2 = r I_1';$$

ferner ist

$$I_1 = I_1' + I_1'', \quad I_2 = I_2' + I_2'',$$

sowie

$$I_1'' = -I_2'' = \frac{1}{2R}(U_1 - U_2).$$

Daraus folgt für den äußeren Vierpol

$$\left.\begin{aligned} I_1 &= \frac{1}{2R} U_1 + \left(\frac{1}{r} - \frac{1}{2R}\right) U_2, \\ -I_2 &= \left(\frac{1}{r} + \frac{1}{2R}\right) U_1 - \frac{1}{2R} U_2. \end{aligned}\right\} \qquad (100)$$

In dieser Leitwertform der Vierpolgleichungen kann man $Y_{12} = 0$ machen, indem man $2\,R = r$ wählt. Dann wird aus Gl. (100):

$$\left.\begin{aligned} U_1 &= r\,I_1\,, \\ U_2 &= 2\,U_1 + r\,I_2\,. \end{aligned}\right\} \tag{101}$$

Der Eingangswiderstand wird also gleich r, unabhängig vom Abschlußwiderstand des Ausgangs; der Vierpol sperrt in der Richtung vom Ausgang zum Eingang. Die Ausgangsspannung U_2 ergibt sich, indem von einer konstanten Quellenspannung $2\,U_1$ ein Spannungsabfall $r\,I_2$ abgezogen wird. Für den Vierpol gilt also das in Abb. 37.18 gezeigte Ersatzbild. Er liefert in

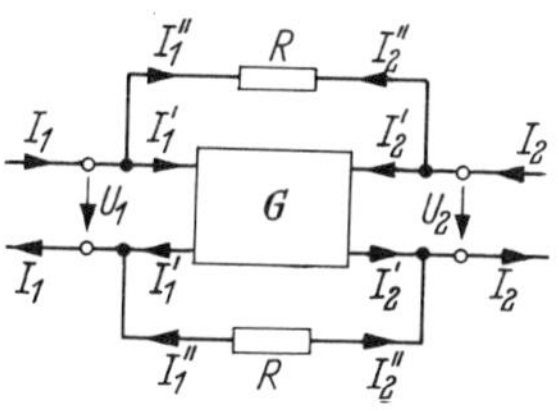

Abb. 37.17. Gyrator mit Überbrückung

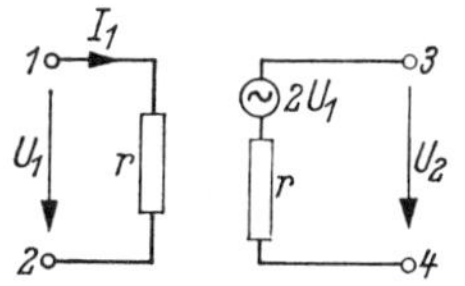

Abb. 37.18. Ersatzbild des idealen Trennvierpols

einen Abschlußwiderstand $Z_2 = r$ die volle, dem Eingang zufließende Leistung. Einen solchen Vierpol bezeichnet man als *idealen Trennvierpol.* Praktisch verwendete Trennvierpole benützen die Drehung der Polarisationsebene in Ferritmaterial (FARADAY-Effekt, siehe Abschnitt 24). Diese Drehung führt ähnlich wie die Ablenkung der Ladungsträger beim HALL-Effekt zu einer Gyrator-Wirkung.

38. Lineare Verstärker

Allgemeine lineare Verstärkerelemente

Lineare Verstärker dienen zur Verstärkung von Nachrichtensignalen; die Ausgangsspannung soll den beliebigen zeitlichen Verlauf der Eingangsspannung möglichst genau abbilden. Da die Kennlinien für den Zusammenhang zwischen den Spannungen und Strömen der Verstärkerelemente gekrümmte Kurven sind, so müssen besondere Maßnahmen zur *Linearisierung* angewendet werden. Das einfachste und gebräuchlichste Mittel zur Linearisierung besteht darin, daß die gekrümmten Kennlinien durch die Spannungen und Ströme nur so weit ausgesteuert werden, daß sie in diesem Bereich hinreichend geradlinig sind. Man nennt solche Verstärker auch *Kleinsignalverstärker.* Verstärker dieser Art werden in diesem Abschnitt behandelt. Ein weiteres praktisch wichtiges Hilfsmittel zur Verbesserung der Linearität bietet die Gegenkopplung (s. Abschnitt 49).

Als Verstärkerelemente werden *Verstärkerzweipole* und *Verstärkerdreipole* verwendet.

Verstärkerzweipole haben in einem bestimmten Bereich der Spannung eine fallende Strom-Spannungs-Kennlinie. Beispiele von Verstärkerzweipolen sind die Tunneldiode, Maser und parametrische Verstärker (s. Abschnitt 53), Glimm- und Bogenentladungen (s. Abschnitt 49). Die Verstärkerzweipole können im linearen Bereich durch einen *negativen Widerstand* gekennzeichnet werden, dessen Betrag bei hinreichend kleinen Aussteuerungen

$$R_n = \left|\frac{du}{di}\right| \tag{1}$$

ist, oder durch den *negativen Leitwert* mit dem Betrag

$$G_n = \left|\frac{di}{du}\right| = \frac{1}{R_n}\,. \tag{2}$$

Abb. 38.1 zeigt die beiden grundsätzlichen Anordnungen negativer Widerstände in Verstärkerschaltungen. u_0 sei eine Spannung mit beliebigem zeitlichen Verlauf am Eingang des Verstärkers; R_1 ist der Innenwiderstand der Quelle, R_2 der Lastwiderstand. Im Falle der *Reihenschaltung*, (a) der Abbildung, ist

der Spannungsverstärkungsfaktor $u_2/u_1 = R_2/(R_2 - R_n)$, (3)

der Stromverstärkungsfaktor $i_2/i_1 = 1$. (4)

Im Falle der *Parallelschaltung* (b) ist

der Spannungsverstärkungsfaktor $u_2/u_1 = 1$, (5)

der Stromverstärkungsfaktor $i_2/i_1 = 1/(1 - R_2\,G_n)$. (6)

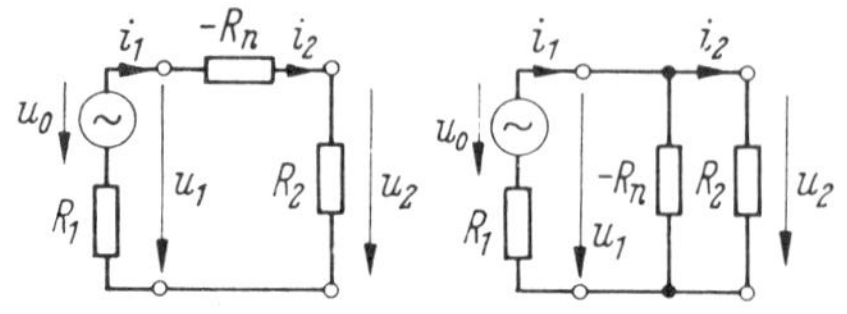

a b

Abb. 38.1. a u. b. Zweipolverstärkerelemente in Verstärkerschaltung

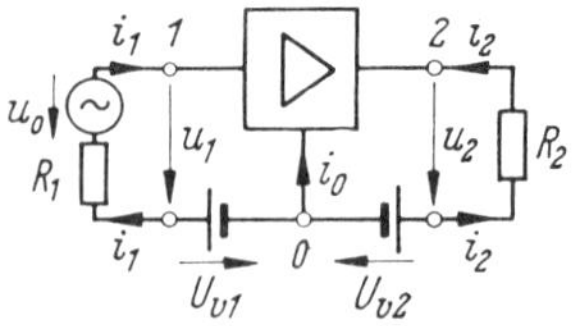

Abb. 38.2. Dreipolverstärkerelement in Verstärkerschaltung

Im Fall (a) muß $R_n < R_2$, im Fall (b) muß $R_n > R_2$ sein. Außerdem müssen gewisse Stabilitätsbedingungen beachtet werden (s. Abschnitt 49). In beiden Fällen muß die zusätzliche Signalleistung im Lastwiderstand natürlich durch andere nicht gezeichnete Stromquellen (z. B. durch eine Gleichvorspannung) aufgebracht werden.

Der praktisch erreichbare Verstärkungsfaktor der Zweipolverstärker ist begrenzt, da die unvermeidlichen Schwankungen des negativen Widerstandes einen mit wachsendem Verstärkungsfaktor wachsenden Einfluß haben und zur Selbsterregung von Schwingungen führen können. Zweipolverstärker mit geringem Verstärkungsfaktor werden daher nur dann angewendet, wenn damit andere Vorteile gewonnen werden, z. B. geringere Rauschspannungen.

Verstärkerdreipole sind die Transistoren und die Hochvakuumtrioden. Die Abb. 38.2 zeigt schematisch das allgemeine Schaltbild eines Verstärkers mit einem Verstärkerdreipol. Als Bezugsrichtung für die Spannungen und Ströme werden im folgenden *symmetrische Bezugspfeile* wie in Abb. 38.2 benützt.

Bei einem Längsfeldtransistor in der Basisschaltung entspricht die Klemme *1* dem Emitter, die Klemmen *0* der Basis und die Klemme *2* dem Kollektor. In der Emitterschaltung ist *0* der Emitter, *1* die Basis und *2* der Kollektor. In der Kollektorschaltung ist *0* der Kollektor, *1* die Basis und *2* der Emitter. Bei der Verstärkerröhre und bei dem Querfeldtransistor ist in der Grundschaltung *1* die Steuerelektrode, *0* die Kathode und *2* die Anode.

Die konstanten Vorspannungen U_{V1} und U_{V2} bestimmen den Ruhezustand des Verstärkers; sie dienen zur Einstellung der für die lineare Verstärkung günstigen Betriebspunkte auf den Kennlinien und zur Lieferung der zur Verstärkung nötigen Energie. Zur Untersuchung des Verhaltens von Verstärkerdreipolen in beliebigen Schaltungen dienen die *Wechselstom-Ersatzbilder* und die *Vierpolgleichungen*.

Wechselstromersatzbilder des Verstärkerdreipols

Die Wechselstrom-Ersatzbilder werden besonders einfach, wenn folgende Voraussetzungen gemacht werden, die für überschlägige Betrachtungen häufig ausreichen:

1. Der Ausgangsstromkreis wirkt nicht auf den Eingang zurück,
2. Die statischen Kennlinien gelten bei den betrachteten zeitlichen Spannungs- und Stromänderungen auch für die Augenblickswerte. Dies bedeutet, daß die Schwingungsfrequenzen unterhalb einer gewissen Grenzfrequenz liegen müssen, die von der Bauart des Verstärkerelementes abhängt.

Im Eingangskreis gelten die Eingangskennlinien, die den Zusammenhang zwischen i_1 und u_1 angeben, z. B. nach Abb. 38.3. Der Betriebspunkt ergibt sich als Schnittpunkt P_1 der Kennlinie mit der Widerstandsgeraden

$$u_1 = U_{V1} - i_1 R_1 . \tag{7}$$

Der Ersatz der i_1,u_1-Kennlinie durch die Tangente in diesem Punkt liefert den Eingangswiderstand

$$R_e = \left.\frac{du_1}{di_1}\right|_{P_1} \tag{8}$$

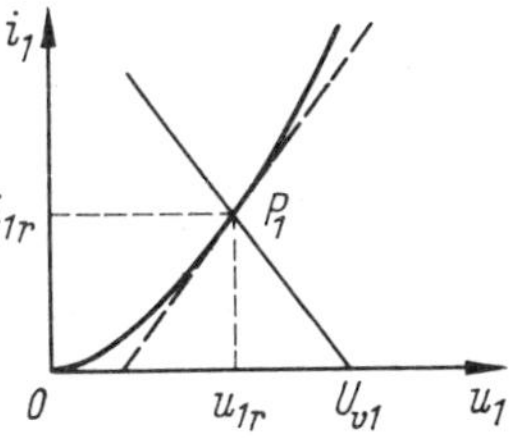

Abb. 38.3. Konstruktion des Ruhepunktes auf der Eingangsseite des Verstärkers

des Verstärkers. Für Wechselspannungen hinreichend kleiner Amplitude kann das Verstärkerelement am Eingang durch den Widerstand R_e ersetzt werden. Ist der Eingangsstrom vernachlässigbar klein, wie im Falle des Querfeldtransistors oder der Hochvakuumtriode bei niedrigen Frequenzen, dann fällt die Kennlinie nahezu mit der Abszissenachse zusammen und es ist im Punkt P_1: $u_{1r} = U_{V1}$.

Zu den Ruhewerten der Eingangsspannung u_{1r} und des Eingangsstromes i_{1r} gehört eine bestimmte i_2,u_2-Kennlinie aus der Schar der Ausgangskennlinien, Abb. 38.4. Den Betriebspunkt P_2 findet man als Schnittpunkt dieser Kennlinie mit der Widerstandsgeraden

$$u_2 = U_{V2} - i_2 R_2 . \tag{9}$$

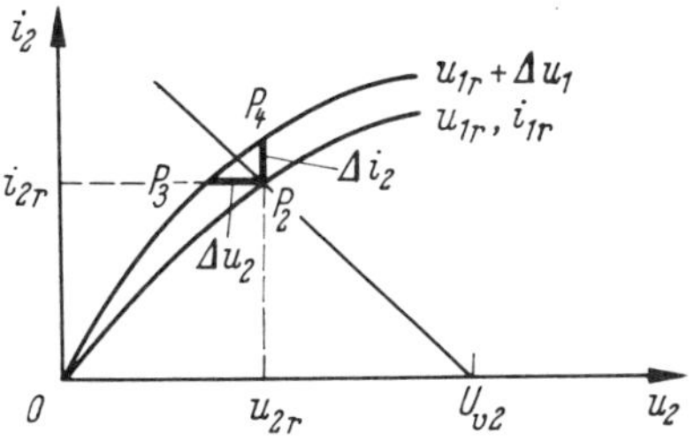

Abb. 38.4. Ausgangskennlinie zur Ermittlung des Leerlauf-Verstärkungsfaktors und der Steilheit

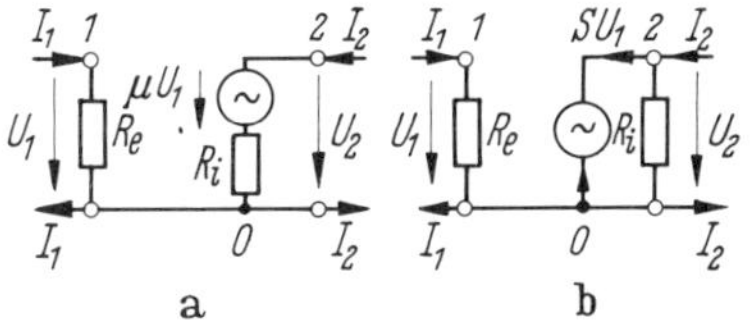

Abb. 38.5 a u. b. Wechselstromersatzbilder des Verstärkers

Durch die Änderungen der Eingangsgrößen werden die Ausgangsgrößen gesteuert. Die Strecke *20* des Verstärkerelementes wirkt daher im Ausgangsstromkreis bei kleinen Spannungsänderungen Δu_1 oder Stromänderungen Δi_1, also auch bei Wechselspannungen und -strömen hinreichend kleiner Amplitude, wie eine Quelle, die nach Abschnitt 4 durch Leerlaufspannung oder Kurzschlußstrom sowie ihren Innenwiderstand gekennzeichnet werden kann. Damit ergeben sich die beiden in Abb. 38.5 gezeigten Wechselstrom-Ersatzbilder des Verstärkerelementes.

Den Innenwiderstand R_i der Ersatzquellen findet man aus der Steigung der i_2, u_2-Kennlinie im Punkte P_2:

$$R_i = \left.\frac{du_2}{di_2}\right|_{P_2} . \tag{10}$$

Leerlaufspannung und Kurzschlußstrom der Ersatzquellen findet man aus den Kennlinien, indem man die Wirkung kleiner Änderungen Δu_1 oder Δi_1 der Eingangsgrößen verfolgt.

Die *Leerlaufspannung* der Ersatzquelle kann aus den Kennlinien entnommen werden durch den Zuwachs Δu_2 bei konstantem i_2, Punkt P_3 in Abb. 38.4. Bei kleinen Änderungen ist Δu_2 proportional zu Δu_1. Der Proportionalitätsfaktor μ ist der *Leerlauf-Spannungsverstärkungsfaktor*:

$$\mu = \left.\frac{\Delta u_2}{\Delta u_1}\right|_{i_2 = \text{const.}} . \tag{11}$$

In Abb. 38.4 ist Δu_2 bei positivem Δu_1 negativ, also ist hier auch μ negativ. Dieser Fall liegt z. B. bei Verstärkerröhren in der Kathodengrundschaltung, Abb. 18.10, sowie bei Transistoren in der Emitterschaltung vor. Ausgangs- und Eingangswechselspannungen schwingen dann in Gegenphase. Bei der Basisschaltung des Transistors wird dagegen μ positiv, Ausgangs- und Eingangsspannungen schwingen in gleicher Phase.

Der *Kurzschlußstrom* der Ersatzquelle kann aus den Kennlinien entnommen werden durch den Zuwachs Δi_2 bei einer Zunahme Δu_1 oder Δi_1, wenn dabei u_2 konstant gehalten wird, Punkt P_4 in Abb. 38.4. Bei kleinen Änderungen liegt wieder angenähert Proportionalität vor. Der Proportionalitätsfaktor zwischen Δu_1 und Δi_2 ist der *Kurzschlußübertragungsleitwert*:

$$S = -\left.\frac{\Delta i_2}{\Delta u_1}\right|_{u_2 = \text{const.}} . \tag{12}$$

Das Minuszeichen ist durch die entgegengesetzt gerichteten Bezugspfeile für Kurzschlußstrom und Ausgangsstrom in Abb. 38.5 bedingt. Die Größe S wird auch Die Größe S wird auch *Steilheit* genannt, da sie durch die Steigung der i_2,u_1-Kennlinie bestimmt ist. S wird z. B. bei Transistoren positiv in der Emitterschaltung und negativ in der Basisschaltung.

Wie bei allen Ersatzquellen (s. Abschnitt 4) gilt zwischen den 3 Größen μ, S und R_i unter der Berücksichtigung der Bezugspfeile von Abb. 38.5

$$S R_i = -\mu . \tag{13}$$

Der Proportionalitätsfaktor zwischen Δi_2 und Δi_1 ist der *Kurzschluß-Stromverstärkungsfaktor* α (s. Abschnitt 20), und es gilt unter Berücksichtigung der Bezugsrichtungen

$$\alpha = -\left.\frac{\Delta i_2}{\Delta i_1}\right|_{u_2 = \text{const.}} . \tag{14}$$

Ferner gilt mit Gl. (6)

$$S = \frac{\Delta i_2}{\Delta u_1} = \frac{\Delta i_2}{\Delta i_1 R_e} = -\frac{\alpha}{R_c} . \tag{15}$$

Zahlenbeispiele: 1. *Verstärkerröhre* des Beispiels Abb. 18.11. Ein Zuwachs der Ausgangsspannung $u_2 = u_a$ von 100 V auf 150 V, also um $\Delta u_2 = 50$ V, entspricht einer Abnahme der Eingangsspannung $u_1 = u_g$ von $-$ 2 V auf -6 V, also einem Zuwachs $\Delta u_g = -$ 4 V. Daher wird $\mu = -50:4 = -12{,}5 = -1/\mathrm{D}$.

Der Kurzschlußübertragungsleitwert S kann als Steigung unmittelbar aus der i_a,u_g-Kennlinie entnommen werden. Bei einer Gittervorspannung von $U_{v1} = -4$ V und einer Anodenvorspannung $U_{V2} = 150$ V wird $u_2 = u_a = 95$ V und $S = +0{,}3$ mA/V. Der Innenwiderstand wird nach Gl. (13) $R_i = -\mu/S = 12{,}5/0{,}3 \cdot 10^{-3}\Omega = 42\,\mathrm{k}\Omega$.

2. Bei einem *Transistor in Basisschaltung* mit den in Abb. 20.4 und 20.5 angegebenen Kennlinien und einer Vorspannung $U_{V1} = 0{,}15$ V wird $i_1 = i_E = 3$ mA. Ändert sich die Eingangsspannung um $\Delta u_1 = 0{,}05$ V, so ändert sich i_1 um rd. $\Delta i_1 = 1{,}6$ mA. Der Eingangswiderstand wird $R_e = 0{,}05/1{,}6 \cdot 10^{-3}\ \Omega = 31\ \Omega$.

Bei einem Zuwachs des Stromes $i_1 = i_E$ von 0 auf 5 mA nimmt nach Abb. 20.4 der Strom $i_2 = i_C$ von $-0{,}2$ auf $-$ 4,7 mA ab. Daher ist hier der Kurzschlußstrom-Verstärkungsfaktor $\alpha = 4{,}5/5 = 0{,}9$, und nach Gl. (15) wird der Kurzschlußübertragungsleitwert

$$-S = \alpha/R_e = 0{,}9/(31\Omega) = 29\ \mathrm{mA/V}$$

Der Innenwiderstand R_i kann aus den Ausgangskennlinien abgeschätzt werden. Bei einer Zunahme der Ausgangsspannung um $\Delta u_2 = 10$ V nimmt der Ausgangsstrom um etwa $\Delta i_2 = 0{,}1$ mA zu. Daraus folgt $R_i = 10\ \mathrm{V}/0{,}1\ \mathrm{mA} = 100\ \mathrm{k}\Omega$.

Der Leerlaufspannungs-Verstärkungsfaktor wird $\mu = -S R_i = 2900$.

3. Bei der *Emitterschaltung des Transistors* von Beispiel 2. tritt nach Abb. 20.7 $u_{BE} = -u_{EB}$ an die Stelle von u_1, $i_B = -(1-\alpha)\, i_E$ an die Stelle von i_1. Daher wird der Eingangswiderstand $R_e = 31\ \Omega/(1-\alpha) = 310\ \Omega$. Eine Vergrößerung von u_1 um $\Delta u_1 = 0{,}1$ V vergrößert i_1 um $\Delta i_1 = 0{,}1/310$ A $= 0{,}32$ mA und $i_0 = i_E$ um $\Delta i_0 = -\Delta i_1/(1-\alpha) = -3{,}2$ mA. Für die Ausgangskennlinien ist $u_2 = u_{CE} = u_{CB} - u_{BE} \approx u_{CB}$, also $\Delta u_2 \approx \Delta u_{CB}$ und $\Delta i_2 = \Delta i_C = -\alpha\, \Delta i_E = -\alpha\, \Delta i_0 = 0{,}9 \cdot 3{,}2$ mA $= 2{,}9$ mA. Damit wird $S = 2{,}9/0{,}1$ mA/V $= 29$ mA/V und $R_i = \Delta u_2/\Delta i_2 \approx 100$ kΩ. Der Leerlaufspannungs-Verstärkungsfaktor wird $\mu = -S/R_i = -2900$ und der Kurzschlußstrom-Verstärkungsfaktor $\alpha = -SR_e = -29 \cdot 10^{-3} \cdot 310 = -9$.

4. Beim *Querfeldtransistor* nach Abb. 20.15 ist der Eingangswiderstand R_e wie bei der Röhre mit negativer Gitterspannung sehr groß, so daß er meist außer Acht gelassen werden kann. Das gleiche gilt unter den idealisierten Verhältnissen der Abb. 20.15 für den Innenwiderstand R_i, der als unendlich groß angenommen werden kann. Wird als Vorspannung auf der Eingangsseite $U_{V1} = 6$ V gewählt, so wird der Ausgangsstrom $i_2 = i_a = 2{,}2$ mA. Eine Vergrößerung der Eingangsspannung um $\Delta u_1 = \Delta u_g = 0{,}5$ V vergrößert den Ausgangsstrom um $\Delta i_2 = \Delta i_a = 0{,}40$ mA. Daher wird der Kurzschluß-Übertragungsleitwert

$$S = 0{,}40/0{,}5 \text{ mA/V} = 0{,}80 \text{ mA/V}.$$

5. Am Ausgang des in Beispiel 2 betrachteten *Transistors in Basisschaltung* liegt ein Lastwiderstand $R_2 = 2000\ \Omega$. Die Ausgangsspannung wird nach dem Ersatzbild Abb. 38.5

$$U_2 = \mu U_1 R_2/(R_i + R_2) \approx -S R_2 U_1.$$

Der Spannungsverstärkungsfaktor wird $U_2/U_1 = -SR_2 = 58$.
Der Stromverstärkungsfaktor wird $-I_2/I_1 = -SR_e = 0{,}9$.
Der Leistungsverstärkungsfaktor wird $U_2 I_2/U_1 I_1 = 52$.

Bei *Emitterschaltung* des gleichen Transistors, Beispiel 3, ergibt sich mit dem gleichen Lastwiderstand der Spannungsverstärkungsfaktor $|U_2/U_1| = |SR_2| = 58$, der Stromverstärkungsfaktor $|I_2/I_1| = SR_e = 9$, und der Leistungsverstärkungsfaktor $|U_2 I_2/U_1 I_1| = 520$. Während also der Spannungsverstärkungsfaktor den gleichen Betrag hat, wird bei der Emitterschaltung der Stromverstärkungs-Faktor und damit der Leistungsverstärkungs-Faktor hier zehnmal so groß wie bei der Basisschaltung ($= 1/(1-\alpha)$-fach).

Die betrachteten einfachen Ersatzbilder gelten angenähert für niedrige Frequenzen. Bei höheren Frequenzen müssen insbesondere die Teilkapazitäten zwischen den drei Elektroden berücksichtigt werden. Sie begrenzen den Frequenzbereich, in dem der Verstärker voll wirksam ist. Die zwischen den Elektroden *1* und *2* des Verstärkerdreipols liegende Kapazität koppelt den Ausgangs- mit dem Eingangskreis und führt zu Rückwirkungen zwischen den beiden Kreisen. Weitere Rückwirkungen können durch den Bahnwiderstand der für Eingangs- und Ausgangskreis gemeinsamen Elektrode entstehen.

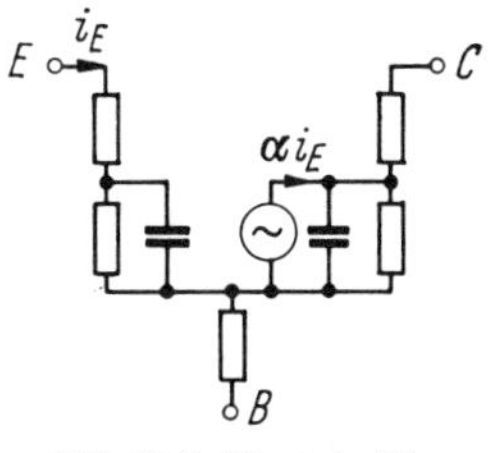

Abb. 38.6. Vereinfachtes Wechselstromersatzbild eines Transistors

Für viele Anwendungen von Transistoren ist das in Abb. 38.6 dargestellte Ersatzbild zweckmäßig. Es ist gegenüber den einfachen Ersatzbildern durch die 3 Bahnwiderstände erweitert sowie durch 2 Kapazitätswerte, die hauptsächlich durch die Kapazität von Emitter- und Kollektorübergang bedingt sind. Schließlich muß noch berücksichtigt werden, daß auch der Kurzschluß-Stromverstärkungsfaktor α frequenzabhängig ist wegen der bei Spannungsänderungen vor sich gehenden Ladungsänderungen, insbesondere im neutralen Basisbereich (siehe S. 187). Diese wirken wegen des Ausbreitungswiderstandes der Ströme innerhalb der Basis verzögernd für den Stromübergang vom Emitter zum Kollektor. Die Kurzschlußstromverstärkung läßt sich näherungsweise darstellen durch

$$\alpha = \frac{\alpha_0}{1 + j\,\omega\,\tau_a} = \frac{\alpha_0}{1 + j\,f/f_a}. \tag{16}$$

τ_a bedeutet dabei eine Umladezeitkonstante, f_a wird „Alphagrenzfrequenz" des Transistors genannt. Das in Abb. 38.6 dargestellte Ersatzbild läßt sich in den verschiedenen Schaltungsweisen des Transistors verwenden. Zur Berücksichtigung der

Rückwirkung des Ausgangskreises auf den Eingangskreis werden, meist einfacher, die Vierpolgleichungen benützt.

Vierpolgleichungen des Verstärkerelements

Der Zusammenhang zwischen den Eingangs- und Ausgangsspannungen und -strömen eines Verstärkerelements kann wie bei jedem Vierpol durch die Vierpolgleichungen dargestellt werden, siehe Abschnitt 37. Der Umkehrungssatz gilt hier jedoch nicht. Auch sind die Verstärker im allgemeinen nicht längssymmetrisch, so daß zur Kennzeichnung der Verstärkereigenschaften die Kenntnis von 4 Parametern erforderlich ist. Diese Parameter sind im allgemeinen komplex; sie können durch Messung bestimmt werden oder für niedrige Frequenzen aus den Ersatzbildern abgeleitet werden. Es ist üblich, hier kleine Buchstaben für die Parameter und ebenfalls wieder *symmetrische Bezugspfeile* zu verwenden. Die Vierpolgleichungen gelten natürlich auch dann, wenn es sich nicht um Verstärkerdreipole, sondern um allgemeine Vierpolverstärker handelt, wie z. B. bei magnetischen Verstärkern (siehe Abschnitt 52).

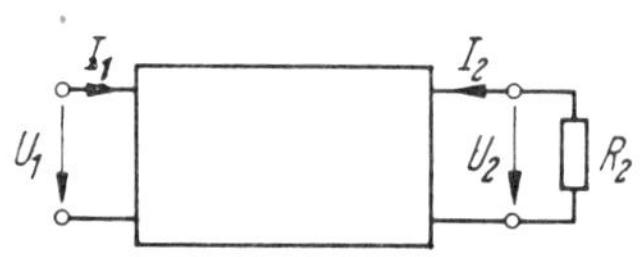

Abb. 38.7. Bezugsrichtungen von Spannungen und Strömen bei einem allgemeinen Verstärkervierpol

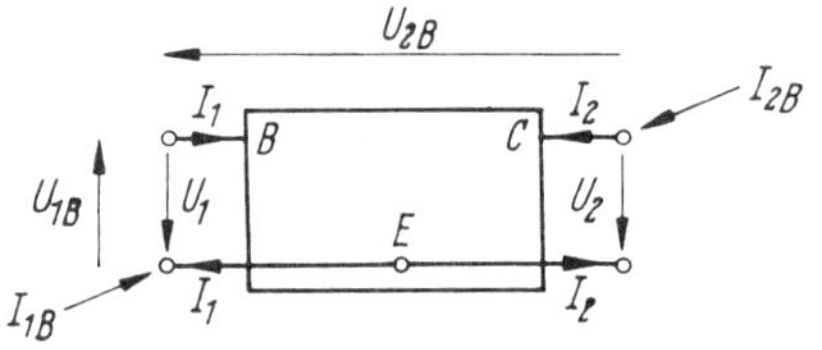

Abb. 38.8. Umrechnung der Vierpolparameter eines Transistors aus der Emitterschaltung in die Basisschaltung

Grundsätzlich können sämtliche 6 möglichen Formen der Vierpolgleichungen verwendet werden. In der Leitwertform lauten z. B. die Vierpolgleichungen für ein Verstärkerelement, Abb. 38.7:

$$I_1 = y_{11}\, U_1 + y_{12}\, U_2\,, \tag{17}$$

$$I_2 = y_{21}\, U_1 + y_{22}\, U_2\,. \tag{18}$$

Die Parameter haben, wie aus den Gleichungen ersichtlich, folgende Bedeutung:

$y_{11} = \left.\frac{I_1}{U_1}\right|_{U_2=0}$ Eingangsleitwert bei Kurzschluß des Ausgangs für Wechselstrom

$y_{12} = \left.\frac{I_1}{U_2}\right|_{U_1=0}$ Übertragungsleitwert vom Ausgang zum Eingang bei Kurzschluß des Eingangs für Wechselstrom

$y_{21} = \left.\frac{I_2}{U_1}\right|_{U_2=0}$ Übertragungsleitwert vom Eingang zum Ausgang bei Kurzschluß des Ausgangs für Wechselstrom

$y_{22} = \left.\frac{I_2}{U_1}\right|_{U_1=0}$ Ausgangsleitwert bei Kurzschluß des Eingangs für Wechselstrom.

Der Kurzschluß für Wechselstrom kann bei der Messung der Größen durch einen Kondensator hinreichend großer Kapazität herbeigeführt werden.

Zahlenbeispiel: Bei niedrigen Frequenzen wurden an einem *Transistor in Emitterschaltung*, Abb. 38.8, folgende Werte ermittelt:

$$y_{11} = 5\ \text{mS}, \quad y_{12} = -4\ \mu\text{S}, \quad y_{21} = 200\ \text{mS}, \quad y_{22} = 30\ \mu\text{S}.$$

1. *Verstärkungsfaktoren.* Mit einem Lastwiderstand R_2 wird $I_2 = -U_2/R_2$, und aus Gl. (18) ergibt sich

$$-\left(y_{22} + \frac{1}{R_2}\right) U_2 = y_{21}\, U_1\,,$$

also für den *Spannungsverstärkungsfaktor*

$$\frac{U_2}{U_1} = - \frac{y_{21}}{y_{22} + 1/R_2} . \tag{19}$$

Führt man U_2 aus Gl. (19) in die Gln. (17) und (18) ein, so ergibt sich

$$I_1 = U_1 \frac{y_{11} + R_2 (y_{11} y_{22} - y_{12} y_{21})}{1 + R_2 y_{22}} ,$$

$$I_2 = U_1 \frac{y_{21}}{1 + R_2 y_{22}} .$$

Der *Stromverstärkungsfaktor* wird

$$\frac{I_2}{I_1} = \frac{y_{21}}{y_{11} + R_2 (y_{11} y_{22} - y_{12} y_{21})} . \tag{20}$$

Mit den Zahlenwerten ergibt sich

$$I_2/I_1 = 210500\ \Omega/(5263\ \Omega + R_2)$$

und für den Spannungsverstärker-Faktor

$$-U_2/U_1 = 6667\ R_2/(33300\ \Omega + R_2) .$$

Die folgende Tabelle gibt einige Zahlenwerte für verschiedene Abschlußwiderstände unter der Voraussetzung der gleichen Betriebspunkte.

R_2 = 0	2000	4000	6000 Ω
$-U_2/U_1$ = 0	378	714	1018
I_2/I_1 = 40	29	22,7	18,7

2. *Umformung der Vierpolgleichungen*: Die Vierpolgleichungen können leicht für andere Betriebsweisen des Transistors umgeformt werden, wobei natürlich die Ruhewerte (Gleichstromwerte) der Spannungen und Ströme gleich bleiben müssen. Für die Basisschaltung seien dazu die Eingangs- und Ausgangsgrößen durch den Index B gekennzeichnet; diese Größen sind in Abb. 38.8 eingetragen, und man kann aus der Abbildung die folgenden Beziehungen ablesen

$$U_{1B} = -U_1, \quad U_{2B} = U_2 - U_1 = U_2 + U_{1B} ,$$
$$I_{1B} = -I_1 - I_2 = -I_{2B} - I_1, \quad I_{2B} = I_2 .$$

Führt man also in die Vierpolgleichungen die Größen

$$U_1 = -U_{1B}, \quad I_1 = -I_{1B} - I_{2B} , \quad U_2 = U_{2B} - U_{1B} ; \quad I_2 = I_{2B}$$

ein, so erhält man durch Auflösen der Gleichungen nach I_{1B} und I_{2B} die Leitwertparameter für die Basisschaltung:

$$y_{11B} = y_{11} + y_{12} + y_{21} + y_{22} = 205\ \text{mS} ,$$
$$y_{12B} = -y_{12} - y_{22} = -0{,}026\ \text{mS} ,$$
$$y_{21B} = -y_{21} - y_{22} = -200\ \text{mS} ,$$
$$y_{22B} = y_{22} = 0{,}03\ \text{mS} .$$

Eine bei Transistoren aus meßtechnischen Gründen häufig gebrauchte Form ist die folgende (Hybridform, Reihen-Parallelform)

$$U_1 = h_{11} I_1 + h_{12} U_2 , \tag{21}$$
$$I_2 = h_{21} I_1 + h_{22} U_2 . \tag{22}$$

Die 4 Parameter („h-Parameter") haben folgende Bedeutung:

$h_{11} = \left.\frac{U_1}{I_1}\right|_{U_2=0}$ Eingangswiderstand bei Kurzschluß am Ausgang

$h_{12} = \left.\frac{U_1}{U_2}\right|_{I_1=0}$ Leerlaufspannungs-Übertragungsfaktor vom Ausgang zum Eingang

$h_{21} = \left.\frac{I_2}{I_1}\right|_{U_2=0}$ Kurzschlußstrom-Verstärkungsfaktor

$h_{22} = \left.\frac{I_2}{U_2}\right|_{I_1=0}$ Ausgangsleitwert bei Leerlauf am Eingang.

Weiterführende Literatur zum Vierten Kapitel: *Ca, Ed, Fe1, Fe2, Ho, Kl2, Mar, Mi, We, ZiB*

Fünftes Kapitel

Leitungen und Kettenleiter

39. Allgemeine Theorie der Leitungen

Die Leitungsgleichungen

Wirkt am Anfang einer Leitung, Abb. 39.1, eine Wechselspannung, so fließen in den Leitungsdrähten an jeder Stelle der Leitung Wechselströme, und es ergeben sich zwischen den beiden Leitungsdrähten an jeder Stelle der Leitung Wechselspannungen gleicher Frequenz. Wenn wir irgendeinen Abschnitt s der Leitung herausgreifen und diesen Abschnitt kurz genug machen, dann haben die Ströme in den beiden Leitungsdrähten innerhalb dieses Abschnittes in irgendeinem Zeitpunkt den gleichen Wert; ebenso hat die Spannung zwischen den beiden Drähten überall in diesem Abschnitt in irgendeinem Zeitpunkt einen bestimmten Wert. Mit dem Strom ist ein magnetisches Feld verbunden, mit der Spannung ein elektrisches Feld. Diese beiden Felder sind angenähert ebene Felder von der Art der in Abschnitt 11 und 26 betrachteten, wenn der Abstand der beiden Drähte hinreichend klein ist und der ohmsche Widerstand der Drähte nicht zu groß Dem kurzen Abschnitt s der Leitung kann man daher eine bestimmte Induktivität L_s und eine bestimmte Kapazität C_s zuschreiben, und man definiert den *Induktionsbelag* (*Induktivität geteilt durch Länge*) der Leitung durch die Beziehung

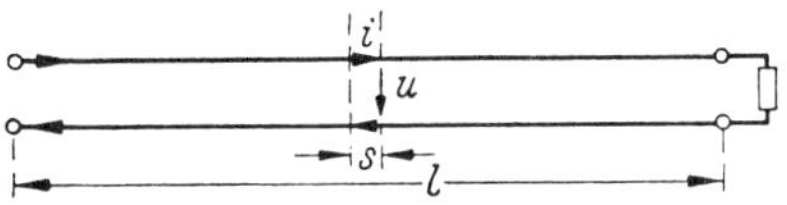

Abb. 39.1. Homogene Leitung

$$L' = \frac{L_s}{s}\,, \tag{1}$$

den *Kapazitätsbelag* (*Kapazität geteilt durch Länge*) durch

$$C' = \frac{C_s}{s}\,. \tag{2}$$

In gleicher Weise kann man auch den Widerstand R_s des Leitungsabschnittes auf die Länge beziehen; so ergibt sich der *Widerstandsbelag* (*Widerstand durch Länge*)

$$R' = \frac{R_s}{s}\,. \tag{3}$$

Schließlich können im allgemeinen Fall noch dielektrische Verluste vorhanden sein, die man durch die Ableitung G_s zwischen den beiden Drähten im Abschnitt s kennzeichnen kann. Der *Ableitungsbelag* (*Ableitung durch Länge*) ist

$$G' = \frac{G_s}{s}\,. \tag{4}$$

Die Leitung wird *homogen* genannt, wenn die vier Beläge längs der Leitung konstant sind. Die vier Beläge werden dann auch *Leitungskonstanten* genannt; sie sind aber nicht konstant hinsichtlich der Frequenz. Relativ wenig von der Frequenz abhängig sind Induktions- und Kapazitätsbelag. Bei einer Freileitung mit dem Drahtradius r_0 und dem Drahtabstand a (Zweidrahtleitung) wird nach Gl. (28.15) und (28.49) bzw. (11.96) oder (11.103) z.B.

$$L' = \frac{\mu_0}{\pi}\left(\ln\frac{a}{r_0} + \frac{1}{4}\right) = 0{,}4\left(\ln\frac{a}{r_0} + \frac{1}{4}\right)\frac{\text{mH}}{\text{km}}\,, \tag{5}$$

$$C' = \frac{\varepsilon_0\,\pi}{\ln\dfrac{a}{r_0}} = \frac{27{,}8}{\ln\dfrac{a}{r_0}}\,\frac{\text{nF}}{\text{km}}\,. \tag{6}$$

Die Formel für den Induktionsbelag gilt für niedrige Frequenzen. Mit wachsender Frequenz verschwindet der durch das innere Feld bedingte Summand 1/4 (s. Abschnitt 32). Die Formel für den Kapazitätsbelag setzt ideales Dielektrikum voraus. Infolge der dielektrischen Verluste ändert sich auch C' ganz wenig mit der Frequenz, und zwar nimmt bei wirklichen Leitungen C' mit wachsender Frequenz etwas ab (s. Abschnitt 17).

Der Widerstandsbelag einer zweidrähtigen Leitung hat bei Gleichstrom den Wert

$$R' = \frac{2\varrho}{A}\,. \tag{7}$$

Mit wachsender Frequenz f wächst der Widerstandsbelag infolge des Skineffektes (s. Abschnitt 32) zunächst langsam, bei hohen Frequenzen etwa mit der Wurzel aus der Frequenz.

Sehr stark frequenzabhängig ist im allgemeinen der Ableitungsbelag. Bei der Frequenz Null ist die Ableitung durch den bei Leitungen im allgemeinen sehr hohen Isolationswiderstand bestimmt; hier ist also G' verschwindend gering. Mit wachsender Frequenz nimmt G' wegen der dielektrischen Verluste zu, in einem weiten Frequenzbereich etwa proportional mit der Frequenz, bei hohen Frequenzen dagegen meist noch rascher.

Die vier Leitungsbeläge bestimmen vollständig das elektrische Verhalten der Leitung. Bezeichnet man die komplexe Stromstärke in einem kurzen Leitungsabschnitt von der Länge s mit I, so ist der ohmsche Spannungsabfall in dem Leitungsabschnitt

$$I\,R'\,s\,,$$

der induktive Spannungsabfall

$$I\,j\,\omega\,L'\,s\,.$$

Der gesamte Spannungsabfall ist also ebenso groß wie in einer Spule mit dem Wirkwiderstand $R's$ und der Induktivität $L's$.

Wird ferner mit U die komplexe Spannung zwischen den beiden Drähten bezeichnet, so ist der Ladestrom

$$U\,j\,\omega\,C'\,s$$

und der Ableitungsstrom

$$U\,G'\,s\,.$$

Insgesamt ergibt sich zwischen den beiden Drähten ein Strom wie in einem Kondensator mit der Kapazität $C's$ und der Ableitung $G's$. Die Beläge können auf Grund dieser Beziehungen an kurzen Abschnitten der Leitung gemessen werden. Widerstands- und Induktionsbelag ergeben sich aus dem Kurzschlußwiderstand Z_k eines kurzen Abschnittes:

$$R' + j\,\omega\,L' = \frac{Z_k}{s}\,; \tag{8}$$

Kapazitätsbelag und Ableitungsbelag ergeben sich aus dem Leerlaufwiderstand Z_l:

$$G' + j\,\omega\,C' = \frac{1}{s\,Z_l}\,. \tag{9}$$

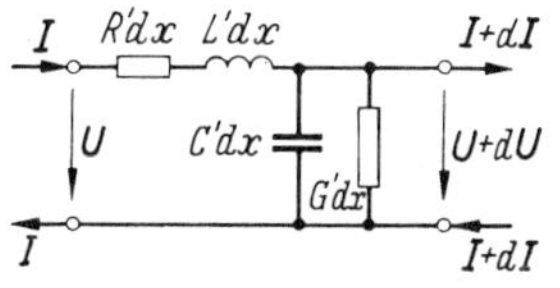

Abb. 39.2. Ersatzbild des kurzen Leitungsabschnittes

Spannung und Strom am Anfang und Ende des Leitungsabschnittes unterscheiden sich wegen des Spannungsabfalles an dem komplexen Längswiderstand $(R' + j\,\omega\,L')\,s$ und wegen des Stromes in dem komplexen Querleitwert $(G' + j\,\omega\,C')\,s$ etwas voneinander. Für einen Leitungsabschnitt von der Länge dx an irgend einer Stelle im Abstand x vom Leitungsanfang gilt das Ersatzbild Abb. 39.2. Aus dem Bild können die beiden folgenden Gleichungen abgelesen werden:

$$U = I\,(R' + j\,\omega\,L')\,dx + U + dU\,, \tag{10}$$

$$I = (U + dU)\,(G' + j\,\omega\,C')\,dx + I + dI\,. \tag{11}$$

Daraus folgen, wenn kleine Größen zweiter Ordnung weggelassen werden, die beiden Differentialgleichungen der homogenen Leitung:

$$\frac{dU}{dx} = -(R' + j\,\omega\,L')\,I\,. \tag{12}$$

$$\frac{dI}{dx} = -(G' + j\,\omega\,C')\,U\,. \tag{13}$$

Die Gl. (12) bringt zum Ausdruck, daß die Spannung längs der Leitung um so rascher abnimmt, je größer die Stromstärke an der betrachteten Stelle x ist. Die Gl. (13) besagt, daß die Stromstärke längs der Leitung um so schneller abnimmt, je größer die Spannung an der betrachteten Stelle ist.

Differenziert man die erste Gleichung nach x und setzt $\frac{dI}{dx}$ aus der zweiten Gleichung ein, so folgt

$$\frac{d^2U}{dx^2} = (R' + j\,\omega\,L')\,(G' + j\,\omega\,C')\,U\,. \tag{14}$$

Diese lineare Differentialgleichung zweiter Ordnung kann durch den Ansatz

$$U = a\,e^{\gamma x} \tag{15}$$

integriert werden. Durch Einsetzen folgt

$$\gamma^2 = (R' + j\,\omega\,L')\,(G' + j\,\omega\,C')\,. \tag{16}$$

Setzen wir

$$\boxed{\gamma = \sqrt{(R' + j\,\omega\,L')\,(G' + j\,\omega\,C')}\,,} \tag{17}$$

so ergeben sich zwei Lösungen für die Abhängigkeit der Spannung von dem Abstand x vom Leitungsanfang: $a_1\,e^{-\gamma x}$ und $a_2\,e^{\gamma x}$ mit den noch unbestimmten Konstanten a_1 und a_2. Allgemein ist daher

$$U = a_1\,e^{-\gamma x} + a_2\,e^{\gamma x}\,. \tag{18}$$

Die komplexe Größe γ wird *Fortpflanzungskonstante* oder *Ausbreitungskonstante* genannt. Man setzt

$$\boxed{\gamma = \alpha + j\,\beta\,.} \tag{19}$$

Dann wird

$$e^{-\gamma x} = e^{-\alpha x}\,e^{-j\beta x}\,, \tag{20}$$

ein Zahlenfaktor, dessen Betrag mit zunehmendem x exponentiell abnimmt und dessen Winkel proportional mit x im negativen Drehsinn wächst. α heißt die *Dämpfungskonstante* oder der *Dämpfungsbelag*, β die *Phasenkonstante* oder der *Phasenbelag*. Der Zahlenfaktor $e^{\gamma x}$ wächst dagegen exponentiell mit wachsendem Abstand vom Leitungsanfang und dreht um den Winkel βx im positiven Drehsinn.

Die Stromstärke an der Stelle x folgt mit Hilfe von Gl. (12) aus

$$I = -\frac{1}{R' + j\,\omega\,L'}\,\frac{dU}{dx}\,. \tag{21}$$

Durch Einsetzen von Gl. (18) ergibt sich

$$I = \frac{a_1}{Z_w}\,e^{-\gamma x} - \frac{a_2}{Z_w}\,e^{\gamma x}\,. \tag{22}$$

Dabei ist zur Abkürzung eingeführt

$$\boxed{Z_w = \sqrt{\frac{R' + j\,\omega\,L'}{G' + j\,\omega\,C'}}\,.} \tag{23}$$

Z_w hat die Dimension eines Widerstandes und wird der *Wellenwiderstand* oder die *Wellenimpedanz der Leitung* genannt.

Die Bedeutung der beiden Summanden, aus denen nach den Gl. (18) und (22) Spannung und Strom zusammengesetzt sind, erkennt man, wenn man die Augenblickswerte betrachtet. Dazu muß man gemäß Gl. (36.21) die Ausdrücke mit dem Drehfaktor $e^{j\omega t}$ multiplizieren:

$$U\,e^{j\omega t} = a_1\,e^{-\alpha x}\,e^{j(\omega t - \beta x)} + a_2\,e^{\alpha x}\,e^{j(\omega t + \beta x)}\,, \tag{24}$$

$$I\,e^{j\omega t} = \frac{a_1}{Z_w}\,e^{-\alpha x}\,e^{j(\omega t - \beta x)} - \frac{a_2}{Z_w}\,e^{\alpha x}\,e^{j(\omega t + \beta x)}\,. \tag{25}$$

Die ersten Ausdrücke rechts stellen in beiden Gleichungen Wellen dar, die in Richtung zunehmender x über die Leitung laufen. Der Faktor $e^{j(\omega t - \beta x)}$ behält dauernd seinen Wert bei, wenn

$$\omega\,t - \beta\,x = \text{konst.}\,, \tag{26}$$

wenn man also Punkte betrachtet, die mit der Geschwindigkeit

$$\boxed{v = \frac{\omega}{\beta}} \tag{27}$$

in Richtung zunehmender x die Leitung entlang laufen. Die Amplituden nehmen dabei gemäß dem Faktor $e^{-\alpha x}$ ab. Die zweiten Ausdrücke in Gl. (24) und (25) stellen Wellen dar, die in entgegengesetzter Richtung, also vom Ende der Leitung zum Anfang laufen. Ihre Geschwindigkeit ist die gleiche, ebenso ergibt sich in dieser (negativen) Richtung der gleiche Schwächungsfaktor der Amplituden.

Die Geschwindigkeit v bezeichnet man als die *Phasengeschwindigkeit*, da sie die Laufgeschwindigkeit der Phase, z.B. eines Nulldurchganges, von sinusförmigen Strömen oder Spannungen angibt (vgl. auch Abschnitt 45).

Die Ausbreitung der Ströme und Spannungen auf der Leitung zeigt also das Bild der Überlagerung zweier Wellenzüge, der *Hauptwelle*, die vom Leitungsanfang wegläuft, und der reflektierten Welle oder *Echowelle*, die vom Leitungsende zum Leitungsanfang läuft. Nennt man die Spannungen der beiden Wellen *am Leitungsanfang* ($x = 0$) U_{h0} und U_{r0}, dann gilt nach Gl. (18) und (22) für Spannung und Strom der Hauptwelle

$$U_{hx} = U_{h0}\,e^{-\gamma x}\,, \tag{28}$$

$$I_{hx} = \frac{U_{h0}}{Z_w}\,e^{-\gamma x}\,, \tag{29}$$

für Spannung und Strom der Echowelle

$$U_{rx} = U_{r0}\,e^{\gamma x}\,, \tag{30}$$

$$I_{rx} = -\frac{U_{r0}}{Z_w}\,e^{\gamma x}\,. \tag{31}$$

Beide Gleichungspaare beschreiben *fortschreitende Wellen*. Das Verhältnis von Spannung und Strom ist in jeder fortschreitenden Welle durch den Wellenwiderstand Z_w gegeben. Das Minuszeichen beim Strom I_r rührt daher, daß für die von rechts nach links laufende Echowelle, also für eine rechts an der Leitung liegende Energiequelle, ein positiver Strom die entgegengesetzte Richtung hat wie die in Abb. 39.3 angenommene Zählrichtung.

Spannungs- und Stromwellen sind *gedämpfte Wellen*; ihre Amplituden nehmen beim Fortschreiten exponentiell ab.

Das Entstehen der Echowelle erklärt sich daraus, daß der am Ende der Leitung liegende Abschlußwiderstand dort ein bestimmtes Verhältnis von Spannung zu Strom erzwingt. Bezeichnet man den komplexen Abschlußwiderstand der Leitung mit Z_2, Abb. 39.3, so gilt am Leitungsende

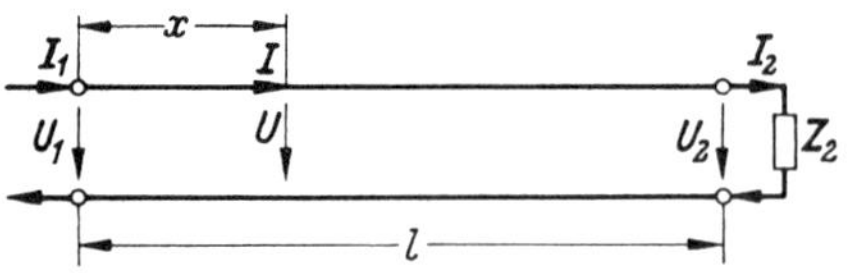

Abb. 39.3. Bezeichnung der Spannungen und Ströme bei einer Leitung

$$U_2 = I_2 Z_2 \,. \tag{32}$$

Nun sei dort $U_{hx} = U_h$, $U_{rx} = U_r$, und es folgt

$$U_2 = U_h + U_r \quad \text{und} \quad I_2 = \frac{U_h}{Z_w} - \frac{U_r}{Z_w}. \tag{33}$$

Also muß sich eine solche Amplitude der Echowelle einstellen, daß

$$U_h + U_r = \left(\frac{U_h}{Z_w} - \frac{U_r}{Z_w}\right) Z_2 \,. \tag{34}$$

Durch Auflösen erhält man

$$U_r = U_h \frac{Z_2 - Z_w}{Z_2 + Z_w} \,. \tag{35}$$

Nur in dem Sonderfall, daß

$$Z_2 = Z_w \tag{36}$$

gemacht wird, verschwindet die reflektierte Welle. Diesen Fall bezeichnet man als *Wellenanpassung*. Bei Wellenanpassung tritt nur die Hauptwelle auf, und es gilt

$$U = U_1 \, \mathrm{e}^{-\gamma x} \,, \tag{37}$$

$$I = \frac{U_1}{Z_w} \mathrm{e}^{-\gamma x} = \frac{U}{Z_w} \,, \tag{38}$$

wenn mit U_1 die Spannung am Anfang, die jetzt gleich der Spannung der Hauptwelle ist, bezeichnet wird. Die Stromstärke I_1 am Anfang wird bei Wellenanpassung

$$I_1 = \frac{U_1}{Z_w} \,. \tag{39}$$

Die angepaßt abgeschlossene Leitung verhält sich also am Eingang wie ein Widerstand von der Größe Z_w. Für die Effektivwerte an irgendeiner Stelle x der Leitung folgt

$$|U| = |U_1| \, \mathrm{e}^{-\alpha x} \,, \tag{40}$$

$$|I| = |I_1| \, \mathrm{e}^{-\alpha x} = \frac{|U_1|}{|Z_w|} \mathrm{e}^{-\alpha x} \,, \tag{41}$$

und Spannung und Strom am Ende der Leitung mit der Länge l werden

$$|U_2| = |U_1| \, \mathrm{e}^{-\alpha l} \,, \tag{42}$$

$$|I_2| = \frac{|U_1|}{|Z_w|} \mathrm{e}^{-\alpha l} = |I_1| \, \mathrm{e}^{-\alpha l} \,. \tag{43}$$

Die Größe

$$a = \alpha \, l \tag{44}$$

nennt man das *Dämpfungsmaß* der Leitung, die Größe

$$b = \beta \, l \tag{45}$$

nennt man das *Phasenmaß* der Leitung, $g = \gamma l$ ist das *komplexe Dämpfungsmaß*.

Im allgemeinen Fall treten Haupt- und Echowelle gemeinsam in Erscheinung. Für die Augenblickswerte der Spannung an irgendeiner Stelle x gilt z.B. nach

Gl. (24), wenn wir die Zeiger auf die reelle Achse projizieren,

$$u_x = \hat{u}_{h0}\, e^{-\alpha x} \cos(\omega t - \beta x + \delta) + \hat{u}_{r0}\, e^{\alpha x} \cos(\omega t + \beta x + \varepsilon)\,. \tag{46}$$

Dabei ist für den Leitungsanfang zur Abkürzung gesetzt

$$U_{h0}\sqrt{2} = \hat{u}_{h0}\, e^{j\delta}\,, \qquad U_{r0}\sqrt{2} = \hat{u}_{r0}\, e^{j\varepsilon}\,. \tag{47}$$

Die Abb. 39.4 zeigt, wie sich u_x in irgendeinem Zeitpunkt t grundsätzlich aus den beiden gegenläufigen gedämpften Wellen zusammensetzt.

Der Abstand zweier aufeinanderfolgenden Punkte gleicher Phase in der fortschreitenden Welle wird *Wellenlänge* λ genannt; es gilt also

$$\beta\lambda = 2\pi\,,$$

$$\lambda = \frac{2\pi}{\beta}\,. \tag{48}$$

In Abb. 39.4 ist λ ungefähr $^1/_5$ der Leitungslänge.

Zur Berechnung des Verhaltens von Leitungen ist es meist zweckmäßig, den Zusammenhang zwischen den Spannungen und Strömen am Anfang und Ende der Leitung zu benützen. Es ist also in Gl. (18) und (22) einzuführen

$$U = U_1 \quad \text{und} \quad I = I_1 \quad \text{für} \quad x = 0\,,$$
$$U = U_2 \quad \text{und} \quad I = I_2 \quad \text{für} \quad x = l\,.$$

Setzt man die letzte Bedingung in die beiden Gl. (18) und (22) ein, so ergibt sich

$$U_2 = a_1 e^{-\gamma l} + a_2 e^{\gamma l}\,, \tag{49}$$

$$I_2 Z_w = a_1 e^{-\gamma l} - a_2 e^{\gamma l}\,. \tag{50}$$

Hieraus folgt

$$a_1 = \frac{1}{2}(U_2 + I_2 Z_w)\, e^{\gamma l}\,, \tag{51}$$

$$a_2 = \frac{1}{2}(U_2 - I_2 Z_w)\, e^{-\gamma l}\,. \tag{52}$$

Für den Leitungsanfang gilt nach Gl. (18) und (22)

$$U_1 = a_1 + a_2\,, \tag{53}$$

$$I_1 = \frac{a_1}{Z_w} - \frac{a_2}{Z_w}\,. \tag{54}$$

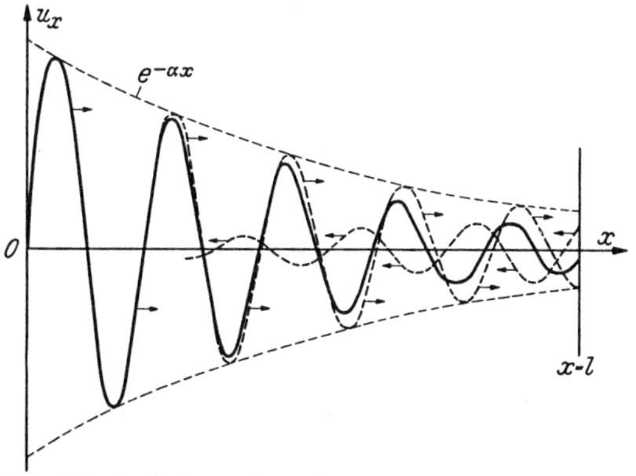

Abb. 39.4. Ausbreitung einer Wechselspannung auf einer langen homogenen Leitung

Führt man hier die eben berechneten Größen a_1 und a_2 ein, so erhält man die sogenannten *Leitungsgleichungen*:

$$U_1 = U_2 \cosh\gamma l + I_2 Z_w \sinh\gamma l\,, \tag{55}$$

$$I_1 = I_2 \cosh\gamma l + \frac{U_2}{Z_w} \sinh\gamma l\,. \tag{56}$$

Die Leitungsgleichungen sind Vierpolgleichungen in der Kettenform, Gl. (37.66) und (37.67), wobei hier nur für I_2 die entgegengesetzte Zählrichtung wie dort gewählt ist. Damit wird

$$A_{11} = \cosh\gamma l\,,$$

$$A_{12} = Z_w \sinh\gamma l\,, \tag{58}$$

$$A_{21} = \frac{1}{Z_w}\sinh\gamma l\,, \tag{59}$$

$$A_{22} = \cosh\gamma l\,. \tag{60}$$

Man überzeugt sich leicht, daß die Determinante der Kettenmatrix gleich 1 ist. Ferner ist $A_{11} = A_{22}$, da es sich um einen längssymmetrischen Vierpol handelt.

Übertragungskonstante und Wellenwiderstand. Berechnung von Leitungen

Zur Lösung von Leitungsaufgaben benötigt man Dämpfungskonstante, Phasenkonstante und Wellenwiderstand. Dämpfungskonstante und Phasenkonstante ergeben sich aus Gl. (17) und (19). Es gilt

$$\alpha + j\beta = \sqrt{(R' + j\omega L')(G' + j\omega C')}\,. \tag{61}$$

Durch Quadrieren erhält man die Gleichung

$$\alpha^2 + 2j\alpha\beta - \beta^2 = R'G' - \omega^2 L'C' + j\omega(R'C' + L'G')\,,$$

die in die beiden Beziehungen zerfällt

$$\alpha^2 - \beta^2 = R'G' - \omega^2 L'C'\,, \tag{62}$$

$$2\alpha\beta = \omega(R'C' + L'G')\,. \tag{63}$$

Bildet man andererseits auf beiden Seiten der Gl. (61) den Betrag, so folgt

$$\alpha^2 + \beta^2 = \sqrt{(R'^2 + \omega^2 L'^2)(G'^2 + \omega^2 C'^2)}\,. \tag{64}$$

Durch Abziehen erhält man aus den Gl. (62) und (64)

$$\beta = \sqrt{\frac{1}{2}(-R'G' + \omega^2 L'C') + \frac{1}{2}\sqrt{(R'^2 + \omega^2 L'^2)(G'^2 + \omega^2 C'^2)}}\,, \tag{65}$$

ferner mit Gl. (63)

$$\alpha = \frac{\omega(R'C' + L'G')}{2\beta}\,. \tag{66}$$

Die Größe α gibt an, wie groß die relative Abnahme der Effektivwerte bezogen auf die Leitungslänge ist. Wenn z. B. $\alpha = 0{,}01\ \text{km}^{-1}$ beträgt, so bedeutet dies, daß Spannung und Strom in einer fortschreitenden Welle je Kilometer rund um 1% abnehmen. Die Dämpfung wird verursacht durch die Energieverluste in der Leitung, die zum Teil in den Leitungsdrähten, zum Teil in der Isolation entstehen, s. auch S. 415.

Um den Wellenwiderstand zu berechnen, macht man den Ansatz

$$Z_w = |Z_w|\,e^{j\psi}\,; \tag{67}$$

damit folgt aus Gl. (23)

$$|Z_w| = \sqrt[4]{\frac{R'^2 + \omega^2 L'^2}{G'^2 + \omega^2 C'^2}}\,, \tag{68}$$

$$\psi = \frac{1}{2}\arctan\frac{\omega L'}{R'} - \frac{1}{2}\arctan\frac{\omega C'}{G'}\,. \tag{69}$$

Zur Berechnung der Hyperbelfunktionen der komplexen Größe γl dienen die Formeln (32.56), in denen nur noch reelle Funktionen vorkommen, die aus Tabellen entnommen werden können.

Für *Drehstromleitungen* gelten die gleichen Beziehungen, wenn man die Beläge entsprechend definiert. Zwischen den drei Leitungen und Erde liegen sechs Teilkapazitäten, Abb. 12.11, die durch Messung oder Rechnung bestimmt werden können. Bei symmetrischer Anordnung sind je drei davon einander gleich. Der von jeder Leitung ausgehende Verschiebungsstrom setzt sich aus drei Teilströmen zu den beiden anderen Leitern und nach der Erde zusammen. Bezeichnet man daher die Sternspannungen (Spannungen zwischen Außenleiter und Sternpunkt) mit U_{p1}, U_{p2} und U_{p3}, so wird z.B. der von Leiter *1* aufzunehmende Ladestrom

$$I_C = U_{p1}\,j\omega C_0 + (U_{p1} - U_{p2})\,j\omega C_1 + (U_{p1} - U_{p3})\,j\omega C_1\,. \tag{70}$$

Beachtet man, daß bei symmetrischem Dreiphasenstrom wegen der 120°-Verschiebung der drei Spannungen

$$U_{p1} + U_{p2} + U_{p3} = 0\,, \tag{71}$$

so folgt

$$I_C = U_{p1}\,j\omega(C_0 + 3C_1)\,. \tag{72}$$

Die gleiche Beziehung ergibt sich auch für die drei anderen Leiter. Daraus geht hervor, daß man genauso rechnen kann wie bei einer Einphasenleitung, wenn man den *Belag der Betriebskapazität* definiert durch

$$C' = C_0' + 3\,C_1', \tag{73}$$

und an Stelle der Spannung die Sternspannung, an Stelle des Stromes den Leiterstrom einführt. Für den Ableitungsbelag gilt entsprechend

$$G' = G_0' + 3\,G_1'. \tag{74}$$

Zur Berechnung der Induktivität denke man sich bei symmetrischer Lage der drei Leiter in der Mitte des durch die Leiter gebildeten gleichseitigen Dreiecks, Abb. 39.5, einen vierten Leiter *0* angebracht, der den Rückstrom führt. Da der Rückstrom Null ist, so beeinflußt dieser Leiter das magnetische Feld nicht. Bezeichnet man die drei Ströme mit I_1, I_2 und I_3, so ist die in der durch Außenleiter *1* und Sternleiter *0* gebildeten Schleife induzierte Spannung

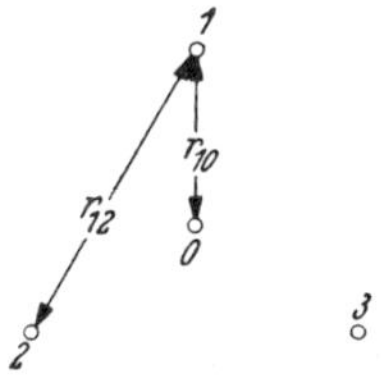

Abb. 39.5. Zur Berechnung der Betriebsinduktivität einer symmetrischen Drehstromleitung

$$U = I_1\,j\,\omega\,L_1 + I_2\,j\,\omega\,M_{12} + I_3\,j\,\omega\,M_{13}, \tag{75}$$

wobei L_1 die Induktivität der Schleife *10*, M_{12} die Gegeninduktivität zwischen Schleife *20* und Schleife *10*, M_{13} die Gegeninduktivität zwischen Schleife *30* und

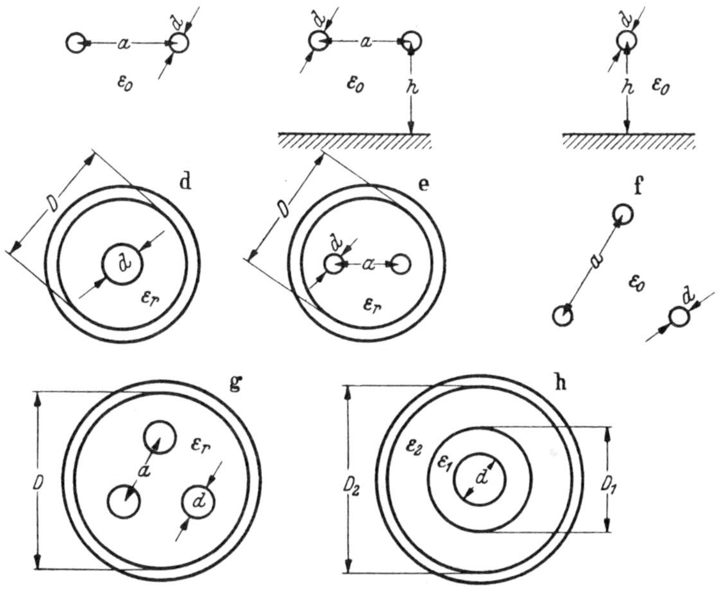

Abb. 39.6 a—h. Verschiedene Leitungsarten

Schleife *10* bezeichnen. Beachtet man die Symmetrieverhältnisse

$$M_{12} = M_{13}, \qquad I_1 + I_2 + I_3 = 0, \tag{76}$$

so ergibt sich

$$U = I_1\,j\,\omega\,(L_1 - M_{12}). \tag{77}$$

Der *Belag der Betriebsinduktivität* ist also

$$L' = L_1' - M_{12}'. \tag{78}$$

Nach den im Abschnitt 28 abgeleiteten Beziehungen gilt entsprechend Gl. (5) bzw. (28.76) für die in Abb. 39.5 dargestellte Anordnung

$$L_1' = 0{,}4\left(\ln\frac{r_{10}}{r_0} + 0{,}25\right)\mathrm{mH/km}, \tag{79}$$

$$M_{12}' = 0{,}2\left(\ln\frac{r_{10}^2}{r_0\, r_{12}} + 0{,}25\right)\mathrm{mH/km}; \tag{80}$$

also wird

$$L' = 0{,}2\left(\ln\frac{r_{12}}{r_0} + 0{,}25\right)\mathrm{mH/km}. \tag{81}$$

Für den *Widerstandsbelag* der Dreiphasenleitung ist der Widerstandsbelag eines einzelnen Außenleiters einzusetzen, also $R' = \varrho/A$.

Die Kapazitäts- und Induktionsbeläge der verschiedenen Leiteranordnungen in Abb. 39.6 sind in der Tabelle 39.1 zusammengestellt. In der letzten Spalte findet man Hinweise auf die Ableitung der betreffenden Formeln.

Tabelle 39.1

Anordnung	C'/nF/km	L'/mH/km	Bemerkung:
Abb. 39.6 a	$\dfrac{12{,}08}{\lg\dfrac{2a}{d}}$	$0{,}922\lg\dfrac{2a}{d} + 0{,}1$	Bei Niederfrequenz.
		$0{,}922\lg\dfrac{2a}{d}$	Bei Hochfrequenz. Gl. (12.17), (28.15), (28.49)
b	$\dfrac{12{,}08}{\lg\dfrac{2a}{d\sqrt{1+\left(\dfrac{a}{2h}\right)^2}}}$	$0{,}922\lg\dfrac{2a}{d} + 0{,}1$	Bei Niederfrequenz, Wirbelstrom in der Erde vernachlässigt. Gl. (12.17), (28.15), (28.49)
c	$\dfrac{24{,}15}{\lg\dfrac{4h}{d}}$	$0{,}461\lg\dfrac{4h}{d}$	Bei Hochfrequenz. Gl. (11.58), (32.50)
d	$\dfrac{24{,}15\,\varepsilon_r}{\lg\dfrac{D}{d}}$	$0{,}461\lg\dfrac{D}{d} + 0{,}05$	Bei Niederfrequenz, magn. Feld im Kabelmantel vernachlässigt.
		$0{,}461\lg\dfrac{D}{d}$	Bei Hochfrequenz. Gl. (10.21), (28.54), (28.51)
e	$\dfrac{12{,}08\,\varepsilon_r}{\lg\dfrac{2a}{d}\dfrac{D^2-a^2}{D^2+a^2}}$	$0{,}922\lg\dfrac{2a}{d} + 0{,}1$	Bei Niederfrequenz, Wirbelströme im Mantel vernachlässigt.
		$0{,}922\lg\dfrac{2a}{d}\dfrac{D^2-a^2}{D^2+a^2}$	Bei Hochfrequenz. Gl. (28.15), (28.49), (32.50) Abschnitt 12
f	$\dfrac{24{,}15}{\lg\dfrac{2a}{d}}$	$0{,}461\lg\dfrac{2a}{d} + 0{,}05$	Bei Niederfrequenz. Gl. (12.31), (28.49), (81)
g	$\dfrac{48{,}3\,\varepsilon_r}{\lg 4\dfrac{a^2\left(\dfrac{3}{4}D^2-a^2\right)^3}{d^2\left(\left(\dfrac{3}{4}D^2\right)^3-a^6\right)}}$	$0{,}461\lg\dfrac{2a}{d} + 0{,}05$	Bei Niederfrequenz, Wirbelströme im Mantel vernachlässigt.
		$0{,}2305\lg 4\dfrac{a^2\left(\dfrac{3}{4}D^2-a^2\right)^3}{d^2\left(\left(\dfrac{3}{4}D^2\right)^3-a^6\right)}$	Bei Hochfrequenz. Gl. (12.31), (28.49), (32.50), (73)
h	$\dfrac{24{,}15\,\varepsilon_1\varepsilon_2}{\varepsilon_1\lg\dfrac{D_2}{D_1} + \varepsilon_2\lg\dfrac{D_1}{d}}$	Wie d) mit $D = D_2$	Gl. (10.21), (10.24)

Zahlenbeispiel: Es sei eine Drehstrom-Freileitung von 500 km Länge mit folgenden Betriebseigenschaften gegeben:

$$R' = 0{,}1\ \Omega/\text{km},\quad L' = 1{,}0\ \text{mH/km},\quad C' = 11\ \text{nF/km},\quad G' = 0{,}1\ \mu\text{S/km}.$$

Die Sternspannung am Ende der Leitung soll 100 kV betragen bei einer dort entnommenen Wirkleistung $P_2 = 10000$ kW je Phase und einem *induktiven* Leistungsfaktor der Verbraucher von $\cos\varphi_2 = 0{,}8$; die Frequenz sei 50 Hz. Wie groß muß die Spannung am Anfang der Leitung sein, und wie groß ist die Leistungsaufnahme der Leitung?

Wir setzen

$$U_2 = |U_2| = 10^5\ \text{V},$$

indem wir den entsprechenden Zeiger in die reelle Achse legen. Dann ist

$$|I_2| = \frac{P_2}{|U_2|\cos\varphi_2} = \frac{10000\ \text{kW}}{100\cdot 0{,}8\ \text{kV}} = 125\ \text{A}\ ,$$

$$\varphi_2 = 36°\,52'\,,$$

also

$$I_2 = 125\,\mathrm{e}^{-j\,36°52'}\ \text{A}\,.$$

Es ist ferner

$$R'G' = 10^{-8}\ \text{km}^{-2},\quad \omega L' = 0{,}314\ \Omega/\text{km},\quad \omega C' = 3{,}46\ \mu\text{S/km},$$

$$\omega^2 L'C' = 1{,}086\cdot 10^{-6}\ \text{km}^{-2},\quad R'^2 + \omega^2 L'^2 = 0{,}1087\ \Omega^2\text{km}^{-2},$$

$$G'^2 + \omega^2 C'^2 = 11{,}95\cdot 10^{-12}\text{S}^2\text{km}^{-2},\ \sqrt{(R'^2+\omega^2 L'^2)\,(G'^2+\omega^2 C'^2)} = 1{,}14\cdot 10^{-6}\ \text{km}^{-2};$$

$$\beta = \sqrt{\frac{1}{2}\,1{,}076\cdot 10^{-6} + \frac{1}{2}\,1{,}14\cdot 10^{-6}}\ \text{km}^{-1} = 1{,}052\cdot 10^{-3}\ \text{km}^{-1}.$$

$$\boldsymbol{\beta l = 0{,}526} = 0{,}526\,\frac{180°}{\pi} = \mathbf{30{,}15°};$$

$$R'\omega C' = 0{,}346\cdot 10^{-6}\ \text{km}^{-2},\quad G'\omega L' = 0{,}0314\cdot 10^{-6}\ \text{km}^{-2},$$

$$\alpha = \frac{0{,}377\cdot 10^{-6}}{2\cdot 1{,}052\cdot 10^{-3}}\ \text{km}^{-1} = 0{,}1791\cdot 10^{-3}\ \text{km}^{-1},\ \boldsymbol{\alpha l = 0{,}0896};$$

$$|\boldsymbol{Z_w}| = \sqrt[4]{\frac{0{,}1087}{11{,}95}\,10^{12}}\ \Omega = \mathbf{308{,}8\ \Omega};$$

$$\psi = \frac{1}{2}\arctan 3{,}14 - \frac{1}{2}\arctan\ 34{,}6 = \frac{1}{2}\cdot 72°20' - \frac{1}{2}\cdot 88°20' = \mathbf{-8°};$$

$$\sin\beta l = \sin 30{,}15° = 0{,}502,\quad \cos\beta l = \cos 30{,}15° = 0{,}865,$$

$$\sinh\alpha l = \sinh 0{,}0896 = 0{,}0897,\quad \cosh\alpha l \approx 1 + 1/2\,(0{,}0896)^2 = 1{,}004,$$

$$\sinh\gamma l = 0{,}0897\cdot 0{,}865 + j1{,}004\cdot 0{,}502 = 0{,}0775 + j0{,}504,$$

$$\cosh\gamma l = 1{,}004\cdot 0{,}865 + j0{,}0897\cdot 0{,}502 = 0{,}868 + j0{,}045.$$

Damit wird nach Gl. (55)

$$\begin{aligned} U_1 &= [10^5(0{,}868 + j0{,}045) + 125\,\mathrm{e}^{-j36°52'}\cdot 308{,}8\cdot \mathrm{e}^{-j8°}(0{,}0775 + j0{,}504])\ \text{V} \\ &= [10^5(0{,}868 + j0{,}045) + 0{,}386\cdot 10^5(0{,}7087 - j0{,}7055)\,(0{,}0775 + j0{,}504)]\,\text{V} \\ &= (0{,}868 + j0{,}045 + 0{,}0212 + 0{,}1372 + j0{,}1379 - j0{,}0211)\cdot 10^5\,\text{V} \\ &= (1{,}027 + j0{,}162)\,10^5\,\text{V}. \end{aligned}$$

Der Effektivwert der Anfangsspannung ist also

$$|\boldsymbol{U_1}| = \sqrt{1{,}027^2 + 0{,}162^2}\cdot 10^5\ \text{V} = 1{,}04\cdot 10^5\ \text{V} = \mathbf{104\,kV}\,.$$

Die Anfangsspannung eilt der Spannung am Ende *vor* um einen Winkel

$$\operatorname{arc\,tan}\frac{0{,}162}{1{,}027} = 8°\,58'.$$

Um mit Hilfe von Gl. (56) den Anfangsstrom zu ermitteln, berechnen wir zunächst

$$\frac{1}{Z_w} = \frac{1}{308{,}8\,\Omega}\,e^{j8^\circ} = \frac{1}{308{,}8}\,(0{,}9903 + j0{,}1392)\ \mathrm{S} = (3{,}207 + j0{,}451)\,10^{-3}\,\mathrm{S}$$

und

$$I_2 = 125(0{,}8 - j0{,}6)\ \mathrm{A} = (100 - j75)\ \mathrm{A};$$

dann wird

$$\begin{aligned} I_1 &= [(100 - j75)\,(0{,}868 + j0{,}045) + 10^5(3{,}207 + j0{,}451)\cdot 10^{-3}(0{,}0775 + j0{,}504)]\ \mathrm{A} \\ &= (86{,}8 + 3{,}38 + j4{,}5 - j65{,}1 + 24{,}86 - 22{,}73 + j161{,}7 + j3{,}50)\ \mathrm{A} \\ &= (92{,}3 + j104{,}6)\ \mathrm{A}. \end{aligned}$$

Der Effektivwert ist

$$|I_1| = \sqrt{92{,}3^2 + 104{,}6^2}\,\mathrm{A} = 139{,}5\,\mathrm{A}.$$

Der Anfangsstrom eilt der Endspannung U_2 um einen Winkel *vor* von

$$\arctan\frac{104{,}6}{92{,}3} = \arctan 1{,}133 = 48^\circ 34'.$$

Diese starke Voreilung ist durch den Ladestrom der Leitung bedingt. Die Phasenvoreilung des Anfangsstromes gegen die Spannung am Anfang beträgt

$$\varphi_1 = 48^\circ 34' - 8^\circ 58' = 39^\circ 36',$$

Der Leistungsfaktor am Anfang der Leitung ist

$$\cos\varphi_1 = 0{,}770.$$

Daher nimmt die Leitung eine Leistung auf von

$$P_1 = 104\cdot 139{,}5\cdot 0{,}770\ \mathrm{kW} = 11{,}17\cdot 10^3\ \mathrm{kW}.$$

Bei der Übertragung von 10000 kW gehen also ca. 1170 kW infolge der Stromwärme in der Leitung verloren.

Mit einem Taschenrechner, der eine direkte Umwandlung von rechtwinkligen in Polarkoordinaten und umgekehrt erlaubt, wird die Berechnung wesentlich kürzer.

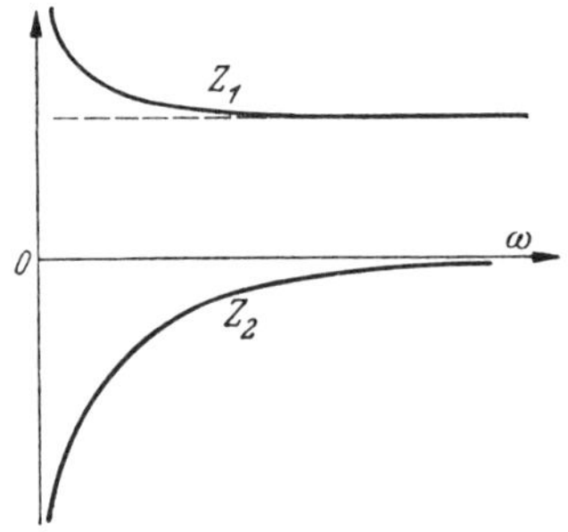

Abb. 39.7. Frequenzabhängigkeit des Wellenwiderstandes einer homogenen Leitung

Der *Wellenwiderstand* einer homogenen Leitung hat grundsätzlich die in Abb. 39.7 dargestellte Frequenzabhängigkeit, wobei gesetzt ist

$$Z_w = Z_1 + j\,Z_2, \tag{82}$$

Z_1 und Z_2 also den reellen und imaginären Teil darstellen. Im Bereich *niedriger Frequenzen* ergibt sich bei Vernachlässigbarkeit von L' und G' die Näherungsformel

$$Z_w = \sqrt{\frac{R'}{j\,\omega\,C'}} = \sqrt{\frac{R'}{\omega\,C'}}\,e^{-j\frac{\pi}{4}}, \tag{83}$$

$$Z_1 = -Z_2 = \sqrt{\frac{R'}{2\,\omega\,C'}}, \tag{84}$$

die bei Kabelleitungen brauchbar ist. Bei *hohen Frequenzen* gilt dagegen bei Vernachlässigung von G' und mit $R' \ll \omega L'$

$$Z_w = \sqrt{\frac{L'}{C'}\left(1 + \frac{R'}{j\,\omega\,L'}\right)} \approx \sqrt{\frac{L'}{C'}}\left(1 - j\,\frac{1}{2}\,\frac{R'}{\omega\,L'}\right), \tag{85}$$

$$Z_1 = \sqrt{\frac{L'}{C'}} = Z_0, \qquad Z_2 = -\frac{1}{2}\,\frac{R'}{\omega\sqrt{L'\,C'}}. \tag{86}$$

Bei hohen Frequenzen nähert sich der Wellenwiderstand einem konstanten reellen Wert Z_0, also einem reinen Wirkwiderstand, der bei Freileitungen zwischen 500 und 800 Ω, bei Kabelleitungen zwischen 60 und 200 Ω liegt.

Bei Gleichstrom ($\omega = 0$) ist

$$Z_1 = \sqrt{\frac{R'}{G'}}\ ; \quad Z_2 = 0\,. \tag{87}$$

$$\alpha = \sqrt{R'\,G'}\,; \quad \beta = 0\,. \tag{88}$$

Da bei Gleichstrom G' sehr klein ist $\left(\text{Größenordnung } 10^{-11}\ldots 10^{-9}\,\frac{\text{S}}{\text{km}}\right)$, so wird Z_1 sehr groß (Größenordnung $10^5\ldots 10^6\ \Omega$); ebenso wird α sehr klein (Größenordnung $10^{-4}\ldots 10^{-5}\ \text{km}^{-1}$).

Berechnet man nach den Gl. (65) und (66) *Dämpfungs- und Phasenbelag* für verschiedene Frequenzen, so ergeben sich Kurven von der in Abb. 39.8 dargestellten Art. Bei hinreichend niedrigen Frequenzen kann $\omega L'$ gegen R' vernachlässigt werden; wird ferner G' gegen $\omega C'$ weggelassen[1], so folgt

$$\gamma = \sqrt{j\,\omega\, C'\, R'} = (1 + j)\sqrt{\frac{1}{2}\,\omega\, C'\, R'}, \tag{89}$$

$$\alpha = \beta = \sqrt{\frac{1}{2}\,\omega\, C'\, R'}\,. \tag{90}$$

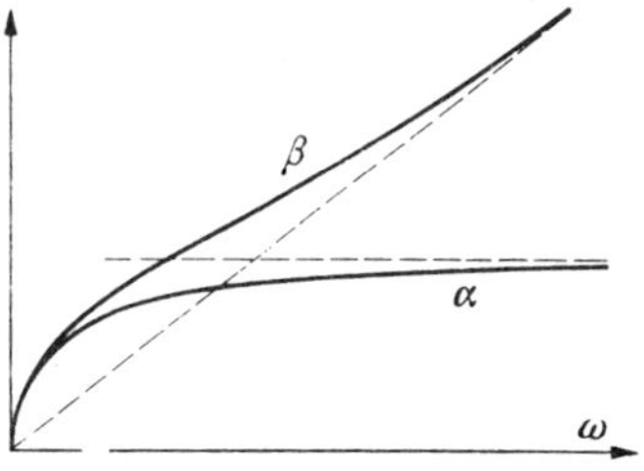

Abb. 39.8. Frequenzabhängigkeit von Dämpfungs- und Phasenbelag

Diese Formeln gelten mit einer gewissen Annäherung für Kabelleitungen auch bei höheren Frequenzen, weil hier wegen der kleinen Leiterabstände die Induktivität sehr klein und die Kapazität groß ist. Bei Freileitungen dagegen ist schon für verhältnismäßig niedrige Frequenzen $\omega L'$ als groß gegen R' zu betrachten. Vernachlässigt man daher hier R' gegen $\omega L'$ und ebenso G' gegen $\omega C'$, so ergibt sich

$$\beta = \omega\sqrt{L'\, C'}\,. \tag{91}$$

Das ist die Gleichung der geraden Linie, der sich der Phasenbelag bei höheren Frequenzen nähert. Aus Gl. (66) folgt damit für den Dämpfungsbelag

$$\alpha = \frac{R'}{2}\sqrt{\frac{C'}{L'}} + \frac{G'}{2}\sqrt{\frac{L'}{C'}} = \frac{R'}{2\,Z_0} + \frac{G'}{2}\,Z_0\,. \tag{92}$$

Diese Beziehung kann man unmittelbar auch durch die folgende Näherungsbetrachtung finden. Es werde eine fortschreitende Welle genügend hoher Frequenz betrachtet, so daß überall

$$\frac{u_x}{i_x} = Z_0 = \sqrt{\frac{L'}{C'}}\,. \tag{93}$$

In einem Leitungsabschnitt von der Länge s entstehen Stromwärmeverluste $i_x^2\, R'\, s$ und dielektrische Verluste $u_x^2\, G'\, s$; die Gesamtverluste in diesem Abschnitt betragen also

$$P_v = (i_x^2\, R' + u_x^2\, G')\, s\,.$$

Die an der Stelle x übertragene Leistung ist

$$P = u_x\, i_x\,,$$

so daß die von der Welle mitgeführte Leistung längs s um den relativen Betrag

$$\frac{P_v}{P} = \left(R'\,\frac{i_x}{u_x} + G'\,\frac{u_x}{i_x}\right) s = \left(\frac{R'}{Z_0} + G'\, Z_0\right) s \tag{94}$$

abnimmt. Andererseits läßt sich dieser Leistungsverlust ausdrücken durch

$$\frac{P_v}{P} = 1 - \mathrm{e}^{-2\alpha s}\,. \tag{95}$$

Dies ergibt für genügend kleine Werte von αs angenähert $2\,\alpha\, s$, so daß für α die oben abgeleitete Formel folgt.

Der Dämpfungsbelag wächst auch in dem Gebiet, in dem die Näherungsformel (92) gilt, infolge Skineffekt und Ableitungsdämpfung mit der Frequenz an. Bei den

[1] Dies ist auch bei sehr niedrigen Frequenzen noch zulässig, da G' ungefähr proportional der Frequenz ist (s. Abschnitt 17).

natürlichen Leitungen ist die Ableitungsdämpfung meist klein gegen die Widerstandsdämpfung. Hierauf beruht die Möglichkeit, durch künstliches Erhöhen des Induktionsbelages die Dämpfung zu verkleinern (HEAVISIDE 1893, PUPIN 1900, KRARUP 1902). Eine Vergrößerung der Induktivität setzt nach Gl. (92) die Widerstandsdämpfung herab und vergrößert die Ableitungsdämpfung, ergibt also eine Verminderung der Gesamtdämpfung, solange die Widerstandsdämpfung größer ist als die Ableitungsdämpfung. Bei den *Pupin-Leitungen* wird der Induktionsbelag durch Spulen vergrößert, die in bestimmten, einander gleichen Abständen s (etwa 2 km) in Reihe mit der Leitung eingeschaltet werden, Abb. 39.9. Die Abstände der Spulen müssen klein gegen die Wellenlänge der Fernsprechströme sein, damit die konzentrierte Induktivität ungefähr so wirkt wie eine verteilte. Die genauere Wirkung der Spulen ergibt sich aus der Theorie der Kettenleiter (s. Abschnitt 42). Man kann die zwischen je zwei Spulen liegenden Leitungsabschnitte mit einer gewissen Annäherung als Kondensatoren auffassen, so daß ein Kettenleiter vorliegt mit Spulen in den Längszweigen und Kondensatoren in den Querzweigen. Ein solcher Kettenleiter hat oberhalb einer bestimmten Grenzfrequenz einen Sperrbereich; die Grenzfrequenz muß daher genügend hoch über dem für die Sprachübertragung notwendigen Frequenzbereich liegen.

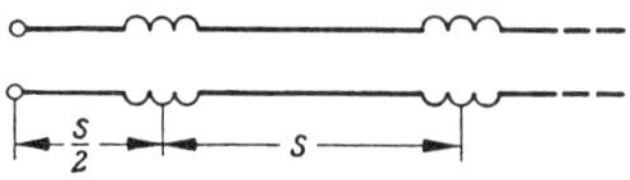

Abb. 39.9. Schema einer PUPIN-Leitung

Aus der für *hohe Frequenzen* gültigen Beziehung (91) für den Phasenbelag folgt nach Gl. (27), daß die Phasengeschwindigkeit der Leitungswellen

$$v = \frac{\omega}{\beta} = \frac{1}{\sqrt{L' C'}} \tag{96}$$

sich bei hohen Frequenzen einem konstanten Wert nähert. Nach Gl. (32.50) wird

$$v = \frac{1}{\sqrt{\varepsilon \mu_0}} = \frac{c}{\sqrt{\varepsilon_r}}, \tag{97}$$

wobei

$$c = \frac{1}{\sqrt{\varepsilon_0 \mu_0}} = 299\,792 \frac{\text{km}}{\text{s}}$$

die Fortpflanzungsgeschwindigkeit auf einer im leeren Raum befindlichen Leitung ist, ε_r die Permittivitätszahl des nichtleitenden Stoffes, in den die Leitung eingebettet ist.

Verhältnisse von Spannungen, Strömen oder Leistungen werden vielfach durch ein logarithmisches Maß ausgedrückt, und zwar wird sowohl der natürliche Logarithmus (ln) als auch der dekadische Logarithmus (lg) verwendet. Das Verhältnis zweier Spannungen $|U_1|$ und $|U_2|$ drückt man entweder aus durch

$$\text{das } \textit{natürliche Dämpfungsmaß } a_1 = \ln \frac{|U_1|}{|U_2|} \text{ Np (Neper)} \tag{98}$$

oder durch

$$\text{das } \textit{dekadische Dämpfungsmaß } a_2 = 20 \lg \frac{|U_1|}{|U_2|} \text{ dB (Dezibel)}. \tag{99}$$

Zum Beispiel wird für

$$\begin{array}{llll} \dfrac{|U_1|}{|U_2|} = 1 & a_1 = 0\,\text{Np}, & a_2 = 0\,\text{dB}, \\ \quad 10 & \quad 2{,}3\,\text{Np} & \quad = 20\,\text{dB}, \\ \quad 100 & \quad 4{,}6\,\text{Np} & \quad = 40\,\text{dB}. \end{array}$$

Man sagt, wenn U_1 die Spannung am Eingang, U_2 die Spannung am Ausgang irgendeiner Einrichtung ist und $|U_1/U_2| = 10$ gilt, das Dämpfungsmaß sei 2,3 Np bzw.

20 dB. Die Größe $a = \alpha l$, Gl. (44), stellt also das Dämpfungsmaß in Np dar. Für die Umrechnung gilt

$$1\ \text{Np entspricht } 8{,}686\ \text{dB}\,. \tag{100}$$

Leistungsverhältnisse werden durch ihren halben natürlichen bzw. 10fachen dekadischen Logarithmus in Np bzw. dB angegeben wegen des quadratischen Zusammenhanges zwischen Spannung oder Strom und Leistung.

Reflexionsfaktor

Für das Verhältnis der Spannungen der beiden Wellenzüge am Leitungsende ($x = l$) folgt aus Gl. (35)

$$r = \frac{U_r}{U_h} = \frac{Z_2 - Z_w}{Z_2 + Z_w}\,. \tag{101}$$

Negativ gleich groß ist auch das Verhältnis der Ströme. Das Verhältnis r nennt man den *Reflexionsfaktor* des Abschlußwiderstandes.

In der Nachrichtentechnik benutzt man zur Kennzeichnung dieses Verhältnisses von reflektierter zu eintreffender Spannung auch den Begriff der *Fehlerdämpfung*. Ist Z_2 der Abschlußwiderstand einer Leitung mit dem Wellenwiderstand Z_w, so ist das Fehlerdämpfungsmaß oder *Anpassungsdämpfungsmaß*

$$a_f = \ln \left| \frac{Z_2 + Z_w}{Z_2 - Z_w} \right| \text{Neper} = \ln \frac{1}{|r|}\ \text{Np}\,. \tag{102}$$

In dem praktisch wichtigen Fall, daß der Wellenwiderstand angenähert ein Wirkwiderstand Z_0 ist Gl. (93), erhält man auf folgende Weise einen Überblick über die Abhängigkeit der Fehlerdämpfung von dem Abschlußwiderstand: Man setzt

$$\frac{Z_2}{Z_0} = x + j\,y\,, \tag{103}$$

wobei also x und y reine Zahlenwerte sind; im Fall der Anpassung ist $x = 1$, $y = 0$. Für die Fehlerdämpfung folgt

$$a_f = \ln \frac{\sqrt{(x+1)^2 + y^2}}{\sqrt{(x-1)^2 + y^2}}\ \text{Np}\,. \tag{104}$$

Die Werte x und y lassen sich in einem Achsenkreuz, Abb. 39.10, für irgendeinen beliebigen Abschlußwiderstand durch einen Punkt P darstellen. Verbindet man diesen Punkt mit den Punkten A ($x = 1$) und B ($x = -1$), so stellt die Strecke $\overline{BP}$ den Zähler, die Strecke $\overline{AP}$ den Nenner in Gl. (104) dar. Also gilt

$$a_f = \ln k\ \text{Np}\,, \tag{105}$$

wenn

$$k = \frac{\overline{BP}}{\overline{AP}}$$

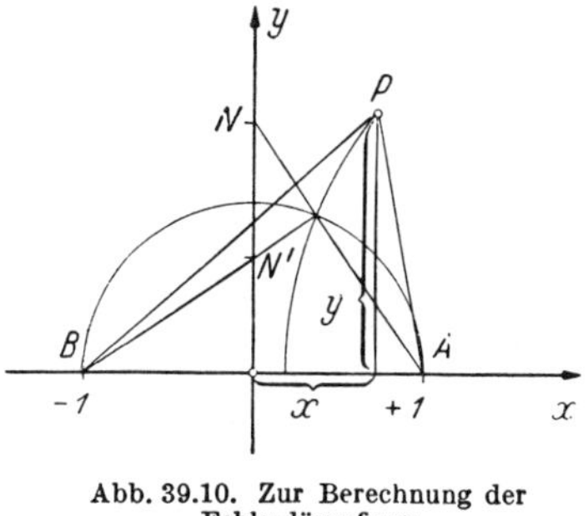

Abb. 39.10. Zur Berechnung der Fehlerdämpfung

das Verhältnis dieser beiden Strecken bezeichnet. Daraus folgt, daß die Kurven konstanter Fehlerdämpfung durch Apolloniuskreise dargestellt werden (s. Abschnitt 11). Die Kreise lassen sich mit der durch Abb. 11.13 erläuterten Konstruktion leicht zeichnen, wobei nach Gl. (11.88) die Beziehungen $\overline{ON} = k$ oder $\overline{ON'} = \frac{1}{k}$ zu benutzen sind. In Abb. 39.11 sind einige dieser Kreise dargestellt.

Die Kreise konstanter Fehlerdämpfung in der komplexen Ebene des Abschlußwiderstandes sind gleichzeitig Kreise konstanten Betrages $|r|$ des komplexen Reflexionsfaktors

$$r = \frac{\frac{Z_2}{Z_0} - 1}{\frac{Z_2}{Z_0} + 1} = |r|\, e^{j\varrho}. \tag{106}$$

Hier ist mit ϱ der Winkel von r mit der reellen Achse bezeichnet. Dieser Zusammenhang kann allgemein zu einer *Abbildung der r-Ebene auf die Ebene des Widerstandsverhältnisses* Z_2/Z_0 benützt werden. Die Kreise $|r| =$ konst. in der r-Ebene werden bei dieser Abbildung durch eine gebrochene lineare Funktion gemäß Gl. (36.84) wieder Kreise, wie sie durch Abb. 39.11 dargestellt sind. Die geraden Linien $\varrho =$ konst. in der r-Ebene schneiden dort die Kreise $|r| =$ konst. senkrecht. Ihre Abbildungen in der Widerstandsebene sind daher ebenfalls Kreise, die die Kreise der Abb. 39.11

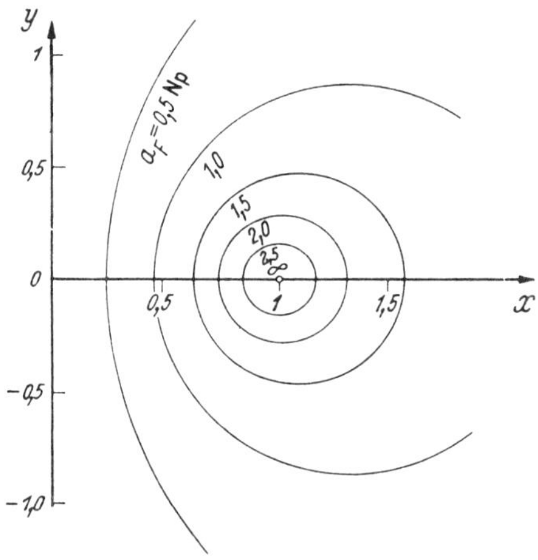

Abb. 39.11. Kurven konstanter Fehlerdämpfung in der Z_2-Ebene

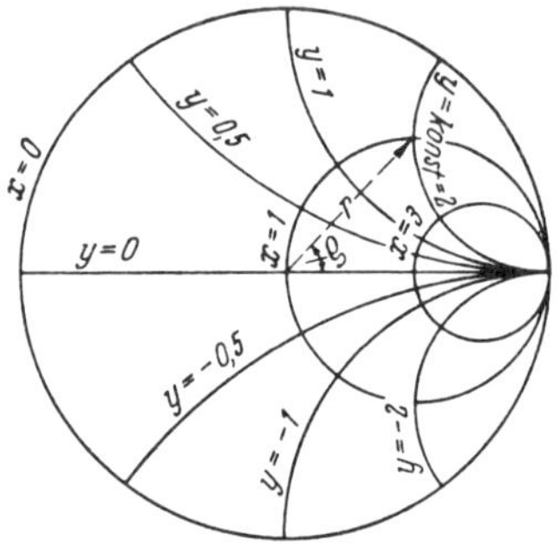

Abb. 39.12. Reflexionsfaktorkarte, SMITH-Diagramm

senkrecht schneiden; es sind Kreise, deren Mittelpunkte auf der y-Achse liegen und die durch den Punkt $x = 1$ gehen, wie die Feldlinien des elektrischen Feldes Abb. 11.14. Aus einem solchen Diagramm kann daher zu allen Werten des Abschlußwiderstandes der Reflexionsfaktor nach Betrag und Phase entnommen werden.

Eine andere viel benützte Abbildungsform (Reflexionsfaktorkarte, P. SMITH 1939) ergibt sich, wenn man die geraden Linien $x =$ konst. und $y =$ konst. der Z_2/Z_0-Ebene auf die r-Ebene abbildet. Dann ergeben sich wieder Kreise, die aber gänzlich innerhalb des Kreises mit dem Radius $|r| = 1$ liegen, so daß die ganze unendlich ausgedehnte Halbebene der Widerstände innerhalb dieses Einheitskreises der r-Ebene erscheint. In Abb. 39.12 sind einige dieser Kreise konstanter Wirk- und Blindanteile des Abschlußwiderstandes aufgezeichnet. Aus diesem Diagramm kann man zu jedem Wertepaar x, y die Werte r und ϱ entnehmen und umgekehrt; für $x = 1$, $y = 2$ wird z. B. $r = 0{,}707$ und $\varrho = 45°$.

Da am Leitungsende gilt

$$r = \frac{U_r}{U_h}, \tag{107}$$

so ist das Verhältnis der Spannung der Echowelle zur Spannung der Hauptwelle *am Anfang der Leitung*

$$r_1 = \frac{U_r\, e^{-\gamma l}}{U_h\, e^{\gamma l}} = r\, e^{-2\gamma l}. \tag{108}$$

Der komplexe Reflexionsfaktor des Eingangswiderstandes der Leitung ergibt sich aus dem Reflexionsfaktor des Abschlußwiderstandes durch Multiplikation mit $e^{-2\gamma l}$.

Leerlauf und Kurzschluß

Ist das *Leitungsende offen*, so ist $Z_2 = \infty$ und $r = 1$,

$$U_r = U_h = \frac{1}{2} U_2 . \tag{109}$$

Die mit der Hauptwelle am Ende eintreffende Leistung wird vollkommen reflektiert. Die beiden gegenläufigen fortschreitenden Wellen sind am Leitungsende gleich stark und führen zum Bild einer *stehenden* Welle. Dieses Bild wird besonders deutlich, wenn die Verluste gering sind. Setzt man $\alpha = 0$, so folgt für die Spannung an der Stelle x nach Gl. (18), (33), (51) und (52)

$$U = U_h e^{j\beta l} e^{-j\beta x} + U_r e^{-j\beta l} e^{j\beta x} \tag{110}$$

oder

$$U = U_h \left(e^{j\beta(l-x)} + e^{-j\beta(l-x)}\right) = U_2 \cos\beta\,(l-x) . \tag{111}$$

In gleicher Weise ergibt sich für die Stromstärke an der Stelle x aus Gl. (22)

$$I = j\,\frac{U_2}{Z_0} \sin\beta\,(l-x) . \tag{112}$$

Spannung und Strom haben Knotenpunkte, die durch die Nullstellen von $\cos\beta\,(l-x)$ und $\sin\beta\,(l-x)$ bestimmt sind und die miteinander abwechseln. Dort, wo die Spannung ständig Null ist, hat der Strom seine größten Amplituden und umgekehrt. Am Leitungsende befindet sich ein Stromknoten und ein Spannungsbauch. Der Abstand λ aufeinanderfolgender Punkte der Leitung mit gleichen Amplituden stellt die Wellenlänge dar; er berechnet sich aus

$$\beta\,(l-x) - \beta\,(l-x-\lambda) = 2\pi$$

zu

$$\lambda = \frac{2\pi}{\beta} = \frac{v}{f} . \tag{113}$$

Die Wellenlänge ist gleich der Phasengeschwindigkeit multipliziert mit der Dauer einer Periode. In dem Zahlenbeispiel der Hochspannungsleitung S. 413 ist

$$v = \frac{2\pi f}{\beta} = \frac{2\pi\, 50\,\mathrm{s^{-1}}}{1{,}052 \cdot 10^{-3}\,\mathrm{km^{-1}}} = 299000\ \mathrm{km/s}, \qquad \lambda = \frac{299000\ \mathrm{km}}{50\,\mathrm{s^{-1}}\,\mathrm{s}} = 5980\ \mathrm{km} .$$

Da bei Vernachlässigung der Verluste nach Gl. (91)

$$\beta = \omega\sqrt{L'\,C'}$$

wird, so gilt auch angenähert

$$\lambda = \frac{2\pi}{\omega\sqrt{L'\,C'}} = \frac{1}{f\sqrt{L'\,C'}} . \tag{114}$$

Die Leitungen der Starkstromtechnik sind immer kurz gegen die Wellenlänge, so daß man hier von stehenden Wellen nicht sprechen kann. Schon bei den Frequenzen der Fernsprechtechnik ist jedoch häufig umgekehrt die Wellenlänge klein gegen die Leitungslänge.

Spannung und Strom sind bei der leerlaufenden Leitung an jeder Stelle der Leitung

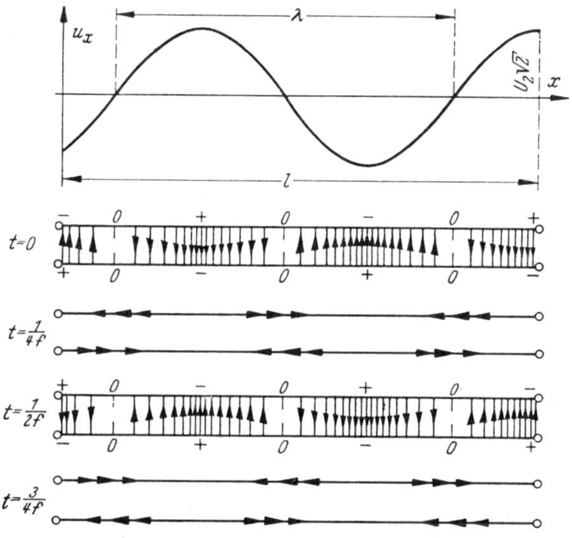

Abb. 39.13. Stehende Welle auf einer am Ende offenen Leitung

um 90° gegeneinander phasenverschoben. Hat der Strom gerade seine größten Werte, so ist die Spannung auf der ganzen Leitung Null und umgekehrt. Das Nullwerden der Spannung erfolgt gleichzeitig an allen Stellen der Leitung. Physikalisch hat man sich dies so zu erklären, daß in den einzelnen Abschnitten der Leitung die Energie zwischen dem magnetischen und dem elektrischen Feld hin und her schwingt. In Abb. 39.13 ist oben die Verteilung der Spannung auf einer Leitung von der Länge $l = 1{,}4\,\lambda$ aufgezeichnet für einen Zeitpunkt, in dem der Strom gerade Null ist. Dieser Zeitpunkt ist in dem darunter liegenden Bild mit $t = 0$ bezeichnet, und es ist angedeutet, wie man sich diese Verteilung der Spannung über die Leitung in diesem Zeitpunkt vorzustellen hat. Je zwei aufeinanderfolgende Knotenpunkte der Spannung schließen Abschnitte der Leitung ein, in denen elektrische Feldlinien in gleicher Richtung von dem einen Draht zum anderen übergehen. Entsprechende elektrische Ladungen sind über die Drähte verteilt. Eine solche Verteilung der Ladungen kann jedoch nicht stabil sein; längs der Drähte besteht ein Potentialgefälle, in dem sich die Ladungen auszugleichen suchen. Daher entstehen Ströme, und wir finden $^1/_4$ Periode später $\left(t = \frac{1}{4f}\right)$ überall dort, wo vorher die Spannungsknoten waren, das Maximum der Ströme. Die Ladungen sind vollständig verschwunden. Nunmehr haben aber die Ströme magnetische Felder aufgebaut, die nicht plötzlich verschwinden können. Die Ströme fließen weiter in gleicher Richtung und führen zu einer Anhäufung von Ladungen, die im Zeitpunkt $t = \frac{1}{2f}$ ihren Höhepunkt erreicht und derjenigen im Zeitpunkt $t = 0$ gerade entgegengesetzt ist. Das Spiel wiederholt sich nun in umgekehrter Richtung, bis nach einer vollen Periode der Ausgangszustand wieder erreicht ist.

In dem gezeichneten Beispiel eilt am Anfang der Leitung der Strom der Spannung um 90° nach; d. h. die Leitung wirkt am Anfang so wie eine Induktivität. Je nach der Länge der Leitung verhält sich die leerlaufende Leitung am Anfang bei Vernachlässigung der Verluste wie eine Induktivität oder eine Kapazität mit dem Blindwiderstand $-Z_0 \cot \beta l$.

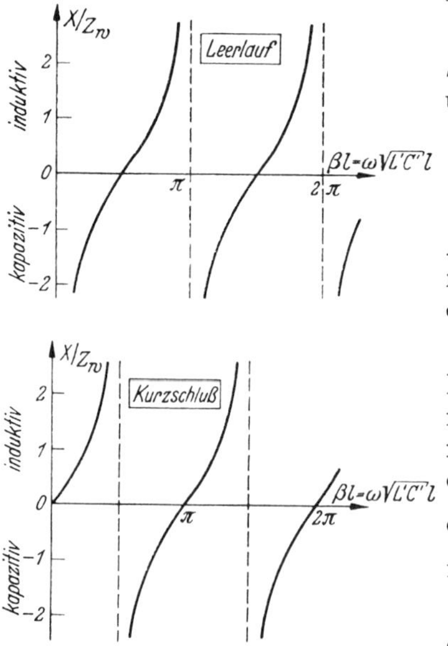

Abb. 39.14. Eingangswiderstand einer leerlaufenden und einer kurzgeschlossenen verlustfreien Leitung ($Z_w = Z_0$)

Ganz ähnliche Verhältnisse ergeben sich bei *kurzgeschlossenem Leitungsende.* Hier ist $Z_2 = 0$, und es wird $r = -1$, daher $U_r = -U_h$ und

$$U = I_2 Z_0 j \sin \beta (l - x), \qquad (115)$$

$$I = I_2 \cos \beta (l - x)\,. \qquad (116)$$

Am Leitungsende befindet sich jetzt ein Spannungsknoten, während im übrigen Entsprechendes gilt wie im vorigen Fall.

Die Abb. 39.14 zeigt die Abhängigkeit des Blindwiderstandes X am Eingang der verlustfreien Leitung bei Leerlauf und Kurzschluß des fernen Endes in Abhängigkeit von der Größe βl, die entweder bei fester Leitungslänge l als Maß für die Frequenz $\frac{\omega}{2\pi}$ oder bei fester Frequenz als Maß für die Leitungslänge angesehen werden kann.

Durch die *Messung der Eingangswiderstände* einer homogenen Leitung bei Leerlauf und Kurzschluß können allgemein die Leitungseigenschaften bestimmt werden.

Die Leitungsgleichungen für den Leerlauf ($I_2 = 0$) lauten

$$U_1 = U_2 \cosh \gamma\, l\,, \tag{117}$$

$$I_1 = \frac{U_2}{Z_w} \sinh \gamma\, l\,. \tag{118}$$

Daraus folgt der Leerlaufwiderstand

$$Z_l = \left.\frac{U_1}{I_1}\right|_{I_2=0} = Z_w\,(\tanh \gamma\, l)^{-1}\,. \tag{119}$$

Entsprechend ergibt sich für den Kurzschluß ($U_2 = 0$) der Kurzschlußwiderstand

$$Z_k = Z_w \tanh \gamma\, l\,. \tag{120}$$

Hieraus folgt der allgemeine Satz

$$\boxed{Z_w = \sqrt{Z_l Z_k}\,.} \tag{121}$$

Zur Berechnung von $\gamma\, l$ gilt ferner

$$\tanh \gamma l = \sqrt{\frac{Z_k}{Z_l}} \tag{122}$$

und durch Einsetzen der Definitionsgleichungen der Hyperbelfunktionen

$$\boxed{\mathrm{e}^{2\gamma l} = \frac{1 + \sqrt{\dfrac{Z_k}{Z_l}}}{1 - \sqrt{\dfrac{Z_k}{Z_l}}}\,.} \tag{123}$$

40. Spezialfälle und Näherungsformeln der Leitungstheorie

Die genauen Leitungsgleichungen sind ohne weiteres zur praktischen Anwendung geeignet, und es ist daher nicht gerechtfertigt, grundsätzlich bei jeder Leitungsberechnung Näherungsmethoden und -formeln zu benützen. Dagegen sind Vernachlässigungen, die die praktischen Verhältnisse berücksichtigen, häufig sehr nützlich, wenn es sich darum handelt, Überlegungen über die Wirkung irgendwelcher Maßnahmen beim ersten Entwurf von Anlagen und Einrichtungen anzustellen; sie ermöglichen meist erst einen derartigen Einblick in die Abhängigkeit der einzelnen Größen voneinander, daß die Theorie konstruktiv ausgewertet werden kann. In dieser Beziehung kann man kaum zu weit gehen; es muß nur nachträglich geprüft werden, ob die Ergebnisse mit der genauen Rechnung genügend übereinstimmen, oder welche Fehler die gemachten Vernachlässigungen ungünstigstenfalls verursachen können.

Die *Leitungsgleichungen* lassen sich vereinfachen, wenn die Leitungen entweder sehr kurz gegen die Wellenlänge sind, wie bei Starkstromleitungen, oder sehr lang, wie es bei Fernsprechleitungen und Hochfrequenzleitungen häufig der Fall ist.

Kurze Leitungen

Bei *kurzen Leitungen* kann man die für kleine Werte von $\gamma\, l$ gültigen Näherungsformeln anwenden:

$$\cosh \gamma\, l = 1 + \frac{1}{2}(\gamma\, l)^2, \qquad \sinh \gamma l = \gamma\, l\,. \tag{1}$$

Dann wird aus den Leitungsgleichungen (39.55) und (39.56)

$$U_1 = U_2\left(1 + \frac{1}{2}\gamma^2 l^2\right) + I_2\,(R' + j\,\omega\, L')\, l\,, \tag{2}$$

$$I_1 = I_2\left(1 + \frac{1}{2}\gamma^2 l^2\right) + U_2\,(G' + j\,\omega\, C')\, l\,. \tag{3}$$

Da in den ersten Ausdrücken rechts $\frac{1}{2}\gamma^2 l^2$ klein gegen 1 ist, so kann man auch für γ Näherungsformeln benützen, und zwar gilt in einem weiten Frequenzbereich

bei Kabelleitungen mit Gl. (39.89) $\gamma^2 \approx j\, R'\, \omega\, C'$, (4)

bei Freileitungen mit Gl. (39.91) $\gamma^2 \approx -\omega^2 L'\, C'$. (5)

Im ersten Fall ist die durch diesen Faktor gegebene Korrektur meist vernachlässigbar, im zweiten wird

$$U_1 = U_2\left(1 - \frac{1}{2}\,\omega^2 L'\, C'\, l^2\right) + I_2\,(R' + j\,\omega\, L')\, l\,, \tag{6}$$

$$I_1 = I_2\left(1 - \frac{1}{2}\,\omega^2 L'\, C'\, l^2\right) + U_2\,(G' + j\,\omega\, C')\, l\,. \tag{7}$$

Diese Gleichungen sagen folgendes aus: Wenn die Leitung leer läuft ($I_2 = 0$), so ist die Spannung am Anfang kleiner als die Spannung am Ende; es tritt eine *Spannungserhöhung* am Ende der Leitung ein vom relativen Betrag

$$\sigma = \frac{1}{2}\,\omega^2 L'\, C'\, l^2. \tag{8}$$

Die Leitung nimmt ferner einen Ladestrom auf, der so berechnet werden kann wie der Strom in einem Kondensator mit der Gesamtkapazität und der Gesamtableitung der Leitung.

Wird die Leitung belastet, so hat man zu der um die Spannungserhöhung verminderten Endspannung den Spannungsabfall zu addieren, der so groß ist wie die Spannung an einer Spule mit dem Gesamtwiderstand und der Gesamtinduktivität der Leitung. Zum Ladestrom kommt bei Belastung der Belastungsstrom, der aber um ein der Spannungserhöhung entsprechendes Maß zu vermindern ist. In Abb. 40.1 sind diese Verhältnisse durch ein Zeigerdiagramm veranschaulicht. Dabei ist der Zeiger U_2 der Spannung am Ende in die reelle Achse gelegt, so daß $\overline{OA} = U_2(1-\sigma)$. Nach Gl. (6) sind dazu die beiden Komponenten $\overline{AB} = j\,\omega\, L'\, l\, I_2$ und $\overline{BD} = R' l I_2$ zu addieren. Dies ist für den Fall, daß I_2 in Phase mit U_2 liegt, durchgeführt. Die Strecke $\overline{OD}$ gibt den Zeiger der Anfangsspannung U_1. Bei Änderung des Phasenwinkels φ_2 zwischen U_2 und I_2 wandert der Punkt D auf einem Kreis mit dem Mittelpunkt A.

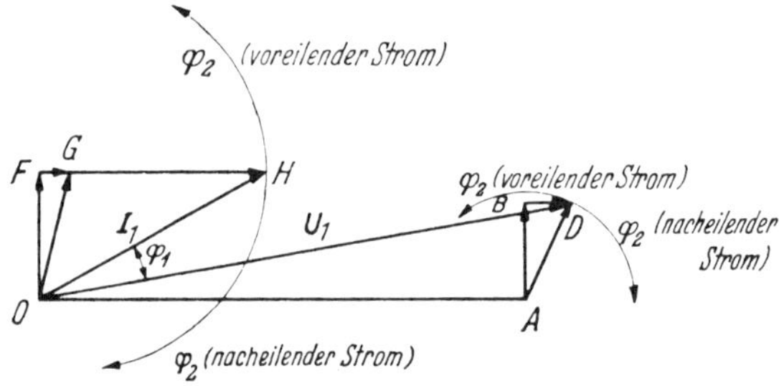

Abb. 40.1. Ströme und Spannungen bei einer kurzen Leitung

Die Strecke $\overline{OF}$ entspreche dem Ladestrom

$$I_{2C} = U_2\, j\,\omega\, C'\, l\,, \tag{9}$$

$\overline{FG}$ dem Ableitungsstrom

$$I_{2G} = U_2\, G' l\,; \tag{10}$$

$\overline{OG}$ ist dann der komplexe Ladestrom. Zu diesem muß $I_2\,(1-\sigma) = \overline{GH}$ addiert werden. Damit ergibt sich der Strom I_1 am Anfang der Leitung mit der Phasenverschiebung φ_1 gegen die Anfangsspannung. Bei Änderung des Phasenwinkels φ_2 bewegt sich der Punkt H auf einem Kreis um G als Mittelpunkt. Anfangsspannung und Anfangsstrom können also für jeden Betriebsfall aus diesem Diagramm entnommen werden. Man kann auf Grund der Reihenentwicklungen der Hyperbelfunktionen leicht feststellen, daß die Gl. (6) und (7) mit einem Fehler von weniger als einigen zehntel Prozent gelten, solange $\sigma < 8\%$ ist.

In dem *Zahlenbeispiel* des vorigen Abschnittes ist

$$\sigma = \frac{1}{2}\, 1{,}086 \cdot 10^{-6} \cdot 25 \cdot 10^4 = 13{,}57\%.$$

Nach der Formel (6) wird also

$$\begin{aligned} U_1 &= [10^5 \cdot 0{,}8643 + (100 - j75)\,(50 + j157)]\,\mathrm{V} \\ &= [0{,}8643 + 0{,}05 + 0{,}1177 + j0{,}157 - j0{,}0375]\,10^5\,\mathrm{V} \\ &= [1{,}032 + j0{,}12]\,10^5\,\mathrm{V}. \\ |U_1| &= \sqrt{1{,}032^2 + 0{,}12^2}\,10^5\,\mathrm{V} = \mathbf{103{,}9\ kV}. \end{aligned}$$

Der Fehler der Näherungsformel beträgt hier etwa 0,2%. Ferner ist nach Gl. (7)

$$\begin{aligned} I_1 &= [(100 - j75)\,0{,}8643 + 10^5\,(50 + j1730)\cdot 10^{-6}]\,\mathrm{A} \\ &= [86{,}43 - j64{,}8 + 5{,}0 + j172{,}8]\,\mathrm{A} \\ &= [91{,}4 + j108{,}0]\,\mathrm{A}. \\ |I_1| &= \sqrt{91{,}4^2 + 108{,}0^2}\,\mathrm{A} = \mathbf{141{,}5\ A}. \end{aligned}$$

Der Unterschied gegen die genaue Rechnung beträgt selbst bei dieser relativ langen Leitung nur 1,4%.

Bei *Freileitungen* ist das Produkt $L'\,C'$ nach den Gl. (39.5) und (39.6), wenn man von der geringen inneren Induktivität absieht, eine Konstante, unabhängig von Drahtabstand und -durchmesser, nämlich [s. auch Gl. (32.50)]

$$L'\,C' = \varepsilon_0\,\mu_0 = 1{,}112 \cdot 10^{-11}\,\frac{\mathrm{s}^2}{\mathrm{km}^2}\,. \tag{11}$$

Daher wird die Spannungserhöhung für eine Frequenz von 50 Hz

$$\sigma = 5{,}5 \cdot 10^{-7} \left(\frac{l}{\mathrm{km}}\right)^2; \tag{12}$$

die Näherungsformeln (6) und (7) sind also bis zu einer Leitungslänge von etwa 350 km brauchbar.

Eine am Ende offene kurze *Kabelleitung* kann man als einen Kondensator mit einer bestimmten Kapazität und einer bestimmten Ableitung auffassen. Ist die Leitung hinreichend kurz, so sind die Werte der Kapazität und der Ableitung einfach zu berechnen aus

$$C = C'\,l\,, \qquad G = G'\,l\,.$$

Man kann daher Kapazitäts- und Ableitungsbelag mit Hilfe der in Abschnitt 17 beschriebenen Anordnungen messen. Meist ist jedoch bei der Ableitung infolge der endlichen Leitungslänge eine Korrektur des gefundenen Wertes erforderlich, die sich aus der folgenden Überlegung ergibt: Es gilt bei offenem Leitungsende nach Gl. (39.55) und (39.56)

$$U_1 = U_2 \cosh \gamma\, l\,, \qquad I_1 = \frac{U_2}{Z_w} \sinh \gamma\, l\,. \tag{13}$$

Daher ist der *Eingangswiderstand*

$$Z_{e1} = \frac{U_1}{I_1} = Z_w \coth \gamma\, l\,. \tag{14}$$

Die Reihenentwicklungen der Hyperbelfunktionen für kleines Argument

$$\left.\begin{aligned} \sinh \gamma\, l &\approx \gamma\, l \left(1 + \frac{1}{6}\,\gamma^2 l^2\right), \qquad \cosh \gamma\, l \approx 1 + \frac{1}{2}\,\gamma^2 l^2, \\ \tanh \gamma\, l &= \frac{1}{\coth \gamma\, l} \approx \gamma\, l \left(1 - \frac{1}{3}\,\gamma^2 l^2\right) \end{aligned}\right\} \tag{15}$$

liefern näherungsweise

$$Z_{e1} = \frac{Z_w}{\gamma l} \frac{1}{1 - \frac{1}{3} \gamma^2 l^2} . \tag{16}$$

Setzt man die Werte für $\gamma = \sqrt{R' (G' + j \omega C')} \approx \sqrt{R' j \omega C'}$ und $Z_w \approx \sqrt{\frac{R'}{G' + j \omega C'}}$ ein, so ergibt sich

$$\frac{1}{Z_{e1}} = (G' + j \omega C') l \left(1 - \frac{1}{3} R' j \omega C' l^2\right) \approx G' l + \frac{1}{3} R' \omega^2 C'^2 l^3 + j \omega C' l . \tag{17}$$

Von dem gemessenen Ableitungswert ist also zur Berechnung des Ableitungsbelages

$$\frac{1}{3} \omega^2 R' C'^2 l^3$$

zu subtrahieren.

Als weiteres Beispiel einer elektrisch kurzen Leitung werde der Widerstand von *bifilaren Drahtschleifen*, wie sie für Meßzwecke als Vergleichswiderstände verwendet werden, berechnet. Eine solche Schleife kann aufgefaßt werden als eine am Ende kurzgeschlossene Leitung von der Länge l. Es gilt daher

$$U_1 = I_2 Z_w \sinh \gamma l , \qquad I_1 = I_2 \cosh \gamma l . \tag{18}$$

Der Eingangswiderstand wird

$$Z_{e1} = \frac{U_1}{I_1} = Z_w \tanh \gamma l . \tag{19}$$

Damit nun der Widerstand der Schleife bei Wechselstrom möglichst gleich dem Gleichstromwiderstand ist, muß γl klein sein gegen 1. Um den Einfluß endlicher Werte von γl zu erkennen, kann man auch hier die Näherungen (15) benutzen, so daß

$$Z_{e1} = (R' + j \omega L') l \left(1 - \frac{1}{3} (R' + j \omega L') j \omega C' l^2\right) , \tag{20}$$

wenn die Ableitung, die sich durch gute Isolierung genügend klein halten läßt, vernachlässigt wird. Durch Ausmultiplizieren und Weglassen der Glieder mit höheren Potenzen von ω als der ersten folgt

$$Z_{e1} = R' l + j \omega \left(L' - \frac{1}{3} R'^2 C' l^2\right) l . \tag{21}$$

Diese Beziehung zeigt, daß der Fehler des Widerstandes für ein ganz bestimmtes Verhältnis von Drahtabstand zu Drahtradius zu einem Minimum wird, wenn nämlich

$$L' = \frac{1}{3} R'^2 C' l^2 . \tag{22}$$

Hiervon wird Gebrauch gemacht bei der Herstellung von Meßwiderständen, bei denen bifilare Drahtschleifen zu zylindrischen Spulen aufgewickelt werden, wenn sich auch dabei die Verhältnisse nicht in so einfacher Form theoretisch darstellen lassen.

Lange Leitungen

Die *elektrisch lange Leitung* ist dadurch definiert, daß die Dämpfung αl so groß ist, daß

$$\sinh \gamma l \approx \cosh \gamma l \approx \frac{1}{2} e^{\gamma l} \tag{23}$$

wird. Das ist der Fall, wenn αl größer als 2 bis 3 Np ist. Die Leitungsgleichungen gehen unter dieser Voraussetzung in die folgenden Beziehungen über:

$$U_1 = (U_2 + I_2 Z_w) \frac{1}{2} e^{\gamma l} , \tag{24}$$

$$I_1 = \frac{1}{Z_w} (U_2 + I_2 Z_w) \frac{1}{2} e^{\gamma l} . \tag{25}$$

Der Eingangswiderstand der Leitung wird gleich dem Wellenwiderstand:

$$Z_{e1} = \frac{U_1}{I_1} = Z_w . \tag{26}$$

Aus der Gl. (24) folgt

$$U_2 = 2\, U_1\, e^{-\gamma l} - I_2\, Z_w . \tag{27}$$

Daraus geht hervor, daß die Spannung am Ende der Leitung so berechnet werden kann, als ob der Verbraucher an einen Generator angeschlossen wäre mit der Leerlaufspannung

$$U_{02} = 2\, U_1\, e^{-\gamma l} \tag{28}$$

und dem inneren Widerstand Z_w. Man kann daher für eine lange Leitung das in Abb. 40.2 angegebene Ersatzbild aufstellen, das für überschlägige Betrachtungen wertvoll ist. Die Anfangsspannung U_1 berechnet sich aus der Leerlaufspannung U_0 der am *Anfang* der Leitung liegenden Ersatzstromquelle als Spannungsabfall an dem Eingangswiderstand Z_w der Leitung:

$$U_1 = U_0 \frac{Z_w}{Z_1 + Z_w} . \tag{29}$$

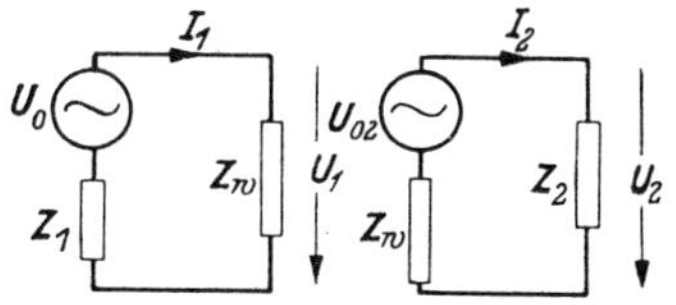

Abb. 40.2. Ersatzbild einer langen Leitung

Damit kann man die Leerlaufspannung U_{02} am Leitungs*ende* berechnen:

$$U_{02} = \frac{2\, U_0\, Z_w\, e^{-\gamma l}}{Z_1 + Z_w} , \tag{30}$$

und es ergeben sich Spannung und Strom am Ende der Leitung, wenn der am Ende angeschlossene Widerstand Z_2 bekannt ist.

Zahlenbeispiel: Der Dämpfungsbelag einer Pupinleitung sei $\alpha = 0{,}02$ Neper/km bei 1000 Hz; der Wellenwiderstand sei $Z_0 = 1600\ \Omega$; die Leitung von 140 km Länge sei auf beiden Seiten mit Widerständen $Z_1 = Z_2 = 2000\ \Omega$ abgeschlossen. Gesucht ist das Verhältnis der Spannung am Abschlußwiderstand zur Leerlaufspannung der Quelle am Anfang.

$$\alpha\, l = 140 \cdot 0{,}02\ \text{Np} = 2{,}8\ \text{Np} ,$$

$$|U_1| = \frac{|U_0|\, 1600}{1600 + 2000} = 0{,}444\, |U_0| ,$$

$$|U_{02}| = 2 \cdot 0{,}444\, |U_0|\, e^{-2{,}8} = 0{,}0541\, |U_0| ,$$

$$|U_2| = \frac{|U_{02}|\, 2000}{1600 + 2000} = 0{,}556\, |U_{02}| = 0{,}030\, U_0 .$$

Abschlußwiderstand angenähert gleich dem Wellenwiderstand

Setzt man

$$Z_2 = Z_w (1 + \Delta) , \tag{31}$$

so gilt nach Gl. (39.55) und (39.56)

$$U_1 = U_2 \cosh \gamma l + \frac{U_2}{1 + \Delta} \sinh \gamma l ,$$

$$I_1 = \frac{U_2}{Z_w (1 + \Delta)} \cosh \gamma l + \frac{U_2}{Z_w} \sinh \gamma l$$

oder

$$U_1 = \frac{U_2}{1 + \Delta} (1 + \Delta e^{-\gamma l} \cosh \gamma\, l)\, e^{\gamma l} , \tag{32}$$

$$I_1 = \frac{U_2}{Z_w (1 + \Delta)} (1 + \Delta e^{-\gamma l} \sinh \gamma\, l)\, e^{\gamma l} . \tag{33}$$

Hieraus folgt für den Eingangswiderstand

$$Z_{e1} = \frac{U_1}{I_1} = Z_w \frac{1 + \Delta e^{-\gamma l} \cosh \gamma l}{1 + \Delta e^{-\gamma l} \sinh \gamma l} . \tag{34}$$

Schon bei einer Dämpfung $\alpha\, l = 1{,}5$ Np sind die Abweichungen des Eingangswiderstandes vom Wellenwiderstand nach Gl. (34) auch bei beliebig großen Widerstandsunterschieden Δ kleiner als 10%. Wenn Δ klein gegen 1 ist, folgt aus Gl. (34) näherungsweise

$$Z_{e1} \approx Z_w (1 + \Delta e^{-2\gamma l}) . \tag{35}$$

Der Eingangswiderstand einer Leitung ist also um so genauer gleich dem Wellenwiderstand, je größer die Dämpfung und je kleiner der Widerstandsunterschied Δ ist. Die größten Abweichungen des Eingangswiderstandes von dem Wellenwiderstand haben den relativen Betrag

$$|\Delta|\, e^{-2\alpha l} .$$

Aus Gl. (32) ergibt sich ferner für das Verhältnis der Effektivwerte von Anfangs- und Endspannung die Näherungsformel

$$\frac{|U_1|}{|U_2|} = e^{\alpha l} , \tag{36}$$

deren Fehler kleiner ist als

$$\frac{1}{2} \left| \frac{\Delta}{1 + \Delta} \right| .$$

Ersatzbilder

Die Leitungsgleichungen können durch einfache Vierpole veranschaulicht werden, z. B. durch T- und Π-Schaltungen. Durch Vergleich der Vierpolgleichungen in der Kettenform mit den Leitungsgleichungen folgt

$$A_{11} = A_{22} = \cosh \gamma l , \tag{37}$$

$$A_{12} = Z_w \sinh \gamma l ; \qquad A_{21} = \frac{1}{Z_w} \sinh \gamma l . \tag{38}$$

Aus den Gl. (37.69) folgt für die T-Schaltung

$$1 + \frac{Z_1}{Z_3} = \cosh \gamma l , \qquad \frac{1}{Z_3} = \frac{1}{Z_w} \sinh \gamma l \tag{39}$$

und hieraus

$$Z_1 = Z_2 = Z_w \tanh \frac{1}{2} \gamma\, l ; \tag{40}$$

$$Z_3 = Z_w \frac{1}{\sinh \gamma\, l} . \tag{41}$$

Aus den Gl. (37.70) folgt für die Π-Schaltung

$$\left. \begin{aligned} 1 + \frac{Z_3}{Z_2} &= \cosh \gamma l , \\ Z_3 &= Z_w \sinh \gamma l \end{aligned} \right\} \tag{42}$$

und hieraus

$$Z_1 = Z_2 = Z_w \frac{1}{\tanh \frac{1}{2} \gamma l} , \tag{43}$$

$$Z_3 = Z_w \sinh \gamma l . \tag{44}$$

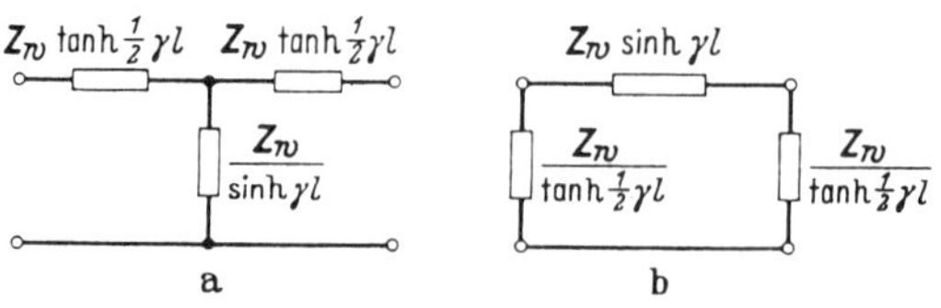

Abb. 40.8. a u. b. Genaue Ersatzbilder der homogenen Leitung beliebiger Länge

Die beiden Ersatzbilder sind in Abb. 40.3 dargestellt. Sie gelten in dieser Form streng und sind besonders nützlich für die Berechnung von Starkstrom- und Hochspannungsleitungen, weil hier die Hyperbelfunktionen durch wenige Glieder ihrer Potenzreihen ersetzt werden können. Unter Berücksichtigung der Potenzen bis zur dritten gilt z.B. angenähert

$$\sinh x = x + \frac{1}{6} x^3, \tag{45}$$

$$\tanh x = x\left(1 - \frac{1}{3} x^2\right). \tag{46}$$

Damit wird für das T-Ersatzbild

$$Z_w \tanh \frac{1}{2} \gamma l = \frac{1}{2} (R' l + j \omega L' l)\left(1 - \frac{1}{12} (\gamma l)^2\right), \tag{47}$$

$$\frac{Z_w}{\sinh \gamma l} = \frac{1}{(G' l + j \omega C' l)\left(1 + \frac{1}{6} (\gamma l)^2\right)}, \tag{48}$$

für das Π-Ersatzbild

$$Z_w \sinh \gamma l = (R' l + j \omega L' l)\left(1 + \frac{1}{6} (\gamma l)^2\right), \tag{49}$$

$$\frac{Z_w}{\tanh \frac{1}{2} \gamma l} = \frac{2}{(G' l + j \omega C' l)\left(1 - \frac{1}{12} (\gamma l)^2\right)}. \tag{50}$$

Für sehr kurze Leitungen, bei denen noch $\frac{1}{6} (\gamma l)^2$ gegen 1 vernachlässigt werden kann, reduziert sich dies auf die einfachen Darstellungen durch die konzentrierten Leitungseigenschaften.

Zahlenbeispiel: Für die in Abschnitt 39 betrachtete Drehstromfreileitung von 500 km Länge ergibt sich folgendes. Berücksichtigt man in den Korrekturfaktoren nur den Hauptanteil $\beta l = 0{,}526$, so wird $(\gamma l)^2 = -0{,}28$.

Damit ergeben sich für das T-Ersatzbild die Werte

$$Z_w \tanh \frac{1}{2} \gamma l = \frac{1}{2} (50 + j\,157)\left(1 + \frac{0{,}28}{12}\right) \Omega = 25{,}6\ \Omega + j\,80{,}2\ \Omega,$$

$$\frac{Z_w}{\sinh \gamma l} = \frac{1}{(50 \cdot 10^{-6} + j\,1730 \cdot 10^{-6})\left(1 - \frac{0{,}28}{6}\right)} = \frac{1}{48 + j\,1650}\, 10^6\ \Omega.$$

Der Verbraucher hat den Scheinwiderstand

$$Z_2 = 800\ \Omega\ (0{,}8 + j\,0{,}6) = 640\ \Omega + j\,480\ \Omega.$$

Das gesamte Ersatzbild ist in Abb. 40.4 dargestellt. Aus der Spannung am Ende folgt die Spannung U_3:

$$U_3 = 100\ \text{kV}\ \frac{665{,}6 + j\,560}{640 + j\,480} = (108{,}4 + j\,6{,}1)\ \text{kV}.$$

Die Ströme sind

$$I_2 = \frac{100\ \text{kA}}{640 + j\,480} = (100 - j\,75)\ \text{A},$$

$$I_3 = \frac{(108{,}4 + j\,6{,}1)(48 + j\,1650)}{10^6} \frac{\text{kV}}{\Omega} = (-4{,}2 + j\,179{,}3)\ \text{A},$$

$$I_1 = I_2 + I_3 = (96 + j\,104{,}3)\ \text{A}.$$

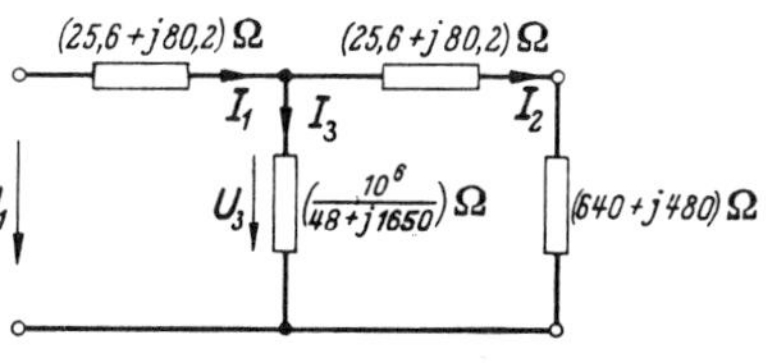

Abb. 40.4. Ersatzbild der Drehstromleitung von 500 km Länge

Daher wird

$$U_1 = U_3 + I_1 Z_1 = (108{,}4 + j\,6{,}1)\ \mathrm{kV} + (95 + j\,103{,}3)\,(25{,}6 + j\,80{,}2)\ \mathrm{V}$$
$$= (1{,}025 + j\,0{,}164)\cdot 10^5\ \mathrm{V} = (102{,}5 + j\,16{,}4)\ \mathrm{kV}\,.$$

Dies stimmt fast genau mit dem Ergebnis der exakten Rechnung S. 413 überein.

Hochfrequenzleitungen

Bei *hohen Frequenzen* wird die Wellenlänge λ auf den Leitungen umgekehrt proportional zur Frequenz kürzer; der Dämpfungsbelag wächst infolge des Skineffektes etwa mit der Wurzel aus der Frequenz, falls die Isolierung der Leitung hinreichend gut ist. Die Dämpfung je Wellenlänge nimmt daher mit wachsender Frequenz immer mehr ab, die Ausbreitung auf der Leitung nähert sich den Verhältnissen bei der verlustfreien Leitung, auch wenn die Leitungslänge ein Mehrfaches der Wellenlänge ausmacht. Für Meßzwecke verwendet man Leitungen aus frei in der Luft gespannten Leitungsdrähten oder koaxiale Leitungen mit Luftisolierung. Die Fortpflanzungsgeschwindigkeit auf solchen *Meßleitungen* ist nach Gl. (39.97)

$$v = \frac{1}{\sqrt{L'C'}} = \frac{1}{\sqrt{\varepsilon_0 \mu_0}} = c = 299\,792\ \frac{\mathrm{km}}{\mathrm{s}} \tag{51}$$

gleich der Lichtgeschwindigkeit. Durch Feststellen der Knotenpunkte der Spannung in einer am Ende offenen oder kurzgeschlossenen Leitung, an deren Anfang eine Hochfrequenzspannung wirkt, kann daher die Frequenz dieser Quelle gemessen werden: $f = \frac{c}{\lambda}$ (LECHER 1890).

Der Wellenwiderstand solcher Leitungen ist ziemlich genau ein ohmscher Widerstand Z_0, der aus den Abmessungen genau berechnet werden kann, Gl. (39.86). Daher können solche Leitungen auch zur Messung von Wechselstromwiderständen benützt werden. Zu diesem Zweck wird die Leitung mit dem zu messenden Widerstand Z_x abgeschlossen. Nach Gl. (39.18), (39.51) und (39.52) gilt dann für die Spannung U an irgend einer Stelle der Leitung mit dem Abstand d vom Leitungsende

$$U = \frac{1}{2} I_2 \left[(Z_x + Z_0)\,\mathrm{e}^{j\beta d} + (Z_x - Z_0)\,\mathrm{e}^{-j\beta d}\right] \tag{52}$$

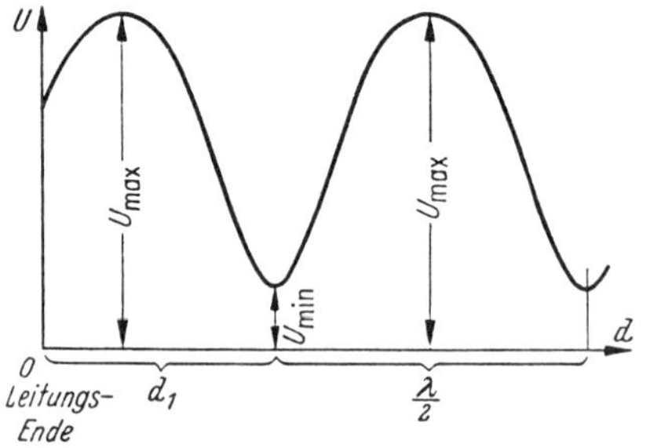

Abb. 40.5. Spannungsverteilung auf einer Meßleitung, U = Effektivspannung

oder

$$U = \frac{1}{2} I_2 (Z_x + Z_0)\,\mathrm{e}^{j\beta d}\left[1 + r\,\mathrm{e}^{-2j\beta d}\right], \tag{53}$$

wobei

$$r = \frac{Z_x - Z_0}{Z_x + Z_0} \tag{54}$$

den Reflexionsfaktor am Leitungsende bedeutet. Setzt man für diesen gemäß (39.106)

$$r = |r|\,\mathrm{e}^{j\varrho} \tag{55}$$

und berechnet den Effektivwert der Spannung U durch Bilden des Betrages, so findet man

$$|U| = \frac{1}{2}\,|I_2|\cdot|Z_x + Z_0|\cdot\sqrt{1 + |r|^2 + 2\,|r|\cos(2\beta d - \varrho)}\,. \tag{56}$$

Die Spannung ändert sich längs der Leitung ähnlich wie bei einer stehenden Welle, Abb. 40.5; das Minimum hat jedoch im allgemeinen nicht den Wert Null, sondern einen endlichen Wert U_{min}. Ferner fällt das Leitungsende $d = 0$ im allgemeinen nicht mit einem Knoten oder Bauch der Welle zusammen. Aus Gl. (56) folgt das Spannungsverhältnis

$$\frac{U_{min}}{U_{max}} = \frac{1 - |r|}{1 + |r|} . \tag{57}$$

Dieses Verhältnis wird auch *Anpassungsfaktor* m genannt:

$$m = \frac{U_{min}}{U_{max}} . \tag{58}$$

Die Messung von m liefert den Betrag des Reflexionsfaktors:

$$|r| = \frac{1 - m}{1 + m} . \tag{59}$$

Den Phasenwinkel ϱ des Reflexionsfaktors kann man durch Bestimmen des Abstandes d_1 des ersten Minimums vom Leitungsende finden, Abb. 40.5. Nach Gl. (56) gilt hierfür

$$\varrho = 2\beta d_1 - \pi = \pi\left(4\frac{d_1}{\lambda} - 1\right) . \tag{60}$$

Aus $|r|$, ϱ und Z_0 kann Z_x mit Hilfe der Reflexionsfaktorkarte, Abb. 39.12, graphisch ermittelt werden. Mit den Gl. (59) und (60) ergibt sich auch rechnerisch:

$$Z_x = Z_0 \frac{m - j \tan 2\pi \dfrac{d_1}{\lambda}}{1 - j\, m \tan 2\pi \dfrac{d_1}{\lambda}} . \tag{61}$$

Die Abb. 40.5 zeigt die Spannung bei induktiver Belastung der Leitung. Hier ist d_1 größer als $\frac{\lambda}{4}$; die Spannung steigt zunächst gegen den Leitungsanfang hin an wegen der Parallelresonanz der Belastung mit der Leitungskapazität. Bei kapazitiver Belastung wäre d_1 kleiner als $\frac{\lambda}{4}$ (Serienresonanz mit Leitungsinduktivität).

$\frac{\lambda}{4}$ - und $\frac{\lambda}{2}$ - Leitungen

Eine Leitung, deren Länge gleich einem Viertel der Wellenlänge ist („$\frac{\lambda}{4}$-*Leitung*"), hat die Eigenschaft, aus einem beliebigen komplexen Belastungswiderstand Z_2 den dualen Wert $\frac{Z_0^2}{Z_2}$ zu bilden. Die Leitungsgleichungen lauten unter den hier gemachten Voraussetzungen vernachlässigbarer Verluste in der Leitung

$$U_1 = U_2 \cos\beta l + I_2 Z_0 j \sin\beta l , \tag{62}$$

$$I_1 = I_2 \cos\beta l + \frac{U_2}{Z_0} j \sin\beta l . \tag{63}$$

Setzt man

$$U_2 = I_2 Z_2 \qquad \text{und} \qquad \beta l = \frac{\omega}{c} l = 2\pi \frac{l}{\lambda} \tag{64}$$

und bildet den Quotienten, so erhält man den Eingangswiderstand der Leitung

$$Z_{e1} = \frac{U_1}{I_1} = Z_0 \frac{Z_2 \cos 2\pi \dfrac{l}{\lambda} + Z_0 j \sin 2\pi \dfrac{l}{\lambda}}{Z_0 \cos 2\pi \dfrac{l}{\lambda} + Z_2 j \sin 2\pi \dfrac{l}{\lambda}} . \tag{65}$$

Für $l = \frac{\lambda}{4}$ gibt dies

$$Z_{e1} = \frac{Z_0^2}{Z_2} . \tag{66}$$

Diese Eigenschaft kann zur Anpassung zwischen einem Verbraucherwiderstand R_2 und einem Generatorwiderstand R_1 verwendet werden („Resonanzanpassung").

Die *Resonanzanpassung* ist natürlich auf die Frequenz beschränkt, für die die Leitungslänge mit der Viertelwellenlänge übereinstimmt. Sie kann auch durch Spulen und Kondensatoren nach Abb. 40.6 herbeigeführt werden. Die Schaltungen b) und d) sind brauchbar, wenn $R_1 > R_2$, die Schaltungen c) und e) im entgegengesetzten Fall. In allen vier Fällen gilt für die Bemessung von Spule und Kondensator

$$L = R_1 R_2 C\,, \tag{67}$$

und die Resonanzanpassung ergibt sich für eine Frequenz ω nach den in Abb. 40.6 angeschriebenen Gleichungen. Man erhält diese Beziehungen, wenn man den vom Eingang aus gesehenen Widerstand der Anordnung berechnet und gleich R_1 setzt.

Die $\frac{\lambda}{4}$-Leitung wirkt nach Abb. 39.14 bei kurzgeschlossenem Ende wie ein Parallelschwingkreis, bei offenem Ende wie ein Reihenschwingkreis. Für die Umgebung der Resonanzfrequenz kann man die in Abb. 40.7 gezeigten Ersatzbilder aufstellen. Die Ersatzgrößen L, C, R findet man aus den Leitungsgleichungen. So ergibt sich für die kurzgeschlossene Leitung

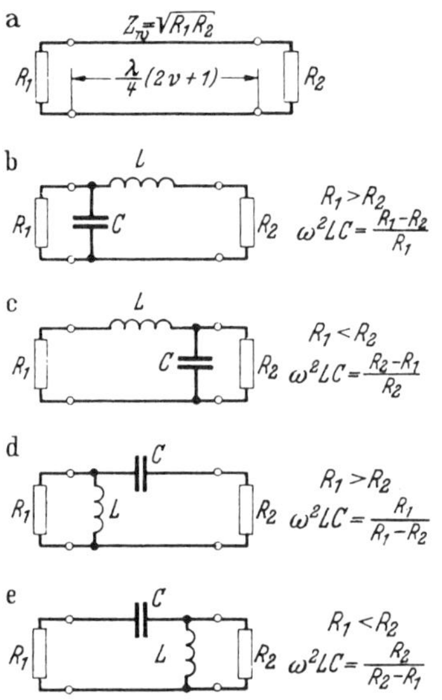

Abb. 40.6 a – e. Resonanzanpassung mit $\frac{\lambda}{4}$-Leitung (a) und mit Schwingkreis (b bis e) als Ersatz der Leitung. Im Fall a) kann die Leitungslänge ein ungeradzahliges Vielfaches von $\frac{\lambda}{4}$ sein

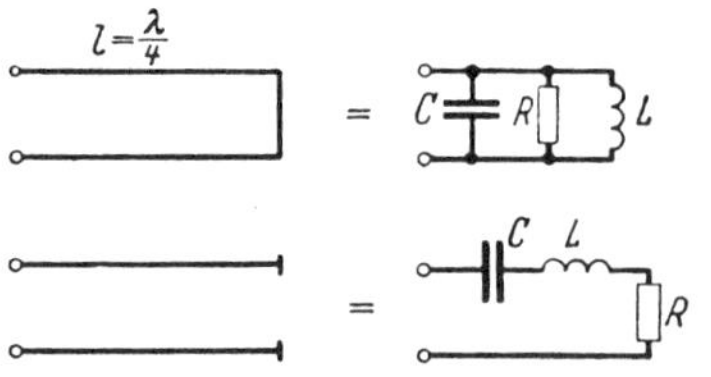
Abb. 40.7. Ersatzbilder für die kurzgeschlossene und die offene $\frac{\lambda}{4}$-Leitung in der Umgebung der ersten Resonanzfrequenz

$$L = \frac{8}{\pi^2} L' l\,, \qquad C = \frac{1}{2} C' l\,, \qquad R = \frac{2 L'}{C' R' l}\,, \tag{68}$$

für die offene Leitung

$$L = \frac{1}{2} L' l\,, \qquad C = \frac{8}{\pi^2} C' l\,, \qquad R = \frac{1}{2} R' l\,. \tag{69}$$

Bei kurzgeschlossener Leitung ist also fast die ganze Induktivität, aber nur die halbe Kapazität wirksam, bei offener Leitung fast die ganze Kapazität, aber nur die halbe Induktivität. Die Gütezahl, (Gl. (36.52)), ist in beiden Fällen

$$Q = \frac{\pi}{2} \frac{1}{R' l} \sqrt{\frac{L'}{C'}} = \frac{\pi}{4 \alpha l} = \frac{\pi}{\alpha \lambda}\,. \tag{70}$$

Ist die Länge einer Leitung $l = \frac{\lambda}{2}$, so wird nach Gl. (65) $Z_{e1} = Z_2$. Die $\frac{\lambda}{2}$-*Leitung* wirkt wie ein Transformator mit der Übersetzung $1 : -1$, der die Spannung und den Strom umpolt.

Exponentialleitung

Leitungen, bei denen der Leiterabstand längs der Leitung nicht konstant ist, werden in der Hochfrequenztechnik zur Leistungsanpassung verwendet. Die Gl. (39.12) und (39.13) lauten bei Vernachlässigung der Verluste

$$\frac{dU}{dx} = -j\,\omega\,L'\,I\,, \tag{71}$$

$$\frac{dI}{dx} = -j\,\omega\,C'\,U\,. \tag{72}$$

Durch Differenzieren der ersten Gleichung ergibt sich unter Berücksichtigung, daß jetzt L' von x abhängt

$$\frac{d^2U}{dx^2} = -j\,\omega\,L'\,\frac{dI}{dx} - j\,\omega\,\frac{dL'}{dx}\,I\,. \tag{73}$$

Hier kann man I aus der ersten Gleichung und $\frac{dI}{dx}$ aus der zweiten Gleichung einführen und erhält

$$\frac{d^2U}{dx^2} - \frac{1}{L'}\,\frac{dL'}{dx}\,\frac{dU}{dx} + \omega^2\,L'\,C'\,U = 0\,. \tag{74}$$

Nun ist bei einer Doppelleitung gemäß Gl. (32.50), wenn der Drahtabstand sich mit x nur langsam ändert, so daß die Leiter als nahezu parallel angesehen werden können,

$$L'\,C' = \text{konst.} = \frac{1}{v^2}\,, \tag{75}$$

wobei v die Fortpflanzungsgeschwindigkeit bezeichnet; wir setzen zur Abkürzung

$$\frac{\omega}{v} = \beta\,. \tag{76}$$

Die Differentialgleichung (74) für U hat konstante Koeffizienten, wenn

$$\frac{1}{L'}\,\frac{dL'}{dx} = k \tag{77}$$

unabhängig von x ist. Die Auflösung dieser Beziehung liefert

$$L' = L'_0\,e^{kx}\,. \tag{78}$$

Der Induktionsbelag der Leitung soll also exponentiell mit x zunehmen. Der Kapazitätsbelag nimmt dann entsprechend Gl. (75) exponentiell mit x ab: $C' = C'_0\,e^{-kx}$. Die Differentialgleichung (74) für U lautet nun

$$\frac{d^2U}{dx^2} - k\,\frac{dU}{dx} + \beta^2\,U = 0\,. \tag{79}$$

Zur Lösung dieser Differentialgeichung kann man den Ansatz $e^{\zeta x}$ machen und findet

$$\zeta = \frac{1}{2}\,k \pm j\sqrt{\beta^2 - \frac{1}{4}\,k^2}\,. \tag{80}$$

Mit $k = 0$ für die homogene Leitung geht dies in $\zeta = \pm\,j\,\beta$ über.

Solange $\frac{1}{2}\,k < \beta$ ist, gilt allgemein

$$\zeta = \frac{1}{2}\,k \pm j\,\beta_k\,, \tag{81}$$

wobei

$$\beta_k = \sqrt{\beta^2 - \frac{1}{4}\,k^2}\,. \tag{82}$$

Damit ergibt sich, ähnlich wie bei einer homogenen Leitung, eine wellenförmige Ausbreitung der Spannung. Für die Spannung im Abstand x vom Leitungsanfang gilt

$$U_x = U_h\, e^{\frac{1}{2} kx - j\beta_k x} + U_r\, e^{\frac{1}{2} kx + j\beta_k x}, \tag{83}$$

wobei U_h und U_r wieder die Amplituden von Hauptwelle und reflektierter Welle am Leitungsanfang ($x = 0$) sind.

Die Stromstärke an der Stelle x folgt aus Gl. (71) zu

$$I_x = -\frac{1}{j\,\omega\, L'}\frac{dU}{dx} = -\frac{1}{j\,\omega\, L_0'}\, e^{-kx}\frac{dU}{dx} \tag{84}$$

und mit Gl. (83):

$$I_x = \frac{U_h}{Z_{w1}}\, e^{\frac{1}{2} kx - j\beta_k x} - \frac{U_r}{Z_{w2}}\, e^{\frac{1}{2} kx + j\beta_k x}. \tag{85}$$

Für Hauptwelle und reflektierte Welle gelten verschiedene ortsabhängige Wellenwiderstände:

$$Z_{w1} = \frac{\sqrt{L_0'/C_0'}\, e^{kx}}{\sqrt{1-(k/2\beta)^2} + j(k/2\beta)}, \quad \text{und} \quad Z_{w2} = \frac{\sqrt{L_0'/C_0'}\, e^{kx}}{\sqrt{1-(k/2\beta)^2} - j(k/2\beta)}. \tag{86}$$

Nur wenn $\frac{1}{2} k$ klein gegen β gemacht wird, werden beide Wellenwiderstände einander angenähert gleich und reell, nämlich

$$Z_{w1} \approx Z_{w2} \approx \frac{\omega\, L_0'}{\beta_k}\, e^{kx} \approx \sqrt{\frac{L_0'}{C_0'}}\, e^{kx} = Z_0\, e^{kx}. \tag{87}$$

Eine Leitung, bei der diese Bedingung erfüllt ist, werde nun bei $x = l$ mit einem Widerstand

$$Z_2 = Z_0\, e^{kl} \tag{88}$$

abgeschlossen; dann wird dort

$$U_x = I_x Z_2. \tag{89}$$

Mit den Gl. (83) und (85) gibt dies

$$U_h\, e^{\frac{1}{2} kl - j\beta_k l} + U_r\, e^{\frac{1}{2} kl + j\beta l} = U_h\, e^{\frac{1}{2} kl - j\beta_k l} - U_r\, e^{\frac{1}{2} kl + j\beta l}.$$

Daraus folgt

$$U_r = 0. \tag{90}$$

Die Hauptwelle wird also völlig in dem Abschlußwiderstand absorbiert; eine reflektierte Welle tritt nicht auf; die Leitung ist durch den speziellen Widerstand Z_2 reflexionsfrei abgeschlossen.

Der Eingangswiderstand der Leitung wird dann

$$Z_{e1} = \left.\frac{U_x}{I_x}\right|_{x=0} = Z_0. \tag{91}$$

Soweit die Leitung als verlustfrei angesehen werden kann, wird die dem Eingangswiderstand Z_0 zufließende Leistung vollständig dem Abschlußwiderstand Z_2 zugeführt. Die Leitung wirkt wie ein Transformator, der den Abschlußwiderstand Z_2 auf den Wert Z_0 transformiert.

Zahlenbeispiel: Der Induktionsbelag einer Doppelleitung mit dem Drahtabstand a und dem Drahtradius r_0 ist bei hohen Frequenzen nach Gl. (28.15)

$$L' = \frac{\mu_0}{\pi} \ln \frac{a}{r_0}.$$

Soll

$$L' = L_0'\, e^{kx}$$

sein, so folgt

$$L_0' e^{kx} = \frac{\mu_0}{\pi} \ln \frac{a}{r_0}$$

und mit

$$L_0' = \frac{\mu_0}{\pi} \ln \frac{a_0}{r_0}$$

wird

$$e^{kx} \ln \frac{a_0}{r_0} = \ln \frac{a}{r_0}$$

oder

$$a = a_0 \, e^{e^{kx}} .$$

Soll z. B. das Transformationsverhältnis $e^{kl} = 2$ sein, so muß der Drahtabstand der Leitung am Leitungsende $e^2 = 7{,}4$mal so groß wie am Anfang gemacht werden. Sei die Betriebsfrequenz 30 MHz, dann ist

$$\beta = \frac{2\pi \cdot 30 \cdot 10^6}{3 \cdot 10^8} \, \mathrm{m}^{-1} = 0{,}628 \, \mathrm{m}^{-1} .$$

Macht man die Leitung 20 m lang, so wird

$$k = \frac{0{,}7}{20 \, \mathrm{m}} = 0{,}035 \, \mathrm{m}^{-1} .$$

Bei einem Drahtabstand $a_0 = 10$ cm am Leitungsanfang und einem Drahtradius $r_0 = 0{,}2$ cm wird

$$L_0' = 1{,}257 \, \frac{\mu\mathrm{H}}{\mathrm{m}} \, \frac{1}{\pi} \ln \frac{10}{0{,}2} = 1{,}566 \, \frac{\mu\mathrm{H}}{\mathrm{m}} .$$

Damit ergibt sich

$$Z_0 = \frac{\omega L_0'}{\beta} = \frac{2\pi \, 30 \cdot 10^6 \cdot 1{,}566 \cdot 10^{-6} \, \Omega}{0{,}628} = 470 \, \Omega .$$

Die Leitung transformiert in einem weiten Frequenzbereich einen Abschlußwiderstand von 940 Ω auf den Wert 470 Ω am Leitungsanfang.

41. Die Leistungsverhältnisse bei Leitungen

Mit Hilfe der Leitungsgleichungen (39.55) und (39.56) können auch alle Fragen beantwortet werden, die die Übertragung der Leistung auf den Leitungen betreffen. Als Beispiele sollen hier zwei verschiedene Darstellungen etwas näher betrachtet werden.

Für die Zwecke der *Starkstromtechnik* ist eine graphische Darstellung der Leistungsverhältnisse von Interesse, aus der die zusammengehörigen Werte von Wirk- und Blindleistung am Leitungsanfang und am Leitungsende bei bestimmten Spannungsverlusten auf der Leitung abgelesen werden können. Sie ergibt sich auf folgende Weise (*J. Ossanna* 1926).

Bringt man die Leitungsgleichungen in die Leitwertform (37.51), (37.52), so wird wegen der dort verwendeten symmetrischen Bepfeilung von I_1 und I_2

$$Y_{11} = Y_{22} = \frac{1}{Z_w \tanh \gamma l}, \tag{1}$$

$$Y_{12} = Y_{21} = \frac{-1}{Z_w \sinh \gamma l}. \tag{2}$$

Also gilt für die hier benutzte Zählrichtung von I_2

$$I_1 = Y_{11} U_1 + Y_{21} U_2 , \tag{3}$$

$$-I_2 = Y_{21} U_1 + Y_{11} U_2 . \tag{4}$$

Wird der Zeiger der Spannung am Ende in die reelle Achse gelegt, $U_2 = |U_2|$, und die Phasenverschiebung zwischen Anfangs- und Endspannung mit ϑ bezeichnet, so ist zu setzen

$$U_1 = |U_1| \, e^{j\vartheta} . \tag{5}$$

Daraus folgt der konjugiert komplexe Wert

$$U_1^* = |U_1|\, e^{-j\vartheta}\,, \tag{6}$$

und die komplexe Leistung für das Erzeugerende der Leitung wird

$$P_{s1} = P_1 + jP_{q1} = U_1^* I_1 = |U_1|^2\, Y_{11} + |U_1|\,|U_2|\, e^{-j\vartheta}\, Y_{21}\,. \tag{7}$$

Entsprechend ergibt sich für das Verbraucherende der Leitung die komplexe Leistung

$$P_{s2} = |U_2|\, I_2 = -\,|U_2|^2\, Y_{11} - |U_1|\,|U_2|\, e^{j\vartheta}\, Y_{21}\,. \tag{8}$$

Bei vorgegebenen Spannungen $|U_1|$ und $|U_2|$ und veränderlicher Phasenverschiebung ϑ zwischen diesen Spannungen liegen demnach die Spitzen der Zeiger P_{s1} und P_{s2} in der komplexen Ebene auf zwei Kreisen mit dem gleichen Radius

$$|U_1| \cdot |U_2| \cdot |Y_{21}|$$

und den Mittelpunkten

$$|U_1|^2\, Y_{11} \qquad \text{sowie} \qquad -\,|U_2|^2\, Y_{11}\,.$$

In Abb. 41.1 sind diese beiden Kreise für die Erzeuger- und Verbraucherleistung dargestellt. M_1 und M_2 sind die Mittelpunkte der beiden Kreise. Die Punkte A und B findet man, wenn man zu den im allgemeinen verschieden langen Zeigern

$$\overline{OM_1} = |U_1|^2\, Y_{11} \qquad \text{und} \qquad \overline{OM_2} = -\,|U_2|^2\, Y_{11}$$

die Zeiger

$$\overline{M_1A} = |U_1|\,|U_2|\, Y_{21} \qquad \text{und} \qquad \overline{M_2B} = -\,|U_1|\,|U_2|\, Y_{21}$$

addiert. Mit wachsendem ϑ wandert der Punkt A rechts herum, der Punkt B links herum. Für irgendeinen Winkel ϑ ergeben sich die zusammengehörigen Betriebspunkte A' auf dem Erzeugerkreis und B' auf dem Verbraucherkreis. $\overline{OP_1}$ und $\overline{OP_2}$ sind also zusammengehörige Werte der Erzeuger- und Verbraucherleistung für die angenommenen Spannungswerte. Die Blindleistungen sind aus $\overline{P_1A'}$ und $\overline{P_2B'}$ abzulesen.

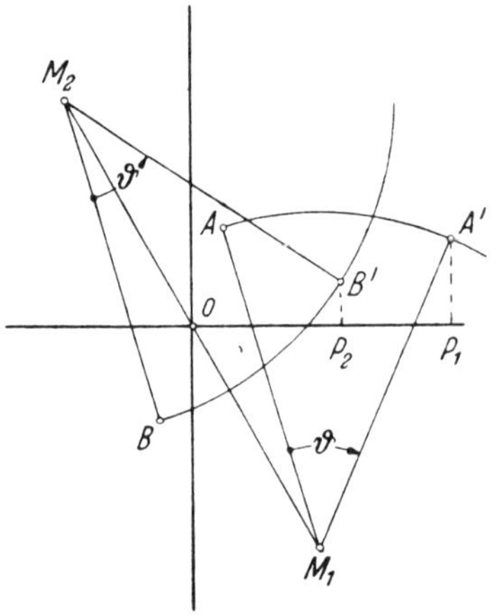

Abb. 41.1. Ortskurven für die Erzeuger- und Verbraucherleistung

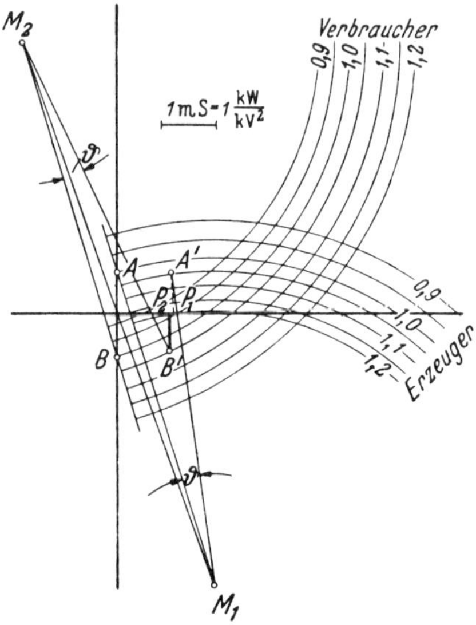

Abb. 41.2. Erzeuger- und Verbraucherkreise für verschiedene Anfangs- und Endspannungen. 1 mS = $\frac{1\ \text{kW}}{(\text{kV})^2}$

Zu einer zweckmäßigen Darstellung für verschiedene Spannungen kommt man, wenn man die durch die Quadrate der Spannungen dividierten Leistungen aufträgt, also statt der Erzeugerleistung den Leitwert (Eingangsleitwert der Leitung)

$$Y_1 = \frac{P_{s1}}{|U_1|^2}, \tag{9}$$

statt der Verbraucherleistung den Leitwert (Verbraucherleitwert)

$$Y_2 = \frac{P_{s2}}{|U_2|^2}. \tag{10}$$

Damit ergibt sich aus Gl. (7) und (8)

$$Y_1 = Y_{11} + \frac{|U_2|}{|U_1|} e^{-j\vartheta} Y_{21}, \tag{11}$$

$$-Y_2 = Y_{11} + \frac{|U_1|}{|U_2|} e^{j\vartheta} Y_{21}. \tag{12}$$

Für verschiedene Phasenwinkel ϑ liegen die Endpunkte der Zeiger Y_1 und Y_2 wieder auf Kreisen. Die Mittelpunkte dieser Kreise sind jedoch unabhängig von den Spannungen. Die Radien sind für $|U_1| = |U_2|$ einander gleich, im übrigen voneinander verschieden. Zeichnet man nun Kreisscharen für verschiedene Verhältnisse $\frac{|U_1|}{|U_2|}$, so kann man für jeden beliebigen Betriebsfall aus dem Diagramm die Leistungen oder Spannungen ablesen.

In Abb. 41.2 ist als Beispiel die Drehstromleitung von 500 km Länge des Zahlenbeispiels aus Abschnitt 39 zugrunde gelegt. Hier ist

$$Y_{11} = \frac{\cosh \gamma l}{Z_w \sinh \gamma l} = \frac{0{,}869 + j\,0{,}045}{309\, e^{-j8°}\,(0{,}0776 + j\,0{,}504)}\ \mathrm{S},$$

$$Y_{11} = 1{,}86 - j\,5{,}23\ \mathrm{mS}\ (\text{oder kW/kV}^2),$$

$$Y_{21} = \frac{-1}{Z_w \sinh \gamma l} = \frac{-1}{308{,}8\, e^{-j8°}(0{,}0775 + j\,0{,}504)}\ \mathrm{S},$$

$$Y_{21} = -1{,}824 + j6{,}05\ \mathrm{mS}.$$

Für verschiedene Spannungsverhältnisse ergeben sich damit folgende Radien der Kreise:

$\frac{\lvert U_1\rvert}{\lvert U_2\rvert} =$	0,9	0,95	1,0	1,05	1,1	1,15	1,2
$\overline{M_1 A} \mathrel{\hat{=}}$	7,04	6,67	6,33	6,02	5,76	5,51	5,28 mS
$\overline{M_2 B} \mathrel{\hat{=}}$	5,71	6,02	6,33	6,65	6,97	7,29	7,6 mS

Durch Einzeichnen von $\overline{OP_2} = 1$ mS und $\overline{P_2 B'} = 1$ mS $\tan \varphi_2 = 0{,}75$ mS ergibt sich der zu $P_2 = 10000$ kW, $\cos \varphi_2 = 0{,}8$ gehörige Betriebspunkt B' auf dem Verbraucherkreis. Damit erhält man den Winkel ϑ und liest ab, daß $\frac{|U_1|}{|U_2|} = 1{,}04$, also $|U_1| = 104$ kV sein muß. Trägt man nun den Winkel ϑ in den Erzeugerkreis ein, so findet man den Betriebspunkt A' und damit die Erzeuger-Wirk- und -Blindleistung durch Multiplizieren der Strecken OP_1 und $P_1 A'$ mit dem Quadrat von 104 kV.

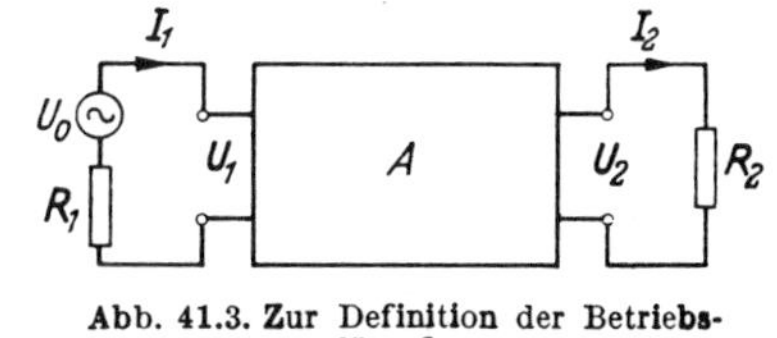

Abb. 41.3. Zur Definition der Betriebsdämpfung

In der *Nachrichtentechnik* benutzt man zur Kennzeichnung der Leistungsübertragung eines Vierpols vielfach den Begriff der *Betriebsdämpfung.* Er wird bei Abschluß des Vierpols mit den ohmschen Widerständen R_1 und R_2, Abb. 41.3, definiert aus dem Verhältnis der verfügbaren Leistung $P_1 = |U_0|^2/4\,R_1$ der Eingangsquelle zu der vom Lastwiderstand R_2 aufgenommenen Leistung $P_2 = |U_2|^2/R_2$. Das Betriebsdämpfungsmaß ist

$$a_B = \frac{1}{2} \ln \frac{P_1}{P_2} \text{ Np} = \ln \frac{|U_0|}{2\,|U_2|} \sqrt{\frac{R_2}{R_1}} \text{ Np}. \tag{13}$$

Bei einem idealen Übertrager, der den Widerstand R_2 auf den Widerstand R_1 transformiert, wird das Betriebsdämpfungsmaß $a_B = 0$, wie sich aus der Gleichheit von P_2 und P_1 ergibt. Stimmen bei einer Leitung die Abschlußwiderstände R_1 und R_2 mit dem Wellenwiderstand Z_w überein, dann verschwindet die Echowelle und aus den Gl. (39.42) und (39.44) folgt

$$a_B = a = \alpha\, l\,. \tag{14}$$

Das Betriebsdämpfungsmaß ist bei Anpassung gleich dem Wellendämpfungsmaß. Große Abweichungen zwischen dem Betriebsdämpfungsmaß und dem Wellendämpfungsmaß ergeben sich nur, wenn der Wellenwiderstand der Leitung von den Abschlußwiderständen erheblich abweicht.

Das *komplexe Betriebsdämpfungsmaß* wird entsprechend Gl. (13) definiert durch

$$\boxed{g_B = a_B + j\, b_B = \ln \frac{U_0}{2\, U_2} \sqrt{\frac{R_2}{R_1}}\,.} \tag{15}$$

Es enthält als imaginären Teil den Phasenwinkel („Phasenmaß") zwischen den komplexen Spannungen U_2 und U_0.

Um aus Gl. (15) das Betriebsdämpfungsmaß zu berechnen, müssen zu den beiden Leitungsgleichungen (39.55) und (39.56) noch die beiden Maschengleichungen für den Leitungsanfang und das Leitungsende hinzugenommen werden, nämlich

$$U_0 = U_1 + R_1\, I_1;\;\; U_2 = R_2\, I_2\,. \tag{16}$$

Dann folgt aus diesen 4 Gleichungen das Verhältnis U_0/U_2 durch Eliminieren von U_1, I_1 und I_2. Für den vereinfachten Fall, daß die beiden Abschlußwiderstände einander gleich sind,

$$R_1 = R_2 = R\,,$$

ergibt sich

$$a_B + j\, b_B = \gamma\, l + \ln \frac{1}{4} \frac{(R + Z_w)^2}{R\, Z_w} \left(1 - \left(\frac{R - Z_w}{R + Z_w}\right)^2 e^{-2\gamma l}\right). \tag{17}$$

Betriebsdämpfungsmaß und Betriebsphasenmaß unterscheiden sich von αl und βl durch Beträge, die durch Realteil und Imaginärteil des zweiten Summanden gegeben sind.

Zahlenbeispiel: Eine Zweidraht-Kabelleitung mit Kupferleitern von 0,9 mm Durchmesser hat den Kapazitätsbelag $C' = 35$ nF/km, und den Induktionsbelag $L' = 0{,}51$ mH/km. Der Widerstandsbelag ist in dem zu betrachtenden Frequenzbereich bis 2000 Hz, in dem große Abweichungen zwischen dem Wellenwiderstand und den konstanten Abschlußwiderständen bestehen, rund $R' = 55\ \Omega$/km. Der Grenzwellenwiderstand für hohe Frequenzen wird $Z_0 = \sqrt{L'/C'} = 121\ \Omega$. Die Leitungslänge betrage $l = 30$ km. Die Leitung sei auf beiden Seiten mit den Widerständen $R = 120\ \Omega$ abgeschlossen.

Nach den Gl. (39.65), (39.66), (39.68) und (39.69) können nun die Werte α, β und $Z_w = Z_1 + j\, Z_2$ berechnet werden. Sie sind für einige Frequenzen in der folgenden Tabelle angegeben.

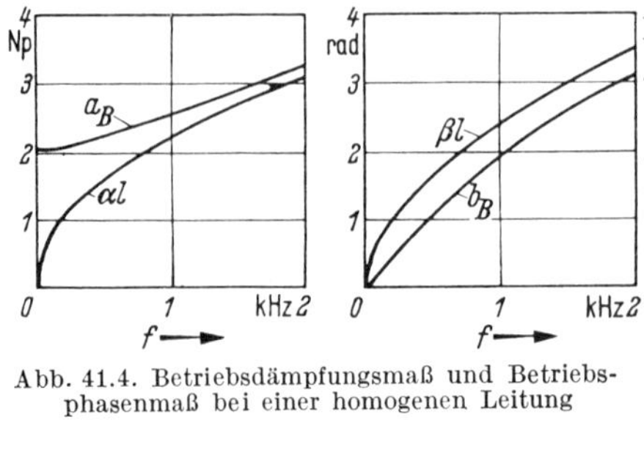

Abb. 41.4. Betriebsdämpfungsmaß und Betriebsphasenmaß bei einer homogenen Leitung

f / Hz	Z_1 / Ω	Z_2 / Ω	α / Np/km	β / rad/km
0	∞	− ∞	0	0
50	1580	−1580	0,0174	0,0174
100	1123	−1117	0,0245	0,0247
200	794	− 785	0,0345	0,0351
500	507	− 493	0,0542	0,0558
1000	364	− 343	0,0755	0,0801
2000	268	− 236	0,104	0,116

Das Betriebsdämpfungsmaß für Gleichstrom kann als Grenzwert für $f = 0$ aus der Gl. (17) ermittelt werden. Einfacher ist die Berechnung, wenn die Leitung durch ihren Gleichstromwiderstand $R'l$ ersetzt wird und unmittelbar die Definitionsgleichung (15) angewendet wird. Diese führt zu dem Spannungsteilerverhältnis

$$\frac{U_0}{2\,U_2} = \frac{2\,R + R'l}{2\,R} = \frac{240 + 1650}{240} = 7{,}87\,,$$

und

$$a_B = \ln 7{,}87 = 2{,}06 \text{ Np}.$$

Die nach Gl. (17) berechneten Werte von a_B und b_B sind für die übrigen Frequenzen in der folgenden Tabelle aufgeführt. Zum Vergleich sind das Wellendämpfungsmaß $\alpha\,l$ und der Wellendämpfungswinkel $\beta\,l$ eingetragen. Die Abb. 41.4 zeigt die entsprechenden Frequenzkurven. Infolge der beträchtlichen Fehlanpassung bei tiefen Frequenzen sind die Betriebsgrößen sehr verschieden von den Wellengrößen und weniger stark von der Frequenz abhängig; die „Verzerrungen“ werden hier durch die Fehlanpassung sehr verringert (s. Abschnitt 47).

$\frac{f}{\text{Hz}}$	$\frac{a_B}{\text{Np}}$	$\frac{\alpha l}{\text{Np}}$	$\frac{b_B}{\text{rad}}$	$\frac{\beta l}{\text{rad}}$
0	2,06	0	0	0
50	2,06	0,52	0,11	0,52
100	2,07	0,74	0,24	0,74
200	2,10	1,03	0,47	1,05
500	2,28	1,63	1,09	1,67
1000	2,62	2,26	1,92	2,40
2000	3,31	3,12	3,11	3,48

42. Kettenleiter. Siebketten

Wellenparameter

Kettenleiter entstehen, wenn mehrere Vierpole hintereinander geschaltet werden. Insbesondere ergibt sich ein *homogener Kettenleiter*, wenn die einzelnen Vierpole unter sich gleich sind. Sind die Vierpole außerdem längssymmetrisch, also spiegelsymmetrisch bezüglich einer vertikalen Mittelachse, so entsteht ein *längssymmetrischer homogener Kettenleiter*. Abb. 42.1 stellt einen n-gliedrigen Kettenleiter mit den einander gleichen Vierpolen $1, 2, \ldots, n$ dar. Die Vierpole werden zweckmäßig durch die Kettenform gekennzeichnet, wobei wegen der Längssymmetrie $A_{11} = A_{22}$ ist. Wegen dieser Voraussetzung kann man sich jeden der Vierpole durch eine homogene Leitung ersetzt denken, deren Wellenwiderstand Z_w, Übertragungskonstante γ und Länge l passend gewählt werden. Wie man durch Vergleich der Leitungsgleichungen mit den Vierpolgleichungen in der Kettenform erkennt, muß die Ersatzleitung so beschaffen sein, daß

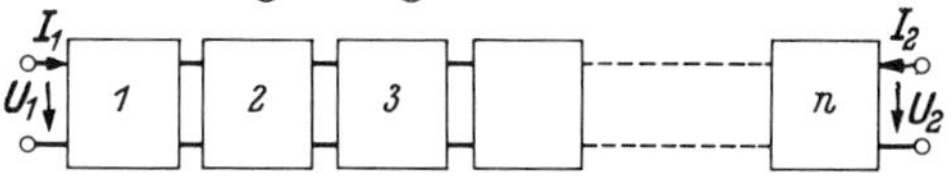

Abb. 42.1. Allgemeiner Kettenleiter

$$\cosh \gamma l = A_{11}\,, \tag{1}$$

$$Z_w \sinh \gamma l = A_{12}\,. \tag{2}$$

Da die Länge der Ersatzleitung nur in dem Produkt $\gamma\,l$ vorkommt, führen wir zur Abkürzung

$$g = \gamma l \tag{3}$$

ein. Damit wird der Einzelvierpol durch die zwei Größen Z_w und g gekennzeichnet, die man auch als *Wellenparameter* des symmetrischen passiven Vierpols bezeichnet und die definiert sind durch

$$\boxed{\cosh g = A_{11}\,,} \tag{4}$$

$$\boxed{Z_w \sinh g = A_{12}\,.} \tag{5}$$

Sind die beiden Vierpolkoeffizienten A_{11} und A_{12} gegeben, so gilt zur Berechnung von g und Z_w auch

$$g = \ln [A_{11} + \sqrt{A_{11}^2 - 1}]\,, \tag{6}$$

$$Z_w = \frac{A_{12}}{\sqrt{A_{11}^2 - 1}}\,, \tag{7}$$

wie man durch Einführen der Definitionsgleichungen für die Hyperbelfunktionen und Auflösen der Gl. (4) leicht ableiten kann. Die Größe g ist im allgemeinen komplex,

$$g = a + j\,b\,; \tag{8}$$

wir nennen sie das komplexe Wellendämpfungsmaß eines Kettenleitergliedes. Die n Ersatzleitungen von der Länge l ergeben beim Zusammenschalten der einzelnen Glieder des Kettenleiters eine Leitung von der Länge nl. Daher wird das komplexe Dämpfungsmaß des gesamten Kettenleiters ng, und aus den Leitungsgleichungen entstehen die *Kettenleitergleichungen*:

$$U_1 = U_2 \cosh ng + (-I_2)\, Z_w \sinh ng\,, \tag{9}$$

$$I_1 = \frac{U_2}{Z_w} \sinh ng + (-I_2) \cosh ng\,. \tag{10}$$

Die Berechnung der Eigenschaften von Kettenleitern ist damit auf die Berechnung von Leitungen zurückgeführt. So wie bei diesen gilt, daß beim Abschluß des Kettenleiters mit dem Wellenwiderstand Z_w auch der Eingangswiderstand gleich Z_w wird und daß in diesem Fall der *Wellenanpassung* die Beziehungen gelten

$$U_1 = U_2 e^{ng}\,, \qquad I_1 = -I_2 e^{ng}\,, \tag{11}$$

$$U_1 = I_1 Z_w\,. \tag{12}$$

Das Dämpfungsmaß des Kettenleiters aus n Gliedern bei Abschluß mit dem Wellenwiderstand ist also na, das Phasenmaß ist nb.

Reaktanzvierpole

Vierpole, die aus verlustfreien Spulen und Kondensatoren aufgebaut sind, nennt man Reaktanzvierpole; sie können als Grundelemente von Siebschaltungen dienen.

Da beliebige Zusammenschaltungen von verlustfreien Spulen und Kondensatoren immer nur reine Blindwiderstände ergeben können, so kann man einen Reaktanzvierpol allgemein durch drei Blindwiderstände X_1, X_2, X_3 in T- oder Π-Form darstellen, z. B. durch die T-Schaltung, Abb. 42.2. Bei Längssymmetrie ist $X_2 = X_1$, und es wird nach Gl. (37.69)

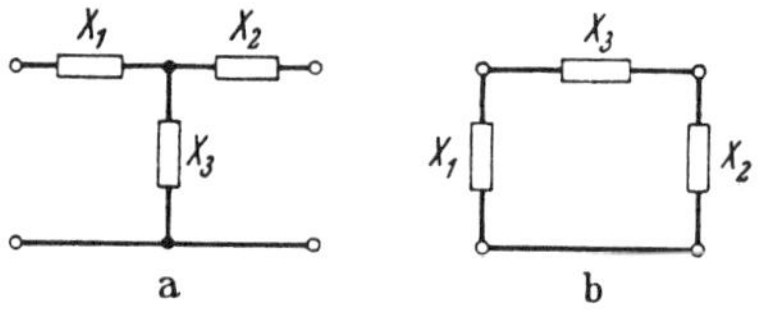

Abb. 42.2. T-Schaltung (a) und Π-Schaltung (b) aus Blindwiderständen

$$A_{11} = A_{22} = 1 + \frac{X_1}{X_3}\,. \tag{13}$$

Dies ist eine *reelle* (positive oder negative), von der Frequenz f abhängige Zahl A, und es gilt nach Gl. (4)

$$\cosh g = A\,. \tag{14}$$

Wichtig für die Berechnung von g ist es nun, ob diese Zahl A außerhalb oder innerhalb des Bereiches zwischen -1 und $+1$ liegt. Denn es gilt bei Einführung des reellen und imaginären Teiles von g

$$\cosh g = \cosh a \cos b + j \sinh a \sin b\,; \tag{15}$$

daraus folgt

$$\cosh a \cos b = A \,, \tag{16}$$

$$\sinh a \sin b = 0 \,. \tag{17}$$

Diese Gleichungen können entweder so erfüllt werden, daß

$$a = 0 \,, \qquad \cos b = A \,, \tag{18}$$

oder daß

$$b = 0, \pi \,, \qquad \cosh a = |A| \,. \tag{19}$$

Da nun der trigonometrische Kosinus niemals einen größeren Betrag als 1, der Hyperbelkosinus niemals einen kleineren Betrag als 1 haben kann, Abb. 15.8, so folgt daraus, daß die erste Lösung (18) gilt, wenn A innerhalb, die zweite (19), wenn A außerhalb des Bereiches zwischen -1 und $+1$ liegt. Im ersten Falle ist die Dämpfung bei Abschluß mit dem Wellenwiderstand Null: Wechselströme der betreffenden Frequenzen gelangen ungeschwächt zum Ende des Kettenleiters. Im zweiten Falle dagegen ergeben sich endliche Werte der Dämpfung. Um die Grenzen der Bereiche zu finden, in denen die beiden Lösungen gelten, berechnet man A für verschiedene Frequenzen und zeichnet die entsprechende Kurve auf, Abb. 42.3. Dann geben die Schnittpunkte dieser Kurve mit den beiden im Abstand ± 1 gezogenen Parallelen zur Frequenzachse die Grenzen der Frequenzbereiche an, in denen die eine oder die andere Lösung gilt. Die Bereiche, in denen die Dämpfung Null wird, bezeichnet man als die *Durchlaßbereiche*, die anderen als die *Sperrbereiche*. Die Frequenzen an den Bereichsgrenzen werden *Grenzfrequenzen* genannt. In Abb. 42.3 liegen die Durchlaßbereiche zwischen f_1 und f_2 sowie zwischen f_3 und f_4, die Sperrbereiche zwischen Null und f_1, zwischen f_2 und f_3 und zwischen f_4 und unendlich.

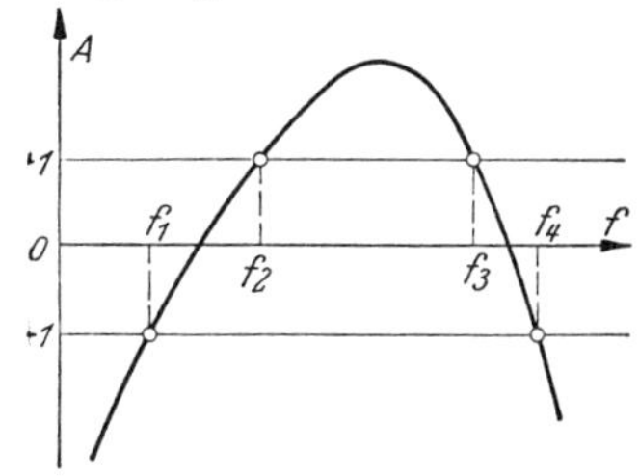

Abb. 42.3. Bestimmung der Durchlaßbereiche einer Siebkette

Bei symmetrischen Π-Gliedern gilt nach Gl. (37.70)

$$A = 1 + \frac{X_3}{X_1} \,. \tag{20}$$

Der *Wellenwiderstand* des Reaktanzvierpols kann am einfachsten aus dem Kurzschluß- und Leerlaufwiderstand gemäß Gl. (39.121) berechnet werden. Für die symmetrische T-Schaltung gilt

$$Z_k = j\,X_1 + \frac{j\,X_1\, j\,X_3}{j\,(X_1 + X_3)} \,,$$

$$Z_l = j\,(X_1 + X_3) \,.$$

Daher wird der Wellenwiderstand der symmetrischen T-Schaltung

$$Z_T = \sqrt{-2\,X_1 X_3}\,\sqrt{1 + \frac{X_1}{2\,X_3}} \,. \tag{21}$$

Entsprechend ergibt sich für den Wellenwiderstand der symmetrischen Π-Schaltung

$$Z_\Pi = \sqrt{-\frac{1}{2}\,X_1\,X_3}\;\frac{1}{\sqrt{1 + \dfrac{X_3}{2\,X_1}}} \,. \tag{22}$$

Nun ist im **Durchlaßbereich** der T-Schaltung der Betrag von $1 + \frac{X_1}{X_3}$ kleiner als 1. Daraus folgt, daß in diesem Bereich X_1 und X_3 entgegengesetztes Vorzeichen haben und daß der Betrag von $\frac{X_1}{X_3}$ kleiner als 2 ist. Daraus folgt weiter, daß $\sqrt{-2\,X_1 X_3}$ reell ist und ebenso $\sqrt{1 + \frac{X_1}{2\,X_3}}$ reell ist und daß diese Größe zwischen 1 und 0 liegt. Eine ganz entsprechende Überlegung gilt für die Π-Schaltung und es folgt der Satz: *Im Durchlaßbereich eines Reaktanzvierpols ist der Wellenwiderstand reell,* im Sperrbereich imaginär, also ein reiner Blindwiderstand.

Schließt man den Reaktanzvierpol bei einer bestimmten Frequenz im Durchlaßbereich mit einem ohmschen Widerstand ab, der gleich dem Wellenwiderstand ist, dann wird die bei dieser Frequenz dem Eingang zugeführte Leistung auf den Abschlußwiderstand übertragen, und der Eingangswiderstand wird gleich dem Wellenwiderstand.

Siebketten

Durch Hintereinanderschalten von Reaktanzvierpolen entstehen Siebketten (Wellenfilter). Zur Berechnung von Siebketten mit Hilfe der Wellenparameter geht man zweckmäßig von sogenannten *Halbgliedern* oder L-Gliedern aus, Abb. 42.4, die man durch Halbieren eines symmetrischen T-Gliedes nach Abb. 42.5 oder eines symmetrischen II-Gliedes nach Abb. 42.6 gewinnen kann. Nach Gl. (13) und (20) gilt für das T-Glied, Abb. 42.5, und für das Π-Glied, Abb. 42.6,

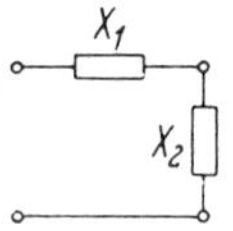

Abb. 42.4. Vierpol aus zwei Reaktanzen (Halbglied)

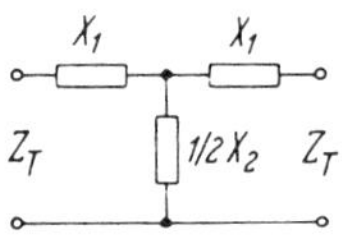

Abb. 42.5. T-Schaltung aus zwei Halbgliedern nach Abb. 42.4

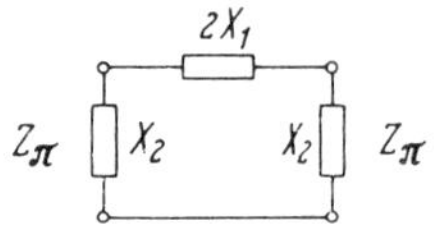

Abb. 42.6. Π-Schaltung aus zwei Halbgliedern nach Abb. 42.4

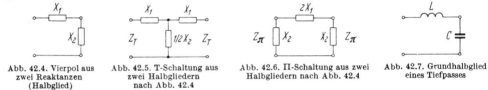

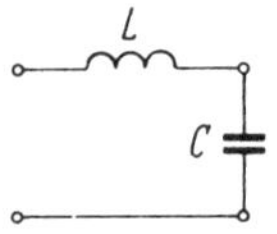

Abb. 42.7. Grundhalbglied eines Tiefpasses

trisches T-Glied nach Abb. 42.5 oder ein symmetrisches Π-Glied nach Abb. 42.6 herstellen. Nach Gl. (13) und (20) gilt in *beiden* Fällen zur Berechnung des Übertragungsmaßes

$$A = 1 + 2\,\frac{X_1}{X_2}. \tag{23}$$

Bezeichnet man hier das komplexe Wellendampfungsmaß des ganzen T- oder Π-Gliedes mit $2g$

$$\cosh 2g = A\,, \tag{24}$$

so kann man dem Halbglied die Hälfte dieses Wertes zuordnen. Wegen

$$2\cosh^2 g = 1 + \cosh 2g \tag{25}$$

erhält man

$$\cosh g = \sqrt{\frac{1}{2}\,(1 + A)} = \sqrt{1 + X_1/X_2}. \tag{26}$$

Die Untersuchung der Frequenzabhängigkeit dieses Ausdrucks liefert Durchlaß- und Sperrbereich. Für das Halbglied eines Tiefpasses, Abb. 42.7, ist z. B.

$$X_1 = \omega L\,, \qquad X_2 = -\frac{1}{\omega C}\,;$$

also wird

$$\cosh g = \sqrt{1 - \omega^2 LC}\,. \tag{27}$$

Die Grenzfrequenz

$$\omega_g = \frac{1}{\sqrt{LC}}$$

trennt Durchlaßbereich und Sperrbereich. Für $|\omega| < \omega_g$ ist der Wurzelwert in (27) reell, sein Betrag wie der von A kleiner als eins. Also gilt nach (15)

$$a = 0 \qquad \cos b = \sqrt{1 - \omega^2 LC}. \tag{29}$$

Für $|\omega| > \omega_g$ ist der Wurzelwert imaginär, also gilt

$$\cos b = 0 \qquad \sinh a = \sqrt{\omega^2 LX - 1} \tag{30}$$

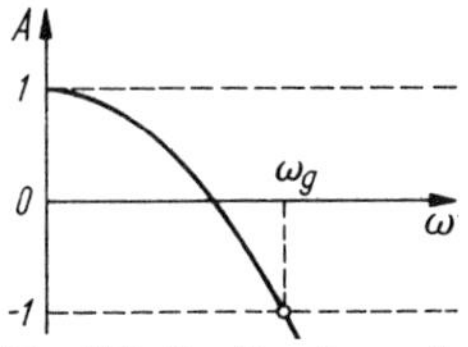

Abb. 42.8. Zur Berechnung des Durchlaßbereichs des Halbgliedes Abb. 42.7

Die nach Gl. (30) berechnete Frequenzabhängigkeit der Dämpfung a ist in Abb. 42.12, Kurve a, gezeigt. Eine Siebschaltung mit diesen Eigenschaften nennt man *Tiefpaß*.

Für die beiden Wellenwiderstände ergibt sich entsprechend Gl. (21) und (22)

$$Z_T = \sqrt{-X_1 X_2}\,\sqrt{1 + \frac{X_1}{X_2}}, \tag{31}$$

$$Z_\Pi = \sqrt{-X_1 X_2}\,\frac{1}{\sqrt{1 + \frac{X_1}{X_2}}}. \tag{32}$$

Für das Beispiel des Tiefpaßhalbgliedes veranschaulicht Abb. 42.9 die Frequenzabhängigkeit dieser Größen; es gilt hier

$$Z_T = \sqrt{\frac{L}{C}}\,\sqrt{1 - \left(\frac{\omega}{\omega_g}\right)^2}, \tag{33}$$

$$Z_\Pi = \sqrt{\frac{L}{C}}\,\frac{1}{\sqrt{1 - \left(\frac{\omega}{\omega_g}\right)^2}}. \tag{34}$$

Die gestrichelten Kurvenabschnitte zeigen die imaginären Werte an. Wird das Halbglied auf der Π-Seite (rechts in Abb. 42.4) mit einem Widerstand von der Größe Z_Π abgeschlossen, dann wird der Eingangswiderstand des Halbgliedes Z_T. Wird das Halbglied auf der T-Seite (links in Abb. 42.4) mit Z_T abgeschlossen, dann wird der Eingangswiderstand auf der rechten Seite Z_Π. Daraus ergibt sich die Möglichkeit, verschiedenartige Halbglieder miteinander reflexionsfrei zu verbinden, wenn nur jeweils an der Stoßstelle die Wellenwiderstände übereinstimmen.

Ein Beispiel bildet die in Abb. 42.10 gezeigte Anordnung eines Halbgliedes. Hier ist

$$X_1 = \frac{\omega L_1}{1 - \omega^2 L_1 C_1}, \qquad X_2 = -\frac{1}{\omega C_2},$$

und es folgt

$$\cosh g = \sqrt{1 - \frac{\omega^2 L_1 C_2}{1 - \omega^2 L_1 C_1}}. \tag{35}$$

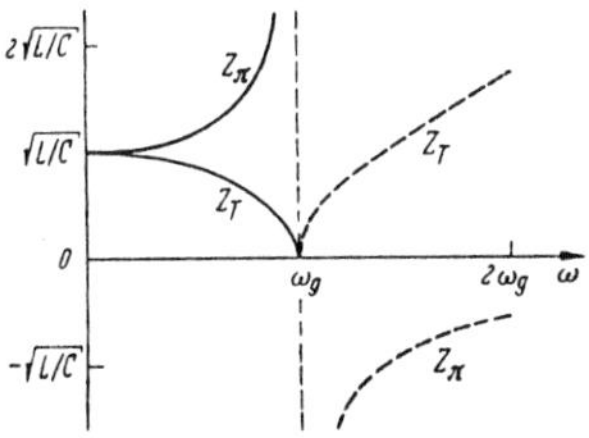

Abb. 42.9. Wellenwiderstände des Tiefpaß-Halbglieds

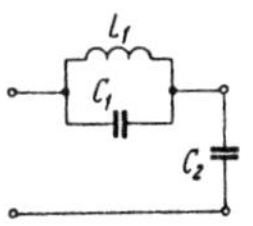

Abb. 42.10. Polhalbglied eines Tiefpasses

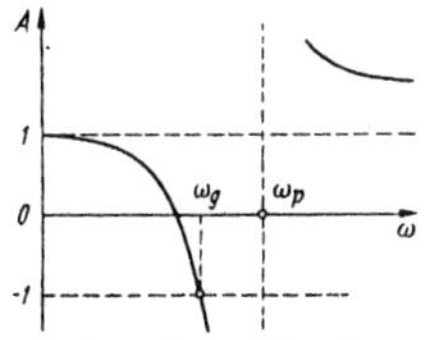

Abb. 42.11. Zur Berechnung der Grenzfrequenz und der Polfrequenz des Polhalbgliedes Abb. 42.10

Aus Abb. 42.11 geht hervor, daß es sich um einen Tiefpaß handelt. Für die Grenzfrequenz ergibt sich aus $A = -1$:

$$\omega_g = \frac{1}{\sqrt{L_1 (C_1 + C_2)}} . \tag{36}$$

Ferner tritt eine Polstelle auf bei der Frequenz

$$\omega_p = \frac{1}{\sqrt{L_1 C_1}} , \tag{37}$$

bei der $\cosh g$ und damit die Dämpfung a unendlich groß werden. Die Abb. 42.12 zeigt für einige Fälle die Frequenzabhängigkeit der Dämpfung. Das „*Polglied*" hat einen steileren Anstieg der Dämpfungsflanke als das „*Grundhalbglied*", Abb. 42.7. Jedoch wird die Dämpfung bei höheren Frequenzen relativ niedrig. Für die Wellenwiderstände ergibt sich

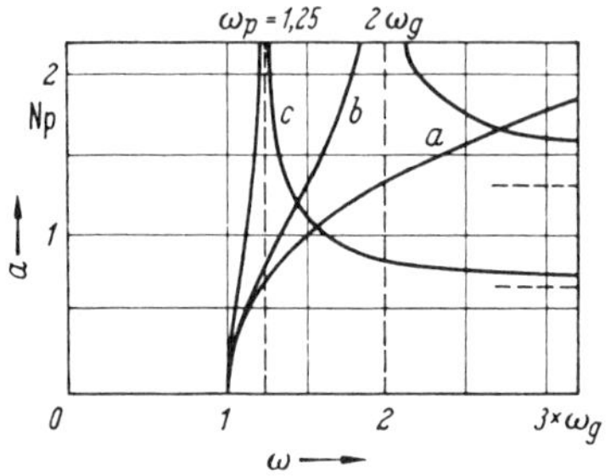

Abb. 42.12. Dämpfungsmaß des Polhalbgliedes für $\omega_p = 1{,}25\,\omega_g$, $2\,\omega_g$ und ∞ (Kurve a)

$$Z_T = \sqrt{\frac{L_1}{C_2}} \frac{\sqrt{1 - \left(\frac{\omega}{\omega_g}\right)^2}}{1 - \left(\frac{\omega}{\omega_p}\right)^2} ; \tag{38}$$

$$Z_\Pi = \sqrt{\frac{L_1}{C_2}} \frac{1}{\sqrt{1 - \left(\frac{\omega}{\omega_g}\right)^2}} . \tag{39}$$

Der Wellenwiderstand Z_Π stimmt also bei gleicher Grenzfrequenz und geeigneter Wahl von L_1 und C_2 völlig überein mit dem des Grundhalbgliedes, Abb. 42.7, des Tiefpasses. Das Polglied kann daher auf der Π-Seite reflexionsfrei mit dem Grundhalbglied oder anderen Polgliedern zusammengeschaltet werden.

Die Frequenzabhängigkeit von Z_T ist in Abb. 42.13 gezeigt. Durch geeignete Wahl der Polfrequenz kann der Wellenwiderstand Z_T „geebnet", d. h. frequenzunabhängiger gemacht werden, und es kann damit eine bessere Anpassung bei Abschluß mit ohmschen Widerständen erzielt werden.

In gleicher Weise läßt sich feststellen, daß Halbglieder der Form, Abb. 42.14, den gleichen Wellenwiderstand wie das Grundhalbglied auf der T-Seite haben, aber einen für die Ebnung geeigneten Wellenwiderstand auf der Π-Seite.

Zahlenbeispiele: 1. Für einen Tiefpaß mit der Grenzfrequenz $f_g = 10$ kHz und dem Abschlußwiderstand $Z_0 = 600\,\Omega$ können Grundhalbglieder verwendet werden, deren Induktivität L und Kapazität C aus den beiden folgenden Beziehungen zu ermitteln sind:

$$\sqrt{\frac{L}{C}} = 600\,\Omega , \qquad \sqrt{LC} = \frac{1}{2\pi \cdot 10^4}\,\mathrm{s} .$$

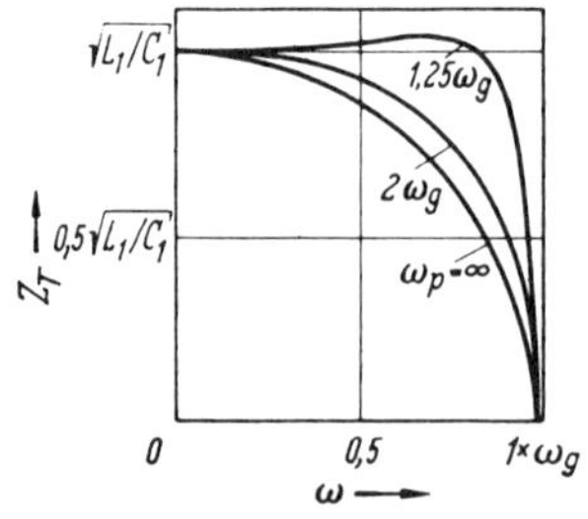

Abb. 42.13. Wellenwiderstand Z_T im Durchlaßbereich des Polhalbgliedes mit $\omega_p = 1{,}25\,\omega_g$ und $2\,\omega_g$ und des Grundhalbgliedes

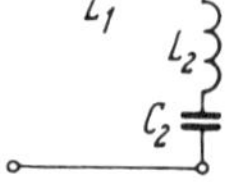

Abb. 42.14. Polhalbglied eines Tiefpasses mit normalem Z_T

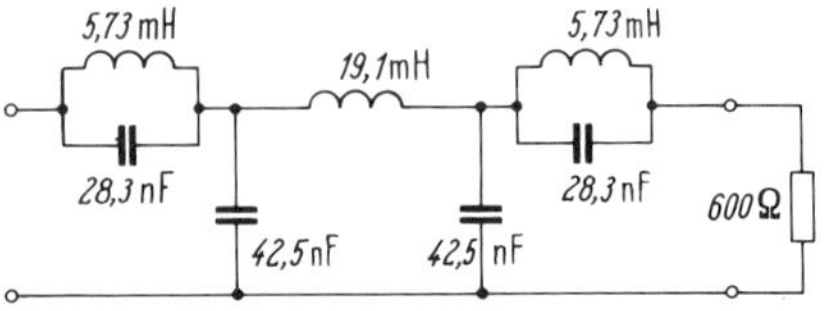

Abb. 42.15. Beispiel eines Tiefpasses

Es ergibt sich

$$L = \frac{600\ \Omega\ \mathrm{s}}{2\,\pi\, 10^4} = 9{,}55\ \mathrm{mH}\,,$$

$$C = \frac{1}{2\,\pi\, 10^4\, 600}\ \frac{\mathrm{s}}{\Omega} = 26{,}6\ \mathrm{nF}\,.$$

2. Für Polglieder mit geebnetem Wellenwiderstand und $\omega_p = 1{,}25\ \omega_g$ nach Abb. 42.10 gilt

$$\sqrt{\frac{L_1}{C_2}} = 600\ \Omega\,; \qquad \sqrt{L_1 (C_1 + C_2)} = \frac{\mathrm{s}}{2\,\pi\, 10^4}\,; \qquad \sqrt{L_1 C_1} = \frac{\mathrm{s}}{1{,}25 \quad 2\,\pi\, 10^4}\,.$$

Hieraus ergibt sich

$$L_1 = 5{,}73\ \mathrm{mH}\,, \quad C_1 = 28{,}3\ \mathrm{nF}\,, \quad C_2 = 15{,}9\ \mathrm{nF}\,.$$

Die beiden Arten von Halbgliedern lassen sich zum Beispiel in der in Abb. 42.15 dargestellten Weise reflexionsfrei zusammenschalten. Durch Zusammenfassen der in Reihe liegenden Induktivitäten und der parallel liegenden Kapazitäten ergeben sich die eingetragenen Zahlenwerte. In Abb. 42.16 ist die durch Addition der Einzeldämpfungen erhaltene Dämpfungskurve aufgezeichnet.

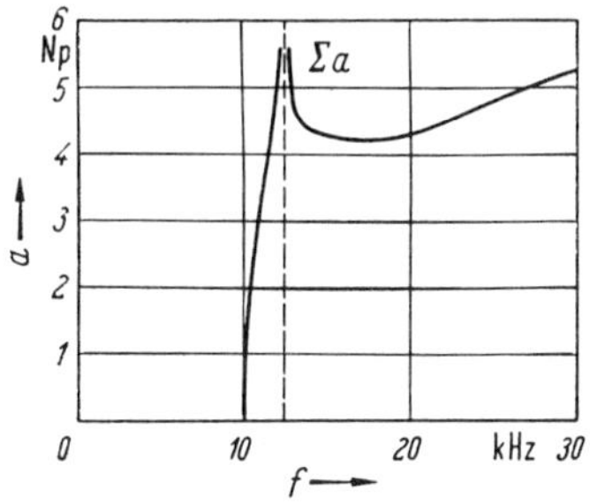

Abb. 42.16. Dämpfungsmaß a der Siebschaltung Abb. 42.15

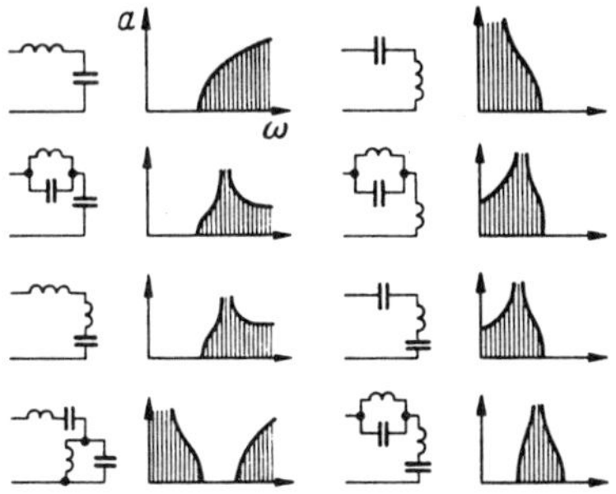

Abb. 42.17. Verschiedene Sieb-Halbglieder

In gleicher Weise können *Hochpässe*, deren Durchlaßbereich oberhalb einer Grenzfrequenz, *Bandpässe* mit einem Durchlaßbereich zwischen zwei Grenzfrequenzen, *Bandsperren* mit einem Sperrbereich zwischen zwei Grenzfrequenzen und weitere Siebschaltungen berechnet werden. In Abb. 42.17 sind typische Dämpfungskurven für einige Halbglieder zusammengestellt.

Infolge der Verluste in den Spulen und Kondensatoren ergibt sich auch im Durchlassbereich eine geringe Dämpfung, die mit Hilfe der genauen Formel für das Übertragungsmaß berechnet werden kann. Bei Berücksichtigung der Verluste ist A komplex:

$$A = A_r + j\,A_i\,. \tag{40}$$

Damit folgt aus Gl. (14)

$$\cosh a \cos b = A_r\,; \tag{41}$$

$$\sinh a \sin b = A_i\,. \tag{42}$$

Durch Auflösen ergibt sich

$$\sin^2 b = \frac{1}{2}\,(1 - A_r^2 - A_i^2) + \sqrt{\frac{1}{4}\,(1 - A_r^2 - A_i^2)^2 + A_i^2}\,, \tag{43}$$

$$\sinh a = \frac{A_i}{\sin b}\,. \tag{44}$$

Bemerkung: Die Größe a bildet gemäß Gl. (11) nur dann ein Maß für das Verhältnis von Ausgangs- zu Eingangsspannung, wenn der Kettenleiter durch seinen Wellenwiderstand abgeschlossen wird. Dieser ist bei Siebketten nach den Gl. (21) und (22) im allgemeinen stark von der Frequenz abhängig. Wird daher die Siebkette durch einen ohmschen Widerstand abgeschlossen, so weicht das Verhältnis von Eingangs- zu Ausgangsspannung von dem durch Gl. (11) gegebenen Wert ab.

Zur genauen Berechnung von Filtern müssen die *Betriebsparameter* zugrunde gelegt werden (siehe Abb. 41.3), nämlich der Betriebsübertragungsfaktor

$$T(p) = \frac{2\,U_2}{U_0}\sqrt{\frac{R_1}{R_2}}\,,$$

oder der Betriebsdämpfungsfaktor $1/T(p)$. Beides sind Funktionen der komplexen Frequenz p und haben die in Abschnitt 37 behandelten Eigenschaften. Das komplexe *Betriebsdämpfungsmaß* ist entsprechend Gl. (41.15)

$$g_B = a_B + b_B = -\ln H(j\,\omega)\,.$$

a_B ist das Betriebsdämpfungsmaß, b_B das Betriebsphasenmaß. Die *Netzsynthese* befaßt sich mit der Aufgabe, zu einer vorgegebenen Frequenzabhängigkeit dieser Größen die Struktur und die Daten der Bauelemente eines Netzes zu finden. Ein einfaches Beispiel bildet der in Abb. 37.4 behandelte Tiefpaß. Über die Verfahren der Netzsynthese sowie Tafeln zur Entnahme der Daten von Wellensieben siehe Spezialliteratur (z. B. [*C 2*], [*S 1*], [*S 12*]); siehe ferner Abschnitt 49.

Allgemeine Grundvierpole

Wenn es sich um *komplizierte Kettenleiterglieder* handelt, kann man die Größen g und Z_w am einfachsten auf folgende Weise berechnen: Man wendet die Kettenleitergleichungen auf den einzelnen Vierpol an. Ist der Vierpol am Ende offen, $I_2 = 0$, so wird mit Gl. (9)

$$U_1 = U_2 \cosh g\,. \tag{45}$$

Berechnet man daher die Spannung am offenen Ende U_2 aus der Spannung am Anfang U_1, so ergibt sich das *komplexe Dämpfungsmaß* aus

$$\cosh g = \left.\frac{U_1}{U_2}\right|_{I_2=0}. \tag{46}$$

Der *Wellenwiderstand* wird am einfachsten aus Gl. (39.121) berechnet.

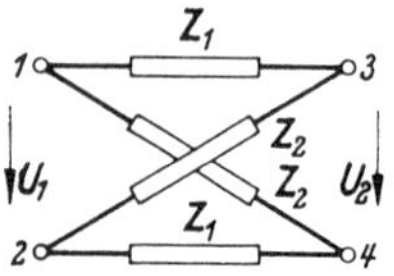

Abb. 42.18. Kreuzglied

Als Beispiel werde das *Kreuzglied* Abb. 42.18 betrachtet. Hier ist im Leerlauf

$$U_2 = U_1 \frac{Z_2}{Z_1 + Z_2} - U_1 \frac{Z_1}{Z_1 + Z_2} = U_1 \frac{Z_2 - Z_1}{Z_2 + Z_1}\,, \tag{47}$$

also nach Gl. (46)

$$\cosh g = \frac{Z_2 + Z_1}{Z_2 - Z_1}\,. \tag{48}$$

Der Leerlaufwiderstand entspricht der Parallelschaltung zweier Widerstände von der Größe $Z_1 + Z_2$, also

$$Z_l = \frac{1}{2}(Z_1 + Z_2)\,. \tag{49}$$

Der Kurzschlußwiderstand ist durch die Reihenschaltung von zwei Widerständen $\frac{Z_1 Z_2}{Z_1 + Z_2}$ gegeben, also

$$Z_k = 2\,\frac{Z_1 Z_2}{Z_1 + Z_2}\,. \tag{50}$$

Daraus folgt für den Wellenwiderstand nach Gl. (39.121)

$$Z_w = \sqrt{Z_1 Z_2}\,. \tag{51}$$

Infolge der letzten Beziehung ergeben sich hier besonders einfache Verhältnisse, wenn man die beiden Widerstände Z_1 und Z_2 so wählt, daß ihr Produkt eine reelle Größe ergibt:

$$Z_1 Z_2 = Z_0^2\,. \tag{52}$$

Man bezeichnet Zweipole, die diese Forderung erfüllen, als „*widerstandsreziprok*“. Die einfachsten widerstandsreziproken Zweipole sind Spule und Kondensator. Setzt man z. B.

$$Z_1 = j\,\omega\,L\,, \qquad Z_2 = \frac{1}{j\,\omega\,C}\,,$$

so wird

$$Z_1 Z_2 = \frac{L}{C}\,;$$

also ist hier

$$Z_w = Z_0 = \sqrt{\frac{L}{C}}. \tag{53}$$

Kreuzglieder mit widerstandsreziproken verlustfreien Zweigen haben einen Durchlaßbereich, der sich über die gesamte Frequenzachse erstreckt („*Allpaß*"). Es ist z. B. in dem eben betrachteten Fall

$$\cosh g = \frac{1 - \omega^2 L C}{1 + \omega^2 L C} \tag{54}$$

eine Größe, die für alle Frequenzen zwischen $+1$ und -1 liegt. Man verwendet daher diese Kettenleiter in der elektrischen Nachrichtentechnik zur Herstellung bestimmter Frequenzkurven des Phasenwinkels. Kreuzgliederkettenleiter, bei denen Gl. (52) nicht erfüllt ist, können als Siebketten verwendet werden.

In anderen Fällen komplizierter Kettenleiterglieder führen die Umwandlungssätze zu einer Vereinfachung. Als Beispiel werde das in Abb. 42.19 dargestellte „*überbrückte T-Glied*" betrachtet. Die beiden Spulen mit der Induktivität L sind auf einen gemeinsamen Kern gewickelt, so daß die Streuung möglichst gering ist und praktisch

$$M = L$$

wird. Die Wicklungen sind so miteinander verbunden, daß Ströme in der Pfeilrichtung den Kern gleichsinnig umkreisen. Wendet man auf diesen Transformator das

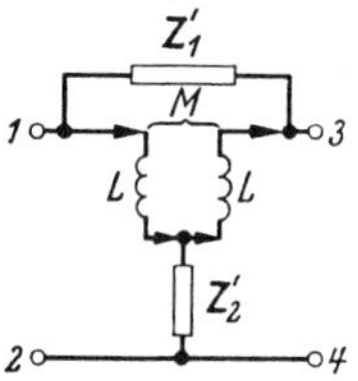

Abb. 42.19. Überbrücktes T-Glied

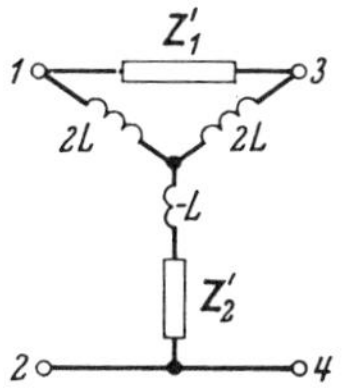

Abb. 42.20. 1. Umwandlung des überbrückten T-Gliedes

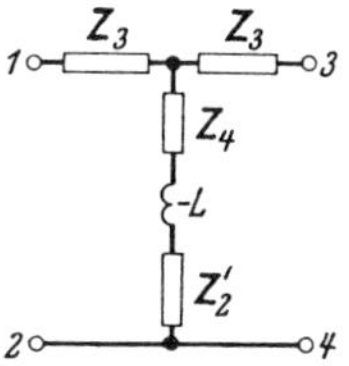

Abb. 42.21. 2. Umwandlung des überbrückten T-Gliedes

Ersatzschema Abb. 34.9 an, so ergibt sich die Abb. 42.20. Das aus Z_1' und den beiden Induktivitäten $2L$ gebildete Dreieck verwandelt man mit Hilfe des Netzumwandlungssatzes, Gl. (4.20) bis (4.22), in einen Stern; damit erhält man Abb. 42.21, und es ist

$$Z_3 = \frac{j\omega 2 L Z_1'}{Z_1' + 4 j \omega L}, \qquad Z_4 = \frac{4 (j\omega L)^2}{Z_1' + 4 j \omega L}. \tag{55}$$

Die Induktivität der Abzweigspule wählt man nun so groß, daß in dem interessierenden Frequenzbereich

$$4 \omega L \gg |Z_1'|; \tag{56}$$

gilt, dann wird angenähert

$$Z_3 = \frac{1}{2} Z_1' \quad \text{und} \quad Z_4 = j\omega L - \frac{1}{4} Z_1'. \tag{57}$$

Damit wird das Übertragungsmaß gemäß Gl. (46)

$$\cosh g = \frac{2 Z_2' + \frac{1}{2} Z_1'}{2 Z_2' - \frac{1}{2} Z_1'} \tag{58}$$

Ferner wird der Wellenwiderstand nach Gl. (21)

$$Z_w = \sqrt{Z_1'\left(Z_2' - \frac{1}{4} Z_1'\right)} \sqrt{1 + \frac{1}{4} \frac{Z_1'}{Z_2' - \frac{1}{4} Z_1'}} = \sqrt{Z_1' Z_2'}. \tag{59}$$

Der Vergleich mit den Gl. (48) und (51) zeigt, daß die überbrückten T-Glieder den Kreuzgliedern elektrisch äquivalent sind, wenn

$$Z_1' = 2\,Z_1 \qquad \text{und} \qquad Z_2' = \frac{1}{2}\,Z_2 \tag{60}$$

gemacht wird. Ebenso läßt sich leicht zeigen, daß die in Abb. 42.22 dargestellte Form (Brückenglied) dem Kreuzglied elektrisch äquivalent ist. Mit Hilfe zweckmäßiger Berechnungsmethoden kann man die Wellenfilter so bemessen, daß sie bestimmte vorgegebene Dämpfungs-, Phasen- oder Wellenwiderstandskurven möglichst gut darstellen; s. hierüber Spezialliteratur.

Für die in Abb. 42.23 dargestellte Form des überbrückten T-Gliedes gilt unter der Voraussetzung, daß

$$Z_1\,Z_2 = R_0^2\,, \tag{61}$$

für den Wellenwiderstand

$$Z_w = R_0 \tag{62}$$

und für das komplexe Dämpfungsmaß

$$e^g = 1 + \frac{Z_1}{R_0}\,. \tag{63}$$

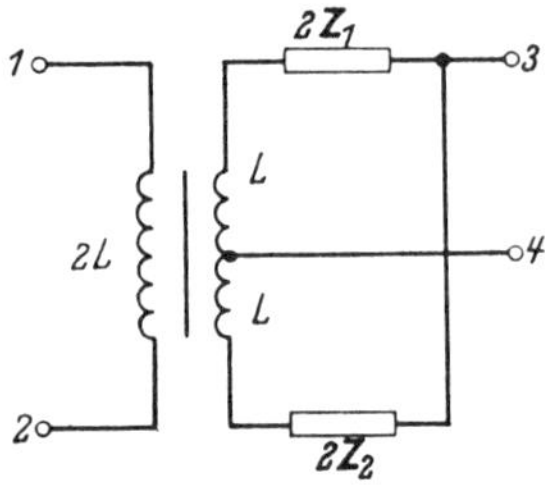

Abb. 42.22. Brückenfilter, Differentialfilter

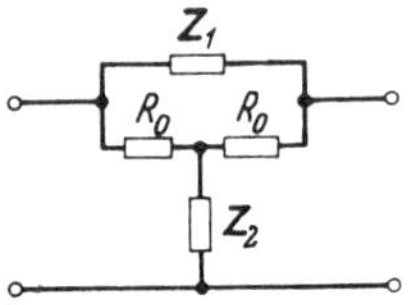

Abb. 42.23. Überbrückte T-Schaltung

Solche Netzwerke werden zur Herstellung von frequenzabhängigen Dämpfungswerten benützt (*Dämpfungsentzerrung*). Wird z.B. Z_1 durch die Parallelschaltung von Kondensator C und Widerstand R dargestellt, dann ergibt sich

$$e^a = \frac{R_0 + R}{R_0}\sqrt{\frac{1 + \left(\omega\,C\,\dfrac{R\,R_0}{R + R_0}\right)^2}{1 + (\omega\,C\,R)^2}}\,. \tag{64}$$

Die Dämpfung a nimmt von einem Anfangswert bei tiefen Frequenzen mit wachsender Frequenz ab und nähert sich einem festen Wert bei hohen Frequenzen.

Erdseil einer Hochspannungsleitung

Als Beispiel eines homogenen Kettenleiters betrachten wir eine Hochspannungsleitung, deren Masten durch ein *Erdseil* miteinander verbunden sind, Abb. 42.24. Tritt durch Mastberührung eines Hochspannungsleiters Erdschluß ein, so fließt infolge von Erdkapazitäten oder infolge von anderen Erdverbindungen ein Erdschlußstrom I in den Mast. Er kann wegen des endlichen Erdungswiderstandes R_M des Mastes eine hohe Spannung am Mast verursachen. Durch die Verteilung des Erdschlußstromes über das Erdseil auf die benachbarten Masten wird diese Spannung erniedrigt. Die Stromwege bilden einen Kettenleiter mit den Querwiderständen R_M und den Längswiderständen R_S (Erdseilwiderstand zwischen zwei Masten). Ist die

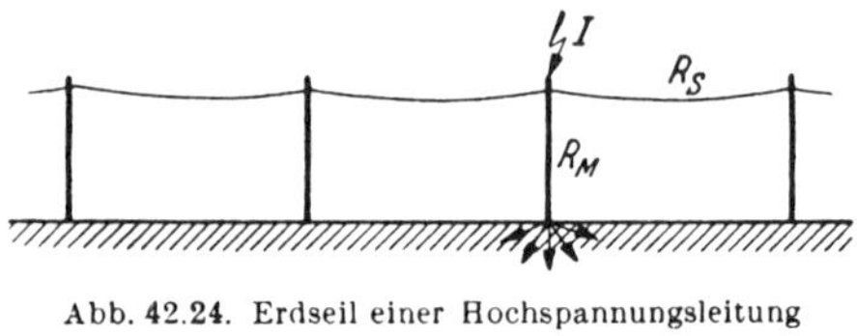

Abb. 42.24. Erdseil einer Hochspannungsleitung

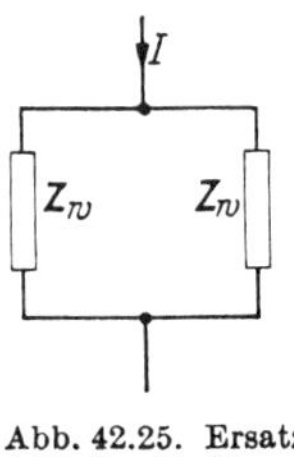

Abb. 42.25. Ersatzbild für die Stromeintrittsstelle

Leitung lang, so gilt für die Eintrittsstelle des Stromes das Ersatzbild Abb. 42.25. Für den Wellenwiderstand findet man aus dem Grundvierpol

$$Z_w = \sqrt{R_S\, R_M}\left(1 + \frac{1}{4}\,\frac{R_S}{R_M}\right)^{-\frac{1}{2}}. \tag{65}$$

Die Spannung des Mastes gegen Erde wird daher

$$U = \frac{1}{2}\, I\, Z_w = \frac{1}{2}\, I \sqrt{R_S\, R_M}\left(1 + \frac{1}{4}\,\frac{R_S}{R_M}\right)^{-\frac{1}{2}}. \tag{66}$$

In den Mast fließt der Strom

$$I_M = \frac{U}{R_M}, \tag{67}$$

und die Erdseile führen nach beiden Seiten den Strom $\frac{1}{2}\,(I - I_M)$ ab.

Zahlenbeispiel: $R_S = 1\,\Omega$, $R_M = 20\,\Omega$, $I = 100$ A. Nach Gl. (65) wird

$$Z_w = \sqrt{20}\left(1 + \frac{1}{4}\,\frac{1}{20}\right)^{-\frac{1}{2}}\,\Omega = 4{,}45\,\Omega\,.$$

Die Spannung des Mastes gegen Erde wird nach Gl. (66) $U = 222$ V; sie würde ohne Erdseil $I\,R_M = 2000$ V betragen. Der Maststrom wird nach Gl. (67) durch das Erdseil von 100 A auf $I_M = \frac{222}{20}$ A $= 11$ A reduziert. Das Erdseil leitet zu beiden Seiten von der Erdschlußstelle den Strom $\frac{1}{2}\,(I - I_M) = 44{,}5$ A ab (Blitzschutzwirkung des Erdseils s. Abschnitt 11).

Anmerkung: Bei der Berechnung der Eigenschaften von Netzwerken muß beachtet werden, daß die einfachen Bauelemente (Spulen, Kondensatoren, Widerstände usw.) genau genommen komplizierte Gebilde sind mit verteilten Kapazitäten und Induktivitäten und daß zwischen den einzelnen Teilen eines Netzwerkes kapazitive und magnetische Kopplungen bestehen können. Beim Aufbau einer einfachen Anordnung, z.B. einer Siebschaltung nach Abb. 42.14, muß man sich vor Augen halten, daß in Wirklichkeit eine komplizierte Anordnung infolge der „parasitären" Kapazitäten und Induktivitäten entsteht, wie es für das Beispiel in Abb. 42.26 angedeutet ist. Die Wicklungskapazitäten der Spulen, die Zuleitungsinduktivitäten und die Erdkapazitäten können besonders bei hohen Frequenzen die erwartete Wirkung einer Anordnung völlig zunichte machen. Ihre Berücksichtigung oder ihre Beseitigung durch geeignete Ausführung der Bauelemente, durch zweckmäßige räumliche Anordnung, durch Erdung und durch Abschirmung ist daher besonders in der Hochfrequenztechnik eine wesentliche Aufgabe.

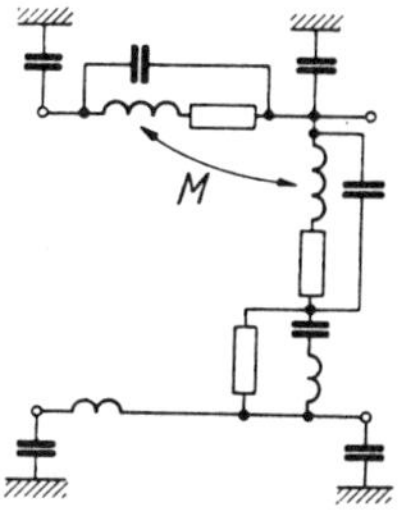

Abb. 42.26. Parasitäre Kapazitäten und Induktivitäten bei einem Halbglied nach Abb. 42.14

Weiterführende Literatur zum Fünften Kapitel: *Bel, Ca, Fe1, HöT, Kl3, Me2, Ru, Sa, Stw, Un1, Ung*

Sechstes Kapitel

Das rasch veränderliche elektromagnetische Feld

43. Grundgleichungen der elektromagnetischen Vorgänge

Maxwellsche Feldgleichungen

In einem veränderlichen elektrischen Feld ist der Verschiebungsstrom nach Abschnitt 16 definiert als die Zunahme des Verschiebungsflusses geteilt durch die Zeit. Die Dichte des Verschiebungsstromes beträgt $\frac{\partial \boldsymbol{D}}{\partial t}$ und setzt sich mit der Leitungsstromdichte $\boldsymbol{J}$ in dem betreffenden Stoff zur Dichte $\boldsymbol{J}_w$ des *wahren* Stromes zusammen, Gl. (16.9),

$$\boldsymbol{J}_w = \boldsymbol{J} + \frac{\partial \boldsymbol{D}}{\partial t} . \tag{1}$$

Ist der Stoff linear und elektrisch isotrop, so gilt

$$\boldsymbol{J}_w = \sigma \boldsymbol{E} + \varepsilon \frac{\partial \boldsymbol{E}}{\partial t} .$$

Der durch irgendeine Fläche A in dem Raum hindurchfließende Gesamtstrom ist gleich dem Flächenintegral der wahren Stromdichte:

$$i = \int_A \boldsymbol{J}_w \cdot d\boldsymbol{A} . \tag{2}$$

Dies ist zunächst nichts weiter als eine willkürliche Definition. Sie erhält aber ihren Sinn dadurch, daß nach der Erfahrung der Verschiebungsstrom in gleicher Weise magnetische Wirkungen hervorruft wie der Leitungsstrom (Hypothese von J. C. Maxwell 1861).

Wird an die beiden Platten eines Kondensators, Abb. 43.1, eine Wechselstromquelle angeschlossen, so fließt in dem so gebildeten Stromkreis ein Wechselstrom, der sich in dem isolierenden Raum zwischen den beiden Platten als Verschiebungsstrom fortsetzt, so daß an jeder Stelle des Stromkreises der Gesamtstrom den gleichen Wert i hat. In dem ringförmigen Raum A, z. B. einem Ring aus Isolierstoff, findet man daher ein magnetisches Feld mit konzentrischen Feldlinien. Das Linienintegral der magnetischen Feldstärke längs einer solchen Feldlinie ist in jedem Zeitpunkt gleich der Stromstärke i. Man kann den magnetischen Induktionsfluß in dem Ring messen, indem man den Ring mit Draht bewickelt, der an ein Voltmeter angeschlossen wird. In der Lage B des Ringes ergibt sich nun infolge der magnetischen Wirkungen des Verschiebungsstromes der gleiche Induktionsfluß wie in der Lage A (wobei davon abgesehen werde, daß ein Teil der Verschiebungslinien sich außen um den Ring herum schließt). Diese Gleichwertigkeit von Verschiebungsstrom und Leitungsstrom hinsichtlich der magnetischen Wirkung ist von grundlegender Bedeutung, wenn es sich um rasch veränderliche Vorgänge handelt, da der Verschiebungsstrom mit zunehmender Schnelligkeit der Feldstärkenänderungen wächst. So wie der Raum in der Umgebung des Stromleiters von einem magnetischen Feld erfüllt ist, so sind auch mit den Linien des Verschiebungsstromes zwischen den beiden Platten magnetische Feldlinien verkettet, die bei symmetrischer Anordnung konzentrische Kreise bilden.

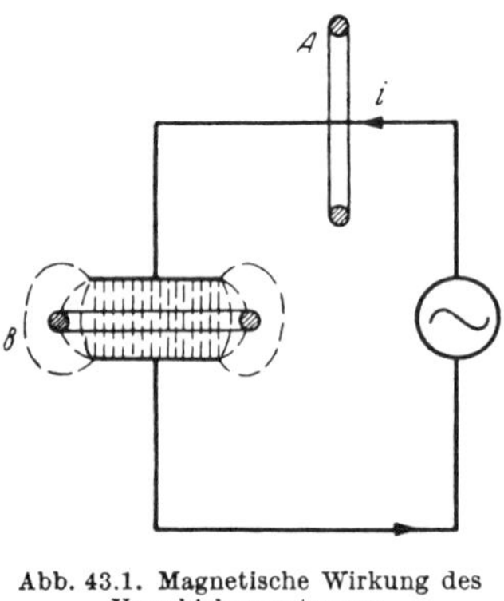

Abb. 43.1. Magnetische Wirkung des Verschiebungsstromes

Nimmt man den Verschiebungsstrom in das Durchflutungsgesetz auf, so ergibt sich aus Gl. (26.49) die *erste Feldgleichung*

$$\boxed{\operatorname{rot} \boldsymbol{H} = \boldsymbol{J} + \frac{\partial \boldsymbol{D}}{\partial t}\,,} \tag{3}$$

die besagt, daß der Wirbel der magnetischen Feldstärke an jeder Stelle des Raumes gleich der wahren Stromdichte an dieser Stelle ist; sie lautet in der Integralform

$$\oint \boldsymbol{H} \cdot d\boldsymbol{s} = \int\limits_A \left(\boldsymbol{J} + \frac{\partial \boldsymbol{D}}{\partial t}\right) d\boldsymbol{A}\,, \tag{4}$$

wobei das Flächenintegral über eine vom Weg des Linienintegrals berandete Fläche A zu nehmen ist. Dabei sind Umlaufrichtung und Orientierung des Flächenvektors im Sinne einer Rechtsschraube miteinander verknüpft.

Die *zweite Feldgleichung* stellt eine Verallgemeinerung des Induktionsgesetzes dar. Die in einem beliebigen geschlossenen Weg innerhalb eines Leiters bei Änderungen des magnetischen Flusses induzierte Spannung ist nach Gl. (23.39)

$$u_i = \oint \boldsymbol{E}_i \cdot d\boldsymbol{s} = -\frac{\partial \Phi}{\partial t}\,. \tag{5}$$

Sie ist unabhängig von dem Leitermaterial, und man hat daher anzunehmen, daß das Linienintegral der elektrischen Feldstärke den gleichen Wert hat, auch wenn überhaupt kein Leiter vorhanden ist. Diese Folgerung wird in der Tat durch die Erfahrung bestätigt. Ändert sich der magnetische Induktionsfluß in einem Nichtleiter, so entsteht also ebenfalls ein elektrisches Feld. Über die Struktur dieses Feldes kann man eine Aussage machen mit Hilfe einer ähnlichen Überlegung, wie sie bei der Berechnung des Wirbels der magnetischen Feldstärke ausgeführt wurde. Wir denken uns in dem Magnetfeld ein Flächenelement dA senkrecht zur Richtung der magnetischen Feldlinien abgegrenzt. Wendet man auf dieses Flächenelement das Induktionsgesetz in der soeben ausgesprochenen Form an, so findet man

$$\frac{1}{dA}\oint \boldsymbol{E} \cdot d\boldsymbol{s} = -\frac{\partial \boldsymbol{B}}{\partial t}$$

oder

$$\boxed{\operatorname{rot} \boldsymbol{E} = -\frac{\partial \boldsymbol{B}}{\partial t}\,.} \tag{6}$$

Dies ist die zweite Feldgleichung in der Differentialform. Der *Wirbel der elektrischen Feldstärke ist danach an jeder Stelle des Raumes gleich der Abnahmegeschwindigkeit der Flußdichte.* Die Richtung des Wirbels der elektrischen Feldstärke ist durch die Richtung der Änderung der magnetischen Induktion gegeben; in einem Feld mit geraden parallelen magnetischen Feldlinien steht die Richtung der elektrischen Feldstärke überall senkrecht auf der Richtung der magnetischen Feldlinien (s. S. 270).

Zwischen der elektrischen Feldstärke und dem magnetischen Induktionsfluß besteht demnach ein ähnlicher Zusammenhang wie zwischen der magnetischen Feldstärke und dem wahren Strom. So wie jeder elektrische Strom mit dem Auftreten eines magnetischen Feldes verknüpft ist, das geschlossene, mit den Stromlinien verkettete Feldlinien hat, so entsteht bei jeder Änderung des magnetischen Induktionsflusses ein elektrisches Feld mit in sich geschlossenen Feldlinien, die mit den magnetischen Feldlinien verkettet sind.

In Abb. 43.2a ist der Verlauf der Feldlinien des induzierten elektrischen Feldes in der Umgebung eines von Windungen freien Teiles eines Transformatorkernes

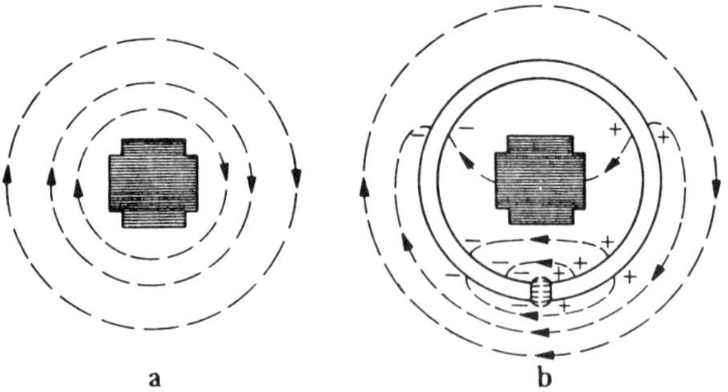

Abb. 43.2 a u. b. Elektrisches Feld in der Umgebung eines Transformatorkernes

dargestellt. Längs einer jeden Feldlinie hat die Umlaufspannung den gleichen Wert; sie ist gleich der Abnahmegeschwindigkeit des Flusses im Eisenkern, wenn man von den magnetischen Streulinien absieht. Liegt eine Windung aus Kupferdraht in dem Feld, wie in Abb. 43.2b, so setzen sich die Leitungselektronen unter der Einwirkung der induzierten elektrischen Feldstärke in Bewegung, bis an dem einen Drahtende eine bestimmte positive Ladung, am anderen eine negative Ladung vorhanden ist, die für sich allein ein Potentialgefälle in entgegengesetzter Richtung erzeugen würden. Es stellt sich ein Gleichgewichtszustand ein, in dem die elektrische Feldstärke innerhalb des Drahtes Null ist. Die ganze Umlaufspannung findet man dann zwischen den beiden Drahtenden. Der Leiter schiebt also das elektrische Feld auf den Raum zwischen seinen Enden zusammen.

Die Abb. 43.2 soll nur ein qualitatives Bild geben. Der genaue Verlauf der elektrischen Feldlinien wird durch den Eisenkern und seine Struktur, z. B. Schichtung aus Blechen, beeinflußt.

Bemerkung: Eine Anwendung findet das elektrische Wirbelfeld im leiterfreien Raum beim *Betatron* (STEENBECK 1940). Hier werden ähnlich wie beim Zyklotron Ladungsträger tangential in einen dosenförmigen luftleeren Raum geschossen, der parallel zur Achse von einem magnetischen Feld durchsetzt ist. Während beim Zyklotron das magnetische Feld zeitlich konstant bleibt, wird hier ein magnetisches Wechselfeld mit der Frequenz f benützt. Der Betrag der elektrischen Feldstärke des Wirbelfeldes auf einer Kreisbahn mit dem Radius r ist nach Gl. (5)

$$E_i = \frac{1}{2\pi r}\frac{d\Phi}{dt}, \tag{7}$$

wenn mit Φ der durch die Kreisbahn gehende Fluß bezeichnet wird. Sie beschleunigt auf der Kreisbahn laufende Elektronen etwa während einer Viertelperiode auf eine Anlaufspannung

$$U_a = n \left.\frac{d\Phi}{dt}\right|_{max} = n\, 2\pi f \Phi_{max}, \tag{8}$$

wobei n die Zahl der Elektronenumläufe während der Zeit $\frac{1}{4f}$ ist. Damit können hohe Spannungen hergestellt werden. Wie sich aus der Betrachtung der Bewegungsgleichungen der Elektronen ergibt, erfordert hier die Stabilisierung der Elektronenbahn auf einen Kreis die Einhaltung bestimmter Bedingungen (Krümmung der magnetischen Feldlinien nach außen, Zunahme der magnetischen Induktion in der Umgebung der Elektronenbahn mit dem Radius, magnetische Induktion in der Elektronenbahn halb so groß wie bei homogenem Feld mit gleichem Φ_{max} (s. z. B. *Pra*).

Nach den beiden Feldgleichungen sind elektrisches und magnetisches Feld wechselseitig miteinander verknüpft. Ändert sich der Induktionsfluß, so entstehen geschlossene elektrische Feldlinien, die mit dem Fluß verkettet sind. Mit dem Entstehen der elektrischen Feldlinien ist das Auftreten von Leitungsstrom und von Verschiebungsstrom verbunden. Die Ströme erzeugen wieder ein magnetisches Feld. Eine Änderung eines der beiden Felder für sich allein ist nicht möglich. Nur wenn die Änderungen sehr langsam vor sich gehen, kann man diese gegenseitige Abhängigkeit vernachlässigen. Bei der Beschreibung des Ladevorgangs eines Kondensators in Abschnitt 16 war z. B. stillschweigend die Voraussetzung gemacht, daß die entstehenden magnetischen Felder und ihre Rückwirkungen vernachlässigt werden können. Ganz ähnlich wurde bei der Berechnung des Stromverlaufes nach dem

Einschalten einer Spule, Abschnitt 28, zwar die in dem Leiter durch die Flußänderung entstehende Quellenspannung berücksichtigt, nicht aber das elektrische Feld, das nach der zweiten Feldgleichung auch außerhalb der Leitungsdrähte vorhanden ist und das durch seine Verschiebungsströme wieder auf das magnetische Feld zurückwirkt. Der genaue Feldverlauf ist außerordentlich kompliziert und nur in wenigen besonders einfachen Fällen der Berechnung zugänglich.

Bemerkung: Man kann jedoch meist den infolge der Vernachlässigung der magnetischen Wirkungen des Verschiebungsstromes entstehenden Fehler auf Grund der Feldgleichungen leicht abschätzen. Als Beispiel werde die in Abb. 25.3 dargestellte Drosselspule betrachtet. Fließt durch die Wicklung ein Wechselstrom von 50 Hz mit dem Scheitelwert 0,54 A, so entsteht ein magnetischer Induktionsfluß mit dem Scheitelwert $\Phi_m = 5 \cdot 10^{-4}$ Vs. Die infolge der Flußänderungen im Fenster des Eisenkerns auftretenden elektrischen Feldlinien bilden ungefähr Kreise, die den Fluß umschlingen; sie haben daher eine mittlere Länge von etwa 15 cm. Nach dem Induktionsgesetz ist die Umlaufspannung längs einer solchen Feldlinie im Maximum

$$\omega \Phi_m = 314 \cdot 5 \cdot 10^{-4} \, \mathrm{s}^{-1} \, \mathrm{Vs} = 0{,}16 \, \mathrm{V} .$$

Die Feldstärke längs der Feldlinie ist daher ungefähr

$$E = \frac{0{,}16 \, \mathrm{V}}{15 \, \mathrm{cm}} \approx 0{,}01 \frac{\mathrm{V}}{\mathrm{cm}} ,$$

und die Dichte des Verschiebungsstromes beträgt im Maximum entsprechend Gl. (19.8)

$$\varepsilon_0 \, \omega \, E = 0{,}886 \cdot 10^{-13} \cdot 314 \cdot 0{,}01 \, \frac{\mathrm{F}}{\mathrm{cm}} \, \mathrm{s}^{-1} \, \frac{\mathrm{V}}{\mathrm{cm}} \approx 3 \cdot 10^{-13} \, \frac{\mathrm{A}}{\mathrm{cm}^2} .$$

Denkt man sich das ganze Fenster des Eisenkerns mit einem Verschiebungsstrom von dieser Dichte ausgefüllt, so ist sein Querschnitt ungefähr 28 cm², und die durch die Verschiebungsströme verursachte zusätzliche Durchflutung beträgt

$$\Theta' = 3 \cdot 10^{-13} \cdot 28 \, \mathrm{A} \approx 10^{-11} \, \mathrm{A} .$$

Das ist ein verschwindend kleiner Betrag gegen die Durchflutung des Wechselstromes in der Wicklung von 3600 A.

Die enge Verknüpfung der magnetischen und elektrischen Felder, wie sie in den Feldgleichungen zum Ausdruck kommt, hat zur Folge, daß sich jede Feldänderung im Raum nur mit einer endlichen Geschwindigkeit ausbreiten kann. Es ist interessant, das Entstehen eines magnetischen Feldes an Hand der beiden Grundgesetze gedanklich zu verfolgen. In Abb. 43.3 ist ein einfacher Stromkreis mit einer Gleichstromquelle dargestellt, der an einer Stelle eine Unterbrechung mit ganz kleinem Abstand der beiden Drahtenden haben soll. Infolge der von der Stromquelle erzeugten Potentialdifferenz spannen sich elektrische Feldlinien von dem positiven Drahtende zum negativen. Auf der Oberfläche des oberen Drahtes befinden sich positive, auf der Oberfläche des unteren Drahtes negative Ladungen. Wir wollen nun verfolgen, wie sich das Feldbild verändert, wenn die beiden Drahtenden miteinander in Berührung gebracht werden. In Abb. 43.4a ist gezeigt, wie unmittelbar nach der Berührung der beiden Drähte die einander benachbarten Ladungen entgegengesetzten Vorzeichens infolge der Kräfte des elektrischen Feldes sich auszugleichen suchen. Dieser Ausgleich wirkt so wie ein Strom, der in einem kurzen Abschnitt des Drahtes in der Umgebung der Berührungsstelle von oben nach unten fließt. Dieser Strom baut das elektrische Feld ab, und es ergibt sich daher ein Verschiebungsstrom, der von unten nach oben fließt und den Leitungsstrom schließt; er ist in der Abbildung gestrichelt eingezeichnet. Dieses Bild ist aber nicht vollständig. Mit dem Strom ergibt sich nach der ersten Feldgleichung in der Umgebung der Berührungsstelle ein magnetisches Feld, dessen Feldlinien den Strom im Leiter ungefähr in Kreisform umschließen und zwar innerhalb des von den Verschiebungsströmen begrenzten etwa kugelförmigen Raumes. Außerhalb dieses Raumes können keine derartigen Feldlinien auftreten, da ihre Durchflutung Null wäre. Das Entstehen des magnetischen Feldes hat nach der zweiten Feldgleichung ein elektrisches Feld zur Folge mit Feldlinien, die wieder mit dem magnetischen Fluß verkettet sind. Längs der

Strombahn, die durch den Leitungsstrom und den Verschiebungsstrom gebildet wird, wirkt die Umlaufspannung dieses elektrischen Feldes, und man findet aus den Richtungsregeln, daß die induzierte Quellenspannung dem Strom auf diesem Weg entgegenwirkt. Das Magnetfeld sucht also das Anwachsen des Stromes und damit den Abbau des ursprünglichen elektrischen Feldes zu verhindern. Je rascher der Strom anwächst, um so schneller wächst das magnetische Feld, um so größer wird aber die den Strom hemmende induzierte Spannung. Es stellt sich daher ein Gleichgewicht ein zwischen der Feldstärke des ursprünglichen Feldes und der durch das Anwachsen des Magnetfeldes nach dem Induktionsgesetz entstehenden elektrischen Feldstärke, so daß der Abbau des elektrischen Feldes mit einer ganz bestimmten endlichen Geschwindigkeit vor sich geht. Einige Zeit später finden wir die in Abb. 43.4 b dargestellte Feldverteilung. Die Ladungen sind nun auf einer größeren Länge des Drahtes ausgeglichen, ein größerer Raum ist frei vom elektrischen Feld; er ist bereits mit dem magnetischen Feld ausgefüllt. In dem Raum außerhalb dieser Zone hat das elektrische Feld noch die gleiche Beschaffenheit wie vor dem Schließen des Stromkreises. Der Vorgang setzt sich in gleicher Weise fort, wobei die durch die Verschiebungsströme gebildete Grenzfläche zwischen dem ursprünglichen elektrischen Feld und dem entstehenden magnetischen Feld immer weiter in den Raum hinauseilt, bis schließlich der ganze Raum vom magnetischen Feld ausgefüllt ist

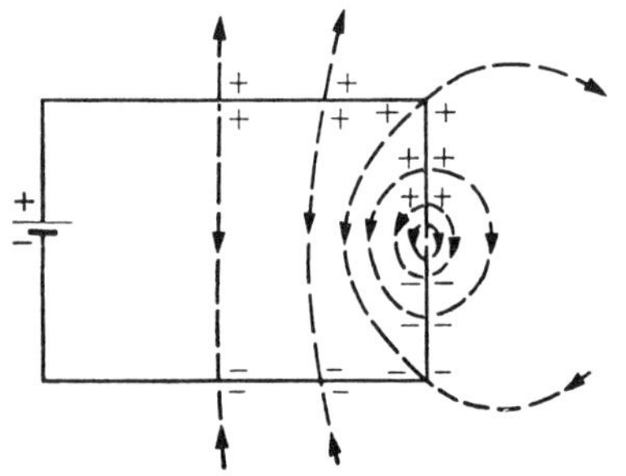

Abb. 43.3. Elektrostatisches Feld bei einem unterbrochenen Stromkreis

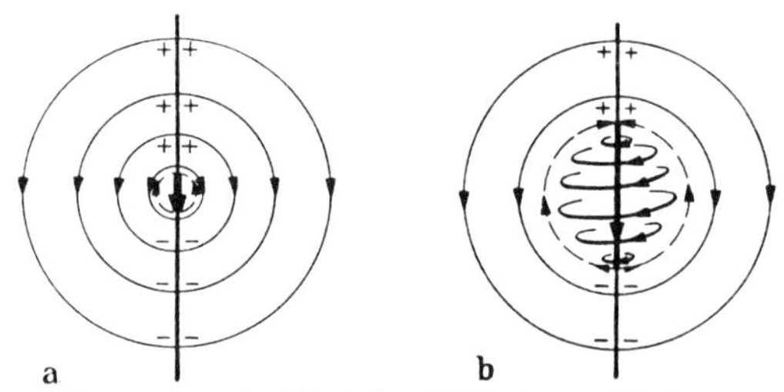

Abb. 43.4 a u. b. Abbau des elektrischen und Aufbau des magnetischen Feldes

(vom Spannungsabfall längs des Leiters, der ein schwaches elektrisches Feld bedingt, sehen wir hier ab). Diesen Vorgang der Ausbreitung des Feldes bezeichnet man als *elektromagnetische Welle.* Eine elektromagnetische Welle entsteht immer, wenn sich die Ströme oder Spannungen in einem Stromkreis irgendwie ändern; einige spezielle Formen und Eigenschaften der elektromagnetischen Wellen werden im nächsten Abschnitt betrachtet.

Bildet man auf beiden Seiten der ersten Feldgleichung die Divergenz, so ergibt sich mit Hilfe von Gl. (26.46)

$$\boxed{\operatorname{div} \boldsymbol{J}_w = 0\,,} \tag{9}$$

eine Beziehung, die aussagt, daß die Linien des wahren Stromes immer in sich geschlossen sind. Endigt ein Leitungsstrom an einer Grenzfläche zwischen einem Leiter und einem Nichtleiter, so fließt ein Verschiebungsstrom gleicher Stärke im Nichtleiter von dieser Stelle weg.

Aus Gl. (9) folgt mit Gl. (1)

$$\operatorname{div} \boldsymbol{J} + \frac{\partial}{\partial t} \operatorname{div} \boldsymbol{D} = 0\,.$$

Führt man hier mit Gl. (14.5) die Raumladungsdichte ϱ ein, so ergibt sich

$$\operatorname{div} \boldsymbol{J} = -\frac{\partial \varrho}{\partial t}\,. \tag{10}$$

Der Leitungsstrom ist also nur dann quellenfrei, wenn die Raumladungsdichte Null oder zeitlich konstant ist.

Auf dem gleichen Weg ergibt sich aus der zweiten Feldgleichung

$$\frac{\partial}{\partial t}\operatorname{div}\boldsymbol{B} = 0 \qquad \text{oder} \qquad \operatorname{div}\boldsymbol{B} = \text{konst.}$$

Die Konstante ist erfahrungsgemäß Null, also

$$\boxed{\operatorname{div}\boldsymbol{B} = 0\,.} \tag{11}$$

Die magnetischen Induktionslinien sind immer endlos. In den vier Gl. (3), (6), (9) und (11) sind alle Gesetze enthalten, die für den Verlauf beliebiger elektrischer Felder gelten. An den Grenzflächen von Stoffen verschiedener Eigenschaften ergeben sich aus diesen Gleichungen gewisse *Grenzbedingungen*, die eine Verallgemeinerung der früher aufgestellten Grenzbedingungen darstellen, und zwar sind es im ganzen vier Bedingungen, die an Grenzflächen erfüllt sein müssen.

1. *Die Normalkomponente der wahren Stromdichte muß stetig sein:*

$$J_{wn1} = J_{wn2}\,. \tag{12}$$

Dies folgt aus Gl. (9), wenn man ein Flächenelement der Grenzfläche betrachtet. Der von der einen Seite eintretende Strom muß gleich dem auf der anderen Seite austretenden Strom sein. An der Grenzfläche zwischen einem metallischen Leiter und einem Isolator gilt folgendes. Innerhalb der Metalle ist der Verschiebungsstrom wegen der hohen Leitfähigkeit gegenüber dem Leitungsstrom nicht nachweisbar. In Metallen gibt es praktisch nur den Leitungsstrom. In einem guten Isolator, z. B. Luft, überwiegt andererseits der Verschiebungsstrom. Es muß daher hier

$$\sigma E_{n1} = \varepsilon \frac{dE_{n2}}{dt} \tag{13}$$

sein. Die Normalkomponente des Leitungsstromes geht stetig über in die Normalkomponente des Verschiebungsstromes; die Normalkomponente der elektrischen Feldstärke hat auf beiden Seiten von Grenzflächen im allgemeinen verschiedene Werte.

2. *Die Tangentialkomponente der elektrischen Feldstärke muß stetig sein:*

$$E_{t1} = E_{t2}\,. \tag{14}$$

Diese Beziehung folgt aus der Integralform der zweiten Feldgleichung, wenn man sie auf ein hinreichend schmales Rechteck anwendet, dessen lange Seiten beiderseits der Grenzfläche liegen und dessen kurze Seiten die Grenzfläche durchstoßen. Die beiden Bedingungen 1 und 2 zeigen, daß im allgemeinen Fall die Linien des wahren Stromes an den Grenzflächen gebrochen werden, und zwar in ziemlich komplizierter Weise, wenn es sich um zeitlich veränderliche Größen handelt. In Wechselfeldern durchläuft der Winkel, den die Stromlinien mit der Grenzfläche bilden, während jeder Periode 360° (vgl. Abschnitt 44).

3. *Die Normalkomponente der magnetischen Induktion muß stetig sein:*

$$B_{n1} = B_{n2}\,. \tag{15}$$

Dies folgt aus Gl. (11) in gleicher Weise wie früher z. B. Gl. (25.2), ebenso

4. *Die Tangentialkomponente der magnetischen Feldstärke muß stetig sein:*

$$H_{t1} = H_{t2}\,. \tag{16}$$

Die magnetischen Feldlinien werden also gebrochen, wenn die Permeabilität in den beiden aneinander grenzenden Stoffen verschiedene Werte hat.

Das zur Berechnung von elektromagnetischen Feldern und Wellen dienende System von Gleichungen ist im folgenden nochmals zusammengestellt:

$$\begin{array}{|llll|}\hline \textit{Feldgleichungen:} & \operatorname{rot}\boldsymbol{H} = \boldsymbol{J} + \frac{\partial \boldsymbol{D}}{\partial t}; & & \operatorname{rot}\boldsymbol{E} = -\frac{\partial \boldsymbol{B}}{\partial t}. \\ \textit{Kontinuitätsgleichungen:} & \operatorname{div}\left(\boldsymbol{J} + \frac{\partial \boldsymbol{D}}{\partial t}\right) = 0; & \operatorname{div}\boldsymbol{B} = 0. & \\ \textit{Stoffgleichungen:} & \boldsymbol{D} = \varepsilon\boldsymbol{E}; & \boldsymbol{J} = \sigma\boldsymbol{E}; & \boldsymbol{B} = \mu\boldsymbol{H}. \\ \hline \end{array} \tag{17}$$

Die Feldgleichungen gelten in der hier aufgestellten Form zunächst nur für ruhende Körper. Bei *Bewegungen von leitender oder nichtleitender Materie* im Raum treten zusätzliche Effekte auf, die durch diese Gleichungen nicht beschrieben werden.

Bewegte Leiter

Bei der technischen Anwendung der Induktionswirkung kommen oft Anordnungen vor, deren Teile sich gegeneinander bewegen, z. B. in elektrischen Maschinen. Die zweite Feldgleichung (5) in der Integralform setzt voraus, daß sich die Körperelemente, über die sich die Integration erstreckt, nicht gegeneinander bewegen, also z. B. fest miteinander verbunden sind. Bewegt sich ein Teil des Systems mit der Geschwindigkeit $\boldsymbol{v}$, so gilt in diesem Teil für die von $\boldsymbol{B}$ induzierte elektrische Feldstärke $\boldsymbol{E}'$

$$\operatorname{rot}\boldsymbol{E}' = -\frac{\partial \boldsymbol{B}}{\partial t}. \tag{18}$$

Für einen ruhenden Beobachter hat aber die elektrische Feldstärke $\boldsymbol{E}$ nach Gl. (23.22) den Wert

$$\boldsymbol{E} = \boldsymbol{E}' + \boldsymbol{v} \times \boldsymbol{B}. \tag{19}$$

Deswegen lautet die *zweite Feldgleichung für einen* mit der Geschwindigkeit $\boldsymbol{v}$ *bewegten Körper* in der Differentialform

$$\operatorname{rot}\boldsymbol{E} = -\frac{\partial \boldsymbol{B}}{\partial t} + \operatorname{rot}(\boldsymbol{v} \times \boldsymbol{B}). \tag{20}$$

Die zugehörige Integralform liefert die Umlaufspannung

$$u_i = \oint \boldsymbol{E} \cdot d\boldsymbol{s} = -\int_A \frac{\partial \boldsymbol{B}}{\partial t} \cdot d\boldsymbol{A} + \oint (\boldsymbol{v} \times \boldsymbol{B}) \cdot d\boldsymbol{s}, \tag{21}$$

wobei Umlaufrichtung des Linienintegrals und Orientierung des Flächenvektors im Sinne einer Rechtsschraube miteinander verknüpft sind.

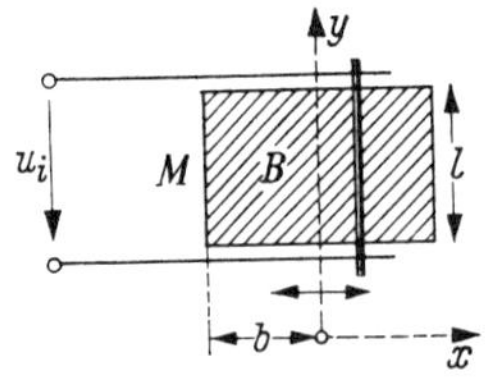

Abb. 43.5. Bewegter Leiter im zeitlich veränderlichen Magnetfeld

Beispiel: Die magnetische Flußdichte im Luftspalt eines Wechselstrommagneten M, Abb. 43.5, ändere sich zeitlich gemäß der Beziehung

$$B_z = \hat{B} \cos \omega t. \tag{22}$$

Im Luftspalt schwinge parallel zu sich selbst ein stabförmiger Leiter sinusförmig mit der Geschwindigkeit

$$v_x = \hat{v} \cos \omega t \tag{23}$$

um eine Ruhelage; d. h. mit der Auslenkung

$$x = \int \cdot v\,dt = \frac{\hat{v}}{\omega} \sin \omega t. \tag{24}$$

In dem rechtwinkligen Koordinatensystem habe $\boldsymbol{B}$ nur eine Komponente B_z in z-Richtung. Orientiert man auch den Flächenvektor $d\boldsymbol{A}$ in z-Richtung, dann braucht das Flächenintegral nur die Beträge zu berücksichtigen. Da B_z über die Fläche konstant ist, wird

$$-\int_A \frac{\partial B_z}{\partial t}\, dA = -\frac{\partial B_z}{\partial t}\,(b + x)\, l = l\omega\hat{B} \sin \omega t \left(b + \frac{\hat{v}}{\omega} \sin \omega t\right). \quad (25)$$

Im zweiten Integral zeigt das Vektorprodukt aus $\boldsymbol{v}_x$ und $\boldsymbol{B}_z$ in negative y-Richtung. Da beide Anteile unabhängig von y sind, ergibt das Integral

$$\int_0^l (\boldsymbol{v} \times \boldsymbol{B}) \cdot d\boldsymbol{y} = -v_x B_z l = -\hat{v}\hat{B} l \cos^2 \omega t. \quad (26)$$

Berücksichtigt man bei der Addition von (26) und (27), daß

$$\cos^2 \omega t - \sin^2 \omega t = \cos 2\omega t \quad (27)$$

ist, so erhält man für die Spannung u_i in der in Abb. 43.5 eingezeichneten Zählrichtung:

$$u_i = bl\hat{B}\omega \sin \omega t - l\hat{B}\hat{v} \cos 2\, \omega t. \quad (28)$$

Man hätte das Ergebnis auch erhalten, wenn man den Fluß durch die Fläche in der Form

$$\Phi = (b + x)\, Bl \quad (29)$$

angeschrieben und dann Gl. (5) benutzt hätte.

Bemerkung: Bei der Anwendung der Gl. (19) können weitere zu Fehlschlüssen führende Schwierigkeiten auftreten, wenn gleichzeitig stromführende Leiter oder Stoffe mit von 1 verschiedener Permeabilitätszahl in dem magnetischen Feld bewegt werden. Ein instruktives Beispiel bilden die in den Nuten liegenden Leiter des Ankers elektrischer Maschinen. Diese Leiter befinden sich in einem schwachen Restfeld, das um so geringer ist, je höher die Permeabilität des Eisens ist (vgl. auch S. 298). Wie durch Anwenden der Gl. (5) gezeigt werden kann, hat trotzdem die induzierte Leiterspannung den gleichen Betrag als ob der Leiter in dem durch die Erregermagnete erzeugten gleichmäßig verteilten Feld liegen würde. An Hand der Abb. 43.6 soll mit einem einfachen Modell dieser Effekt erläutert werden.

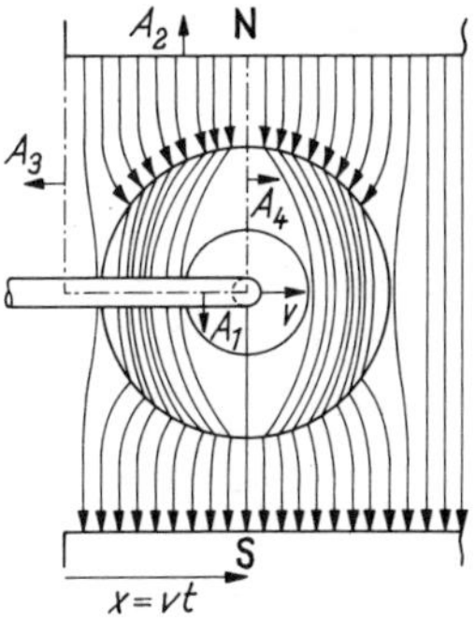

Abb. 43.6. Bewegter Leiter in einem mitbewegten Eisenzylinder

Der durch das Feld mit der Geschwindigkeit v bewegte Leiter befinde sich im Innern eines mitbewegten Hohlzylinders aus Eisen. Das ursprünglich homogene Magnetfeld habe in großem Abstand von dem Hohlzylinder die konstante Flußdichte B.

Ist die Leiterschleife außerhalb des magnetischen Feldes geschlossen und hat der Leiter im magnetischen Feld den Weg $x = v\,t$ zurückgelegt, so ist der von der Schleife in dem Zeitpunkt t umfaßte Fluß

$$\Phi = x\,B\,l = v\,t\,B\,l, \quad (30)$$

und die induzierte Spannung wird $v\,B\,l$.

Der Eisenzylinder hat also keinen Einfluß auf die induzierte Spannung. Diese hat die gleiche Größe als ob der Leiter ohne Eisenhülle mit der Geschwindigkeit v durch das Feld B hindurchgeführt werden würde, obwohl doch die Flußdichte am Ort des Leiters bei hoher Permeabilität des Eisenzylinders verschwindend klein ist.

Die Richtigkeit dieses bemerkenswerten Ergebnisses sieht man sofort ein, wenn man die Divergenzfreiheit der magnetischen Flußdichte $\boldsymbol{B}$ berücksichtigt. Da ein beliebiges Hüllenintegral über die Flußdichte den Wert Null liefert, ergibt sich der durch die Fläche $\boldsymbol{A}_1$ hindurchtretende Fluß Φ auch als negative Summe der durch die restlichen Flächen hindurchtretenden Flüsse.

Das skalare Produkt zwischen den Flächen $\boldsymbol{A}_3$, $\boldsymbol{A}_4$, der vorderen und der hinteren Deckfläche und der magnetischen Flußdichte $\boldsymbol{B}$ liefert keinen Beitrag zum Fluß. Somit liefert nur die ganz im homogenen Feld liegende Fläche $\boldsymbol{A}_2$ das behauptete Ergebnis.

$$\Phi(t) = \int_{A_1} \boldsymbol{B}(\boldsymbol{A}_1, t) \cdot \mathrm{d}\boldsymbol{A}_1 = -\int_{A_2} \boldsymbol{B}(\boldsymbol{A}_2, t) \cdot \mathrm{d}\boldsymbol{A}_2 = B \cdot l \cdot v \cdot t$$

Bewegte nichtleitende Körper

Wird ein nichtleitender Körper ($\sigma = 0$, $\mu = \mu_0$) mit der Geschwindigkeit v durch ein *stationäres magnetisches Feld* B bewegt, so wird in dem Körper nach Gl. (23.22) die elektrische Feldstärke $\boldsymbol{E}_i = \boldsymbol{v} \times \boldsymbol{B}$ induziert. Für die dadurch verursachte elektrische Flußdichte außerhalb des Körpers gilt jedoch nicht $\boldsymbol{D} = \varepsilon \boldsymbol{E}_i$, sondern

$$\boldsymbol{D} = (\varepsilon - \varepsilon_0)\,(\boldsymbol{v} \times \boldsymbol{B})\,, \tag{31}$$

da nur die materiellen Dipole bewegt werden und nur sie zur elektrischen Flußdichte beitragen.

Eine ähnliche Korrektur ist bei der Bewegung eines nichtleitenden Körpers in einem *elektrischen Feld* E notwendig. An den Oberflächen einer isolierenden Platte in einem Plattenkondensator beträgt die Ladungsdichte $D = \varepsilon\, E$. Darin rührt der Anteil $(\varepsilon - \varepsilon_0)E$ von den materiellen Dipolen der nichtleitenden Platte her. Wird die Platte mit der Geschwindigkeit v zwischen den feststehenden Plattenelektroden verschoben, so wirken diese Oberflächenladungen wie elektrische Ströme, die auf den beiden Oberflächen entgegengesetzte Richtungen haben. Der Strombelag ist nach Gl. (8.5)

$$v\,D = v\,(\varepsilon - \varepsilon_0)\,E\,, \tag{32}$$

und nach dem Durchflutungsgesetz entsteht in der Isolierstoff-Platte ein magnetisches Feld mit der Feldstärke

$$H = (\varepsilon - \varepsilon_0)\,v\,E\,. \tag{33}$$

Werden auch die Kondensatorplatten mitbewegt, so entsprechen die Oberflächenladungen $\varepsilon\, E$ auf den Kondensatorplatten elektrischen Strömen $v\,\varepsilon\, E$ in entgegengesetzten Richtungen. Die magnetische Feldstärke in dem Isolierstoff wird daher jetzt als Differenz

$$H = \varepsilon_0\, v\, E\,. \tag{34}$$

Weitere Bewegungseffekte

Die übrigen elektromagnetischen Effekte, die bei Bewegungen von materiellen Körpern auftreten, haben wegen ihrer Kleinheit meist keine Bedeutung. Es sind im wesentlichen die folgenden:

1. Bewegte Raumladungen wirken wie elektrische Ströme von der Dichte

$$\boldsymbol{J} = \varrho\, \boldsymbol{v} \tag{35}$$

und erzeugen daher ebenso wie diese magnetische Felder.

2. Auch bei der Bewegung *ungeladener* Leiter entstehen elektrische und magnetische Felder, wenn sich die Bewegungsgeschwindigkeit zeitlich ändert, da dann die Leitungselektronenwolke infolge ihrer Trägheit etwas voreilt oder zurückbleibt, so daß unkompensierte Raumladungen auftreten.

3. Bei Bewegungsgeschwindigkeiten v, die nicht mehr klein gegen die Lichtgeschwindigkeit c sind, treten in den Gl. (17) und (20) wegen des Gesetzes der konstanten Lichtgeschwindigkeit noch Faktoren von der Größenordnung $\sqrt{1 - \left(\frac{v}{c}\right)^2}$ auf, die sich aus der Relativitätstheorie ergeben (s. S. 458 u. 463).

Bemerkungen

1. Das Feld in der Umgebung einer mit konstanter Geschwindigkeit v *frei fliegenden Ladung* Q, z.B. eines Elektrons, hat man sich folgendermaßen vorzustellen. In irgendeinem Punkt P in der Umgebung der Ladung, Abb. 43.7, finden wir gemäß Gl. (11.2) die Feldstärke

$$E = \frac{Q}{4\pi\,\varepsilon_0\, r^2}\,.$$

x und y seien Koordinaten eines Systems, in dessen Ursprung sich die Ladung befindet. Die x- und y-Komponenten der elektrischen Feldstärke im Punkte P sind

$$E_x = \frac{x}{r} E = \frac{Q}{4\pi\varepsilon_0} \frac{x}{(x^2+y^2)^{3/2}}, \tag{36}$$

$$E_y = \frac{y}{r} E = \frac{Q}{4\pi\varepsilon_0} \frac{y}{(x^2+y^2)^{3/2}}. \tag{37}$$

Infolge der Bewegung der Ladung nimmt während eines Zeitelements dt die Koordinate x des festen Raumpunktes P um $dx = v\,dt$ ab. Daher nehmen die Feldstärkekomponenten zu um

$$dE_x = -\frac{\partial E_x}{\partial x} dx, \qquad dE_y = -\frac{\partial E_y}{\partial x} dx. \tag{38}$$

Diesen Änderungen der Feldstärke entsprechen Verschiebungsströme im Punkt P:

$$J_x = \varepsilon_0 \frac{dE_x}{dt} = \frac{Q\,v}{4\pi} \frac{2\,x^2 - y^2}{(x^2+y^2)^{5/2}}, \tag{39}$$

$$J_y = \varepsilon_0 \frac{dE_y}{dt} = \frac{Q\,v}{4\pi} \frac{3\,x\,y}{(x^2+y^2)^{5/2}}. \tag{40}$$

Abb. 43.8 zeigt den dadurch bestimmten Verlauf der Linien des Verschiebungsstromes. Die x-Komponente wird Null für

$$y = \pm x\sqrt{2}\,. \tag{41}$$

Auf diesen Geraden verläuft also die Strömung senkrecht zur Flugbahn. In der Flugbahn selbst und auf der durch die Ladung gehenden, zur Flugrichtung senkrechten Ebene ist dagegen die y-Komponente der Strömung Null; die Strömung hat hier die Richtung der Flugbahn.

Mit der Strömung entsteht ein magnetisches Feld mit Feldlinien, die wegen der Symmetrie Kreisform haben. Die Ebenen dieser Kreise stehen senkrecht auf der Flugrichtung, ihre Mittelpunkte liegen in der Flugbahn. Die Durchflutung einer solchen Feldlinie mit dem Radius y ist

$$\Theta = \int_0^y J_x\, 2\pi\, y\, dy\,. \tag{42}$$

Die Integration läßt sich leicht ausführen und ergibt

$$\Theta = \frac{1}{2} Q\,v \frac{y^2}{(x^2+y^2)^{3/2}}. \tag{43}$$

Wird das Durchflutungsgesetz auf die Feldlinie mit dem Radius y angewendet, $2\pi y H = \Theta$, so folgt für die magnetische Feldstärke

$$H = \frac{1}{4\pi} Q\,v \frac{y}{r^3} = \frac{1}{4\pi} Q\,v \frac{\sin\alpha}{r^2}. \tag{44}$$

Die magnetische Feldstärke ist an jeder Stelle des Raumes wie die Stromdichte proportional dem Produkt $Q\,v$. Die im magnetischen Feld aufgespeicherte Energie ist daher nach Gl. (28.43) und (28.44) proportional $Q^2 v^2$; sie wächst proportional dem Quadrat der Geschwindigkeit wie die kinetische Energie $mv^2/2$ eines bewegten Körpers der Masse m. Bei den Elektronen ist eine andere Masse als diese „*scheinbare elektromagnetische Masse*" nicht nachweisbar.

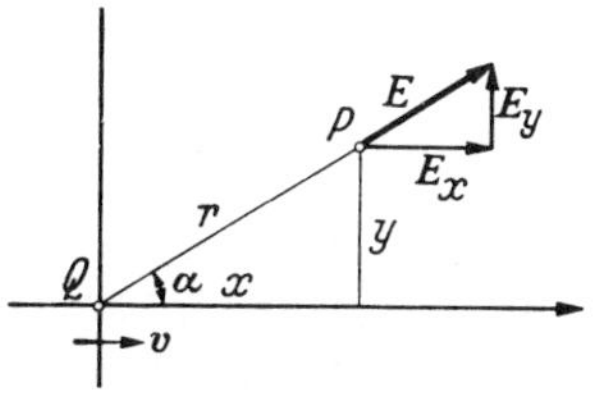

Abb. 43.7. Elektrisches Feld der bewegten Punktladung

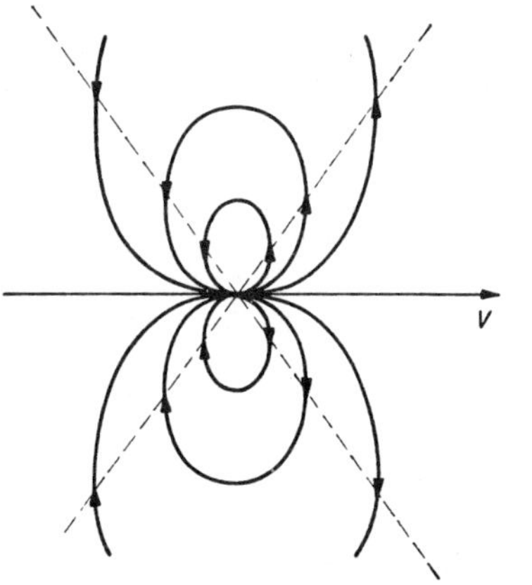

Abb. 43.8. Verschiebungsströme der bewegten Punktladung

Die oben durchgeführte Überlegung gibt eine physikalische Begründung der AMPEREschen Formel Gl. (26.70). Die Stromstärke I in dem Leiterstück von der Länge ds ist gleichwertig einer mit der Geschwindigkeit v bewegten Elektrizitätsmenge $Q = I\,dt = I\,\frac{dt}{ds}\,ds = I\,\frac{ds}{v}$, d.h. es ist

$$Q\,v = I\,ds\,. \tag{45}$$

Damit werden die Gl. (44) und (26.70) identisch.

Bei hohen Geschwindigkeiten v, die sich der Lichtgeschwindigkeit nähern, entsteht eine Verzerrung des in Abb. 43.8 dargestellten Feldes infolge der Rückwirkung des magnetischen Feldes gemäß dem Induktionsgesetz. Dadurch ändert sich auch die scheinbare elektromagnetische Masse, s. Gl. (8.3).

2. Es ist noch die Frage zu betrachten, was man unter der Geschwindigkeit v einer frei im Raum fliegenden Ladung zu verstehen hat.

Erfahrungsgemäß gelten die physikalischen Grundgesetze der Mechanik und der Elektrodynamik in jedem Koordinatensystem, das eine feste Orientierung gegen das Fixsternsystem hat, sowie in allen parallel dazu, also ohne Drehung, *gleichförmig bewegten* Koordinatensystemen. Solche Systeme nennt man *Inertialsysteme.* So kann ein in der Sonne verankertes Koordinatensystem, das fest gegen die Fixsterne orientiert ist, als ein Inertialsystem angesehen werden. Ein im Mittelpunkt der Erde verankertes derartiges System ist mit sehr großer Annäherung ein Inertialsystem, solange es sich um Vorgänge handelt, die kurz im Vergleich zu einem Erdumlauf um die Sonne, also zu einem Jahr, sind. Ein Koordinatensystem, das fest mit der Erdoberfläche verbunden ist (Laboratorium) ist zwar kein Inertialsystem, da es an der Erddrehung teilnimmt. Trotzdem kann auch ein solches System für viele Zwecke als Inertialsystem angesehen werden, wenn nämlich die Erddrehung während der Zeitdauer des betrachteten Vorganges unmerklich ist.

Streng genommen lautet daher die Antwort auf die oben gestellt Frage:

Unter v ist die Geschwindigkeit des Elektrons relativ zu einem Beobachter zu verstehen, vorausgesetzt, daß sich dieser in einem Inertialsystem befindet.

Für die Beobachtung auf der Erde ist dies praktisch gleich der Relativgeschwindigkeit der Elektronen gegen den Beobachter auf der Erde. Würde sich aber ein Beobachter mit seinen Meßgeräten mit gleichförmig fliegenden Elektronen mitbewegen, dann würde er ruhende Elektronen mit ihrem elektrostatischen Feld beobachten können, aber kein magnetisches Feld der oben geschilderten Art.

44. Elektromagnetische Wellen

Elementarform der elektromagnetischen Welle

Nach dem vorigen Abschnitt entsteht eine elektromagnetische Welle, sobald sich Ströme oder Spannungen zeitlich ändern. Zeitlich *konstante* Spannungen und Strömungen liegen vor, wenn sich Elektrizitätsmengen in Ruhe oder in *gleichförmiger* Bewegung befinden; Strom- und Spannungs*änderungen* werden durch *ungleichmäßig* bewegte Elektrizitätsmengen verursacht. Die einfachste elektromagnetische Welle entsteht daher, wenn eine punktförmige Elektrizitätsmenge in einem sonst von Ladungen und materiellen Körpern freien Raum ungleichförmig bewegt wird. Die bei allgemeinen Bewegungen von räumlich ausgedehnten Ladungen entstehenden Wellen lassen sich durch Überlagerung der von den einzelnen Ladungsteilchen ausgehenden Wellen darstellen.

Da sich jede Bewegung nach FOURIER in zeitlich sinusförmige Bewegungen zerlegen läßt, so erhält man einen Einblick in diese Vorgänge, wenn man eine sinusförmige Bewegung von Ladungen betrachtet. Solche Bewegungen treten auch auf, wenn sich die Ströme und Spannungen in einem Stromkreis zeitlich sinusförmig verändern. In jedem kleinen Ausschnitt des vom Wechselstrom durchflossenen Leiters schwingt die Elektronenwolke gegenüber den feststehenden positiven Ladungen in der Längsrichtung des Leiters hin und her. Die von einem drahtförmigen Leiter ausgehende elektromagnetische Welle kann aus den von den Längenelementen des Leiters herrührenden Teilwellen zusammengesetzt gedacht werden. Die von einem sehr kurzen von Sinusstrom durchflossenen Leiterabschnitt ausgehende Welle bildet die *Elementarform der elektromagnetischen Welle.* Sie wird durch den Wechselstrom $\boldsymbol{i}$ in dem Leitungsabschnitt von der sehr kleinen Länge l erregt oder, was damit gleichwertig ist, durch eine Ladung Q, die mit der Geschwindigkeit v sinusförmig um eine Ruhelage schwingt. Beide Vorgänge sind gleichwertig, wenn gemäß Gl. (43.45)

$$vQ = Il. \tag{1}$$

Eine solche Erregungsstelle wird *Hertzscher Dipol* genannt.

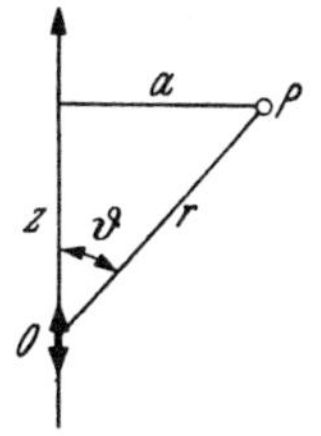

Abb. 44.1. Koordinaten der schwingenden Ladung

Die Lage eines beliebigen Punktes P im Raum gegenüber der schwingenden Ladung werde durch die Koordinaten, Abb. 44.1, gekennzeichnet. Die z-Achse werde in die Bewegungsrichtung der Ladung gelegt. Aus Symmetriegründen hängen dann die Feldgrößen nur von den beiden Zylinderkoordinaten a und z ab. In dem Raum außerhalb des Dipols gelten die Feldgleichungen in der Form

$$\operatorname{rot} \underline{\boldsymbol{H}} = j\,\omega\,\varepsilon_0\,\underline{\boldsymbol{E}}\,, \tag{2}$$

$$\operatorname{rot} \underline{\boldsymbol{E}} = -\,j\,\omega\,\mu_0\,\underline{\boldsymbol{H}}\,, \tag{3}$$

wenn der Voraussetzung gemäß eine sinusförmige Zeitabhängigkeit mit der Kreisfrequenz ω eingeführt wird. Formal entspricht die Beziehung (2) der im stationären magnetischen Feld geltenden Beziehung (26.49), wenn $\boldsymbol{J}$ an Stelle von $j\,\omega\,\varepsilon_0\,\underline{\boldsymbol{E}}$ eingeführt wird, und man kann auch hier die magnetische Feldstärke aus einem Vektorpotential ableiten, indem man gemäß Gl. (26.53) setzt

$$\underline{\boldsymbol{H}} = \operatorname{rot} \underline{\boldsymbol{V}}\,. \tag{4}$$

Führt man dies in Gl. (3) ein, so folgt

$$\operatorname{rot} (\underline{\boldsymbol{E}} + j\,\omega\,\mu_0\,\underline{\boldsymbol{V}}) = 0\,. \tag{5}$$

Diese Gleichung sagt aus, daß das Feld des in der Klammer stehenden Vektors wirbelfrei ist; daher kann dieser Vektor aus einem zunächst noch unbekannten skalaren Potential $\underline{\varphi}$ abgeleitet werden; wir setzen

$$\underline{\boldsymbol{E}} + j\,\omega\,\mu_0\,\underline{\boldsymbol{V}} = -\operatorname{grad} \underline{\varphi} \tag{6}$$

oder

$$\underline{\boldsymbol{E}} = -\operatorname{grad} \underline{\varphi} - j\,\omega\,\mu_0\,\underline{\boldsymbol{V}}\,. \tag{7}$$

Führt man andererseits den Ansatz (4) in Gl. (2) ein, so folgt mit Hilfe der Rechenregel (26.47)

$$\operatorname{grad} \operatorname{div} \underline{\boldsymbol{V}} - \Delta \underline{\boldsymbol{V}} = j\,\omega\,\varepsilon_0\,\underline{\boldsymbol{E}} \tag{8}$$

oder

$$\underline{\boldsymbol{E}} = \frac{1}{j\,\omega\,\varepsilon_0} \operatorname{grad} \operatorname{div} \underline{\boldsymbol{V}} - \frac{1}{j\,\omega\,\varepsilon_0}\,\Delta \underline{\boldsymbol{V}}\,. \tag{9}$$

Durch Vergleich dieser Beziehung mit Gl. (7) findet man

$$\underline{\varphi} = -\frac{1}{j\,\omega\,\varepsilon_0} \operatorname{div} \underline{\boldsymbol{V}}\,, \tag{10}$$

$$\Delta \underline{\boldsymbol{V}} = -\,\omega^2\,\varepsilon_0\,\mu_0\,\underline{\boldsymbol{V}}\,. \tag{11}$$

Wir setzen zur Abkürzung

$$c = \frac{1}{\sqrt{\varepsilon_0\,\mu_0}} = 299\,792\,\frac{\mathrm{km}}{\mathrm{s}}\,; \tag{12}$$

dann wird aus Gl. (11)

$$\Delta \underline{\boldsymbol{V}} = -\frac{\omega^2}{c^2}\,\underline{\boldsymbol{V}}\,. \tag{13}$$

Für die *Augenblickswerte* des Vektorpotentials gilt also die sog. *Wellengleichung:*

$$\Delta \boldsymbol{V} = \frac{1}{c^2}\,\frac{\partial^2 \boldsymbol{V}}{\partial t^2}\,. \tag{14}$$

Die magnetischen Feldlinien sind aus Symmetriegründen Kreise, deren Mittelpunkte auf der z-Achse liegen. Es muß daher der Vektor $\boldsymbol{V}$ parallel zur z-Achse gerichtet sein. Wir nehmen ferner an, daß genauso wie im Fall des stationären Feldes, Gl. (26.61), der Vektor $\boldsymbol{V}$ nur von dem Abstand r des Punktes P von der Erregungsstelle abhängt. Es zeigt sich, daß man mit dieser Annahme alle Bedingungen des Problems erfüllen kann. In *Kugelkoordinaten* lautet nun die Gl. (13), da alle Komponenten von $\boldsymbol{V}$ mit Ausnahme derjenigen in der z-Richtung Null sind, nach Gl. (14.18) mit $\underline{V}_z$ statt φ

$$\frac{1}{r^2}\frac{d}{dr}\left(r^2\frac{d\underline{V}_z}{dr}\right)=\frac{1}{r}\frac{d^2(r\,\underline{V}_z)}{dr^2}=-\frac{\omega^2}{c^2}\underline{V}_z; \tag{15}$$

hieraus folgt

$$r\underline{V}_z=A\,\mathrm{e}^{\pm kr}, \tag{16}$$

wobei

$$k=j\frac{\omega}{c} \tag{17}$$

und A eine zunächst noch unbestimmte Konstante darstellt. Da wir uns auf die Betrachtung von Feldern beschränken, die von dem Dipol ausgehen, so ist nur das negative Vorzeichen von k brauchbar, und es wird schließlich

$$\underline{V}_z=\frac{A}{r}\,\mathrm{e}^{-j\frac{\omega r}{c}}. \tag{18}$$

Die Augenblickswerte bestimmen wir durch Multiplikation mit $\sqrt{2}\,\mathrm{e}^{j\omega t}$ und Projektion auf die imaginäre Achse:

$$V_z=\frac{A\sqrt{2}}{r}\sin\omega\left(t-\frac{r}{c}\right). \tag{19}$$

Das Vektorpotential ist also hier durch eine nach allen Richtungen hin fortschreitende Welle dargestellt, deren Geschwindigkeit c ist und deren Amplituden umgekehrt proportional mit dem Abstand r abnehmen.

Es lassen sich nunmehr die Feldgrößen mit Hilfe der Gl. (4) und (9) berechnen. Die *magnetische Feldstärke* hat überall die auf a und z senkrechte Richtung von α. Mit Gl. (3) und Gl. (26.43), deren r (Zylinderkoordinaten, Abb. 15.1) hier a entspricht, ergibt sich

$$\underline{H}=\mathrm{rot}_\alpha\,\underline{V}_z=-\frac{\partial\underline{V}_z}{\partial a}=-\frac{\partial\underline{V}_z}{\partial r}\frac{dr}{da}.$$

Da nach Abb. 44.1

$$r=\sqrt{z^2+a^2} \tag{20}$$

ist, wird

$$\frac{dr}{da}=\frac{a}{\sqrt{z^2+a^2}}=\frac{a}{r}, \tag{21}$$

und mit Gl. (18) gilt:

$$\underline{H}=\underline{H}_\alpha=A\frac{a}{r^3}\left(1+\frac{j\,\omega\,r}{c}\right)\mathrm{e}^{-\frac{j\omega r}{c}}. \tag{22}$$

In der *unmittelbaren Nähe* der schwingenden Ladung, $(\omega r/c \ll 1)$, wird daher

$$\underline{H}=A\,\frac{a}{r^3} \tag{23}$$

Andererseits ist nach AMPEREschen Formel, Gl. (26.70), der Effektivwert der magnetischen Feldstärke in der Umgebung eines geraden Stromleiters von der kleinen Länge l, der von einem Wechselstrom mit dem Effektivwert I durchflossen wird,

$$H=\frac{1}{4\pi}I\frac{a}{r^3}l. \tag{24}$$

Der Vergleich mit Gl. (23) zeigt, daß das berechnete Feld übergeht in das Feld des kurzen geraden Stromleiters, wenn man setzt

$$\boxed{A=\frac{I\,l}{4\pi}} \tag{25}$$

Ersetzt man den kurzen Stromleiter durch die bewegte Ladung Q gem. Gl. (44.1) so gilt auch

$$A = \frac{Q\,\hat{v}}{4\,\pi\sqrt{2}}\,, \tag{26}$$

wobei $\hat{v}$ den Scheitelwert der Geschwindigkeit der Ladungsbewegung (Schnelle) bedeutet.

Zur Berechnung der *elektrischen Feldstärke* benützen wir Gl. (9) und Gl. (11)

$$\underline{\boldsymbol{E}} = \frac{1}{j\,\omega\,\varepsilon_0}\,\mathrm{grad}\,\mathrm{div}\,\underline{\boldsymbol{V}} - j\,\omega\,\mu_0\,\underline{\boldsymbol{V}}\,. \tag{27}$$

Es ist nach Gl. (14.11) und mit Gl. (20)

$$\mathrm{div}\,\underline{V}_z = \frac{\partial \underline{V}_z}{\partial z} = \frac{\partial \underline{V}_z}{\partial r}\frac{dr}{dz} = \frac{z}{r}\frac{\partial \underline{V}_z}{\partial r}\,. \tag{28}$$

Hieraus folgt mit den Gl. (14.20)

$$\mathrm{grad}_z\,(\mathrm{div}\,\underline{V}_z) = \frac{\partial^2 \underline{V}_z}{\partial z^2} = \left(\frac{z}{r}\right)^2 \frac{\partial^2 \underline{V}_z}{\partial r^2} + \frac{r^2 - z^2}{r^3}\frac{\partial \underline{V}_z}{\partial r}\,, \tag{29}$$

$$\mathrm{grad}_a\,(\mathrm{div}\,\underline{V}_z) = \frac{\partial^2 \underline{V}_z}{\partial a\,\partial z} = \frac{a\,z}{r^2}\frac{\partial^2 \underline{V}_z}{\partial r^2} - \frac{a\,z}{r^3}\frac{\partial \underline{V}_z}{\partial r}\,, \tag{30}$$

$$\mathrm{grad}_\alpha\,(\mathrm{div}\,\underline{V}_z) = 0\,. \tag{31}$$

Ferner ist mit Gl. (18)

$$\frac{\partial \underline{V}_z}{\partial r} = -\frac{A}{r^2}\left(1 + j\frac{\omega\,r}{c}\right)\mathrm{e}^{-j\frac{\omega\,r}{c}}\,, \tag{32}$$

$$\frac{\partial^2 \underline{V}_z}{\partial r^2} = \frac{A}{r^3}\left(2 + 2\,j\frac{\omega\,r}{c} - \left(\frac{\omega\,r}{c}\right)^2\right)\mathrm{e}^{-j\frac{\omega\,r}{c}}\,. \tag{33}$$

Damit ergibt sich

$$\underline{E}_z = \frac{A}{r^5}\,\mathrm{e}^{-j\frac{\omega\,r}{c}}\left[\frac{1}{j\,\omega\,\varepsilon_0}(3\,z^2 - r^2)\left(1 + j\frac{\omega\,r}{c}\right) + j\,\omega\,\mu_0\,r^2\,(z^2 - r^2)\right], \tag{34}$$

$$\underline{E}_a = \frac{A}{r^5}\,\frac{a\,z}{j\,\omega\,\varepsilon_0}\,\mathrm{e}^{-j\frac{\omega\,r}{c}}\left[3 + 3\,j\frac{\omega\,r}{c} - \left(\frac{\omega\,r}{c}\right)^2\right], \tag{35}$$

$$\underline{E}_\alpha = 0\,. \tag{36}$$

Der Vektor der elektrischen Feldstärke liegt also in der durch den Punkt P gehenden Meridianebene; er steht daher überall senkrecht auf $\boldsymbol{H}$, Abb. 44.2.

Zerlegt man $\underline{E}_z$ und $\underline{E}_a$ in die beiden aufeinander senkrecht stehenden Richtungen r und ϑ, so kann man mit Hilfe der beiden schraffierten rechtwinkligen Dreiecke die Komponenten $\underline{E}_r$ und $\underline{E}_\vartheta$ der elektrischen Feldstärke berechnen. Es ist

$$\underline{E}_r = \underline{E}_z \cos\vartheta + \underline{E}_a \sin\vartheta \tag{37}$$

und

$$\underline{E}_\vartheta = -\,\underline{E}_z \sin\vartheta + \underline{E}_a \cos\vartheta\,. \tag{38}$$

Ferner ist

$$a = r\sin\vartheta \quad \text{und} \quad z = r\cos\vartheta\,. \tag{39}$$

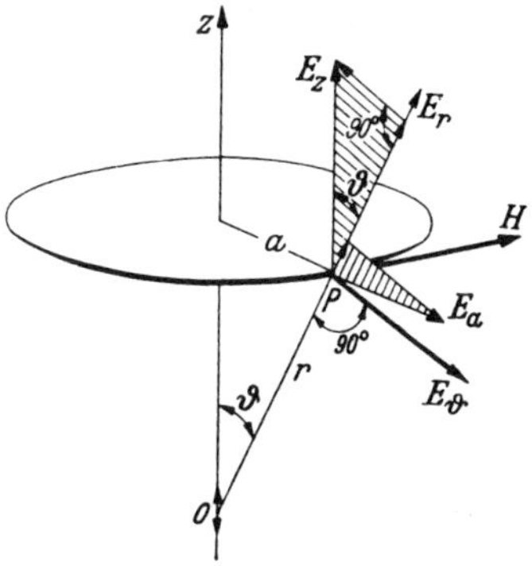

Abb. 44.2. Feldkomponenten der schwingenden Ladung

Führt man dies in Gl. (34) und (35) ein, so ergibt sich

$$\boxed{\underline{E}_r = \frac{2\,A\cos\vartheta}{j\,\omega\,\varepsilon_0\,r^3}\left(1 + j\frac{\omega\,r}{c}\right)\mathrm{e}^{-j\frac{\omega\,r}{c}}} \tag{40}$$

und

$$\underline{E}_\vartheta = \frac{A \sin\vartheta}{j\,\omega\,\varepsilon_0\,r^3}\left(1 + j\,\frac{\omega\,r}{c} - \left(\frac{\omega\,r}{c}\right)^2\right) e^{-j\frac{\omega\,r}{c}}. \tag{41}$$

Ferner gilt nach Gl. (22)

$$\underline{H} = \frac{A \sin\vartheta}{r^2}\left(1 + j\,\frac{\omega r}{c}\right) e^{-j\frac{\omega r}{c}}. \tag{42}$$

Dies sind die Feldgrößen der elektromagnetischen Elementarwelle (H. HERTZ 1888). Für $\omega \to 0$, also konstante Bewegungsgeschwindigkeit v des Ladungsträgers, gehen diese drei Beziehungen in die Gl. (43.39), (43.40) und (43.44) über.

Nahfeld der schwingenden Ladung

In unmittelbarer Nähe des Dipols $\left(\frac{\omega\,r}{c} \ll 1\right)$ wird nach den Gl. (40) bis (42) angenähert

$$\underline{E}_r = \frac{2\,A\cos\vartheta}{j\,\omega\,\varepsilon_0\,r^3}, \tag{43}$$

$$\underline{E}_\vartheta = \frac{A\sin\vartheta}{j\,\omega\,\varepsilon_0\,r^3}, \tag{44}$$

$$\underline{H} = \frac{A\sin\vartheta}{r^2}. \tag{45}$$

Der Vergleich mit Gl. (11.33) zeigt, daß die Struktur des elektrischen Feldes derjenigen eines statischen Dipolfeldes gleicht. Der Faktor j im Nenner der elektrischen Feldstärken zeigt an, daß die elektrische Feldstärke gegen die magnetische und damit gegen den Strom I um 90° phasenverschoben ist. Dies erklärt sich daraus, daß sich der Strom I im Luftraum als Verschiebungsstrom $\left(\varepsilon_0\,\frac{dE}{dt}\right)$ fortsetzt, der in Phase mit dem Strom schwingt; die elektrische Feldstärke eilt daher dem Strom um 90° nach.

Fernfeld der schwingenden Ladung

In der Funktechnik interessieren die Felder besonders in großer Entfernung von der Erregungsstelle. Hier kommen nur die Glieder mit den höchsten Potenzen von r zur Wirkung („*Fernfeld*"). Aus den Gl. (40) bis (42) folgt

$$\underline{E}_r = 0, \tag{46}$$

$$\underline{E}_\vartheta = j\,\omega\,\mu_0\,\frac{A\sin\vartheta}{r}\,e^{-j\frac{\omega\,r}{c}}, \tag{47}$$

$$\underline{H} = j\,\omega\,\mu_0\,\frac{A\sin\vartheta}{r}\sqrt{\frac{\varepsilon_0}{\mu_0}}\,e^{-j\frac{\omega\,r}{c}}. \tag{48}$$

Magnetische und elektrische Feldstärke stehen räumlich senkrecht aufeinander und senkrecht zum Radius r (Abb. 44.2). Die beiden Felder breiten sich mit der Geschwindigkeit c in radialer Richtung aus. Der radiale Abstand zweier Punkte gleicher Schwingungsphase stellt die Wellenlänge dar:

$$\lambda = c\,\frac{2\,\pi}{\omega} = \frac{c}{f}. \tag{49}$$

Die Gl. (47) und (48) sagen ferner aus, daß die elektrische und die magnetische Feldstärke im Fernfeld zeitlich in Phase liegen. Dies erklärt sich aus der hier überwiegenden Induktionswirkung des magnetischen Feldes. Jede Veränderung des magnetischen Feldes hat einen Auf- oder Abbau des elektrischen Feldes zur Voraussetzung wie in Abb. 43.4.

In jedem Zeitpunkt und an jedem Ort ist das Verhältnis der elektrischen zur magnetischen Feldstärke

$$\boxed{\frac{E}{H} = \sqrt{\frac{\mu_0}{\varepsilon_0}} = Z_0 = 376{,}73\ \Omega\,.} \tag{50}$$

Man bezeichnet diese Größe als den *Feldwellenwiderstand* oder *Wellenwiderstand des leeren Raumes*, da sie für die elektromagnetische Welle eine ähnliche Bedeutung hat wie der Wellenwiderstand einer Leitung für die Leitungswellen. Für den Effektivwert der elektrischen Feldstärke ergibt sich aus den Gl. (47) und (25)

$$E_{eff} = \frac{\mu_0}{2} f \frac{\sin\vartheta}{r} I\, l = \frac{1}{2}\,\frac{l}{\lambda}\, I\, Z_0 \frac{\sin\vartheta}{r}\,. \tag{51}$$

Es ist ferner

$$H_{eff} = \frac{E_{eff}}{Z_0}\,. \tag{52}$$

Die Ausstrahlung ist also am stärksten in der Richtung senkrecht zum Dipol ($\vartheta = 90°$), sie ist Null in der Richtung des Dipols ($\vartheta = 0$).

Eine *ruhende Ladung* Q erzeugt nach Gl. (11.25) im Abstand r eine elektrische Feldstärke vom Betrag

$$E = \frac{Q}{4\pi\varepsilon_0}\,\frac{1}{r^2}\,, \tag{53}$$

die umgekehrt proportional zum Quadrat der Entfernung r ist, also schnell abnimmt.

Die *schwingende Ladung*, also die ungleichförmig bewegte Ladung, erzeugt im Abstand r eine elektrische Feldstärke, die in der günstigsten Richtung ($\vartheta = 90°$) nach Gl. (26) und (47)

$$E_{eff} = \frac{\mu_0}{4\pi}\,\omega\,\frac{\hat{v}}{\sqrt{2}}\,Q\,\frac{1}{r} \tag{54}$$

ist. Hier nimmt die Feldstärke also nur umgekehrt zur ersten Potenz des Abstandes r, d.h. viel langsamer, ab. Dies ist darin begründet, daß zur Beschleunigung der Ladung Q eine Arbeit erforderlich ist; sie wird in Strahlungsenergie umgesetzt, die sich im Raum ausbreitet.

Bemerkung: Die Frage nach dem Bezugssystem für die Ausbreitungsgeschwindigkeit c wird heute folgendermaßen beantwortet. Die Ausbreitungsgesetze der elektromagnetischen Wellen gelten in allen Inertialsystemen (s. S. 458). Das heißt, daß in jedem Koordinatensystem, das sich mit beliebiger Geschwindigkeit gleichförmig translatorisch (ohne Drehung) gegen das Inertialsystem der Fixsterne bewegt, für die Ausbreitung nach allen Richtungen im Vakuum die gleiche Geschwindigkeit c beobachtet wird (Prinzip der Konstanz der Lichtgeschwindigkeit, A. Einstein 1905). Die Folgerungen hieraus behandelt die Relativitätstheorie (Literatur s. *Bec, Ei1, Ei2, Lan*).

Energiefluß in der Elementarwelle. Strahlungswiderstand

Durch die elektromagnetische Welle wird Energie transportiert. Nach den Gl. (13.24) und (28.43) ist die räumliche Dichte der gespeicherten Energie

$$\frac{dW}{dv} = w = \frac{1}{2}\,\varepsilon_0\,E^2 + \frac{1}{2}\,\mu_0\,H^2\,. \tag{55}$$

Da die beiden Vektoren $\boldsymbol{E}$ und $\boldsymbol{H}$ nur von r und ϑ abhängen, so kann man die Energie in einem Raumelement berechnen, das nach Abb. 44.3 durch Breitenkreise begrenzt wird. Das Raumelement hat den Inhalt

$$dv = 2\pi r^2 \sin\vartheta\, dr\, d\vartheta\,. \tag{56}$$

Die Energie, die in diesem Raumelement *im Mittel* gespeichert ist, beträgt

$$dW(r, \vartheta) = \left(\frac{1}{2}\varepsilon_0 E_{eff}^2 + \frac{1}{2}\mu_0 H_{eff}^2\right) dv, \tag{57}$$

$$dW(r, \vartheta) = \left(\frac{1}{2}\varepsilon_0 E_{eff}^2 + \frac{1}{2}\mu_0 \frac{\varepsilon_0}{\mu_0} E_{eff}^2\right) dv = \varepsilon_0 E_{eff}^2\, dv\,. \tag{58}$$

Magnetische und elektrische Energie sind gleich groß. Die zwischen zwei konzentrischen Kugelflächen mit dem Abstand dr im Mittel vorhandene Energie ergibt sich durch Integration von Gl. (58) nach Einsetzen von Gl. (51) und (56):

$$dW(r) = \int\limits_{\vartheta=0}^{\vartheta=\pi} dW(r, \vartheta) = \frac{\pi I^2 l^2 \mu_0}{2\lambda^2}\, dr \int\limits_0^\pi \sin^3\vartheta\, d\vartheta = \frac{2\pi I^2 l^2 \mu_0}{3\lambda^2}\, dr\,. \tag{59}$$

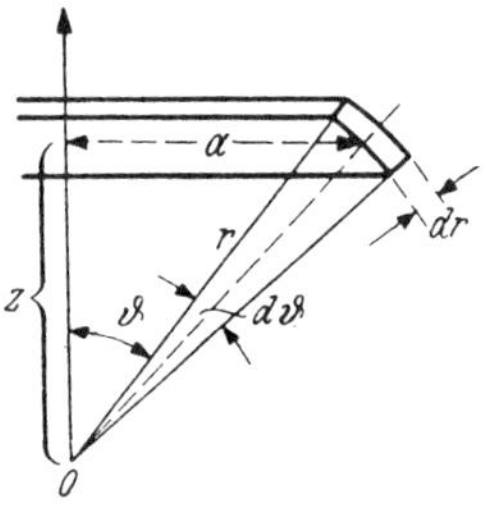

Abb. 44.3. Berechnung des Energieflusses

Die Welle durchläuft die Strecke dr in einer Zeit

$$dt = \frac{dr}{c}\,. \tag{60}$$

Die durch eine Kugelfläche vom Radius r nach außen fließende Leistung ist daher

$$P = \frac{dW(r)}{dt} = \frac{2\pi}{3}\,\frac{I^2 l^2 \mu_0 c}{\lambda^2} = \frac{2\pi}{3} I^2 Z_0 \left(\frac{l}{\lambda}\right)^2. \tag{61}$$

Sie ist unabhängig vom Radius r der Kugel, da wir den Raum als vollkommen isolierend vorausgesetzt haben, und infolgedessen keine Verluste an Energie durch Umwandlung in Wärme entstehen.

Die hier gefundenen Ergebnisse kann man in folgender Weise auf die Berechnung der *Strahlung von Antennen* anwenden.

Auf jeder Antenne stellt sich nach dem Anlegen der Wechselspannung eine wellenförmige Stromverteilung ein, ähnlich wie bei einer Leitung. An irgendeiner Stelle x der Antenne sei $\underline{I}_x$ die komplexe Stromstärke. Von dem kleinen Längenabschnitt dx an dieser Stelle geht daher eine Welle aus, die in einem Punkt P in großer Entfernung r_x von der Antenne durch die komplexe elektrische Feldstärke, Gl. (47),

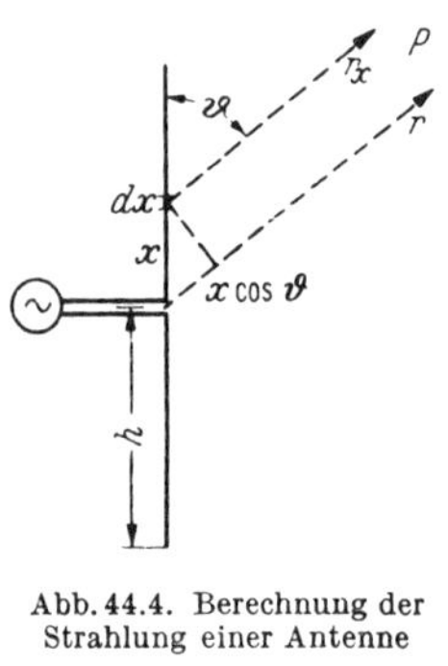

Abb. 44.4. Berechnung der Strahlung einer Antenne

$$d\underline{E} = j\,\frac{f\mu_0}{2}\,\frac{\sin\vartheta}{r_x}\,\underline{I}_x\, dx\, e^{-j\frac{\omega}{c} r_x} \tag{62}$$

und die komplexe magnetische Feldstärke, Gl. (52),

$$d\underline{H} = \frac{d\underline{E}}{Z_0} \tag{63}$$

gegeben ist, Abb. 44.4. Die von den einzelnen Längenelementen herrührenden Beiträge der Feldstärke setzen sich im Punkt P zusammen. Nun ist nach Abb. 44.4

$$r_x = r - x\cos\vartheta\,. \tag{64}$$

Die von den einzelnen Abschnitten der Antenne eintreffenden Elementarwellen sind also gegeneinander phasenverschoben; für die gesamte Feldstärke gilt

$$\underline{E} = j\,\frac{1}{2} f\mu_0\,\frac{\sin\vartheta}{r}\, e^{-j\frac{\omega}{c} r} \int \underline{I}_x\, e^{j\frac{\omega}{c} x\cos\vartheta}\, dx\,, \tag{65}$$

wobei das Integral über die Antennenlänge zu erstrecken ist. Dabei ist näherungsweise im Nenner r für r_x gesetzt.

Als einfaches Beispiel werde eine Antenne betrachtet, deren Länge $2\,h$ sehr kurz gegen die Wellenlänge λ ist („*kurzer Dipol*"). Dabei soll auch der im Exponenten vorkommende Ausdruck $\frac{\omega\,x}{c}$ so klein gegen 1 sein, daß

$$e^{j\frac{\omega}{c}x\cos\vartheta} \approx 1$$

gesetzt werden kann. Dies bedeutet, daß

$$2\,\pi\frac{h}{\lambda} \ll 1 \qquad (66)$$

sein soll. Dann gilt für den Effektivwert der elektrischen Feldstärke angenähert

$$E_{eff} = \frac{1}{2}\mu_0\,f\,\frac{\sin\vartheta}{r}\int I_x\,dx\,. \qquad (67)$$

Gegenüber Gl. (51) tritt also an die Stelle von $I\,l$ das Integral der Stromstärke über die Antennenlänge. Das gleiche gilt daher bei Gl. (61) für die insgesamt ausgestrahlte Leistung. Diese *Strahlungsleistung* wird

$$P_s = \frac{2\,\pi}{3}\frac{Z_0}{\lambda^2}(\int I_x\,dx)^2\,. \qquad (68)$$

Wegen der Voraussetzung sehr kurzer Antennendrähte nimmt wie bei einer kurzen Leitung, die am Ende offen ist, die Stromstärke I_x von einem Anfangswert I_0 an der Stelle der Einspeisung angenähert linear auf den Wert Null am Leitungsende ab, also

$$I_x \approx I_0\left(1 - \frac{x}{h}\right). \qquad (69)$$

Damit wird

$$\int I_x\,dx = 2\int_0^h I_x\,dx = I_0\,h\,, \qquad (70)$$

und die gesamte Strahlungsleistung ergibt sich zu

$$P_s = \frac{2\,\pi}{3}Z_0\left(\frac{h}{\lambda}\right)^2 I_0^2\,. \qquad (71)$$

Zahlenbeispiel: $I_0 = 10$ A, $h = 1/50\,\lambda$, $Z_0 = 377\,\Omega$

$$P_s = \frac{2\,\pi}{3}\cdot 377\,\frac{1}{2500}\cdot 100\text{ W} = 31{,}6\text{ W}\,.$$

Der Dipol nimmt diese Leistung elektrisch auf, so wie ein Reihenwiderstand

$$R_s = \frac{2\,\pi}{3}Z_0\left(\frac{h}{\lambda}\right)^2; \qquad (72)$$

R_s wird als Strahlungswiderstand bezeichnet. Gl. (72) gibt den *Strahlungswiderstand des kurzen Dipols*. Der Strahlungswiderstand für beliebig lange Antennendrähte kann mit Hilfe von Gl. (65) in gleicher Weise angenähert berechnet werden, wenn für den Strom $\underline{I}_x$ die Leitungsgleichungen angesetzt werden.

Zahlenbeispiel: In dem vorigen Zahlenbeispiel wird

$$R_s = \frac{2\,\pi}{3}\cdot 377\cdot\frac{1}{2500}\,\Omega = 0{,}316\,\Omega\,.$$

Für den Dipol gilt ein Ersatzbild nach Abb. 44.5, in dem C_A die Kapazität zwischen den beiden Antennenleitern bedeutet. Bei wirklichen Antennen muß noch der Leitungswiderstand berücksichtigt werden, der in dem Ersatzbild als Wirkwiderstand in Reihe mit dem Strahlungswiderstand liegt.

Eine Vertikalantenne von der Höhe h, die am Fußpunkt gespeist wird, kann durch Spiegelung zu einer Antenne von der oben betrachteten Form ergänzt werden. Bei gleicher Stromstärke sind daher auch die Feldstärken die gleichen; da aber Leistung nur in den oberen Raum ausgestrahlt wird, ist der Strahlungswiderstand halb so groß.

Danach ist der Strahlungswiderstand einer Vertikalantenne von der Höhe h

$$R_s = \frac{\pi}{3} Z_0 \left(\frac{h}{\lambda}\right)^2 = 395 \left(\frac{h}{\lambda}\right)^2 \Omega . \tag{73}$$

Er wächst mit dem Quadrat der Höhe der Antenne, wobei aber zu berücksichtigen ist, daß die Formel (73) nur gilt, solange h klein ist gegen λ.

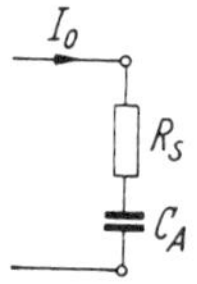

Abb. 44.5. Ersatzbild der kurzen Antenne

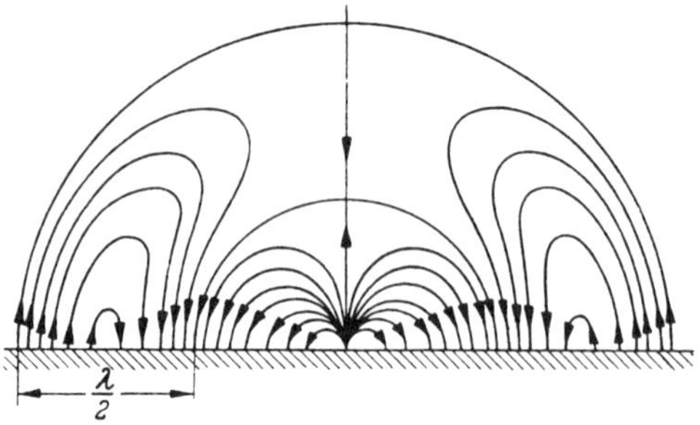

Abb. 44.6. Elektrisches Feldbild des schwingenden Dipols

In Abb. 44.6 ist der Verlauf der elektrischen Feldlinien in der Umgebung der Antenne im Zeitpunkt eines Stromnulls veranschaulicht (H. HERTZ 1888).

Die Abb. 44.7 zeigt, wie man sich den Vorgang der Ablösung der elektrischen Feldlinien von der Antenne vorzustellen hat. Die ersten 5 Bilder stellen Ausschnitte aus der ersten positiven Halbperiode des Wechselstromes im Antennenfuß dar, die beiden letzten Bilder Ausschnitte aus der darauf folgenden negativen Halbperiode.

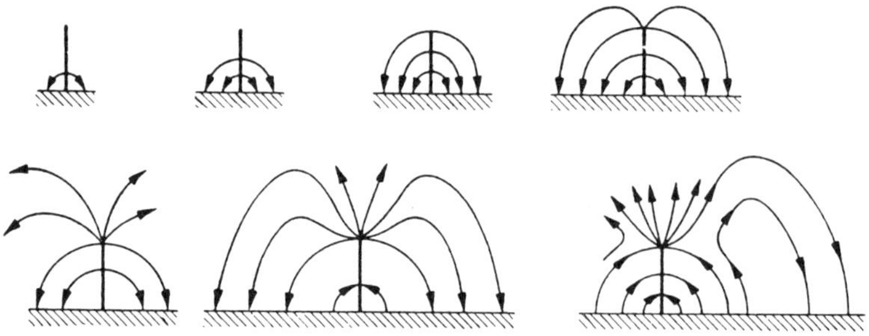

Abb. 44.7. Schematische Darstellung des Entstehens der elektromagnetischen Welle bei einer vertikalen Antenne

Strahlungsdichte

Die in einem allgemeinen elektromagnetischen Feld *strömende Energie* läßt sich wie die in einem ruhenden Feld aufgespeicherte Energie durch die Feldgrößen E und H ausdrücken. An jeder Stelle eines elektromagnetischen Feldes ist die Energie mit einer Dichte

$$w = \frac{1}{2} \varepsilon E^2 + \frac{1}{2} \mu H^2 \tag{74}$$

aufgespeichert. Ändern sich die Feldgrößen zeitlich, so ändert sich die aufgespeicherte Energie, es wird also Energie im Raum transportiert. Während des Zeitelementes dt nimmt die Energiedichte um

$$dw = \varepsilon \boldsymbol{E} \frac{\partial \boldsymbol{E}}{\partial t} dt + \mu \boldsymbol{H} \frac{\partial \boldsymbol{H}}{\partial t} dt \tag{75}$$

zu. Führt man hier die beiden Feldgleichungen (43.3) und (43.6) ein in der Form

$$\varepsilon \frac{\partial \boldsymbol{E}}{\partial t} = \operatorname{rot} \boldsymbol{H} - \sigma \boldsymbol{E} ,$$

$$\mu \frac{\partial \boldsymbol{H}}{\partial t} = - \operatorname{rot} \boldsymbol{E} ,$$

so folgt

$$dw = \boldsymbol{E} \operatorname{rot} \boldsymbol{H}\, dt - \boldsymbol{H} \operatorname{rot} \boldsymbol{E}\, dt - \sigma \boldsymbol{E} \cdot \boldsymbol{E}\, dt . \tag{76}$$

Der letzte Ausdruck rechts gibt an, wie groß die während der Zeit dt in Wärme umgewandelte Feldenergie ist; die beiden ersten Glieder stellen daher den *Zuwachs der Feldenergie* in der Zeit dt, bezogen auf die Raumeinheit, dar. Die Energie, die aus einem beliebigen Raumelement dv *heraus*fließt, dividiert durch dt, ist daher

$$dP = (\boldsymbol{H} \operatorname{rot} \boldsymbol{E} - \boldsymbol{E} \operatorname{rot} \boldsymbol{H})\, dv \tag{77}$$

oder bei Anwendung der Gl. (26.48)

$$dP = \operatorname{div} (\boldsymbol{E} \times \boldsymbol{H})\, dv . \tag{78}$$

Nach Poynting (1884) setzt man

$$\boldsymbol{E} \times \boldsymbol{H} = \boldsymbol{S} , \tag{79}$$

so daß

$$dP = \operatorname{div} \boldsymbol{S}\, dv . \tag{80}$$

Mit Hilfe des Satzes von Gauss, Gl. (14.9), folgt damit für die Leistung der aus einem beliebigen Raum herausfließenden Feldenergie

$$P = \oint \boldsymbol{S} \cdot d\boldsymbol{A} , \tag{81}$$

wobei das Integral über die Oberfläche des Raumes zu bilden ist. Der Vektor $\boldsymbol{S}$ gibt an, welche Richtung die Energieströmung an jeder Stelle des Raumes hat und wie groß die Leistungsdichte der Energieströmung ist. Man nennt daher diesen Vektor die *Dichte der Energieströmung* oder die *Strahlungsdichte*. Wie die Abb. 44.8 zeigt, bilden die drei Vektoren $\boldsymbol{E}$, $\boldsymbol{H}$ und $\boldsymbol{S}$ ein Rechtssystem. Der Betrag der Strahlungsdichte ist

$$S = E \cdot H \cdot \sin \alpha . \tag{82}$$

Die Energieströmung kann also in einfacher Weise berechnet werden, wenn die elektrische und die magnetische Feldstärke bekannt sind.

Nach den obigen Ausführungen stehen die elektrischen und magnetischen Feldlinien in einer elektromagnetischen Welle senkrecht aufeinander ($\alpha = 90°$) und in genügend großem Abstand von der Erregungsstelle auch senkrecht zum Radius, der von der Erregungsstelle zu dem betrachteten Punkt gezogen wird. Der Vektor $\boldsymbol{S}$ hat die Richtung des Radius; er weist von der Erregungsstelle weg. Sein Betrag ist gleich dem Produkt aus elektrischer und magnetischer Feldstärke.

Als Beispiel werde die Strahlungsdichte im Fernfeld eines kurzen Dipols betrachtet. Nach Gl. (67) und (70) ist die Feldstärke

$$E_{eff} = \frac{1}{2} \mu_0 f \frac{\sin \vartheta}{r} I_0 h . \tag{83}$$

Durch Erweitern mit c folgt daraus

$$E_{eff} = \frac{1}{2} Z_0 \frac{h}{\lambda} I_0 \frac{\sin \vartheta}{r} . \tag{84}$$

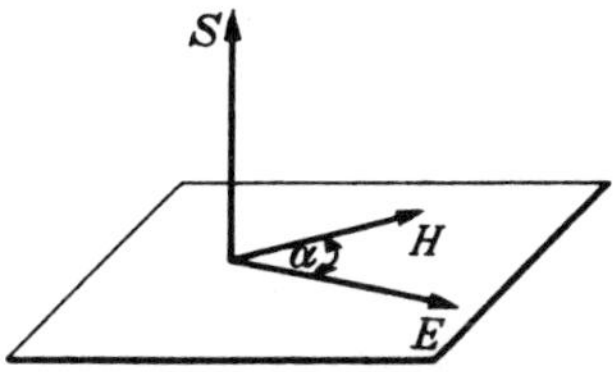

Abb. 44.8. Strahlungsdichte

Mit Gl. (71) kann die Stromstärke I_0 durch die vom

Strahlungswiderstand R_s aufgenommene Leistung ausgedrückt werden:

$$I_0 = \sqrt{\frac{3}{2\pi}\frac{P_s}{Z_0}}\,\frac{\lambda}{h}\,. \tag{85}$$

Damit folgt

$$E_{eff} = \frac{1}{2}\sqrt{\frac{3}{2\pi}P_s Z_0}\,\frac{\sin\vartheta}{r}\,. \tag{86}$$

Die Strahlungsdichte wird unter Berücksichtigung von Gl. (52)

$$S = \frac{3}{8\pi}P_s\frac{\sin^2\vartheta}{r^2}\,. \tag{87}$$

Sie wird wie die elektrische Feldstärke am größten für $\vartheta = \pi/2$, also in der senkrecht zum Dipol liegenden Äquatorebene.

Würde sich die Strahlungsleistung gleichmäßig auf den konzentrischen Kugelflächen mit dem Radius r verteilen, so wäre die Strahlungsdichte im Abstand r

$$S_0 = \frac{P_s}{4\pi r^2}\,. \tag{88}$$

Gegenüber diesem sogenannten *isotropen Strahler* ist also die wirkliche Strahlung in der Äquatorebene 3/2mal so groß. Die Strahlung ist Null in der Achsenrichtung des Dipols.

Bei der betrachteten Ausbreitung im freien Raum gilt für die elektrische Feldstärke in der Äquatorebene ($\vartheta = \pi/2$)

$$E_{eff} = \frac{1}{2}\sqrt{\frac{3}{2\pi}P_s Z_0}\,\frac{1}{r}\,. \tag{89}$$

Durch Einsetzen des Wertes für Z_0 erhält man auch

$$E_{eff} = 0{,}212\,\frac{\mathrm{km}}{r}\sqrt{\frac{P_s}{\mathrm{kW}}}\,\frac{\mathrm{V}}{\mathrm{m}}\,. \tag{90}$$

Bei einer von dem Dipol ausgestrahlten Leistung von 1 kW ist also z.B. in 100 km Entfernung die elektrische Feldstärke bei ungestörter Ausbreitung $E_{eff} = 2{,}12\,\frac{\mathrm{mV}}{\mathrm{m}}$.

Ebene Welle

Man kann die Wellenfront in großem Abstand von der Erregungsstelle mit einer gewissen Annäherung als eben ansehen. In einer solchen ebenen elektromagnetischen Welle hängen die Feldgrößen nur von einer einzigen Koordinate x in der Fortpflanzungsrichtung ab. Die Feldgleichungen lauten, wenn in die y-Richtung $E = E_y$, in die z-Richtung $H = H_z$ gelegt wird, Abb. 44.9, mit Gl. (26.40) und (26.41)
$H = H_z$ gelegt wird, Abb. 44.9, mit Gl. (26.40) und (26.41)

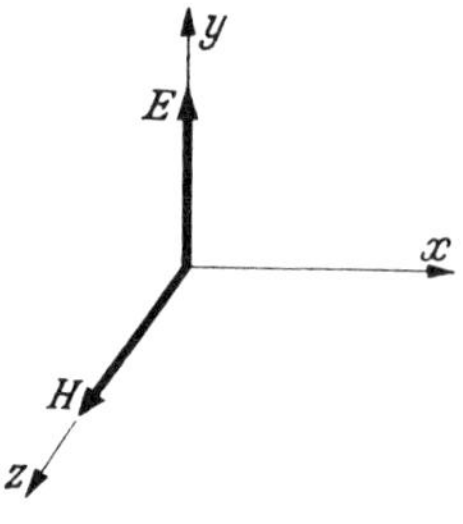

Abb. 44.9. Feldgrößen der ebenen Welle

$$\mathrm{rot}_y\boldsymbol{H} = -\frac{\partial H}{\partial x} = \varepsilon_0\frac{\partial E}{\partial t}\,, \tag{91}$$

$$\mathrm{rot}_z\boldsymbol{E} = \frac{\partial E}{\partial x} = -\mu_0\frac{\partial H}{\partial t}\,. \tag{92}$$

Differenziert man die erste dieser beiden Gleichungen nach t, die zweite nach x, so ergibt sich

$$\frac{\partial^2 H}{\partial x\,\partial t} = -\varepsilon_0\frac{\partial^2 E}{\partial t^2}\,,$$

$$\frac{\partial^2 H}{\partial x\,\partial t} = -\frac{1}{\mu_0}\frac{\partial^2 E}{\partial x^2}\,.$$

Hieraus folgt

$$\frac{\partial^2 E}{\partial x^2} = \varepsilon_0 \mu_0 \frac{\partial^2 E}{\partial t^2} = \frac{1}{c^2} \frac{\partial^2 E}{\partial t^2}. \tag{93}$$

Ähnlich ergibt sich

$$\frac{\partial^2 H}{\partial x^2} = \frac{1}{c^2} \frac{\partial^2 H}{\partial t^2}. \tag{94}$$

Die allgemeine Lösung dieser Gleichungen ist

$$E = E_y = F\,(x \pm c\,t)\,, \tag{95}$$

wobei F eine beliebige Funktion darstellt, und entsprechend Gl. (50)

$$H = H_z = \mp \frac{1}{Z_0} E_y\,. \tag{96}$$

Durch Einsetzen in die Gl. (93) und (94) kann man sich leicht von der Richtigkeit dieser Lösung überzeugen. In einer ebenen Welle bleibt also eine beliebige Verteilung der Felder in der x-Richtung erhalten, sie wandert jedoch mit der Geschwindigkeit c fort. Im allgemeinen Fall sind Wellen nach beiden Richtungen hin möglich; das obere Vorzeichen gilt für Wellen, die in Richtung negativer x fortschreiten, das untere Vorzeichen für Wellen positiver Richtung. Für die letzteren ist also

$$E_y = F\,(x - c\,t)\,, \qquad H_z = \frac{1}{Z_0} F\,(x - c\,t)\,. \tag{97}$$

Elektrische und magnetische Feldstärke bilden mit der Laufrichtung der Welle ein Rechtssystem, Abb. 44.10; die Dichte der Energieströmung ist

$$S = E \cdot H = \frac{1}{Z_0} E^2\,. \tag{98}$$

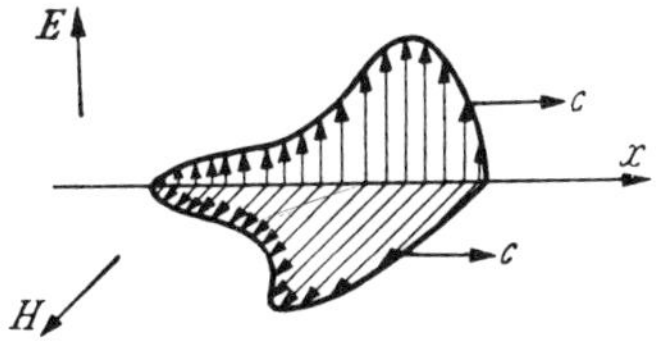

Abb. 44.10. Ebene elektromagnetische Welle

Zahlenbeispiel: In der *Funktechnik* kommen beim Empfänger Feldstärken bis herab zu etwa 1 μV/m vor. Die Dichte der Energieströmung ist dabei

$$S = \frac{1}{377} \cdot 10^{-16} \frac{\mathrm{V}^2}{\Omega\,\mathrm{cm}^2} = 2{,}65 \cdot 10^{-19} \frac{\mathrm{W}}{\mathrm{cm}^2}\,.$$

In der Umgebung von *Hochspannungsleitungen* können an den Leiteroberflächen Feldstärken bis zu etwa 10 kV/cm auftreten. Es stehen hier ebenfalls elektrische und magnetische Feldstärken nahezu aufeinander senkrecht: Die elektrischen Feldlinien treten nahezu senkrecht aus der Leiteroberfläche aus, während die magnetischen Feldlinien die tangentiale Richtung haben. Der Strahlungsvektor hat nahezu die Richtung der Energieübertragung längs der Leitung; er ist etwas zur Leiterachse hin geneigt wegen des Spannungsabfalles längs des Leiters. Die Strahlungsdichte in der Nähe der Drähte wird

$$S = \frac{1}{377} 10^8 \frac{\mathrm{V}^2}{\mathrm{cm}^2\,\Omega} = 265\ \mathrm{kW/cm}^2\,.$$

Die Luft ist also befähigt, elektrische Energie in erheblicher Dichte zu übertragen.

Die betrachteten einfachen Verhältnisse der Kugelwelle und der ebenen Welle liegen nur vor, wenn der Raum von einem homogenen Nichtleiter vollständig erfüllt ist. An jeder Grenzfläche ergibt sich eine *Reflexion* und eine *Brechung der Wellen.*

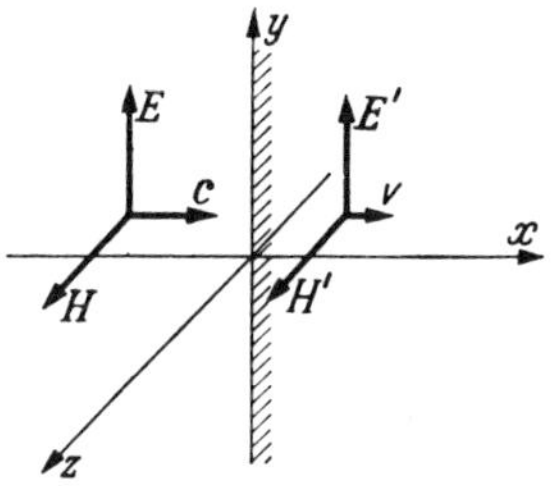

Abb. 44.11. Reflexion einer ebenen Welle an einer ebenen Wand

Trifft z.B. eine ebene Welle senkrecht auf die ebene Oberfläche eines Leiters, Abb. 44.11, so wird ein Teil der Energie reflektiert. Die Feldgrößen in dem Raum vor der Wand setzen sich demgemäß aus den Feldgrößen der beiden Teilwellen zusammen. Für die von links nach rechts einfallende zeitlich sinusförmige Welle gilt in komplexer Schreibweise, wenn E und H jetzt die komplexen Zeiger bedeuten,

$$H = E\sqrt{\frac{\varepsilon_0}{\mu_0}} = \frac{E}{Z_0}, \tag{99}$$

und die Fortpflanzungskonstante ist

$$\gamma = j\,\omega\,\sqrt{\varepsilon_0\,\mu_0}\,. \tag{100}$$

In den Leiter dringt eine Welle ein, die durch die Zeiger E' und H' gekennzeichnet sei. In den Feldgleichungen für das Leiterinnere tritt σ an die Stelle von $j\,\omega\,\varepsilon_0$ und μ an die Stelle von μ_0. Daher wird der *Wellenwiderstand im Leiter*

$$Z_w = \sqrt{\frac{j\,\omega\,\mu}{\sigma}}\,. \tag{101}$$

und die (komplexe) *Fortpflanzungskonstante*

$$\gamma = \sqrt{j\,\omega\,\mu\,\sigma}\,. \tag{102}$$

Es gilt ferner

$$H' = \frac{E'}{Z_w}\,. \tag{103}$$

Im Luftraum läuft die reflektierte Welle von rechts nach links; sie sei durch E'' und H'' beschrieben, vgl. Gl. (96):

$$H'' = -\frac{E''}{Z_0}\,. \tag{104}$$

An der Grenzfläche müssen nun die elektrische und die magnetische Feldstärke, die hier nur eine Komponente tangential zur Grenzfläche haben, stetig sein; dies ergibt

$$E + E'' = E'\,, \tag{105}$$

$$H + H'' = H'\,. \tag{106}$$

Führt man in Gl. (106) die Gln. (99), (103) und (104) ein, so wird

$$\frac{E}{Z_0} - \frac{E''}{Z_0} = \frac{E'}{Z_w}\,. \tag{107}$$

Durch Auflösen nach E' und E'' folgt aus den Gl. (105) und (107)

$$E' = \frac{2\,Z_w}{Z_0 + Z_w}\,E = b\,E\,, \tag{108}$$

$$E'' = \frac{Z_w - Z_0}{Z_w + Z_0}\,E = r\,E\,. \tag{109}$$

Wir nennen b den Brechungsfaktor, r den Reflexionsfaktor. Bei den Metallen ist selbst für die höchsten praktisch verwendeten Frequenzen Z_w verschwindend klein gegen Z_0. Das bedeutet, daß praktisch

$$r = -1\,. \tag{110}$$

Die reflektierte Welle löscht daher die elektrische Feldstärke an der Oberfläche des Leiters fast aus, so daß dort die resultierende elektrische Feldstärke fast Null ist. In dem Raum vor der leitenden Wand überlagern sich die beiden gegenläufigen Wellen E, H und E'', H'' zu einer stehenden Welle, deren elektrische Feldstärke an der Leiteroberfläche einen Knotenpunkt hat, während die magnetische Feldstärke dort ein Maximum besitzt. Die elektrische Feldstärke der in den Leiter eindringenden „gebrochenen“ Welle ist sehr klein gegen E, da b sehr klein gegen 1 ist. Die magnetische Feldstärke wird dagegen an der Leiteroberfläche rund doppelt so groß wie H.

Bemerkung: Diese Überlegungen enthalten die Voraussetzung, daß der Verschiebungsstrom im Leiter gegen den Leitungsstrom vernachlässigt werden kann. Streng genommen ist statt σ zu setzen $\sigma + j\,\omega\,\varepsilon$, wobei ε die Dielektrizitätskonstante des Leiters bezeichnet. Über die Größe der Dielektrizitätskonstante von Metallen bei technischen Frequenzen sind noch keine genauen Werte bekannt, doch ist der Verschiebungsstrom mindestens bis zu Frequenzen von 10^{10} Hz gegen den Leitungsstrom vernachlässigbar.

Bei Halbleitern und Ferriten, kann dagegen bei hohen Frequenzen σ klein gegen $\varepsilon\,\omega$ sein. Ein solches Material ist für die elektromagnetischen Wellen mehr oder weniger „durchsichtig".

Die innerhalb des Leiters fortschreitende gebrochene Welle wird bei ihrem Eindringen in den Leiter gedämpft. Es liegt der bereits in Abschnitt 32 betrachtete Fall des Eindringens der Felder in den Leiter vor. Auch für das Eindringmaß gilt der gleiche Ausdruck wie dort, Gl. (32.41).

Die gleichen Verhältnisse findet man auch, wenn der unendlich ausgedehnte Leiter durch eine Platte oder ein Blech endlicher Dicke ersetzt wird, wenn nur die Blechdicke größer als die Eindringtiefe ist. Ist die Blechdicke kleiner, so ergibt sich innerhalb des Leiters infolge der Reflexion an der zweiten Begrenzungsebene eine gegenläufige Welle. Diese verschwindet praktisch bei genügender Dicke der Platte. Bleche, die dicker sind als die Eindringtiefe, wirken gegen auftreffende Wechselfelder wie ein Spiegel.

Für die Ausbreitung ebener elektromagnetischer Wellen gelten nach den oben durchgeführten Überlegungen Beziehungen, die vollkommen analog den Leitungsgleichungen sind. Bezeichnen E_1 und H_1 die komplexen Feldstärken am Anfang, E_2 und H_2 die komplexen Feldstärken am Ende eines Abschnittes von der Länge l, so gilt

$$\left.\begin{aligned} E_1 &= E_2 \cosh \gamma l + H_2 Z_w \sinh \gamma l\,, \\ H_1 &= H_2 \cosh \gamma l + \frac{E_2}{Z_w} \sinh \gamma l\,, \end{aligned}\right\} \tag{111}$$

wobei

$$\gamma = \sqrt{j\,\omega\,\mu\,(\sigma + j\,\omega\,\varepsilon)} \tag{112}$$

und

$$Z_w = \sqrt{\frac{j\,\omega\,\mu}{\sigma + j\,\omega\,\varepsilon}}\,. \tag{113}$$

Damit können z.B. die Vorgänge beim Lauf einer solchen Welle durch einen quer zur Laufrichtung geschichteten Raum verfolgt werden. An den Grenzflächen sind die Größen E und H stetig, so wie die Spannungen und Ströme an der Stoßstelle von Leitungen verschiedener Eigenschaften.

Ein Beispiel für den anderen Grenzfall, in dem die ebene Welle eine ebene Leiteroberfläche gerade tangiert, bilden die längs der Erdoberfläche laufenden Wellen der drahtlosen Übertragungen. Ebenso haben die Felder in der Umgebung einer Leitung, Abb. 44.12, die Eigenschaft, daß die Vektoren der elektrischen und der magnetischen Feldstärke aufeinander senkrecht stehen; in genügend kleinen Ausschnitten können die Felder daher als ebene Wellen betrachtet werden, die an den Drähten entlanggleiten.

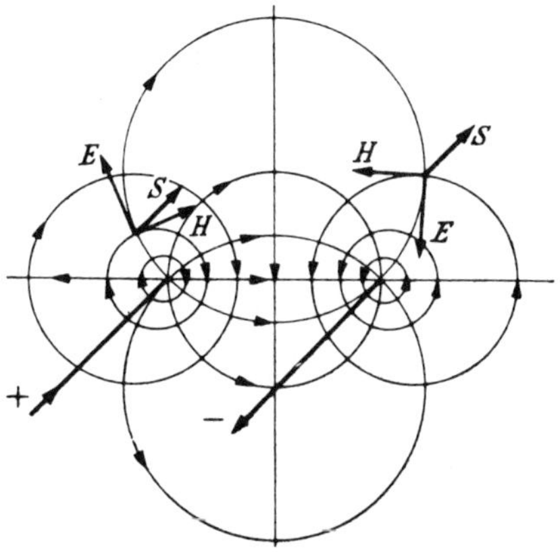

Abb. 44.12. Elektromagnetisches Feld einer Zweidrahtleitung

Legen wir wieder die Laufrichtung der ebenen Welle in die x-Achse, die magnetische Feldstärke in die z-Achse, so fällt die elektrische Feldstärke in die y-Richtung. Die Oberfläche des Leiters sei nun durch die x.

z-Ebene gebildet. Da die magnetische Feldstärke tangential zur Leiteroberfläche gerichtet ist, so muß sie an der Oberfläche stetig übergehen, d.h. es muß auch im Leiterinnern eine magnetische Feldstärke der gleichen Richtung vorhanden sein. Infolge des magnetischen Feldes im Leiterinnern entsteht im Leiter eine elektrische Umlaufspannung in Ebenen, die parallel zur x, y-Ebene liegen. Wegen der endlichen Leitfähigkeit des Leiters ergeben sich daher Ströme parallel zur x-Achse. Diese Ströme verursachen ein Potentialgefälle in der x-Richtung innerhalb des Leiters, d.h. die elektrische Feldstärke hat im Leiterinnern eine x-Komponente. Da nun aber die Tangentialkomponente der elektrischen Feldstärke an der Grenzfläche stetig sein muß, so folgt daraus, daß auch außerhalb des Leiters eine x-Komponente der elektrischen Feldstärke vorhanden ist.

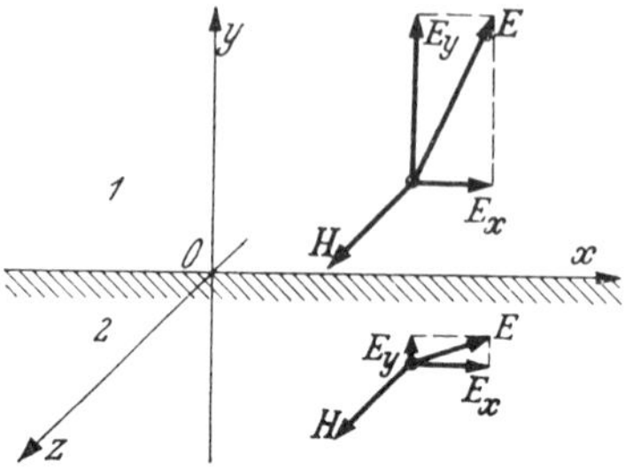

Abb. 44.13. Fortpflanzung einer elektromagnetischen Welle längs eines eben begrenzten Leiters

Die elektrischen Feldlinien treten also hier nicht senkrecht aus der Leiteroberfläche aus, Abb. 44.13. Es muß ferner die Dichte des wahren Stromes an der Grenzfläche stetig sein; für zeitlich sinusförmige Vorgänge gilt also

$$\varepsilon\, j\, \omega\, E_{y1} = \sigma\, E_{y2}\,, \tag{114}$$

wenn die beiden Räume durch die Indizes 1 und 2 unterschieden werden und σ die Leitfähigkeit des Leiters bedeutet. Also ist

$$\left|\frac{E_{y2}}{E_{y1}}\right| = \frac{\varepsilon\,\omega}{\sigma}\,. \tag{115}$$

Setzt man hier für Kupfer $\sigma = 5{,}7 \cdot 10^7$ S/m, so wird für eine Frequenz von 10^7 Hz

$$\frac{\varepsilon_0\,\omega}{\sigma} = \frac{8{,}86 \cdot 10^{-12}\, 2\,\pi \cdot 10^7}{5{,}7 \cdot 10^7}\,\frac{\mathrm{Fs^{-1}\,m}}{\mathrm{m\,S}} \approx 10^{-11}\,,$$

also ein verschwindend kleiner Bruchteil. Selbst für Erde mit der Leitfähigkeit $\sigma = 10^{-2}$ S/m wird $\varepsilon_0\omega/\sigma$ erst rund 0,06. Man kann daher praktisch meist die Vertikalkomponente der elektrischen Feldstärke im Leiterinnern vernachlässigen. Dann zeigt der Vektor der Energieströmung im Leiter praktisch senkrecht nach unten. Andererseits ist die durch die Welle in der x-Richtung fortgeführte Leistung durch die Strahlungsdichte $S_x = E_{y1} \cdot H$ bestimmt. In y-Richtung fließt der Teil $S_y = E_x \cdot H$ in den Leiter. Im Außenraum ist daher der Strahlungsvektor etwas nach unten geneigt, Abb. 44.14. Infolge des dauernden Energieentzuges durch die Absorption im Leiter nehmen die Amplituden der Welle beim Fortschreiten längs des Leiters ab.

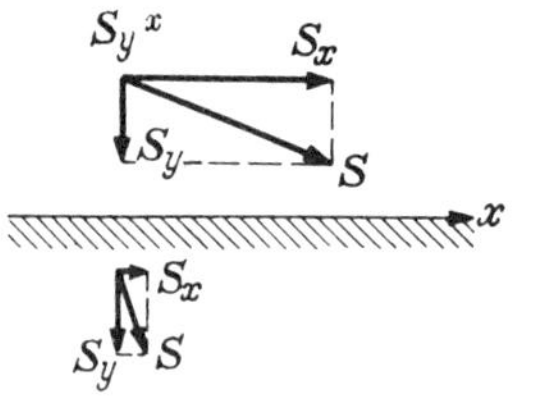

Abb. 44.14. Richtung der Energieströmung bei der Fortpflanzung der Welle längs des Leiters

Es ergibt sich also wieder der oben betrachtete Fall des Eindringens einer Welle in den Leiter. Die Fortleitung der Energie geschieht längs der Leiteroberfläche im nichtleitenden Raum, im wesentlichen parallel zur Leiteroberfläche. Ein Teil der Energie dringt in den Leiter ein und wird dort durch die Stromwärme aufgezehrt. Die Tiefe, bei der die Feldgrößen auf 1/e ihres Oberflächenwertes abgenommen haben, ist gemäß Gl. (32.41)

$$\delta = \frac{1}{\sqrt{\pi\, f\, \sigma\, \mu}}\,. \tag{116}$$

Zahlenbeispiel: Eine elektromagnetische Welle mit der Frequenz 10^6 Hz, entsprechend einer Wellenlänge

$$\lambda = \frac{c}{f} = 300\ \mathrm{m}\,,$$

dringt in den Erdboden mit der Leitfähigkeit $\sigma = 10^{-2}$ S/m bis zu einer Tiefe von

$$4{,}6\,\delta = \frac{4{,}6}{\sqrt{\pi \cdot 10^6 \cdot 10^{-2} \cdot 1{,}257 \cdot 10^{-6}\,\mathrm{s^{-1}\,S\,m^{-1}\,H\,m^{-1}}}} = 23\ \mathrm{m}$$

mit 1 % ihres Oberflächenwertes ein.

Die im Leiter infolge E_x in der Längsrichtung fließenden Ströme bewirken durch die Verkettung zwischen dem magnetischen Feld und den Strömen eine Führung der elektromagnetischen Welle. Die Energieübertragung folgt daher den Krümmungen der Leiter und zwar um so vollkommener, je vollkommener der Strom in den Leitern geführt wird, d.h. je größer die Leitfähigkeit σ der Leiter gegen die „Leitfähigkeit" $\varepsilon\,\omega$ der isolierenden Umgebung ist. Bei Niederfrequenz ist dies in hohem Maße der Fall, da hier $\varepsilon\omega$ außerordentlich klein gegen σ ist. Bei hohen Frequenzen von der Größenordnung

$$\omega_g = \frac{\sigma}{\varepsilon} \tag{117}$$

und darüber verlieren die Leiter immer mehr die führende Wirkung, so daß sich bei jeder räumlichen Änderung der Leiterform das Feld vom Leiter ablöst und im Raum als freie elektromagnetische Welle weiterläuft. Für die Grenzfläche zwischen Erde mit $\sigma = 10^{-2}$ S/m und Luft wird $\omega_g = 1{,}1 \cdot 10^9\ \mathrm{s^{-1}}$, also rund 100 MHz. Funkwellen mit höheren Frequenzen ($\lambda < 3$ m) werden an der Erdoberfläche praktisch nicht mehr geführt, und ihre Bahn nähert sich der von Lichtstrahlen.

Da die Tangentialkomponente der elektrischen Feldstärke an der Oberfläche des Leiters stetig übergehen muß, so ist an der Oberfläche

$$H = E_{x1} \sqrt{\frac{\sigma}{j\,\omega\,\mu}}\,. \tag{118}$$

Andererseits ist

$$E_{y1} = Z_0\,H = E_{x1}\,Z_0 \sqrt{\frac{\sigma}{j\,\omega\,\mu}}\,. \tag{119}$$

Das Verhältnis der beiden Komponenten der elektrischen Luftfeldstärke an der Leiteroberfläche wird also

$$\left|\frac{E_{x1}}{E_{y1}}\right| = \frac{1}{Z_0}\sqrt{\frac{\omega\,\mu}{\sigma}}\,. \tag{120}$$

Für Erdboden mit $\sigma = 10^{-2}$ S/m erhält man damit die folgenden Zahlenwerte für das Verhältnis der Vertikal- zur Horizontalkomponente der elektrischen Feldstärke im Luftraum.

$f =$	10^5	10^6	10^7	10^8	10^9	Hz
$\lambda =$	3000	300	30	3	0,3	m
$\lvert E_{y1}\rvert/\lvert E_{x1}\rvert =$	42	13,4	4,2	1,34	0,42	

Die beiden Komponenten E_{x1} und E_{y1} haben nun, wie die Gl. (119) zeigt, eine zeitliche Phasenverschiebung von 45° entsprechend dem Winkel von $\sqrt{j}$. Der räumliche Winkel, unter dem die elektrischen Feldlinien von außen her an der Leiteroberfläche einmünden, wächst daher während jeder Periode um 360°, wie dies aus der folgenden Überlegung hervorgeht. Setzt man für den Augenblickswert

$$E_{y1}(t) = A \sin \omega\,t\,, \tag{121}$$

so wird

$$E_{x1}(t) = A\,\frac{1}{Z_0}\sqrt{\frac{\omega\mu}{\sigma}}\,\sin(\omega t + \pi/4) = \frac{A}{Z_0}\sqrt{\frac{\omega\mu}{2\sigma}}\,(\sin\omega t + \cos\omega t)\,. \tag{122}$$

Aus Gl. (121) folgt

$$\sin\omega\,t = \frac{E_{y1}(t)}{A}\,. \tag{123}$$

Führt man dies in Gl. (122) ein, so ergibt sich

$$E_{x1}(t) = \frac{B}{\sqrt{2}}\left[\frac{E_{y1}(t)}{A} + \sqrt{1 - \left(\frac{E_{y1}(t)}{A}\right)^2}\right], \tag{124}$$

wobei

$$B = \frac{A}{Z_0}\sqrt{\frac{\omega\mu}{\sigma}} \tag{125}$$

gesetzt ist; daraus folgt

$$\left(\frac{E_{x1}(t)\sqrt{2}}{B} - \frac{E_{y1}(t)}{A}\right)^2 + \left(\frac{E_{y1}(t)}{A}\right)^2 = 1\,. \tag{126}$$

Das ist die Gleichung einer schrägliegenden Ellipse in der xy-Ebene, Abb. 44.15. Der Endpunkt des Vektors der elektrischen Feldstärke durchläuft also eine Ellipse; das elektrische Feld stellt ein *elliptisches Drehfeld* dar. Ähnliche Verhältnisse ergeben sich an allen Grenzflächen verschiedener Stoffe, auch, wenn $\omega\,\varepsilon_2$ nicht wie hier gegen σ vernachlässigt wird.

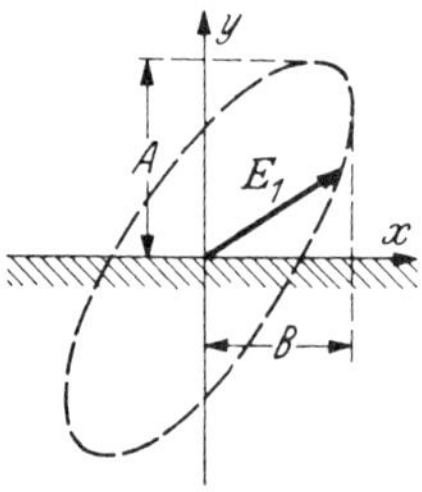

Abb. 44.15. Elliptisches Drehfeld an der Grenzfläche

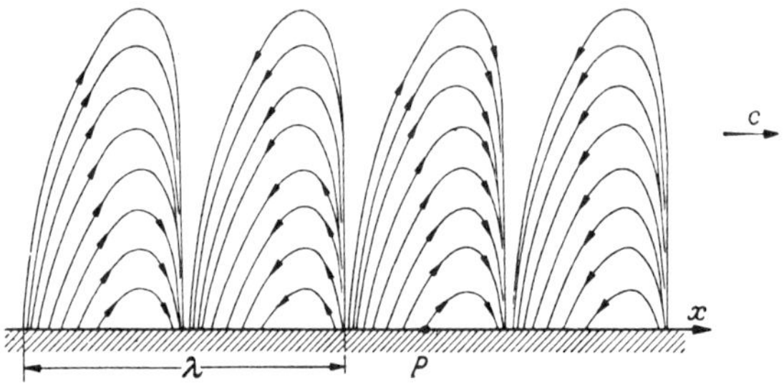

Abb. 44.16. Längs einer Leiteroberfläche fortschreitende Welle

Die Abb. 44.16 zeigt für ein willkürliches Beispiel wie man sich das elliptische Drehfeld bei Funkwellen längs der Erdoberfläche vorzustellen hat. Das Bild stellt die elektrischen Feldlinien in einem bestimmten Zeitpunkt dar. Mit fortschreitender Zeit verschiebt sich das Feld ohne wesentliche Änderung seiner Form in der x-Richtung mit Lichtgeschwindigkeit. Betrachtet man daher irgend einen Punkt P an der Erdoberfläche, so erkennt man, wie dort der Vektor E ständig den vollen Winkel durchläuft. Die Verschiebungslinien schließen sich innerhalb der Erde als Leitungsströme in ganz flachen Bogen innerhalb der „Eindringtiefe“.

Empfangsantennen

Befindet sich in kurzer Dipol der Länge $h \ll \lambda$ in einem elektrischen Wechselfeld, und fällt die Richtung der Dipolachse mit der Richtung des elektrischen Feldes zusammen, Abb. 44.17, so ergibt sich in der Mitte eine Leerlaufspannung

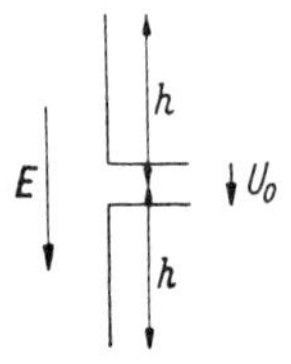

Abb. 44.17. Kurze Dipolantenne im elektrischen Feld

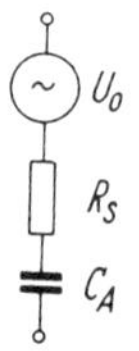

Abb. 44.18. Ersatzbild der kurzen Empfangsantenne

$$U_0 = E\,h\,. \tag{127}$$

Schließen die Richtungen von Dipol und elektrischem Feld den Winkel α ein, so verkleinert sich die Leerlaufspannung um dem Faktor $\cos\alpha$.

Beim Anschluß eines Lastwiderstandes an die Antenne fließt ein Strom, der wie bei einer

Sendeantenne zu einer Ausstrahlung von Energie führt. Daher muß im Ersatzbild der Antenne der Strahlungswiderstand R_s berücksichtigt werden, Abb. 44.18, zu dem gegebenenfalls noch der Leitungswiderstand der Antenne hinzuzufügen ist. C_A ist wie in Abb. 44.5 die Antennenkapazität. Die maximal aus der Empfangsantenne entnehmbare Leistung ergibt sich in einem komplex konjugierten Abschlußwiderstand (s. S. 354) zu

$$P_{max} = \frac{U_0^2}{4\,R_s} = \frac{E_{eff}^2\,h^2}{4\,R_s}\,. \tag{128}$$

Eine gleich große Leistung wird dabei vom Strahlungswiderstand R_s aufgenommen, d.h. wieder ausgestrahlt. Führt man hier den Strahlungswiderstand R_s aus Gl. (72) ein, so folgt

$$P_{max} = \frac{E_{eff}^2\,h^2\,3\,\lambda^2}{4\cdot 2\,\pi\,Z_0\,h^2} = \frac{3}{8\pi}\lambda^2\,S\,. \tag{129}$$

Dabei bedeutet S die zu der angenommenen elektrischen Feldstärke gehörige Strahlungsdichte. Den Faktor von S nennt man die *wirksame Antennenfläche*. Dies ist die Querschnittsfläche der Welle, deren Leistung von der Antenne maximal absorbiert werden kann. Bei dem betrachteten kurzen Dipol ist also die wirksame Antennenfläche

$$A = \frac{3}{8\pi}\lambda^2\,. \tag{130}$$

Zahlenbeispiel: Bei einer Funkwelle mit $\lambda = 10$ m wird

$$A = \frac{3}{8\pi}\,10^2\ \mathrm{m}^2 = 12\ \mathrm{m}^2\,.$$

Die durch diese Fläche transportierte Leistung kann also der Welle durch einen kurzen Dipol maximal entzogen werden.

Die wirksame Antennenfläche ist nur bei sehr kleinen Antennenabmessungen von diesen unabhängig, im übrigen aber durch den Aufbau und die räumliche Ausdehnung der Antenne bestimmt. In den beiden Ersatzbildern Abb. 44.5 und Abb. 44.18 tritt an die Stelle von C ein positiver oder negativer Blindwiderstand.

Elektromagnetische Schirme

In metallischen Leitern ist die Eindringtiefe des Feldes nach Abschnitt 32 bei hohen Frequenzen sehr gering. Die Strömung breitet sich flächenhaft an der Oberfläche der Leiter aus und schirmt das Innere des Leiters von dem elektromagnetischen Feld ab. Ist der Leiter magnetisch neutral, dann ist die Normalkomponente der magnetischen Feldstärke auch außerhalb des Leiters verschwindend klein; die magnetischen Feldlinien folgen praktisch der Leiteroberfläche. Ein metallischer magnetisch neutraler Leiter wirkt daher für Hochfrequenzfelder wie ein magnetisch undurchlässiger Stoff mit der Permeabilität Null. Bringt man z.B. eine hohle Metallkugel in ein magnetisches Wechselfeld, dann weichen die Feldlinien der Kugel aus, ähnlich wie die ausgezogenen Linien in Abb. 11.4. An der Kugeloberfläche verschwindet die Normalkomponente der magnetischen Feldstärke. Ferner gilt außerhalb der Kugel die gewöhnliche Potentialgleichung $\Delta\psi = 0$, soweit es sich um Abmessungen handelt, die klein gegen die Wellenlänge sind. Daher kann man nach den Ausführungen in Abschnitt 15, Gl. (15.89), für das magnetische Potential im Außenraum den Ansatz machen

$$\psi = \left(c_1\,r + \frac{c_2}{r^2}\right)\cos\alpha\,. \tag{131}$$

Bezeichnet r_2 nach Abb. 44.19 den Außenradius der Hohlkugel, so lautet die Grenzbedingung für $r = r_2$

$$\frac{\partial \psi}{\partial r} = 0 . \tag{132}$$

Dies ergibt

$$c_2 = \frac{1}{2} c_1 r_2^3 . \tag{133}$$

Ferner geht für große r das Potential in das des homogenen Feldes mit der Feldstärke H_a über, so daß $c_1 = H_a$. Daher wird das Potential im Außenraum der Kugel

$$\psi = H_a \left(r + \frac{r_2^3}{2 r^2} \right) \cos \alpha . \tag{134}$$

Ein Teil des Feldes dringt durch die Kugelwand in das Kugelinnere ein; er kann durch die folgende Näherungsbetrachtung berechnet werden: An der Kugeloberfläche ist die tangentiale Feldstärke

$$H_\alpha = - \frac{\partial \psi}{r \, \partial \alpha} \bigg|_{r=r_2} = \frac{3}{2} H_a \sin \alpha . \tag{135}$$

Das magnetische Feld dringt in die Wand ein mit dem Fortpflanzungsmaß

$$\gamma = \sqrt{j \omega \mu \sigma} = \sqrt{\frac{1}{2} \omega \mu \sigma} \, (1 + j) = \beta \, (1 + j) . \tag{136}$$

Das Eindringmaß ist

$$\delta = \frac{1}{\beta} = \sqrt{\frac{2}{\sigma \omega \mu}} . \tag{137}$$

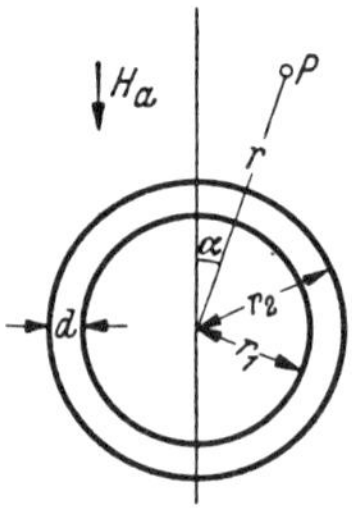

Abb. 44.19. Leitende Hohlkugel im magnetischen Wechselfeld

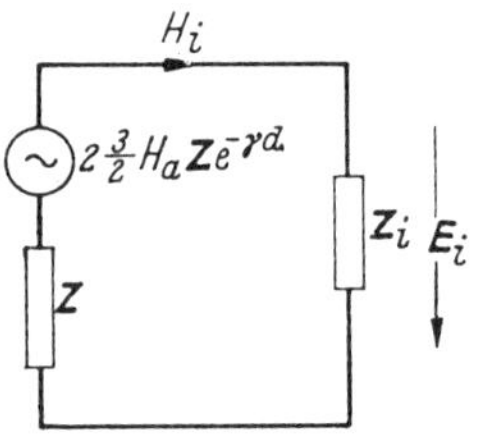

Abb. 44.20. Ersatzbild für die in das Kugelinnere eindringende Welle; $\alpha = 90°$

Die Wandstärke d sei groß gegen das Eindringmaß; dann ergibt sich aus den Leitungsgleichungen (111) das für lange Leitungen gültige Ersatzbild Abb. 40.2, das für unseren Fall nochmals in Abb. 44.20 dargestellt ist. Die Quellenspannung $3 H_a Z \, e^{-\gamma d}$ wirkt über den Wellenwiderstand Z der Wand auf den Widerstand Z_i des Innenraumes der Kugel. Der Wellenwiderstand der Wand ist nach Gl. (101)

$$Z = \sqrt{\frac{j \omega \mu}{\sigma}} . \tag{138}$$

Z_i stellt das Verhältnis von elektrischer Feldstärke zu magnetischer Feldstärke an der inneren Begrenzung der Hohlkugel dar. Das magnetische Feld ist im Kugelinnern angenähert homogen. Der von dem Äquatorkreis mit dem Radius r_1 umfaßte Induktionsfluß ist daher $\mu_0 r_1^2 \pi H_i$, und das Induktionsgesetz, auf diesen Kreis angewendet, ergibt für den Zeiger der elektrischen Feldstärke E_i im Innern der Hohlkugel

$$2 \pi r_1 E_i = j \omega \mu_0 r_1^2 \pi H_i . \tag{139}$$

Hieraus folgt

$$E_i = \frac{1}{2} j \omega \mu_0 r_1 H_i \tag{140}$$

und hieraus

$$Z_i = \frac{E_i}{H_i} = \frac{1}{2} j \omega \mu_0 r_1 . \tag{141}$$

Nunmehr ergibt die Anwendung des Ersatzbildes Abb. 44.20

$$H_i = \frac{3\,H_a Z\,e^{-\gamma d}}{Z + Z_i} \approx 3\,H_a \sqrt{\frac{j\,\omega\,\mu}{\sigma}}\,\frac{2}{j\,\omega\,\mu_0\,r_1}\,e^{-\gamma d}\,. \tag{142}$$

Der *Schirmfaktor* wird also

$$\frac{H_i}{H_a} = 3\sqrt{2}\,\frac{\mu}{\mu_0}\,\frac{\delta}{r_1}\,e^{-\frac{d}{\delta}} \tag{143}$$

und bei magnetisch neutralem Schirmmaterial

$$\frac{H_i}{H_a} = 3\sqrt{2}\,\frac{\delta}{r_1}\,e^{-\frac{d}{\delta}}\,. \tag{144}$$

Damit kann die Schirmwirkung von leitenden Hüllen abgeschätzt werden, indem man sie durch eine Hohlkugel etwa mit dem gleichen Volumen und der gleichen Wandstärke ersetzt. Die magnetische Schirmwirkung wird um so besser, je größer der Radius der Hülle ist; sie hängt sehr stark von dem Verhältnis der Wanddicke d zum Eindringmaß ab.

Eine Hülle aus 0,5 mm starkem Kupferblech und einem Radius $r_1 = 25$ mm setzt ein homogenes magnetisches Wechselfeld auf folgende Bruchteile herab:

$f =$	10^5	10^6	Hz
$\delta =$	0,211	0,0667	mm
$H_i/H_a =$	1:300	1:160000	

45. Hohlleiter und Hohlresonatoren

Bei hohen Frequenzen kann elektromagnetische Energie im *Innenraum* von hohlzylindrischen Leitern übertragen werden. Die Leitungsverluste durch Stromwärme im Leitungsmaterial können dann sogar geringer sein als bei Drahtleitungen, wo die hohe Feldkonzentration an den Leitungsdrähten nach Gl. (32.95) hohe Verluste bedingt. Praktisch werden besonders Hohlleiter von kreisrundem und von rechteckigem Querschnitt verwendet. Im folgenden wird als Beispiel die Theorie der Übertragung in *rechteckigen Hohlleitern* betrachtet, zugleich als weiteres Beispiel für die Anwendung der Feldgleichungen.

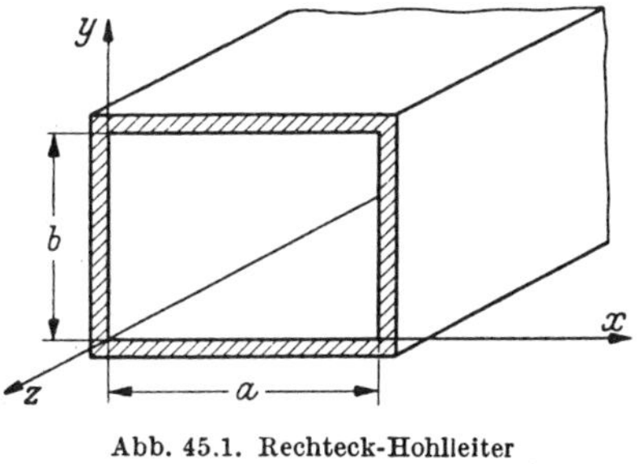

Abb. 45.1. Rechteck-Hohlleiter

Der Innenraum des Hohlleiters, Abb. 45.1, sei durch die Abmessungen a und b gekennzeichnet. Die z-Richtung des Achsensystems sei die Längsrichtung und damit zugleich die Richtung der Energieübertragung. Zunächst werde angenommen, daß das Leitermaterial unendlich gut leitend sei, so daß die Eindringtiefe des Feldes unendlich klein wird. Dann muß die Tangentialkomponente der elektrischen Feldstärke an der gesamten Innenfläche des Leiters verschwinden; die Grenzbedingungen lauten

$$\left.\begin{aligned} E_x &= 0 \quad \text{für} \quad y = 0 \text{ und } y = b\,, \\ E_y &= 0 \quad \text{für} \quad x = 0 \text{ und } x = a\,, \\ E_z &= 0 \quad \text{für} \quad x = 0\,,\ x = a\,,\ y = 0 \text{ und } y = b\,. \end{aligned}\right\} \tag{1}$$

Wird nun eine sinusförmige Zeitabhängigkeit der Feldgrößen mit der Kreisfrequenz ω vorausgesetzt, so liefern die beiden Feldgleichungen (43.3) und (43.6) mit

Gl. (26.40) und (26.41) das folgende Gleichungssystem:

$$\left.\begin{aligned}
\frac{\partial H_z}{\partial y} - \frac{\partial H_y}{\partial z} &= j\,\omega\,\varepsilon_0 E_x\,; &\quad \frac{\partial E_z}{\partial y} - \frac{\partial E_y}{\partial z} &= -\,j\,\omega\,\mu_0\,H_x\,;\\
\frac{\partial H_x}{\partial z} - \frac{\partial H_z}{\partial x} &= j\,\omega\,\varepsilon_0 E_y\,; &\quad \frac{\partial E_x}{\partial z} - \frac{\partial E_z}{\partial x} &= -\,j\,\omega\,\mu_0\,H_y\,;\\
\frac{\partial H_y}{\partial x} - \frac{\partial H_x}{\partial y} &= j\,\omega\,\varepsilon_0 E_z\,; &\quad \frac{\partial E_y}{\partial x} - \frac{\partial E_x}{\partial y} &= -\,j\,\omega\,\mu_0\,H_z\,.
\end{aligned}\right\} \tag{2}$$

Alle Feldgrößen sind als komplex anzusehen; die entsprechende Unterstreichung ist der Einfachheit halber hier wieder weggelassen.

Führt man für die Ausbreitung in der z-Richtung ähnlich wie bei Leitungen ein zunächst noch unbekanntes Fortpflanzungsmaß γ ein, so sind alle Größen mit dem Faktor $e^{\gamma z}$ multipliziert zu denken. Dieser Faktor hebt sich damit auf beiden Seiten der Gleichungen heraus und an Stelle der Ableitungen nach z erscheint der Faktor γ. Die Gl. (2) lauten damit:

$$\left.\begin{aligned}
\frac{\partial H_z}{\partial y} - \gamma\,H_y &= j\,\omega\,\varepsilon_0\,E_x\,; &\quad \frac{\partial E_z}{\partial y} - \gamma\,E_y &= -\,j\,\omega\,\mu_0\,H_x\,;\\
\gamma\,H_x - \frac{\partial H_z}{\partial x} &= j\,\omega\,\varepsilon_0 E_y\,; &\quad \gamma\,E_x - \frac{\partial E_z}{\partial x} &= -\,j\,\omega\,\mu_0\,H_y\,;\\
\frac{\partial H_y}{\partial x} - \frac{\partial H_x}{\partial y} &= j\,\omega\,\varepsilon_0 E_z\,; &\quad \frac{\partial E_y}{\partial x} - \frac{\partial E_x}{\partial y} &= -\,j\,\omega\,\mu_0\,H_z\,.
\end{aligned}\right\} \tag{3}$$

Diese Gleichungen beschreiben alle möglichen Feldformen, mit denen sich elektromagnetische Wellen längs des Leiters ausbreiten können. Praktisch wichtig sind besonders zwei Klassen von Wellen, die dadurch gekennzeichnet sind, daß entweder das elektrische oder das magnetische Feld *keine Komponenten in der z-Richtung*, also nur transversale Komponenten hat. Wellen der ersten Art nennt man *transversal-elektrische Wellen*, abgekürzt TE-Wellen oder H-Wellen; Wellen der zweiten Art nennt man *transversal-magnetische Wellen*, abgekürzt TM-Wellen oder E-Wellen.

Bei den gewöhnlichen Leitungswellen sind das elektrische und das magnetische Feld transversal, s. z.B. Abb. 44.12. Diese Wellen werden daher auch als *TEM-Wellen* bezeichnet. Sie haben bei den Leitungen zur Voraussetzung, daß die Abstände zwischen Hin- und Rückleitung klein gegen die Wellenlänge sind.

Bei den TE-*Wellen* (H-Wellen), die wir als Beispiel weiter betrachten, ist also $E_z = 0$.

Damit wird aus den Gl. (3):

$$\left.\begin{aligned}
\frac{\partial H_z}{\partial y} - \gamma\,H_y &= j\,\omega\,\varepsilon_0\,E_x\,; &\quad -\,\gamma\,E_y &= -\,j\,\omega\,\mu_0\,H_x\,;\\
\gamma\,H_x - \frac{\partial H_z}{\partial x} &= j\,\omega\,\varepsilon_0 E_y\,; &\quad \gamma\,E_x &= -\,j\,\omega\,\mu_0\,H_y\,;\\
\frac{\partial H_y}{\partial x} - \frac{\partial H_x}{\partial y} &= 0\,; &\quad \frac{\partial E_y}{\partial x} - \frac{\partial E_x}{\partial y} &= -\,j\,\omega\,\mu_0\,H_z\,.
\end{aligned}\right\} \tag{4}$$

Durch Einführen der drei H-Komponenten aus den drei rechten Gleichungen in die drei linken folgt

$$\frac{\partial^2 E_y}{\partial x\,\partial y} - \frac{\partial^2 E_x}{\partial y^2} - \gamma^2\,E_x = \omega^2\,\varepsilon_0\,\mu_0\,E_x\,, \tag{5}$$

$$-\,\gamma^2\,E_y - \frac{\partial^2 E_y}{\partial x^2} + \frac{\partial^2 E_x}{\partial x\,\partial y} = \omega^2\,\varepsilon_0\,\mu_0\,E_y\,, \tag{6}$$

$$\frac{\partial E_x}{\partial x} + \frac{\partial E_y}{\partial y} = 0\,, \tag{7}$$

und hieraus durch Einsetzen der letzten Gleichung in die beiden anderen

$$\left.\begin{aligned}\frac{\partial^2 E_x}{\partial x^2} + \frac{\partial^2 E_x}{\partial y^2} &= -(\omega^2 \varepsilon_0 \mu_0 + \gamma^2) E_x,\\ \frac{\partial^2 E_y}{\partial x^2} + \frac{\partial^2 E_y}{\partial y^2} &= -(\omega^2 \varepsilon_0 \mu_0 + \gamma^2) E_y.\end{aligned}\right\} \tag{8}$$

Diese Gleichungen lassen sich durch die Ansätze

$$\begin{aligned}&\sin p x \cos q y, \qquad \sin p x \sin q y,\\ &\cos p x \cos q y, \qquad \cos p x \sin q y\end{aligned}$$

für E_x und E_y integrieren, wobei sich ergibt

$$p^2 + q^2 = \omega^2 \varepsilon_0 \mu_0 + \gamma^2. \tag{9}$$

Die allgemeinen Lösungen für die elektrische Feldstärke lauten daher:

$$\left.\begin{aligned}E_x &= A_1 \sin px \cos qy + A_2 \cos px \cos qy +\\ &\quad + A_3 \sin p x \sin q y + A_4 \cos p x \sin q y;\\ E_y &= B_1 \sin p x \cos q y + B_2 \cos p x \cos q y +\\ &\quad + B_3 \sin p x \sin q y + B_4 \cos p x \sin q y.\end{aligned}\right\} \tag{10}$$

Die Grenzbedingungen (1) liefern für $y = 0$

$$0 = A_1 \sin p x + A_2 \cos p x,$$

und für $x = 0$

$$0 = B_2 \cos q y + B_4 \sin q y.$$

Diese Gleichungen können nur so erfüllt werden, daß

$$A_1 = 0, \quad A_2 = 0, \quad B_2 = 0, \quad B_4 = 0. \tag{11}$$

Ferner wird nun

$$\frac{\partial E_x}{\partial x} = A_3 p \cos p x \sin q y - A_4 p \sin p x \sin q y, \tag{12}$$

$$\frac{\partial E_y}{\partial y} = -B_1 q \sin p x \sin q y + B_3 q \sin p x \cos q y. \tag{13}$$

Aus Gl. (7) folgt daher

$$A_4 p + B_1 q = 0, \quad A_3 = 0, \quad B_3 = 0, \tag{14}$$

und es bleibt

$$E_x = A_4 \cos p x \sin q y, \tag{15}$$

$$E_y = -A_4 \frac{p}{q} \sin p x \cos q y. \tag{16}$$

Nun sind noch die Grenzbedingungen (1) für $y = b$ und $x = a$ zu erfüllen:

$$\begin{aligned}0 &= A_4 \cos p x \sin q b \qquad \text{für alle } x,\\ 0 &= -A_4 \frac{p}{q} \sin p a \cos q y \qquad \text{für alle } y.\end{aligned}$$

Die erste Gleichung fordert

$$q b = n \pi \qquad \text{mit} \quad n = 0, 1, 2, \ldots. \tag{17}$$

Die zweite Gleichung fordert

$$p a = m \pi \quad \text{mit} \quad m = 0, 1, 2, \ldots. \tag{18}$$

Die Lösungen lauten also schließlich, wenn A für A_4 geschrieben wird,

$$E_x = A \cos m \pi \frac{x}{a} \sin n \pi \frac{y}{b}, \tag{19}$$

$$E_y = -A \frac{m}{n} \frac{b}{a} \sin m \pi \frac{x}{a} \cos n \pi \frac{y}{b}, \tag{20}$$

und es ist nach Gl. (9)

$$\gamma^2 = -\,\omega^2\,\varepsilon_0\,\mu_0 + \left(\frac{m\,\pi}{a}\right)^2 + \left(\frac{n\,\pi}{b}\right)^2. \tag{21}$$

Für die Komponenten der magnetischen Feldstärke ergibt sich durch Einsetzen in die Gl. (4) (rechte Seite):

$$H_x = -\,\frac{\gamma}{j\,\omega\,\mu_0}\,A\,\frac{m}{n}\,\frac{b}{a}\,\sin m\,\pi\,\frac{x}{a}\,\cos n\,\pi\,\frac{y}{b}\,; \tag{22}$$

$$H_y = -\,\frac{\gamma}{j\,\omega\,\mu_0}\,A\,\cos m\,\pi\,\frac{x}{a}\,\sin n\,\pi\,\frac{y}{b}\,; \tag{23}$$

$$H_z = \frac{1}{j\,\omega\,\mu_0}\,A\,\frac{b}{n\,\pi}\left[\left(\frac{m\,\pi}{a}\right)^2 + \left(\frac{n\,\pi}{b}\right)^2\right]\cos m\,\pi\,\frac{x}{a}\,\cos n\,\pi\,\frac{y}{b}\,. \tag{24}$$

Da m und n beliebige ganze Zahlen sein können, so beschreiben die Gln. (19) bis (24) unendlich viele verschiedene Wellenformen. Man kennzeichnet sie durch die Indizes m und n als TE_{mn}-Wellen oder H_{mn}-Wellen. Welche Wellenform sich ausbildet, hängt von der Art der Anregung am Anfang des Hohlleiters und von der Frequenz ω der Anregung ab. Die praktisch meist verwendete Welle ist die TE_{01}-Welle mit $m = 0$, $n = 1$; sie ist physikalisch gleichwertig mit der TE_{10}-Welle (H_{10}-Welle).

Hier ist

$$\gamma^2 = -\,\omega^2\,\varepsilon_0\,\mu_0 + \left(\frac{\pi}{b}\right)^2. \tag{25}$$

γ wird also bei hohen Frequenzen rein imaginär: $\gamma = \pm\,j\,\beta$, und es ist

$$\beta = \sqrt{\omega^2\,\varepsilon_0\,\mu_0 - \left(\frac{\pi}{b}\right)^2}. \tag{26}$$

Ferner gilt für die Zeiger der TE_{01}-Welle in komplexer Schreibweise unter Berücksichtigung des Faktors $\mathrm{e}^{\gamma z}$

$$\begin{aligned} \underline{E}_x &= A\,\mathrm{e}^{\pm j\beta z}\sin\pi\,\frac{y}{b}\,; &\quad \underline{H}_x &= 0\,;\\ \underline{E}_y &= 0\,; & \underline{H}_y &= \mp\,\frac{\beta}{\omega\,\mu_0}\,A\,\mathrm{e}^{\pm j\beta z}\sin\pi\,\frac{y}{b}\,;\\ \underline{E}_z &= 0\,; & \underline{H}_z &= \frac{1}{j\,\omega\,\mu_0}\,A\,\frac{\pi}{b}\,\mathrm{e}^{\pm j\beta z}\cos\pi\,\frac{y}{b}\,. \end{aligned} \tag{27}$$

Die elektrischen Feldlinien haben die x-Richtung und sind gerade Linien, Abb. 45.2. Die magnetischen Feldlinien (gestrichelt) sind in geschlossenen Kurven mit den E-Linien verkettet; sie verlaufen in Ebenen parallel zur y, z-Ebene. Das ganze Feldbild wandert mit der Geschwindigkeit

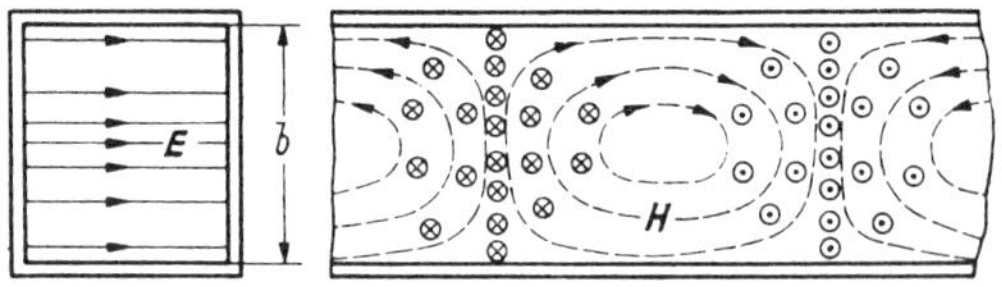

Abb. 45.2. Feldlinien der H_{01}-Welle

$$v = \frac{\omega}{\beta} \tag{28}$$

in der z-Richtung. Diese *Phasengeschwindigkeit* ist mit Gl. (26)

$$v_p = \frac{1}{\sqrt{\varepsilon_0\,\mu_0 - \left(\frac{\pi}{\omega\,b}\right)^2}} = \frac{c}{\sqrt{1 - \left(\frac{c}{2\,b\,f}\right)^2}}\,. \tag{29}$$

Sie ist größer als die Lichtgeschwindigkeit $c = \frac{1}{\sqrt{\varepsilon_0\,\mu_0}}$ und nähert sich ihr mit wachsender Frequenz f. Bei Verkleinerung der Frequenz wächst v in der durch Abb. 45.3 dargestellten Weise und wird bei einer bestimmten Kreisfrequenz ω_g unendlich groß.

Unterhalb dieser „Grenzfrequenz" ist γ reell, so daß jede Welle beim Fortschreiten in der z-Richtung sehr stark gedämpft wird. Nur für Frequenzen oberhalb der Grenzfrequenz

$$\omega_g = \frac{\pi}{b}\,c \quad \text{oder} \quad f_g = \frac{1}{2}\,\frac{c}{b} \tag{30}$$

ist der Rechteckhohlleiter daher zur Energieübertragung geeignet, z.B. bei $b = 1$ cm nur oberhalb der Frequenz $f_g = 1{,}5 \cdot 10^{10}$ Hz $= 15$ GHz. Führt man die Wellenlänge $\lambda = c/f$ an Stelle der Frequenz ein, so ergibt sich die *Grenzwellenlänge* des Hohlleiters

$$\lambda_g = 2\,b\,. \tag{31}$$

Sie ist doppelt so groß wie die Länge der Rechteckseite quer zum elektrischen Feld. Nur für kürzere Wellenlängen ist der Leiter übertragungsfähig.

Daß die Phasengeschwindigkeit hier größer als die Lichtgeschwindigkeit wird, besagt nicht etwa, daß sich die Energie rascher als mit Lichtgeschwindigkeit fortpflanzt. Einen vertieften Einblick in die Verhältnisse erhält man durch die folgende Deutung der Wellenfortpflanzung in Hohlleitern.

Eine *ebene* Welle, die sich frei im Raum in der z-Richtung mit Lichtgeschwindigkeit ausbreitet, kann nach Abschnitt 44 durch die Feldstärken

$$\underline{E} = \underline{E}_0\, e^{j\omega\left(t - \frac{z}{c}\right)}, \qquad \underline{H} = \underline{E}/Z_0 \tag{32}$$

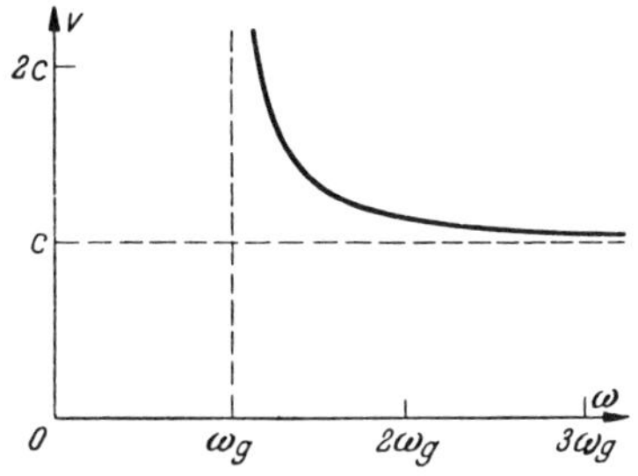

Abb. 45.3. Abhängigkeit der Phasengeschwindigkeit von der Frequenz

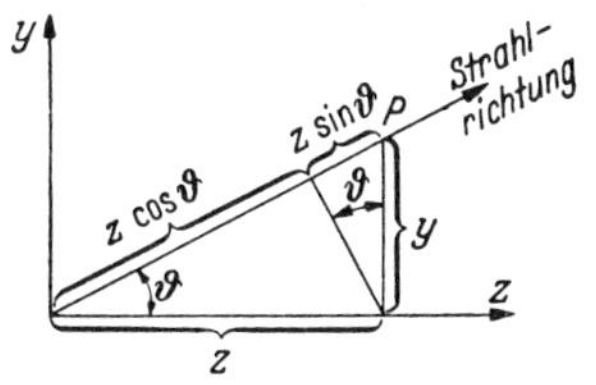

Abb. 45.4. Ebene Welle, schräg zur z-Richtung

beschrieben werden. Bildet die Fortpflanzungsrichtung der Welle mit der z-Achse einen Winkel ϑ, Abb. 45.4, so ist für z zu setzen $z\cos\vartheta + y\sin\vartheta$. Daher ist für irgendeinen Punkt P

$$\underline{E} = \underline{E}_0\, e^{j\omega\left(t - \frac{z}{c}\cos\vartheta - \frac{y}{c}\sin\vartheta\right)}, \quad \underline{H} = \underline{E}/Z_0\,. \tag{33}$$

Es läßt sich nun zeigen, daß durch die Überlagerung zweier ebenen Wellen, deren Fortpflanzungsrichtungen die Winkel $+\vartheta$ und $-\vartheta$ zur z-Achse bilden und deren E-Richtungen mit der x-Richtung zusammenfallen, ein elektromagnetisches Feld entsteht, das die Grenzbedingungen in einem Rechteckhohlleiter erfüllt. Sei also nach Abb. 45.5

$$\underline{E} = \underline{E}_0\, e^{j\omega\left(t - \frac{z}{c}\cos\vartheta - \frac{y}{c}\sin\vartheta\right)} + \underline{E}_0\, e^{j\omega\left(t - \frac{z}{c}\cos\vartheta + \frac{y}{c}\sin\vartheta\right)}.$$

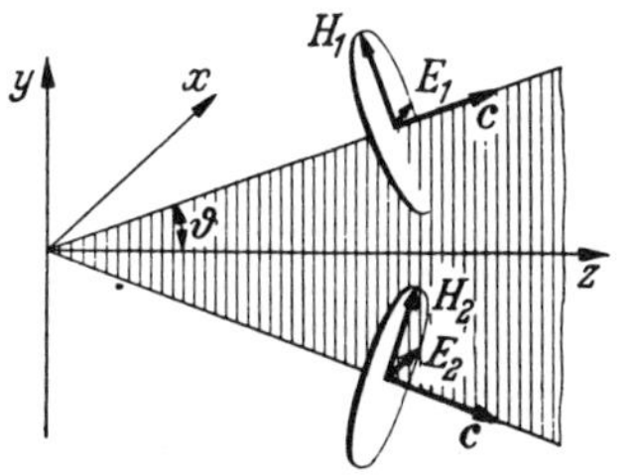

Abb. 45.5. Überlagerung zweier, die z-Richtung unter entgegengesetzt gleichen Winkeln kreuzenden, ebenen Wellen

Dies läßt sich schreiben

$$\underline{E} = 2\,\underline{E}_0\, e^{j\omega\left(t - \frac{z}{c}\cos\vartheta\right)} \cos\left(\frac{\omega\,y}{c}\sin\vartheta\right). \tag{34}$$

Die resultierende Feldstärke verschwindet also für bestimmte Werte von y, für die

$$\frac{\omega y}{c} \sin \vartheta = \frac{\pi}{2}, \frac{3\pi}{2}, \frac{5\pi}{2} \text{usw. ist.}$$

In den dadurch bestimmten Ebenen parallel zur x,z-Ebene ist $\underline{E} = \underline{E}_x = 0$. Für den Abstand b zweier solcher Ebenen gilt daher

$$\frac{\omega b}{c} \sin \vartheta = \pi\,, \tag{35}$$

und man kann sich in diesen beiden Ebenen ideal leitende Flächen angebracht denken.

Umgekehrt bilden sich bei der Wellenausbreitung zwischen zwei solchen Flächen zwei Wellen mit einem ganz bestimmten Winkel ϑ gegen die Längsrichtung aus, Abb. 45.6, für den die Gl. (35) gilt:

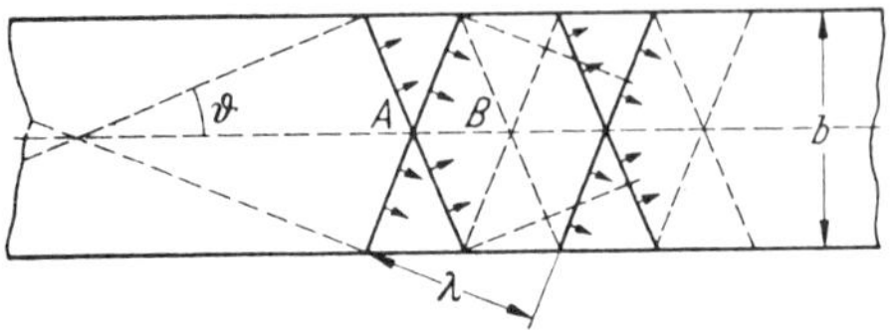

Abb. 45.6. Aufspaltung der Hohlleiterwelle in zwei ebene Wellen

$$\sin \vartheta = \frac{\pi c}{\omega b} = \frac{\lambda}{2b} = \frac{\lambda}{\lambda_g}\,. \tag{36}$$

Die Wellen pflanzen sich also auf Zickzack-Bahnen mit Lichtgeschwindigkeit fort.

Die in der z-Richtung gemessene Länge einer Welle ist, wie Abb. 45.6 zeigt, größer als λ. Die Strecke AB stellt die halbe Länge einer Welle in der z-Richtung dar, nämlich den Abstand zwischen dem positiven und negativen Maximum der Feldstärke. Er ist um den Faktor $\frac{1}{\cos\vartheta}$ größer als $\frac{1}{2}\lambda$. Die Länge einer Periode des in der z-Richtung fortschreitenden Feldbildes ist also $\frac{\lambda}{\cos\vartheta} = \frac{c}{f\cos\vartheta}$. Da $\frac{1}{f}$ die Zeitdauer einer Periode ist, so folgt daraus für die Geschwindigkeit, mit der Punkte gleicher Phase den Hohlleiter durchlaufen,

$$v_p = \frac{c}{\cos\vartheta}\,. \tag{37}$$

Dies ist gleichbedeutend mit Gl. (29). Wenn dort die Grenzwellenlänge λ_g nach Gl. (31) eingeführt und Gl. (36) berücksichtigt wird, ergibt sich nämlich

$$v_p = \frac{c}{\sqrt{1 - \left(\frac{\lambda}{\lambda_g}\right)^2}} = \frac{c}{\cos\vartheta}\,. \tag{38}$$

Die *Phasengeschwindigkeit* v_p der Wellenfortpflanzung ist in dem Übertragungsbereich des Wellenleiters ($\lambda < \lambda_g$) größer als die Lichtgeschwindigkeit c.

Die *Geschwindigkeit des Energietransportes* dagegen wird infolge der Zickzack-Bahn kleiner als die Lichtgeschwindigkeit, nämlich gleich (Gruppengeschwindigkeit)

$$v_g = c \cos\vartheta = c\sqrt{1 - \left(\frac{\lambda}{\lambda_g}\right)^2}\,. \tag{39}$$

Die *Wellenform* kann durch die Art der Anregung und die Frequenz der Anregung gewählt werden. Ist der Wellenleiter für die betreffende Frequenz übertragungsfähig, dann genügt es, eine elektrische oder magnetische Feldstärke am Anfang des Wellenleiters einzuführen, die eine Komponente der gewünschten Wellenform besitzt. Z. B. genügt die Einführung einer elektrischen Feldstärke in der x-Richtung zur Erzeugung von TE_{01}-Wellen. Um diese allein zu erhalten, muß jedoch a gleich oder etwas kleiner als b gemacht werden, und die Grenzwellenlänge darf nur verhältnismäßig wenig über der Betriebswellenlänge liegen, damit nicht Wellen höherer Ordnung auftreten können, insbesondere TE_{11}-Wellen und TM_{11}-Wellen, bei denen die Grenzwellenlänge $\lambda_g = \sqrt{2}\,b$ ist.

Wegen der endlichen Leitfähigkeit wirklicher Wellenleiter pflanzen sich die Wellen wie bei Leitungen gedämpft fort. Für TE_{0n}- und TE_{m0}-Wellen kann der *Dämpfungsbelag* nach dem bei Gl. (39.94) benützten Verfahren aus der in einem Abschnitt s erzeugten Stromwärme P_v und der übertragenen Leistung P berechnet werden:

$$\alpha = \frac{1}{2}\frac{P_v}{P}\frac{1}{s}. \tag{40}$$

Die Rechnung werde wieder für die TE_{01}-Welle als Beispiel durchgeführt.

Die an irgendeiner Stelle z durch die Querschnittsfläche ab fließende Leistung ergibt sich mit Gl. (27) aus der Strahlungsdichte in der z-Richtung

$$S_z = |E_x H_y| = \frac{\beta}{\omega\mu_0} A^2 \sin^2 \pi \frac{y}{b}. \tag{41}$$

Durch einen Flächenstreifen von der Höhe dy und der Breite a fließt die Leistung $a\,dy\,S_z$, und der gesamte Leistungsfluß ist

$$P = \int_0^b S_z\, a\, dy = \frac{1}{2}\frac{\beta}{\omega\mu_0} A^2 a b. \tag{42}$$

Aus der tangentialen magnetischen Feldstärke an den inneren Begrenzungsflächen ergibt sich die Stromwärme nach Gl. (32.95). Die z-Komponente (Gl. (27)) verursacht an den beiden waagerechten Begrenzungsflächen die Verlustdichte

$$\sqrt{\frac{\pi f \mu_1}{\sigma_1}}\left(\frac{A}{\omega\mu_0}\right)^2\left(\frac{\pi}{b}\right)^2,$$

wenn mit σ_1 und μ_1 die Konstanten des Leitermaterials bezeichnet werden. An den beiden senkrechten Begrenzungsflächen setzen sich die y-Komponente und die z-Komponente der magnetischen Feldstärke zu der resultierenden Feldstärke

$$|H_0| = \sqrt{|H_y|^2 + |H_z|^2} = \frac{A}{\omega\mu_0}\sqrt{\beta^2 \sin^2 \pi \frac{y}{b} + \left(\frac{\pi}{b}\right)^2 \cos^2 \pi \frac{y}{b}} \tag{43}$$

zusammen; sie bedingt nach Gl. (32.95) in den senkrechten Begrenzungsflächen die Verlustdichte

$$\sqrt{\frac{\pi f \mu_1}{\sigma_1}}\left(\frac{A}{\omega\mu_0}\right)^2\left(\beta^2 \sin^2 \pi \frac{y}{b} + \left(\frac{\pi}{b}\right)^2 \cos^2 \pi \frac{y}{b}\right).$$

Durch Integration über die Begrenzungsflächen findet man die gesamte Verlustleistung. Sie beträgt je Länge s

$$P_v = s\sqrt{\frac{\pi f \mu_1}{\sigma_1}}\left(\frac{A}{\omega\mu_0}\right)^2 a b \left[\frac{\beta^2}{a} + \frac{2}{b}\left(\frac{\pi}{b}\right)^2 + \frac{1}{a}\left(\frac{\pi}{b}\right)^2\right]. \tag{44}$$

Damit wird

$$\alpha = \frac{1}{2}\frac{P_v}{P}\frac{1}{s} = \frac{1}{b}\sqrt{\frac{\pi\mu_1}{2 b \mu_0 \sigma_1 Z_0}}\;\frac{\frac{b}{a} + 2\eta^2}{\sqrt{\eta(1-\eta^2)}}, \tag{45}$$

wobei zur Abkürzung

$$\eta = \frac{\lambda}{\lambda_g} = \frac{1}{2bf\sqrt{\varepsilon_0\mu_0}} \quad \text{und} \quad Z_0 = \sqrt{\frac{\mu_0}{\varepsilon_0}} \tag{46}$$

gesetzt ist.

Zahlenbeispiel: Bei einem Hohlleiter mit $a = b = 2$ cm wird die Grenzwellenlänge nach Gl. (31) $\lambda_g = 4$ cm. Besteht der Leiter aus Kupfer mit $\sigma_1 = 5{,}7 \cdot 10^7$ S/m, so ergibt sich aus Gl. (45)

$$\alpha = 3{,}02 \frac{1 + 2\eta^2}{\sqrt{\eta(1 - \eta^2)}} \frac{\text{Np}}{\text{km}}.$$

Die danach berechneten Werte der Dämpfung sind in Abhängigkeit von der Wellenlänge λ in Abb. 45.7 aufgetragen. Die Dämpfung steigt in der Nähe der Grenzwellenlänge sehr stark an und hat ein Minimum etwa bei einem Drittel der Grenzwellenlänge. Bei kürzeren Wellenlängen geht sie ebenfalls gegen Unendlich. In das gleiche Bild ist die Dämpfung eines *koaxialen* Kabels gestrichelt eingezeichnet, dessen Kupfermantel einen Innendurchmesser von 2 cm und dessen Innenleiter einen Durchmesser von 0,56 cm („günstigster" Innenleiterdurchmesser) hat. Für die Dämpfung gilt hier nach Gl. (39.92) $\alpha = \frac{1}{2}(R_i' + R_a')\frac{1}{Z_0}$, wobei R_i' und R_a' die Widerstandsbeläge des Innen- und Außenleiters bezeichnen. Bei hohen Frequenzen ist nach Gl. (32.47) und (32.95)

$$R_i' = \frac{1}{d}\sqrt{\frac{f\mu_0}{\sigma_1 \pi}}\,; \qquad R_a' = \frac{1}{D}\sqrt{\frac{f\mu_0}{\sigma_1 \pi}}. \tag{47}$$

Ferner ist nach Tabelle 39.1, S. 412

$$Z_0 = \sqrt{\frac{L'}{C'}} = 60 \ln \frac{D}{d}\,\Omega, \tag{48}$$

wenn mit D und d die Durchmesser von Außen- und Innenleiter bezeichnet werden. Daher wird

$$\alpha = \frac{1}{2}\sqrt{\frac{f\mu_0}{\sigma_1 \pi}}\left(\frac{1}{d} + \frac{1}{D}\right)\frac{1}{60 \ln \frac{D}{d}}\frac{1}{\Omega}. \tag{49}$$

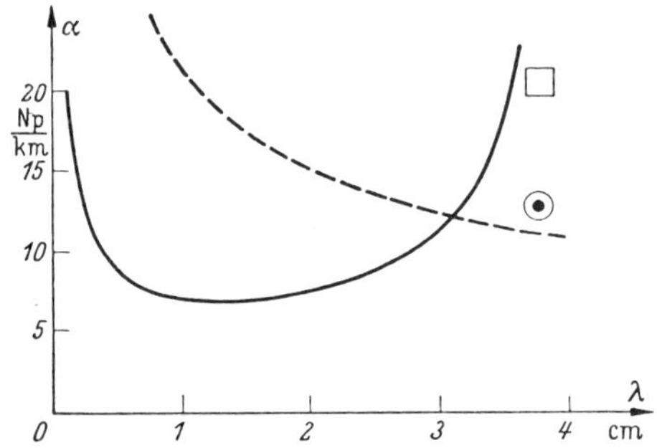

Abb. 45.7. Dämpfungsbelag eines quadratischen Hohlleiters mit 2 cm Kantenlänge im Vergleich zu einem koaxialen Kabel mit 2 cm Außenleiterdurchmesser

Durch Differenzieren nach d findet man, daß dieser Ausdruck ein Minimum für $d = 0{,}278\,D$ hat. Damit wird

$$\alpha = \frac{21{,}6}{\sqrt{\lambda/\text{cm}}} \frac{\text{Np}}{\text{km}}. \tag{50}$$

Der Hohlleiter hat bei Wellenlängen unterhalb etwa 3 cm eine geringere Dämpfung als das koaxiale Kabel gleichen Durchmessers. In Wirklichkeit kommen bei Koaxialkabeln noch die dielektrischen Verluste im Isoliermaterial hinzu (Ableitungsdämpfung), so daß der Unterschied zwischen den Dämpfungen größer ist als in Abb. 45.7.

Wird ein Hohlleiter an beiden Enden durch leitende Wände abgeschlossen, so entsteht ein Hohlraum, in dem sich eine stehende Welle ausbilden kann. Die Bedingung dafür lautet

$$\beta l = \pi, \quad 2\pi, \ldots, \quad p\pi, \ldots, \tag{51}$$

wenn mit l die Länge des Hohlraumes in der z-Richtung bezeichnet wird. Durch Einsetzen von Gl. (21) in Gl. (51) ergibt sich für den rechteckigen Hohlleiter mit $\gamma^2 = -\beta^2$

$$\omega_g^2 \varepsilon_0 \mu_0 = \left(\frac{m\pi}{a}\right)^2 + \left(\frac{n\pi}{b}\right)^2 + \left(\frac{p\pi}{l}\right)^2 \tag{52}$$

oder

$$\frac{1}{\lambda_g^2} = \left(\frac{m}{2a}\right)^2 + \left(\frac{n}{2b}\right)^2 + \left(\frac{p}{2l}\right)^2. \tag{53}$$

Auch hier ist also eine unendlich große Zahl von Schwingungsformen möglich. Wird der Hohlraum mit einer dieser Resonanzwellenlängen erregt (z. B. durch ein hineinragendes Leiterstück geeigneter Form), so ergeben sich große Amplituden der Feldstärken wie bei einem Schwingkreis im Resonanzfall.

Derart angeregte Hohlräume werden daher als „*Hohlresonatoren*" bei hohen Frequenzen an Stelle von Schwingkreisen benutzt. Wegen der geringen Verluste durch Wandströme erreicht man mit ihnen sehr hohe Gütezahlen.

Weiterführende Literatur zum Sechsten Kapitel: *Go, Hal, HbP, HöT, Ja, Ka, Lau. Me1, Me2, Mi, MiW, Ol1, Ol2, Pö, Sca, Si1, Si2, ZiB, Zu*

Siebentes Kapitel

Allgemeine Vorgänge in linearen Systemen

46. Allgemeine Gesetze der Ausgleichsvorgänge in linearen Systemen

Die mit dem magnetischen Feld der Ströme und dem elektrischen Feld der Spannungen verbundene Speicherung von Energie hat zur Folge, daß der Übergang von einem Zustand zu einem anderen nicht plötzlich vor sich gehen kann; dies würde unendlich hohe Leistungen erfordern. Der elektrische Zustand eines Netzes kann sich ändern, entweder wenn die Struktur des Netzes verändert wird, z. B. durch Schalter, oder wenn die treibenden Spannungen sich zeitlich verändern.

Bei Wechselspannung stellt sich nach hinreichend langer Zeit ein „*eingeschwungener Zustand*" ein, in dem die Energien der Felder periodisch zwischen Null und einem Höchstwert schwanken. Den eingeschwungenen Zustand, bei dem sich alle Verhältnisse während jeder Periode wiederholen, kann man als den allgemeinen Fall des stationären Zustandes ansehen, da auch der Gleichstromfall von ihm als Grenzfall umfaßt wird. Man bezeichnet nun als *Ausgleichsvorgang* den Übergang von einem stationären Zustand zu einem anderen. Die einfachste Form eines Ausgleichsvorganges entsteht, wenn sich eine Quellenspannung plötzlich ändert. Diesen Vorgang bezeichnet man als *Schaltvorgang*.

In *linearen Systemen* gilt für den Zusammenhang zwischen den Augenblickswerten von Spannung u und Strom i (bei Anwendung der Verbraucherzählrichtungen, Abb. 36.5) bei einem ohmschen Widerstand R

$$u = R\,i\,, \tag{1}$$

bei einer Spule mit der Induktivität L

$$u = L\frac{di}{dt}\,, \tag{2}$$

bei einem Kondensator mit der Kapazität C

$$i = C\frac{du}{dt}\,; \tag{3}$$

für die aus einer Masche *1* in einer Masche *2* induzierte Spannung gilt mit der Gegeninduktivität M:

$$u_2 = M\frac{di_1}{dt}\,. \tag{4}$$

Bei der Spule gilt auch

$$i = i\,(0) + \frac{1}{L}\int_0^t u\,dt\,, \tag{5}$$

wenn $i(0)$ die Stromstärke im Zeitpunkt $t = 0$ bezeichnet;
beim Kondensator gilt auch

$$u = u(0) + \frac{1}{C} \int_0^t i \, dt , \tag{6}$$

wenn $u(0)$ die Spannung am Kondensator im Zeitpunkt $t = 0$ bezeichnet.

Für die Augenblickswerte der Spannungen und Ströme gelten nun die KIRCHHOFFschen Sätze. Wie bei der Berechnung von stationären Wechselvorgängen (Abschnitt 36) kann man den 1. KIRCHHOFFschen Satz durch die Einführung der Maschenströme berücksichtigen. An die Stelle der komplexen Wechselströme I_1, I_2 usw. in Abb. 37.1 treten jetzt die Augenblickswerte i_1, i_2 usw. Die Anwendung des 2. KIRCHHOFFschen Satzes führt zu den Maschengleichungen für die Ströme. Die Quellenspannungen sind ebenfalls Zeitfunktionen mit dem Augenblickswert u_0. Die Maschengleichungen sind dann von der Form

$$R_{11} i_1 + L_{11} \frac{di_1}{dt} + \frac{1}{C_{11}} \int_0^t i_1 \, dt - R_{12} i_2 - L_{12} \frac{di_2}{dt} - \frac{1}{C_{12}} \int_0^t i_2 \, dt$$
$$- R_{13} i_3 - L_{13} \frac{di_3}{dt} - \frac{1}{C_{13}} \int_0^t i_3 \, dt - \cdots = u_{01} , \tag{7}$$

wobei die Größen R_{11}, L_{11}, usw. in leicht ersichtlicher Weise mit den Widerständen, Induktivitäten usw. der Maschen zusammenhängen. Für die n unbekannten Maschenströme kann man n derartige Gleichungen aufstellen. An die Stelle der algebraischen Gleichungen der Wechselstromrechnung treten hier also Differentialgleichungen. Diese Gleichungen bilden die Grundlage für die Untersuchung der *Schaltvorgänge*, bei denen sich eine Quellenspannung plötzlich ändert oder bei denen der Stromkreis durch Öffnen oder Schließen eines Kontaktes plötzlich verändert wird.

Das gleiche Berechnungsverfahren wurde auch bei den einfachen Beispielen von Schaltvorgängen in Abschnitt 16 und Abschnitt 28 benützt.

Schalten einer Gleichspannung

Als weiteres Beispiel für diesen Rechnungsgang wird der in Abb. 46.1 dargestellte Fall des Schaltens eines Schwingkreises mit einer Gleichspannung U_0 betrachtet. Der Schalter werde im Zeitpunkt $t = 0$ geschlossen; dann lautet die Maschengleichung

$$L \frac{di}{dt} + R\, i + u = U_0 , \tag{8}$$

und es ist

$$i = C \frac{du}{dt} .$$

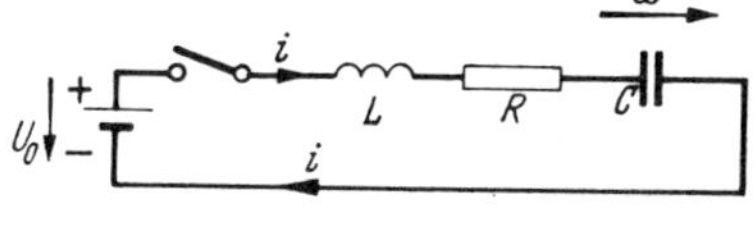

Abb. 46.1. Schalten eines Schwingkreises

Wird dies in die Gl. (8) eingeführt, so folgt

$$L\, C \frac{d^2u}{dt^2} + R\, C \frac{du}{dt} + u = U_0 . \tag{9}$$

Diese Differentialgleichung hat eine spezielle Lösung

$$u_e = U_0 . \tag{10}$$

Sie gibt die Spannung am Kondensator im stationären Zustand an. Allgemein kann man daher setzen

$$u = u_e + u_f \,. \tag{11}$$

Der Verlauf der Spannung wird danach gebildet durch die Summe aus dem Verlauf im eingeschwungenen Zustand und einem „*flüchtigen Vorgang*", der im Lauf der Zeit abklingt. Führt man den Ansatz für u in die Differentialgleichung (9) ein, so folgt

$$L\,C\,\frac{d^2 u_f}{dt^2} + R\,C\,\frac{du_f}{dt} + u_f = 0 \,. \tag{12}$$

Diese Gleichung für die flüchtige Komponente wird als lineare Differentialgleichung mit konstanten Koeffizienten durch den Ansatz

$$k\,\mathrm{e}^{p\,t}$$

integriert. Durch Einsetzen folgt

$$L\,C\,p^2 + R\,C\,p + 1 = 0 \,. \tag{13}$$

Dies ist die sog. *Stammgleichung* des Stromkreises. Sie hat die beiden Wurzeln

$$\begin{aligned} p_1 &= -\frac{R}{2\,L} + \sqrt{\left(\frac{R}{2\,L}\right)^2 - \frac{1}{L\,C}} = -\,\delta + \sqrt{\delta^2 - \omega_0^2}\,, \\ p_2 &= -\frac{R}{2\,L} - \sqrt{\left(\frac{R}{2\,L}\right)^2 - \frac{1}{L\,C}} = -\,\delta - \sqrt{\delta^2 - \omega_0^2}\,. \end{aligned} \tag{14}$$

Dabei sind δ und ω_0 leicht erkennbare Abkürzungen. Es ergeben sich also zwei Lösungen der Differentialgleichung für die Spannung am Kondensator, nämlich $k_1\,\mathrm{e}^{p_1 t}$ und $k_2\,\mathrm{e}^{p_2 t}$, wobei k_1 und k_2 zwei zunächst noch unbestimmte Konstanten sind.

Daher lautet die vollständige Lösung

$$u = k_1\,\mathrm{e}^{p_1 t} + k_2\,\mathrm{e}^{p_2 t} + U_0 \,. \tag{15}$$

Durch die beiden Integrationskonstanten k_1 und k_2 werden die in Spule und Kondensator vor dem Schalten aufgespeicherte Energien berücksichtigt, die Einfluß auf den Verlauf des Vorganges haben. Es könnte z. B. der Kondensator bereits irgendeine Ladung haben. Da sich die Feldenergie nicht sprunghaft ändern kann, so muß auch noch unmittelbar nach dem Einschalten der Spannung die gleiche Feldenergie verhanden sein. Zur Berechnung dieser Konstanten muß daher der *Anfangszustand* berücksichtigt werden, und zwar ergeben sich die Konstanten grundsätzlich daraus, daß

1. die magnetische Energie in jeder Spule,
2. die elektrische Energie in jedem Kondensator stetig sind.

Anders ausgedrückt: Der Strom in jeder Spule und die Spannung an jedem Kondensator müssen unmittelbar nach dem Schalten noch die gleichen Werte haben wie unmittelbar vorher. Aus diesem Grund ergeben sich immer so viele zunächst unbestimmte Konstanten wie unabhängige Energiespeicher vorhanden sind.

In unserem Fall muß, falls vom ungeladenen Zustand des Kondensators ausgegangen wird, für $t = 0$

1. der Strom in der Spule $i = 0$,
2. die Spannung am Kondensator $u = 0$ sein.

Nun ist allgemein hier der Strom in der Spule gleich dem Ladestrom des Kondensators,

$$i = C\frac{du}{dt} = k_1 p_1 C\,e^{p_1 t} + k_2 p_2 C\,e^{p_2 t}\,. \tag{16}$$

Die Anfangsbedingungen liefern daher

$$0 = k_1 + k_2 + U_0\,, \tag{17}$$

$$0 = k_1 p_1 + k_2 p_2\,. \tag{18}$$

Dies ergibt

$$k_1 = U_0\frac{p_2}{p_1 - p_2}\,, \qquad k_2 = -\,U_0\frac{p_1}{p_1 - p_2} \tag{19}$$

und

$$\left.\begin{aligned} u &= U_0\left(1 + \frac{p_2\,e^{p_1 t} - p_1\,e^{p_2 t}}{p_1 - p_2}\right),\\ i &= U_0\frac{p_1 p_2 C}{p_1 - p_2}\left(e^{p_1 t} - e^{p_2 t}\right). \end{aligned}\right\} \tag{20}$$

Der Verlauf von u und i hängt davon ab, ob p_1 und p_2 reelle oder komplexe Größen sind. Wenn die *Abklingkonstante* δ größer als die *Kennfrequenz* ω_0 ist,

$$\delta > \omega_0\,,$$

dann sind beide Größen negativ und reell. Der zeitliche Verlauf von u ist durch die Kurve *1* in Abb. 46.2, dargestellt (*aperiodischer Fall*). Ist dagegen

$$\delta < \omega_0\,,$$

so kann gesetzt werden

$$p_1 = -\,\delta + j\,\omega_1\,, \qquad p_2 = -\,\delta - j\,\omega_1\,, \tag{21}$$

wobei die *Eigenfrequenz*

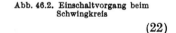

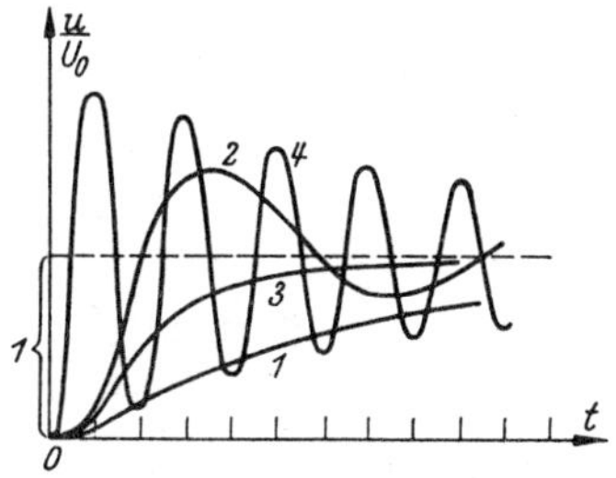

Abb. 46.2. Einschaltvorgang beim Schwingkreis

$$\omega_1 = \sqrt{\omega_0^2 - \delta^2}\,. \tag{22}$$

Führt man dies in die Gl. (20) ein, so folgt

$$\left.\begin{aligned} u &= U_0\left[1 - e^{-\delta t}\left(\cos\omega_1 t + \frac{\delta}{\omega_1}\sin\omega_1 t\right)\right],\\ i &= \frac{U_0}{\omega_1 L}\,e^{-\delta t}\,\sin\omega_1 t\,. \end{aligned}\right\} \tag{23}$$

Es ergibt sich ein Spannungsverlauf nach Kurve *2* oder *4*, Abb. 46.2. Wenn der Widerstand R sehr klein ist,

$$\delta \ll \omega_0\,,$$

so gilt angenähert

$$\left.\begin{aligned} u &= U_0\left(1 - e^{-\delta t}\cos\omega_0 t\right),\\ i &= U_0\sqrt{\frac{C}{L}}\,e^{-\delta t}\,\sin\omega_0 t\,. \end{aligned}\right\} \tag{24}$$

Die Spannung am Kondensator erreicht dann nahezu den doppelten Wert von U_0, Kurve *4*; der Strom hat den Maximalwert $U_0\sqrt{\frac{C}{L}}$.

Der sog. *aperiodische Grenzfall* liegt vor, wenn

$$\delta = \omega_0 \tag{25}$$

oder $\omega_1 = 0$ ist. Die Gl. (23) liefert hiermit, da $\lim\limits_{\omega_1 \to 0} \frac{\sin \omega_1 t}{\omega_1} = t$,

$$\left.\begin{aligned} u &= U_0\left(1 - e^{-\delta t} - \delta t\, e^{-\delta t}\right), \\ i &= 2\,\frac{U_0}{R}\,\delta t\, e^{-\delta t}. \end{aligned}\right\} \tag{26}$$

Dieser Fall ist in Abb. 46.2 mit *3* bezeichnet.

Anmerkung: Bei der Aufladung eines Kondensators aus einer Spannungsquelle konstanter Quellenspannung wird ein Arbeitsbetrag in Wärme umgesetzt, der unabhängig von Widerstand und Induktivität des Stromkreises gleich der im Kondensator am Ende aufgespeicherten Energie ist. Dies ergibt sich durch Ausrechnen von $W = \int\limits_0^\infty i^2 R\,dt$ mit Hilfe der Gl. (20). Nur die Hälfte der von der Stromquelle bei der Aufladung insgesamt gelieferten elektrischen Arbeit kann daher bei der Entladung wieder gewonnen werden.

Beim *Öffnen von Stromkreisen* ergeben sich gegenüber dem Schließen meist völlig veränderte Verhältnisse. Wenn z. B. in dem eben behandelten Fall des Reihenschwingkreises nach dem Aufbau des stationären Zustandes der Schalter wieder geöffnet wird, dann bleibt die Ladung des Kondensators und damit seine Spannung erhalten; der Kondensator entlädt sich lediglich allmählich über seinen Isolationswiderstand. In anderen Fällen tritt auch beim Öffnen eines Schalters ein Ausgleichsvorgang auf, der den Übergang zu dem neuen stationären Zustand vermittelt. Liegt z. B. in Abb. 46.1 parallel zum Kondensator ein zweiter Schalter, der zunächst geschlossen ist, Abb. 46.3, und schließt man nun den ersten Schalter, so wächst die Stromstärke nach einer Exponentialfunktion mit der Zeitkonstante $\tau = L/R$ auf irgendeinen Wert I_0, der unter dem Endwert U_0/R liege, wenn der zweite Schalter geöffnet wird. Nun folgt ein Ausgleichsvorgang, der zur Ladung des Kondensators führt. Die Maschengleichung des Stromes ist wieder die gleiche wie oben, Gl. (8); die allgemeinen Lösungen sind

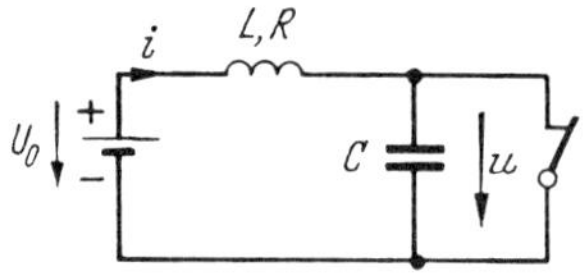

Abb. 46.3. Unterbrechen eines Kurzschlusses

$$u = u_e + k_1\, e^{p_1 t} + k_2\, e^{p_2 t}, \tag{27}$$

$$i = i_e + k_1\, C\, p_1\, e^{p_1 t} + k_2\, C\, p_2\, e^{p_2 t}, \tag{28}$$

mit $u_e = U_0$, $i_e = 0$. Die Anfangsbedingungen beim Öffnen des Schalters im Zeitpunkt $t = 0$ lauten hier aber $u = 0$ und $i = I_0$:

$$0 = U_0 + k_1 + k_2. \tag{29}$$

$$I_0 = k_1\, C\, p_1 + k_2\, C\, p_2. \tag{30}$$

Hieraus folgt

$$k_1 = \frac{U_0\, p_2 + \frac{1}{C}\, I_0}{p_1 - p_2}, \tag{31}$$

$$k_2 = -\frac{U_0\, p_1 + \frac{1}{C}\, I_0}{p_1 - p_2}. \tag{32}$$

Für den schwingenden Fall ($\delta < \omega_0$) ergibt sich z. B.

$$u = U_0\left[1 - e^{-\delta t}\left(\cos\omega_1 t + \frac{\delta}{\omega_1}\sin\omega_1 t\right)\right] + I_0\frac{1}{\omega_1 C}e^{-\delta t}\sin\omega_1 t\,. \tag{33}$$

Wenn der Widerstand R klein gegen $2\sqrt{\frac{L}{C}}$ ist, ($\delta \ll \omega_0$) folgt hieraus die Näherungsformel

$$u = U_0\left(1 - e^{-\delta t}\cos\omega_0 t\right) + I_0\sqrt{\frac{L}{C}}e^{-\delta t}\sin\omega_0 t\,. \tag{34}$$

Ferner gilt ebenfalls näherungsweise für den Strom

$$i = U_0\sqrt{\frac{C}{L}}e^{-\delta t}\sin\omega_0 t + I_0 e^{-\delta t}\cos\omega_0 t\,. \tag{35}$$

Die Spannung am Kondensator kann hier weit über den Wert U_0 hinaus anwachsen, wenn R sehr klein gegen $\sqrt{\frac{L}{C}}$ ist. In den Gl. (34) und (35) überwiegen dann die zweiten Summanden erheblich die ersten. Für den Höchstwert der Spannung ergibt sich angenähert

$$U_m = I_0\sqrt{\frac{L}{C}}\,, \tag{36}$$

da die Feldenergie $\frac{1}{2}\,I_0^2\,L$ der Spule fast ganz vom Kondensator übernommen werden muß, so daß $\frac{1}{2}\,U_m^2\,C = \frac{1}{2}\,I_0^2\,L$.

Wie Abb. 46.4 zeigt, klingt die Spannung allmählich auf den Endwert U_0 ab, während sich die Stromstärke dem Wert Null nähert.

Ein Stromkreis dieser Art liegt z. B. vor, wenn am Ende einer Hochspannungsleitung ein *Kurzschluß abgeschaltet* wird. Die Induktivität L wird durch die Leitungsinduktivität und die Streuinduktivität von Generatoren und Transformatoren gebildet. Bei Wechselstrom findet die Unterbrechung des an den Schalterkontakten entstehenden Lichtbogens ungefähr in einem Nulldurchgang des Stromes statt, I_0 ist daher hier Null. Die Generatorspannung hat wegen der angenähert 90° betragenden Phasenverschiebung zwischen Spannung und Strom beim Nulldurchgang des Stromes ungefähr ihren Scheitelwert U_{0m}. Die an der Leitung nach dem Abschalten auftretende Spannung, die man hier als *wiederkehrende Spannung* bezeichnet, verläuft ähnlich wie die Kurve *4* in Abb. 46.2 mit einer Eigenfrequenz, die praktisch groß ist gegen die Generatorfrequenz von 50 Hz. Die Generatorspannung kann daher während des Ausgleichsvorganges nahezu als konstant angesehen werden, so daß

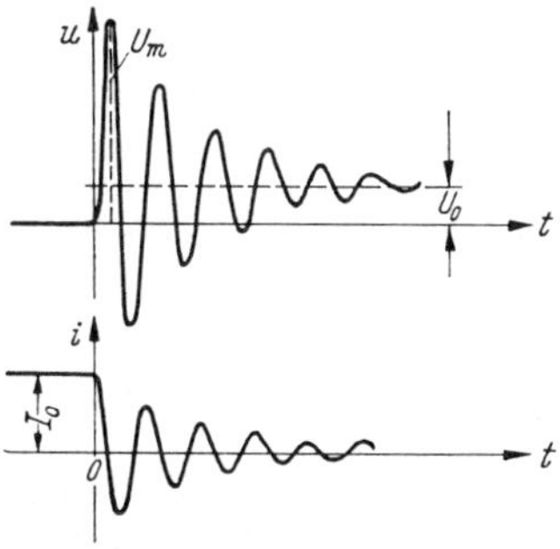

Abb. 46.4. Spannungs- und Stromverlauf zu Abb. 46.3

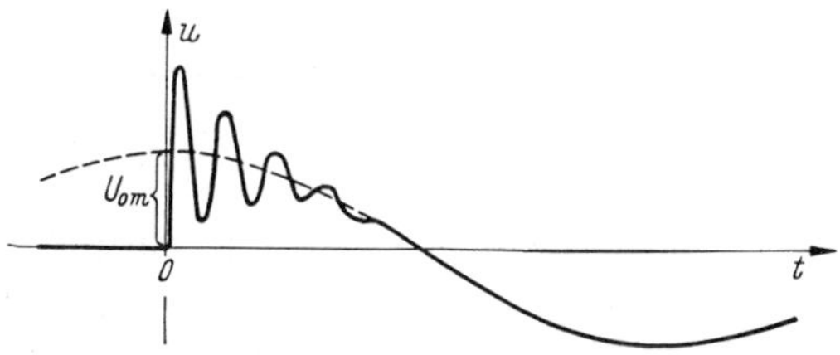

Abb. 46.5. Wiederkehrende Spannung nach einem Kurzschluß

ein Verlauf der wiederkehrenden Spannung nach Abb. 46.5 entsteht. Der Spitzenwert der wiederkehrenden Spannung ist nahezu doppelt so groß wie der Scheitelwert der Generatorspannung. Solche Erscheinungen werden als *Überspannungen* bezeichnet.

Aus den Anfangsbedingungen des Stromkreises kann man häufig die Höhe der Überspannungen abschätzen, ohne daß der ganze Vorgang berechnet werden muß. Als weiteres Beispiel betrachten wir das *Abschalten eines Asynchronmotors.* Wird der Ständerstromkreis geöffnet, so bleibt der magnetische Induktionsfluß zunächst erhalten; die dazu erforderliche Durchflutung wird vom Läuferstrom gedeckt. Dieser klingt entsprechend seiner Zeitkonstante aus, die L_2/R_2 beträgt, wenn L_2 die gesamte Induktivität des Läuferstromkreises und R_2 sein Widerstand ist. Da der Läufer wegen seiner Trägheit zunächst auch ungefähr die synchrone Drehgeschwindigkeit beibehält, so läßt sich für den Gesamtfluß in einem Strang der Ständerwicklung entsprechend Gl. (35.37) ansetzen

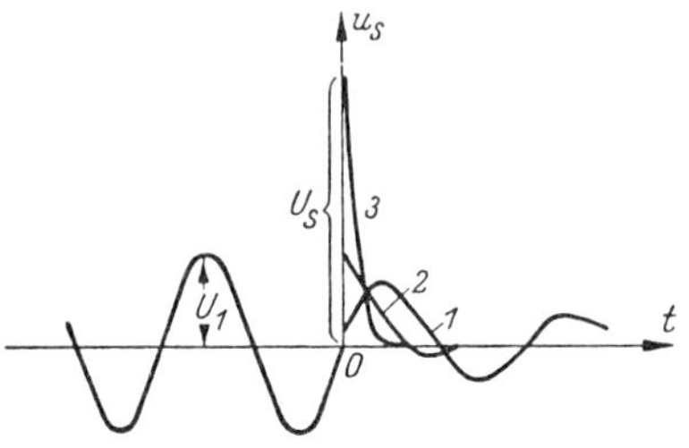

Abb. 46.6. Spannung an der Ständerwicklung eines Asynchronmotors nach dem Abschalten vom Netz

$$\Phi_1 = \Phi_0 \, e^{-\frac{R_2}{L_2} t} \cos \omega t \,. \tag{37}$$

Die an dem offenen Ständerstrang auftretende Spannung wird daher

$$u_S = -\frac{d\Phi_1}{dt} = \Phi_0 \left(\omega \sin \omega t + \frac{R_2}{L_2} \cos \omega t\right) e^{-\frac{R_2}{L_2} t} \,. \tag{38}$$

Dies ist eine mit der Läuferzeitkonstante abklingende Schwingung. Der Höchstwert der Spannung beträgt angenähert

$$U_S = \omega \, \Phi_0 \sqrt{1 + \left(\frac{R_2}{\omega L_2}\right)^2} \tag{39}$$

oder unter Einführung der Betriebsspannung

$$U_1 = \omega \, \Phi_0 : \tag{40}$$

$$U_S = U_1 \sqrt{1 + \left(\frac{R_2}{\omega L_2}\right)^2} \,. \tag{41}$$

Beim Abschalten tritt am Ständer eine Überspannung auf; sie wird groß bei großem Läuferwiderstand R_2. Daher dürfen Asynchronmotoren nur bei kurzgeschlossenem Läuferkreis abgeschaltet werden. In Abb. 46.6 ist $\frac{R_2}{\omega L_2} = 0{,}2$ für Kurve *1*, $\frac{R_2}{\omega L_2} = 1$ für Kurve *2* und $\frac{R_2}{\omega L_2} = 3$ für Kurve *3*.

Das hier angewendete Verfahren führt grundsätzlich bei beliebig komplizierten Systemen zum Ziel, wenn auch im allgemeinen die Rechnungen langwierig werden, sobald mehrere unabhängige Energiespeicher vorhanden sind. Zur Vereinfachung der Rechnung dienen Hilfssätze sowie die nach FOURIER und LAPLACE benannten Methoden, die weiter unten behandelt werden.

Schalten einer Wechselspannung

Der Vorgang beim *Schalten einer Wechselspannung* kann im Prinzip genauso berechnet werden wie der oben behandelte Vorgang des Schaltens einer Gleichspannung. An die Stelle von U_0 tritt dann eine Wechselspannung von der Form $U_{0m} \sin(\omega t + \psi)$.

Dabei ist ψ die Phase im Zeitpunkt des Schaltens, wenn dieser wieder durch $t = 0$ gekennzeichnet ist. Die Gl. (9) lautet nun

$$L\,C\,\frac{d^2u}{dt^2} + R\,C\,\frac{du}{dt} + u = U_{0m}\sin(\omega\,t + \psi)\,. \tag{42}$$

Setzt man wieder Gl. (11) an, so kann u_e aus der Wechselstromtheorie berechnet werden; es gilt

$$\underline{U}_e = \underline{U}_0\,\frac{1}{1 - \omega^2\,L\,C + j\,\omega\,C\,R}\,, \tag{43}$$

also

$$u_e = U_{0m}\,\frac{1}{\sqrt{(1-\omega^2\,L\,C)^2 + (\omega\,C\,R)^2}}\sin(\omega\,t + \psi - \varphi)\,, \tag{44}$$

wobei

$$\tan\varphi = \frac{\omega\,C\,R}{1 - \omega^2\,L\,C}\,. \tag{45}$$

Für den Strom im eingeschwungenen Zustand gilt

$$i_e = C\,\frac{du_e}{dt} = U_{0m}\,\frac{\omega\,C}{\sqrt{(1-\omega^2\,L\,C)^2 + (\omega\,C\,R)^2}}\cos(\omega\,t + \psi - \varphi)\,. \tag{46}$$

Für u_f ergibt sich dann wieder die gleiche Differentialgleichung (12) wie oben, so daß auch hier die Ansätze (27) und (28) gelten.

Die Anfangsbedingungen für $t = 0$ liefern aber jetzt

$$0 = u_e(0) + k_1 + k_2\,, \tag{47}$$

$$0 = i_e(0) + k_1\,C\,p_1 + k_2\,C\,p_2\,. \tag{48}$$

Hieraus können wieder die Konstanten k_1 und k_2 berechnet werden.

Übergangsfunktion. Beliebig veränderliche Spannung

Ein anderes Verfahren besteht darin, daß der *Vorgang bei zeitlich beliebig veränderlicher Spannung* aus dem Gleichstromschaltvorgang berechnet wird. Es sei der Verlauf einer Systemgröße $s_2(t)$ (z. B. Spannung oder Strom) gesucht, der zu dem beliebigen zeitlichen Verlauf einer eingeprägten Größe $s_1(t)$ (z. B. Quellenspannung) gehört.

Man denke sich zunächst an die Stelle der zeitlich veränderlichen Größe s_1 eine zur Zeit $t = 0$ plötzlich einsetzende und dann konstante Größe S_{10} gebracht. Die Größe s_2 ändert sich dann von Null auf einen Endwert (der selbst wieder Null sein kann):

$$s_2 = s_2(t)\,. \tag{49}$$

Es werde nun das Verhältnis

$$\varphi(t) = \frac{s_2(t)}{S_{10}} \tag{50}$$

gebildet, das proportional $s_2(t)$ ist, da S_{10} eine Konstante darstellt. Diese so definierte Funktion bezeichnen wir als die *Übergangsfunktion*. Sie kann nach den vorhin behandelten Regeln berechnet werden und ist wegen der Linearität des Systems unabhängig von der Größe S_{10}. Sie ist die Antwort des Systems auf einen Einheitssprung. Die in Abb. 46.2 gezeigten Kurven stellen Übergangsfunktionen dar.

Setzt die Größe S_{10} nicht im Zeitpunkt $t = 0$, sondern in irgendeinem anderen Zeitpunkt $t = z$ ein, so gilt

$$s_2(t) = S_{10}\,\varphi(t - z)\,. \tag{51}$$

Verschwindet die Größe S_{10} nach einem kurzen Zeitabschnitt dz wieder, so kann man das durch einen negativen Sprung darstellen,

$$s_2(t) = -S_{10}\,\varphi(t - z - dz)\,. \tag{52}$$

Im ganzen ergibt sich daher für einen Impuls der Dauer dz ein Verlauf der Größe s_2, der dargestellt ist durch

$$ds_2(t) = S_{10}\,[\varphi\,(t - z) - \varphi\,(t - z - dz)]\,. \tag{53}$$

Entwickelt man hier unter der Voraussetzung, daß die Übergangsfunktion und ihre Differentialquotienten stetige Funktionen sind, das zweite Glied rechts nach Potenzen von dz, so folgt unter Vernachlässigung höherer Potenzen des kleinen Zeitabschnittes dz:

$$ds_2(t) = S_{10}\,\dot{\varphi}\,(t - z)\,dz\,, \tag{54}$$

wobei zur Abkürzung

$$\dot{\varphi}(t) = \frac{d\varphi}{dt} \tag{55}$$

gesetzt ist. Man nennt $\dot{\varphi}(t)$ die *Impulsantwort* oder auch die *Gewichtsfunktion.*

Aus derartigen Impulsen kann man nun jeden beliebigen zeitlichen Verlauf der Funktion s_1 zusammensetzen, wie dies in Abb. 46.7 veranschaulicht ist. Ein Impuls setzt in einem Zeitpunkt $t = z$ ein, hat die Dauer dz und die Amplitude

$$S_{10} = s_1(z)\,.$$

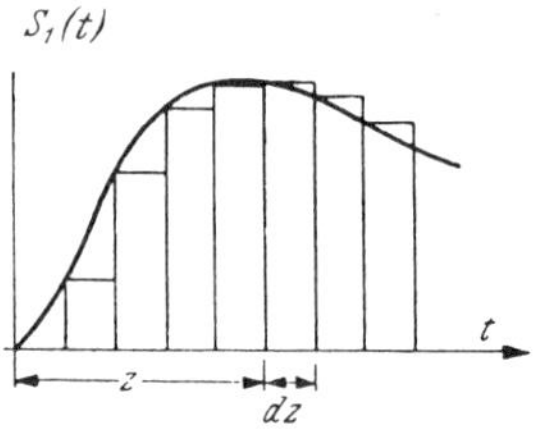

Abb. 46.7. Zerlegung einer zeitlich veränderlichen Größe in Impulse

Zu jedem Impuls gehört daher ein Verlauf der Größe s_2 von

$$ds_2 = s_1(z)\,\dot{\varphi}\,(t - z)\,dz\,. \tag{56}$$

Wegen der Linearität des Systems überlagern sich die von den einzelnen Impulsen herrührenden Anteile von s_2, so daß man den wirklichen Wert von s_2 in irgendeinem Zeitpunkt t erhält, wenn man die Wirkung aller Impulse von $z = -\infty$ bis $z = t$ summiert:

$$\boxed{s_2 = \int_{-\infty}^{t} s_1(z)\,\dot{\varphi}\,(t - z)\,dz\,.} \tag{57}$$

Setzt die Größe s_1 erst im Zeitpunkt $t = 0$ ein, so ist s_1 für negative t gleich 0 zu setzen, und es wird

$$\boxed{s_2 = \int_{0}^{t} s_1(z)\,\dot{\varphi}\,(t - z)\,dz\,.} \tag{58}$$

Bemerkung: Die Formel (57) wurde unter der Voraussetzung abgeleitet, daß die Übergangsfunktion $\varphi(t)$ stetig ist. Häufig liegt der Fall vor (z. B. bei Leitungen), daß die Übergangsfunktion in einem bestimmten Zeitpunkt $t = t_0$ sprungweise von Null auf einen bestimmten Betrag $\varphi(t_0)$ wächst, wie z. B. in Abb. 46.8. Dann kann man $\varphi(t)$ zerlegen in eine stetige Funktion

$$\varphi(t) - \varphi(t_0)$$

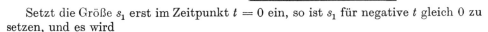

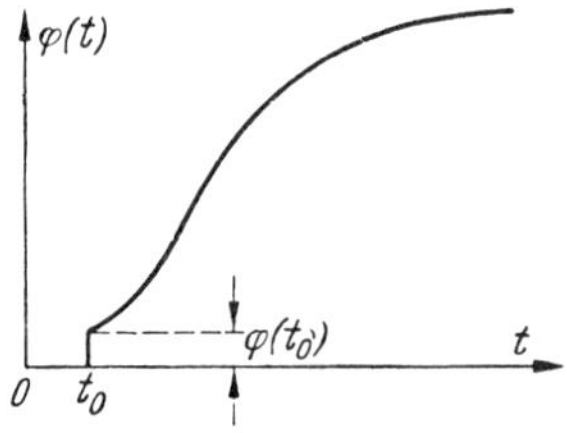

Abb. 46.8. Beispiel einer allgemeinen Übergangsfunktion

und in einen Sprung vom Betrage $\varphi(t_0)$. Dieser liefert zu s_2 einen Beitrag

$$s_2' = \varphi(t_0)\,s_1\,(t - t_0)\,,$$

während die stetige Funktion einen Beitrag nach Gl. (57) ergibt, so daß der vollständige Verlauf von s_2 für $t > t_0$ gegeben ist durch

$$s_2 = \int_{0}^{t-t_0} s_1(z)\,\dot{\varphi}\,(t - z)\,dz + \varphi(t_0)\,s_1\,(t - t_0)\,. \tag{59}$$

Dabei ist noch berücksichtigt, daß $\dot{\varphi}(t - z)$ für $t - z < t_0$, also für $z > t - t_0$, Null ist. Für $t < t_0$ ist infolge der Voraussetzungen auch $s_2 = 0$.

Als Anwendungsbeispiel werde der Vorgang betrachtet, der sich ergibt, wenn eine Spule mit der Induktivität L und dem Widerstand R an eine Wechselstromquelle mit

$$u_0 = U_{0m}\sin\omega t \tag{60}$$

gelegt wird. Wir berechnen zuerst die Antwort auf eine im Zeitnullpunkt eingeschaltete, dann konstante Quellenspannung U_0; hierfür wird der Strom nach Gl. (28.24)

$$i = \frac{U_0}{R}\left(1 - e^{-\frac{t}{\tau}}\right), \qquad \tau = \frac{L}{R}. \tag{61}$$

Setzen wir

$$i = s_2, \qquad U_0 = S_{10},$$

so ergibt sich die Übergangsfunktion

$$\varphi(t) = \frac{1}{R}\left(1 - e^{-\frac{t}{\tau}}\right), \tag{62}$$

und es wird

$$\dot{\varphi}(t - z) = \frac{1}{L} e^{-\frac{t}{\tau}} e^{\frac{z}{\tau}}. \tag{63}$$

Damit folgt sofort für den Wechselstromvorgang aus Gl. (58)

$$i = s_2 = U_{0m} \frac{1}{L} e^{-\frac{t}{\tau}} \int_0^t e^{\frac{z}{\tau}} \sin \omega z \, dz. \tag{64}$$

Durch Ausführen der Integration ergibt sich

$$i = U_{0m} \frac{\omega L}{R^2 + \omega^2 L^2}\left(e^{-\frac{t}{\tau}} - \cos \omega t\right) + U_{0m} \frac{R}{R^2 + \omega^2 L^2} \sin \omega t. \tag{65}$$

Die flüchtige Komponente des Stromes i_f ist also hier durch die Exponentialfunktion dargestellt; sie überlagert sich dem stationären Strom, und es ist

$$\left.\begin{aligned} i_f &= U_{0m} \frac{\omega L}{R^2 + \omega^2 L^2} e^{-\frac{t}{\tau}}, \\ i_e &= U_{0m} \frac{R \sin \omega t - \omega L \cos \omega t}{R^2 + \omega^2 L^2}. \end{aligned}\right\} \tag{66}$$

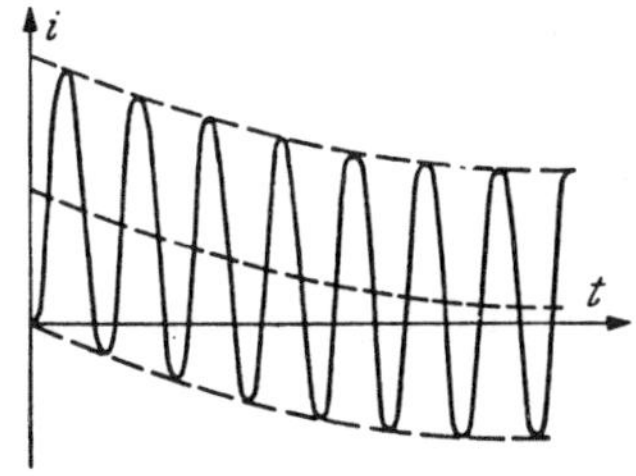

Abb. 46.9. Einschaltvorgang bei einer Spule ohne Eisenkern

Der dadurch gegebene Stromverlauf ist in Abb. 46.9 veranschaulicht. Kurze Zeit nach dem Einschalten kann der Strom nahezu auf den doppelten Endwert ansteigen.

Bei komplizierten Übergangsfunktionen kann das Integral (59) meist nicht in geschlossener Form ausgewertet werden. Man wendet dann mit Vorteil Reihenentwicklungen an, die sich durch partielle Integration aus Gl. (59) ergeben. Es sei die eingeprägte Größe durch

$$\left.\begin{aligned} s_1(t) &= 0 && \text{für } t < 0, \\ s_1(t) &= k_1 \sin \omega t + k_2 \cos \omega t && \text{für } t > 0 \end{aligned}\right\} \tag{67}$$

gegeben. Dann wird nach Gl. (59) für $t > t_0$:

$$s_2 = k_1 \int_0^{t-t_0} \sin \omega z \, \dot{\varphi}(t - z) \, dz + k_2 \int_0^{t-t_0} \cos \omega z \, \dot{\varphi}(t - z) \, dz + \varphi(t_0) \, s_1(t - t_0). \tag{68}$$

Die beiden Integrale

$$I_1 = \int_0^{t-t_0} \sin \omega z \, \dot{\varphi}(t - z) \, dz \tag{69}$$

und

$$I_2 = \int_0^{t-t_0} \cos \omega z \, \dot{\varphi}(t - z) \, dz \tag{70}$$

kann man in das komplexe Integral

$$I = I_2 + j\, I_1 = \int_0^{t-t_0} e^{j\omega z}\, \dot{\varphi}\,(t - z)\, dz \tag{71}$$

zusammenfassen. Nunmehr liefert die partielle Integration

$$\begin{aligned} I = {} & \frac{1}{\omega^2}\,\ddot{\varphi}(t) - \frac{1}{\omega^4}\,\ddddot{\varphi}(t) + \cdots \\ & + j\left[\frac{1}{\omega}\,\dot{\varphi}(t) - \frac{1}{\omega^3}\,\dddot{\varphi}(t) + \cdots\right] \\ & + \left[\frac{1}{j\,\omega}\,\dot{\varphi}(t_0) + \frac{1}{(j\,\omega)^2}\,\ddot{\varphi}(t_0) + \frac{1}{(j\,\omega)^3}\,\dddot{\varphi}(t_0) + \cdots\right] e^{j\,\omega\,(t-t_0)}\,. \end{aligned} \tag{72}$$

Der letzte Ausdruck ergibt zusammen mit dem letzten Glied in Gl. (68) den eingeschwungenen Verlauf. Dieser kann unmittelbar aus der Wechselstromtheorie berechnet werden, so daß wir ihn hier nicht weiter zu berücksichtigen brauchen. Die beiden ersten Ausdrücke in Gl. (72) liefern die flüchtigen Komponenten von s_2. Durch Vergleichen des Reellen und Imaginären in Gl. (71) und (72) folgt

$$I_1 = \frac{1}{\omega}\,\dot{\varphi}(t) - \frac{1}{\omega^3}\,\dddot{\varphi}(t) + \cdots, \tag{73}$$

$$I_2 = \frac{1}{\omega^2}\,\ddot{\varphi}(t) - \frac{1}{\omega^4}\,\ddddot{\varphi}(t) + \cdots. \tag{74}$$

Schreiben wir daher

$$s_2 = s_f + s_e\,, \tag{75}$$

so wird die *flüchtige* Komponente von s_2

$$s_f(t) = k_1\left[\frac{1}{\omega}\cdot\dot{\varphi}(t) - \frac{1}{\omega^3}\,\dddot{\varphi}(t) + \cdots\right] + k_2\left[\frac{1}{\omega^2}\,\ddot{\varphi}(t) - \frac{1}{\omega^4}\,\ddddot{\varphi}(t) + \cdots\right]. \tag{76}$$

Die auf diese Weise erhaltenen Reihen sind im allgemeinen brauchbar für *große* Werte von t. In manchen Fällen ergeben sie eine sog. *asymptotische Darstellung* von s_f, d. h. die Glieder nehmen zunächst immer mehr ab und wachsen dann wieder unbegrenzt an. Man geht in diesem Falle bei der Berechnung nur so weit wie die Glieder abnehmen.

Zur Berechnung von s_2 bei *kleinen* Werten von t ist die folgende Darstellung zweckmäßig, die man ebenfalls durch partielle Integration von I erhält. Es ist

$$\begin{aligned} I = {} & -\varphi(t_0)\cos\omega\,(t - t_0) + \varphi(t) - \omega^2\,\underset{\cdot\cdot}{\varphi}(t) + \omega^4\,\underset{\cdot\cdot\cdot\cdot}{\varphi}(t) - \cdots \\ & - j\,[\varphi(t_0)\sin\omega\,(t - t_0) - \omega\,\underset{\cdot}{\varphi}(t) + \omega^3\,\underset{\cdot\cdot\cdot}{\varphi}(t) - \cdots]\,, \end{aligned} \tag{77}$$

wobei zur Abkürzung gesetzt ist

$$\left.\begin{aligned} \underset{\cdot}{\varphi}(t) &= \int_{t_0}^{t} \varphi(z)\,dz\,, \\ \underset{\cdot\cdot}{\varphi}(t) &= \int_{t_0}^{t} \underset{\cdot}{\varphi}(z)\,dz\,, \quad \text{usw.} \end{aligned}\right\} \tag{78}$$

Daher gilt mit Gl. (68)

$$s_2(t) = k_1\,[\omega\,\underset{\cdot}{\varphi}(t) - \omega^3\,\underset{\cdot\cdot\cdot}{\varphi}(t) + \cdots] + k_2\,[\varphi(t) - \omega^2\,\underset{\cdot\cdot}{\varphi}(t) + \cdots]\,. \tag{79}$$

In dem Beispiel der an einen Wechselstromgenerator geschalteten Spule ist

$$\begin{aligned} \varphi(t) &= \frac{1}{R}\left(1 - e^{-\frac{t}{\tau}}\right), \\ \dot{\varphi}(t) &= \frac{1}{L}\,e^{-\frac{t}{\tau}}\,, \\ \ddot{\varphi}(t) &= -\frac{R}{L^2}\,e^{-\frac{t}{\tau}}\,, \\ \dddot{\varphi}(t) &= \frac{R^2}{L^3}\,e^{-\frac{t}{\tau}} \quad \text{usw.} \end{aligned}$$

Es wird daher, wenn man gemäß dem Ansatz für die Quellenspannung

$$k_1 = U_{0m}, \qquad k_2 = 0$$

setzt, nach Gl. (76)

$$i_f = s_f = U_{0m} \frac{1}{\omega L}\left[1 - \left(\frac{R}{\omega L}\right)^2 + \left(\frac{R}{\omega L}\right)^4 - \cdots\right] \mathrm{e}^{-\frac{t}{\tau}}.$$

Wenn $R/\omega L$ kleiner als 1 ist, so folgt hieraus unter Benutzung der Reihenentwicklung

$$\frac{1}{1+x} = 1 - x + x^2 - \cdots$$

$$i_f = U_{0m} \frac{1}{\omega L} \frac{1}{1 + \left(\frac{R}{\omega L}\right)^2} \mathrm{e}^{-\frac{t}{\tau}} = U_{0m} \frac{\omega L}{R^2 + \omega^2 L^2} \mathrm{e}^{-\frac{t}{\tau}}. \tag{80}$$

Für $R > \omega L$ ist die Reihe für i_f divergent. Da jedoch die Funktion in Gl. (80) beim Übergang von dem einen in das andere Gebiet stetig ist, so gilt die gleiche Darstellung auch in diesem Bereich.

47. Zeitfunktion und Spektrum

Fourier-Reihen

Beim Schalten einer Spannungsquelle mit konstanter Spannung U_0 an ein beliebiges Netz, Abb. 47.1, kann der Schaltvorgang auf einen „Spannungssprung", d. h. auf eine zwischen den Klemmen a und b wirkende Quellenspannung zurückgeführt werden, die im Zeitpunkt des Schaltens, $t = 0$, von 0 auf den Wert U springt. Der dazugehörige Ausgleichsvorgang für den Strom i in einer beliebigen Masche des Netzes klingt nun praktisch in einer bestimmten endlichen Zeit ab. Daher kann man diesen Vorgang mit einer gewissen Annäherung berechnen, wenn man statt des einmaligen Spannungssprungs eine periodische Folge von Spannungssprüngen annimmt, Abb. 47.2. Wird die Periode T hinreichend groß gewählt, dann ist jeweils der Ausgleichsvorgang abgeklungen, bevor ein neuer Spannungssprung kommt.

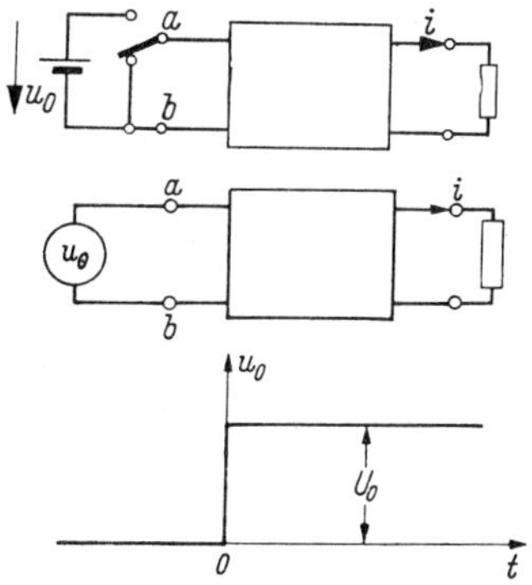

Abb. 47.1. Ersatz der geschalteten Spannung durch eine Sprungfunktion

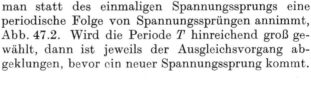

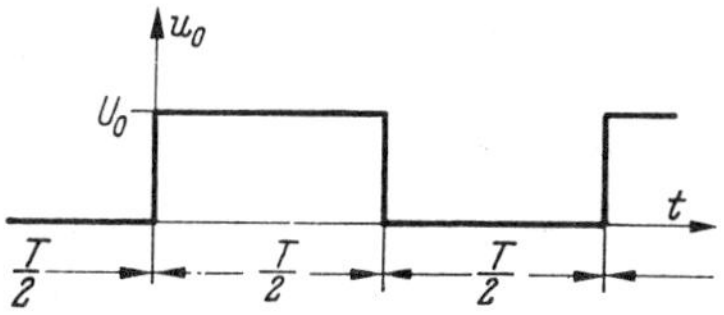

Abb. 47.2. Rechteckschwingung

Eine Rechteckschwingung nach Abb. 47.2 läßt sich nun durch eine Fouriersche Reihe darstellen, deren Koeffizienten mit den Gl. (33.4) und (33.5) berechnet werden können. Es ergibt sich

$$u_0(t) = U_0\left[\frac{1}{2} + \frac{2}{\pi}\left(\sin \omega_1 t + \frac{1}{3} \sin 3\,\omega_1 t + \frac{1}{5} \sin 5\,\omega_1 t + \cdots\right)\right], \tag{1}$$

wobei $\omega_1 = 2\pi/T$ gilt.

In Abb. 47.3 ist veranschaulicht, wie sich danach die Rechteckschwingung aus den einzelnen Komponenten zusammensetzt, nämlich dem konstanten Mittelwert und den Sinusschwingungen mit den ungeradzahligen Vielfachen der Grundfrequenz ω_1. Die n-te Teilschwingung hat die Form

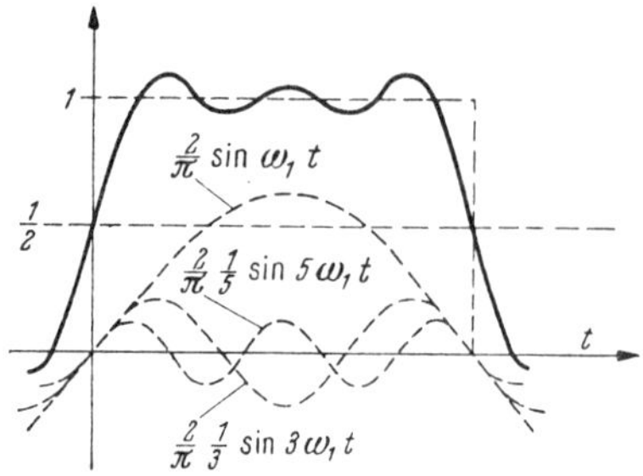

Abb. 47.3. Aufbau der Rechteckschwingung aus den FOURIER-Komponenten

$$u_n(t) = U_0 \frac{2}{\pi}\frac{1}{n} \sin n\,\omega_1\,t\,. \tag{2}$$

Zu jeder dieser Sinusspannungen gehört eine Stromkomponente i_n, die sich aus der Wechselstromtheorie berechnen läßt. Für die komplexen Größen I und U findet man einen Zusammenhang von der Form

$$I = A(\omega)\,U\,. \tag{3}$$

Dabei ist die komplexe Größe (Netzfunktion, s. Abschnitt 36)

$$A(\omega) = |A(\omega)|\,e^{j\varphi(\omega)} \tag{4}$$

im allgemeinen sowohl in ihrem Betrag $|A|$ als auch in ihrem Phasenwinkel φ von der Frequenz ω der Wechselspannung abhängig. Für die n-te Teilschwingung gilt daher

$$I_n = U_0\frac{2}{\pi}\frac{1}{n}\,|A(n\,\omega_1)|\,e^{j\varphi(n\,\omega_1)} = U_0\frac{2}{\pi}\frac{1}{n}A_n\,e^{j\varphi_n}\,, \tag{5}$$

mit der Abkürzung

$$A_n = |A(n\,\omega_1)|\,,\quad \varphi_n = \varphi\,(n\,\omega_1)\,,$$

und es wird

$$i_n(t) = |I_n|\,\sin\,(n\,\omega_1\,t + \varphi_n)\,. \tag{6}$$

Nimmt man dazu noch den Mittelwert (Gleichstromwert)

$$i_0 = U_0\frac{1}{2}A_0\,, \tag{7}$$

so ergibt sich für den gesuchten Strom

$$i(t) = U_0\left[\frac{1}{2}A_0 + \frac{2}{\pi}\sum_{n=1}^{\infty}\frac{1}{n}A_n\,\sin\,(n\,\omega_1\,t + \varphi_n)\right] \quad\text{mit}\quad n = 1, 3, 5\cdots. \tag{8}$$

Dieses Rechenverfahren läßt sich zahlenmäßig auch in den kompliziertesten Fällen immer durchführen. Man nimmt probeweise eine bestimmte Periodendauer T an und berechnet die gesuchte Größe. Dabei zeigt sich, ob die Annahme für T zweckmäßig war. Zu großes T erfordert die Berücksichtigung sehr vieler Glieder der Reihe; zu kleines T führt nach einer Halbperiode noch nicht auf den richtigen Endwert der betreffenden Größe.

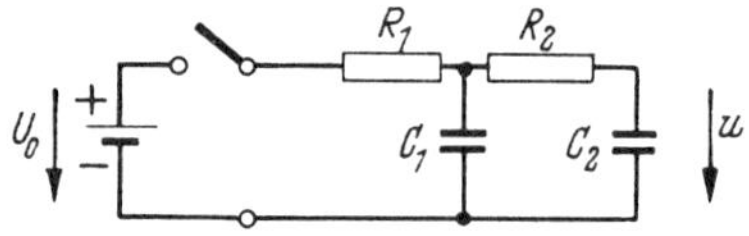

Abb. 47.4. Schalten einer RC-Kette

Zahlenbeispiel: Der Verlauf der Spannung u am Ausgang der zweigliedrigen RC-Kette, Abb. 47.4, nach dem Schalten einer Gleichspannung U_0 am Anfang sei zu berechnen; es sei $R_1 = R_2 = 1000\,\Omega$; $C_1 = C_2 = 1\,\mu\text{F}$; $U_0 = 100$ V.

Für Sinusspannungen gilt

$$U = U_0\frac{1}{1 + j\,\omega\,(C_1\,R_1 + C_2\,R_1 + C_2\,R_2) - \omega^2 C_1\,C_2\,R_1\,R_2}\,. \tag{9}$$

Hieraus folgt

$$|A(\omega)| = \frac{1}{\sqrt{(1 - a_2\,\omega^2)^2 + (a_1\,\omega)^2}}\,, \tag{10}$$

$$\tan\varphi(\omega) = -\frac{a_1\,\omega}{1 - a_2\,\omega^2}\,, \tag{11}$$

wobei $a_1 = 3\cdot 10^{-3}$ s, $a_2 = 10^{-6}\,\text{s}^2$.

Wir wählen $T = 20$ ms, also $f_1 = 50$ Hz, $\omega_1 = 314\ \mathrm{s}^{-1}$. Damit ergeben sich die Zahlenwerte der folgenden Tabelle.

n	$f = n f_1$	$A_n = \lvert A(n\omega_1)\rvert$	$\varphi_n = \varphi(n\omega_1)$	$\lvert U_n\rvert$
0	0 Hz	1	0	50 V
1	50 ,,	0,768	— 46,4°	48,9 ,,
3	150 ,,	0,353	— 87,7°	7,5 ,,
5	250 ,,	0,203	—107,2°	2,6 ,,
7	350 ,,	0,131	—120,0°	1,2 ,,
9	450 ,,	0,091	—129,6°	0,65 ,,

Der gesuchte Spannungsverlauf folgt aus

$$u = 50\ \mathrm{V} + \sum_{n=1}^{\infty} |U_n| \sin(n\,\omega_1 t + \varphi_n)\,; \qquad (12)$$

er ist unter Berücksichtigung der sechs ersten Summanden in Abb. 47.5 aufgezeichnet. Gestrichelt ist der genaue Verlauf der Spannung eingetragen, der sich mit Hilfe der im vorigen Abschnitt behandelten Regeln zu

$$u = U_0\,(1 + 0{,}171\ \mathrm{e}^{-2618\,t/\mathrm{s}} - 1{,}171\ \mathrm{e}^{-382\,t/\mathrm{s}}) \qquad (13)$$

ergibt. Man erkennt, daß die gewählte Periode von 20 ms noch ein wenig zu klein ist.

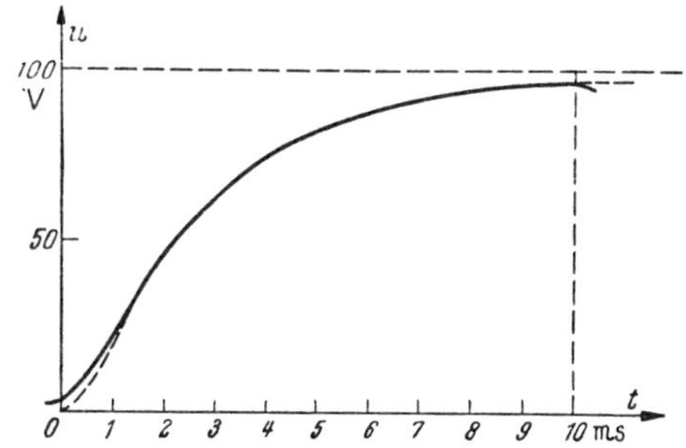

Abb. 47.5. Verlauf der Ausgangsspannung bei der RC-Kette

Das Fourier-Integral

Aus der Fourierschen Reihe wird das Fouriersche Integral, wenn die Periodendauer T gegen unendlich geht. Für eine beliebige periodische Funktion mit der Periode T, Abb. 47.6 setzen wir

$$s(t) = \sum_{n=1}^{\infty} P_n \sin n\,\omega_1 t + \sum_{n=1}^{\infty} Q_n \cos n\,\omega_1 t + Q_0\,; \qquad (14)$$

dabei gilt entsprechend Gl. (36.100) bis (36.103)

$$P_n = \frac{2}{T}\int_{-T/2}^{+T/2} s(t)\sin n\,\omega_1 t\,dt\,, \qquad (15)$$

$$Q_n = \frac{2}{T}\int_{-T/2}^{+T/2} s(t)\cos n\,\omega_1 t\,dt\,, \qquad (16)$$

$$Q_0 = \frac{1}{T}\int_{-T/2}^{+T/2} s(t)\,dt\,, \qquad (17)$$

$$\omega_1 = \frac{2\pi}{T}\,. \qquad (18)$$

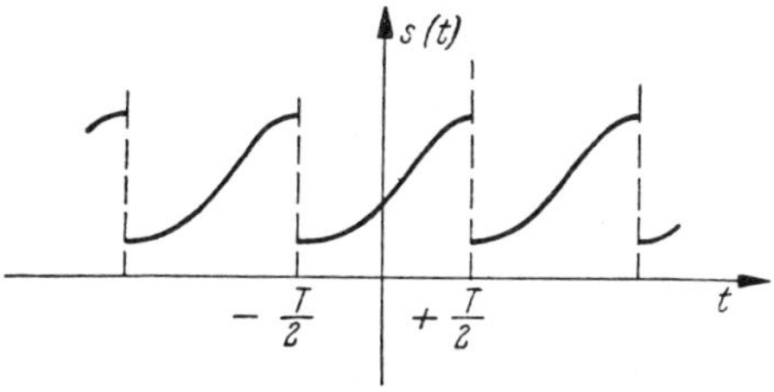

Abb. 47.6. Periodische Zeitfunktion

Um nun den Grenzübergang $T \to \infty$ auszuführen setzt man in Gl. (15) und (16)

$$n\,\omega_1 = \omega\,, \qquad P_n = \frac{2}{T}\,P(\omega)\,, \qquad Q_n = \frac{2}{T}\,Q(\omega)\,. \qquad (19)$$

P und Q werden dann Funktionen von ω und die Gl. (14) lautet

$$s(t) = \frac{2}{T}\sum_{\omega=\omega_1,\,2\omega_1\ldots} P(\omega)\sin\omega t + \frac{2}{T}\sum_{\omega=\omega_1,\,2\omega_1\ldots} Q(\omega)\cos\omega t + Q_0\,. \qquad (20)$$

Für irgend einen Zeitpunkt t kann man nun die Funktionen $P(\omega)\sin\omega t$ und $Q(\omega)\cos\omega t$ in Abhängigkeit von ω auftragen, wie dies z. B. für $P(\omega)\sin\omega t$ durch

Abb. 47.7 gezeigt ist. Die schraffierten Rechtecke haben jeweils die Höhe $P(\omega)\sin\omega t$ für $\omega = n\,\omega_1$ und die Breite ω_1. Daher gilt

$$\text{Schraffierte Fläche} = \sum_{n=1}^{\infty} \omega_1\, P(n\,\omega_1)\sin n\,\omega_1\, t\,.$$

Diese Fläche geht mit wachsendem T, also kleiner werdendem ω_1 in die Fläche zwischen der Kurve und der Frequenzachse über, d. h. es ist

$$\lim_{\omega_1\to 0} \sum \omega_1\, P(\omega)\sin\omega\, t = \int_0^{\infty} P(\omega)\sin\omega\, t\, d\omega \tag{21}$$

oder mit Gl. (18)

$$\lim_{T\to\infty} \frac{2}{T}\sum P(\omega)\sin\omega\, t = \frac{1}{\pi}\int_0^{\infty} P(\omega)\sin\omega\, t\, d\omega\,. \tag{22}$$

Ebenso ergibt sich

$$\lim_{T\to\infty} \frac{2}{T}\sum Q(\omega)\cos\omega\, t = \frac{1}{\pi}\int_0^{\infty} Q(\omega)\cos\omega\, t\, d\omega \tag{23}$$

unter der Voraussetzung, daß

$$Q_0 = \lim_{T\to\infty}\frac{1}{T}\int_{-T/2}^{+T/2} s(t)\, dt = 0\,. \tag{24}$$

Die Zeitfunktion $s(t)$ läßt sich also in der Form darstellen

$$\boxed{s(t) = \frac{1}{\pi}\int_0^{\infty} P(\omega)\sin\omega\, t\, d\omega + \frac{1}{\pi}\int_0^{\infty} Q(\omega)\cos\omega\, t\, d\omega\,,} \tag{25}$$

und es gilt

$$P(\omega) = \int_{-\infty}^{+\infty} s(t)\sin\omega\, t\, dt\,, \tag{26}$$

$$Q(\omega) = \int_{-\infty}^{+\infty} s(t)\cos\omega\, t\, dt\,. \tag{27}$$

Dies ist die *Fourier*sche *Integraldarstellung einer beliebigen Zeitfunktion* $s(t)$, für die nur die Einschränkung gilt, daß die Integrale (26) und (27) für alle ω endliche Werte

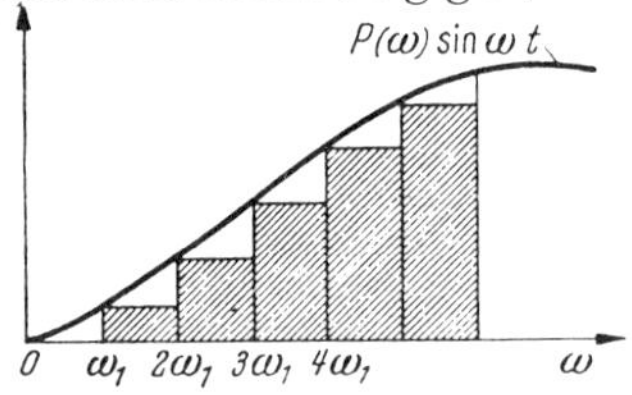

Abb. 47.7. Übergang von der Fourierschen Reihe zum Integral

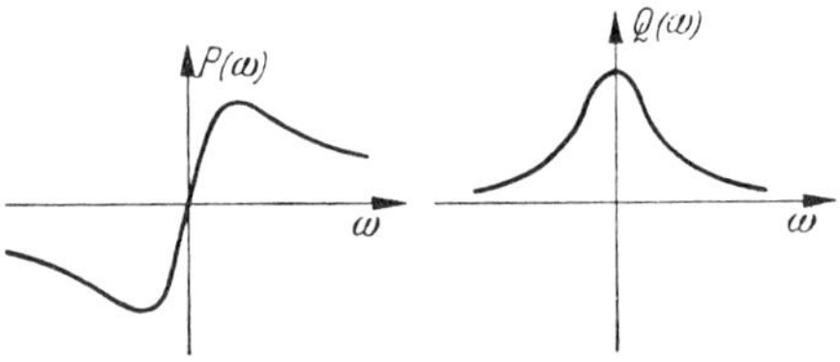

Abb. 47.8. Die Frequenzfunktionen des Spektrums

ergeben und (24) erfüllt ist. Die Funktion $P(\omega)$ ist eine ungerade Funktion der Frequenz, da sie beim Vertauschen von ω mit $-\omega$ nur ihr Vorzeichen ändert; $Q(\omega)$ ist eine gerade Funktion der Frequenz, da sie ihren Wert bei einer solchen Vertauschung beibehält, Abb. 47.8. Berücksichtigt man dies, so kann man die beiden Integrale in Gl. (25) auch auf den Bereich von $-\infty$ bis $+\infty$ ausdehnen und halbieren. Dann wird mit $d\omega = 2\pi df$

$$\boxed{s(t) = \int_{-\infty}^{+\infty} P(\omega)\sin\omega\, t\, df + \int_{-\infty}^{+\infty} Q(\omega)\cos\omega\, t\, df\,.} \tag{28}$$

Die Zeitfunktion $s(t)$ ist im FOURIERschen Integral durch das Spektrum der sinusförmigen Teilschwingungen dargestellt. Eine beliebige Teilschwingung mit der Frequenz $\omega/2\pi$ hat den Scheitelwert $\sqrt{P^2+Q^2}df$. Der auf das Frequenzintervall df bezogene Scheitelwert ist daher

$$\boxed{S = \sqrt{P^2 + Q^2}.} \tag{29}$$

Diese Größe nennt man die *Amplitudendichte* des Spektrums.

Als *Beispiel* betrachten wir eine im Zeitpunkt $t = 0$ mit dem Wert 1 einsetzende und dann exponentiell abklingende Zeitfunktion $s(t) = e^{-\alpha t}$, Abb. 47.9. Hier wird nach den Gl. (26) und (27)

$$P(\omega) = \frac{\omega}{\alpha^2+\omega^2}, \qquad Q(\omega) = \frac{\alpha}{\alpha^2+\omega^2}. \tag{30}$$

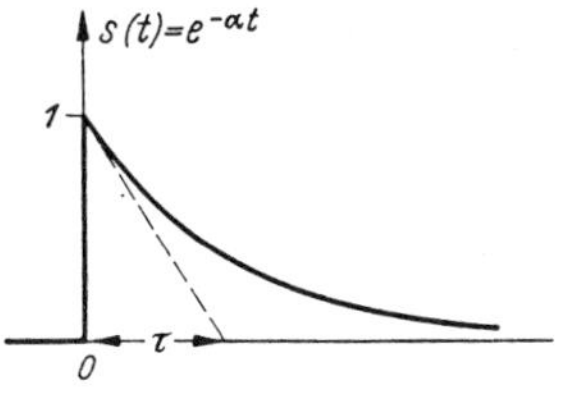

Abb. 47.9. Exponentialfunktion

Das sind die in Abb. 47.8 als Beispiel dargestellten Funktionen. Die Amplitudendichte des Spektrums wird

$$S = \sqrt{P^2+Q^2} = \frac{1}{\sqrt{\alpha^2+\omega^2}}; \tag{31}$$

sie ist bei tiefen Frequenzen konstant und nimmt bei hohen Frequenzen umgekehrt proportional zur Frequenz ab.

Zahlenbeispiel: Ein Spannungsstoß nach Abb. 47.9 habe die Zeitkonstante $\tau = 10\ \mu$s und den Anfangswert 100 V. Dann ist $\alpha = \frac{1}{\tau} = 10^5\,\text{s}^{-1}$. Die Amplitudendichte wird bei tiefen Frequenzen $S = \frac{100\ \text{V}}{\alpha} = 10^{-3}\ \text{Vs} = 1\ \frac{\text{mV}}{\text{Hz}}$. Bei $\omega = \alpha$, entsprechend der Frequenz $f = \frac{\alpha}{2\pi} =$ 16 kHz, ist die Amplitudendichte auf rd. 70% ihres Anfangswertes gesunken.

Ein wichtiger Grenzfall ergibt sich, wenn man α in Abb. 47.9 gegen 0 gehen läßt, dann geht die Zeitfunktion $s(t)$ in den „*Einheitssprung*" oder die „*Sprungfunktion*" über: für $t < 0$ ist $s(t) = 0$, für $t > 0$ ist $s(t) = 1$. Der erste Summand in (Gl. 28) wird bei diesem Grenzübergang

$$\int_{-\infty}^{+\infty} \frac{1}{\omega} \sin \omega t \, df = \frac{1}{\pi} \int_0^{\infty} \frac{\sin \omega t}{\omega} d\omega; \tag{32}$$

der zweite Summand wird

$$\lim_{\alpha \to 0} \frac{1}{\pi} \int_0^{\infty} \frac{\alpha}{\alpha^2+\omega^2} \cos \omega t \, d\omega.$$

Diesen Grenzwert kann man leicht berechnen; wenn man nämlich α immer kleiner und kleiner werden läßt, dann tragen schließlich nur noch die Werte des Integranden in der Umgebung von $\omega = 0$ wesentlich bei. Hier ist aber $\cos \omega t = 1$; daher wird der Grenzwert

$$\lim_{\alpha \to 0} \frac{1}{\pi} \int_0^{\infty} \frac{\alpha}{\alpha^2+\omega^2} d\omega = \frac{1}{2}. \tag{33}$$

Das *Fourier-Integral für die Sprungfunktion lautet* also

$$\boxed{s(t) = \frac{1}{2} + \frac{1}{\pi} \int_0^{\infty} \frac{\sin \omega t}{\omega} d\omega.} \tag{34}$$

Von dieser Darstellung wird weiter unten noch Gebrauch gemacht.

Die Fourier-Transformation

Die beiden Anteile des FOURIERschen Integrals können zu einem komplexen Integral zusammengefaßt werden. Man berücksichtigt dazu, daß P eine ungerade, Q eine gerade Funktion ist; daher gilt

$$\int_{-\infty}^{+\infty} P(\omega)\cos\omega t\,df = 0 \tag{35}$$

und

$$\int_{-\infty}^{+\infty} Q(\omega)\sin\omega t\,df = 0\,. \tag{36}$$

Multipliziert man diese Ausdrücke mit $-j$ bzw. $+j$ und addiert sie zur rechten Seite von Gl. (28), so folgt

$$s(t) = -j\frac{1}{2\pi}\int_{-\infty}^{+\infty} P(\omega)\,\mathrm{e}^{j\omega t}\,d\omega + \frac{1}{2\pi}\int_{-\infty}^{+\infty} Q(\omega)\,\mathrm{e}^{j\omega t}\,d\omega\,. \tag{37}$$

Hier kann man P und Q zusammenfassen zu einer komplexen Größe (komplexe Amplitudendichte)

$$S(j\,\omega) = |S(j\,\omega)|\,\mathrm{e}^{-j\vartheta} = Q(\omega) - j\,P(\omega)\,. \tag{38}$$

Damit folgt

$$\boxed{s(t) = \frac{1}{2\pi}\int_{-\infty}^{+\infty} S(j\,\omega)\,\mathrm{e}^{j\omega t}\,d\omega\,,} \tag{39}$$

sowie

$$\boxed{S(j\,\omega) = \int_{-\infty}^{+\infty} s(t)\,\mathrm{e}^{-j\omega t}\,dt\,.} \tag{40}$$

Die Umformung der *Zeitfunktion* $s(t)$ in die *Spektralfunktion* $S(j\omega)$ bezeichnet man auch als *FOURIER-Transformation*, die durch Gl. (39) ausgedrückte Umkehrung auch als *inverse FOURIER-Transformation.*

Für den *Exponentialimpuls* (Abb. 47.9) als Beispiel ergibt sich nach Gl. (40)

$$S(j\,\omega) = \int_0^{\infty} \mathrm{e}^{-at\,-j\,\omega t}\,dt = \frac{1}{\alpha + j\omega}\,. \tag{41}$$

Hieraus folgen die Gl. (30) durch Zerlegen in den reellen und imaginären Teil gemäß Gl. (38). Die Fourier-Darstellung der *Sprungfunktion*, Gl. (34), wurde auf dem Umweg über den Exponentialimpuls abgeleitet. Die Gl. (40) würde nämlich beim Einsetzen der Werte von $s(t)$ für die Sprungfunktion den Ausdruck

$$S(j\,\omega) = \int_0^{\infty} \mathrm{e}^{-j\omega t}\,dt$$

liefern, und dieser ist unbestimmt. Der Grund dafür liegt darin, daß die Sprungfunktion nicht für $t \to \infty$ verschwindet und daher eine Voraussetzung der Fourier-Transformation nicht erfüllt ist. Diese Schwierigkeit vermeidet die Laplace-Transformation, die eine Verallgemeinerung der Fourier-Transformation darstellt.

Die Laplace-Transformation

Bei der Laplace-Transformation wird gewöhnlich von vornherein vorausgesetzt, daß die Zeitfunktion $s(t)$ für $t < 0$ Null ist, d. h. die Darstellung wird zur Vereinfachung auf Vorgänge beschränkt, die im Zeitnullpunkt beginnen.

Anstelle der Funktion $s(t)$ wird nun zunächst die Funktion

$$s_1(t) = e^{-\sigma t}\, s(t) \tag{42}$$

betrachtet, wobei σ eine beliebige positive reelle Konstante sein soll. Damit werden auch Zeitfunktionen $s(t)$ zugelassen, die im Unendlichen nicht verschwinden; sie dürfen sogar mit irgendeiner endlichen Potenz wachsen, da auch dann das Produkt $s_1(t)$ gegen Null geht. Dies ist also z. B. der Fall bei der „*Rampenfunktion*"

$$s(t) = k\,t\,,$$

da $t\,e^{-\sigma t}$ für $t \to \infty$ verschwindet, wenn $\sigma > 0$ ist.

Berechnet man nun nach Gl. (40) die Fourier-Transformierte der Funktion $s_1(t)$, so erhält man

$$S = \int_0^\infty s(t)\, e^{-(\sigma + j\,\omega)t}\, dt\,. \tag{43}$$

S wird danach eine Funktion von

$$p = \sigma + j\,\omega\,, \tag{44}$$

$$\boxed{S(p) = \int_0^\infty s(t)\, e^{-pt}\, dt\,.} \tag{45}$$

Dies ist die *Laplace-Transformierte* der Funktion $s(t)$.

Umgekehrt erhält man aus $S(p)$ wieder die Zeitfunktion $s(t)$, wenn man Gl. (39) benützt:

$$s_1(t) = \frac{1}{2\,\pi} \int_{\omega=-\infty}^{\omega=+\infty} S(\sigma + j\,\omega)\, e^{j\omega t}\, d\omega\,.$$

In das Integral werde nun Gl. (44) eingeführt. Dies liefert mit $dp = j\,d\omega$:

$$s_1(t) = e^{-\sigma t}\, \frac{1}{2\,\pi j} \int_{\sigma - j\infty}^{\sigma + j\infty} S(p)\, e^{pt}\, dp\,.$$

Der Vergleich mit Gl. (42) zeigt, daß die Umkehrtransformation gilt

$$\boxed{s(t) = \frac{1}{2\,\pi\,j} \int_{p=\sigma - j\infty}^{p=\sigma + j\infty} S(p)\, e^{pt}\, dp\,.} \tag{46}$$

Man schreibt zur Abkürzung auch anstelle von Gl. (45)

$$S(p) = \mathbf{L}\,[s(t)] \tag{47}$$

für die LAPLACE-Transformation, und

$$s(t) = \mathrm{L}^{-1}[S(p)] \tag{48}$$

für die inverse LAPLACE-Transformation.

Beispiele: Für die *Sprungfunktion* wird

$$S(p) = \int_0^\infty e^{-pt}\,dt = \frac{1}{p};$$

für die im Zeitnullpunkt einsetzende Exponentialfunktion, Abb. 47.9, wird

$$S(p) = \int_0^\infty e^{-\alpha t - pt}\,dt = \frac{1}{\alpha + p};$$

also

$$\mathrm{L}\left[e^{-\alpha t}\right] = \frac{1}{\alpha + p}, \qquad \mathrm{L}^{-1}\left[\frac{1}{\alpha + p}\right] = e^{-\alpha t}. \tag{49}$$

Wir nennen auch hier $S(p)$ die zur Zeitfunktion $s(t)$ gehörige *Spektralfunktion*, da die Amplitudendichte durch $S = |S(j\,\omega)|$ gegeben ist. Die Zeitfunktion wird durch den kleinen Buchstaben, z. B. $s(t)$ oder $u(t)$, die Spektralfunktion durch den gleichen großen Buchstaben, also z. B. $S(p)$ oder $U(p)$ gekennzeichnet.

Der Nutzen der LAPLACE-Transformation liegt darin, daß man mit ihr lineare Differentialgleichungen in algebraische Gleichungen umwandeln kann. Dazu dienen die beiden folgenden *Rechenregeln*:

1. Es sei $S_1(p)$ die Spektralfunktion, die zu der beliebigen Zeitfunktion $s_1(t)$ gehört. Welche Spektralfunktion $S_2(p)$ gehört zu $s_2 = \frac{ds_1(t)}{dt}$?

Antwort: Durch Einsetzen von s_2 in Gl. (45) ergibt sich

$$S_2(p) = \int_0^\infty \frac{ds_1}{dt}\,e^{-pt}\,dt.$$

Durch partielle Integration folgt hieraus

$$S_2(p) = e^{-pt}\,s_1(t)\,\Big|_0^\infty + p\int_0^\infty s_1(t)\,e^{-pt}\,dt = -s_1(0) + p\,S_1(p),$$

wobei $s_1(0)$ den Wert von $s_1(t)$ im Zeitpunkt $t = 0$ bezeichnet. Also gilt die allgemeine Regel

$$\mathrm{L}\left[\frac{ds(t)}{dt}\right] = p\,\mathrm{L}[s(t)] - s(0). \tag{50}$$

Diese Regel kann man auf beliebige höhere Differentialquotienten ausdehnen. Sie wird besonders einfach, wenn im Zeitpunkt $t = 0$ die betrachteten Größen und ihre Ableitungen bis zur Ordnung $n - 1$ Null sind; dann gilt allgemein

$$\mathrm{L}\left[\frac{d^n s}{dt^n}\right] = p^n\,\mathrm{L}[s]. \tag{51}$$

Die n-malige Differentiation einer Zeitfunktion bedeutet eine n-malige Multiplikation der Spektralfunktion mit p.

2. Es sei wieder $S_1(p)$ die Spektralfunktion, die zu der beliebigen *Zeitfunktion* $s_1(t)$ gehört. Welche Spektralfunktion $S_2(p)$ gehört zu $s_2 = \int_0^t s_1\,dt$?

Antwort: Einsetzen von s_2 in Gl. (45) ergibt

$$S_2(p) = \int_0^\infty e^{-pt}\, dt \int_0^t s_1(x)\, dx\,.$$

Durch partielle Integration findet man

$$S_2(p) = -\frac{1}{p}\, e^{-pt} \int_0^t s_1(x)\, dx \Big|_0^\infty + \frac{1}{p} \int_0^\infty s_1(t)\, e^{-pt}\, dt = 0 + \frac{1}{p} S_1(p)\,.$$

Daher gilt der allgemeine Satz

$$\mathrm{L}\left[\int_0^t s_1(t)\, dt\right] = \frac{1}{p}\, \mathrm{L}\,[s_1(t)]\,. \tag{52}$$

Die Integration einer Zeitfunktion bedeutet die Division der Spektralfunktion durch p.

Wendet man die LAPLACE-Transformation auf beiden Seiten der Differentialgleichung (46.9) an, so ergibt sich, wenn u und du/dt im Zeitnullpunkt den Wert Null haben:

$$R\,C\,p\,\mathrm{L}[u] + L\,C\,p^2\,\mathrm{L}\,[u] + \mathrm{L}\,[u] = \mathrm{L}\,[u_0]\,. \tag{53}$$

Mit den Abkürzungen $\quad \mathrm{L}[u] = U(p)\,, \qquad \mathrm{L}\,[u_0] = U_0(p) \qquad (54)$

wird also

$$U(p) = \frac{U_0(p)}{1 + R\,C\,p + L\,C\,p^2}\,. \tag{55}$$

Dies ist die gleiche Beziehung, die man erhält, wenn man jedem Kondensator einen *Widerstandsoperator* $\frac{1}{C\,p}$ und jeder Spule einen Widerstandsoperator $L\,p$ zuordnet und die KIRCHHOFFschen Sätze anwendet, wenn man also in dem Beispiel von einer Anordnung nach Abb. 47.10 ausgeht. Die Gleichungen zwischen den Spektralfunktionen kann man daher sofort aus der Netztheorie anschreiben, ohne daß man die Differentialgleichung aufzustellen braucht. Es folgt dann allgemein eine Gleichung von der Form

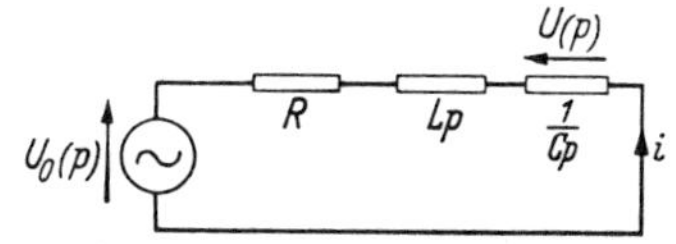

Abb. 47.10. Aufstellung der Stammgleichung

$$S_2(p) = \frac{S_1(p)}{F(p)} = A(p)\, S_1(p)\,. \tag{56}$$

Die Funktion $A(p)$ ist die *Übertragungsfunktion* des Netzwerks von dem Zweig, in dem sich der Generator befindet, zum interessierenden Zweig (s. Abschnitt 37).

In dem Beispiel Abb. 46.1 ist $\mathrm{L}\,[u_0] = U_0(p) = \frac{U_0}{p}$. Daher wird die Spektralfunktion der gesuchten Spannung am Kondensator

$$U(p) = \frac{U_0}{p\,(1 + R\,C\,p + L\,C\,p^2)}\,. \tag{57}$$

Es kommt jetzt nur darauf an, zu der gefundenen Spektralfunktion $U(p)$ wieder die Zeitfunktion $u(t)$ zu finden. Dazu dienen Rechenregeln, von denen in den folgenden beiden Tabellen einige der wichtigsten zusammengestellt sind.

Tabelle 47.1 Rechenregeln für Spektralfunktionen

	$S(p) = \mathrm{L}[s(t)]$	$s(t) = \mathrm{L}^{-1}[S(p)]$
1	$S_1 + S_2 + S_3$	$s_1 + s_2 + s_3$
2	$k\,S$	$k\,s$
3	$S(p + \alpha)$	$e^{-\alpha t}\,s(t)$
4	$e^{-p t_0}\,S(p)$	$s(t - t_0)$
5	$S_1\,S_2$	$\int_0^t s_1(x)\,s_2(t - x)\,dx$
6	$p\,S(p) - s(0)$	$\frac{ds}{dt}$
7	$\frac{1}{p}\,S(p)$	$\int_0^t s(t)\,dt$

Tabelle 47.2 Spektralfunktionen und Zeitfunktionen

	$S(p)$	$s(t)$ für $t > 0$
1	$\frac{1}{p}$	1
2	$\frac{1}{p^n}$	$\frac{1}{(n-1)!}\,t^{n-1}$
3	$\frac{1}{(p \pm \alpha)}$	$e^{\mp \alpha t}$
4	$\frac{1}{(p \pm \alpha)^n}$	$\frac{1}{(n-1)!}\,t^{n-1}\,e^{\mp \alpha t}$
5	$\frac{p}{\alpha^2 + p^2}$	$\cos \alpha t$
6	$\frac{\alpha}{\alpha^2 + p^2}$	$\sin \alpha t$
7	$\frac{1}{(p \pm \alpha)(p \pm \beta)}$	$\pm \frac{1}{\alpha - \beta}\left[e^{\mp \beta t} - e^{\mp \alpha t}\right]$

In dem eben behandelten Beispiel kann man die Klammer im Nenner auf die Form 7. Tabelle 47.2, bringen und dann gemäß Formel 7, Tabelle 47.1, integrieren. Ausführliche Tafeln findet man in der Spezialliteratur, siehe besonders [*D 1*] und [*D 2*].

Einige Hilfssätze für die Berechnung von Ausgleichsvorgängen

1. Reihendarstellung

Es sei der Zusammenhang zwischen den Spektralfunktionen zweier Größen in der Form (56) gegeben. Nun werde die Netzfunktion $A(p)$ in eine Reihe nach fallenden Potenzen von p entwickelt:

$$A(p) = \alpha_0 + \frac{\alpha_1}{p} + \frac{\alpha_2}{p^2} + \frac{\alpha_3}{p^3} + \cdots; \tag{58}$$

dann wird

$$S_2(p) = \alpha_0\,S_1(p) + \alpha_1 \frac{1}{p}\,S_1(p) + \alpha_2 \frac{1}{p^2}\,S_1(p) + \cdots. \tag{59}$$

Auf beiden Seiten dieser Gleichung nehmen wir die inverse LAPLACE-Transformation vor. Dadurch entsteht

$$s_2(t) = \alpha_0\, s_1(t) + \alpha_1\, \underset{\cdot}{s}_1(t) + \alpha_2\, \underset{\cdot\cdot}{s}_1(t) + \dots, \tag{60}$$

wobei $\underset{\cdot}{s}_1(t)$, $\underset{\cdot\cdot}{s}_1(t)$ usw. wieder die Integrale erster, zweiter usw. Ordnung von $s_1(t)$ bedeuten sollen [s. Gl. (46.78)].

Als Anwendungsbeispiel werde folgender Fall betrachtet: An eine Spule mit der Induktivität L und dem Widerstand R werde im Zeitpunkt $t = 0$ eine Stromquelle gelegt, deren Quellenspannung von Null beginnend proportional mit der Zeit wächst (Rampenfunktion), also

$$u_0 = k\, t\,.$$

Für den Strom gilt

$$I(p) = \frac{U_0(p)}{R + L\,p}\,,$$

also wird hier

$$A(p) = 1/(R + Lp)\,. \tag{61}$$

Die Reihenentwicklung (58) lautet

$$\frac{1}{R + L\,p} = \frac{1}{L\,p}\left(1 - \frac{R}{L\,p} + \left(\frac{R}{L\,p}\right)^2 - \left(\frac{R}{L\,p}\right)^3 + \dots\right), \tag{62}$$

und es ist daher

$$\alpha_0 = 0\,, \qquad \alpha_1 = \frac{1}{L}\,, \qquad \alpha_2 = -\frac{R}{L^2}\,, \quad \text{usw.}$$

Damit folgt

$$i = \frac{k}{L}\,\frac{t^2}{2!} - \frac{k\,R}{L^2}\,\frac{t^3}{3!} + \frac{k\,R^2}{L^3}\,\frac{t^4}{4!} - \dots$$

oder

$$i = k\,\frac{L}{R^2}\left[\frac{1}{2!}\left(\frac{R\,t}{L}\right)^2 - \frac{1}{3!}\left(\frac{R\,t}{L}\right)^3 + \frac{1}{4!}\left(\frac{R\,t}{L}\right)^4 - \dots\right]. \tag{63}$$

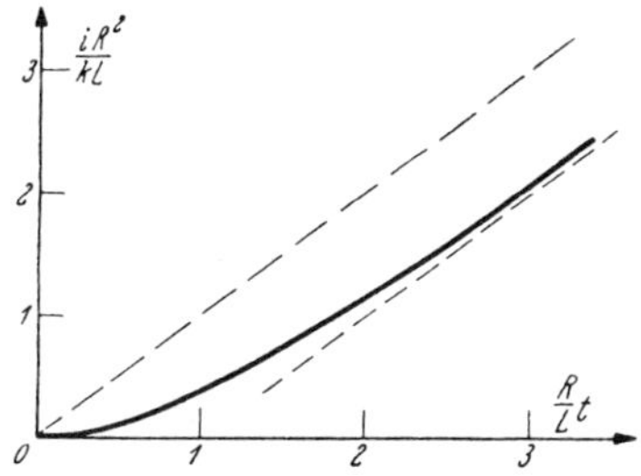

Abb. 47.11. Anwachsen des Stromes in einer Spule bei ständig zunehmender Spannung

Unter Einführung der Exponentialfunktion kann man hierfür schreiben

$$i = k\,\frac{L}{R^2}\left(\mathrm{e}^{-\frac{R}{L}t} - 1 + \frac{R}{L}\,t\right). \tag{64}$$

In Abb. 47.11 ist der damit gegebene Verlauf von i normiert dargestellt.

2. Abwandlungssätze

Zu einem beliebigen Verlauf einer Eingangsspannung $s_1(t)$ gehöre der Verlauf $s_2(t)$ einer beliebigen Systemgröße. Wir nennen dann s_2 und s_1 ein *Ausgleichsfunktionenpaar* des betreffenden Systems. Da das System linear ist, gilt der folgende *Summensatz* für zwei beliebige Ausgleichsfunktionenpaare:

„*Der zu der Summe von zwei beliebigen Zeitfunktionen der Spannung gehörende Ausgleichsvorgang ergibt sich aus der Summe der zu den beiden Einzelspannungen gehörenden Ausgleichsvorgänge.*“

Wegen der Linearität gilt auch der folgende *Integral- und Differentialsatz*:

„*Bilden zwei Zeitfunktionen ein Ausgleichsfunktionenpaar, dann sind auch ihre Differentialquotienten und ihre Integrale beliebiger Ordnung Ausgleichsfunktionenpaare.*"

Als *Anwendungsbeispiel* werde die oben behandelte Aufgabe des Einschaltens einer proportional mit der Zeit wachsenden Spannung in einem induktiven Kreis betrachtet: Zu einer Spannung $s_1 = k$ gehört der Strom

$$s_2 = \frac{k}{R}\left(1 - e^{-\frac{R}{L}t}\right).$$

Integriert man s_1 und s_2, so findet man sofort, daß zu einer Spannung

$$\int_0^t s_1(t)\,dt = k\,t$$

der Strom

$$\int_0^t s_2(t)\,dt = \frac{k}{R}\,t + \frac{k}{R}\,\frac{L}{R}\left(e^{-\frac{R}{L}t} - 1\right)$$

gehört. Dies ist das oben sehr viel umständlicher gefundene Ergebnis Gl. (64). Durch Anwendung der gleichen Sätze kann man sehr leicht den Verlauf eines Ausgleichsvorganges abschnittsweise ermitteln, der zu einem beliebigen gebrochenen Linienzug für den Spannungsverlauf gehört.

3. Der Entwicklungssatz von Heaviside

Unter der Voraussetzung, daß vom ungeladenen Zustand der Energiespeicher eines Systems ausgegangen wird, kann der Zusammenhang zwischen einer Systemgröße $s_2(t)$ und der Größe $s_1(t)$ im Bereich der Spektralfunktionen gemäß Gl. (56) durch eine Beziehung von der Form

$$S_2(p) = S_1(p) \cdot A(p) \tag{65}$$

dargestellt werden. Handelt es sich im besonderen um eine Größe $s_1(t)$, die im Zeitpunkt $t = 0$ von 0 auf den Wert S_{10} springt, so gilt

$$S_2(p) = \frac{A(p) S_{10}}{p} = \frac{S_{10} Z(p)}{p F(p)}. \tag{66}$$

Die Stammgleichung lautet

$$F(p) = 0\,. \tag{67}$$

Ihre Wurzeln p_1, p_2 usw. sind die *Pole der Netzfunktion*, s. Abschnitt 37. Die Funktion $\frac{Z(p)}{pF(p)}$ läßt sich nun in eine Summe von Partialbrüchen zerlegen. Wenn alle Pole einfach sind, hat die Summe die Form

$$\frac{Z(p)}{pF(p)} = \frac{k_0}{p} + \frac{k_1}{p - p_1} + \frac{k_2}{p - p_2} + \cdots = \frac{k_0}{p} + \sum_i \frac{k_i}{p - p_i}\,. \tag{68}$$

k_1, k_2 usw. sind Konstanten, die nach Abschnitt 37 berechnet werden können.

Ein anderes Verfahren zur Bestimmung der Konstanten ist das folgende. Man setze in Gl. (68) $p = p_\nu + \varepsilon$, wobei ε eine sehr kleine Größe sein soll und $\nu = 1, 2, \ldots$ Dann überwiegt jeweils das Glied mit $p_i = p_\nu$ alle anderen beliebig weit, so daß mit beliebiger Genauigkeit

$$\frac{1}{(p_\nu + \varepsilon)\,F\,(p_\nu + \varepsilon)} = \frac{k_\nu}{\varepsilon}\,.$$

Hier kann man setzen

$$F(p_\nu + \varepsilon) = F(p_\nu) + \varepsilon\,F'(p_\nu)\,, \tag{69}$$

wobei F' den Differentialquotienten von F bezeichnet. Da nun definitionsgemäß $F(p_\nu) = 0$ ist, so folgt schließlich für $\varepsilon \to 0$

$$k_\nu = \frac{Z(p_\nu)}{p_\nu F'(p_\nu)} \tag{70}$$

ferner

$$k_0 = \frac{1}{F(0)}\,. \tag{71}$$

Durch Anwenden der inversen LAPLACE-Transformation auf Gl. (68) mit Hilfe der Regeln 1, Tabelle 47.1, und 3, Tabelle 47.2, ergibt sich

$$\boxed{s_2(t) = S_{10}\left[\frac{Z(0)}{F(0)} + \frac{Z(p_1)e^{p_1 t}}{p_1 F'(p_1)} + \frac{Z(p_2)e^{p_2 t}}{p_2 F'(p_2)} + \dots\right].} \tag{72}$$

Dies ist der *Entwicklungssatz* (O. HEAVISIDE 1893); er liefert den Verlauf einer beliebigen Systemgröße $s_2(t)$, der zu einem Sprung vom Betrage S_{10} der treibenden Größe im Zeitpunkt $t = 0$ gehört, also z. B. zum Schalten einer Gleichspannung. Zu beachten ist die eingangs erwähnte Voraussetzung.

Bei einem Netzwerk mit n voneinander unabhängigen Energiespeichern hat die Stammgleichung n Wurzeln, so daß sich im allgemeinen Fall eine Summe aus $n + 1$ Summanden ergibt. Für den Fall, daß mehrere Wurzeln der Stammgleichung einander gleich werden s. Abschnitt 37.

Anwendungsbeispiel: Es soll der Verlauf des Sekundärstromes bei einem belasteten Transformator berechnet werden, wenn auf der Primärseite plötzlich eine Gleichspannung U_0 angelegt wird.

Aus dem Ersatzbild, Abb. 47.12, in dem L_1 und L_2 die Streuinduktivitäten, L_0 die Hauptinduktivität, R_1 den gesamten ohmschen Widerstand des Primärkreises, R_2 den übersetzten ohmschen Widerstand des Sekundärkreises bedeuten, folgt

$$I_2(p) = U_0(p)\,\frac{L_0\,p}{(R_2 + L_2\,p)\,L_0\,p + (R_1 + L_1\,p)\,(R_2 + (L_0 + L_2)\,p)}\,;$$

also ist

$$F(p) = [R_1R_2 + p(R_2L_0 + R_1L_0 + R_1L_2 + R_2L_1) + p^2(L_0L_2 + L_0L_1 + L_1L_2)]$$

oder unter Berücksichtigung, daß die Streuinduktivitäten klein gegen die Hauptinduktivität sind, näherungsweise

$$F(p) = [R_1R_2 + pL_0(R_1 + R_2) + p^2L_0(L_1 + L_2)]; \qquad Z(p) = pL_0\,.$$

Die Wurzeln der Stammgleichung sind

$$\left.\begin{matrix} p_1 \\ p_2 \end{matrix}\right\} = -\frac{R_1 + R_2}{2\,(L_1 + L_2)} \pm \sqrt{\left(\frac{R_1 + R_2}{2\,(L_1 + L_2)}\right)^2 - \frac{R_1\,R_2}{L_0\,(L_1 + L_2)}}\,.$$

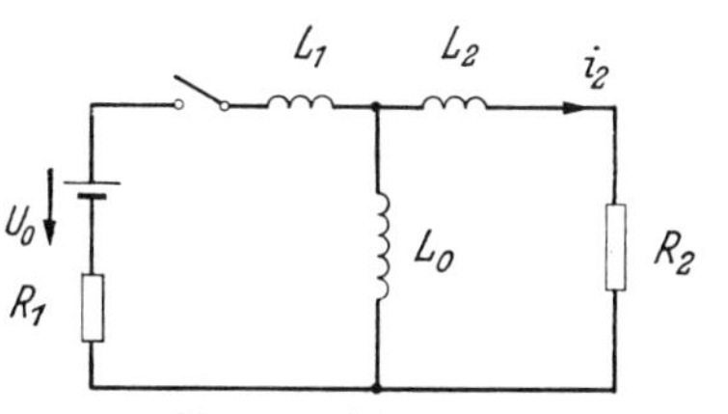

Abb. 47.12. Schalten eines Transformators

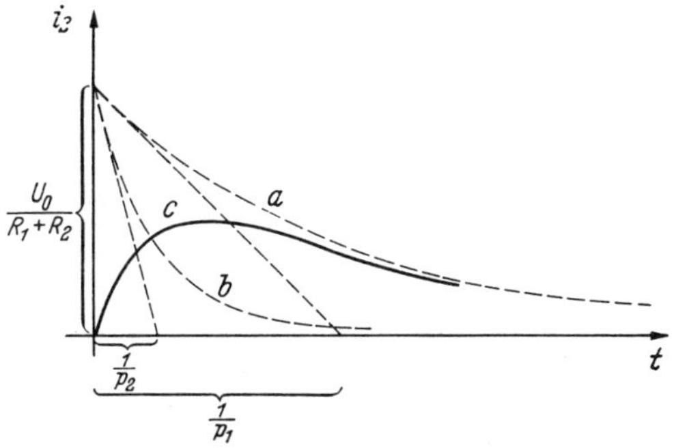

Abb. 47.13. Sekundärstrom nach dem Schalten des Transformators

Da der zweite Ausdruck in der Wurzel sehr klein gegen den ersten ist, kann man die Wurzel nach Potenzen dieses Ausdrucks entwickeln und alle höheren Potenzen vernachlässigen. Daraus folgen die Näherungsbeziehungen

$$p_1 = -\frac{R_1 R_2}{L_0 (R_1 + R_2)}, \qquad p_2 = -\frac{R_1 + R_2}{L_1 + L_2}.$$

Ferner wird

$$F'(p)/Z(p) = -\frac{R_1 R_2}{L_0 p^2} + L_1 + L_2,$$

also

$$p_1 F'(p_1)/Z(p_1) = R_1 + R_2, \qquad p_2 F'(p_2)/Z(p_2) = -R_1 - R_2, \qquad Z(0) = 0.$$

Damit liefert die Formel (72)

$$i_2 = \frac{U_0}{R_1 + R_2} \left(e^{p_1 t} - e^{p_2 t} \right). \tag{73}$$

Abb. 47.13 zeigt den Verlauf dieser Funktion. a stellt den ersten Summanden, b den zweiten dar, c den Strom i_2 als Differenz der beiden Ausdrücke. Der Sekundärstrom steigt also zunächst so rasch an, als ob die Hauptinduktivität L_0 nicht vorhanden wäre und sinkt bei großen Zeitwerten so ab, als ob nur diese Hauptinduktivität maßgebend wäre.

Der Zusammenhang zwischen den Frequenzcharakteristiken und den Ausgleichsvorgängen. Systemtheorie

Bei einfachen Systemen mit wenigen Energiespeichern sind die oben beschriebenen Verfahren zur Berechnung von Ausgleichsvorgängen sehr gut brauchbar. Sie werden jedoch immer umständlicher und unübersichtlicher, je komplizierter das betreffende System ist. Bei sehr komplizierten Einrichtungen, wie z. B. langen Leitungen mit Zwischenverstärkern und angeschalteten Geräten, werden schließlich diese Verfahren unbrauchbar. Hier helfen Näherungsbetrachtungen der *Systemtheorie*; sie werden zweckmäßig dort angewendet, wo die klassischen Verfahren versagen.

Nach Gl. (34) gilt für den Verlauf eines Sprunges der treibenden Spannung (oder einer anderen Systemgröße) vom Betrage S_{10}

$$s_1(t) = S_{10}\left(\frac{1}{2} + \frac{1}{\pi}\int_0^\infty \frac{\sin \omega t}{\omega}\, d\omega\right). \tag{74}$$

Man kann also den Sprung auffassen als eine Summe von einfachen andauernden Sinusschwingungen mit allen Frequenzen zwischen Null und Unendlich und den Amplituden

$$\frac{S_{10}}{\pi\,\omega}\, d\omega ,$$

die um so kleiner sind, je höher die Frequenz der Teilschwingung ist; außerdem enthält der Sprung noch eine konstante Spannung von der Größe $\frac{1}{2} S_{10}$. Das Wesentliche dieser Darstellung besteht darin, daß auf diese Weise der unstetige Vorgang des Einsetzens der Spannung zurückgeführt wird auf nebeneinander bestehende sinusförmige Spannungen, für die die einfachen Wechselstromgesetze gelten. Jede Teilschwingung der Spannung von der Form

$$\frac{S_{10}}{\pi}\frac{d\omega}{\omega} \sin \omega t$$

hat eine Schwingung der anderen Systemgrößen zur Folge, die sich angeben läßt, wenn der Zusammenhang zwischen den Systemgrößen im eingeschwungenen Zustand bekannt ist. Durch Summieren aller Beiträge der Teilschwingungen über alle Frequenzen von Null bis Unendlich erhält man den wirklichen Verlauf der Größe s_2, der zu dem Sprung S_{10} gehört. Man hat also den Zusammenhang zwischen den Systemgrößen für Wechselstrom beliebiger Frequenz aufzusuchen. Die komplexe Rechnung liefert hierfür allgemein eine Beziehung von der Form

$$S_2 = A\,e^{-jb}\,S_1\,, \tag{75}$$

wobei A das Verhältnis der Effektivwerte von S_2 und S_1 angibt, b den Phasenwinkel, um den der Zeiger S_2 dem Zeiger S_1 nacheilt. Wir nennen A den *Übertragungsfaktor*, b das *Phasenmaß* des Systems (s. a. Abschnitt 37). Eine andere Schreibweise ergibt sich bei Größen gleicher Dimension, wenn man

$$A = e^{-a} \tag{76}$$

setzt; a wird als das *Dämpfungsmaß* des Systems bezeichnet. Die Größen a und b hängen im allgemeinen von der Frequenz ab; man nennt sie daher die *Frequenzcharakteristiken* des Systems. Nach dem oben Ausgeführten sind die Frequenzcharakteristiken maßgebend für den Ablauf der Ausgleichsvorgänge. Zu der Teilschwingung

$$\frac{S_{10}}{\pi}\,\frac{d\omega}{\omega}\sin\omega t$$

der Spannung gehört die Teilschwingung

$$\frac{S_{10}}{\pi}\,\frac{d\omega}{\omega}\,e^{-a}\sin(\omega t - b)$$

der Systemgröße s_2. Der zeitliche Verlauf von s_2 folgt daher aus

$$s_2(t) = S_{10}\left(\frac{1}{2}\,e^{-a_0} + \frac{1}{\pi}\int\limits_0^\infty e^{-a}\,\frac{\sin(\omega t - b)}{\omega}\,d\omega\right); \tag{77}$$

a_0 bedeutet dabei den Wert von a für $\omega = 0$. Die *Übergangsfunktion* wird

$$\varphi(t) = \frac{1}{2}\,e^{-a_0} + \frac{1}{\pi}\int\limits_0^\infty e^{-a}\,\frac{\sin(\omega t - b)}{\omega}\,d\omega\,. \tag{78}$$

Die Kenntnis der Frequenzcharakteristiken reicht also zur Beurteilung der Ausgleichsvorgänge vollständig aus. Die Frequenzcharakteristiken können im allgemeinen durch Rechnung oder durch Messung leicht ermittelt werden. Man kann aber auch — und das ist das Wesentliche der Systemtheorie — die Frequenzcharakteristiken durch einfache Funktionen annähern und so ein Bild der Vorgänge auch bei komplizierten Verhältnissen gewinnen. Wir betrachten zwei Beispiele.

1. Es sei

$$\left.\begin{aligned} a &= a_0\,, \\ b &= \omega\,t_0\,, \end{aligned}\right\} \tag{79}$$

wobei a_0 und t_0 Konstanten bedeuten, Abb. 47.14. Führt man diese Beziehungen in Gl. (77) ein, so ergibt sich mit Gl. (74)

$$s_2(t) = e^{-a_0}\,s_1(t - t_0) = A_0\,s_1(t - t_0)\,. \tag{80}$$

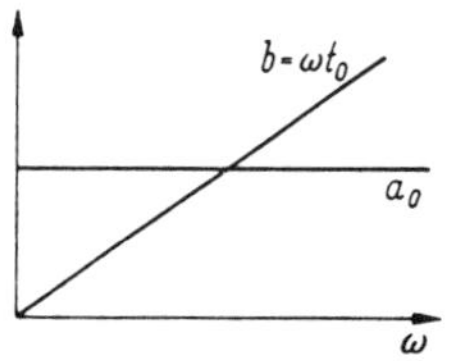

Abb. 47.14. Kennlinien eines verzerrungsfreien Systems

Jeder Sprung der Spannung s_1 hat also einen Sprung der Größe s_2 zur Folge, dessen Betrag A_0-mal so groß ist und der gegenüber s_1 um einen Zeitabschnitt t_0 verspätet erscheint. Da man jeden beliebigen zeitlichen Verlauf von s_1 durch eine unendliche Summe unendlich kleiner Sprünge darstellen kann, so bedeutet dies, daß auch bei beliebigem zeitlichen Verlauf von s_1 die Funktion s_2 ein genaues Abbild von s_1 darstellt, das lediglich mit der Verspätung t_0 erscheint. Man bezeichnet dies als *verzerrungsfreie Übertragung.* Die *Laufzeit* des Übertragungsweges ist

$$t_0 = \frac{b}{\omega} . \tag{81}$$

Sind die in Abb. 47.14 dargestellten Bedingungen der verzerrungsfreien Übertragung, Gl. (79), erfüllt, dann wird jeder beliebige Zeitvorgang bildgetreu am Ausgang des Systems wiedergegeben.

Ein Beispiel eines verzerrungsfreien Systems bildet die homogene, verlustfreie und mit ihrem Wellenwiderstand abgeschlossene Leitung, bei der nach Gl. (39.96) $t_0 = l\sqrt{L' C'}$, also unabhängig von ω ist.

Abweichungen von den beiden Bedingungen (79) bezeichnet man als *Dämpfungsverzerrung* bzw. als *Phasenverzerrung* oder *Laufzeitverzerrung.*

2. Als einfaches Beispiel einer Dämpfungsverzerrung werde das „*ideale Tiefpaß-System*" betrachtet, bei dem a unterhalb einer bestimmten Grenzfrequenz ω_g den konstanten Wert a_0 hat und oberhalb ω_g unendlich groß ist, so daß also Schwingungen mit Frequenzen oberhalb ω_g durch das System nicht übertragen werden. Dann wird die Übergangsfunktion

$$\varphi(t) = \frac{1}{2} + \frac{1}{\pi} \int_0^{\omega_g} \frac{\sin \omega\,(t - t_0)}{\omega}\, d\omega , \tag{82}$$

wenn man von dem konstanten Faktor A_0 absieht. Das Integral kann durch den sog. *Integralsinus* ausgedrückt werden, der definiert ist durch

$$\mathrm{Si}\, x_0 = \int_0^{x_0} \frac{\sin x}{x}\, dx . \tag{83}$$

Damit folgt

$$\varphi(t) = \frac{1}{2} + \frac{1}{\pi}\, \mathrm{Si}\,(\omega_g\,(t - t_0)) . \tag{84}$$

Der Verlauf dieser Funktion kann mit Hilfe von Tabellen[1] der Funktion Si leicht berechnet werden. Er ist in Abb. 47.15 dargestellt. Eine solche Begrenzung des Frequenzbereiches, wie sie z. B. durch Siebketten herbeigeführt werden kann, bewirkt also eine Abflachung des zeitlichen Verlaufes der Systemgröße s_2. Man kann diese Abflachung kennzeichnen durch die „*Einschwingzeit*", die man z. B. durch die Tangente im Punkte größter Steilheit der Übergangsfunktion definieren kann, wie dies in Abb. 47.15 angedeutet ist. Nun ist die Steilheit der Übergangsfunktion nach Gl. (84)

$$\frac{d\varphi}{dt} = \frac{\omega_g}{\pi}\, \frac{\sin \omega_g\,(t - t_0)}{\omega_g\,(t - t_0)} .$$

Sie hat ihren größten Wert für $t = t_0$, nämlich den Wert

$$\left.\frac{d\varphi}{dt}\right|_{t_0} = \frac{\omega_g}{\pi} = 2 f_g .$$

Die Einschwingzeit τ wird daher

$$\boxed{\tau = \frac{\pi}{\omega_g} = \frac{1}{2 f_g} .} \tag{85}$$

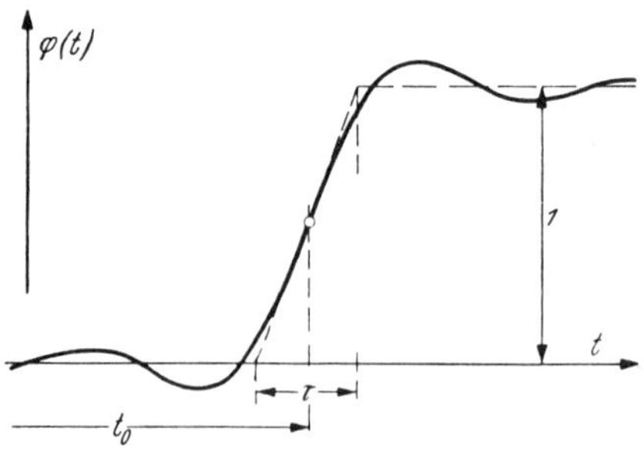

Abb. 47.15. Schaltvorgang bei einem idealen Tiefpaß

[1] Siehe Tabellensammlungen.

Ein Filter, das alle Frequenzen zwischen 0 und 100 Hz hindurchläßt, bei höheren Frequenzen dagegen sperrt, hat nach Gl. (85) eine Einschwingzeit

$$\tau = \frac{1}{200}\,\mathrm{s} = 5\,\mathrm{ms}\,.$$

Bei wirklichen Tiefpässen gilt die Gl. (85) nährungsweise, umso genauer, je steiler der Übertragungsfaktor bei der Grenzfrequenz abfällt.

Den Verlauf einer *plötzlich einsetzenden Wechselspannung* erhält man, wenn man den Sprung multipliziert mit einer Dauerschwingung; dieser Verlauf kann also als eine mit der Sprungfunktion modulierte Trägerschwingung aufgefaßt werden. Da nun nach Abschnitt 36 in der modulierten Schwingung jeder Modulationsfrequenz ω zwei Frequenzen $\Omega + \omega$ und $\Omega - \omega$ entsprechen, so entspricht dem Frequenzbereich zwischen Null und ω_g der modulierenden Schwingung ein Frequenzbereich zwischen $\Omega - \omega_g$ und $\Omega + \omega_g$ der modulierten Schwingung. Werden daher alle Teilschwingungen einer plötzlich einsetzenden Wechselspannung, die außerhalb des Frequenzbereiches zwischen

$$\omega_1 = \Omega - \omega_g \quad \text{und} \quad \omega_2 = \Omega + \omega_g$$

liegen, unterdrückt, so ergibt sich nach Gl. (85) eine Einschwingzeit

$$\boxed{\tau = \frac{2\pi}{\omega_2 - \omega_1} = \frac{1}{\Delta f}}\,, \tag{86}$$

da $\omega_g = \frac{1}{2}(\omega_2 - \omega_1)$ ist.

Ein Filter mit einem Durchlässigkeitsbereich von der Breite $\Delta f = 100$ Hz hat eine Einschwingzeit von

$$\tau = \frac{1}{100}\,\mathrm{s} = 10\,\mathrm{ms}\,.$$

Die Einschwingzeit erscheint bei Wechselstrom also doppelt so groß als bei Gleichstrom. Der Unterschied verschwindet, wenn man berücksichtigt, daß der Durchlaßbereich eines Tiefpasses von $-f_g$ bis $+f_g$ reicht.

Die Gl. (86) kann in der Form

$$\boxed{\Delta f\,\Delta t = 1} \tag{87}$$

geschrieben und als eine allgemeine *Unbestimmtheitsrelation* oder *Unschärferelation* aufgefaßt werden. Sie besagt, daß die Zeitdauer eines Vorganges mit begrenzter Bandbreite Δf des Spektrums um den Zeitbetrag $\Delta t = \frac{1}{\Delta f}$ unscharf ist. Umgekehrt ist die Frequenz eines Schwingungsvorganges von der begrenzten Dauer Δt um den Betrag $\Delta f = \frac{1}{\Delta t}$ unscharf.

48. Ausgleichsvorgänge in Leitungen

Die Wellengleichung

Nach dem Anlegen einer Spannung an eine Leitung ergibt sich genau genommen ein sehr komplizierter Vorgang. Beim Schließen des Schalters entsteht eine elektromagnetische Welle, die von dem Schalter ihren Ausgang nimmt und durch die Leitungsdrähte geführt wird, ähnlich wie es in Abschnitt 43 durch Abb. 43.4 dargestellt ist. Die Übergangsstellen zwischen Verschiebungsstrom und Leitungsstrom laufen mit einer Geschwindigkeit an den Drähten entlang, die ungefähr gleich der Lichtgeschwindigkeit ist. Einige Zeit nach dem Schalten ergibt sich daher ein Bild, wie es durch Abb. 48.1 veranschaulicht wird. Der Strom in den Leitungsdrähten liefert positive und negative

Ladungen zum Wellenkopf und baut so zwischen den beiden Leitungsdrähten ein elektrisches Feld auf, Abb. 48.2; gleichzeitig ist mit dem Fließen des Stromes ein magnetisches Feld verknüpft.

Der Hauptteil der Energie beider Felder befindet sich nun in der unmittelbaren Umgebung der Leitungsdrähte. Man kann daher das Feld in der Umgebung der

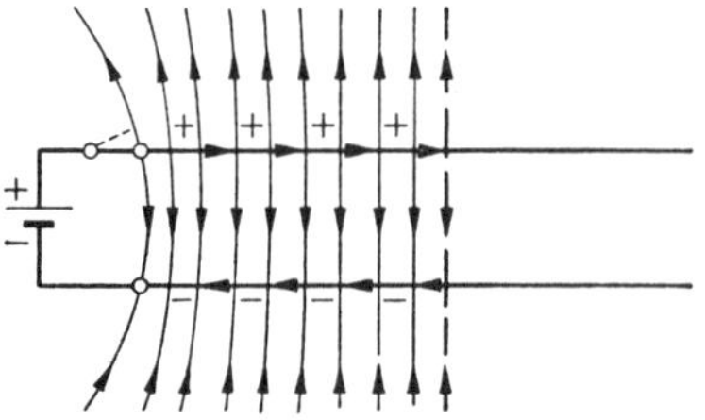

Abb. 48.1. Elektrische Feldlinien und Ströme nach dem Schalten einer homogenen Leitung

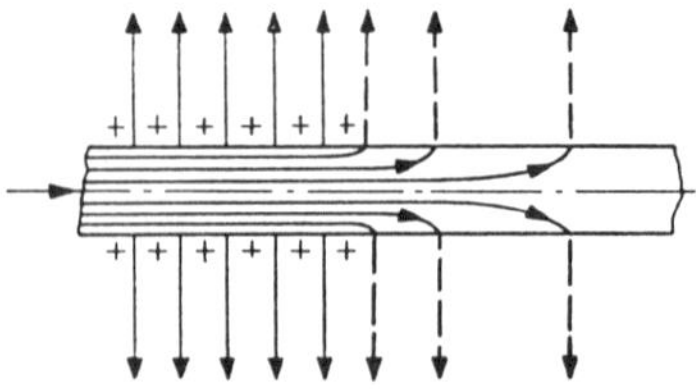

Abb. 48.2. Übergang des Leitungsstromes in den Verschiebungsstrom an der Front der Welle an einem Leitungsdraht

Leitung mit einer gewissen Annäherung als ein ebenes Feld auffassen, und zwar um so genauer, je weiter sich der Wellenkopf vom Leitungsanfang entfernt hat, weil dann die Krümmung der Front immer weniger ausmacht. Wenn man von der Umgebung des Leitungsanfangs absieht, so haben die Feldlinien ungefähr den gleichen Verlauf wie im stationären Feld. Die Wirkung der Felder kann also durch Kapazitäts- und Induktionsbelag C' und L' berücksichtigt werden wie im Falle langsam veränderlicher Felder.

Bezeichnet man den Strom in der Leitung an irgendeinem Ort mit dem Abstand x vom Leitungsanfang zu irgendeinem Zeitpunkt t mit i, die Spannung zwischen Hin- und Rückleitung mit u, so ist $-\frac{\partial u}{\partial x}\,dx$ die Abnahme der Spannung längs eines kleinen Leitungsabschnitts dx; sie ist gleich dem induktiven Spannungsabfall in diesem Abschnitt $L'\,dx\,\frac{\partial i}{\partial t}$, wenn wir von den Verlusten absehen, wie dies bei Hochspannungsfreileitungen und allgemein bei elektrisch kurzen Leistungen (s. Abschn. 40) mit einer gewissen Annäherung zulässig ist. Es gilt also

$$-\frac{\partial u}{\partial x} = L'\,\frac{\partial i}{\partial t}\,. \tag{1}$$

Ferner nimmt beim Fortschreiten um dx der Strom i um den Wert $-\frac{\partial i}{\partial x}\,dx$ ab, der gleich ist dem in dem Abschnitt dx zwischen Hin- und Rückleitung übergehenden Verschiebungsstrom $C'\,dx\,\frac{\partial u}{\partial t}$, wenn auch hier die Verluste (Ableitungsstrom) vernachlässigt werden. Also gilt

$$-\frac{\partial i}{\partial x} = C'\,\frac{\partial u}{\partial t}\,. \tag{2}$$

Differenziert man in Gl. (1) nach x, in Gl. (2) nach t und kombiniert die beiden Gleichungen, so folgt

$$\frac{\partial^2 u}{\partial x^2} = L'\,C'\,\frac{\partial^2 u}{\partial t^2}\,. \tag{3}$$

Die allgemeine Lösung dieser *Wellengleichung* lautet

$$u = f_1\,(x - v\,t) + f_2\,(x + v\,t)\,. \tag{4}$$

Die Spannung enthält hier zwei Anteile, die eine wellenförmige Ausbreitung mit der Geschwindigkeit

$$v = \frac{1}{\sqrt{L'\,C'}} \tag{5}$$

darstellen. Der erste Anteil wandert mit dieser Geschwindigkeit in Richtung zunehmender x über die Leitung, während sich der zweite mit gleicher Geschwindigkeit in entgegengesetzter Richtung bewegt. Es ist ferner mit $\frac{\partial f}{\partial x} = f'$:

$$\frac{\partial u}{\partial t} = -v f_1' (x - v t) + v f_2' (x + v t) \tag{6}$$

und mit Gl. (2)

$$i = \frac{1}{Z_0} f_1 (x - v t) - \frac{1}{Z_0} f_2 (x + v t), \tag{7}$$

wobei

$$Z_0 = \sqrt{\frac{L'}{C'}} \tag{8}$$

den Wellenwiderstand bedeutet.

Wanderwellen

Auf Freileitungen können Ausgleichsvorgänge durch die Änderungen der atmosphärischen elektrischen Felder bei Blitzentladungen hervorgerufen werden. Die zwischen den Gewitterwolken und der Erde bestehenden Potentialunterschiede verursachen Influenzladungen auf den Freileitungen. Da die Leitungsisolatoren endliche Übergangswiderstände haben, so fließen die entgegengesetzten Ladungen über die Isolatoren nach der Erde ab, wie dies für eine negativ elektrische Wolke durch Abb. 48.3 veranschaulicht wird. Die Leitung hat das gleiche Potential wie die Erde, wenn wir von der Betriebsspannung, die man sich überlagert denken kann,

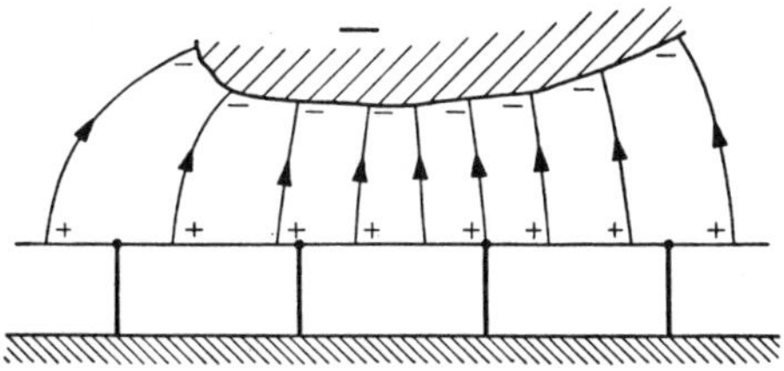

Abb. 48.3. Elektrisches Feld zwischen einer Wolke und einer isolierten Leitung

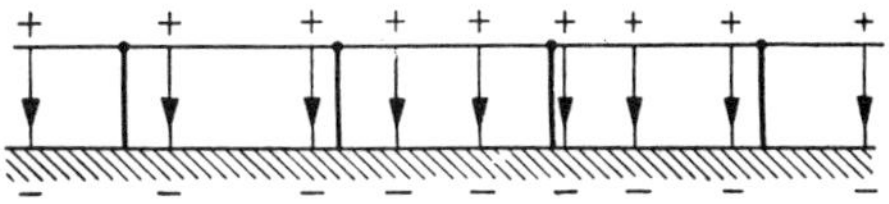

Abb. 48.4. Elektrisches Feld nach der Entladung der Wolke

absehen. Es befinden sich jedoch positive Influenzladungen auf ihr, denen durch negative Ladungen der Wolke das Gleichgewicht gehalten wird.

Entlädt sich die Wolke durch einen Blitz nach der Erde, so werden die positiven Ladungen der Leitung frei. Unmittelbar nach der Blitzentladung ergibt sich die durch Abb. 48.4 veranschaulichte Verteilung der Ladungen. Die Verschiebungslinien spannen sich nun zwischen Leitung und Erde. Entsprechend der Leitungskapazität entsteht zwischen jedem Punkt der Leitung und Erde eine ganz bestimmte Spannung, die proportional der Ladung an jeder Stelle ist. Infolge des damit verbundenen Potentialgefälles längs der Leitung kann eine derartige Verteilung der Ladungen nicht bestehen bleiben; die Ladungen fließen nach beiden Seiten ab. Mit dem Abfließen der Ladungen ergeben sich magnetische Felder, die sich der Ladungsbewegung hemmend entgegenstellen, so daß der Ausgleich der Ladungen nur mit einer bestimmten endlichen Geschwindigkeit erfolgen kann; die Felder breiten sich nach beiden Richtungen hin mit dieser Geschwindigkeit als *Wanderwellen* über die Leitung aus.

Die Gl. (4) und (7) geben Auskunft über die Ausbreitung der Wanderwellen über die Leitung. Die Funktionen f_1 und f_2 sind durch die Anfangsbedingungen bestimmt.

Die Wanderwellen nehmen ihren Ausgang von einer bestimmten Ladungs- und damit Spannungsverteilung auf der Leitung, wie sie z. B. in Abb. 48.5 dargestellt ist. Ist im Zeitpunkt $t = 0$ eine bestimmte Verteilung der Ladung $Q'(x)$ („Ladungsbelag") vorhanden, so ist die Spannung gegeben durch

$$u = \frac{Q'(x)}{C'} = f(x)\,. \tag{9}$$

Für $t = 0$, also zu Beginn des Vorgangs, soll ferner $i = 0$ sein. Daraus ergeben sich mit Gl. (4) und (7) die beiden Bedingungsgleichungen

$$f(x) = f_1(x) + f_2(x)\,, \tag{10}$$

$$0 = f_1(x) - f_2(x)\,, \tag{11}$$

aus denen folgt:

$$f_1(x) = f_2(x) = \frac{1}{2} f(x)\,. \tag{12}$$

Damit wird für $t > 0$

$$u = \frac{1}{2} f(x - v\,t) + \frac{1}{2} f\,(x + v\,t)\,, \tag{13}$$

$$i = \frac{1}{2Z_0} f\,(x - v\,t) - \frac{1}{2Z_0} f\,(x + v\,t)\,. \tag{14}$$

Die ursprünglich vorhandene Spannungsverteilung halbiert sich also, und die beiden Teile laufen in unveränderter Form mit der Geschwindigkeit v nach beiden Seiten hin über die Leitung. Dabei entsteht ein Strom, der in jeder Welle proportional der Spannung ist und dessen Richtung relativ zur Fortbewegungsrichtung in jeder Welle die gleiche ist. Die Abb. 48.5 veranschaulicht diesen Vorgang für eine Leitung aus zwei Drähten. Der Leitungsstrom schließt sich zwischen den Drähten als Verschiebungsstrom. Der Verschiebungsstrom (gestrichelt angedeutet) baut am Kopf jeder Welle das elektrische Feld auf, er hat also dort die gleiche Richtung wie die Verschiebungslinien (dünne Linien); er baut dagegen am Ende eines jeden Wellenzuges das elektrische Feld ab, hat dort die entgegengesetzte Richtung wie die Feldstärke.

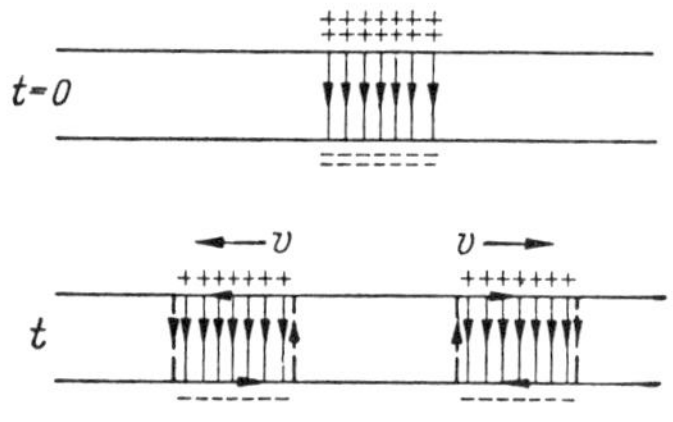

Abb. 48.5. Abfließen der Ladungen

Dieser Ausbreitungsvorgang setzt sich fort, solange die Leitung homogen ist. Jede Ungleichmäßigkeit der Leitung spaltet die Welle auf in weitergehende oder *gebrochene Wellen* und rückläufige oder *reflektierte Wellen.* Auch die an die Leitungen angeschlossenen Geräte oder Maschinen unterbrechen die Gleichmäßigkeit der Leitung, ergeben also eine Zerlegung der auftreffenden Wellen. Die Gesetze dieser Aufspaltung sind dadurch gegeben, daß wegen der Stetigkeit der Feldenergie Spannung und Strom an der Stoßstelle stetig sein müssen.

Reflexion und Brechung

Als Beispiel werde der Fall betrachtet, daß eine Leitung mit dem Wellenwiderstand Z_1 und der Ausbreitungsgeschwindigkeit v_1 an eine Leitung angeschlossen ist mit einem anderen Wellenwiderstand Z_2 und einer anderen Geschwindigkeit v_2. Kennzeichnet man die in Richtung zunehmender x auf die Stoßstelle treffende ursprüngliche Welle mit

$$\left.\begin{aligned} u &= f_1\,(x - v_1\,t)\,, \\ i &= \frac{1}{Z_1} f_1\,(x - v_1\,t)\,, \end{aligned}\right\} \tag{15}$$

so ergeben sich Spannung u_1 und Strom i_1 *vor* der Stoßstelle durch Hinzufügen einer reflektierten Welle f_r; es ist also

$$\left.\begin{aligned} u_1 &= f_1(x - v_1 t) + f_r(x + v_1 t)\,, \\ i_1 &= \frac{1}{Z_1} f_1(x - v_1 t) - \frac{1}{Z_1} f_r(x + v_1 t)\,. \end{aligned}\right\} \tag{16}$$

Hinter der Stoßstelle fließt eine gebrochene Welle ab, die verschieden sein kann von der auftreffenden und von der reflektierten Welle und für die gilt

$$\left.\begin{aligned} u_2 &= f_g(x - v_2 t)\,, \\ i_2 &= \frac{1}{Z_2} f_g(x - v_2 t)\,. \end{aligned}\right\} \tag{17}$$

Die Stetigkeitsbedingung fordert, daß an der Stoßstelle, also für einen bestimmten Wert $x = l_1$, gelten muß

$$u_1 = u_2 \qquad \text{und} \qquad i_1 = i_2\,;$$

dies ergibt

$$f_1(l_1 - v_1 t) + f_r(l_1 + v_1 t) = f_g(l_1 - v_2 t)\,,$$

$$f_1(l_1 - v_1 t) - f_r(l_1 + v_1 t) = \frac{Z_1}{Z_2} f_g(l_1 - v_2 t)\,.$$

Aus diesen beiden Gleichungen folgt durch Auflösen

$$f_r(l_1 + v_1 t) = \frac{Z_2 - Z_1}{Z_2 + Z_1} f_1(l_1 - v_1 t)\,, \tag{18}$$

$$f_g(l_1 - v_2 t) = \frac{2 Z_2}{Z_2 + Z_1} f_1(l_1 - v_1 t)\,. \tag{19}$$

Die *reflektierte Welle*, Gl. (18), hat also in bezug auf die Laufrichtung die gleiche Form wie die einfallende Welle; ihre Amplitude unterscheidet sich von der der einfallenden gemäß dem *Wellen-Reflexionsfaktor*

$$r = \frac{Z_2 - Z_1}{Z_2 + Z_1}\,, \tag{20}$$

der zwischen -1 und $+1$ liegt. Die beiden Grenzfälle ergeben sich, wenn $Z_2 = 0$ oder $Z_2 = \infty$ ist. Der erste Fall entspricht dem kurzgeschlossenen, der zweite dem offenen Leitungsende.

Setzt man in Gl. (18)

$$l_1 + v_1 t = w\,, \tag{21}$$

so ergibt sich

$$f_r(w) = r\, f_1(2 l_1 - w)\,. \tag{22}$$

Also wird

$$f_r(x + v_1 t) = r\, f_1(2 l_1 - x - v_1 t)$$

und gemäß Gl. (16)

$$\left.\begin{aligned} u_1 &= f_1(x - v_1 t) + r\, f_1(2 l_1 - x - v_1 t)\,, \\ i_1 &= \frac{1}{Z_1} f_1(x - v_1 t) - \frac{r}{Z_1} f_1(2 l_1 - x - v_1 t)\,. \end{aligned}\right\} \tag{23}$$

In Abb. 48.6 ist hiernach für den Fall des *offenen Leitungsendes* ($r = 1$) das Zustandekommen von Spannung und Strom veranschaulicht. Bei sehr steiler Front der Welle kann sich, wie die Abbildung zeigt, nahezu eine Verdoppelung des Maximalwertes der Spannung ergeben. Umgekehrt liegen die Verhältnisse bei *kurzgeschlos-*

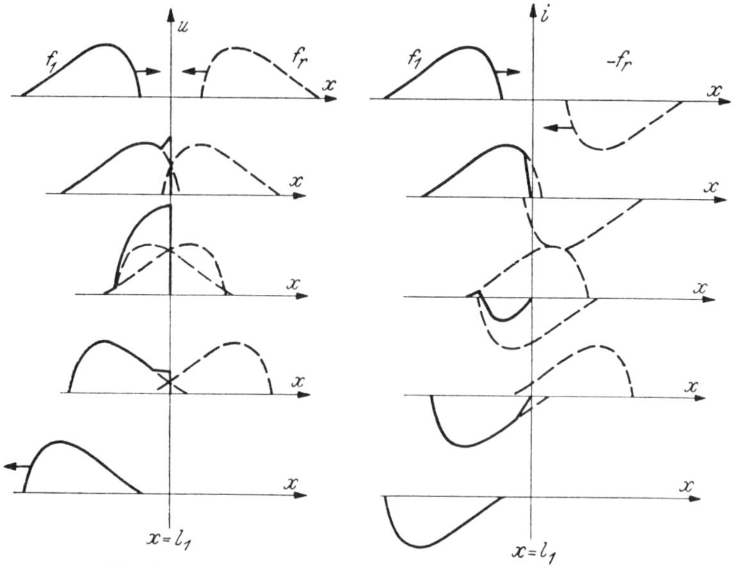

Abb. 48.6. Reflexion einer Wanderwelle am offenen Leitungsende

senem Leitungsende ($r = -1$). Hier muß die Spannung für $x = l_1$ ständig Null sein, während der Strom nahezu auf den doppelten Maximalwert ansteigen kann.

Für die *gebrochene Welle*, Gl. (19), ergibt sich bei Einführung des ‚*Brechungsfaktors*'

$$b = \frac{2 Z_2}{Z_2 + Z_1} = 1 + r \tag{24}$$

und mit der Substitution

$$l_1 - v_2 t = w \; , \tag{25}$$

$$f_g(w) = b\, f_1\left(l_1 - \frac{v_1}{v_2} l_1 + \frac{v_1}{v_2} w\right) \tag{26}$$

oder für Gl. (17)

$$u_2 = f_g(x - v_2 t) = b\, f_1\left(l_1 - \frac{v_1}{v_2} l_1 + \frac{v_1}{v_2}(x - v_2 t)\right). \tag{27}$$

Setzt man

$$x = l_1 + x_1 \, , \tag{28}$$

indem man für die gebrochene Welle mit x_1 den Abstand von der Stoßstelle aus mißt, so wird

$$u_2 = b\, f_1\left(l_1 + \frac{v_1}{v_2} x_1 - v_1 t\right). \tag{29}$$

Im Gegensatz zur reflektierten Welle ergibt sich hier im allgemeinen auch eine *Umbildung* der Wellenform; alle Längenabmessungen der Welle werden im Verhältnis v_2/v_1 vergrößert. In Abb. 48.7 ist dies für den Fall $v_2 = 2\, v_1$ und $r = 1/2$, $b = 3/2$ dargestellt. Um die Werte der gebrochenen Spannung zu finden, hat man alle von $x = l_1$ aus gemessenen Längenabschnitte von f_1 mit 2 und alle Ordinaten mit 3/2 zu multiplizieren. Beim Übergang von einer Leitung mit niedrigem Wellenwiderstand zu einer Leitung mit hohem Wellenwiderstand, z. B. beim Übergang von einer Kabelleitung zu einer Freileitung, können die Spannungen der Wanderwellen nahezu verdoppelt werden.

Im allgemeinen Fall des Abschlusses der Leitung wird das Verhältnis von Spannung zu Strom am Leitungsende durch die Impedanz des Abschlusses bestimmt. Es ergibt sich hier für u_2 eine bestimmte Funktion der Zeit

$$u_2 = u_2(t) \,, \tag{30}$$

ebenso für den Strom

$$i_2 = i_2(t) \,. \tag{31}$$

Beide Funktionen stehen miteinander in einer Beziehung, die man durch eine Differentialgleichung oder durch die in Abschnitt 46 gegebenen Regeln ausdrücken kann. Dazu kommen noch die beiden Stetigkeitsbedingungen für $x = l_1$

$$f_1\,(l_1 - v_1\,t) + f_r\,(l_1 + v_1\,t) = u_2(t) \,, \tag{32}$$

$$f_1\,(l_1 - v_1\,t) - f_r\,(l_1 + v_1\,t) = Z_1\,i_2(t) \,, \tag{33}$$

aus denen folgt

$$u_2(t) + Z_1 i_2(t) = 2\,f_1\,(l_1 - v_1\,t) \,, \tag{34}$$

$$f_r\,(l_1 + v_1\,t) = \frac{1}{2}\,u_2(t) - \frac{1}{2}\,Z_1\,i_2(t) \,. \tag{35}$$

Mit Hilfe dieser Beziehungen kann der Verlauf von Spannung und Strom am Ende der Leitung berechnet werden.

Es sei z. B. die Leitung am Ende mit einem Kondensator von der Kapazität C abgeschlossen. Dann gilt dort

$$i_2(t) = C\,\frac{du_2(t)}{dt} \,. \tag{36}$$

Setzt man dies in Gl. (34) ein, so folgt

$$u_2(t) + C\,Z_1\,\frac{du_2(t)}{dt} = 2\,f_1\,(l_1 - v_1\,t) \,. \tag{37}$$

Man löst diese Gleichung durch den Ansatz

$$u_2(t) = F_1(t)\,F_2(t) \,, \tag{38}$$

in dem F_1 und F_2 zunächst unbekannte Funktionen bedeuten. Es ergibt sich

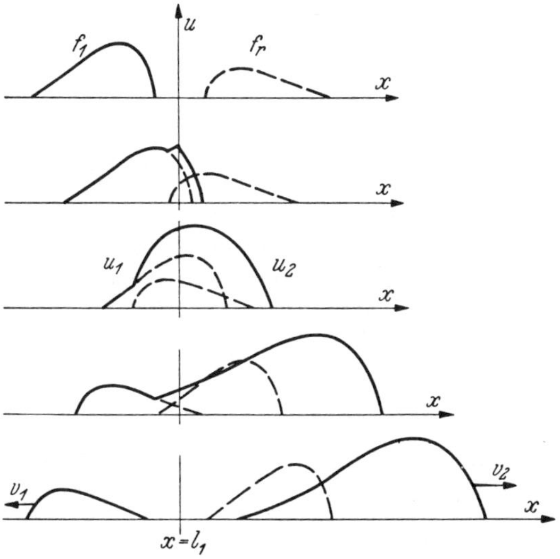

Abb. 48.7. Übergang einer Wanderwelle an der Verbindungsstelle zweier Leitungen

$$F_1\,F_2 + C\,Z_1\,\frac{dF_1}{dt}\,F_2 + C\,Z_1\,\frac{dF_2}{dt}\,F_1 = 2\,f_1\,(l_1 - v_1\,t) \,. \tag{39}$$

Setzt man hier

$$F_1 = A_1\,e^{-\frac{t}{C\,Z_1}} \,, \tag{40}$$

so folgt

$$Z_1\,C\,A_1\,e^{-\frac{t}{C\,Z_1}}\,\frac{dF_2}{dt} = 2\,f_1\,(l_1 - v_1\,t) \tag{41}$$

oder durch Integration

$$F_2 = \frac{2}{A_1\,C\,Z_1} \int\limits_0^t e^{\frac{t}{C\,Z_1}}\,f_1\,(l_1 - v_1\,t)\,dt + A_2 \,. \tag{42}$$

War der Kondensator im Zeitpunkt $t = 0$ ungeladen, so muß $A_2 = 0$ sein, und es wird

$$u_2(t) = \frac{2}{C Z_1} e^{-\frac{t}{C Z_1}} \int_0^t e^{\frac{t}{C Z_1}} f_1 (l_1 - v_1 t)\, dt\,. \tag{43}$$

Hieraus kann man $u_2(t)$ und damit nach Gl. (36) $i_2(t)$ und nach Gl. (35) f_r ermitteln, wenn der Verlauf der ankommenden Welle f_1 bekannt ist. Besteht z. B. die ankommende Welle aus einem kurzen Impuls, der im Zeitpunkt $t = t_1$ eintrifft, bis zum Zeitpunkt $t = t_2$ den konstanten Wert U hat und dann wieder auf Null abfällt, so gilt

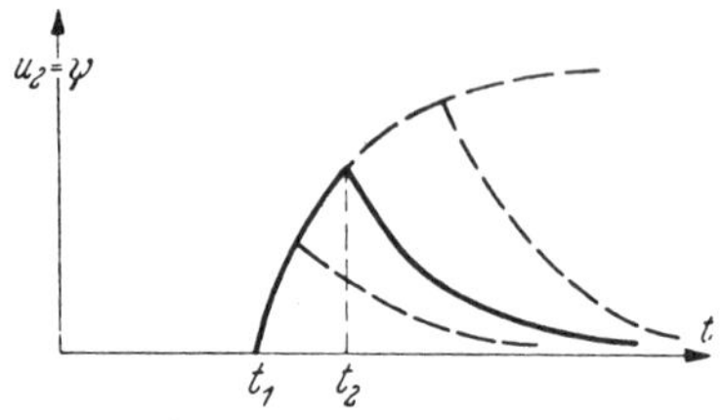

Abb. 48.8. Einwirkung einer Wanderwelle auf einen Kondensator

$$u_2(t) = 0 \qquad \text{für} \qquad t < t_1\,, \tag{44}$$

$$u_2(t) = \frac{2\,U}{C Z_1} e^{-\frac{t}{C Z_1}} \int_{t_1}^{t} e^{\frac{t}{C Z_1}} dt = 2\,U\left(1 - e^{-\frac{t - t_1}{C Z_1}}\right) \tag{45}$$

für $t_1 < t < t_2$ und

$$u_2(t) = 2\,U e^{-\frac{t}{C Z_1}}\left(e^{\frac{t_2}{C Z_1}} - e^{\frac{t_1}{C Z_1}}\right) \qquad \text{für} \quad t > t_2\,. \tag{46}$$

Der Verlauf von $u_2(t) = \psi$ ist in Abb. 48.8 für verschiedene Werte von t_2 dargestellt. Die Spitzenspannung am Leitungsende nähert sich der Höhe der Wanderwelle um so mehr, je länger die Wanderwelle ist.

Wellenersatzbild

Nach Gl. (34) ergibt die Summe von Spannung am Leitungsende und dem Produkt aus Strom und Wellenwiderstand eine Spannung vom Betrage $2\,f_1$. Man kann daher diese Spannung als Quellenspannung auffassen, die in einem Kreis wirkt, der aus der Reihenschaltung des Wellenwiderstandes mit dem Abschlußwiderstand Z gebildet wird, Abb. 48.9. Damit kann die Aufgabe, Spannungs- und Stromverlauf am Ende der Leitung bei beliebigem Abschluß zu berechnen, auf die in Abschnitt 46 behandelten Fälle zurückgeführt werden. Es sei z. B. die Leitung mit einer Spule von der Induktivität L und dem Widerstand R abgeschlossen. Die Wanderwelle treffe mit schräger Front ein, und es gelte dafür der Ansatz

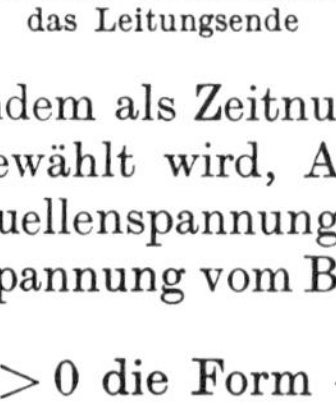

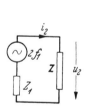

Abb. 48.9. Ersatzbild für das Leitungsende

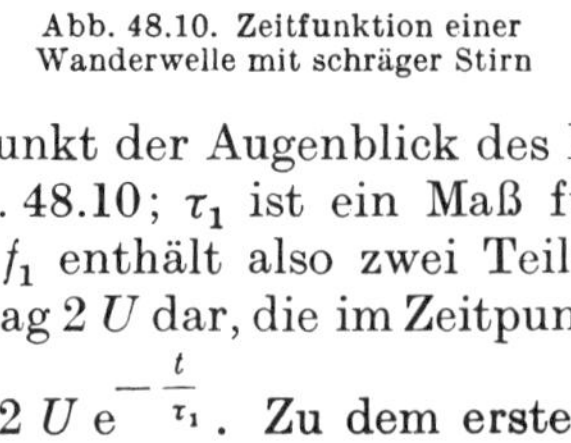

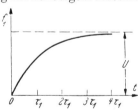

Abb. 48.10. Zeitfunktion einer Wanderwelle mit schräger Stirn

$$f_1 (l_1 - v_1 t) = U\left(1 - e^{-\frac{t}{\tau_1}}\right), \tag{47}$$

indem als Zeitnullpunkt der Augenblick des Eintreffens der Welle am Leitungsende gewählt wird, Abb. 48.10; τ_1 ist ein Maß für die Steilheit der Wellenfront. Die Quellenspannung $2\,f_1$ enthält also zwei Teile: Der eine Teil stellt eine konstante Spannung vom Betrag $2\,U$ dar, die im Zeitpunkt $t = 0$ einsetzt, der zweite Teil hat für $t > 0$ die Form $-2\,U e^{-\frac{t}{\tau_1}}$. Zu dem ersten gehört der Strom

$$i_2' = \frac{2\,U}{R + Z_1}\left(1 - e^{-\frac{t}{\tau_0}}\right), \tag{48}$$

wobei

$$\tau_0 = \frac{L}{R + Z_1}\,. \tag{49}$$

Zu dem zweiten gehört nach Gl. (46.58)

$$i_2'' = -\frac{2\,U}{L}\,\frac{e^{-\frac{t}{\tau_1}} - e^{-\frac{t}{\tau_0}}}{\frac{1}{\tau_0} - \frac{1}{\tau_1}}. \tag{50}$$

Daher gilt für den am Leitungsende nach dem Eintreffen der Wanderwelle entstehenden Strom

$$i_2 = \frac{2\,U}{R + Z_1}\left(1 + \frac{\tau_0\,e^{-\frac{t}{\tau_0}} - \tau_1\,e^{-\frac{t}{\tau_1}}}{\tau_1 - \tau_0}\right). \tag{51}$$

Der damit berechnete Stromverlauf ist für $\tau_1 = \frac{1}{2}\tau_0$, τ_0 und $2\,\tau_0$ in Abb. 48.11 dargestellt.

Die gleichen Betrachtungen, wie sie hier für Wanderwellen allgemeiner Form angestellt wurden, gelten auch für die bei *Schaltvorgängen* entstehenden Wellen. Wird eine Leitung an eine Spannungsquelle angeschlossen, so breiten sich die der Leitung zugeführten Ladungen in Form einer Wanderwelle aus. Handelt es sich z. B. um eine Gleichspannung, dann wächst nach einer Zeit, die durch die Fortpflanzungsgeschwindigkeit v bestimmt ist, die Spannung an jeder Stelle der Leitung von Null auf einen konstanten Wert. Am Leitungsende findet Reflexion und Brechung statt, genau so wie es für den allgemeinen Fall beschrieben wurde.

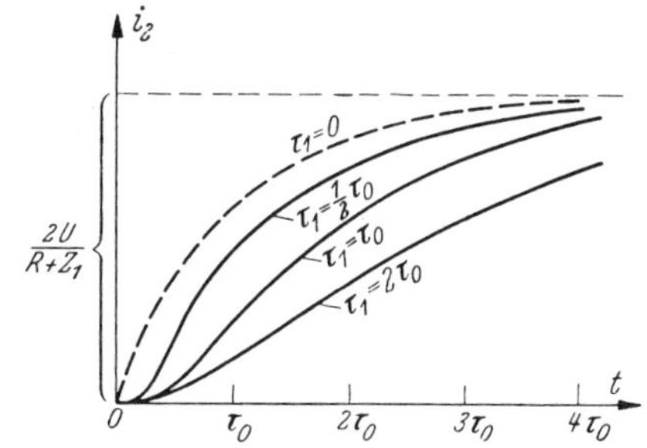

Abb. 48.11. Anwachsen des Stromes am Ende der Leitung bei Berücksichtigung der Induktivität des Abschlußwiderstandes

Die an den Stoßstellen und den Leitungsenden reflektierten Wellen durchlaufen die Leitung bis sie wiederum auf Stoßstellen oder auf das andere Leitungsende treffen. Dort werden wieder reflektierte und gebrochene Wellen abgespalten, so daß die Wellen in immer komplizierterer Unterteilung auf der Leitung hin und her laufen. Dieses Spiel würde sich unbegrenzt lange fortsetzen, wenn nicht in den Leitungen oder in den Abschlußimpedanzen Energieverluste auftreten würden. Die Wellen erfahren beim Durchwandern der Leitung eine Dämpfung. In erster Näherung gilt hier die in Abschnitt 39 für die Abnahme der Leistung angestellte Überlegung. Spannung und Strom sind mit einem Faktor zu multiplizieren, der je Länge um den gleichen relativen Betrag, Gl. (39.92)

$$\alpha = \frac{R'}{2\,Z_0} + \frac{G'}{2}Z_0 \tag{52}$$

abnimmt. Die in der Wanderwelle enthaltene Energie wird daher allmählich aufgezehrt.

Die Dämpfung hängt genau genommen von der Schnelligkeit der Spannungsänderungen ab; sie wächst mit der Frequenz der Änderungen; Gl. (52) stellt nur eine Näherungsformel dar. Es ergibt sich daher eine allmähliche Umwandlung der Wellenform, indem Teile der Welle mit großer Steilheit stärker gedämpft werden als flach verlaufende Teile. Da aber die Leitungen der Starkstromtechnik immer elektrisch kurz sind, so geben hier die Näherungsbetrachtungen einen für die meisten Zwecke ausreichenden Überblick. In der Nachrichtentechnik dagegen handelt es sich häufig gerade um lange Leitungen mit großer Dämpfung. Meist sind diese Leitungen noch mit Einrichtungen abgeschlossen, deren Eingangswiderstände eine komplizierte Frequenzabhängigkeit haben. Die Betrachtung der Vorgänge auf der Leitung allein hat hier wenig Nutzen. Für die Zwecke der Nachrichtentechnik ist die genauere Form der Ausgleichsvorgänge interessant, für die die Frequenzabhängigkeit von Dämpfung und Wellenwiderstand wesentlich maßgebend ist. Hier besteht daher die zweckmäßigste Methode zur Untersuchung der Ausgleichsvorgänge darin, daß man die Frequenzcharakteristiken a und b, Gl. (47.75) und (47.76), betrachtet. Nach Abschnitt 47 geben diese Frequenzcharakteristiken Auskunft über das Verhalten des Systems bei Spannungsänderungen, also auch über die Ausbreitungsvorgänge. Um einen Überblick über die Ausgleichsvorgänge zu erhalten, kann man die wirklichen Frequenzcharakteristiken durch einfache Funktionen der Frequenz annähern, mit denen sich die den Ausgleichsvorgang beschreibenden Integrale auswerten lassen (*Systemtheorie*, s. Abschnitt 47).

49. Systeme mit Rückkopplung. Stabilität

Allgemeine Stabilitätsbedingungen

Der stabile Betrieb eines Stromkreises, in dem durch eine konstante Quellenspannung U_0 ein Strom erzeugt werden soll, ist dadurch gekennzeichnet, daß die Stromstärke einen konstanten eindeutigen Wert hat. Den einfachsten Fall bildet ein Gleichstromkreis mit konstantem Widerstand R. Der Spannungsbedarf IR des Stromkreises wächst proportional mit der Stromstärke, so daß sich die in Abb. 49.1 dargestellten Verhältnisse ergeben. Im Punkt P sind Quellenspannung und Spannungsverbrauch einander gleich. Dies ist der stabile Betriebspunkt des Kreises. Würde die Stromstärke aus irgendeinem Grunde größer werden, so wäre die Quellenspannung zu klein, die Stromstärke müßte daher wieder bis zum Punkt P sinken. Entsprechend würde sich ein Überschuß der Quellenspannung ergeben, wenn die Stromstärke zu klein wäre, so daß die Stromstärke wachsen müßte, bis der Punkt P wieder erreicht ist.

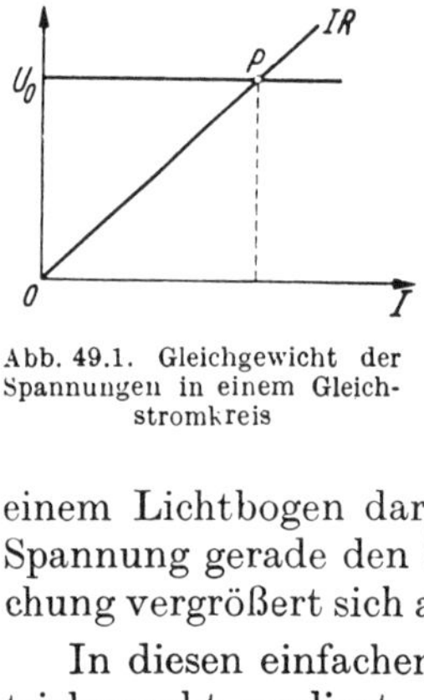

Abb. 49.1. Gleichgewicht der Spannungen in einem Gleichstromkreis

Ein Beispiel eines labilen Betriebes ist in Abb. 21.14 durch den Punkt P_1 für den Fall eines Stromkreises mit einem Lichtbogen dargestellt. Hier deckt zwar auch die zur Verfügung stehende Spannung gerade den Spannungsverbrauch; irgendeine zufällig entstehende Abweichung vergrößert sich aber fortgesetzt, wie dies im Abschnitt 21 ausgeführt ist.

In diesen einfachen Fällen kann also die Frage, ob ein stabiler oder labiler Betriebspunkt vorliegt, aus der Betrachtung der Kennlinien beantwortet werden. Diese Betrachtungsweise ist jedoch im allgemeinen nicht zulässig. Schon im Falle der einfachen Kippschaltung, Abb. 21.11, führt sie zu einem Fehlschluß. Aus der Kennlinie der Glimmentladung, Abb. 21.12, folgt als Betriebspunkt der Punkt P_0, in dem sich Spannungsbedarf und zur Verfügung stehende Spannung decken. Eine geringe Verkleinerung des Stromes ergibt einen Überschuß der letzteren, so daß der Strom wieder wachsen muß, und umgekehrt führt eine Vergrößerung des Stromes zu einem Fehlbetrag der Spannung, so daß der Strom wieder sinken muß. Der Punkt P_0 erscheint also danach als stabiler Betriebspunkt. Trotzdem ist die Anordnung nicht stabil, sondern es stellen sich die in Abschnitt 21 behandelten Kippschwingungen ein.

Die Ursache dafür, daß hier die Stabilitätsbetrachtung versagt, liegt darin, daß die Kennlinien nur die stationären Verhältnisse beschreiben und daher keinen Aufschluß über das Verhalten des Systems bei irgendwelchen Abweichungen geben können. Für die Untersuchung der Stabilität ist es vielmehr erforderlich, die bei Abweichungen vom Betriebspunkt entstehenden Ausgleichsvorgänge zu betrachten.

Beim Punkt P_0, Abb. 21.12 ist die Wirkung des Kondensators zu berücksichtigen. Nehmen wir z. B. an, daß sich die Quellenspannung U_0 etwas erniedrigt. Dann verschiebt sich die Widerstandsgerade ein wenig nach unten (gestrichelt eingezeichnet). Der Kondensator hält aber die Spannung u zunächst aufrecht. Damit behält auch der Strom i in der Glimmröhre zunächst noch seinen alten Wert (P_0). Der Strom i_R ist aber kleiner geworden (P_0'). Der Fehlbetrag ($P_0 P_0'$) wird durch den Kondensator gedeckt, der sich nun entlädt. u wird kleiner, der Fehlbetrag $i - i_R$ wird damit aber immer größer, so daß die Entladung des Kondensators fortschreitet bis die Löschspannung erreicht ist. Auch bei einer geringen Vergrößerung von U_0 erweist sich der Punkt P_0 als nicht stabil.

Stabile Betriebsverhältnisse liegen vor, wenn bei einer Störung der Ströme oder Spannungen die Abweichungen mit der Zeit abklingen. Wachsen die Änderungen ständig an, dann ist der betrachtete Betriebspunkt labil. Für die Untersuchung der Stabilität von Stromkreisen genügt es im allgemeinen, die Wirkung von sehr kleinen Änderungen der Ströme und Spannungen zu betrachten. Dies vereinfacht die Stabilitätsuntersuchungen, da bei kleinen Schwankungen der Ströme und Spannungen alle Stromkreise angenähert als lineare Systeme angesehen werden können. Bei Stromkreisen mit sehr stark nichtlinearen Elementen kann allerdings auch der Fall vorkommen, daß der Stromkreis bei kleinen Schwankungen stabil ist, aber bei großen Strom- oder Spannungsstößen instabil wird; diesen Sonderfall lassen wir im folgenden unberücksichtigt.

Um die Stabilität eines Stromkreises zu untersuchen, muß der zeitliche Verlauf des Vorganges verfolgt werden, der bei einer plötzlichen kleinen Änderung einer Spannung oder eines Stromes entsteht. Unter Benutzung der Bezeichnungen aus Abschnitt 47 gilt nun folgendes: Die einzelnen Komponenten des flüchtigen Vorganges, der bei einer plötzlichen Änderung einer Spannung oder eines Stromes entsteht, klingen exponentiell aus, wenn die Wurzeln der Stammgleichung (47.67) negative reelle Anteile haben. Sind die Realteile von Wurzeln positiv, dann wachsen die Exponentialfunktionen ständig an; der betrachtete Betriebszustand ist nicht stabil. Die Bedingung für die Stabilität eines Stromkreises lautet daher:

Ein Stromkreis ist stabil, wenn alle Wurzeln der Stammgleichung einen negativen Realteil haben.

Um die Stabilität eines Stromkreises zu untersuchen, muß also die Stammgleichung für kleine Änderungen der Ströme und Spannungen aufgestellt werden, oder was auf das gleiche hinausläuft, die Netzfunktion (Abschnitt 37).

Negativer Widerstand

Labile Betriebszustände können immer dann auftreten, wenn eine fallende Strom-Spannungs-Kennlinie vorliegt wie der Abschnitt der Kennlinie der Glimmentladung zwischen P_1 und P_3 in Abb. 21.12. In diesem Abschnitt ist du/di negativ. Man kann dies so ausdrücken, daß man sagt, die Glimmentladung wirke bei kleinen Änderungen des Stromes oder der Spannung wie ein *negativer Widerstand* vom Betrage

$$R_n = \left|\frac{du}{di}\right| . \tag{1}$$

Damit kann z. B. für die Kippschaltung Abb. 21.11 das in Abb. 49.2 dargestellte „Wechselstromersatzbild" gezeichnet werden, und es ist sehr lehrreich, diese Schaltung nun noch genauer zu betrachten.

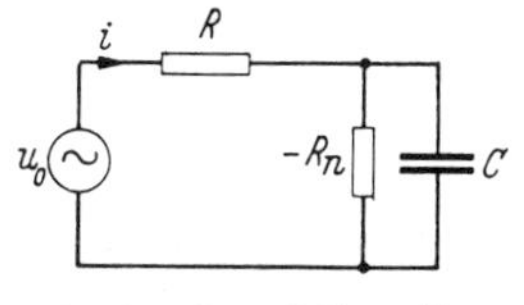

Abb. 49.2. Ersatzbild zur Untersuchung der Stabilität im Punkt P_0 bei Abb. 21.12

Im Wechselstromersatzbild kann R_n wegen der Voraussetzung kleiner Änderungen der Spannungen und Ströme als konstant angesehen werden. Während aber ein gewöhnlicher positiver Widerstand R die Leistung $|I|^2 R$ aufnimmt, gibt der negative Widerstand die Leistung $|I|^2 R_n$ ab. Die Energie wird von der Gleichstromquelle geliefert, die die notwendige Vorspannung erzeugt.

Mit den LAPLACE-Transformierten $U_0(p)$ und $I_R(p)$ der Zeitfunktionen $u_0(t)$ und $i_R(t)$ gilt für die Abb. 49.2

$$U_0(p) = I_R(p)\left(R - \frac{R_n}{1 - R_n C p}\right). \tag{2}$$

Die Stammfunktion ist

$$F(p) = R - \frac{R_n}{1 - R_n C p}, \tag{3}$$

und die Stammgleichung $F(p) = 0$ liefert

$$p_1 = \frac{1}{C}\left(\frac{1}{R_n} - \frac{1}{R}\right). \tag{4}$$

Die Anordnung ist also stabil, wenn

$$R < R_n, \tag{5}$$

da nur dann p_1 negativ ist. In Abb. 21.12 ist jedoch im *Punkt* P_0: $R > R_n$. Daher ist der Stromkreis nicht stabil, und es stellen sich die dort besprochenen Kippschwingungen ein.

Die Bedingung (5) für die Stabilität besagt, daß die Widerstandsgerade im Punkt P_0 eine Lage haben sollte wie sie als Beispiel in Abb. 49.3 angegeben ist. Aber auch hier erweist sich der Punkt P_0 nicht als ein stabiler Betriebspunkt. Wird nämlich die Quellenspannung U_0 von Null beginnend allmählich vergrößert, so verschiebt sich die Widerstandsgerade parallel zu sich selbst und der Schnittpunkt mit der Kennlinie durchläuft als Betriebspunkt zunächst den Abschnitt 0 P_6 P_1 P_3. Hier zündet die Gasentladung und der Strom steigt rasch zu dem stabilen Betriebspunkt P_4. Verkleinert man jetzt U_0, dann nehmen Spannung und Strom entsprechend der Kennlinie ab bis zum Punkt P_5, wo die Glimmentladung erlischt, so daß sich der Betriebspunkt P_6 einstellt. Von den 3 Schnittpunkten P_1 P_0 P_2 ist also der mittlere nicht für einen stabilen Betrieb zugänglich, so daß es so scheint als ob der Abschnitt der Kennlinie zwischen P_3 und P_5 überhaupt nicht gemessen werden könnte. Dies ist jedoch ein Fehlschluß; die Überlegungen bedürfen noch einer weiteren wichtigen Ergänzung.

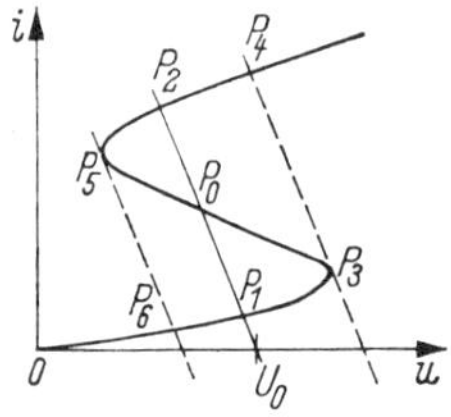

Abb. 49.3. Widerstandsgerade mit 3 Schnittpunkten

Verkleinert man nämlich im Fall der Abb. 21.12, also bei $R > R_n$, die Kapazität C des Kondensators, so wächst zunächst gemäß dem in Abschnitt 21 ausgeführten die Frequenz der Kippschwingungen. Bei einem bestimmten Kapazitätswert C_m reißen aber die Schwingungen ab, und es stellt sich nun der Punkt P_0 als ein stabiler Betriebspunkt ein. Durch entsprechendes Verschieben oder Schwenken der in Abb. 21.12 gezeichneten Widerstandsgeraden kann nunmehr jeder Punkt der Kennlinie auch im fallenden Teil gemessen werden. Der Widerspruch zu der oben gefundenen Stabilitätsbedingung (5) löst sich dadurch, daß dort vorausgesetzt wurde, die Kennlinie der Glimmstrecke bleibe auch bei raschen Vorgängen erhalten. Dies ist nicht der Fall. Mit jeder Stromstärke sind in der Glimmröhre bestimmte Temperatur- und Ionisierungsverhältnisse verbunden. Bei einer plötzlichen Änderung der Spannung kann sich die gespeicherte Energie und damit die Stromstärke nicht plötzlich ändern; der neue Zustand bildet sich allmählich aus. Dies kann im Ersatzbild durch eine in Reihe mit dem negativen Widerstand liegende Induktivität L berücksichtigt werden (H. BARKHAUSEN, 1907). Das Wechselstromersatzbild des Stromkreises einer Glimmstrecke wird also durch Abb. 49.4 dargestellt. Hier lautet nun die Stammgleichung

$$F(p) = R - R_n + Lp = 0 \tag{6}$$

mit der Wurzel

$$p_1 = \frac{R_n - R}{L}, \tag{7}$$

und die Bedingung für die Stabilität,

$$R > R_n, \tag{8}$$

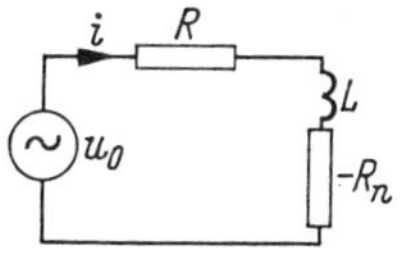

Abb. 49.4. Wechselstromersatzbild der Glimmröhre

ist bei der in Abb. 21.12 angenommenen Lage der Widerstandsgeraden erfüllt.

Das Wechselstromersatzbild Abb. 49.2 der Kippschaltung muß durch die Induktivität L in Reihe mit dem negativen Widerstand ergänzt werden. Dann wird die Stammfunktion

$$F(p) = R + \frac{-R_n + Lp}{1 - R_n C p + L C p^2}, \tag{9}$$

und durch Auflösen der Stammgleichung folgen die beiden Wurzeln

$$p_{1,2} = -\frac{1}{2}\left(\frac{1}{RC} - \frac{R_n}{L}\right) \pm \sqrt{\frac{1}{4}\left(\frac{1}{RC} - \frac{R_n}{L}\right)^2 + \frac{R_n - R}{RLC}}\,. \tag{10}$$

Nun läßt sich leicht zeigen, daß der Punkt P_0 ein *stabiler* Betriebspunkt ist, wenn die beiden folgenden Bedingungen erfüllt sind:

$$1.\ \ C < C_m = \frac{L}{R R_n}, \tag{11}$$

$$2.\ \ R > R_n. \tag{12}$$

Infolge der ersten Bedingung ist nämlich der erste Summand in p_1 und p_2 immer negativ. Infolge der zweiten Bedingung ist entweder die Wurzel imaginär oder kleiner als der Betrag des ersten Summanden, so daß die Realteile von p_1 und p_2 immer negativ sind.

Zahlenbeispiel: Bei einer Neon-Glimmröhre mit etwa 10 mbar Gasdruck und einigen cm^2 Kathodenoberfläche liegt der negative Widerstandswert R_n bei etwa 20 kΩ. Die Zeitkonstante bei Änderungen der Spannung beträgt einige Zehntel ms. Daher hat die Induktivität der Glimmstrecke die Größenordnung $L = 10$ H. Macht man $R = 40$ kΩ, dann wird nach Gl. (11)

$$C_m = \frac{10\ \text{H}}{2 \cdot 10^4 \cdot 4 \cdot 10^4\ \Omega^2} = 12{,}5\ \text{nF}.$$

Zur Erzeugung von Kippschwingungen muß die Kapazität C größer als dieser Wert sein.

Die beiden Typen von negativen Widerständen

Eine ähnliche Kennlinienform wie bei der Glimmröhre findet man auch beim Lichtbogen. Hier gelten im Prinzip die gleichen Gesetzmäßigkeiten. Lichtbogenschaltungen wurden früher zur Herstellung von Hochfrequenzschwingungen verwendet (die Bezeichnung „Funk“ rührt davon her). Negative Widerstände dieser Art werden nach der Form der i,u-Kennlinie auch als S-Typ bezeichnet.

Ein weiteres Beispiel eines Zweipols vom S-Typ bilden die *Halbleiter-Vierschicht-Dioden* (*Kipp-Dioden*). Gemäß Abb. 49.5 werden in einem Halbleiterkristall vier Zonen P_1, N_1, P_2, N_2 hergestellt, die der Reihe nach p-, n-, p- und n-leitend sind. Wird die Spannung u von Null beginnend vergrößert, z. B. dadurch, daß ein hoher Vorwiderstand in Reihe mit einer Gleichspannung U_0 allmählich verkleinert wird, dann findet man wegen des in Sperrichtung betriebenen Überganges von N_1 nach P_2 etwa die gleichen Verhältnisse wie bei einer in Sperrichtung betriebenen einfachen Diode. Dies entspricht dem Abschnitt OA der Kennlinie in Abb. 49.6. Die Potentialverteilung im Kristall ist dabei durch die Kurve 1 in Abb. 49.5 veranschaulicht. Bei weiterem Verkleinern des Vorwiderstandes findet in der Grenzschicht N_1 P_2 ein Durchschlag statt (Lawinen-Durchschlag, ZENER-Spannung U_z, s. Abschnitt 19). Jetzt steigt der Strom i stark an und es stellt sich ein neuer Leitungsmechanismus dadurch ein, daß aus P_1 über N_1 Defektelektronen und aus N_2 über P_2 Elektronen die Grenzschicht N_1 P_2 überfluten (Leitung durch „Trägerinjektion"). Damit verschwindet die hohe Sperrspannung an dieser Grenzschicht, und die zur Aufrechterhaltung der großen Stromstärke notwendige Gesamtspannung sinkt entsprechend der Potentialverteilung nach Kurve 2, Abb. 49.5, auf einen

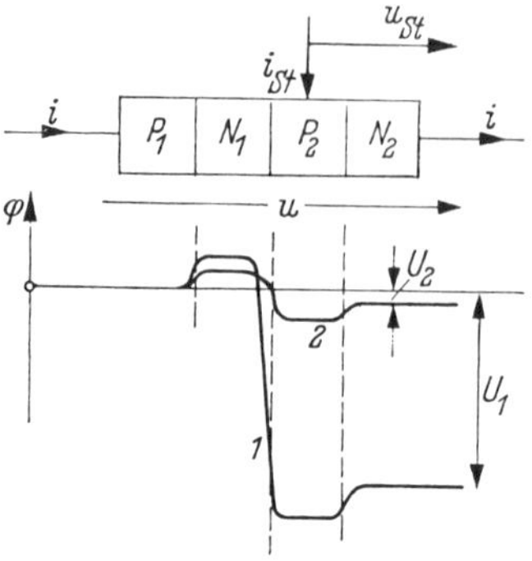

Abb. 49.5. Potentialverteilung in der Kippdiode

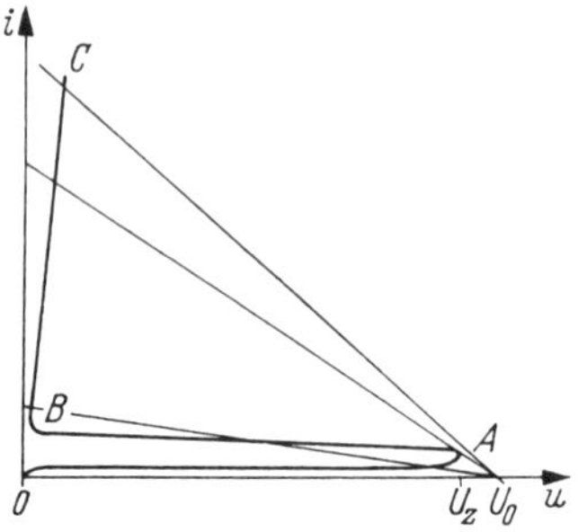

Abb. 49.6. Kennlinie der Kippdiode

niedrigen Wert. Diesem Leitungsmechanismus entspricht der Abschnitt BC der Kennlinie Abb. 49.6. Die Kipp-Diode wirkt also ähnlich wie ein Schalter mit großem Widerstand im geöffneten Zustand (Kurvenstück OA) und mit kleinem Widerstand im geschlossenen Zustand (Kurvenstück BC). Nach dem oben Ausgeführten kann das Übergangsstück AB der Kennlinie nur dann gemessen werden, wenn die Widerstandsgerade die Kennlinie nur in einem einzigen Punkt schneidet und wenn die Schaltungskapazitäten hinreichend gering sind [Gl. (11)].

Bemerkung: Bei den Anwendungen der Kipp-Diode als Schalter wird davon Gebrauch gemacht, daß das Umschalten von dem einen in den anderen Leitungszustand besonders ökonomisch mit Hilfe eines Steuerstromes i_{St} in der mit P_2 bezeichneten Zone geschehen kann (*Kipp-Triode, Thyristor*). Mit einem relativ niedrigen positiven Strom i_{St} kann die Zündspannung U_z erheblich herabgesetzt werden. Mit einem geringen negativen Strom i_{St} kann die Trägerinjektion und damit der Durchflußbetrieb unterbrochen werden.

Bei den negativen Widerständen vom S-Typ ist die Spannung eindeutig durch den Strom bestimmt, während bei ein- und derselben Spannung mehrere Stromstärkenwerte auftreten können. Es gibt nun noch einen zweiten Typ von negativen Widerständen, die durch einen spiegelbildlichen Verlauf der Kennlinie gekennzeichnet sind. Ein Beispiel bildet das *Dynatron*. Dies ist eine Hochvakuum-Triode, die mit hoher positiver Gittervorspannung betrieben wird. Der dadurch entstehende Zusammenhang zwischen Anodenstrom i_a und Anodenspannung u_a ist in Abb. 49.7 gezeigt.

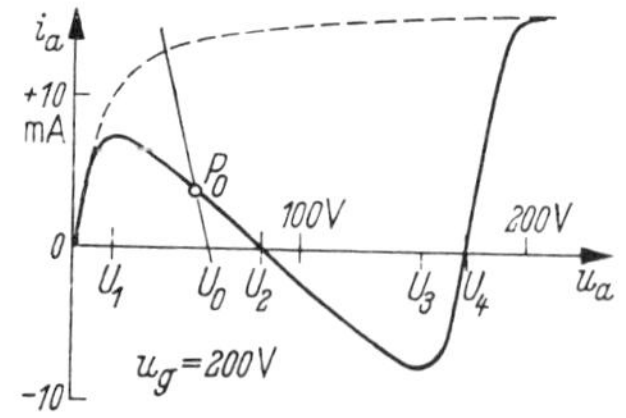

Abb. 49.7. Kennlinie des Dynatrons

Da mit wachsender Anodenspannung ein immer größerer Teil des Kathodenstromes durch das Gitter hindurch auf die Anode übergeht, so wäre hier zunächst die gestrichelt gezeichnete Kurve zu erwarten. Der tatsächlich beobachtete Abfall des Anodenstromes beim Überschreiten einer bestimmten Anodenspannung U_1 erklärt sich dadurch, daß die auf die Anode auftreffenden Elektronen dort sog. „Sekundärelektronen" auslösen. Die je auftreffendes Primärelektron erzeugte Zahl von Sekundärelektronen wächst mit der Anlaufspannung der Primärelektronen und kann das Mehrfache der Anzahl der Primärelektronen betragen. Solange das Anodenpotential niedriger ist als das Gitterpotential, fließt der Sekundärelektronenstrom von der Anode zum Gitter, so daß der äußere Anodenstrom als Differenz zwischen dem primären und dem sekundären Elektronenstrom aufzufassen ist. Übertrifft der Strom der Sekundärelektronen den Primärelektronenstrom, so wird der Anodenstrom negativ wie in dem Gebiet zwischen U_2 und U_4.

Bei Anodenspannungen, die zwischen U_1 und U_3 liegen, stellt die Strecke zwischen Anode und Kathode einen negativen Widerstand dar. Bei einer Anodenspannung von 80 V entspricht die Strecke Anode—Kathode für kleine Spannungs- und Stromschwankungen in dem Beispiel der Abb. 49.7 einem negativen Widerstand von rund 8000 Ω.

Hier ist der Zustand des Zweipols Anode-Kathode also eindeutig durch die Spannung bestimmt, während zu einer Stromstärke mehrere Spannungswerte gehören können. Diese Form der Kennlinie wird auch als N-Typ bezeichnet. In Abb. 49.7 ist als Beispiel eine Widerstandsgerade eingezeichnet für den Fall, daß der Vorwiderstand R kleiner als der negative Widerstand R_n ist. Dies führt hier zu einem stabilen Betrieb, da das Wechselstromersatzbild eine Kapazität C parallel zu dem negativen Widerstand aufweist: Bei einer plötzlichen Änderung der Anodenvorspannung U_0 bleibt zunächst wie bei einem Kondensator die Spannung u_a konstant wegen der endlichen Laufzeit der Elektronen zwischen Gitter und Kathode und wegen der Kapazität zwischen den Elektroden. Dadurch stellt sich im Gegensatz zu Abb. 21.12 wieder ein stabiler Betriebspunkt ein.

Einen negativen Widerstand vom N-Typ zeigt auch die Tunnel-Diode, Abb. 19.11. Auch hier kann auf der ganzen Kennlinie mit einem Vorwiderstand $R < R_n$ ein stabiler Betriebspunkt eingestellt werden. Das Wechselstromersatzbild enthält im wesentlichen die Kapazität der Übergangsschicht parallel zu dem negativen Widerstand.

Die beiden Typen von negativen Widerständen sind in der Abb. 49.8 einander gegenübergestellt. Wegen der Bedingung (I) werden Anordnungen mit S-Kennlinie auch als *leerlaufstabil*, Anordnungen mit N-Kennlinie auch als *kurzschlußstabil* bezeichnet. Die Bedingung (II) kann für den N-Typ durch eine ähnliche Betrachtung wie beim S-Typ aus dem Wechselstromersatzbild abgeleitet werden; sie zeigt ebenfalls das gegensätzliche Verhalten der beiden Typen.

Mit negativen Widerständen können andauernde periodische Schwingungen dadurch hergestellt werden, daß die Stabilitätsbedingung (II) nicht eingehalten wird. Die Kreisfrequenz der erzeugten Schwingung ist, wie z. B. Gl. (10) lehrt, angenähert $1/\sqrt{LC}$, wenn die Stabilitätsbedingung (I) möglichst reichlich und die Stabilitätsbedingungen (II) möglichst knapp erfüllt wird.

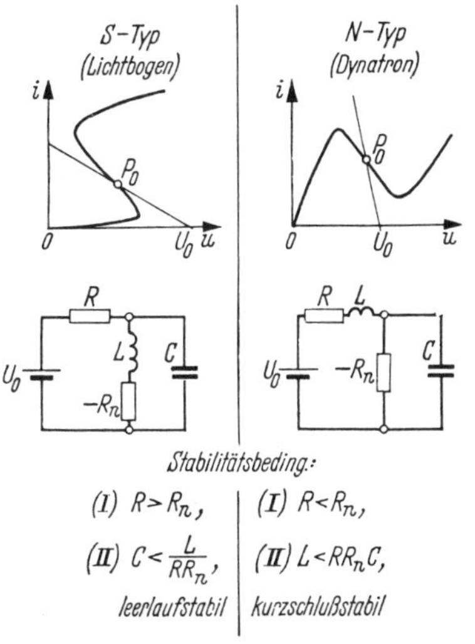

Abb. 49.8. Eigenschaften negativer Widerstände

Rückkopplung

Rückkopplung liegt vor, wenn bei einer verstärkenden Einrichtung die Ausgangsgröße auf die Eingangsgröße zurückwirkt. Das älteste Beispiel der Elektrotechnik für eine Rückkopplung ist die selbsterregte Gleichstrommaschine (W. Siemens, 1866). In Abb. 35.1 kann als Ausgangsgröße die erzeugte Spannung U_0, als Eingangsgröße der Erregerstrom I_e angesehen werden, der selbst wieder durch die Ausgangsgröße U_0 bestimmt wird. Dadurch stellt sich der in Abb. 35.1 mit P bezeichnete stabile Betriebspunkt ein. Das wesentliche der Rückkopplung ist der geschlossene *Wirkungskreis* oder *Rückkopplungskreis*, der für das eben besprochene Beispiel durch das Diagramm der Abb. 49.9 veranschaulicht wird.

In Abb. 49.10 ist das allgemeine Schema eines *rückgekoppelten Verstärkers* dargestellt. V ist der eigentliche Verstärker mit den Eingangsklemmen $a\ b$ und den Ausgangsklemmen $c\ d$. R ist der Rückkopplungsvierpol, dessen Ausgangsspannung U_r zu der von der Quelle herrührenden Eingangsspannung U_0 addiert wird:

$$U_1 = U_0 + U_r\,. \tag{13}$$

Am Eingang von R wirkt die Ausgangsspannung U_2 des Verstärkers. Besonders einfache Verhältnisse entstehen, wenn man dafür sorgt, daß der Rückkopplungsvierpol nur von rechts nach links überträgt. Dies kann z. B. dadurch angenähert

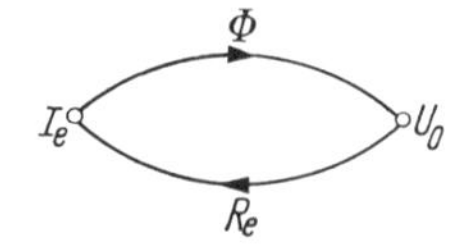

Abb. 49.9. Rückkopplungskreis des selbsterregten Gleichstromgenerators

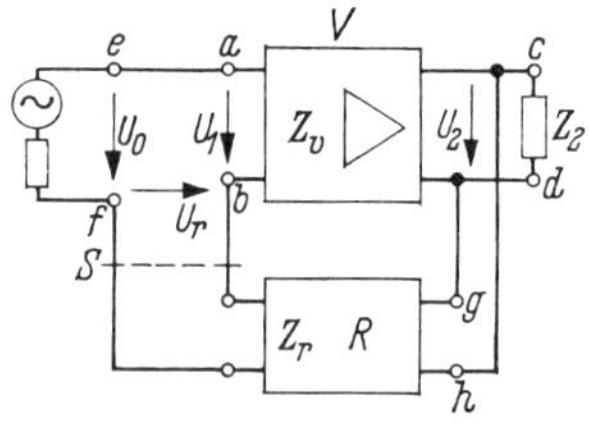

Abb. 49.10. Beispiel eines Verstärkers mit Spannungsrückkopplung

erreicht werden, daß seine von links her betrachtete Impedanz Z_r klein gegen die Impedanz Z_v des Verstärkereingangs gemacht wird:

$$Z_r \ll Z_v . \tag{14}$$

Die in Abb. 49.10 dargestellte Form bezeichnet man als *Spannungsrückkopplung*, da die rückgekoppelte Größe U_r von der Ausgangsspannung abgeleitet wird. *Stromrückkopplung* entsteht, wenn der Eingang $g\,h$ von R mit dem Ausgang cd des Verstärkers in Reihe geschaltet wird.

Die Eigenschaften des rückgekoppelten Verstärkers können auf die Eigenschaften seiner beiden Bestandteile V und R zurückgeführt werden. Dazu denkt man sich den Rückkopplungskreis an einer Stelle aufgeschnitten, besonders einfach bei S. Nun können die folgenden komplexen Übertragungsfaktoren definiert und gemessen werden:

1. Der *komplexe Spannungsverstärkungsfaktor des eigentlichen Verstärkers* V:

$$v_0 = \frac{U_2}{U_1} . \tag{15}$$

2. Der *komplexe Spannungsübertragungsfaktor des Rückkopplungsvierpols* R:

$$r_0 = \frac{U_r}{U_2} . \tag{16}$$

3. Der *komplexe Rückkopplungsfaktor*

$$A = \frac{U_r}{U_1} = v_0\, r_0 . \tag{17}$$

Im rückgekoppelten Verstärker gilt die Gl. (13); setzt man dort ein $U_1 = U_2/v_0$ und $U_r = r_0\, U_2$, so folgt

$$U_2 = U_0 \frac{v_0}{1 - v_0\, r_0} . \tag{18}$$

Der *Verstärkungsfaktor des rückgekoppelten Verstärkers* ist also

$$\boxed{v = \frac{v_0}{1 - v_0\, r_0} = \frac{v_0}{1 - A} .} \tag{19}$$

Die Größen v_0, r_0 und A können allgemein als Funktionen der komplexen Frequenz p aufgefaßt werden.

Der durch Gl. (19) ausgedrückte Zusammenhang kann nun für verschiedene Zwecke ausgenützt werden. Macht man in dem interessierenden Bereich der Frequenzen A positiv reell, so liegt *positive Rückkopplung* oder *Mitkopplung* vor. Ist A dabei kleiner als 1, dann wird der Verstärkungsfaktor durch die Rückkopplung vergrößert. Mit A größer als 1 können Schwingungen erzeugt werden. *Negative Rückkopplung* oder *Gegenkopplung* entsteht, wenn A negativ reell gemacht wird.

Der Verstärkungsfaktor wird dann zwar verkleinert, aber er wird weitgehend unabhängig von v_0 und damit von Änderungen oder Nichtlinearitäten des eigentlichen Verstärkers.

Der *allgemeine Rückkopplungskreis* läßt sich durch das Blockbild Abb. 49.11 veranschaulichen. Hier seien $s_0(t)$, $s_1(t)$ und $s_r(t)$ Zeitfunktionen beliebiger physikalischer Größen gleicher Art, z.B. Spannungen. Dann soll entsprechend Gl. (13) in jedem Zeitpunkt gelten

$$s_0(t) + s_r(t) = s_1(t)\,. \qquad (20)$$

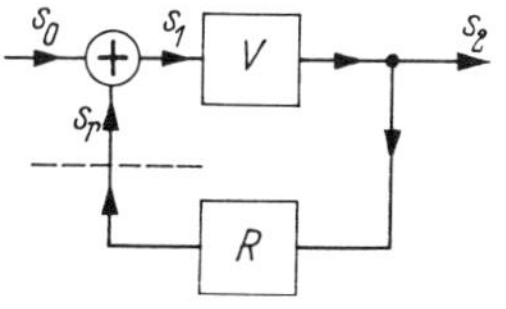

Abb. 49.11. Allgemeiner Rückkopplungskreis

Ferner sei $s_2(t)$ die Zeitfunktion einer beliebigen anderen physikalischen Größe, z. B. eines Stromes. Unter der Voraussetzung linearer Systeme sollen die großen Buchstaben $S_0(p)$, $S_1(p)$, $S_2(p)$ und $S_r(p)$ die LAPLACE-Transformierten (Spektralfunktionen) der entsprechenden Zeitfunktionen sein. Dann sei entsprechend Gl. (15) der Übertragungsfaktor von V:

$$v_0 = \frac{S_2}{S_1}\,, \qquad (21)$$

und entsprechend Gl. (16) der Übertragungsfaktor von R:

$$r_0 = \frac{S_r}{S_2}\,, \qquad (22)$$

sowie entsprechend Gl. (17) der Rückkopplungsfaktor

$$A = \frac{S_r}{S_1} = v_0\, r_0\,. \qquad (23)$$

Dann folgt ähnlich wie oben

$$\boxed{S_2 = S_0 \frac{v_0}{1 - v_0 r_0} = S_0 \frac{v_0}{1 - A}} \qquad (24)$$

und

$$\boxed{S_r = S_0 \frac{v_0 r_0}{1 - v_0 r_0} = S_0 \frac{A}{1 - A}\,.} \qquad (25)$$

Die Gl. (24) ist gleichbedeutend mit Gl. (18). Die Gl. (25) bildet ein wichtiges *Grundgesetz der automatischen Regelung*: Wenn nämlich A negativ reell gemacht wird, dann folgt die ***Regelgröße*** $s_r(t)$ umso genauer der ***Führungsgröße*** $s_0(t)$ je größer $-A$ gegen 1 ist.

Für die Stabilitätsuntersuchungen können die gleichen Überlegungen angewendet werden wie oben. Die Stammgleichung lautet

$$\boxed{F(p) = 1 - A(p) = 0\,.} \qquad (26)$$

Die Anordnung ist stabil, wenn alle Wurzeln einen negativen Realteil haben. besitzt.

Ortskurvenkriterium

Das auf S. 523 angewendete Verfahren zur Untersuchung der Stabilität besteht darin, daß eine kleine Störspannung U_s beliebig in den Stromkreis eingefügt wird. Für eine davon abhängige Größe S_2 (Strom oder Spannung) läßt sich dann eine Gleichung von der Form $S_2 = U_s/F(p)$ aufstellen. Die Stammgleichung lautet $F(p) = 0$ und liefert die im allgemeinen komplexen Eigenwerte p. Die Anordnung ist stabil, wenn alle diese Werte negative Realteile haben. Nach diesem Verfahren können im Prinzip beliebig komplizierte Stromkreise auf die Stabilität oder die Selbsterregungs-

Bedingungen hin untersucht werden. Eine praktische Schwierigkeit besteht darin, daß die Stammgleichung bei komplizierteren Anordnungen von höherem Grade wird. Für solche Fälle sowie insbesondere bei experimentellen Untersuchungen ist die Kenntnis des *Ortskurvenkriteriums* (F. STRECKER 1931, H. NYQUIST 1932) nützlich.

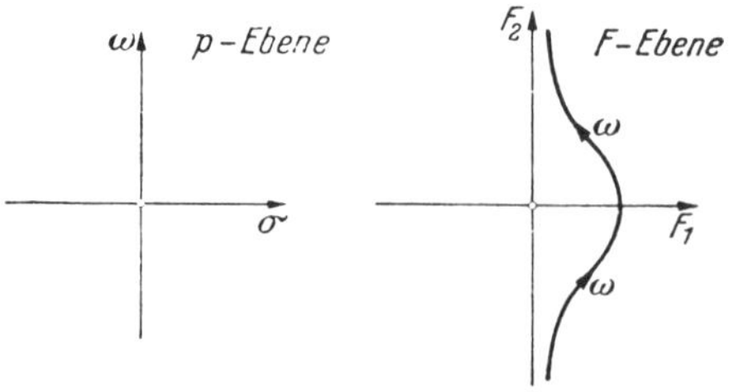

Abb. 49.12. Zuordnung der Stammfunktion zu komplexen Werten von p, Wechselstrom-Ortskurve

Setzt man

$$p = \sigma + j\,\omega\,, \tag{27}$$

wobei σ und ω zunächst ganz beliebige Werte haben sollen, so wird die Stammfunktion im allgemeinen ebenfalls komplex:

$$F(p) = F_1(\sigma, \omega) + j\,F_2(\sigma, \omega)\,. \tag{28}$$

F_1 und F_2 sind reelle Funktionen von σ und ω. Die Stammfunktion vermittelt eine konforme Abbildung der p-Ebene auf die F-Ebene, Abb. 49.12 (s. a. Abschnitt 15). Durchlaufen wir in der p-Ebene die ω-Achse von $-\infty$ bis $+\infty$, so durchlaufen wir in der F-Ebene eine Kurve $F(j\,\omega) = F_1 + j\,F_2$ und können jeden Punkt dieser Kurve durch den zugehörigen Wert von ω kennzeichnen. Die ω-Achse teilt nun die p-Ebene in ein Gebiet mit positiven σ-Werten rechts von der Achse und ein Gebiet mit negativen σ-Werten links von der Achse. Dementsprechend teilt die Kurve $F(j\,\omega)$ auch die F-Ebene in solche Gebiete, und zwar derart, daß die zu positiven σ-Werten gehörigen Bereiche der F-Ebene immer rechter Hand liegen, wenn man die $F(j\,\omega)$-Kurve von $\omega = -\infty$ bis $\omega = +\infty$ durchläuft. Dies folgt sofort aus Gl. (15.7), wenn σ für x und ω für y gesetzt wird. Ein Fortschreiten um ein kleines Stück $jd\omega$ führt in der F-Ebene in eine Richtung $(j\,d\omega\,F')$, die um 90° gegen die Richtung gedreht ist, die sich beim Fortschreiten um ein kleines Stück $d\sigma$ ergibt $(d\sigma\,F')$. Dadurch wird also auch die F-Ebene in Gebiete mit positiven und negativen σ-Werten geteilt. Die Kurve $F(j\,\omega)$ kann in jedem Fall leicht ermittelt werden. Sie ist die Ortskurve für den Wechselstromvorgang bei veränderlicher Frequenz. Man braucht nur festzustellen, ob der Nullpunkt der F-Ebene in einem Gebiet positiver oder negativer σ-Werte liegt, um die Entscheidung über die Stabilität der Anordnung zu erhalten.

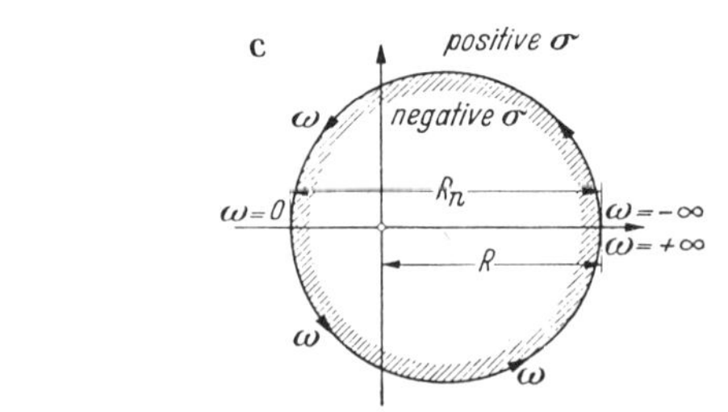

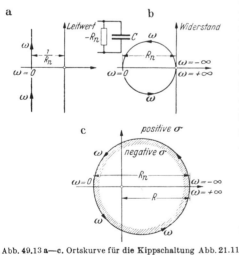

Abb. 49.13 a—c. Ortskurve für die Kippschaltung Abb. 21.11

Der Stromkreis ist stabil, wenn der Nullpunkt der $F(p)$-Ebene in einem Gebiet negativer σ, also links von der $F(j\,\omega)$-Kurve liegt.

Beispiel: In dem Beispiel Abb. **49.2** ist gemäß Gl. (3)

$$F(j\,\omega) = R - \frac{R_n}{1 - R_n\,j\,\omega\,C}\,. \tag{29}$$

Die entsprechende Ortskurve ist in Abb. 49.13c gezeigt. Die Abb. 49.13a und b veranschaulichen, wie diese Ortskurve schrittweise gewonnen werden kann. Man erkennt sofort, daß die negativen σ-Werte innerhalb der kreisförmigen Ortskurve liegen, d. h. unter den Verhältnissen der Zeichnung ($R < R_n$) ist die Anordnung stabil. Wird dagegen R_n verkleinert oder R vergrößert, so rückt der Nullpunkt des Achsensystems schließlich in das Gebiet außerhalb des Kreises, womit die Anordnung instabil wird.

Bei einem allgemeinen *rückgekoppelten Kreis* besagt das Ortskurvenkriterium gemäß Gl. (26):

Die Anordnung ist stabil, wenn der Punkt 1 *in einem Gebiet links von der Ortskurve* $A(j\omega)$ *des Rückkopplungsfaktors liegt.*

Anmerkung: Beim *gegengekoppelten Verstärker* wird der Vierpol R so angeschlossen, daß die dadurch dem Verstärkereingang zugeführte Spannung der Eingangsspannung entgegen wirkt. Man erreicht so, daß die resultierende Verstärkung zwar verkleinert, aber weniger abhängig von Schwankungen der Verstärkerelemente und von der Eingangsspannung wird. Der Rückkopplungsfaktor ist hier negativ und reell. Er kann als Produkt der Verstärkung $-v_0$ des eigentlichen Verstärkers mit dem konstanten Übertragungsfaktor $r_0 = k$ des Netzwerkes R dargestellt werden, so daß also hier

$$A = -k\,v_0 \tag{30}$$

gesetzt werden kann. Damit folgt für die wirksame Verstärkung des gegengekoppelten Verstärkers

$$v = \frac{v_0}{1 + k\,v_0}. \tag{31}$$

Wird

$$k\,v_0 \gg 1$$

gemacht, so wird angenähert

$$v = \frac{1}{k}, \tag{32}$$

also unabhängig von den Schwankungen der Verstärkung von V. Genauer folgt für irgendeine kleine Schwankung Δv_0 dieser Verstärkung die zugehörige Schwankung der wirksamen Verstärkung aus

$$\frac{\Delta v}{v} = \frac{dv}{dv_0}\,\frac{v_0}{v}\,\frac{\Delta v_0}{v_0} = \frac{1}{1-A}\,\frac{\Delta v_0}{v_0}. \tag{33}$$

Ist zum Beispiel $A = -50$, so werden alle Schwankungen des Verstärkers durch die Gegenkopplung auf etwa 2% herabgesetzt.

Beispiele: Als Beispiel für die Anwendung des Ortskurvenkriteriums werde ein *mehrstufiger Verstärker mit Gegenkopplung* betrachtet.

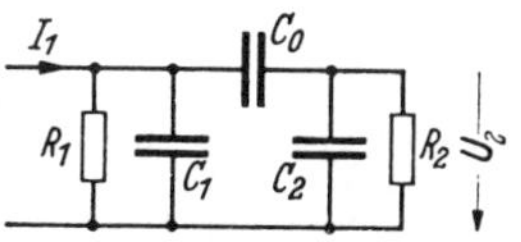

Abb. 49.14. Ersatzbild für die Kopplung zweier Verstärkerelemente

Die aufeinander folgenden Stufen des Verstärkers seien über einen Blockkondensator mit der Kapazität C_0 miteinander verbunden, der die Gleichspannungen trennt. Berücksichtigt man noch die zum Ausgang und Eingang eines Verstärkerelements parallel liegenden Kapazitäten C_1 bzw. C_2, so ergibt sich das in Abb. 49.14 dargestellte Ersatzbild für die Verbindung zwischen je 2 Verstärkerstufen. R_1 ist ein Ersatzwiderstand für den Ausgang des linken Verstärkerelements, R_2 ist ein Ersatzwiderstand für den Eingang des rechts folgenden Verstärkerelements oder für den Lastwiderstand des ganzen Verstärkers.

Für den Zusammenhang zwischen Ausgangsspannung U_2 und Eingangsstrom I_1 findet man eine Beziehung von der Form

$$U_2 = I_1 \frac{R}{1 + j\,\omega\tau_1 + \dfrac{1}{j\,\omega\tau_2}}. \tag{34}$$

Der Beitrag einer solchen Kopplungsschaltung zum Rückkopplungsfaktor ist also von der Form

$$A_1(j\,\omega) = \frac{A_0}{1 + j\,\omega\tau_1 + \dfrac{1}{j\,\omega\tau_2}}, \tag{35}$$

wobei A_0, τ_1 und τ_2 positive reelle Konstanten sind.

Die Ortskurve $A_1(j\,\omega)$ ist in Abb. 49.15a dargestellt. Der Bereich negativer σ ist schraffiert. Für die Frequenz $\omega_0 = \dfrac{1}{\sqrt{\tau_1\tau_2}}$ wird A_1 reell $(= A_0)$.

Bei einem *einstufigen Verstärker* entsteht nun eine Gegenkopplung, wenn ein Teil der Spannung U_2 dem Eingang des Verstärkerelements gemäß Abb. 49.10 zugeführt wird und wenn die Ausgangsspannung des Verstärkerelements gegenphasig zur Eingangsspannung schwingt, wie z. B. bei Transistoren in Emitterschaltung oder bei Röhren in Kathodengrundschaltung. Der Rückkopplungsfaktor wird dann

$$A = -A_1(j\,\omega).$$

Seine Ortskurve ist gemäß Abb. 49.15b ein Kreis mit dem Durchmesser A_0, der links von der $j\,\omega$-Achse liegt, sie im Nullpunkt berührt und der mit wachsender Frequenz im Uhrzeigersinn durchlaufen wird. Der Punkt 1 der komplexen Ebene liegt danach immer links von der Ortskurve. Ein solcher einstufiger Verstärker ist immer stabil, auch bei beliebig starker Gegenkopplung.

Beim zweistufigen Verstärker mit den gleichen Verstärkerelementen wird der Rückkopplungsfaktor A positiv; der Verstärker wird durch die Rückkopplung instabil, wenn $A_0 > 1$ ist.

Bei einem dreistufigen Verstärker entsteht wieder eine Gegenkopplung,

$$A(p) = -A_1(p)\,A_2(p)\,A_3(p)\,. \tag{36}$$

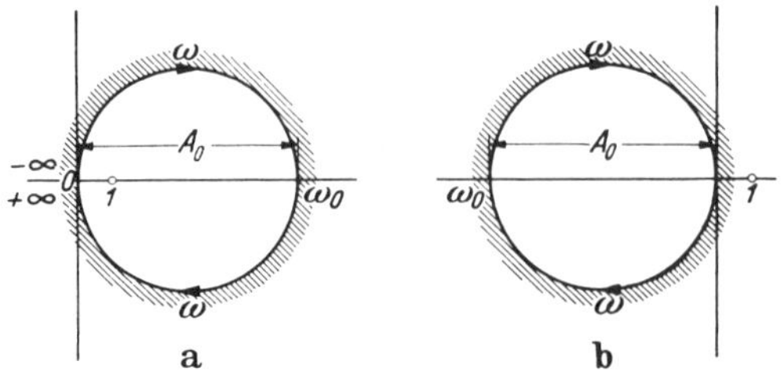

Abb. 49.15 a u. b. Ortskurven für die Kopplung zweier Verstärkerstufen

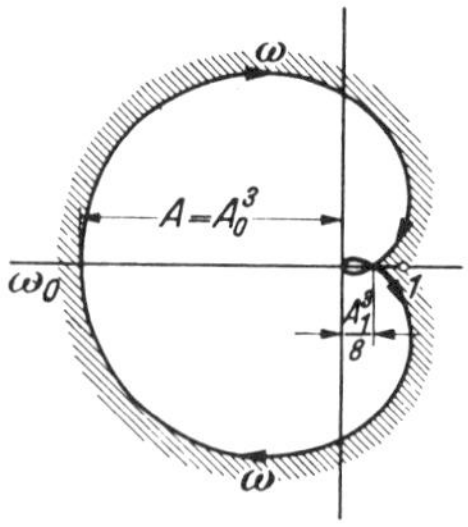

Abb. 49.16. Ortskurve für den dreistufigen Verstärker

Abb. 49.16 zeigt die Ortskurve dieses Faktors unter der vereinfachenden Annahme, daß $A_1 = A_2 = A_3$. Man erkennt, wie hier in der Umgebung der Frequenz ω_0 eine Gegenkopplung vorliegt, in anderen Frequenzbereichen allerdings auch eine positive Rückkopplung. Die Anordnung ist nur stabil, wenn

$$\frac{A}{8} < 1$$

oder

$$A < 8\,, \tag{37}$$

wobei $A_0^3 = A$ gesetzt ist. Die Verstärkungsschwankungen lassen sich also auf diese Weise nicht weiter als auf $^1/_9$ herabsetzen. Stärkere Gegenkopplungen erfordern geeignete Netzwerke im Rückkopplungsweg, durch die die Ortskurve $A(p)$ so verändert wird, daß der Punkt 1 in das Gebiet negativer σ fällt.

Bei der Anwendung des Ortskurvenkriteriums ist zu beachten, daß immer der vollständige Verlauf der Ortskurve untersucht werden muß, der die Frequenzen von $-\infty$ bis $+\infty$ umfaßt. Dabei ergibt sich der Abschnitt für die negativen Frequenzen durch Spiegelung des Abschnittes für die positiven Frequenzen an der reellen Achse. Dies folgt daraus, daß es sich um Funktionen von $j\,\omega$ handelt, bei denen die Umkehr des Vorzeichens von ω den Realteil unverändert läßt, während der Imaginärteil sein Vorzeichen umkehrt.

Schwingungserzeugung

Periodische Schwingungen können wie mit negativen Widerständen auch mit positiver Rückkopplung erzeugt werden. Das wesentliche erkennt man aus der Betrachtung eines Röhrenoszillators zur Erzeugung von Sinusschwingungen, Abb. 49.17 (A. Meissner, 1912).

Die Klemmen *1,2* stellen den Eingang, die Klemmen *3,4* den Ausgang des aus einer Verstärkerröhre oder einem entsprechenden Transistor gebildeten Verstärkers dar. Zwischen *3,4* und *1,2* liegt ein Vierpol, der aus dem Schwingkreis $L_1\,C$ und der mit L_1 gekoppelten Spule L_2 besteht. In der Umgebung der Resonanzfrequenz wirkt der Schwingkreis wie ein hoher ohmscher Widerstand. Die Spannung zwischen den Klemmen *3, 4* ist daher fast gleich der Leerlaufspannung $\mu\,U_1$ der Röhre. Der Strom in der Spule L_1 eilt ihr um nahezu 90° nach, die Spannung zwischen den Sekundärklemmen *12* ist wieder gegen diesen Strom um 90° verschoben und liegt je nach Polung der Sekundärwicklung in Phase oder in Gegenphase zur Spannung an den Klemmen *34*. Im letzteren Fall kann sich die Anordnung selbst erregen. Die Spannung zwischen den Klemmen *12* ist angenähert $\frac{M}{L_1}\,\mu\,U_1$. Wenn daher $\mu\,\frac{M}{L_1}$, der „*Rückkopplungsfaktor*“, mindestens gleich 1 ist, so tritt Selbsterregung ein. Die genaueren Zusammenhänge erkennt man wieder aus der Betrachtung der Stammgleichung für kleine Störungen. Die Abb. 49.18 zeigt den vollständigen Stromkreis unter Benützung

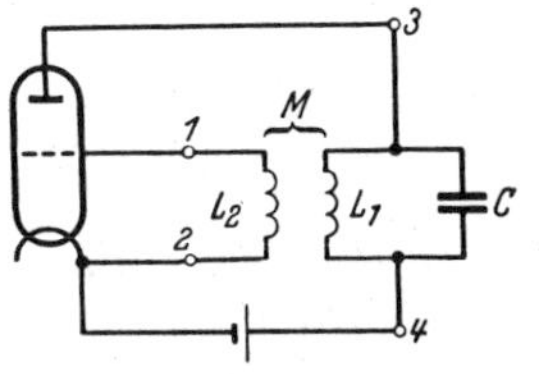

Abb. 49.17. Röhrenoszillator mit induktiver Rückkopplung

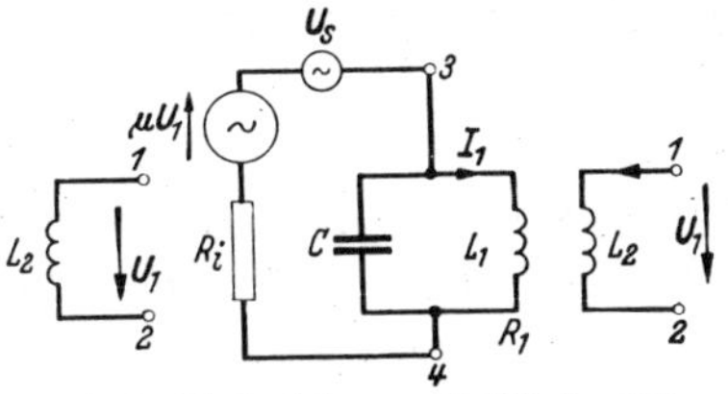

Abb. 49.18. Wechselstromersatzbild des Röhrenoszillators Abb. 49.17

des vereinfachten Wechselstromersatzbildes der Röhre, wobei eine kleine Störspannung U_s im Anodenkreis angenommen ist. Für den Strom I_1 gilt

$$-I_1 = \frac{U_s + \mu U_1}{R_1 + R_i + p(L_1 + R_1 R_i C) + p^2 R_i L_1 C} \,. \tag{38}$$

Hieraus folgt

$$U_1 = -I_1 M p = \frac{U_s + \mu U_1}{R_1 + R_i + p(L_1 + R_1 R_i C) + p^2 R_i L_1 C} M p \tag{39}$$

und durch Auflösen nach U_1

$$U_1 [R_1 + R_i + p(L_1 + R_1 R_i C - \mu M) + p^2 R_i L_1 C] = M p U_s \,. \tag{40}$$

Die Stammgleichung lautet daher

$$R_1 + R_i + p(L_1 + R_1 R_i C - \mu M) + p^2 R_i L_1 C = 0 \,. \tag{41}$$

Sie hat die Wurzeln

$$p_{1,2} = -\frac{L_1 + R_1 R_i C - \mu M}{2 R_i L_1 C} \pm j \sqrt{\frac{R_1 + R_i}{R_i L_1 C} - \left(\frac{L_1 + R_1 R_i C - \mu M}{2 R_i L_1 C}\right)^2} \,. \tag{42}$$

Selbsterregung tritt ein, wenn

$$\mu M > L_1 + R_1 R_i C \,. \tag{43}$$

Dies ist also die genaue Selbsterregungs-Bedingung. Würde man die Spule L_2 umpolen, dann würde sich in Gl. (42) das Vorzeichen von M umkehren und der reelle Teil von p wäre immer negativ. Der Stromkreis wäre stabil. Ist dagegen die Selbsterregungs-Bedingung (43) erfüllt, dann führt jede kleine Störung U_s zu einer Schwingung mit wachsender Amplitude und einer Frequenz, die durch den Wurzelausdruck in Gl. (42) bestimmt ist. Das Anwachsen der Amplitude wird durch die Krümmung der Röhrenkennlinien begrenzt. Diese bewirkt, daß die mittlere Steilheit mit wachsender Amplitude sinkt (Grundschwingungs-Übertragungsfaktor, siehe S. 375). Dadurch wächst der innere Widerstand R_i bis schließlich

$$\mu M = L_1 + R_1 R_i C \,. \tag{44}$$

Dann bleibt die Amplitude der Schwingung konstant; ihre Kreisfrequenz ist

$$\omega_1 = \sqrt{\frac{1}{L_1 C} + \frac{R_1}{R_i L_1 C}} \,. \tag{45}$$

Bei kleinem Spulenwiderstand R_1 ist dies angenähert die Kennfrequenz des Schwingkreises.

Durch Berechnen von $A = v_0 r_0$ aus Abb. 49.18 kann man sich davon überzeugen, daß die Gl. (26) zu den gleichen Wurzeln p_1 und p_2 führt:

$$v_0 = \frac{\mu (R_1 + L_1 p)}{R_i (1 + R_1 C p + L_1 C p^2) + R_1 + L_1 p} \,, \tag{46}$$

$$r_0 = \frac{M p}{R_1 + L_1 p} \,. \tag{47}$$

Die *allgemeinen Bedingungen für die Erzeugung von Sinusschwingungen durch Rückkopplung* lassen sich daher folgendermaßen formulieren:

1. Zwecks Erzeugung einer bestimmten Kreisfrequenz ω_1 muß die Stammgleichung (26) für kleine Schwingungsamplituden ein komplexes Wurzelpaar von der Form

$$p_{1,2} = \sigma \pm j\sqrt{\omega_1^2 - \sigma^2} \tag{48}$$

aufweisen, wobei σ positiv und möglichst klein gegen ω_1 sein soll.

2. Damit sich ein stationärer Schwingungszustand einstellt, muß mit wachsender Schwingungsamplitude das Wuchsmaß σ für die Grundschwingung auf Null abnehmen.

Netzsynthese mit aktiven Elementen

Verstärkerschaltungen mit Rückkopplung ermöglichen die Darstellung von vorgegebenen Übertragungsfunktionen, z. B. von Filtern, ohne daß dazu Spulen mit ihren großen Abmessungen erforderlich sind, also nur mit Kondensatoren und Widerständen als weiteren Bauelementen. Als einfaches Beispiel wird ein Verstärker mit Gegenkopplung nach dem Schema der Abb. 49.10 betrachtet. Der Verstärker liefere am Ausgang eine zum Eingang gegenphasige Spannung, so daß der Spannungsverstärkungsfaktor negativ wird. In Reihe mit dem eigentlichen Verstärkerelement liege eine zweigliedrige RC-Kette nach Abb. 49.19. Der Spannungsübertragungsfaktor dieser Kette hat 2 reelle Pole, die mit $-\sigma_1$ und $-\sigma_2$ bezeichnet seien. Damit wird der Spannungsverstärkungs-Faktor des Verstärkers

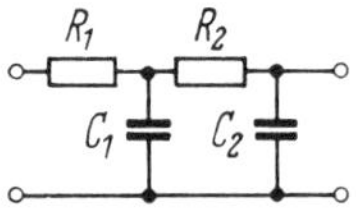

Abb. 49.19. Zweigliedrige RC-Kette zur Herstellung eines Polpaares im Verstärkungsfaktor

$$v_0 = -\frac{V_0\,\sigma_1\,\sigma_2}{(p+\sigma_1)(p+\sigma_2)}\,. \tag{49}$$

$-V_0$ ist der negative reelle Verstärkungsfaktor bei der Frequenz Null. Mit

$$r_0 = k = \text{const.} \tag{50}$$

ergibt sich der Spannungsverstärkungsfaktor des gegengekoppelten Verstärkers

$$v = \frac{v_0}{1 - k\,v_0} = -V_0\,\frac{\sigma_1\,\sigma_2}{(p+\sigma_1)(p+\sigma_2) + k\,V_0\,\sigma_1\,\sigma_2}\,. \tag{51}$$

Er hat die beiden Pole

$$p_1 = -\frac{1}{2}(\sigma_1 + \sigma_2) + j\sqrt{\sigma_1\,\sigma_2\,(1 + k\,V_0) - (\sigma_1+\sigma_2)^2/4}\,, \tag{52}$$

$$p_2 = -\frac{1}{2}(\sigma_1 + \sigma_2) - j\sqrt{\sigma_1\,\sigma_2\,(1 + k\,V_0) - (\sigma_1+\sigma_2)^2/4}\,. \tag{53}$$

Unter der Voraussetzung, daß

$$\sigma_1\,\sigma_2\,(1 + k\,V_0) > (\sigma_1 + \sigma_2)^2/4 \tag{54}$$

sind die beiden Pole komplex konjugiert zueinander. Die Lage der beiden Pole hängt von der Größe $k\,V_0$, der „Schleifenverstärkung" ab und kann mit Hilfe der *Wurzelortskurven*, Abb. 49.20, verfolgt werden. Ist $k\,V_0 = 0$, dann sind $-\sigma_1$ und $-\sigma_2$ die beiden Pole p_1 und p_2. Mit wachsendem $k\,V_0$ nähern sich die beiden Pole auf der reellen Achse; sie erreichen beide den Wert $-(\sigma_1 + \sigma_2)/2$, wenn der Wurzelausdruck in Gl. (52) u. (53) gerade Null ist. Bei weiterem Vergrößern der Schleifenverstärkung bleibt der reelle Teil der Pole konstant und sie wandern parallel zur senkrechten Achse nach oben und unten. Der rückgekoppelte Verstärker wirkt dann genau wie ein Resonanzkreis, Abb. 36.13; das Verhältnis der Spannung am

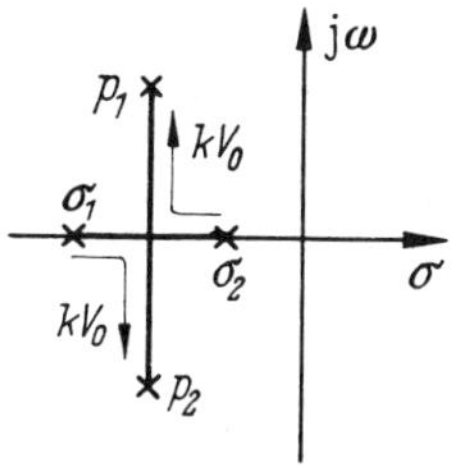

Abb .49.20. Wirkung der Gegenkopplung beim Verstärker mit RC-Kette nach Abb. 49.19

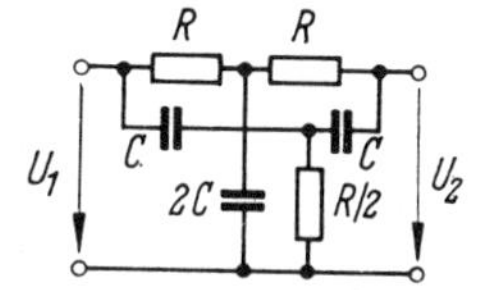

Abb. 49.21. Doppel-T-Brücke

Kondensator zur Quellenspannung wird durch den Verstärkungsfaktor v abgebildet, so daß alle in Abb. 36.15 dargestellten Formen der Frequenzkurven durch den Verstärker dargestellt werden können.

Durch eine *Kette derartiger Verstärker* lassen sich z. B. Siebketten mit vorgegebener Frequenzabhängigkeit ohne Spulen realisieren. Ein einfaches Beispiel bildet der in Abb. 37.3 gezeigte Tiefpaß. Der Übertragungsfaktor der beiden Spannungen U_2 und U_0 hat die 3 in Abb. 37.5 angegebenen Pole. Der dort mit p_1 bezeichnete Pol auf der reellen Achse kann durch einen gegengekoppelten Verstärker erhalten werden, wenn statt der zweigliederigen RC-Kette ein einziges Glied verwendet wird.

Durch weitere Verstärker lassen sich weitere Polpaare zwecks Verbesserung der Filtereigenschaften hinzufügen. Nullstellen auf der imaginären Frequenzachse, wie sie als Dämpfungspole erforderlich sind (siehe z. B. Abb. 42.16), können durch Brückenschaltungen hergestellt werden, z. B. durch die Doppel-T-Brücke, Abb. 49.21. Bei der Frequenz

$$\omega_0 = \frac{1}{R\,C} \tag{55}$$

wird der Übertragungsfaktor der Doppelbrücke Null (man findet ihn am einfachsten mit Hilfe der Stern-Dreieck-Umwandlung). Im Verstärkerteil eines gegengekoppelten Verstärkers bewirkt die Doppel-T-Brücke, daß der Verstärkungsfaktor v ein Nullstellenpaar bei $\pm j\omega_0$ aufweist; er hat also Dämpfungspole bei der Kreisfrequenz ω_0.

50. Unregelmäßige Ströme

Wärmerauschen

Wenn sich in einem Stromkreis eine große Zahl z von Wechselströmen gleichen Scheitelwertes S und gleicher Frequenz f mit zufälligen Phasen φ_ν überlagert, dann ist der Summenstrom eine Zufallsfunktion. Denkt man an die Zeigerdarstellung der Ströme, so sieht man ohne weiteres, daß je nach der Phase der Teilschwingungen jeder beliebige Betrag zwischen Null und dem Höchstwert zS auftreten kann. Im Mittel wird der Summenstrom bei der Betrachtung einer großen Zahl der möglichen Fälle zwischen diesen beiden Grenzen liegen. Für diesen Mittelwert gilt nun ein sehr einfaches Gesetz. Wir betrachten die Summe

$$s = \sum_{\nu=1}^{z} S \cos(2\pi f t - \varphi_\nu)\,; \tag{1}$$

sie kann folgendermaßen geschrieben werden

$$s = S \cos 2\pi f t \sum_{1}^{z} \cos\varphi_\nu + S \sin 2\pi f t \sum_{1}^{z} \sin\varphi_\nu\,. \tag{2}$$

Da sich andererseits diese Summe in der Form

$$s = S_m \cos(2\pi f t - \varphi) \tag{3}$$

darstellen lassen muß, so gilt für den Scheitelwert der Summenschwingung

$$S_m^2 = S^2\left(\sum_1^z \cos\varphi_\nu\right)^2 + S^2\left(\sum_1^z \sin\varphi_\nu\right)^2. \tag{4}$$

Werden die Quadrate der hier auftretenden Summen gebildet, dann ergibt sich z mal die Summe $\cos^2\varphi_\nu + \sin^2\varphi_\nu = 1$; ferner ergeben sich Glieder von der Form

$$2\cos\varphi_\nu \cos\varphi_\mu + 2\sin\varphi_\nu \sin\varphi_\mu = 2\cos(\varphi_\nu - \varphi_\mu)\,.$$

Damit wird also

$$S_m^2 = z\,S^2 + S^2\,2\sum\cos(\varphi_\nu - \varphi_\mu)\,. \tag{5}$$

Betrachtet man nun eine große Zahl verschiedener möglicher Verteilungen, bildet die Summe aller S_m^2 und dividiert durch die Anzahl der betrachteten Verteilungen, so wird der zweite Ausdruck im Vergleich zum ersten mit wachsender Anzahl immer kleiner, da er im Durchschnitt ebenso viele positive wie negative Beiträge enthält. Der Mittelwert aller Quadrate der Scheitelwerte wird daher

$$S_m^2 = z\,S^2$$

oder

$$\boxed{S_m = S\sqrt{z}\,.} \tag{6}$$

Der Erwartungswert des Scheitelwertes des Summenstromes wächst also proportional mit der Wurzel aus der Anzahl der Ströme; im Einzelfall können sich aber die Ströme auch auslöschen oder bis auf den Wert zS summieren. Die gleiche Überlegung gilt natürlich auch für Wechsel*spannungen*.

Als Anwendungsbeispiel betrachten wir die durch das *Wärmerauschen* in den elektrischen Leitern hervorgerufenen Spannungen und Ströme. Diese Ströme setzen sich nach Abschnitt 9 aus den vielen unregelmäßig stattfindenden Impulsen zusammen, die den Wegen der Leitungselektronen von einem Atom bis zum nächsten entsprechen. Ein kurzzeitiger Impuls von der Dauer τ und der Stromstärke I_0 läßt sich auf folgende Weise nach FOURIER in die sinusförmigen Teilschwingungen zerlegen.

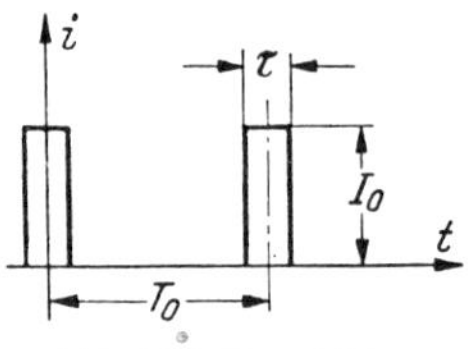

Abb. 50.1. Impulsfolge

Eine periodische Folge von rechteckigen Impulsen der Dauer τ in Zeitabständen T_0, Abb. 50.1, kann nach Gl. (36.100) durch eine FOURIERsche Reihe dargestellt werden, bei der die Koeffizienten P_n nach Gl. (36.103) alle verschwinden, während

$$Q_n = I_0 \frac{2}{T_0}\, 2 \int_0^{\tau/2} \cos n\,\omega\,t\,dt = \frac{2}{n\pi} I_0 \sin n\pi\frac{\tau}{T_0} \tag{7}$$

wird. Daher ist der Wechselstromanteil

$$i = \frac{2}{\pi} I_0 \sum_{n=1}^{n=\infty} \frac{1}{n} \sin n\pi\frac{\tau}{T_0} \cos n\,2\pi\frac{t}{T_0}\,. \tag{8}$$

Ist der Impulsabstand T_0 sehr groß gegen die Impulsdauer τ, so gilt bis zu sehr großen Ordnungszahlen n der Teilschwingungen

$$\sin n\pi\frac{\tau}{T_0} \approx n\pi\frac{\tau}{T_0}$$

und

$$i = 2\,\frac{\tau}{T_0}\,I_0 \sum \cos n\,2\,\pi\,\frac{t}{T_0}\,. \tag{9}$$

Die Impulsfolge besteht also aus Teilschwingungen, deren Frequenzen in Abständen $\frac{1}{T_0} = f_1$ angeordnet sind und die bis zu hohen Ordnungszahlen alle die gleiche Amplitude $2\,\frac{\tau}{T_0}\,I_0$ haben. Zur Darstellung eines einzelnen Impulses gelangt man, wenn man $T_0 = \frac{1}{f_1}$ gegen Unendlich gehen läßt.

Jedes Elektron erzeugt während seines freien Fluges einen Stromimpuls von der Dauer τ und einer Stromstärke I_0, die auf folgende Weise berechnet werden kann: Die Stromdichte in dem Leiter ist nach Gl. (8.5) $e v_m n$, wenn $v_m = s/\tau$ die mittlere Geschwindigkeit der Wärmebewegung der Elektronen, n die räumliche Dichte der Leitungselektronen und s die mittlere freie Weglänge der Elektronen bezeichnen. Bei einem Leiterquerschnitt A ist daher die Stromstärke $e\,v_m\,n\,A$; die Gesamtzahl der Leitungselektronen in dem Leiter von der Länge l ist $n\,l\,A$; also ist der mittlere Beitrag eines Elektrons zur Stromstärke

$$\frac{e\,v_m\,n\,A}{n\,l\,A} = \frac{e\,v_m}{l}\,.$$

Nun ist aber zu berücksichtigen, daß nur die Komponente $\frac{e\,v_m}{l}\cos\alpha$ als Stromstärke in der Leiterrichtung in Betracht kommt, wenn α den Winkel zwischen der Wegrichtung und der Leiterachse bezeichnet. Dies ist für I_0 einzusetzen. Der mittlere Scheitelwert der von einem einzelnen Impuls herrührenden Teilschwingungen ist also nach Gl. (9)

$$2\,\frac{\tau}{T_0}\,I_0 = 2\,\tau\,\frac{e\,v_m}{l}\,f_1 \cos\alpha = 2\,\frac{e\,s}{l}\,f_1 \cos\alpha\,.$$

Wir haben nun die zu den verschiedenen Zeitpunkten auftretenden Impulse zu summieren. Ihre Anzahl in dem Leiter von der Länge l und dem Querschnitt A während einer Zeit t ist

$$\frac{n\,l\,A\,t}{\tau} = \frac{n}{s}\,v_m\,l\,A\,t\,.$$

Während der sehr großen Zeit $T_0 = \frac{1}{f_1}$, die wir im Grenzfall unendlich groß werden lassen, ergeben sich

$$z = \frac{n\,v_m}{s}\,l\,A\,\frac{1}{f_1}$$

Impulse, in einem Frequenzintervall von der Breite $f_1 = 1/T_0$ also z Teilschwingungen mit irgend einer Frequenz f. Das mittlere Quadrat der Stromamplitude mit dieser Frequenz wird daher nach dem oben abgeleiteten Satz

$$(\varDelta S)^2 = z\left(2\,\frac{s\,e\cos\alpha}{l}\,f_1\right)^2 = 4\,\frac{n\,e^2\,v_m\,s\,A\cos^2\alpha}{l}\,f_1$$

oder, wenn für die Stromstärke der Effektivwert dI eingeführt und zur Grenze $T_0 \to \infty$ oder $f_1 \to df$ übergegangen wird,

$$(dI)^2 = \frac{1}{2}\,(dS)^2 = 4\cdot\frac{1}{2}\,n\,e^2\,v_m\,s\,\frac{A}{l}\cos^2\alpha\,df = 4\cdot\frac{1}{2}\,m\,v_m^2\,\frac{n\,e^2\,s}{m\,v_m}\,\frac{A}{l}\cos^2\alpha\,df\,. \tag{10}$$

Nun ist nach der klassischen Wärmetheorie im Unterschied zu Gl. (18.6)

$$\frac{1}{2}\,m\,v_m^2 = \frac{3}{2}\,k\,T\,, \tag{11}$$

und nach Gl. (8.18)

$$\frac{1}{2}\frac{n e^2 s}{m v_m} = \sigma \tag{12}$$

die Leitfähigkeit des Stoffes. Also wird

$$(dI)^2 = 12\,k\,T\,\frac{\sigma A}{l}\cos^2\alpha\,df\,. \tag{13}$$

Da alle Winkel α gleich wahrscheinlich sind, so ist die Anzahl der Strombahnen mit Winkeln zwischen α und $\alpha + d\alpha$ proportional dem Raumwinkel $2\pi \sin\alpha\, d\alpha$. Der Mittelwert der wirksamen Stromkomponenten ist daher

$$\overline{(dI)^2} = 12\,k\,T\,\frac{\sigma A}{l}\,df\int\limits_0^{\pi/2}\cos^2\alpha\sin\alpha\,d\alpha = 4\,k\,T\,\frac{\sigma A}{l}\,df$$

oder

$$\overline{(dI)^2} = \frac{4\,k\,T}{R}\,df\,, \tag{14}$$

wenn der Widerstand R des Leiters eingeführt wird. Der *Rauschstrom*, der durch die Teilschwingungen eines Frequenzbereiches Δf zwischen f_a und f_b hervorgerufen wird, ergibt sich durch Integration

$$I_s^2 = \frac{4\,k\,T}{R}(f_b - f_a) = \frac{4\,k\,T}{R}\Delta f\,. \tag{15}$$

Für das Quadrat der effektiven Rauschspannung folgt daraus

$$\boxed{U_s^2 = 4\,k\,T\,R\,\Delta f\,.} \tag{16}$$

Die Spannung U_s kann man als Quellenspannung im Leiter auffassen. Für die aus dem Leiter entnehmbare *Rauschleistung* ergibt sich daher nach Gl. (4.7)

$$\boxed{P_s = k\,T\,\Delta f\,.} \tag{17}$$

Zahlenbeispiel: In einem Frequenzbereich von 10000 Hz ist bei der absoluten Temperatur $T = 290$ K (17 °C) eine Rauschleistung von $P_s = 0{,}4 \cdot 10^{-16}$ W enthalten. An Widerständen verschiedener Größe ergeben sich die in der folgenden Tabelle angegebenen Rauschspannungen

$R = 10^1$	10^2	10^3	10^4	10^5	$10^6\ \Omega$
$U_s = 0{,}04$	0,127	0,40	1,27	4,0	12,7 μV

Diese Spannung des Wärmerauschens gibt eine untere Grenze für die Spannungen an, die noch fehlerfrei unterschieden oder verwertet werden können (Grenze für die mögliche Verstärkung in der Nachrichtentechnik).

Bemerkung: Nach Gl. (17) ist die auf die Frequenzbandbreite bezogene Leistung des Wärmerauschens (die *Spektraldichte*) unabhängig von der Frequenz gleich kT. Man spricht in diesem Fall auch von „weißem Rauschen". Diese Frequenzunabhängigkeit der Spektraldichte gilt allerdings nicht für beliebig hohe Frequenzen. Der genauere Zusammenhang wird für den (die Strahlung vollkommen absorbierenden) schwarzen Körper durch die *Strahlungsformel* von M. PLANCK (1900) beschrieben, die die quantenhafte Struktur der Energiestrahlung berücksichtigt. Danach ist die Spektraldichte des Wärmerauschens

$$\frac{P_s}{\Delta f} = \frac{hf}{e^{\frac{hf}{kT}} - 1}\,. \tag{18}$$

Wenn $\frac{hf}{kT}$ klein gegen 1 ist, folgt hieraus die Gl. (17). Bei sehr hohen Frequenzen nimmt jedoch die Spektraldichte rasch ab. Die Grenze für den Gültigkeitsbereich der Gl. (17) ist ungefähr durch die Frequenz

$$f_s = \frac{kT}{2h} \tag{19}$$

gegeben. Diese Frequenz beträgt für $T = 290$ K

$$f_s = \frac{1{,}38 \cdot 10^{-23} \cdot 290 \text{ Ws K}}{2 \cdot 6{,}625 \cdot 10^{-34} \text{ K Ws}^2} = 3 \cdot 10^{12} \text{ Hz},$$

entsprechend einer Wellenlänge $\lambda_s = 0{,}1$ mm.

Bei noch höheren Frequenzen nimmt die Spektraldichte des Wärmerauschens nach Gl. (8) rasch ab. Dann tritt jedoch ein weiterer Rauscheffekt in Erscheinung, der durch die Quantenstruktur der Energie verursacht wird. Dieses sogen. *Quantenrauschen* hat die Spektraldichte (s. z. B. *KlM*)

$$\frac{P_q}{\Delta f} = h\, f\,, \tag{20}$$

wächst also mit wachsender Frequenz. Bei einer mittleren Wellenlänge des sichtbaren Lichtes, z. B. $\lambda = 0{,}6$ µm, entsprechend einer Frequenz $f = 5 \cdot 10^{14}$ Hz wird die Spektraldichte des Quantenrauschens

$$\frac{P_q}{\Delta f} = 6{,}626 \cdot 10^{-34} \cdot 5 \cdot 10^{14} \text{ Ws} = 3{,}3 \cdot 10^{-19} \text{ W/Hz}\,.$$

Die nicht unterschreitbare Grenze der Rauschleistung ergibt sich angenähert durch die Summe der beiden Störungen. Im ganzen Frequenzbereich gilt für die *Rauschleistungsdichte*

$$\boxed{\frac{P_s}{\Delta f} = \frac{h\, f}{1 - \mathrm{e}^{-hf/kT}}} \tag{21}$$

eine Funktion, die etwa konstant ist bis zur Frequenz f_s, dann mit wachsender Frequenz allmählich ansteigt bis zum frequenzproportionalen Verlauf der Gl. (20).

Effektivwert unregelmäßiger Ströme

Der zeitliche Verlauf von unregelmäßigen Strömen und Spannungen, wie er als Beispiel bei Nachrichtensignalen oder beim Wärmerauschen vorliegt, kann im einzelnen nicht durch mathematische Funktionen beschrieben werden. Er ist nur durch statistische Angaben bestimmt, d. h., nur für gewisse Mittelwerte können bestimmte Angaben gemacht werden. Die oben berechnete Rauschspannung U_s stellt einen quadratischen Mittelwert dar, der in Verallgemeinerung des Effektivwertes bei periodischen Schwingungen als Effektivwert der unregelmäßigen Schwingung bezeichnet werden kann. Wegen des unregelmäßig schwankenden zeitlichen Verlaufes handelt es sich aber um eine Mittelwertsbildung über eine lange Zeit.

Der *Effektivwert eines unregelmäßigen oder beliebig schwankenden Stromes* i ist der Gleichstrom, der in einem Widerstand über hinreichend lange Zeit gemessen, die gleiche Wärmemenge erzeugt wie der schwankende Strom i, also

$$I_{\text{eff}} = \sqrt{\frac{1}{T}\int_0^T i^2\, dt}\,. \tag{22}$$

Dabei ist T so groß zu wählen, daß das Ergebnis praktisch unabhängig von T wird. Um einen so definierten Effektivwert handelt es sich bei der oben berechneten Spannung U_s. Unregelmäßige Ströme haben ein dicht besetztes Spektrum (kontinuierliches Spektrum, s. Abschnitt 47). Schreibt man daher für den zeitlichen Verlauf des unregelmäßigen Stromes

$$i = \sum_\nu I_\nu \sqrt{2} \sin\left(\omega_\nu\, t + \varphi_\nu\right), \tag{23}$$

so kann man dies als eine Annäherung an die Integraldarstellung Gl. (47.25) auffassen, wenn die Frequenzen f_ν mit einem bestimmten hinreichend kleinen Abstand δ dicht nebeneinander auf der Frequenzachse angeordnet werden. In einem endlichen Frequenzband von der Breite Δf, z.B. am Ausgang eines entsprechenden Bandpasses, liegen daher

$$z = \frac{\Delta f}{\delta}$$

solche Teilschwingungen.

Für das Quadrat des Stromes gilt nun

$$i^2 = 2 \sum_\nu I_\nu^2 \sin^2(\omega_\nu t + \varphi_\nu) + 2 \sum_\nu{}' \sum_\mu{}' I_\nu I_\mu \sin(\omega_\nu t + \varphi_\nu) \sin(\omega_\mu t + \varphi_\mu) .$$

Die Striche an den Summenzeichen des zweiten Ausdrucks sollen andeuten, daß nur über solche ν und μ summiert werden soll, die voneinander verschieden sind. Berücksichtigt man in der ersten Summe, daß

$$\sin^2 \alpha = \frac{1}{2}(1 - \cos 2\alpha) ,$$

und in der Doppelsumme, daß

$$\sin \alpha \sin \beta = \frac{1}{2} \cos(\alpha - \beta) - \frac{1}{2} \cos(\alpha + \beta) ,$$

und bildet über eine genügend lange Zeit den Mittelwert, so überwiegt ähnlich wie bei Gl. (5) der erste Summand immer mehr alle anderen, die zeitlich schwankende Funktionen mit dem Mittelwert Null darstellen, und es bleibt als Mittelwert für große T nur der erste Summand, also

$$\frac{1}{T} \int_0^T i^2 \, dt = \sum_\nu I_\nu^2 . \tag{24}$$

Die Anzahl der Teilschwingungen, über die summiert werden muß, ist z.

Haben die Teilschwingungen alle die gleichen Effektivwerte $I_\nu = I_1$, so gilt

$$\sum_\nu I_\nu^2 = z I_1^2 . \tag{25}$$

Daraus folgt der Satz:

Der Effektivwert einer unregelmäßigen Schwingung mit konstanter Amplitudendichte des Spektrums aber beliebigen Phasenwinkeln der Teilschwingungen ist proportional der Wurzel aus der Bandbreite:

$$I_{eff} = \text{konst.} \cdot \sqrt{\Delta f} . \tag{26}$$

Umgekehrt folgt aus der Gl. (17), daß das Spektrum des Wärmerauschens ein solches Spektrum mit konstanter Amplitudendichte ist.

Rauschquellen mit einem Spektrum konstanter Amplitudendichte können durch die *Rauschtemperatur* gekennzeichnet werden. Darunter versteht man diejenige Temperatur eines metallischen Leiters, bei der das Wärmerauschen die gleiche Amplitudendichte aufweisen würde wie die betreffende Quelle. Liefert also eine solche Rauschquelle in einem Frequenzband Δf eine Leistung P_s, dann ist ihre Rauschtemperatur entsprechend Gl. (17) und (26)

$$\boxed{T_r = \frac{P_s}{k \, \Delta f} .} \tag{27}$$

Kohle- und Halbleiterwiderstände, Verstärkerröhren und Transistorschaltungen können besonders bei hohen Frequenzen eine Rauschtemperatur aufweisen, die wesentlich höher als ihre Kelvintemperatur T liegt. Bei Empfangsantennen der Funktechnik, die gegen den freien Weltraum gerichtet sind, können die Rauschtemperaturen wesentlich niedriger liegen als die Temperatur der Erdoberfläche. Ebenso können mit parametrischen Verstärkern und Masern niedrige Rauschtemperaturen erzielt werden. Bei metallischen Leitern stimmt die Rauschtemperatur T_r mit der Kelvintemperatur T in einem sehr weiten Frequenzbereich überein.

Nicht nur Störungen, sondern auch Nachrichtensignale, die ja für den Empfänger den Charakter eines zufälligen Signals haben, können durch ihr kontinuierliches Leistungsspektrum beschrieben werden. Zur Bestimmung des Leistungsspektrums kann man z. B. mit Hilfe von Bandfiltern die Effektivwerte U_ν der Spannung in schmalen aneinander anschließenden, einander gleichen Frequenzbändern Δf messen. Nach Gl. (24) summieren sich die Spannungen aus den einzelnen Frequenzbändern quadratisch zum Effektivwert U der Spannung $u(t)$:

$$U^2 = \sum U_\nu^2 . \tag{28}$$

An einem Widerstand R erzeugt die Spannung $u(t)$ in dem ν-ten Frequenzband Δf die Leistung $\Delta P_\nu = U_\nu^2/R$. Der Quotient

$$G(f) = \frac{\Delta P_\nu}{\Delta f} = \frac{U_\nu^2}{R\,\Delta f} \tag{29}$$

ist im Grenzfall hinreichend kleiner Δf die *Spektraldichte der Leistung*. Nach Gl. (28) summieren sich auch die Leistungen der einzelnen Frequenzbänder und es gilt daher für die Leistung in einem beliebig breiten Frequenzband der allgemeine Satz:

$$P = \int_{f_1}^{f_2} G(f)\, df . \tag{30}$$

Weiterführende Literatur zum Siebenten Kapitel: *Ben, Bi, Do1, Do2, Fo, Heu, Kü, MiW Op, Pa1, Pa2, Rü, St1, St2, Th, Un2, Wu*

Achtes Kapitel

Systeme mit nichtlinearen Elementen

51. Ausgleichsvorgänge in nichtlinearen Systemen

Wenn der Zusammenhang zwischen den Spannungen und Strömen durch gekrümmte Kurven dargestellt ist, so wird die Theorie der Ausgleichsvorgänge schon in den einfachsten Fällen außerordentlich kompliziert.

Einfache Verhältnisse liegen nur dann vor, wenn die „dynamischen Kennlinien" für die Zusammenhänge zwischen allen Spannungen und Strömen mit den „statischen Kennlinien" übereinstimmen, wie dies in weiten Frequenzbereichen bei Verstärkerröhren, Dioden, Transistoren, Widerständen der Fall ist. Sowohl beim Schalten mit Gleichstrom als auch beim Schalten mit Wechselstrom treten dann Ausgleichsvorgänge nicht auf. In Abb. 3.16 ist ein solcher Fall behandelt.

Im folgenden werden einige Beispiele von Gleichstrom- und Wechselstromvorgängen betrachtet, bei denen ebenfalls statische Kennlinien zugrunde gelegt werden können, bei denen aber infolge der Induktionswirkungen magnetischer Flüsse kompliziertere Abhängigkeiten entstehen.

Lichtbogen beim Öffnen eines Stromkreises

Bei *hohen Spannungen* ist der beim Schalten entstehende *Lichtbogen* von wesentlichem Einfluß auf den Verlauf der Schaltvorgänge. Schon beim Schließen eines Stromkreises kann der Schaltvorgang erheblich verändert werden, wenn die zu schaltende Spannung so hoch ist, daß der Kontaktzwischenraum bereits vor der Berührung der Kontakte durch einen Funken oder Lichtbogen überbrückt wird. Von entscheidender Bedeutung ist aber die Lichtbogenbildung beim *Öffnen von Stromkreisen*, besonders solchen, die erhebliche Selbstinduktion haben. Wegen der komplizierten elektrischen Eigenschaften der Gasentladungen (s. Abschnitt 21) gelten auch hier die einfachen Gesetzmäßigkeiten der linearen Systeme im allgemeinen nicht mehr. Als Beispiel für die Ermittlung des Ausgleichsvorganges durch ein graphisches Verfahren betrachten wir das Öffnen eines Gleichstromkreises mit Widerstand und konstanter Induktivität, Abb. 51.1.

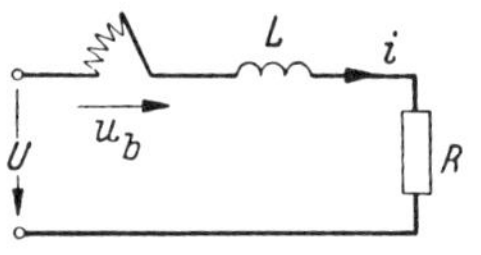

Abb. 51.1. Öffnen eines Gleichstromkreises

Beim Trennen der Kontakte entsteht durch die örtliche Erhitzung an der Abreißstelle ein Lichtbogen. Werden die Kontakte sehr rasch voneinander entfernt und in ihre Endstellung gebracht, so ist dadurch die Länge des Lichtbogens ungefähr festgelegt. Der Zusammenhang zwischen der Spannung u_b am Lichtbogen und dem

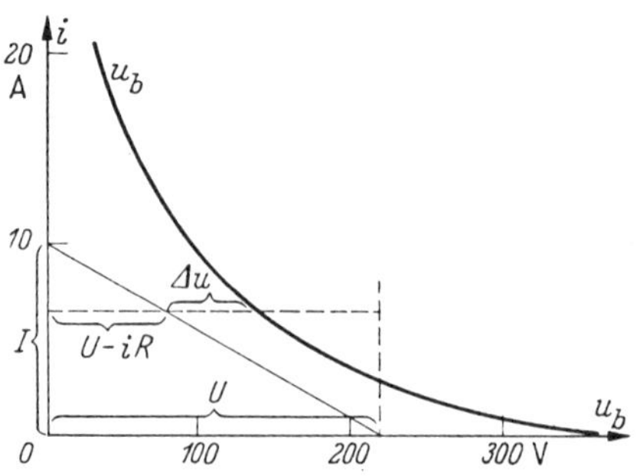

Abb. 51.2. Kennlinie des Lichtbogens; $U = 220$ V, $R = 22\ \Omega$

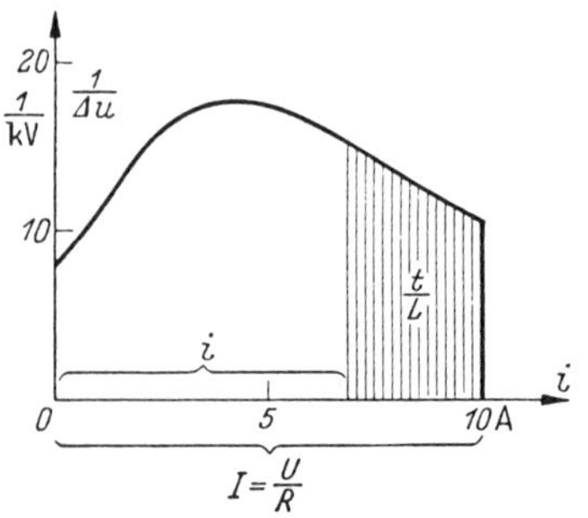

Abb. 51.3. Zur Ermittlung des Stromverlaufs

Lichtbogenstrom i ist selbst wieder von der Schnelligkeit der entstehenden Stromänderung abhängig; um das Grundsätzliche zu erkennen, nehmen wir eine feste Kennlinie nach Art von Abb. 51.2 an. Die Netzspannung U deckt die Summe der Spannungsabfälle:

$$U = i\,R + L\,\frac{di}{dt} + u_b\,. \tag{1}$$

Setzt man

$$\Delta u = u_b + i\,R - U\,, \tag{2}$$

so wird

$$L\,\frac{di}{dt} = -\,\Delta\,u\,. \tag{3}$$

Hieraus folgt durch Auflösen nach dt und Integrieren vom Anfangswert $I = U/R$ des Stromes bis zu irgendeinem Wert i

$$t = L\int_i^I \frac{di}{\Delta u}\,, \tag{4}$$

und Δu ist nach Abb. 51.2 der waagerechte Abstand zwischen der Lichtbogenkennlinie und der Geraden $u = U - i\,R$. Entnimmt man diese Größe aus dem Diagramm für verschiedene i und trägt $\frac{1}{\Delta u}$ in Abhängigkeit von i auf, so ergibt sich Abb. 51.3. Das Integral in Gl. (4) ist durch die schraffierte Fläche gegeben, so daß zu jedem Wert von i der zugehörige Zeitwert t nach Gl. (4) ermittelt werden kann. In Abb. 51.4 ist für ein Beispiel der auf diese Weise aus Abb. 51.2 erhaltene zeitliche Verlauf des Stromes nach dem Abschalten verschiedener Widerstände $R = 12{,}8$, 22 und 44 Ω bei 220 V und $L = 0{,}1$ H aufgezeichnet. Das Bild zeigt, daß unter gewissen Verhältnissen der Lichtbogen stehen bleibt. Der Strom sinkt nur dann auf Null, wenn die Widerstandsgerade ganz unterhalb der Lichtbogenkennlinie in Abb. 51.2 liegt. Die Zeitdauer bis zum Verlöschen des Lichtbogens wird um so kürzer, je weiter die Widerstandsgerade von der Lichtbogenkennlinie entfernt ist.

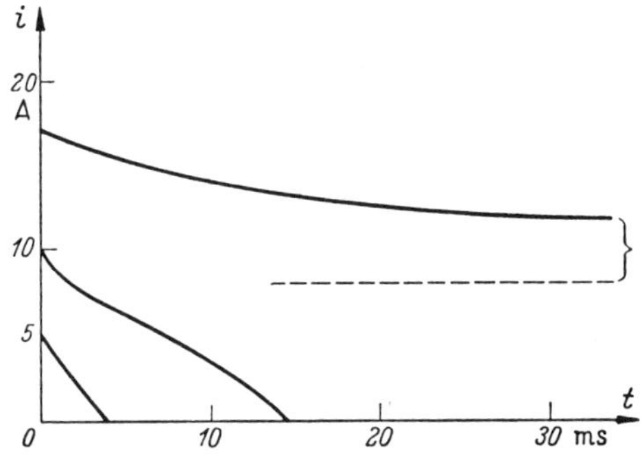

Abb. 51.4. Stromverlauf nach dem Abschalten von 17 A, 10 A und 5 A

Gleichstromschaltvorgänge in nichtlinearen induktiven Kreisen

Als nächstes Beispiel soll das *Schalten einer Gleichspannung* U_0 *auf eine Drosselspule mit Eisenkern* betrachtet werden, Abb. 51.5. Nach dem Schließen des Schalters gilt

$$i\,R + \frac{d\Phi}{dt} = U_0\,. \tag{5}$$

Dabei bezeichnet Φ den mit der Wicklung verketteten *Gesamtfluß*. Für den Zusammenhang zwischen Φ und i werde die magnetische Kennlinie der Spule für zunehmende Stromstärke nach Abb. 51.6 angenommen. R ist der gesamte ohmsche Widerstand des Kreises.

Nach genügend langer Zeit wird sich der Endwert

$$I_e = \frac{U_0}{R} \tag{6}$$

des Stromes i einstellen und damit ein bestimmter Fluß Φ_e, der sich aus der Kennlinie entnehmen läßt. Schreibt man für Gl. (5)

$$i\,R + \frac{d\Phi}{di}\frac{di}{dt} = U_0\,, \tag{7}$$

so sieht man, daß die „augenblickliche Induktivität" hier durch die Steilheit der Kennlinie $\frac{d\Phi}{di}$ gegeben ist, die von der Stromstärke abhängt. Je nach der Form und dem Grad der Aussteuerung der Kennlinie kann man für die Kennlinie Näherungsansätze machen, mit denen die Gl. (7) integriert werden kann. Ein allgemeines *graphisches Verfahren* ist das folgende. Die Gl. (5) wird in der Form

$$dt = \frac{d\Phi}{U_0 - i\,R} \tag{8}$$

geschrieben, und es wird zur Abkürzung gesetzt

$$\frac{\Phi_e}{I_e} = L_e\,. \tag{9}$$

Diese Größe hat die Dimension einer Induktivität, ist aber ebenfalls keine Konstante, sondern hängt von dem Endwert I_e der Stromstärke ab.

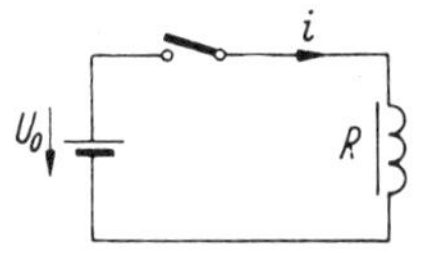

Abb. 51.5
Schalten einer Drosselspule

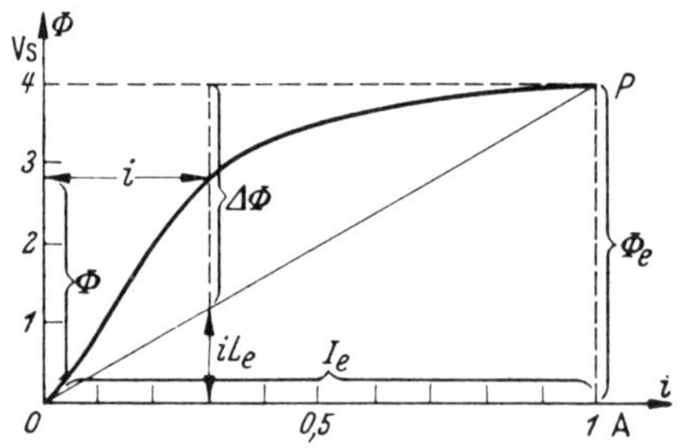

Abb. 51.6. Magnetische Kennlinie einer Spule mit Eisenkern (aufsteigender Ast)

Führt man

$$U_0 = I_e\,R = \frac{R}{L_e}\,\Phi_e \tag{10}$$

in Gl. (8) ein, so folgt

$$dt = \frac{L_e}{R}\,\frac{d\Phi}{\Phi_e - i\,L_e}\,. \tag{11}$$

Das Produkt $i\,L_e$ wäre der zum Strom i gehörige Fluß, wenn die Induktivität konstant gleich L_e wäre; dieser Fluß ist durch die Gerade OP in Abb. 51.6 gegeben. Die Differenz

$$\Phi_e - i\,L_e = \Delta\Phi \tag{12}$$

ist der senkrechte Abstand dieser Geraden von der durch P gehenden Waagerechten. Unter Einführung von $\Delta\Phi$ lautet Gl. (11)

$$dt = \frac{L_e}{R}\,\frac{d\Phi}{\Delta\Phi}\,. \tag{13}$$

Zur Abkürzung bezeichnen wir ferner die der Induktivität L_e entsprechende Zeitkonstante mit

$$\tau_e = \frac{L_e}{R} \tag{14}$$

und erhalten durch Integrieren

$$\frac{t}{\tau_e} = \int_0^{\Phi} \frac{d\Phi}{\Delta\Phi} . \tag{15}$$

Das Integral kann man leicht graphisch ermitteln, wenn man zusammengehörige Werte von Φ und $\Delta\Phi$ aus Abb. 51.6 entnimmt und $\frac{1}{\Delta\Phi}$ in Abhängigkeit von Φ aufträgt wie in Abb. 51.7. Den Zeitpunkt t, in dem irgendein Strom i fließt, findet man dann durch Ausmessen der in Abb. 51.7 schraffierten Fläche, die nach Gl. (15) gleich $\frac{t}{\tau_e}$ ist. Abb. 51.8 zeigt als Beispiel einige auf diese Weise aus Abb. 51.6 ermittelte Stromzeitkurven für verschiedene Endwerte I_e des Stromes und einen Widerstand der Wicklung $R = 4\,\Omega$.

Aus der oszillographischen Aufnahme solcher Kurven kann man bei großen Elektromagneten, bei denen eine Messung mit dem ballistischen Galvanometer wegen der großen Zeitkonstante schwierig ist, die Magnetisierungskurven berechnen, indem man die in Abb. 51.8 schraffierte Fläche ermittelt. Diese Fläche ist nämlich, wie aus Gl. (11) durch Multiplizieren mit $(I_e - i)$ und Integrieren hervorgeht, Φ_e/R.

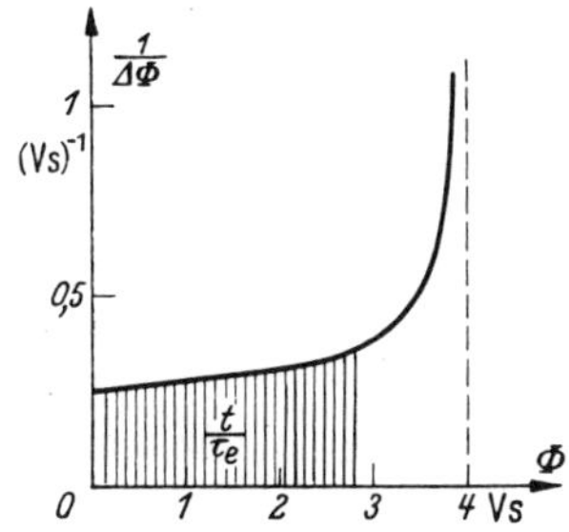

Abb. 51.7. Zur Ermittlung des Stromverlaufes

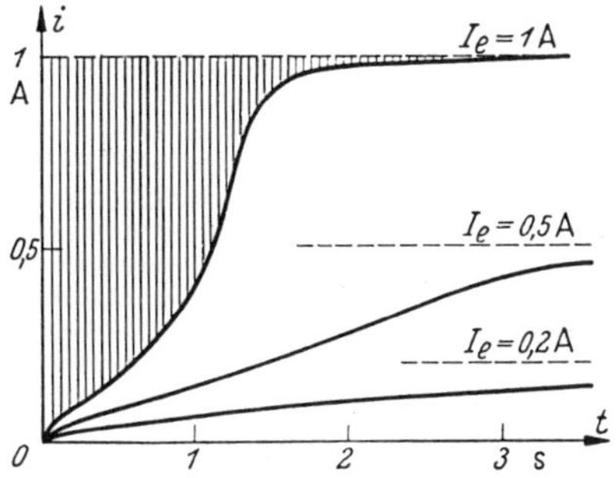

Abb. 51.8. Zeitlicher Verlauf des Stromes in der Spule mit der Kennlinie Abb. 51.6 für verschiedene Endwerte

Einen allgemeinen Überblick über die Zusammenhänge erhält man, wenn man näherungsweise die Magnetisierungskurve durch einen gebrochenen Linienzug ersetzt, im einfachsten Fall gemäß Abb. 51.9 durch zwei Geradenstücke. Solange die Stromstärke i kleiner als der Wert der Eckstromstärke I_1 ist, gilt hier

$$\Phi = \frac{i}{I_1}\,\Phi_e , \tag{16}$$

und Gl. (7) wird

$$i\,R + L_1 \frac{di}{dt} = U_0 \tag{17}$$

mit der Abkürzung

$$L_1 = \frac{\Phi_e}{I_1} . \tag{18}$$

Damit folgt für $i < I_1$

$$i = \frac{U_0}{R}\left(1 - e^{-\frac{t}{\tau_1}}\right), \tag{19}$$

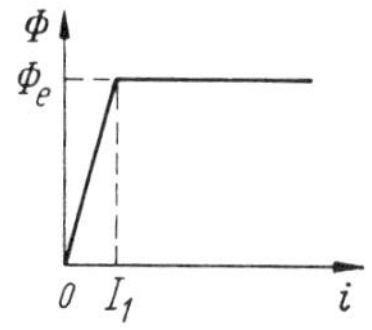

Abb. 51.9. Idealisierte magnetische Kennlinie

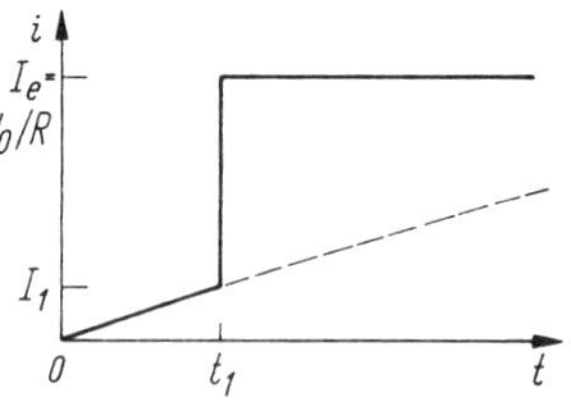

Abb. 51.10. Stromverlauf bei idealisierter Kennlinie

wobei die Zeitkonstante

$$\tau_1 = \frac{L_1}{R} = \frac{\Phi_e}{R\, I_1} \tag{20}$$

ist. Die gestrichelte Kurve in Abb. 51.10 zeigt den zeitlichen Verlauf des Stromes i. Wenn der Wert I_1 erreicht ist, wird $\frac{d\Phi}{dt} = 0$ und der Strom springt auf den Endwert I_e. Der Vergleich mit Abb. 51.8 zeigt, wie sich mit wachsender magnetischer Aussteuerung die wirkliche Kurve diesem idealisierten Verlauf nähert.

Bei großer magnetischer Aussteuerung und steiler Magnetisierungskurve wird I_1 sehr klein gegen I_e. L_1 und damit τ_1 werden groß. Der Strom i bleibt dann unmittelbar nach dem Schalten nahezu Null. Es gilt in erster Näherung nach Gl. (19) für große τ_1

$$i \approx \frac{U_0}{L_1}\, t = U_0 \frac{I_1}{\Phi_e}\, t\,. \tag{21}$$

Der Fluß wächst gemäß Gl. (16) angenähert wie

$$\Phi = U_0\, t \tag{22}$$

bis der Endwert Φ_e im Zeitpunkt

$$t_1 = \frac{\Phi_e}{U_0} \tag{23}$$

erreicht ist. Dann springt der Strom i auf seinen Endwert I_e.

Speicherkerne

Zur Speicherung von binären Nachrichtensignalen werden *Speicherkerne* verwendet. Dazu dienen Magnetstoffe mit möglichst rechteckiger Hystereseschleife (s. S. 252). In Abb. 51.11 ist eine solche Schleife in idealisierter Form dargestellt. H_k ist die Koerzitivfeldstärke. Mit der nur wenig höheren Feldstärke H_s werde bereits das Sättigungsgebiet erreicht. B_r ist die Remanenzinduktion.

Ein Stromimpuls in einer auf einem kleinen Ringkern aufgebrachten Wicklung, der eine Feldstärke H_s erzeugt, führt dann zu der durch $+B_r$ oder $-B_r$ gegebenen remanenten Magnetisierung. Ein solcher Impuls wird als *Schreibimpuls* benützt. Der Kern bewahrt das Vorzeichen der Magnetisierung („Gedächtnis"). Durch einen *Abfrageimpuls* in einer zweiten Wicklung kann festgestellt werden, welche der beiden möglichen Magnetisierungsrichtungen gespeichert wurde. Der Abfrageimpuls wird ebenfalls so bemessen, daß er die Feldstärke H_s erzeugt. War der Kern in der gleichen Richtung magnetisiert, dann ändert sich die Induktion nur um den kleinen Betrag $B_s - B_r$. War der Kern dagegen in der entgegengesetzten Richtung magnetisiert, dann beträgt die Änderung $B_s + B_r$. In einer dritten Wicklung entsteht daher im ersten Fall eine geringe Spannung, im zweiten Fall dagegen eine hohe Spannung.

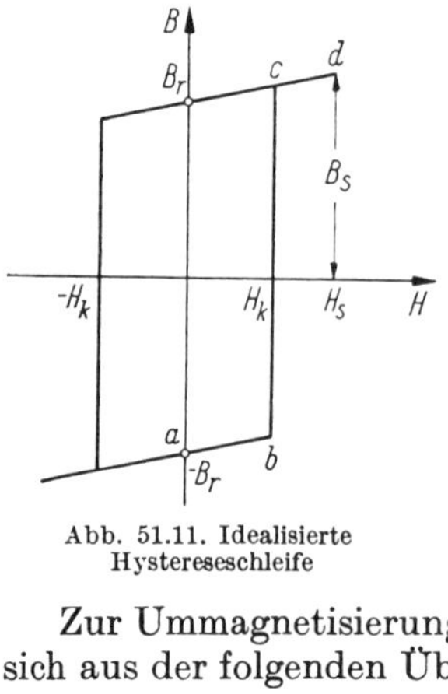

Abb. 51.11. Idealisierte Hystereseschleife

Zur Ummagnetisierung ist eine bestimmte Mindestzeit T erforderlich. Sie ergibt sich aus der folgenden Überlegung.

Im Kern sei die Remanenzinduktion $-B_r$ eingespeichert, entsprechend der Gesamtfluß $-\Phi_r$. Der Kern wird dann durch einen positiven Strom i ummagnetisiert. Für das plötzliche Schalten einer entsprechenden Quellenspannung U_0 gilt

$$U_0 = R\,i + \frac{d\Phi}{dt}\,. \tag{24}$$

Solange der Strom i kleiner ist als der H_k entsprechende Strom I_k, wächst Φ gemäß Abschnitt ab der Magnetisierungskurve linear mit i, und es gilt hier

$$\frac{d\Phi}{dt} = L_a \frac{di}{dt}\,.$$

L_a ist die dem Abschnitt ab der Magnetisierungskurve entsprechende relativ kleine Induktivität $\left(L_a = \frac{d\Phi}{di}\right)$. Aus Gl. (24) folgt damit

$$i = \frac{U_0}{R}\left(1 - e^{-\frac{t}{\tau_a}}\right) \quad \text{für} \quad i < I_k \tag{25}$$

mit der Zeitkonstante

$$\tau_a = \frac{L_a}{R}\,.$$

Der Strom i erreiche nun in einem Zeitpunkt t_1 den Wert I_k. Jetzt bleibt wegen der großen Steilheit der Magnetisierungskurve der Strom konstant, $i = I_k$, und für den Fluß folgt aus Gl. (24)

$$\frac{d\Phi}{dt} = U_0 - R\,I_k\,.$$

Der Fluß wächst daher linear mit der Zeit, beginnend mit dem Wert Φ_b, der dem Punkt b der Magnetisierungskurve entspricht:

$$\Phi = \Phi_b + (U_0 - R\,I_k)\,t\,. \tag{26}$$

Im Punkte c erreicht der Fluß den Wert Φ_c. Die dazu benötigte Zeit ergibt sich aus Gl. (26) zu

$$t_2 = \frac{\Phi_c - \Phi_b}{U_0 - R\,I_k} = \frac{2\,\Phi_r}{U_0 - R\,I_k}\,. \tag{27}$$

Nunmehr steigt der Strom wieder mit der relativ kleinen Zeitkonstante τ_a an bis der Endwert

$$I_s = \frac{U_0}{R}$$

erreicht ist. Die Abb. 51.12 veranschaulicht den damit gegebenen zeitlichen Verlauf des Stromes i und des Flusses Φ.

Die gesamte Dauer des Ummagnetisierungsvorganges ist durch

$$T = t_1 + t_2$$

gegeben. Gewöhnlich ist der zweite Zeitabschnitt wesentlich länger als der erste, Abb. **51.13**, so daß mit Gl. (27) angenähert gilt

$$T \approx \frac{2\,\Phi_r}{U_0 - RI_k} = \frac{2\,\Phi_r}{U_0(1 - I_k/I_s)}\,. \tag{28}$$

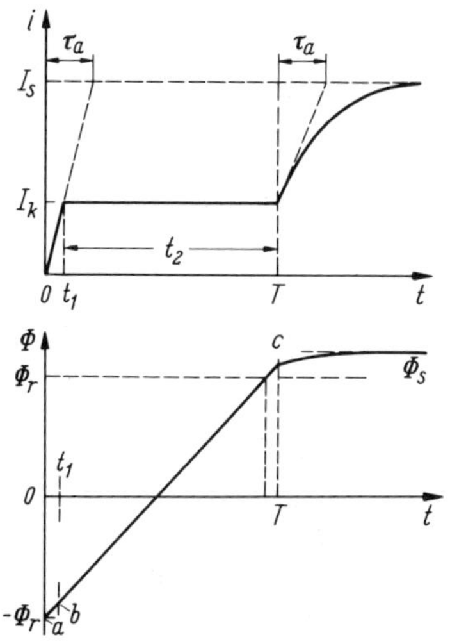

Abb. 51.12. Zeitlicher Verlauf von Strom und Fluß

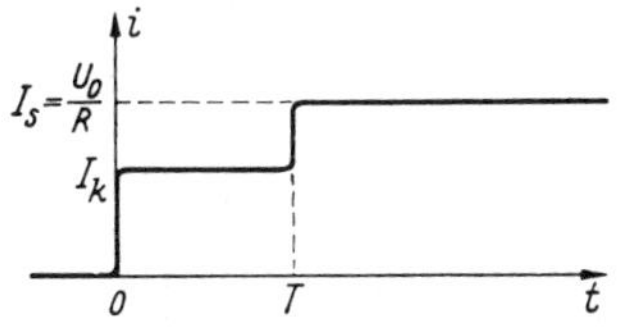

Abb. 51.13. Vereinfachter Stromverlauf

Sowohl beim Einspeichern als auch beim Abfragen muß diese Mindestzeit T aufgewendet werden, damit eine vollständige Ummagnetisierung erzielt wird. Die Einhaltung einer bestimmten Umschaltzeit T erfordert nach Gl. (28) eine bestimmte Mindestspannung und damit den Aufwand einer bestimmten Mindestleistung zur Ummagnetisierung.

Zahlenbeispiel: In einem Ferritkern von 2 mm Durchmesser sei $\Phi_r = 0{,}2\,\mu$Wb, $I_k = 1$ A. Wird $I_s = 1{,}5$ A gewählt und soll die Magnetisierung mit einem Stromimpuls von $T = 2\,\mu$s Dauer durchgeführt werden, dann muß nach Gl. (28) die Spannung mindestens

$$U_0 = \frac{2\,\Phi_r}{T\,(1 - I_k/I_s)} = \frac{2 \cdot 2 \cdot 10^{-7}\ \text{V}}{2 \cdot 10^{-6} \cdot 0{,}33} = 0{,}6\ \text{V}$$

betragen. Die zur Ummagnetisierung erforderliche Leistung ist rd. $0{,}6 \cdot 1{,}5$ W $= 0{,}9$ W.

Bemerkung: Die Umschaltzeit T kann entgegen Gl. (28) durch Erhöhen der Spannung U_0 nicht beliebig verkürzt werden. Die Blochwände können wegen der dazu erforderlichen Energie nur mit endlicher Geschwindigkeit verschoben werden (Größenordnung $2 \cdots 100$ m/s). Daher gibt es für die Zeitdauer der Ummagnetisierung eine untere Grenze, die bei Ferriten je nach der Zusammensetzung, den Abmessungen und der Feldstärke in der Größenordnung von 1 μs liegt.

Wechselstromvorgänge in nichtlinearen induktiven Kreisen

Auch hier werde zunächst der Vorgang des Schaltens einer Drosselspule mit Eisenkern betrachtet, Abb. 51.14. Wird von der Hysterese abgesehen, so kann wieder eine Kennlinie von der Form der Abb. 51.6 zugrunde gelegt werden. Die Wechselspannung sei $U_m \sin \omega t$ und der Schalter werde im Zeitpunkt $t = 0$ geschlossen. Dann gilt

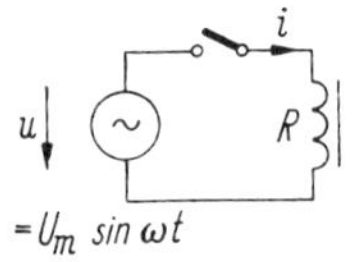

Abb. 51.14. Schalten einer Wechselspannung

$$R\,i + \frac{d\Phi}{dt} = U_m \sin \omega t\,. \tag{29}$$

Man findet den zeitlichen Verlauf des Stromes i durch die folgende Näherungsbetrachtung, die brauchbar ist, wenn der ohmsche Widerstand klein gegen den induktiven Widerstand ist. Nach Gl. (29) gilt

$$d\Phi = (U_m \sin \omega t - i\,R)\,dt\,.$$

War der Fluß vor dem Einschalten Null, so wird in irgendeinem Zeitpunkt t nach dem Schließen des Schalters

$$\Phi = \int_0^{\Phi} d\Phi = \int_0^t (U_m \sin \omega t - i\,R)\,dt = \frac{U_m}{\omega}(1 - \cos \omega t) - R\int_0^t i\,dt\,. \tag{30}$$

Wenn R einen sehr kleinen Wert hat, bedeutet hier das letzte Glied rechts nur eine Korrektur. Man erhält daher den Gesamtfluß Φ in erster Näherung aus dem anderen Glied:

$$\Phi_1 = \frac{U_m}{\omega}(1 - \cos \omega t)\,. \tag{31}$$

Dieser Fluß wächst während der ersten halben Periode von Null auf den Wert $2\,\frac{U_m}{\omega}$ an und fällt nach einer ganzen Periode auf Null ab, Abb. 51.15. Zu jedem Wert des Flusses Φ_1 kann man aus der magnetischen Kennlinie den zugehörigen Strom i entnehmen und den Ausdruck

$$\Phi_2 = R\int_0^t i\,dt \tag{32}$$

berechnen, Abb. 51.15, der nach Gl. (30) eine Korrektur des ersten Näherungswertes von Φ darstellt. Man findet auf diese Weise den Fluß für die erste Periode in zweiter Näherung:

$$\Phi_1' = \Phi_1 - \Phi_2\,. \tag{33}$$

Entnimmt man hierzu wieder aus der magnetischen Kennlinie den Strom i, so ergibt sich die Korrektur Φ_2 in zweiter Näherung, und man kann damit den Fluß Φ in dritter Näherung bestimmen. Das Verfahren konvergiert um so rascher, je kleiner R ist. In gleicher Weise findet man dann den Verlauf von Φ und i für die folgenden Perioden.

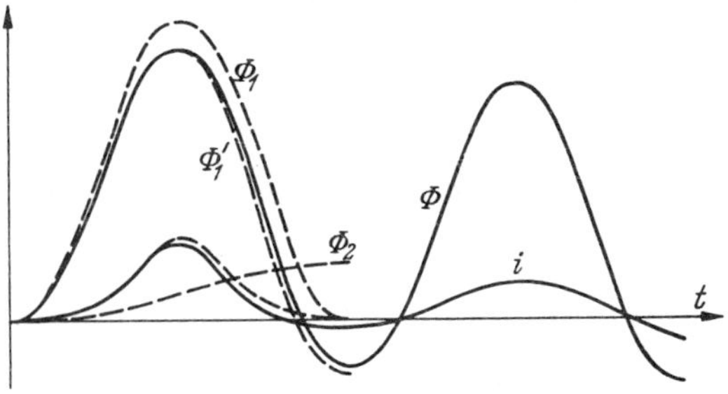

Abb. 51.15. Einschaltvorgang bei der Spule mit Eisenkern

Der Mittelwert des Flusses nimmt mehr und mehr ab; nach genügend langer Zeit pendelt schließlich Φ um den Wert Null herum mit einem Scheitelwert, der ungefähr gleich $\frac{U_m}{\omega}$ ist. Kurze Zeit nach dem Einschalten erreicht der Fluß nahezu den doppelten Wert; daher ergeben sich hier, wie aus der magnetischen Kennlinie ersichtlich, infolge der Sättigung des Eisens Stromamplituden, die ein Vielfaches des normalen Betriebsstromes betragen können. Mit dem Einschwingen des Flusses Φ nehmen diese Amplituden dann mehr und mehr ab. Der Verlauf des Einschwingvorganges hängt im übrigen stark davon ab, in welcher Phase die Spannung eingeschaltet wird; beim Schalten im Spannungsmaximum, $u = U_m \cos \omega t$, setzt sogleich der stationäre Wechselstrom ein.

Die Krümmung der magnetischen Kennlinie tritt in eigentümlicher Weise bei *Resonanzkreisen* in Erscheinung. Zunächst werde ein *Parallelschwingkreis*, Abb. **51.16**, betrachtet. Um das wesentliche der Erscheinungen gut zu erkennen, wird der Wirk-

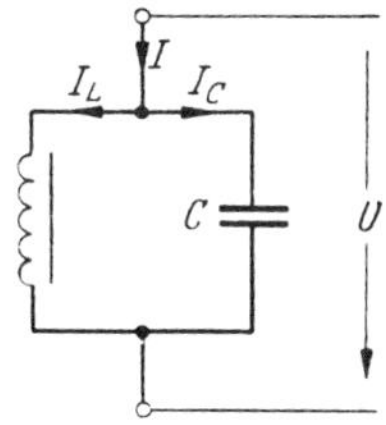

Abb. 51.16 Parallelschwingkreis mit Eisenkern

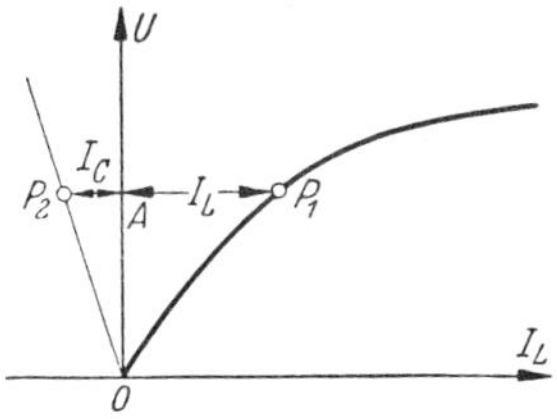

Abb. 51.17. Kennlinie von Spule und Kondensator

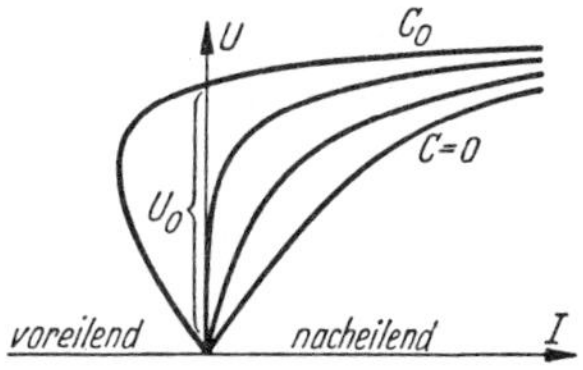

Abb. 51.18. Kennlinie des Parallelschwingkreises bei konstanter Frequenz

widerstand der Spule vernachlässigt. An dem Schwingkreis liege eine Wechselspannung mit der Kreisfrequenz ω und dem Effektivwert U; es soll der *eingeschwungene Zustand* untersucht werden.

Die Spannung U deckt die Selbstinduktionsspannung. Der magnetische Fluß verläuft zeitlich sinusförmig. Der Strom in der Spule ist wegen der Krümmung der Magnetisierungskurve verzerrt, wie in Abschnitt 33 besprochen. Der Effektivwert I_L der Grundschwingung des Stromes läßt sich für verschiedene Werte der Spannung U nach den dort behandelten Verfahren ermitteln. Der Zusammenhang zwischen I_L und U kann durch eine Kennlinie wie in Abb. 51.17 dargestellt werden.

Für eine bestimmte Spannung U ergibt sich z.B. der Punkt P_1; der Strom eilt der Spannung um 90° nach, wenn von der Hysterese abgesehen wird. Der Strom I_C im Kondensator ist $I_C = \omega C U$ und eilt der Spannung U um 90° vor, hat also in jedem Zeitpunkt die entgegengesetzte Richtung wie I_L. Seine Abhängigkeit von U kann in dem Diagramm Abb. 51.17 durch eine gerade Linie $\overline{OP_2}$ im zweiten Quadranten dargestellt werden. Zu irgendeiner Spannung $U = \overline{OA}$ gehört der Strom $I_C = \overline{AP_2}$. Die Differenz $\overline{AP_1} - \overline{AP_2}$ gibt den Gesamtstrom I. Der daraus hervorgehende Zusammenhang zwischen U und I ist für einige Kapazitätswerte in Abb. 51.18 dargestellt. Je nach der Höhe der angelegten Wechselspannung U ergibt sich also ein nacheilender oder ein voreilender Strom. Von Interesse ist, daß die Spannung U für bestimmte Kapazitätswerte so gewählt werden kann, daß der Gesamtstrom verschwindet (z.B. U_0 bei der Kapazität C_0). Schon kleine Abweichungen der Spannung U von diesem Wert U_0 können dann große, der Spannung um 90° vor- oder nacheilende Ströme I verursachen.

Davon kann z. B. zur *Konstanthaltung von Wechselspannungen* Gebrauch gemacht werden. Legt man nach Abb. 51.19 in Reihe mit dem Schwingkreis eine Spule mit der konstanten Induktivität L, so verursacht der Schwingkreisstrom I an dieser Spule einen Spannungs-

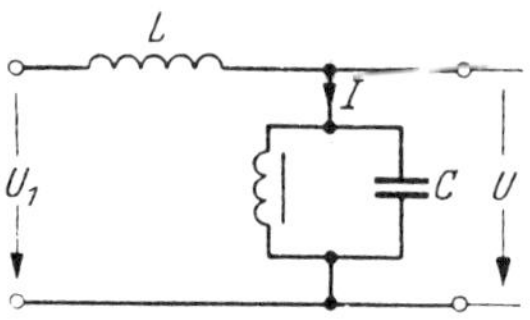

Abb. 51.19. Magnetischer Spannungshalter

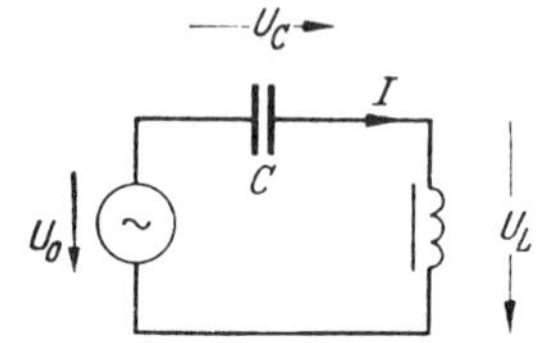

Abb. 51.20. Reihenschwingkreis mit Eisenkern

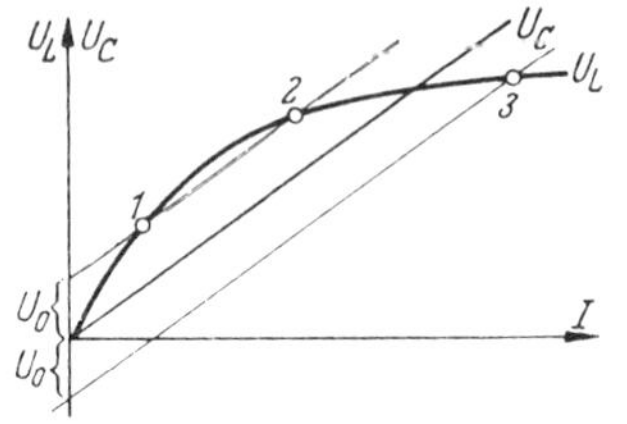

Abb. 51.21. Kennlinie von Spule und Kondensator

abfall, der in Phase mit U liegt, wenn I nacheilt oder in Gegenphase zu U steht, wenn I voreilt. Dadurch wird erreicht, daß die Ausgangsspannung U sehr genau konstant gleich U_0 bleibt, auch wenn sich die Eingangsspannung U_1 oder die Belastungswiderstände ändern. Der Spannungsabfall an der Spule L stellt sich jeweils auf die Differenz zwischen U_1 und U_0 ein.

Auch beim *Reihenschwingkreis*, Abb. 51.20, mit starker magnetischer Aussteuerung des Kernes ergeben sich besondere Erscheinungen. Der Zusammenhang zwischen einer Sinusspannung U_L an der Spule und dem Effektivwert der Grundschwingung des Stromes I sei wieder durch eine gekrümmte Kurve gegeben, Abb. 51.21. Die Spannung eilt dem Strom bei Vernachlässigung der Verluste um 90° vor. Die Spannung am Kondensator dagegen, $U_C = \frac{I}{\omega C}$, eilt dem Strom um 90° nach, liegt also in Gegenphase zu U_L. Die Differenz wird durch die treibende Spannung U_0 gedeckt, wobei das Vorzeichen zunächst offen bleibt:

$$\pm U_0 = U_L - U_C \,. \tag{34}$$

Dafür kann man schreiben

$$U_L = \pm U_0 + \frac{I}{C\omega} \,. \tag{35}$$

Dies ist in dem Diagramm Abb. 51.21 die Gleichung von zwei parallelen geraden Linien mit der Steigung $\frac{1}{\omega C}$. Sie schneiden die magnetische Kennlinie in drei Punkten *1*, *2* und *3*. Der Punkt *2* ist ein labiler Punkt, da jede zufällige Vergrößerung von I zu einem Überschuß, jede Verkleinerung zu einem Mangel an treibender Spannung führt, so daß sich entweder Punkt *1* oder Punkt *3* einstellt. Für verschiedene Werte der Kapazität ergeben sich auf diese Weise die in Abb. 51.22 gezeigten Werte der Stromstärke I. Bei großen

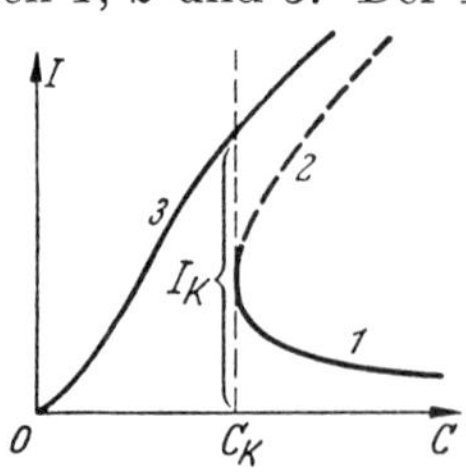

Abb.51.22. Kennlinie des Reihenschwingkreises bei konstanter Frequenz

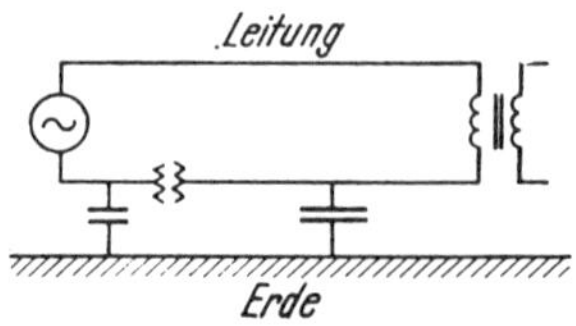

Abb.51.23. Unterbrechung eines Transformatorkreises

Kapazitätswerten ist die Stromstärke verhältnismäßig klein; sie wächst beim Verkleinern der Kapazität entsprechend der mit *1* bezeichneten Kurve. Bei einem bestimmten Wert C_K von C springt die Stromstärke plötzlich auf einen dem Punkt *3* entsprechenden sehr großen Wert I_K. Beim weiteren Verändern der Kapazität bleibt die Stromstärke auf dieser neuen Kurve.

Dieses Umkippen des Betriebszustandes kann z. B. bei einpoligen Unterbrechungen in Transformatorstromkreisen vorkommen, Abb. 51.23. Durch die Erdkapazitäten der Leitung wird ein Stromkreis gebildet, der dem betrachteten Reihenschwingkreis entspricht. Liegt die Reihenkapazität unterhalb des kritischen Wertes C_K, dann kippt der Stromkreis in den Betriebsfall 3; es können sich wegen der Sättigung des Transformatorkernes hohe Ströme und Spannungen am Transformator einstellen.

52. Gesteuerte magnetische Elemente

Sättigungsdrossel

Sehr charakteristische und praktisch interessante Wechselstromvorgänge ergeben sich bei Drosselspulen mit leicht sättigbarem magnetischen Material und großer magnetischer Aussteuerung (*Sättigungsdrossel*). Man überblickt das Wesentliche der Zusammenhänge, wenn man für den Bündelfluß Φ eine idealisierte magnetische Kennlinie nach Abb. 52.1 annimmt, wobei hier Φ in Abhängigkeit von der Durchflutung $\Theta = N\,i$ aufgetragen ist. In dem *geschlossenen* Stromkreis nach Abb. 51.14 wirke die Wechselspannung $u = U_m \sin \omega t$.

Der Strom i ist wegen der vorausgesetzten Magnetisierungskurve immer dann Null, wenn der Fluß Φ sich ändert; der unendlich großen Steilheit der Kennlinie entspricht eine unendlich große Induktivität. Ist einer der beiden Sättigungswerte $\pm\,\Phi_{max}$ erreicht, dann ist die Induktivität Null, die Spule wirkt wie ein Kurzschluß, und für die Stromstärke gilt

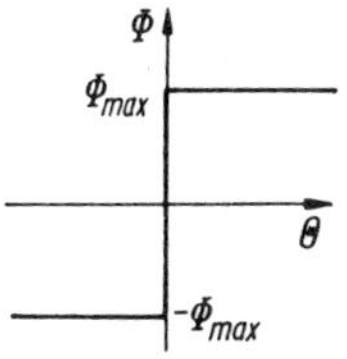

Abb. 52.1. Idealisierte magnetische Kennlinie

$$i = \frac{U_m}{R} \sin \omega t\,. \tag{1}$$

Die Betrachtung werde im Zeitpunkt $t = 0$ begonnen; hier ist zunächst $i = 0$ und für eine Spule mit N Windungen gilt:

$$N \frac{d\Phi}{dt} = U_m \sin \omega t\,. \tag{2}$$

Der Fluß wächst also gemäß

$$\Phi = -\frac{U_m}{\omega N} \cos \omega t + k\,. \tag{3}$$

Im eingeschwungenen Zustand ist von der vorhergehenden negativen Halbwelle der Kern auf den Wert $-\Phi_{max} = -\Phi_m$ magnetisiert. Daher gilt für die Bestimmung der Integrationskonstanten k

$$-\Phi_{max} = -\frac{U_m}{\omega N} + k\,. \tag{4}$$

Damit wird

$$\Phi = \frac{U_m}{\omega N}(1 - \cos \omega t) - \Phi_{max}\,. \tag{5}$$

Spannung u und Fluß Φ sind in Abb. 52.2 dargestellt. Wenn nun

$$\frac{U_m}{\omega N} > \Phi_{max}\,, \tag{6}$$

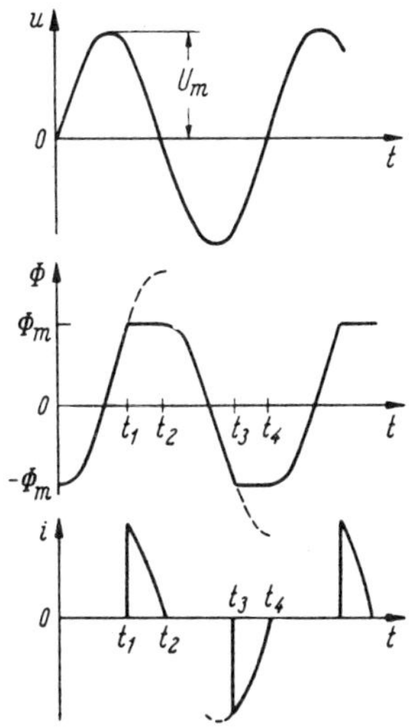

Abb. 52.2. Zeitlicher Verlauf von Fluß Φ und Strom i bei Sinusspannung an der Sättigungsdrossel

dann wird in einem bestimmten Zeitpunkt t_1 die Sättigung erreicht. Jetzt bleibt der Fluß konstant $= \Phi_{max}$, und der Strom i setzt gemäß Gl. (1) ein. Im Zeitpunkt t_2 geht die Spannung durch Null. Der Fluß nimmt nach der gleichen Gesetzmäßigkeit wie in Gl. (5) mit negativem Vorzeichen ab. Damit bleibt der Strom wieder Null bis in der entgegengesetzten Magnetisierungsrichtung wieder die Sättigung erreicht ist, Zeitpunkt t_3.

Ähnlich wie bei einem Thyratron (S. 215) füllt die Stromkurve nur Ausschnitte der Sinuskurve, wobei die Einsatzpunkte hier durch Ändern des Scheitelwertes der Spannung gesteuert werden können. Solche Stromkreise können z. B. zur Frequenzvervielfachung angewendet werden. Dabei werden entweder die in der stark verzerrten Stromkurve enthaltenen Harmonischen ausgenützt oder es werden solche kurzzeitigen Stromimpulse aus Dreiphasenspannungen abgeleitet. Im letzteren Fall liefert die Überlagerung der drei Ströme in einem Lastwiderstand einen Strom mit der dreifachen Grundfrequenz.

Magnetische Verstärker

Die *Sättigungsdrossel* bildet das Grundelement magnetischer Verstärker. Die idealisierte Kennlinie für den Zusammenhang zwischen Fluß Φ im Magnetkern und Durchflutung Θ sei wieder durch Abb. 52.1 gegeben. Wir betrachten zunächst eine Anordnung nach Abb. 52.3. Auf dem Kern befinden sich zwei Wicklungen mit den Windungszahlen N_1 und N_2. Durch die Primärwicklung fließe ein zunächst konstant gehaltener Gleichstrom $i_1 = I_1$. Er verschiebt die über $N_2 i_2$ aufgetragene Magnetisierungskurve um den Betrag $N_1 I_1$ nach rechts, da I_1 entgegengesetzt zu i_2 wirkt, so daß sich für den Sekundärstrom i_2 die Kennlinie Abb. 52.4 ergibt.

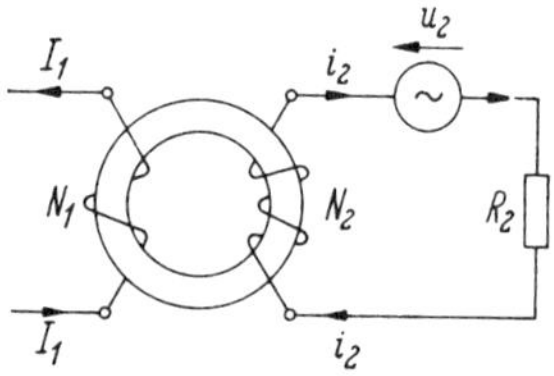

Abb. 52.3. Sättigungsdrossel mit Zusatzdurchflutung

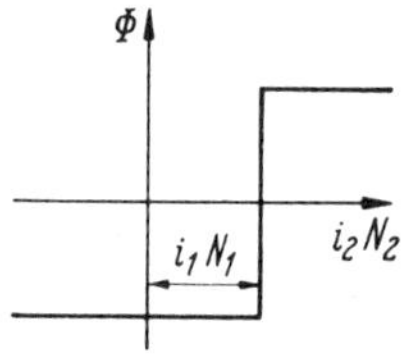

Abb. 52.4. Idealisierte magnetische Kennlinie für die Sekundärdurchflutung

Im Sekundärkreis wirkt eine Wechselspannung

$$u_2 = U_{2m} \sin \omega_2 t \,. \tag{7}$$

Der Sekundärstrom i_2 wird gemäß der vorausgesetzten Magnetisierungskurve immer dann durch Spannung u_2 und Widerstand R_2 allein bestimmt sein, wenn das Eisen gesättigt ist, und er wird immer dann konstant sein, wenn der Fluß Φ sich ändert. Diese letzteren Zeitabschnitte sind gekennzeichnet durch

$$-\Phi_{max} < \Phi < \Phi_{max} \,, \tag{8}$$

$$i_2 N_2 = I_1 N_1 \,, \tag{9}$$

und es gilt

$$R_2 i_2 + N_2 \frac{d\Phi}{dt} = u_2 = U_{2m} \sin \omega_2 t \,. \tag{10}$$

Die übrigen Zeitpunkte sind gekennzeichnet durch

$$\Phi = \pm \Phi_{max} \,, \qquad \frac{d\Phi}{dt} = 0 \,, \tag{11}$$

und es gilt

$$i_2 = \frac{u_2}{R_2} = \frac{U_{2m}}{R_2} \sin \omega_2 t \,. \tag{12}$$

Damit kann der zeitliche Verlauf des Stromes i_2 leicht ermittelt werden.

Gl. (12) gilt über die ganze Periode, solange

$$i_2 N_2 < I_1 N_1 , \tag{13}$$

solange also

$$\frac{U_{2m}}{R_2} N_2 < I_1 N_1 \tag{14}$$

oder

$$U_{2m} < I_1 \frac{N_1}{N_2} R_2 . \tag{15}$$

Der Strom i_2 ist dann proportional der Spannung u_2. Der Fluß ist konst. $= -\Phi_{max}$. Wird U_{2m} vergrößert, so wird schließlich die Grenze (9) erreicht, und der Sekundärstrom bleibt nun konstant

$$i_2 = I_2 = I_1 \frac{N_1}{N_2} . \tag{16}$$

Die Abb. 52.5 veranschaulicht dies. Der Fluß Φ bleibt bis zu dem Zeitpunkt t_1 konstant $-\Phi_{max}$. Dieser Zeitpunkt läßt sich berechnen aus Gl. (12) und (16):

$$\frac{U_{2m} \sin \omega_2 t_1}{R_2} = I_1 \frac{N_1}{N_2} . \tag{17}$$

Nach diesem Zeitpunkt wächst der Fluß gemäß Gl. (10) mit einer ganz bestimmten Geschwindigkeit

$$N_2 \frac{d\Phi}{dt} = U_{2m} \sin \omega_2 t - R_2 I_2 , \tag{18}$$

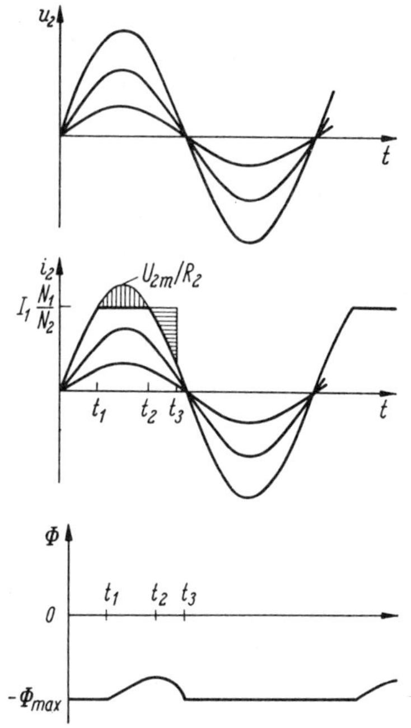

Abb. 52.5. Verlauf von Strom i_2 und Fluß Φ bei Sinusspannungen u_2 mit verschiedenem Scheitelwert

und zwar solange $\frac{u_2}{R_2} > I_1 \frac{N_1}{N_2}$, d.h. in dem ganzen senkrecht schraffierten Bereich bis zum Zeitpunkt $t_2 = \frac{\pi}{\omega_2} - t_1$. In diesem Zeitpunkt t_2 wird der Maximalwert Φ_2 des Flusses erreicht:

$$\Phi_2 = -\Phi_{max} + \frac{R_2}{N_2} \int_{t_1}^{t_2} \left(\frac{U_{2m}}{R_2} \sin \omega_2 t - I_1 \frac{N_1}{N_2} \right) dt . \tag{19}$$

Man erkennt, daß das Integral durch die in Abb. 52.5 senkrecht schraffierte Fläche gegeben ist.

Nach dem Zeitpunkt t_2 sinkt die Spannung u_2 unter den Wert $R_2 I_1 N_1/N_2$ ab. Der Fluß nimmt daher ab, bis er in einem Zeitpunkt t_3 wieder den Wert $-\Phi_{max}$ erreicht. Daher ist die senkrecht schraffierte Fläche gleich der waagrecht schraffierten Fläche. Von dem Zeitpunkt t_3 ab folgt die Stromstärke i_2 wieder dem Verlauf, der sich aus dem ohmschen Widerstand ergibt, bis in der nächsten Periode wieder die Bedingung (15) verletzt wird. Der arithmetische Mittelwert des Stromes i_2 bleibt also Null.

Stellt man nun bei konstant gehaltenem U_{2m} andere Werte des Primärstromes I_1 ein, dann ändert sich, wie aus Abb. 52.5 leicht ersichtlich, die Höhe der begrenzten positiven Halbwelle des Sekundärstromes. Diese kann also durch den Primärstrom gesteuert werden.

In Abb. 52.5 sind die Verhältnisse so gewählt, daß der Fluß Φ unterhalb der oberen Sättigungsgrenze Φ_{max} bleibt. Würde man diese Bedingung nicht einhalten, dann würde nach dem Erreichen der Sättigung schon vor dem Zeitpunkt t_2 der Strom i_2

auf seinen ohmschen Wert springen und diesem so lange folgen, bis wieder der Gleichgewichtswert $I_1 \frac{N_1}{N_2}$ erreicht ist. Die Steuerfähigkeit würde damit also verschlechtert werden.

Bei den *magnetischen Verstärkern* wird die Steuerung der Amplitude des Sekundärstromes durch den Primärstrom ausgenützt. Damit beide Halbwellen des Sekundärstromes gesteuert werden können, werden zwei Eisenkerne verwendet, Abb. 52.6 (*Steuerdrossel, Transduktor*). Die beiden Primär- und die beiden Sekundärwicklungen sind zu je einem Strang hintereinander geschaltet, jedoch so, daß eine der beiden Teilwicklungen in bezug auf die magnetischen Bündelflüsse Φ_a und Φ_b gegensinnig gepolt ist, in Abb. 52.6 die Primärwicklung des Kernes B. Die magnetische Kennlinie des Kernmaterials sei durch Abb. 52.7a und in idealisierter Form durch Abb. 52.7b

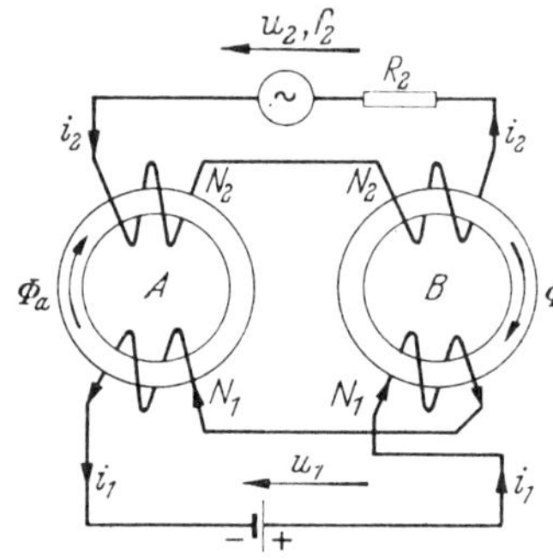

Abb. 52.6. Steuerdrosselspulen

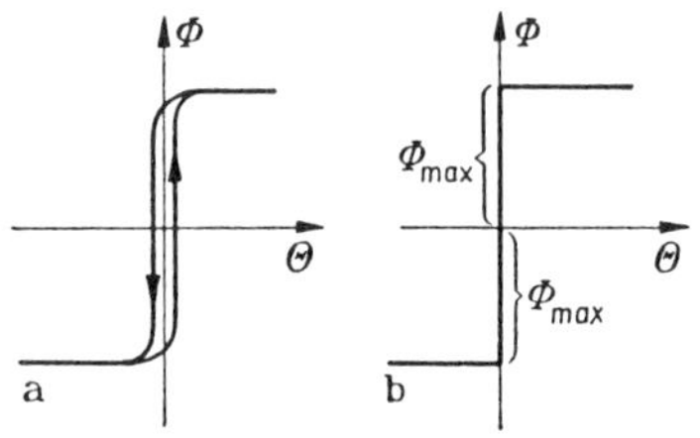

Abb. 52.7 a u. b. Magnetische Kennlinien

gegeben. Im Sekundärkreis wirkt eine Wechselspannung U_2 der Frequenz f_2; sie verursacht im Sekundärstrang und im Nutzwiderstand R_2 den Wechselstrom i_2.

Die Steuerungsvorgänge hängen nun noch von dem Wechselstromwiderstand im Primärkreis ab. Wird dieser Widerstand sehr groß gemacht, z.B. dadurch, daß eine Drosselspule oder ein Vorwiderstand in Reihe mit dem Primärstrang geschaltet wird, dann können sich die in dem Primärstrang infolge der Flußänderungen verursachten induzierten Spannungen nicht auswirken; der Steuerstrom i_1 ist nur durch die Gleichspannung u_1 bestimmt („*Stromsteuerung*'). Hat der Primärkreis jedoch einen sehr kleinen Wechselstromwiderstand, so überlagert sich dem Steuerstrom ein Wechselstrom, der nun zur Gesamtdurchflutung der beiden magnetischen Kreise beiträgt (,*Spannungssteuerung*').

Im folgenden betrachten wir zunächst die Vorgänge bei ,*Stromsteuerung*'. Die Flüsse Φ_a und Φ_b der beiden Kerne hängen von dem Augenblickswert der sekundären Durchflutung $i_2 N_2$ in der durch Abb. 52.8 dargestellten Weise ab; die Magnetisierungskurven erscheinen nach links bzw. rechts um den Betrag $i_1 N_1$ verschoben.

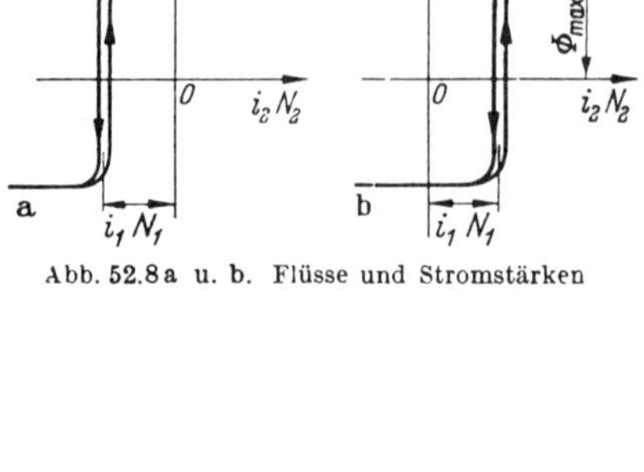

Abb. 52.8 a u. b. Flüsse und Stromstärken

Im Sekundärstrang ist die Selbstinduktionsspannung durch

$$u_{L2} = N_2 \frac{d\Phi_a}{dt} + N_2 \frac{d\Phi_b}{dt} \tag{20}$$

gegeben. Die beiden hintereinander geschalteten Sekundärwicklungen verhalten sich also wie eine einzige Wicklung mit dem Gesamtfluß

$$\Phi_g = N_2 \Phi_a + N_2 \Phi_b \,. \tag{21}$$

Die Abb. 52.9 zeigt den aus dieser Beziehung durch Summieren der Teilflüsse von Abb. 52.8 hervorgehenden Zusammenhang, Abb. 52.10 für ideale Magnetisierungskurven. Das Wesentliche ist, daß der Fluß Φ_g bei $|i_2 N_2| < |i_1 N_1|$ praktisch null ist, dann aber bei Überschreiten der auf der Primärseite eingestellten Durchflutung $i_1 N_1 = I_1 N_1$ steil auf den Wert $\pm\, 2\, N_2\, \Phi_{max}$ ansteigt.

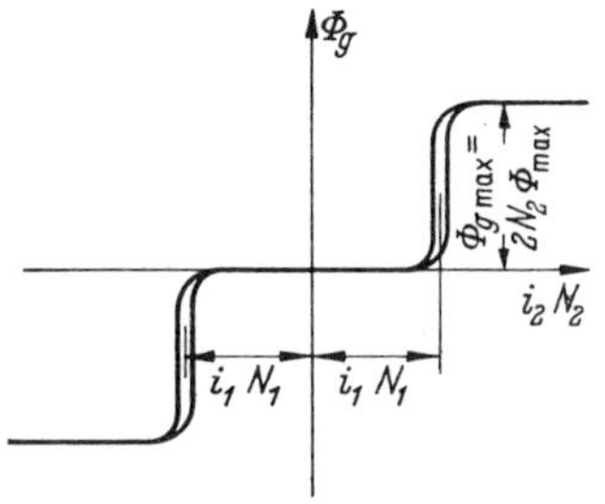

Abb. 52.9. Resultierende Kennlinie bei Stromsteuerung

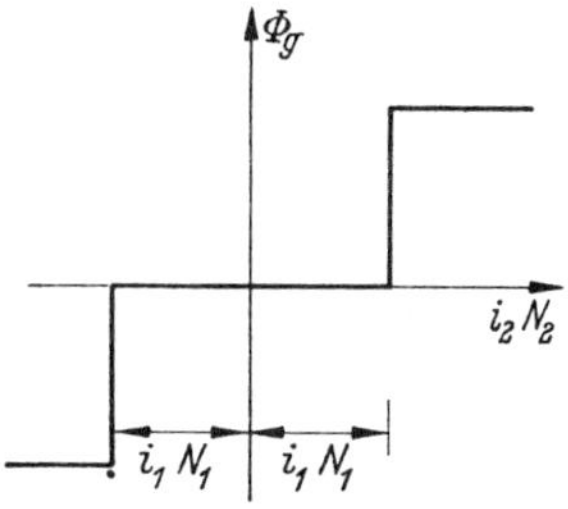

Abb. 52.10. Idealisierte Kennlinie

Auf Grund der gleichen Überlegungen wie oben ergibt sich für den zeitlichen Verlauf des Stromes und des Flusses Φ_g die Abb. 52.11 a und b. Auch die negative Halbwelle des Sekundärstromes wird jetzt begrenzt, und zwar beginnend mit dem Zeitpunkt

$$t_4 = t_1 + \frac{\pi}{\omega_2}\,, \tag{22}$$

so daß mit der stark ausgezogenen Kurve in Abb. 52.11 a der vollständige Stromverlauf gegeben ist.

Wird nun der Gleichstrom I_1 im Primärstrang verkleinert, so schließen bei einem bestimmten Wert I_{1g} die beiden waagerecht begrenzten Abschnitte des Stromes i_2 aneinander an; der Strom i_2 wird ein Rechteckstrom, Abb. 52.11 c.

Hier und bei noch weiterer Verkleinerung von I_1 wird also $t_3 = t_4 = t_1 + \dfrac{\pi}{\omega_2}$, und die Gleichheit der senkrecht und waagerecht schraffierten Flächen fordert

$$\int\limits_{t_1}^{t_1+\pi/\omega_2} \left(U_{2m} \sin \omega_2 t - I_1\, R_2\, \frac{N_1}{N_2}\right) dt = 0\,. \tag{23}$$

Daraus folgt die für $I_1 \leqq I_{1g}$ gültige Beziehung

$$\cos \omega_2 t_1 = \frac{\pi}{2}\, \frac{I_1 R_2}{U_{2m}}\, \frac{N_1}{N_2}\,. \tag{24}$$

In dem Grenzfall $I_1 = I_{1g}$ gelten beide Beziehungen (17) und (24) gleichzeitig. Hieraus erhält man

$$I_{1g} = 0{,}537\, \frac{U_{2m}}{R_2}\, \frac{N_2}{N_1} \tag{25}$$

und $\omega_2 t_1 = 32{,}5°$.

Verkleinert man I_1 unter den Wert I_{1g}, dann bleibt der Strom i_2 rechteckförmig mit dem positiven und negativen Höchstwert $I_1 \dfrac{N_1}{N_2}$ Abb. 52.11 c; seine Phasenverschiebung $\omega_2\, t_1$ gegen die Spannung u_2 wächst aber nun gemäß Gl. (24) weiter gegen 90° an.

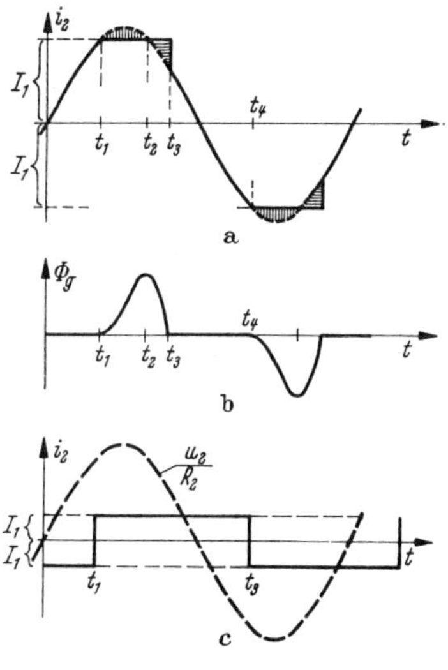

Abb. 52.11 a—c. Fluß- und Stromverlauf bei Stromsteuerung, $N_1 = N_2$

Durch den primären Gleichstrom kann also die Amplitude des sekundären Rechteckstromes gesteuert werden. In dem Bereich $I_1 \leqq I_{1g}$ gilt Gl. (16)

$$I_2 = I_1 \frac{N_1}{N_2} \,. \tag{26}$$

Die Amplitude I_2 des Sekundärstromes ist also in weiten Grenzen proportional dem Primärstrom I_1, unabhängig von R_2; die beschriebene Anordnung wird daher *„(sekundär) stromsteuernder Transduktor mit (primärer) Stromsteuerung"* genannt. Wird der Wechselstrom im Sekundärkreis gleichgerichtet, etwa gemäß Abb. 52.12, dann ist der entstehende Gleichstrom I_2 gleich bzw. proportional dem primären Gleichstrom I_1. Ein solcher *„Gleichstromwandler"* kann z.B. zur Messung von starken Gleichströmen benützt werden, wenn $N_1 \ll N_2$ gemacht wird.

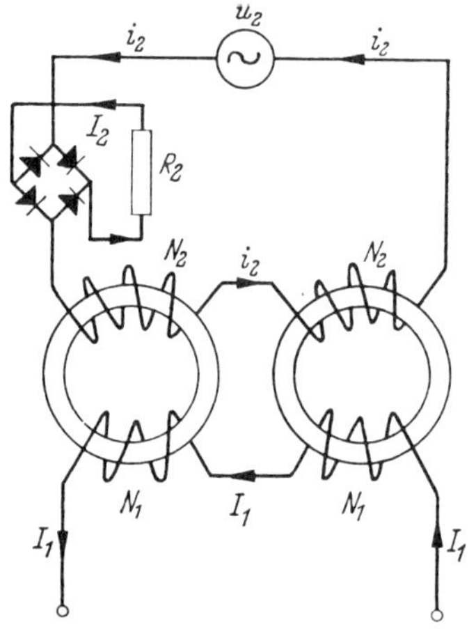

Abb. 52.12. Gleichstromwandler

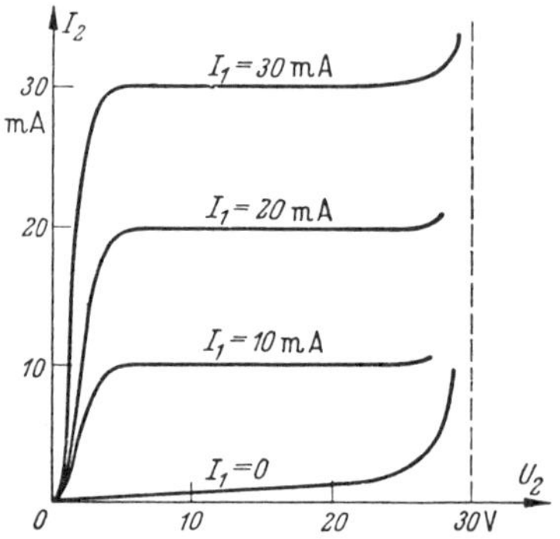

Abb. 52.13. Strom-Spannungskennlinien des magnetischen Verstärkers, $N_2 = N_1$

Der Zusammenhang zwischen dem sekundären Gleichstrom, dem primären Gleichstrom und dem Effektivwert der sekundären Wechselspannung kann durch Kennlinien dargestellt werden, z.B. gemäß Abb. 52.13. Der gleiche Zusammenhang gilt auch, wenn im Primärkreis statt des Gleichstroms ein Wechselstrom mit nicht zu hoher Frequenz verwendet wird ($\omega_1 \ll \omega_2$); die Amplitude I_2 folgt dann dem zeitlichen Verlauf des primären Stromes I_1.

Durch einen Nutzwiderstand im Sekundärkreis kann eine größere Gleichstrom- oder Wechselstromleistung entnommen werden als primärseitig zugeführt wird. Die sekundäre Nutzleistung wird dabei aus der sekundären Hochfrequenzstromquelle durch Steuerung entnommen (*linearer magnetischer Verstärker*).

Bei *Spannungssteuerung* der in Abb. 52.6 dargestellten Anordnung wird der Primärkreis niederohmig ausgeführt, so daß die beiden Wicklungen der beiden Kerne miteinander kurzgeschlossen sind. Infolgedessen müssen die Flußänderungen in beiden Kernen zwangsläufig einander gleich sein:

$$\frac{d\Phi_a}{dt} = \frac{d\Phi_b}{dt} \,. \tag{27}$$

Die beiden Flüsse können sich daher in jedem Zeitpunkt nur um einen konstanten Betrag Φ_0 unterscheiden:

$$\Phi_a = \Phi_b + \Phi_0 \,. \tag{28}$$

Die Sinusspannung u_2 werde so eingestellt, daß sie beide Kerne gerade bis zur Sättigung Φ_{max} aussteuert, falls die Quellenspannung im Primärkreis und damit der Gleichstrom I_1 Null sind, d.h.

$$U_{2m} = 2\,\omega_2\,\Phi_{max}\,N_2\,. \tag{29}$$

Dann ist $\Phi_a = \Phi_b$ und der zeitliche Verlauf der Flüsse entspricht Abb. 52.14a.

Hat nun der Gleichstrom im Primärkreis einen bestimmten endlichen Wert, dann unterscheiden sich die beiden Flüsse Φ_a und Φ_b. Es ergibt sich ein Verlauf gemäß Abb. 52.14b; in einem bestimmten Zeitabschnitt zwischen $t = 0$ und $t = t_1$ ändern sich beide Flüsse. Dies ist bei der vorausgesetzten Magnetisierungskurve, Abb. 52.7b, nur möglich, wenn die Durchflutung eines jeden der beiden Kerne Null ist. Die Summe der beiden induzierten Spannungen $N_2\left(\frac{d\Phi_a}{dt} + \frac{d\Phi_b}{dt}\right)$ hält der treibenden Spannung u_2 das Gleichgewicht. In dem Zeitpunkt t_1 erreicht der Kern A gerade die Sättigungsgrenze. Nun kann der Fluß Φ_a nicht weiter anwachsen, und es muß wegen der starren Verkettung der beiden Flüsse auch Φ_b konstant bleiben. Die induzierten Spannungen $N_2\frac{d\Phi_a}{dt}$ u. $N_2\frac{d\Phi_b}{dt}$ verschwinden daher jetzt. Im Sekundärkreis bildet sich unter der Wirkung der treibenden Spannung ein nur durch den ohmschen Widerstand R_2 bestimmter Strom $\frac{u_2}{R_2}$ aus, Abb. 52.14c. Im Zeitpunkt t_2 kehrt die treibende Spannung ihr Vorzeichen um, die Flüsse beginnen wieder abzunehmen gemäß den Beziehungen

$$u_2 = N_2\frac{d\Phi_a}{dt} + N_2\frac{d\Phi_b}{dt}\,, \quad \Phi_b = \Phi_a - \Phi_0\,, \tag{30}$$

$$u_2 = 2\,N_2\frac{d\Phi_a}{dt}\,, \tag{31}$$

$$2\,N_2\,\Phi_a = 2\,N_2\,\Phi_{max} + \int_{t_2}^{t} u_2\,dt\,. \tag{32}$$

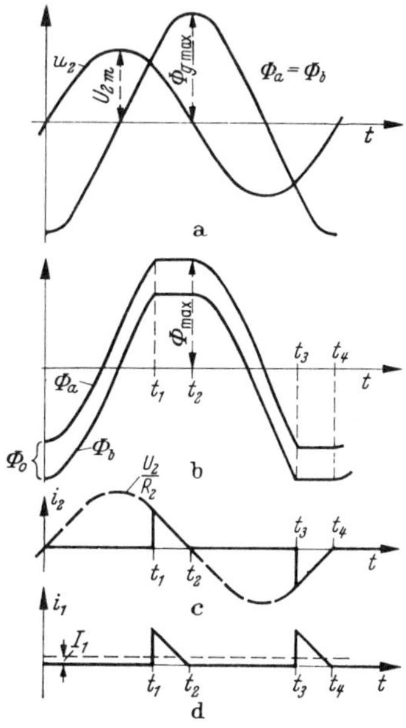

Abb. 52.14a—d. Spannung, Flüsse und Ströme bei Spannungssteuerung ($N_2 = N_1$)

Nunmehr ist die Durchflutung beider Kerne wieder Null bis zu dem Zeitpunkt t_3, in dem der Fluß Φ_b im Kern B den Sättigungswert $-\Phi_{max}$ erreicht. Dann verschwinden wieder die induzierten Spannungen, und es entsteht ein Stromimpuls i_2 in entgegengesetzter Richtung.

In Abb. 52.14c ist die Stromstärke in den zwischen den Stromimpulsen liegenden Zeitabschnitten zu Null angenommen. Dies ist notwendig, da der Strom i_2 keine Gleichstromkomponente enthalten kann. Nach dem oben Ausgeführten muß aber in diesen Zeitabschnitten auch die gesamte Durchflutung der Kerne Null sein. Daraus folgt, daß auch der Primärstrom i_1 während der Zeitabschnitte $0...t_1$ und $t_2...t_3$ verschwinden muß. Da ferner in dem einen Kern die Durchflutung durch $i_1 N_1 + i_2 N_2$, im anderen Kern durch $i_2 N_2 - i_1 N_1$ bestimmt ist und da in jedem Kern die Sättigungsgrenze nur jeweils einmal je Periode erreicht wird, folgt, daß der Stromverlauf i_1 im Primärkreis mit dem des Sekundärkreises bis auf das Vorzeichen übereinstimmen muß. Dies ist in Abb. 52.14d gezeigt. Bildet man die Summe der beiden Ströme, so fällt der zweite Stromimpuls weg, während der erste die Durchflutung des Kernes A in seinem Sättigungsabschnitt anzeigt. Bildet man die Differenz der beiden Ströme, so fällt der erste der beiden Stromimpulse weg; es verbleibt die zur Sättigung des Kernes B gehörige Durchflutungsspitze.

Der Mittelwert I_1 des Stromes im Primärkreis muß dem dort durch die Quellenspannung U_1 erzeugten Gleichstrom U_1/R_1 entsprechen, wobei R_1 der Widerstand des Primärstranges ist. Der Zeitpunkt t_1 des Stromflußbeginns stellt sich so ein, daß diese Bedingung erfüllt ist, also

$$I_1 = \frac{1}{\pi} \frac{N_2}{N_1} \int_{\omega_2 t_1}^{\pi} \frac{U_{2m}}{R_2} \sin \omega_2 t \, d\omega_2 t = \frac{U_1}{R_1}. \tag{33}$$

Daraus folgt

$$\cos \omega_2 t_1 = \pi \frac{I_1 R_2}{U_{2m}} \frac{N_1}{N_2} - 1 = \pi \frac{U_1}{U_{2m}} \frac{R_2}{R_1} \frac{N_1}{N_2} - 1. \tag{34}$$

Für $U_1 = 0$ wird $\omega_2 t_1 = \pi$; es treten keine Stromimpulse auf. Mit wachsendem U_1 rückt t_1 immer weiter vor. Durch die primäre Gleichspannung kann also der „Zündzeitpunkt" des sekundären Stromes gesteuert werden.

Während des Zeitabschnittes von 0 bis t_1 wächst der Fluß Φ_b von $-\Phi_{max}$ auf $-\Phi_{max} + \int_0^{t_1} \frac{u_2}{2N_2} dt$. Dies ist gleich $\Phi_{max} - \Phi_0$. Daraus läßt sich Φ_0 berechnen; es ergibt sich

$$\Phi_0 = \Phi_{max} (1 + \cos \omega_2 t_1) \tag{35}$$

oder mit Gl. (34)

$$\Phi_0 = \pi \frac{N_1}{N_2} \frac{I_1 R_2}{U_{2m}} \Phi_{max} = \frac{1}{4 f_2} \frac{N_1}{N_2^2} I_1 R_2. \tag{36}$$

Für den arithmetischen Mittelwert des Sekundärstromes i_2 während einer Halbperiode gilt $I_2 = I_1$ gemäß Abb. 52.14c und d, wenn $N_1 = N_2$, und allgemein

$$I_2 = \frac{N_1}{N_2} I_1 = \frac{N_1}{N_2} \frac{U_1}{R_1}. \tag{37}$$

Dieser Mittelwert kann wie in Abb. 52.12 durch Gleichrichtung hergestellt werden. Der maximale Sekundärstrom I_2 wird erreicht, wenn $t_1 = 0$, also nach Gl. (34)

$$I_{2\,max} = \frac{2}{\pi} \frac{U_{2m}}{R_2}. \tag{38}$$

Solange I_2 kleiner ist als dieser Grenzwert, folgt I_2 gemäß Gl. (37) langsamen Änderungen der Spannung U_1, so daß die Einrichtung als Niederfrequenzverstärker benützt werden kann. Die betrachtete Anordnung wird daher auch als „*stromsteuernder Transduktor mit Spannungssteuerung*" bezeichnet.

Die *Stromverstärkung* ist nach Gl. (37) durch das Windungszahlverhältnis der Steuerdrosseln gegeben. Daher ist die *Leistungsverstärkung* bei niedrigen Frequenzen:

$$\frac{I_2^2 R_2}{I_1^2 R_1} = \left(\frac{N_1}{N_2}\right)^2 \frac{R_2}{R_1}. \tag{39}$$

Bei zeitlichen Änderungen des Steuerstromes I_1 tritt die Induktivität der Eingangswicklung in Erscheinung. Sie ist dadurch bedingt, daß sich bei Änderungen des Primärstromes I_1 gemäß Abb. 52.14b der mittlere Fluß in den Kernen ändert. Wegen der Symmetrie des zeitlichen Verlaufs der Flüsse gilt z.B. für den zeitlichen Mittelwert des Flusses Φ_a:

$$\overline{\Phi_a} = \frac{1}{2} \Phi_{max} - \frac{1}{2} (\Phi_{max} - \Phi_0) = \frac{1}{2} \Phi_0 = \frac{1}{8 f_2} \frac{N_1}{N_2^2} I_1 R_2. \tag{40}$$

Dies entspricht einer Induktivität

$$\frac{N_1 \bar{\Phi}_a}{I_1} = \frac{1}{8 f_2}\left(\frac{N_1}{N_2}\right)^2 R_2 . \tag{41}$$

Die gesamte primäre Induktivität der beiden Steuerdrosseln ist doppelt so groß:

$$L_1 = \frac{1}{4 f_2}\left(\frac{N_1}{N_2}\right)^2 R_2 . \tag{42}$$

Die Zeitkonstante des Eingangskreises wird also

$$\tau = \frac{L_1}{R_1} = \frac{1}{4 f_2}\left(\frac{N_1}{N_2}\right)^2 \frac{R_2}{R_1} . \tag{43}$$

Das aus diesen Betrachtungen hervorgehende *Niederfrequenzersatzbild* des magnetischen Verstärkers ist in Abb. 52.15 gezeigt (U_1, I_1, I_2 komplex). Die primäre Induktivität verursacht einen Frequenzgang des Verhältnisses I_2/U_1, der durch den Faktor

$$\frac{1}{1 + j\,\omega_1 \tau}$$

gegeben ist.

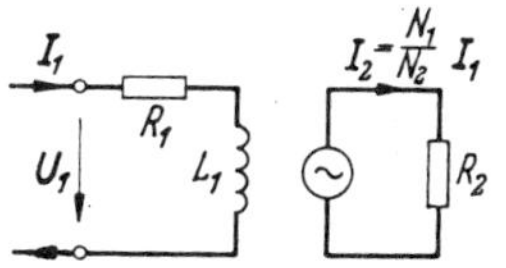

Abb. 52.15. Ersatzbild des magnetischen Verstärkers

Wegen der Abweichungen der magnetischen Kennlinien von der angenommenen Idealform tritt auf der Sekundärseite in Wirklichkeit noch ein innerer Widerstand R_i (parallel zu R_2) auf und die Kurzschlußstromverstärkung wird etwas kleiner als der Idealwert $\frac{N_1}{N_2}$.

Zahlenbeispiel: Eine 65% Ni–Fe-Legierung hat eine Sättigungsinduktion von rund 1,2 T bei einer Feldstärke 0,4 A/cm.

In einem Bandkern mit 3 cm² Querschnitt wird

$$\Phi_{max} = 1{,}2\ \mathrm{Vs/m^2} \cdot 3 \cdot 10^{-4}\ \mathrm{m^2} = 3{,}6 \cdot 10^{-4}\ \mathrm{Vs}.$$

Für die Speisespannung der Sekundärwicklung ergibt sich mit $N_2 = 100$ Windungen und einer Speisefrequenz von 500 Hz nach Gl. (29)

$$U_{2m} = 2 \cdot 100 \cdot 2\pi\, 500 \cdot 3{,}6 \cdot 10^{-4}\ \mathrm{V} = 226\ \mathrm{V}.$$

Es sei $N_1 = 1000$ und die mittlere Feldlinienlänge in den Eisenkernen 15 cm. Dann ist der zur Sättigung erforderliche Gleichstrom auf der Primärseite

$$\frac{15 \cdot 0{,}4}{1000}\ \mathrm{A} = 6\ \mathrm{mA}.$$

Bei einer Wicklungsfläche jeder Spule von 6 cm², einem Füllfaktor der Wicklung von 0,5 und einer mittleren Windungslänge von 11 cm wird der Widerstand des primären Wicklungsstranges

$$R_1 = 2 \cdot 1000 \cdot 0{,}0175\, \frac{0{,}11 \cdot 1000}{600 \cdot 0{,}5}\ \Omega = 13\,\Omega .$$

Mit einem Belastungswiderstand $R_2 = 100\ \Omega$ wird der maximale Sekundärstrom nach Gl. (38)

$$I_{2max} = \frac{2}{\pi}\,\frac{226}{100}\ \mathrm{A} = 1{,}44\ \mathrm{A}.$$

Der dazu gehörige primäre Gleichstromwert wird nach Gl. (37) $I_1 = 144$ mA, so daß der zur Sättigung erforderliche Gleichstrom von 6 mA dagegen noch klein ist.

Die Induktivität des Primärstranges wird nach Gl. (42)

$$L_1 = \frac{100}{4 \cdot 500}\ 100\ \mathrm{H} = 5\ \mathrm{H}.$$

Die Zeitkonstante wird

$$\tau = \frac{5\ \mathrm{H}}{13\ \Omega} \approx 0{,}4\ \mathrm{s}.$$

Die Leistungsverstärkung wird

$$\frac{1{,}44^2 \cdot 100}{0{,}144^2 \cdot 13} \approx 800\,.$$

Die Zeitkonstante läßt sich durch Vorwiderstände herabsetzen bei entsprechendem Verlust an Leistungsverstärkung. Die Leistungsverstärkung kann wie bei Verstärkerröhren durch *Rückkopplung* (Rückführung des sekundär erzeugten Gleichstromes über weitere Wicklungen) vergrößert werden.

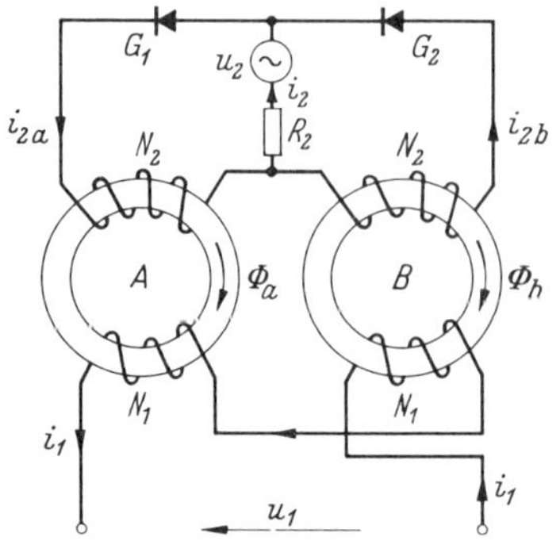

Abb. 52.16. Magnetischer Verstärker mit Halbwellensteuerung

Eine hohe Leistungsverstärkung läßt sich dadurch erreichen, daß der Sekundärstrom in jeder der beiden Spulen mit Hilfe von Gleichrichtern auf jeweils eine Stromrichtung beschränkt wird (Magnetverstärker mit „*Selbstsättigung*"), Abb. 52.16.

Der Gleichrichter G_1 erlaubt einen Strom $i_{2a} = i_2$ nur in der positiven i_2-Richtung. Der Gleichrichter G_2 erlaubt einen Strom $i_{2b} = - i_2$ nur in der negativen i_2-Richtung. Wegen der starren primären Verkettung handelt es sich um eine Spannungssteuerung und es gilt Gl. (27)

$$\frac{d\Phi_a}{dt} = \frac{d\Phi_b}{dt}\,.$$

Für die Flüsse ergibt sich daher ein ähnlicher Verlauf wie in Abb. 52.14. Auch der Verlauf von i_2 ist ähnlich wie dort nur mit dem Unterschied, daß jetzt die positive Halbwelle von i_2 nur durch die Wicklung des Kernes A, die negative Halbwelle nur durch die Wicklung B fließt. Die Folge davon ist, daß die Kompensationsbedingung für die Durchflutungen der Kerne während der Stromflußzeiten wegfällt, *der Primärstrom bleibt entgegen* Abb. 52.14 d *konstant* $i_1 = I_1$. Für die genauere Betrachtung wird als Näherungsdarstellung der Magnetisierungskennlinien zweckmäßig ein geknickter Linienzug nach Abb. 52.17 angenommen. Die primäre Durchflutung $I_1\,N_1$ wird kleiner als die Sättigungsdurchflutung Θ_s gewählt. Die Scheitelspannung U_{2m} der sekundären Spannungsquelle wird so eingestellt, daß sie gerade zur Sättigung eines Kernes ausreicht:

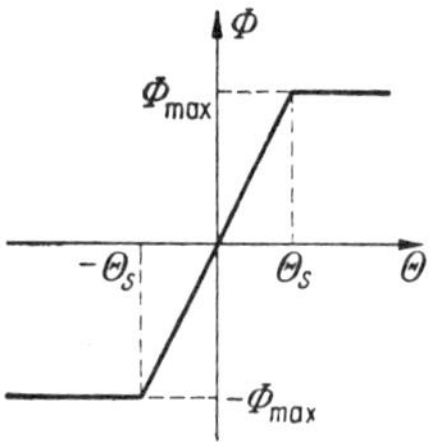

Abb. 52.17. Idealisierte magnetische Kennlinie

$$U_{2m} = N_2\,\omega_2\,\Phi_{max}\,. \tag{44}$$

Im Zeitpunkt $t = 0$ ist der Kern B noch auf $-\Phi_{max}$ gesättigt, während Φ_a im Kern A durch die Primärdurchflutung $I_1\,N_1$ gemäß dem proportionalen Abschnitt der Kennlinie bestimmt ist:

$$\Phi_a = -\,I_1\,N_1\,\frac{\Phi_{max}}{\Theta_s}\,. \tag{45}$$

In dem Zeitabschnitt von 0 bis t_1 wächst Φ_a auf den Wert

$$-\,I_1\,N_1\,\frac{\Phi_{max}}{\Theta_s} + \int\limits_0^{t_1} \frac{u_2}{N_2}\,dt\,.$$

In dem Zeitpunkt t_1 wird der Sättigungswert Φ_{max} im Kern A erreicht:

$$-\,I_1\,N_1\,\frac{\Phi_{max}}{\Theta_s} + \int\limits_0^{t_1} \frac{u_2}{N_2}\,dt = \Phi_{max}\,. \tag{46}$$

Hieraus folgt mit Gl. (44)

$$\cos\omega_2\,t_1 = -\,\frac{I_1\,N_1}{\Theta_s} = -\,\frac{U_1}{R_1}\,\frac{N_1}{\Theta_s}\,. \tag{47}$$

Bei $U_1 = 0$ ist $\omega_2 t_1 = \frac{\pi}{2}$. Die Stromflußzeit bedeckt gerade $^1/_4$ Periode.

Bei negativem U_1 rückt t_1 noch weiter nach links bis $t_1 = 0$ für $I_1 N_1 = -\Theta_s$.

Bei positivem U_1 rückt t_1 nach rechts bis $\omega_2 t_1 = \pi$ für $I_1 N_1 = +\Theta_s$.

Durch Gleichrichten des Stromes i_2 kann man wieder wie in den früheren Fällen einen Gleichstrom I_2 herstellen, der gleich dem arithmetischen Mittelwert von i_2 während jeder Halbperiode ist:

$$I_2 = \frac{\omega_2}{\pi} \int_{t_1}^{t_2=\frac{\pi}{\omega_2}} \frac{u_2}{R_2}\, dt = \frac{U_{2m}}{\pi R_2} \left(1 - \frac{I_1 N_1}{\Theta s}\right). \tag{48}$$

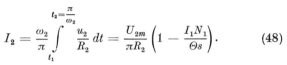

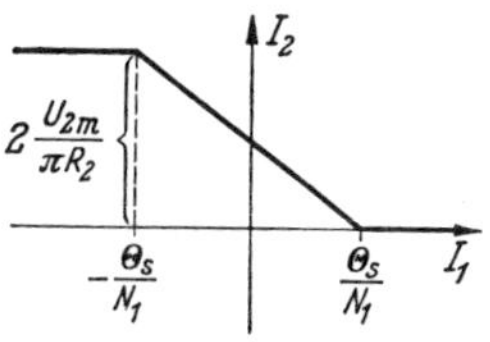

Abb. 52.18. Kennlinie des magn. Verstärkers Abb. 52.16

Der Zusammenhang zwischen I_2 und I_1 ist durch eine Kennlinie nach Abb. 52.18 gegeben. Hier wird die Nutzspannung $U_2 = I_2 R_2$ am Lastwiderstand R_2 unabhängig von dessen Größe und abhängig von der Primärspannung U_1:

$$U_2 = \frac{U_{2m}}{\pi} \left(1 - \frac{U_1 N_1}{R_1 \Theta_s}\right). \tag{49}$$

Die Anordnung stellt einen „*spannungssteuernden Transduktor mit Spannungssteuerung*" dar.

Die *Stromverstärkung* bei der Verwendung als Niederfrequenzverstärker wird

$$\left|\frac{dI_2}{dI_1}\right| = \frac{U_{2m} N_1}{\pi R_2 \Theta_s}. \tag{50}$$

Zahlenbeispiel: Mit den Werten des vorigen Zahlenbeispiels, ($\Theta_s = 6$ A), wird

$$\left|\frac{dI_2}{dI_1}\right| = \frac{226\,\text{V} \cdot 1000}{\pi\, 100\,\Omega\, 6\,\text{A}} = 120\,.$$

Die Leistungsverstärkung wird

$$\left(\frac{dI_2}{dI_1}\right)^2 \frac{R_2}{R_1} = 110\,000\,.$$

Es ergeben sich also hier wesentlich höhere Verstärkungszahlen. Die maximale Steuerstromstärke I_1 folgt aus

$$I_1 = \frac{\Theta_s}{N_1} = \frac{6\,\text{A}}{1000} = 6\,\text{mA}\,.$$

Die Zeitkonstante ist durch die primären Wicklungsinduktivitäten und den primären Widerstand gegeben. Es ergibt sich aus der entsprechenden Überlegung wie oben

$$L_1 = N_1^2 \frac{\Phi_{max}}{\Theta_s} = 10^6 \cdot 3{,}6 \cdot 10^{-4} \frac{\text{Vs}}{6\,\text{A}} = 60\,\text{H}\,.$$

Die Zeitkonstante wird

$$\tau = \frac{60\,\text{H}}{13\,\Omega} = 4{,}6\,\text{s}\,.$$

53. Parametrische Verstärker

Bei den betrachteten magnetischen Verstärkern wird die Energie aus einer Wechselstromquelle mit einer Frequenz geliefert (ω_2), die hinreichend weit von der Frequenz des zu verstärkenden Signals entfernt ist. Diese Wechselstromquelle steuert die Sättigungsdrosseln, so daß deren Reaktanz zwischen sehr kleinen und sehr großen Werten wechselt. Bei den sogenannten Reaktanzverstärkern wird dieses Prinzip in allgemeiner Form zur Herstellung linearer Verstärker benützt. Als variable Reaktanz können Drosselspulen mit Ferritkern oder besonders bei hohen Frequenzen Halbleiterdioden verwendet werden, die in der Sperrichtung eine von der Spannung abhängige verlustarme Kapazität aufweisen (Varaktor, s. S. 174). Die Bezeichnung parametrischer Verstärker rührt daher, daß hier ein Parameter, nämlich die Induktivität bzw. die Kapazität, zwecks Verstärkerwirkung beeinflußt wird. Im folgenden wird das Prinzip des Reaktanzverstärkers an dem Beispiel einer gesteuerten Kapazität erläutert.

Die Kapazität $C(t)$ der Diode wird durch eine Wechselspannung gesteuert, so daß sie periodisch mit der Kreisfrequenz ω_p dieser Wechselspannung schwankt, Abb. 53.1. Die steuernde Wechselspannung nennt man auch *Pumpspannung*; ω_p ist die *Pumpfrequenz*.

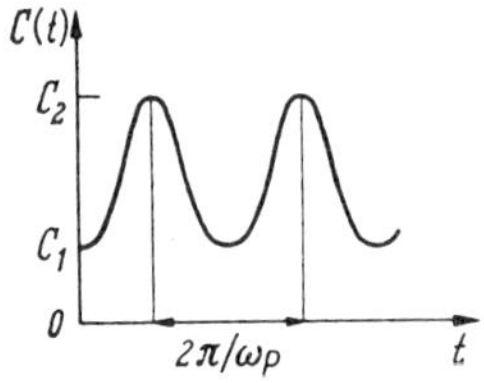

Abb. 53.1. Durch eine Pumpspannung gesteuerte Kapazität

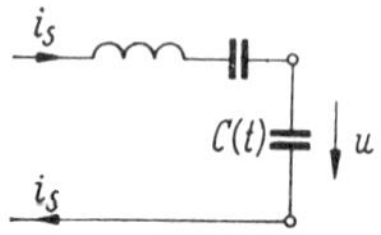

Abb. 53.2. Selektiver Anschluß einer Signalquelle

Der Diode wird nun aus einer Signalstromquelle ein Strom

$$i_S = I_S \cos(\omega_S t + \varphi_S) \tag{1}$$

zugeführt, Abb. 53.2, mit dem Scheitelwert I_S, der Signalfrequenz ω_S und der willkürlichen Anfangsphase φ_S. In die Zuleitung ist ein Reihenschwingkreis eingezeichnet, der dafür sorgt, daß nur Strom mit der Frequenz ω_S (und ihrer engeren Umgebung) im Signalstromkreis fließen kann. Die Signalspannung u am Kondensator sei klein gegen die Pumpspannung, so daß $C(t)$ durch u nicht beeinflußt wird. Dann gilt gemäß Gl. (13.20)

$$u = \frac{1}{C(t)} \int i_S \, dt = \frac{I_S}{\omega_S C(t)} \sin(\omega_S t + \varphi_S) \,. \tag{2}$$

Die Integrationskonstante ist weggelassen, da nur Wechselstromvorgänge betrachtet werden. $\frac{1}{C(t)}$ ist eine periodische Zeitfunktion mit der Pumpfrequenz als Grundfrequenz. Daher gilt eine FOURIERsche Reihe von der Form

$$\frac{1}{C(t)} = \frac{1}{C_0} [1 + \varepsilon_1 \sin(\omega_p t + \psi_1) + \varepsilon_2 \sin(2\,\omega_p t + \psi_2) + \cdots] \,. \tag{3}$$

$\frac{1}{C_0}$ bezeichnet den arithmetischen Mittelwert der reziproken Kapazität; ε_1, ε_2 usw. sind auf diesen Mittelwert bezogene Scheitelwerte der harmonischen Teilschwingungen. Führt man Gl. (3) in Gl. (2) ein, so ergibt sich, daß die Spannung u ebenfalls durch Sinuskomponenten dargestellt werden kann. Zunächst entsteht eine Komponente mit der Signalfrequenz:

$$u_S = \frac{I_S}{\omega_S C_0} \sin(\omega_S t + \varphi_S) \,. \tag{4}$$

Diese Spannung entspricht genau der Spannung, die der Signalstrom an einem Kondensator mit der festen Kapazität C_0 erzeugen würde.

Die weiteren Komponenten sind die Seitenbandschwingungen zu den Trägerfrequenzen ω_p, $2\,\omega_p$ usw. (s. S. 377). Damit entsteht das in Abb. 53.3 im Prinzip gezeigte Spektrum der Teilschwingungen der Spannung u.

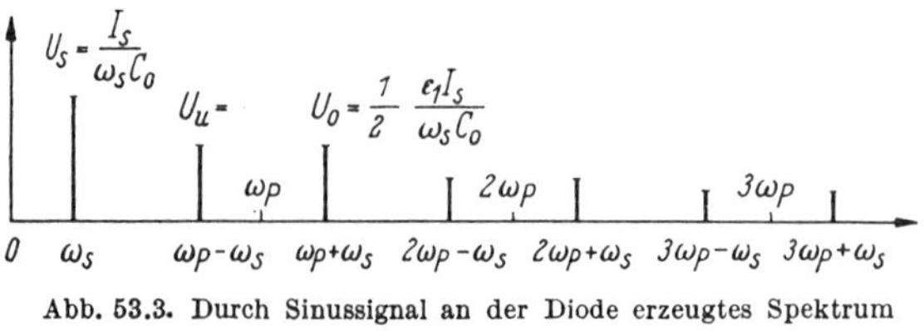

Abb. 53.3. Durch Sinussignal an der Diode erzeugtes Spektrum

Für die weiteren Betrachtungen sind nur die niedrigsten dieser Schwingungen von Interesse; die höherfrequenten Teilschwingungen werden in der gleich näher zu besprechenden Schaltung nicht wirksam. Die beiden niedrigsten Seitenbandschwingungen ergeben sich zu

$$u_o = -\, U_o \cos\big((\omega_p + \omega_S)\, t + \psi_1 + \varphi_S\big)\,, \tag{5}$$

und

$$u_u = U_u \cos\big((\omega_p - \omega_S)\, t + \psi_1 - \varphi_S\big)\,, \tag{6}$$

mit den Scheitelwerten

$$U_o = U_u = \frac{1}{2}\,\frac{\varepsilon_1\, I_S}{\omega_S\, C_0}\,. \tag{7}$$

Der Signalstrom kann also ersetzt gedacht werden durch die drei von ihm erzeugten Spannungen u_S, u_o und u_u, die als Leerlaufspannungen an dem Kondensator auftreten. Damit ergibt sich das in Abb. 53.4 gezeigte Ersatzbild.

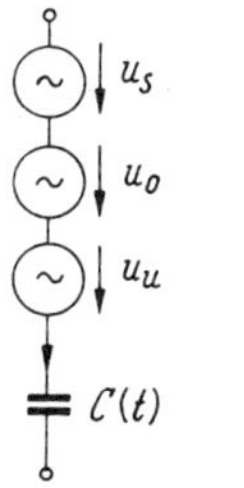

Abb. 53.4. Ersatzbild der gesteuerten Diode

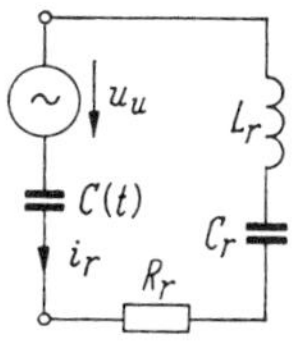

Abb. 53.5. Rückkopplungskreis für die untere Seitenbandschwingung

Der gewünschte Verstärkungseffekt für die Signalschwingung entsteht nun, wenn mit der unteren der beiden Seitenbandspannungen durch eine äußere Überbrückung des Kondensators ein Strom erzeugt wird. Dies kann nach Abb. 53.5 durch einen Reihenschwingkreis L_r, C_r, R_r, geschehen, der parallel zum Kondensator geschaltet ist und auf die „Rückkopplungsfrequenz“

$$\omega_r = \omega_p - \omega_S \tag{8}$$

abgestimmt wird. Der „Rückkopplungsstrom“ i_r ergibt sich unter Beachtung der Zählrichtung zu

$$i_r = -\,\frac{u_u}{R_r} = -\, I_r \cos\left(\omega_r\, t + \psi_1 - \varphi_S\right)\,, \tag{9}$$

wobei zur Abkürzung

$$I_r = \frac{1}{2}\,\frac{\varepsilon_1\, I_S}{\omega_S\, C_0\, R_r} \tag{10}$$

eingeführt ist.

Der Rückkopplungsstrom erzeugt nun an dem veränderlichen Kondensator wiederum eine Spannung u_r, deren Spektrum nach dem gleichen Rechnungsgang wie oben für i_S berechnet werden kann. Es gilt entsprechend Gl. (2)

$$u_r = \frac{1}{C(t)} \int i_r\, dt = -\,\frac{I_r}{\omega_r\, C(t)} \sin\left(\omega_r\, t + \psi_1 - \varphi_S\right)\,. \tag{11}$$

Beim Einsetzen des Ausdruckes (3) entsteht als Differenz zwischen ω_p und ω_r wieder die Signalfrequenz ω_S, und die entsprechende Spannung am Kondensator wird

$$u_{rS} = -\, U_{rS} \cos\left(\omega_S\, t + \varphi_S\right) \tag{12}$$

mit dem Scheitelwert

$$U_{rS} = \left(\frac{\varepsilon_1}{2\, C_0}\right)^2 \frac{I_S}{\omega_r\, \omega_S\, R_r}\,. \tag{13}$$

Wie der Vergleich mit Gl. (1) zeigt, steht u_{rS} in Gegenphase zum Signalstrom, d. h. es wird Energie in den äußeren Signalkreis geliefert. Die entsprechende Leistung ist

$$P_S = \frac{1}{2}\, I_S\, U_{rS} = \frac{1}{2} \left(\frac{\varepsilon_1}{2\, C_0}\right)^2 \frac{I_S^2}{\omega_r\, \omega_S\, R_r}\,, \tag{14}$$

sie wird also um so größer, je verlustärmer der Rückkopplungskreis gemacht wird.

Von dem Wirkwiderstand R_r im Rückkopplungskreis wird ebenfalls Energie aufgenommen mit der Leistung

$$P_r = \frac{1}{2}\, I_r^2\, R_r = \frac{1}{2} \left(\frac{\varepsilon_1}{2\, C_0}\right)^2 \frac{I_S^2}{\omega_S^2\, R_r}\,. \tag{15}$$

Die Summe der beiden Leistungen P_S und P_r muß durch die mit dem Pumpstrom zugeführte Leistung P_p gedeckt werden:

$$P_p = P_S + P_r = \frac{1}{2}\left(\frac{\varepsilon_1}{2\,C_0}\right)^2 \frac{I_S^2}{R_r}\,\frac{\omega_p}{\omega_S^2\,\omega_r}\,. \tag{16}$$

Aus den Gl. (14), (15) und (16) folgt die allgemeine Beziehung

$$\frac{P_p}{\omega_p} = \frac{P_S}{\omega_S} = \frac{P_r}{\omega_r}\,. \tag{17}$$

Die Lieferung von Energie in den äußeren Signalstromkreis kann man auch dadurch ausdrücken, daß man die erzeugte Quellenspannung u_{rS} durch einen „*negativen Widerstand*" veranschaulicht. Dieser hat den Betrag

$$\boxed{R_n = \frac{U_{rS}}{I_S} = \left(\frac{\varepsilon_1}{2\,C_0}\right)^2 \frac{1}{\omega_r\,\omega_S\,R_r}\,.} \tag{18}$$

Für die Signalfrequenz gilt also auch das in Abb. 53.6 gezeigte *Ersatzbild des Reaktanzverstärkers.* Im Signalstromkreis entsteht infolge des negativen Widerstandes eine lineare Verstärkung der Signalströme (s. S. 397 u. Abb. 38.1 a). Der Innenwiderstand R_i der Signalquelle wird auf den Wert $R_i - R_n$ reduziert und die verfügbare Leistung der Quelle wird daher im Verhältnis

$$V_p = \frac{R_i}{R_i - R_n} \tag{19}$$

vergrößert. V_p ist die erreichbare *Leistungsverstärkung*; für stabilen Betrieb muß $R_n < R_i$ sein.

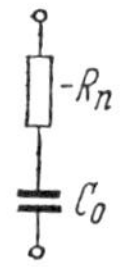

Abb. 53.6. Ersatzbild eines parametrischen Verstärkers

Die Größen C_0 und ε_1 lassen sich einfach abschätzen, wenn die reziproke Kapazität näherungsweise sinusförmig schwankt. Bezeichnet man gemäß Abb. 53.1 die Grenzwerte der Kapazität mit C_1 und C_2, dann gilt angenähert

$$C_0 \approx \frac{2\,C_1\,C_2}{C_1 + C_2}\,, \tag{20}$$

und

$$\varepsilon_1 \approx \frac{C_2 - C_1}{C_2 + C_1}\,, \tag{21}$$

wie sich aus Gl. (3) bei Vernachlässigung der Oberschwingungen leicht ableiten läßt.

Zahlenbeispiel: Die Kapazität einer Reaktanzdiode werde zwischen den Grenzen $C_1 = 2$ pF und $C_2 = 8$ pF gesteuert. Damit wird nach Gl. (20) und (21)

$$C_0 = \frac{2 \cdot 2 \cdot 8}{10}\,\text{pF} = 3{,}2\,\text{pF}\,,$$

$$\varepsilon_1 = \frac{6}{10} = 0{,}6\,.$$

Mit einer Pumpfrequenz von 10 GHz $= 10 \cdot 10^9$ Hz wird bei einer Signalfrequenz von 2 GHz die Rückkopplungsfrequenz $8 \cdot 10^9$ Hz. Der negative Widerstand wird nach Gl. (18)

$$R_n = \left(\frac{0{,}6}{2 \cdot 3{,}2 \cdot 10^{-12}}\right)^2 \frac{1}{2\pi \cdot 8 \cdot 10^9 \cdot 2\pi \cdot 2 \cdot 10^9}\,\frac{\Omega^2}{R_r} = 13{,}9\,\frac{\Omega^2}{R_r}\,,$$

also z. B. bei $R_r = 0{,}3\,\Omega$:

$$R_n = 46\,\Omega\,.$$

Bemerkung: Eine gewisse Verwandtschaft mit den parametrischen Verstärkern haben die als *Molekularverstärker* oder *Maser* bezeichneten Verstärker (Abkürzung für microwave amplification by stimulated emission of radiation). Sie beruhen auf der Ausnützung der Resonanzübergänge in Atomen (s. auch S. 201). Beim sogenannten Drei-Niveau-System wird ein Kristall verwendet, der oberhalb des Grundzustandes seiner Moleküle drei eng benachbarte

Energieniveaus W_1, W_2 und W_3 aufweist, Abb. 53.7. Durch eine zugeführte elektromagnetische Welle mit der Pumpfrequenz

$$f_p = \frac{W_3 - W_1}{h} \tag{22}$$

werden Atome in den Energiezustand W_3 gebracht. Sie kehren unter Resonanzstrahlung in den Zustand W_2 und schließlich in den Zustand W_1 zurück. Führt man eine zweite Welle mit der Frequenz (Signalfrequenz)

$$f_S = \frac{W_3 - W_2}{h} \tag{23}$$

außerdem noch als Signalschwingung zu, so wird diese verstärkt, da ihr Energie aus dem Energievorrat W_3 zufließt. Der Übergang von W_2 nach W_1 entspricht einer Verlustleistung, die aber wie die Leistung im Rückkopplungskreis eines parametrischen Verstärkers notwendig aufgebracht werden muß, damit die Übergänge von W_1 nach W_3 in ausreichender Zahl stattfinden können.

Ein Beispiel bilden Rubinkristalle (Aluminiumoxyd mit Chromdotierung). Mit Hilfe eines magnetischen Gleichfeldes können die Energieniveaus aufgespalten werden (Zeeman-Effekt), sodaß z. B. die Abstände durch die Frequenzen $f_S = 4$ GHz und $f_p = 12$ GHz gegeben sind. Durch Abkühlen auf eine niedrige Temperatur z. B. 4 K (Temperatur von verdampfendem Helium) wird erreicht, daß entsprechend dem Boltzmann-Faktor B, Gl. (8.23), das unterste Niveau (in der Abb. 53.7 mit Grundzustand bezeichnet) gegenüber den beiden anderen Niveaus stark besetzt ist. Die Anregung durch die Pumpfrequenz befördert Atome aus dem untersten in das oberste Energieniveau, sodaß dieses gegenüber dem mittleren Niveau überbesetzt ist. Die Signalschwingung mit der Frequenz f_S führt nun zur induzierten Emission der Übergänge von 3 nach 2 und damit zur phasenrichtigen Verstärkung der Signalschwingung. Damit können also Signalfrequenzen von 4 GHz bei Pumpfrequenzen von 12 GHz verstärkt werden.

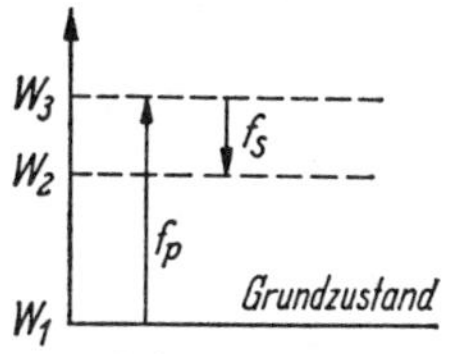

Abb. 53.7. Energieschema eines Masers

54. Gleichrichter

Leistungsgleichrichter

Die Vorgänge in Stromkreisen mit Gleichrichtern sind im allgemeinen periodisch. Wegen des durch den Gleichrichter während jeder Periode bewirkten Eingriffes in den Ablauf der Ströme folgen diese bei Sinusspannungen komplizierten Zeitfunktionen. Als Beispiel werde zunächst ein *Kontaktgleichrichter* betrachtet. Bei einem solchen Gleichrichter wird durch einen mit der gleichzurichtenden Wechselspannung erregten Magneten oder durch einen Synchronmotor ein Kontakt so betätigt, daß eine Gleichrichtung der Halbwellen eintritt. Abb. 54.1 zeigt das Schema des *Einweggleichrichters*. Abb. 54.2 das Schema des *Doppelweggleichrichters*. K ist die durch die Wechselspannung gesteuerte Kontaktzunge, R der Verbraucherwiderstand auf der Gleichstromseite. Die an diesem Widerstand auftretende Spannung schwankt um einen Mittelwert, der beim Einweggleichrichter und bei Sinusform der treibenden Spannung

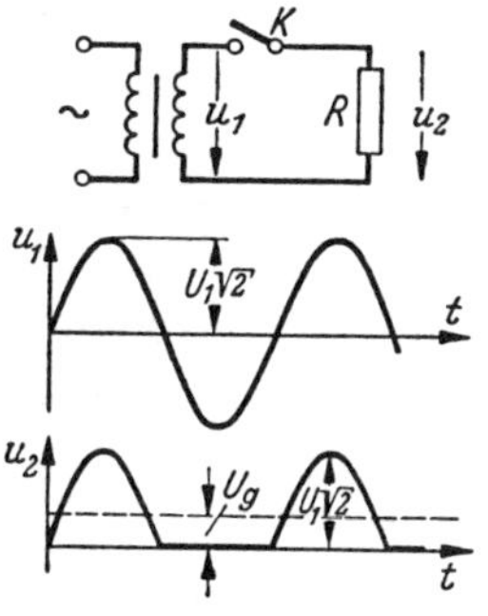

Abb. 54.1. Einweggleichrichter (Halbwellengleichrichter)

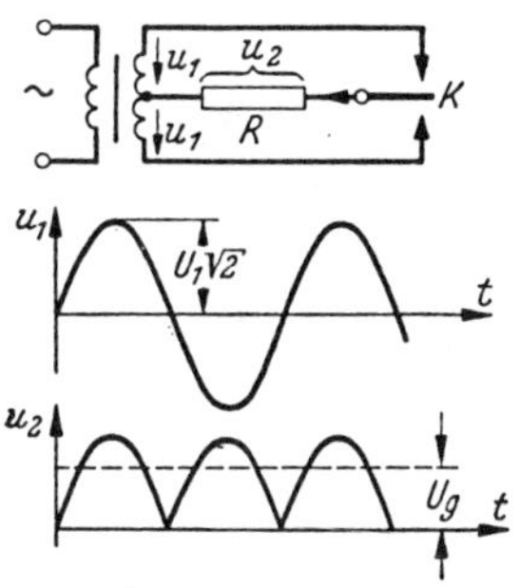

Abb. 54.2. Doppelweggleichrichter (Doppelwellengleichrichter)

$$U_{g0} = \frac{\sqrt{2}}{\pi} U_1 = 0{,}45015\, U_1\,, \tag{1}$$

beim Doppelweggleichrichter

$$U_{g0} = \frac{2\sqrt{2}}{\pi} U_1 = 0{,}90031\, U_1 \tag{2}$$

beträgt, wie man durch Integration leicht findet (U_1 = Effektivspannung). Voraussetzung ist, daß die Kontaktzunge genau in den Umkehrzeitpunkten der Wechselspannung u_1 umgelegt wird.

Die Schwankungen der am Verbraucher R auftretenden Spannung u_2 um den Mittelwert kann man wegen des endlichen Generatorwiderstandes durch Parallelschalten eines Kondensators vermindern. Je größer dessen Kapazität C ist, um so genauer hält er die Spannung konstant. Die einfache Parallelschaltung eines solchen Kondensators zum Verbraucher R hätte den Nachteil, daß beim Schließen und Öffnen starke Ströme über die Kontakte fließen würden, die durch den Unterschied zwischen der erzeugten Gleichspannung und der Wechselspannung u_1 bedingt sind. Dies kann durch Vorschalten einer Drosselspule verbessert werden, die die Differenz der beiden Spannungen beim Schließen der Kontakte überbrückt. Damit ergibt sich die in Abb. 54.3 gezeigte Anordnung eines Doppelweggleichrichters.

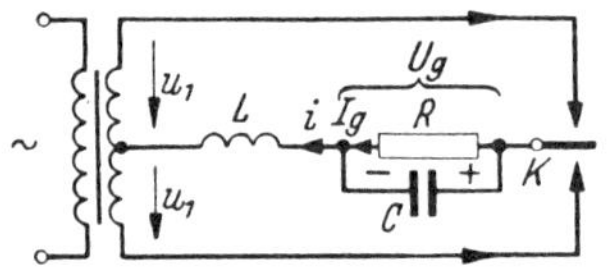

Abb. 54.3. Doppelweggleichrichter mit Glättungseinrichtung

Um die Vorgänge in einem solchen Gleichrichter genauer zu verfolgen, nehmen wir zur Vereinfachung an, daß die Kapazität C die Spannung U_g am Verbraucher R völlig konstant halte. Die Kontaktzunge K liege jeweils während einer halben Periode an einem der beiden Kontakte; die Umschlagdauer sei vernachlässigbar kurz. Während eines Stromschlusses zwischen den Zeitpunkten t_1 und t_2 spielen sich dann folgende Vorgänge ab.

Die Selbstinduktionsspannung ergänzt die Gleichspannung U_g auf die Augenblickswerte der Wechselspannung u_1:

$$U_g + L\frac{di}{dt} = U_1\sqrt{2}\sin\omega t. \tag{3}$$

Der Mittelwert des Stromes i erzeugt am Verbraucherwiderstand die Gleichspannung U_g:

$$U_g = \frac{R}{t_2 - t_1}\int_{t_1}^{t_2} i\,dt\,. \tag{4}$$

Aus diesen beiden Gleichungen läßt sich der zeitliche Verlauf des Stromes i und die Gleichspannung U_g bestimmen. Aus Gl. (3) folgt durch Integration

$$i = -\frac{U_1\sqrt{2}}{\omega L}\cos\omega t - \frac{U_g}{L}t + k\,, \tag{5}$$

wobei k eine Integrationskonstante ist; sie ergibt sich daraus, daß im Augenblick des Schließens des betrachteten Kontaktes ($t = t_1$) die Stromstärke i noch Null sein muß, da sie während des Umschlagens der Kontaktzunge Null war. Daraus folgt

$$i = \frac{U_1\sqrt{2}}{\omega L}(\cos\omega t_1 - \cos\omega t) - \frac{U_g}{L}(t - t_1)\,. \tag{6}$$

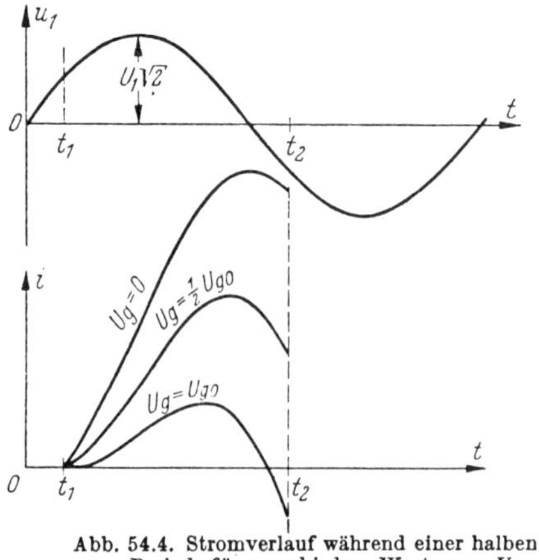

Abb. 54.4. Stromverlauf während einer halben Periode für verschiedene Werte von U_g

In Abb. 54.4 ist der berechnete Verlauf von i für einige Beispiele aufgezeichnet. Es zeigt sich, daß i beim Öffnen des Kontaktes im Zeitpunkt t_2 einen endlichen Wert haben kann. Dies muß vermieden werden, damit an der Kontaktstelle kein Lichtbogen entsteht. Die Bedingung dafür ist $i = 0$ für $t = t_2$ oder mit Gl. (6)

$$U_g = \frac{U_1\sqrt{2}}{\omega(t_2 - t_1)}(\cos\omega t_1 - \cos\omega t_2)\,. \tag{7}$$

Da nun die Kontaktdauer eine halbe Periode sein soll, ist $\omega t_2 = \pi + \omega t_1$. Aus Gl. (7) wird damit unter Berücksichtigung von Gl. (2)

$$U_g = U_{g0} \cos \omega t_1 . \tag{8}$$

Andrerseits ist die Spannung U_g nach Gl. (4) durch den Mittelwert des Stromes i bestimmt. Durch Einsetzen von Gl. (6) in Gl. (4) und Auflösen nach U_g findet man

$$U_g = U_{g0} \frac{\pi R}{\pi R + 2 \omega L} \left(\cos \omega t_1 + \frac{2}{\pi} \sin \omega t_1 \right) . \tag{9}$$

Der Strom verschwindet beim Öffnen des Kontaktes, wenn dieser Ausdruck gleich dem durch Gl. (8) gegebenen Wert ist. Daraus folgt die *Bedingung für das funkenfreie Arbeiten* des Gleichrichters

$$\tan \omega t_1 = \frac{\omega L}{R} . \tag{10}$$

Führt man hieraus ωt_1 in Gl. (8) oder (9) ein, so ergibt sich die dabei *erzeugte Gleichspannung*:

$$U_g = \frac{U_{g0}}{\sqrt{1 + \left(\frac{\omega L}{R} \right)^2}} . \tag{11}$$

Für jede Belastung R muß also eine ganz bestimmte Schaltphase ωt_1 eingehalten werden, und es ergibt sich eine Gleichspannung, die in einem bestimmten Verhältnis zu U_{g0} steht.

Die erzeugte Gleichspannung wird im Leerlauf ($R = \infty$) gleich U_{g0}. Die günstigste Schaltphase ist dabei nach Gl. (10) $\omega t_1 = 0$. Mit kleiner werdendem Verbraucherwiderstand R sinkt die Gleichspannung U_g, und der Schaltzeitpunkt t_1 muß gemäß Gl. (10) immer später gelegt werden. In Abb. 54.5 ist der Verlauf des Stromes i während eines Kontaktschlusses für die drei Fälle $R = 2 \omega L$, $4 \omega L$ und ∞ angegeben. Man erkennt, daß bei $R = \infty$ der Mittelwert des Stromes Null ist, während sich mit wachsender Belastung ein bestimmter Mittelwert I_g des Stromes einstellt. Der Strom I_g durchfließt den Verbraucherwiderstand und erzeugt die Gleichspannung $U_g = I_g R$, während der Kondensator die Wechselstromkomponente von i führt.

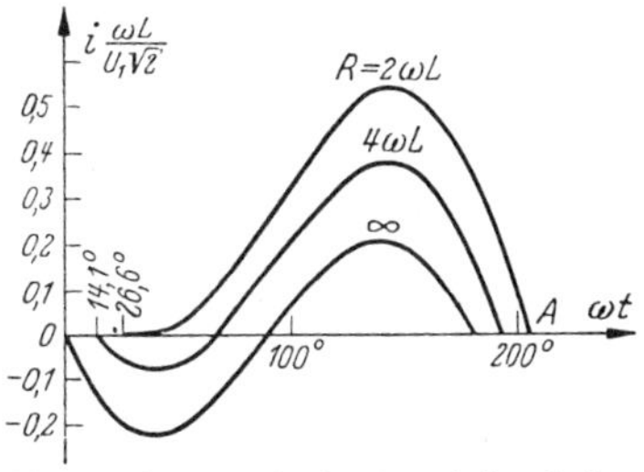

Abb. 54.5. Stromverlauf während einer halben Periode bei funkenfreiem Betrieb des Gleichrichters nach Abb. 54.3

Bemerkung: Der steile Abfall des Stromes vor dem Öffnen des Kontaktes (A in Abb. 54.5) ist ungünstig, da er eine sehr genaue Einhaltung des Öffnungszeitpunktes erfordert. Dies kann verbessert werden, wenn nicht eine Spule mit konstanter Induktivität, sondern eine Spule mit magnetisch stark gesättigtem Eisenkern verwendet wird. Das Induktionsgesetz liefert dann an Stelle von Gl. (3)

$$U_g + \frac{d\Phi}{dt} = U_1 \sqrt{2} \sin \omega t . \tag{12}$$

Daraus folgt für den Gesamtfluß Φ durch Integration (mit $\Phi = 0$ für $t = t_1$)

$$\Phi = \frac{U_1 \sqrt{2}}{\omega} (\cos \omega t_1 - \cos \omega t) - U_g (t - t_1) . \tag{13}$$

Der zeitliche Verlauf des Flusses entspricht also bis auf den konstanten Faktor L dem Stromverlauf Gl. (6) in Abb. 54.5 bei Einhaltung der Bedingung (10). Wegen der Sättigung des Eisenkernes gehört dazu ein Stromverlauf, wie ihn Abb. 54.6 gestrichelt zeigt. Der Strom nimmt in der Umgebung der Schaltzeitpunkte niedrige Werte an („Sättigungsdrossel“, s. auch S. 551).

Der *Strom auf der Primärseite* des Transformators in Abb. 54.3 hat allgemein den gleichen Verlauf wie i, wenn von dem geringen Magnetisierungsstrom abgesehen wird. Die Halbperioden des Stromes folgen jedoch mit wechselnden Vorzeichen aufeinander, so daß sich ein Gesamtverlauf des Primärstromes nach Abb. 54.7 für das Beispiel $R = 4\,\omega\,L$ aus Abb. 54.5 ergibt; er weicht von der Sinusform stark ab.

Die Öffnung des Kontaktes in jeder Halbperiode erzwingt beim Kontaktgleichrichter zweimal während jeder Periode das Verschwinden des Stromes. Soll der Öffnungsfunken vermieden werden, so muß die Kontaktzunge mit genauer, von der Belastung abhängiger Phasenlage gesteuert werden. Dies ist bei den *stetigen Gleichrichtern* nicht nötig. Das sind im besonderen die *Gasentladungsgleichrichter* (Quecksilberdampfgleichrichter, Glühkathodengleichrichter, Glimmröhrengleichrichter), die *Sperrschichtgleichrichter* (Selenzellen, Siliziumgleichrichter) und die *Hochvakuumgleichrichter*.

Die für die Gleichrichtung wesentlichen Eigenschaften dieser Gleichrichter lassen sich durch die Strom-Spannungs-Kennlinie („statische Kennlinie") beschreiben. Die mit Bogen-Entladungen arbeitenden Gleichrichter (Quecksilberdampfgleichrichter und Glühkathodengleichrichter) haben eine Kennlinie wie a in Abb. 54.8 (s. auch

Abb. 54.6. Strom- und Flußverlauf bei magnetisch stark gesättigter Drosselspule, $\Psi = \Phi$

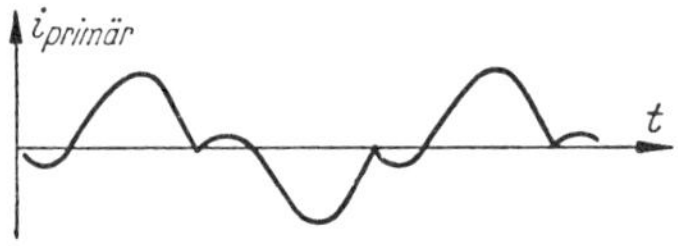

Abb. 54.7. Stromverlauf auf der Primärseite des Transformators in Abb. 54.3 bei funkenfreier Einstellung der Schaltphase und $R = 4\,\omega\,L$

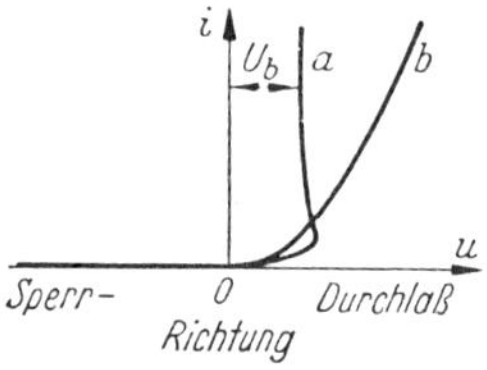

Abb. 54.8. Kennlinien von stetigen Gleichrichtern

Abschnitt 21); die Kennlinien der Sperrschichtgleichrichter und der Hochvakuumgleichrichter haben die Form b in Abb. 54.8 (s. Abschnitte 18, 19). In der Sperr-Richtung sind die Ströme verschwindend klein gegen die Ströme in der Durchlaßrichtung, relativ am größten bei den Sperrschichtgleichrichtern, wo das Verhältnis des Stromes in der Sperr-Richtung zum Strom in der Durchlaß-Richtung bei Aussteuerungen, wie sie für Starkstromgleichrichter üblich sind, bei 10^{-3} bis 10^{-5} liegen kann.

Um die grundsätzlichen Unterschiede der Vorgänge gegenüber dem Kontaktgleichrichter zu erkennen, betrachten wir als Beispiel die Anordnung Abb. 54.9, die einen *Quecksilberdampfgleichrichter* mit den beiden Anoden A_1 und A_2 und der Kathode K darstellt und im Prinzip der Abb. 54.3 entspricht. Beim Quecksilberdampfgleichrichter kann die Kennlinie a in Abb. 54.8 in der Durchlaßrichtung praktisch durch die konstante Lichtbogenspannung U_b wiedergegeben werden, während die Sperrichtung einer völligen Unterbrechung nahezu gleichkommt.

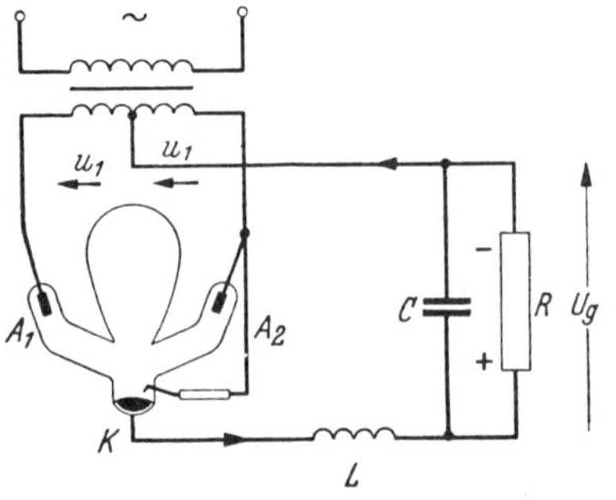

Abb. 54.9
Quecksilberdampfgleichrichter

Wird der Spannungsabfall U_b am Lichtbogen zunächst vernachlässigt, so gelten die Gl. (3) und (4) unverändert auch hier. Für den Stromverlauf folgt durch Integration die Gl. (5). Es fällt hier jedoch die Bedingung weg, daß der Strom in der Spule durch Öffnen der Kontakte zwangsweise zum Verschwinden gebracht wird. Nach jeder halben Periode geht der Strom lediglich von der einen Anode auf die andere über; aus Symmetriegründen muß die Stromstärke in den Übergangszeitpunkten den gleichen Wert haben:

$$i \text{ für } t = t_1 \text{ gleich } i \text{ für } t = t_2 . \qquad (14)$$

Die Gl. (5) liefert damit

$$-\frac{U_1\sqrt{2}}{\omega L}\cos\omega t_1-\frac{U_g}{L}t_1=-\frac{U_1\sqrt{2}}{\omega L}\cos\omega t_2-\frac{U_g}{L}t_2\,, \tag{15}$$

und hieraus folgt unter Berücksichtigung, daß $\omega t_2 - \omega t_1 = \pi$, die Gültigkeit der Gl. (8):

$$U_g = U_{g0}\cos\omega t_1 \tag{16}$$

wie beim Kontaktgleichrichter. Während aber dort t_1 so gewählt werden mußte, daß die Kommutierung in einer günstigen Phase erfolgt, stellen sich hier die Umschaltzeitpunkte selbsttätig ein. Der Strom wird von derjenigen Anode übernommen, die gegen die Kathode das höhere Potential hat. Ist z. B. $u_1 = U_1\sqrt{2}\sin\omega t$ positiv, so fließt der Strom über die Anode A_2 zur Kathode; die Spannung zwischen A_2 und K ist Null. Daher hat A_1 das Potential $-2u_1 = -2U_1\sqrt{2}\sin\omega t$ gegen die Kathode, nämlich die volle Spannung zwischen den Enden der Sekundärwicklung des Transformators. Während der halben Periode zwischen $\omega t = 0$ und $\omega t = \pi$ hat die Anode A_1 daher das niedrigere Potential. Überschreitet ωt den Wert π, dann wird A_1 positiv gegen A_2 und übernimmt den Strom, während das Potential von A_2 gegen die Kathode negativ wird. Die Umschaltung findet also jeweils bei den Nulldurchgängen der Spannung u_1 statt (z. B. $\omega t_1 = 0$). Die Durchlaßanode hat das gleiche Potential wie die Kathode; das negative Potential der Sperranode steigt bis zum doppelten Scheitelwert der Wechselspannung. Aus Gl. (8) folgt mit $\omega t_1 = 0$

$$U_g = U_{g0}\,. \tag{17}$$

Im Gegensatz zum Kontaktgleichrichter stellt sich unabhängig von der Induktivität der Drosselspule und von der Belastung der *Mittelwert der gleichgerichteten Wechselspannung* ein. Aus Gl. (4) folgt ferner durch Einsetzen von Gl. (5) und (17)

$$k = \frac{U_{g0}}{R}\left(1+\frac{R\pi}{2\omega L}\right). \tag{18}$$

Damit wird nach Gl. (5) der Strom während der ersten Halbperiode mit Gl. (1)

$$i = \frac{U_1\sqrt{2}}{\omega L}\left(1-\cos\omega t-\frac{2}{\pi}\omega t\right)+\frac{U_{g0}}{R}\,. \tag{19}$$

Während der zweiten Halbperiode wiederholt sich der gleiche Vorgang über die andere Anode. Der Strom i setzt sich aus dem konstanten Gleichstrom $I_g = \frac{U_{g0}}{R}$ und einem überlagerten Wechselstromanteil zusammen, der durch den ersten Ausdruck in Gl. (19) gegeben ist und der Kurve ∞ in Abb. 54.5 entspricht. Die Abb. 54.10 zeigt den zeitlichen Verlauf von Spannung und Strom.

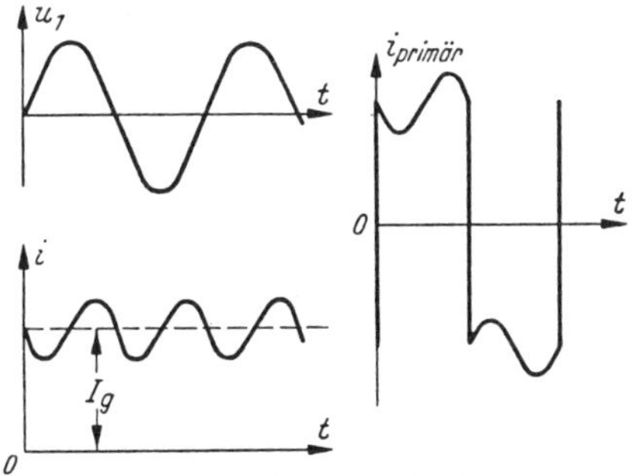

Abb. 54.10. Stromverlauf auf der Sekundär- und der Primärseite in Abb. 54.9

Die Wechselstromkomponente kann, ebenfalls im Gegensatz zum Kontaktgleichrichter, durch Vergrößern von L beliebig klein gemacht werden, ohne daß die erzeugte Gleichspannung dadurch sinkt. Im Grenzfall sehr hoher Induktivität L hat der Strom auf der Primärseite des Transformators einen Rechteckverlauf.

Die Betrachtung der Gl. (19) zeigt, daß die Induktivität einen gewissen Mindestwert haben muß, damit der Strom i immer positiv bleibt. Der Klammerausdruck hat den Minimalwert $-0{,}211$. Daraus folgt, daß

$$\omega L > 0{,}331\,R \tag{20}$$

sein muß, damit i während der Arbeitsperiode nicht auf Null sinkt. Andernfalls würde der Lichtbogen abreißen.

Bemerkung: Der Strom geht in Wirklichkeit nicht wie in unserer Rechnung während einer unendlich kurzen Zeit von der einen zur anderen Anode über. Infolge der Streuinduktivität des Transformators ergibt sich ein allmähliches Überwechseln während einer endlichen, allerdings sehr kurzen Zeit.

Bei Berücksichtigung der Bogenspannung U_b gilt anstelle von Gl. (3)

$$U_g + L\frac{di}{dt} = U_1\sqrt{2}\sin\omega t - U_b\,. \tag{21}$$

Integriert man über eine Halbperiode und berücksichtigt, daß i am Ende der Halbperiode so groß ist wie am Anfang, so folgt anstelle von Gl. (17)

$$U_g = \frac{2}{\pi}U_1\sqrt{2} - U_b = U_{g0} - U_b\,. \tag{22}$$

Die erzeugte Gleichspannung vermindert sich um den Betrag der Bogenspannung.

Die Wirkungsweise von Gleichrichtern mit Kennlinien nach b in Abb. 54.8 stimmt weitgehend mit der des betrachteten Quecksilberdampfgleichrichters überein. Bei den *Sperrschichtgleichrichtern* kann man die Kennlinie in der Durchlaßrichtung vielfach durch eine gerade Linie annähern, die auf der Spannungsachse die „Schleusenspannung" U_b abschneidet, Abb. 54.11. Diese Spannung spielt dann die gleiche Rolle wie die Bogenspannung beim Quecksilberdampfgleichrichter. Die gerade Linie entspricht einem in Reihe liegenden differentiellen Widerstand R_D. Daher wird hier die erzeugte Gleichspannung

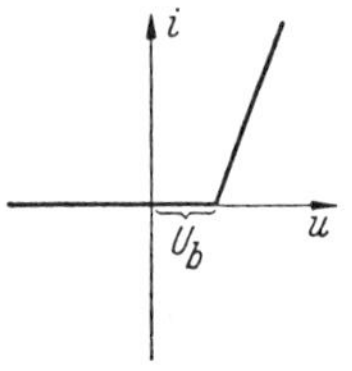

Abb. 54.11. Idealisierte Kennlinie eines Sperrschichtgleichrichters

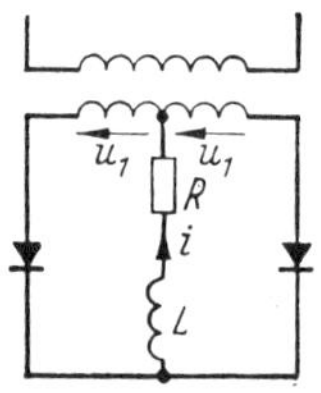

Abb. 54.12. Beispiel eines Doppelweggleichrichters

$$U_g = U_{g0} - U_b - I_g R_D\,. \tag{23}$$

Das Betriebsverhalten eines solchen Gleichrichters kann angenähert wieder so berechnet werden, daß zur Ermittlung des Stromverlaufs der Gleichrichter als ideal angenommen wird. Dies werde noch an dem Beispiel eines mit einem ohmschen Nutzwiderstand und einer Glättungsdrossel belasteten Doppelweggleichrichters durchgeführt, Abb. 54.12. Hier gilt während einer positiven Halbwelle der Spannung u_1:

$$R\,i + L\frac{di}{dt} = U_1\sqrt{2}\sin\omega t\,. \tag{24}$$

Diese Gleichung kann durch den Ansatz

$$i = k_1 e^{-\delta t} + k_2\sin\omega t + k_3\cos\omega t \tag{25}$$

integriert werden. Führt man diesen Ansatz ein, so folgt

$$\delta = \frac{R}{L}, \qquad k_2 = U_1\sqrt{2}\,\frac{R}{R^2 + (\omega L)^2}, \qquad k_3 = -U_1\sqrt{2}\,\frac{\omega L}{R^2 + (\omega L)^2}\,. \tag{26}$$

Die Konstante k_1 ergibt sich aus der Bedingung, daß i für $t = 0$ den gleichen Wert haben muß wie eine halbe Periode später, also für $t = \frac{\pi}{\omega}$:

$$k_1 + k_3 = k_1 e^{-\pi\frac{R}{\omega L}} - k_3\,.$$

Hieraus folgt

$$k_1 = -\frac{2k_3}{1 - e^{-\pi\frac{R}{\omega L}}}\,. \tag{27}$$

Die Nutzspannung am Widerstand R wird

$$u = i\,R\,. \tag{28}$$

Ihr zeitlicher Verlauf ist für einige Werte von $\frac{\omega L}{R}$ in Abb. 54.13 gezeigt.

Wie man durch Integrieren von Gl. (24) feststellt, gilt auch hier unabhängig von der Belastung, daß die Gleichspannung gleich dem *arithmetischen Mittelwert* der Sinushalbwelle ist:

$$U_g = \frac{2}{\pi}\,U_1\sqrt{2} = U_{g0}\,. \tag{29}$$

Die an den Verbraucher während der Halbperiode $\frac{\pi}{\omega}$ abgegebene Arbeit ist

$$W = \int_0^{\pi/\omega} u_1\,i\,dt\,. \tag{30}$$

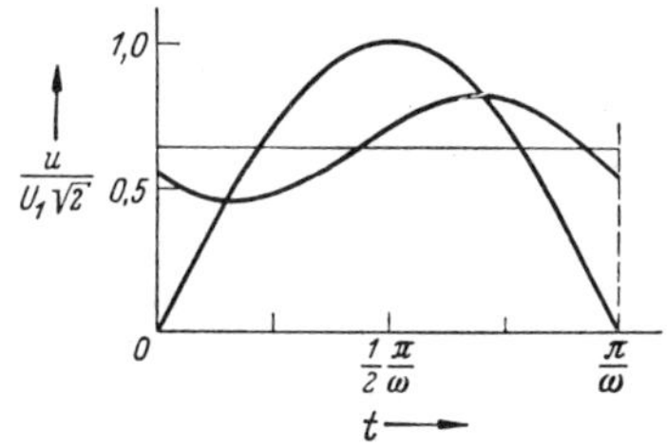

Abb. 54.13. Verlauf der Spannung am Widerstand R in Abb. 54.12 für $\frac{\omega L}{R} = 0$, $\frac{\omega L}{R} = 1$, $\frac{\omega L}{R} = \infty$

Daher ist die gesamte mittlere Leistungsaufnahme des Widerstandes R

$$P = \frac{\omega}{\pi}\int_0^{\pi/\omega} u_1\,i\,dt = \frac{\omega}{\pi}\,U_1\sqrt{2}\int_0^{\pi/\omega}\sin\omega t\,(k_1\,\mathrm{e}^{-\delta t} + k_2\sin\omega t + k_3\cos\omega t)\,dt\,. \tag{31}$$

Die Ausrechnung ergibt

$$P = \frac{4}{\pi}\,U_1^2\,\frac{(\omega L)^3}{(R^2+(\omega L)^2)^2}\;\frac{1+\mathrm{e}^{-\delta\frac{\pi}{\omega}}}{1-\mathrm{e}^{-\delta\frac{\pi}{\omega}}} + U_1^2\,\frac{R}{R^2+(\omega L)^2}\,. \tag{32}$$

Wenn ωL groß gegen R ist, wird dies angenähert

$$P = \frac{U_g^2}{R} + \frac{\pi^2}{8}\left(\frac{R}{\omega L}\right)^2\frac{U_g^2}{R}\,. \tag{33}$$

Der erste Summand ist die Gleichstromnutzleistung. Der zweite Summand stellt die durch die Wechselstromkomponente im Verbraucher verursachte Verlustleistung dar.

Bei den Leistungsgleichrichtern ist U_g groß gegen den Spannungsabfall am Gleichrichter; daher gilt unter Berücksichtigung der Durchlaßkennlinie

$$U_g = U_{g0} - U_b - I_g\,(R_D + R_L)\,. \tag{34}$$

R_L bezeichnet den Gleichstromwiderstand der Drosselspule. Die Belastungskennlinie des Gleichrichters fällt also infolge dieses Widerstandes und des differentiellen Widerstandes R_D der Durchlaßkennlinie mit wachsendem Belastungsstrom I_g etwas ab.

Die an den Verbraucherwiderstand R abgegebene *Gleichstromnutzleistung* ist

$$P_g = U_g\,I_g\,. \tag{35}$$

Die Leistungsverluste sind bedingt durch den Spannungsabfall am Gleichrichter sowie durch den Spulenwiderstand R_L. Dazu kommen noch *Verluste während der Sperrphase.* In der Sperrichtung des Gleichrichters steigt der Strom mit wachsender Spannung zunächst langsam, dann immer rascher an. Dadurch ist die zulässige Spannungsbeanspruchung in der Sperrichtung begrenzt. Sieht man von den geringen Spannungsabfällen ab, dann liegt während der Sperrphase an dem Gleichrichter die

Spannung $2\,u_1$. Die Sperrverluste eines Gleichrichters sind daher proportional $2\,U_1^2$. Wir setzen sie gleich $2\,U_1^2/R_S$, wobei R_S einen Ersatzwiderstand der Sperrrichtung bezeichnet. Damit wird die *gesamte Verlustleistung* des Doppelweggleichrichters

$$P_v = U_b\,I_g + I_g^2\,(R_D + R_L) + \frac{2\,U_1^2}{R_S} + \frac{\pi^2}{8}\left(\frac{R}{\omega L}\right)^2 P_g\,. \tag{36}$$

Aus Nutzleistung und Verlustleistung kann der Wirkungsgrad des Gleichrichters berechnet werden.

Abgesehen vom Spannungsabfall stellt sich bei den stetigen Gleichrichtern die Gleichspannung auf den arithmetischen Mittelwert der Wechselspannung während des Arbeitszeitabschnittes ein. Beim *Dreiphasengleichrichter*, Abb. 54.14, ist dieser Mittelwert

$$U_{g0} = \frac{3}{\pi}\sqrt{\frac{3}{2}}\,U_1 = 1{,}17\,U_1\,; \tag{37}$$

beim *Sechsphasengleichrichter*, Abb. 54.15, ist

$$U_{g0} = \frac{3}{\pi}\sqrt{2}\,U_1 = 1{,}35\,U_1\,. \tag{38}$$

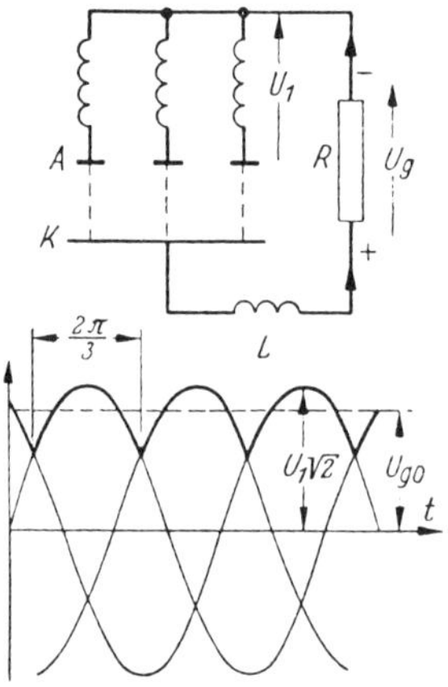

Abb. 54.14. Dreiphasengleichrichter

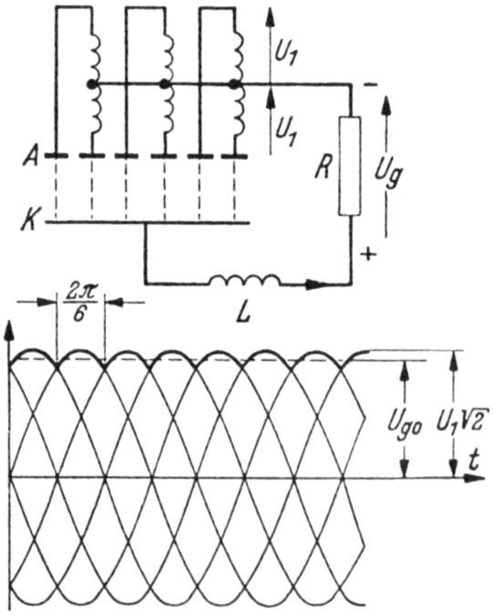

Abb. 54.15. Sechsphasengleichrichter

Meßgleichrichter

Bei den *Leistungsgleichrichtern* kommt es in erster Linie auf einen guten Leistungswirkungsgrad der Umsetzung von Wechselspannung in Gleichspannung an. Bei den *Gleichrichtern der Nachrichtentechnik* und den *Meßgleichrichtern* wird dagegen in erster Linie angestrebt, daß die erzeugte Gleichspannung in einem definierten Verhältnis zur Wechselspannung steht. Man unterscheidet dabei *Spitzengleichrichter*, bei denen die erzeugte Gleichspannung gleich dem Scheitelwert der Wechselspannung sein soll, *quadratische Gleichrichter*, bei denen die Gleichspannung den Effektivwert der Wechselspannung messen soll, und *Mittelwertgleichrichter*, bei denen der arithmetische Mittelwert einer Halbwelle der Wechselspannung gemessen werden soll.

Maßgebend für das Verhältnis zwischen Wechselspannung und Gleichspannung ist die Form der Gleichrichterkennlinie und die Bemessung der Gleichrichteranordnung. Bei geringer Aussteuerung sind die Kennlinien von Dioden und Sperrschichtzellen angenähert *quadratisch*, so daß der erzeugte Gleichstrom dem Effektivwert der Wechselspannung proportional wird, wenn der Widerstand des Stromkreises im wesentlichen durch den Gleichrichterwiderstand bestimmt ist. *Mittelwert*gleichrichtung ergibt sich, wenn der Gleichrichterwiderstand in der Durchlaßrichtung klein, in der Sperrichtung groß gegen den Belastungswiderstand ist (wie bei den Leistungsgleichrichtern). Auf den *Scheitelwert* der Wechselspannung lädt sich der Kondensator im Verbraucherzweig angenähert auf, wenn die Induktivität L hinreichend gering ist, so daß nur während eines Bruchteiles der Halbperiode Strom fließt [vgl. Gl. (20)]. Im folgenden soll die Theorie dieser *Spitzengleichrichter*, die in der Nachrichtentechnik und Meßtechnik vielfach angewendet werden, etwas näher betrachtet werden.

Die Abb. 54.16 stellt die einfachste Form eines solchen Gleichrichters dar. Durch die positiven Halbwellen der Wechselspannung u_1 wird der Kondensator aufgeladen, so daß im eingeschwungenen Zustand eine Gegenspannung U_g entsteht. Die Spannung u am Gleichrichter wird daher $u = u_1 - U_g$, wie es das zweite Diagramm darstellt. Nur während des kurzen Zeitabschnittes zwischen t_1 und t_2 ist der Gleichrichter durchlässig, so daß in jeder Periode nur während dieses Zeitabschnittes Strom fließt.

Der Mittelwert I_g des Stromes i erzeugt im Widerstand R die Gleichspannung U_g. Wäre der Widerstand unendlich groß, dann würde sich der Kondensator bis zum Scheitelwert $U_1\sqrt{2}$ aufladen, der Strom würde verschwinden. Spitzengleichrichtung entsteht also um so vollkommener, je größer der Verbraucherwiderstand ist. Um den Einfluß eines endlichen Verbraucherwiderstandes zu erkennen, nähern wir die statische Kennlinie des Gleichrichters durch eine quadratische Parabel nach Abb. 54.17 an:

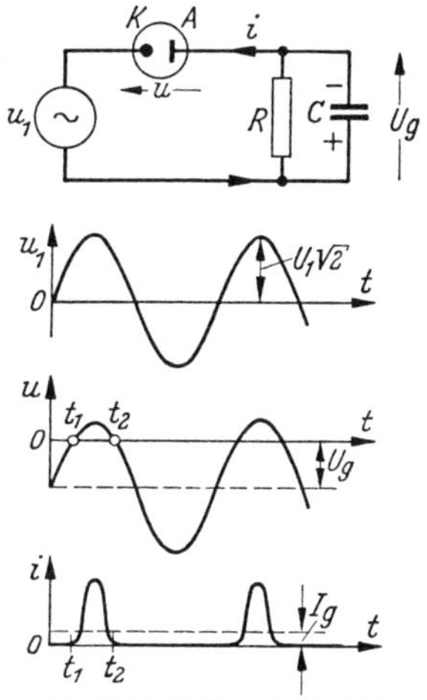

Abb. 54.16. Spitzengleichrichter

$$\left.\begin{aligned} i &= \alpha u^2 \quad \text{für} \quad u > 0\,, \\ i &= 0 \quad \text{für} \quad u < 0\,. \end{aligned}\right\} \tag{39}$$

In jedem Zeitpunkt ist

$$u = U_1\sqrt{2}\,\sin\omega t - U_g\,. \tag{40}$$

Der Zeitpunkt t_1 des Strombeginnes ist bestimmt durch

$$u = 0 = U_1\sqrt{2}\,\sin\omega t_1 - U_g\,. \tag{41}$$

Zur Abkürzung setzen wir

$$\sin\omega t_1 = \frac{U_g}{U_1\sqrt{2}} = \zeta\,. \tag{42}$$

ζ kann als *Gütegrad des Spitzengleichrichters* betrachtet werden und gibt an, mit welchem Bruchteil die Gleichspannung U_g den Scheitelwert $U_1\sqrt{2}$ der Wechselspannung erreicht. Die Gleichstromkomponente ergibt sich als Mittelwert des Stromes i über eine Periode $T = 2\pi/\omega$; daher ist

$$U_g = R\frac{\omega}{2\pi}\int_{t_1}^{t_2} i\,dt\,. \tag{43}$$

Aus Symmetriegründen gilt dabei

$$\omega t_2 = \pi - \omega t_1\,. \tag{44}$$

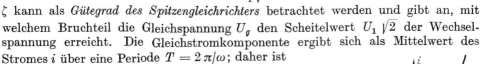

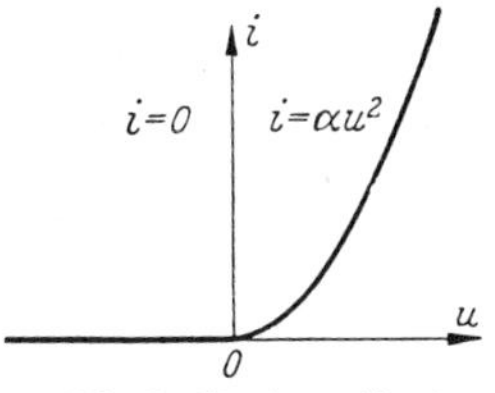

Abb. 54.17. Angenäherte Darstellung einer Diodenkennlinie

Führt man den Ansatz (39) mit (40) in Gl. (43) ein, so ergibt sich

$$U_g = R\alpha\frac{\omega}{2\pi}\int_{t_1}^{t_2}(U_1\sqrt{2}\,\sin\omega t - U_g)^2\,dt \tag{45}$$

und durch Ausführen der Integration und Berücksichtigung von Gl. (42) und (44)

$$U_g = R\alpha U_1^2 \left[(1+2\zeta^2)\left(\frac{1}{2} - \frac{\arcsin\zeta}{\pi}\right) - \frac{3}{\pi}\zeta\sqrt{1-\zeta^2}\right]. \tag{46}$$

Ersetzt man hier U_g durch ζ nach Gl. (42), so wird schließlich

$$R\alpha U_1\sqrt{2} = \frac{1}{g(\zeta)}, \tag{47}$$

wobei zur Abkürzung gesetzt ist

$$g(\zeta) = \left(\frac{1}{2\zeta} + \zeta\right)\frac{\arccos\zeta}{\pi} - \frac{3}{2\pi}\sqrt{1-\zeta^2}. \tag{48}$$

Aus Gl. (42) und (47) folgt ferner

$$R\alpha U_g = \frac{\zeta}{g(\zeta)}. \tag{49}$$

Um nun den Zusammenhang zwischen der Gleichspannung U_g und der Wechselspannung $U_1\sqrt{2}$ zu finden, nimmt man beliebige Werte von ζ (zwischen 0 und 1) an, berechnet daraus $g(\zeta)$ nach Gl. (48) und setzt dies in die Gl. (47) und (49) ein. Auf diese Weise erhält man zusammengehörige Werte von $R\alpha U_g$ und $R\alpha U_1\sqrt{2}$. In der folgenden Tabelle 54.1 sind einige Zahlenwerte angegeben. In der letzten Spalte ist unter $\frac{\Delta t}{T}$ aufgeführt, welchen Prozentsatz der ganzen Periode der Stromfluß bedeckt $\left(\text{„Stromflußwinkel"} = \frac{\Delta t}{T} 2\pi\right)$; es gilt

$$\frac{\Delta t}{T} = \frac{\arccos\zeta}{\pi}. \tag{50}$$

In Abb. 54.18 ist die *Richtkennlinie*, die den Zusammenhang zwischen Gleichspannung und Wechselspannung angibt, für den Bereich bis $R\alpha U_1\sqrt{2} = 200$ aufgezeichnet. Sie ist oberhalb etwa 20 angenähert geradlinig (trotz der quadratischen Kennlinie des Gleichrichters) und ist daher z. B. für die Demodulation von amplitudenmodulierten Schwingungen geeignet. Die Amplitude der unmodulierten Trägerschwingung würde etwa auf den Wert $U_1\sqrt{2} = \frac{100}{R\alpha}$ einzustellen sein.

Aus der Tabelle 21 geht ferner hervor, daß die Gleichspannung bis auf Abweichungen unter 5% gleich dem Scheitelwert der Wechselspannung wird ($\zeta > 0{,}95$), wenn

$$R > \frac{8000}{\alpha U_1\sqrt{2}} \tag{51}$$

gemacht wird. Dies ist also die bei einem Spitzengleichrichter einzuhaltende Bedingung.

Von der Wechselstromquelle aus gesehen kann der Spitzengleichrichter durch einen bestimmten Widerstand R_W ersetzt werden. Für diesen Widerstand gilt eine sehr einfache Regel, falls die Gleichspannung angenähert gleich dem Scheitelwert der Wechselspannung ist. Dann wird die zugeführte Wechselstromleistung U_1^2/R_W vollständig in die Gleichstromleistung U_g^2/R umgewandelt, da andere Verlustwiderstände nicht vorhanden sind:

$$\frac{U_1^2}{R_W} = \frac{U_g^2}{R}. \tag{52}$$

Tabelle 54.1

$\zeta = \frac{U_g}{U_1\sqrt{2}}$	$R\alpha U_1\sqrt{2}$	$R\alpha U_g$	$g(\zeta)$	$\frac{\Delta t}{T}$
0	0	0	∞	50%
0,1	0,52	0,052	1,912	47
0,2	1,41	0,282	0,709	44
0,3	2,97	0,89	0,337	40
0,4	5,85	2,34	0,171	37
0,5	11,57	5,78	0,087	33
0,6	24,33	14,6	0,041	30
0,65	36,9	24,0	0,027	27,5
0,7	58,4	40,9	0,0171	25
0,75	98,9	74,1	0,0101	23
0,8	184,5	147,5	0,0054	20
0,85	405	344	0,00247	18
0,9	1175	1060	0,00085	14
0,95	7700	7310	0,00013	10
0,97	28600	27700	0,000035	8
1,0	∞	∞	0	0

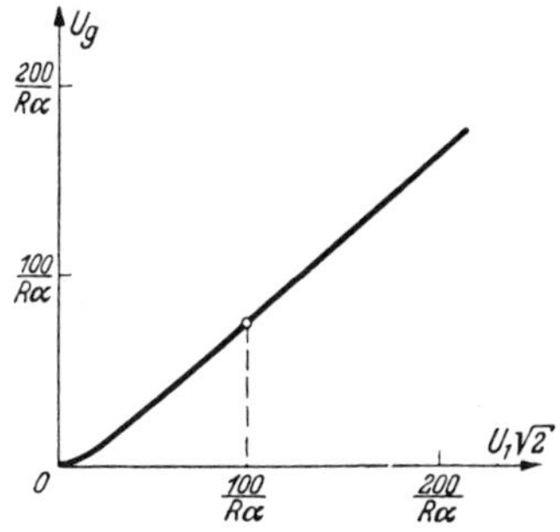

Abb. 54.18. Richtkennlinie eines Gleichrichters mit quadratischer statischer Kennlinie

Hieraus folgt

$$R_W = \frac{1}{2} R . \tag{53}$$

Der Eingangswiderstand eines Spitzengleichrichters ist gleich dem halben Verbraucherwiderstand. Zu beachten ist dabei allerdings, daß diese Äquivalenz nur hinsichtlich der Leistungsaufnahme und damit der Grundschwingung des Stromes gilt. Die Stromstärke i ist im übrigen keineswegs sinusförmig wie bei einem ohmschen Widerstand von der Größe R_W, sondern gemäß Abb. 54.16 stark verzerrt.

Der Kondensator C soll während des stromflußfreien Abschnittes der Periode die Spannung U_g beibehalten. Dies gilt streng nur für unendlich große Kapazität C; es gilt angenähert, wenn die Zeitkonstante RC groß gegen die Periodendauer ist.

Zahlenbeispiele: 1. Bei einem *Dreiphasen-Quecksilberdampfgleichrichter* für eine Gleichspannung $U_g = 220$ V sei die Lichtbogenspannung $U_b = 16$ V. Dann muß nach Gl. (22) $U_{g0} = U_g + U_b = 236$ V sein. Der Effektivwert der erforderlichen Sternspannung U_1 folgt aus Gl. (37) zu $U_1 = \frac{236}{1{,}17}$ V = 202 V. Der Scheitelwert dieser Spannung ist $U_1\sqrt{2} = 286$ V. Zwischen einer Anode und der Kathode des Gleichrichters tritt im Maximum die (negative) Dreieckspannung $U_1\sqrt{6} = 495$ V auf. Bei einer entnommenen Gleichstromleistung $P_g = 2$ kW wird der Gleichstrom $I_g = \frac{P_g}{U_g} = 9{,}1$ A. Die Verlustleistung im Lichtbogen ist $I_g U_b = 146$ W. Hat die Drosselspule einen Wirkwiderstand $R_L = 0{,}5\,\Omega$, so kommt dazu noch eine Verlustleistung $I_g^2 R_L = 41$ W. Die Gesamtverluste betragen 187 W, der Wirkungsgrad $\eta = 2$ kW/2,187 kW = = 91%.

2. Bei einer kleinen *Hochvakuumdiode* sei $\alpha = 0{,}05 \frac{\text{mA}}{\text{V}^2}$. Wird der Nutzwiderstand $R = 100\,\text{k}\Omega$ gemacht, so ist die notwendige Trägerspannung bei Verwendung der Diode als Demodulator $U_1\sqrt{2} = \frac{100}{R\alpha} = 20$ V. Die an der Röhre auftretende maximale *Durchlaß*spannung ist allgemein

$$u_{max} = U_1\sqrt{2} - U_g = U_1\sqrt{2}\,(1 - \zeta) .$$

Nach Tabelle 54.1 ist im vorliegenden Fall $\zeta = 0{,}75$, $u_{max} = 20\text{ V} \cdot 0{,}25 = 5$ V. Die Stromspitzen in der Diode betragen $i_{max} = \alpha\, u_{max}^2 = 1{,}25$ mA.

Weiterführende Literatur zum Achten Kapitel: *Ga, Heu, Ph, Pu, Rü, Sci*

Anhang

Einheitensysteme

In der Literatur werden z. T. noch die alten absoluten elektromagnetischen und elektrostatischen Maßeinheiten (CGS-Einheiten) benützt. Zur Umrechnung der Zahlenangaben dient die folgende Tabelle.

Größe	internationale Einheit	eine elektrostatische Einheit ist gleich	eine elektromagnetische Einheit ist gleich
Spannung	V	300 V	10^{-8} V
Stromstärke	A	$0{,}333 \cdot 10^{-9}$ A	10 A
Widerstand	$\Omega = \frac{V}{A} = \frac{1}{S}$	$0{,}9 \cdot 10^{12}\ \Omega$	$10^{-9}\ \Omega$
Induktivität	$H = \Omega s$	$0{,}9 \cdot 10^{12}$ H	10^{-9} H
Kapazität	$F = Ss$	$1{,}111 \cdot 10^{-12}$ F	10^{9} F

Wichtige Konstanten

AVOGADRO-Konstante	N_A	=	$6{,}022045 \cdot 10^{23}$ mol^{-1}
BOLTZMANN-Konstante	k	=	$1{,}380662 \cdot 10^{-23}$ Ws/K
Elektrische Feldkonstante	ε_0	=	8,85418782 pF/m
Eispunkt	T_e	=	273,15 K
Elementarladung	e	=	$1{,}6021892 \cdot 10^{-19}$ As
Fallbeschleunigung (Normwert)	g_n	=	9,80665 m/s^2
Lichtgeschwindigkeit im Vakuum	c	=	299792458 m/s
LOSCHMIDT-Konstante	N_L	=	$2{,}686754 \cdot 10^{19}$ Moleküle/cr
Magnetische Feldkonstante	μ_0	=	$0{,}4\pi \cdot 10^{-6}$ H/m
PLANCK-Konstante	h	=	$6{,}626176 \cdot 10^{-34}$ Ws^2
Ruhemasse des Elektrons	m_e	=	$9{,}109534 \cdot 10^{-28}$ g

Literatur

Bücher

Ai Aichholzer, G.: Elektromagnetische Energiewandler. Wien: Springer 1975

Ba Barkhausen, H.: Lehrbuch der Elektronenröhren und ihrer technischen Anwendungen. Stuttgart: Hirzel 1963

Bec Becker, R.: Theorie der Elektrizität. 3 Bände. Stuttgart: Teubner 1969—1973

Bel Belevitch, V.: Classical network theory. San Francisco: Holden Day 1968

Ben Beneking, H.: Praxis des elektronischen Rauschens. Mannheim: Bibliogr. Institut 1971

Br Brüche, E.; Scherzer, O.: Geometrische Elektronenoptik. Berlin: Springer 1934

Bu Buchholz, H.: Elektrische und magnetische Potentialfelder. Berlin, Göttingen, Heidelberg: Springer 1957

Bi Bittel, H.; Storm, L.: Rauschen. Berlin, Heidelberg, New York: Springer 1970

Ca Cauer, W.: Theorie der linearen Wechselstromschaltungen. Berlin: Akademie-Verlag 1954

Do1 Doetsch, G.: Einführung in Theorie und Anwendung der Laplace-Transformation. Basel: Birkhäuser 1976

Do2 Doetsch, G.: Handbuch der Laplace-Transformation. Bd. I: Theorie, 1950; Bd. II: Anwendungen, 1955; Bd. III: Anwendungen, 1956: Basel: Birkhäuser

Du Duschek, A.; Hochrainer, A.: Grundzüge der Tensorrechnung in analytischer Darstellung. 3 Teile. Wien: Springer 1965—1968

Ed Edelmann, H.: Berechnung elektrischer Verbundnetze. Berlin, Göttingen, Heidelberg: Springer 1963

Ei1 Einstein, A.: Grundzüge der Relativitätstheorie. 5. Aufl. Braunschweig: Vieweg 1979

Ei2 Einstein, A.: Über die spezielle und allgemeine Relativitätstheorie. 22. Aufl. Braunschweig: Vieweg 1972

Eu Euler, K. J.: Energie-Direktumwandlung. München: Thiemig 1967.

Fe1 Feldtkeller, R.: Einführung in die Siebschaltungstheorie der elektrischen Nachrichtentechnik. Stuttgart: Hirzel 1967

Fe2 Feldtkeller, R.: Einführung in die Vierpoltheorie der elektrischen Nachrichtentechnik. Stuttgart: Hirzel 1962

Fe3 Feldtkeller, R.: Theorie der Spulen und Übertrager. 5. Aufl. Stuttgart: Hirzel 1971

Fi Finkelnburg, W.: Einführung in die Atomphysik. 11./12. Aufl. Berlin, Heidelberg, New York: Springer 1967

Fl Flügge, S.: Lehrbuch der theoretischen Physik. Bde I—V. Berlin, Göttingen, Heidelberg: Springer 1955—1965

Fo Fodor, G.: Laplace transforms in engineering. Budapest: Ungar. Akad. Wiss. 1965

Fr Fröhlich, H.: Elektronentheorie der Metalle. Berlin, Heidelberg, New York: Springer 1969

Ga Gabler, M.; J. Haskovec; Tomanek, E.: Magnetische Verstärker. Berlin: Verlag Technik 1960

Gä Gänger, B.: Der elektrische Durchschlag von Gasen. Berlin, Göttingen, Heidelberg: Springer 1953

Gl Glaser, W.: Grundlagen der Elektronenoptik. Wien: Springer 1952

Go Goubeau, G.: Elektromagnetische Wellenleiter und Hohlräume. Stuttgart: Wiss. Verlagsges. 1955

HaE Halbleiter-Elektronik. Heywang, H.; Müller, R. (Hrsg.): 15 Bände. Berlin, Heidelberg, New York: Springer 1973—1982

Hal Hallen, E.: Electromagnetic theory. London: Chapman & Hall 1962

HbP Handbuch der Physik. Flügge, S. (Hrsg.): Bde 4, 16 bis 23. Berlin, Göttingen, Heidelberg: Springer 1956—1967

Hei Heilmann, A.: Antennen. Mannheim: Bibliogr. Inst. 1970

Hel Heller, B.; Ververka, A.: Stoßerscheinungen in elektrischen Maschinen. Berlin: Verlag Technik 1957

Her Hertz, G.; Rompe, R.: Einführung in die Plasmaphysik und ihre technische Anwendung. Berlin: Akademie-Verlag 1968

Heu Heumann, K.; Stumpe, A. C.: Thyristoren. Stuttgart: Teubner 1974

Ho Hochrainer, A.: Symmetrische Komponenten in Drehstromsystemen. Berlin, Göttingen, Heidelberg: Springer 1957

HöH Hölzler, E.; Holzwarth, H.: Pulstechnik. 2 Bände. Berlin, Heidelberg, New York: Springer 1975; 1976

HöT Hölzler, E.; Thierbach, D.: Nachrichtenübertragung. Berlin, Heidelberg, New York: Springer 1966

Ja Jackson, J. D.: Klassische Elektrodynamik. Berlin: de Gruyter 1981.

Ka Kaden, H.: Wirbelströme und Schirmung in der Nachrichtentechnik. 2. Aufl. Berlin, Göttingen, Heidelberg: Springer 1959

KlM Kleen, W.; Müller, R.: Laser. Berlin, Heidelberg, New York: Springer 1969

Kl1 Klein, W.: Finite Systemtheorie. Stuttgart: Teubner 1976

Kl2 Klein, W.: Mehrtortheorie. Berlin: Akademie-Verlag 1976

Kl3 Klein, W.: Die Theorie des Nebensprechens auf Leitungen. Berlin, Göttingen, Heidelberg: Springer 1955

Kn Kneller, E.: Ferromagnetismus. Berlin, Göttingen, Heidelberg: Springer 1962

Kü Küpfmüller, K.: Die Systemtheorie der elektrischen Nachrichtenübertragung. Stuttgart: Hirzel 1968

Küc Küchler, R.: Die Transformatoren. 2. Aufl. Berlin, Heidelberg, New York: Springer 1966

Lai Laible, Th.: Die Theorie der Synchronmaschine im nichtstationären Betrieb. Berlin, Göttingen, Heidelberg: Springer 1952

Lan Landau, L. D.; Lifschitz, E. M.: Feldtheorie. Berlin: Akademie-Verlag 1963

Lau Lautz, G.: Elektromagnetische Felder. Stuttgart: Teubner 1976

Ly Lynton, E. A.: Supraleitung. Mannheim: Bibliogr. Inst. 1966

Mad Madelung, E.: Die mathematischen Hilfsmittel des Physikers. 7. Aufl. Berlin, Heidelberg, New York: Springer 1964

Mar Marko, H.: Theorie linearer Zweipole, Vierpole und Mehrtore. Stuttgart: Hirzel 1971

Mas Mason, S. J.; Zimmermann, H. J.: Electronic circuits, signals and systems. New York: J. Wiley 1960

Me1 Meinke, H. H.: Einführung in die Elektrotechnik höherer Frequenzen. 2. Aufl., Bd. I u. II. Berlin, Heidelberg, New York: Springer 1965 u. 1966

Me2 Meinke, H. H.: Felder und Wellen im Hohlleiter. München: R. Oldenbourg 1949

Mi Mierdel, G.: Elektrophysik. 2. Aufl. Heidelberg: Hüthig 1972

MiW Mierdel, G.; Wagner, S.: Aufgaben zur theoretischen Elektrotechnik. 4. Aufl. Heidelberg: Hüthig 1973

Mo Moeller, F.: Elektrische Maschinen und Umformer. Stuttgart: Teubner 1970

MüG Müller, G.: Elektrische Maschinen. 2. Aufl. Berlin: Verlag Technik 1970

MüR Müller, R.: Grundlagen der Halbleiter-Elektronik. 3. Aufl. Berlin, Heidelberg, New Springer 1979

Nü Nürnberg, W.: Die Asynchronmaschine. 2. Aufl. Berlin, Göttingen, Heidelberg: Springer 1963

Ol1 Ollendorff, F.: Die Grundlagen der Hochfrequenztechnik. Berlin: Springer 1926

Ol2 Ollendorff, F.: Technische Elektrodynamik, Bd. I: Berechnung magnetischer Felder, 1952; Bd. II: Innere Elektronik, 1955—1966. Wien: Springer

Op Oppelt, W.: Kleines Handbuch technischer Regelvorgänge. 5. Aufl. Weinheim: Verlag Chemie 1972

Pa1 Papoulis, A.: The Fourier integral and its applications. New York: McGraw Hill 1962

Pa2 Papoulis, A.: Probability, random rariables and stochastic processes. Tokyo, Düsseldorf: McGraw-Hill 1965

Ph Philippow, E.: Nichtlineare Elektrotechnik. Leipzig: Akad. Verlagsges. 1971

Pö Pöschl, K.: Mathematische Methoden in der Hochfrequenztechnik. Berlin, Göttingen, Heidelberg: Springer 1956

Pra Prassler, H.: Energiewandler der Starkstromtechnik. Mannheim: Bibliogr. Inst. 1969

Pri Prinz, H.: Hochspannungsfelder. München: Oldenbourg 1969

Pu Pungs, L.; Steiner, K. H.: Parametrische Systeme. Stuttgart: Hirzel 1966

Ri Richter, R.: Elektrische Maschinen, Bd. I: Berechnungselemente, Gleichstrommaschinen 1951; Bd. II: Synchronmaschinen und Einankerumformer, 1953; Bd. III: Transformatoren, 1963; Bd. IV: Induktionsmaschinen, 1954; Bd. V: Stromwendermaschinen, Regelsätze, 1950, Basel, Stuttgart: Birkhäuser

Ro Roth, A.: Hochspannungstechnik. 5. Aufl., Wien: Springer 1964

RoK Rothe, H.; Kleen, W.: Hochvakuum-Elektronenröhren. Bd. I: Physikalische Grundlagen. Frankfurt: Akademische Verlagsgesellschaft 1955

Rü Rüdenberg, R.: Elektrische Schaltvorgänge. Berlin, Heidelberg, New York: Springer 1974

Ru Rupprecht, W.: Netzwerksynthese. Berlin, Heidelberg, New York: Springer 1972

Sa Saal, R.: Handbuch zum Filter-Entwurf, AEG-Telefunken 1979

Sca Schaefer, C., u. Päsler: Einführung in die theoretische Physik, Bd. III: Elektrodynamik und Optik, 1949; Bd. IV: Quantentheorie, 1962, Berlin: de Gruyter
Sci Schilling, W.: Transduktortechnik, München: Oldenbourg 1960
Scl Schlitt, H.: Systemtheorie für regellose Vorgänge. Berlin, Göttingen, Heidelberg: Springer 1960
Scü Schüler, K.; Brinkmann, K.: Dauermagnete. Berlin, Heidelberg, New York: Springer 1970
Se Sequenz, H.: Elektrische Maschinen (Bödefeld/Sequenz). 8. Aufl. Wien: Springer 1971
Sh Shockley, W.: Electrons and Holes in Semiconductors, New York: v. Nostrand 1955
Si1 Simonyi, K.: Grundgesetze des elektromagnetischen Feldes. Berlin: Deutscher Verlag der Wissenschaften 1963
Si2 Simonyi, K.: Theoretische Elektrotechnik. Berlin: Deutscher Verlag der Wissenschaften 1971
Sm Smit, J.; Wijn, S. P. J.: Ferrite. Eindhoven: Philips Technische Bibliothek 1962
So Soohoo, R. F.: Theory and application of ferrites. Englewood Cliffs: Prentice Hall 1960
StR Steinbuch, K.; Rupprecht, W.: Nachrichtentechnik, 3. Aufl., 3 Bände, Berlin. Heidelberg, New York: Springer 1982
Stw Stewart, J. L.: Theorie und Entwurf elektrischer Netzwerke. Stuttgart: Berliner Union 1959
St1 Strecker, F.: Die elektrische Selbsterregung, mit einer Theorie der aktiven Netzwerke. Stuttgart: Hirzel 1947
St2 Strecker, F.: Praktische Stabilitätsprüfung mittels Ortskurven und numerischer Verfahren. Berlin, Göttingen, Heidelberg: Springer 1950
Th Thoma, M.: Theorie linearer Regelsysteme. Braunschweig: Vieweg 1973
Un1 Unbehauen, R.: Synthese elektrischer Netzwerke. München, Wien: Oldenbourg 1972
Un2 Unbehauen, R.: Systemtheorie München: R. Oldenbourg 1980
Ung Unger, H. G.: Elektromagnetische Wellen auf Leitungen. Heidelberg: Hüthig 1980
UnH Unger, H. G.; Harth, W.: Hochfrequenz-Halbleiterelektronik, Stuttgart: S. Hirzel 1972
Wa Wallot, J.: Größengleichungen, Einheiten, Dimensionen, Leipzig: J. A. Barth 1957
We Weh, H.: Elektrische Netzwerke und Maschinen in Matrizendarstellung, Mannheim: Bibliogr. Inst. 1968
Wh White, D.; Woodson, H.: Electromechanical energy conversion. New York: Wiley 1959
Wu Wunsch, G.: Systemtheorie der Informationstechnik. Leipzig: Akad. Verlagsges. 1971
Zu Zuhrt, H.: Elektromagnetische Strahlungsfelder. Berlin, Göttingen, Heidelberg: Springer 1953
ZiB Zinke, I.; Brunswig, H.: Lehrbuch der Hochfrequenztechnik. Berlin, Heidelberg, New York: Springer 1973. Band 1: Koppelfilter, Leitungen, Antennen. Band 2: Elektronik und Signalverarbeitung
ZiS Zinke, O.; Seither, H.: Widerstände, Kondensatoren, Spulen und ihre Werkstoffe. 2. Aufl. Berlin, Heidelberg, New York: Springer 1982
Za Zadeh, L.: Linear system theory. New York: McGraw-Hill 1963

Hand- und Taschenbücher

Ebert, H.: Physikalisches Taschenbuch. 5. Aufl., Braunschweig: Vieweg 1976.
Hütte, Bd. IV A: Starkstromtechnik, Lichttechnik, 1957; Bd. IV B: Fernmeldetechnik, 1962; Berlin: Ernst & Sohn.
Hütte, Elektrische Energietechnik, 4 Bände. Berlin, Heidelberg, New York: Springer 1978, 1983.
Meinke, H.; F. W. Gundlach (Hrsg.): Taschenbuch der Hochfrequenztechnik. 2. Aufl. Berlin, Heidelberg, New York: Springer 1968.
Philippow, E.: Taschenbuch Elektrotechnik, 6 Bände, Berlin: Verlag Technik; München: Hanser 1976—1982.
Sacklowski, A.: Einheitenlexikon. Stuttgart: Deutsche Verlagsanstalt 1973.
Steinbuch, K.; Weber, W. (Hrsg.): Taschenbuch der Informatik, 3 Bände. Berlin, Heidelberg, New York: Springer 1974.
Siemens AG. Handbuch der Elektrotechnik, 1971.

Tabellen- und Formelsammlungen

Ardenne, M. von: Tabellen zur angewandten Physik. Berlin: Deutscher Verlag d. Wissenschaften 1973—1979.
Hütte: Mathematik (Verf. I. Szabó). Berlin, Heidelberg, New York: Springer 1974.

Jahnke, Emde u. Lösch: Tafeln höherer Funktionen. Stuttgart: Teubner 1960.
Landolt-Börnstein: Zahlenwerte und Funktionen, 6. Aufl., Bd. I, 5 Teile, Atom- und Molekularphysik, Bd. II, 10 Teile, Eigenschaften der Materie, Bd. III, Astronomie und Geophysik, Bd. IV, (4 Teile) Technik. Berlin, Göttingen, Heidelberg: Springer.
Lösch, F.: Siebenstellige Zahlen der elementaren transzendenten Funktionen. Berlin, Göttingen, Heidelberg: Springer 1954.
Ryshik, I. M.; Gradstein I. S.: Summen-, Produkt- und Integraltafeln. Berlin: Deutscher Verlag der Wissenschaften 1965.

DIN-Normen

1301 Einheiten
1304 Allgemeine Formelzeichen
1323 Elektrische Spannung, Potential, Zweipolquelle, elektromotorische Kraft; Begriffe
1324 Elektrisches Feld; Begriffe
1325 Magnetisches Feld; Begriffe
1326 Gasentladungen
1357 Einheiten elektrischer Größen
4899 Lineare elektrische Mehrtore
5483 Formelzeichen für zeitabhängige Größen
40110 Wechselstromgrößen
DIN Taschenbuch 22, Einheiten und Formelgrößen, 1978.

Sachverzeichnis